Luc ALLAY
Professeur de physique appliquée
Lycée Technique Dorian, PARIS

Jean-Pierre DUBOS
Professeur de physique appliquée
Lycée Gustave-Eiffel, BORDEAUX

Jacques LAFARGUE
Professeur de physique appliquée
Lycée Gustave-Eiffel, BORDEAUX

Robert LE GOFF
Professeur de physique appliquée
Lycée Gustave-Eiffel, CACHAN

Robert MÉRAT
Inspecteur pédagogique régional

EAU
Che ... érale

PHYSIQUE APPLIQUÉE

Électricité - Électronique

1re F

nathan technique

Avant-propos

Pour aider professeurs et élèves, ainsi que tous ceux qui abordent l'électricité et l'électronique, il a paru souhaitable de présenter l'ensemble du programme de physique appliquée de la classe de 1re F dans un **ouvrage unique.** Les contraintes de l'année scolaire fixent des limites impératives pour l'étude de ce programme et il est nécessaire d'éliminer ce que l'évolution rend plus ou moins caduque (mais qui est souvent conservé par tradition) et de privilégier ce que le développement scientifique et technique impose de connaître. Les lois physiques à connaître à ce niveau sont bien évidemment toujours les mêmes, mais **il est indispensable de les appliquer aux domaines nouveaux qui doivent être explorés en classe de Première.** La qualité de la formation scientifique, son efficacité dépendent précisément de ces choix.

La physique appliquée joue un rôle important dans la formation scientifique du technicien. Une bonne connaissance des phénomènes physiques et des lois qui les régissent est nécessaire pour maîtriser la technologie des systèmes et des matériels. Cette connaissance scientifique s'acquiert d'abord par un travail qui associe intimement l'**expérimentation conduite au laboratoire de physique appliquée,** sur des matériels adaptés, et **l'étude théorique qui doit compléter et enrichir l'apport de l'expérience.** Évidemment, cette appropriation des connaissances est confortée par le travail conduit durant les séquences consacrées à l'enseignement technologique. Il a donc été tenu le plus grand compte de cette liaison très étroite qui est établie entre expérimentation et partie théorique. La présentation de nombreux résultats a été faite en s'appuyant au maximum sur un travail réalisé en classe-laboratoire ou en travaux pratiques.

La présentation de chaque chapitre vise à permettre un travail rapide et efficace.

■ **Pour chaque page du cours :**
- la *colonne de droite* est réservée aux lois, aux résultats importants, aux applications ou aux démonstrations à connaître (ce qui doit être obligatoirement retenu pour résoudre les exercices proposés) ;
- la *colonne de gauche* regroupe les figures, les illustrations, les compléments, les exemples pratiques (avec des ordres de grandeur), les applications technologiques.

■ **Des propositions de travaux pratiques** accompagnent chaque chapitre. Très souvent, elles peuvent être exploitées dans la phase d'apprentissage. En effet, bien que ces propositions soient placées à la suite du cours, elles ne doivent pas être considérées seulement comme des applications susceptibles d'illustrer la partie théorique : les **sujets proposés ont été élaborés pour faire l'objet de travaux pratiques-cours** chaque fois que cela a été possible. Volontairement ces expérimentations s'appliquent à des montages de toute nature, et notamment à des montages comportant des **composants électroniques dès les premiers chapitres.** Le critère de choix retenu a été la simplicité d'utilisation pour mettre en évidence un résultat ou pour le vérifier.
L'apparente complexité de certains composants, loin de rebuter, constitue une motivation qu'il a paru judicieux d'exploiter. Cela permet en même temps d'utiliser les composants les plus récents que l'industrie met à notre disposition. La séparation traditionnelle entre électricité et électronique, très souvent artificielle à ce niveau d'étude, a pu ainsi être éliminée en même temps que les inutiles redites qu'elle entraînait.

■ **De nombreux exercices** sont proposés pour permettre une bonne assimilation des contenus et aussi pour donner la possibilité à chacun de tester ses connaissances :
- **des exercices de contrôle des connaissances,** ne nécessitent qu'un calcul rapide ;
- **des exercices résolus,** qui sont des exemples d'application des formules à retenir ;
- **des exercices à résoudre,** suffisamment variés pour permettre de nombreux contrôles, correspondent à des niveaux de difficulté différents. Ils sont répertoriés ainsi :

9.06 = Exercices simples

9.12 = Exercices simples avec réponses

9.16 = Exercices plus difficiles

9.15 = Exercices plus difficiles avec réponses

- Les réponses aux exercices sont regroupées en fin d'ouvrage.

ISBN - 2-09-181552-7

TABLE DES MATIÈRES

I. ÉLECTRICITÉ GÉNÉRALE. COURANT CONTINU

1. Circuit électrique. Loi des nœuds. Loi des mailles 5
2. Loi d'Ohm. Associations de résistors 17
3. Électromoteurs 31
4. Circuits actifs linéaires. Transformations de Thévenin et de Norton 42
5. Puissance et énergie électriques 55
6. Condensateurs 65

II. MAGNÉTISME. ÉLECTROMAGNÉTISME

7. Champ magnétique 77
8. Actions électromagnétiques 91
9. Induction électromagnétique 105
10. Auto-induction et mutuelle induction 117
11. Ferromagnétisme 127

III. COURANTS VARIABLES. COURANTS SINUSOÏDAUX

12. Régimes variables : régimes transitoires 140
13. Régimes sinusoïdaux 153
14. Dipôles linéaires : loi d'Ohm en régime sinusoïdal 164
15. Étude des circuits en régime sinusoïdal 181
16. Puissance en régime sinusoïdal 191
17. Circuit magnétique en alternatif. Transformateur parfait 202
18. Systèmes triphasés équilibrés 214

IV. FONCTIONS DE L'ÉLECTRONIQUE

19. Diodes. Redressement. Stabilisation de tension 226
20. Transistors 241
21. Amplificateurs opérationnels. Fonction amplification 257
22. Fonctions logiques 274
23. Transducteurs et capteurs 286

V. COMPLÉMENTS

24. Mouvements vibratoires 292
25. Piles et accumulateurs 305

Corrigés des exercices 316

Références photographiques :
p. 6 : Métrix; p. 18 : R.T.C.; p. 23 : Métrix; p. 24 : Vishay-Micromesures; p. 31 : SAFT; p. 57 : E.D.F. Sodel, Brigaud; p. 58 h : Schlumberger; p. 58 b : C.D.A.; p. 62 : R.T.C.; p. 65 : Siemens; p. 81 h : A, Pénigaud; p. 81 b : RAPHO, E. Hubert; p. 83 : Palais de la découverte; p. 84 h : Leybold-Hareus-Soger; p. 84 b : éd. Scodel; p. 85 h : R.T.C.; p. 85 m : éd. Scodel; p. 85 b : Pour la science, n° 52, février 1982; p. 93 : Crouzet; p. 94 : Alsthom Atlantique; p. 101 : Prolabo; p. 105 : éd. Scodel; p. 209 : Métrix; p. 226 : R.T.C.; p. 241 : R.T.C.; p. 248 : R.T.C.; p. 287 : Vishay-Micromesures.
Tous les autres documents photographiques ont été fournis par les auteurs.

Maquette : C. Blangez et Caméléon
Dessins : S.C.C.M. et D. Roussel
Édition : Élisabeth Pinard
Recherche iconographique : Martine Enjalbert

CIRCUIT ELECTRIQUE
LOI DES NŒUDS - LOI DES MAILLES

L'électricité permet de **transporter de l'énergie** de manière commode. Elle permet aussi de réaliser de **multiples transformations d'énergie.**

1. CIRCUIT ÉLECTRIQUE

1.1. Réalisation d'un circuit électrique

Pour réaliser un circuit électrique il faut au moins (fig. 1.01) : un générateur, un récepteur (lampe, moteur, ...), un interrupteur et des fils de liaison.
Le générateur et le récepteur possèdent deux bornes chacun : ce sont des **dipôles.**

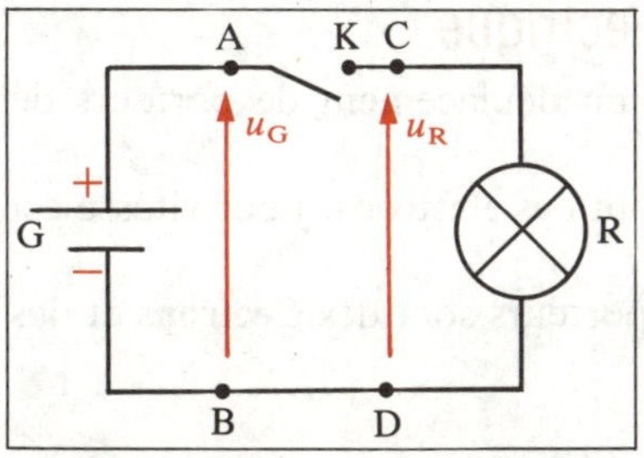

Fig. 1.01. Schéma d'un circuit électrique élémentaire. G est le générateur ; R est le récepteur.

1.2. Nœud, branche, maille

■ Un **nœud** est une connexion qui réunit plus de deux dipôles. Sur la figure 1.02, D et E sont des nœuds.

■ Une **branche** est une portion comprise entre deux nœuds consécutifs. Le circuit de la figure 1.02 comporte trois branches entre les nœuds D et E.

■ Une **maille** est un chemin fermé : E,G,D,R_1, E et E,R_1,D,R_2, E sont deux mailles du circuit de la figure 1.02.

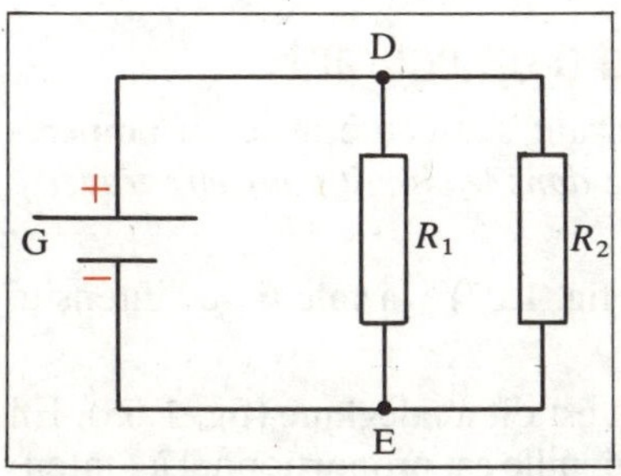

Fig. 1.02.

1.3. Association en série ou en parallèle

■ Des **dipôles sont en série** quand ils appartiennent à la même branche ou à un circuit ne comportant qu'une maille.
Exemple : G,R_1,R_2 sont en série dans le montage de la figure 1.04.

■ Des **dipôles sont en parallèle** s'ils sont compris entre deux nœuds consécutifs. Exemple : G,R_1,R_2 sont en parallèle dans le montage de la figure 1.02.

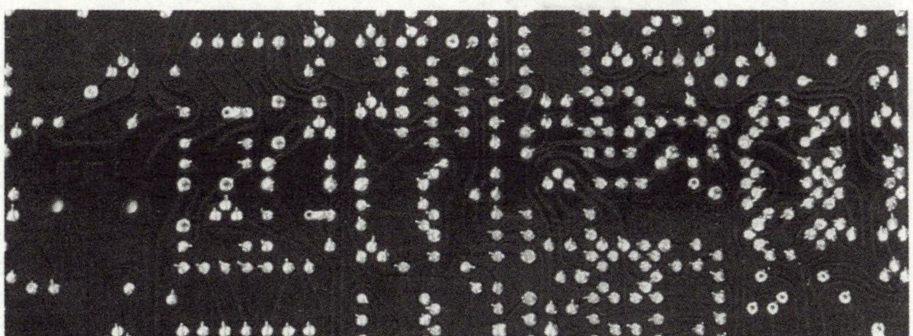

Fig. 1.03. Circuit imprimé : les zones en cuivre du circuit imprimé permettent les connexions entre les composants : ce sont les nœuds du circuit électrique.

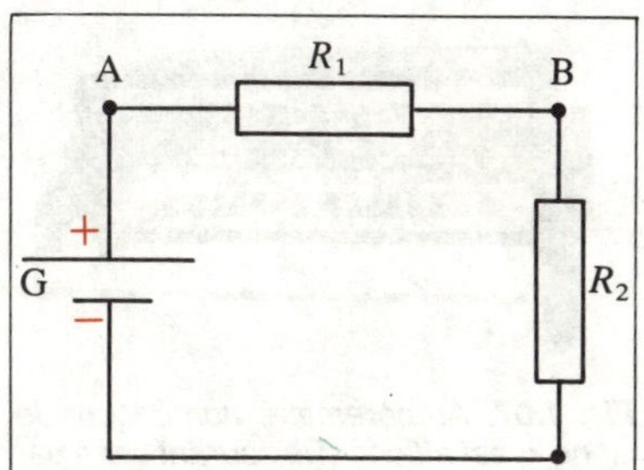

Fig. 1.04. Montage en série.

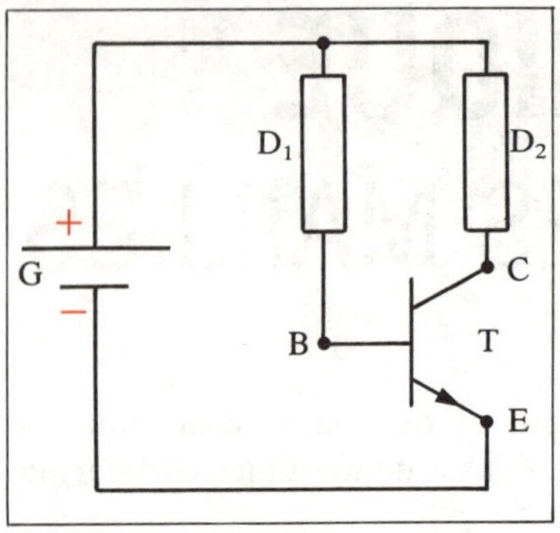

Fig. 1.05. Le transistor T est un tripôle. Les éléments G, D_1, D_2, T ne sont ni en série ni en parallèle.

Charge de l'électron :
$-e = -1{,}6.10^{-19}$C

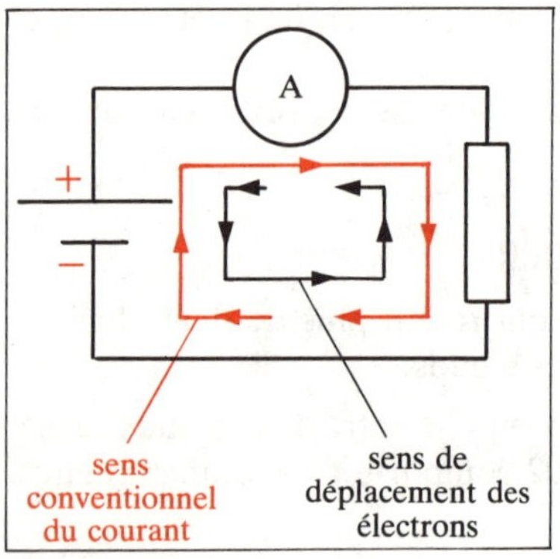

Fig. 1.06.

Une quantité d'électricité s'exprime en coulombs (symbole : C) ou en ampères-heures (symbole : Ah). 1 Ah = 3 600 C.

■ Dans certains circuits, des éléments ne sont ni en série, ni en parallèle et certains ne sont pas des dipôles (fig. 1.05).

1.4. Fonctions des éléments d'un circuit

■ Le générateur est la **source d'énergie.**

■ Les fils de liaison assurent le **transport de l'énergie** électrique vers le récepteur.

■ Le récepteur **convertit l'énergie** électrique en exploitant les effets du courant électrique (effets calorifiques, lumineux, magnétiques, chimiques, etc.).

■ 2. INTENSITÉ DU COURANT ÉLECTRIQUE

2.1. Nature du courant électrique

Le courant électrique résulte d'un déplacement de porteurs de charges.
Dans les **métaux,** ces porteurs sont des **électrons.** Leur vitesse est souvent faible (exercice 1.29).
Dans les **liquides** et les **gaz,** les porteurs sont des **électrons** et des **ions** positifs ou négatifs.

2.2. Sens conventionnel du courant

Par **convention,** on dit que **le courant sort par le pôle positif du générateur.** Ce sens conventionnel du courant est opposé au sens réel de déplacement des charges négatives (fig. 1.06).

2.3. Mesure de l'intensité d'un courant

La mesure de l'intensité du courant s'effectue avec un **ampèremètre.** Il doit être *monté en série dans le circuit pour être traversé par le courant à mesurer.*

L'appareil peut être **numérique** (fig. 1.07) : la valeur de l'intensité est alors directement affichée.

L'appareil peut être à aiguille : il est dit **analogique** (fig. 1.08). En général, l'angle de rotation de l'aiguille est proportionnel à l'intensité du courant à mesurer.

Fig. 1.07. Ampèremètre numérique : le signe + est affiché si le courant entre par la borne + ; dans le cas contraire c'est le signe − qui est affiché. Deux caractéristiques du courant sont donc obtenues simultanément : le sens de circulation dans la branche où l'ampèremètre est placé et l'intensité.

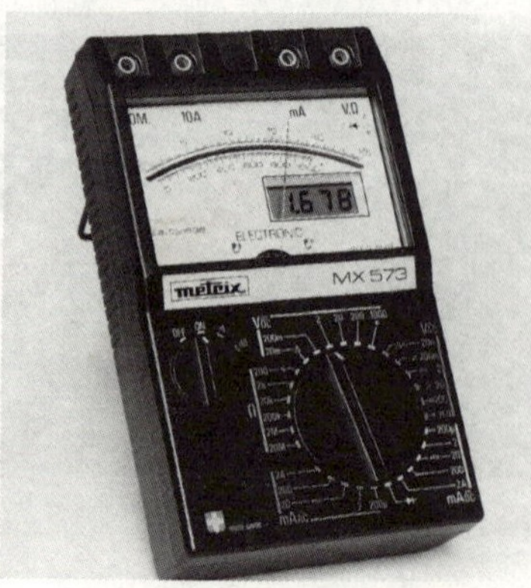

Fig. 1.08. Ampèremètre analogique et numérique.

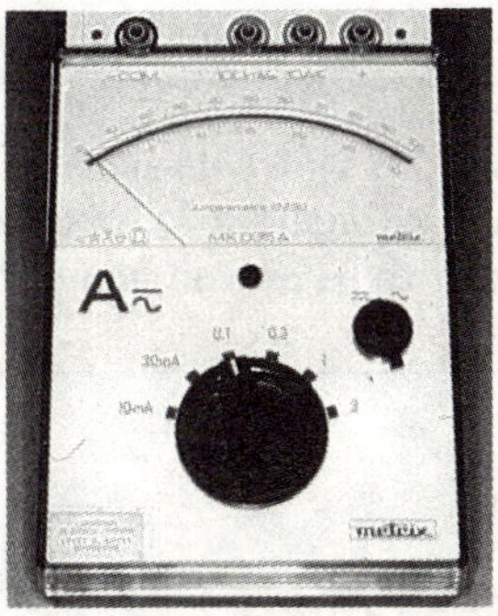

Fig. 1.09. Ampèremètre analogique polarisé : cet appareil ne dévie que si le courant entre par la borne +. Il doit donc être disposé convenablement dans le circuit.

Si l'ampèremètre est polarisé (fig. 1.09), le courant doit le traverser dans un sens déterminé (souvent, il doit entrer dans l'appareil par une borne repérée par un signe + ou par la couleur rouge).

2.4. Définition de l'intensité du courant

Si pendant une courte durée dt, une section droite d'un conducteur est traversée par une quantité d'électricité dq (fig. 1.10) l'intensité du courant est :

$$i = \frac{dq}{dt} \qquad \begin{cases} i \text{ en ampères} \\ dq \text{ en coulombs} \\ dt \text{ en secondes} \end{cases}$$

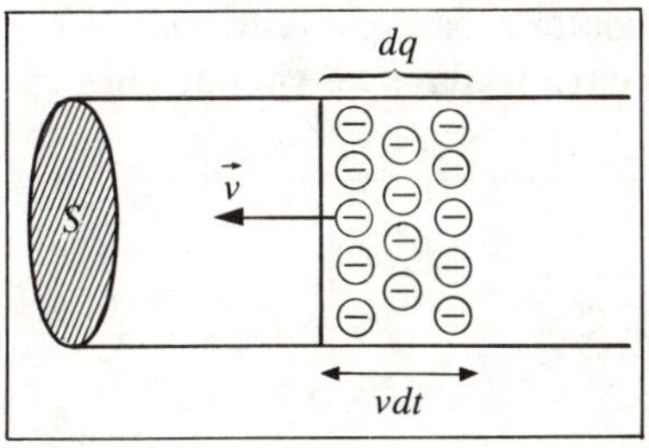

Fig. 1.10.

Si le courant est constant, son intensité i est aussi égale au quotient de la quantité q d'électricité qui traverse la section pendant une durée t quelconque :

$$i = \frac{q}{t}$$

2.5. Représentation de l'intensité du courant

Dans une branche de circuit, le courant électrique est susceptible de changer de sens si les propriétés du circuit ou si les réglages sont modifiés. Pour indiquer le sens du courant, en même temps que son intensité, on convient d'un sens positif pour la branche et on attribue un signe à l'intensité de ce courant :
signe + si le courant circule dans le sens positif choisi,
signe − si le courant circule dans le sens opposé au sens positif choisi.

Exemple : la flèche placée sur la branche MN (fig. 1.11) fixe l'orientation positive choisie et alors :
$i=3$ A indique qu'un courant de 3 A circule de M vers N,
$i=-3$ A indique qu'un courant de 3 A circule de N vers M.

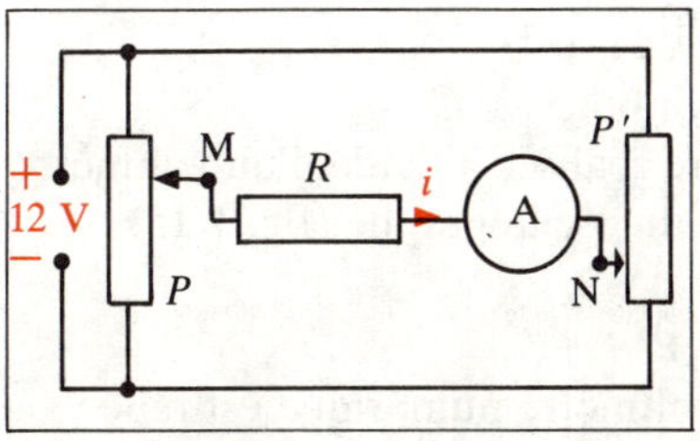

Fig. 1.11. Orientation d'un conducteur d'une branche pour définir un sens positif de circulation du courant dans cette branche.

3. LOI DES NŒUDS

3.1. Énoncé

En courant continu, ou lentement variable, il ne peut y avoir accumulation de charges électriques en un point du circuit : *la somme des charges électriques arrivant à chaque instant au nœud N est égale à la somme des charges qui s'en éloignent* (conservation de l'électricité).

Conséquence : si I_1, I_2, I_3, I_4 désignent les intensités des courants de sens connu (fig. 1.12a) au nœud N, nous avons :

$$I_1 + I_2 = I_3 + I_4.$$

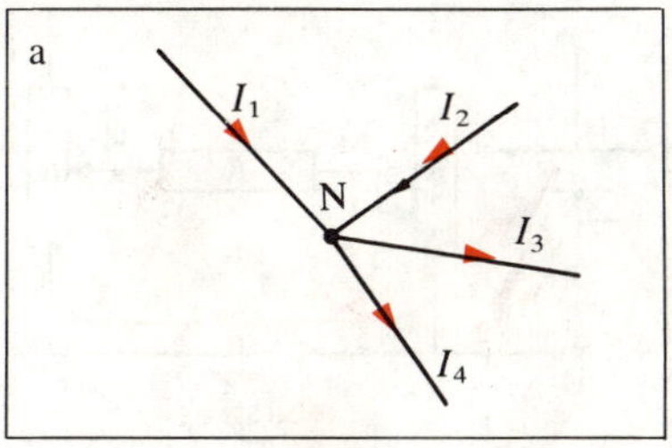

Fig. 1.12a. Les conducteurs réunis en N sont parcourus par des courants dont l'intensité et le sens sont connus :
$I_1 + I_2 = I_3 + I_4$

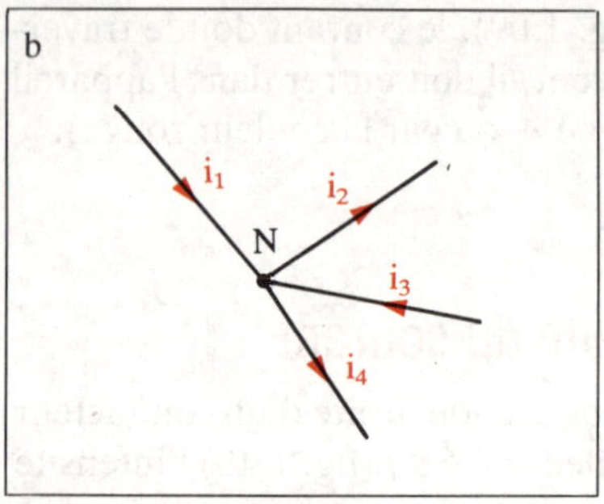

Fig. 1.12b. Les flèches placées sur les conducteurs indiquent les ***orientations*** *adoptées. En comparant les figures a et b nous pouvons écrire :* $i_1 = I_1$; $i_2 = -I_2$; $i_3 = -I_3$; $i_4 = I_4$. *D'où l'équivalence :*

$$i_1 + i_3 = i_2 + i_4 \Leftrightarrow I_1 + I_2 = I_3 + I_4$$

Remarque importante : en général, l'intensité du courant est notée *i* et nous la considérons comme une *grandeur algébrique*. Tout en respectant cette règle, nous chercherons à travailler, le plus souvent possible, avec des *grandeurs positives*. Donc, lorsque le sens du courant est connu (ou peut être déduit de l'observation du circuit) nous orienterons chaque branche dans le sens où le courant la parcourt et nous aurons alors : $i > 0$.

***Lorsque l'intensité d'un courant est connue et qu'elle est positive, nous la désignons aussi par la lettre* I.**

Dans le cas d'intensités algébriques ce résultat conduit à la loi suivante :

La somme algébrique des intensités des courants dans les conducteurs orientés vers un nœud est égale à la somme algébrique des intensités des courants dans les conducteurs orientés à partir du nœud.

Exemple (fig. 1.12b) : $i_1 + i_3 = i_2 + i_4$

3.2. Généralisation de la loi des nœuds

Sur le schéma de la figure 1.13, enfermons le transistor T dans un contour en pointillés. Nous vérifions expérimentalement :

$$i_C + i_B = i_E$$

Pour une portion de circuit délimitée par un contour fermé, la somme algébrique des intensités des courants dans les conducteurs orientés vers le contour est égale à la somme algébrique des intensités des courants dans les conducteurs orientés à partir du contour.

4. LOI DES MAILLES

4.1. Différence de potentiel (d.d.p.) ou tension

4.1.1. Définition

La différence de potentiel, ou tension, entre deux points M et N est la valeur indiquée par un voltmètre supposé parfaitement exact, branché entre les points M et N (fig. 1.14).

Une d.d.p. s'exprime en **volts** (symbole : V).

La mesure d'une tension peut être réalisée à l'aide d'un voltmètre (numérique ou analogique) ou d'un oscillographe (fig. 1.15).

4.1.2. Notation d'une d.d.p.

■ Si, lorsque la borne ⊕ d'un voltmètre numérique est reliée au point M et l'autre borne au point N, l'indication est +6,55 V, nous notons que la d.d.p. entre M et N est :

$$u_M - u_N = +6{,}55 \text{ V} \quad \text{ou :} \quad u_{MN} = +6{,}55 \text{ V}$$

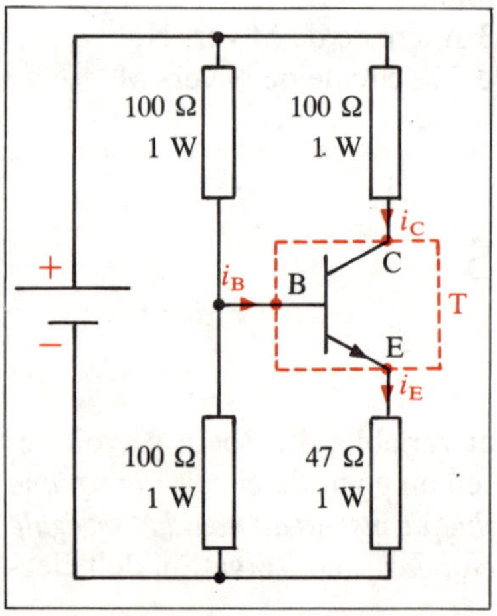

Fig. 1.13. Généralisation de la loi des nœuds au contour T. Exemple de montage utilisable pour une vérification expérimentale.

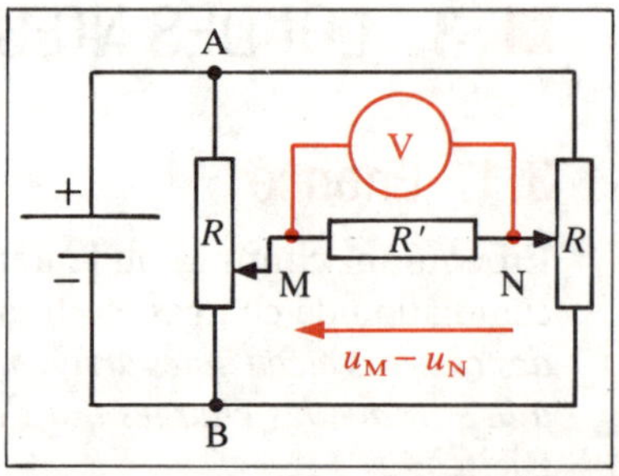

Fig. 1.14. Mesure d'une tension à l'aide d'un voltmètre et représentation symbolique de cette tension au moyen d'une flèche.

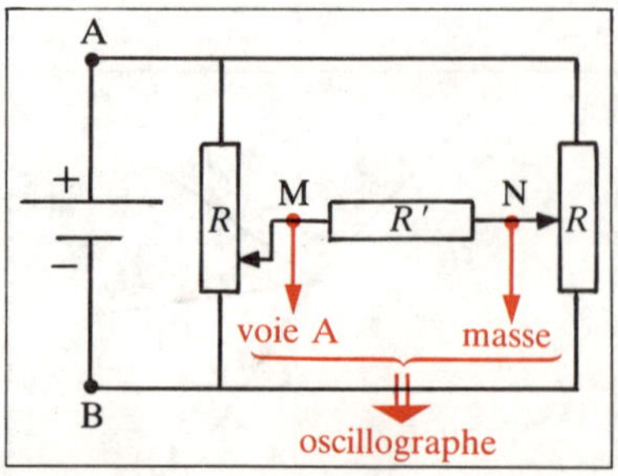

Fig. 1.15. Mesure de la tension u_{MN} *au moyen d'un oscillographe.*

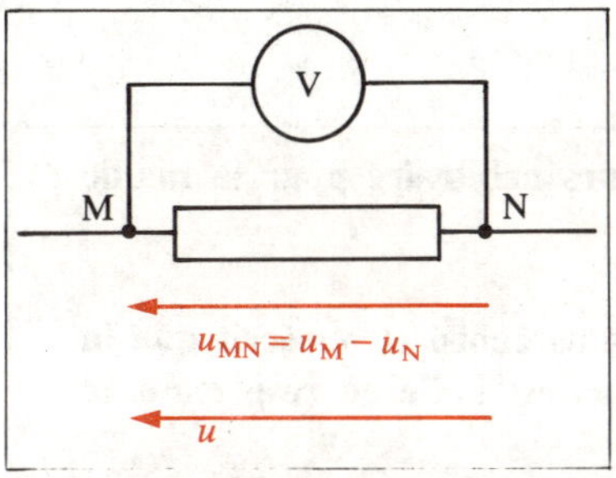

Fig. 1.16. Trois notations possibles pour la tension u_{MN}.

Nous représentons cette d.d.p. par une **flèche dont la pointe est en M et l'autre extrémité en N.**

Si nous relions la borne ⊕ du voltmètre au point N et l'autre borne au point M, l'appareil affiche alors −6,55 V et nous notons :

$$u_N - u_M = -6{,}55 \text{ V} \quad \text{ou :} \quad u_{NM} = -6{,}55 \text{ V}$$

La tension est donc une **grandeur algébrique**

■ Autre notation (fig. 1.16) : la tension est représentée par une lettre sans indice, par exemple u, et on lui associe une flèche-tension sur un schéma (il est indispensable de répéter la lettre à côté de la flèche-tension). Une lettre u à côté d'une flèche-tension dont la pointe est en M et le talon en N signifie $u = u_{MN}$.

■ 4.1.3. Potentiel de référence

Sur le montage de la figure 1.14, nous pouvons mesurer les tensions $(u_M - u_B)$, $(u_A - u_B)$, $(u_N - u_B)$, etc., c'est-à-dire toute tension entre un point quelconque et le point B pris comme référence. Sur le plan de l'écriture des résultats, nous pouvons poser $u_B = 0$ volt et considérer u_M, u_A, u_N, u_B comme des grandeurs physiques (ce choix sera justifié ultérieurement). Ces grandeurs sont appelées des **potentiels.**

u_B est le potentiel de référence pour le montage.

L'écriture peut alors être simplifiée :
$u_M - u_B = 2{,}15$ V devient alors : $u_M = 2{,}15$ V.

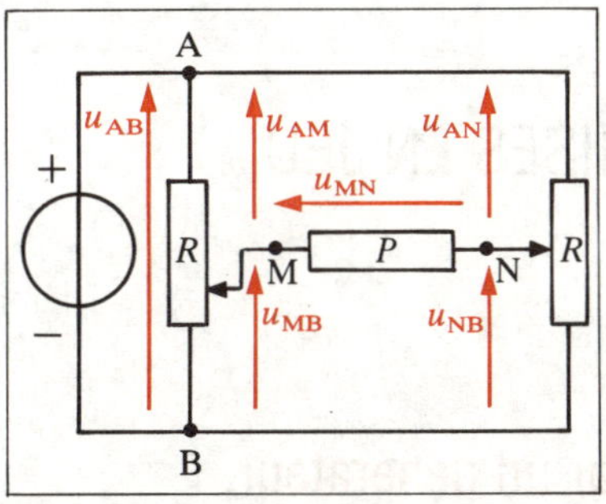

Fig. 1.17. Additivité des tensions. Exemple des valeurs relevées pour des positions déterminées de M et N :
$u_{AB} = 12{,}00$ V ; $u_{AM} = 8{,}00$ V ;
$u_{AN} = 2{,}55$ V ; $u_{MB} = 4{,}00$ V ;
$u_{NB} = 9{,}45$ V ; $u_{MN} = -5{,}45$ V.

4.2. Loi des mailles

■ 4.2.1. Étude expérimentale

Sur le dispositif expérimental précédent (fig. 1.17), nous mesurons successivement : u_{AB}, u_{AM}, u_{AN}, u_{MB}, u_{NB}, u_{MN}. Nous pouvons ensuite vérifier les relations suivantes :

$$u_{AB} = u_{AM} + u_{MB} = u_{AN} + u_{NB}$$
$$u_{AN} = u_{AM} + u_{MN}$$
$$u_{MB} = u_{MN} + u_{NB}$$

Loi d'additivité des tensions
La tension u_{AN} entre deux points N et A est égale à la somme des tensions qui peuvent être relevées sur une branche AN en leur affectant :
le signe +, si dans le parcours de A à N, la flèche-tension est rencontrée par la pointe,
le signe −, si la flèche-tension est rencontrée par le talon.

■ 4.2.2. Loi d'additivité des tensions

Ces résultats peuvent être généralisés, et avec trois nœuds A, M, N quelconques (fig. 1.18) :

$$u_{AM} + u_{MN} = u_{AN}$$

C'est **la loi des branches.** Comme : $u_{NA} = -u_{AN}$, nous pouvons toujours écrire :

$$u_{AM} + u_{MN} - u_{AN} = 0$$

ou :

$$u_{AM} + u_{MN} + u_{NA} = 0 \text{ (loi des mailles).}$$

Les fils de liaison d'un circuit électrique sont assimilés à des conducteurs parfaits. La tension entre les extrémités d'un fil parcouru par un courant est considérée comme nulle.

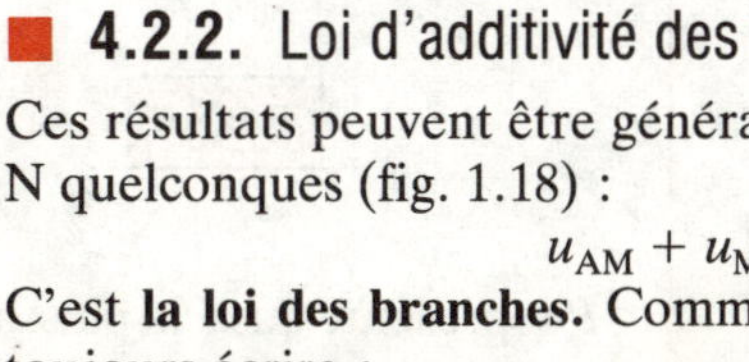

Fig. 1.18.

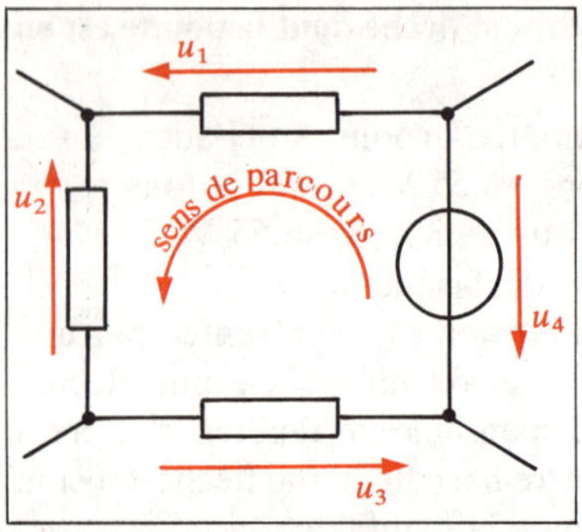

Fig. 1.19. Application de la loi des mailles. Compte tenu du sens de parcours choisi nous écrirons :

$$-u_1 + u_2 - u_3 + u_4 = 0$$

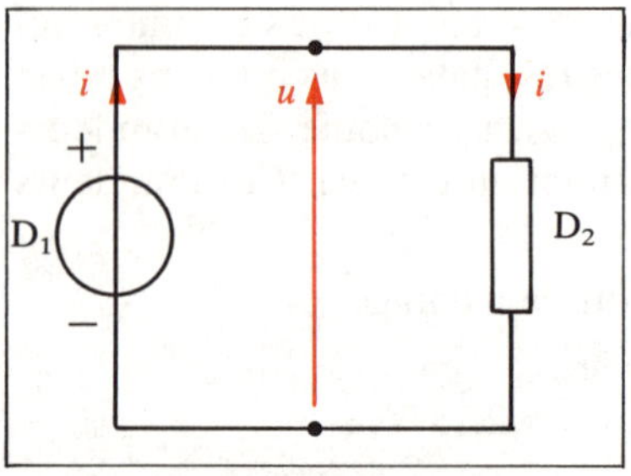

Fig. 1.20. D_1 est le dipôle générateur qui alimente le dipôle récepteur D_2.

Fig. 1.21. Wattmètre.

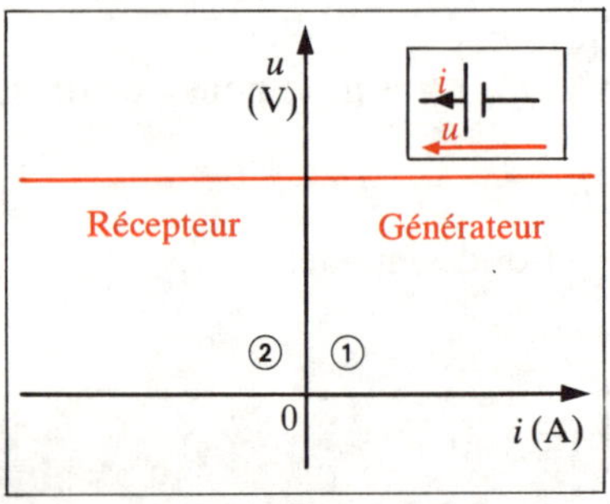

*Fig. 1.22. Caractéristique u(i) d'une batterie d'accumulateurs. C'est un dipôle actif. Le quadrant 1 correspond au fonctionnement en **générateur** (ui>0) ; le quadrant 2 correspond au fonctionnement en **récepteur** (ui<0).*

4.2.3. Règle d'écriture

On choisit un sens de parcours arbitraire pour la maille (fig. 1.19).

On décrit la maille dans le sens choisi et on écrit que la somme algébrique des tensions est nulle en respectant la convention suivante :
si la flèche-tension est rencontrée par la pointe, la tension est affectée du signe + ;
si la flèche-tension est rencontrée par le talon, la tension est affectée du signe −.

5. PUISSANCES MISES EN JEU DANS UN CIRCUIT

5.1. Puissance fournie par un générateur. Puissance absorbée par un récepteur

Le dipôle D_1 (fig. 1.20) est un générateur qui alimente le dipôle récepteur D_2.

Pour le dipôle D_1, la flèche-tension *u* et la flèche orientant le conducteur ont le même sens, c'est la **convention générateur**.

Pour le dipôle D_2, les flèches pour *u* et *i* ont des sens contraires, c'est la **convention récepteur**.

Le générateur D_1 fournit un courant d'intensité *i*, constante et positive ; la tension *u* est également constante et positive. La puissance que le générateur fournit au récepteur est égale à :

$$P = ui \quad \begin{cases} P \text{ en watts} \\ u \text{ en volts} \\ i \text{ en ampères} \end{cases}$$

P représente aussi la puissance absorbée par le récepteur. La puissance peut être mesurée à l'aide d'un wattmètre (fig. 1.21).

5.2. Dipôles actifs. Dipôles passifs

■ Un *dipôle est dit actif si sa caractéristique courant-tension ne passe pas par l'origine* (fig. 1.22).
Selon que le produit (*ui*) est positif ou négatif, le dipôle fonctionne **en générateur ou en récepteur.** Il s'agit alors d'un *dipôle actif réversible.*

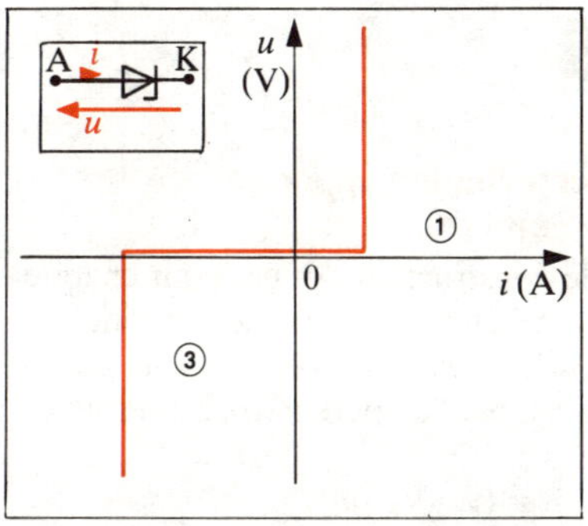

Fig. 1.23. *Caractéristique* u(i) *d'une diode Zener. C'est un dipôle passif. Dans les quadrants 1 et 3 le produit* (ui) *est soit positif, soit nul : le dipôle fonctionne uniquement en* ***récepteur.***

■ Un *dipôle* ***passif*** *présente une caractéristique courant-tension qui passe par l'origine* (fig. 1.23). Si elle est tracée en adoptant la convention récepteur, elle est située dans les quadrants 1 et 3. Dans ces conditions, le produit (*ui*) conserve toujours le même signe : le **dipôle est toujours récepteur.**

5.3. Limitations du fonctionnement statique d'un dipôle

En courant continu (fonctionnement statique), l'état électrique d'un dipôle est entièrement connu quand sont fixées la valeur u de la tension entre ses bornes et la valeur i de l'intensité du courant qui le traverse, u et i étant définies en utilisant l'une des conventions indiquées précédemment. Par exemple, si $u = U_0$, $i = I_0$, le couple (U_0, I_0) appartient nécessairement à la courbe représentative de la fonction $u(i)$, c'est-à-dire à la caractéristique du dipôle.

Pour que cet état électrique puisse être maintenu sans risque de détérioration, certaines conditions doivent être respectées et le constructeur indique au moins l'une des caractéristiques suivantes :
la *tension maximale* qui peut être appliquée au dipôle (fig. 1.24) ;
le *courant maximal* admissible dans celui-ci (fig. 1.25) ;
la *puissance* que le dipôle récepteur peut absorber ou celle que le dipôle générateur peut fournir (fig. 1.26).

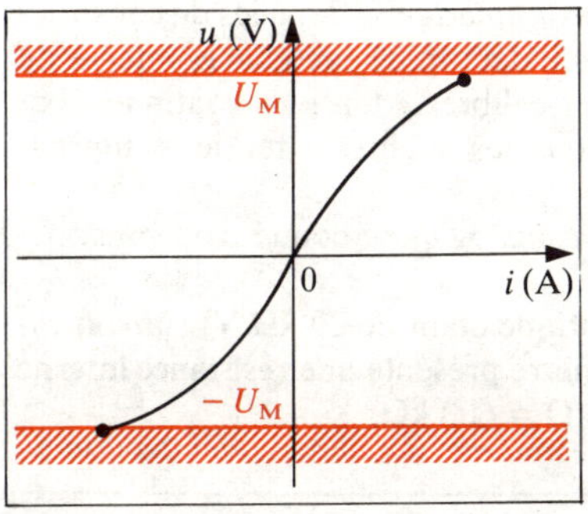

Fig. 1.24. *Caractéristique avec la limitation en tension pour le dipôle.*

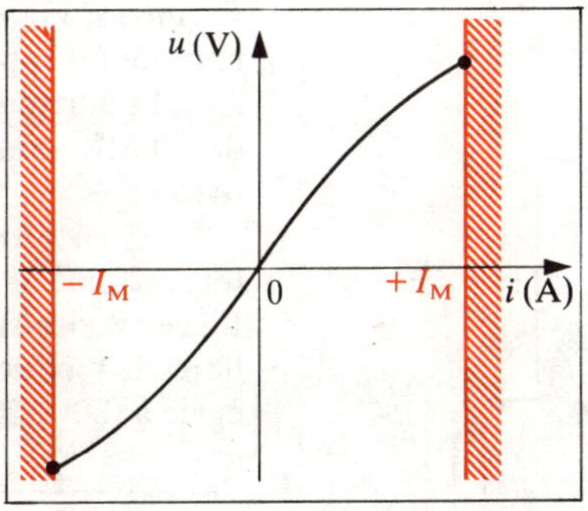

Fig. 1.25. *Caractéristique avec la limitation en courant pour le dipôle.*

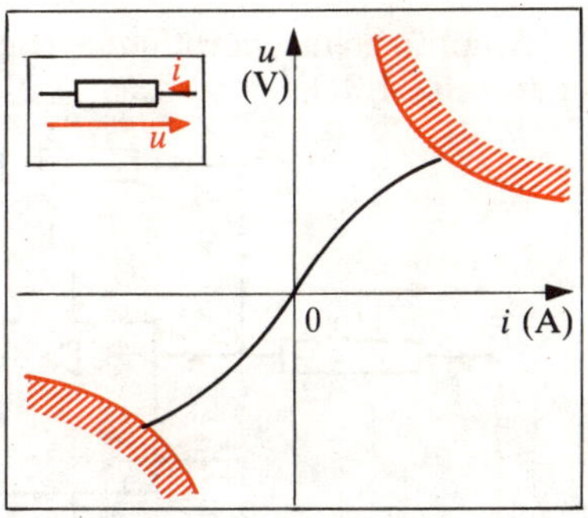

Fig. 1.26. *Caractéristique avec la limitation en puissance pour le dipôle.*

Travaux pratiques

1. Dispositif à résistances pondérées

Vérification de la loi des nœuds (voir exercice 1.22).
La figure 1.27 illustre le principe d'un convertisseur numérique-analogique à 4 bits à résistances pondérées. Il utilise des résistances étalons (par exemple des boîtes AOIP). La tension continue E doit être stable (tension d'un régulateur 16 V par exemple).

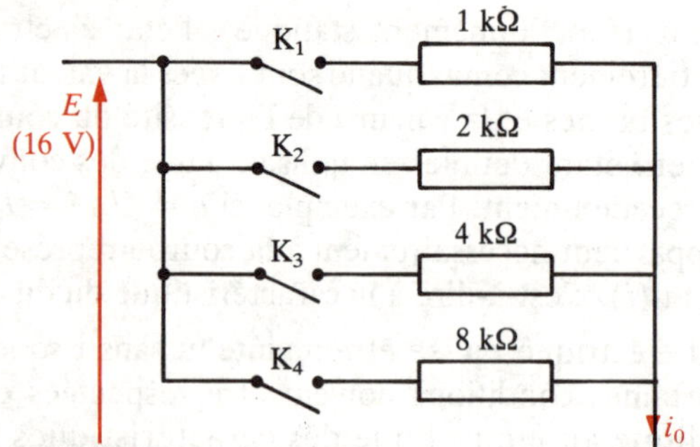

Fig. 1.27.

On effectue la mesure des intensités des courants pour différentes positions des interrupteurs en utilisant plusieurs ampèremètres, puis à l'aide d'un seul ampèremètre que l'on déplace. On observera que la loi des nœuds est mieux vérifiée dans le premier cas (en ajoutant un ampèremètre dans une branche on modifie la résistance de cette branche).

2. Amplificateur opérationnel (fig. 1.28 et exercice 1.31).

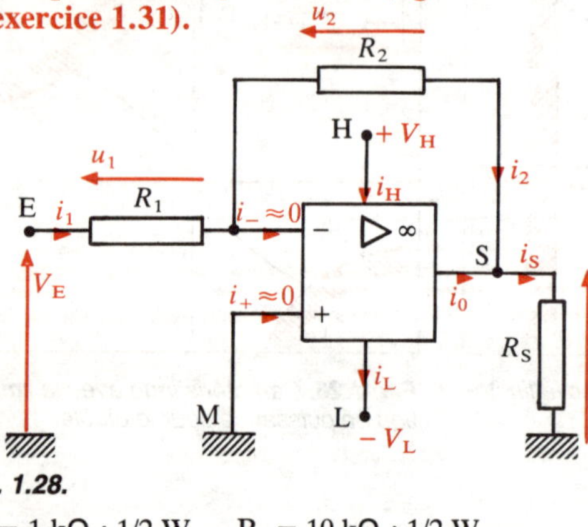

Fig. 1.28.

$R_1 = 1\ \text{k}\Omega$; 1/2 W $\quad R_2 = 10\ \text{k}\Omega$; 1/2 W
$R_S = 1\ \text{k}\Omega$; 1/2 W
Amplificateur opérationnel TL 081
alimenté sous ± 15 V. V_E est réglée
pour avoir une tension V_S entre 9 et 10 V.

On vérifie la généralisation de la loi des nœuds :

1° pour l'amplificateur opérationnel : $i_H = i_L + i_O$

2° pour le montage : $i_1 + i_H = i_S + i_L$ (on aura vérifié aussi que $i_2 = i_1$)

3° au nœud S : $i_0 + i_2 = i_S$

On vérifie également les relations suivantes (par exemple) :

$$V_{HM} = V_{HE} + V_{EL} + V_{LM} \text{ et : } V_{LM} = V_{LE} + V_{EM}$$

3. Remarque : perturbation apportée par un appareil de mesure.

■ **Ampèremètre :** le constructeur donne, pour chaque calibre, la chute de tension v_{max} pour le courant i_{max} *correspondant au calibre.* Pour un courant i, la chute de tension v provoquée par l'ampèremètre est sensiblement égale à :

$$v = (v_{max}/i_{max})i$$

Exemple. Données du constructeur : $i_{max} = 0{,}5$ mA ; $v_{max} = 0{,}3$ V. Si $i = 0{,}2$ mA alors :

$$v = (0{,}3/0{,}5) \times 0{,}2 = 0{,}12 \text{ V}$$

Souvent, cette tension v est négligeable devant les tensions aux bornes des autres dipôles du circuit et il n'est pas nécessaire d'opérer une correction des résultats des mesures.

■ **Voltmètre :** un voltmètre dérive un courant i_0 égal au quotient de la tension qu'il indique par sa résistance interne. Le constructeur indique :
– soit directement cette *résistance interne* (appareils numériques ou électroniques) ;
– soit la *résistance spécifique* (appareils analogiques), exprimée en ohms par volt, *qui permet de calculer la valeur de la résistance interne pour chaque calibre du voltmètre.* Par exemple, pour un calibre c le voltmètre présente une résistance interne égale à : (c × résistance spécifique).

Exemples. *Voltmètre numérique :* données du constructeur pour un appareil déterminé : **résistance interne** de 2 MΩ pour tous les calibres « tensions continues » et de 10 MΩ pour tous les calibres « tensions alternatives ».

Voltmètre analogique : données du constructeur : 20 kΩ/V
La **résistance spécifique** étant de 20 kΩ/V, sur son calibre 30 V ce voltmètre présente une **résistance interne** égale à (30 × 20) kΩ = 600 kΩ.

Un ampèremètre parfait ne produirait aucune chute de tension. Sa résistance interne devrait être nulle.

Un voltmètre parfait ne devrait pas être traversé par un courant. Sa résistance interne devrait être infinie.

Pour chaque mesure (tension ou courant) il convient de choisir avec soin le type d'appareil et le nombre d'appareils pour n'introduire qu'une très faible perturbation dans le circuit. Dans la mesure du possible, avec un appareil analogique, il faut choisir le calibre qui permet une lecture dans le dernier tiers de la graduation.

Contrôle des connaissances

DONNER LA RÉPONSE EXACTE (elle se trouve parmi les quatre propositions fournies à la suite de l'énoncé).

1.01. Pour la portion de circuit (fig. 1.29), on donne : $i_1 = 10$ A, $i_3 = -3$ A, $i_4 = -2$ A.
Quelle est la valeur de i_5 ?

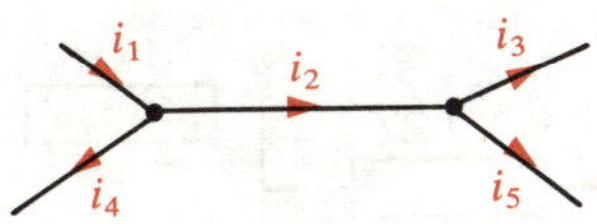

Fig. 1.29.

R : 5 A ; 11 A ; 15 A ; réponse impossible à donner car i_2 n'est pas connue.

1.02. Pour le nœud M (fig. 1.30), on donne : $i_1 = -6$ mA, $i_2 = 3$ mA, $i_3 = 5$ mA et $i_4 = -3$ mA.
Quelle est l'intensité du courant i_5 ?

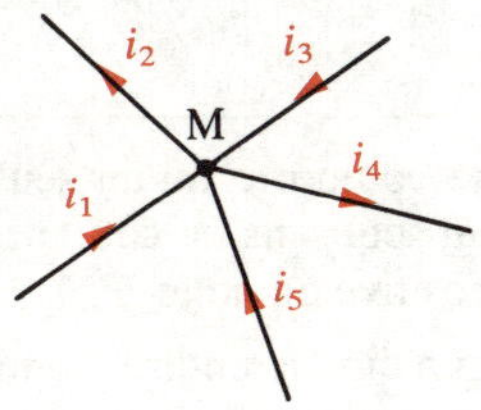

Fig. 1.30.

R : 1 mA ; 17 mA ; −1 mA ; −6 mA.

1.03. Pour la branche AC (fig. 1.31) on relève : $u = 20$ V et $u_2 = 5$ V. Quelle est la valeur de u_1 ?

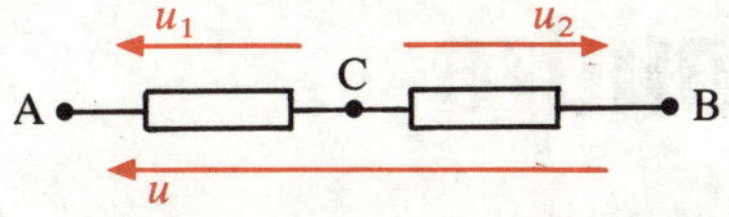

Fig. 1.31.

R : 15 V ; 25 V ; −15 V ; calcul impossible car l'origine des potentiels n'est pas fixée.

1.04. Dans la portion de montage de fig. 1.32 on mesure : $u_1 = 20$ V ; $u_2 = -5$ V ; $u_3 = 5$ V.
Quelle est la valeur de la tension u_4 ?

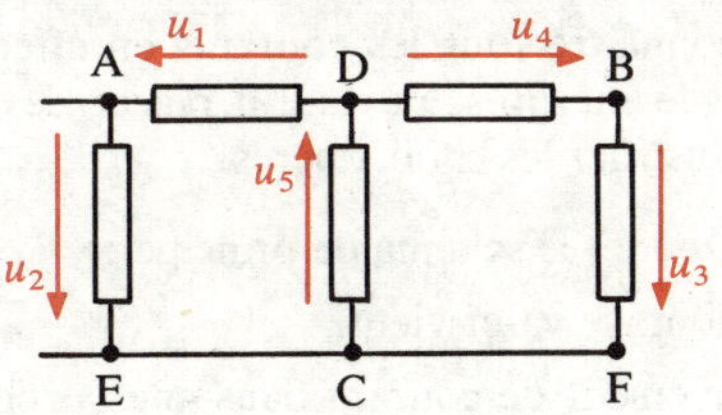

Fig. 1.32.

R : 10 V ; 15 V ; 20 V ; calcul impossible car u_5 est inconnue.

1.05. On mesure (fig. 1.31) $u_1 = -10$ V et $u_2 = 5$ V.
Le potentiel de C est pris pour origine des potentiels ($u_C = 0$ V). Quel est le potentiel de A ?

R : 15 V ; 10 V ; 5 V ; −15 V.

1.06. Le dipôle AB (fig. 1.33) est un générateur qui alimente un récepteur passif. Quel est le signe de l'intensité du courant dans ce circuit ?

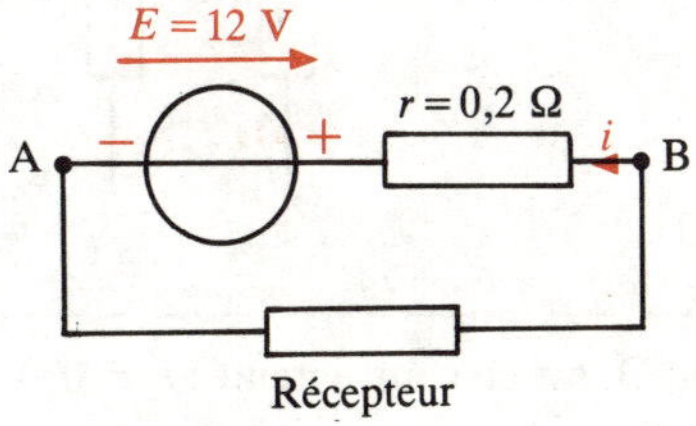

Fig. 1.33.

R : $i>0$; $i<0$; réponse impossible à donner, cela dépend de la nature des porteurs de charge.

1.07. A partir d'un instant $t=0$, un générateur débite un courant d'intensité I constante dans un autre générateur G. On note $q(t)$ la quantité d'électricité reçue par G pendant la durée t. Quelle est la courbe représentative de la fonction $q(t)$ (fig. 1.34) ?

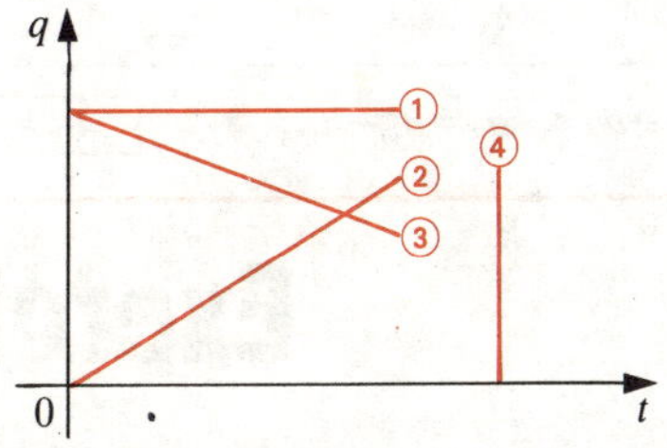

Fig. 1.34.

R : courbe 1, 2, 3 ou 4.

1.08. Un générateur G débite, en 5 h, dans la batterie d'accumulateurs B_1 de 6 V, la quantité d'électricité $Q = 12$ Ah (fig. 1.35).
Quelle est la quantité d'électricité reçue en 5 h par la batterie d'accumulateurs B_2 de 12 V ?

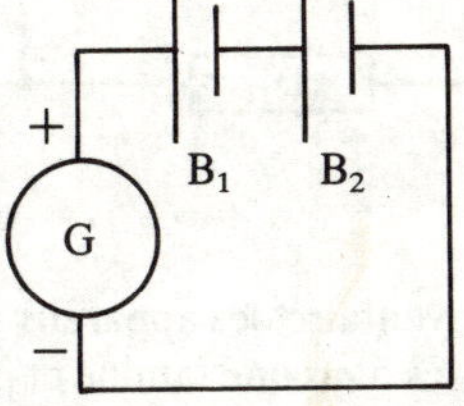

Fig. 1.35.

R : 12 Ah ; 6 Ah ; 24 Ah ; 0 Ah.

Exercices résolus

1.09. **Dans la portion de circuit de la figure 1.36, calculer les intensités i_1, i_2 et i_3 sachant que $i_4 = 7$ A, $i_5 = 2$ A, $i_6 = 3$ A, $i_7 = 5$ A.**

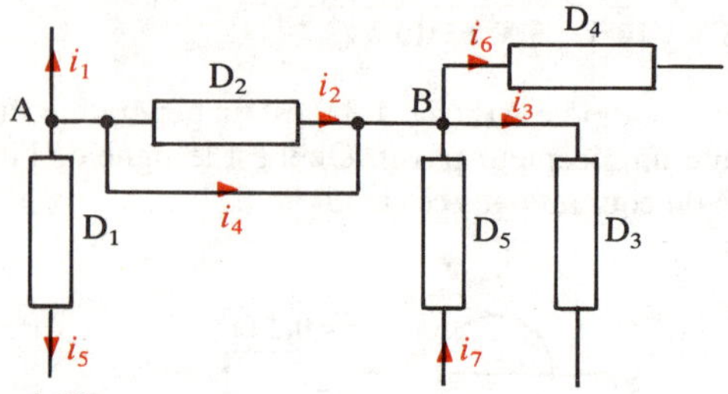

Fig. 1.36.

Solution :

- Le dipôle D_2 est en court-circuit : $i_2 = 0$ A.
- Au nœud A nous avons : $i_1 + i_2 + i_4 + i_5 = 0$

soit : $i_1 = -(i_2 + i_4 + i_5) \Rightarrow$ $\boxed{i_1 = -9 \text{ A}}$

- Au nœud B nous avons : $i_2 + i_4 + i_7 = i_6 + i_3$

ou : $i_3 = i_2 + i_4 + i_7 - i_6 \Rightarrow$ $\boxed{i_3 = 9 \text{ A}}$

1.10. **Dans le montage de la figure 1.32, on a mesuré : $u_{DA} = 10$ V, $u_{AC} = 20$ V et $u_{BF} = 5$ V. En prenant le point D pour référence des potentiels, calculer les potentiels des points A, B, C, E et F (l'ordre n'est pas imposé).**

Solution :

- $u_{DA} = u_D - u_A \Rightarrow u_A = u_D - u_{DA} \Rightarrow$ $\boxed{u_A = -10 \text{ V}}$
- $u_{AC} = u_A - u_C \Rightarrow u_C = u_A - u_{AC} \Rightarrow$ $\boxed{u_C = -30 \text{ V}}$
- $u_{EC} = 0 \Rightarrow u_E = u_C \Rightarrow$ $\boxed{u_E = -30 \text{ V}}$
- $u_{CF} = 0 \Rightarrow u_F = u_C \Rightarrow$ $\boxed{u_F = -30 \text{ V}}$

1.11. **Le circuit de la figure 1.37 comporte une diode. Calculer les valeurs de u et de i.**

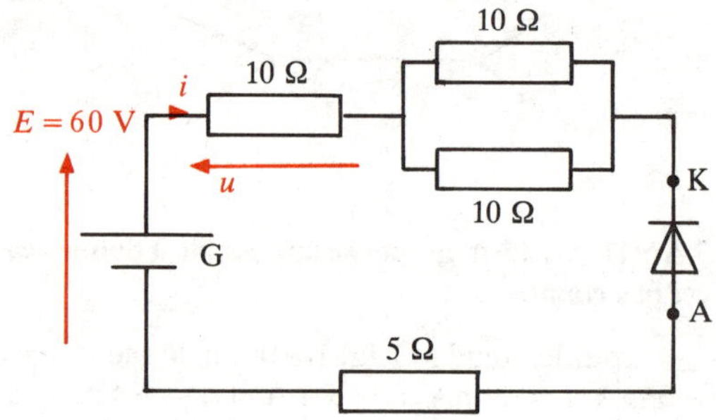

Fig. 1.37.

Solution :

- Le circuit ne comporte qu'un seul générateur qui n'autorise qu'un seul sens de courant : l'intensité i ne peut être que positive ou nulle.
- La diode est un dipôle unidirectionnel qui ne permet le passage du courant que dans le sens anode A-cathode K dans la diode (voir cours de seconde). Donc elle interdit un courant dans le sens positif.

Il reste une seule possibilité : $\boxed{i = 0 \; ; u = 0}$

Exercices à résoudre

1.12. Dans le schéma de la figure 1.38 quels sont les dipôles en série ? Quels sont les dipôles en parallèle ?

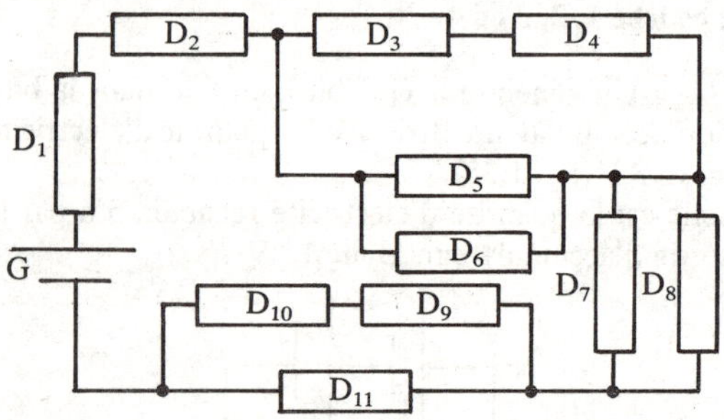

Fig. 1.38.

1.13. Faire l'inventaire des appareils électriques qui peuvent être utilisés dans une famille et préciser le type de conversion d'énergie qu'ils réalisent.

1.14. Faire l'inventaire des différents appareils de mesure électriques d'un poste de laboratoire, rechercher leurs propriétés et, si possible, leurs caractéristiques.

1.15. Un circuit comporte trois nœuds A, B, C. Entre A et C se trouvent trois branches contenant, l'une, un générateur en série avec un résistor, les deux autres, un résistor chacune. Entre A et B se trouve un résistor, entre B et C il y a deux résistors en parallèle.

1° Représenter le schéma du circuit.

2° Pour connaître tous les courants en effectuant un minimum de mesures, où faut-il placer des ampèremètres ? Justifier les choix opérés.

1.16. Donner le schéma de principe :

1° d'un montage va-et-vient,

2° d'un inverseur de courant dans une portion de circuit.

1.17. Pour le nœud A on mesure (fig. 1.39) :
$i_1 = -3$ A ; $i_2 = 8$ A ; $i_3 = 4$ A ; $i_4 = -5$ A ; $i_6 = 7$ A.

1° Calculer i_5.

2° Indiquer sur un schéma les polarités des ampèremètres qui permettent de mesurer ces courants (avec des résultats de mesure positifs s'il s'agit d'appareils numériques).

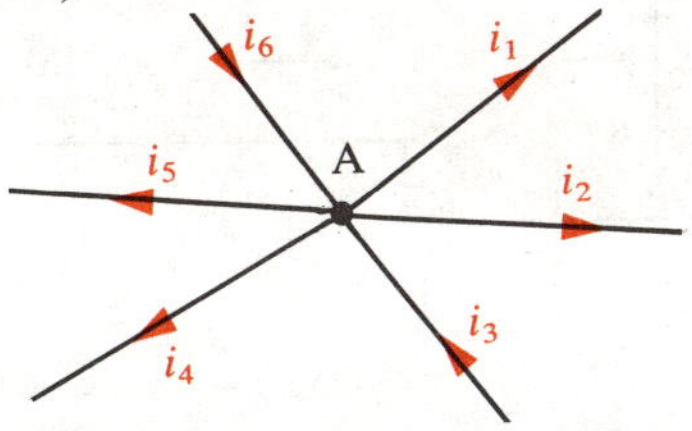

Fig. 1.39.

1.18. Pour le réseau de la figure 1.40 on donne $i_1 = 10$ A, $i_4 = 4$ A et $i_6 = 5$ A.

1° Calculer les intensités des courants.

2° Préciser les sens réels des courants.

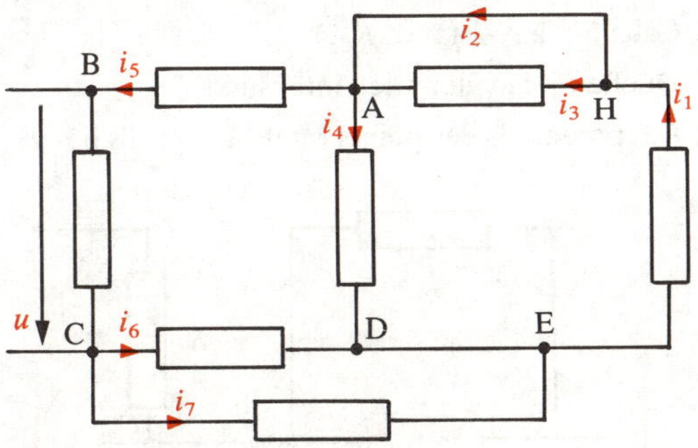

Fig. 1.40.

1.19. Dans le montage de la figure 1.41 on a : $i = 0$. Calculer i_1.

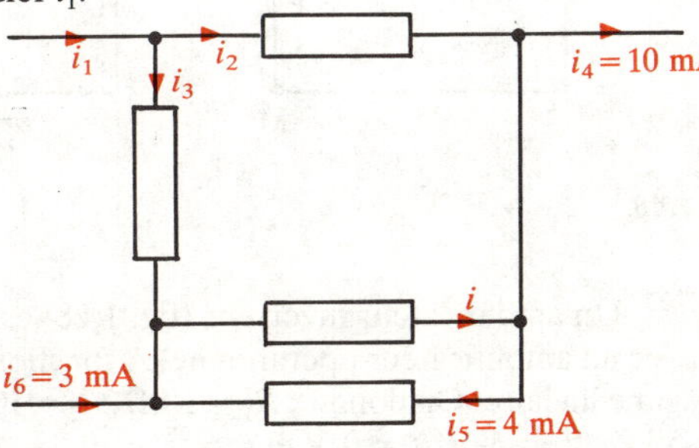

Fig. 1.41.

1.20. Calculer les intensités des courants i_1, i_2, i_3, i_4 et i_5 dans le montage de la figure 1.42.

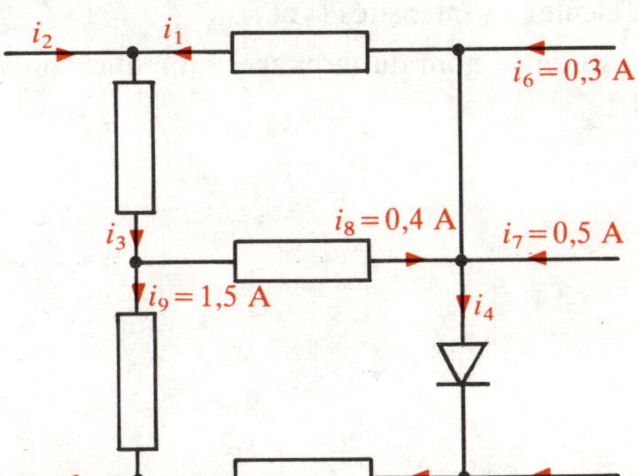

Fig. 1.42.

1.21. Dans le réseau de la figure 1.27, calculer toutes les valeurs possibles de l'intensité i_0 en organisant les réponses à l'aide du tableau logique suivant : la valeur 1 associée à la variable logique k_j signifie que l'interrupteur K_j (j compris entre 1 et 4) est fermé

k_4	k_3	k_2	k_1	i_0
0	0	0	0	
0	0	0	1	
0	0	1	0	
0	1	0	0	
1	0	0	0	
0	0	1	1	

etc...

1.22. Le courant qui traverse un tube cathodique d'oscillographe a une intensité de 0,1 mA. Les porteurs de charge sont des électrons. Calculer le nombre d'électrons qui arrivent en moyenne, sur l'écran, durant une heure de fonctionnement.
Charge de l'électron : $-e = -1{,}6.10^{-19}$C.

1.23. Un courant continu d'intensité constante, égale à 8 A, parcourt un circuit électrique. Calculer :

1° la quantité d'électricité transportée pendant 2 h 20 min (l'exprimer en coulombs et en ampères-heures).

2° le nombre d'électrons qui traversent une section droite du circuit : a) par seconde, b) en 2 h 20 min.
Charge de l'électron : $-e = -1{,}6.10^{-19}$C.

1.24. Pour le circuit de la figure 1.43 on donne : $u_1 = 20$ V, $u_2 = 5$ V et $u_4 = -8$ V. Calculer toutes les autres tensions.

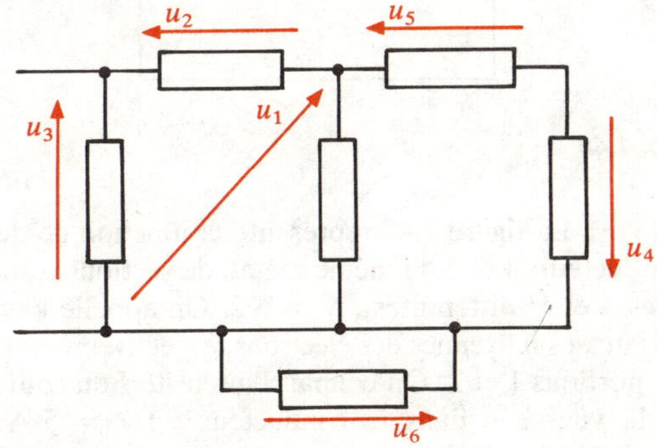

Fig. 1.43.

1.25. Quelle puissance le dipôle AB fournit-il à la charge CD (fig. 1.44) ?

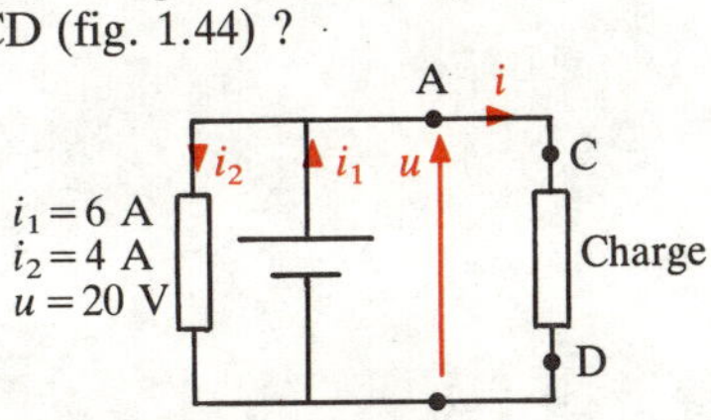

Fig. 1.44.

1.26. Trois points A, B, C d'un montage sont portés aux potentiels suivants : $u_A = -6$ V, $u_B = 4$ V, $u_C = -1$ V. Calculer u_{AB}, u_{BC}, u_{CA}.

1.27. Dans le montage de la figure 1.45, on relève : $u_2 = 3$ V et $u_3 = 5$ V. Calculer u_{AD} et I.

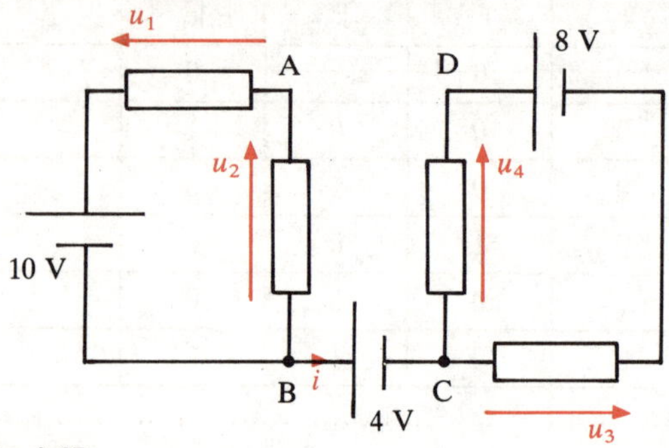

Fig. 1.45.

1.28. Le montage de la figure 1.46 comporte un transistor NPN. On mesure : $V_{CC} = 24$ V ; $V_{BE} = 0{,}7$ V ; $V_{CE} = 12$ V ; $i_1 = 5$ mA et $i_2 = 250$ mA. Calculer :

1° l'intensité i_3 ;

2° les tensions aux bornes des résistors ainsi que les valeurs de leur résistance.

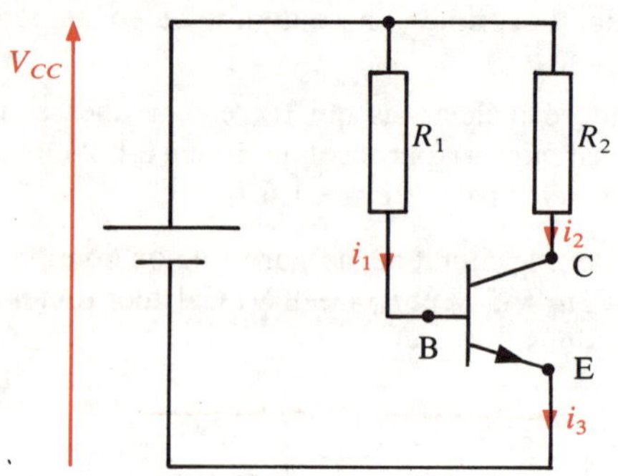

Fig. 1.46.

1.29. La figure 1.47 représente la jonction de deux conducteurs 1 et 2 du même métal, de sections respectives S et S' différentes : $S' = S/2$. On appelle v et v' les vitesses moyennes des électrons respectivement dans les portions 1 et 2. On connaît l'intensité I du courant et la vitesse v dans le conducteur 1 : $I = 5$ A et $v = 1{,}2$ m/h. Quelles sont les valeurs de I' et v' ?

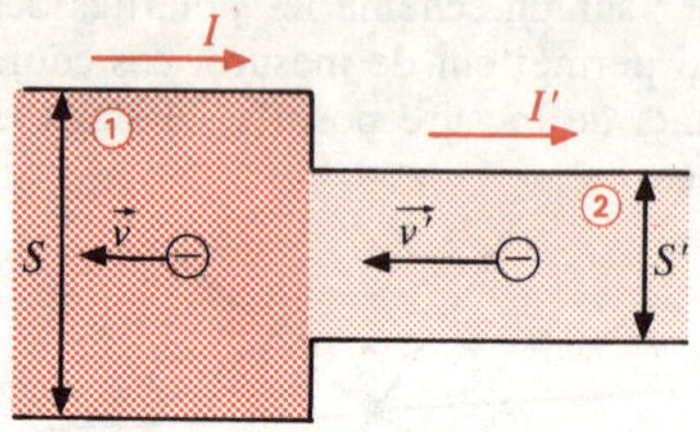

Fig. 1.47.

1.30. Le montage de la figure 1.48 comporte un photocoupleur P (TIL 111 par exemple) dans lequel la diode électroluminescente D émet de la lumière qui est reçue sur la base de T. On donne : $E = 5$ V, $V_{CC} = 12$ V, $V_d = 1{,}2$ V, $V_{CE} = 6$ V, $i_1 = 10$ mA et $R_d = 250\ \Omega$.

1° Calculer l'intensité du courant i_d.

2° Calculer la résistance R_C.

3° Quelle est la valeur de l'intensité i_2 ?

4° Les potentiels des points M et M' sont-ils liés ?

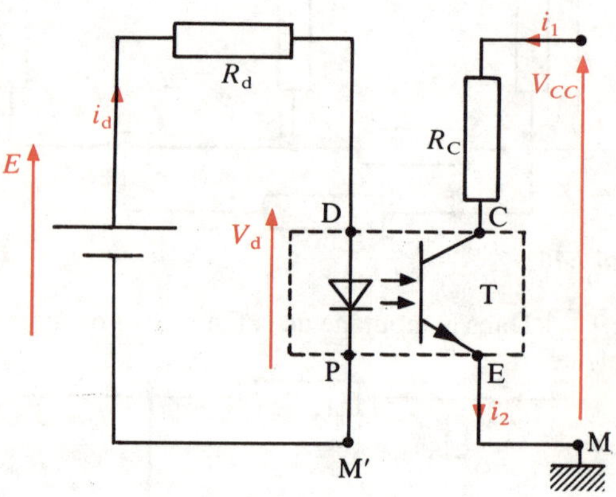

Fig. 1.48.

1.31. Un amplificateur inverseur (fig. 1.28) est réalisé avec un amplificateur opérationnel A fonctionnant en régime linéaire. On donne : $R_1 = 1$ kΩ, $R_2 = 10$ kΩ, $R = 5$ kΩ, $V_e = 1$ V, $\varepsilon = 0$ V et $i_- = i_+ = 0$.

1° Calculer la tension u_1 et l'intensité i_1.

2° Calculer l'intensité i_2 et les tensions u_2 et V_S.

3° Calculer les intensités i_O et i_S.

4° Justifier le nom du montage : amplificateur inverseur.

Chapitre 2

LOI D'OHM. ASSOCIATIONS DE RÉSISTORS

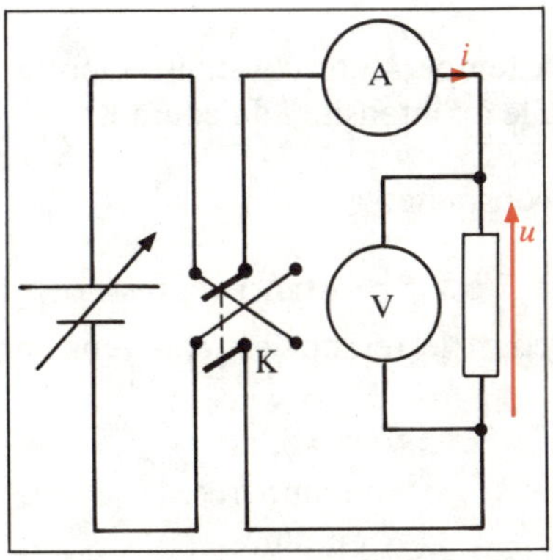

Fig. 2.01. *Montage permettant de relever la caractéristique u(i) d'un résistor. On inverse le courant dans le résistor au moyen de K.*

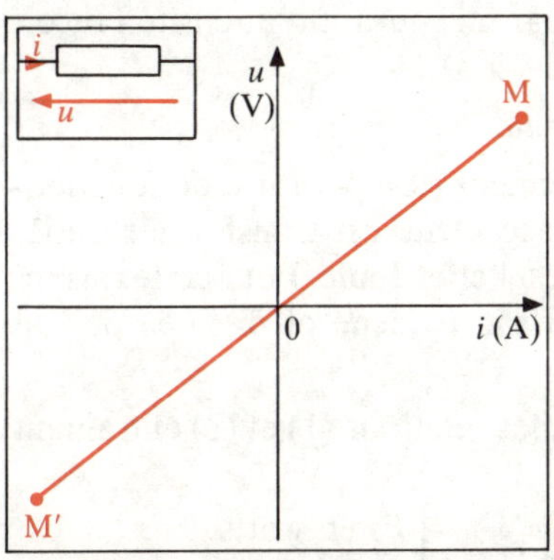

Fig. 2.02. *Caractéristique courant-tension de résistor linéaire avec limitations en M et M'.*

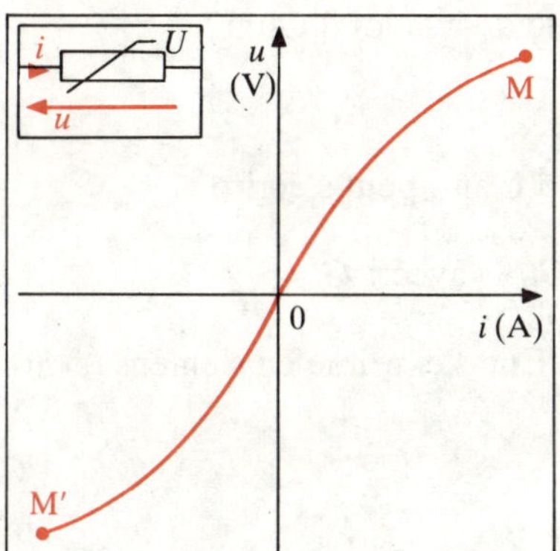

Fig. 2.03. *Caractéristique courant-tension d'un résistor non linéaire (varistance).*

1. RÉSISTOR OU DIPÔLE RÉSISTIF

1.1. Rappel

Un résistor est un **dipôle** :

- **passif** : il ne peut fournir de l'énergie,
- **symétrique** : il n'est pas polarisé.

Ces propriétés se déduisent de la caractéristique courant-tension qui passe par O et qui est symétrique par rapport à ce point. Rappelons qu'elle doit être relevée (fig. 2.01) en maintenant constants les paramètres physiques tels que température, champ magnétique, éclairement, etc.

Le passage du courant dans un résistor s'accompagne d'un effet thermique (ex. : radiateur électrique). De ce fait, le domaine d'utilisation du composant est limité par la puissance qu'il peut dissiper. Si le point de fonctionnement ne se trouve pas entre M et M' (fig. 2.02), l'énergie thermique produite n'est pas entièrement évacuée, la température croît rapidement et cela entraîne, le plus souvent, la destruction du composant.

1.2. Classement des résistors

Le classement est réalisé en tenant compte de la forme de la caractéristique $u(i)$ comme l'indique l'organigramme.

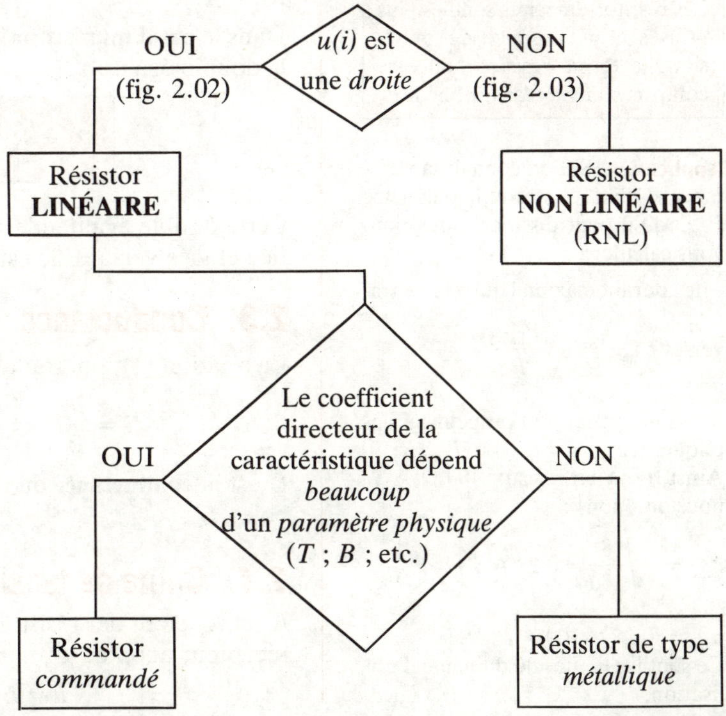

Résistance. En électricité, ce terme désigne :
– la caractéristique R définie au paragraphe 2.1,
– le composant lui-même que nous avons appelé résistor ou dipôle résistif (cela afin d'éviter des expressions telles que « conductance de la résistance » et des risques de confusion pour une première étude).
Cette distinction n'est pas indispensable dans la pratique car le contexte permet de lever toute ambiguïté assez facilement. Il est donc souhaitable de s'habituer aussi à cet emploi du mot résistance.

1.3. Remarque

Comme nous avons adopté la convention récepteur, le produit (ui) est toujours positif : un résistor est toujours récepteur.

2. RÉSISTORS LINÉAIRES. LOI D'OHM

2.1. Loi d'Ohm

La caractéristique $u(i)$ relevée à température constante montre que la tension u est proportionnelle à l'intensité i du courant :

$$\frac{u}{i} = R = \text{constante.}$$

Le coefficient de proportionnalité R est la **résistance** du résistor.

Si l'intensité du courant qui parcourt le résistor est i, la tension entre les bornes du dipôle est :

(1) $$u = Ri \qquad \begin{cases} u \text{ en volts,} \\ i \text{ en ampères,} \\ R \text{ en ohms.} \end{cases}$$

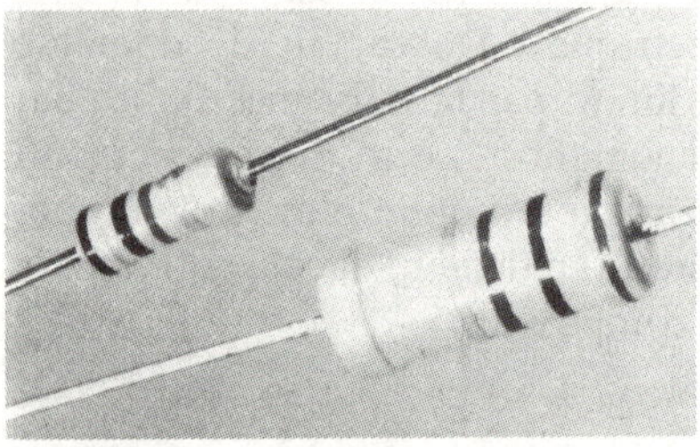

Fig. 2.04. Deux résistors de même résistance mais prévus pour dissiper des puissances différentes.

Les résistors linéaires sont les plus utilisés. En l'absence de précision, le terme résistor doit être compris comme résistor linéaire.

2.2. Puissance dissipée dans un résistor linéaire

Avec la *convention récepteur,* un dipôle passif auquel est appliqué la tension u et qui est parcouru par un courant d'intensité i reçoit une puissance électrique (chap. 1 ; § 5) :

(2) $$P = ui.$$

Pour un résistor en régime permanent (température de fonctionnement constante), cette puissance reçue est transformée entièrement en chaleur (fig. 2.04). C'est l'**effet Joule**. Pour cette raison, nous noterons souvent P_j la puissance reçue et dissipée par un résistor.

Dans le cas d'un résistor linéaire, les relations (1) et (2) entraînent la double égalité :

$$P_j = Ri^2 = \frac{u^2}{R} \qquad \begin{cases} P_j \text{ en watts,} \\ R \text{ en ohms,} \\ u \text{ en volts.} \end{cases}$$

Cette double égalité n'est donc vraie que si la loi d'Ohm est vérifiée et vice versa. Elle est équivalente à la loi d'Ohm.

Application. Si l'on connaît la résistance R d'un résistor et la puissance P_{jmax} qu'il peut dissiper, nous pouvons calculer :

– le courant maximal qui peut le traverser : $i_{max} = \sqrt{\frac{P_{jmax}}{R}}$;

– la tension u_{max} qu'on peut lui appliquer : $u_{max} = Ri_{max} = \sqrt{P_{jmax}R}$.

Ainsi, pour un résistor 100 Ω, 8 W nous obtenons :

$$i_{max} = \sqrt{\frac{8}{100}} = 0{,}28 \text{ A} ;$$

$u_{max} = 0{,}28 \times 100 = 28$ V.

Ce sont les limites du domaine d'utilisation.

2.3. Conductance

La relation (1), qui traduit la loi d'Ohm, peut s'écrire :

$$i = \frac{u}{R} \quad \Leftrightarrow \quad i = Gu \quad \text{avec : } G = \frac{1}{R}$$

G est la **conductance** du résistor. Elle s'exprime en siemens (symbole : S).

2.4. Chute de tension

R_1 et R_2 étant des résistors en série (fig. 2.05), avec la convention récepteur adoptée u_1, u_2 et u sont des nombres positifs. D'où :

$$u = u_1 + u_2 \quad \Rightarrow \quad u_2 < u$$

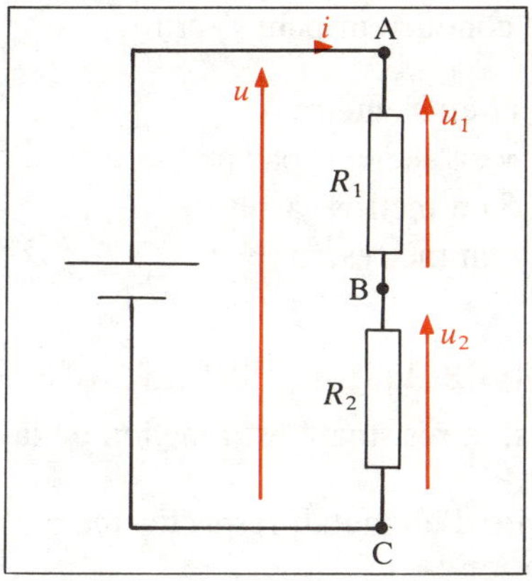

Fig. 2.05.

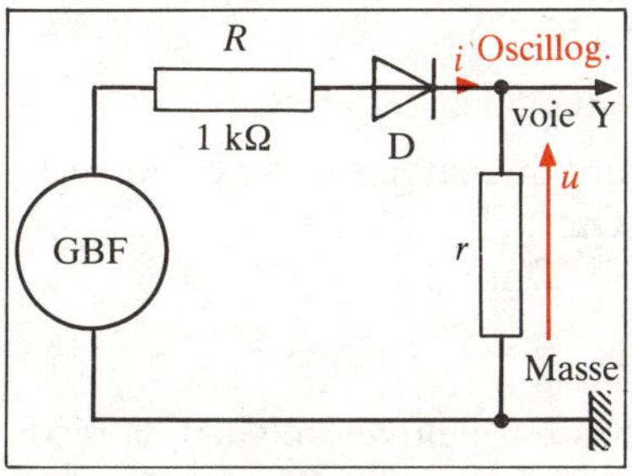

***Fig. 2.06.** Montage utilisable pour visualiser le courant i.*

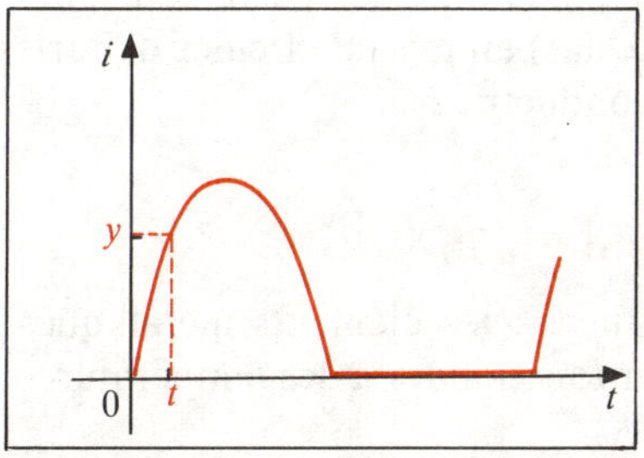

Fig. 2.07.

La tension aux bornes de R_2 est inférieure à la tension d'alimentation u. On dit que R_1 provoque une chute de tension entre A et B.

En ce qui concerne les potentiels notons que :

$$u_2 < u \Rightarrow (u_B - u_C) < (u_A - u_C) \quad \Rightarrow \quad u_B < u_A$$

Le courant circule dans le sens des potentiels décroissants.

2.5. Application : visualisation de l'intensité d'un courant

Le montage de la figure 2.06 permet de visualiser la tension u aux bornes du résistor r de 1 Ω. Cette tension est proportionnelle à l'intensité i du courant ; il en est donc de même de la déviation du spot à chaque instant (fig. 2.07).

3. CONDUCTIVITÉ. RÉSISTIVITÉ

3.1. Résistance d'un conducteur filiforme homogène

A température constante, la résistance électrique d'un conducteur filiforme et homogène est :
- proportionnelle à la longueur l du conducteur,
- inversement proportionnelle à la section S de celui-ci.

$$R = \rho \frac{l}{S} \qquad \begin{cases} R \text{ en ohms,} \\ \rho \text{ en ohms-mètres,} \\ l \text{ en mètres,} \\ S \text{ en mètres carrés,} \end{cases}$$

ρ est la **résistivité** du matériau ; elle exprime en **ohms-mètres** (symbole : Ωm).

3.2. Conductivité

La conductivité est l'inverse de la résistivité :

$$\gamma = \frac{1}{\rho} \qquad \begin{cases} \gamma \text{ en siemens par mètre,} \\ \rho \text{ en ohms-mètres,} \end{cases}$$

γ est exprimée en **siemens par mètre** (symbole : S/m).

Exemples de résistivité

Métal	Résistivité (Ωm)
argent	$1{,}5 \,.\, 10^{-8}$
cuivre	$1{,}6 \,.\, 10^{-8}$
aluminium	$2{,}6 \,.\, 10^{-8}$
tungstène	$5 \,.\, 10^{-8}$
fer	$8{,}5 \,.\, 10^{-8}$

Relation entre la déviation *y* du spot et *i* à un instant t.

Si la sensibilité de la voie est S_y (10 mV/cm par ex.), alors :

$$y = \frac{u}{S_y} = \frac{ri}{S_y}$$

D'où : $i = ky$ avec $k = \frac{S_y}{r}$

Exemple : $r = 1$ Ω, $S_y = 10$ mV/cm, $k = 10$ mA/cm.

Calcul de la conductivité et de la conductance d'un fil de longueur $l = 0{,}8$ m, de diamètre $d = 1$ mm, de résistivité $\rho = 3.10^{-8}$ m.

Conductivité :

$$\gamma = \frac{1}{\rho} = \frac{1}{3.10^{-8}} \approx 33{,}3.10^6 \text{ S/m.}$$

Conductance :

$$G = \gamma \cdot \frac{s}{l}$$

$$G = \frac{1}{3.10^{-8}} \times \frac{3{,}14 \times \left(\frac{10^{-3}}{2}\right)^2}{0{,}8} = 32{,}7 \text{ S.}$$

Sondes de température. La variation de la résistivité avec la température est exploitée pour réaliser des sondes de température très précises.
On peut mesurer des écarts de température de 10^{-3} °C dans l'intervalle de températures [– 250 °C, 400 °C].

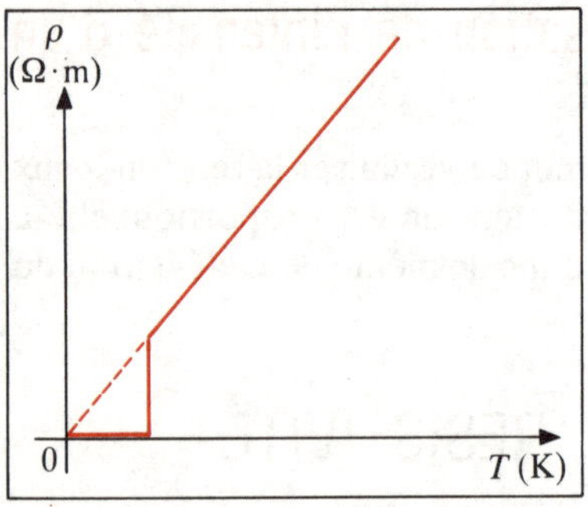

Fig. 2.08. Supraconductivité. *Exemples de corps supraconducteurs : le plomb au-dessous de 7,2 K (– 266 °C), l'aluminium au-dessous de 1,1 K (– 272 °C). Les deux meilleurs conducteurs, l'argent et le cuivre, ne sont pas supraconducteurs à basse température.*

Pour le transport de l'énergie électrique on utilise des câbles de résistance très faible pour minimiser les chutes de tension en ligne. Exemple : résistance d'un câble H.T. 400 kV : 15 mΩ/km.

Résistances utilisées en électronique. Les valeurs des résistances disponibles dans le commerce ont été définies mathématiquement (séries de Renard). On trouve couramment les résistances de la série E_6 (précision : 20 %) et de la série E_{12} (précision : 10 %). Les termes de ces séries sont à multiplier par 10^n, n étant compris entre 0 et 6 en général, pour avoir les diverses valeurs proposées.

Séries de Renard E6 et E12

E6	E12
1,0	1,0
	1,2
1,5	1,5
	1,8
2,2	2,2
	2,7
3,3	3,3
	3,9
4,7	4,7
	5,6
6,8	6,8
	8,2

Conséquence : la conductance du conducteur peut s'écrire :

$$G = \gamma \frac{S}{l}$$

G en siemens,
γ en siemens par mètres,
S en mètres carrés,
l en mètres.

3.3. Variation de la résistivité avec la température

■ Pour les métaux et les alliages, la résistivité est fonction de la température.
Les valeurs ρ_0 et ρ_θ de la résistivité d'un métal, respectivement à 0 °C et θ °C, sont liées par la relation :

$$\rho_\theta = \rho_0 (1 + a\theta),$$

a est le coefficient de température. Il s'exprime en **degrés Celsius à la puissance moins un** (symbole : °C^{-1}).

Pour les métaux, a est sensiblement égal à (1/250) °C^{-1}.

La résistivité ρ_0 dépend de la nature du matériau. Par exemple :
- pour le cuivre : $\rho_0 = 1{,}6.10^{-8}$ Ωm ;
- pour l'aluminium : $\rho_0 = 2{,}8.10^{-8}$ Ωm.

■ **Supraconductivité**
En deçà d'une température très basse (quelques kelvins), la résistivité de certains corps devient nulle (fig. 2.08). Dans ces conditions, les conducteurs peuvent être traversés par des courants très intenses sans produire ni chute de tension, ni pertes calorifiques. On exploite cette propriété pour engendrer des champs magnétiques de grandes intensités (35 teslas) en faisant circuler de forts courants dans des bobines supraconductrices.

3.4. Applications des résistances

■ Chauffage électrique à résistances : les éléments métalliques résistants utilisés sont conçus pour fonctionner à des températures élevées.

■ En électronique on utilise des résistances de faible puissance pour la réalisation des divers circuits.

■ 4. RÉSISTORS COMMANDÉS

4.1. Définition

Un résistor commandé est un *dipôle dont la résistance dépend fortement d'un facteur physique* : température (thermistance), éclairement (photorésistance), champ magnétique (magnétorésistance),...

4.2. Exemple : thermistance à coefficient de température négatif (C.T.N.)

La caractéristique $u(i)$ peut être relevée à température constante pour différentes températures : $T_1 < T_2 < T_3$ (fig. 2.09).

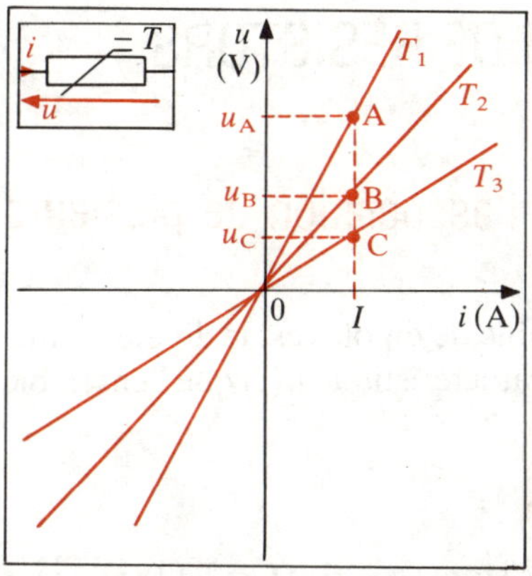

Fig. 2.09. Thermistance. Caractéristique et symbole. La résistance statique de la thermistance est égale à :
$R_A = \frac{U_A}{I}$ *à la température* T_A, $R_B = \frac{U_B}{I}$ *à la température* T_B, $R_C = \frac{U_C}{I}$ *à la température* T_C.

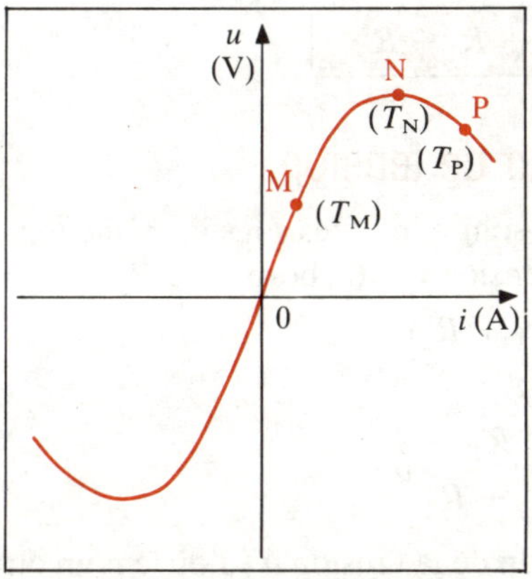

Fig. 2.10. Caractéristique d'une thermistance à C.T.N. à température ambiante constante (mêmes conventions que ci-dessus pour u *et* i*).*

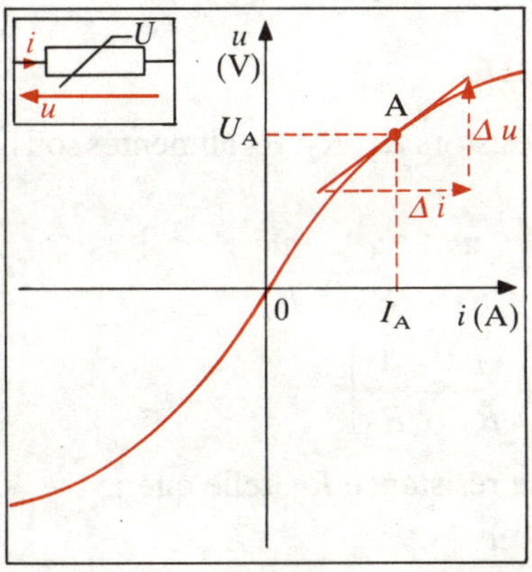

Fig. 2.11. Caractéristique d'une résistance dépendant de la tension (appelée souvent VDR, de l'anglais voltage dependant resistor).

A température constante T, la thermistance à C.T.N. présente une résistance R_T (résistance statique). La valeur de R_T diminue beaucoup quand la température augmente :

$$R_A > R_B > R_C$$

Relevée à température ambiante constante, la caractéristique $u(i)$ n'est plus linéaire (fig. 2.10). En effet, le passage du courant échauffe la thermistance : sa température augmente progressivement ($T_P > T_N > T_M$).

5. RÉSISTOR NON LINÉAIRE. LA VARISTANCE

5.1. Caractéristique courant-tension

■ Relevée à température constante, la caractéristique courant-tension n'est pas linéaire (fig. 2.11).

■ Pour des conditions de fonctionnement fixées (point de fonctionnement en A), ce résistor présente une résistance déterminée :

$$(R_S)_A = \frac{U_A}{I_A} \quad \begin{cases} U_A \text{ en volts,} \\ I_A \text{ en ampères,} \\ R_S \text{ en ohms.} \end{cases}$$

C'est la **résistance statique** pour la tension U_A. Elle est liée au coefficient directeur de OA. La valeur de la résistance statique diminue quand la tension augmente.

■ Pour un fonctionnement autour du point A (tension u variant autour de U_A), on peut considérer que le point de fonctionnement se déplace sur une portion de la caractéristique $u(i)$ qui est confondue sensiblement avec la tangente à la courbe en A. On définit alors la résistance dynamique en A :

$$r_A = \frac{\Delta u}{\Delta i}$$

La valeur de r_A est liée au coefficient directeur de la tangente en A à la caractéristique $u(i)$.

5.2. Application : protection contre les surtensions

Pour protéger une bobine de relais contre les surtensions, on dispose une varistance en parallèle avec celle-ci. Cette varistance est choisie pour que le courant qui la traverse en fonctionnement normal soit faible. Une surtension dans le circuit engendre une augmentation de l'intensité du courant, mais la variation de tension aux bornes de l'ensemble bobine-varistance reste obligatoirement limitée du fait de la forme de la caractéristique $u(i)$ de la varistance.

6. ASSOCIATIONS DE RÉSISTORS LINÉAIRES

6.1. Dipôle équivalent à l'association de plusieurs autres

Le dipôle équivalent à un ensemble de dipôles est le dipôle unique qui aurait exactement la même caractéristique $u(i)$ que l'ensemble considéré.

6.2. Association en série

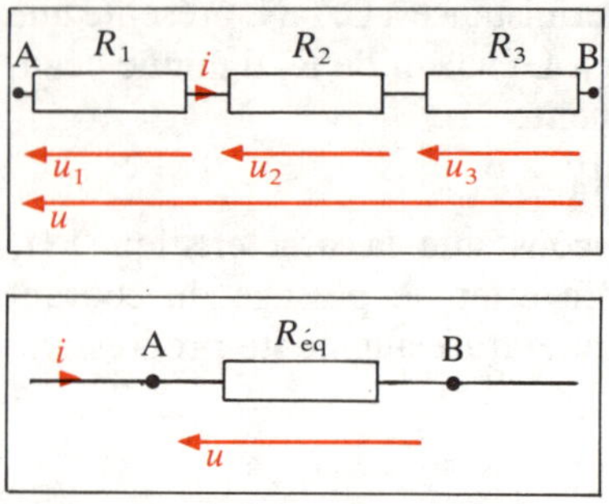

Fig. 2.12. Association de trois résistors en série (a) et dipôle équivalent (b).

Moyen mnémotechnique : en série les résistances s'ajoutent.

Entre A et B sont placés trois résistors en série (fig. 2.12) : ils sont traversés par le même courant i. Nous pouvons écrire :

$$u = u_1 + u_2 + u_3 = R_1 i + R_2 i + R_3 i$$

soit : $$u = (R_1 + R_2 + R_3)i$$

Le dipôle équivalent à cet ensemble présente une résistance $R_{éq}$ telle que :

$$u = R_{éq}.i.$$

Donc : $$R_{éq} = R_1 + R_2 + R_3$$

6.3. Application : diviseur de tension

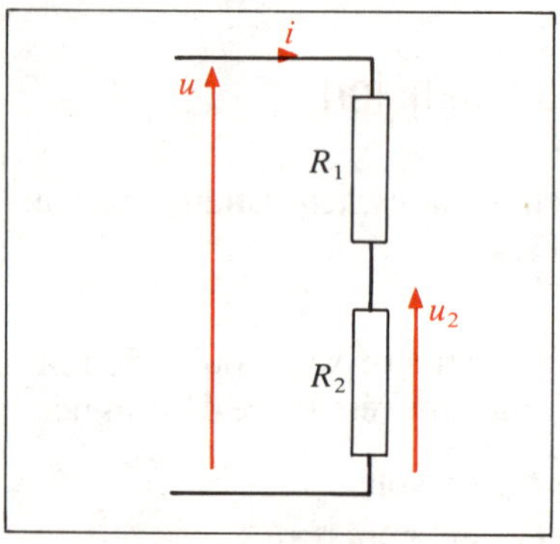

Fig. 2.13. Diviseur de tension.

Deux résistors R_1 et R_2 en série sont alimentés sous la même tension u (fig. 2.13). Calculons la tension u_2 aux bornes de R_2.

$$u = (R_1 + R_2)i$$
$$u_2 = R_2 i$$

D'où : $$u_2 = \frac{R_2}{R_1 + R_2}u$$

La tension u_2 n'est qu'une fraction de la tension u (d'où le nom du montage).
Cette propriété est souvent exploitée. Par exemple, une sonde atténuatrice d'oscillographe est une résistance additionnelle (R_1) placée en série avec la résistance d'entrée (R_2) de l'oscillographe. Si $R_1 = 9\ \mathrm{M\Omega}$ et $R_2 = 1\ \mathrm{M\Omega}$ alors $u_2 = u/10$.

6.4. Association en parallèle

Moyen mnémotechnique : *en parallèle, les conductances s'ajoutent.*

Entre A et B sont associés trois résistors R_1, R_2, R_3 alimentés sous la même tension u (fig. 2.14).

$$i = i_1 + i_2 + i_3 = \frac{u}{R_1} + \frac{u}{R_2} + \frac{u}{R_3}$$

soit : $$i = u\left[\frac{1}{R_1} + \frac{1}{R_2} + \frac{1}{R_3}\right]$$

Le dipôle équivalent présente une résistance $R_{éq}$ telle que :

$$i = \frac{u}{R_{éq}}$$

D'où : $$\frac{1}{R_{éq}} = \frac{1}{R_1} + \frac{1}{R_2} + \frac{1}{R_3}$$

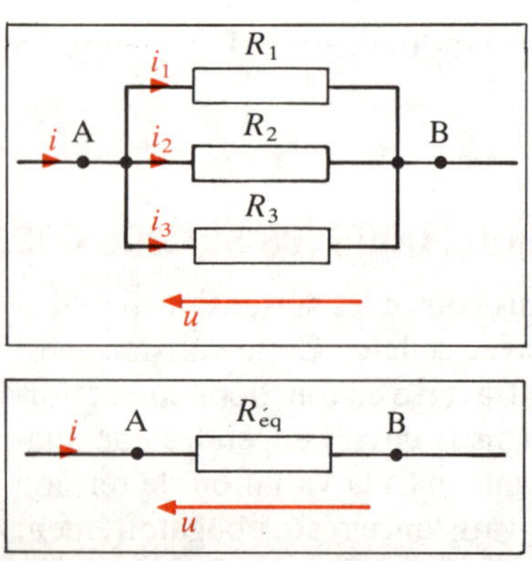

Fig. 2.14. Association de trois résistors en parallèle (a) et dipôle équivalent (b).

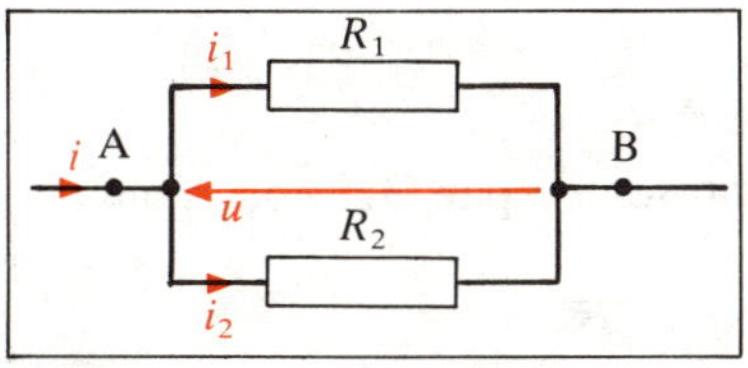

Fig. 2.15. *Diviseur de courant.*

ce que nous pouvons écrire :

$$G_{éq} = G_1 + G_2 + G_3$$

6.5. Diviseur de courant

Un diviseur de courant est l'association de deux résistors R_1 et R_2 en parallèle (fig. 2.15).

$$i = (G_1 + G_2)u$$
$$i_1 = G_1u$$

D'où :
$$i_1 = \frac{G_1}{G_1 + G_2}\,i.$$

Le courant dans le résistor R_1 ne représente qu'une fraction du courant i dans le circuit principal.
Cette propriété est utilisée, par exemple, pour mesurer un courant dont l'intensité i est grande (supérieure aux calibres courants des ampèremètres). Un ampèremètre de résistance R_1 est associé en parallèle avec un shunt de résistance R_2 connue. De la lecture de i_1, il est aisé de déduire l'intensité i cherchée.
Elle est également exploitée pour protéger un ampèremètre (fig. 2.16).

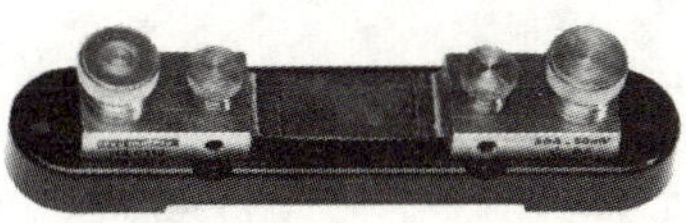

Shunt 50 A. L'ampèremètre doit être relié aux deux bornes les plus petites.

Pour deux résistors R_1 et R_2 en parallèle on retiendra le résultat :

$$R = \frac{R_1R_2}{R_1 + R_2}$$

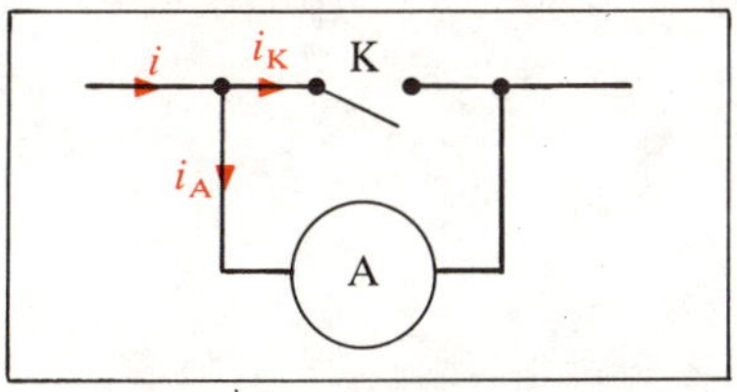

Fig. 2.16. *Protection d'un ampèremètre. Si K est fermé (résistance pratiquement nulle) : $i_K = i$ et $i_A = 0$.*
Si K est ouvert : $i_K = 0$ et $i_A = i$.
On ouvre K au moment de la mesure seulement. Si le courant i varie beaucoup (courant de démarrage d'un moteur) et dépasse transitoirement le calibre de l'ampèremètre, celui-ci ne risque pas d'être détruit si l'interrupteur K est fermé.

7. ASSOCIATION DE DIPÔLES NON LINÉAIRES

7.1. Résistor linéaire et résistor non linéaire en série

La caractéristique globale $u(i)$ du dipôle AB (fig. 2.17) est obtenue à partir des caractéristiques partielles $u_1(i)$, linéaire, et $u_2(i)$ non linéaire.

NOTES TECHNIQUES Le marquage des résistances : Code des couleurs
Séries E 3 à E 24 — 2 chiffres significatifs
Séries E 48 à E 192 — 3 chiffres significatifs

COULEUR	1er chiffre significatif	2e chiffre significatif	3e chiffre significatif	Multiplicateur	TOLÉRANCE
ARGENT				× 0,01 Ω	± 10 %
OR				× 0,1 Ω	± 5 %
NOIR		0	0	× 1 Ω	± 20 %
MARRON	1	1	1	× 10 Ω	± 1 %
ROUGE	2	2	2	× 100 Ω	± 2 %
ORANGE	3	3	3	× 1 kΩ	
JAUNE	4	4	4	× 10 kΩ	
VERT	5	5	5	× 100 kΩ	
BLEU	6	6	6	× 1 MΩ	
VIOLET	7	7	7		
GRIS	8	8	8		
BLANC	9	9	9		

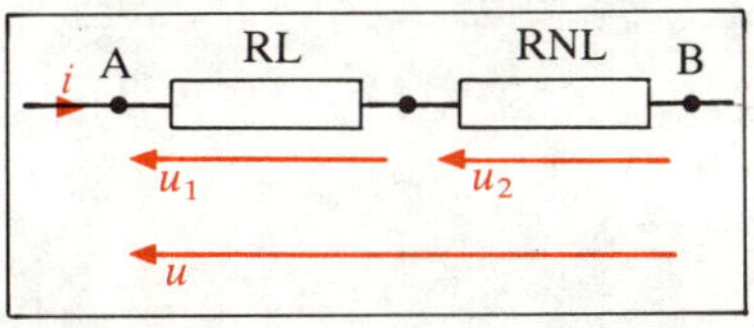

Fig. 2.17.

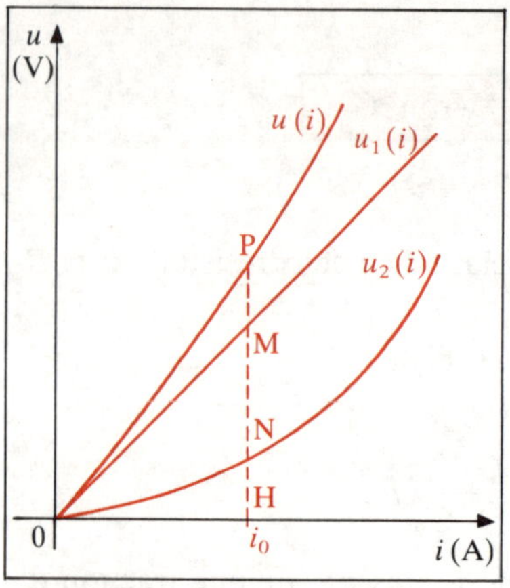

Fig. 2.18. *Caractéristiques d'un résistor linéaire RL, d'un résistor non linéaire RNL et du dipôle équivalent à l'ensemble (RL et RNL en série).*

Les deux dipôles étant en série :

$$u = u_1 + u_2$$

donc, pour une valeur i_0 de i représentée par $\overline{OH}$ nous pouvons écrire :

$$\overline{HP} = \overline{HN} + \overline{HM}$$

La caractéristique $u(i)$ du dipôle équivalent est donc obtenue par addition des tensions pour chaque valeur de i (fig. 2.18).

7.2. Association en parallèle

Les deux dipôles sont placés sous la même tension u (fig. 2.19). Les caractéristiques $u(i_1)$ et $u(i_2)$ permettent d'obtenir graphiquement la caractéristique $u(i)$ du montage. Les dipôles étant en parallèle :

$$i = i_1 + i_2$$

Pour une valeur u_0 de la tension u, représentée par $\overline{OH}$, nous avons :

$$\overline{HP} = \overline{HM} + \overline{HN}$$

La caractéristique résultante $u(i)$ est celle du dipôle équivalent à l'association des deux résistors (fig. 2.20).

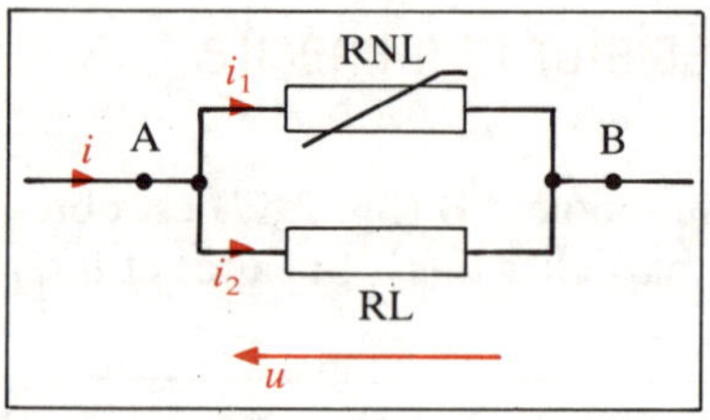

Fig. 2.19.

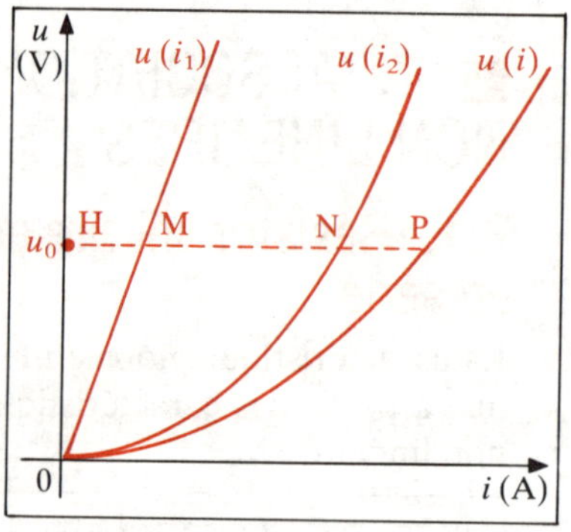

Fig. 2.20. *Caractéristiques d'un résistor linéaire RL, d'un résistor non linéaire RNL et du dipôle équivalent à l'ensemble (RL et RNL en parallèle).*

Jauge de contrainte : sa résistance varie sous l'effet des déformations qu'elle subit.

Travaux pratiques

1. Mesure d'une résistance par la méthode voltampèremétrique

Le montage aval, ou courte dérivation, (fig. 2.21) est utilisable dans la majorité des cas.

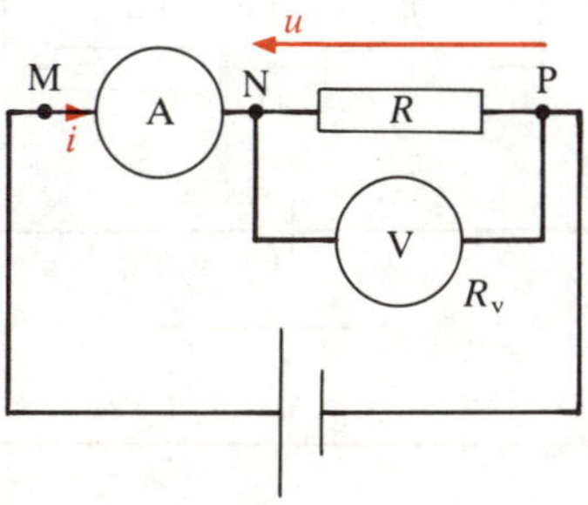

Fig. 2.21.

Appelons R_v la résistance du voltmètre. Nous mesurons le courant dans le circuit principal au lieu du courant dans le résistor :

$$u = \frac{RR_v}{R + R_v}\, i$$

La résistance déduite de ces mesures est égale à :

$$R_m = \frac{u}{i} = \frac{RR_v}{R + R_v} = \frac{R}{1 + \dfrac{R}{R_v}}$$

soit :
$$R = \frac{R_m}{1 - \dfrac{R_m}{R_v}}$$

■ Si nous adoptons R_m comme résultat de la mesure, nous commettons une erreur systématique par défaut ($R > R_m$).

■ La connaissance de la résistance interne R_v permet de corriger cette erreur (voir T.P. Chap. 1). La correction devient inutile si R_m/R_v est très petit devant 1, c'est-à-dire si la résistance du voltmètre est grande devant la résistance à mesurer (le voltmètre est alors traversé par un courant négligeable devant celui qui circule dans R). Dans quelques cas, cette condition peut ne pas être remplie. On s'en rend compte en débranchant le voltmètre : la déviation de l'ampèremètre ne doit pas être modifiée. Si elle change, trois possibilités s'offrent à l'opérateur :

– faire la correction en tenant compte de R_v ;
– changer de voltmètre ;
– utiliser le montage amont ou longue dérivation (voltmètre connecté entre M et P).

La méthode voltampèremétrique est seule utilisable pour la mesure de la résistance d'éléments devant être *traversés par leur courant nominal* (résistance de l'induit d'un moteur, d'une lampe à incandescence par exemple).

2. Mesure d'une résistance à l'ohmmètre

Cette méthode convient pour tout composant dont la résistance est indépendante de l'intensité du courant. C'est une méthode rapide qui ne nécessite qu'un seul appareil de mesure.
Les multimètres numériques peuvent tous fonctionner en ohmmètres. La précision peut être excellente : de 0,2 % à 0,005 %.

■ **Principe de la mesure**
Le résistor est branché entre les bornes de l'ohmmètre et la valeur de la résistance s'affiche directement sur l'appareil.
En effet, beaucoup de ces appareils peuvent fonctionner en générateur de courant parfait (le courant débité a une valeur déterminée constante) et ils sont utilisés simultanément pour alimenter le composant et pour mesurer la tension aux bornes de celui-ci. Le résultat est affiché directement en ohms.

■ **Vérification d'un ohmmètre** (fig. 2.22)
Tracer les courbes : $u(i)$; $u(R)$; $i(R)$.

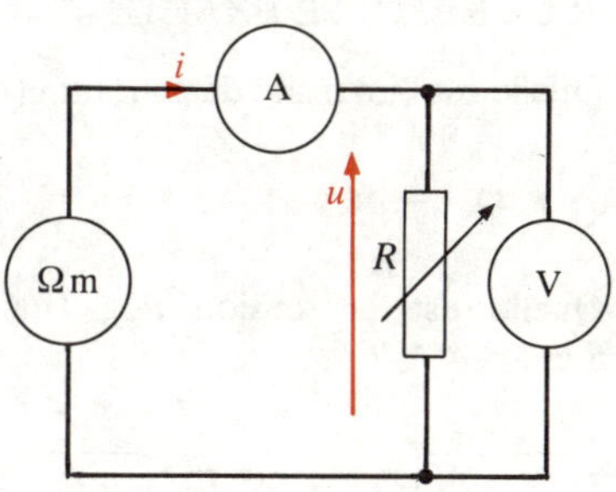

Fig. 2.22.

3. Mesure au pont de Wheatstone (fig. 2.23)

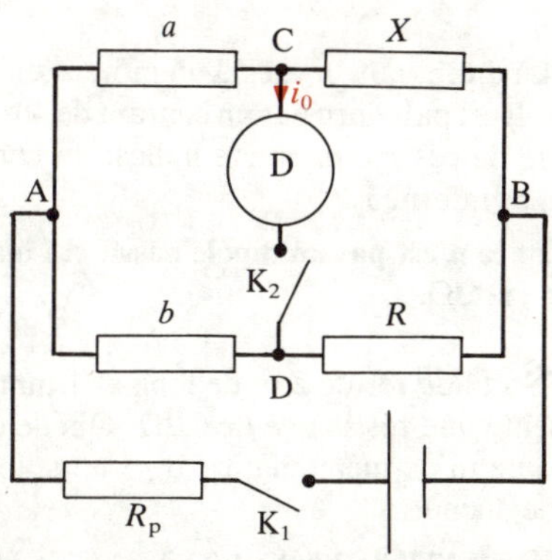

Fig. 2.23.
D est un galvanomètre ou un voltmètre numérique.

Le pont de Wheatstone est *équilibré quand il ne passe aucun courant dans le détecteur D*, c'est-à-dire lorsque $V_{CD} = 0$.
On démontrera que cette condition est réalisée si :

$$X = \frac{a}{b} R$$

Le rapport a/b est appelé la **tête de pont** du montage.
Il faut donc chercher la résistance R qui permette d'obtenir $V_{CD} = 0$. Les résistances a, b, R étant connues, il est alors possible de calculer X.

4. Application du pont de Wheatstone

Industriellement, le pont de Wheatstone est souvent utilisé en régime déséquilibré ($V_{CD} \neq 0$).
La figure 2.24 simule un pont qui comporte deux jauges de contrainte montées dans deux bras adjacents. Ce sont des dipôles résistifs dont la résistance varie sous l'effet des déformations mécaniques qu'elles subissent.
Pour l'utilisateur, la résistance absolue R de ces composants est beaucoup moins importante que la variation X de leur résistance qui est directement liée aux déformations étudiées.
Si les résistances des deux jauges sont égales, l'une à $(R + X)$, l'autre à $(R - X)$, le calcul montre que :

$$V_{CD} = 2RE \frac{X}{4R^2 - X^2}$$

Tracer $V(X)$ et vérifier que la courbe présente une partie quasi linéaire.

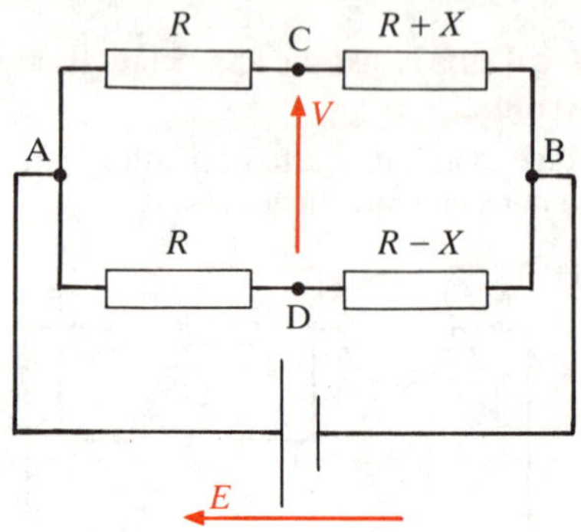

Fig. 2.24.

Contrôle des connaissances

DONNER LA RÉPONSE EXACTE

2.01. Quelle est l'intensité du courant i (fig. 2.25) si $R = 2\Omega$ et $u_{AB} = 8V$?

R : − 4A ; + 4A ; − 16A ; 16A.

2.02. Quelle est la tension u_{AB} (fig. 2.26) si $G = 0,5$ S et $i = 4$ A ?

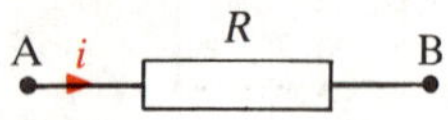

Fig. 2.25.

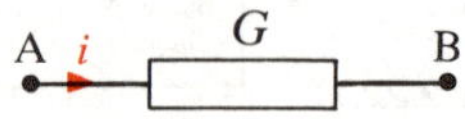

Fig. 2.26.

R : − 8V ; 8 V ; − 2 V ; 2V.

2.03. La d.d.p. aux bornes d'un moteur en rotation est 120 V. Il est parcouru par un courant de 40 A. Peut-on déduire de ces mesures une indication concernant sa résistance interne r ?

R : r=3Ω ; ce n'est pas un dipôle passif et l'on ne peut calculer r ; r<3Ω.

2.04. Un fil de fer de 2 m de long et 1 mm² de section présente une résistance de 0,2Ω. Quelle est la résistance d'un fil de même nature de 5 m de long et de 0,5 mm de diamètre ?

R : 0,254Ω ; 0,127Ω ; 2,5Ω ; 1,27Ω.

2.05. Un courant d'une intensité de 2 A traverse le résistor R_2 (fig. 2.27). Quelle est la tension u_{AB} ?

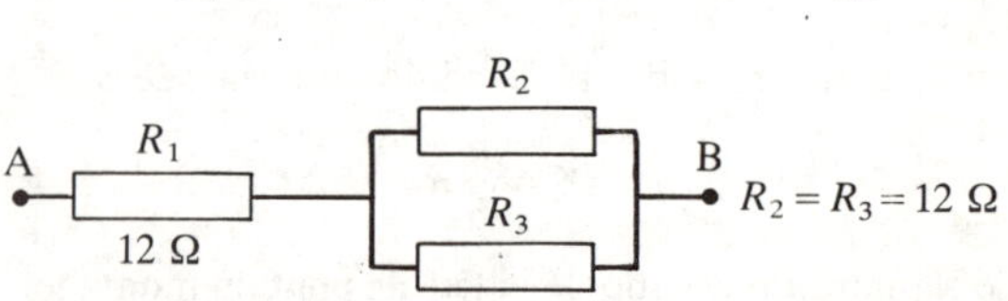

Fig. 2.27.

R : 20 V ; 65 V ; 72 V ; − 72 V.

2.06. Quelle est la tension aux bornes de la résistance R_2 (fig. 2.28) ?

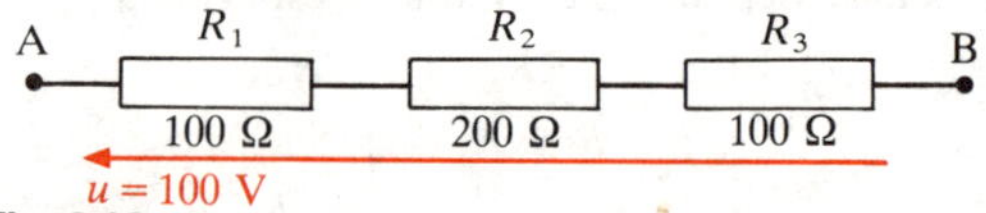

Fig. 2.28.

R : 22,5 V ; 33,5 V ; 50 V ; 67 V.

2.07. Un courant d'intensité $i = 38$ mA se partage entre trois résistors linéaires en parallèle : $r_1 = 4$ kΩ, $r_2 = 8$ kΩ, $r_3 = 10$ kΩ.
Quelles sont les intensités des courants i_1, i_2, i_3 dans ces résistors ?

R : 6 mA, 12 mA et 20 mA ; 20 mA, 10 mA et 8 mA ; 9,5 mA, 4,7 mA et 3,8 mA ; 6,9 mA, 13,8 mA et 17,2 mA.

2.08. Dans le montage de la figure 2.29, le résistor R_1 est parcouru par un courant de 6 A. Quel est le courant dans le résistor R_2 ?

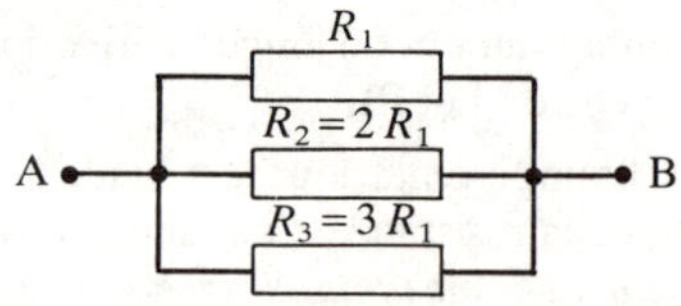

Fig. 2.29.

R : 3 A ; 12 A ; 16 A ; pas de réponse car R_2 est inconnue.

2.09. Dans les montages de la figure 2.30 tous les résistors présentent la même résistance r. En fonction de r, trouver la résistance de chaque dipôle AB.

R : Montage 1 : $r/2$, $3r/2$, $2r$ – Montage 2 : $2r, r, 4r$ – Montage 3 : $3r, r/3$, $3r/2$ – Montage 4 : $r, r/2, 2r$ – Montage 5 : $4r, 2r, r$.

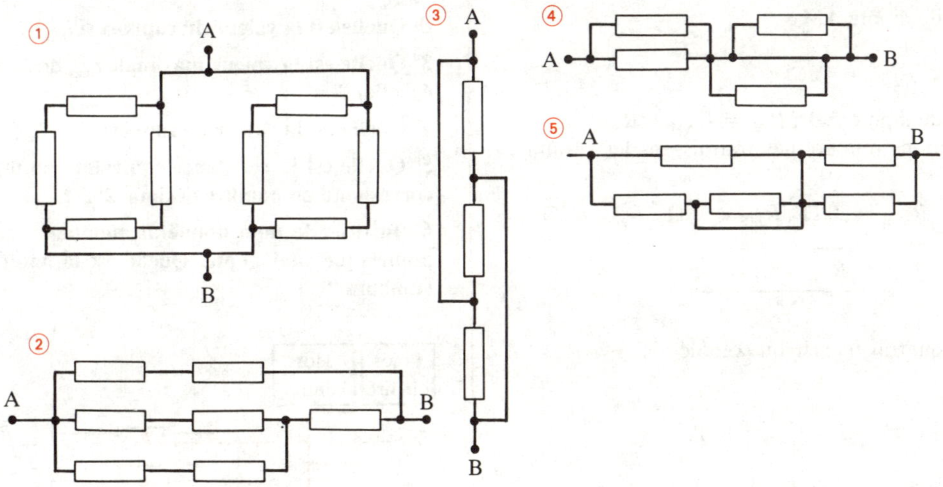

Fig. 2.30.

Exercices résolus

2.10. **Une bobine est constituée de 1 000 spires circulaires (diamètre moyen D = 12 cm) en fil de cuivre de diamètre d = 0,4 mm.**
Caractéristiques du cuivre : résistivité à 0 °C : $1{,}6.10^{-8}\Omega$m ; coefficient de température : 4.10^{-3} °C^{-1}.
La dilatation du fil sera négligée.
Calculer sa résistance : à 0 °C et à 100 °C.

Solution :

1° La résistance d'un conducteur homogène, filiforme, de longueur l ($l = n\pi D$), de section s ($s = \pi d^2/4$) et de résistivité ρ est :

$$R = \rho\frac{l}{s};$$

A 0 °C : $R = R_0$

$$R_0 = 1{,}6.10^{-8} \times \frac{1\,000 \times 3{,}14 \times 0{,}12}{3{,}14 \times (2.10^{-4})^2}\ \Omega \Rightarrow \boxed{R_0 = 48\ \Omega.}$$

2° A 100 °C, la résistivité du cuivre est égale à :

$$\rho_{100} = \rho_0\,(1 + a \times 100).$$

Puisque la dilatation est négligée, la longueur et la section du fil sont encore l et s. D'où :

$$R = R_0\,(1 + a\theta)\ \ R = [48(1 + 4.10^{-3} \times 100)] \Rightarrow \boxed{R = 67{,}2\ \Omega}$$

2.11. **Quelle tension maximale, un résistor marqué 100Ω – 25 W, peut-il supporter ? Quel est alors le courant qui le traverse ?**

Solution :

Une résistance R alimentée sous une tension u dissipe sous forme de chaleur une puissance P_j

$$P_j = \frac{u^2}{R} \quad u = \sqrt{P_j.R} \quad \Rightarrow \quad \boxed{u = \sqrt{25 \times 100} = 50\ \text{V}}$$

Dans ces conditions, elle est traversée par un courant d'intensité :

$$i = \frac{u}{R} \quad \Rightarrow \quad \boxed{i = \frac{50}{100} = 0{,}5\ \text{A}}$$

2.12. **Le dipôle de la figure 2.31 est alimenté sous 120 V. Calculer :**
1) sa résistance,
2) l'intensité du courant qui traverse chaque dipôle.
On donne : $R_1 = 3\Omega$, $R_2 = 6\Omega$, $R_3 = 17\Omega$, $R_4 = 20\Omega$, $R_5 = 4\Omega$, $R_6 = 18\Omega$, $R_7 = 36\Omega$.

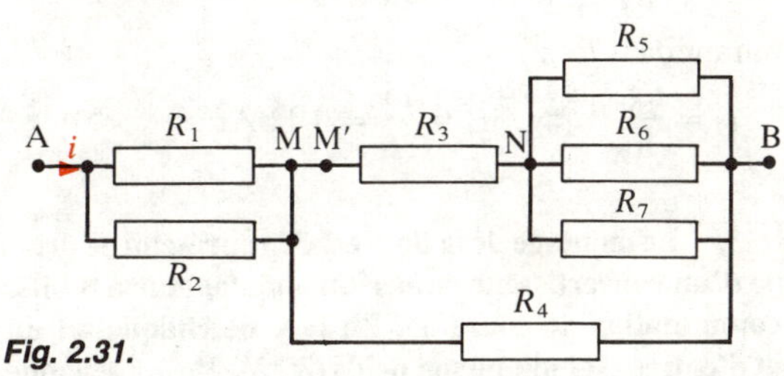

Fig. 2.31.

Solution :

1) Résistance du dipôle AB.

Résistance du dipôle NB :

$$\frac{1}{R_{NB}} = \frac{1}{R_5} + \frac{1}{R_6} + \frac{1}{R_7}.$$

Résistance du dipôle M'B : $R_{M'B} = R_3 + R_{NB}$

Résistance du dipôle MB :

$$\frac{1}{R_{MB}} = \frac{1}{R_{M'B}} + \frac{1}{R_4}.$$

Résistance du dipôle AM :

$$\frac{1}{R_{AM}} = \frac{1}{R_1} + \frac{1}{R_2}.$$

Résistance du dipôle AB : $R_{AB} = R_{AM} + R_{M'B}$.

Les applications numériques fournissent les résultats suivants :

$R_{NB} = 3\ \Omega$; $R_{M'B} = 20\ \Omega$; $R_{MB} = 10\Omega$; $R_{AM} = 2\Omega$;

$$\boxed{R_{AB} = 12\ \Omega.}$$

2) Courant qui traverse chaque dipôle :

Dipôle AB :

$$i = \frac{u}{R_{AB}} \Rightarrow i = \frac{120}{12} = 10 \text{ A}.$$

Dipôle AM : $u_{AM} = (2 \times 10)\text{V} = 20$ V

Courant dans R_1 :

$$i_1 = \frac{u_{AM}}{R_1} \Rightarrow i_1 = \frac{20}{3} = 6{,}67 \text{ A}.$$

Courant dans R_2 :

$$i_2 = \frac{u_{AM}}{R_2}, \Rightarrow i_2 = \frac{20}{6} = 3{,}33 \text{ A}.$$

Dipôle M'B :

$u_{M'B} = u_{AB} - u_{AM'}$ $u_{M'B} = 120 - 20 = 100$ V.

Courant dans R_4 :

$$i_4 = \frac{u_{M'B}}{R_4} \Rightarrow i_4 = \frac{100}{20} = 5 \text{ A}.$$

Courant dans R_3 : $i_3 = i - i_4 = 10 - 5 = 5$ A.

Dipôle NB : $u_{NB} = u_{M'B} - (R_3 i_3) = 100 - (17 \times 5) = 15$ V.

Courant dans R_5 :

$$i_5 = \frac{u_{NB}}{R_5} \Rightarrow i_5 = \frac{15}{4} = 3{,}75 \text{ A}.$$

Courant dans R_6 :

$$i_6 = \frac{u_{NB}}{R_6} \Rightarrow i_6 = \frac{15}{18} = 0{,}83 \text{ A}.$$

Courant dans R_7 :

$$i_7 = \frac{u_{NB}}{R_7} \Rightarrow i_7 = \frac{15}{36} = 0{,}42 \text{ A}.$$

2.13. **Le montage de la figure 2.32 représente le principe d'un convertisseur numérique-analogique à 8 bits, à commutation de courants. En face de chaque bit du mot d'entrée est indiqué son poids (2^0, 2^1, 2^2, ...). Chaque bit du mot d'entrée commande un interrupteur qui est fermé pour un bit 1, ouvert pour un bit 0. Ces interrupteurs mettent en service des résistors linéaires dont les valeurs sont échelonnées suivant les puissances de deux. On donne : $E = 10$ V ; $R = 1$ kΩ.**

1° Calculer la plus petite valeur de *i*, non nulle, qu'il est possible d'obtenir. Elle sera notée i_{min}.

2° Pour le mot d'entrée indiqué :

***a)* Calculer la résistance équivalant au dipôle AB.**

***b)* Calculer l'intensité *i* du courant.**

***c)* A quelle valeur décimale correspond ce nombre binaire ?**

***d)* Quelle est la valeur du rapport (i/i_{min}) ?**

3° Quelle est la valeur maximale i_{max} de *i* (valeur pleine échelle) ?

4° Quelle est la valeur du rapport (i_{max}/i_{min}) ?

5° Quelle est la résistance équivalant au dipôle AB qui correspond au nombre décimal 202 ?

6° Justifier le nom donné au montage : convertisseur numérique-analogique. Quelle est la nature des interrupteurs ?

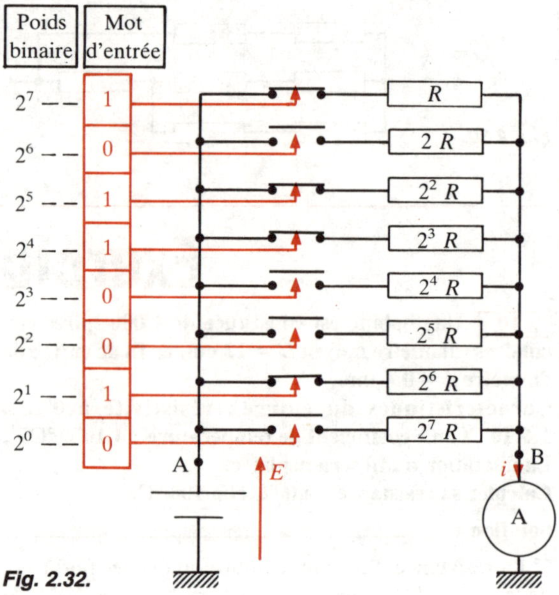

Fig. 2.32.

Solution :

$$\textbf{1°}\ i_{min} = i_0 = \frac{E}{128R} = \frac{10}{128 \times 10^3} \text{ A},$$

$$\boxed{i_{min} = 0{,}0781 \text{ mA}}$$

2° *a)* Résistance équivalente au dipôle AB :

$$R_{éq} = 0{,}719R \Rightarrow \boxed{R_{éq} = 719\ \Omega}$$

$$b)\ i = \frac{E}{R_{eq}} \Rightarrow \text{i} = \frac{10}{0{,}719} \text{ mA} \Rightarrow \boxed{i = 13{,}91 \text{ mA}}$$

c) Valeur décimale correspondant au nombre binaire affiché :

$$N = 2^7 + 2^5 + 2^4 + 2^1 \Rightarrow \boxed{N = 178}$$

$$d)\ \frac{i}{i_{min}} = \frac{13{,}91}{0{,}0781} = \boxed{178} \quad \text{(même valeur que } N)$$

3° Le courant maximal est obtenu lorsque toutes les

résistances sont en service. Le dipôle AB présente alors une résistance R_t telle que :

$$\frac{1}{R_t} = \frac{1}{R}\left(1 + \frac{1}{2} + \frac{1}{2^2} + \frac{1}{2^3} + \frac{1}{2^4} + \frac{1}{2^5} + \frac{1}{2^6} + \frac{1}{2^7}\right)$$

D'où : $R_t = 502\ \Omega$

et : $i_{max} = \dfrac{E}{R_t} \Rightarrow$ $\boxed{i_{max} = 19{,}9 \text{ mA}}$

4° $\dfrac{i_{max}}{i_{min}} = \dfrac{19{,}9}{0{,}0781} \Rightarrow$ $\boxed{\dfrac{i_{max}}{i_{min}} = \mathbf{255}}$

5° Il faut décomposer le nombre exprimé dans le système décimal selon les puissances de 2 :

$$202 = 2^7 + 2^6 + 2^3 + 2^1.$$

Compte tenu de ce résultat, les résistances utilisées sont (R, $2R$, $16R$, $64R$) le dipôle AB présente une résistance égale à :

$$\boxed{R_{éq} = 634\ \Omega}$$

Autre méthode de calcul :

$$i_{202} = 202\, i_{min} = 202 \times 0{,}0781 = 15{,}78 \text{ mA},$$

$$R_{éq} = \frac{10}{15{,}78.10^{-3}} = 634\ \Omega$$

6° Le montage fournit un courant i dont l'intensité est proportionnelle au nombre binaire affiché à l'entrée du convertisseur. Les interrupteurs sont des transistors à effet de champ.

Exercices à résoudre

2.14. Calculer la résistance d'une bobine de cuivre isolé, longue de 50 cm et d'un diamètre de 10 cm. Le diamètre du fil est 0,5 mm et la bobine comporte deux couches de spires jointives.
Résistivité du cuivre : $\rho = 1{,}6.10^{-8}$ Ωm.

2.15. Une bobine est constituée de 500 spires circulaires de 10 mm de diamètre, en fil de cuivre de 0,2 mm de diamètre.
Résistivité du cuivre à 0 °C : $1{,}6.10^{-8}$ Ωm ; coefficient de température : 4.10^{-3} °C^{-1}. On néglige la dilatation du fil. Calculer sa résistance à 0 °C, puis à 80 °C.

2.16. La mesure de la résistance des enroulements d'une machine à courant continu a donné à 20 °C : $R = 0{,}5\ \Omega$. Calculer la résistance des enroulements de cette machine lorsque la température est 80 °C. Coefficient de température du cuivre : 4.10^{-3} °C^{-1}.

2.17. Un dipôle AB (fig. 2.33) est soumis à une tension u de 24 V.

1) Calculer l'intensité du courant i.

2) Quelle est la résistance qui dissipe le plus de puissance ?

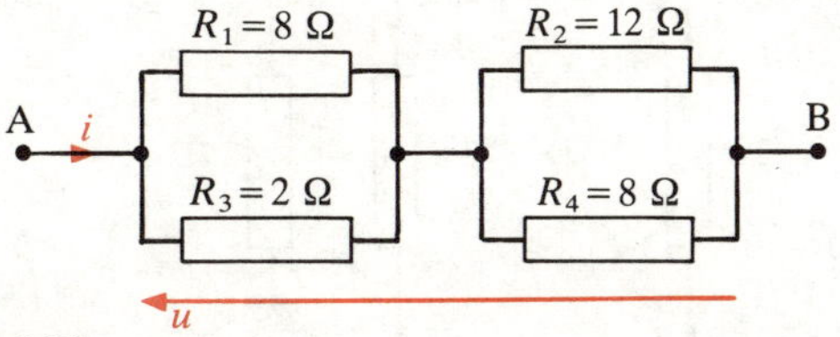

Fig. 2.33.

2.18. Calculer l'intensité I du courant débité par le générateur (fig. 2.34), pour lequel on donne : $E = 24$ V (E tension maintenue entre ses bornes).

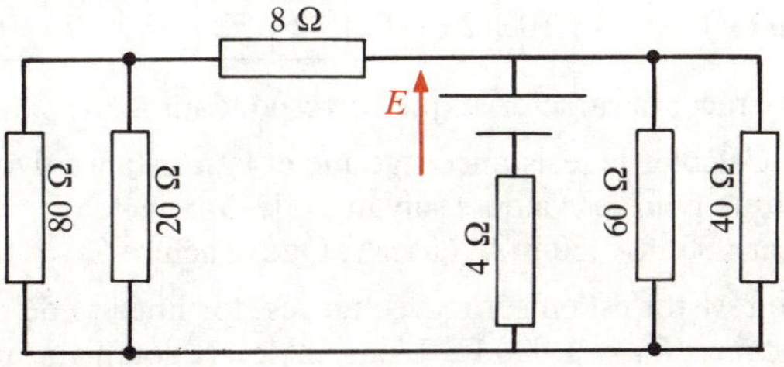

Fig. 2.34.

2.19. Dans le montage de la figure 2.35 on donne : $I = 0{,}5$ A. Calculer la tension u.

2.20. Pour le montage de la figure 2.35, exprimer l'intensité du courant dans chacun des dipôles en fonction de l'intensité I du courant dans le circuit principal. Calculer les intensités inconnues en fonction de I.

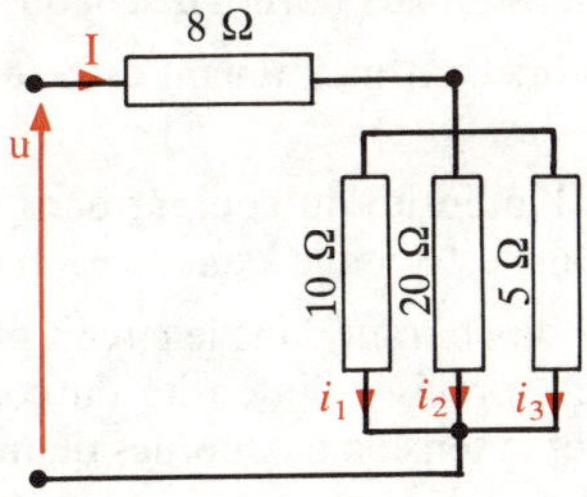

Fig. 2.35.

2.21. Calculer l'intensité i du courant dans le circuit de la figure 2.36 sachant que $u_{AB} = 80$ V et $u_{CD} = 10$ V.

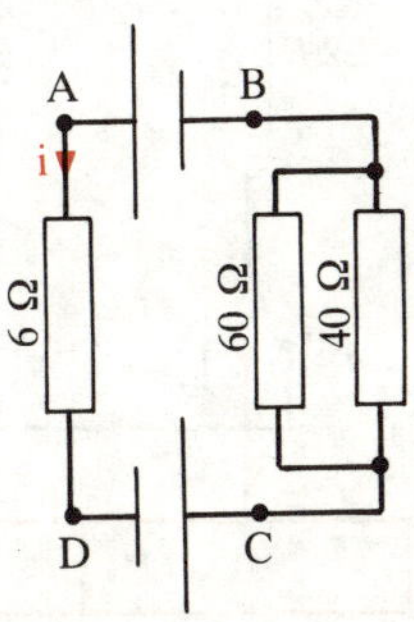

Fig. 2.36.

2.22. Le réseau de la figure 2.37 est alimenté sous une tension u de 42 V. On donne : $R=1\ \Omega$ et $R'=2\ \Omega$. Calculer i.

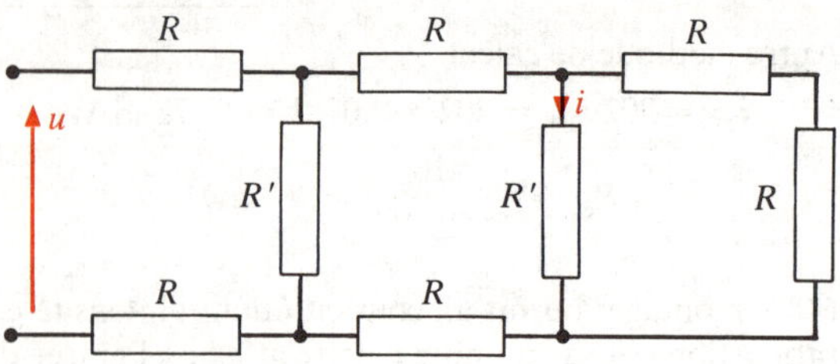

Fig. 2.37.

2.23. Pour un résistor non linéaire, on a obtenu les mesures suivantes :

i (mA)	10	20	30	40	45	50	55	60	65
u (V)	4	10	20	33	42	52	65	80	100

1° Tracer la caractéristique correspondante.

2° Calculer la résistance statique et la résistance dynamique pour les valeurs suivantes de l'intensité du courant : 30 mA, 50 mA, 60 mA. Que conclure ?

Ce résistor est en série avec un résistor linéaire de résistance $R_2 = 1\ 000\ \Omega$. L'ensemble est soumis à une tension de 100 V.

3° Tracer la caractéristique courant-tension de cet ensemble.

4° Déterminer l'intensité du courant dans ce montage et la tension aux bornes de chacun des dipôles.

5° A quelle tension faut-il soumettre l'ensemble pour qu'il soit traversé par un courant de 60 mA ? Déterminer alors la tension aux bornes de chaque dipôle.

Les deux résistors sont maintenant associés en parallèle.

6° Déterminer l'intensité du courant dans chaque dipôle si le montage est soumis à une tension de 60 V.

7° Si l'intensité du courant dans le circuit principal est égale à 100 mA, préciser l'intensité du courant dans chaque dipôle et la tension aux bornes du montage.

2.24. Le dispositif de la figure 2.38 est utilisé dans certains réducteurs d'entrée d'appareils, ou dans des convertisseurs numériques-analogiques.

1° Calculer la résistance équivalente au dipôle AM en fonction de R (attention : toute les masses sont réunies dans un montage électronique).

2° Calculer, en fonction de E, les potentiels des points A, B, C par rapport à la masse.

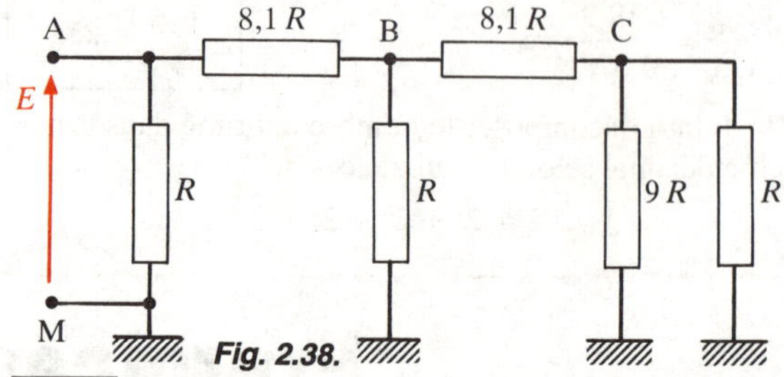

Fig. 2.38.

2.25. La figure 2.39 représente le principe d'un convertisseur numérique-analogique à échelle R-$2R$ pour une entrée à 5 bits.

L'ampèremètre A est supposé parfait.

Chaque bit du mot d'entrée commande un commutateur qui établit une liaison :

– à la masse pour un zéro ;

– à la ligne « courant » M'M pour un 1.

Notons que, quelle que soit la position du commutateur, la résistance ($2R$) qu'il pilote est toujours reliée à un potentiel nul.

1° Montrer que, quelle que soit la position des commutateurs, le générateur qui maintient la tension constante E_0, débite toujours le même courant d'intensité $i' = (E/2R)$.

2° En déduire les potentiels des points A, B, C, D, E par rapport à la masse M.

3° Donner les expressions de i_0, i_1, i_2 en fonction de E_0 et de R. Montrer que : $i_1 = 2i_0$, $i_2 = 2^2 i_0$, …

4° Dans le cas de la figure, déterminer la valeur N du système décimal correspondant au nombre binaire affiché (à côté de chaque bit est précisé son poids).

5° Calculer le courant i qui traverse l'ampèremètre. Montrer que $i = Ni_0$.

6° Donner le schéma d'un convertisseur R-$2R$ à 6 bits, à commutation de courants.

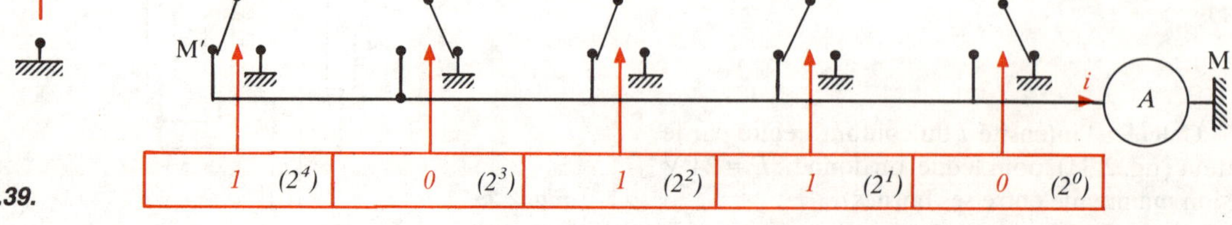

Fig. 2.39.

Chapitre 3

LES ÉLECTROMOTEURS

Un électromoteur est un dipôle actif dissymétrique :
– **actif :** il **fournit de l'énergie électrique** à partir d'une autre forme d'énergie (mécanique, chimique, lumineuse, ou même électrique mais de caractéristiques différentes), **ou il en consomme** pour la convertir en énergie d'une autre forme ;
– **dissymétrique :** ses deux bornes ne jouent pas le même rôle et son fonctionnement dépend du branchement, car il est **polarisé.**

Un électromoteur est souvent soit **générateur** soit **récepteur.** Quand le même électromoteur peut assumer les deux fonctions, il est dit **réversible** (exemple : accumulateur de voiture).

1. ÉTUDE DES ÉLECTROMOTEURS-GÉNÉRATEURS

1.1. Fonction d'un générateur

Un générateur fournit de l'énergie électrique à une charge.

1.2. Caractéristique courant-tension d'un générateur linéaire

1.2.1. Expérience

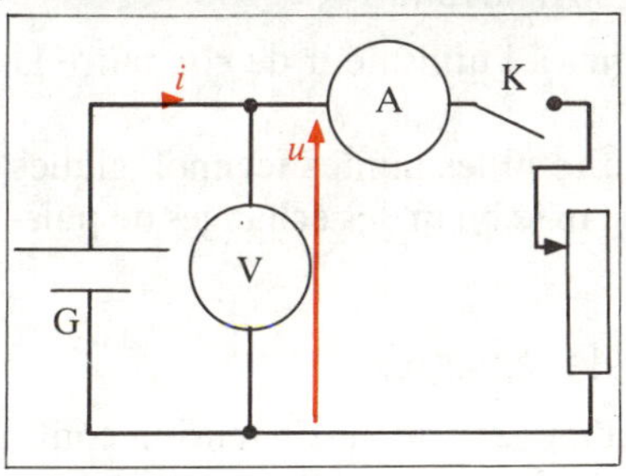

Fig. 3.01.

Le montage de la figure 3.01 permet de relever la caractéristique $u(i)$ d'un accumulateur. Nous choisissons la *convention générateur,* ainsi u et i sont des grandeurs positives.
Nous obtenons la caractéristique de la figure 3.02. C'est sensiblement une portion de demi-droite d'équation :

$$u = u_0 - ri.$$

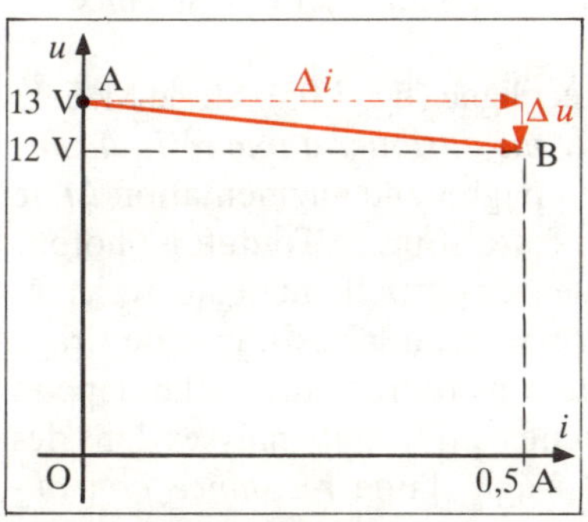

Fig. 3.02.

En A : $\begin{cases} i_A = 0 \\ u_A = u_0 = 12{,}96 \text{ V} \end{cases}$

En B : $\begin{cases} i_B = 500 \text{ mA} \\ u_B = 12{,}33 \text{ V} \end{cases}$

$\Delta u = -0{,}63$ V ; $\Delta i = 500$ mA.

1.2.2. Exploitation

u_0 est la **tension à vide** du générateur, c'est aussi sa **force électromotrice à vide.**

r est la **résistance interne apparente** de l'accumulateur.

Si nous posons : $\Delta u = u_B - u_A$ et : $\Delta i = i_B - i_A$,

$$r = -\frac{\Delta u}{\Delta i}.$$

Le relevé expérimental permet donc de connaître u_0 et r.

La caractéristique étant une portion de demi-droite, le générateur est dit **linéaire.**
Tous les générateurs n'admettent pas une caractéristique linéaire.

> u_0 et $r = -\dfrac{\Delta u}{\Delta i}$ sont les deux grandeurs qui caractérisent le générateur linéaire.

1.3. Modèles équivalents de Thévenin

1.3.1. Modèle simplifié

Modéliser un générateur c'est le remplacer, par la pensée, ou sur un schéma, par une *association de dipôles élémentaires, caractérisée par la même relation $u(i)$ que le générateur* (ou aussi proche que possible de celle-ci).

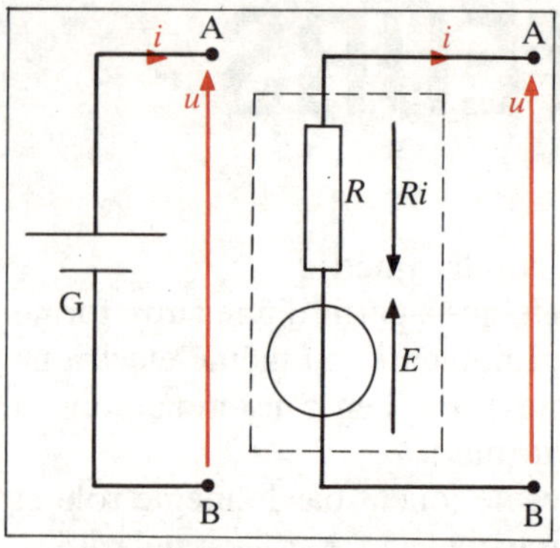

Fig. 3.03. Schémas de l'accumulateur au cadmium-nickel, et de son modèle résultant du relevé de la caractéristique u(i) : $E = u_0$, $R = r$.

Cette alimentation de 1 600 W peut, elle aussi, être modélisée par un M.E.T.

En général, la f.é.m. d'un générateur (pile, accumulateur, dispositif tel que celui qui est représenté sur la figure 3.04, génératrice de courant continu, etc.) dépend de l'intensité qu'il débite. Elle diminue quand l'intensité augmente.

L'association, si elle existe, est appelée **modèle équivalent du générateur.**

Dans le cas d'un **générateur linéaire,** le modèle équivalent le plus simple est constitué d'un générateur de tension parfait, de f.é.m. E, en série avec une résistance R (fig. 3.03). En effet, la caractéristique d'une telle association est une portion de droite d'équation : $u = E - Ri$. Pour qu'elle se confonde avec la caractéristique du générateur réel, dont l'équation est :

$$u = u_0 - ri$$

il faut réaliser les conditions suivantes :

$$\begin{cases} E = u_0 \\ R = r \end{cases}$$

Donc, pour le modèle équivalent :
- la f.e.m. E du générateur de tension est égale à u_0.
- la résistance R est égale à r.

Ce modèle équivalent est appelé **modèle équivalent de Thévenin** (M.E.T.).

1.3.2. Validité du modèle de Thévenin

Le M.E.T. d'un générateur permet à l'utilisateur de connaître la caractéristique u=f(i).

En revanche, on ne peut en déduire ni les limites technologiques de fonctionnement du générateur, ni le bilan des échanges de puissance.

1.3.3. Origine de la chute de tension

Relevons la caractéristique $u(i)$ d'un générateur de tension continue (fig. 3.04) constituée d'un transformateur, d'un pont redresseur à quatre diodes, d'un condensateur de filtrage et d'une résistance placée en parallèle sur le condensateur (résistance de tirage).

Là encore, la courbe obtenue est rectiligne (fig. 3.05). Sur le M.E.T. relatif à ce générateur, *nous pouvons attribuer à une résistance r, la diminution de tension* qui accompagne une augmentation Δi de l'intensité du courant débité par cette source. Toutefois, notons que cette résistance r n'est due que très partiellement aux résistances des enroulements du transformateur, à la résistance de tirage R_t, aux résistances des diodes du pont redresseur... Elle dépend essentiellement d'autres phénomènes qui seront analysés dans des classes ultérieures. On dit qu'il s'agit d'une *résistance non ohmique*.

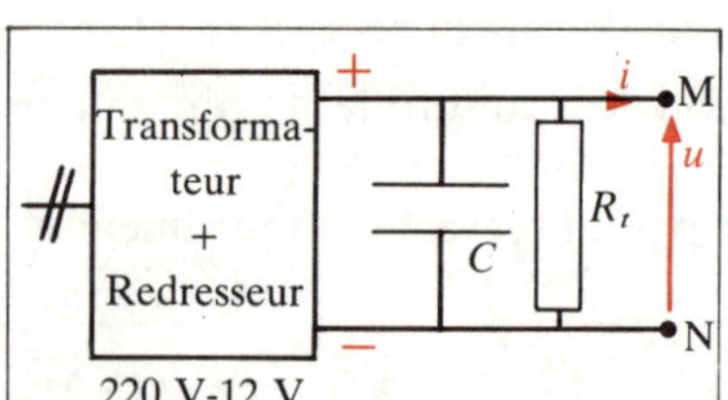

C = 470 µF (63 V). R_t = 470 Ω (1 W)
La charge est placée entre M et N (non représentée).

Fig. 3.04. Montage redresseur dont on trace la caractéristique u(i).

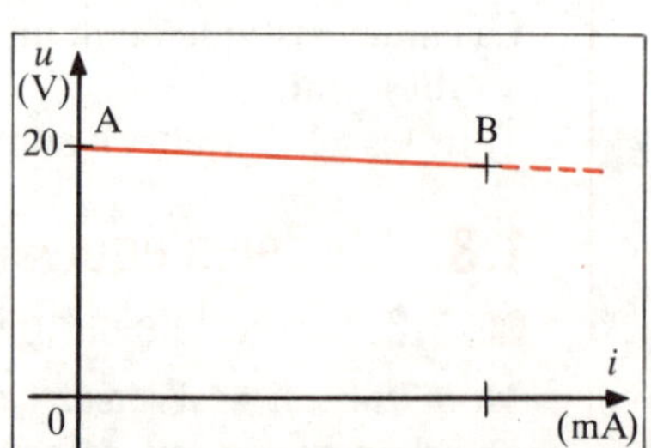

A $\begin{cases} i = 0. \\ u = u_0 = 19{,}90 \text{ V.} \end{cases}$

B $\begin{cases} i = 300 \text{ mA.} \\ u = 17{,}75 \text{ V.} \end{cases}$

Fig. 3.05. Modèle de Thévenin associé : E = *19,90 V* ; r = *7,2* Ω.

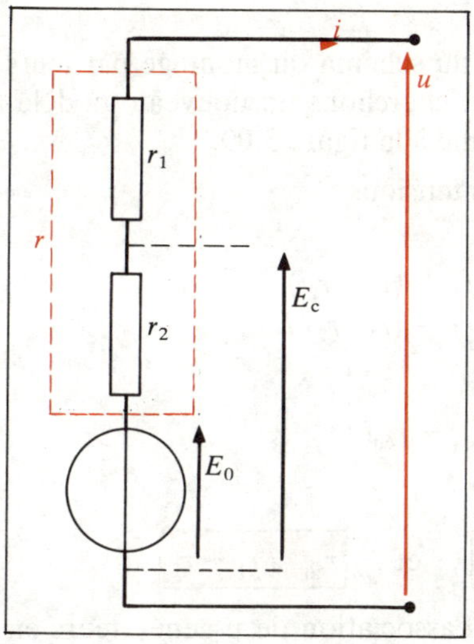

Fig. 3.06. $u = E_0 - (r_1 + r_2)i = (E_0 - r_2 i) - r_1 i$.
soit, en posant : $r = r_1 + r_2$ *et* $E_c = E_0 - r_2 i$:
$u = E_0 - ri = E_c - r_2 i$.

En revanche, dans d'autres cas, la résistance r est due exclusivement à la résistance de conducteurs internes : r est alors dite *purement ohmique*.

1.3.4. Modèle rendant compte de l'aspect énergétique

D'une manière générale, si la tension aux bornes d'un générateur diminue lorsque celui-ci débite un courant i, cela est dû (fig. 3.06) :

a) pour une partie, à une *résistance ohmique* r_1 *qui entraîne une chute de tension* $(r_1 i)$, éventuellement mesurable, et une perte de puissance par effet Joule ;

b) pour une autre partie, à une *diminution de la f.é.m. du générateur*, diminution qui est souvent proportionnelle à i et qui peut donc être représentée par un terme $r_2 i$.
Le coefficient de proportionnalité r_2 représente une résistance non ohmique (elle n'entraîne pas de pertes par effet Joule).

Si E_c est la f.é.m. du générateur en charge et E_0 sa f.é.m. à vide (égale à u_0), pour un **électromoteur linéaire** nous pouvons écrire :

$$E_c = E_0 - r_2 i$$

Le modèle de la figure 3.06 fait apparaître :
- la f.é.m. en charge E_c,
- la chute ohmique de tension $r_1 i$.

Pour un générateur linéaire $E_c = E_0 - r_2 i$.

La tension u aux bornes du générateur est donnée par les deux relations suivantes :

$$u = E_0 - ri \qquad u = E_c - r_1 i$$

1.4. Puissances mises en jeu par un générateur

Remarque : la relation $u = E_0 - ri$ rend bien compte de la caractéristique $u(i)$, mais elle ne permet pas de bilan énergétique.

Multiplions par i les deux membres de la dernière équation :

$$ui = E_c i - r_1 i^2$$

soit :

$$E_c i = ui + r_1 i^2$$

* $(E_c i)$ est la puissance transformée par le générateur et qui apparaît sous forme de puissance électrique ;
* (ui) est la puissance électrique communiquée à la charge ;
* $(r_1 i^2)$ est la puissance dissipée en chaleur dans le générateur (dans les éléments conducteurs de résistance ohmique r_1).

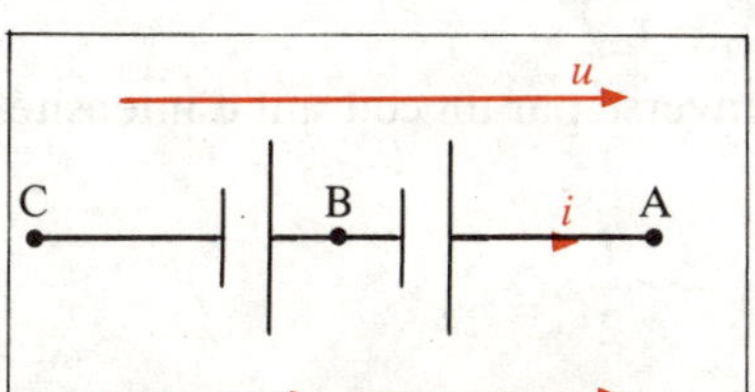

Fig. 3.07. *Schéma des générateurs réels, en série.*

2. ASSOCIATION DE GÉNÉRATEURS LINÉAIRES

On suppose, et cela est vérifiable en pratique, que l'association ne modifie pas le fonctionnement de chaque générateur. En conséquence, leurs modèles sont encore utilisables.
Dans tout ce qui suit *nous utilisons uniquement les modèles simplifiés.*

2.1. Association en série

Deux générateurs sont en série quand le pôle positif de l'un est relié au pôle négatif de l'autre (fig. 3.07). L'ensemble peut être remplacé par un générateur unique qui a même caractéristique $u(i)$ que le groupement et qui admet un modèle.

Généralisation : Pour n générateurs identiques, de f.é.m. E et de résistance interne r, associés en série, le M.E.T. de l'ensemble a pour caractéristiques : $E_{éq} = n\,E$; $r_{éq} = nr$.

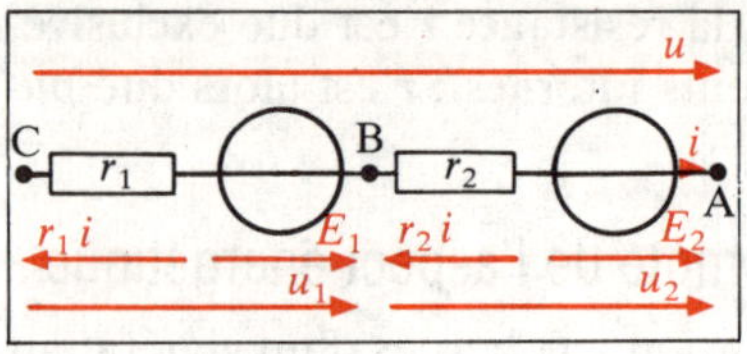

Fig. 3.08. Chaque générateur est remplacé par son M.E.T.

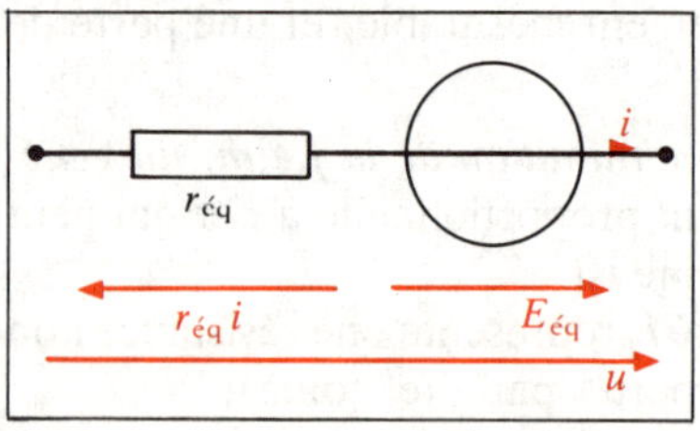

Fig. 3.09. Modèle équivalent de l'ensemble.

Modèle du groupement.

Remplaçons les éléments réels du schéma du montage par leurs M.E.T. respectifs (fig. 3.08), et cherchons un nouveau modèle, équivalent à l'ensemble, conforme à la figure 3.09.

Appliquons la loi d'addition des tensions :

$$u = u_1 + u_2$$
$$u = (E_1 - r_1 i) + (E_2 - r_2 i)$$
$$u = (E_1 + E_2) - (r_1 + r_2)\, i$$

Or, il faut aussi avoir :

$$u = E_{éq} - r_{éq} i$$

Par conséquent, nous prendrons :

$$\boxed{E_{éq} = E_1 + E_2} \quad \text{et} \quad \boxed{r_{éq} = r_1 + r_2}$$

Ce résultat peut être étendu à l'association de n générateurs en série.

Conclusion : Un groupement de générateurs associés en série admet un modèle équivalent de Thévenin :
– sa f.é.m. est la somme des f.é.m. des M.E.T. de ces générateurs ;
– sa résistance interne est la somme des résistances internes des M.E.T. de ces générateurs.

Remarque. En pratique, cette association est toujours réalisée avec des *générateurs identiques* (piles, éléments d'accumulateurs...). Elle permet d'obtenir des tensions élevées, mais l'intensité maximale est celle que peut donner un seul de ces générateurs.

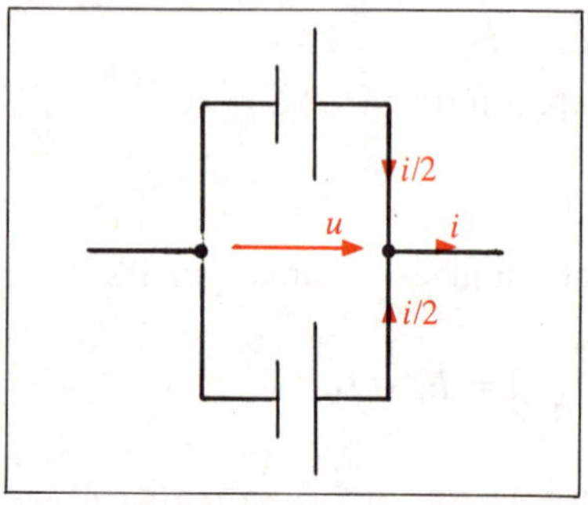

Fig. 3.10. Les générateurs étant identiques, chacun d'eux fournit $\frac{i}{2}$.

2.2. Association en parallèle

Deux générateurs sont en parallèle lorsque leurs bornes homologues sont reliées entre elles (fig. 3.10).

Considérons deux *générateurs identiques* dont les M.E.T. sont représentés sur la figure 3.11. Déterminons le modèle de Thévenin de ce groupement (fig. 3.12). L'équation de sa caractéristique est de la forme :

$$u = E_{éq} - r_{éq} i$$

Comme chaque générateur est traversé par un courant d'intensité $i/2$ nous pouvons aussi écrire :

$$u = E - r\,\frac{i}{2}$$

Par conséquent, nous prendrons :

$$\boxed{E_{éq} = E} \quad \text{et :} \quad \boxed{r_{éq} = \frac{r}{2}}$$

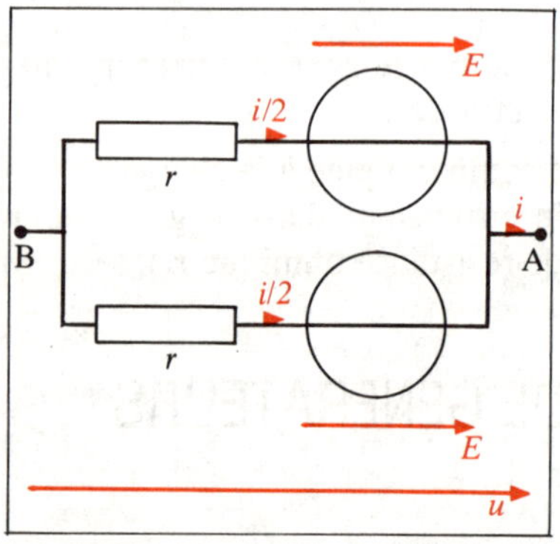

Fig. 3.11. Chaque générateur est remplacé par son M.E.T.

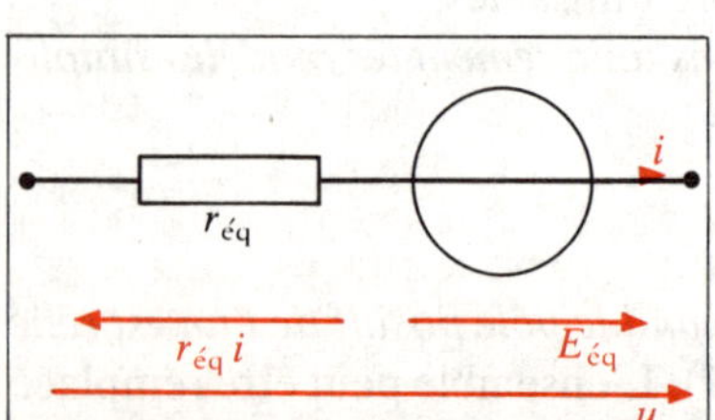

Fig. 3.12. $E_{éq} = E$; $r_{éq} = \frac{r}{2}$

Conclusion : Le groupement de deux *générateurs identiques* en parallèle admet un modèle de Thévenin :
– sa f.é.m. est égale à la f.é.m. du M.E.T. de l'un des générateurs ;
– sa résistance interne est la moitié de la résistance interne du M.E.T. de l'un des générateurs.

Ce résultat peut être généralisé à l'association de n générateurs identiques associés en parallèle.

Remarque . En pratique, on n'associe en parallèle que des *générateurs identiques*. Dans le cas contraire, une différence de f.é.m. entraînerait, même à vide, un courant de circulation à l'intérieur du groupement, échauffant inutilement l'ensemble (risque de destruction). Des générateurs de même f.é.m., mais de résistances internes différentes, associés en parallèle, contribueraient de manière inégale au courant total fourni à la charge. Cela explique que ce montage n'est pratiquement pas utilisé avec des piles ou des accumulateurs.

3. ÉTUDE DES ÉLECTROMOTEURS-RÉCEPTEURS

3.1. Fonction d'un électromoteur récepteur

Un électromoteur qui convertit *une partie* de l'énergie électrique qu'il reçoit en énergie mécanique, chimique, etc. (exemples : moteurs électriques, électrolyseurs, onduleurs...) est un **récepteur actif.** Rappelons qu'un résistor est un récepteur passif, car il convertit en chaleur *toute* l'énergie électrique qu'il consomme.

3.2. Caractéristique courant-tension d'un récepteur linéaire

3.2.1. Expérience

L'accumulateur G étudié au paragraphe 1 est placé dans le montage de la figure 3.13. Nous utilisons la *convention récepteur :* ainsi u et i, sont positives quand l'accumulateur G fonctionne effectivement en récepteur.

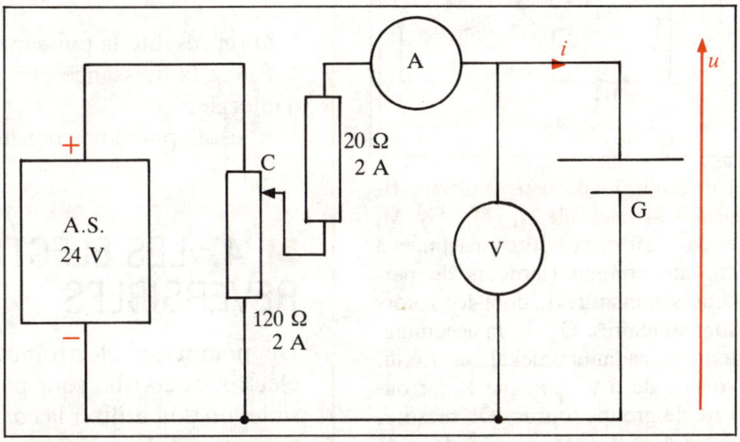

Fig. 3.13.

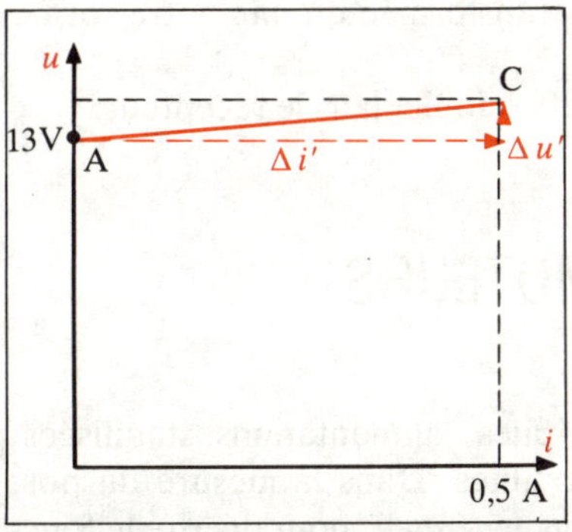

Fig. 3.14. *L'ordonnée à l'origine* de la *caractéristique de l'accumulateur utilisé en récepteur* est la même *que celle que l'on relève en utilisant le même accumulateur en générateur. Dans les deux cas, il s'agit de la* tension à vide *de l'accumulateur, car, pour* i = *0, celui-ci n'est ni générateur, ni récepteur.*
Par rapport à la figure 3.02, le coefficient directeur de la droite obtenue en prolongeant la caractéristique, a changé. Cela est dû au changement de convention. Seule la valeur absolue de ce coefficient directeur a une signification physique : c'est la résistance interne apparente de l'accumulateur.

Relevons, pour i positive, la caractéristique $u(i)$ de cet accumulateur.
Nous obtenons, encore, sensiblement, une portion de demi-droite (fig. 3.14). L'équation correspondante est de la forme :

$$u = u'_0 + r'i.$$

3.2.2. Exploitation

■ L'ordonnée à l'origine de la demi-droite obtenue est la même que celle de la caractéristique de la figure 3.02 : $u'_0 = u_0$.

■ Le coefficient directeur, est, au signe près, sensiblement le même que celui de cette caractéristique :

$$r' = \frac{\Delta u'}{\Delta i'} = r = 1{,}26\ \Omega.$$

■ Le récepteur étudié est donc **linéaire.**

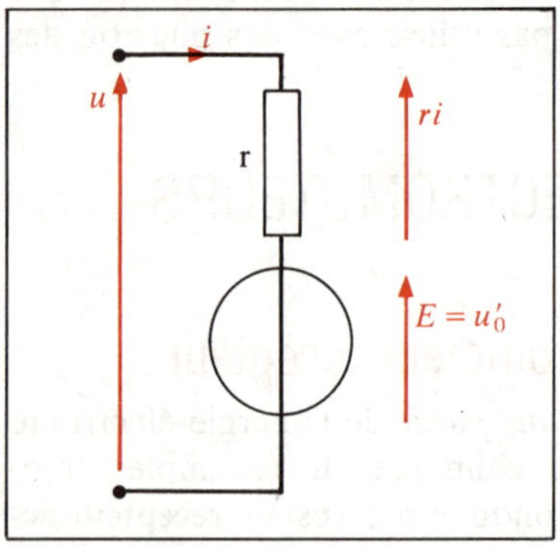

Fig. 3.15. Schéma de l'accumulateur utilisé en récepteur et de son M.E.T. : $E=u'_0$

3.3. Modèle équivalent de Thévenin du récepteur (M.E.T.)

Le modèle équivalent est une association de dipôles élémentaires qui a la même caractéristique que le récepteur réel. Ici, ce modèle se compose d'un générateur de tension parfait, de f.é.m. E, constante, égale à u'_0, en série avec un résistor de résistance r (fig. 3.15).

C'est exactement le même que celui auquel a conduit l'étude de l'accumulateur fonctionnant en générateur.

3.4. Bilan des puissances

Comme pour les électromoteurs-générateurs, on peut décomposer r en deux parties :

– une partie ohmique, correspondant à une chute de tension effective, et à de véritables pertes par échauffement ;

– une partie non ohmique, traduisant le fait que la f.é.m. en charge du récepteur varie avec i. Pour un *récepteur linéaire, cette variation de f.é.m. est proportionnelle à i.*

Dans le cas d'un récepteur dont la résistance interne est entièrement ohmique (et, donc, la f.é.m. constante) :

$$u = E + ri$$
$$ui = E\,i + ri^2$$

* ui représente la puissance électrique absorbée ;

* Ei est la puissance électrique transformée en une autre forme d'énergie ;

* ri^2 est la puissance perdue en effet Joule dans le récepteur.

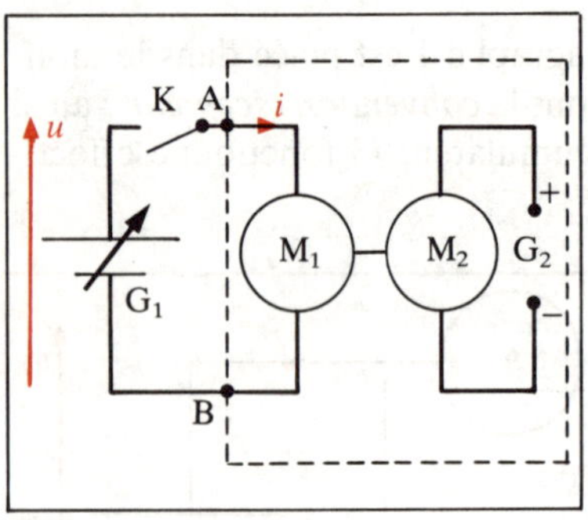

Un exemple d'électromoteur linéaire : l'ensemble M_1–M_2–G_2. M_1 et M_2 sont deux petites machines à courant continu (moteurs de perceuses miniatures), dont les rotors sont solidaires. G_2 est un accumulateur au cadmium-nickel, de f.é.m. voisine de 6 V. Lorsque K est ouvert, le groupe tourne. On mesure, entre A et B, la tension à vide u_0 de l'électromoteur ainsi constitué. En fermant K, on applique grâce à G_1, une tension u à cet électromoteur.

Si $u > u_0$, celui-ci fonctionne globalement en récepteur ($i>0$).

Si $u < u_0$, il fonctionne en générateur. C'est donc un *électromoteur réversible.* Il est *linéaire*. Le groupe tourne toujours dans le même sens, mais sa vitesse dépend de i, ainsi, par conséquent, que la f.é.m. de l'électromoteur.

■ 4. LES ÉLECTROMOTEURS RÉVERSIBLES

De nombreux électromoteurs (piles, alimentations stabilisées, électrolyseurs) ne sont pas réversibles. Dans la mesure du possible, on doit utiliser la *convention générateur* pour décrire le fonctionnement des *générateurs,* et la *convention récepteur* pour ceux d'entre eux qui ne sont que *récepteurs.*

L'accumulateur que nous avons étudié, est lui, réversible. De plus, suivant la position du curseur C (fig. 3.13), il peut passer continûment du fonctionnement en récepteur au fonctionnement en générateur et vice versa.

Pour décrire son fonctionnement, une convention n'est pas meilleure que l'autre.

Avec la convention récepteur de la figure 3.13, en abaissant le curseur nous obtenons un courant d'intensité négative et donc un fonctionnement de l'accumulateur en générateur. La caractéristique de la figure 3.14 peut alors être prolongée vers les valeurs négatives de i (fig. 3.16).

Inversement, avec la convention générateur (comme sur la figure 3.01) c'est lorsque le courant est négatif que l'on rend compte du fonctionnement en récepteur (fig. 3.17). Là encore, la *caractéristique totale est une portion de droite.* Notons que du fait du changement de convention, *les deux caractéristiques sont totalement équivalentes.*

La réversibilité confère aux électromoteurs des propriétés facilitant beaucoup la mise en œuvre de l'énergie électrique.

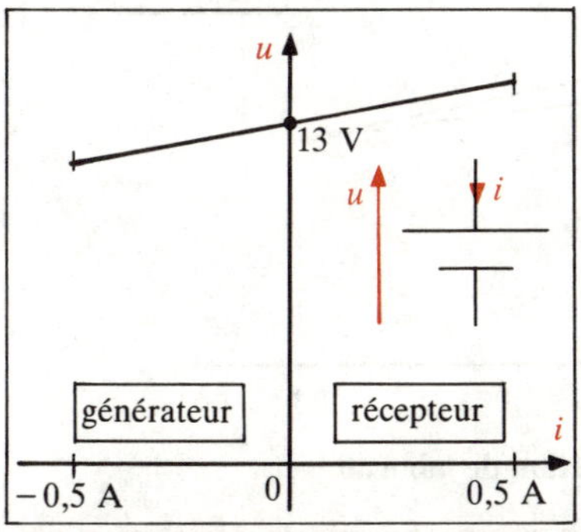

Fig. 3.16. *Caractéristique d'un électromoteur linéaire réversible, avec la convention récepteur.*

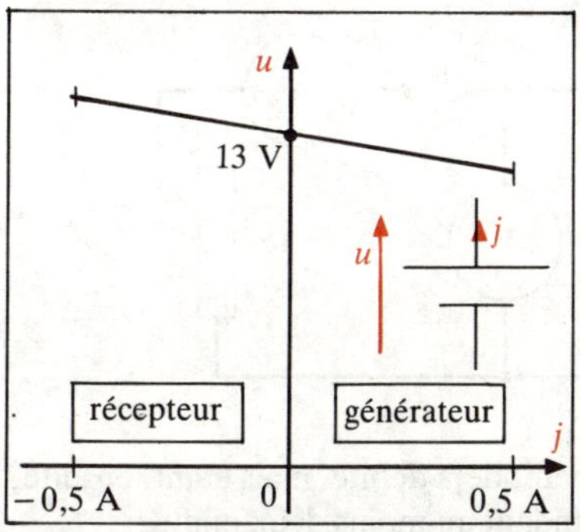

Fig. 3.17. *Caractéristique d'un électromoteur linéaire réversible, avec la convention générateur. Comme la convention adoptée impose $j = -i$, cette caractéristique est équivalente à celle de la figure 3.16.*

5. LES GÉNÉRATEURS PARTICULIERS

5.1. Générateur de tension parfait

Un générateur de tension parfait (on dit aussi : *source de tension*) maintient entre ses bornes la même tension $u = E$ quel que soit le courant i qu'il débite.

Sa *résistance interne est nulle.*

La figure 3.18 rappelle le symbole et la caractéristique d'une source de tension.

Une batterie d'accumulateurs, une alimentation continue stabilisée (pour $i > 0$), peuvent, dans certaines limites, être considérées comme des générateurs de tension parfaits.

5.2. Générateur de courant parfait

Un générateur de courant parfait (appelé parfois *source de courant*) injecte un courant constant dans le dipôle qu'on lui connecte, quelle que soit la tension qui en résulte.

La figure 3.19 donne le symbole et la caractéristique d'une source de courant.

Nous verrons que des dispositifs électroniques simples, réalisés avec des amplificateurs opérationnels, des transistors, des régulateurs intégrés, etc., peuvent très bien simuler des sources de courant.

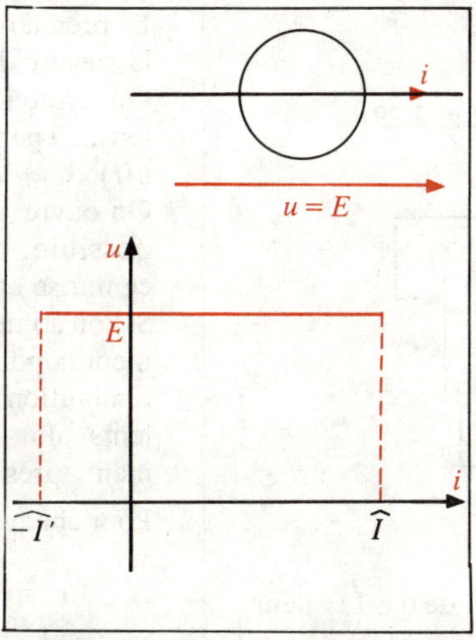

Fig. 3.18. *En fait, l'intensité du courant que peut débiter une source de tension est limitée par une valeur maximale $\hat{I}$.*

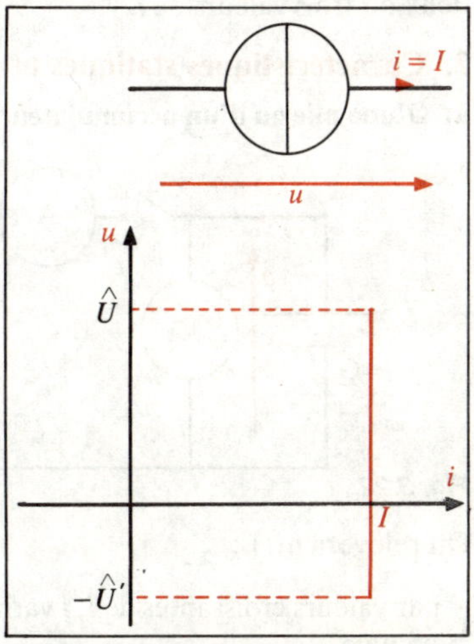

Fig. 3.19. *En réalité la tension aux bornes d'une source de courant ne peut dépasser une valeur $\hat{U}$.*

Les accumulateurs sont des convertisseurs électrochimiques réversibles. Ils permettent le renouvellement du stockage de l'énergie électrique.

Les convertisseurs électromécaniques permettent la récupération d'énergie (moteurs du métro qui, lors du freinage, renvoient de l'énergie électrique sur le réseau).

Travaux pratiques

1. Caractéristique statique d'un régulateur intégré tripolaire de tension (R.I.T.)

La figure 3.20 précise le montage permettant de relever la caractéristique statique $u(i)$ d'un R.I.T.
On pourra observer :

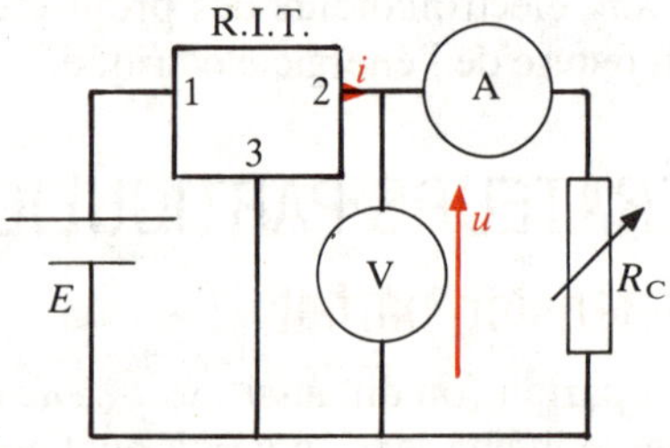

Fig. 3.20.

a) que le courant débité par le R.I.T. est limité. Cela se traduit par le rabattement de la caractéristique, au-delà d'une intensité maximale I_m (fig. 3.21). Le R.I.T. est, en effet, protégé contre les courts-circuits.

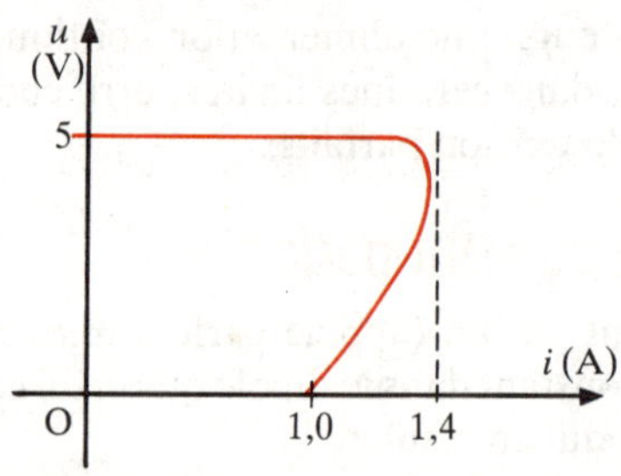

Fig. 3.21.

b) que pour un domaine déterminé du courant débité, le R.I.T. se comporte comme un générateur de tension parfait.

On pourra également relever et tracer les caractéristiques statiques de transfert en tension (u=f(E)) pour deux ou trois valeurs de i.

2. Caractéristiques statiques u(i)

a) D'une pile ou d'un accumulateur (fig. 3.29).

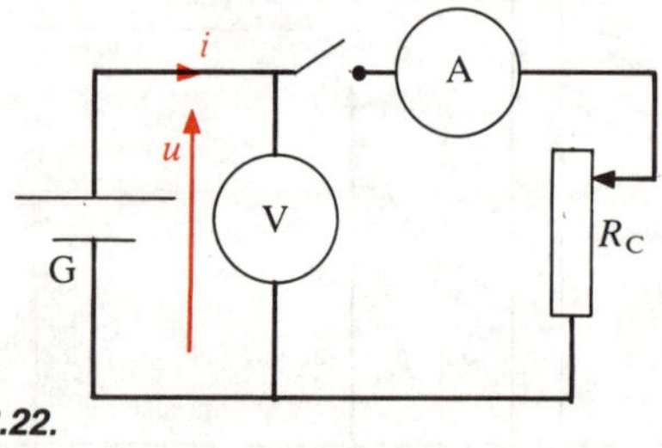

Fig. 3.22.

On relèvera $u(i)$:

– par valeurs croissantes de i, i variant de 0 à $\hat{I}$ (valeur maximale)

– par valeurs décroissantes de $\hat{I}$ à 0.

Ne jamais revenir en arrière entre deux points.

On observera, comme le montre la figure 3.23, une légère hystérésis, preuve que la modélisation d'une pile par son M.E.T. ne rend compte que d'une manière approchée de son comportement réel.

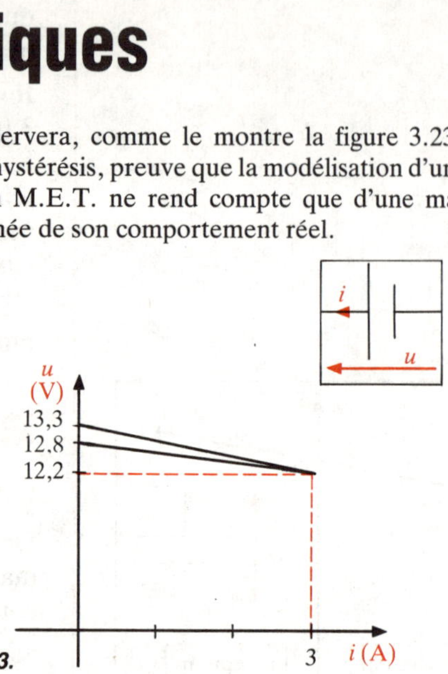

Fig. 3.23.

b) D'une alimentation de laboratoire.

3. Détermination approchée de la résistance ohmique r_1, et de la résistance non ohmique r_2 d'une pile.

Le montage permettant cette détermination est représenté sur la figure 3.24.

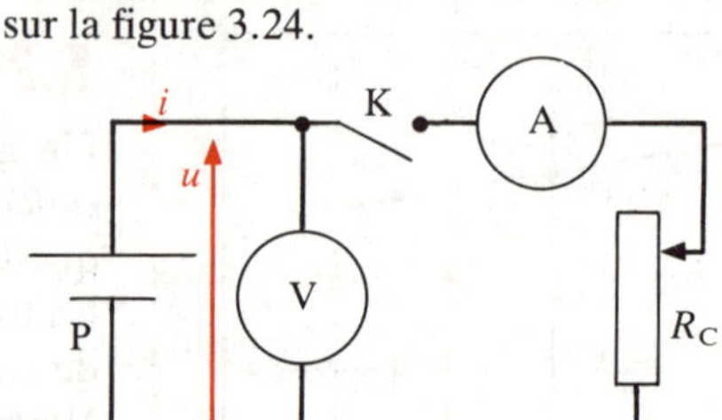

Fig. 3.24.

Utiliser une pile ayant déjà débité, mais étant, ensuite, restée au repos pendant au moins deux minutes.

La première mesure effectuée (avec K ouvert), est alors la mesure de la f.é.m. à vide E_0.
On ferme K et on laisse la pile débiter un courant d'intensité i pendant une minute. On relève alors la tension $u(i)$.
On ouvre alors K de nouveau, et, le plus rapidement possible, on relève la nouvelle tension obtenue, comprise entre E_0 et $u(i)$, que l'on notera $E_c(i)$.
Si l'on admet que les phénomènes chimiques, et notamment la polarisation des électrodes, responsables de la diminution de la f.é.m. lorsque le courant circule, sont lents, alors la mesure de la tension à vide, immédiatement après le passage de i, donne bien $E_c(i)$.

Pour chaque valeur de i, on calculera les quantités :

$$r = \frac{E_0 - u}{i}, \quad r_1 = \frac{E_c - u}{i} \quad \text{et} \quad r_2 = r - r_1$$

On constatera que ces valeurs dépendent très peu de i.
r est la résistance interne du M.E.T. simplifié ;
r_1 la résistance ohmique ;

r_2 la résistance non ohmique traduisant la diminution de f.é.m. lorsque l'intensité i augmente.

4. Dipôle actif réversible

Une alimentation stabilisée n'est pas réversible. Cependant, en plaçant entre ses bornes une résistance convenable elle permet de simuler un électromoteur parfait réversible (fig. 3.25).

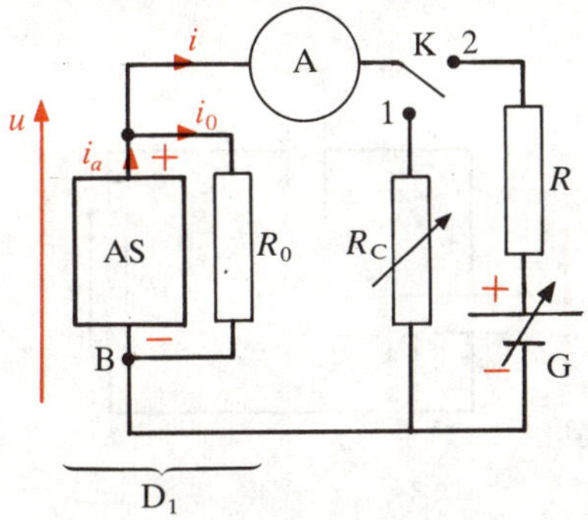

Fig. 3.25.
R_0 : 3Ω,8A ; R_c : 8Ω ; R : quelques ohms (protection).

Détermination de R_0 : si l'alimentation est prévue pour débiter un courant maximal i_m sous la tension u_0, nous pouvons choisir R_0 de façon que : $i_0 = i_m/2$.
L'ensemble alimentation stabilisée-résistance R_0 forme un dipôle D_1 dont on trace la caractéristique $u(i)$.
Lorsque **K est en 1,** D_1 fonctionne en générateur. L'intensité i du courant débité par D_1 est réglée en agissant sur R_c.
Lorsque **K est en 2,** D_1 fonctionne en récepteur. Cela est sans danger pour l'alimentation AS tant que le courant fourni par *G reste inférieur ou égal à* i_0 (le réglage du courant débité par G est réalisé en agissant sur la tension de sortie de ce générateur).
On tracera la caractéristique de l'électromoteur ainsi réalisé (avec la convention générateur ou récepteur) en indiquant les limitations.

Contrôle des connaissances

INDIQUER LA BONNE RÉPONSE.

3.01. La tension à vide entre les bornes d'un générateur linéaire est 4 V. Il débite un courant de 0,5 A dans une charge $R = 6\ \Omega$. Quel courant débitera-t-il dans une charge de 3 Ω ?

R : 0,25 A ; 1 A ; 0,8 A ; calcul impossible.

3.02. La tension aux bornes d'un générateur linéaire est 100 V quand il débite un courant de 40 A et 115 V pour un courant de 10 A. Quelle est la valeur de la f.é.m. E et de la résistance interne r du M.E.T. de ce générateur ?

R : 100 V et 1 Ω ; 110 V et 0,5 Ω ; 115 V et 2 Ω ; 120 V et 0,5 Ω.

3.03. La caractéristique $i(u)$ d'un dipôle est relevée avec la convention générateur (fig. 3.26). Pour un courant de 6 A est-il générateur ou récepteur ? Quels sont les éléments du modèle équivalent de Thévenin de cet électromoteur ?

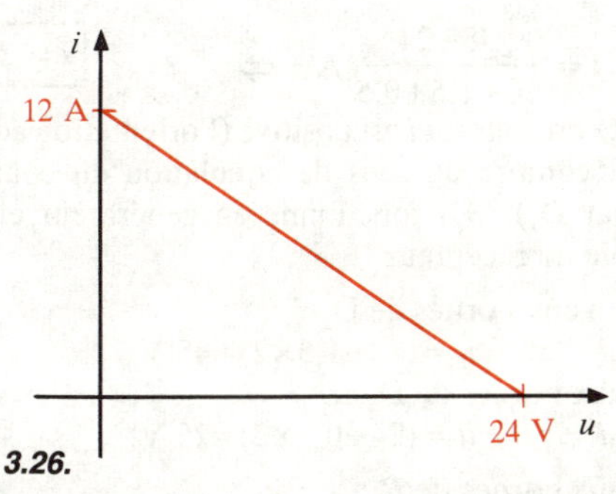

Fig. 3.26.

R : 12 V et 0,5 Ω ; 24 V et 2 Ω ; 24 V et 12 Ω ; 12 V et 24 Ω.

3.04. Un générateur, de f.é.m. 80 V et résistance interne 0,5 Ω, débite un courant de 20 A. Quelle puissance utile fournit-il ?

R : 1,4 kW ; 1,8 kW ; 1,6 kW ; calcul impossible car la charge est inconnue.

3.05. Une pile de f.é.m. 9 V débite un courant de 0,5 A lorsqu'elle alimente une ampoule consommant 4 W. Quelle est la résistance interne de la pile ?

R : 1 Ω ; 4 Ω ; 2 Ω ; 2,5 Ω.

3.06. Un moteur, de résistance interne 2 Ω, absorbe une puissance de 550 W sous une tension de 220 V. Quelle est l'intensité du courant qui le traverse ?

R : 110 A ; 16,6 A ; 2,5 A ; 5 A.

3.07. Quelle est la f.é.m. de la source de tension parfaite du M.E.T. correspondant au moteur de l'exercice 3.6 ?

R : 225 V ; 220 V ; 215 V ; 210 V.

3.08. Un récepteur linéaire présente une f.é.m. de 210 V et sa résistance interne, purement ohmique, est 1,5 Ω. Pour un fonctionnement déterminé, il dissipe une puissance de 150 W sous forme de chaleur. Quelle puissance électrique transforme-t-il en une autre forme d'énergie ?

R : 150 W ; 2,1 kW ; 2,25 kW.

3.09. Un générateur de courant alimente une résistance de 100 Ω qui présente entre ses bornes une tension de 2 V. Si une résistance de 100 Ω est ajoutée, en parallèle avec la précédente, quelle est la tension aux bornes de l'ensemble ?

R : 4 V ; 8 V ; 1 V ; 0,5 V.

Exercices résolus

3.10. Un générateur linéaire, de f.é.m. $E=24$ V et de résistance interne $r=1\ \Omega$, alimente un moteur et un résistor $R=2\ \Omega$ associés en série. La tension aux bornes du moteur est 18 V. Calculer :

1° l'intensité du courant qui traverse le moteur ;

2° la tension aux bornes du générateur ;

3° la f.é.m. du moteur sachant que celui-ci dissipe une puissance de 2 W sous forme de chaleur (pertes par effet Joule).

Solution :

1° Sur le schéma de la figure 3.27 le générateur est remplacé par son modèle de Thévenin. Appliquons la loi des mailles :

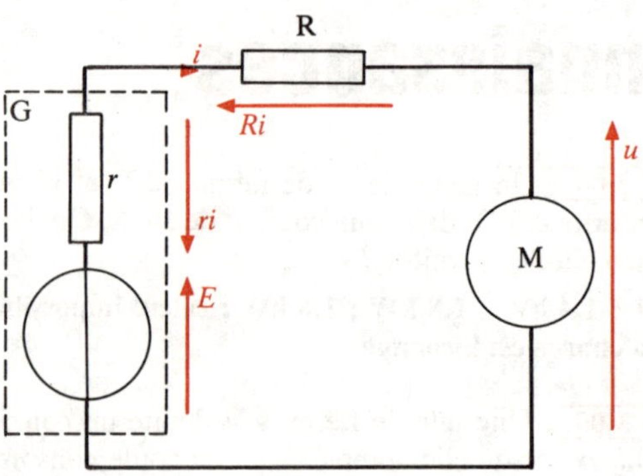

Fig. 3.27.

$$-E+ri+Ri+u = 0 \quad \Rightarrow \quad i = \frac{E-u}{R+r}$$

Application numérique :

$$i = \frac{24-18}{2+1}\ \text{A} \quad \Rightarrow \quad \boxed{i = 2\ \text{A}}$$

2° Tension u' aux bornes du générateur :

$$u'=E-ri \text{ soit : } u'=(24-1\times2)\ \text{V} \quad \Rightarrow \quad \boxed{u' = 22\ \text{V}}$$

3° Tension aux bornes du moteur :

$$u=E'+ri \quad \Leftrightarrow \quad ui=E'i+ri^2$$

Nous connaissons la puissance (ri^2), u et i :

$$E' = \frac{ui-ri^2}{i} = \frac{(18\times2)-2}{2}\ \text{V} \quad \Rightarrow \quad \boxed{E' = 17\ \text{V}}$$

3.11. Les dipôles linéaires D_1 et D_2 (fig. 3.28) ont les caractéristiques respectives suivantes : $E_1 = 48$ V et $r_1 = 1{,}5\ \Omega$, $E_2 = 24$ V et $r_2 = 0{,}5\ \Omega$. Le résistor linéaire présente une résistance $R = 10\ \Omega$. Calculer :

1° l'intensité du courant dans le circuit ;

2° la tension aux bornes de chaque dipôle.

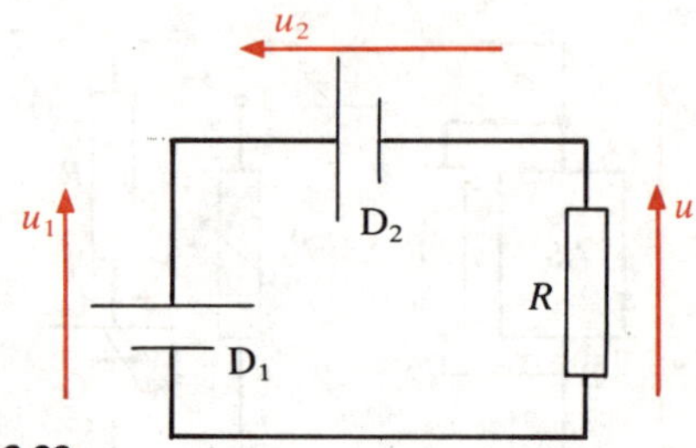

Fig. 3.28.

Solution :

Au montage réel nous faisons correspondre le schéma de la figure 3.29 où les dipôles D_1 et D_2 sont remplacés par leur M.E.T.

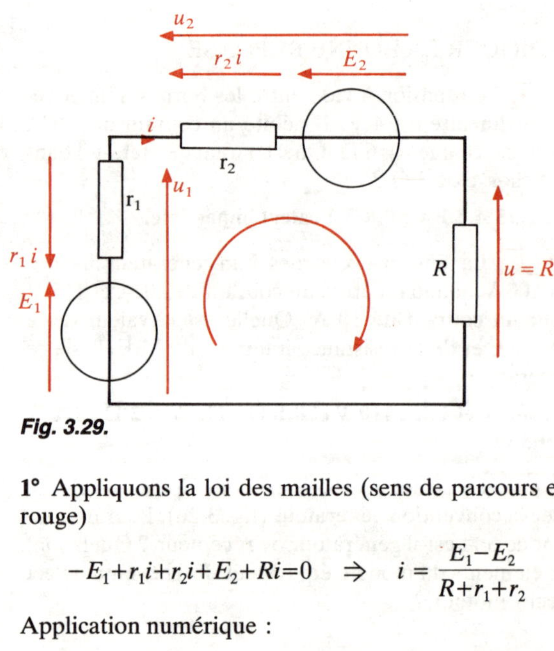

Fig. 3.29.

1° Appliquons la loi des mailles (sens de parcours en rouge)

$$-E_1+r_1i+r_2i+E_2+Ri=0 \quad \Rightarrow \quad i = \frac{E_1-E_2}{R+r_1+r_2}$$

Application numérique :

$$i = \frac{48-24}{10+1{,}5+0{,}5}\ \text{A} \quad \Rightarrow \quad \boxed{i = 2\ \text{A}}$$

L'intensité du courant i est positive (l'orientation adoptée tenait compte du sens de circulation du courant imposé par D_1) : D_1 fonctionne en générateur et D_2 joue le rôle de récepteur.

2° Tension aux bornes de D_1 :

$u_1=E_1-r_1i \quad \Rightarrow \quad u_1=(48-1{,}5\times2)=45$ V

Tension aux bornes de D_2 :

$u_2=E_2+r_2i \quad \Rightarrow \quad u_2=(24+0{,}5\times2)=25$ V

Tension aux bornes de R :

$$u=Ri=u_1-u_2 \quad \Rightarrow \quad \boxed{u=10\times2=20\ \text{V}}$$

Exercices à résoudre

3.12. Le montage de la figure 3.30 comporte quatre électromoteurs : $D_1\{10\text{ V}, 2\ \Omega\}$, $D_2\{15\text{ V}, 8\ \Omega\}$, $D_3\{25\text{ V}, 4\ \Omega\}$, $D_4\{40\text{ V}, 6\ \Omega\}$ et une résistance de 100 Ω. Calculer l'intensité du courant i et la tension u_3.

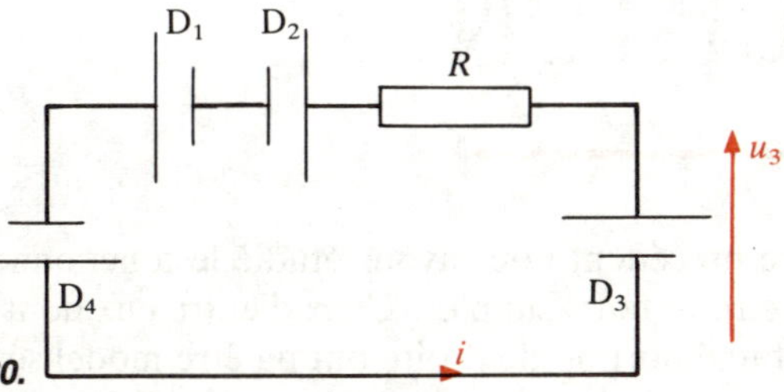

Fig. 3.30.

3.13. Le M.E.T. du moteur M_1 comporte une résistance $r=0,5\ \Omega$ et une f.é.m. E' inconnue. On donne : $R=100\ \Omega$ (fig. 3.31). Calculer :

1° la puissance dissipée dans la résistance R ;

2° la f.é.m. E' du moteur.

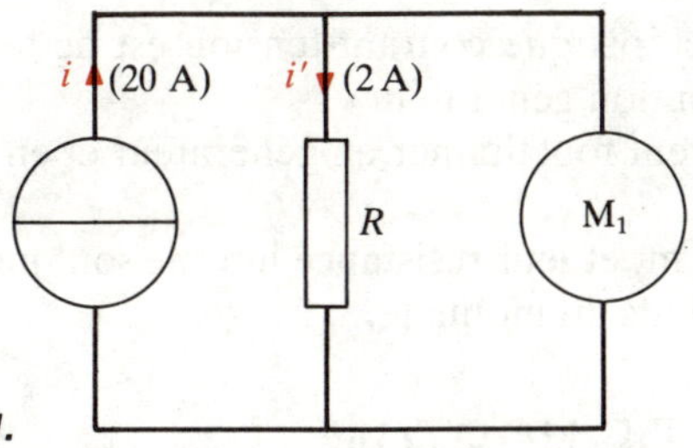

Fig. 3.31.

3.14. Un accumulateur qui débite un courant d'une intensité de 6 A fournit une puissance totale de 288 W et une puissance utile de 270 W.

Calculer la puissance utile qu'il fournit lorsqu'il débite un courant de 12 A.

3.15. La f.é.m. d'un moteur M est indépendante du courant qui le traverse et a pour expression : $E=(0,1n)$, si n désigne la fréquence de rotation du moteur exprimée en tours par minute. La résistance interne de ce moteur est de 0,5 Ω.
Ce moteur est alimenté sous une tension constante : $U=220$ V et l'on admet que le courant qui le traverse à vide (aucune charge entraînée) est nul.

1° Calculer la fréquence de rotation à vide.

2° Quelle est la puissance fournie par le moteur lorsqu'il est traversé par un courant de 20 A ? Quelle est la fréquence de rotation dans ce cas ?

3° Tracer la caractéristique de vitesse $n(i)$ du moteur. Conclure.

3.16. Deux générateurs linéaires montés en série donnent une tension à vide de 36 V. Lorsqu'ils sont montés en opposition, cette tension est 12 V (fig. 3.32).

1° Calculer la f.é.m. de chaque générateur.

2° Les deux générateurs montés en série débitent un courant d'intensité de 2 A dans une résistance. La tension aux bornes de la résistance est 30 V.

Calculer :

a) La valeur de cette résistance ;

b) La résistance interne de chaque générateur sachant qu'ils ont la même intensité de court-circuit.

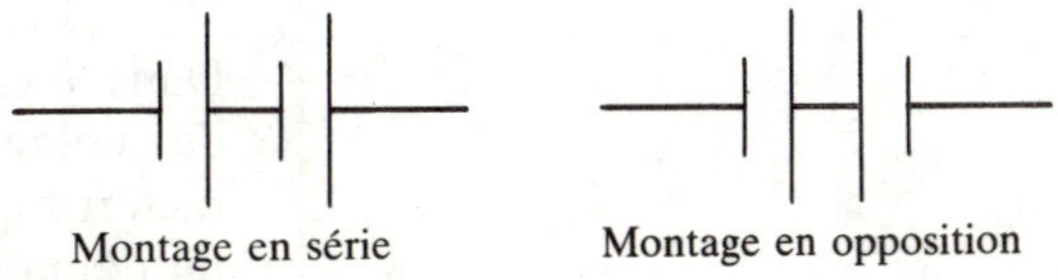

Fig. 3.32.

3.17. Un générateur a pour f.é.m. à vide $E_0=24$ V. Il débite un courant d'une intensité de 0,5 A. La tension à ses bornes est 21,5 V et il dissipe sous forme de chaleur une puissance de 0,5 W.

Calculer pour $i=0,5$ A

1° sa résistance interne ;

2° sa résistance ohmique et sa résistance non ohmique ;

3° sa f.é.m. en charge.

3.18. On a relevé la caractéristique $u=f(i)$ d'un générateur.

u(V)	18,8	18,4	17,8	17,4	17,0	16	15	14	13	12	11
i(A)	0	2	4	6	8	10,8	11,9	12,6	12,9	13,1	13

u(V)	10	9	8	7	6	5	4	3	2	1	0
i(A)	12,8	12,5	12	11,5	11	10,5	10	9,5	9	8,5	8

1° Tracer la caractéristique de ce générateur. Est-il linéaire ? A-t-il une résistance interne ?

2° Quelle est l'intensité du courant de court-circuit ?

3° Quelle est sa f.é.m. à vide ?

4° On branche aux bornes de ce générateur un résistor de résistance $R_1=1,2\ \Omega$. Quelle est l'intensité du courant débité par le générateur (solution graphique) ?

5° Même question pour un résistor de résistance $R_2=3\ \Omega$.

6° Pour quelle résistance R_3 l'intensité débitée par le générateur est-elle maximale ?

7° On branche aux bornes de ce générateur un récepteur de f.é.m. 12 V et de résistance interne $r=0,5$ ohm. Quelle est l'intensité du courant débité ?

8° Donner les équations des parties rectilignes de la caractéristique du générateur en précisant les domaines de validité. Peut-on en déduire des modèles simples de ce générateur ?

Chapitre 4

CIRCUITS ACTIFS LINÉAIRES
TRANSFORMATIONS DE THÉVENIN ET DE NORTON

Dans le chapitre précédent nous avons étudié le fonctionnement de quelques électromoteurs simples. Ceux d'entre eux dont la caractéristique est une portion de droite ont pu être modélisés dans un domaine déterminé. Les caractéristiques du modèle de Thévenin établi ont été déduites de cette droite.
A présent, nous allons voir comment il est possible de **déterminer par le calcul les éléments des modèles de Thévenin** de certains dipôles.
Nous supposerons que les électromoteurs appartenant à ces dipôles sont :

- **linéaires :** leur caractéristique courant-tension est de la forme $u=E-ri$ (avec la convention générateur) ;
- **réversibles :** ils peuvent fonctionner en générateur et en récepteur ;
- **autonomes :** leur f.é.m. et leur résistance interne sont indépendantes des autres éléments du montage.

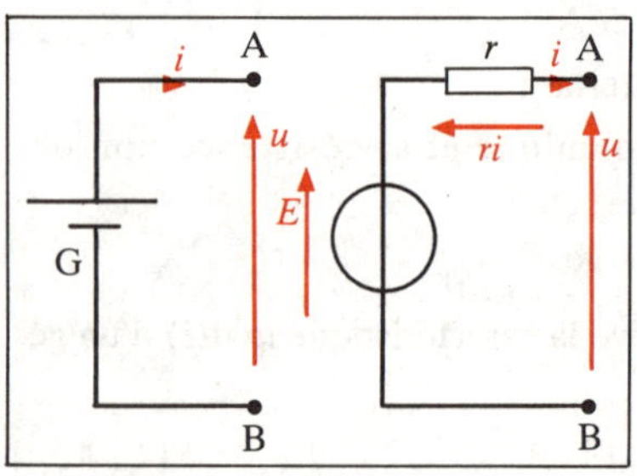

Fig. 4.01. Générateur et son modèle de Thévenin associé.

Cas particulier : Si $r_0 = 0$ le modèle se réduit à une source de tension

1. MODÈLE DE NORTON D'UN ÉLECTROMOTEUR

La figure 4.01 représente un électromoteur linéaire et son modèle équivalent de Thévenin.
La relation $u=E-ri$ qui les caractérise, peut également s'écrire :

$$\frac{u}{r} = \frac{E}{r} - i \quad \text{ou :} \quad i = \frac{E}{r} - \frac{u}{r}$$

Posons : $\frac{E}{r} = I_{cc}$. C'est l'intensité du courant de court-circuit de l'électromoteur ; elle ne dépend que des caractéristiques de l'électromoteur.

D'où :

$$i = I_{cc} - \frac{u}{r}$$

Cette relation permet alors de construire un nouveau modèle de l'électromoteur (fig. 4.02) : le modèle équivalent de Norton (M.E.N.).

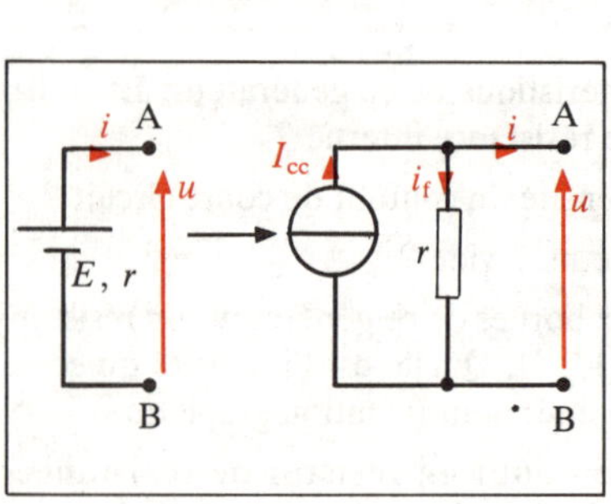

Fig. 4.02. Générateur et son modèle de Norton associé : $I_{cc} = \frac{E}{r}$; $i_f = \frac{u}{r}$; $i = I_{cc} - i_f$ *(en l'absence de charge* $i_f = I_{cc}$*)*

Cas particulier : Pour une source de courant, c'est-à-dire pour un générateur de courant parfait, la résistance r est infinie (la branche contenant normalement la résistance est ouverte).

Le M.E.N. et le M.E.T. sont deux modèles du même électromoteur linéaire : ils sont équivalents.
Le M.E.T. est un modèle série, le M.E.N. est un modèle parallèle.

2. TRANSFORMATION DE THÉVENIN

2.1. Première approche expérimentale : dipôle avec générateur de tension

Le montage de la figure 4.03 comporte un réseau D_1 (contenant essentiellement une alimentation stabilisée de f.é.m. E) et une charge active $\{e_c, R_c\}$ qui permet de régler l'intensité du courant en grandeur et en signe (voir T.P. 3.4.). Cherchons le modèle équivalent de Thévenin de D_1.

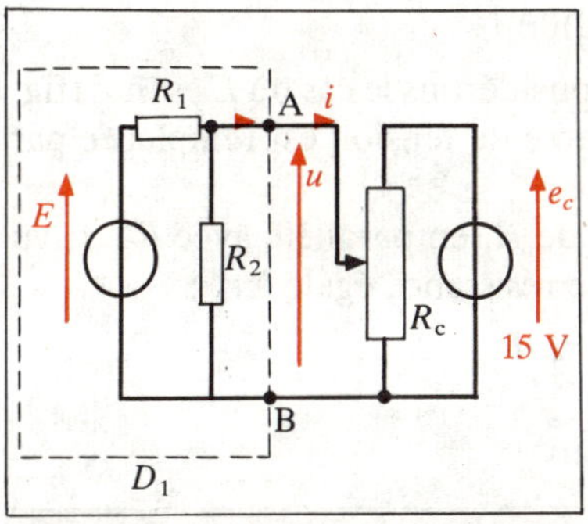

Fig. 4.03. *Recherche du M.E.T. du dipôle D_1 qui contient, notamment, une alimentation stabilisée fournissant une tension constante E de valeur réglable. Pour le relevé de la caractéristique u(i), D_1 est relié à un dipôle électromoteur réversible. Exemples de valeurs choisies pour les composants du montage : R_1 : 100 Ω, 5 W ; R_2 : 50 Ω, 5 W ; R_c : 33 Ω, 1 A.*

2.1.1. Première expérience

$E=E_1=15$ V.

Nous relevons la caractéristique $u(i)$ (fig. 4.04). C'est une droite Δ_1 d'équation :

$$u=E_{01}-r_{01}i \quad \text{avec :} \begin{cases} E_{01}=u(0)=5{,}0 \text{ V} \\ r_{01}\approx 33\ \Omega \end{cases}$$

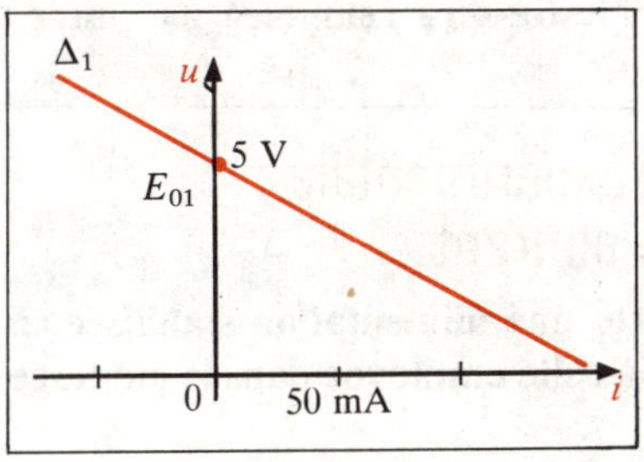

Fig. 4.04. *Caractéristique de D_1 obtenue pour un réglage de l'alimentation tel que E=E_1=15 V.*

Calculons la tension à vide du dipôle D_1 (fig. 4.05)

$$u(0)=R_2\frac{E_1}{R_1+R_2}$$

D'où : $$E_{01}=E_1\frac{R_2}{R_1+R_2}$$

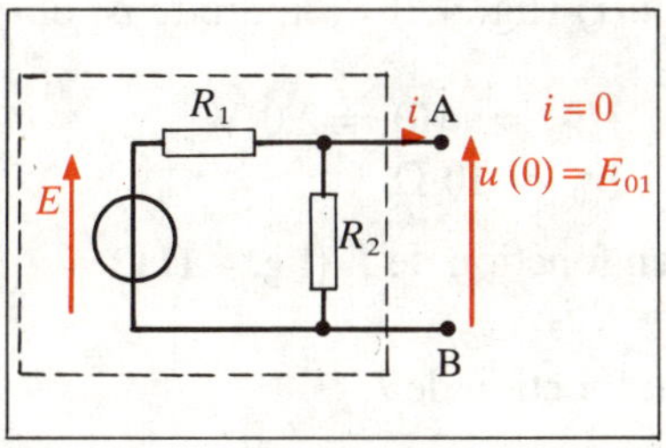

Fig. 4.05. *Calcul de la tension à vide. Le générateur alimente un diviseur de tension.*

Remarquons que la valeur de r_{01} correspond à la résistance équivalente à R_1 et R_2 en parallèle ($\frac{100\times 50}{100+50}\approx 33\ \Omega$) :

$$r_{01}=(R_1//R_2)$$

2.1.2. Deuxième expérience

$E=E_2=9$ V.

Pour cette nouvelle valeur de la f.é.m. de la source de tension contenue dans D_1, la caractéristique est une droite Δ_2 (fig. 4.06) et nous relevons les résultats suivants :

$$\begin{cases} E_{02}=u(0)=3{,}0 \text{ V} \\ r_{02}\approx 33\ \Omega \end{cases}$$

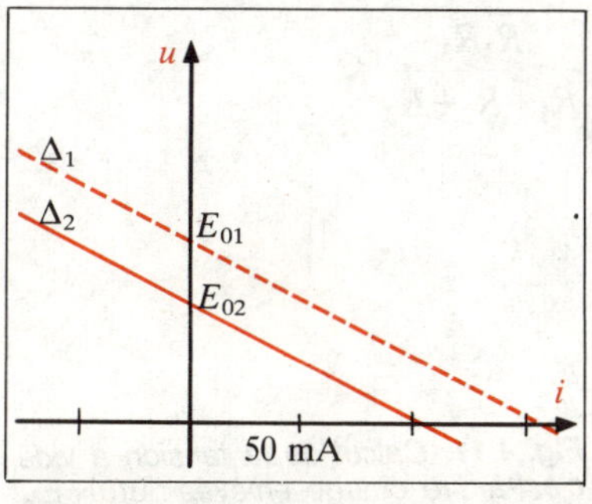

Fig. 4.06. *Caractéristique de D_1 pour deux réglages différents de E :*
Δ_1 : E=E_1=15 V ; Δ_2 : E=E_2=9 V.

Nous avons toujours :

$$\begin{cases} E_{02}=E_2\dfrac{R_1}{R_1+R_2} \\ r_{02}=(R_1//R_2) \end{cases}$$

De ces observations nous pouvons conclure que :

- E_0, ordonnée à l'origine de la caractéristique et tension à vide du dipôle D_1 lorsque la f.é.m. est égale à E, est proportionnelle à E $\left(\frac{E_0}{E}=\frac{E_{01}}{E_1}=\frac{E_{02}}{E_2}\right)$
- r_0 ne dépend pas de E

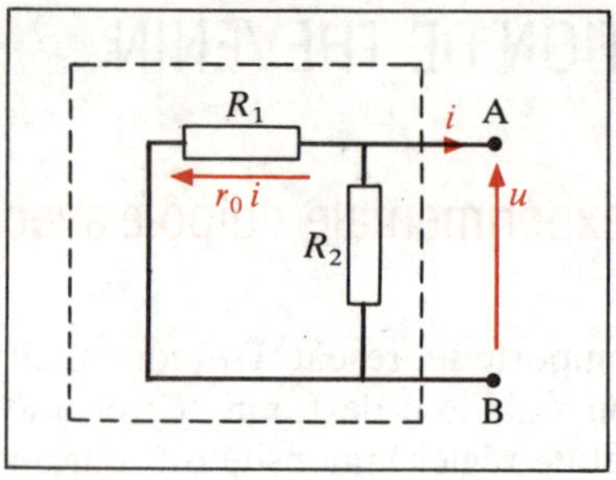

Fig. 4.07.

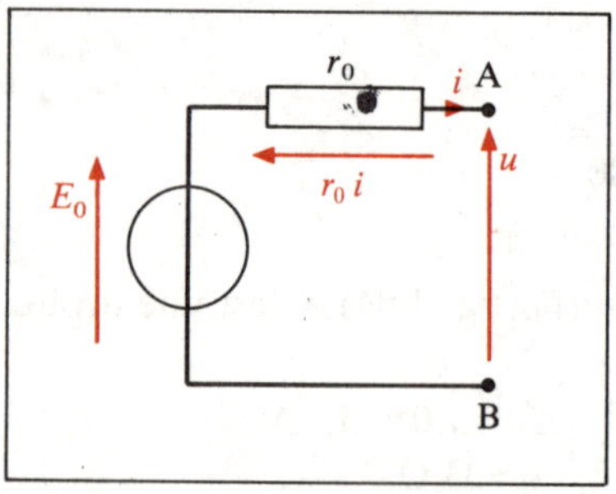

Fig. 4.08. *M.E.T.* $E_0 = E\dfrac{R_1}{R_1+R_2}$; $r_0=(R_1//R_2)$.

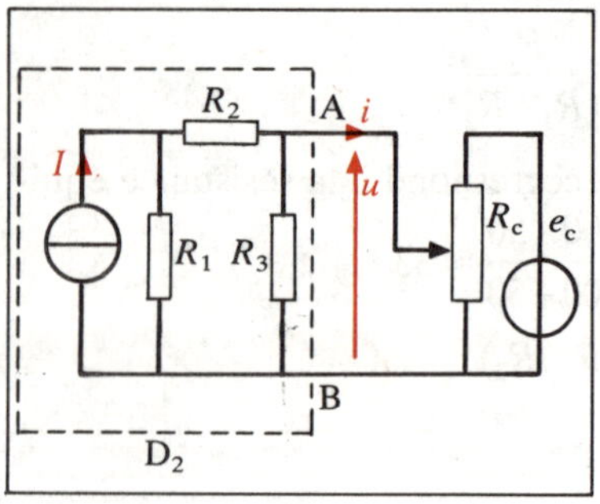

Fig. 4.09. *Recherche du M.E.T. du dipôle D_2 qui comporte, notamment, un générateur de courant. Pour le relevé de la caractéristique* u(i) *nous utilisons comme charge un électromoteur réversible. Exemple de valeurs choisies pour les composants :* R_1 *: 10 Ω, 5 W ;* R_2 *: 10 Ω, 5 W ;* R_3 *: 20 Ω, 5 W ;* R_c *: 33 Ω, 1 A.*

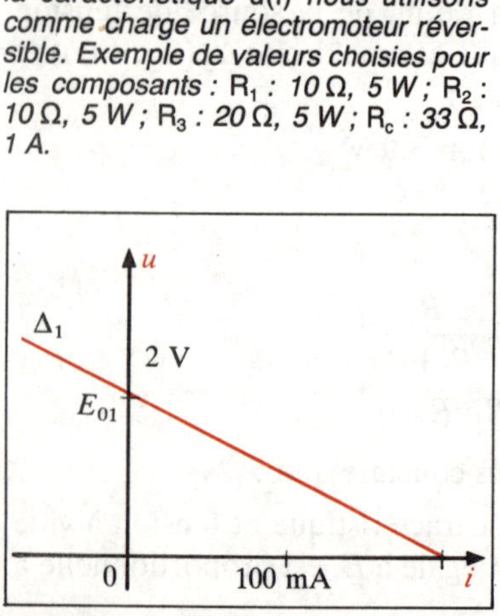

Fig. 4.10. *Caractéristique de D_2 obtenue pour un réglage du générateur de courant tel que $I=I_1=0{,}40$ A.*

■ 2.1.3. Calcul de la résistance r_0

Puisque r_0 ne dépend pas de E, considérons le cas où E est nul (fig. 4.07) c'est-à-dire le cas où la source de tension est remplacée par un conducteur de résistance nulle.

Le réseau D_1 est alors constitué de R_1 en parallèle avec R_2 et, vu des points A et B, il présente une résistance égale à r_0 :

$$r_0 = (R_1//R_2)$$

■ 2.1.4. Conclusion

Les éléments du modèle équivalent de Thévenin du réseau D_1, vu de A et B (fig. 4.08), sont donc :

$$E_0 = E\,\frac{R_1}{R_1+R_2} \quad \text{et} \quad r_0 = (R_1//R_2)$$

E_0 est égale à la tension à vide du dipôle D_1,
r_0 est la résistance du dipôle D_1, vu des points A et B, quand la f.é.m. du générateur de tension contenu dans D_1 est annulée (générateur « éteint » c'est-à-dire remplacé par un court-circuit).

2.2. Deuxième approche expérimentale : dipôle avec générateur de courant

Le réseau D_2 (fig. 4.09) comporte une **alimentation stabilisée en courant.** La charge est identique à celle employée dans le montage 4.03.

■ 2.2.1. Première expérience

$I = I_1 = 0{,}40$ A

Nous relevons la caractéristique $u(i)$ (fig. 4.10) ; la droite Δ_1 obtenue a pour équation :

$$u = E_{01} - r_{01}i \quad \text{avec :} \begin{cases} E_{01} = u(0) = 2{,}0 \text{ V} \\ r_{01} = 10\ \Omega \end{cases}$$

Calculons la tension à vide $u(0)$ en fonction de I_1 (fig. 4.11) :

$$u(0) = R_3 i_3$$

Déterminons l'expression de i_3 en fonction de I_1 :

$$R_1 i_1 = (R_2+R_3)i_3 \qquad i_1 + i_3 = I_1$$

soit : $\quad R_1(I_1-i_3) = (R_2+R_3)i_3 \quad$ et : $\quad i_3 = \dfrac{R_1}{R_1+R_2+R_3}\, I_1$

D'où : $\quad u(0) = E_{01} = \dfrac{R_1R_3}{R_1+R_2+R_3}\, I_1$

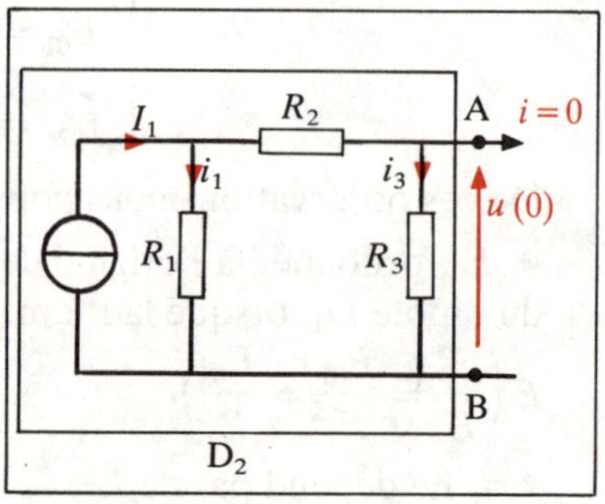

Fig. 4.11. *Calcul de la tension à vide, c'est-à-dire charge enlevée :* $u(0)=E_{01}$. *Le courant* I_1 *se partage entre les deux dérivations de résistance* R_1 *pour l'une,* (R_2+R_3) *pour l'autre.*

2.2.2. Deuxième expérience

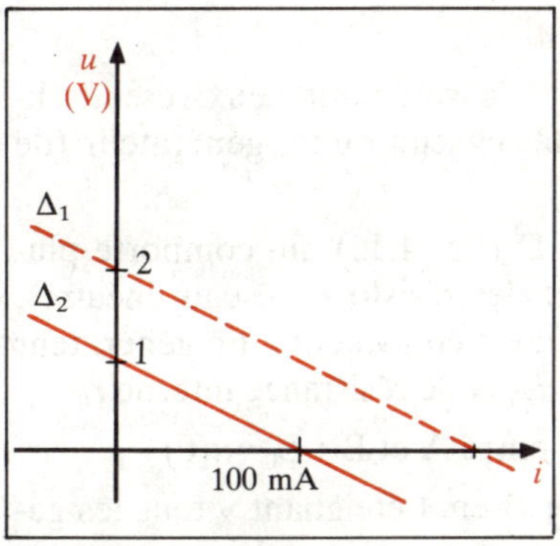

Fig. 4.12. Caractéristiques de D_2 *pour deux réglages différents de* I :
Δ_1 : $I=I_1=0,40$ A ; Δ_2 : $I=I_2=0,20$ A.

$I = I_2 = 0,20$ A.

Nous obtenons la caractéristique Δ_2 (fig. 4.12) d'équation :

$$u = E_{02} - r_{02}i \quad \text{avec :} \begin{cases} E_{02} = 1,0 \text{ V} \\ r_{02} \approx 10\ \Omega \end{cases}$$

En calculant la tension à vide, comme nous l'avons fait précédemment, nous tirons :

$$E_{02} = \frac{R_1R_3}{R_1+R_1+R_3} I_2$$

En conclusion :

- E_0 est proportionnelle à I $\left(\frac{E_{01}}{I_1} = \frac{E_{02}}{I_2}\right)$
- r_0 ne dépend pas de I

2.2.3. Calcul de r_0

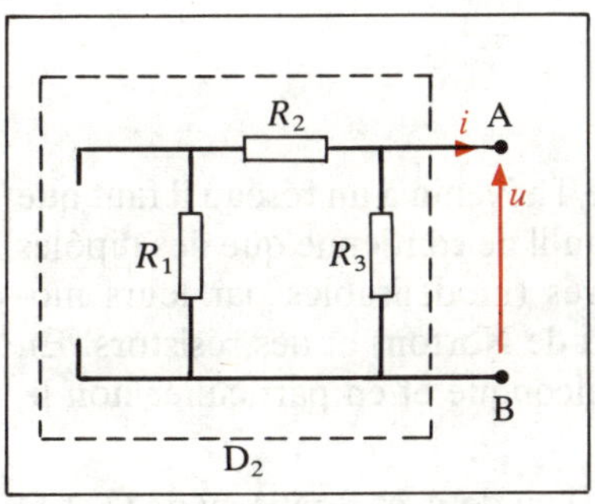

Fig. 4.13. Sur ce schéma R_3 *est en parallèle avec l'ensemble* (R_1+R_2).

Supposons maintenant que l'intensité I soit nulle, c'est-à-dire que la branche contenant le générateur du courant soit ouverte (fig. 4.13). Le réseau D_2, vu des points A et B, présente une résistance égale à :

$$r_0 = [R_3//(R_1+R_2)] \quad \text{soit :} \quad r_0 = \frac{R_3(R_1+R_2)}{R_1+R_2+R_3}$$

dont la valeur numérique est : $r_0 = \frac{20 \times 20}{40} = 10\ \Omega$

2.2.4. Conclusion

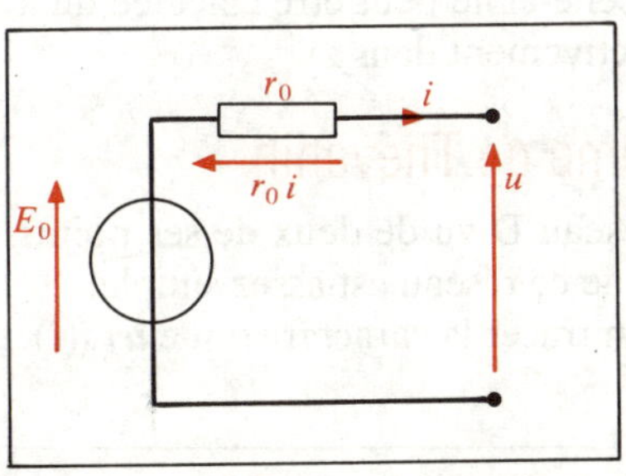

Fig. 4.14. M.E.T. $E_0 = E\frac{R_1R_3}{R_1+R_2+R_3} I$; $r_0 = R_3//(R_1+R_2)$

Les éléments du modèle de Thévenin du dipôle D_2, vu des points A et B, sont donc (fig. 4.14) :

$$E_0 = \frac{R_1R_3}{R_1+R_2+R_3} I \quad \text{et} \quad r_0 = [R_3//(R_1+R_2)]$$

E_0 est égale à la tension mesurée à vide entre A et B.
r_0 est la résistance du réseau D_2 vu des points A et B, quand le courant I du générateur de courant continu dans D_2 est annulé (générateur de courant « éteint » c'est-à-dire équivalent à une branche ouverte).

Générateur « éteint ». Bien noter que cette expression signifie que, *sur un schéma* :
– les sources de tension sont remplacées par des courts-circuits ;
– les sources de courant sont enlevées et toute la branche qui en contenait une reste ouverte.

Pile plate : Les éléments du modèle de Thévenin associé sont (par exemple) : $E = 4,5$ V, $r = 1,5\ \Omega$. Quels sont les éléments du modèle de Norton qui lui correspond ? D'après le schéma de la figure 4.02, le M.E.N. cherché est formé par l'association en parallèle : – d'une *source de courant* débitant un courant $I_{cc} = \frac{E}{r}$ soit : $I_{cc} = \frac{4,5}{1,5} = 3$ A ; d'une *résistance* $r_0 = 1,5\ \Omega$.	**Accumulateur d'automobile :** En opérant comme précédemment, on peut vérifier que : – si le M.E.T. est formé d'une source de tension de f.é.m. $E = 12$ V en série avec une résistance $r = 0,01\ \Omega$, – le M.E.N. est formé d'une source de courant, débitant un courant $I_{cc} = 1\,200$ A, en parallèle avec une résistance r de $0,01\ \Omega$.

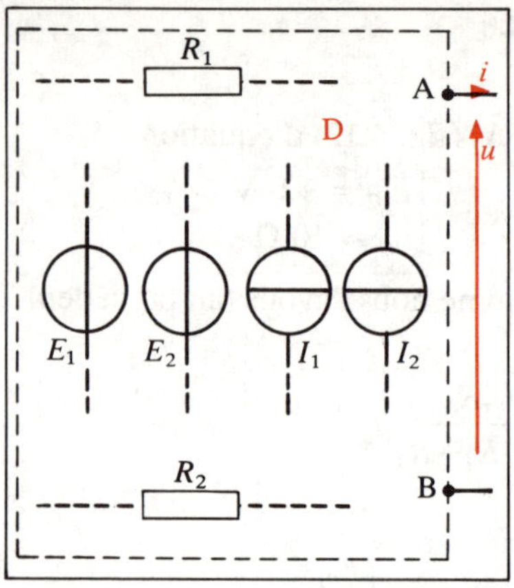

Fig. 4.15.

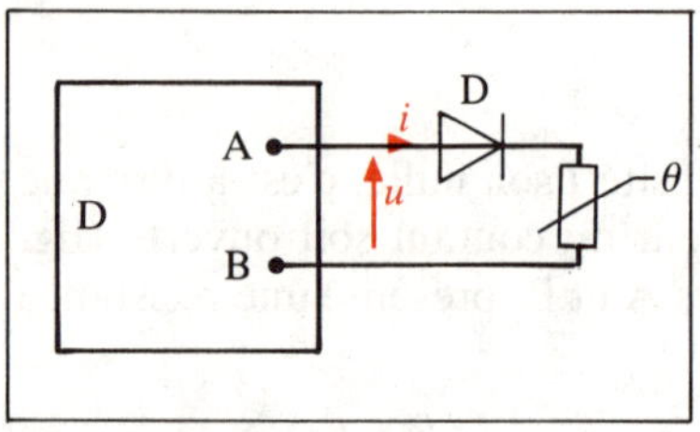

***Fig. 4.16.** Nous pouvons trouver un M.E.T. pour le dipôle D s'il est linéaire bien que la charge, qui comporte, ici, une diode, puisse ne pas l'être.*

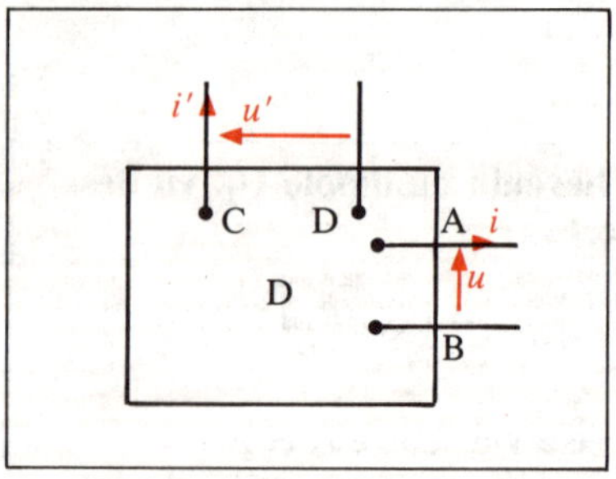

Fig. 4.17.

2.3. Théorème de Thévenin

Il généralise ce que nous venons de voir pour deux réseaux linéaires particuliers ne comportant chacun qu'un générateur (de tension ou de courant).

Dans le **cas général** d'un réseau D (fig. 4.15) qui comporte plusieurs électromoteurs linéaires et des résistors (réseau linéaire), vu de deux de ses points A et B il est équivalent à un générateur de Thévenin (fig. 4.14) de f.é.m. E_0 et de résistance interne r_0

- E_0 est égale à la tension à vide entre A et B : $E_0=u(0)$
- r_0 est la résistance vue de A et B en « éteignant » tous les générateurs (remplacement par un court-circuit pour les générateurs de tension, ouverture de la branche pour un générateur de courant).

E_0 dépend linéairement de $E_1, E_2, \ldots, I_1, I_2$:

$$E_0 = a_1 E_1 + a_2 E_2 + \ldots + b_1 I_1 + b_2 I_2 + \ldots$$

r_0 ne dépend que des résistances $R_1, R_2, \ldots$

$$r_0 = \mathrm{f}\,(R_1, R_2, \ldots)$$

2.4. Compléments

■ Pour appliquer le théorème de Thévenin à un réseau il faut que celui-ci soit **linéaire,** c'est-à-dire qu'il ne contienne que des dipôles linéaires : électromoteurs linéaires (modélisables par leurs modèles équivalents de Thévenin ou de Norton) et des résistors. En revanche la charge peut être quelconque et en particulier non linéaire (fig. 4.16).

■ Un réseau linéaire D (fig. 4.17) vu de A et B puis vu de C et D est représenté par des M.E.T. différents (en général).

■ Le M.E.T. permet de calculer la puissance fournie par le dipôle D à la charge qui lui est connectée entre A et B ($p=ui$). En revanche, en général, la quantité $r_0 i^2$ ne correspond pas à la puissance perdue par effet joule dans D. Celle-ci ne peut être calculée qu'à partir des courants circulant effectivement dans D.

2.5. Utilisation du théorème de Thévenin

Les éléments du M.E.T. d'un réseau D vu de deux de ses points A et B ne sont **calculés** que lorsque ce réseau est assez simple. S'il est complexe, il vaut mieux en tracer la caractéristique $u_{AB}(i)$.

Remarque pour le calcul de r_0

Une résistance, en parallèle avec une source de tension dans le montage réel, est en parallèle avec un conducteur de résistance nulle sur le schéma de calcul de r_0 : elle est donc en court-circuit et elle n'intervient pas. Il faut éliminer cette résistance du schéma établi.

Une résistance en série avec une source de courant dans le montage réel, se trouve dans une branche ouverte sur le schéma de calcul de r_0. Elle n'intervient pas et peut donc être éliminée.

Recherche d'un M.E.T.

Il faut dessiner un schéma pour le calcul de E_0 et un autre pour celui de r_0

Calcul de E_0 : la charge doit être débranchée pour bien mettre en évidence la tension à vide.

Calcul de r_0 : le schéma ne doit comporter aucune source de tension (les remplacer par un court-circuit) et aucune source de courant (laisser les branches qui les contenaient ouvertes).

Recherche d'un M.E.N.

Il faut dessiner un schéma pour le calcul de I_{cc} et un schéma pour le calcul de r_0.

Calcul de I_{cc} : la charge du montage doit être remplacée par un conducteur de résistance nulle (court-circuit) et il faut calculer l'intensité du courant dans ce conducteur.

C'est le courant I_{cc} cherché.

Calcul de r_0 : opérer comme indiqué pour le M.E.T.

Le théorème de Thévenin précise que pour que cette caractéristique soit une droite, il suffit que le réseau soit linéaire. Ayant tracé cette droite, on identifie ensuite :
– la f.é.m. E_0 du M.E.T. du réseau à l'ordonnée à l'origine de la droite,
– la résistance r_0 du M.E.T. à la valeur absolue du coefficient directeur de la droite.

3. TRANSFORMATION DE NORTON

Nous avons vu (§ 1) qu'un électromoteur linéaire de bornes A et B admettait aussi bien un M.E.T. qu'un M.E.N.
Puisque tout réseau D actif, linéaire, vu de deux points A et B, est équivalent à un générateur de Thévenin, ce réseau est également équivalent à un générateur de Norton (fig. 4.18).

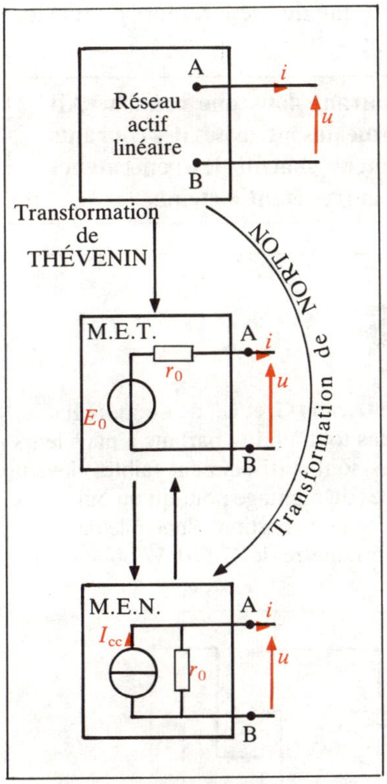

Fig. 4.18. Le courant de court-circuit du générateur du M.E.T. est $I_{cc} = \frac{E_0}{r_0}$. C'est le courant constant débité par la source de courant du M.E.N. dans la résistance r_0 et la charge (si une charge est branchée).

Les éléments du générateur de Norton sont alors :
I_{cc} : intensité du courant de court-circuit circulant entre A et B lorsque ces points sont réunis par un conducteur de résistance nulle.
r_0 : résistance interne vue entre A et B quand tous les générateurs du réseau D sont « éteints ».

4. THÉORÈME DE SUPERPOSITION

4.1. Approche expérimentale

Réalisons successivement les montages des figures 4.19, 4.20 et 4.21. Les sources de tension sont régulées et par conséquent leurs d.d.p. de sortie sont constantes.
Remarquons que pour les trois schémas nous conservons les mêmes orientations pour les différentes branches.
Mesurons les divers courants dans chaque montage.

1er Montage	$i_1 = 0{,}40$ A	$i_2 = 0{,}20$ A	$i_3 = 0{,}60$ A
2e Montage	$i'_1 = 0{,}46$ A	$i'_2 = -\,0{,}15$ A	$i'_3 = 0{,}31$ A
3e Montage	$i''_1 = -\,0{,}06$ A	$i''_2 = 0{,}35$ A	$i''_3 = 0{,}29$ A

De ces mesures nous tirons les résultats suivants :

$i'_1 + i''_1 = 0{,}40$ A	$i'_2 + i''_2 = 0{,}20$ A	$i'_3 + i''_3 = 0{,}60$ A

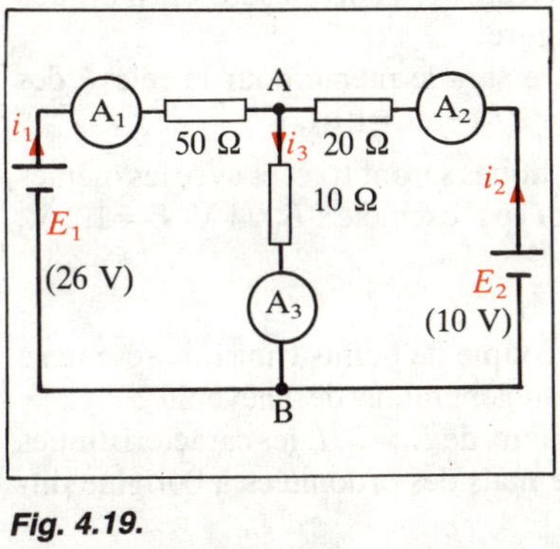

Fig. 4.19.

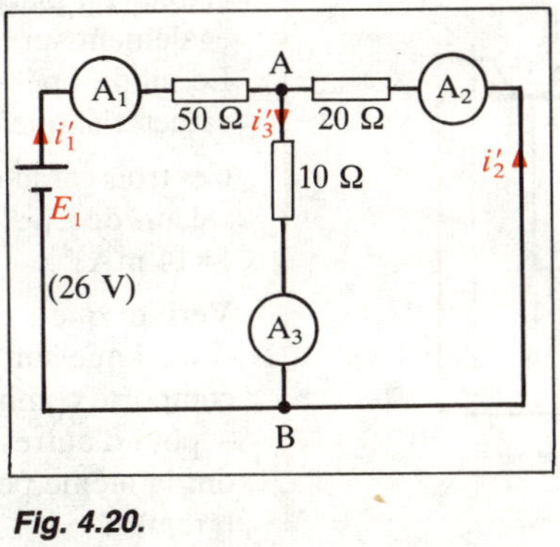

Fig. 4.20.

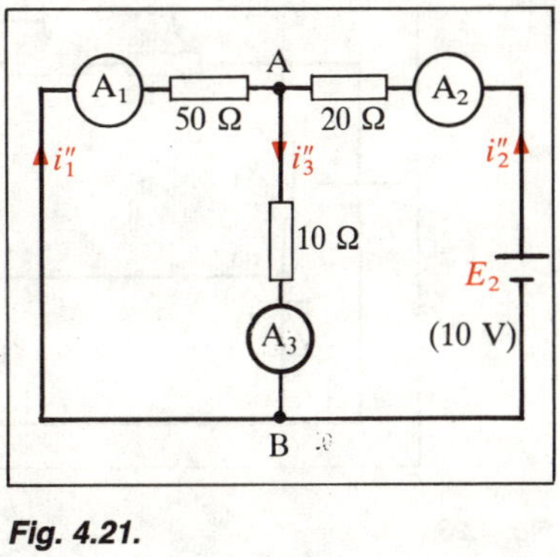

Fig. 4.21.

L'intensité du courant dans la branche A B, due aux générateurs E_1 et E_2, est la somme de l'intensité du courant dû à E_1 en l'absence de E_2 (remplacé par un court-circuit) et de l'intensité du courant dû à E_2 en l'absence de E_1 (remplacé par un court-circuit).

4.2. Théorème de superposition

La propriété mise en évidence avec deux générateurs de tension peut également être vérifiée avec des générateurs de courant. Nous pouvons d'ailleurs, par une transformation Norton-Thévenin, nous ramener à un réseau ne contenant que des générateurs de tension ou que des générateurs de courant.

Théorème : L'intensité du courant dans une branche AB d'un réseau linéaire est la somme des intensités des courants qu'imposerait dans cette branche chacun des générateurs (de tension ou de courant) les autres étant « éteints ».

Travaux pratiques

1. Caractéristique statique courant-tension d'un réseau D linéaire et actif, vu de deux points.

Modèle de Thévenin du réseau (fig. 4.22)

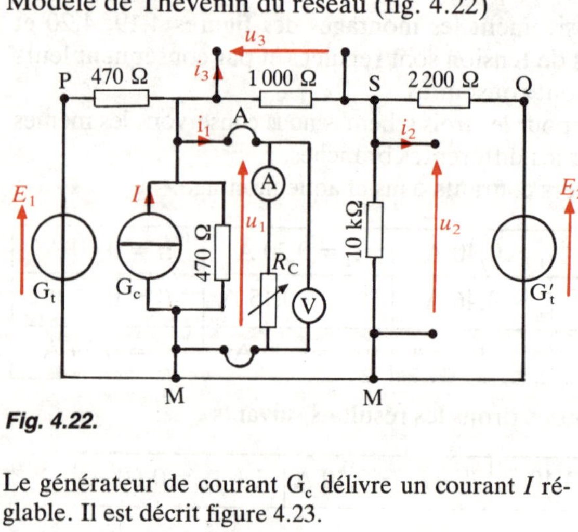

Fig. 4.22.

Le générateur de courant G_c délivre un courant I réglable. Il est décrit figure 4.23.

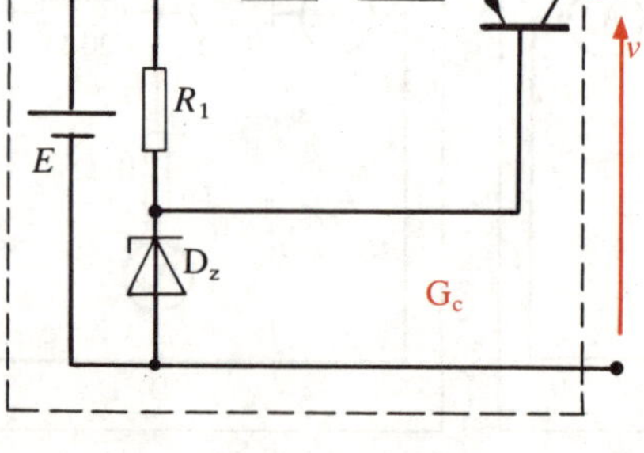

Fig. 4.23.

Les générateurs de tension G_t et G'_t, de f.é.m. réglables E_1 et E_2, ne sont pas tout à fait « parfaits » mais leurs résistances internes sont suffisamment faibles devant les autres résistances du montage pour qu'on puisse les négliger. Chacun d'eux est constitué d'une pile de 4,5 V associée à un potentiomètre de 47 Ω-1 W bobiné (fig. 4.24).

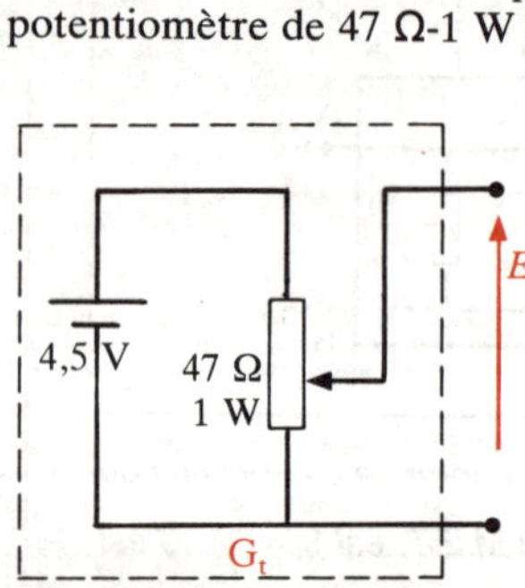

Fig. 4.24.

■ Tracer la caractéristique u_1=f(i_1) du réseau vu de A et M.

Pour relever cette caractéristique point par point il faut brancher entre les points A et M une résistance réglable. La place des appareils de mesure est indiquée également sur la figure.

Le mode opératoire sera le même pour le relevé des caractéristiques u_2=f(i_2) et u_3=f(i_3).

Ces trois caractéristiques seront tracées avec les mêmes valeurs de E_1, E_2 et I (par exemple : E_1=4 V, E_2=1,2 V, I=14 mA).

Vérifier que :

– quel que soit le couple de points choisi, le réseau se comporte comme un générateur de Thévenin ;

– pour d'autres valeurs de E_1, E_2, I, les caractéristiques ont la même pente mais des ordonnées à l'origine différentes.

Conserver les mêmes valeurs que précédemment pour E_1, E_2 et I et ajouter, en parallèle avec la résistance de 2 200 Ω une diode Zener BZX-3,3 V (ou une diode équivalente), anode en S et cathode en Q. Vérifier que la nouvelle caractéristique $u_2=f(i_2)$ n'est plus linéaire. En effet, le théorème de Thévenin ne s'applique que si tous les dipôles du réseau sont eux-mêmes linéaires.

2. Caractéristique statique de sortie courant-tension d'un circuit intégré logique (fig. 4.25)

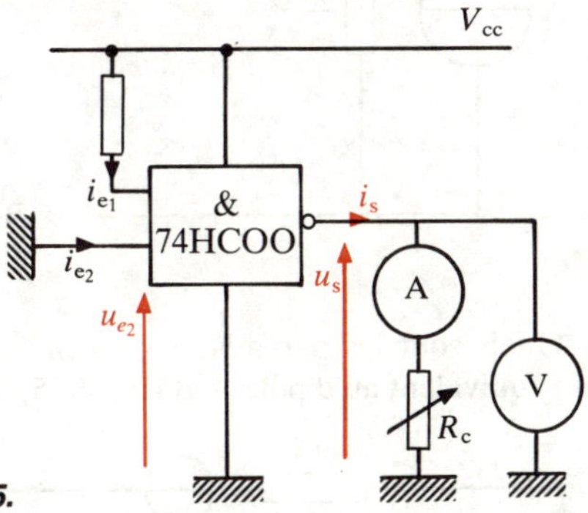

Fig. 4.25.

Tracer la caractéristique $u_s=f(i_s)$, la sortie étant à l'état haut. On pourra observer que, vu de la sortie, le circuit intégré logique se comporte à l'état haut, et pour une intensité i_s suffisamment faible, comme un générateur de tension pratiquement linéaire. Déterminer les éléments du modèle de Thévenin équivalent en précisant le domaine de validité.

Remarque : Complément à l'étude.
On pourra :
- vérifier la table de vérité de la fonction Nand ;
- relever la caractéristique $u_s(i_s)$ pour la sortie à l'état bas (avec $i_s<0$) ;
- mesurer i_{e1} pour l'entrée à l'état haut, puis bas ;
- relever la caractéristique de transfert en tension : $u_s = f(u_{e2})$, l'entrée 1 étant à l'état haut, et la sortie à vide.

3. Etude d'un générateur de courant réalisé à l'aide d'un régulateur intégré tripolaire (fig. 4.26)

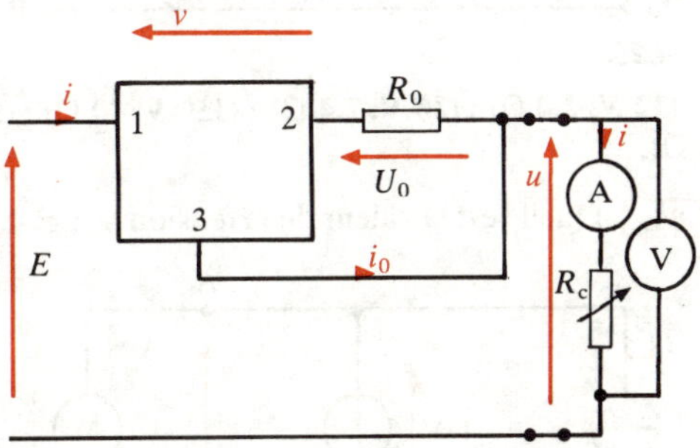

Fig. 4.26. Exemple : R.I.T. : SFC 2805 (i_0=6 mA ; U_0=5 V) ; R_0=47Ω,1 W ; E=15 V ; R_c : rhéostat.

L'intensité du courant dans la charge R_c est égale à :

$$i = \frac{U_0}{R_0} + i_0$$

L'intensité du courant de contrôle i_0 ne dépasse pas quelques milliampères et elle est choisie très inférieure à (U_0/R_0).

$$i_0 << \frac{U_0}{R_0} \quad \Rightarrow \quad i \approx \frac{U_0}{R_0}$$

Cette relation est vraie quelle que soit la charge (dans les limites permises par le R.I.T.).

Tracer les courbes $u(i)$, $v(i)$ et $P=vi=f(i)$

P représente pratiquement la puissance dissipée par le R.I.T.

Contrôle des connaissances

INDIQUER LA BONNE RÉPONSE :

4.01. Quels sont les paramètres (ou éléments) du générateur de Thévenin vu des points A B (fig. 4.27) ?

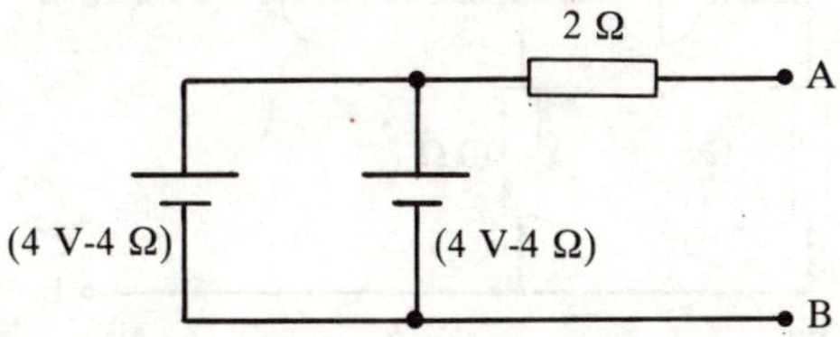

Fig. 4.27.

R : (−2 V, 4 Ω) ; (2 V, 6 Ω) ; (4 V, 4 Ω) ; (12 V, 10 Ω).

4.02. Quels sont les paramètres du générateur de Thévenin équivalent au dipôle A B (fig. 4.28) ?

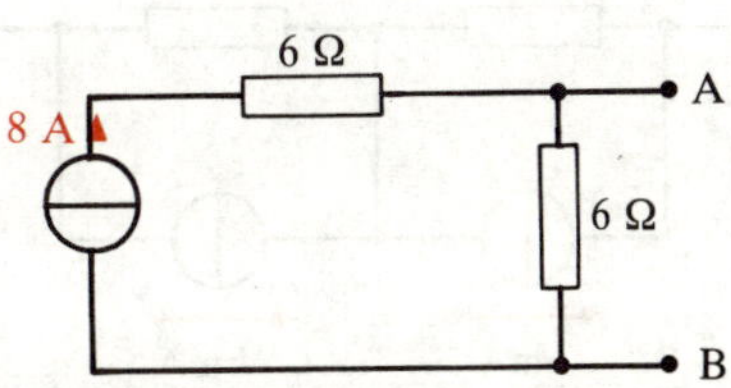

Fig. 4.28.

R : (48 V, 3 Ω) ; (24 V, 3 Ω) ; (48 V, 6 Ω) ; (96 V, 3 Ω).

4.03. Quels sont les paramètres du générateur de Thévenin équivalent au dipôle A B (fig. 4.29) ?

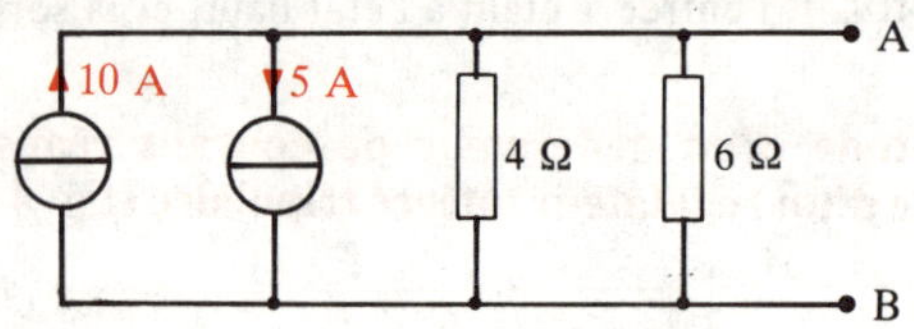

Fig. 4.29.

R : (12 V, 2,4 Ω) ; (36 V, 2,4 Ω) ; (150 V, 10 Ω) ; (50 V, 10 Ω).

4.04. Quelle est la valeur de la tension u (fig. 4.30) ?

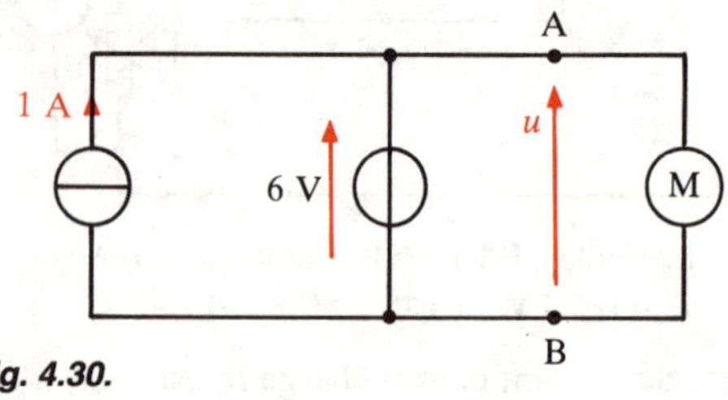

Fig. 4.30.

R : 5 V ; 6 V ; 8 V ; 9 V.

4.05. Quelle est la valeur de la tension u (fig. 4.31) ?

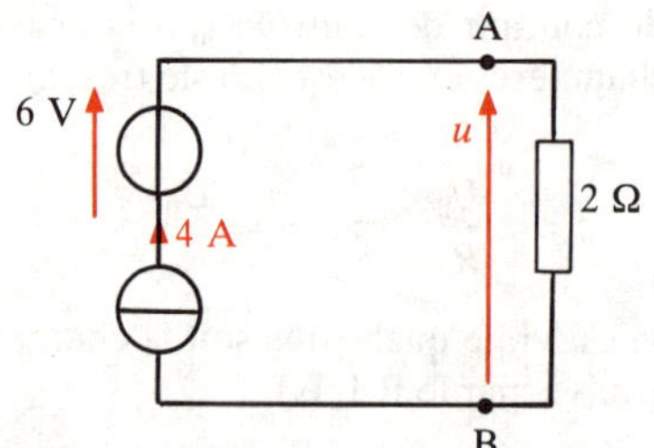

Fig. 4.31.

R : 2 V ; 14 V ; 8 V ; tension *u* incalculable.

4.06. Quelle est la tension entre les bornes A et B (fig. 4.32) ?

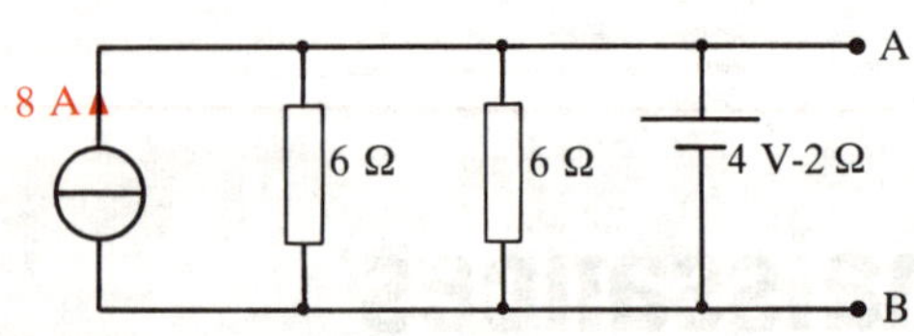

Fig. 4.32.

R : 6 V ; 12 V ; 24 V ; 48 V.

4.07. Quels sont les paramètres du générateur de Thévenin équivalent au dipôle A B (fig. 4.33) ?

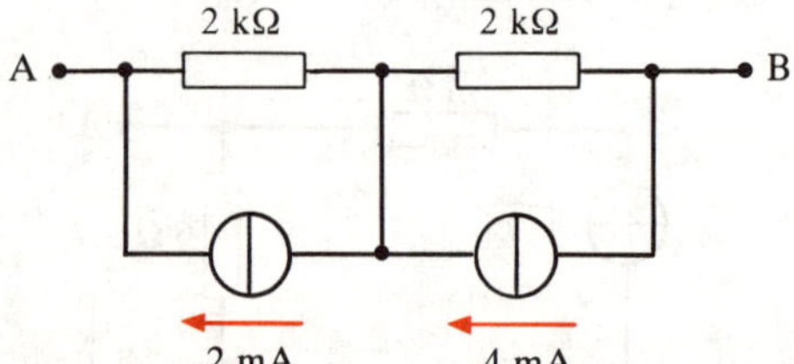

Fig. 4.33.

R : (12 V, 4 kΩ) ; (12 V, 1 kΩ) ; (4 V, 4 kΩ) ; (4 V, 1 kΩ).

4.08. 1° Déterminer le courant de court-circuit du dipôle (A, B) et sa résistance interne vue de A et B (fig. 4.34).

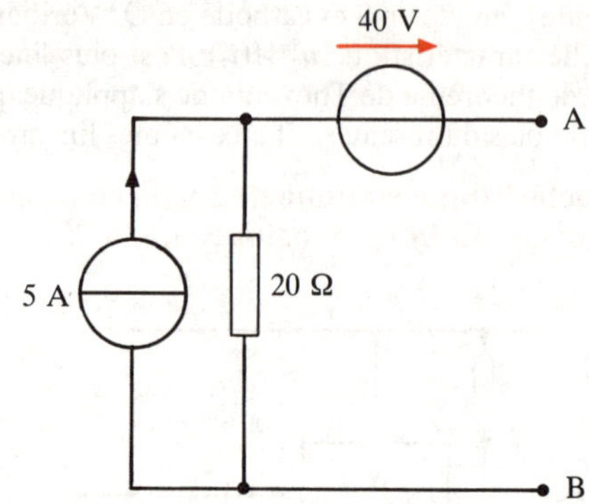

Fig. 4.34.

4.09. Quels sont les paramètres du générateur de Thévenin équivalent au dipôle A B (fig. 4.35) ?

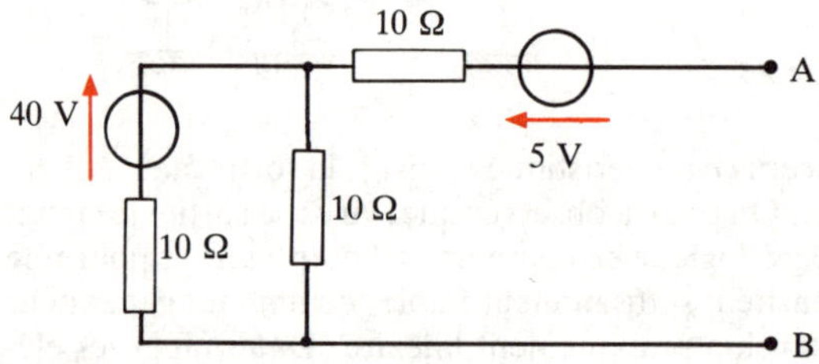

Fig. 4.35.

R : (45 V, 15 Ω) ; (35 V, 30 Ω) ; (25 V, 15 Ω) ; (15 V, 15 Ω).

4.10. Quelle est l'intensité i du courant dans le montage de la figure 4.36 ?

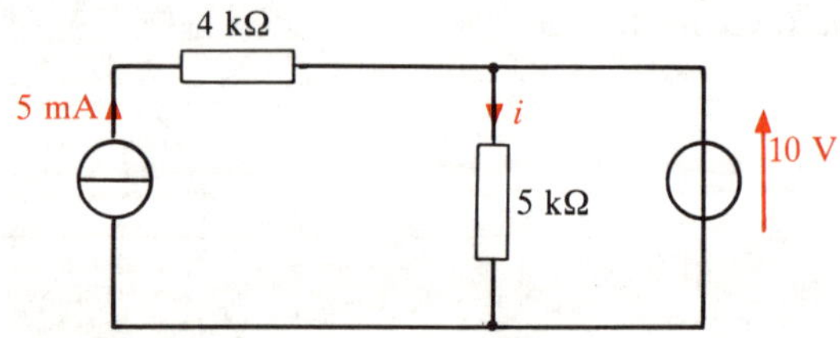

Fig. 4.36.

R : 1 mA ; 2 mA ; 3 mA ; 5 mA.

4.11. Quels sont les éléments du générateur de Thévenin équivalent au dipôle AB (fig. 4.37) ?

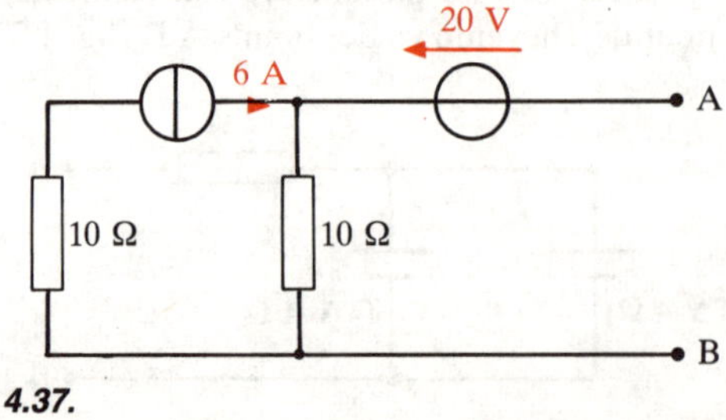

Fig. 4.37.

R : (20 V, 5 Ω) ; (40 V, 5 Ω) ; (40 V, 10 Ω) ; (80 V, 5 Ω).

Exercices résolus

4.12. **Déterminer les éléments du générateur de Thévenin qui alimente la résistance *R* du montage de la figure 4.38.**

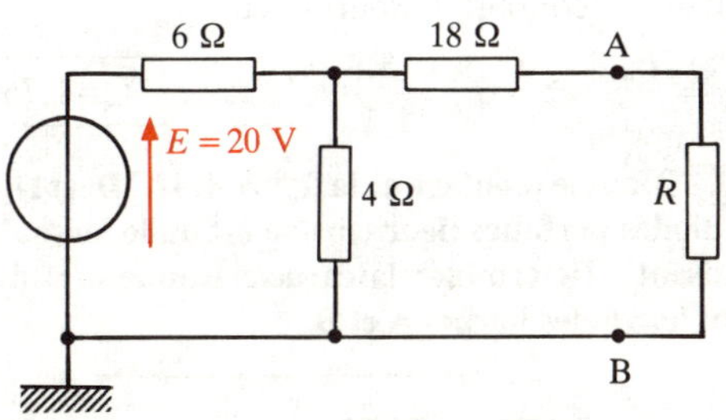

Fig. 4.38.

Solution :

Appelons E_0 et r_0 ces éléments (voir fig. 4.18).

1° Calcul de la résistance r_0 du M.E.T. du montage vu de A et B.

Nous enlevons par la pensée la résistance R et annulons la f.é.m. du générateur de tension. Nous obtenons le schéma de la figure 4.39.

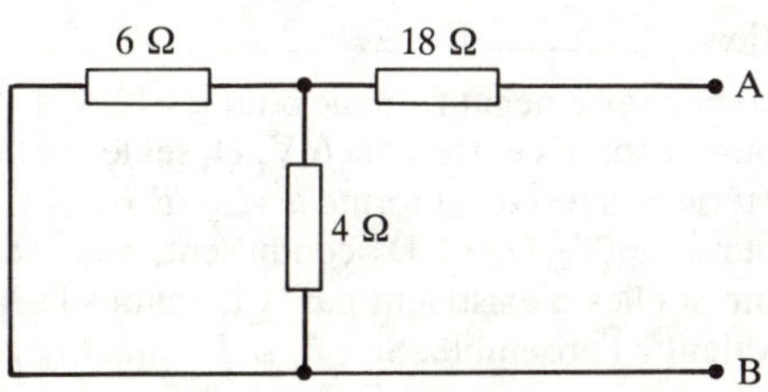

Fig. 4.39.

D'où : $r_0 = \left(18 + \dfrac{4\times6}{4+6}\right)\,\Omega \;\Rightarrow$ $\boxed{r_0 = 20{,}4\ \Omega}$

2° Calcul de la f.é.m. E_0 du M.E.T.

Nous cherchons la valeur de la tension U_{AB} à vide (c'est-à-dire R toujours débranchée). Nous raisonnons donc sur le schéma de la figure 4.40.

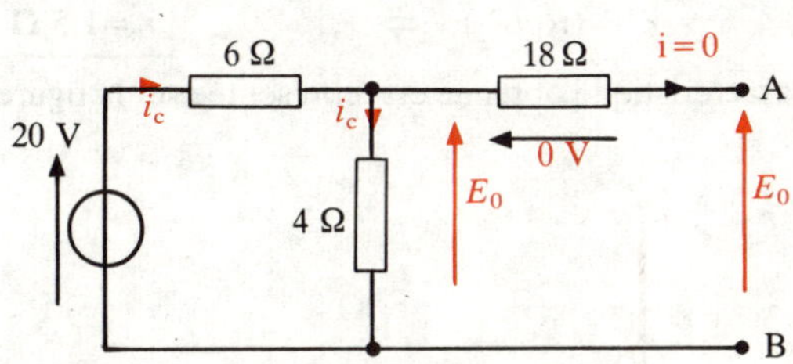

Fig. 4.40.

$$E_0 = (U_{AB})\text{ à vide}$$

$$i_c = \frac{20}{6+4} = 2\text{ A}$$

$$E_0 = (4\times2)\text{V} \;\Rightarrow\; \boxed{E_0 = 8\text{ V}}$$

4.13. **Dans le montage de la figure 4.41, calculer les intensités des courants i, i_1 et i_2**

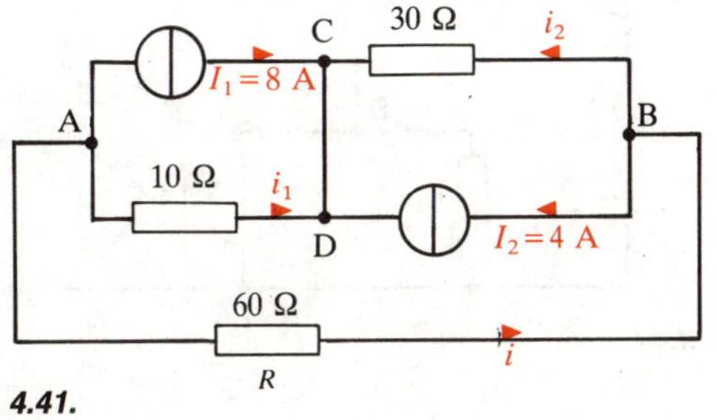

Fig. 4.41.

Solution :

Calculons les paramètres du générateur de Thévenin qui alimente la résistance R. Débranchons cette résistance et remplaçons chaque générateur de Norton par son modèle de Thévenin équivalent en appliquant les résultats du paragraphe 1 (fig. 4.42). Pour le dipôle AB nous trouvons :

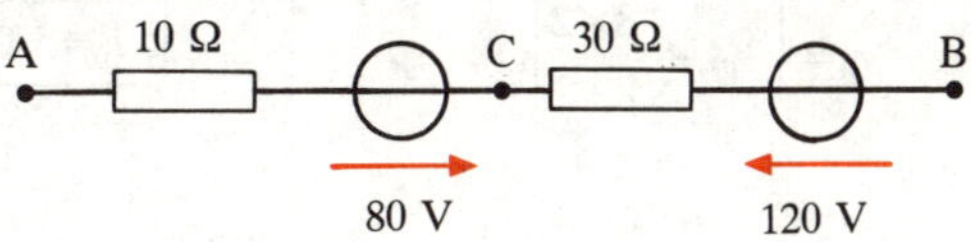

Fig. 4.42.

(U_{AB}) à vide = 40 V $\Rightarrow$ $\boxed{E_0 = 40\text{ V}}$

(f.é.m. du M.E.T. cherché).

Pour calculer r_0 il faut annuler les f.é.m. :

$\boxed{r_0 = 40\ \Omega}$

D'où la réduction du montage (fig. 4.43) et la valeur de l'intensité i :

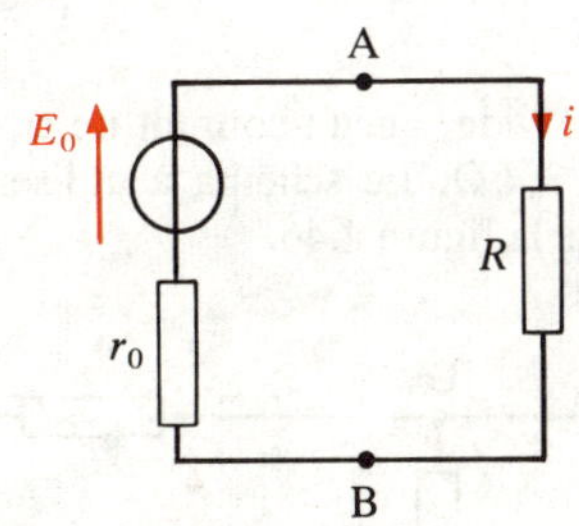

Fig. 4.43.

$i = \dfrac{E_0}{r_0+R} \Rightarrow i = \dfrac{40}{40+60}\text{ A} \Rightarrow$ $\boxed{i = 0{,}4\text{ A}}$

Au nœud A : $I_1 + i_1 + i = 0 \Rightarrow$ $\boxed{i_1 = -8{,}4\text{ A}}$

Au nœud B : $i_2 + I_2 = i \Rightarrow$ $\boxed{i_2 = -3{,}6\text{ A}}$

4.14. **Déterminer le générateur de Thévenin et le générateur de Norton équivalents au dipôle AB de la figure 4.44.**

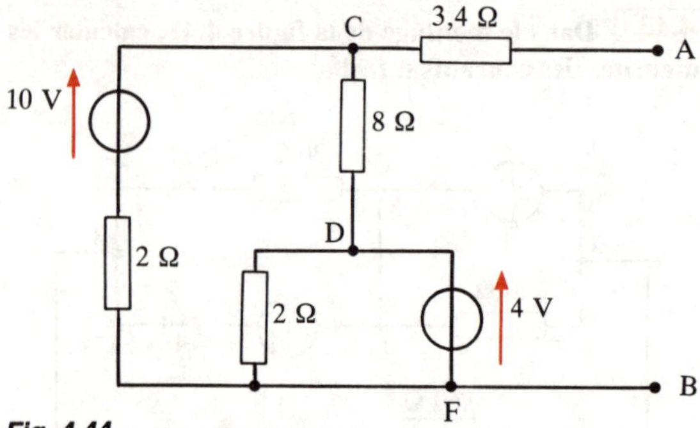

Fig. 4.44.

Solution :

Les notations des éléments des deux modèles équivalents cherchés sont celles de la figure 4.18.

Calcul de r_0

Il faut annuler les f.é.m. Notons que la résistance de 2 Ω, en parallèle avec une source de tension entre les points D et F, se trouve alors en parallèle avec un conducteur de résistance nulle et elle n'intervient pas. Le schéma à considérer est celui de la figure 4.45.

$$r_0 = \left[3{,}4 + \frac{8\times 2}{8+2}\right]\Omega \quad \Rightarrow \quad \boxed{r_0 = 5\ \Omega}$$

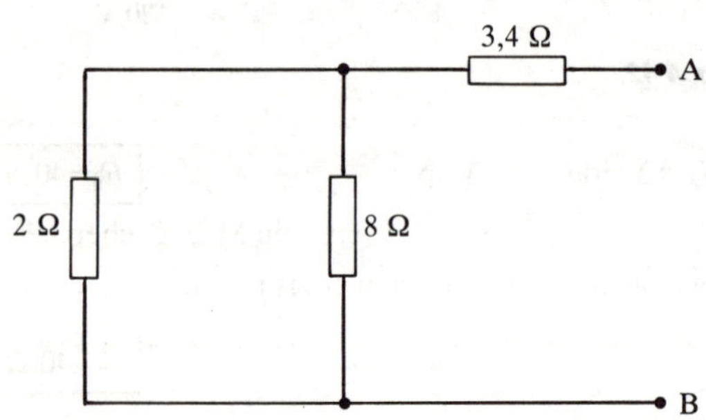

Fig. 4.45.

Calcul de E_0

Le dipôle étant à vide, aucun courant ne circule dans la résistance de 3,4 Ω. Le schéma à utiliser pour ce calcul est celui de la figure 4.46.

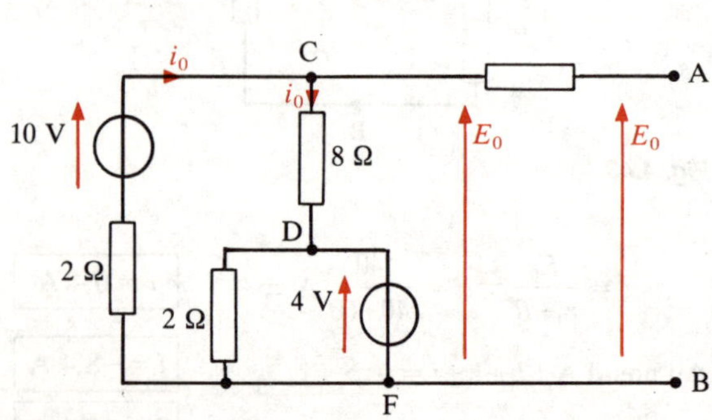

Fig. 4.46.

$u_{AB} = u_{CF} = u_{CD} + u_{DF} = (8i_0 + 4)$ V

avec : $u_{CF} = (10 - 2i_0)$V (tension aux bornes d'un générateur)

D'où : $10 - 2i_0 = 8i_0 + 4 \Rightarrow i_0 = \dfrac{10-4}{10} = 0{,}6$ A

Donc : $E_0 = (8\times 0{,}6 + 4)$ V $\Rightarrow$ $\boxed{E_0 = 8{,}8\ \text{V}}$

Calcul de I_{cc} (courant de court-circuit)

$$I_{cc} = \frac{E_0}{r_0} \quad \Rightarrow \quad I_{cc} = \frac{8{,}8}{5}\ \text{A} \quad \Rightarrow \quad \boxed{I_{cc} = 1{,}76\ \text{A}}$$

4.15. **Dans le montage de la figure 4.47., D_1 et D_2 sont deux diodes parfaites (leur tension est nulle lorsqu'elles conduisent). Déterminer la caractéristique $u(i)$ de cet ensemble, vu des bornes A et B.**

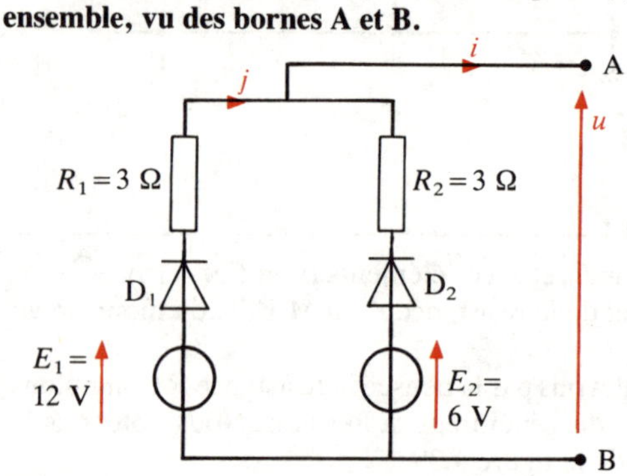

Fig. 4.47.

Solution :

- i ne peut être négatif : donc pour $u > 12$ V, $i = 0$
- Pour u compris entre 12 et 6 V, D_1 seule conduit. La caractéristique est de la forme $u = E_1 - R_1 i$
- Pour $u < 6$ V, D_1 et D_2 conduisent, tout se passe comme si elles n'existaient pas. Cherchons le M.E.T. équivalent à l'ensemble. Soit E_0 sa f.é.m. et r_0 sa résistance.
- A vide, ($i = 0$), l'intensité du courant qui circulerait dans la maille E_1, R_1, R_2, E_2, sans les diodes, serait égale à : $j = \dfrac{E_1 - E_2}{R_1 + R_2} = 1{,}0$ A.

Donc $u_0 = E_1 - R_1 j = 9$ V $\Rightarrow$ $\boxed{E_0 = 9\ \text{V}}$

- Sans les diodes, la résistance du montage, vu des bornes A et B, lorsqu'on annule E_1 et E_2, est égale à

$$r_0 = (R_1 // R_2) \quad \Rightarrow \quad \boxed{r_0 = 1{,}5\ \Omega}$$

La caractéristique obtenue est représentée sur la figure 4.48.

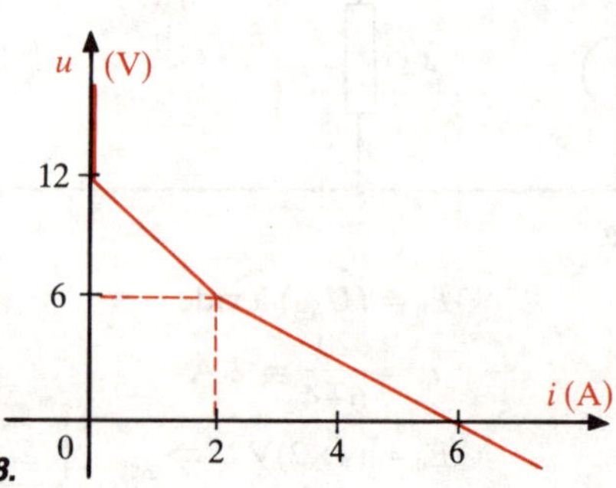

Fig. 4.48.

Exercices à résoudre

4.16. Déterminer le courant i débité par le générateur de tension de la figure 4.49.

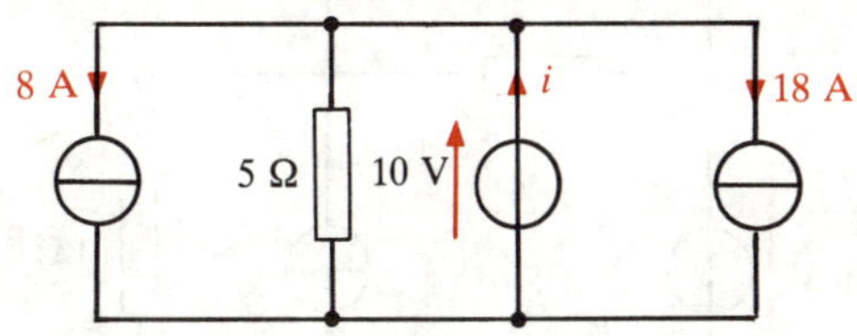

Fig. 4.49.

4.17. Calculer l'intensité du courant i et la tension u pour le montage de la figure 4.50.

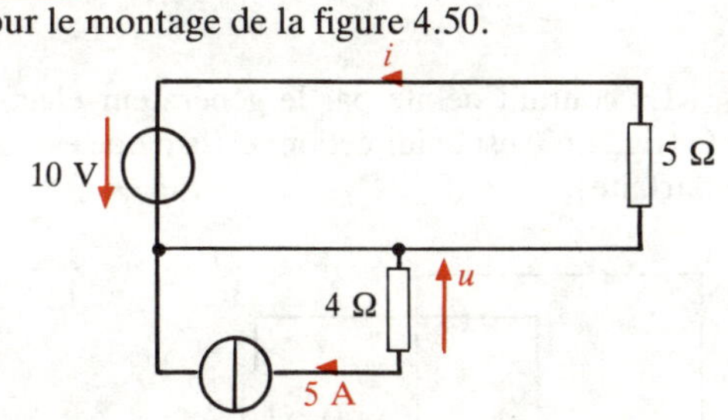

Fig. 4.50.

4.18. Calculer les intensités des courants i, i_1, i_2 dans le réseau de la figure 4.51.

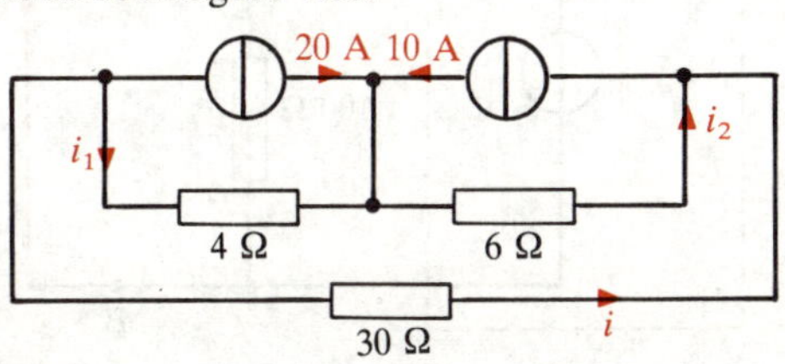

Fig. 4.51.

4.19. Déterminer le générateur de Thévenin équivalent au dipôle AB de la figure 4.52.

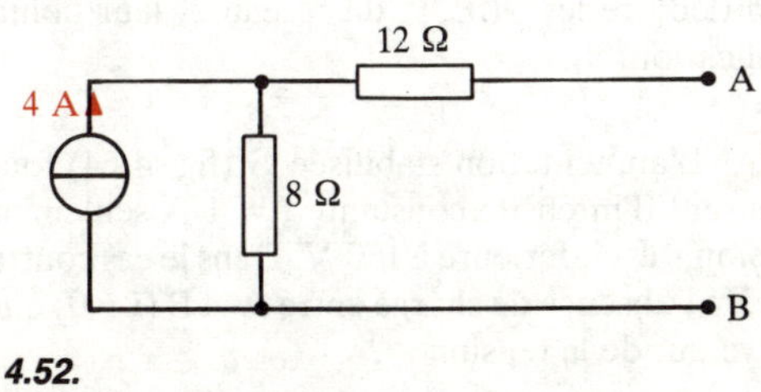

Fig. 4.52.

4.20. Caractériser le générateur de Norton équivalent au dipôle AB de la figure 4.53.

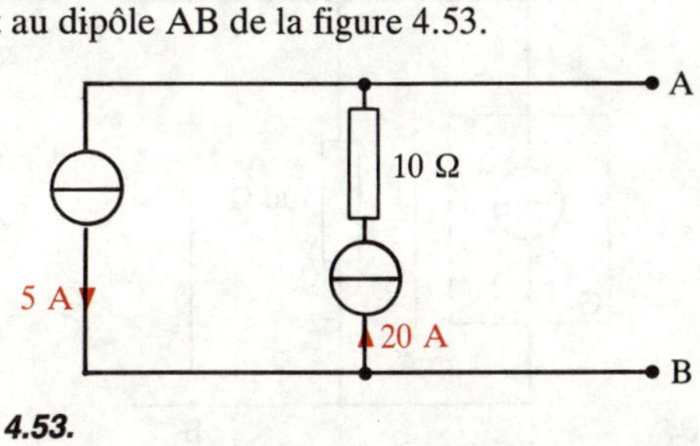

Fig. 4.53.

4.21. Caractériser le générateur de Thévenin vu des bornes A et B (fig. 4.54). On donne : I_1=5 A ; I_2=1 A ; E=20 V ; R'=5 Ω, R=20 Ω.

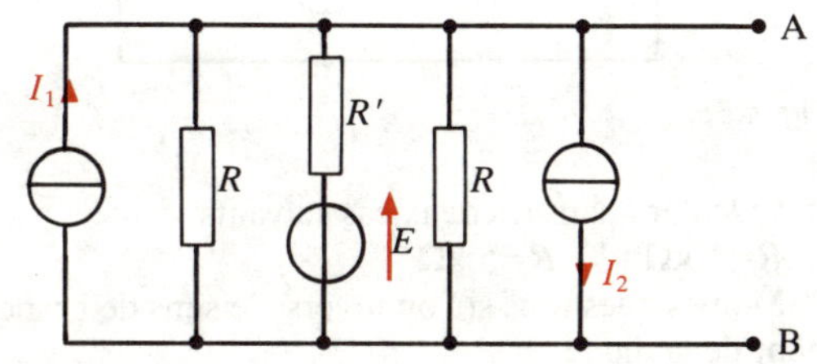

Fig. 4.54.

4.22. Dans le montage de la figure 4.55, calculer la tension u :

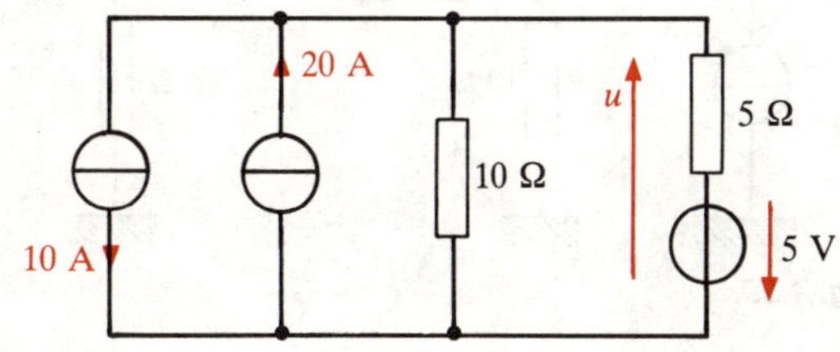

Fig. 4.55.

4.23. Caractériser le générateur de Thévenin équivalent au dipôle AB de la figure 4.56.

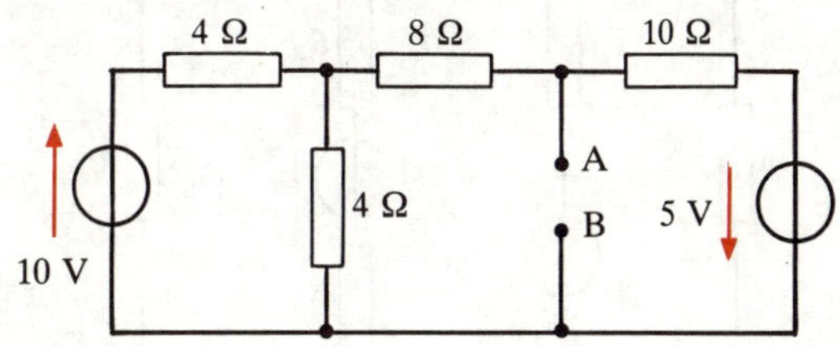

Fig. 4.56.

4.24. Dans le montage de la figure 4.57, déterminer le générateur de Thévenin équivalent au dipôle AB pour : R=4 kΩ ; I=9 mA ; E_1=12 V ; E_2=24 V.

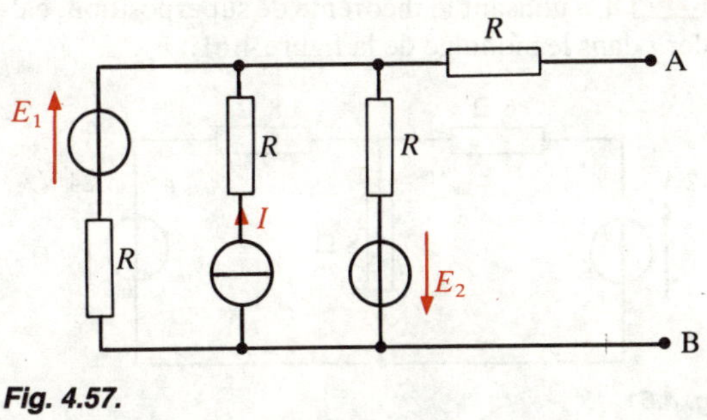

Fig. 4.57.

4.25. Dans le montage de la figure 4.58, la diode est parfaite :

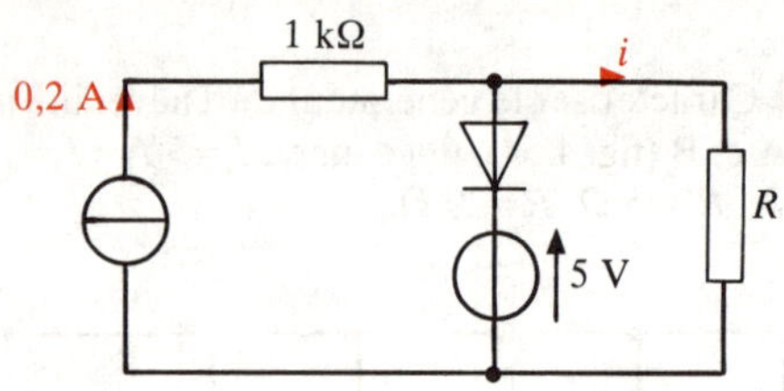

Fig. 4.58.

1° Calculer i dans les deux cas suivants :
a) R=1 kΩ ; *b)* R=5 kΩ
2° Mêmes questions si l'on inverse le sens de branchement de la diode.

4.26. Calculer la tension u aux bornes du générateur de courant de la figure 4.59.

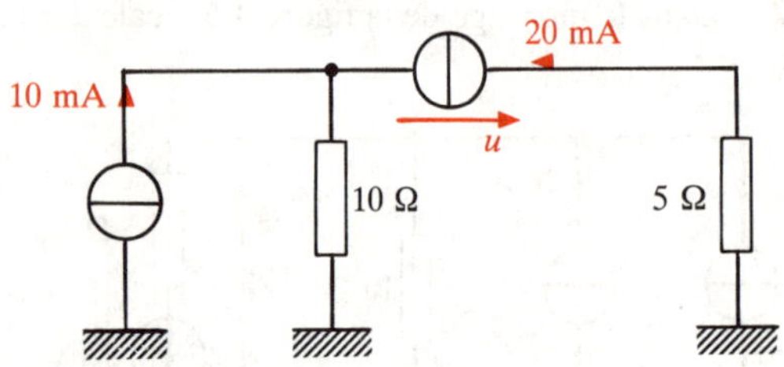

Fig. 4.59.

4.27. Pour le réseau de la figure 4.60, on donne : E_1=12 V ; E_2=6 V ; R_0=20 Ω, R_1=10 Ω, R_2=4 Ω, R_3=16 Ω.

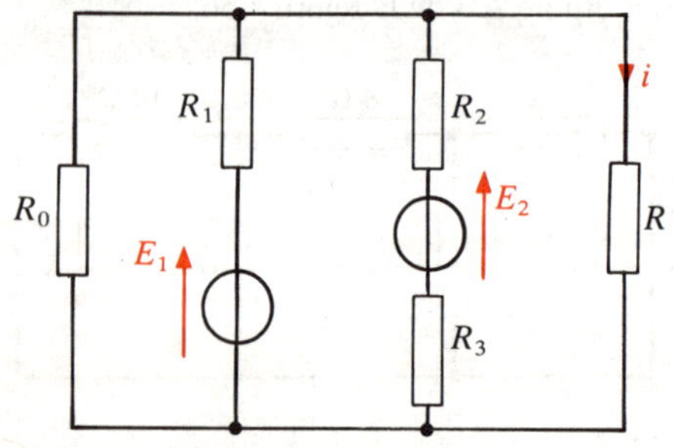

Fig. 4.60.

1° Déterminer le modèle équivalent de Norton du dipôle qui alimente R.
2° Calculer i si R=5 Ω.

4.28. En utilisant le théorème de superposition, calculer i dans le montage de la figure 4.61.

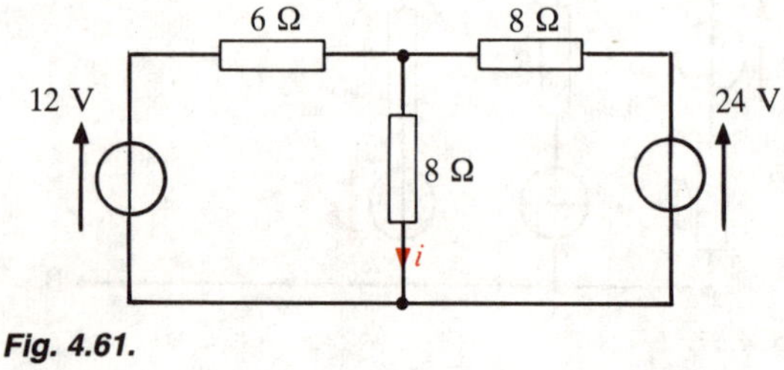

Fig. 4.61.

4.29. En appliquant le théorème de superposition dans le montage de la figure 4.62 calculer i lorsque :
a) K est ouvert ;
b) K est fermé.

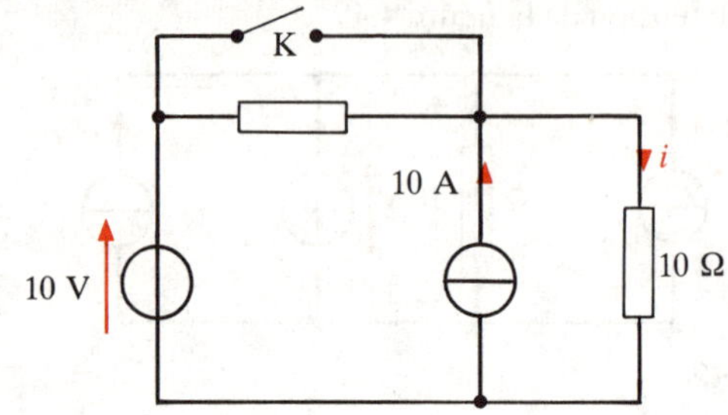

Fig. 4.62.

4.30. Le courant débité par le générateur électronique G (fig. 4.63) est unidirectionnel (la diode est supposée parfaite).

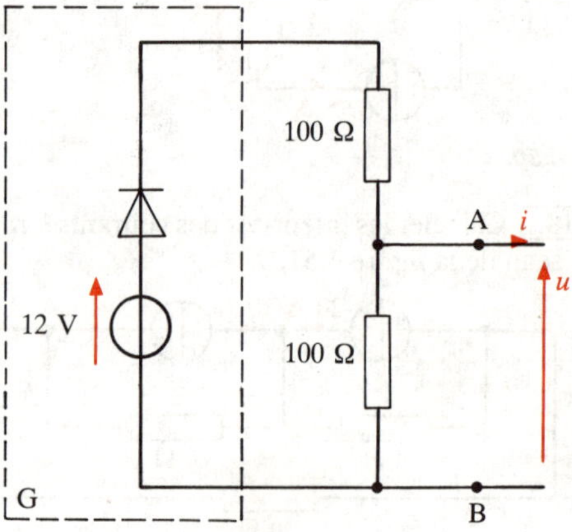

Fig. 4.63.

a) Déterminer le caractéristique $u(i)$ du réseau vu de A et B.

b) En déduire les M.E.T. du réseau et leur domaine d'application.

4.31. L'alimentation stabilisée G (fig. 4.64) fournit un courant d'intensité constante I = 1 A seulement si la tension v est inférieure à 150 V. Dans le cas contraire I = 0. En l'absence de charge entre A et B (i = 0) quelle est la valeur de la tension v ?

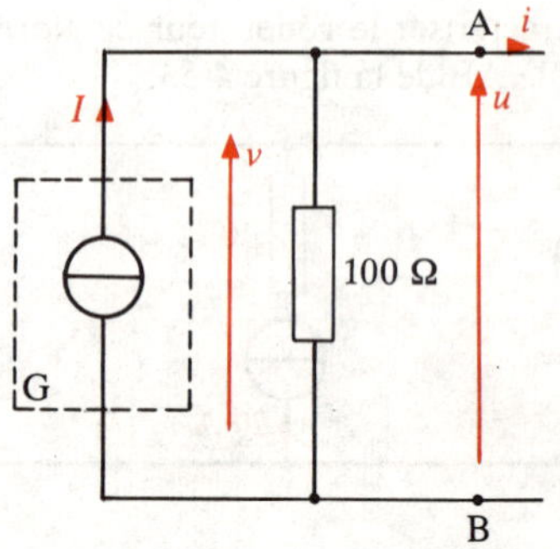

Fig. 4.64.

Chapitre 5

PUISSANCE ET ÉNERGIE ÉLECTRIQUES

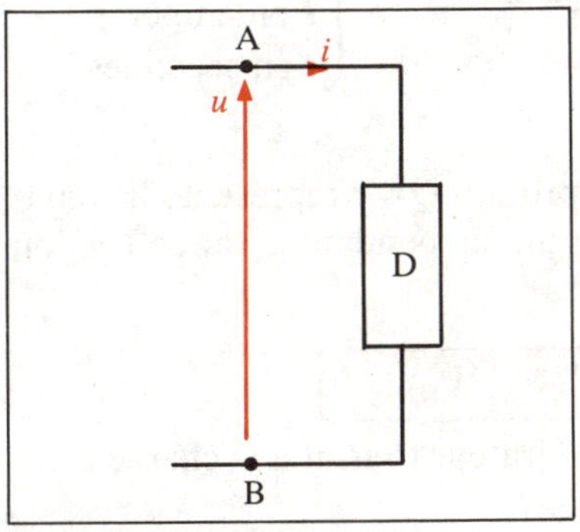

Fig. 5.01. *Convention récepteur :*
Si p>0, *D est récepteur.*
Si p<0, *D est générateur.*

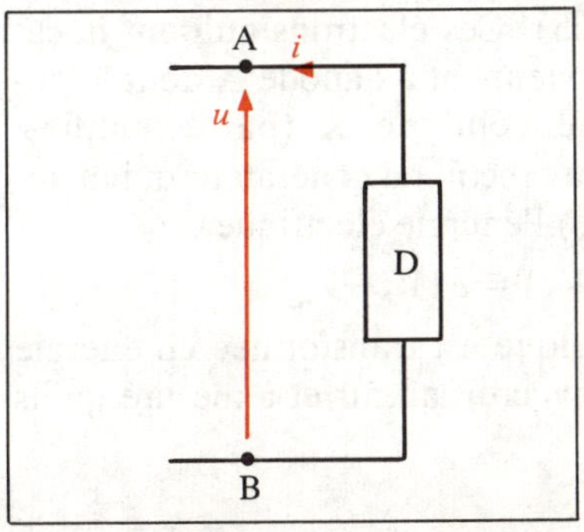

Fig. 5.02. *Convention générateur :*
Si p>0, *D est générateur*
Si p<0, *D est récepteur.*

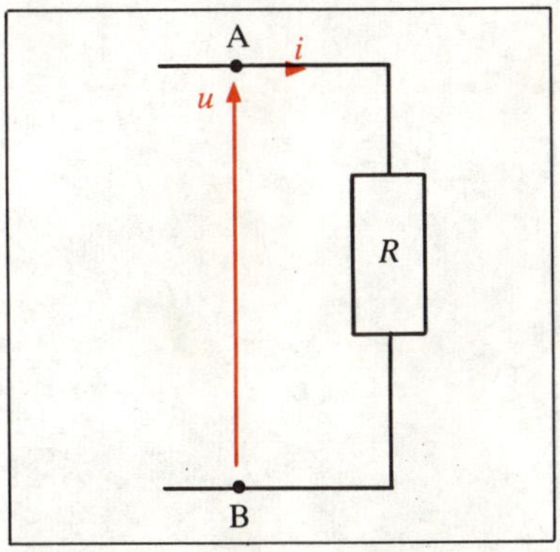

Fig. 5.03.

1. PUISSANCE ÉLECTRIQUE

1.1. Expression générale de la puissance

Sur la figure 5.01, D est un dipôle quelconque, parcouru par un courant d'intensité i, constante, et soumis à la tension u, constante. Avec la convention récepteur, la puissance **reçue** par D s'écrit :

$$p = ui \qquad \begin{cases} p \text{ en watts} \\ u \text{ en volts} \\ i \text{ en ampères} \end{cases}$$

Nous pouvons aussi utiliser la convention générateur pour le dipôle D (fig. 5.02). Alors, la puissance **fournie** par D est :

$$p = ui$$

1.2. Cas particuliers des résistors linéaires

Pour un résistor de résistance R (fig. 5.03) nous savons exprimer la puissance P, dissipée par effet Joule, de deux autres manières. En effet, la loi d'Ohm appliquée à la résistance s'écrit $u = Ri$ et :

$$P = Ri^2 = \frac{u^2}{R}$$

2. ÉNERGIE ÉLECTRIQUE

2.1. Relation entre puissance et énergie en régime permanent

Si, pendant la durée t, un dipôle D consomme en permanence la puissance constante P, il absorbe au total l'énergie :

$$W = P\,t \qquad \begin{cases} W \text{ en joules} \\ P \text{ en watts} \\ t \text{ en secondes} \end{cases}$$

Remarque : Puissance moyenne
Si, pendant la durée t, la puissance consommée par D n'est pas constante, on définit la puissance moyenne $\overline{P}$ par le rapport :

$$\overline{P} = \frac{W}{t}$$

Dans cette expression W est encore l'énergie absorbée pendant la durée t.

1 J = 1 W × 1 s = 1 Ws

On utilise aussi comme unité d'énergie le **wattheure** (Wh) et le **kilowattheure** (kWh).
1 Wh = 3 600 J
(car 1 h = 3 600 s).
1 kWh = 3,6 . 10^6 J.

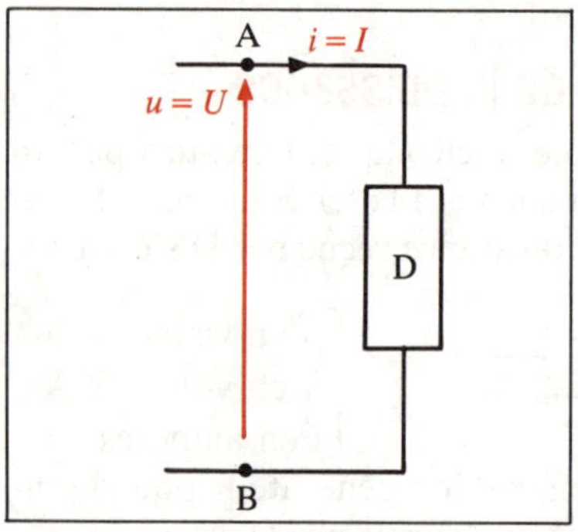

Fig. 5.04.

On peut également exprimer Q en ampères-heures : 1 Ah=3,6 kC.
Si la capacité d'une batterie d'accumulateurs G de f.é.m. 12 V est de 40 Ah, une décharge complète permet d'obtenir une quantité d'électricité Q=40 Ah et une énergie W telle que :
$W = 12 \times (40 \times 3{,}6 \times 10^3)$
soit : $W = 1{,}73 \times 10^6$ J.
A titre d'exemple cette énergie est celle qui est nécessaire pour porter 4,9 l d'eau de 15 °C à 100 °C.

On exprime aussi W_e en électron-volts : 1 eV=1,602 . 10^{-19} J, car la charge élémentaire e vaut : e=1,602.10^{-19}C.

Exemple d'application :
Cherchons le temps nécessaire pour porter la température d'un litre d'eau de 15 °C à 100 °C, à l'aide d'une résistance de 100 Ω alimentée sous 220 V , sachant que pour élever de 1 °C la température d'un gramme d'eau, il faut 4,18 J.
$W = 4{,}18 \times 85 \times 10^3 = 3{,}55 \ . \ 10^5$J.
$I = \dfrac{220}{100} = 2{,}2$ A
D'où $t = \dfrac{W}{R I^2} = 734$ s, soit environ 12 min.

2.2. Expressions de l'énergie électrique

2.2.1. Dipôle D

En régime permanent, et avec des conventions telles que u et i soient des grandeurs positives et constantes : $u=U$ et $i=I$ (fig. 5.04), le dipôle D reçoit pendant une durée t une énergie W :

$$W = UIt$$

W en joules
U en volts
I en ampères
t en secondes

2.2.2. Cas général

Dans l'expression précédente le produit $Q=It$ représente la quantité d'électricité qui a traversé le dipôle pendant la durée t. D'où une autre expression de l'énergie W :

$$W = U\,Q = (V_A - V_B)\,Q$$

W représente l'énergie que le générateur fournit à la charge électrique Q et qui est cédée au dipôle D.

Toute charge électrique Q passant d'un point A où le potentiel est V_A, à un point B où le potentiel est V_B, reçoit du générateur l'énergie électrique : $W = Q\,(V_A - V_B)$.

Exemple : La relation précédente s'applique à des électrons dans un tube d'oscillographe (fig. 5.05). Ces électrons quittent la cathode K, au potentiel V_K, et parviennent à l'anode A dont le potentiel V_A est plus élevé que celui de K (par exemple : $V_A - V_K = 2\ 000$ V). Chacun d'eux reçoit du générateur qui maintient constante la d.d.p. $(V_A - V_K)$ l'énergie électrique :

$$W_e = (-e).\,(V_K - V_A) = e\,(V_A - V_K)$$

Dans ce cas, cette énergie électrique est transformée en énergie cinétique. La vitesse des électrons croît au fur et à mesure qu'ils s'approchent de A.

2.2.3. Résistors linéaires

Dans le cas du résistor de résistance R de la figure 5.03, l'énergie dissipée par effet Joule peut s'écrire :

$$W = R\,I^2\,t$$

C'est la **loi de Joule.**

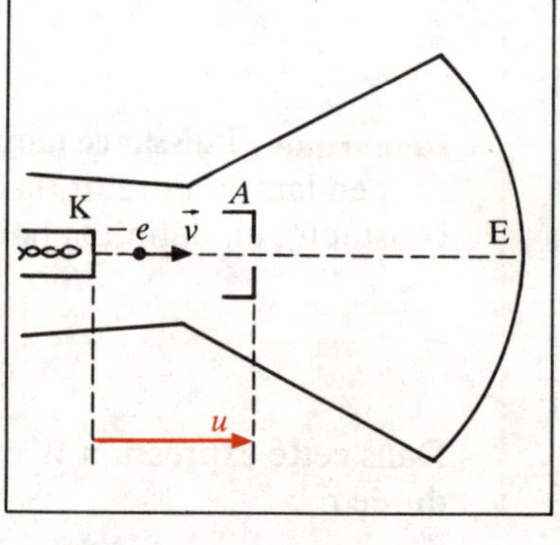

Fig. 5.05.

Fig. 5.05. Eolienne : l'énergie cinétique du vent est partiellement convertie en énergie électrique.

3. CONSERVATION DE L'ÉNERGIE

3.1. Principe de la conservation de l'énergie

■ **L'énergie peut prendre diverses formes :** énergie mécanique, énergie électrique, énergie thermique, énergie rayonnante (forme d'énergie émise par le Soleil notamment), énergie chimique (énergie exploitée lors de la combustion d'un carburant par exemple).

■ **L'énergie peut subir des transformations :** par exemple, un petit groupe électrogène brûle environ 0,4 litre d'essence par heure (énergie chimique) et fournit une puissance électrique de 500 W. Toutefois, l'énergie chimique de l'ensemble carburant-comburant n'est pas totalement convertie en énergie électrique utile. D'autres formes d'énergie apparaissent et constituent des pertes par rapport au but recherché (pertes thermiques, pertes mécaniques, pertes par effet Joule).

Le principe de conservation de l'énergie énonce que l'énergie totale consommée par un système est égale à la somme de l'énergie restituée par ce système et de son augmentation d'énergie interne.

3.2. Conséquence pour les régimes permanents

■ Considérons un convertisseur électromécanique, par exemple, un moteur à courant continu (fig. 5.06).

En régime permanent, l'énergie interne moyenne de ce convertisseur ne varie pas. Autrement dit, si pendant la durée t la source lui fournit l'énergie W_1, pendant cette même durée, il restitue une énergie égale à W_1.

L'énergie restituée peut être subdivisée en deux termes (fig. 5.07) :

W_2 : énergie mécanique fournie à la machine entraînée par le moteur (charge) ;

W_3 : énergie perdue en chaleur et dissipée dans le milieu environnant selon divers processus (pertes par effet Joule, pertes par frottements, etc.).

$$W_1 = W_2 + W_3$$

En divisant chaque terme de l'égalité précédente par la même durée t nous obtenons le bilan de puissances suivant (fig. 5.08) :

$$P_1 = P_2 + P_3$$

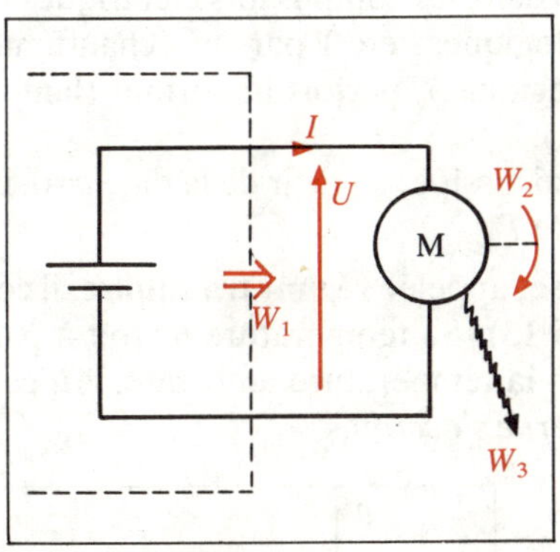

Fig. 5.06.

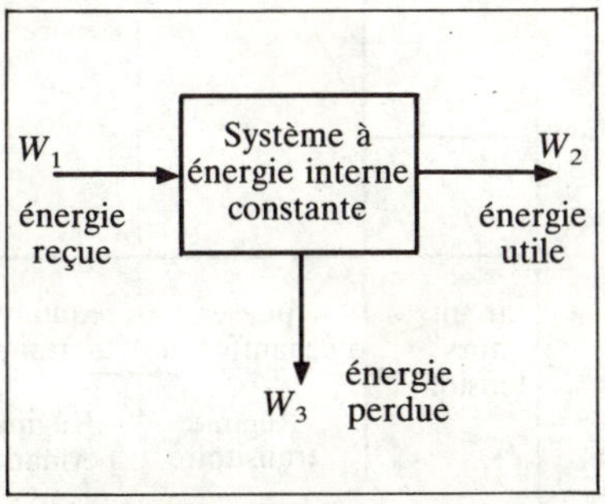

Fig. 5.07. W_1, W_2, W_3 *sont les énergies mises en jeu pendant la durée* t.

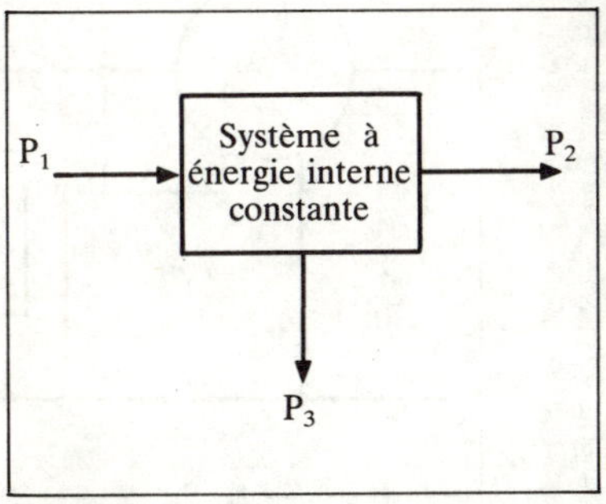

Fig. 5.08.

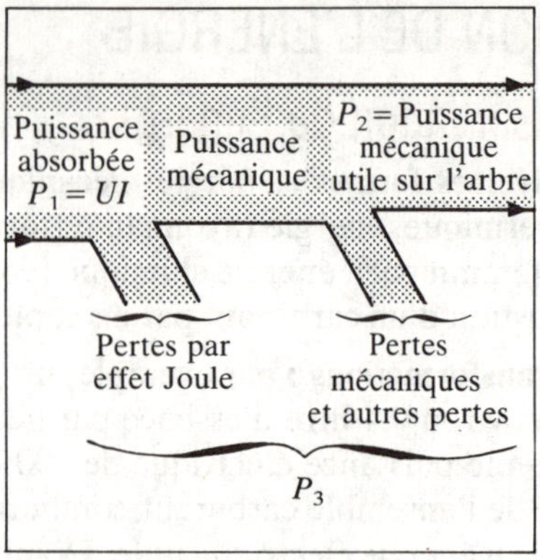

Fig. 5.09. *Bilan des puissances pour un moteur.*

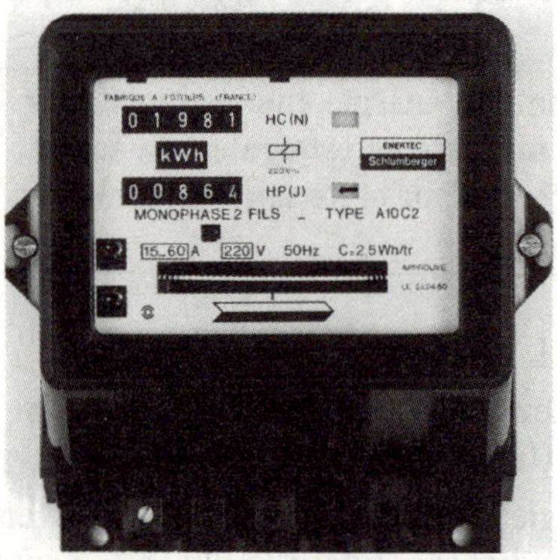

Fig. 5.10. *Un tour de disque correspond à une consommation de 2 Wh : k=2 Wh/tr.*

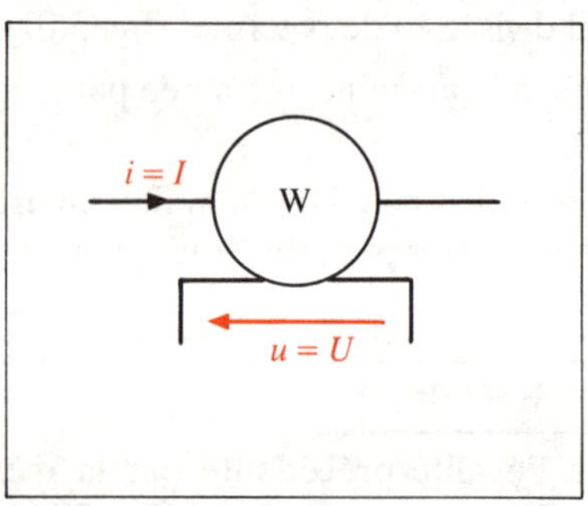

Fig. 5.11.

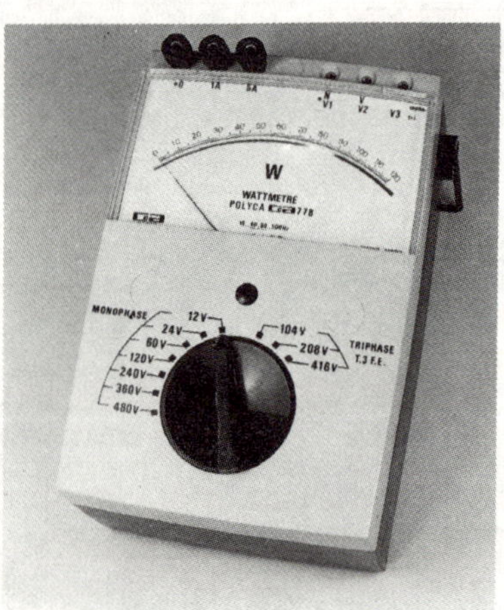

■ Le diagramme de la figure 5.09 est un exemple de bilan des puissances mises en jeu dans un moteur à courant continu.

■ 4. MESURES DE L'ÉNERGIE ET DE LA PUISSANCE

4.1. Mesure de l'énergie

La mesure de l'énergie s'effectue avec un compteur d'énergie (fig. 5.10). Il est caractérisé par sa constante k qui représente l'énergie consommée par l'installation par tour de disque du compteur.

4.2. Mesure de la puissance

■ En courant continu (constant) la puissance est calculable après mesure de U et de I.

■ La mesure directe de la puissance peut être réalisée avec un wattmètre (fig. 5.11).

La quantité à mesurer, P, étant fonction de u et de i, l'appareil doit être sensible à ces deux grandeurs. Il comporte donc :

- un circuit tension très résistant appelé aussi circuit « fil fin » ;
- un circuit courant, peu résistant, appelé aussi circuit « gros fil ».

■ La figure 5.12 montre un exemple de branchement d'un wattmètre pour mesurer la puissance consommée par le dipôle D.

■ 5. APPLICATIONS DE L'EFFET JOULE

5.1. Température d'équilibre d'un composant

■ L'effet Joule se manifeste dans les composants électriques (résistors, transistors, circuits logiques, etc.) par un échauffement parfois très faible (circuits logiques), parfois important (lampe à incandescence, rhéostat, etc.).

■ Considérons un résistor qui dissipe, à partir de la date $t=0$, une puissance électrique constante P.

– Pendant une première phase, appelée **régime transitoire,** il commence par s'échauffer (fig. 5.13). Sa température θ croît à partir de la valeur initiale θ_i égale à la température ambiante. *Au cours de cette phase son énergie interne s'accroît.*

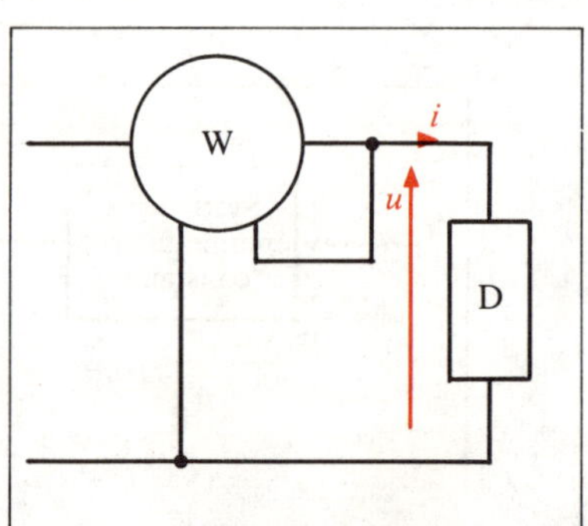

Fig. 5.12. *Montage d'un wattmètre dit courte dérivation.*

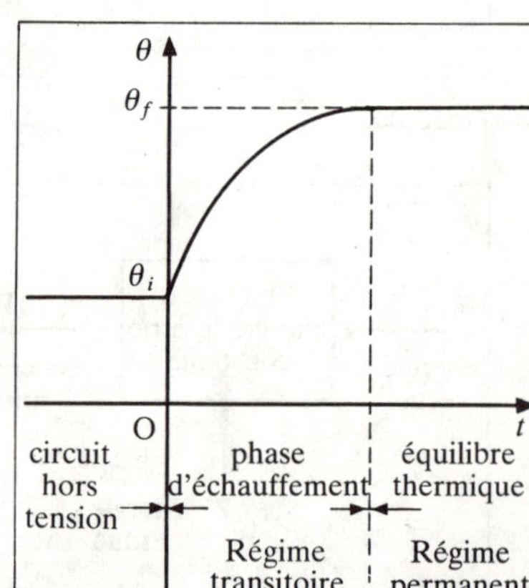

Fig. 5.13.

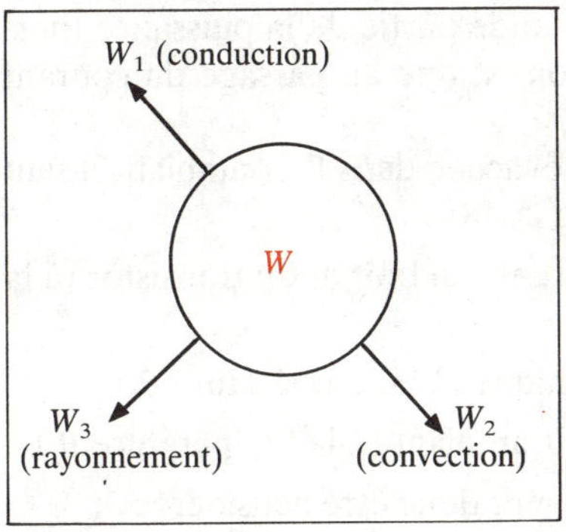

Fig. 5.14.

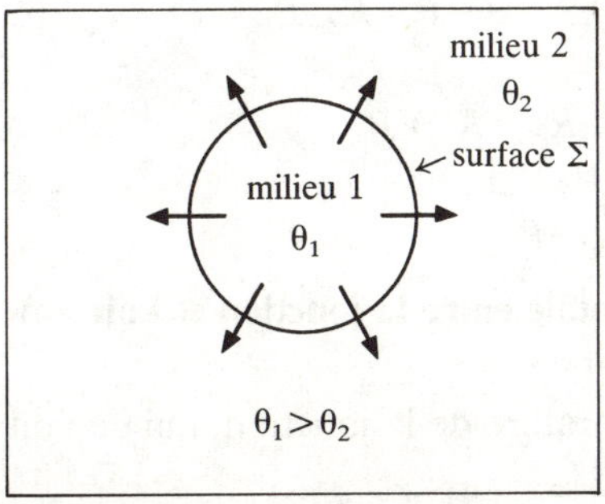

Fig. 5.15. Les températures θ_1 et θ_2 sont mesurées assez loin de la surface Σ.

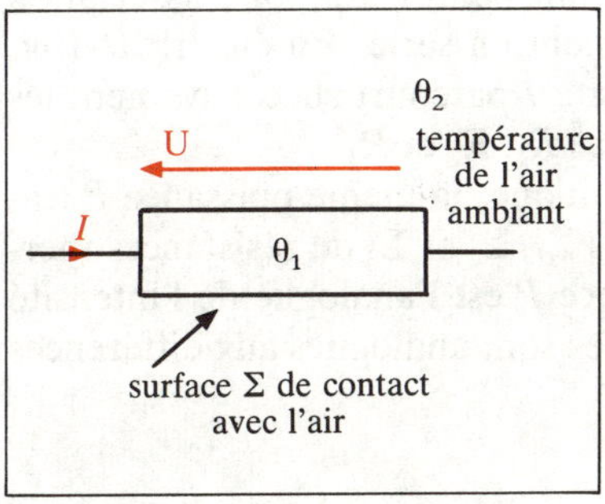

Fig. 5.16.

La résistance thermique de la surface Σ de séparation est inversement proportionnelle à l'aire *S* de cette surface

$$R_{th} = \frac{k}{S}$$

k dépend de la couleur de la surface de séparation et de la nature des milieux en présence.

– Puis, un **régime permanent** s'établit. *L'énergie interne du composant ne varie plus.* La température de son enveloppe extérieure se fixe à une valeur finale constante θ_f. Pendant une durée *t*, toute l'énergie électrique W_J reçue par le composant est transformée en énergie thermique par effet Joule. Cette énergie est évacuée par *conduction* (W_1), *convection* (W_2), *et rayonnement* (W_3) (fig. 5.14).

En *t* secondes : $W_J = W_1 + W_2 + W_3$

Soit en divisant par *t* : $P_J = P_1 + P_2 + P_3$

5.2. Résistance thermique

L'étude qui suit est limitée aux régimes permanents.

Deux milieux, 1 et 2, de températures respectives θ_1 et θ_2 (nous supposons θ_1 supérieure à θ_2) sont en contact thermique par une surface de séparation Σ d'aire *S*. (fig. 5.15). De l'énergie est donc transférée en permanence du milieu 1 vers le milieu 2.

Un bon exemple de cette situation est constitué par le résistor de la figure 5.16 qui reçoit la puissance $P=UI$. L'énergie thermique apparue par effet Joule est transmise à l'air ambiant, sous forme de chaleur, à travers la surface extérieure Σ. Nous désignons par :

- θ_1, la température moyenne du résistor (on ne peut mesurer que sa température extérieure) ;
- θ_2, la température moyenne de l'air de la salle.

Par définition, **la résistance thermique de la surface de séparation** Σ est la quantité :

$$R_{th} = \frac{\theta_1 - \theta_2}{P}$$

- θ_1, θ_2 en degrés Celsius ou en kelvins
- P en watts
- R_{th} en degrés Celsius par watt (°C/W) ou en kelvins par watt (K/W)

5.3. Association de résistances thermiques

Le document 5.17 montre un transistor de puissance monté sur un dissipateur thermique.

*Fig. 5.17. Dissipateur thermique. La résistance thermique de la surface de séparation entre le dissipateur thermique et l'air est diminuée par la présence d'ailettes (augmentation de la surface S) ; le dissipateur est **noir** (ce qui favorise le rayonnement, d'où le nom courant de « radiateur » utilisé pour désigner le dissipateur thermique) et réalisé en matériau bon conducteur de la chaleur, comme l'aluminium.*

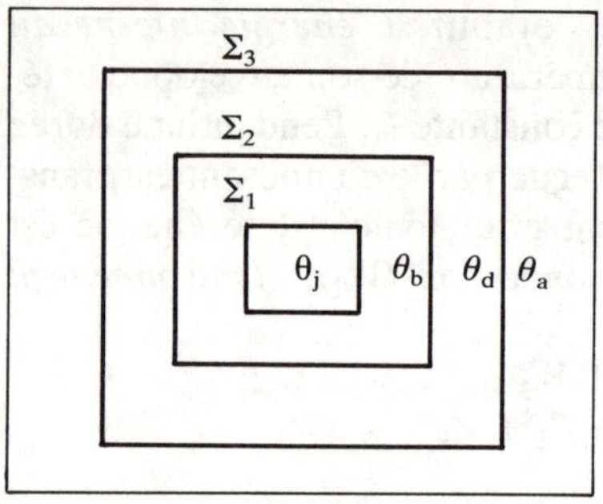

***Fig. 5.18.** C'est la même puissance, qui, en régime permanent, traverse successivement Σ_1, Σ_2 et Σ_3*

La relation $R_{ja}=R_{jb}+R_{bd}+R_{da}$ peut donner à penser que le fait d'avoir placé le transistor T sur un dissipateur thermique augmente la résistance thermique R_{ja}.

Il n'en est rien, car sans dissipateur thermique, la résistance thermique R_{ba} de la surface de séparation entre le boîtier et l'air serait très supérieure à la somme $R_{bd}+R_{da}$.

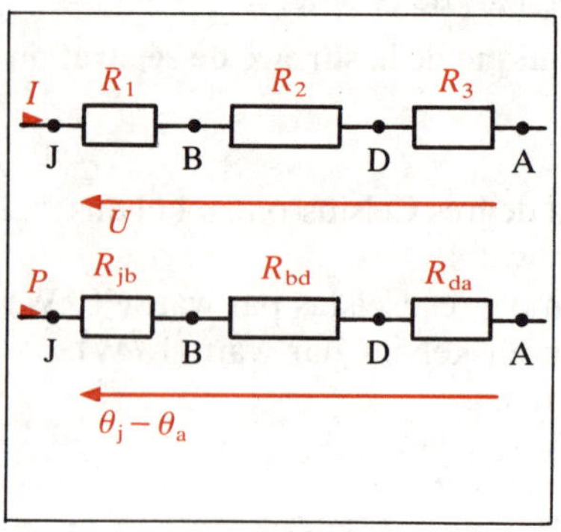

Fig. 5.19. $U=RI$; $\theta_j-\theta_a=R_{ja}P$.
$R=R_1+R_2+R_3$;
$R_{ja}=R_{jb}+R_{bd}+R_{da}$

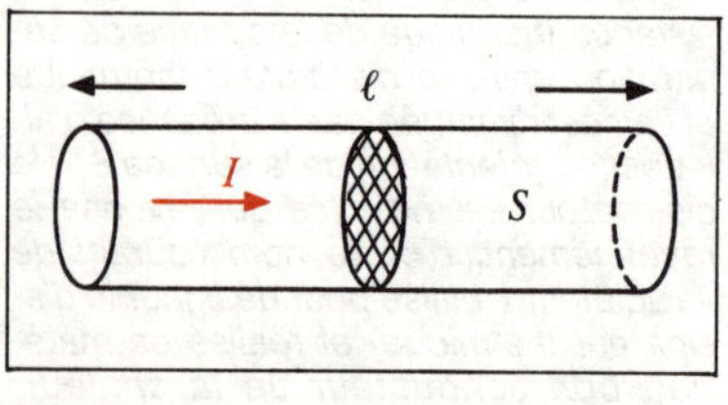

Fig. 5.20.

En régime permanent, la plus grande partie de la puissance thermique produite dans le transistor est due au passage du courant dans la jonction base-collecteur.

Pour que cette puissance P soit évacuée dans l'air ambiant il faut qu'elle passe successivement (fig. 5.18) :

– de la jonction (à la température θ_j) au boîtier du transistor (à la température θ_b) ;

– du boîtier au dissipateur thermique (à la température θ_d) ;

– du dissipateur thermique à l'air ambiant (à la température θ_a).

Trois résistances thermiques doivent donc être considérées :

R_{jb} entre jonction et boîtier : $\theta_j-\theta_b=R_{jb}\,P$

R_{bd} entre boîtier et dissipateur : $\theta_b-\theta_d=R_{bd}\,P$

R_{da} entre dissipateur et air : $\theta_d-\theta_a=R_{da}\,P$

Au total, nous pouvons écrire :

$$\theta_j-\theta_a=(R_{jb}+R_{db}+R_{da})\,P$$
$$\theta_j-\theta_a=R_{ja}\,P$$
$$R_{ja}=R_{jb}+R_{bd}+R_{da}$$

R_{ja} est la **résistance thermique totale entre la jonction et l'air ambiant.**

C'est d'elle que dépend la température de la jonction, qui ne doit pas dépasser une valeur limite $\theta_{j\,max}$.

5.4. Analogie thermique – électrique

La relation $R_{ja}=(R_{jb}+R_{bd}+R_{da})$ fait penser à la loi d'association des résistances dans un groupement en série. En électricité (fig. 5.19), le même courant d'intensité I parcourt successivement les résistors de résistances respectives R_1, R_2 et R_3.

En ce qui concerne l'aspect thermique, la même puissance P traverse successivement les surfaces Σ_1, Σ_2 et Σ_3 de résistances thermiques R_{jb}, R_{bd}, R_{da}. La puissance P est l'analogue de l'intensité I. Les différences de températures sont analogues aux différences de potentiel.

5.5. Échauffement et densité de courant

La puissance P_j dissipée dans un conducteur filiforme de résistance R, de résistivité ρ, de longueur l, de diamètre d, de section s ($s=\pi d^2/4$), qui est parcouru par un courant d'intensité I est :

$$P_j=RI^2=\rho\,\frac{l}{s}\,I^2$$

Exprimons ce résultat en fonction de la densité de courant J dans le conducteur (fig. 5.20) : $J=I/s$.

$$P_j=\rho l\,sJ^2$$

Ce conducteur s'échauffe, à l'équilibre, nous pouvons écrire, entre sa température θ_j, la température ambiante θ_i et P_j la relation suivante :

$$P_j=\frac{\theta_j-\theta_i}{R_{th}} \qquad \text{avec : } R_{th}=\frac{k}{S}$$

si S représente la surface extérieure du conducteur ($S=\pi dl$)

Exprimons $\theta_j - \theta_i$:

$$\theta_j - \theta_i = P_j \cdot R_{th}$$

soit : $$\theta_j - \theta_i = (\rho l s J^2) \cdot \left(\frac{k}{S}\right) = \rho l \, \frac{\pi d^2}{4} \, J^2 \, \frac{k}{\pi d l}$$

et donc : $$\theta_j - \theta_i = \frac{k}{4} \, \rho d J^2$$

L'échauffement d'un conducteur est proportionnel au carré de la densité de courant.

Conséquence pratique : La température maximale d'un conducteur, constituant souvent une limite physique de son utilisation (destruction des vernis isolants, fusion du conducteur ou de son environnement, etc.), entraîne l'existence d'une densité de courant maximale admissible.

Travaux pratiques

1. Etude du rendement d'un régulateur intégré tripolaire : R.I.T.

Le montage est celui de la figure 5.21.

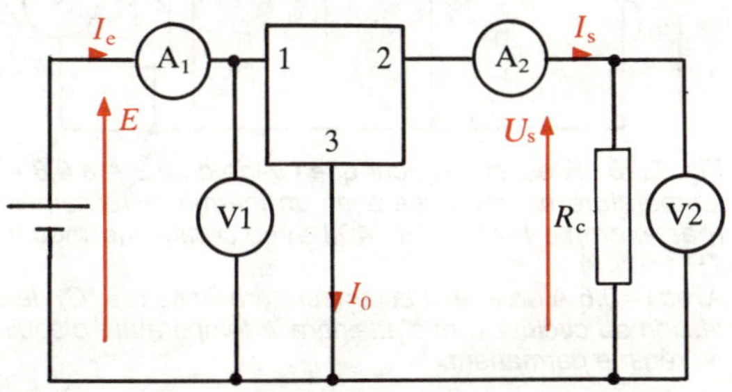

Fig. 5.21. R.I.T. : SFC 2805 monté sur dissipateur thermique.

1.1. Stabilisation amont

La charge R_c est fixe ; R_c est choisie de manière à obtenir un courant I_s d'intensité 0,5 A lorsqu'il y a stabilisation.
On peut relever et tracer :

a) La caractéristique de transfert en tension : $U_s = f(E)$;

b) la caractéristique de rendement : $\eta = \frac{P_u}{P_a} = f(E)$

On pourra ensuite choisir E pour avoir à la fois stabilisation et bon rendement (E dépassant U_s de 2 à 3 V).

1.2. Stabilisation aval

E est fixe, par exemple $E = 12$ V.
R_c est un rhéostat qui permet de faire varier le courant de 0,1 A à 1 A. On peut relever et tracer :

a) La caractéristique de rendement : $\eta = f(I_s)$;

b) La caractéristique de puissance utile : $P_u = f(I_s)$.

2. Etude du rendement d'une alimentation continue

Le montage est celui de la figure 5.22.

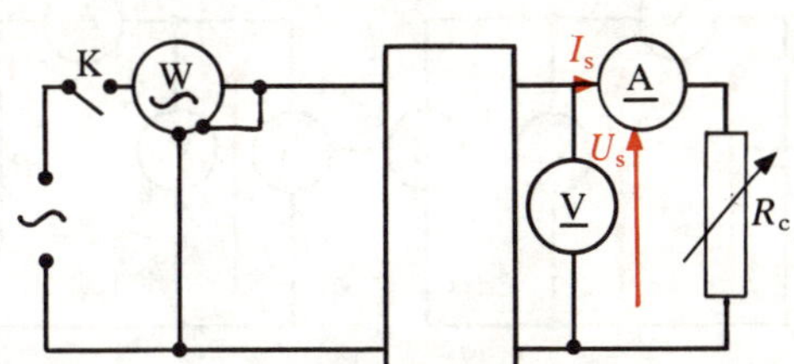

Fig. 5.22.

2.1. Rendement d'une alimentation continue fixe

La puissance absorbée par l'alimentation est mesurée avec un wattmètre (celui-ci est monté une fois pour toutes). On admet qu'il mesure la puissance en régime sinusoïdal.
La puissance utile fournie à la charge est calculée à partir des mesures, en continu, de I_s et U_s.
On relèvera et l'on tracera la courbe : $\eta = f(I_s)$.
La figure 5.23 donne l'allure des résultats des mesures.

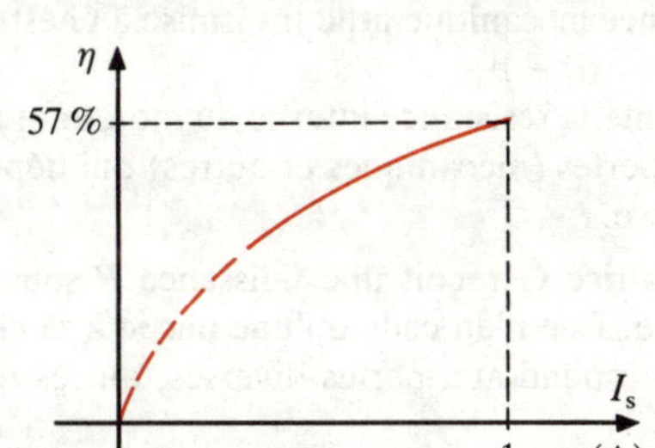

Fig. 5.23.

2.2. Rendement d'une alimentation continue variable

On peut relever et tracer $\eta=f(U_s)$ en faisant varier le paramètre I_s, intensité du courant de sortie (exemple : I_s=0,5 A puis 1 A, puis 1,5 A).
La figure 5.24 donne un exemple de résultats obtenus.

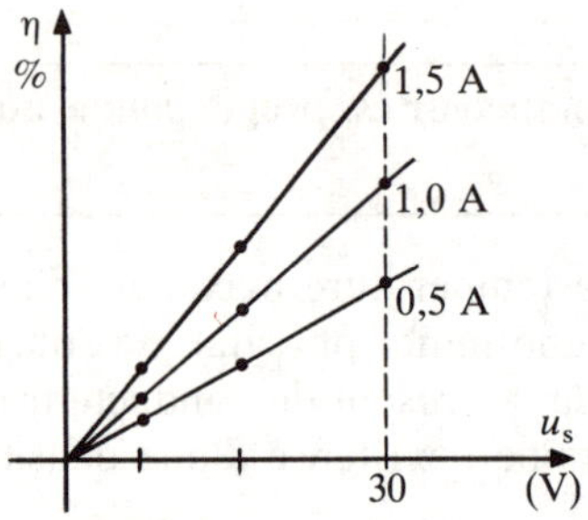

Fig. 5.24.

3. Mesure de rendements de petites machines

Le montage est constitué de deux petites machines à courant continu (moteurs de perceuses miniatures par exemple), de puissance nominale égale à quelques watts (fig. 5.25).

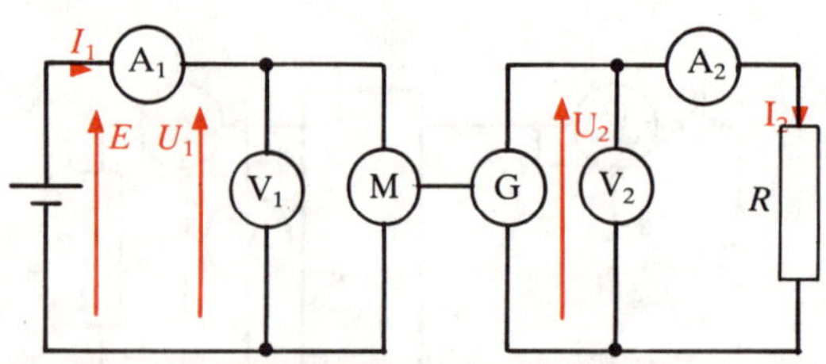

Fig. 5.25. *Le générateur de f.é.m.* E *est choisi pour que la vitesse du groupe soit assez élevée, et,* R *pour que les intensités* I_1, I_2 *soient de l'ordre de l'ampère.*

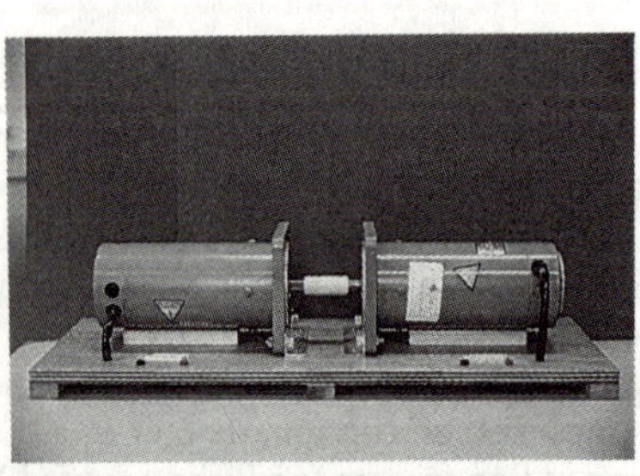

La puissance absorbée par le moteur M est : $P_1=U_1I_1$.
La puissance mécanique utile transmise à G est :
$P = U_1I_1 - r_1I_1^2 - p_{m1}$
r_1 représente la résistance interne du moteur et p_{m1} désigne les pertes (mécaniques et autres) qui dépendent de la vitesse.

La génératrice G reçoit une puissance P sous forme mécanique. Elle n'en cède qu'une partie à sa charge ; si p_{m2} correspond aux pertes diverses, autres que par effet Joule, et si r_2 représente la résistance interne de G, la puissance fournie au résistor R est égale à :

$$(P - p_{m2} - r_2I_2^2)$$

On mesure P_1 et $P_2 = U_2I_2$

$$P_1 = P_2 + r_2I_2^2 + p_{m2} + r_1I_1^2 + p_{m1}$$

Les machines étant identiques, on peut faire l'hypothèse suivante :

$$p_{m1} = p_{m2} = p_m$$

En outre, il est possible de calculer $r_1\, I_1^2$ *et* $r_2\, I_2^2$.

D'où : $$p_m = \frac{P_1 - P_2 - r_1I_1^2 - r_2I_2^2}{2}$$

Calculer ensuite :
a) la puissance mécanique P ;
b) le rendement du moteur $\eta_M = P/P_1$ ainsi que celui de la génératrice : $\eta_G = P_2/P$

4. Etude d'un dissipateur thermique

On utilise, par exemple, un régulateur SFC 2815 (Thomson), boîtier TO.3, monté sur dissipateur thermique.

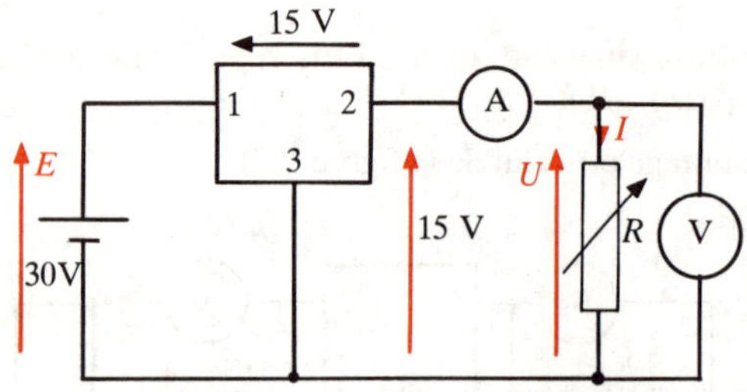

Fig. 5.26. R *est choisi pour que* I *varie de 0,2 A à 0,8 A. La température est mesurée avec un thermomètre numérique (par exemple Métrix TH 1408 avec sonde thermocouple TH 1408.2).*
Avec I=*0,6 A on atteint la température limite (75 °C) de protection du circuit avant d'atteindre la température d'équilibre du régime permanent.*

Le montage est celui de la figure 5.26. Avec les notations du paragraphe 5, en régime permanent, nous pouvons écrire :
$\theta_f - \theta_i = R_{th}P_j$ soit : $P_j = k(\theta_f - \theta_i)$
On peut relever et tracer $P_j = g(\theta_f)$.
A cause de l'inertie thermique, il est nécessaire d'attendre 20 à 30 min avant que le régime permanent soit établi.
Notons qu'à la température de 75 °C la protection thermique du régulateur entre en action, empêchant la destruction du circuit par échauffement.

Contrôle des connaissances

INDIQUER LA BONNE RÉPONSE

5.01. Une résistance est marquée 25 W−47 Ω
Quelle tension maximale peut-on lui appliquer ?
R : 25 V ; 13 V ; 34 V ; 47 V.

5.02. Une résistance est marquée 1 Ω−10 W.
Quelle est l'intensité maximale du courant qui peut la traverser ?
R : 0,1 A ; 3,1 A ; 10 A

5.03. Un régulateur doit dissiper une puissance de 10 W. La température maximale de la jonction est 150 °C, la température ambiante 40 °C. La résistance thermique jonction-boîtier du régulateur est 2,5 °C/W. Quelle est la résistance thermique maximale du radiateur à utiliser ?
R : 1,5 °C/W ; 8,5 °C/W ; 11 °C/W ; 15 °C/W.

5.04. Un moteur absorbe une puissance de 600 W. Sa résistance interne, purement ohmique, est 1,5 Ω. Il est traversé par un courant de 4 A. Quelle est sa f.é.m. ?
R : 144 V ; 150 V ; 154 V ; 146 V.

5.05. Quelle est, dans le montage (fig. 5.27), la puissance dissipée par le R.I.T. ?

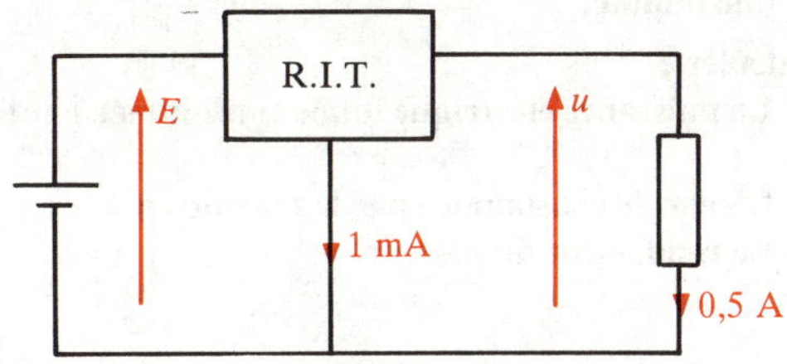

Fig. 5.27.

R : 5 mW ; 2,5 W ; 6 W, 8,5 W.

5.06. Un résistor alimenté sous 110 V consomme une puissance de 60 W. On l'alimente sous une tension de 220 V. On admet que sa résistance ne varie pas. Quelle puissance consomme-t-il ?
R : 30 W ; 60 W ; 120 W ; 240 W.

5.07. Un résistor R_1 dissipe 100 W (fig. 5.28). Quelle est la puissance dissipée par R_2 ?

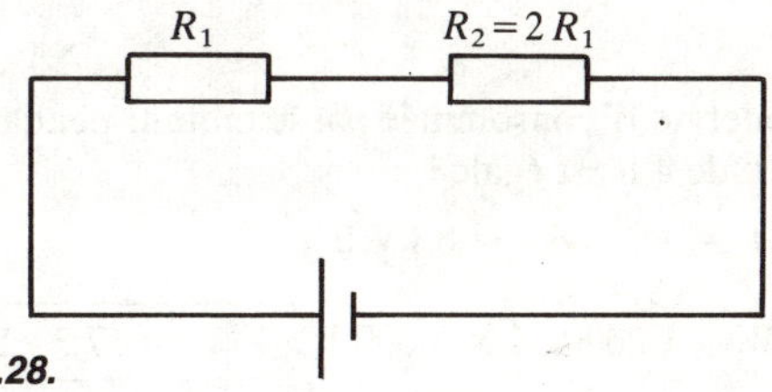

Fig. 5.28.

R : 25 W ; 50 W ; 200 W ; 400 W.

Exercices résolus

5.08. **On lit sur un radiateur électrique les indications suivantes : 220 V-1 500 W. Pour un régime de fonctionnement normal, calculer :**

1° l'intensité I_n du courant qui traverse le radiateur ;

2° l'énergie électrique consommée en 8 heures (en kilojoules).

Solution :

1° En régime de fonctionnement normal, pour ce radiateur on a :

$$U_n = 220 \text{ V et } P_n = 1\,500 \text{ W} \Rightarrow I_n = \frac{P_n}{U_n} = \frac{1\,500}{220} \text{ A}$$

$$\boxed{I_n \approx 6{,}82 \text{ A}}$$

2° Energie électrique W consommée en une durée t de 8 heures :

$$W = P_n t$$

$$W = 1\,500 \times (3\,600 \times 8) \text{ J} \Rightarrow \boxed{W = 4{,}32.10^7 \text{ kJ}}$$

5.09. **Une installation, alimentée sous 220 V, comporte un disjoncteur de calibre 30 A. On met en service un four électrique de 3 kW, un fer à repasser de 800 W, et 2 radiateurs de 1 000 W chacun. Combien de lampes d'une puissance P_1 de 75 W peut-on brancher en même temps ?**

Solution :

Au total, l'installation peut recevoir une puissance :
$P_T = 220 \times 30 = 6\,600$ W.

Pour les lampes on dispose d'une puissance P' :

$P' = 6\,600 - 800 - 3\,000 - 2\,000 = 800$ W

$n = \dfrac{P'}{P_1}$ = nombre n de lampes qu'il est possible de brancher :

$$\Rightarrow n = \frac{800}{75} = 10{,}66 \text{ soit } \boxed{10 \text{ lampes de } 75 \text{ W.}}$$

5.10. **Un moteur électrique fonctionnant en régime permanent développe une puissance mécanique P_u=1 kW, et produit une quantité de chaleur W_j de 12 kJ en une minute.**

Calculer :

1° La puissance électrique totale consommée par le moteur ;

2° L'énergie consommée par le moteur en 4 h ;

3° Le rendement du moteur.

Solution :

1° La puissance transformée en chaleur dans le moteur est égale à :

$$P_j = \frac{W_j}{t} = \frac{12\ 000}{60}\ \text{W} \Rightarrow \boxed{P_j = 200\ \text{W}}$$

Calculons la puissance électrique totale consommée par le moteur :

$$P_T = P_u + P_j$$

$$P_T = 1\ 000 + 200 = 1\ 200\ \text{W} \Rightarrow \boxed{P_T = 1{,}2\ \text{kW}}$$

2° L'énergie W consommée par le moteur pendant une durée t' de 4 h est égale à :

$$W : P.t' = 1{,}2 \times 4 = 4{,}8\ \text{kWh}$$

soit : $W = 1\ 200 \times 4 \times 3\ 600\ \text{J} \Rightarrow \boxed{W = 17{,}3\ .\ 10^6\ \text{J}}$

3° Le rendement du moteur est égal au quotient $\frac{P_u}{P_t}$

$$\eta = \frac{P_u}{P_t} = \frac{1}{1{,}2} \simeq 0{,}83 \Rightarrow \boxed{\eta = 83\ \%}$$

5.11. **Pour un transistor de puissance, on dispose des indications suivantes : température de jonction maximale θ_j=200 °C ; résistance thermique jonction-boîtier : R_{jb}=0,7 °C/W.**

Ce transistor doit dissiper une puissance P de 60 W. La température ambiante est θ_i=40 °C. Calculer la résistance thermique maximale du radiateur sur lequel le transistor doit être monté.

L'assemblage du transistor et du radiateur est réalisé avec du mica (100 μm) sans graisse. Dans ces conditions, la résistance thermique boîtier-radiateur vaut : R_{BR} = 1,5 °C/W.

Solution :

Calcul de la résistance thermique du montage :

$$R_{th} = \frac{\theta_j - \theta_i}{P}$$

$$R_{th} = \frac{200-40}{60} \simeq 2{,}66\ °\text{C/W}$$

Calcul de la résistance thermique du radiateur R_{ra} :

$$R_{th} = R_{jb} + R_{br} + R_{ra}$$

D'où : $R_{ra} = [2{,}66 - (0{,}7+1{,}5)]\ °\text{C/W} \Rightarrow$

$$\boxed{R_{ra} = 0{,}467\ °\text{C/W}}$$

Exercices à résoudre

5.12. La consommation d'un fer à repasser est enregistrée sur un compteur électrique dont la constante est 2 Wh/tr. Le disque effectue 8 tours en une minute. Quelle est la puissance du fer à repasser ?

5.13. Une source de tension, de f.é.m. E=220 V, alimente un atelier, situé à 100 m, par une ligne bifilaire, en fil de cuivre de résistivité ρ=1,6 . 10^{-8} Ωm L'atelier absorbe une puissance de 12 kW sous une tension de 210 V. Calculer :

1° L'intensité i du courant dans la ligne.

2° La perte de puissance en ligne et la résistance des fils de ligne.

3° Le diamètre des fils de ligne.

5.14. Une installation électrique alimente sous 220 V les appareils suivants :

a) un fer à repasser de 800 W ;
b) un moteur d'appareil électroménager de 350 W ;
c) dix lampes marquées 60 W ;
d) une machine à laver de 2 kW.

1° Donner un schéma simple de l'installation.

2° Calculer l'intensité du courant qui passe dans la ligne si tous les appareils de l'installation fonctionnent en même temps.

3° Quel est le diamètre minimal des fils d'alimentation de la ligne si la densité de courant maximale imposée est de 4 A/mm² ?

5.15. Un transistor de puissance NPN 2 N 3055 (boîtier TO 3) doit dissiper une puissance de 45 W. La température ambiante, de l'air, est $\theta_i = \theta_A$=25 °C.

Indications fournies par le constructeur :
température maximale de la jonction θ_j=200 °C ; résistance thermique jonction-boîtier : 1,5 °C/W.

Pour un boîtier TO 3 avec assemblage direct, la résistance thermique boîtier-radiateur est 0,3 °C/W.
Calculer la résistance thermique maximale du dissipateur thermique (radiateur).

Chapitre 6

LES CONDENSATEURS

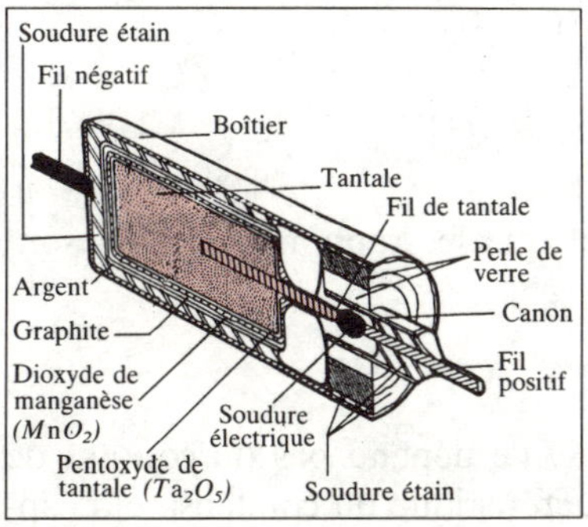

Fig. 6.01. *Vue en coupe d'un condensateur.*

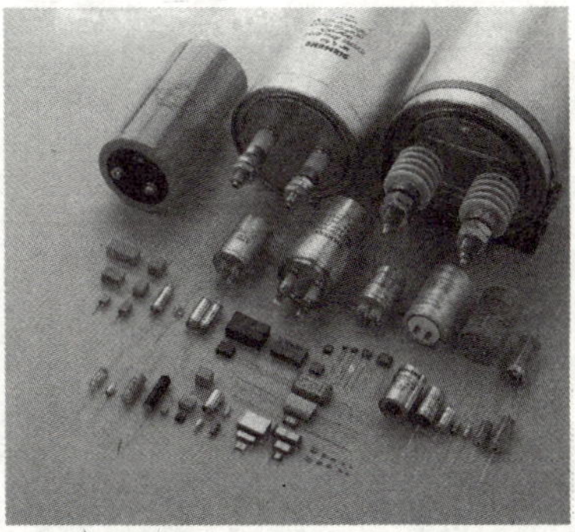

Divers condensateurs.

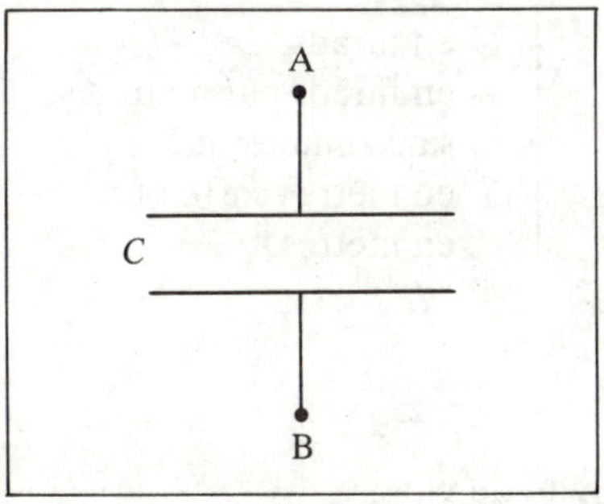

Symbole d'un condensateur.

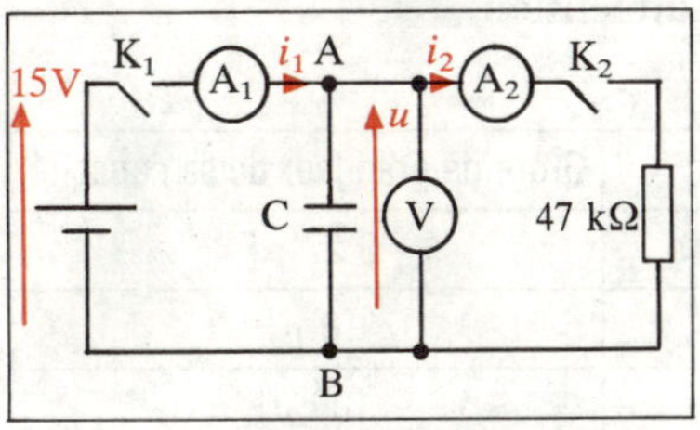

Fig. 6.02. *Charge et décharge d'un condensateur.*
A_1, A_2 sont des appareils analogiques ; V est un voltmètre numérique ; C est un condensateur de 63.10^3 microfarads.

1. GÉNÉRALITÉS

1.1. Constitution et symbole

Un condensateur est constitué de deux surfaces conductrices séparées par un isolant. Les surfaces conductrices sont les **armatures du condensateur** ; l'isolant (mica, papier huilé, polystyrène, polyester, polycarbonate, verre) est le **diélectrique** (fig. 6.01).

L'aspect extérieur d'un condensateur (forme, dimensions) dépend beaucoup de sa technologie et des applications auxquelles il est destiné.

1.2. Charge et décharge d'un condensateur

■ Sur le montage de la figure 6.02, fermons l'interrupteur K_1. L'ampèremètre A_1, permet d'observer, dès la fermeture de l'interrupteur K_1, un courant transitoire très bref. Ensuite, le condensateur C est chargé, la tension à ses bornes vaut U=15 V et aucun courant ne circule plus : l'intensité i_1 du courant est alors nulle.

En régime permanent, un condensateur ne conduit pas le courant continu.

■ Ouvrons alors K_1 puis fermons K_2. Un courant traverse la résistance R, son intensité i_2 et la tension u décroissent rapidement : le condensateur C se décharge.

2. PROPRIÉTÉS DES CONDENSATEURS

2.1. Capacité d'un condensateur

■ Chargeons un condensateur C à l'aide d'un générateur de courant réglable G (fig. 6.03).

Fixons I_0 à 1 mA ($I_0 = I_{0_1} = 1$ mA) et notons l'évolution de la tension $u(t)$ aux bornes du condensateur. Elle croît de u=0 à u=U=5 V. C'est une fonction linéaire du temps, représentée sur la figure 6.04 par la droite D_1, dont l'équation est de la forme :

$$V_A - V_B = u = k_1 t.$$

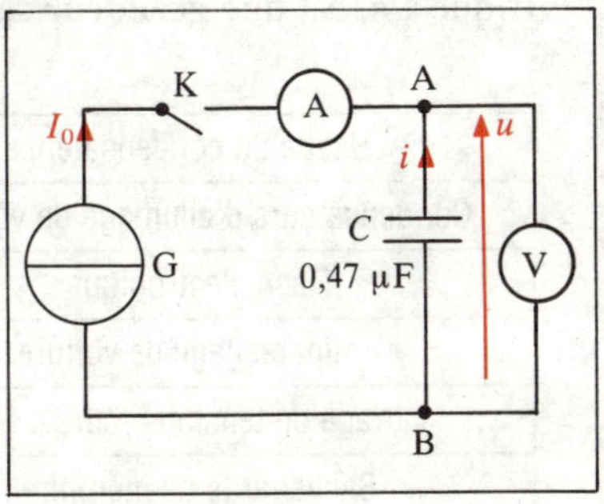

Fig. 6.03.

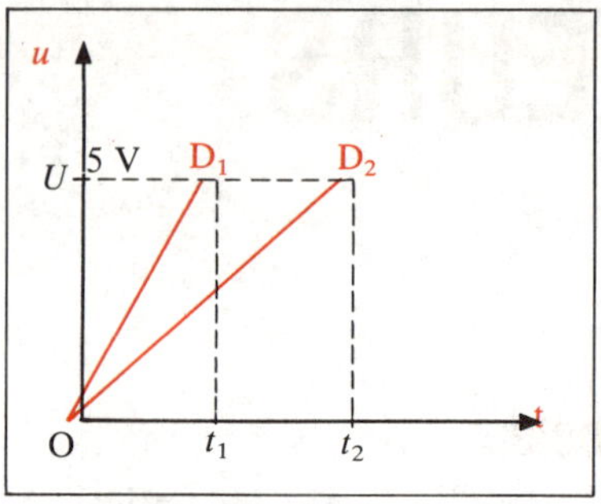

Fig. 6.04. *Droite D_1 : $u=k_1t$ avec $k_1=2,10.10^{-3}$ Vs^{-1} pour $I_{01}=1$ mA.*

Droite D_2 : $u=k_2t$ avec $k_2=1,05.10^{-3}Vs^{-1}$ pour $I_{02}=0,5$ mA.

$\frac{I_{01}}{k_1}=\frac{I_{02}}{k_2}=0,47.\ 10^{-6}$ unités du système international (U.S.I.).

Avec $I_0=I_{02}=0{,}5$ mA nous obtenons une droite D_2 qui correspond à l'équation $u=k_2\,t$.

Pendant la durée t, l'armature A du condensateur reçoit la quantité d'électricité $q_A=I_0t$ égale à :

– si $I_0=I_{01}$: $(q_A)_1 = I_{01}t_1 = I_{01}\dfrac{U}{k_1} = \dfrac{I_{01}}{k_1}U$;

– si $I_0=I_{02}$: $(q_A)_2 = I_{02}\,t_2 = I_{02}\dfrac{U}{k_2} = \dfrac{I_{02}}{k_2}U$.

Nous constatons que $k_1=2k_2$, et que les rapports $\dfrac{I_{01}}{k_1}$ et $\dfrac{I_{02}}{k_2}$ sont égaux. Posons : $\dfrac{I_0}{k} = C$.

L'expérience montre donc que C ne dépend pas du courant de charge. C'est une constante caractéristique du condensateur, appelée **capacité du condensateur.**

■ **Conclusion**

$$q_A = C\,U = C\,(V_A - V_B)$$

q en coulombs,
U, V_A, V_B en volts,
C en farads.

Le **farad** est une unité peu adaptée aux capacités des condensateurs couramment utilisés. On préfère utiliser les sous-multiples suivants : $1\ \mu F=10^{-6}$ F, $1\ nF=10^{-9}$ F, $1\ pF=10^{-12}$ F.

2.2. Expression de la capacité d'un condensateur plan

■ La capacité d'un condensateur dépend de sa forme, de ses dimensions et de la nature du diélectrique.

■ Pour un condensateur plan (fig. 6.05), la capacité a pour expression :

$$C = \varepsilon_0\,\varepsilon_r\,\frac{S}{e}$$

C en farads,
ε_0 en farads par mètre,
ε_r sans dimension,
S en mètres carrés,
e en mètres,

en désignant par :

S : la surface d'une armature,

e : l'épaisseur du diélectique,

$\varepsilon_0 = \dfrac{1}{36\ \pi \times 10^9}$ F/m : la permittivité du vide,

ε_r : la permittivité relative du diélectrique ou constante diélectrique ; ε_r est une **grandeur sans dimension.**

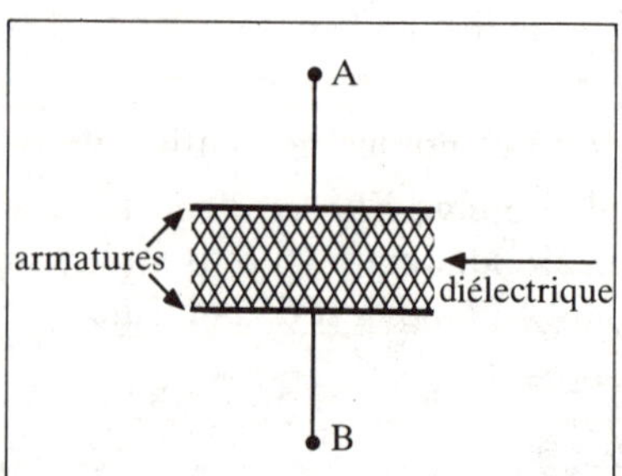

Fig. 6.05. *Condensateur plan avec diélectrique.*

Diélectrique	ε_r
Air sec	1
Téflon	2
Papier	4
Mica	7

Usage du condensateur	Ordre de grandeur de sa capacité
Condensateurs d'allumage de voiture	0,27 μF
Flash électronique	10 μF
Antiparasitage de voiture	100 μF
Filtrage de tensions redressées	de 10 à 10^5 μF
Sauvegarde de mémoire de micro-ordinateur	10^5 à 10^6 μF

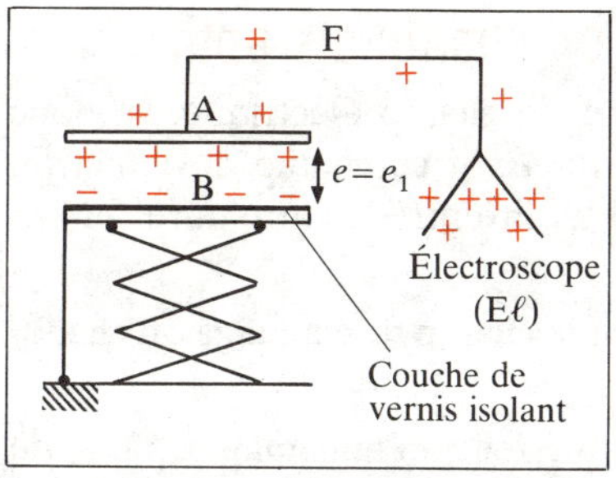

Fig. 6.06. On peut apporter des charges sur A de plusieurs manières : en frottant ce conducteur avec un corps chargé, en reliant A et B aux deux bornes d'une machine électrostatique, en appliquant entre A et B la tension d'un générateur délivrant une haute tension, supérieure à 1 000 V. Dans ces deux derniers cas, il vaut mieux commencer l'expérience avec e *faible, charger le condensateur, l'isoler, puis augmenter* e*. On voit alors les lames de l'électroscope diverger.*

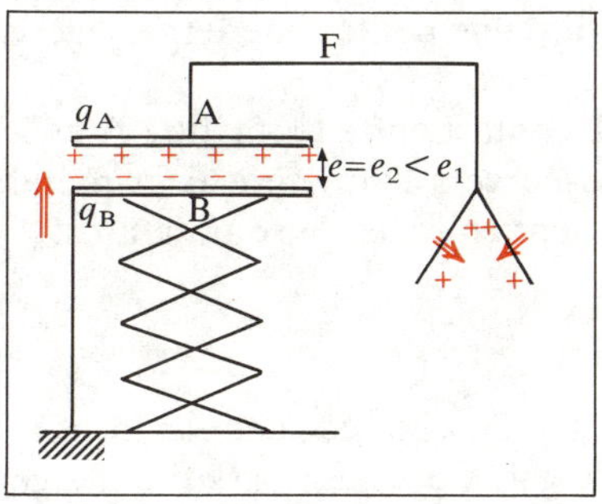

Fig. 6.07. Lorsque e *est faible les charges des armatures se placent sur les faces internes. Le phénomène d'influence électrostatique entraîne alors l'égalité* $q_B = -q_A$.

On parle souvent de « la » charge d'un condensateur, il s'agit de la valeur absolue de q_A et q_B : $|q_A| = |q_B| = q$.
On admet que les charges q_A et q_B sont uniformément réparties sur les plaques.

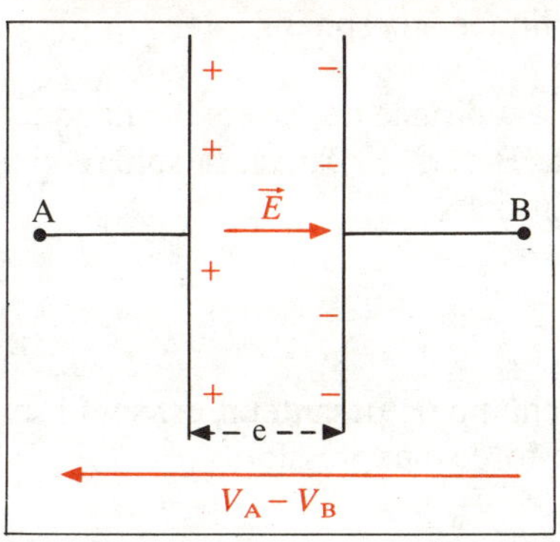

Fig. 6.08. Le champ électrique $\vec{E}$ *est uniforme (le même en tout point), car les charges des deux plaques sont réparties uniformément.*

2.3. Condensation de l'électricité : charges portées par les armatures

On dispose de deux disques métalliques A et B, parallèles, formant lorsqu'on les rapproche, les armatures d'un condensateur (fig. 6.06). Le disque supérieur, A, est relié à un électroscope, appareil dont les lames s'écartent lorsqu'elles sont chargées. L'armature A, les lames de l'électroscope et le fil F qui les relie constituent donc un conducteur unique. L'armature B, est reliée à la terre.

Dans la première partie de l'expérience, la distance *e* séparant les deux disques est assez grande (quelques centimètres). Apportons des charges sur l'armature A. Nous constatons que les lames de l'électroscope divergent : **lorsque la distance *e* est grande, la charge d'une armature se répartit sur la plus grande surface possible.** En l'occurrence, elle se place aussi bien sur la face interne de A, que sur la surface externe dont les lames de l'électroscope font partie.
Diminuons la distance *e* (fig. 6.07). Nous constatons que les lames de l'électroscope se rapprochent. Elles sont donc moins chargées. Comme la charge totale du conducteur unique {A + F + El} n'a pas varié (ce conducteur est isolé), nous en déduisons que la charge se concentre – ou se condense – sur la face interne de A.

Dans le même temps, le disque B, dont la charge peut varier puisqu'il est relié à la terre, se charge de manière qu'apparaisse une charge négative sur sa face interne.

Quand les armatures ne sont plus séparées que par la fine couche de vernis qui recouvre B, les lames de l'électroscope sont jointes. *Lorsque la distance* e *est très faible, toutes les charges de A sont alors sur la face interne de cette armature.*

Nous admettrons la relation $q_B = -q_A$.

Conclusion : Dans les condensateurs usuels, l'épaisseur *e* est très faible. Les charges des armatures sont condensées sur les surfaces en regard. Elles sont de signes opposés :

$$q_B = -q_A = C(V_B - V_A).$$

3. CHAMP ÉLECTRIQUE ET FORCE ÉLECTROSTATIQUE

3.1. Notion de champ électrique

Entre les armatures A et B d'un condensateur (fig. 6.08) existe un champ électrique $\vec{E}$, dirigé de l'armature positive vers l'armature négative, et de valeur :

$$E = \frac{V_A - V_B}{e}$$

$\begin{cases} V_A \text{ et } V_B \text{ en volts,} \\ e \text{ en mètres,} \\ E \text{ en volts par mètre,} \end{cases}$

e est la distance séparant les armatures entre lesquelles se trouve un diélectrique supposé homogène (l'air par exemple).

ORDRE DE GRANDEUR DE QUELQUES CHAMPS DISRUPTIFS

Nature du diélectrique	Champ disruptif (kV/cm)
Papier imprégné	70
Mica	600
Air sec	32
Téflon	400

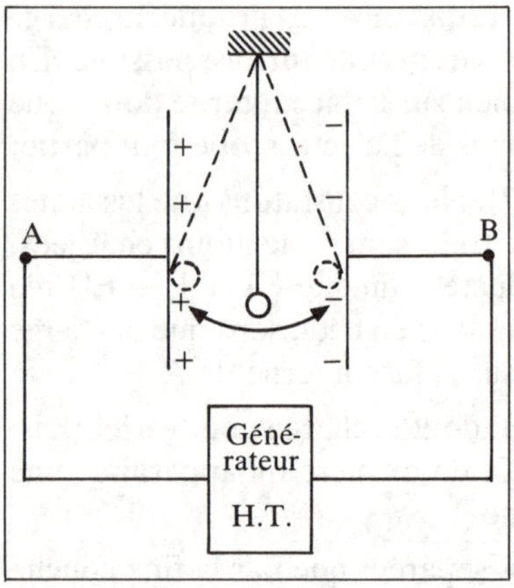

Fig. 6.09. Expérience du pendule électrique.

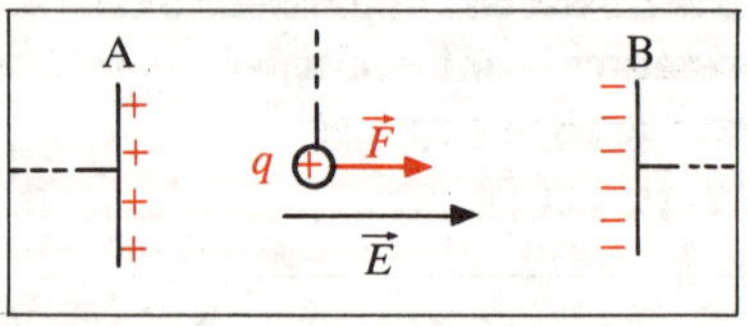

Fig. 6.10. La sphère est soumise à une force $\vec{F}$ qui change de sens lorsque q change de signe.

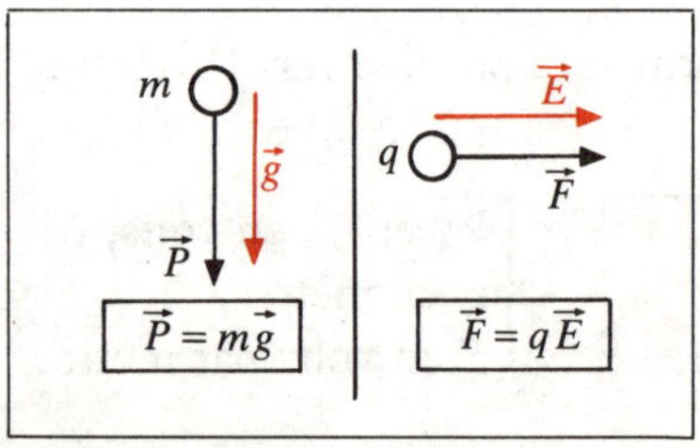

Fig. 6.11. Champ de pesanteur et champ électrique.

3.2. Champ de claquage ou champ disruptif

Pour un condensateur déterminé, le champ électrique est donc proportionnel à la tension appliquée. Si ce champ devient trop grand, un arc électrique peut s'établir entre les armatures et endommager le diélectrique.

La valeur maximale du champ est le **champ de claquage** ou **champ disruptif.**

Au champ disruptif est associée une tension maximale à partir de laquelle le condensateur est détruit.
La tension normale d'utilisation est très largement inférieure à cette valeur maximale.

3.3. Force électrostatique

■ Expérience

Le montage de la figure 6.09 comprend un condensateur plan à air, un générateur fournissant une haute tension (1 000 V environ) et un pendule électrique c'est-à-dire une petite sphère très légère dont la surface est métallisée.
Provoquons, par déplacement, le contact entre l'armature A et la sphère. Celle-ci est alors repoussée vers l'armature B et prend ensuite un mouvement de va-et-vient entre les deux armatures.

■ Interprétation

La sphère s'électrise par contact. Sur A, elle cède des électrons et se charge positivement ; sur B, elle gagne des électrons et se charge négativement.
Elle est soumise à une force (fig. 6.10) d'expression :

$$\vec{F} = q\vec{E}$$

q en coulombs,
E en volts par mètre,
F en newtons,

q est la charge portée par la sphère ;

$\vec{E}$ est le champ électrique à l'endroit où se trouve la sphère ;

$\vec{F}$ est la force électrostatique appliquée à la sphère.

Lorsque q est positive, la force $\vec{F}$ est dirigée de A vers B ; lorsque q est négative, elle est dirigée de B vers A. Ainsi, la sphère est animée d'un mouvement d'oscillation.

■ Remarques

1. Une masse m, placée dans le champ de pesanteur, est soumise à son poids (fig. 6.11) qui est une force d'expression :

$$\vec{P} = m\vec{g} \; ;$$

$\vec{g}$, vecteur intensité de la pesanteur, caractérise le champ de pesanteur.

2. La force électrostatique $\vec{F} = q\vec{E}$ a une expression fondamentalement analogue.

- $\vec{g}$ et $\vec{E}$ caractérisent les champs respectifs considérés ;
- m et q sont des caractéristiques de l'élément placé dans le champ ;
- $\vec{P}$ et $\vec{F}$ sont les vecteurs-forces caractérisant l'action mécanique du champ sur l'élément placé dans ce champ.

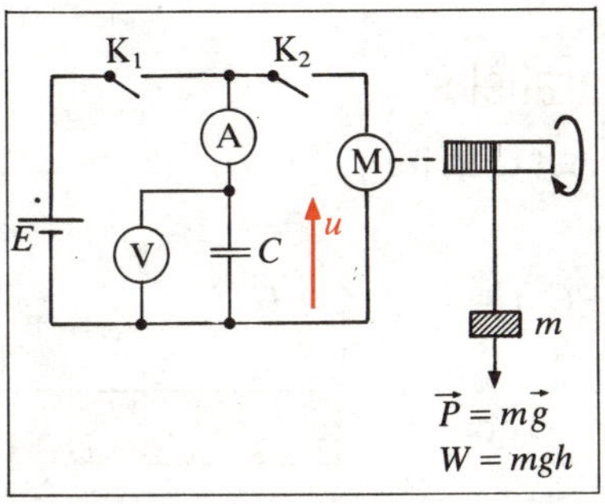

Fig. 6.12. *Un condensateur peut stocker et restituer de l'énergie.*
E : pile plate de 4,5 V.
C : condensateur NEC : 1 farad/5 volts.
M : moteur de perceuse miniature. Il peut entraîner une masse de 100 g par l'intermédiaire d'une poulie.
A et V sont des appareils numériques.

On peut aussi utiliser un condensateur de capacité plus faible (0,1 F), beaucoup plus courant, supportant une tension plus élevée (50 V par exemple). Le moteur M peut alors être un petit moteur universel (moulin à café) ou un moteur de ventilateur de voiture, etc.

Le travail utile du moteur, lorsqu'il remonte la masse m *d'une hauteur* h *vaut :* $W_u = mgh$.
Si $m = 100$ *g, puisque* $g \approx 10$ *N/kg,* $W_u \simeq 1$ *J pour* $h = 1$ *m.*

4. ÉNERGIE STOCKÉE PAR UN CONDENSATEUR

4.1. Mise en évidence expérimentale

■ Reportons-nous à la figure 6.12 pour connaître les éléments du montage utilisé.

– K_2 ouvert, fermons K_1 : le condensateur se charge et la tension à ses bornes est rapidement égale à :

$$u = U = 4{,}5 \text{ V}.$$

– Ouvrons K_1, fermons K_2 : le moteur tourne, la charge monte, la tension u diminue assez rapidement.

■ **Conclusion**

De l'énergie est emmagasinée dans le condensateur lors de la charge.

Dans la deuxième phase de l'expérience, le condensateur se comporte comme une source d'énergie : il fournit de l'énergie au moteur et ce dernier effectue un travail.

4.2. Expression de l'énergie

La tension et la charge d'un condensateur sont liées par la relation : $u = \dfrac{q}{C}$.

Lorsque la tension augmente de $u = U_1$ à $u = (U_1+\Delta U)$ la charge croît de $q = Q_1$ à $q = (Q_1+\Delta q)$.

Nous savons que si la tension u restait égale à U_1, l'énergie acquise par le condensateur serait (voir chap. 5, § 2.3) :

$$\Delta W_1 = U_1 \Delta q.$$

Cette énergie est représentée par l'aire hachurée de la figure 6.13.

Lorsque le condensateur se charge, la tension à ses bornes passe de $u=0$ à $u=U$. L'aire du triangle O M N représente donc l'énergie totale stockée par le condensateur, soit :

$$W = \frac{1}{2} UQ$$

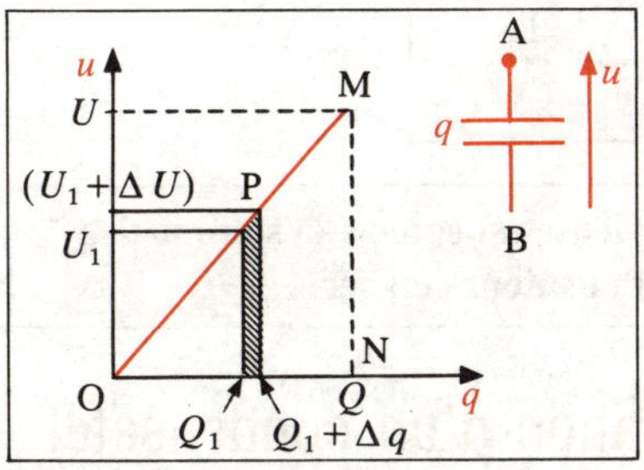

Fig. 6.13. $u = \dfrac{1}{C} \cdot q$ *; l'aire du trapèze hachuré est comprise entre* $U_1 \cdot \Delta q$ *et* $(U_1+\Delta U)$. Δq.
$U_1 \cdot \Delta q$ *serait la valeur de l'énergie emmagasinée si* u *restait égale à* U_1 *;* $(U_1+\Delta u)$. Δq *correspond à l'énergie emmagasinée si* $u = U_1+\Delta u =$ *constante.*

Comme $Q=CU$ nous obtenons également :

$$W = \frac{1}{2} CU^2 = \frac{1}{2} \frac{Q^2}{C}$$

5. ASSOCIATIONS DE CONDENSATEURS

5.1. Définition de la capacité équivalente

Lorsque des condensateurs sont associés, en série ou en parallèle, le condensateur équivalent est celui qui, soumis à la même tension que l'association considérée, accumule la même quantité d'électricité que celle-ci.

5.2. Condensateurs en parallèle

Le montage de la figure 6.14 permet d'écrire :

$$\left.\begin{array}{l} Q_1 = C_1 U \\ Q_2 = C_2 U \end{array}\right\} \Rightarrow (Q_1+Q_2) = (C_1+C_2)\, U$$

Or : $Q = Q_1+Q_2$ et $Q=CU$ donc : $C=C_1+C_2$

Les capacités des condensateurs en parallèle s'ajoutent.

5.3. Condensateurs en série

Le montage de la figure 6.15 permet d'écrire :

$$Q_1=C_1U_1 \quad \Rightarrow \quad U_1 = \frac{Q_1}{C_1}$$

$$Q_2=C_2U_2 \quad \Rightarrow \quad U_2 = \frac{Q_2}{C_2}$$

$$U=U_1+U_2 \quad \Rightarrow \quad U = \frac{Q_1}{C_1} + \frac{Q_2}{C_2}$$

Or si les condensateurs étaient initialement déchargés :

$$Q_1=Q_2=Q=CU \quad \Rightarrow \quad U = \frac{Q}{C}$$

D'où $\frac{Q}{C} = \frac{Q}{C_1} + \frac{Q}{C_2}$ ce qui entraîne :

$$\frac{1}{C} = \frac{1}{C_1} + \frac{1}{C_2}$$

L'inverse de la capacité équivalente est égale à la somme des inverses des capacités des condensateurs en série.

5.4. Remarque : association d'un condensateur chargé et d'un condensateur déchargé de même capacité

Un condensateur, de capacité C, chargé sous la tension U (fig. 6.16) est mis en parallèle avec un condensateur *identique mais initialement déchargé.* **La charge totale Q se conserve :** elle se répartit par moitié sur chaque condensateur.

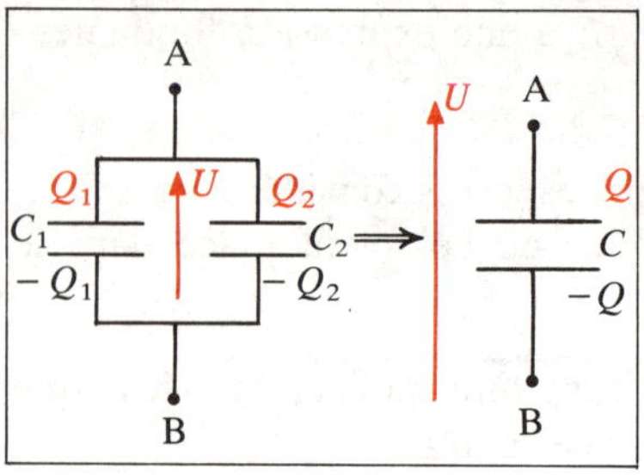

Fig. 6.14. C est équivalent à C_1 en parallèle avec C_2 si $Q=Q_1+Q_2$.

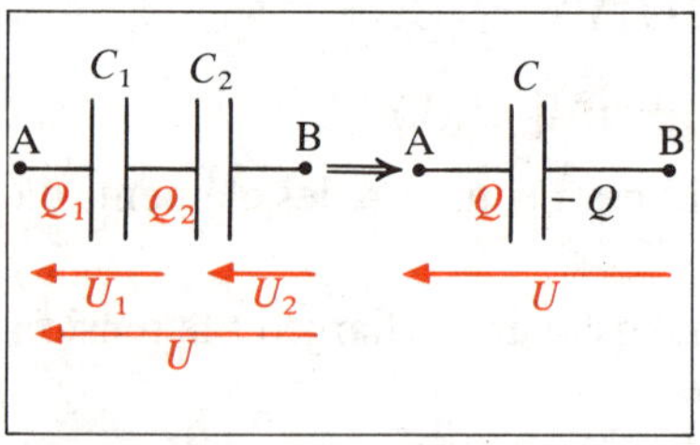

Fig. 6.15. C est équivalent à C_1 en série avec C_2 si $Q_1=Q$.
Si les condensateurs sont initialement déchargés, le conducteur unique formé par l'armature P appartenant à C_1, l'armature P' appartenant à C_2 et le fil qui les relie, porte une charge initiale nulle. Cette charge ne peut varier puisque ce conducteur est isolé, donc : $-Q_1+Q_2=0$ $\Rightarrow Q_1=Q_2$.

Résultat à retenir
Dans le cas de deux condensateurs en série, l'expression $\frac{1}{C} = \frac{1}{C_1} + \frac{1}{C_2}$, conduit au résultat : $C = \frac{C_1C_2}{C_1+C_2}$.

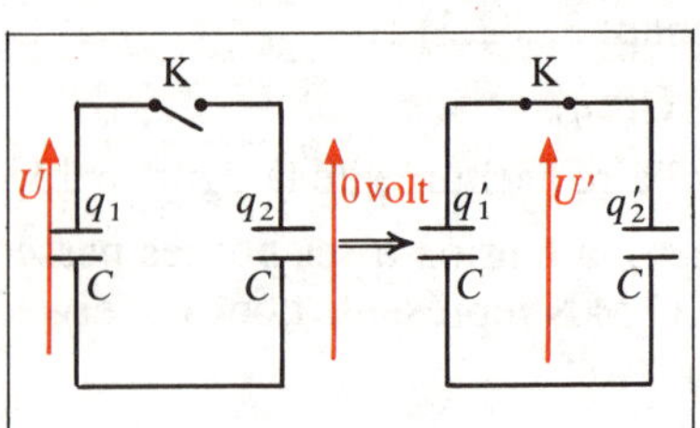

Fig. 6.16. C = 10 μF.
État initial : $q_1 = Q$; $q_2 = 0$; K *est ouvert.*
État final (K *fermé*). $q'_1+q'_2=q_1+q_2=Q$.
Or : $q'_1 = \frac{U'}{C} = q'_2$. *Donc :* $q'_1=q'_2 = \frac{Q}{2}$.
Si U est proche de 100 V, à la fermeture de K un récepteur radio est perturbé par le rayonnement électromagnétique associé à la diminution d'énergie stockée par les condensateurs.

Nous pouvons écrire les relations suivantes :

$$Q = CU \quad \text{et} \quad \frac{Q}{2} = CU'$$

La tension finale aux bornes du montage est donc :

$$U' = \frac{U}{2}$$

Bilan énergétique :

– énergie initiale : $W_i = \frac{1}{2} CU^2$

– énergie finale : $W_f = \left(\frac{1}{2} CU'^2\right) \times 2 \quad \Rightarrow \quad W_f = \frac{1}{4} CU^2$

50 % de l'énergie initiale est partie par **rayonnement électromagnétique** lors de la fermeture de l'interrupteur K. Un récepteur radio, placé à proximité, rend compte de cette émission en faisant entendre un craquement.

NOTE TECHNIQUE : LES CONDENSATEURS « CHIMIQUES »

On réalise des condensateurs de très grandes capacités en utilisant certaines propriétés chimiques de l'aluminium, du tantale, du carbone, etc.

Les condensateurs électrochimiques à l'aluminium sont polarisés. Leur borne positive (anode) est en aluminium. Le diélectrique est une très mince pellicule d'alumine isolante qui s'obtient par électrolyse lors de la « formation » du condensateur. Le contact électrique entre l'alumine et la cathode constituée par le boîtier, est dû à un électrolyte (par exemple du phosphate d'aluminium) d'où le nom de condensateurs électrolytiques. Cet électrolyte est immobilisé dans un gel. Par divers procédés, et notamment la gravure, on augmente la surface utile des armatures. Les condensateurs électrolytiques à l'aluminium ont un courant de fuite assez important, de l'ordre de 1 μA par microfarad. Leur capacité peut aller jusqu'à 0,15 F.

La plupart des condensateurs au tantale sont également polarisés. L'anode, est alors constituée de tantale poreux, ce qui permet d'obtenir une grande surface effective. Le diélectrique est une très mince pellicule d'oxyde de tantale (de l'ordre de 1 nm). L'électrolyte, permettant d'établir le contact électrique entre l'oxyde de tantale et la cathode argentée, est soit de l'acide sulfurique pris dans un gel, soit du bioxyde de manganèse (condensateurs au tantale à électrolyte solide). La capacité des condensateurs au tantale, peut, sous un volume très faible, atteindre 1 mF.

Certains condensateurs récents non polarisés, peuvent présenter une capacité de 1F pour un volume d'une vingtaine de centimètres cubes.

Les « armatures » d'un tel condensateur sont constituées de particules de carbone activé – permettant d'obtenir une surface de 1 000 m² par gramme de carbone – humectées d'acide sulfurique et séparées par une paroi perméable aux ions.

Travaux pratiques

1. Détermination expérimentale de la capacité d'un condensateur

■ Pour une mesure directe avec un voltmètre, il convient d'utiliser des condensateurs électrolytiques de grande capacité. On utilise le montage correspondant au schéma de la figure 6.03. Il est nécessaire de savoir que leur capacité est, en général, supérieure à leur valeur nominale, et qu'elle varie un peu avec la tension qui leur est appliquée.

Un condensateur chimique de caractéristiques nominales 12 500 μF ; 75 V, par exemple, a une capacité constante pour une tension comprise entre 0 et 10 V. Pour ce condensateur, avec I_0=1 mA, on peut trouver par exemple u=2 V après 28 s de charge. D'où C=14 000 μF.

Si I_0=1 mA, la tension u augmente de 1 V par seconde pour un condensateur de 1 000 μF.

L'intensité i_v du courant traversant le voltmètre doit être faible devant I_0. Il faut donc choisir un voltmètre de grande résistance interne.

■ On peut aussi effectuer une étude à l'oscillographe. Cela nécessite un générateur de courant présentant un dispositif de remise à zéro périodique (R.A.Z.).

Un montage pratique de générateur de courant avec remise à zéro périodique est fourni figure 6.17. Avec un condensateur de 1 μF et pour I_0=1 mA on trouvera U=8 V, T=8 ms.

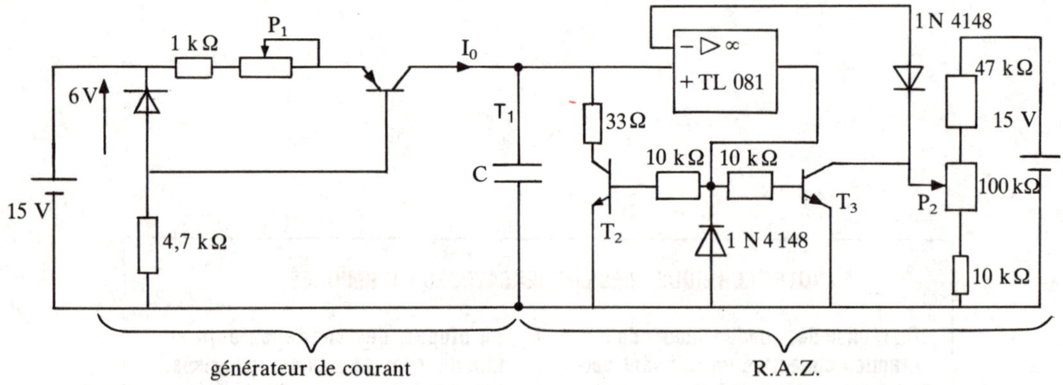

Fig. 6.17. *P_1 (10 kΩ) permet de régler I_0 (de 5 mA environ à 0,5 mA).*

P_2 permet de fixer U à la valeur désirée (de 1 à 10 V environ). T_1 : PNP ; T_2 et T_3 : NPN.

2. Vérification des lois d'associations des condensateurs

Avec un générateur de courant (voir fig. 6.17) ou un générateur de tension (voir fig. 6.27) il est facile de vérifier les lois d'associations des condensateurs.

3. Vérification de quelques résultats sur les condensateurs

Avec une alimentation stabilisée permettant d'obtenir des tensions dans des rapports simples (telles que 10 V, 20 V, 30 V), un voltmètre électronique de très grande impédance d'entrée (au moins 10 MΩ), et trois condensateurs de capacités respectives 10 μF, 10 μF, et 5 μF, on peut vérifier plusieurs résultats du cours ou d'exercices :

1) Vérification d'un résultat du cours (§ 5.3) : lorsqu'on charge deux condensateurs en série, ils prennent la même charge. Utiliser le montage de la figure 6.18.

2) Autres vérifications expérimentales possibles : celles des résultats des exercices 6.13, 6.14 et 6.21.

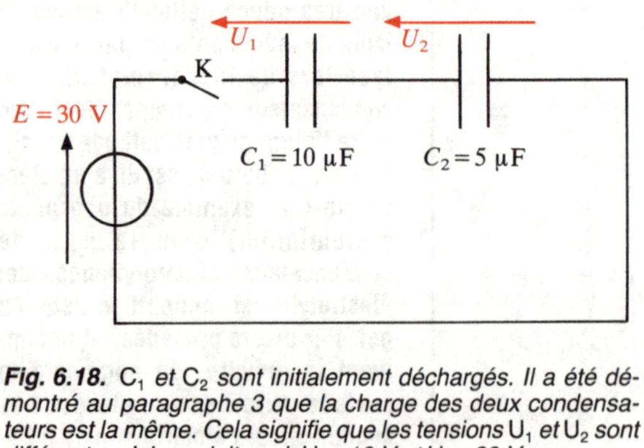

Fig. 6.18. *C_1 et C_2 sont initialement déchargés. Il a été démontré au paragraphe 3 que la charge des deux condensateurs est la même. Cela signifie que les tensions U_1 et U_2 sont différentes. Ici, on doit avoir U_1= 10 V et U_2=20 V.*

Contrôle des connaissances

INDIQUER LA BONNE RÉPONSE.

6.01. La tension aux bornes d'un condensateur de capacité $C=4{,}7$ µF vaut $U=200$ V. Quelle est sa charge ?

R : 0,47 mC ; 0,94 mC ; 42,6 µC ; 23,5 nC.

6.02. On applique aux bornes d'un condensateur de capacité $C=0{,}5$ µF une tension $U=120$ V. Quelle est l'énergie emmagasinée ?

R : 60 µJ ; 240 µJ ; 3,6 mJ ; 7,2 mJ.

6.03. Quelle est la capacité du dipôle AB de la figure 6.19 ?

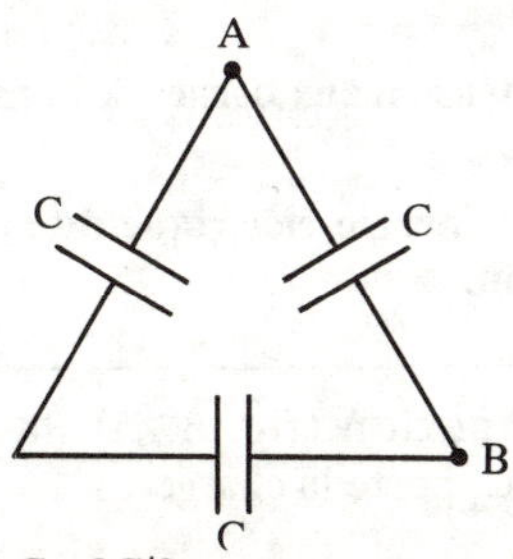

Fig. 6.19.

R : *C*/3 ; 2*C*/3 ; *C* ; 3*C*/2.

6.04. Quelle est la capacité du dipôle AB de la figure 6.20 ?

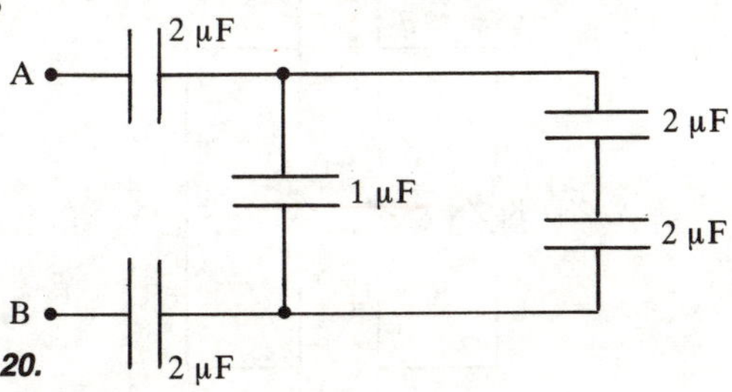

Fig. 6.20.

R : 2/3 µF ; 3 µF ; 6 µF ; 9 µF.

6.05. Quelle est la capacité du dipôle AB de la figure 6.21 ?

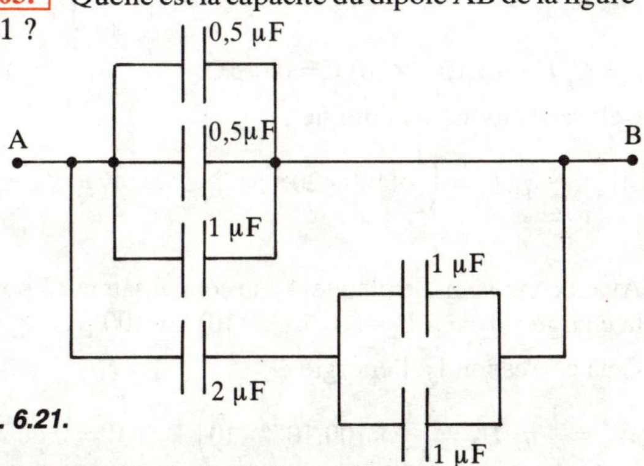

Fig. 6.21.

R : 1,5 µF ; 3 µF ; 4,5 µF ; 6 µF.

6.06. Un condensateur de capacité 30 pF a des armatures de surface $S=125\ \text{cm}^2$. Il est chargé sous une d.d.p. de 200 V. Le diélectrique est de l'air. Que vaut le champ électrique à l'intérieur du condensateur ?

R : 54,3 V/m ; 54,3 kV/m ; 6,67 kV/m ; 6,67.10^{12} V/m.

6.07. Les condensateurs de la figure 6.22, initialement non chargés, sont soumis à la tension $U=220$ V. Quelle est la valeur de la tension U_2 ?

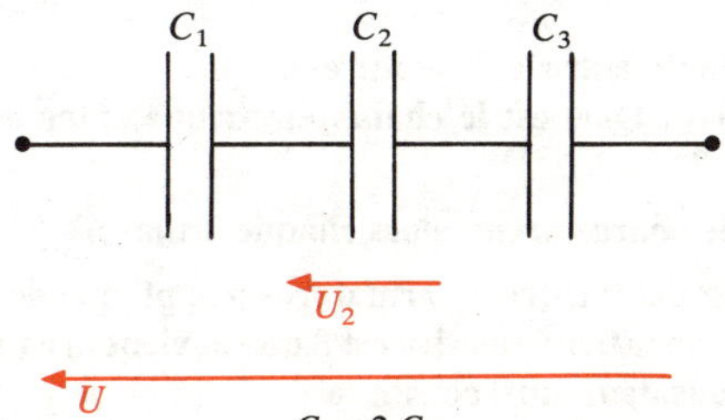

Fig. 6.22. $C_2=2\,C_1$ $C_3=3\,C_1$

R : 30 V ; 60 V ; $\frac{2}{5}\times 110$ V ; 90 V.

6.08. La capacité du condensateur équivalent au dipôle AB (fig. 6.23) est 24 µF. Quelle est la valeur de C_3 ?

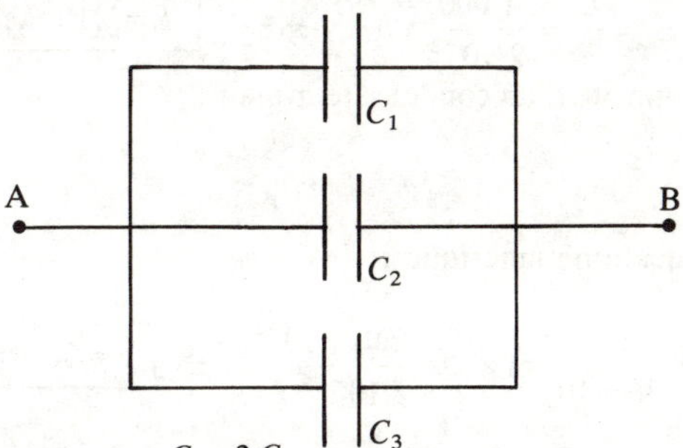

Fig. 6.23. $C_2=2\,C_1$ $C_3=3\,C_1$

R : 4 µF ; 8 µF ; 12 µF ; 18 µF.

6.09. Le condensateur de la figure 6.24 est initialement déchargé. Quel intervalle de temps est nécessaire pour que u_C soit égale à 2 V ?

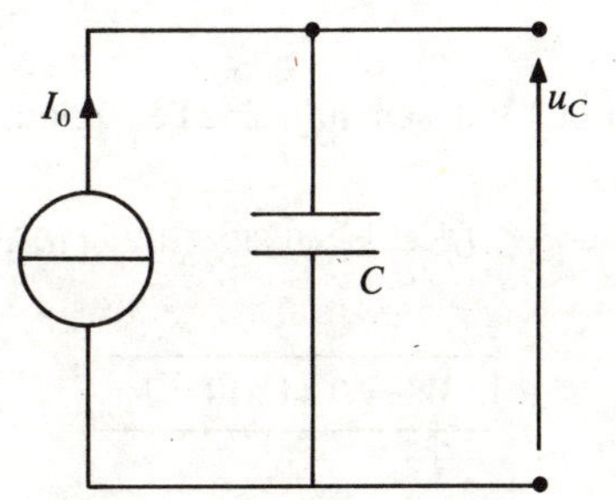

Fig. 6.24. $I_0=1$ mA $C=10$ µF

R : 2 ms ; 5 ms ; 20 ms ; 50 ms.

6.10. A l'instant t=0, la tension u_C aux bornes du condensateur de la figure 6.24 vaut −2 V. Quelle est la durée de charge nécessaire pour obtenir une tension u_C de 2 V ?

R : 10 ms ; 5 ms ; 40 ms ; 80 ms.

Exercices résolus

6.11. **Un condensateur plan est constitué par deux armatures métalliques carrées A et B, parallèles, de 50 cm de côté, séparées par une épaisseur d'air, *e*, de 2 cm.**

1° On établit entre les armatures une d.d.p. *U* constante de 1 000 V. Quel est le champ électrique entre les armatures ?

2° Quelle charge prend alors chaque armature ?

3° Si l'on place entre les armatures une plaque de mica dont la permittivité relative est 8 que devient la capacité du condensateur ainsi constitué ?

4° Quelle est alors la charge du condensateur toujours alimenté sous 1 000 V et quelle est l'énergie emmagasinée ?

Solution :

1° Le champ électrique E (voir fig. 6.08) est égal à :

$$E = \frac{U}{e} = \frac{1\,000}{2.10^{-2}}\ \text{V/m} \quad \Rightarrow \quad \boxed{E = 5.10^4\ \text{V/m}}$$

2° Capacité d'un condensateur plan :

$$C = \varepsilon_0\, \varepsilon_r\, \frac{S}{e}$$

Application numérique :

$$C = \frac{1}{36\pi.10^9} \times 1 \times \frac{(50\times 50)\ .\ 10^{-4}}{2.10^{-2}} \quad \Rightarrow \quad \boxed{C = 0{,}11\ \text{nF}}$$

Charge prise par le condensateur :

$$q = Cu = 0{,}11.10^{-9} \times 10^3\ \text{C} \quad \Rightarrow \quad \boxed{q = 0{,}11\ \mu\text{C}}$$

3° La capacité du condensateur devient :

$$C' = \varepsilon_1 C = (8\times 0{,}11)\ \text{nF} \quad \Rightarrow \quad \boxed{C' = 0{,}88\ \text{nF}}$$

4° Sous 1 000 V il a emmagasiné l'énergie :

$$W' = \frac{1}{2}\, C\, U^2 = \left[\frac{1}{2} \times 0{,}88 \times 10^{-9} \times (10^3)^2\right] \text{J},$$

$$\boxed{W' = 0{,}44\ .\ 10^{-3}\ \text{J}}$$

6.12. **Un condensateur de 470 µF est chargé sous 100 V. Calculer la puissance (moyenne) qu'il fournit s'il se décharge en 1,5 ms.**

Solution :

Chargé sous 100 V, le condensateur de 470 µF a emmagasiné l'énergie :

$$W = \frac{1}{2}\, CU^2 = \frac{1}{2} \times (470\ .\ 10^{-6}) \times (100)^2\ \text{J}$$

soit : $\boxed{W = 2{,}35\ \text{J}}$

Puissance moyenne fournie pendant la décharge :

$$\overline{P} = \frac{W}{t} = \frac{2{,}35}{1{,}5.10^{-3}}\ \text{W} \quad \Rightarrow \quad \boxed{\overline{P} \approx 1{,}57\ \text{kW}} \qquad (!)$$

6.13. **On charge séparément deux condensateurs : le premier, de capacité $C_1 = 5{,}00$ µF, sous 20 V, et le second, de capacité $C_2 = 10{,}0$ µF, sous 10 V.**
On réunit entre elles les armatures portant des charges de même signe.

1° Calculer la tension aux bornes de l'ensemble des deux condensateurs.

2° Comparer l'énergie électrique du système avant et après connexion.

Solution :

1° Avant connexion (fig. 6.25), la plaque A_1 du condensateur C_1 porte la charge :

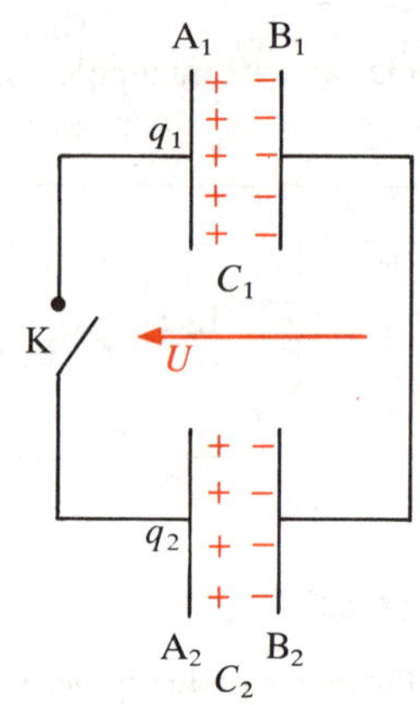

Fig. 6.25.

$q_1 = C_1\, U_1 = (5.10^{-6} \times 20)\ \text{C} = 100\ \mu\text{C}$.

Cela correspond à l'énergie :

$$W_1 = \frac{1}{2}\, q_1\, U_1 = \left(\frac{1}{2} \times 100 \times 20 \times 10^{-6}\right) \text{J} \Rightarrow W_1 = 1{,}0\ \text{mJ}$$

Avant connexion, la plaque A_2 du condensateur C_2 porte la charge : $q_2 = C_2\, U_2 = (10.10^{-6} \times 10)\ \text{C} = 100\ \mu\text{C}$.

Cela correspond à l'énergie :

$$W_2 = \frac{1}{2}\, q_2\, U_2 = \left(\frac{1}{2} \times 100.10^{-6} \times 10\right) \text{J} \Rightarrow W_2 = 0{,}50\ \text{mJ}$$

Charge totale de ces deux plaques :

$q = q_1 + q_2 \quad \Rightarrow \quad q = (100 + 100)\ \mu\text{C} \quad \Rightarrow \quad q = 200\ \mu\text{C}$

Le condensateur équivalent a pour capacité :

$$C_{éq} = C_1 + C_2 = 10 + 5 = 15\ \mu\text{F}$$

Tension aux bornes de l'ensemble des deux condensateurs :

$$U = \frac{q}{C_{éq}} \Rightarrow U = \frac{200}{15}\text{ V} \Rightarrow \boxed{U \approx 13{,}3\text{ V}}$$

(Ce résultat peut être vérifié en séance de T.P.)

2° Energie du système avant connexion :

$$W = W_1 + W_2 = (1{,}0 + 0{,}50)\text{ mJ} \Rightarrow \boxed{W = 1{,}50\text{ mJ}}$$

Energie du système après connexion :

$$W' = \frac{1}{2}qU = \left(\frac{1}{2}\times 200.10^{-6}\times 13{,}3\right)\text{ J} \Rightarrow \boxed{W' = 1{,}33\text{ mJ}}$$

La différence d'énergie $(W-W')=0{,}17$ mJ a été dissipée, dans les fils sous forme de chaleur, et, surtout, sous forme de rayonnement électromagnétique lors de la connexion.

6.14. **On charge séparément deux condensateurs de capacités respectives $C_1=5{,}00$ µF et $C_2=10{,}0$ µF sous la tension commune $E=20$ V.**

On place ensuite ces deux condensateurs en série, comme l'indique la figure 6.26. En fermant l'interrupteur K, on applique de nouveau à l'ensemble la tension $E=20$ V.

Calculer les tensions finales u'_1 et u'_2 aux bornes des deux condensateurs.

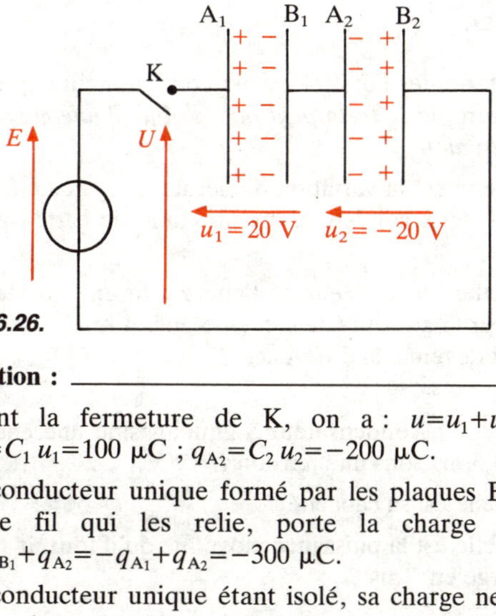

Fig. 6.26.

Solution :

Avant la fermeture de K, on a : $u=u_1+u_2=0$; $q_{A_1}=C_1\,u_1=100$ µC ; $q_{A_2}=C_2\,u_2=-200$ µC.

Le conducteur unique formé par les plaques B_1, A_2 et le fil qui les relie, porte la charge totale $q=q_{B_1}+q_{A_2}=-q_{A_1}+q_{A_2}=-300$ µC.

Ce conducteur unique étant isolé, sa charge ne peut varier lorsqu'on ferme K, donc $\delta q=\delta q_{B_1}+\delta q_{A_2}=0$, $\delta q_{A_2}=-\delta q_{B_1}=\delta q_{A_1}$.

Les variations de charges des plaques A_1 et A_2 sont égales.

Notons δQ cette variation commune.

Après la fermeture de K on a $u'_1=u_1+\delta u_1$; $u'_2=u_2+\delta u_2$; $u'=u'_1+u'_2=E$.

$q'_{A_1}=q_{A_1}+\delta Q$ et $q'_{A_2}=q_{A_2}+\delta Q$,

$\delta Q=C_1.\delta u_1=C_2.\delta u_2$ donc : $\delta u_1=\dfrac{\delta Q}{C_1}$; $\delta u_2=\dfrac{\delta Q}{C_2}$

$\delta u=u'-u=\delta u_1+\delta u_2=20$ V

donc $\delta Q\left(\dfrac{1}{C_1}+\dfrac{1}{C_2}\right)=\delta u.$

Posons : $\dfrac{1}{C}=\dfrac{1}{C_1}+\dfrac{1}{C_2}$ soit : $C=\dfrac{C_1C_2}{C_1+C_2}=3{,}33$ µF.

On a : $\delta Q=C.\delta u$ (ainsi la notion de capacité équivalente s'applique aux **variations** de charge et de tension).

On en déduit $\delta Q=66{,}6$ µC,

d'où : $q'_{A_1}=167$ µC et $q'_{A_2}=-133$ µC.

Par suite, les tensions finales valent :

$$\boxed{u'_1=\frac{q'_{A_1}}{C_1}=33{,}3\text{ V}}$$

$$\boxed{u'_2=\frac{q'_{A_2}}{C_2}=-13{,}3\text{ V}}$$

On vérifie que $u'_1+u'_2=E=20$ V et que $q'_{B_1}+q'_{A_2}=q=-300$ µC.

(Ces résultats peuvent être vérifiés en T.P.).

6.15. **Un condensateur de 1 F est monté selon le schéma de la figure 6.12. La masse m vaut 100 g. On prendra $g\approx 10$ N/kg. Après avoir chargé le condensateur on a $u_1=4{,}5$ V. On manœuvre alors K_2 de manière que la masse m s'élève puis s'immobilise après avoir parcouru la distance $h=1$ m. La tension aux bornes du condensateur est alors égale à $u_2=3{,}6$ V.**

Calculer le rendement du dispositif.

Solution :

L'énergie du condensateur passe de :

$$W_1=\frac{1}{2}C\,u_1^2 \quad \text{à} \quad W_2=\frac{1}{2}Cu_2^2$$

Il a donc perdu l'énergie :

$$W=W_1-W_2=\frac{1}{2}\times 1\times(4{,}5^2-3{,}6^2)=3{,}64\text{ J}$$

Le travail utile du moteur est égal à :

$$W_u=mgh=0{,}1\times 10\times 1=1\text{ J}$$

Rendement de l'ensemble condensateur-moteur :

$$\eta=\frac{W_u}{W}=\frac{1}{3{,}64}=0{,}27 \Rightarrow \boxed{\eta=27\ \%}$$

Exercices à résoudre

6.16. Les caractéristiques d'un condensateur plan sont les suivantes : valeur de la capacité : $C=40$ pF ; épaisseur du diélectrique : $e=1$ mm, surface des armatures $S=1$ dm^2.
Il est soumis à une tension $U=100$ V.

1° Quelle est la charge du condensateur ?

2° Quelle est l'énergie emmagasinée par le condensateur ?

3° Quelle est la valeur du champ électrique entre les armatures du condensateur ?

4° Quelle est la permittivité relative de l'isolant ?

6.17. On charge un condensateur de capacité $C_1=10$ µF sous une d.d.p. $U_1=75$ V. On l'isole puis on l'associe en parallèle avec un condensateur de capacité $C_2=1$ µF (préalablement déchargé) en évitant toute perte de charge.

1° Quelle est la nouvelle charge q du système ?

2° Quelle est la nouvelle tension U_2 aux bornes des condensateurs ?

3° Quelle est la nouvelle énergie du système ?

4° Quelle est la quantité d'énergie dissipée par cette association ?

6.18. Un condensateur au mica a pour capacité $C=2{,}2$ nF. La permittivité relative du mica est $\varepsilon_r=8$. Le champ électrique maximal admissible dans le diélectrique est $E=60.10^6$ V/m. L'épaisseur du diélectrique est 2,5 µm.

1° Quelle est la surface des armatures ?

2° Quelle est la tension maximale que l'on peut théoriquement appliquer aux bornes du condensateur ?

3° Quelle est la tension maximale de service si l'on veut un coefficient de sécurité de 2 (tension maximale de service moitié de la valeur théorique) ?

6.19. Un condensateur électrochimique de capacité C égale à 0,1 F est chargé sous la tension U_1 initiale de 50 V. On l'utilise pour alimenter un petit moteur universel dont le rendement, lors de cette opération, est de 20 %. Le moteur entraîne sa charge tant que la tension appliquée à ses bornes est supérieure à $U_2=25$ V. On supprime alors l'alimentation du moteur par le condensateur.

Quel travail utile le moteur peut-il fournir ?

6.20. Les caractéristiques d'un condensateur plan sont les suivantes : surface des armatures 200 cm^2, épaisseur du diélectrique : 1 cm ; nature du diélectrique : air.

1° Quelle est la capacité de ce condensateur ?

2° Le condensateur est soumis à une tension de 200 V.

a) Quelle est la charge du condensateur ?

b) Quelle est l'énergie emmagasinée par le condensateur ?

3° Le condensateur étant ainsi chargé, on l'isole, puis on rapproche les deux armatures. L'épaisseur du diélectrique devient alors $e'=1$ mm.

a) Quelle est la nouvelle tension aux bornes du condensateur ?

b) Quelle est l'énergie emmagasinée par le condensateur ?

6.21. On dispose de deux condensateurs de même capacité $C=10$ µF. L'un est déchargé, l'autre chargé sous la tension E. On les place en série selon le schéma de la figure 6.27. En fermant l'interrupteur K, on applique à l'ensemble la tension E.

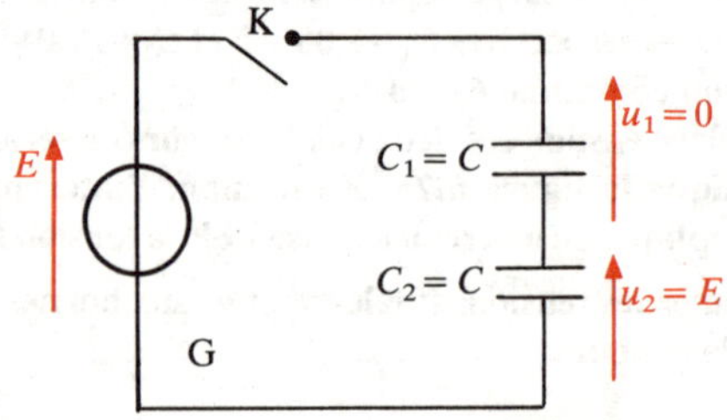

Fig. 6.27.

1° Déterminer l'état des deux condensateurs après la fermeture de K *(cela peut faire l'objet d'une étude expérimentale)*.

2° Quelle est la variation d'énergie du système formé par les deux condensateurs au cours de cette opération ?

3° Quelle est la valeur de l'énergie fournie par le générateur G au cours de la même opération ?
Qu'est devenue la différence ?

6.22. Un condensateur a emmagasiné une énergie $W=40{,}5$ mJ sous une tension $U=9$ V.

1° Quelle est sa capacité ?

2° Quelle est la puissance moyenne qu'il fournit s'il se décharge en 1 ms ?

6.23. On charge un condensateur à courant constant $I_0=5{,}0$ mA. Un dispositif de remise à zéro permet une observation à l'oscillographe de l'évolution de la tension $U_c(t)$ aux bornes du condensateur. Durant la charge : $U_c(t) = 10^4 t$ (unités SI).
On admet que le système de remise à zéro ne consomme aucun courant en dehors des instants où il met le condensateur en court-circuit.
Quelle est la valeur de la capacité du condensateur ?

Chapitre 7

CHAMP MAGNÉTIQUE

Avertissement :
Les expériences présentées dans ce chapitre sont réalisées dans le vide ou dans l'air.
L'étude de l'influence du milieu sur les phénomènes magnétiques est reportée au chapitre 11.

1. NOTION DE CHAMP MAGNÉTIQUE

1.1. Phénomènes magnétiques élémentaires

Dans le voisinage d'un aimant ou d'une bobine parcourue par un courant :

– des **charges électriques au repos restent au repos** (fig. 7.01). Ce résultat ne dépend pas de la « puissance » de l'aimant qui est placé près du pendule électrostatique (avec une bobine, ce résultat est indépendant du sens et de l'intensité du courant) ;

– des **charges électriques en mouvement sont déviées** (fig. 7.02). La déviation du faisceau d'électrons dans le tube 𝒯 dépend de nombreux facteurs qui seront étudiés ultérieurement. Dans l'immédiat, constatons que la présence d'un aimant ou d'une bobine parcourue par un courant entraîne une modification des propriétés de l'espace : ces dispositifs engendrent un **champ magnétique.**

Origine du mot magnétisme :
Les phénomènes magnétiques sont connus depuis l'Antiquité à travers les propriétés des aimants. L'aimant naturel ou magnétite, constitué essentiellement d'oxyde de fer (Fe_3O_4), est un minerai qui provenait d'une région d'Asie Mineure appelée Magnésie.

Rappel des propriétés des aimants :
– Un aimant présente un pôle nord et un pôle sud.
– Deux pôles de même nom se repoussent.
– Deux pôles de noms contraires s'attirent.

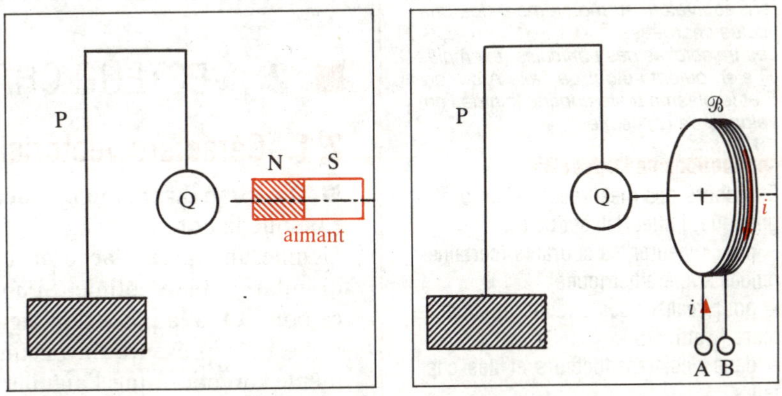

***Fig. 7.01.** Action sur des charges au repos. La sphère isolante d'un pendule électrostatique ne subit aucune action mécanique lorsqu'elle est placée près d'un aimant ou près d'une bobine parcourue par un courant.*

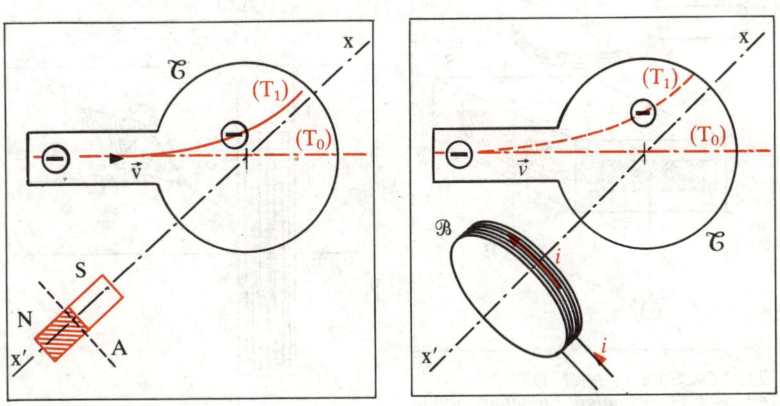

***Fig. 7.02.** Action sur des charges en mouvement.*

Un tube à déflexion 𝒯, tube de J. Perrin, permet d'obtenir un faisceau d'électrons animés d'une vitesse $\vec{v}$. La trajectoire (T_0) des électrons, rendue visible par la fluorescence d'un écran E, est rectiligne. Cette trajectoire est modifiée (T_1) lorsqu'un aimant est approché du tube ou lorsque la bobine ℬ est parcourue par un courant d'intensité i.

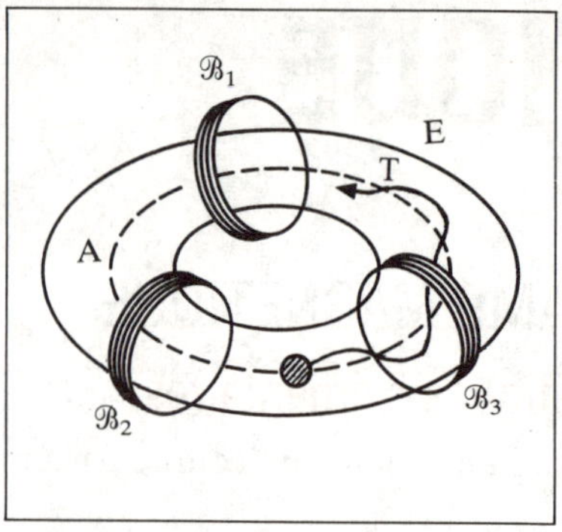

Fig. 7.03. Configuration magnétique type « Tokamak ».
Dispositif utilisé pour reproduire et contrôler en laboratoire des réactions thermonucléaires semblables à celles qui s'opèrent naturellement dans les étoiles.
Le gaz est contenu dans une enceinte torique E, sous vide. Le confinement du plasma est assuré par l'action de deux champs magnétiques :
– un champ dit « toroïdal » créé par les bobines $\mathcal{B}_1$, $\mathcal{B}_2$, $\mathcal{B}_3$ disposées autour du tore E,
– un champ « propre » créé par le courant équivalent au mouvement des particules chargées.
Les trajectoires des particules (exemple : T) s'enroulent autour de l'axe A du tore E et le plasma reste confiné loin de l'enveloppe de l'enceinte.

Applications de l'effet Hall.

En dehors des mesures de champ magnétique, l'effet Hall est utilisé :
– pour mesurer les courants (certaines pinces ampèremétriques),
– pour réaliser des circuits multiplicateurs (wattmètre),
– dans des transducteurs et des capteurs.

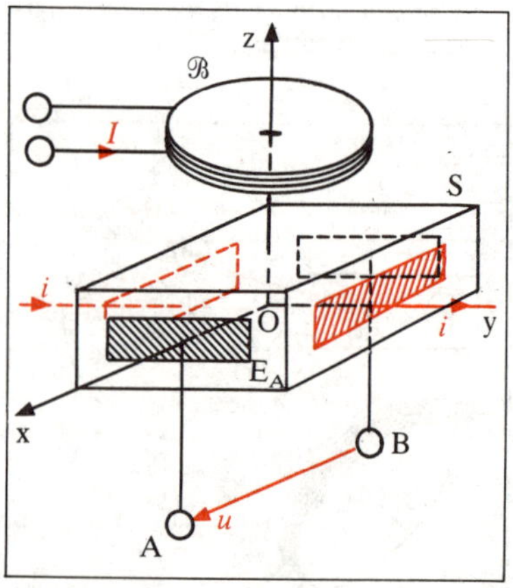

Fig. 7.04. Sonde à effet Hall.
Un solide S conducteur ou semiconducteur parcouru par un courant d'intensité i dans la direction Oy est placé dans un champ magnétique créé par une bobine $\mathcal{B}$ d'axe Oz.
La tension de Hall est obtenue entre les électrodes E_A et E_B.

Notons que ce champ a été mis en évidence au moyen d'un faisceau d'électrons, c'est-à-dire de particules chargées électriquement et en mouvement.

1.2. Exemples d'applications

■ Confinement magnétique.

On utilise l'action de champs magnétiques sur des particules chargées électriquement et en mouvement pour confiner dans un volume limité le gaz ionisé (ou plasma) nécessaire à l'obtention de réactions de fusion thermonucléaire. En effet, dans ce cas, le plasma est porté à une température supérieure à 10^8 K et il est alors indispensable d'éviter tout contact entre l'enveloppe de l'enceinte et ce plasma (fig. 7.03).

■ Sonde à effet Hall.

Le champ magnétique créé par la bobine (fig. 7.04) modifie la circulation des charges électriques libres dans le solide : ce phénomène s'appelle effet Hall. Il se traduit par l'existence d'une tension u mesurable entre deux électrodes E_A et E_B. Cette tension est liée à la grandeur qui sera appelée champ magnétique. La relation étant linéaire, cette remarquable propriété permet la mesure du champ magnétique (voir paragraphe 2.3).

■ 2. VECTEUR CHAMP MAGNÉTIQUE

2.1. Caractère vectoriel du champ magnétique

■ Direction du champ magnétique.

Lorsque la bobine $\mathcal{B}$ (fig. 7.05) est parcourue par un courant, une aiguille aimantée placée en un point O proche de $\mathcal{B}$ prend une orientation bien définie. Si une sonde à effet Hall S est placée en ce point O, à la place de l'aiguille aimantée (fig. 7.06), la tension u mesurée présente un maximum lorsque l'axe de la sonde a la même direction que l'aiguille aimantée dans l'expérience précédente.

Cette direction privilégiée, indiquée par l'aiguille aimantée, est la direction du champ magnétique en O.

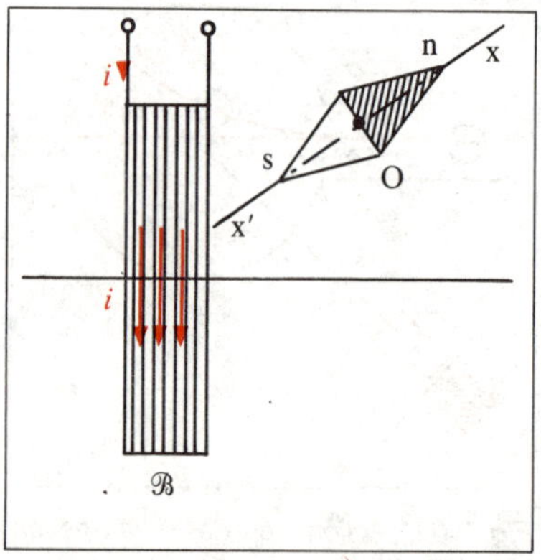

Fig. 7.05. Orientation de l'aiguille aimantée placée au point O.

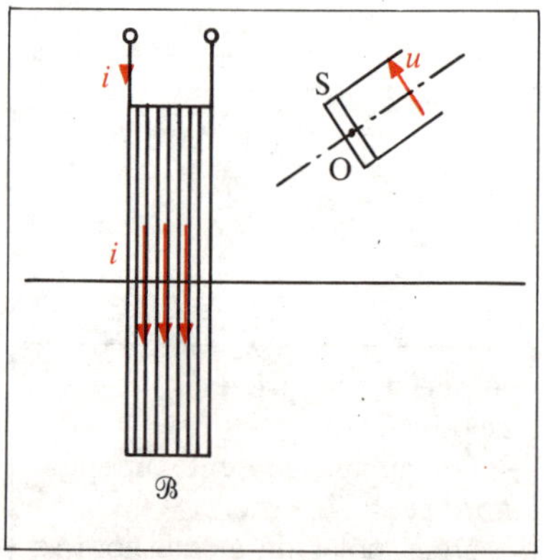

Fig. 7.06. Position permettant de relever la tension de Hall de valeur maximale (vue de dessus de la bobine et de la sonde rectangulaire S) au point O.

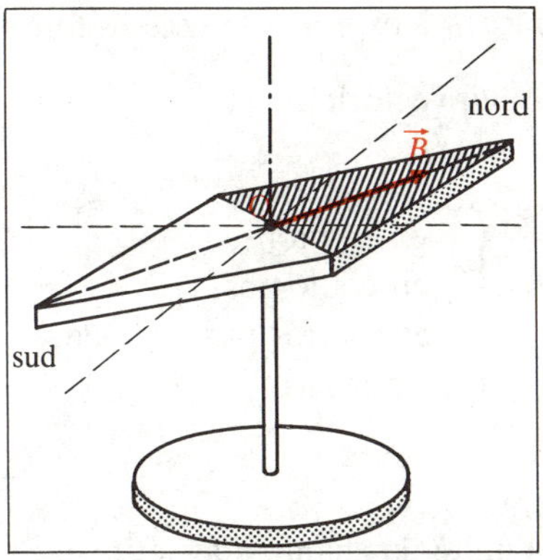

Fig. 7.07. *Vecteur champ magnétique au point O.*

■ **Sens du champ magnétique.**

Si le courant dans la bobine est inversé (passage de $+i$ à $-i$), toutes choses restant égales par ailleurs :

– une aiguille aimantée placée en O effectue une rotation de 180°,

– la tension mesurée par une sonde à effet Hall change de signe sans changer de valeur absolue.

Nous pouvons attribuer un sens au champ magnétique en O : c'est le sens sud-nord de l'aiguille aimantée (fig. 7.07).

■ **Intensité du champ magnétique.**

L'intensité d'un champ magnétique, en un point, est définie au paragraphe suivant. Pour l'instant, nous pouvons dire que le champ magnétique en un point est d'autant plus intense que la valeur maximale de la tension de Hall mesurée en ce point est plus grande (nous démontrerons que ces deux grandeurs sont proportionnelles - exercice 7.07).

En conclusion, le champ magnétique au point O peut être représenté par un vecteur $\vec{B}$. Ses caractéristiques complètes sont fournies par une sonde de Hall, mais sa direction et son sens sont facilement mis en évidence au moyen d'une aiguille aimantée.

2.2. Relation champ magnétique-force

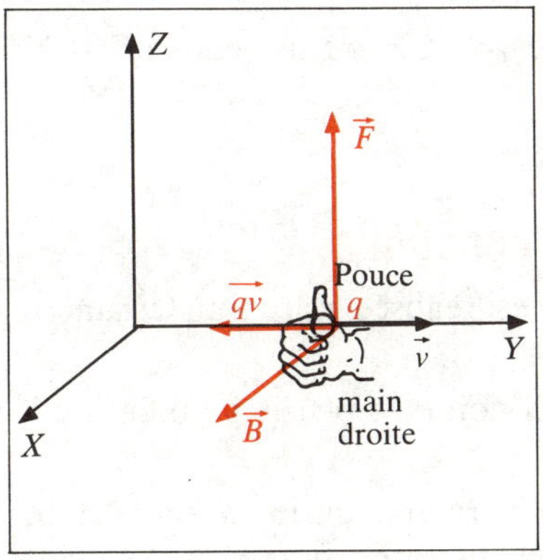

Fig. 7.08. *Force magnétique ou de Lorentz qui s'exerce sur un électron (q=−e<0).*

L'action d'un champ magnétique sur une particule chargée en mouvement démontre l'existence d'une force magnétique agissant sur cette particule.

Différents dispositifs expérimentaux, en particulier le tube à déflexion du paragraphe 1.1., rendent possible une étude quantitative de cette force magnétique.

En un point où le champ magnétique est représenté par un vecteur $\vec{B}$, une particule portant une charge électrique q, animée d'une vitesse $\vec{v}$, est soumise à une force magnétique $\vec{F}$ (fig. 7.08) qui présente les caractéristiques suivantes :

– sa **direction est orthogonale** au plan formé par les vecteurs $\vec{v}$ *et* $\vec{B}$;

– son **sens** dépend du signe de la charge q de la particule, du sens du vecteur vitesse $\vec{v}$, du sens du champ magnétique $\vec{B}$. Il est donné par la règle de la main droite : le pouce est dirigé suivant la force $\vec{F}$ quand les autres doigts indiquent la rotation inférieure à 180° qui amène le vecteur $(\vec{qv})$ sur le vecteur $\vec{B}$.

– son **module** est proportionnel :

- à la valeur absolue de la charge de la particule ($|q|$),
- au module du vecteur vitesse $\vec{v}$,
- au module du vecteur champ magnétique $\vec{B}$,
- au sinus de l'angle $(\vec{v}, \vec{B})$,

$$F = |qvB \sin(\vec{v}, \vec{B})|$$

Rappel sur le produit vectoriel.

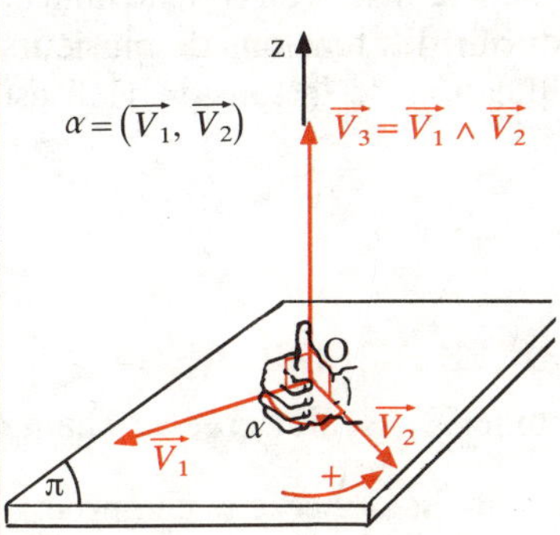

Module de $\vec{V}_3$ ***:*** $V_3 = V_1V_2\,|\sin\alpha|$

Sens : *les vecteurs* $\vec{V}_1$, $\vec{V}_2$, $\vec{V}_3$ *forment un trièdre direct.* $\vec{V}_3$ *a le sens indiqué par le pouce de la main droite quand les autres doigts indiquent la plus petite rotation qui amène* $\vec{V}_1$ *sur* $\vec{V}_2$.

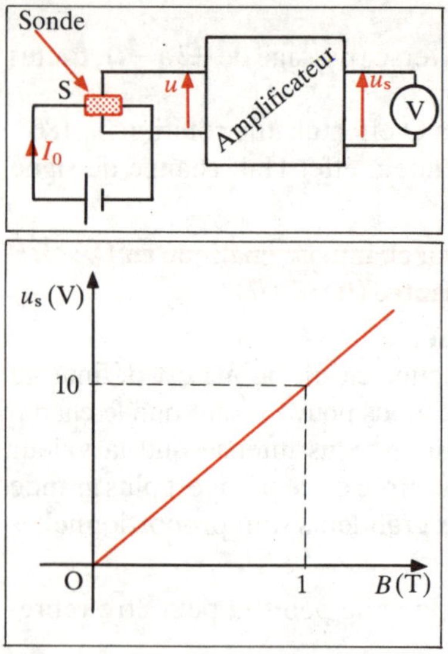

Fig. 7.09. *Mesure d'un champ magnétique $\mathscr{B}$ à l'aide d'un teslamètre à effet Hall.*

Ordre de grandeur des modules des champs magnétiques.

- 20 μT : Composante horizontale du champ magnétique terrestre,
- 100 μT : Aiguille aimantée,
- 1 mT : Fermeture d'un interrupteur à lames souples (I.L.S. ou relais Reed),
- 50 mT : Aimants permanents ordinaires,
- 500 mT : Aimants permanents des machines électriques,
- 1 T : Enroulements des machines électriques,
- 35 T : Electroaimants supraconducteurs.

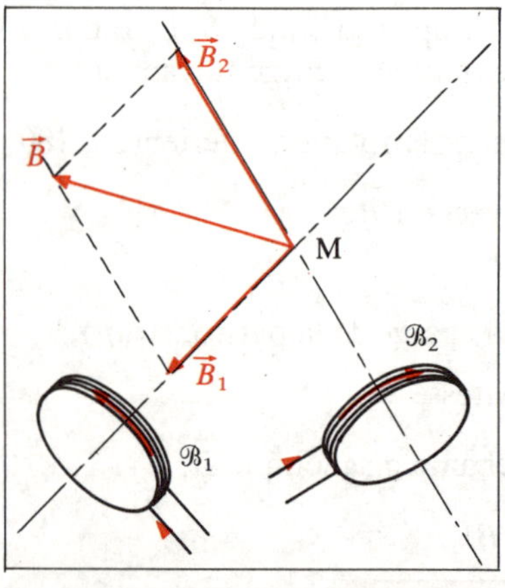

Fig. 7.10. *Superposition des champs magnétiques dans le vide ou dans l'air.*

Ces résultats expérimentaux conduisent à exprimer le vecteur force magnétique $\vec{F}$ au moyen d'un produit vectoriel.

$$\vec{F} = q\,\vec{v} \wedge \vec{B}$$

F en newtons,
q en coulombs,
v en mètres par seconde,
B en teslas.

$\vec{F}$ est aussi appelée force de Lorentz.
Cette relation permet de définir l'unité de champ magnétique. Si les vecteurs $\vec{v}$ et $\vec{B}$ sont orthogonaux ($\sin(\vec{v}, \vec{B}) = 1$), la force $\vec{F}$ a une intensité égale à :

$$F = |q|\,vB.$$

Par exemple, on a $B=1$ T lorsque $q=1$ C, $v=1$ m/s et que $F=1$ N.

2.3. Mesure du champ magnétique

La mesure du champ magnétique est réalisée grâce à un teslamètre à effet Hall qui comprend :

– une sonde semiconductrice qui doit être placée au point où le champ doit être mesuré ;

– un amplificateur linéaire qui délivre une tension u_s proportionnelle à la tension de Hall ; elle est mesurée au moyen d'un voltmètre qui est directement gradué en teslas (fig. 7.09).

La courbe d'étalonnage $u_s=f(B)$ est une droite : la conversion champ-tension est linéaire.

La tension délivrée par une sonde de Hall est inversement proportionnelle à l'épaisseur du semiconducteur qui constitue cette sonde (exercice 7.07). Des sondes à effet Hall réalisées en couche mince, sur un substrat isolant, peuvent fournir des tensions de plusieurs volts. Dans ces conditions l'amplification de la tension Hall est inutile.

2.4. Superposition des champs magnétiques

En un point M (fig. 7.10), la bobine $\mathscr{B}_1$, seule, crée le champ magnétique $\vec{B}_1$ tandis que la bobine $\mathscr{B}_2$, seule, crée le champ magnétique $\vec{B}_2$. L'expérience montre que, dans le **vide** ou dans **l'air**, le champ magnétique obtenu en M, lorsque les deux bobines sont utilisées simultanément comme sources de champ, est :

$$\vec{B} = \vec{B}_1 + \vec{B}_2$$

Cette propriété se vérifie dans le vide et dans l'air ; elle est utilisée lors de mesures relatives de champs magnétiques (exercices 7.13 et 7.14).

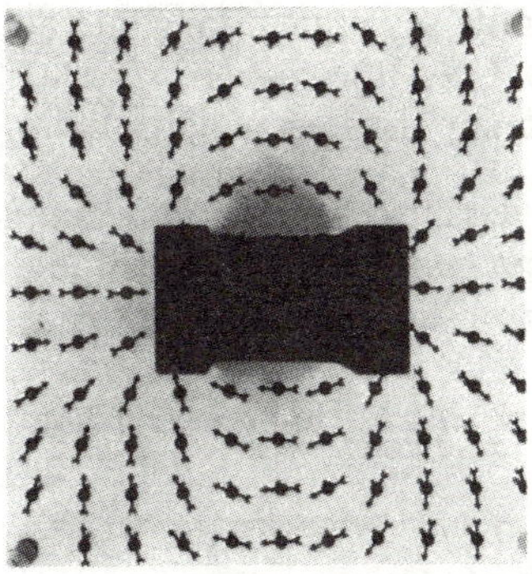

Fig. 7.11. Spectre magnétique matérialisé par un ensemble d'aiguilles aimantées. Spectre du champ magnétique entre deux pôles de même nom.

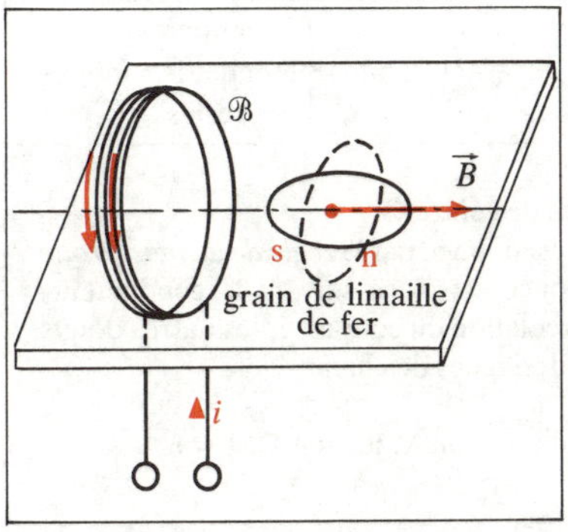

Fig. 7.12. Grain de limaille de fer dans un champ magnétique $\vec{B}$.

Le compas magnétique
La « boussole » des navigateurs est constituée par une aiguille aimantée qui flotte à la surface d'un liquide contenu dans une cuve suspendue « à la Cardan », ce qui lui permet de rester constamment horizontale quelles que soient les oscillations du support.
Cet appareil est sensible au champ magnétique terrestre.
L'aiguille s'oriente vers le Nord géographique.
Le champ magnétique terrestre est équivalent au champ d'un aimant dont le pôle sud serait au voisinage du pôle Nord géographique.

3. SOURCES ET DÉTECTEURS DE CHAMP MAGNÉTIQUE

3.1. Sources de champ magnétique

Deux sources de champ magnétique ont déjà été utilisées : un aimant et une bobine parcourue par un courant.

L'expérience montre que des particules portant une charge électrique, en mouvement dans un repère déterminé, créent dans celui-ci un champ magnétique. Donc toute portion de circuit électrique, tout conducteur traversé par un courant est une source de champ. La bobine employée précédemment n'est qu'une application particulière d'un phénomène très général.

3.2. Détecteurs de champ magnétique

Le détecteur le plus couramment utilisé est la sonde de Hall. Lorsqu'il s'agit de connaître la direction et le sens d'un champ en un point, une aiguille aimantée convient parfaitement.

4. REPRÉSENTATION D'UN CHAMP MAGNÉTIQUE

4.1. Représentation vectorielle

Il est parfois intéressant de connaître les caractéristiques du champ magnétique en différents points d'un plan ou dans un espace quelconque.

Pour en donner une représentation imagée, il est possible de tracer le vecteur champ magnétique (à une échelle déterminée) en plusieurs points du domaine considéré. L'ensemble des vecteurs donne une idée de la topographie du champ magnétique. Cette méthode exige l'utilisation d'une sonde à effet Hall si l'intensité du champ magnétique doit être connue. Lorsque la direction et le sens de ce champ sont les seules caractéristiques recherchées, il suffit de disposer des aiguilles aimantées en un nombre suffisamment grand de points (fig. 7.11).

4.2. Lignes de champ et spectres magnétiques

La représentation précédente se révèle délicate à obtenir dès que le nombre de points considérés dépasse quelques dizaines. Elle est souvent remplacée par la réalisation de spectres magnétiques à l'aide de limaille de fer.

Sous l'action d'un champ magnétique $\vec{B}$ un grain de limaille de fer s'aimante suivant sa plus grande dimension (fig. 7.12). Cet aimant s'oriente dans le champ magnétique $\vec{B}$ et il indique alors la direction de ce champ.

En saupoudrant de la limaille de fer sur une feuille de carton placée près d'un aimant, on constate que les grains de limaille se disposent suivant des lignes appelées **lignes de champ.**

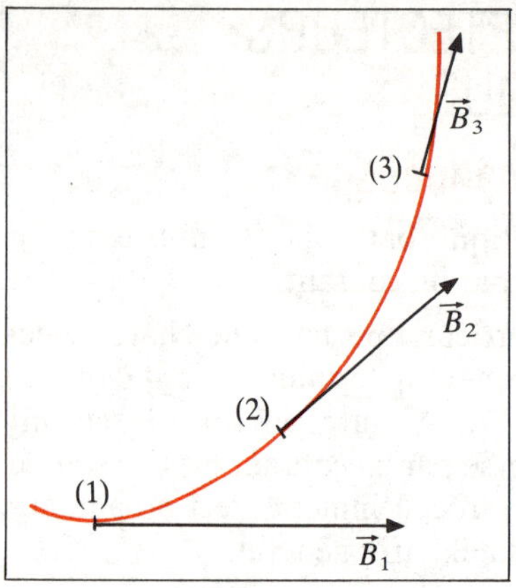

Fig. 7.13. Ligne de champ magnétique.

Une ligne de champ est, en chacun de ses points, tangente au vecteur champ magnétique (fig. 7.13). C'est une *courbe orientée :* en un point, le sens de la ligne de champ est le sens du vecteur champ $\vec{B}$ (cela explique que, sur un dessin, les lignes de champ paraissent sortir du pôle nord d'un aimant et entrer par son pôle sud). L'ensemble des lignes de champ d'un plan ou d'une zone constitue un **spectre magnétique** (fig. 7.14).

Pour quelques sources de champ magnétique, les spectres sont donnés dans le tableau 1.

Remarque : Face nord et face sud d'une bobine

Les deux faces d'une bobine qui est parcourue par un courant ne sont pas magnétiquement équivalentes (bobine plate ou bobine longue).

Tableau 1

	Source de champ magnétique **Spectre magnétique**	**Champ magnétique** Unités { I : ampères ; longueurs : mètres ; B : teslas
Conducteur rectiligne	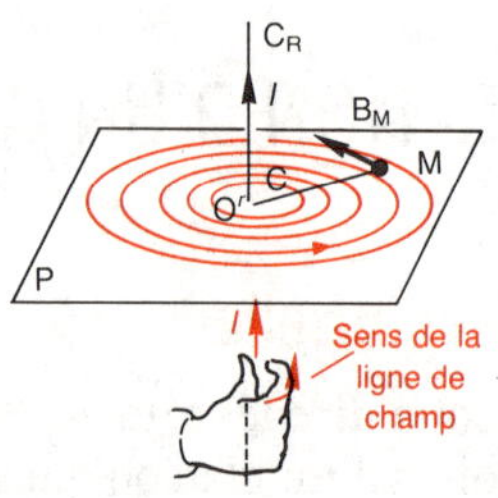	**Lignes de champ** • Ce sont des **cercles** de centre O. • **Orientation :** elle est donnée par la *règle de la main droite* suivante : si le pouce est placé suivant le conducteur, dans le sens de circulation du courant I, les autres doigts indiquent le sens des lignes de champ. **Champ magnétique** en un point M tel que OM = r $B_M = \frac{\mu_0 I}{2\pi r} = \frac{2.10^{-7} I}{r}$.
Bobine plate ou conducteur circulaire	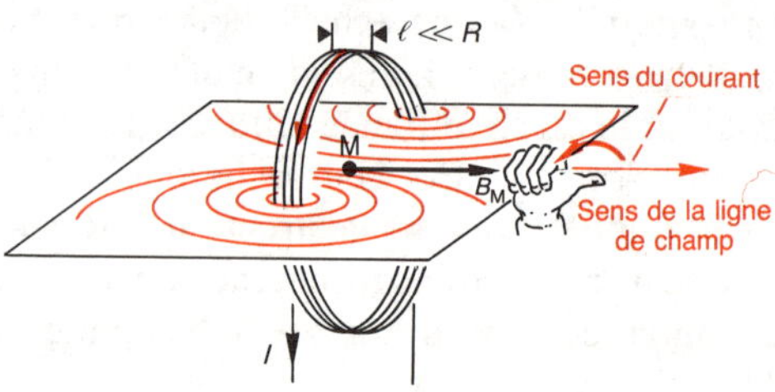 Bobine plate { Rayon R, N spires, Longueur $l << R$.	**Lignes de champ** • Vers le centre de la bobine, ce sont sensiblement des droites. • Dans le voisinage des conducteurs, ce sont des cercles centrés sur le conducteur. • Ce sont des lignes de plus en plus incurvées en allant du centre de la bobine vers les conducteurs. • **Orientation :** elle est donnée par la *règle de la main droite* suivante : le pouce donne le sens des lignes de champ quand les autres doigts sont placés dans le sens de circulation du courant I. **Champ magnétique au centre O de la bobine plate** • pour une spire : $B_O = \frac{\mu_0 I}{2R} = \frac{2\pi.10^{-7} I}{R}$, • pour N spires : $B'_O = NB_O$.
Bobine longue ou solénoïde	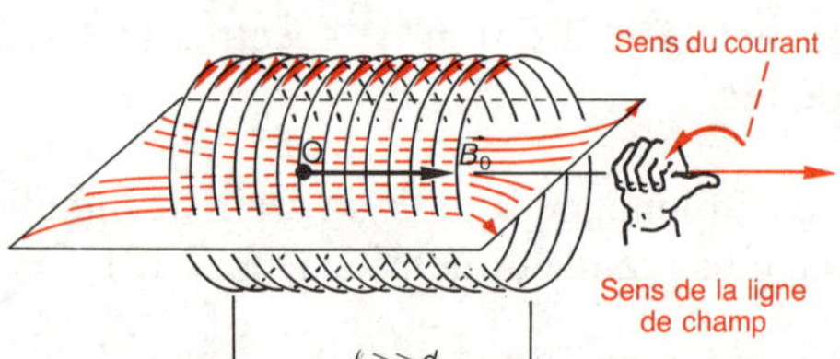 Diamètre : d Longueur : $l >> d$ N spires $n = \frac{N}{l}$ = nombre de spires par mètre.	**Lignes de champ** • A l'**intérieur de la bobine,** ce sont des *droites parallèles* à l'axe de la bobine *(champ uniforme)*. • A **l'extérieur** ce sont des courbes qui relient les deux faces de la bobine. Le spectre obtenu est analogue à celui d'un barreau aimanté droit. • **Orientation.** Leur sens est obtenu en appliquant la *règle de la main droite* donnée pour une bobine plate. **Champ magnétique au centre O de la bobine longue** $B_O = \mu_0 \frac{NI}{l} = 4\pi.10^{-7} \frac{NI}{l}$, $B_O = 4\,\pi.10^{-7}\, nI$.

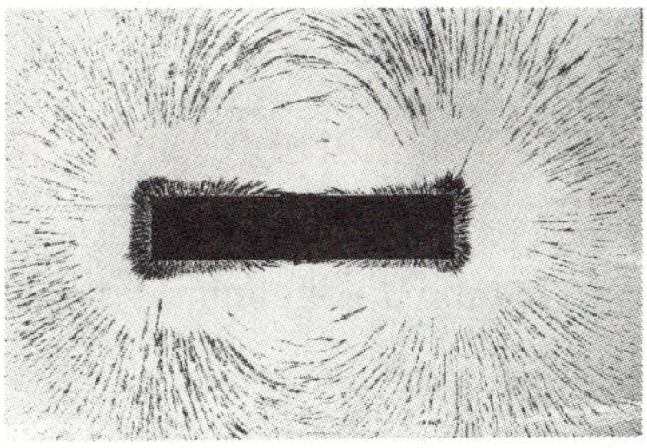

Fig. 7.14. Spectre magnétique.

Spectre magnétique à trois dimensions. Si les grains de limaille de fer sont en suspension dans un flacon rempli d'huile, on visualise l'action du champ magnétique dans le volume occupé par l'huile et non plus dans un plan seulement. Pour obtenir un résultat durable, on peut remplacer l'huile par un plastique liquide et le laisser polymériser.

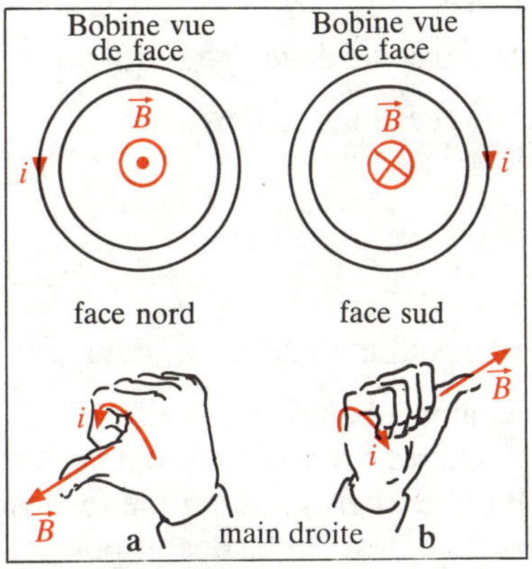

Fig. 7.15. Représentation symbolique d'un champ magnétique $\vec{B}$: a) qui est dirigé vers l'observateur ; b) qui est dirigé vers l'arrière de la feuille.

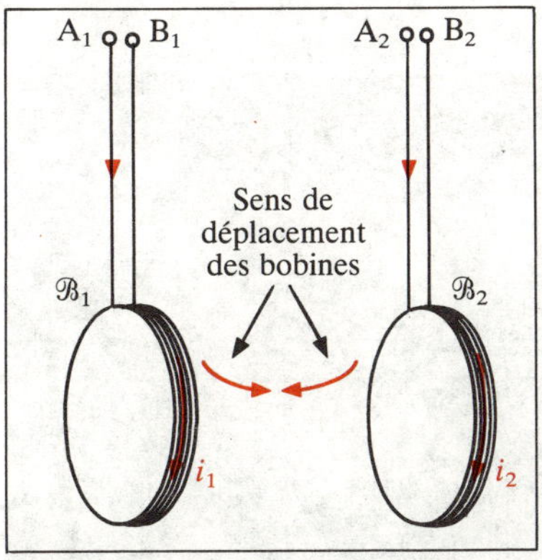

Fig. 7.16. Interactions magnétiques entre deux bobines. Deux bobines $\mathcal{B}_1$ et $\mathcal{B}_2$ parcourues par des courants d'intensité i_1 et i_2 (le circuit d'alimentation n'est pas représenté) sont suspendues librement en A_1B_1 et A_2B_2.
Il y a action à distance du champ magnétique créé par $\mathcal{B}_1$ sur les conducteurs de $\mathcal{B}_2$ et réciproquement.

■ Le vecteur $\vec{B}$ semble sortir par une face et entrer par l'autre : la première est la face nord, la seconde est la face sud. Pour déterminer si une face est nord ou sud il suffit d'appliquer la **règle de la main droite** (fig. 7.15) :

> **Le pouce indique le sens du vecteur $\vec{B}$, donc la face nord de la bobine, quand les autres doigts sont placés dans le sens réel de circulation du courant.**

Avec deux bobines $\mathcal{B}_1$ et $\mathcal{B}_2$ (fig. 7.16), on peut constater :
– qu'il y a attraction entre des faces de noms contraires,
– qu'il y a répulsion entre des faces de même nom.

Ces interactions magnétiques, analogues à celles qui sont observées avec des pôles d'aimant, montrent la grande similitude de comportement de deux sources de champ.

5. EXCITATION MAGNÉTIQUE

Une étude expérimentale conduite avec un circuit électrique parcouru par un courant d'intensité i et placé dans un milieu homogène, montre qu'en un point M, le module du champ magnétique B_M :
– est proportionnel à l'intensité i du courant,
– dépend de la forme du circuit et de sa position par rapport à M,
– dépend du milieu dans lequel se trouve M ; celui-ci sera caractérisé par une constante magnétique ou perméabilité magnétique μ (μ_0 pour le vide ou l'air).

Dans le vide ou dans l'air, le module du champ magnétique s'écrit :

$$B_M = \mu_0 \gamma i \qquad \begin{cases} B_M \text{ en teslas,} \\ \mu_0 \text{ et } \gamma \text{ en unités SI,} \\ i \text{ en ampères.} \end{cases}$$

γ est la constante qui dépend de la forme du circuit et de sa position par rapport au point M.

B_M est donc le produit d'un facteur (γi) qui traduit l'action de la source magnétique (le circuit électrique) et d'un facteur qui caractérise le milieu (μ_0 dans le cas de l'air). (γi) est appelé **excitation magnétique.**

On définit un vecteur excitation magnétique par la relation :

$$\vec{H} = \frac{1}{\mu_0}\vec{B} \Leftrightarrow \vec{B} = \mu_0 \vec{H} \qquad \begin{cases} B \text{ en teslas,} \\ \mu_0 \text{ en unités SI,} \\ H \text{ en ampères par mètre.} \end{cases}$$

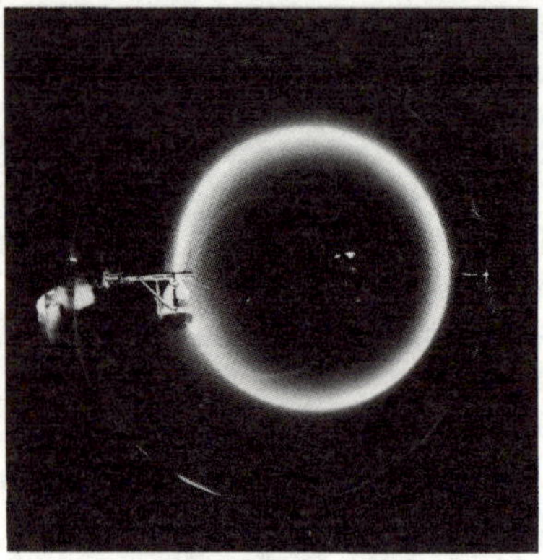

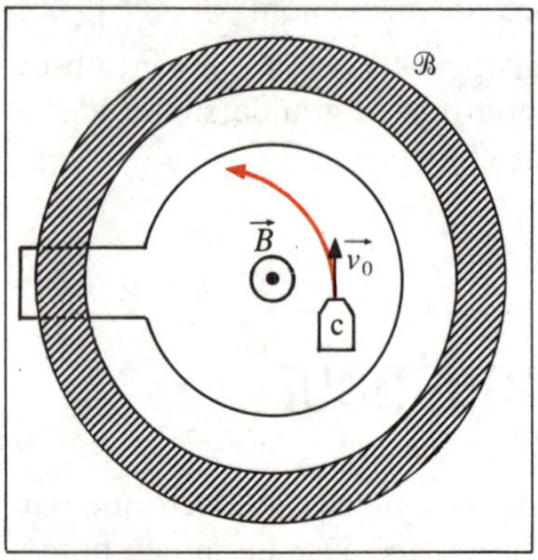

Fig. 7.17. *Trajectoire circulaire des électrons lorsque $\vec{v_0}$ est orthogonal à $\vec{B}$.*

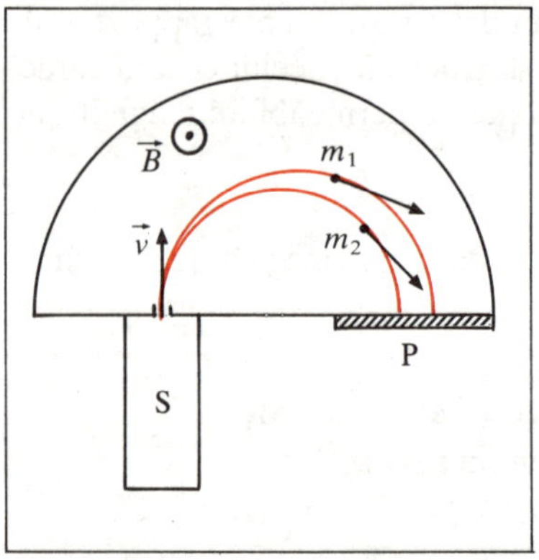

Fig. 7.18. *Principe du spectrographe de masse.*

■ 6. DÉVIATION MAGNÉTIQUE

6.1. Mouvement d'une particule chargée dans un champ magnétique uniforme

Les électrons du faisceau formé dans le tube $\mathcal{T}$ sont animés d'une vitesse $\vec{v_0}$. Lorsqu'ils sont soumis à l'action du champ magnétique $\vec{B}$ si les vecteurs $\vec{v_0}$ et $\vec{B}$ sont orthogonaux, l'expérience (fig. 7.17) montre que la trajectoire est un cercle (ou une portion de cercle) et que le module du vecteur vitesse reste constant et égal à $\vec{v_0}$:

- situé dans un plan perpendiculaire au vecteur $\vec{B}$,
- de rayon R :

$$R = \frac{mv}{|q|B} \quad \begin{cases} m \text{ en kilogrammes,} \\ v \text{ en mètres par seconde,} \\ q \text{ en coulombs,} \\ B \text{ en teslas.} \end{cases}$$

Cette relation est applicable à toute particule de masse m qui porte une charge q, lorsque les vecteurs $\vec{v}$ et $\vec{B}$ sont orthogonaux.

6.2. Applications

■ Mesure de masse :

Une source S injecte des ions, animés d'une vitesse $\vec{v}$, dans une enceinte sous vide où règne un champ magnétique uniforme $\vec{B}$ (fig. 7.18). Les ions suivent des trajectoires circulaires et sont captés par une plaque photographique P qui enregistre autant de taches qu'il y a de particules de masses différentes. Ce dispositif permet de mesurer les masses des ions *(spectrographe de masse)*.

►
Application : spectromètre de masse à hélium.

L'industrie de la microélectronique utilise souvent des installations sous vide. Le spectromètre de masse à hélium est un moyen efficace pour contrôler l'étanchéité de ces installations. Sa sensibilité est remarquable. Il peut détecter un flux gazeux de 5 10^{-12} Pa.m^3.s^{-1}.
Avec une telle « fuite », il faudrait environ 1 000 ans pour remplir un volume de 1 cm^3 à la pression atmosphérique !

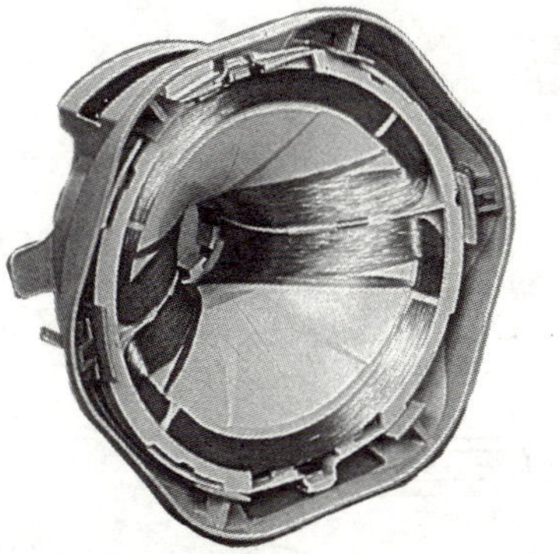

Bobine de déviation d'un récepteur de télévision.

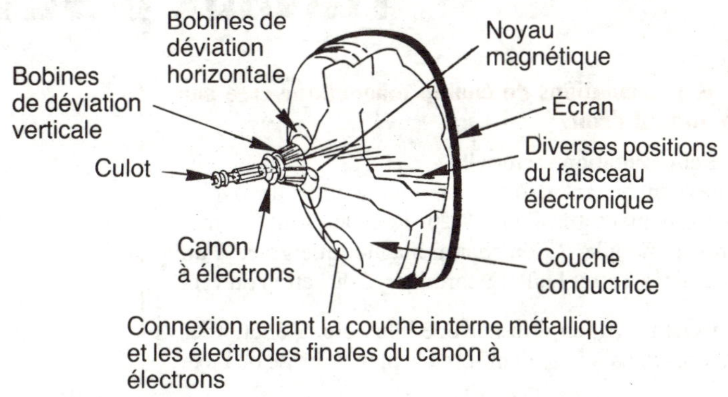

Fig. 7.19. *Tube cathodique d'un récepteur de télévision.*

■ Tubes cathodiques des récepteurs de télévision :

Dans le tube cathodique d'un téléviseur (fig. 7.19), le faisceau d'électrons forme sur l'écran un spot lumineux qui doit pouvoir se déplacer sur la totalité de l'écran afin de restituer l'image à transmettre.

La géométrie des tubes utilisés nécessite des *angles de déviation importants* ($\theta \approx 110°$). Cette contrainte impose l'emploi de la *déviation magnétique* (voir exercice 7.16). Les écrans de visualisation des microordinateurs et des minitels fonctionnent également suivant ce principe.

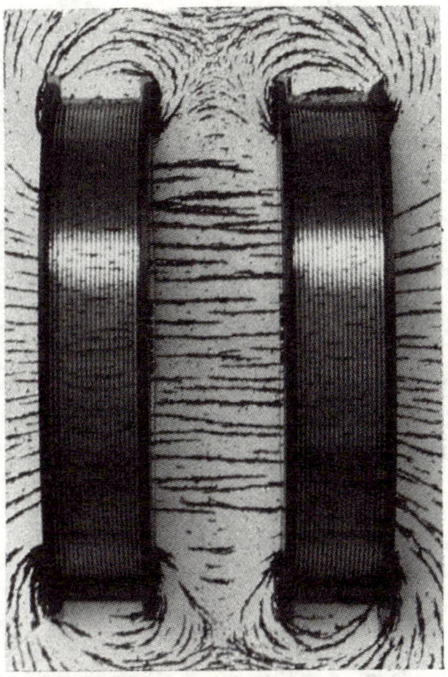

Champ magnétique uniforme :
Deux bobines plates identiques ou bobines de Helmholtz, distantes d'une longueur égale à leur rayon et parcourues par des courants de même sens créent un champ magnétique. Dans une grande partie de l'espace compris entre les deux bobines, les lignes de champ sont parallèles. En tout point de cet espace, le vecteur champ magnétique $\vec{B}$ reste équipollent à lui-même : le champ magnétique est uniforme.

Les bactéries magnétiques : ►
Certaines bactéries aquatiques, dites magnétotactiques, peuvent retrouver le fond des étangs en s'orientant dans le champ magnétique terrestre.
L'observation au microscope électronique permet de mettre en évidence une chaîne de particules circulaires dans la cellule. Ces particules sont constituées de magnétite (Fe_3O_4). Cette chaîne est donc équivalente à un aimant, ce qui permet à la bactérie de suivre les lignes de champ magnétique.
Le grossissement de la microphotographie est d'environ 6.10^4.

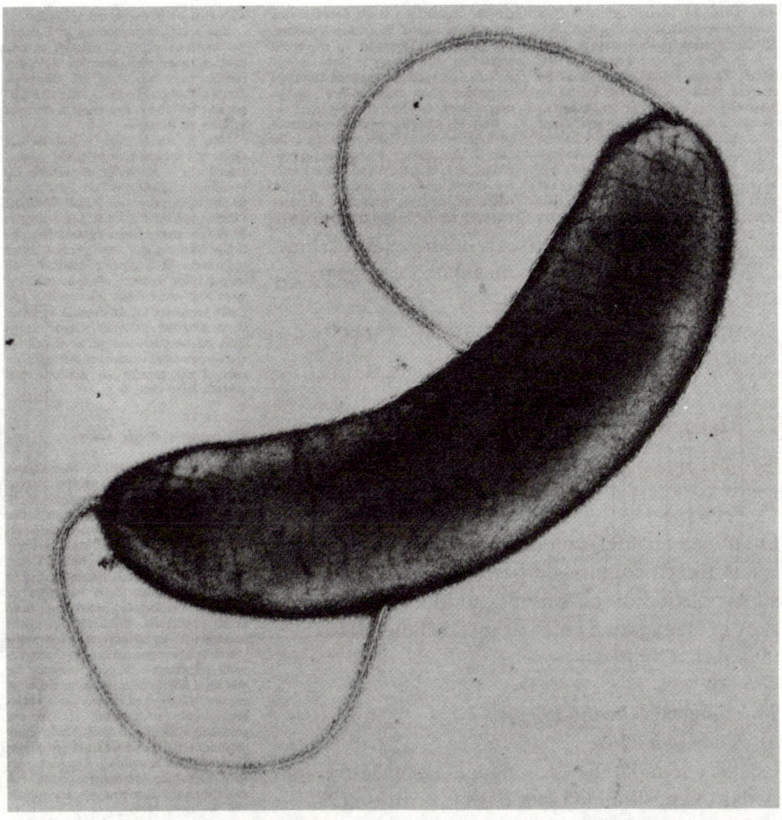

Travaux pratiques

1. Représentations du champ magnétique crée par un aimant droit.

1° Représentation vectorielle.
Placer un aimant droit A sur une feuille de papier conformément à la figure 7.20. Pour le point M, mesurer le module B_M du champ magnétique grâce à un teslamètre à effet Hall. Déterminer la direction du vecteur-champ $\vec{B}_M$ en utilisant une boussole. Répéter ces mesures dans tout le demi-espace plan à droite de l'axe x′x.

En chaque point testé M, tracer à l'échelle le vecteur-champ magnétique $\vec{B}_M$.

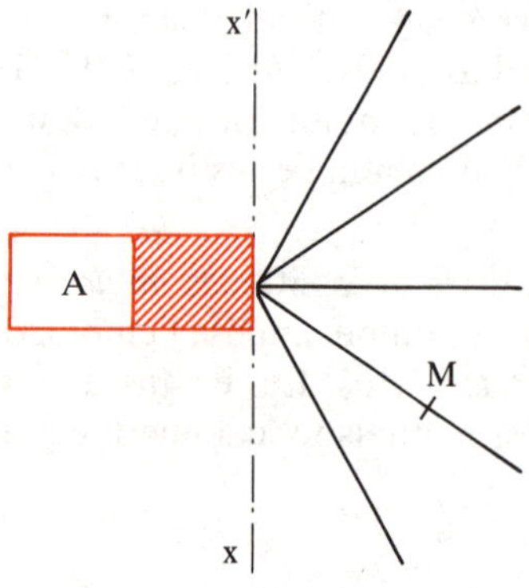

Fig. 7.20.

2° Lignes de champ, spectre magnétique.
Placer le même aimant droit A sur la table d'expériences.
Poser un carton B sur deux supports S au-dessus de l'aimant A. Saupoudrer cette feuille de carton de limaille de fer.
Le spectre du champ magnétique se dessine lorsqu'on impose de légères secousses à la feuille de carton.
Quelles techniques permettraient d'enregistrer le résultat de la manipulation ?
Comparer représentation vectorielle et spectre magnétique.

2. Mesure du module du vecteur champ magnétique terrestre $\vec{B}_T$.

1° Principe
On utilise un interrupteur à lames souples K (I.L.S. ou relais Reed) commandé par le champ résultant de la superposition du champ magnétique terrestre et d'un champ magnétique créé par un solénoïde parcouru par un courant d'intensité *i*.

2° Étude expérimentale
a) Étude qualitative :
Réaliser le montage de la figure 7.21. Mettre l'aimant A dans la position (1) puis dans la position (2).

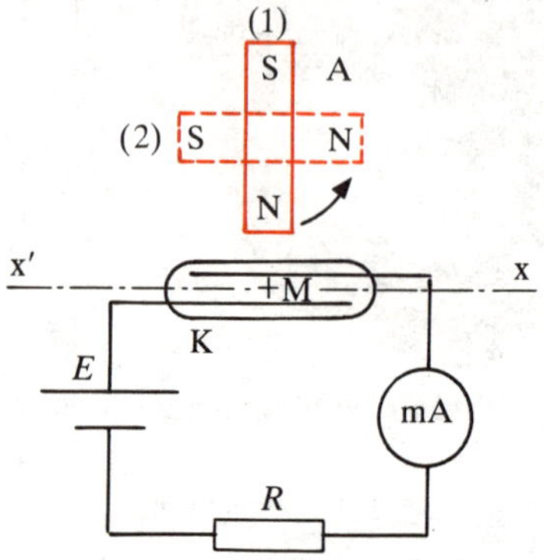

Fig. 7.21.

Dans quelle position le contact se ferme-t-il ?
Comparer la direction de l'axe x′x de l'interrupteur K et la direction des lignes de champ au point M.

Envisager d'autres positions de l'aimant A par rapport à K.

b) Étude quantitative :
Réaliser le montage électrique de la figure 7.22. Régler l'inclinaison θ de l'axe $x'x$ du solénoïde S par rapport à l'horizontale H afin que cet axe soit confondu avec la direction du vecteur champ magnétique terrestre $\vec{B}_T$ au point M. Ce réglage est effectué d'après l'indication d'une boussole d'inclinaison ($\theta \approx 64°$).

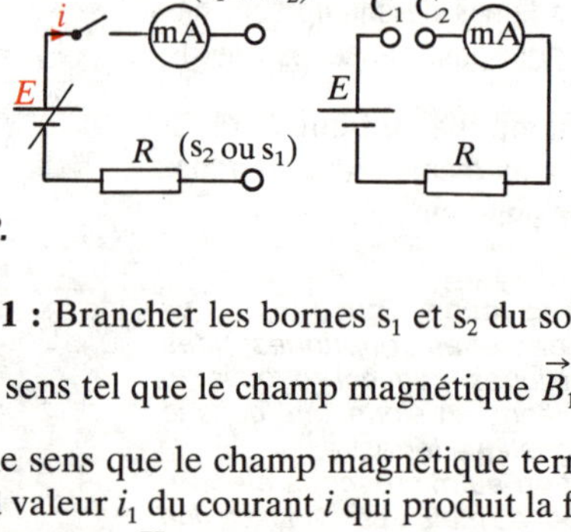

Fig. 7.22.

– **Essai 1 :** Brancher les bornes s_1 et s_2 du solénoïde S dans un sens tel que le champ magnétique $\vec{B}_1$ créé soit de même sens que le champ magnétique terrestre $\vec{B}_T$.
Noter la valeur i_1 du courant *i* qui produit la fermeture de l'interrupteur K.

– **Essai 2 :** Inverser le branchement des bornes s_1 et s_2.

Le champ magnétique créé par le solénoïde est $\vec{B}_2$.
Noter la valeur i_2 du courant *i* qui produit la fermeture de K.

– **Essai 3 :** Régler la direction de l'axe x'x du solénoïde pour que le champ magnétique terrestre $\vec{B}_T$ soit sans influence sur K. Ce réglage est effectué d'après l'indication d'une boussole. Noter la valeur i_3 de l'intensité du courant i qui produit la fermeture de l'interrupteur K.

3° Exploitation des résultats expérimentaux

Soit B_m le module du champ magnétique minimal qui assure la fermeture de l'interrupteur K. Démontrer les relations suivantes :

$$B_m = B_1 + B_T \quad \text{et} \quad B_m = B_2 - B_T$$

Exprimer le rapport (B_m/B_T) en fonction des intensités i_1 et i_2 sachant que le solénoïde S crée un champ magnétique dont le module est $B = k.i$ avec $k = \mu_0 N/l$.

Calculer B_m à partir de la valeur i_3 du courant i. Vérifier que le module B_T du champ magnétique terrestre est égal à : $B_T = \mu_0 \dfrac{Ni_3}{l} \cdot \dfrac{i_2 - i_1}{i_2 + i_1}$.

Remarque sur le mode opératoire :

Pour que le contact de l'interrupteur K soit établi, pour la même valeur B_m au cours des trois essais, il faut s'affranchir *des phénomènes d'hystérésis* (voir chap. 11). Pour le premier essai, faire quatre fois le cycle suivant : croissance de i de zéro à i_1 puis décroissance de i_1 à zéro. Procéder de même lors des essais (2) et (3).

Contrôle des connaissances

INDIQUER LA (OU LES) BONNE(S) RÉPONSE(S) :

7.01. On supprime le balayage sur un oscillographe. Le spot est en O (diminuer l'intensité du faisceau). Indiquer, en justifiant votre réponse, la position du spot lorsqu'on approche l'aimant A (fig. 7.23).

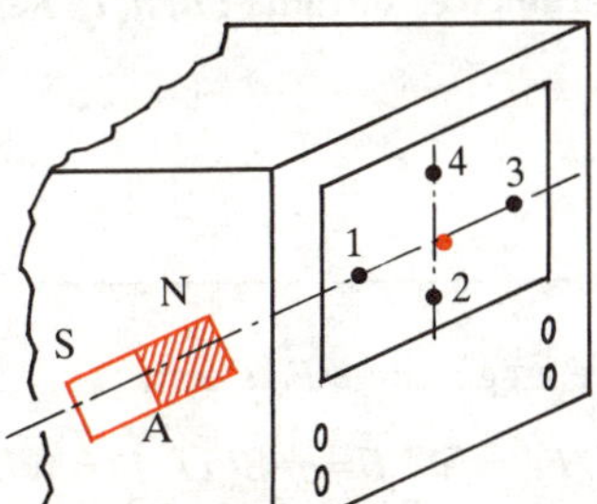

R : 1-2-3-4.

Fig. 7.23.

7.02. Dans une chambre à bulles, une particule incidente P_1 entre en interaction avec une particule cible P_2 immobile en A. Le champ magnétique qui règne dans la chambre à bulles et les trajectoires enregistrées sont indiqués figure 7.24.

Quels sont les signes des charges q_1, q_2, q_3, des particules P_1, P_2, P_3 ?

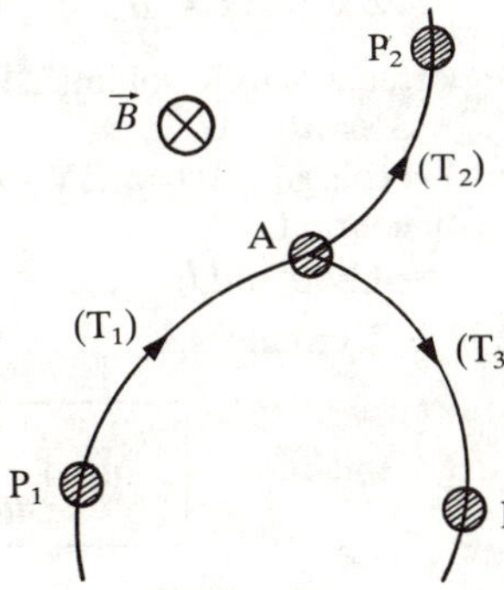

Fig. 7.24.

Les flèches indiquent le sens de parcours sur les trajectoires T_1, T_2, T_3

R : (q_1, q_2, q_3) : (−, +, −) ; (−, −, −) ; (+, +, −) ; (+, −, +).

7.03. Un solénoïde de $N = 1\,000$ spires a une longueur $L = 30$ cm. Calculer le module du champ magnétique créé au centre du solénoïde lorsqu'il est parcouru par un courant continu d'intensité $I = 10$ A.

R : 5μT ; 42 mT ; 4,2 T ; 500 T.

7.04. Sur l'axe x'x de la bobine 𝔅 on définit un vecteur unitaire $\vec{k}$ (fig. 7.25). La bobine est parcourue par le courant continu d'intensité positive I. Le champ magnétique $\vec{B}$ créé par la bobine 𝔅 a un module B.

Définir le vecteur champ $\vec{B}$ en fonction de B et $\vec{k}$. A quels pôles magnétiques correspondent les faces F_1 et F_2 ?

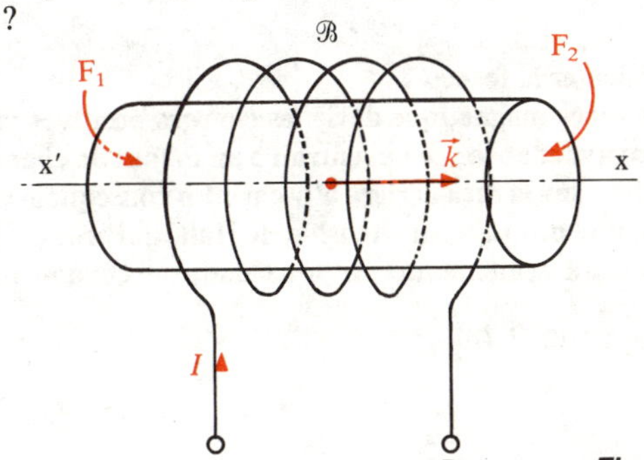

Fig. 7.25.

R : (F_1, F_2) ; (n, n) ; (s, n) ; (s, s) ; (n, s).

7.05. La bobine 𝔅 alimentée par une tension continue u est parcourue par un courant d'intensité i (fig. 7.26). Il y a répulsion entre la bobine 𝔅 et l'aimant 𝒜. Déterminer les signes de i et de u.

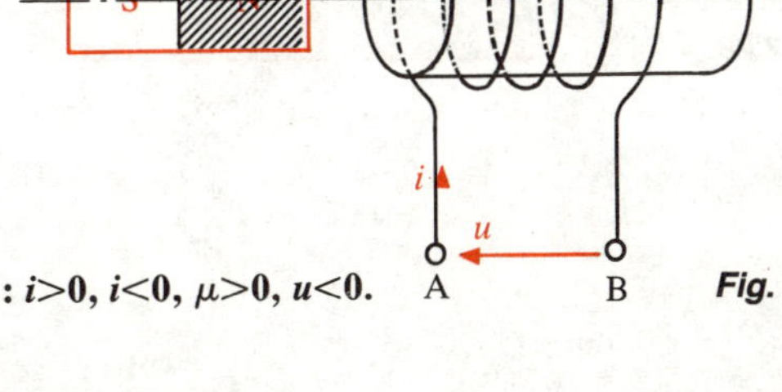

R : $i>0$, $i<0$, $\mu>0$, $u<0$.

Fig. 7.26.

Exercice résolu

7.06. Sonde à effet Hall : (semiconducteur type « P »). **On utilise une plaquette de semiconducteur (fig. 7.27) dont les dimensions géométriques sont l_x, l_y et l_z. Un générateur fait circuler, suivant la direction Ox de la plaquette, un courant I réglable et mesurable. La conduction électrique dans le semiconducteur est exclusivement assurée par des porteurs de charges positives $+q$ animés d'une vitesse $\vec{v}=v\vec{i}$. Dans ces conditions, la sonde est plongée dans un champ magnétique $\vec{B}=B\vec{j}$. Les porteurs libres sont soumis à une force magnétique $\vec{F}_M$.**

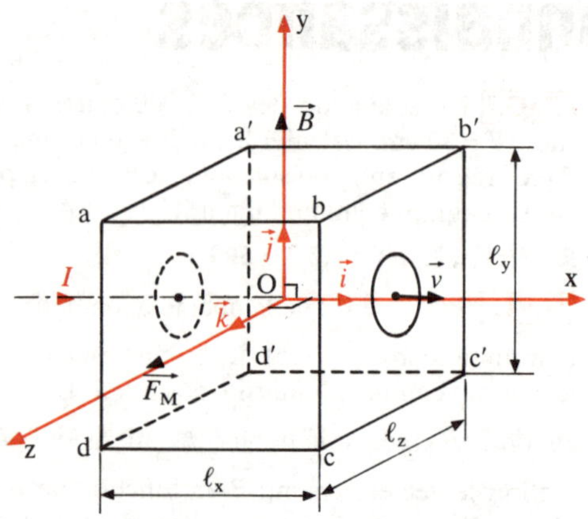

Fig. 7.27.

1° Calculer la force $\vec{F}_M$.
Cette force magnétique dévie les charges positives vers la face avant abcd, ce qui entraîne un défaut de charges positives sur la face arrière a'b'c'd'. En conséquence, il existe une d.d.p. u, dite tension de Hall, qui crée à l'intérieur du semiconducteur un champ électrique uniforme $\vec{E}$ (fig. 7.28).

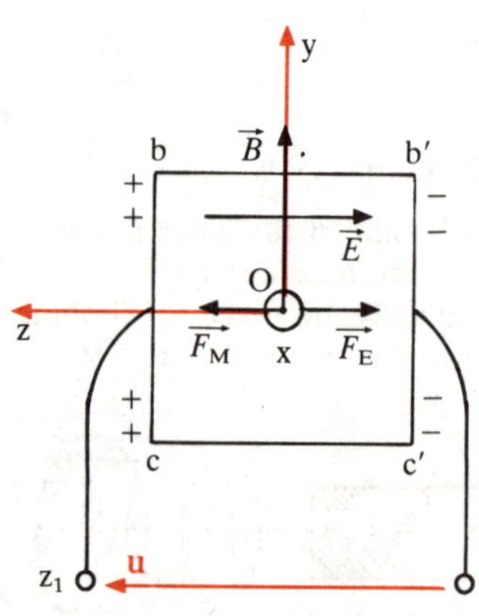

Fig. 7.28.

2° Calculer la force électrique $\vec{F}_E$ qui agit sur les porteurs. En régime permanent, les charges ne sont pas déviées, les forces d'origine électrique ou magnétique se compensent.

3° Écrire l'équilibre des forces qui agissent sur les porteurs ; en déduire la relation : $E=v.B$.

Cette relation entre le champ magnétique et le champ électrique n'est pas directement utilisable. Il convient donc de l'expliciter sous une autre forme. Dans le volume ΔV, il y a ΔN porteurs de charge. Soit n le nombre de porteurs par unité de volume.

4° Exprimer la charge ΔQ qui a transité dans le volume ΔV durant le temps Δt. En déduire l'expression du courant I.

5° Sachant que le module du champ électrique uniforme $\vec{E}$ est $E=u/l_z$, exprimer la tension de Hall en fonction des paramètres suivants : q, n, l_y, I et B.

Solution :

1° La force magnétique $\vec{F}_M$ s'écrit :

$$\vec{F}_M=q\vec{v}\wedge\vec{B}=qvB(\vec{i}\wedge\vec{j})=qvB\vec{k}$$

2° Le champ électrique $\vec{E}$ est égal à : $\vec{E} = -E\vec{k}$.
Ce qui conduit à l'expression de la force électrique :

$$\vec{F}_E = q\vec{E} = -qE\vec{k}$$

3° L'équilibre des forces électrique et magnétique permet d'écrire :

$$\vec{F}_M+\vec{F}_E = \vec{0} \quad ; \quad qvB\vec{k}-qE\vec{k} = \vec{0} \quad ; \quad E = vB.$$

4° Le nombre de porteurs dans le volume ΔV est :

$$\Delta N=nl_yl_z\,\Delta x$$

ce qui correspond à la charge : $\Delta Q=q.\Delta N=qnl_yl_z\Delta x$
D'où l'expression du courant :

$$I=\Delta Q/\Delta t=qnl_yl_zv$$

5° La tension de Hall s'écrit alors :

$$\frac{u}{l_z} = \frac{1}{qnl_yl_z}IB \quad \text{soit :} \quad \boxed{u = \left(\frac{1}{qnl_y}\right)IB}$$

Exercices à résoudre

7.07. A Paris, le vecteur champ magnétique terrestre $\vec{B}_T$ pointe vers le sol et fait un angle $\theta=64°$ avec l'horizontale.

Calculer le module de $\vec{B}_T$ et sa composante verticale $\vec{B}_v$ connaissant la valeur de la composante horizontale $B_h=20\ \mu T$.

7.08. Un proton animé d'une vitesse $\vec{v}$ est plongé dans un champ magnétique $\vec{B}$. A l'instant t, il se trouve en O (fig. 7.29).

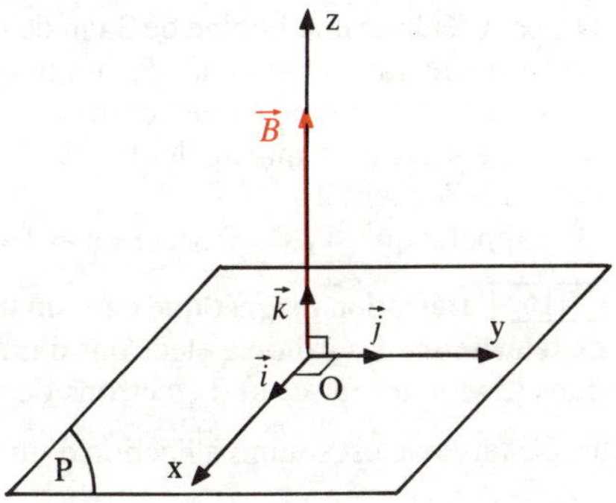

Fig. 7.29.

Calculer la force magnétique $\vec{F}$ qui s'exerce sur lui dans les cas suivants :

$\vec{v}=v.\vec{i}$; $\vec{v}=v.\vec{j}$; $\vec{v}=v.\vec{k}$; $\vec{v}\in$P et $(\vec{i}, \vec{v}) = \alpha$.

Application numérique : $\alpha=30°$.

7.09. Au paragraphe 2.3, on utilise un magnétomètre particulier : le teslamètre à effet Hall. Quelles sont les raisons qui justifient ce choix ? Rechercher d'autres magnétomètres. Comparer leurs avantages et leurs inconvénients.

7.10. Comment étalonner un teslamètre à effet Hall ?

7.11. Une bobine $\mathcal{B}$ parcourue par un courant d'intensité i crée en M un champ magnétique $\vec{B}_1$.

Un aimant A crée en M un champ magnétique $\vec{B}_2$ (fig. 7.30).

– Tracer $\vec{B}_2$ sachant que $B_2=2B_1$.
– Le champ résultant de l'action simultanée de A et $\mathcal{B}$ est $\vec{B}=\vec{B}_1+\vec{B}_2$. Quelle est l'action subie par une particule de charge q animée d'une vitesse v qui se trouve en M à l'instant t ?

– Tracer $\vec{B}$. Calculer le module de $\vec{B}$ en fonction de B_1.

Application numérique : $B_1=1$ mT.

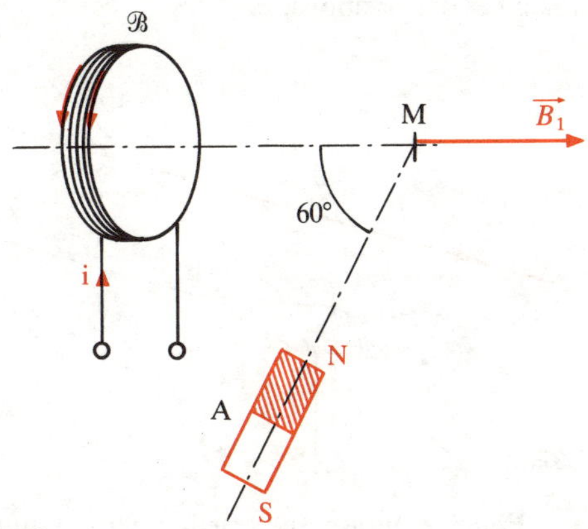

Fig. 7.30.

7.12. **Boussole des tangentes :** Une boussole b est placée au centre O d'une bobine plate $\mathcal{B}$ (fig. 7.31). En l'absence de courant i dans la bobine $\mathcal{B}$, l'axe horizontal $x_0'x_0$ de la boussole b est contenu dans le plan P, vertical, de la bobine $\mathcal{B}$. En présence d'un courant i dans la bobine $\mathcal{B}$, la boussole b tourne d'un angle α tout en restant horizontale.

– La bobine $\mathcal{B}$ crée un champ magnétique $\vec{B}$. Préciser le sens et la direction de $\vec{B}$.
– Ecrire la relation qui lie B et α.
– Calculer B lorsque la déviation angulaire α vaut 45 °, sachant que la composante horizontale du champ magnétique terrestre B_h vaut 2.10^{-5} T. Exprimer le résultat en microteslas.

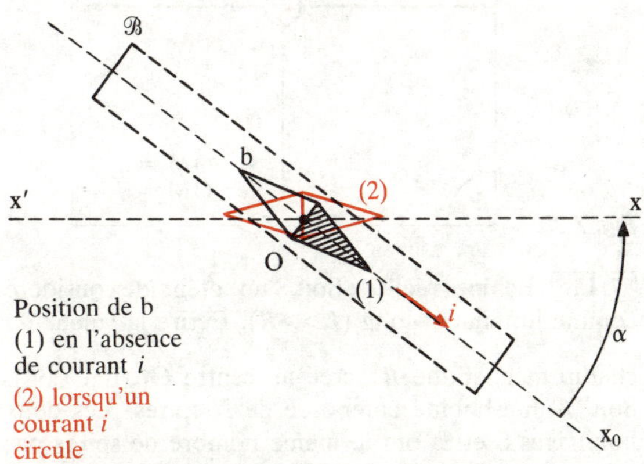

Fig. 7.31. *La bobine $\mathcal{B}$ est vue de dessus.*

7.13. **Interprétation de l'expérience de Oersted :** Cette expérience historique (1820) marque la naissance de l'électromagnétisme. Un conducteur rectiligne C_R (fig. 7.32) parcouru par un courant d'intensité i est situé au-dessus d'une boussole b.

– En l'absence de courant i la boussole b s'aligne suivant la direction nord-sud Δ_0 parallèle à C_R.
– Lorsqu'un courant i circule dans la bobine, la boussole s'aligne sur Δ_1 ou Δ_2 selon le sens du courant i.
Expliquer ces observations.

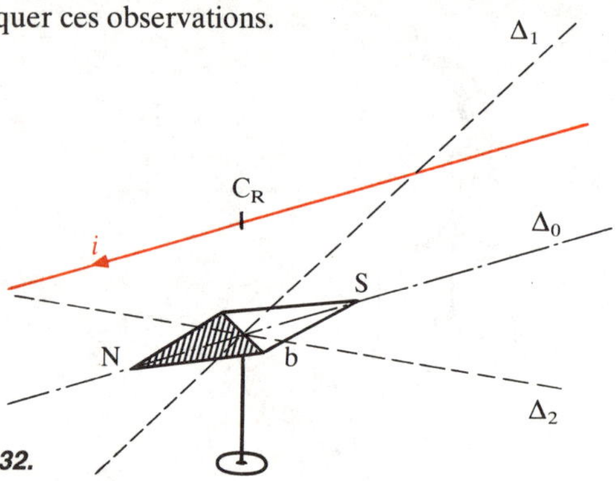

Fig. 7.32.

7.14. Représentation vectorielle : Un conducteur rectiligne, parcouru par un courant d'intensité i, est perpendiculaire au plan P qu'il traverse en O (fig. 7.33).
– Soit M_1 un point du plan P. Calculer numériquement le module du champ magnétique $\vec{B}_1$ pour $d_1=1$ cm et $i=100$ A.
– Calculer le module du champ $\vec{B}_2$ au point M_2 en fonction de d_1, d_2 et B_1. En déduire les valeurs numériques de B_2 pour les distances d_2 suivantes : 1, 2, 4, 6 et 8 cm.
– En adoptant l'échelle 1 mT ≙ 10 mm, tracer, sur papier millimétré, la représentation vectorielle du champ magnétique. Choisir les points tests sur les axes du repère Oxy.

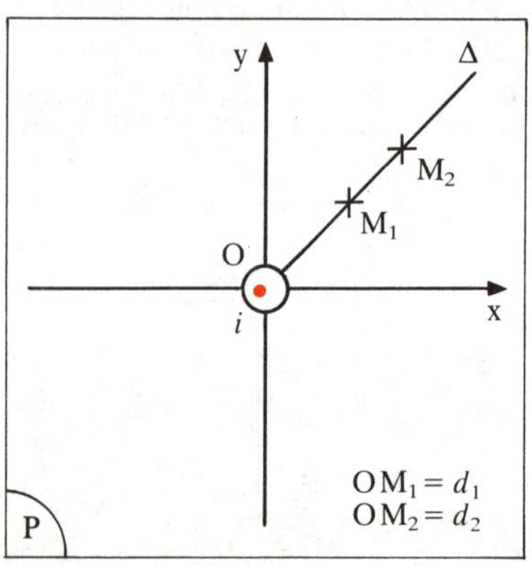

Fig. 7.33.

7.15. Bobines réelles : Soit S un solénoïde considéré comme infiniment long ($L>>R$). Ecrire la valeur du champ magnétique $\vec{B}_\infty$ créé au centre O_1 (fig. 7.34).
Soit $\mathcal{B}$ une bobine composée de N spires. Les deux bobinages S et $\mathcal{B}$ ont le même nombre de spires par mètre. Sachant que le module du champ magnétique créé en O_2 par $\mathcal{B}$ est : $B=B_\infty.\cos\,\theta$, démontrer que : $B=\mu_0 NI/(2\sqrt{R^2+L^2})$.
On veut réaliser une bobine de 14 cm de longueur. Quel doit être le rayon maximal R_M pour que l'on puisse assimiler cette bobine à un solénoïde de longueur infinie, en admettant une erreur relative maximale de 1 % ? Dessiner cette bobine à l'échelle 1.

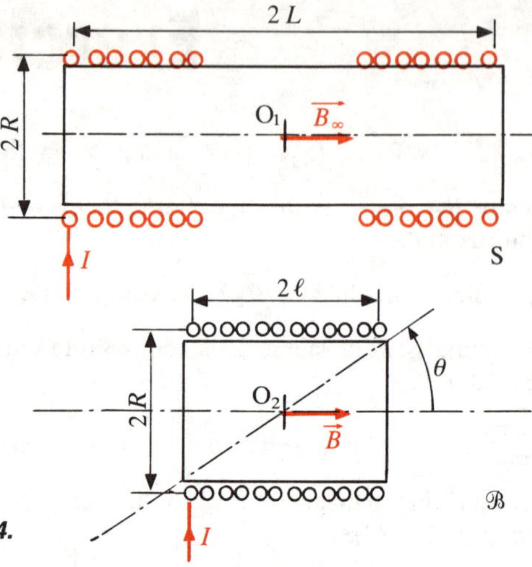

Fig. 7.34.

On veut réaliser une bobine de 2 cm de longueur. Quel doit être le rayon minimal R_m pour que l'on puisse assimiler cette bobine à une bobine plate en admettant une erreur relative maximale de 1 % ? Dessiner cette bobine à l'échelle 1.
On rappelle que si $\varepsilon<<1$; $1/\sqrt{1+\varepsilon} \approx 1-(\varepsilon/2)$.

7.16. Déviation magnétique dans un tube cathodique de téléviseur : La canon à électrons d'un tube TV émet dans le vide un faisceau d'électrons de vecteur vitesse $\vec{v}$. Ce faisceau est soumis à l'action d'un champ magnétique uniforme $\vec{B}$ agissant dans la région limitée par les droites Δ_1 et Δ_2 (fig. 7.35).
Les segments CO et CA sont égaux à R.
– Comparer les angles α et θ.
– Calculer $\tan\alpha$ en fonction de l et R. En déduire l'expression de R.
– Calculer le module du champ $\vec{B}$ qu'il faut créer pour obtenir la déviation maximale souhaitée $2\alpha_M$.

Application numérique : Pour l'électron : $m=9.10^{-31}$ kg ; $e=1{,}6.10^{-19}$ C ; $v=2.10^7$ m/s. Pour le tube : $l=3$ cm ; $2\alpha_M=110°$.

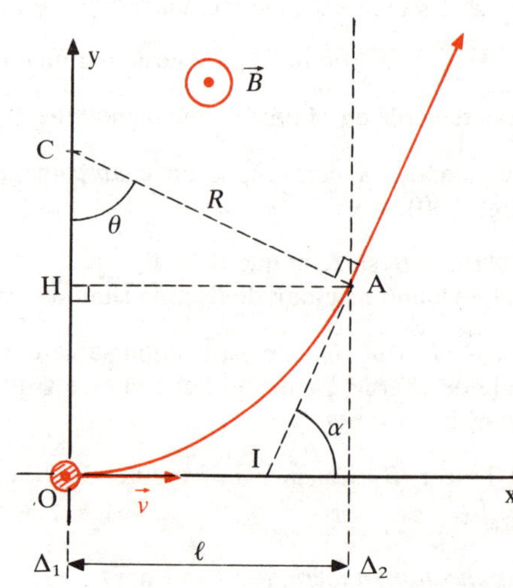

Fig. 7.35.

Chapitre 8

ACTIONS ÉLECTROMAGNÉTIQUES

1. FORCE ÉLECTROMAGNÉTIQUE

1.1. Conducteur dans un champ magnétique

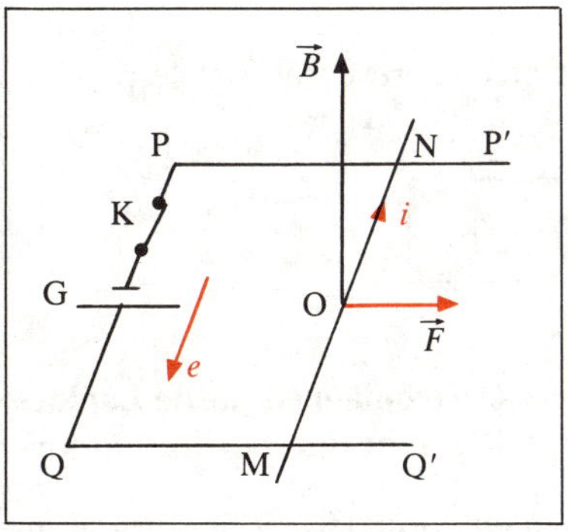

Fig. 8.01. La barre rigide MN est posée sur deux rails horizontaux PP' et QQ' fixes et se trouve dans un champ magnétique uniforme $\vec{B}$. Un générateur G de f.é.m. e, permet de faire passer un courant d'intensité i dans ce circuit.

Dès la fermeture de l'interrupteur K (fig. 8.01), la barre dont la portion MN se trouve dans le champ magnétique $\vec{B}$, se met en mouvement. Elle se déplace toujours suivant une normale à la direction MN, quelle que soit sa position initiale sur les deux rails ; elle est donc soumise à un ensemble de forces admettant une somme vectorielle $\vec{F}$.

Ce montage permet de vérifier qualitativement une partie des caractéristiques de cette force électromagnétique $\vec{F}$. Pour une vérification quantitative, il est nécessaire de recourir à des montages plus élaborés.

On constate que :

– **la direction** de la force $\vec{F}$ est orthogonale au plan formé par le conducteur MN et le vecteur champ magnétique $\vec{B}$;

– **le sens** de la force $\vec{F}$, qui dépend du sens du courant i et du sens du champ magnétique $\vec{B}$, est donné par la **règle de la main droite :** le vecteur force $\vec{F}$ est dans le sens du pouce quand les autres doigts indiquent la plus petite rotation qui amène le vecteur $(i.\overrightarrow{MN})$ – vecteur porté par MN et orienté dans le sens où le courant circule réellement – sur le vecteur champ magnétique $\vec{B}$ (fig. 8.02).

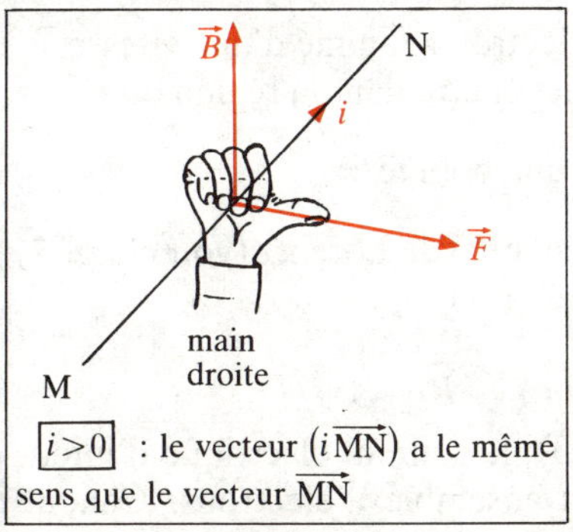

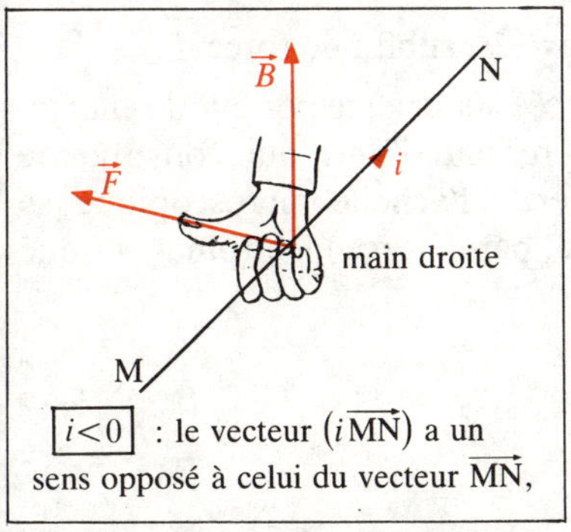

Fig. 8.02. Force de Laplace : Le sens de la force $\vec{F}$ est donné par la règle de la main droite : le pouce est dirigé suivant la force $\vec{F}$ quand les autres doigts indiquent la plus petite rotation qui amène le vecteur $\vec{i.l} = i.\overrightarrow{MN}$ sur le vecteur champ magnétique $\vec{B}$.

– Le **module** de la force $\vec{F}$ est proportionnel :
- à la valeur absolue de l'intensité du courant ($|i|$),
- à la longueur l de la partie de conducteur plongée dans le champ magnétique : l=MN dans le cas considéré,
- à l'intensité B du champ magnétique,
- au sinus de l'angle α formé par le conducteur et le vecteur champ magnétique $\vec{B}$.

$$F = |ilB \sin \alpha| \qquad \begin{cases} F \text{ en newtons,} \\ i \text{ en ampères,} \\ l \text{ en mètres,} \\ B \text{ en teslas.} \end{cases}$$

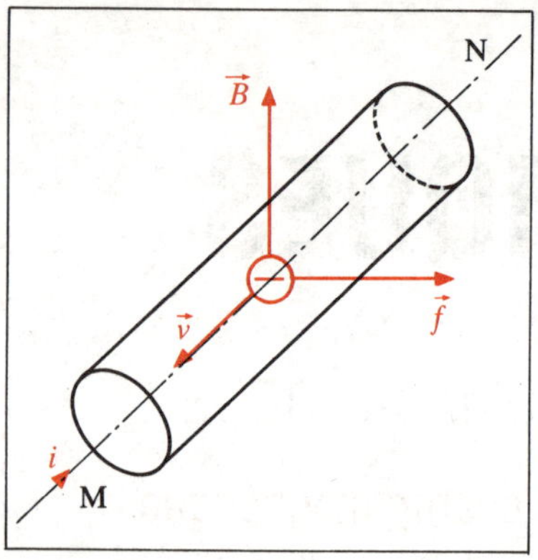

Fig. 8.03. Force de Lorentz subie par un électron libre du conducteur MN.

Remarque 1 :
Si le champ magnétique n'est pas uniforme sur toute la longueur l, il faut calculer la force élémentaire $\overrightarrow{dF}$ qui s'exerce sur chaque élément de conducteur de longueur dl baigné par un champ magnétique $\vec{B}$ « uniforme » sur dl puis faire la somme des vecteurs $\overrightarrow{dF}$.

Remarque 2 :
La force électromagnétique peut être représentée par le produit vectoriel suivant :

$$\vec{F} = i\vec{l} \wedge \vec{B}$$

Dans cette expression, $\vec{F}$ **est la force électromagnétique de Laplace** subie par le conducteur MN (fig. 8.02) dont une portion de longueur l se trouve dans un champ magnétique $\vec{B}$; $(i\vec{l})$ désigne un vecteur ayant la direction du conducteur considéré, dont le sens est celui indiqué par l'orientation du conducteur et de module $(|i|l)$.

1.2. Origine de la force de Laplace

Dans un tube à déflexion $\mathcal{T}$, un électron ε, animé d'une vitesse $\vec{v}$, est dévié de sa trajectoire lorsqu'il pénètre dans la région où règne le champ magnétique $\vec{B}$ créé par une bobine $\mathcal{B}$.

Il est soumis à une force $\vec{f}$ appelée force de Lorentz (voir chap. 7) dont le module est donné par la relation :

$$f = |qvB \sin(\vec{v}, \vec{B})|.$$

Dans le conducteur MN (fig. 8.03), le courant électrique d'intensité i est dû à la migration d'un ensemble d'électrons. Chaque électron ε, porteur de la charge $q = -e$, subit une force $\vec{f}$.
On démontre que cette force, exercée sur chaque porteur de charge, est **intégralement transmise** au réseau d'ions qui constitue le conducteur métallique. Ce transfert, à l'échelle microscopique, se traduit, à l'échelle macroscopique, par la force électromagnétique de Laplace.

2. APPLICATIONS

2.1. Moteur électrodynamique

a) Principe
Un moteur électrodynamique comporte une bobine $\mathcal{B}$ mobile, placée dans l'entrefer cylindrique d'un circuit magnétique fixe (fig. 8.04). Le conducteur électrique se trouve ainsi dans un champ magnétique radial (les lignes de champ se confondent avec les rayons des cylindres qui délimitent l'entrefer).

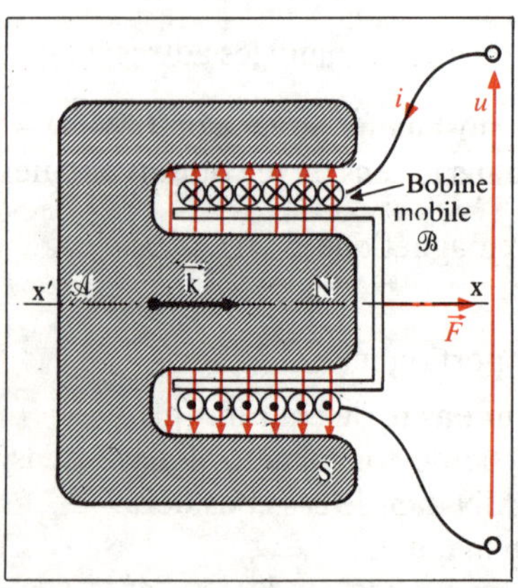

Fig. 8.04. Moteur électrodynamique. Un champ magnétique radial $\vec{B}$ est créé par un aimant permanent $\mathcal{A}$ de forme annulaire. Dans l'entrefer cylindrique se trouve une bobine mobile $\mathcal{B}$ capable de se mouvoir librement selon l'axe xx' (vecteur unitaire $\vec{k}$). La bobine $\mathcal{B}$, constituée par un fil conducteur de longueur totale l, est parcourue par un courant d'intensité i.

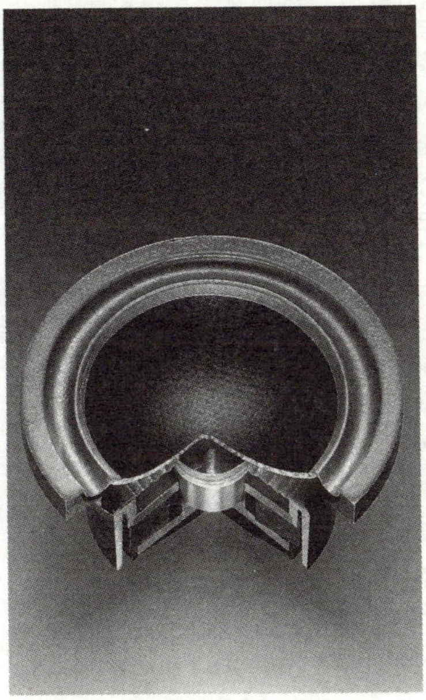

***Fig. 8.05.** Coupe d'un haut-parleur électrodynamique. Le haut-parleur électrodynamique est essentiellement constitué :*
*– d'un moteur électrodynamique : le centrage de la bobine $\mathcal{B}$ dans l'entrefer est assuré par une bague appelée **spider** ;*
– d'une membrane conique (diaphragme) solidaire de la bobine $\mathcal{B}$ et liée élastiquement au bâti par l'intermédiaire d'une suspension élastique.

*Deux bornes C et D, solidaires du bâti, permettent l'alimentation électrique de la bobine $\mathcal{B}$ **sans perturber** les déplacements de la membrane.*

Lorsque la bobine est parcourue par un courant d'intensité i, un élément $\overrightarrow{dl}$, placé en un point où le champ magnétique est égal à $\overrightarrow{B}$, est soumis à une force de Laplace $\overrightarrow{dF}$ dirigée suivant l'axe $x'x$ (le vecteur $\overrightarrow{B}$ est normal à l'élément $\overrightarrow{dl}$ et ces deux vecteurs se trouvent dans un plan normal à $x'x$).

$$\overrightarrow{dF} = idl\, B\, \overrightarrow{k}.$$

Les forces de Laplace élémentaires ainsi définies, ont toutes la même direction et le même sens. Elles admettent une résultante $\overrightarrow{F}$ dirigée suivant l'axe $x'x$ et proportionnelle à l'intensité i du courant.

Sous l'effet de cette force électromagnétique, la bobine $\mathcal{B}$ effectue un mouvement de translation. Ce système réalise une **conversion électromécanique.** Le générateur qui alimente la bobine fournit une puissance électrique qui est transformée en puissance mécanique.

b) Exemples

■ ***Haut-parleur électrodynamique***

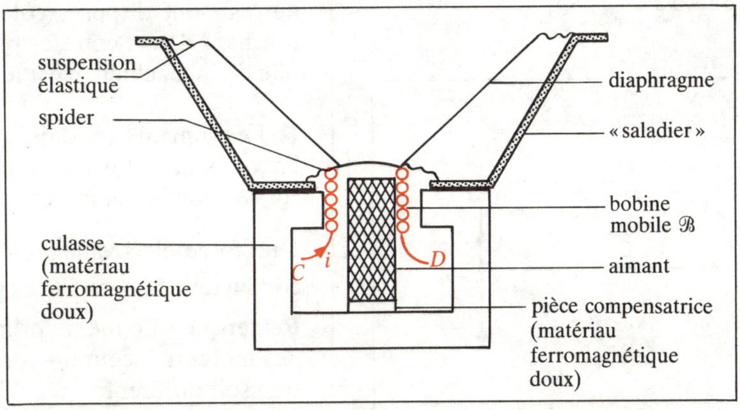

La bobine $\mathcal{B}$ (fig. 8.05), alimentée par un courant variable $i(t)$, est soumise à une force de Laplace $F(t)$ **variable dans le temps.** Le déplacement $x(t)$ de la bobine $\mathcal{B}$ est communiqué à la membrane et cela entraîne une variation locale de la pression du milieu ambiant (air). Ces variations de pression se transmettent de proche en proche, donnant naissance à **l'onde sonore** qui se propage dans ce milieu (voir chap. 24).

Ainsi, la membrane sert d'adaptateur entre le système vibrant (bobine) et le milieu ambiant (air). L'**énergie électrique** fournie au système vibrant est transformée en **énergie acoustique**. Le haut-parleur est donc un **transducteur électro-acoustique.**

Manomètre étalon Type 10. Les caractéristiques métrologiques de cet appareil sont remarquables. A titre d'exemple citons : la précision de 0,01 %, la linéarité de 0,05 %.

■ ***Manomètre étalon à équilibre de force***

La pression p (fig. 8.06) du gaz est appliquée à l'intérieur du soufflet S. Sur la bobine $\mathcal{B}$ s'exerce alors une force $\overrightarrow{f}$ dirigée suivant l'axe x'x (fig. 8.07) et dont l'intensité est proportionnelle à la pression p :

$$f = \lambda p \qquad (\lambda \text{ coefficient de proportionnalité})$$

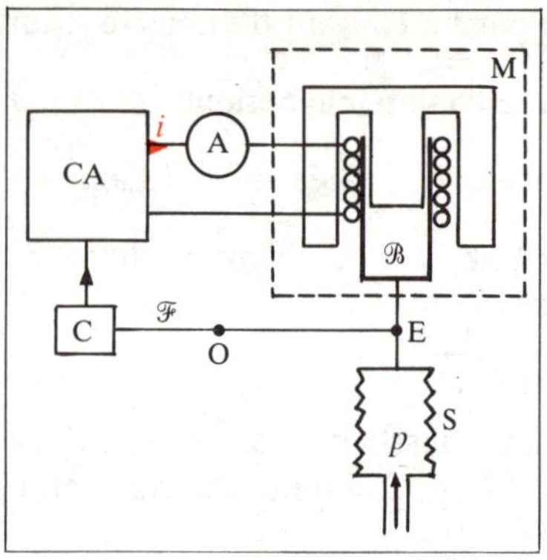

Fig. 8.06. Principe du manomètre étalon à équilibre de force. Un soufflet déformable S soumis à l'action de la pression p à mesurer, est lié mécaniquement à la bobine 𝒝 d'un moteur électrodynamique M. Un fléau ℱ mobile autour d'un point O permet de repérer l'équilibre de l'ensemble.

Un capteur de déplacement C détecte la position du fléau ℱ et commande le courant i dans la bobine 𝒝 par l'intermédiaire d'une chaîne d'asservissement CA. Un ampèremètre A mesure l'intensité i du courant.

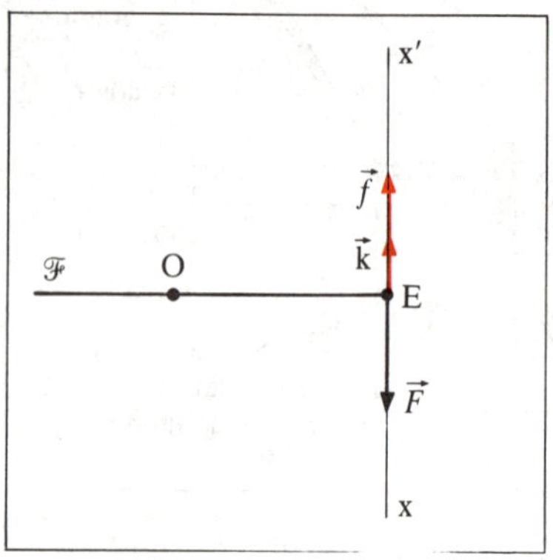

Fig. 8.07. Système de forces à l'équilibre.

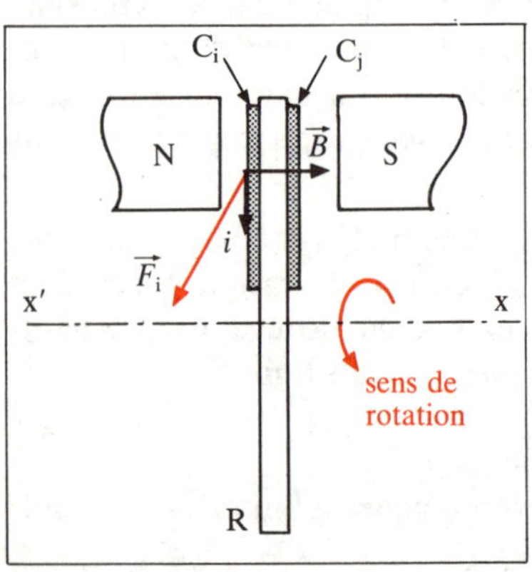

Fig. 8.08. Principe du moteur à entrefer plan. Les deux conducteurs C_i et C_j, placés de part et d'autre du rotor R, sont parcourus par des courants i de même sens.

Le moteur électrodynamique M crée une force $\vec{F}$ de sens opposé à $\vec{f}$ et proportionnelle à i :

$$F = \lambda' i \qquad (\lambda' \text{ coefficient de proportionnalité})$$

L'équilibre de l'ensemble (𝒝, S) est obtenu en réglant l'intensité du courant i dans la bobine 𝒝 pour avoir :

$$\vec{f} + \vec{F} = \vec{0} \quad soit \quad \lambda p = \lambda' i, \quad \text{d'où : } \quad p = \frac{\lambda'}{\lambda} i$$

La mesure de l'intensité du courant i dans la bobine 𝒝, effectuée à l'aide de l'ampèremètre A, permet d'accéder à la valeur de la pression p dans le soufflet.

Pour rendre plus souple l'utilisation de ce manomètre, le réglage de l'intensité i s'effectue **automatiquement** par l'intermédiaire d'un asservissement.

2.2. Moteur à courant continu à entrefer plan

■ Des **aimants permanents** sont fixés sur deux flasques F_1 et F_2 séparés par un **entrefer plan.** L'ensemble constitue la partie fixe de la machine, c'est le **stator.**

■ Des conducteurs lamellaires en cuivre C_i, isolés les uns des autres, sont disposés côte à côte sur un disque en verre époxy tournant dans l'entrefer plan. L'ensemble constitue la partie mobile de la machine, c'est le **rotor.**

■ Les aimants produisent un champ magnétique $\vec{B}$ parallèle à l'axe x'x du rotor (fig. 8.08). Des balais, en frottant directement sur les conducteurs, assurent l'alimentation électrique du rotor.

Une force électromagnétique de Laplace $\vec{F_1}$ s'exerce sur chaque conducteur C_i. Ces forces provoquent la rotation du rotor.

Remarque : Le même principe est utilisé pour obtenir la rotation des moteurs à courant continu industriels bien que leur constitution soit différente.

Caractéristiques technologiques d'un moteur à entrefer plan :
– gamme de puissance : quelques dizaines de watts à cinq kilowatts ;
– gamme de vitesses : 5 à 3 000 tr/min ;
– très faible inertie due à la constitution du rotor ;
– caractéristiques électriques linéaires ;
– applications : servomécanismes.

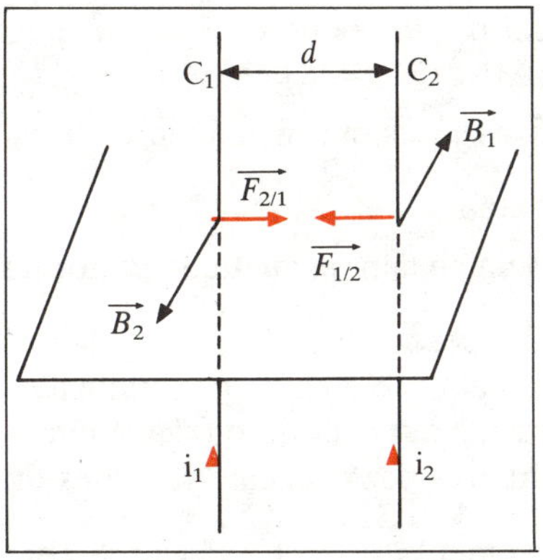

Fig. 8.09. Interaction entre deux conducteurs parallèles. Deux conducteurs C_1 et C_2 rectilignes et parallèles, parcourus par des courants i_1 et i_2 de même sens, s'attirent mutuellement.

Définition légale de l'ampère (04/12/75)

L'ampère est l'intensité du courant électrique constant qui, maintenu dans deux conducteurs parallèles, rectilignes, de longueur infinie, de section circulaire négligeable et placés à une distance de un mètre l'un de l'autre dans le vide, produirait entre ces deux conducteurs, une force de 2.10^{-7} newton par mètre de longueur.

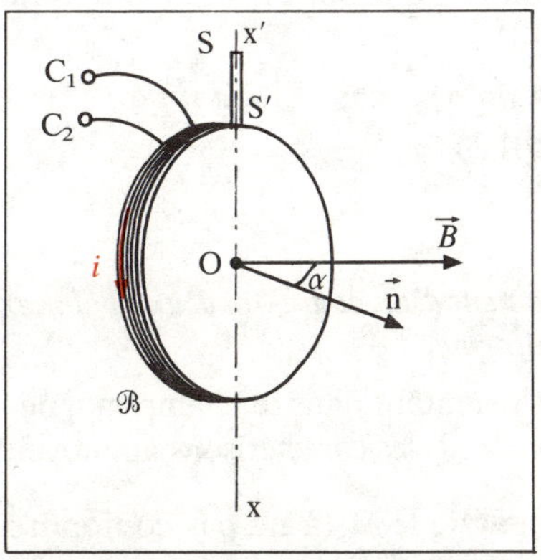

Fig. 8.10. Couple électromagnétique. La bobine plate indéformable 𝔅, de forme quelconque, est suspendue librement au point fixe S. La liaison ***élastique*** *SS' est confondue avec l'axe vertical x'Ox.*
Les conducteurs souples C_1 et C_2 permettent d'alimenter électriquement la bobine 𝔅 sans pour autant perturber ses éventuels déplacements dans l'espace. L'ensemble est plongé dans un champ magnétique uniforme $\vec{B}$. Initialement l'angle $\alpha=(\vec{n}, \vec{B})$ est différent de zéro. Lorsque la bobine est parcourue par le courant i la bobine tourne autour de l'axe x'x, $\vec{n}$ venant se confondre avec $\vec{B}$.

2.3. Perméabilité magnétique du vide

On démontre (voir exercice 8.11) que deux conducteurs parallèles de longueur « infinie » (fig. 8.09) sont soumis à des forces linéiques (forces par unité de longueur) opposées et dont la valeur est :

$$F_{2/1} = F_{1/2} = \mu_0 \frac{i_1 i_2}{2\pi d}$$

Cette expression permet de définir l'unité d'intensité électrique à condition de choisir la valeur de la **perméabilité magnétique** du vide μ_0. On a pris : $\mu_0=4\pi.10^{-7}$ SI.

■ 3. ACTION D'UN CHAMP MAGNÉTIQUE SUR UN CIRCUIT ÉLECTRIQUE

3.1. Action d'un champ uniforme

■ 3.1.1. Circuit quelconque indéformable

Une bobine 𝔅, placée dans un champ magnétique $\vec{B}$ uniforme, et parcourue par un courant d'intensité i (fig. 8.10) prend une position d'équilibre dans le champ. La suspension élastique S'S reste verticale et de longueur constante. Le déplacement de 𝔅 se réduit à une rotation autour de l'axe vertical x'Ox.

L'ensemble des forces électromagnétiques qui s'appliquent à ce circuit fermé indéformable, placé dans un champ magnétique uniforme, se réduit à un couple appelé **couple électromagnétique.**

■ 3.1.2. Cas particulier : circuit rectangulaire indéformable

■ La position angulaire du cadre MNPQ (fig. 8.11) est repérée indifféremment :

a) par le **vecteur normal $\vec{n}$:**
- de **direction** normale à la surface MNPQ au point O,
- dont le **sens** est défini par la règle de la main droite : (l'orientation du conducteur est le sens suivant lequel il faut placer la main pour que le pouce indique le sens du vecteur $\vec{n}$),
- de **module** unitaire ;

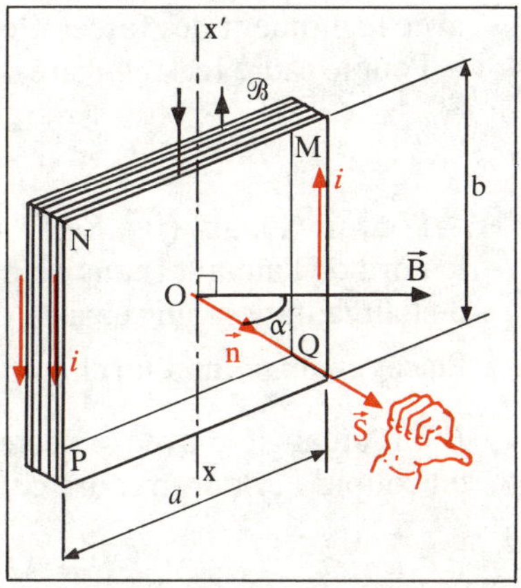

Fig. 8.11. Circuit rectangulaire indéformable. La position du cadre rectangulaire indéformable, formé de N spires de conducteur isolé, est repérée au moyen du vecteur normal $\vec{n}$ ou du vecteur $\vec{S}=\vec{n}S$ (avec S=ab).

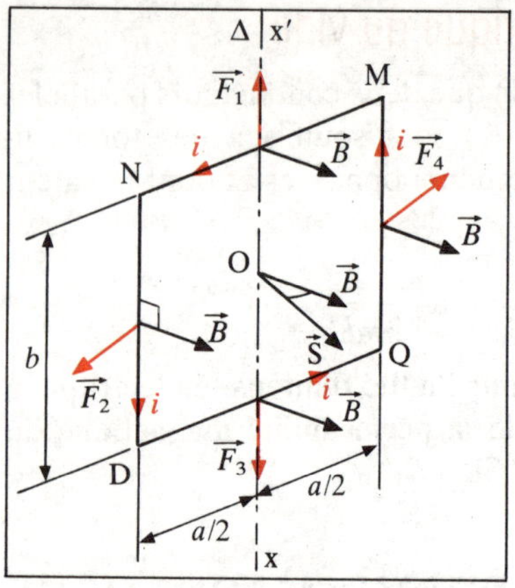

Fig. 8.12. Bilan des forces électromagnétiques exercées sur un cadre rectangulaire indéformable.

Pour qu'un solide soit en équilibre, il faut :

– que la somme vectorielle $\vec{R}$ des forces qui lui sont appliquées soit nulle,
– que la somme des moments de ces forces soit nulle.

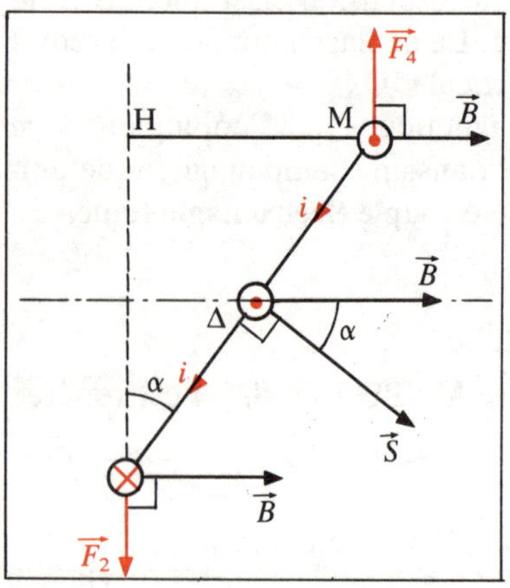

Fig. 8.13. Vue de dessus du cadre.

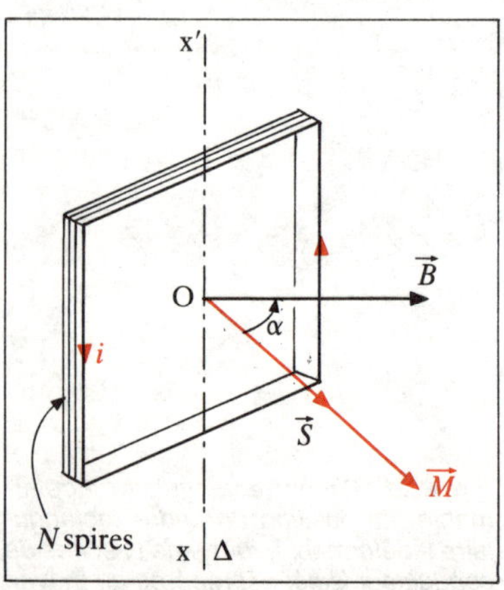

Fig. 8.14. Vecteur moment magnétique $\vec{M}=Ni\vec{S}$ d'un cadre.

b) par le **vecteur surface** $\vec{S}$ défini par la relation : $\vec{S} = S\vec{n}$ dans laquelle S est l'aire de la surface MNPQ ($S=ab$).

La position du cadre MNPQ dans le champ magnétique B est repérée par l'angle α entre les vecteurs $\vec{S}$ et $\vec{B}$: $\alpha=(\vec{S}, \vec{B})$.

■ Le cadre MNPQ plongé dans un champ magnétique uniforme $\vec{B}$, de direction normale à l'axe Δ, est soumis à l'action des forces de Laplace qui s'exercent sur chaque élément de conducteur parcouru par le courant d'intensité i. Nous considérons les sommes vectorielles de ces forces élémentaires pour chacun des côtés du cadre ; elles sont notées respectivement $\vec{F_1}$, $\vec{F_2}$, $\vec{F_3}$, $\vec{F_4}$ (fig. 8.12).

L'application de la loi de Laplace conduit aux relations vectorielles suivantes :

$$\vec{F_1} = -\vec{F_3} \qquad \text{avec :} \quad F_1=F_3=Bia$$

$$\text{et :} \quad \vec{F_2} = -\vec{F_4} \qquad \text{avec :} \quad F_2=F_4=Bib$$

Notons que la somme vectorielle de ces actions électromagnétiques est bien nulle :

$$\vec{R} = (\vec{F_1} + \vec{F_3}) + (\vec{F_2} + \vec{F_4}) = \vec{0}$$

Sous l'action des seules forces électromagnétiques le cadre ne peut subir de translation, mais il y a rotation de l'ensemble autour de l'axe Δ. Cet effet est dû aux forces $\vec{F_2}$ et $\vec{F_4}$ qui forment un **couple électromagnétique** (les moments des forces $\vec{F_1}$ et $\vec{F_3}$ par rapport à l'axe Δ sont nuls). Si le cadre comporte N spires, le moment du couple moteur est égal à (fig. 8.13) :

$$\Gamma = NF_2.\text{HM} = N(Bib)(a \sin \alpha) \qquad \text{car HM}=a \sin \alpha$$

D'où, puisque $S=ab$: $\Gamma = NSiB \sin \alpha$

Remarque : ***Analogie de comportement d'un cadre (ou d'une bobine) et d'un aimant dans un champ uniforme.***

Nous savons que ces dispositifs s'orientent dans le champ magnétique. Pour définir leur orientation, nous les caractérisons au moyen d'un vecteur appelé **moment magnétique** $\vec{M}$ (à ne pas confondre avec le moment des forces électromagnétiques).

– Pour le cadre rectangulaire considéré précédemment (fig. 8.14) :

$$\vec{M} = Ni\vec{S}$$

– Pour un aimant (fig. 8.15) $\vec{M}$ est un vecteur orienté du sud vers le nord de l'aimant (nous ne précisons pas son module qui dépend de l'aimantation qui subsiste dans l'aimant).

Placés en un point d'un champ magnétique uniforme, où le vecteur $\vec{B}$ fait un angle α avec le vecteur $\vec{M}$ [$\alpha=(\vec{M}, \vec{B})$], ils sont soumis à un couple Γ. Pour le cadre considéré précédemment il est égal à :

$$\Gamma = MB \sin (\vec{M}, \vec{B})$$

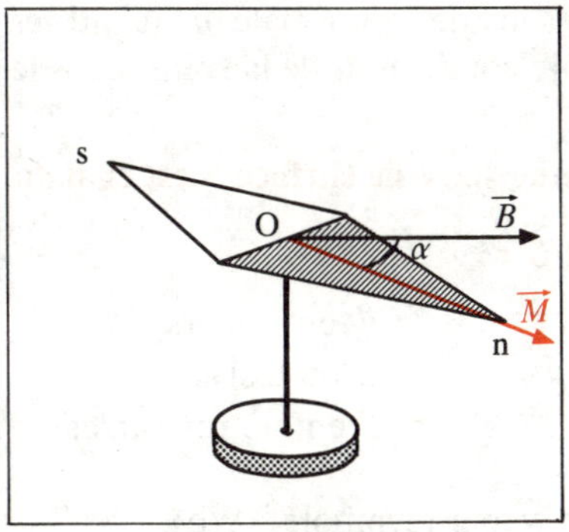

Fig. 8.15. *Vecteur moment magnétique $\vec{M}$ d'un aimant.*

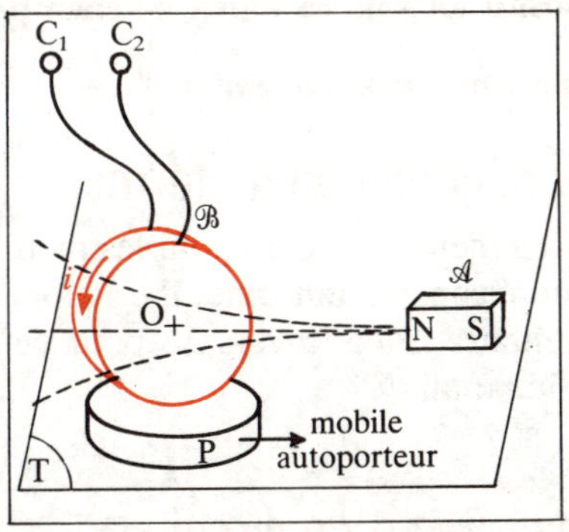

Fig. 8.16. *Circuit indéformable dans un champ magnétique non uniforme. Un mobile autoporteur P est posé sur une table horizontale T. Sur le mobile P, on fixe, dans un plan vertical, une bobine plate 𝔅. Deux conducteurs souples C_1 et C_2 alimentent électriquement la bobine 𝔅 sans pour autant perturber les éventuels mouvements de l'ensemble (𝔅, P). Un aimant droit 𝒜 fixe, placé à proximité de la bobine 𝔅 crée un champ magnétique non uniforme dont quelques lignes de champ sont représentées en pointillés.*

Il en est de même pour l'aimant. En général, après quelques oscillations, le cadre comme l'aimant prennent une position d'équilibre stable. Le moment du couple des forces qui s'exercent est alors nul :

$$\Gamma = 0 \Rightarrow MB \sin(\vec{M}, \vec{B}) = 0$$

soit : $$\sin(\vec{M}, \vec{B}) = 0.$$

Le cadre ou l'aimant occupe une position d'équilibre stable pour une valeur nulle de l'angle $(\vec{M}, \vec{B})$, c'est-à-dire lorsque les vecteurs $\vec{M}$ et $\vec{B}$ sont colinéaires.

3.2. Action d'un champ magnétique non uniforme sur un circuit électrique quelconque

■ Dans un champ magnétique non uniforme (fig. 8.16), une bobine pouvant se déplacer librement (fils de suspension n'imposant pas de contraintes mécaniques) est soumise à des forces électromagnétiques dont :
- la somme vectorielle n'est pas nulle : il y a **translation** du circuit,
- la somme des moments n'est pas nulle : il y a **rotation** du circuit,

Lorsqu'un **équilibre stable** est atteint, l'orientation de la bobine est telle que l'angle $\alpha = (\vec{S}, \vec{B})$ est nul.

La bobine 𝔅 se déplace vers la région où le champ magnétique $\vec{B}$ est le plus intense (fig. 8.17).

L'équilibre stable de la bobine correspond à une position pour laquelle le champ magnétique $\vec{B}$ est maximal et l'angle $(\vec{S}, \vec{B})$ nul.

■ Un champ magnétique exerce sur une spire déformable (fig. 8.18) des actions électromagnétiques qui tendent à lui faire prendre la forme d'un cercle, c'est-à-dire la surface la plus grande possible.

L'équilibre stable de la spire correspond à une géométrie pour laquelle la surface est maximale.

■ Dans le cas général, pour décrire le mouvement d'un circuit quelconque, il convient de tenir compte simultanément des facteurs $\vec{B}$, $\vec{S}$ et $(\vec{S}, \vec{B})$. Cela a conduit à définir une grandeur scalaire appelée flux magnétique.

■ 4. FLUX MAGNÉTIQUE

4.1. Cas d'un champ magnétique uniforme

A toute spire nous associons une normale orientée $\vec{n}$ et un vecteur surface $\vec{S} = S\vec{n}$ (S : aire de la spire).

Même si elle n'est pas parcourue par un courant, nous fixons une orientation pour le conducteur et nous déduisons le sens de la normale orientée en appliquant la règle de la main droite

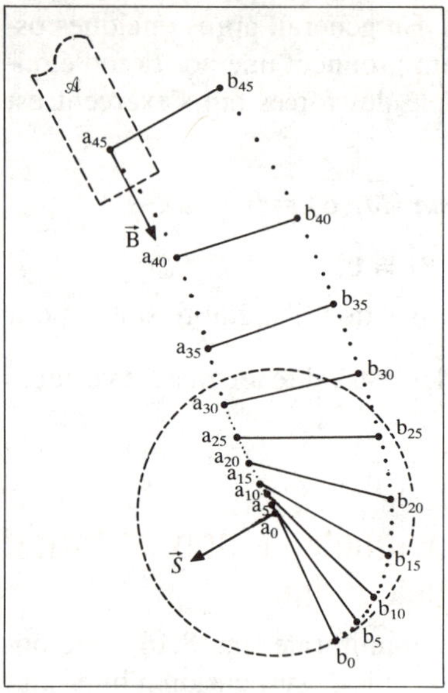

Fig. 8.17. Enregistrement du mouvement de l'ensemble (ℬ, P). Initialement le plan de la bobine est parallèle à l'axe de l'aimant. Les points a_i indiquent les positions du centre d'inertie du système (ℬ, P) toutes les 40 ms. Les points b_i indiquent les positions d'un point en périphérie du mobile.

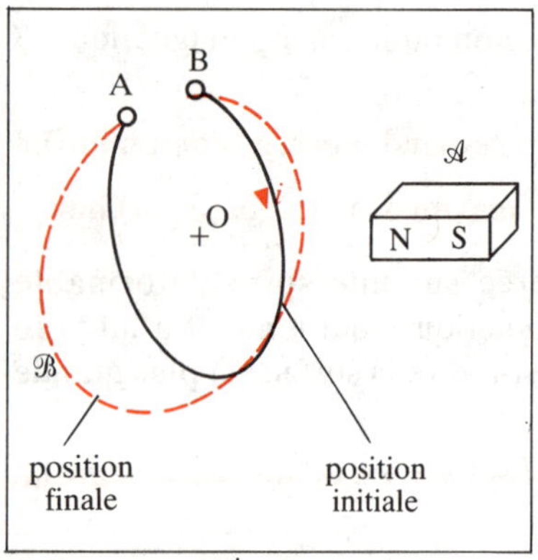

Fig. 8.18. Circuit déformable dans un champ magnétique non uniforme. La bobine ℬ est réduite à une spire unique déformable. Un aimant droit 𝒜 fixe crée un champ magnétique non uniforme.

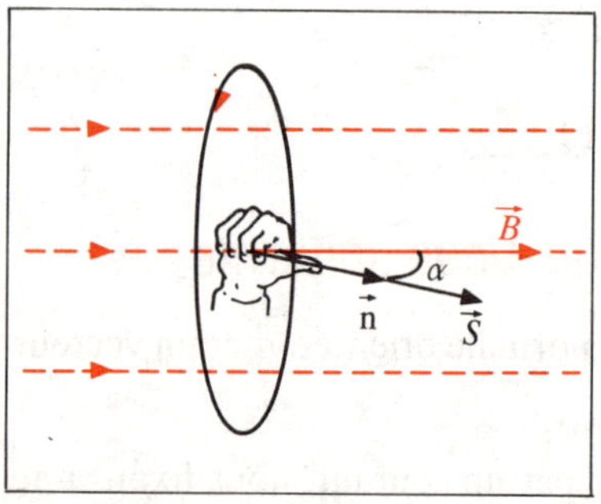

Fig. 8.19. Flux magnétique à travers une spire.

(fig. 8.19) : le pouce indique le sens de la normale $\vec{n}$ quand les autres doigts sont placés suivant le conducteur de la spire, dans le sens de l'orientation choisie.

Le flux magnétique Φ à travers une spire de surface S est égal au produit scalaire des vecteurs $\vec{B}$ et $\vec{S}$:

$$\Phi = \vec{B}.\vec{S} = BS\cos(\vec{S}, \vec{B})$$

Φ en webers,
B en teslas,
S en mètres carrés.

L'unité de flux magnétique est le weber (symbole : Wb).
Le flux total Φ_t à travers une bobine ℬ de N spires est égal à :

$$\Phi_t = N\vec{B}.\vec{S} = NBS\cos(\vec{S}, \vec{B}).$$

Le flux à travers une spire est positif lorsque les lignes de champ qui traversent la spire ont le même sens que le vecteur surface $\vec{S}$.

4.2. Cas d'un champ magnétique non uniforme

On découpe la surface S en petits éléments d'aire ΔS pour lesquels le vecteur champ peut être considéré comme uniforme. Il est alors possible de calculer le flux élémentaire $\Delta\Phi$ à travers ΔS pour en déduire, par une sommation, le flux total Φ.

4.3. Règle du flux maximal. Cas d'un circuit soumis aux seules actions électromagnétiques

Le flux magnétique est une grandeur physique qui est un scalaire et non un vecteur. Il permet, entre autres, d'exprimer simplement la loi qui régit le mouvement d'un circuit électrique plongé dans un champ magnétique quelconque qui ne varie pas en fonction du temps.
En effet, les expériences précédentes (paragraphe 3.2) conduisent à énoncer la règle suivante dite **règle du flux maximal :**

Le mouvement d'un circuit dans un champ magnétique constant dans le temps, quelconque, s'effectue de telle sorte que le flux magnétique à travers ce circuit devienne maximal.

Remarque :
Un retour au cas d'un champ uniforme permet de justifier théoriquement la règle du flux maximal. En effet, la bobine, de moment magnétique $\vec{M}$ plongée dans un champ magnétique uniforme est soumise uniquement à un couple électromagnétique tel que :

$$\Gamma = MB\sin(\vec{M}, \vec{B})$$

Cette bobine est en équilibre si le moment de ce couple est nul.
L'équilibre est stable si :

$$\alpha = (\vec{M}, \vec{B}) = (\vec{S}, \vec{B}) = 0$$

Dans ce cas, le flux magnétique Φ à travers la surface S du circuit de N spires est égal à :

$$\Phi = NBS\cos\alpha = NBS$$

Cela correspond bien à la valeur maximale du flux.

Galvanomètre à cadre mobile.

Exemples des caractéristiques d'un vu-mètre ordinaire.
$N=500$ spires ; $S=1$ cm^2 ; $B=0,3$ T
$\Phi_0=1,5.10^{-2}$ Wb.
$C=1,5.10^{-7}$ N.m.rad^{-1}.
Parcouru par un courant d'intensité $i=10$ µA le cadre de cet appareil tourne d'un angle $\alpha=1$ radian (57 degrés).

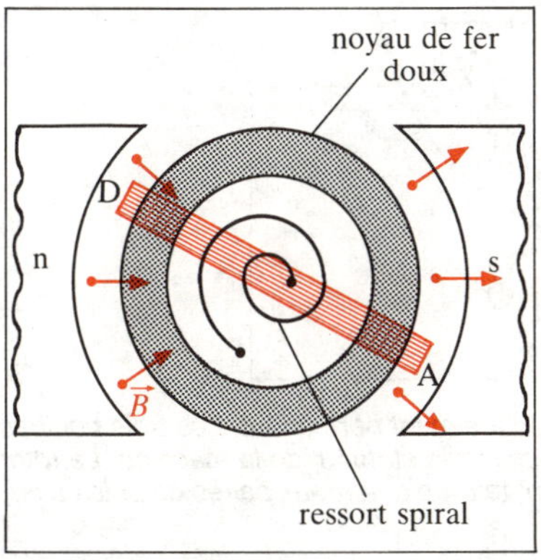

Fig. 8.20. Cadre mobile dans le champ radial (vue de dessus).

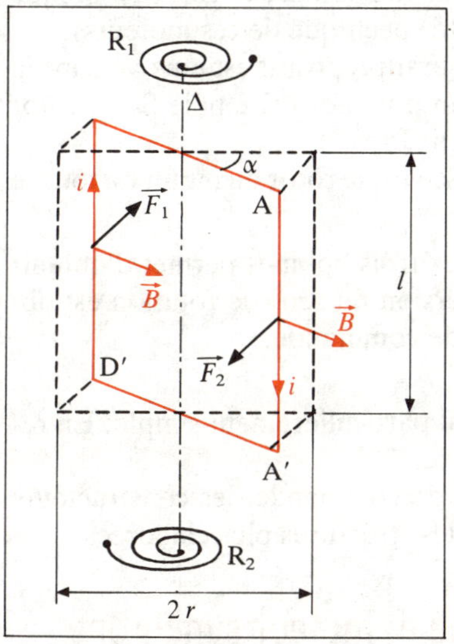

Fig. 8.21. Forces de Laplace s'exerçant sur deux conducteurs verticaux.

5. APPLICATIONS

5.1. Galvanomètre magnétoélectrique

Un cadre rectangulaire (N spires) est placé dans l'entrefer d'un circuit magnétique dans lequel le champ magnétique est radial. Ce cadre peut pivoter autour d'un axe Δ ; deux ressorts de rappel le maintiennent dans une position de repos déterminée en l'absence de courant dans le cadre (fig. 8.20). Ils opposent un couple résistant lorsque le cadre est écarté de sa position de repos. Le moment Γ_r de ce couple résistant est proportionnel à l'angle de rotation θ du cadre, angle mesuré à partir de la position de repos :

$$\Gamma_r = C\theta \qquad (C \text{ : constante de proportionnalité})$$

Recherchons les sommes vectorielles des forces électromagnétiques élémentaires pour chaque côté du cadre. Seules les forces qui s'exercent sur les conducteurs verticaux sont à prendre en compte. Les forces de Laplace appliquées aux côtés AA′ et DD′ *d'une spire* (fig. 8.21) sont perpendiculaires au plan du cadre et au vecteur champ magnétique $\vec{B}$. Elles forment un couple de moment : $\Gamma_{1m}=Bil.2r$. Le produit ($2lr$) étant égal à la surface S du cadre, nous pouvons écrire :

$$\Gamma_{1m} = BiS$$

Le moment résultant du couple appliqué aux N spires est donc :

$$\Gamma_m = N\Gamma_{1m} = NBiS$$

Posons : $NBS=\Phi_0$ (Φ_0 est la constante de flux du galvanomètre).
Le moment du couple électromagnétique est donc égal à :

$$\Gamma_m = \Phi_0 i$$

Le cadre tourne et il prend une position d'équilibre qui correspond à l'égalité des moments des deux couples antagonistes :

$$\Gamma_m = \Gamma_r$$

Si l'angle de rotation du cadre, pour atteindre cette position d'équilibre, est α, nous pouvons écrire :

$$\Phi_0 i = C\alpha$$

soit : $i = K\alpha$ avec : $K = C/\Phi_0 =$ constante.

Il y a proportionnalité entre l'intensité i du courant et l'angle de déviation α du cadre.

Cela est utilisé dans les appareils de mesures électriques : galvanomètres, ampèremètres, voltmètres (appareils à aiguille).

5.2. Moteurs pas à pas

La figure 8.22 présente une structure simplifiée permettant de comprendre le principe de ces machines.
Chaque enroulement peut être alimenté avec un courant en créneaux (impulsions de courant). Par exemple, la bobine $\mathcal{B}_2$ peut ne pas être alimentée ou être parcourue par un courant i_2 positif ou négatif (fig. 8.23). Dans ces deux derniers cas, la face interne F_2 de la bobine $\mathcal{B}_2$ est alors respectivement pôle nord ou pôle sud.
Examinons une phase de fonctionnement de ce moteur. A l'instant initial, supposons le rotor $\mathcal{R}$ dans la position de la figure 8.22. Un courant i_2 négatif est envoyé dans la bobine $\mathcal{B}_2$; la face F_2 devient un pôle sud.
La **règle du flux maximal** régit le mouvement du rotor : le pôle N_2 vient se placer en face de la bobine.

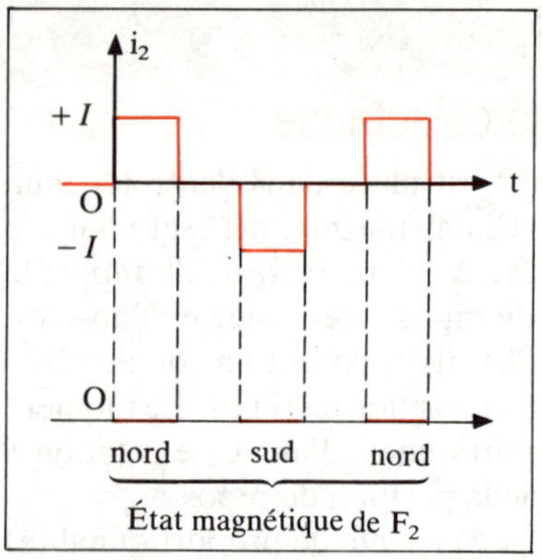

Fig. 8.23. Commande impulsionnelle.

Caractéristiques technologiques d'un moteur pas à pas.

La séquence de commande est réalisée par un système électronique.
Les pas des moteurs sont de 15°, 7,5° ou 1,8°.
La gamme des vitesses possibles s'étend de 10^2 à 10^3 tr/min.
La gamme des couples moteurs s'étend de quelques millinewtons-mètres à quelques newtons-mètres.
Ces moteurs sont de plus en plus utilisés pour résoudre des problèmes nécessitant un positionnement précis par exemple : machines-outils à commande numérique.

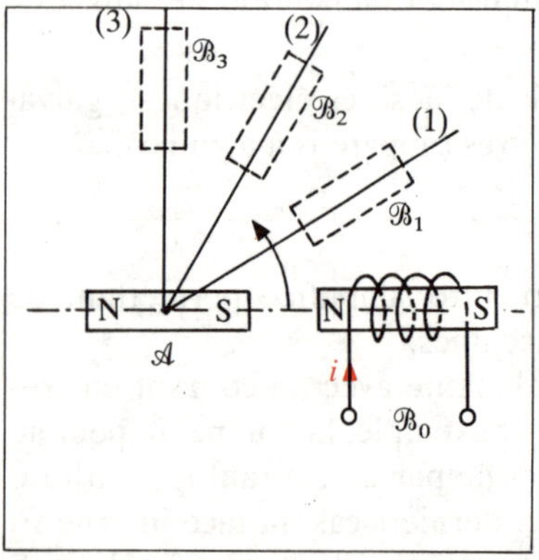

Fig. 8.24. Passage de la rotation discontinue à la rotation continue. Si par exemple, on déplace la bobine $\mathcal{B}$ de trois pas par seconde.
Aux instants 0, 1/3, 2/3 et 1 s, la bobine se trouve respectivement en $\mathcal{B}_0$, $\mathcal{B}_1$, $\mathcal{B}_2$, $\mathcal{B}_3$. L'aimant $\mathcal{A}$ va suivre la course de la bobine (règle du flux maximal).

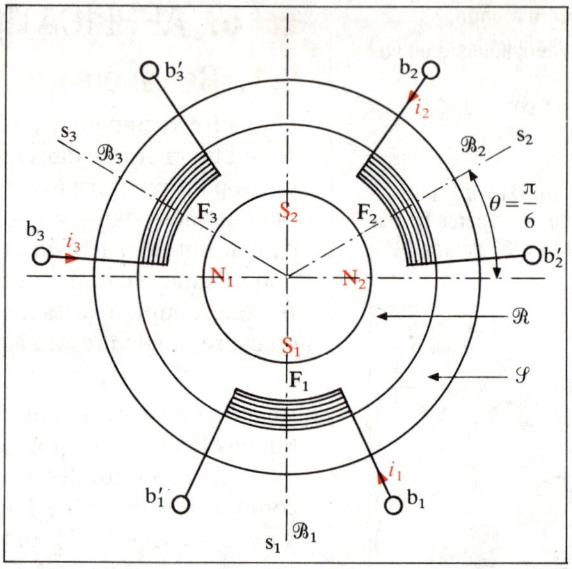

Fig. 8.22. Principe du moteur pas à pas à aimant permanent. Les trois bobines $\mathcal{B}_1$, $\mathcal{B}_2$ et $\mathcal{B}_3$ sont réparties régulièrement sur le stator $\mathcal{S}$ de la machine. Le rotor $\mathcal{R}$ est constitué par un aimant permanent tétrapolaire (deux paires de pôles alternativement nord et sud).

Le déplacement angulaire, appelé **pas du moteur**, est dans cet exemple $\theta = \pi/6$ rad. La position d'équilibre est **stable**. En maintenant le courant i_2 suffisamment longtemps, le rotor se bloque dans la position voulue (propriété spécifique de ces moteurs).
Le courant i_2 est annulé et un courant i_3 positif est envoyé dans la bobine $\mathcal{B}_3$. La face F_3 devient un pôle nord. Le pôle S_2 du rotor vient se placer en face de la bobine $\mathcal{B}_3$.
Après ces deux opérations successives, le rotor du moteur a tourné de deux pas, donc de $\pi/3$ rad.

Une alimentation **séquentielle** des trois bobines permet d'obtenir une **rotation permanente**. L'inversion du sens de rotation est obtenue en modifiant la séquence de commande.

Remarque :
La structure de cette machine est particulièrement simple. En revanche la commande est complexe.
Afin de simplifier les séquences de commande, les constructeurs ont été contraints de concevoir des structures plus élaborées.

5.3. Agitateur magnétique et moteur synchrone

On peut simplifier encore le rotor du moteur pas à pas et envisager un système équipé d'un aimant droit $\mathcal{A}$ (fig. 8.24). La rotation continue du rotor $\mathcal{R}$ de ce système peut être obtenue en faisant tourner une bobine $\mathcal{B}$ parcourue par un courant d'intensité constante i. C'est le principe de **l'agitateur magnétique.**

La rotation continue de la bobine crée un **champ magnétique tournant** sur lequel se « cale » le rotor.

En alimentant des **bobines fixes** à l'aide de courants variables judicieusement choisis, on démontre (exercice 8-14) qu'il est possible de créer électriquement un champ magnétique tournant. Ces bobines constituent alors le stator d'un **moteur synchrone** dont le rotor est un aimant ou un électro-aimant.

Travaux pratiques

1. Mise en évidence des actions électromagnétiques exercées sur une bobine de haut-parleur.

Au centre de la membrane d'un haut-parleur (fig. 8.25), préalablement découpée pour rendre plus libres les mouvements de la bobine, déposons une masse marquée de 50 g après avoir repéré la position initiale de l'équipage mobile (z_0).

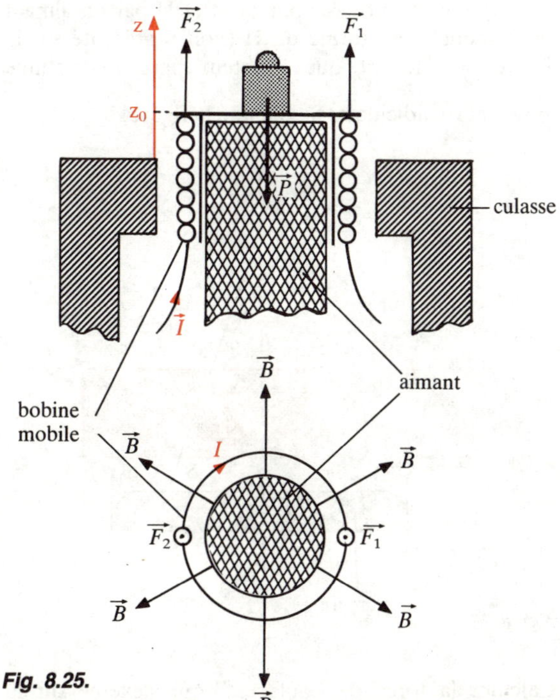

Fig. 8.25.

La bobine s'enfonce sous l'action de son poids $\vec{P}=m\vec{g}$. Injectons dans la bobine un courant d'intensité I, de sens convenable, de façon que les forces de Laplace ramènent l'ensemble à sa position initiale. Les forces de Laplace admettent alors une somme vectorielle $\vec{F}$ directement opposée au poids $\vec{P}$:

$$\vec{F}+\vec{P}=\vec{0}$$

Les intensités F et P de ces deux forces sont donc égales.

Calcul de F : pour les N spires de rayon r, placées dans le champ radial, la somme vectorielle des forces de Laplace, qui sont verticales et dirigées vers le haut (comme $\vec{F}_1$ et $\vec{F}_2$ par exemple), a une intensité $F=BIl$ avec $l=2\pi rN$.

Nous pouvons donc écrire :

$$BIl = mg$$

soit : $$B = \frac{mg}{NIl}$$

Exemple : résultats obtenus avec un haut-parleur de récepteur TV : r=1,0 cm ; N=40 spires ; I=0,32 A ; P=0,49 N. Le calcul donne l=2,51 m et B=0,61 T.

2. Règle du flux maximal.

Réaliser le dispositif expérimental décrit figure 8.16. Repérer la projection orthogonale de l'aimant $\mathcal{A}$ sur la table T, noter cette position $\mathcal{A}'$ sur le papier d'enregistrement E.

Le sens du courant dans la bobine $\mathcal{B}$ est choisi de telle sorte qu'il y ait répulsion entre $\mathcal{A}$ et $\mathcal{B}$.

– Dès que la bobine $\mathcal{B}$ est alimentée, commencer l'enregistrement du mouvement (fig. 8.17). Les points a_i indiquent les positions du centre d'inertie du système ($\mathcal{B}$, P). Les points b_i indiquent les positions d'un point en périphérie du mobile. L'intervalle de temps entre deux points consécutifs a_i (ou b_i) est noté Δt.

– L'expérience terminée, retirer le système ($\mathcal{B}$, P) SANS TOUCHER au PAPIER E. Disposer alors l'aimant sur E dans la position $\mathcal{A}'$. Dans ces conditions, grâce à un teslamètre à effet Hall et une boussole par exemple, mesurer le sens, la direction, et le module du champ magnétique $\vec{B}$ aux points a_i correspondants aux intervalles de temps $\Delta T=10\ \Delta t$.

– Relier graphiquement les points synchrones a_i et b_i sur l'enregistrement pour matérialiser le mouvement de la bobine $\mathcal{B}$. Avec des échelles convenables, tracer les vecteurs $\vec{S}_i$ (vecteur surface associé à la bobine $\mathcal{B}$) et $\vec{B}_i$ (vecteur champ magnétique) pour chaque point a_i. Mesurer $\alpha_i=(\vec{S}_i, \vec{B}_i)$, en déduire la valeur du flux magnétique Φ_i en chaque point a_i. Tracer la courbe $\Phi_i=f(t_i)$.

Agitateur magnétique.

Contrôle des connaissances

INDIQUER LA (OU LES) BONNE(S) RÉPONSE(S) :

8.01. Un conducteur rectiligne de longueur $\vec{l}$ parcouru par un courant d'intensité i est placé dans un champ magnétique $\vec{B}$ tel que $(\vec{l}, \vec{B}) = \alpha$.

Quel est le module de la force de Laplace $\vec{F}_i$ qui s'exerce sur ce conducteur pour les quatre valeurs de α proposées ?

Exprimer le résultat en millinewtons.

Application numérique : l=10 cm ; i=5 A ; B=0,2 T ; $\alpha_i=(\vec{l}, \vec{B}) = \left(0, \frac{\pi}{3}, \frac{\pi}{2}, \pi\right)$.

R : (F_1, F_2, F_3, F_4) : (0, 50, 0, 10 mN) ; (0, 100, 87, 50 mN) ; (0, 87, 100, 0 mN) ; (0, 5, 10, 8 mN).

8.02. Le cadre décrit à l'exercice précédent est placé dans l'entrefer d'un circuit magnétique où le champ magnétique est radial et égal à 0,4 T.
Quel est le moment du couple électromagnétique qui s'exerce sur ce cadre ?

R : 1,8 ; 3,6 ; 7,2 ; 0,9 Nm.

8.03. Calculer, en milliwebers, le flux magnétique Φ_i qui traverse une bobine de N spires de surface S placée dans un champ magnétique uniforme de module B. Les lignes de champ font un angle α_i avec le plan de la surface S.

Application numérique : N=10 spires ; B=0,5 T ; S=0,01 m^2 ; $\alpha_i = \left(0, \frac{\pi}{3}, \frac{\pi}{2}, \pi\right)$.

R : (Φ_1, Φ_2, Φ_3, Φ_4) : (−50, 0, 50, 25 mWb) ; (50, 25, 0, −50 mWb) ; (0, 30, 20, −10 mWb) ; (50, 25, 0, −45 mWb).

8.04. On réalise l'expérience d'Oersted (chap. 7 ; fig. 7.32). L'aiguille aimantée b est caractérisée par un moment magnétique $\vec{M}$. Le conducteur rectiligne C_R parcouru par le courant d'intensité i est placé à une distance verticale d de l'aiguille b.

Quelle est la valeur du moment Γ qui s'exerce sur l'aiguille b ?

Application numérique : M=25 mAm^2 ; i=6 A ; d=1 cm.

R : 0 ; 1,5 ; 3 ; 4,7 µNm.

8.05. Un conducteur rectiligne homogène OP de masse m et de longueur l est suspendu en O (fig. 8.26). L'extrémité P plonge dans une cuve remplie de mercure. Le conducteur OP, parcouru par un courant d'intensité i, est soumis à l'action d'un champ magnétique uniforme créé entre les points M et N par un aimant permanent $\mathcal{A}$ en forme de U (non représenté sur la figure) de telle sorte que le vecteur champ magnétique $\vec{B}$ soit perpendiculaire au plan de la figure.

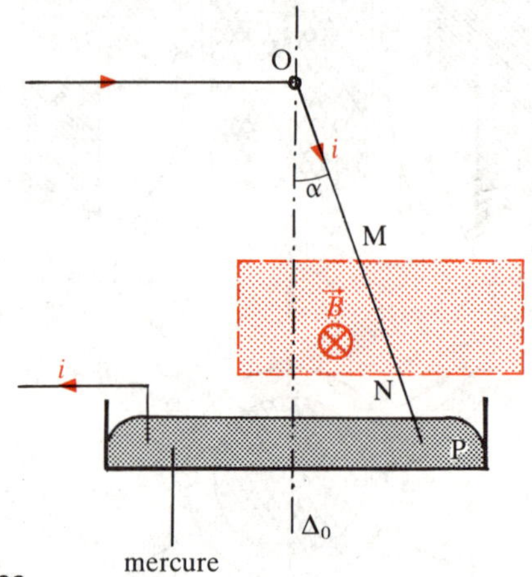

Fig. 8.26.

Calculer la force de Laplace $\vec{F}$ qui s'exerce sur le conducteur OP. Quel est l'angle α que fait le conducteur OP avec la verticale Δ_0 ?

Application numérique : m=10 g ; l=30 cm ; OM=24 cm ; ON=26 cm ; i=6 A ; B=50 mT ; g=9,81 m/s^2.

R : 0°, 6° ; 24° ; 48°.

8.06. Un cadre mobile, analogue à celui de la figure 8.11, est un carré de côté a. Il comporte N spires traversées par un courant d'intensité i. Ce cadre est placé dans un champ magnétique uniforme $\vec{B}$ dont les lignes de champ font un angle α_i avec le plan du cadre mobile. Quel est le moment Γ_i des forces électromagnétiques par rapport à l'axe de rotation x'Ox pour les quatre valeurs de α proposées ? Exprimer le résultat en newtons-mètres.

Application numérique : a=30 cm ; N=20 spires ; i=5 A ; B=0,4 T ; $\alpha_i = \left(0, \frac{\pi}{3}, \frac{\pi}{2}, \pi\right)$.

R : (Γ_1, Γ_2, Γ_3, Γ_4) : (0 ; −3,6 ; 1,8 ; 3,6 Nm) ; (3,6 ; 1,8 ; 0 ; −3,6 Nm) ; (7 ; −4 ; 0 ; +2 Nm) ; (2,4 ; 0 ; −1,8 ; 3,6 Nm).

Exercice résolu

8.07. **Moteur électrodynamique. La bobine $\mathcal{B}$ d'un moteur électrodynamique (fig. 8.04) comporte *N* spires circulaires de rayon *R*, d'axe x'x orienté par le vecteur unitaire $\vec{k}_1$ (fig. 8.27). Placée dans le champ magnétique radial $\vec{B}$, la bobine est parcourue par le courant d'intensité *i* (*i*>0).**

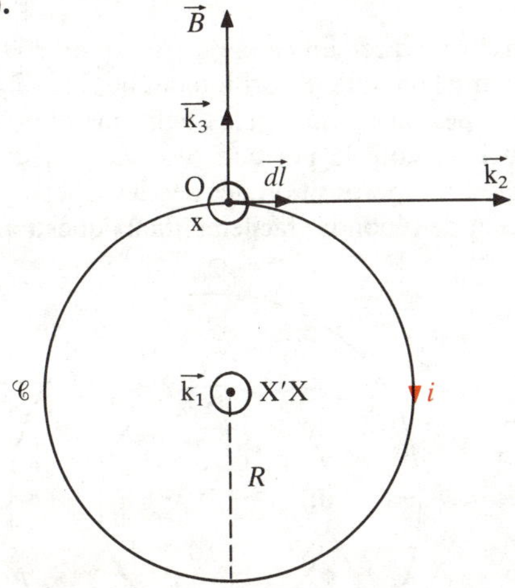

Fig. 8.27.

1° Calculer la longueur totale *l* du conducteur $\mathcal{C}$ utilisé pour réaliser la bobine.

2° Exprimer dans le repère (O, $\vec{k}_1$, $\vec{k}_2$, $\vec{k}_3$), la force élémentaire $\vec{dF}$ qui s'exerce sur un élément de longueur $\vec{dl}$ du conducteur $\mathcal{C}$.

3° Pour l'ensemble du conducteur $\mathcal{C}$, en déduire la somme vectorielle $\vec{F}$ de toutes les forces élémentaires $\vec{dF}$.

4° Montrer que le travail *W* de la force $\vec{F}$ pour un déplacement *x* de la bobine sur l'axe x'x s'écrit :

$$W = N(2\pi Rx)iB.$$

a) **Que représente physiquement la quantité : $\varphi_c=(2\pi Rx)B$?**

b) **Que devient l'expression du travail *W* de la force électromagnétique $\vec{F}$?**

Application numérique : ***R*=1 cm ; *N*=100 spires ; *B*=500 mT ; *i*=320 mA ; *x*=1 mm.**

Solution :

1° La longueur *l* est égale à : $l=2\pi RN$; $l=$***6,28 m***.

2° D'après la figure 8.27 : $\vec{B}=B\,\vec{k}_3$; $d\vec{l}=dl\,\vec{k}_2$;

$$d\vec{F} = idlB\,(\vec{k}_2 \wedge \vec{k}_3) = idlB\,\vec{k}_1$$

3° La somme vectorielle $\vec{F}$ est définie par :

$$\vec{F}=\Sigma d\vec{F}=iB\,(\Sigma dl)\,\vec{k}_1 = ilB\,\vec{k}_1$$

Application numérique :

$F=(0{,}32\times 6{,}28\times 0{,}5)$ N $\Rightarrow$ **$F=1$ N**

4° Le travail W s'écrit :

$$W=\vec{F}.\vec{x}=Fx \quad \Rightarrow \quad W=N\,(2\pi Rx)iB$$

D'où : $W=(1\times 10^{-3})$ J $\Rightarrow$ **$W=1$ mJ**

Remarque : La quantité ($2\pi Rx$) est égale à la surface latérale S_L du cylindre engendré par une spire au cours de son déplacement x.
Le flux magnétique coupé par la spire est : $\varphi_c=BS_L$, soit pour la bobine de *N* spires : $\Phi_c=NBS_L$.
L'expression du travail *W* devient : $W=\Phi_c i$.

Exercices à résoudre

8.08. **Vitesse moyenne des porteurs de charges.** Le cuivre est un métal de masse volumique $\rho=8\,800$ kg/m^3 et de masse molaire $M=63{,}54$ g.

a) Calculer le nombre *n* d'atomes de cuivre par unité de volume.

b) Calculer la vitesse moyenne *v* des électrons circulant dans un fil de cuivre de section droite $s=1$ mm^2 parcouru par un courant $i=10$ A.
On admettra que le nombre d'électrons libres par unité de volume est égal à *n*.
On donne : $\mathcal{N}=6{,}02\ 10^{23}$; $-e=1{,}6\ 10^{-19}$ C.

8.09. **Poids de l'électron et force de Lorentz.** Un fil de cuivre MN, parcouru par un courant continu *I*, est soumis à l'action d'un champ magnétique $\vec{B}$ dont le module est $B=1$ T (fig. 8.28).

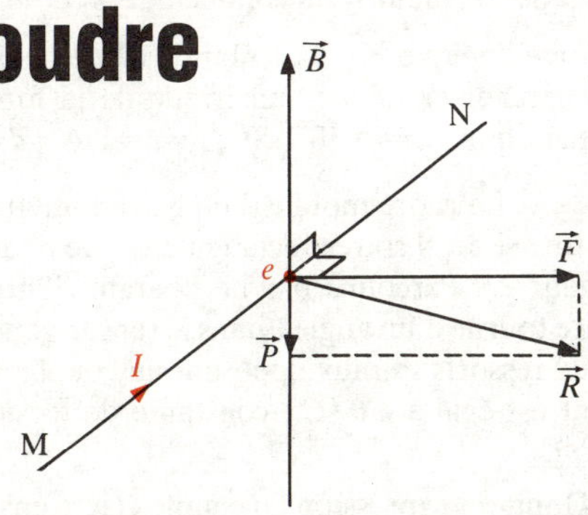

Fig. 8.28.

1° Calculer le module *F* de la force de Lorentz $\vec{F}$ qui s'exerce sur un électron libre dont la vitesse moyenne dans le cuivre est *v*.

2° Calculer le module *P* du poids $\vec{P}$ d'un électron.

3° Calculer le rapport *F*/*P*. Démontrer que $\vec{R}\approx\vec{F}$.

Application numérique : $-e = 1{,}6\ 10^{-19}$ C ;
$v = 7{,}5\ 10^{-4}$ m/s ; $g = 9{,}81$ m/s^2 ; $m = 9{,}1\ 10^{-31}$ kg.

8.10. Principe d'un moteur à courant continu. Un disque homogène de rayon R (fig. 8.29) tourne autour d'un axe horizontal Δ, dans un champ magnétique uniforme $\vec{B}$, horizontal et perpendiculaire au plan du disque. Un générateur continu fournit un courant d'intensité i au disque par l'intermédiaire des points O et C.

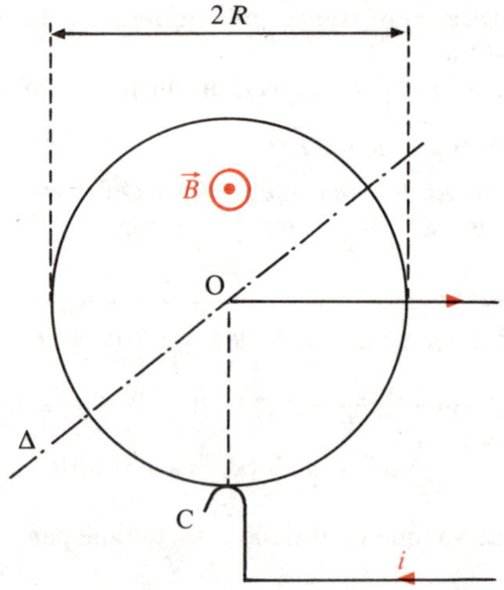

Fig. 8.29.

1° Calculer la somme vectorielle $\vec{F}$ des forces de Laplace qui s'exercent sur l'élément OC.

2° Calculer le moment Γ_Δ de $\vec{F}$ par rapport à l'axe de rotation Δ.

3° Calculer la puissance mécanique P développée sur l'arbre Δ du moteur dont la vitesse angulaire est Ω.

Application numérique : $R=10$ cm ; $B=30$ mT ; $i=2$ A ; $\Omega=15$ rad/s.

8.11. Interactions entre deux conducteurs rectilignes parallèles très longs (fig. 8.09).

1° Calculer le module du champ magnétique $\vec{B}_1$ créé par le conducteur $\mathscr{C}_1$ au point O_2.

2° En déduire la force de Laplace appliquée sur l'élément de longueur l_2 du conducteur $\mathscr{C}_2$ et le module de la force linéique $\vec{F}_{1/2}$. Calculer de la même façon $\vec{F}_{2/1}$. Rechercher la valeur numérique de la force linéique sachant que $\mu_0=4\pi.10^{-7}$ SI ; $i_1=i_2=1$ A ; $d=1$ m.

8.12. Le cadre mobile d'un galvanomètre (fig.8.21) est formé de N spires rectangulaires de hauteur l et de largeur $2r$. Parcouru par un courant d'intensité I, le cadre tourne d'un angle θ dans le sens trigonométrique. Deux ressorts spiraux opposent un couple dont le moment est égal à $C\theta$ (C : constante de torsion des ressorts).

1° Donner l'expression du couple électromagnétique Γ qui s'exerce sur le cadre qui est plongé dans le champ magnétique radial $\vec{B}$.

2° Ecrire l'équation d'équilibre du cadre.

3° En déduire la position angulaire prise par le cadre.

4° Application numérique : $l=1{,}5$ cm ; $r=0{,}5$ cm ; $N=10$ spires ; $i=0{,}2$ mA ; $C=3.10^{-8}$ Nm/rad ; $B=0{,}3$ T.

8.13. Séquence d'alimentation des bobines d'un moteur pas à pas (fig. 8.22). On veut obtenir une rotation d'un demi-tour dans le sens trigonométrique, suivie d'une rotation dans le sens inverse.

1° Quel est le pas p du moteur ? Exprimer le résultat en degrés. En déduire la courbe $\theta=f(t)$ qui traduit le mouvement que l'on désire imposer à l'arbre moteur.

2° Tracer les courbes $i_1=h_1(t)$; $i_2=h_2(t)$; $i_3=h_3(t)$ qui traduisent la séquence de commande électrique du moteur.

Conseil : Tracer un cercle C_1 divisé en $360/p$ secteurs sur lequel on note la position des bobines $\mathscr{B}_1$, $\mathscr{B}_2$ et $\mathscr{B}_3$. Découper un cercle C_2 plus petit que le précédent sur lequel on note la position des pôles n_1, s_1, n_2, s_2 du rotor. La superposition des cercles C_1 et C_2 (fig. 8.30) permet de répondre facilement aux questions posées.

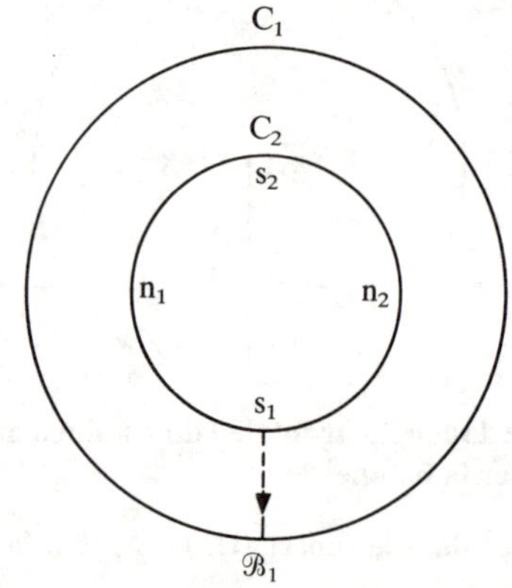

Fig. 8.30.

8.14. Champ tournant. Le champ magnétique créé par chaque bobine en O est respectivement :
$\vec{B}_1=ki_1(t)\vec{i}$ et $\vec{B}_2=ki_2(t)\vec{j}$ (fig. 8.31).

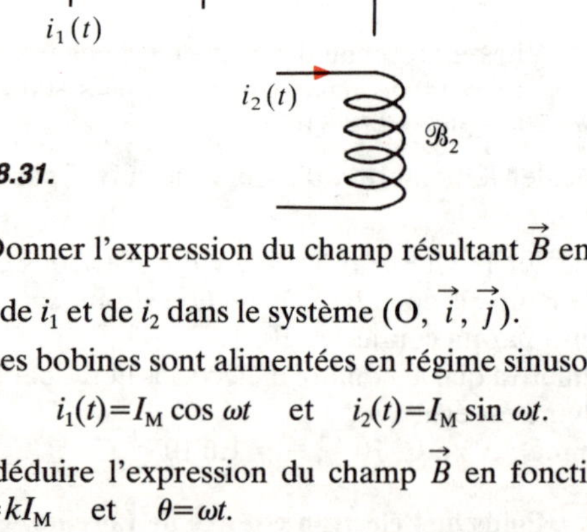

Fig. 8.31.

1° Donner l'expression du champ résultant $\vec{B}$ en fonction de i_1 et de i_2 dans le système $(O, \vec{i}, \vec{j})$.

2° Les bobines sont alimentées en régime sinusoïdal :

$$i_1(t)=I_M \cos \omega t \quad \text{et} \quad i_2(t)=I_M \sin \omega t.$$

En déduire l'expression du champ $\vec{B}$ en fonction de $B_M=kI_M$ et $\theta=\omega t$.

3° Montrer que le champ magnétique $\vec{B}$ tourne autour du point O. On exprimera les coordonnées polaires (u, α) du vecteur $\vec{u}(t) = \vec{B}/B_M$.

Chapitre 9

INDUCTION ÉLECTROMAGNÉTIQUE

Le phénomène d'induction électromagnétique, découvert par Faraday en 1831, a de très nombreuses applications pratiques.

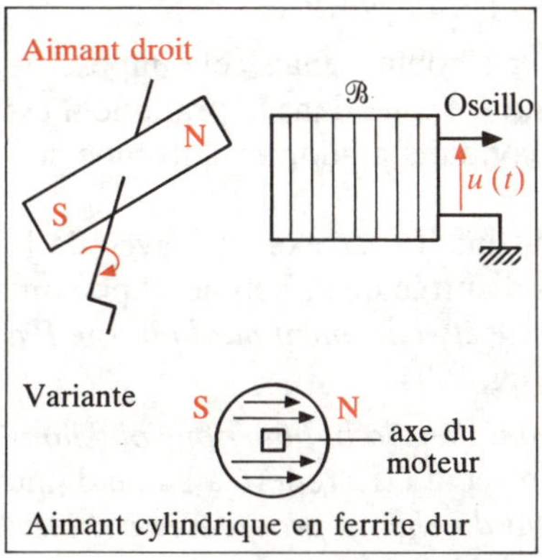

***Fig. 9.01.** Obtention d'une f.é.m. induite. On peut fixer un petit aimant de forme cylindrique, en ferrite dur, sur l'axe d'un petit moteur, et faire varier la vitesse de rotation de ce dernier. La forme de la tension* u(t) *est alors sinusoïdale. La présence d'un noyau de fer feuilleté – ou de ferrite doux – augmente beaucoup l'amplitude de la tension* u(t).

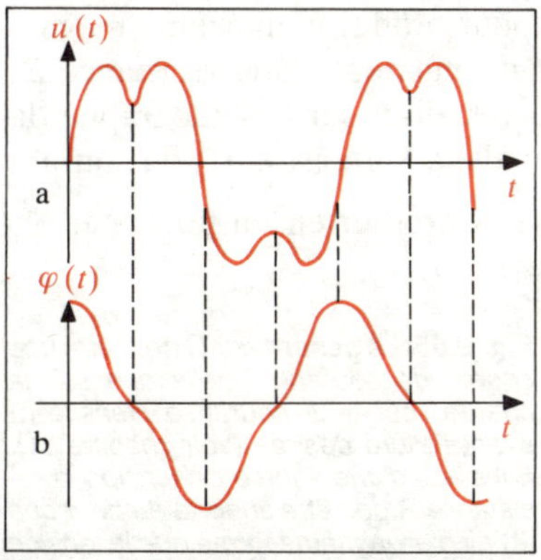

***Fig. 9.02.** La forme un peu particulière de la tension* u(t)=e(t) *obtenue avec un aimant droit, est due au fait que le flux dans la bobine* $\mathcal{B}$ *ne varie pas tout à fait sinusoïdalement en fonction du temps. Si l'on relève en même temps la courbe donnant le flux magnétique* φ *en fonction du temps on trouve la courbe de la figure 9.02 b.*

1. EXPÉRIENCE

Relions les deux bornes d'une bobine $\mathcal{B}$ à celles d'un oscillographe. Devant l'une des faces de $\mathcal{B}$, faisons tourner un aimant avec une vitesse angulaire uniforme (fig. 9.01).
Sur l'écran de l'oscillographe nous obtenons une courbe périodique (fig. 9.02) attestant l'existence d'une tension $u(t)$ aux bornes de $\mathcal{B}$.

Interprétation :
L'impédance d'entrée de l'oscillographe étant très grande, l'intensité du courant dans la bobine est négligeable. Si une tension $u(t)$ est mise en évidence, c'est qu'une force électromotrice $e(t)$, égale à $u(t)$, a été engendrée dans la bobine. On dit que cette **f.é.m. est induite dans la bobine.**

Une f.é.m. est induite dans une bobine chaque fois que le flux magnétique $\varphi(t)$ qu'elle embrasse varie (d'où l'appellation **induction électromagnétique**). Ici, cette variation est due à la rotation de l'aimant et nous pouvons constater que, plus l'aimant tourne vite (donc, plus les variations du flux $\varphi(t)$ sont rapides), et plus la f.é.m. induite a un grande amplitude.

Notons que, dans cette expérience, la source de champ est l'aimant qui fournit un champ constant dans le temps. La variation du flux magnétique embrassé par la bobine est due au déplacement de l'aimant **(inducteur)** par rapport à la bobine **(circuit induit)**.

Alternateur

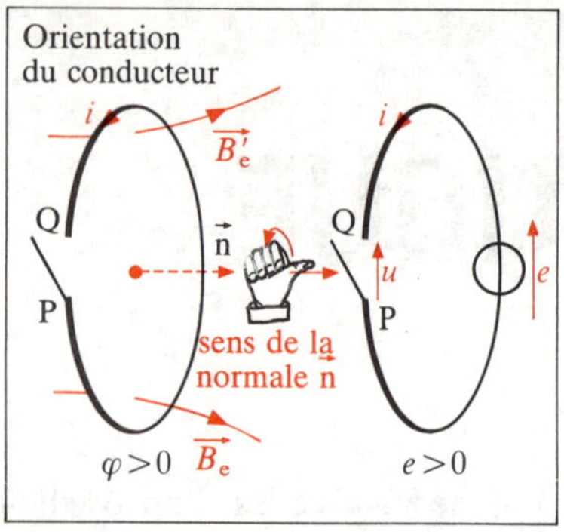

Fig. 9.03. *La spire est orientée arbitrairement. Notons que le champ magnétique extérieur* $\vec{B}_e$ *produit un flux* φ *positif à travers la spire orientée, lorsque* $\vec{B}_e$ *a même sens que la normale* $\vec{n}$ *(et même sens que le champ magnétique propre à la bobine, quand celle-ci est parcourue par un courant d'intensité positive).*
Un courant d'intensité positive entre dans la spire par la borne P. Si u *désigne la tension* v_{QP}, *et r la résistance de la spire, nous pouvons écrire :* u=e−ri. *Lorsque l'intensité i est nulle, c'est donc la tension* u=v_{QP} *qui est égale à la force électromotrice* e. *Cette f.é.m. donne naissance à un courant d'intensité positive lorsqu'il n'y a pas d'autre source dans le circuit.*

2. Loi de Faraday

2.1. Conventions

Lorsqu'une orientation est fixée pour le conducteur constituant une spire :

– *la règle de la main droite permet de placer la normale orientée* $\vec{n}$ *à la spire* (chap. 7, § 4). Si la spire est parcourue par un courant d'intensité positive c'est le sens de son champ propre ;

– *un flux d'un champ magnétique* $\vec{B}_e$ *est positif lorsque les lignes de champ sont orientées dans le même sens que la normale* $\vec{n}$ (fig. 9.03) et donc aussi, que le champ propre.

– *une f.é.m. est positive si, seule source de tension du circuit, elle tend à faire circuler un courant d'intensité positive.*

Ces conventions s'appliquent à une bobine, mais cela impose de connaître son sens d'enroulement. Comme dans la pratique il est rarement visible, nous sommes conduits à adopter l'attitude suivante :

1° Nous marquons d'un signe distinctif, par exemple avec de la peinture rouge, l'une des bornes d'entrée de la bobine. Appelons P cette borne. *Un courant qui entre effectivement par la borne P a une intensité algébrique positive* (fig. 9.04).

2° *En faisant circuler un tel courant dans la bobine nous obtenons un champ magnétique* dont le sens peut être repéré à l'aide d'une aiguille aimantée. *Ce sens est celui du champ propre à la bobine :* il sera marqué sur celle-ci au moyen d'une flèche F.

3° *Un champ extérieur* $\vec{B}_e$ *donne naissance à un flux positif à travers chaque spire de la bobine s'il a le sens de la flèche F.*

2.2. Établissement expérimental de la loi de Faraday

a. Montage

Une bobine $\mathcal{B}_1$ (fig. 9.05), assimilable à un solénoïde, alimentée par un générateur G est utilisée pour produire un champ magnétique variable : **c'est l'inducteur du montage**. Une résistance *R*, placée dans le circuit, permet de visualiser sur l'oscillographe, la tension $u_1=Ri$ qui est proportionnelle à l'intensité $i(t)$ du courant dans $\mathcal{B}_1$ et au champ magnétique $\vec{B}$ produit en un point par $\mathcal{B}_1$ (puisque *B* est proportionnel à *i*).

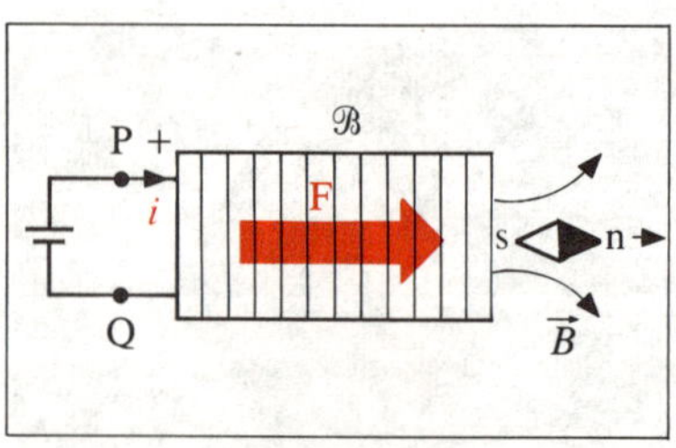

Fig. 9.04. *La flèche F indiquant le sens que doivent avoir les lignes de champ* $\vec{B}_e$ *pour donner naissance à un flux* φ *positif à travers la bobine* $\mathcal{B}$, *peut être coupée dans un ruban adhésif et collée sur la bobine. Pour toute bobine possédant une borne P marquée et la flèche F correspondante, on sait définir : une intensité positive, un flux positif et une force électromotrice induite positive. A vide, comme dans le cas d'une spire unique (fig. 9.03) c'est la tension* v_{QP} *qui est égale à la force électromotrice* e.

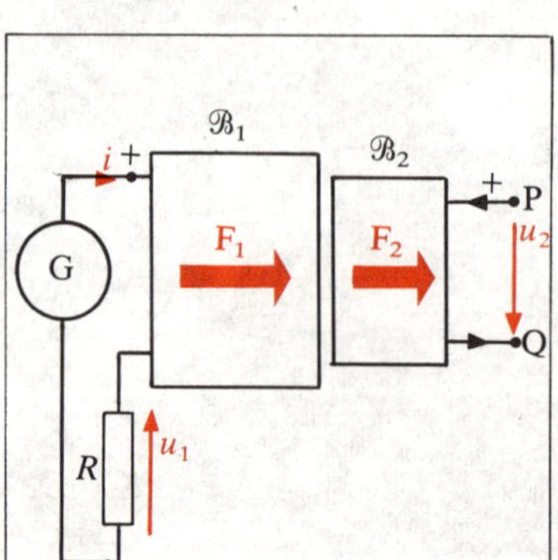

Fig. 9.05. *Le générateur G peut être une source de courant. Quelle que soit la charge il débite un courant d'intensité* i(t) *ayant l'allure désirée (voir chapitre 21). S'il s'agit d'une source de tension la résistance* R *doit être importante pour que* i(t) *ait bien la même forme que la tension fournie par G. Avec une bobine inductrice* $\mathcal{B}_1$ *de 500 spires, on peut prendre* R*=1 000* Ω.
La bobine induite $\mathcal{B}_2$, *siège de la force électromotrice* e(t), *peut être le siège d'oscillations parasites dues à sa capacité répartie. On se débarrasse de ces oscillations en plaçant, en parallèle sur* $\mathcal{B}_2$, *une résistance d'amortissement de 10 kΩ par exemple.*

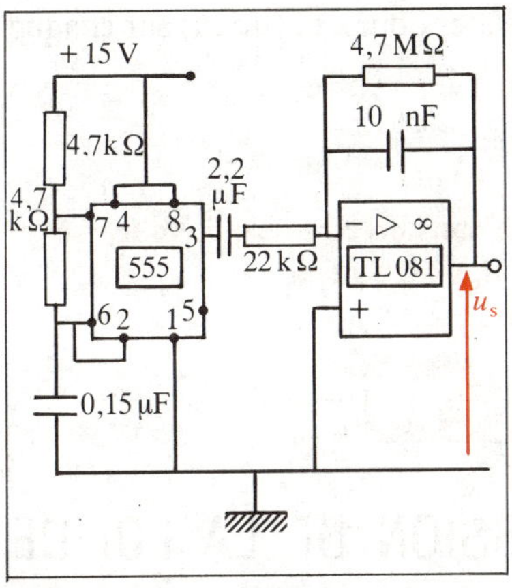

Générateur G

Le montage permet d'obtenir une tension ayant la forme de la tension u_1 de la figure 9.06. Elle croît de −10 V à +10 V, environ, en 0,5 ms, et décroît en 1 ms. Le circuit intégré « 555 » fournit une tension carrée ; le condensateur de 2,2 µF permet d'obtenir un signal de valeur moyenne nulle et l'intégrateur de sortie donne au signal sa forme définitive. Ce montage peut parfaitement constituer le générateur G de la figure 9.05 dans le cas où l'on alimente le circuit inducteur ($\mathcal{B}_1$, R) en tension.

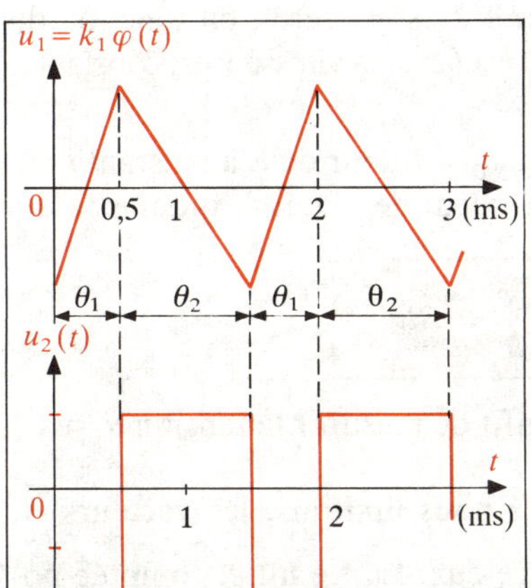

Fig. 9.06. *Oscillogrammes correspondant aux tensions $u_1(t)$ et $u_2(t)$.*
La force électromotrice e(t) est constante quand le flux φ croît ou décroît linéairement. Sa valeur absolue est deux fois plus élevée quand la même variation de φ s'effectue en une durée deux fois plus faible (0,5 ms au lieu de 1,0 ms).

Une seconde bobine $\mathcal{B}_2$, appelée **bobine induite,** est placée au centre de la bobine $\mathcal{B}_1$, dans la zone où le champ est uniforme et assez facilement calculable (le tableau 1 du chapitre 7 ne donne que la valeur de B au centre du solénoïde). Comme le précise la figure 9.05, les flèches F_1 et F_2 doivent avoir le même sens. Ainsi un courant d'intensité $i(t)$ positive produit dans $\mathcal{B}_2$ un flux positif. La tension $u_2 = v_{QP}$ aux bornes de $\mathcal{B}_2$ est visualisée en même temps que $u_1(t)$.

En conclusion, grâce à l'oscillographe bicourbe, nous pouvons connaître à tout instant (fig. 9.06) :

- $u_1(t)$, image du flux $\varphi(t)$;
- $u_2(t)$ qui, lorsque $\mathcal{B}_2$ est à vide, est égale à la f.é.m. $e(t)$ induite dans $\mathcal{B}_2$ par les variations de $\varphi(t)$.

■ b. Observations

Le courant fourni par le générateur G a une intensité $i(t)$ en dents de scie. Le flux inducteur φ croît pendant un intervalle de temps θ_1 et décroît pendant un intervalle de temps θ_2. Dans chacun de ces intervalles de temps le flux φ est une fonction du temps de la forme :

$$\varphi = at + b$$

a et b étant des constantes qui dépendent de l'intervalle considéré ; a, coefficient directeur du segment de droite, est égal à la dérivée de $d\varphi/dt$ par rapport à t :

$$a = \frac{d\varphi}{dt}$$

Durant les intervalles θ_1 :
– le flux φ est une fonction croissante du temps ($d\varphi/dt > 0$) ;
– la f.é.m. induite est négative ($e < 0$).

Durant les intervalles θ_2 :
– le flux φ est une fonction décroissante du temps ($d\varphi/dt < 0$) ;
– la f.é.m. induite est positive ($e > 0$).

■ c. Mesures

– Les courbes obtenues à l'aide de l'oscillographe (fig. 9.06) permettent de déterminer e et (du_1/dt) sur un intervalle (θ_1 par exemple).

– Il faut ensuite chercher la relation entre (du_1/dt) et ($d\varphi/dt$).

Au centre de $\mathcal{B}_1$, solénoïde de n_1 spires réparties sur une longueur l, le champ B est égal à :

$$B = \mu_0 n_1 \frac{i}{l}$$

Le flux embrassé par la bobine $\mathcal{B}_2$ qui comporte n_2 spires de surface S est égal à :

$$\varphi = n_2 BS$$

d'où : $\varphi = k_1 u_1$ avec : $k_1 = \mu_0 n_1 n_2 \dfrac{S}{lR}$

et : $$\frac{d\varphi}{dt} = k_1 \left(\frac{du_1}{dt}\right)$$

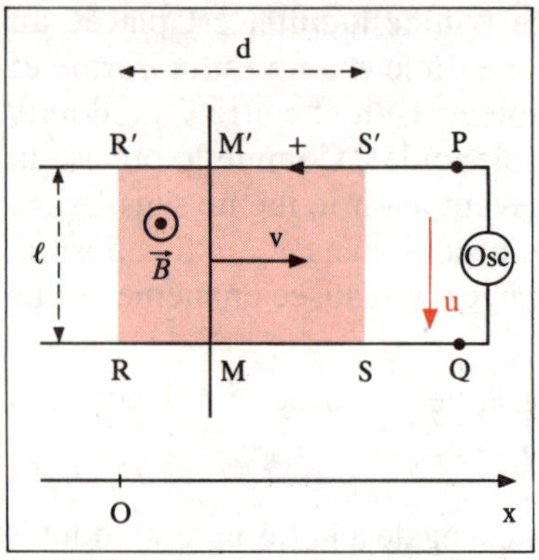

Fig. 9.07. *Le champ magnétique* $\vec{B}$ *est créé par un ou plusieurs aimants « en fer à cheval ». Si la région de l'espace dans laquelle il est créé est plus large que les rails, rien n'est changé au résultat car grâce aux contacts glissants, la tension* u *n'est égale qu'à la force électromotrice utile* e=Blv. *C'est donc pour simplifier que nous supposons le champ magnétique limité au rectangle RR'S'S. Avec* B=0,1 T, v=1 m.s^{-1}, l=5 cm, *on trouve* e=5 mV. *La tension* u *est donc très faible. Pour l'observer commodément, on doit l'amplifier une centaine de fois. Pour limiter l'influence des parasites radioélectriques divers il est souhaitable d'utiliser des fils de liaisons très courts et un amplificateur de différence (chapitre 21).*
Si, à l'instant t=0, *la barre MM' est en RR' et si l'on note* d *la longueur RS=R'S' où règne le champ* $\vec{B}$, *on a* φ_0=Bld.
Si v *est positive, ce flux décroît de la quantité* Blv *par unité de temps, d'où l'expression* $\varphi=\varphi_0-$Blv.

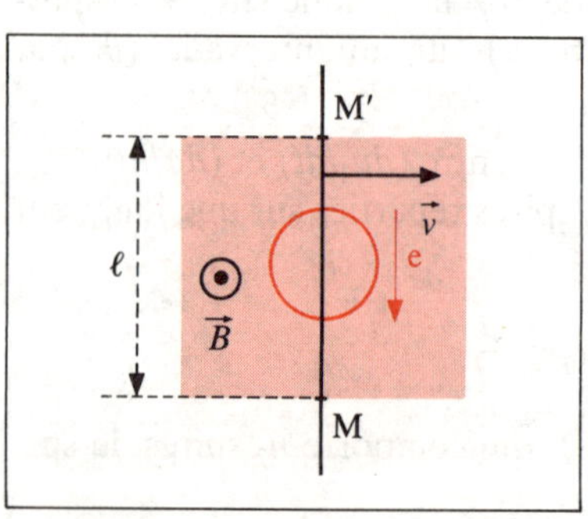

Fig. 9.08. *La force électromotrice totale induite dans un conducteur rectiligne dont une longueur* l *est placée dans un champ magnétique* $\vec{B}$, *avec* $\vec{v}\perp\vec{B}$ *et* $\overrightarrow{M'M}$ *perpendiculaire à la fois à* $\vec{B}$ *et à* $\vec{v}$ *vaut, avec les conventions ci-dessus :* e=Blv.

– En comparant les valeurs obtenues pour e et $(d\varphi/dt)$ sur chaque intervalle, on constate que :

$$e(t) = -\left(\frac{d\varphi}{dt}\right)$$

Loi de Faraday : la f.é.m. induite dans un circuit qui embrasse un flux φ qui varie en fonction du temps est égale à :

$$e = -\frac{d\varphi}{dt}$$

3. AUTRE EXPRESSION DE LA LOI DE FARADAY

■ **Expérience** (fig. 9.07).

Le champ magnétique est uniforme dans la région de l'espace limitée au rectangle RR'SS'. Le vecteur $\vec{B}$ est orthogonal au plan des rails en laiton RS et R'S'. Une barre en laiton MM' peut se déplacer parallèlement à elle-même tout en restant en contact avec les rails. Elle ne subit donc que des mouvements de translation caractérisés par le vecteur vitesse $\vec{v}$.

Un oscillographe est relié aux extrémités Q et P des deux rails.

Orientons le circuit formé par l'oscillographe, les portions PM' et MQ des deux rails et la portion utile M'M de la barre. La normale $\vec{n}$ à ce circuit (règle de la main droite) a le même sens que le champ magnétique $\vec{B}$: le flux magnétique à travers ce circuit est donc positif. Notons v la mesure algébrique de la projection du vecteur $\vec{v}$ sur l'axe Ox.

■ **Valeur de la f.é.m. induite.**

Lorsque la vitesse v est positive, le flux φ décroît en fonction du temps. Si la distance entre les rails est l et si la vitesse v est constante, nous pouvons écrire :

$$\varphi=\varphi_0-Blvt \qquad \text{avec : } \varphi_0 = \text{valeur de } \varphi \text{ à l'instant } t=0.$$

La loi de Faraday donne alors la valeur de la f.é.m. induite :

$$e = -\frac{d\varphi}{dt} = Blv$$

Pour connaître cette f.é.m., il suffit de mesurer la tension $u=v_{QP}$.

Dans le cas étudié, auquel nous nous limitons, les vecteurs $\vec{B}$, $\overrightarrow{M'M}$ et $\vec{v}$ sont orthogonaux entre eux. La f.é.m. e, comptée positivement comme l'indique la figure 9.08, est induite sur toute la longueur de la barre lorsque celle-ci se déplace dans le champ magnétique.

■ **Flux coupé et flux embrassé.**

Pour mesurer la f.é.m., il faut bien évidemment constituer un circuit. Cela permet de définir le flux variable embrassé par le circuit lorsque la barre est déplacée. Cependant, la f.é.m. e est induite

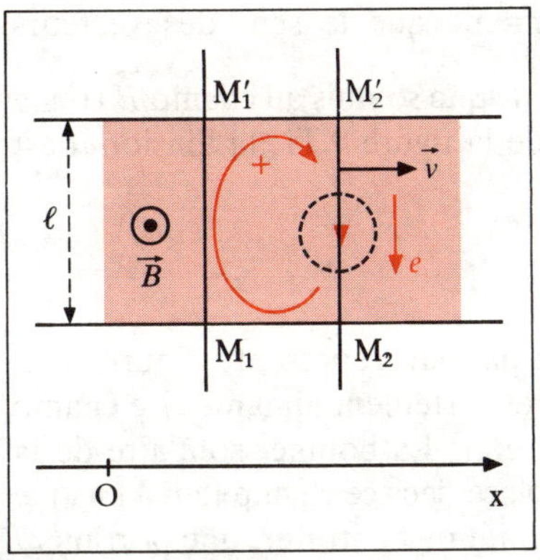

Fig. 9.09. La formule $e = -\frac{d\varphi_c}{dt}$ *permet de calculer la force électromotrice induite dans un conducteur unique, indépendamment du circuit dans lequel il se trouve. Elle constitue un cas particulier de la loi de Faraday.*
Pour définir le flux algébrique φ_c, il faut :
- *orienter le conducteur,*
- *considérer deux positions successives de ce conducteur et orienter le contour qu'il balaye, dans le champ magnétique, en généralisant à l'ensemble du contour* ***l'orientation du conducteur dans sa position finale.*** *Le flux coupé φ_c est alors le flux à travers ce contour orienté.*

Il reste alors à définir la force électromotrice algébrique e induite dans le conducteur orienté : e est positive si, elle tend à faire circuler un courant d'intensité positive dans ce contour.

dans la barre même s'il n'y a pas de circuit constitué. Cela conduit à définir e à partir du flux coupé φ_c par le conducteur. La barre M′M étant orientée comme précédemment de M′ vers M, considérons deux positions successives, M'_1M_1 et M'_2M_2 (fig. 9.09), occupées aux instants t_1 et $t_2 = t_1 + dt$.

Nous nous intéressons au contour $M'_2M_2M_1M'_1$ que nous orientons en prolongeant à tout le contour l'orientation de M'_2M_2, c'est-à-dire celle de la barre dans la position 2 (flèche rouge au centre du contour). Entre les instants t_1 et t_2 la barre coupe un flux $d\varphi_c$ qui est égal au flux embrassé par le contour orienté $M'_2M_2M_1M'_1$. Dans l'exemple considéré $d\varphi_c$ est négatif et, tant que la barre reste dans le champ $\vec{B}$, la valeur absolue de φ_c augmente : $d\varphi_c = -(Blv)dt$

Avec nos conventions (fig. 9.10), nous pouvons écrire :

$$e = -\frac{d\varphi_c}{dt} = Blv$$

Cette expression montre que la valeur de la f.é.m. induite dans la barre dépend bien du flux coupé par celle-ci.

La f.é.m. algébrique est représentée par une flèche de même sens que le vecteur $(\vec{v} \wedge \vec{B})$.

Il faut que le conducteur coupe des lignes de champ pour qu'il y ait une f.é.m. d'induction. Ce ne peut être le cas si les vecteurs $\overrightarrow{M'M}$ et $\vec{v}$ sont colinéaires, c'est-à-dire :

– si la barre glisse le long d'elle-même,

– ou si $\vec{B}$ et $\vec{v}$ sont colinéaires (la barre suit alors les lignes de champ mais ne les coupe pas),

– ou si $\overrightarrow{M'M}$ et $\vec{B}$ sont colinéaires : le conducteur est parallèle à $\vec{B}$ et ne peut couper les lignes de champ.

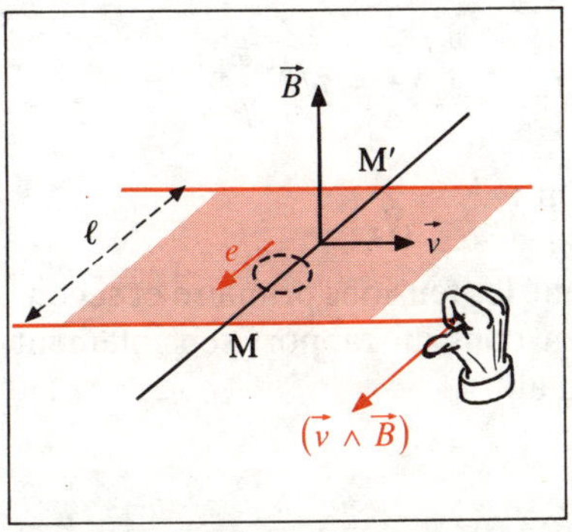

Fig. 9.10. Si la force électromotrice e est positive, elle traduit bien l'effet de l'ensemble des forces $q\vec{v} \wedge \vec{B}$. *Comme elles, e repousse les électrons de la barre métallique vers l'extrémité M′. S'il y a un circuit fermé qui s'appuie sur M′M, sans autre force électromotrice, le mouvement de ces électrons donne naissance à un courant conventionnel ayant le sens de e.*

4. APPLICATION DE LA LOI DE FARADAY

4.1. Circuit non filiforme

Un circuit non filiforme est, par exemple, un circuit à l'intérieur d'une masse métallique (le trajet n'est pas matérialisé par un fil).

■ **Expérience.**

Un disque métallique D est fixé sur l'arbre d'un petit moteur (fig. 9.11). Une partie de ce disque se trouve dans un champ magnétique uniforme où le vecteur champ $\vec{B}$ est perpendiculaire au plan du disque. Deux contacts glissants, l'un placé sur l'arbre du moteur, l'autre frottant sur la périphérie du disque, permettent de mesurer la tension $u = v_{QP}$ à l'aide d'un voltmètre à aiguille.

■ **Observations.**

On constate que la tension mesurée dépend du sens de rotation du disque et du sens de $\vec{B}$. Elle est d'autant plus élevée que la vitesse de rotation du disque est grande.

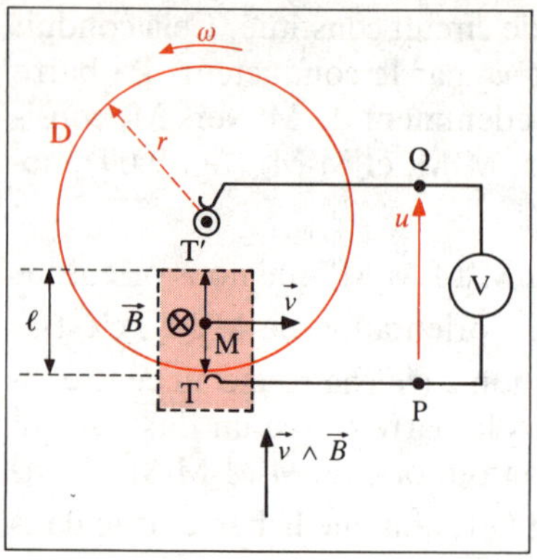

Fig. 9.11. *Le disque métallique est en cuivre ou en aluminium. Il faut que les lignes de champ puissent le traverser : le fer est donc exclu. Le champ magnétique* $\vec{B}$ *peut être créé par un aimant en fer à cheval. Les différents points du disque n'ayant pas la même vitesse, l'expression donnant la force électromotrice* e*, et donc la tension* u*, n'est pas très simple. Pour avoir un ordre de grandeur, on peut faire comme si tous les points du disque avaient la même vitesse* v *qu'un point situé au centre de la zone utile. Soit M ce point situé à la distance* $\frac{2r}{3}$ *de l'axe du moteur.*
Si le moteur tourne à 3 000 tr/min, soit 157 rad.s^{-1}*, la vitesse* v *du point M vaut sensiblement 6 m/s si* r=6 cm*, car* v=ωr*. La longueur utile,* l*, du conducteur à prendre en considération est la distance TT'. Prenons* $TT' = \frac{2r}{3} = 4$ *cm. L'application de la formule* e=Blv *donne, si* B=0,1 T *:*
$e = 0{,}1 \times 4 \times 10^{-2} \times 6 = 25$ *mV.*

Le sens de la f.é.m. e est le même que le sens des vecteurs $(\vec{v} \wedge \vec{B})$ des différents points du disque soumis au champ $\vec{B}$ (règle de la main droite). Dans le cas de la figure 9.11, la tension u est positive.

4.2. Champ radial

Le circuit magnétique du haut-parleur représenté figure 9.12 comporte un anneau de ferrite très fortement aimanté. Le champ magnétique est radial dans l'entrefer. La bobine, solidaire de la membrane du haut-parleur, se déplace dans ce champ radial lorsque l'appareil est utilisé. En chaque point de l'entrefer, une portion dl de conducteur est perpendiculaire à la fois au vecteur $\vec{B}$ et au vecteur vitesse $\vec{v}$. Le vecteur $\vec{v}$ est lui-même perpendiculaire à $\vec{B}$. Dans ce cas, la formule $e=B(dl)v$ s'applique (B est supposé constant). Au total, pour la bobine, qui comprend N spires de rayon r, la longueur l à considérer est égale à : $l=2\pi rN$.
Donc la f.é.m. induite dans la bobine est égale à :

$$e=2\pi rNBv$$

4.3. Transformateurs

Dans un transformateur (chapitre 17), les courants primaire et secondaire créent un flux qui varie en fonction du temps (fig. 9.13). Ce flux est sensiblement le même dans chaque spire de chaque enroulement (à quelques faibles fuites près). Le flux total embrassé par un enroulement est donc proportionnel au nombre de spires qui le forment. Si nous appelons φ le flux commun par spire :
– l'enroulement 1, qui comporte N_1 spires, embrasse le flux φ_1 :

$$\varphi_1 = N_1\varphi$$

– l'enroulement 2, qui comporte N_2 spires, embrasse le flux φ_2 :

$$\varphi_2 = N_2\varphi$$

Les f.é.m. e_1 et e_2 induites respectivement dans les enroulements 1 et 2 sont égales à :

$$e_1 = -N_1\frac{d\varphi_1}{dt} \qquad \text{et} \qquad e_2 = -N_2\frac{d\varphi_2}{dt}.$$

Nous pouvons écrire la proportion : $\dfrac{e_1}{e_2} = \dfrac{N_1}{N_2}$

Nous verrons que cela explique que les tensions primaire et secondaire d'un transformateur restent dans un rapport sensiblement constant en fonctionnement normal.

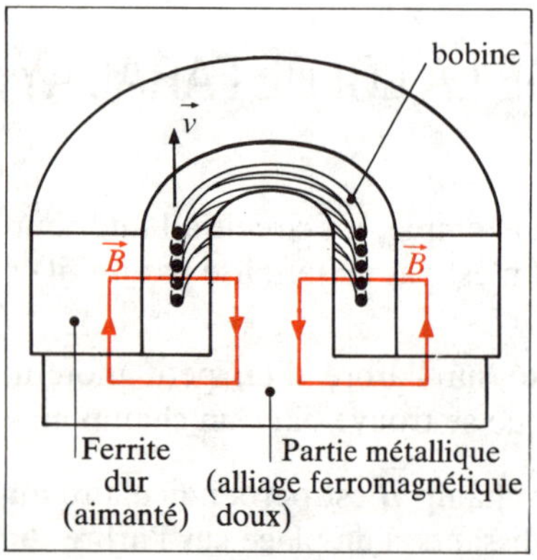

Fig. 9.12. *Un haut-parleur peut fonctionner en microphone ; c'est d'ailleurs sur ce principe que sont construits les microphones électrodynamiques. Lorsque la bobine se déplace dans le champ magnétique radial du haut-parleur, une force électromotrice* e *est induite. On peut la mesurer aux bornes de la bobine, l'amplifier, etc.*

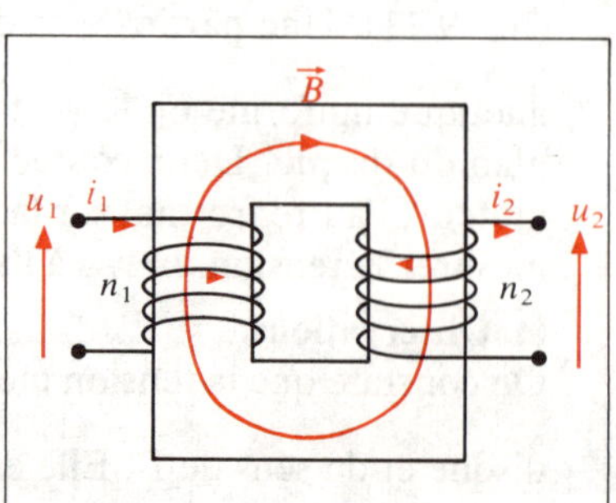

Fig. 9.13. *Les sens positifs choisis sur les enroulements 1 et 2 sont tels qu'une même ligne de champ, canalisée par le circuit magnétique, pénètre dans chaque spire par une face du même type (sud ou nord).*
Les lignes de champ ont le sens dessiné sur la figure lorsque la quantité $n_1i_1 + n_2i_2$ *est positive. Dans ce cas, le flux commun à toutes les spires, Φ, est positif.*

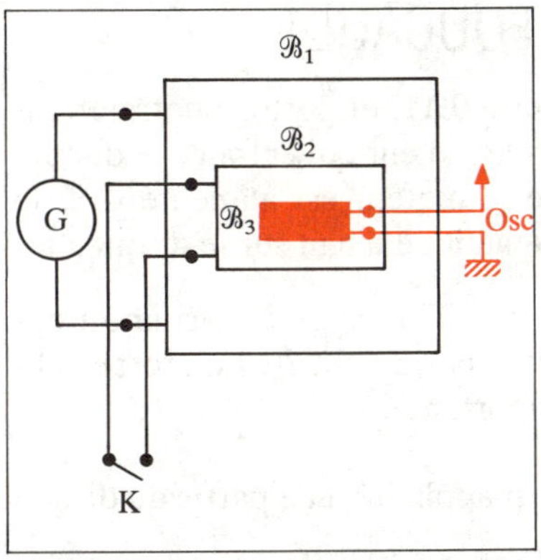

Fig. 9.14. *La bobine $\mathscr{B}_1$ est, par exemple, une bobine de 1 000 spires d'un transformateur démontable. Elle est alimentée à une fréquence voisine de 5 kHz, par un générateur G délivrant une tension sinusoïdale.*
La bobine $\mathscr{B}_2$ se compose de 400 spires (par exemple), bobinées sur un mandrin creux. Elle peut être mise en court-circuit. La bobine $\mathscr{B}_3$ peut être glissée à l'intérieur de $\mathscr{B}_2$. $\mathscr{B}_3$ peut être constituée d'une centaine de spires enroulées sur un petit bâtonnet de ferrite doux.

5. COURANTS INDUITS

Dans ce qui précède nous n'avons considéré que des circuits ouverts – à l'exception du disque du paragraphe 4.1 dans lequel des courants peuvent circuler – ou des circuits comportant des appareils comme des voltmètres ou des oscillographes. Nous allons maintenant étudier les courants induits auxquels donnent naissance les forces électromotrices d'induction, quand les circuits où elles sont créées sont peu résistifs.

5.1. Expérience

Une bobine $\mathscr{B}_2$ est placée dans le champ magnétique variable produit par la bobine inductrice $\mathscr{B}_1$ (fig. 9.14). Une force électromotrice e_2 y est induite. Une bobine $\mathscr{B}_3$ permet de détecter la présence d'un champ magnétique variable à l'intérieur de la bobine $\mathscr{B}_2$. En effet, $\mathscr{B}_3$, dont les bornes sont reliées à un oscillographe, est le siège d'une force électromotrice, si un champ magnétique variable règne à l'intérieur de $\mathscr{B}_2$.

■ *Au début de l'expérience, le circuit de $\mathscr{B}_2$ est ouvert :* aucun courant n'y circule. Le champ produit au niveau de la bobine détectrice $\mathscr{B}_3$ est celui que produit $\mathscr{B}_1$. La sensibilité de l'oscillographe est réglée pour que la tension aux bornes de $\mathscr{B}_3$ produise sur l'écran une courbe d'une amplitude de 4 carreaux (par exemple).

■ *La bobine $\mathscr{B}_2$ est maintenant en court-circuit :* la tension aux bornes de $\mathscr{B}_3$ est très fortement réduite. Le champ magnétique résultant de la bobine inductrice $\mathscr{B}_1$ et du courant induit dans $\mathscr{B}_2$ est donc beaucoup plus faible que le champ inducteur dû à $\mathscr{B}_1$ seule. **Le courant induit dans $\mathscr{B}_2$ s'est donc opposé, par le champ magnétique qu'il crée, aux variations du champ magnétique créé par $\mathscr{B}_1$.**

5.2. Interprétation par la loi de Faraday

Avec nos conventions, l'expression de la force électromotrice d'induction est : $e = -\frac{d\varphi}{dt}$.

■ Si le flux extérieur φ_e embrassé par un circuit **croît**, la *force électromotrice induite* dans le circuit est *négative.* Elle donne donc naissance, si elle est seule à intervenir, à un *courant d'intensité négative.* A son tour, ce courant crée un *flux négatif* (flux propre) qui s'oppose donc à la **croissance** du flux total embrassé par le circuit.

■ Le même raisonnement montre que si le flux extérieur **décroît,** le *courant induit, positif*, crée dans le circuit où il circule, *un flux propre positif,* qui s'oppose à la **décroissance** du flux total embrassé par le circuit.

5.3. Loi qualitative de Lenz

On généralise l'ensemble des résultats précédents en énonçant la loi de Lenz :

> **Le courant induit, par ses effets, s'oppose à la cause qui lui a donné naissance.**

Les courants de Foucault constituent un cas particulier de courants induits. Ils existent dans tout conducteur massif soumis à un champ $\vec{B}$ variant localement.
Leur effet est parfois recherché. Ainsi les autocars et les poids lourds sont équipés d'un ralentisseur dont l'élément essentiel est un disque qui tourne en même temps que les roues. Ce disque est placé dans l'entrefer d'électro-aimants. Sous l'action du champ magnétique, des courants de Foucault sont induits dans le disque et sont la cause du freinage du véhicule.
Ce sont les courants de Foucault, également, qui sont à l'origine de la rotation de tous les petits moteurs asynchrones dits à cage d'écureuil.
En revanche les courants de Foucault qui prennent naissance dans les tôles des transformateurs provoquent leur échauffement et diminuent leur rendement. Pour en réduire l'importance, on feuillette les circuits magnétiques des transformateurs.

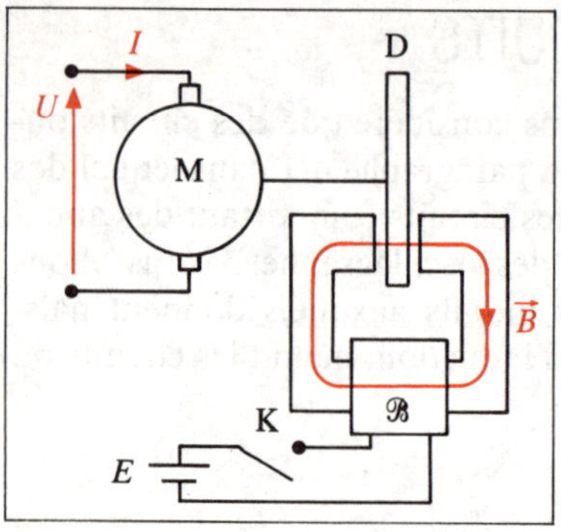

Fig. 9.15. Le disque D est en aluminium. Le champ magnétique $\vec{B}$ est appliqué grâce à l'électroaimant représenté sur la figure, alimenté par la source de tension E. L'interrupteur K permet d'établir ou de supprimer le champ $\vec{B}$.
Si l'on pratique des encoches dans le disque, disposées selon des rayons, les effets sont considérablement réduits car les courants de Foucault sont moins importants.

6. COURANTS DE FOUCAULT

Reprenons l'expérience de la figure 9.11, et portons notre attention sur l'intensité du courant dans le moteur qui entraîne le disque. Notons I_0 cette intensité lorsque le moteur est alimenté sous la tension U et qu'aucun champ magnétique n'agit sur le disque.

Appliquons un champ $\vec{B}$ (fig. 9.15) : l'intensité I du courant appelé par le moteur est nettement supérieure à I_0. Le moteur absorbe alors une puissance plus importante.

Quand un champ magnétique $\vec{B}$ est appliqué, une partie du disque passe dans le champ $\vec{B}$ puis en sort. Le flux à travers un circuit fictif de cette région du disque varie. Des courants induits appelés courants de Foucault circulent à l'intérieur du disque métallique et, par leurs effets, ils s'opposent à ces variations (loi de Lenz) donc à la rotation du disque.

7. ASPECT ÉNERGÉTIQUE DU PHÉNOMÈNE D'INDUCTION ÉLECTROMAGNÉTIQUE

7.1. Circuit sans générateur

Pour déplacer le conducteur M'M de la figure 9.16 vers la droite, il faut lui appliquer une force $\vec{F}_M$ ayant le sens du vecteur $\vec{v}$ caractérisant le déplacement. Ce déplacement dans le champ $\vec{B}$ crée une force électromotrice et un courant induit si le circuit est fermé.

Une force de Laplace $\vec{F}_L$ s'exerce alors sur le conducteur et elle s'oppose à la force motrice $\vec{F}_M$.

Cette situation constitue le modèle très simplifié de tous les convertisseurs électromagnétiques, tels que les génératrices et les alternateurs, qui fournissent de l'énergie électrique à partir d'énergie mécanique. Remarquons que si la vitesse de la barre est constante, la force motrice $\vec{F}_M$ est exactement opposée à la force de Laplace :

$$F_M = Bil$$

La puissance mécanique nécessaire pour entretenir le mouvement vaut donc :

$$P_M = \vec{F}_M.\vec{v} = Bilv$$

Or la force électromotrice induite dans la barre étant égale à Blv, la puissance électrique débitée par le générateur ainsi constitué est égale à :

$$P_E = ei = Blvi$$

Donc : $$P_M = P_E$$

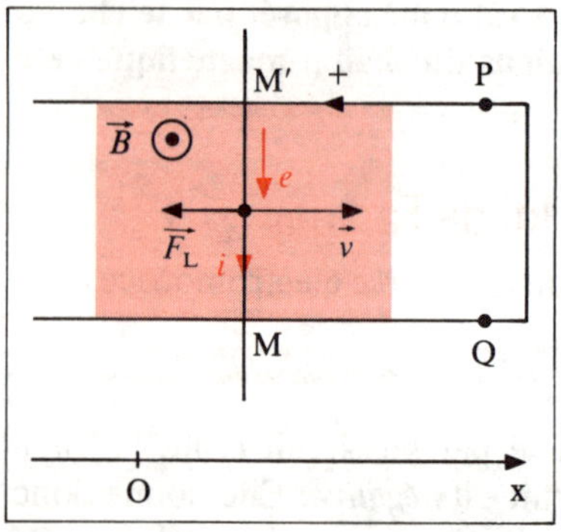

Fig. 9.16. Reprenons l'expérience des deux rails de la figure 9.08, mais, au lieu de relier les bornes P et Q à un oscillographe, réunissons-les par un court-circuit (figure 9.16). Supposons, comme au paragraphe 2.3.1, que la vitesse v soit positive. La force électromotrice d'induction, e, positive, donne alors naissance à un courant d'intensité i positive. Ce courant, passant dans la barre M'M, elle-même placée dans un champ magnétique, provoque l'apparition d'une force de Laplace dont nous savons déterminer le sens. Cette force, dirigée vers la gauche, s'oppose au déplacement de la barre. Or c'est ce déplacement qui a provoqué la variation de flux initiale. Là encore, le courant induit, par ses effets, s'oppose à la cause qui a provoqué l'apparition de la force électromotrice d'induction.

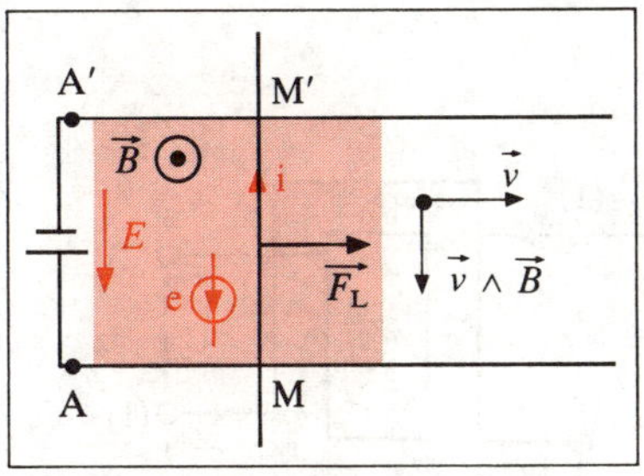

Fig. 9.17. Principe des moteurs électriques : La force de Laplace, due à l'intensité i *imposée par le générateur extérieur, provoque le déplacement de la barre M'M. Celle-ci est le siège d'une force électromotrice d'induction* e=Blv, *qui s'oppose à* E. *Cette situation est trop théorique, comme toutes celles qui se rapportent à ce dispositif expérimental (à l'exception de celle qui est décrite sur la figure 9.08), pour que le bilan des puissances que l'on pourrait effectuer ait quelque chance d'être réaliste.*

Bien entendu, la puissance mécanique est entièrement convertie en puissance électrique dès lors que l'on est en régime permanent (voir chapitre 5).

7.2. Circuit avec générateur

La figure 9.17 présente une situation où un générateur extérieur, de force électromotrice E, impose le sens du courant au circuit déformable A'M'MA. La force de Laplace impose le mouvement de la barre M'M. Celle-ci se déplace alors vers la droite avec le vecteur vitesse $\vec{v}$. Une force électromotrice d'induction e, ayant le sens du vecteur $(\vec{v} \wedge \vec{B})$ prend alors naissance dans la barre et s'oppose à E. C'est là le principe de tous les moteurs qui convertissent en énergie mécanique une partie de l'énergie électrique qu'on leur fournit. Ils présentent une force électromotrice d'induction qui s'oppose à celle de la source de tension qui les alimente.

Travaux pratiques

1. Loi de Lenz

Le montage de la figure 9.18 comporte un petit transformateur 220 V/6 V. D_1 et D_2 sont des diodes électroluminescentes.

1° Noter quelle diode s'éclaire :

– à la fermeture du bouton poussoir P (ouvert en position de repos) ;

– à l'ouverture du bouton poussoir P.

Quelles conclusions peut-on tirer de ces observations ?

2° Vérifier qu'une lampe au néon mise en série avec une résistance de 5 kΩ ne s'éclaire que si la tension aux bornes de l'ensemble est supérieure à un certain seuil. Placer cet ensemble lampe au néon-résistance entre les points A et C. Vérifier que l'ensemble s'éclaire lors de la manœuvre du bouton P. Quelles conclusions peut-on déduire des observations ?

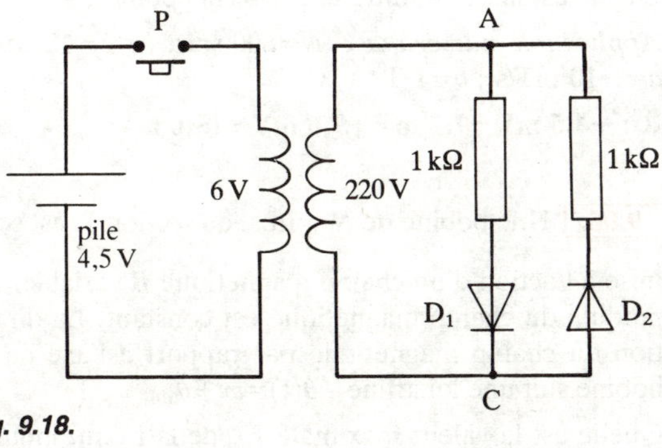

Fig. 9.18.

2. Bornes homologues d'un transformateur

Sur les schémas d'enroulements des transformateurs est souvent dessiné un point à côté de l'une des bornes de chaque enroulement. Les bornes ainsi repérées sont dites homologues.

Ce symbole graphique a la signification suivante : si des courants pénètrent dans les enroulements par les bornes repérées par un point, leurs actions magnétiques se renforcent au niveau du circuit magnétique.

Marquer l'une des bornes du circuit primaire d'un transformateur. Réaliser l'expérience schématisée figure 9.18. En déduire quelle est, au circuit secondaire, la borne homologue de celle qui a été repérée au primaire (le raisonnement peut s'appuyer sur la loi de Lenz ou sur la loi algébrique elle-même).

Montrer et vérifier à l'oscillographe que, si A et B sont les deux bornes homologues, les tensions v_{AN} et v_{BM} sont en phase (fig. 9.19).

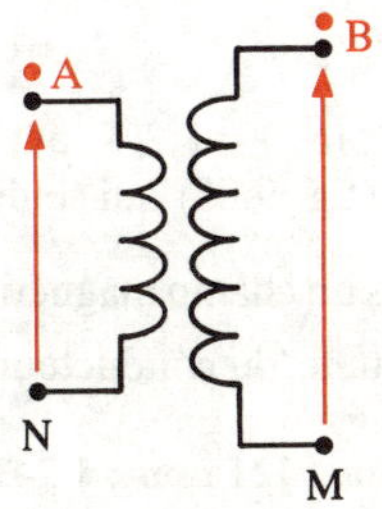

Fig. 9.19.

3. Vérification expérimentale de la loi de Faraday

1° Dispositif expérimental.

Il est constitué de deux bobines $\mathcal{B}_1$ et $\mathcal{B}_2$ disposées dans l'espace conformément à la figure 9.20. Une tige T traverse de part en part les deux bobines. Ainsi, il est possible de régler la position angulaire relative des deux enroulements, position repérée par l'angle $\alpha = (\vec{S}_1, \vec{S}_2)$.

2° Expérimentation (fig. 9.21).
Pour différentes valeurs de la fréquence f de l'onde triangulaire $e_g(t)$:
a) relever les oscillogrammes de $u_r(t)$ et $e(t)$,
b) comparer les valeurs algébriques de la f.é.m. induite $e(t)$ et de $d\varphi/dt$, φ désignant le flux embrassé par $\mathcal{B}_2$.

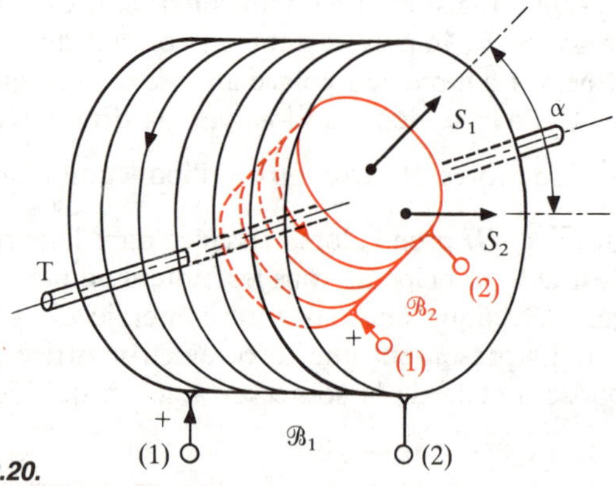

Fig. 9.20.

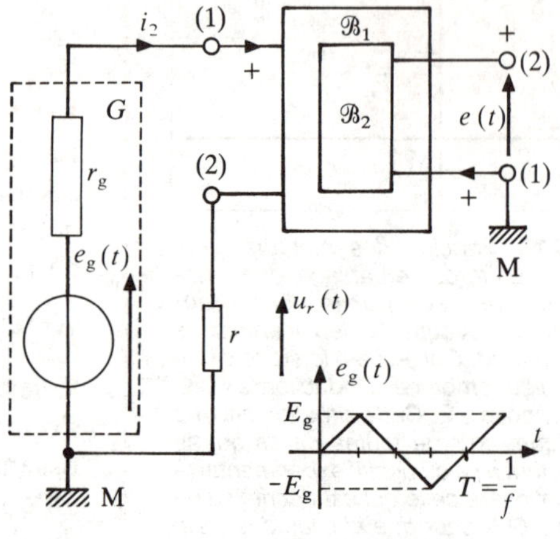

Fig. 9.21.

Contrôle des connaissances

INDIQUER LA (OU LES) BONNE(S) RÉPONSE(S) :

9.01. Un conducteur MM', de longueur l=50 cm (fig. 9.08), est déplacé à la vitesse $\vec{v}$ (v=10 m/s) dans un champ magnétique $\vec{B}$ (B=0,6 T). Les vecteurs $\overrightarrow{MM'}$, $\vec{v}$ et $\vec{B}$ sont orthogonaux entre eux.
Quelle est la f.é.m. induite e ?

R : 0,3 V ; −3 V ; +3 V ; +30 V.

9.02. Une f.é.m. e=1,2 V est induite dans un conducteur MM' (fig. 9.08) qui se déplace à la vitesse $\vec{v}$ (v=33 m/s) dans un champ magnétique $\vec{B}$ (B=0,3 T).
Quelle est la longueur du conducteur ?

R : 15 mm ; 17 mm ; 121 mm ; 1 243 mm.

9.03. Une f.é.m. e=0,75 V est induite dans un conducteur MM' (fig. 9.08) qui se déplace de 3 cm à la vitesse $\vec{v}$ (v=15 m/s), dans un champ magnétique $\vec{B}$.
Quelle est, en valeur absolue, la variation du flux magnétique coupé $d\Phi_c$ au cours du déplacement ?

R : 1,5 mWb ; 2 mWb ; 3 mWb ; 5,2 mWb.

9.04. L'axe d'une bobine de 1 000 spires de 7,75 cm² de section est parallèle à la direction d'un champ magnétique uniforme de module 128 mT.
Quelle est la f.é.m. induite dans la bobine quand on annule le champ magnétique en 451 μs ?

R : 24 V ; 110 V ; 220 V ; 380 V.

9.05. Une bobine de N spires de section S est soumise à l'action d'un champ magnétique $\vec{B}$ variable. La direction du champ magnétique est confondue avec l'axe de la bobine. Le module du champ magnétique suit une loi affine du temps : $B=at+b$.
Quelle est la f.é.m. induite e dans la bobine ?
Application numérique : N=800 spires ; S=12 cm² ; a=−10 mT/s ; b=1 T.

R : −4,5 mV ; 7,2 mV ; 9,6 mV ; 15,6 mV.

9.06. Une bobine de N spires, de section S, est soumise à l'action d'un champ magnétique $\vec{B}$ variable. Le module du champ magnétique est constant. La direction du champ magnétique par rapport à l'axe de la bobine suit une loi affine : $\theta(t)=\omega t+\theta_0$.
Quelle est la valeur maximale E_M de la f.é.m. induite $e(t)$ dans la bobine ?
Application numérique : N=450 spires ; B=150 mT ; S=33 cm² ; ω=157 rad/s ; θ_0=1 rad.

R : 4 V ; 7 V ; 29 V ; 35 V.

Exercice résolu

9.07. Un solénoïde de 1 500 spires de 5 cm de rayon est amené dans un champ magnétique uniforme d'intensité égale à 10 mT. En position finale, les lignes de champ sont orthogonales à la surface des spires.

1° Calculer la variation $d\Phi$ du flux magnétique à travers le solénoïde au cours du mouvement.

2° Calculer la f.é.m. moyenne E induite dans le solénoïde si ce déplacement s'effectue en 0,1 s.

3° Le solénoïde est fermé sur une résistance de 50 Ω. Déterminer l'intensité moyenne I du courant induit dans le solénoïde.

Solution :

1° A l'état initial, aucun flux magnétique ne traverse le solénoïde : $\Phi_i=0$ Wb.

A l'état final, le flux magnétique est égal à :

$\Phi_f=NBS\cos(\vec{S},\vec{B})=NBS$

$\Phi_f=[1\,500\times 0{,}01\times\pi(5.10^{-2})^2]\text{Wb} \Rightarrow \mathbf{\Phi_f=0{,}118\ Wb}$

La variation de flux magnétique est :

$$\boxed{d\Phi=\Phi_f-\Phi_i=0{,}118\ \text{Wb}}$$

2° D'après la loi de Faraday :

$$E=\left|\frac{d\Phi}{dt}\right|=\frac{0{,}118}{0{,}1}\ \text{V} \Rightarrow \boxed{E=1{,}18\ \text{V}}$$

3° D'après la loi d'Ohm : $I=\dfrac{E}{R}$

$$I=\frac{1{,}18}{50}\ \text{A} \Rightarrow \boxed{I=23{,}6\ \text{mA}}$$

Exercices à résoudre

9.08. Une spire S est reliée à un galvanomètre. Quel est le sens du courant induit dans la spire si on approche le pôle nord d'un aimant ?

9.09. Une spire S reliée à un galvanomètre est placée dans un champ magnétique uniforme. Les lignes de champ sont perpendiculaires à la surface de la spire S.

Quel est le sens du courant induit lorsqu'on introduit dans la spire un noyau de fer doux ?

9.10. Une voiture automobile se déplace à 130 km/h. L'antenne métallique de l'autoradio a une longueur de 90 cm. La galerie est constituée de deux barres métalliques de 1,20 m de longueur. Le véhicule se trouve dans le champ magnétique terrestre dont la composante horizontale est égale à 20 µT et l'inclinaison est de 60°.

Quelle est la f.é.m. induite dans l'antenne ?

Quelle est la f.é.m. induite dans une des barres de la galerie ?

9.11. Une bobine plate circulaire de 100 spires, de diamètre 20 cm, est plongée dans un champ magnétique d'intensité égale à 100 mT. Les lignes de champ sont perpendiculaires à la surface des spires.

Calculer la f.é.m. moyenne induite si en 100 ms on déforme la bobine pour la transformer en :
- un rectangle de côtés a et $b=3a$,
- un carré de côté c.

9.12. Une bobine plate de N spires est soumise à l'action d'un champ magnétique uniforme $\vec{B}$. Les lignes de champ sont perpendiculaires à la surface S de la bobine.

1° Calculer le flux magnétique Φ qui traverse la bobine.

2° Le module du champ magnétique $\vec{B}$ varie de 20 % en 1 ms, calculer la f.é.m. moyenne induite.

Application numérique : $N=100$ spires ; $B=100$ mT ; $S=100\ \text{cm}^2$.

9.13. Une bobine $\mathcal{B}$ se déplace à la vitesse $\vec{v}$ devant un aimant fixe $\mathcal{A}$ (fig. 9.22). Trouver le sens du courant induit qui circule dans le conducteur orienté et fermé sur la résistance R. Appliquer successivement :
- la loi de Faraday sous la forme : $e=-d\Phi/dt$,
- la loi de Faraday sous la forme : $e=(\vec{v}\wedge\vec{B}).\vec{l}$,
- la loi de Lenz.

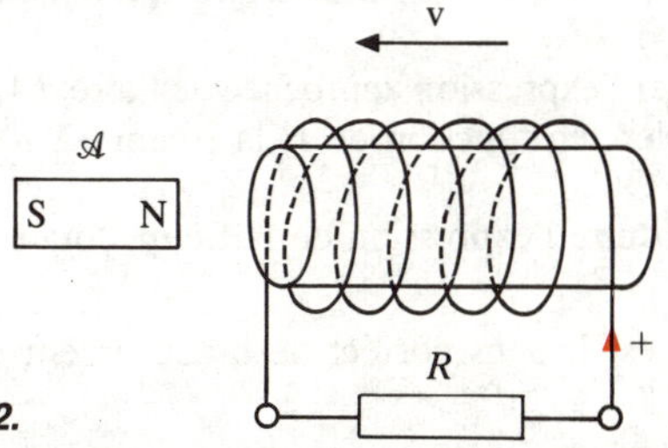

Fig. 9.22.

9.14. Le dispositif expérimental étudié est décrit figure 9.08. L'oscillographe est remplacé par une résistance R. Calculer :

1° la f.é.m. induite e dans la barre et l'intensité i du courant induit.

2° La force de Laplace $\vec{F}_L$ qui s'exerce sur le conducteur MM′ puis la puissance P_L de cette force.

3° La force motrice $\vec{F}_M$ qu'il faut exercer pour que le conducteur MM′ conserve son mouvement initial.

Application numérique : $v=10$ m/s ; $l=10$ cm ; $B=1$ T ; $R=0{,}1\ \Omega$.

9.15. Une spire carrée $\mathcal{S}$ de côté a et de résistance R se déplace à la vitesse constante $\vec{v}$ parallèlement à l'axe x'ox (fig. 9.23). A l'instant $t=0$, la spire $\mathcal{S}$ pénètre dans une zone Z de longueur L où règne un champ magnétique $\vec{B}$ perpendiculaire au plan de la spire.

1° Déterminer la f.e.m. $e(t)$ induite dans la spire $\mathcal{S}$. Tracer $e=f(t)$.

2° En déduire le courant induit $i(t)$. Tracer $i=g(t)$.

3° Calculer la quantité d'électricité induite q lors de l'entrée de la spire $\mathcal{S}$ dans la zone Z. En déduire le nombre N d'électrons mis en mouvement.

Application numérique : $a=22$ cm ; $R=1{,}4\ \Omega$; $v=11$ m/s ; $L=66$ cm ; $B=100$ mT.

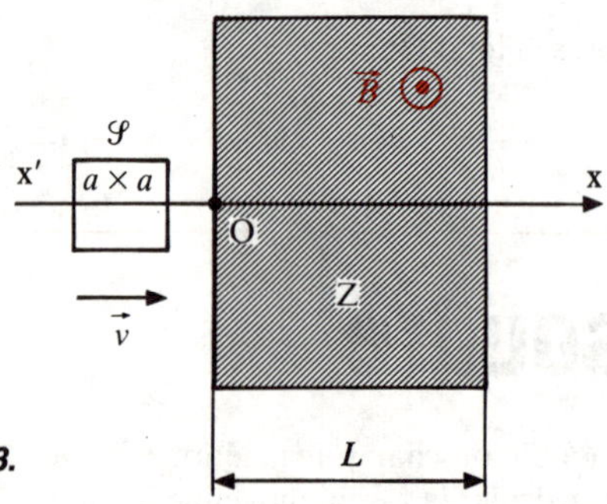

Fig. 9.23.

9.16. **Disque de Faraday.** Un disque conducteur D de rayon r tourne à la vitesse angulaire ω dans un champ magnétique uniforme $\vec{B}$ (fig. 9.11).

1° Calculer la vitesse v_x d'un point M situé sur le rayon OT à une distance OM$=x$.

2° Calculer la f.é.m. élémentaire de induite dans l'élément de conducteur de longueur dx, d'origine M, appartenant au rayon OT.

3° Les points M, M_1 et C ont respectivement pour abscisses : x, $x+dx$ et r. Soit la droite Δ d'équation $y=x$ (fig. 9.24) :

a) donner l'expression approchée de l'aire dA,

b) calculer, en fonction de r, la somme $\Sigma\ dA$ sur le segment OC,

c) en déduire l'expression de la f.é.m. totale e sur le rayon OT.

4° Quel est le sens correct de branchement du voltmètre V ?

Application numérique : Le voltmètre V mesure $U=0{,}2$ V, calculer le module du champ magnétique $\vec{B}$ sachant que : $R=5$ cm et $n=1\ 500$ tr/min.

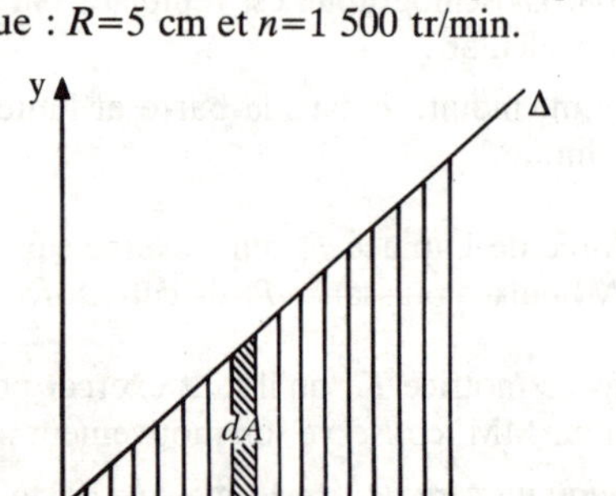

Fig. 9.24.

9.17. **Principe du débitmètre électromagnétique**
Un champ magnétique $\vec{B}$ est créé par deux bobines $\mathcal{B}_1$ et $\mathcal{B}_2$ placées de part et d'autre d'une canalisation C de section droite S dans laquelle s'écoule un liquide conducteur L dont on souhaite mesurer le débit volumique D (fig. 9.25).

1° Démontrer que le débit volumique D du liquide s'écrit : $D=Sv$, expression dans laquelle v est le module de la vitesse moyenne du liquide dans la canalisation.

2° Lors de l'écoulement du liquide, on mesure une d.d.p. u entre les électrodes E_1 et E_2. Justifier l'existence de cette d.d.p. puis déterminer sa valeur en fonction de $\vec{v}$, $\vec{B}$ et R.

3° Tracer la courbe d'étalonnage de ce capteur $D=f(u)$.

4° Un amplificateur A commandé par la d.d.p u fournit en sortie une tension U. Calculer D et v sachant que :
$B=10$ mT ; $2R=10$ mm ; $A=100$; $U=70$ mV.

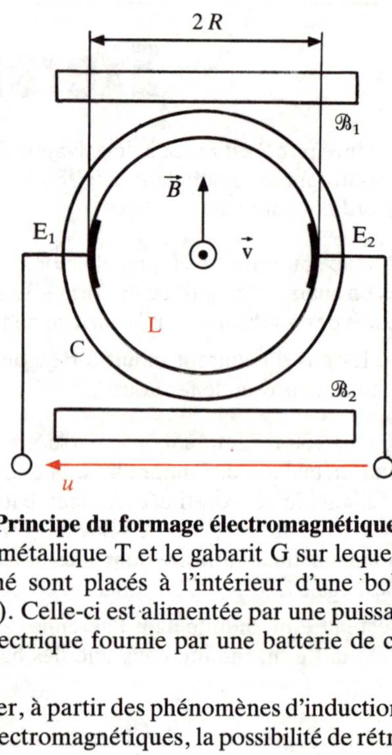

Fig. 9.25.

9.18. **Principe du formage électromagnétique**
Un tube métallique T et le gabarit G sur lequel il doit être formé sont placés à l'intérieur d'une bobine $\mathcal{B}$ (fig. 9.26). Celle-ci est alimentée par une puissante décharge électrique fournie par une batterie de condensateurs.

1° Justifier, à partir des phénomènes d'induction et des actions électromagnétiques, la possibilité de rétreint du tube T.

2° Quelle disposition doit-on adopter pour obtenir l'expansion du tube T ?

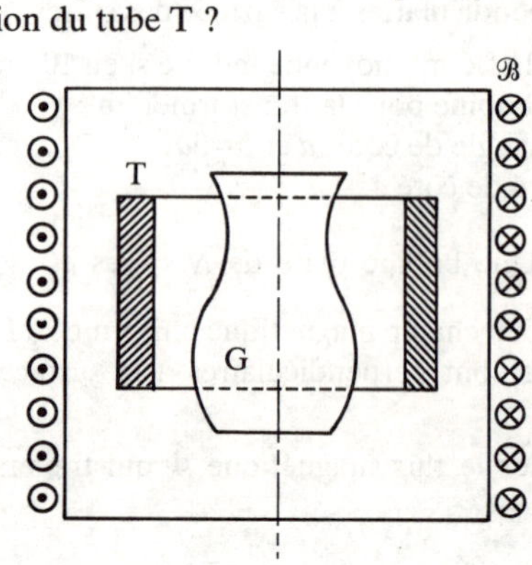

Fig. 9.26.

Chapitre 10

AUTO-INDUCTION ET MUTUELLE INDUCTION

1. AUTO-INDUCTION

1.1. Mise en évidence

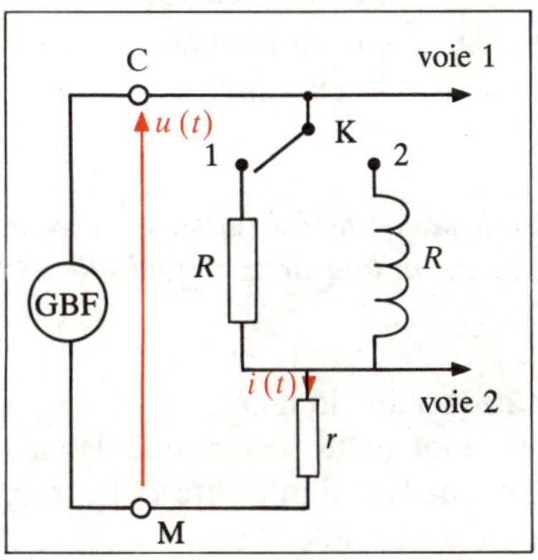

Fig. 10.01. *Circuit inductif.*
Un oscillographe est utilisé pour visualiser, sur les voies 1 et 2, les tensions u(t) *et* v(t). *Cette dernière est prélevée aux bornes de la résistance* r *ce qui permet de déduire, d'après la loi d'Ohm, l'évolution de l'intensité du courant dans le circuit.*

■ Expérience :
Le montage de la figure 10.01 est alimenté par un générateur basse fréquence qui fournit une tension en créneaux. Un oscillographe est utilisé pour visualiser simultanément la tension $u(t)$ appliquée au montage et l'intensité $i(t)$ du courant dans celui-ci.
Lorque l'interrupteur K est dans la position 1 le circuit est constitué de deux résistances de valeur R et r. Lorsqu'il est dans la position 2, la résistance r est en série avec une bobine dont la résistance est également R.
Pour la même tension $u(t)$, les courbes représentatives de l'intensité du courant (fig. 10.02) ne sont pas les mêmes selon que K est en position 1 ou 2 bien que les deux circuits présentent la même résistance $(R+r)$. Dans la position 2, on constate un retard aussi bien à l'établissement qu'à la suppression du courant (rappelons que le circuit n'est pas ouvert lorsque la tension $u(t)$ est nulle : tout se passe comme si un court-circuit était établi entre les points C et M).

■ Interprétation :
Il faut prendre en compte le phénomène d'induction électromagnétique pour interpréter ces observations.

La bobine $\mathcal{B}$ est parcourue par un courant d'intensité variable. Elle se trouve dans le champ magnétique qu'elle crée (champ propre) et embrasse un flux magnétique qui est son flux propre. Ce flux étant variable dans le temps, $\mathcal{B}$ est le siège d'une f.é.m. induite qui obéit à la loi de Lenz : il s'oppose à la cause qui lui donne naissance. Ainsi lorsque la tension $u(t)$ passe de la valeur zéro à U, le courant ne peut croître instantanément car la f.é.m. qui prend naissance s'oppose à cette croissance. Lorsque la tension passe de la valeur U à zéro, le rôle de la f.é.m. est inversé : elle s'oppose alors à la variation du courant c'est-à-dire à sa suppression. C'est le phénomène d'**auto-induction.**

Notons que, dans ce cas, la bobine $\mathcal{B}$ joue simultanément le rôle d'inducteur et celui d'induit.

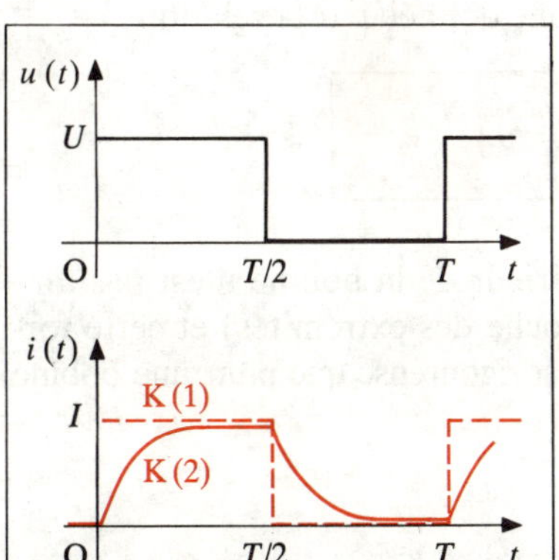

Fig. 10.02. *Oscillogrammes des grandeurs* u(t) *et* i(t).

Remarque :
Tout dipôle dans lequel peut être mis en évidence le phénomène d'auto-induction est appelé **dipôle inductif.**

1.2. Étude électrocinétique

1.2.1. Inductance d'une bobine

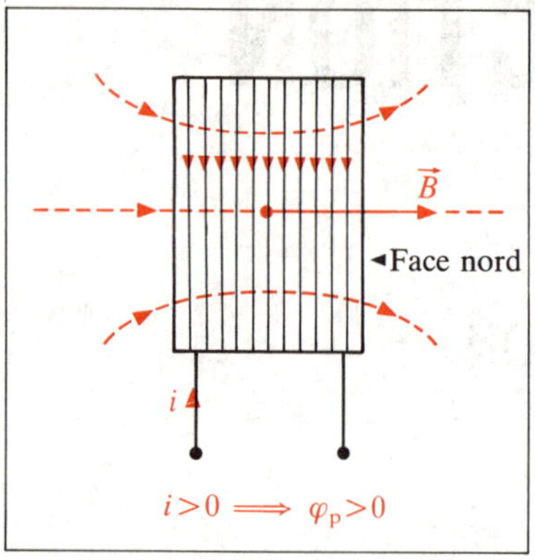

Fig. 10.03. *Flux propre total à travers un circuit fermé dans le vide ou l'air. Dans le cas de la figure, le flux propre* φ_p *est positif si* i *est supposé positif.*

Le module B du champ magnétique créé en un point, dans le vide ou dans l'air, par une bobine indéformable est proportionnel à l'intensité i du courant qui parcourt cette bobine. Il en est de même du flux propre φ_p embrassé par la bobine. Posons :

$$\varphi_p = Li$$

Avec les conventions adoptées le flux propre et l'intensité du courant dans la bobine sont toujours de même signe (fig. 10.03) : le coefficient L est donc toujours positif. L est l'**inductance** de la bobine ; c'est une caractéristique de ce composant qui s'exprime en henrys.

$$L = \frac{\varphi_p}{i} \qquad \begin{cases} \varphi_p \text{ en webers,} \\ L \text{ en henrys,} \\ i \text{ en ampères.} \end{cases}$$

L'inductance d'une bobine dépend de ses caractéristiques géométriques et des propriétés magnétiques du milieu dans lequel elle est placée.

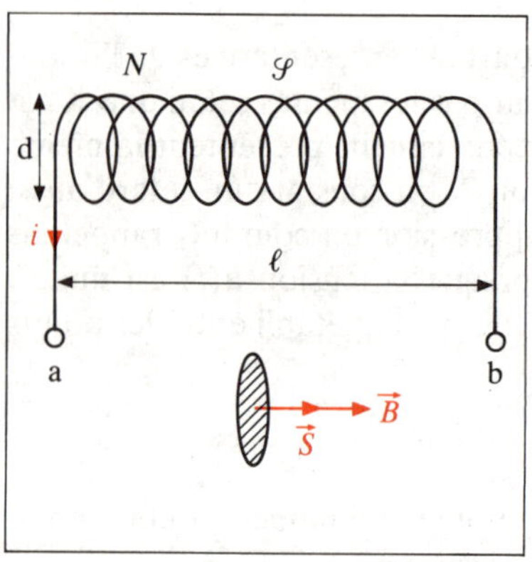

Fig. 10.04. *Inductance d'un solénoïde. Le solénoïde est dans le vide ou l'air. Il comporte* N *spires jointives de surface* S *réparties sur une longueur* l.

Exemple : *inductance d'un solénoïde* (bobine longue).
Le solénoïde (fig. 10.04), supposé de longueur très grande devant son diamètre, est parcouru par un courant d'intensité i. En son centre, il crée un champ magnétique de module B :

$$B = \mu_0 \frac{Ni}{l}$$

Le flux propre φ_{p1} par spire est égal à :

$$\varphi_{p1} = BS \cos(\vec{S}, \vec{B}) = BS$$

Si le champ peut être considéré comme uniforme dans tout le solénoïde, le flux propre total embrassé par les N spires du solénoïde est égal à :

$$\varphi_p = N\varphi_{p1} = NBS = \mu_0 \frac{N^2 Si}{l}$$

L'inductance du solénoïde est donc donnée par la relation :

$$L = \frac{\varphi_p}{i} = \mu_0 \frac{N^2 S}{l}$$

Dans la réalité le champ à l'intérieur de la bobine n'est pas uniforme (il décroît lorsqu'on approche des extrémités) et cette formule n'est qu'approchée. Elle n'est rigoureuse que pour une bobine torique.

Remarque :
Dans un milieu ferromagnétique, la relation entre le flux propre et l'intensité du courant n'est pas obligatoirement linéaire et la valeur L n'est pas constante.

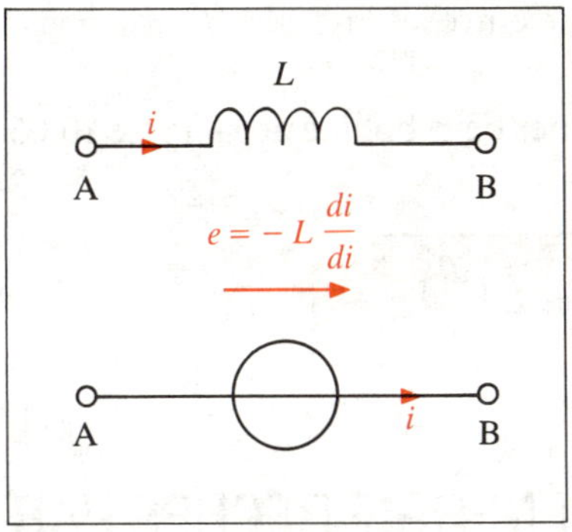

Fig. 10.05. F.e.m. auto-induite – Symbole de l'inductance.

1.2.2. F.é.m. auto-induite

La loi de Faraday s'applique lorsque l'induction électromagnétique est due au flux propre (auto-induction). La f.é.m. induite e dans la bobine d'inductance L égale à :

$$e = -\frac{d\varphi_p}{dt} = -\frac{d(Li)}{dt} \text{ soit, si } L \text{ est constant :}$$

$$\boxed{e = -L\frac{di}{dt}} \quad \begin{cases} e \text{ en volts,} \\ L \text{ en henrys,} \\ i \text{ en ampères,} \\ t \text{ en secondes.} \end{cases}$$

Avec les conventions adoptées au chapitre 9, sur un modèle équivalent de la bobine (fig. 10.05), *la flèche correspondant à la f.é.m. algébrique e a toujours le sens de la flèche orientant le conducteur.*

■ Conséquences à retenir :

- Il y a auto-induction seulement en *régime variable* (ce phénomène ne se manifeste pas en régime continu, c'est-à-dire lorsque le courant dans le circuit est constant).
- La f.é.m. e ne peut être infinie et il en est de même de la variation de courant di/dt : le courant dans un circuit ne peut donc subir de discontinuité.
- La f.é.m. d'auto-induction e vérifie la loi de Lenz :

$di/dt > 0$: le courant i augmente et la f.é.m. est négative (elle s'oppose au passage du courant) ;

$di/dt < 0$: le courant i diminue et la f.é.m. est positive (elle favorise le passage du courant).

Dans les deux cas, la f.é.m. induite s'oppose à la cause qui lui donne naissance c'est-à-dire à la variation de courant.

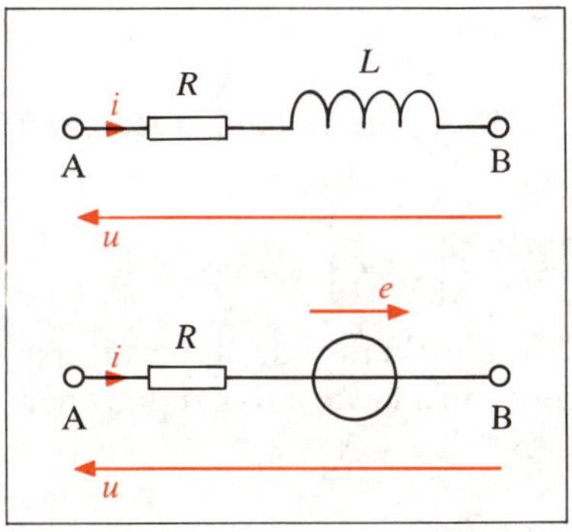

Fig. 10.06. Modèle équivalent d'un dipôle inductif.

1.2.3. Modèle équivalent d'une bobine.

Une bobine est un dipôle qui présente une résistance R et une inductance L (fig. 10.06).

Le montage de la figure 10.07 peut être utilisé pour vérifier que ce modèle équivalent rend bien compte du comportement de la bobine. Il est alimenté par un générateur de courant qui fournit un courant ayant une intensité « en triangle ».

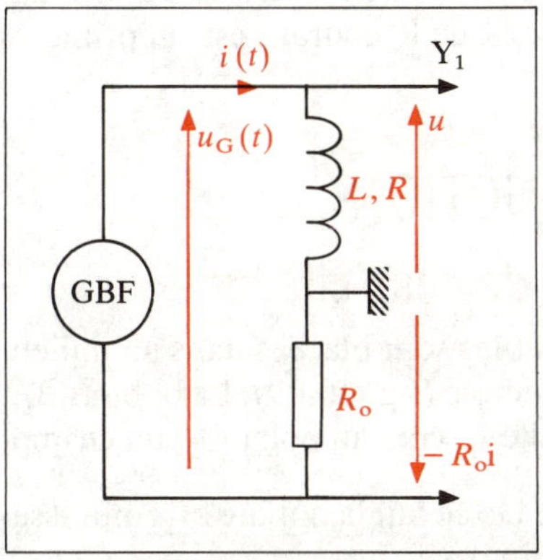

Fig. 10.07. Mise en évidence des paramètres d'une bobine.

L'oscillogramme obtenu (fig. 10.08) montre que la tension u aux bornes de la bobine est égale à la somme :

– de la *chute ohmique* égale à tout instant à (Ri) ;

– et d'une tension en créneaux égale à $-(Ldi/dt)$ qui est appelée *chute inductive.*

Par exemple, entre les instants 0 et $T/2$, le courant a une intensité qui s'écrit sous la forme : $i=(at+b)$, a et b étant deux constantes. Il donne naissance à une f.é.m. d'auto-induction égale à :

$$-L\left(\frac{di}{dt}\right) = -aL = \text{constante.}$$

Cette f.é.m. est négative de 0 à $T/2$ (a est positif lorsque i est une fonction croissante du temps).

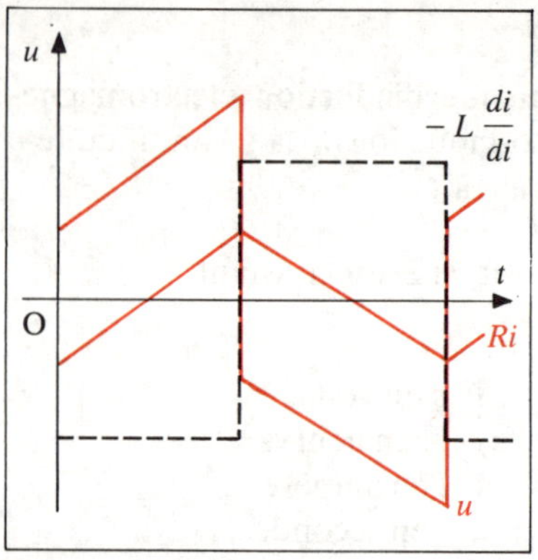

Fig. 10.08. *Le générateur délivre des signaux triangulaires. Les oscillogrammes de* u *et* i *permettent de vérifier expérimentalement la relation :* $u = Ri + L\frac{di}{dt}$
Le dipôle inductif est donc équivalent à l'association série d'une résistance R *et d'une inductance* L.

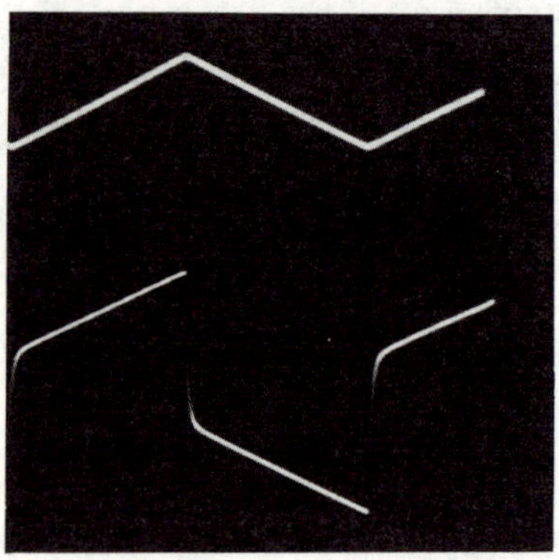

Le même raisonnement s'applique entre les instants $T/2$ et T mais, dans ce cas, a est négatif.

Conséquence : la tension aux bornes de la bobine de la figure 10.06 est donc égale à :

$$u = Ri + L\left(\frac{di}{dt}\right)$$

2. PUISSANCE ET ÉNERGIE REÇUES PAR UN DIPÔLE INDUCTIF

2.1. Puissance

A l'instant t un dipôle inductif de résistance R et d'inductance L (voir fig. 10.06) reçoit une puissance p égale à :

$$p = ui \quad \text{or : } u = Ri + L\left(\frac{di}{dt}\right)$$

d'où : $$p = Ri^2 + Li\left(\frac{di}{dt}\right)$$ ce qui peut aussi s'écrire :

$$p = Ri^2 + \frac{d\left[\frac{1}{2}Li^2\right]}{dt}$$

2.2. Énergie

Pendant un intervalle de temps dt le dipôle inductif reçoit une énergie dW :

$$dW = p.dt = Ri^2.dt + d\left[\frac{1}{2}Li^2\right]$$

Le premier terme représente l'énergie thermique apportée par effet Joule. Le second terme correspond à la variation d'une énergie différente W_m :

$$W_m = \frac{1}{2}Li^2$$

Cette énergie est emmagasinée sous forme magnétique lorsque le courant dans la bobine croît de zéro à i ; elle est restituée au circuit sous forme d'énergie électrique lorsque le courant est supprimé.

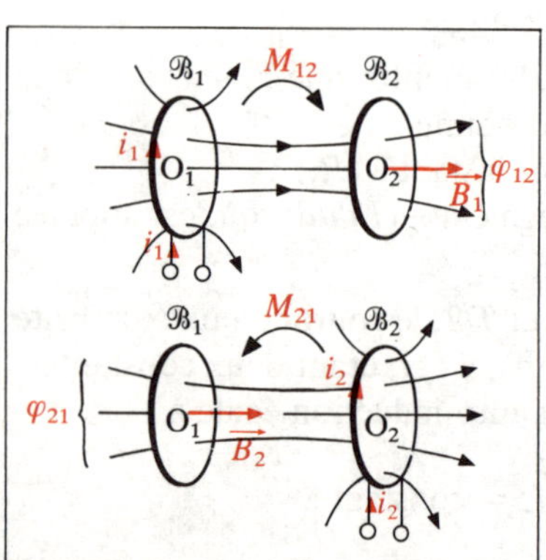

Fig. 10.09. *Inductance mutuelle.*

3. MUTUELLE INDUCTION

3.1. Inductance mutuelle de deux circuits

Deux bobines $\mathcal{B}_1$ et $\mathcal{B}_2$ indéformables sont placées dans un milieu non ferromagnétique, l'air par exemple (fig. 10.09). La bobine $\mathcal{B}_1$, parcourue par un courant d'intensité i_1, crée au point O_2, un champ magnétique $\vec{B}_1$ proportionnel à i_1. De ce fait la bobine $\mathcal{B}_2$ embrasse un flux magnétique φ_{12} proportionnel à i_1. :

$$\varphi_{12} = M_{12}i_1$$

De même, la bobine $\mathcal{B}_2$ crée au point O_1 un champ magnétique $\vec{B}_2$ proportionnel au courant i_2 qui la parcourt. La bobine $\mathcal{B}_1$ embrasse un flux magnétique φ_{21} proportionnel à i_2 :

$$\varphi_{21} = M_{21} i_2$$

L'expérience et la théorie montrent que les coefficients de proportionnalité M_{12} et M_{21} sont égaux :

$$M_{12} = M_{21} = M \qquad M \text{ en henrys.}$$

M est l'inductance mutuelle des bobines $\mathcal{B}_1$ et $\mathcal{B}_2$. C'est une grandeur algébrique (exercice 10.10) qui dépend de la géométrie du système et des propriétés magnétiques du milieu.

3.2. F.é.m. d'induction mutuelle

Lorsque les flux φ_{12} et φ_{21} sont variables, les bobines $\mathcal{B}_1$ et $\mathcal{B}_2$ sont le siège de phénomène d'induction électromagnétique. Les f.é.m. induites sont égales à :

– dans $\mathcal{B}_1$: $$e_1 = -\frac{d\varphi_{21}}{dt} = -M\frac{di_2}{dt}$$

– dans $\mathcal{B}_2$: $$e_2 = -\frac{d\varphi_{12}}{dt} = -M\frac{di_1}{dt}$$

Remarque :

Les bobines sont dites couplées par *mutuelle inductance.* Notons que la f.é.m. qui prend naissance dans une bobine est commandée par le courant qui varie dans l'autre bobine (générateur non autonome). Ajoutons que cela n'exclut pas qu'un phénomène d'auto-induction ne se manifeste dans chaque bobine.

3.3. Énergie

Lorsque les courants dans les bobines $\mathcal{B}_1$ et $\mathcal{B}_2$ passent respectivement d'une valeur nulle à i_1 et i_2 l'énergie magnétique emmagasinée par ces circuits couplés est :

$$W_m = \frac{1}{2} L\, i_1^2 + \frac{1}{2} L\, i_2^2 + M i_1 i_2$$

Cette énergie est la somme des énergies magnétiques propres à chaque bobine et de l'énergie de mutuelle ($M i_1 i_2$).

3.4. Coefficient de couplage

On appelle coefficient de couplage magnétique des deux bobines, le rapport k :

$$k = \frac{M}{\sqrt{L_1 L_2}}$$

En général k est inférieur à 1. Le phénomène de mutuelle induction est d'autant plus important que k est proche de 1 :

$k=1$: le couplage est dit parfait,

$k<1$: le couplage est dit « serré »,

$k<<1$: le couplage est dit « lâche »,

$k=0$: cette valeur correspond à l'absence de couplage.

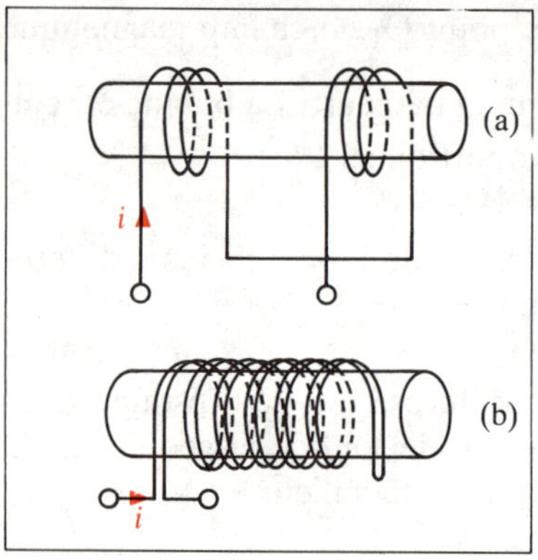

***Fig. 10.10.** Dipôle résistif non inductif :*
a) modèle : deux bobines en série dont les effets magnétiques sont opposés,
b) réalisation : bobinage en « queue de cochon ».

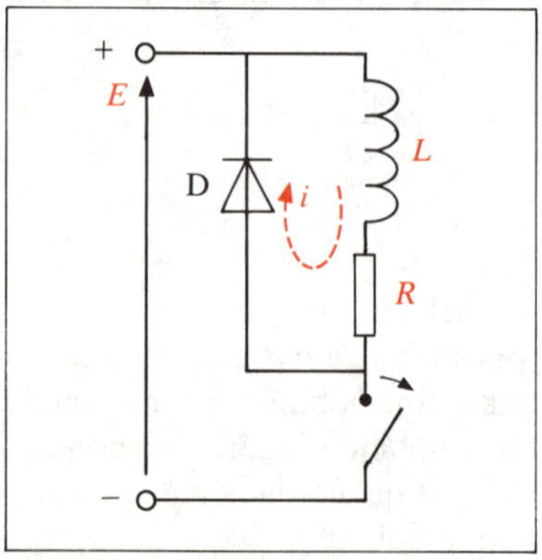

***Fig. 10.11.** Protection des circuits inductifs.*

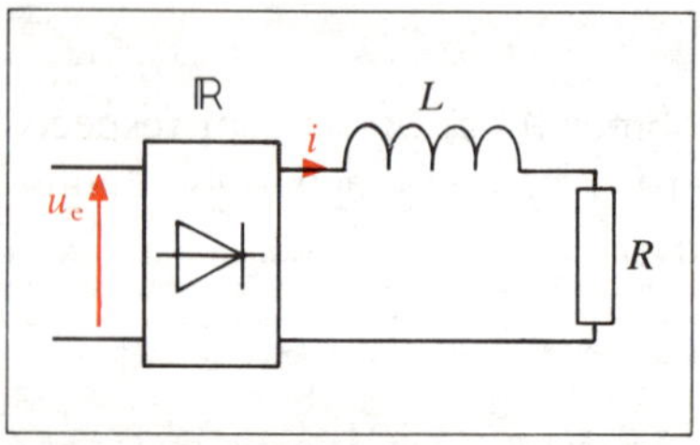

***Fig. 10.12.** Bobine de lissage. On constate expérimentalement que les ondulations de i sont très nettement atténuées lorsque la bobine de lissage est insérée dans le circuit.*

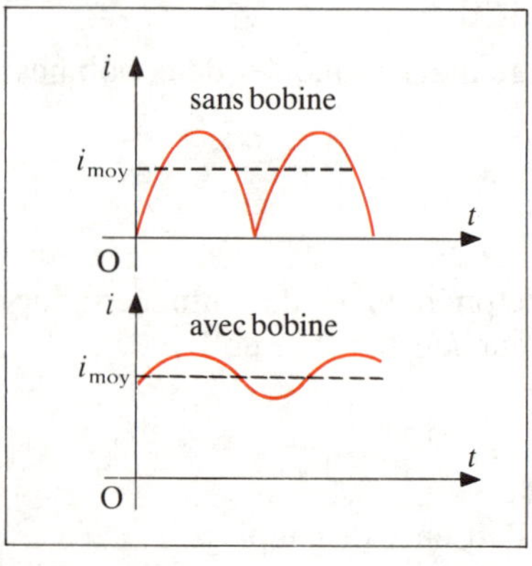

4. APPLICATIONS

4.1. Dipôles non inductifs

Il est possible de réaliser des résistances bobinées qui ne présentent pas d'inductance. Lorsque le fil est double (fig. 10.10), le composant est équivalent à deux bobines ayant les mêmes caractéristiques géométriques mais dont les sens d'enroulement sont opposés. Les champs produits par ces deux bobines sont toujours opposés et le flux propre de l'ensemble est nul. Il en est donc de même de son inductance.

4.2. Protections des circuits inductifs

Lors de l'ouverture d'un interrupteur placé dans un circuit inductif, parcouru par un courant intense, un **arc électrique** s'établit entre les deux pôles qui sont écartés l'un de l'autre. Il en est de même avec des circuits parcourus par des courants peu intenses mais qui font l'objet de commutations rapides (électronique). Cet arc dit **de rupture** est la conséquence du phénomène d'auto-induction : l'annulation du courant dans un circuit se traduit par l'induction d'une f.é.m. d'autant plus grande :
– que le courant interrompu est plus intense,
– que l'interruption est plus rapide.

Il peut en résulter une surtension importante entre les pôles des appareils de coupure. En général, il est indispensable de remédier à cet inconvénient afin d'éviter tout danger pour le manipulateur (risque d'électrocution) et pour le matériel. Cette protection peut être assurée par une diode (fig. 10.11).

Lorsque le circuit est fermé, la diode est sous tension inverse et elle ne joue aucun rôle. A l'ouverture de l'interrupteur, la bobine est encore le siège d'un phénomène d'auto-induction mais celui-ci se traduit par le passage d'un courant dans le circuit formé par la bobine et la diode. La tension aux bornes de la diode dans l'état conducteur est inférieure à 1 V : aucune surtension dangereuse n'apparaît dans le circuit.

Ce mode de protection est utilisé pour des transistors (alimentation à découpage) et pour des thyristors (hacheur).

4.3. Bobine de lissage

Pour réduire l'ondulation du courant fourni par un redresseur, il est souvent nécessaire de placer une bobine en série avec la charge (fig. 10.12). Les variations du courant engendrent une f.é.m. d'auto-induction qui s'oppose à la cause qui lui donne naissance. Si l'inductance de cette bobine est suffisamment grande l'amplitude des ondulations (fig. 10.13) est fortement diminuée (d'où l'appellation : bobine de lissage). Il faut donc choisir une bobine très inductive et faiblement résistante pour éviter une chute de tension inutile et une perte de puissance par effet Joule.

◀ ***Fig. 10.13.** Influence d'une bobine de lissage.*

Travaux pratiques

1. Mesure d'inductance

Réaliser le dispositif expérimental décrit figure 10.01. Un générateur de signaux carrés fournit la tension $u(t)$.

1° Régler la fréquence $f=1/T$ des signaux carrés afin d'observer sur l'oscillographe le régime permanent.

2° Relever avec précision, les oscillogrammes $i_1(t)$, $i_2(t)$ et $u(t)$.

3° On démontre que la tangente T_O à l'origine de la courbe $i_2(t)$ (fig. 10.14) coupe la droite Δ au point M dont l'abscisse est $t_0=L/R_0$, expression dans laquelle L est l'inductance de la bobine et R_0 la résistance totale du circuit.

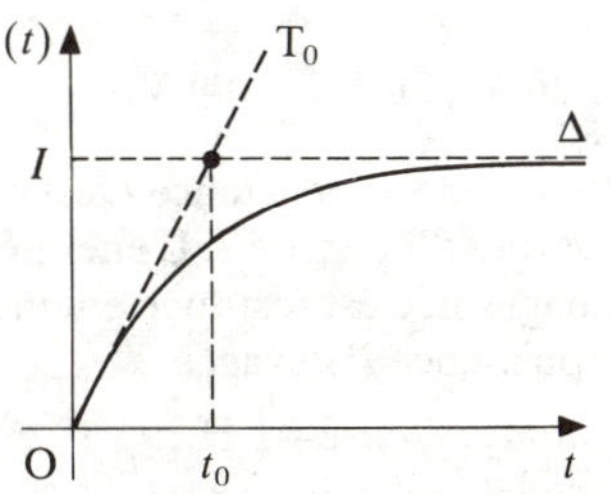

Fig. 10.14.

Régler l'oscillographe afin de pouvoir mesurer avec précision la pente de la tangente T_O. En déduire la valeur de l'inductance L.

2. Mesure de mutuelle inductance

Le dispositif expérimental utilisé est celui décrit au chapitre 9, T.P. 1. Le montage est représenté figure 10.15.

1° Mesurer les paramètres d_1, d_2 et L_2 (les nombres de spires N_1 et N_2 doivent être connus). Repérer le sens des bobinages.

2° Le générateur G fournit une tension sinusoïdale de fréquence $f=1$ kHz. Relever avec précision, les oscillogrammes $u_1(t)$ et $e(t)$. Vérifier l'influence de la position relative des bobines $\mathcal{B}_1$ et $\mathcal{B}_2$.

3° Calculer l'inductance mutuelle M_{21} (voir exercice 10.17), puis exprimer la f.é.m. de mutuelle $e(t)$.

4° Comparer les résultats expérimentaux et les résultats théoriques.

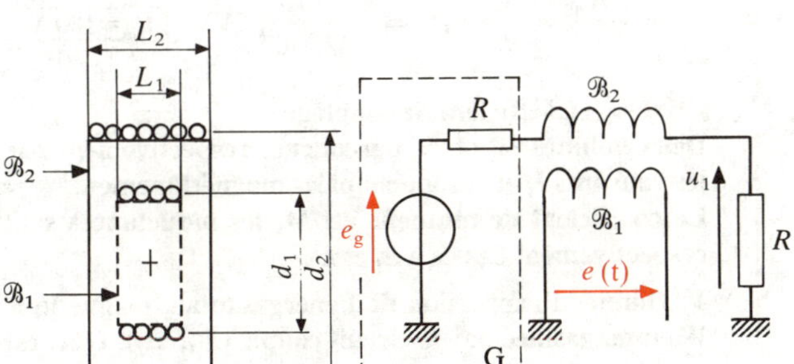

Fig. 10.15.

3. Énergie emmagasinée dans une bobine

Réaliser le montage schématisé sur la figure 10.16.

La bobine $\mathcal{B}$ est constituée de deux bobines de 1 000 spires montées sur la même carcasse de transformateur démontable, de sorte que leurs flux s'ajoutent. Un double entrefer de 2 mm d'épaisseur est nécessaire, de manière à ne pas saturer le fer. La diode D est une diode de puissance (10 A). Le moteur M est un petit moteur de baladeur (walkman) sur l'arbre duquel on a monté une poulie de *faible diamètre* (crayon à papier évidé de sa mine, tube de stylo à bille, etc.). Une masse m y est suspendue. Lorsque l'interrupteur K est fermé, un courant d'intensité I, dû à la f.é.m. du générateur, parcourt la bobine $\mathcal{B}$. On prendra I de l'ordre de 1 A. A l'ouverture de K, le courant se referme par D, car la bobine est le siège d'une f.é.m. d'auto-induction qui prolonge le courant initial. La masse m, d'une dizaine de grammes, s'élève de plus de un mètre. Le moteur qui l'a soulevée a donc reçu de l'énergie électrique. Celle-ci ne peut venir que de la bobine (où elle était donc emmagasinée) puisque le générateur est déconnecté du reste du circuit.

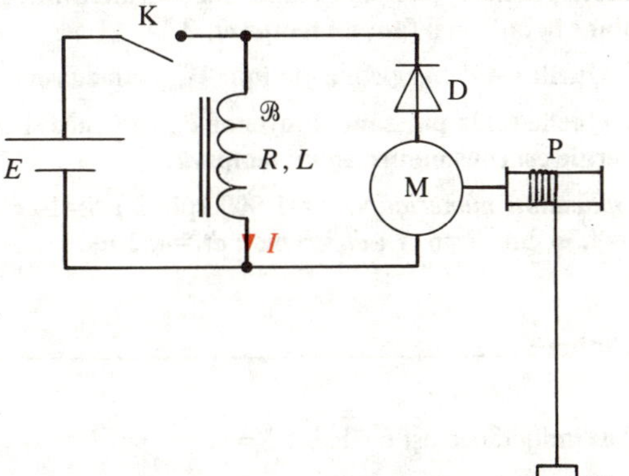

Fig. 10.16.

Contrôle des connaissances

INDIQUER LA (OU LES) BONNE(S) RÉPONSE(S) :

10.01. Une bobine d'inductance L est parcourue par un courant d'intensité I. Quel est le flux magnétique propre Φ_p qui traverse cette bobine ?

Application numérique : L=100 mH ; I=1 A.

R : 0 mWb ; 10 mWb ; 20 mWb ; 100 mWb.

10.02. Une bobine $\mathcal{B}_1$, parcourue par un courant d'intensité I, crée un flux magnétique Φ dans la bobine $\mathcal{B}_2$. Calculer le coefficient de mutuelle M de l'ensemble ($\mathcal{B}_1$, $\mathcal{B}_2$).

Application numérique : Φ=10 mWb ; I=100 mA.

R : −0,1 H ; 0,1 H ; 0,2 H ; −0,2 H.

10.03. Une bobine réelle, dont la résistance et l'inductance sont respectivement R et L, est alimentée à partir de l'instant t=0 par un générateur de courant qui débite une intensité $i(t)=kt$.

a) Calculer la tension $u(t)$ aux bornes de la bobine réelle.

b) Quelle est la tension $u(1)$ au temps t=1 s ?

Application numérique : k=0,5 A/s ; R=20 Ω ; L=2 H.

R : −5 V ; 3 V ; 10 V ; 11 V.

10.04. Reprendre le problème précédent si $i(t)=kt^2$.

R : −12 V ; 0 V ; 12 V ; 20 V.

10.05. Une bobine d'inductance L est parcourue par un courant continu d'intensité I. A partir de l'instant t=0, on annule l'intensité I en une durée Δt, suivant une loi affine du temps. Après avoir tracé la courbe donnant l'évolution de l'intensité du courant en fonction du temps, préciser quelle est la valeur E de la f.é.m. auto-induite.

Application numérique : L=100 mH ; I=1 A ; Δt=1 ms.

R : 100 V ; −10 V ; 50 V ; −100 V.

10.06. Une bobine d'inductance L est parcourue par un courant continu d'intensité I. L'énergie magnétique qu'elle a emmagasinée est restituée en une durée Δt. Quelle est la puissance P dégagée ?

Application numérique : L=1 H ; I=10 A ; Δt=1 ms.

R : 5 mW ; 0,5 W ; 50 kW ; 5 MW.

Exercices résolus

10.07. Une bobine torique comporte N spires de surface S.
Le rayon de la circonférence moyenne de la bobine est égal à R.

1° Calculer l'inductance L de la bobine.

2° Quelle est la valeur moyenne de la f.é.m. $\bar{e}$ auto-induite, sachant que pour établir un courant d'intensité I dans la bobine il faut un temps dt_1 ?

3° Quelle est l'énergie magnétique W_m emmagasinée ?

4° Quelle est la puissance moyenne P_m restituée si cette énergie est consommée en un temps dt_2 ?

***Application numérique :* N=1 000 spires ; S=10 cm² ; R=8,33 cm ; I=6 A ; dt_1=5 ms ; dt_2=432 µs.**

Solution :

1° L'inductance est égale à : $L=\mu_0 \dfrac{N^2S}{2\pi R}$

$$L=4\pi 10^{-7}\frac{(10^3)^2\times 10.10^{-4}}{2\pi\times 8{,}33.10^{-2}}\,\text{H} \Rightarrow \boxed{L=2{,}4\text{ mH}}$$

2° La f.é.m. moyenne auto-induite est, en valeur absolue :

$$\bar{e} = L\frac{dI}{dt}\ ;\ \bar{e}=2{,}4.10^{-3}\times\frac{6}{5.10^{-3}}\,\text{V} \Rightarrow \boxed{\bar{e}=2{,}88\text{ V}}$$

3° Énergie stockée sous forme magnétique par la bobine :

$$W_m = \frac{1}{2}LI^2$$

$$W_m = \left(\frac{1}{2}\times 2{,}4.10^{-3}\times 6^2\right)\text{J} \Rightarrow \boxed{W=43{,}2\text{ mJ}}$$

4° Lors de la restitution de l'énergie W_m la puissance restituée est égale à :

$$P_m = \frac{dW_m}{dt} = \frac{W_m}{dt_2}\ ;\ P_m = \frac{43{,}2.10^{-3}}{432.10^{-6}}\,\text{W} \Rightarrow \boxed{P_m=100\text{ W}}$$

10.08. Coefficient de couplage.
Deux bobines $\mathcal{B}_1$ et $\mathcal{B}_2$ parcourues respectivement par les courants I_1 et I_2 sont couplées magnétiquement.
Le coefficient de mutuelle est M, les inductances sont respectivement égales à L_1 et L_2.

1° Donner l'expression de l'énergie totale magnétique W emmagasinée par le circuit couplé ($\mathcal{B}_1$, $\mathcal{B}_2$). Quel est son signe ?

2° Écrire l'expression de l'énergie W sous la forme :

$$W = \frac{1}{2}I_2^2\,(ax^2+bx+c)\ ;\ x=I_1/I_2.$$

En déduire la relation : $|M| \leqslant \sqrt{L_1L_2}$

3° Au laboratoire on a mesuré L_1=0,5 H, L_2=0,1 H et M=0,16 H. Calculer la valeur du coefficient de couplage k.

Solution :

1° L'énergie totale magnétique est :

$$W=\frac{1}{2}L_1I_1^2+\frac{1}{2}L_2I_2^2+MI_1I_2\ ;\ W>0,$$

2° L'expression précédente peut s'écrire :

$$W=\frac{1}{2}I_2^2\left[L_1\left(\frac{I_1}{I_2}\right)^2+2M\left(\frac{I_1}{I_2}\right)+L_2\right]$$

Pour que le trinôme du second degré soit positif il faut réaliser la condition :

$$\Delta=b^2-4ac\leqslant 0 \text{ soit : } \Delta=4(M^2-L_1L_2)\leqslant 0$$

donc :

$$|M|\leqslant\sqrt{L_1L_2}.$$

3° Le coefficient de couplage est égal à :

$$k=\frac{|M|}{\sqrt{L_1L_2}}=0{,}71.$$

Exercices à résoudre

10.09. Combien faut-il enrouler de spires sur un tore non magnétique de section $S=5\ \text{cm}^2$ et de longueur moyenne $l=60$ cm pour obtenir une inductance $L=1$ H ?

10.10. Même question si le tore est magnétique. On remplacera dans les calculs la constante μ_0 par $\mu=\mu_0\mu_r$ en adoptant $\mu_r=950$.
Comparer les résultats obtenus. Conclure.

10.11. Un courant d'intensité $i(t)$, défini par le graphe de la figure 10.17, circule dans une bobine d'inductance $L=10$ mH et de résistance R négligeable ($R\approx 0\Omega$). Tracer le graphe de la tension $u(t)$ mesurée aux bornes de la bobine.

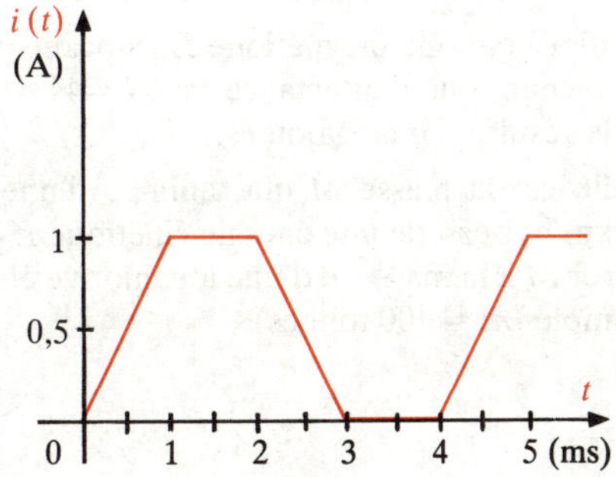

Fig. 10.17.

10.12. Signe de l'inductance.
1° Une spire parcourue par un courant d'intensité i est orientée positivement dans le sens trigonométrique.

Démontrer que l'inductance L de la spire est une grandeur positive quel que soit le sens du courant i dans la spire.

2° Même question lorsque la spire est orientée dans le sens anti-trigonométrique.

Dans tous les cas, comparer le signe de l'intensité i à celui du flux magnétique propre φ_p.

10.13. Signe de la mutuelle inductance.
Les spires $\mathcal{S}_1$ et $\mathcal{S}_2$ sont coplanaires et coaxiales (fig. 10.18).

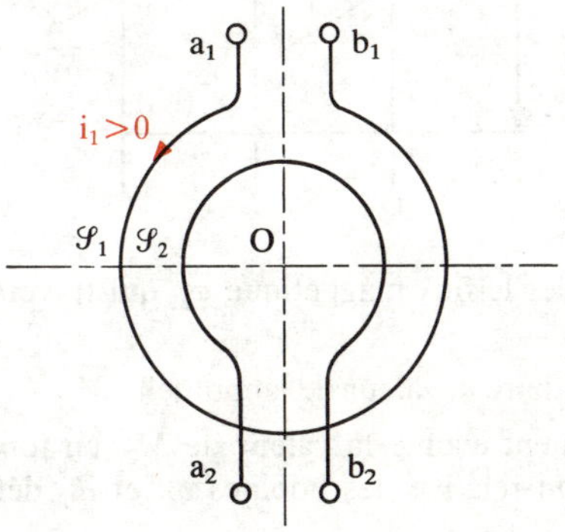

Fig. 10.18.

1° Indiquer la direction du vecteur champ magnétique $\vec{B}_1$ créé en O par la spire $\mathcal{S}_1$.

2° La spire $\mathcal{S}_2$ est orientée positivement dans le sens trigonométrique. Quel est le signe de la mutuelle inductance M_{12} ?

3° Même question lorsque la spire $\mathcal{S}_2$ est orientée positivement dans le sens anti-trigonométrique. Que devient le signe de M_{12} si, dans ces conditions, on retourne face pour face la spire $\mathcal{S}_2$.

10.14. Constantes du vide.
1° Démontrer que la perméabilité du vide μ_0 s'exprime en henrys par mètre.

2° Démontrer que la permittivité du vide ε_0 s'exprime en farads par mètre.

3° Vérifier l'homogénéité de l'expression $\varepsilon_0\mu_0c_0^2=1$ dans laquelle c_0 représente la célérité de la lumière dans le vide.
– En déduire la valeur numérique de la permittivité ε_0 sachant que : $\mu_0=4\pi 10^{-7}$ H/m et $c_0=3.10^8$ m/s.

10.15. Paramètres d'une bobine.
Calculer la résistance R et l'inductance L du solénoïde de la figure 10.08, sachant que le conducteur qui le constitue a un diamètre de 0,6 mm. On donne : $\rho=1{,}7.10^{-8}\ \Omega$.m ; $\mu_0=4\pi 10^{-7}$ H/m ; $N=1\ 000$ spires jointives ; $d=50$ mm.

10.16. Calcul de la mutuelle inductance.
Deux bobines coaxiales $\mathcal{B}_1$ et $\mathcal{B}_2$ sont en interaction magnétique (fig. 10.19). La bobine $\mathcal{B}_2$ supposée très longue, est parcourue par un courant d'intensité i_2. qui crée un champ magnétique $\vec{B}_2$ pratiquement uniforme sur toute la surface S_1 de la bobine $\mathcal{B}_1$.

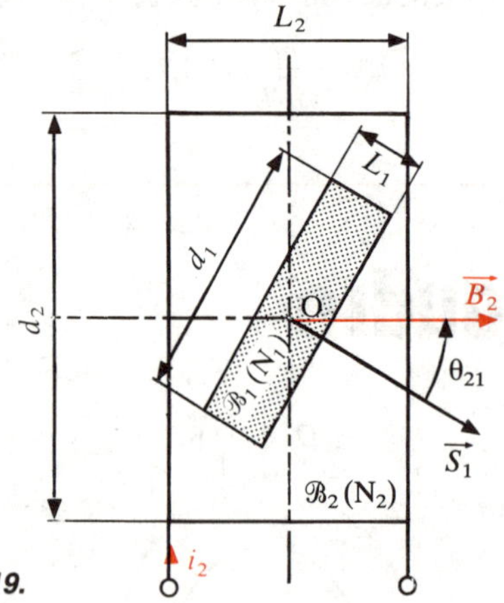

Fig. 10.19.

1° Calculer le flux magnétique φ_{21} qui traverse la bobine $\mathcal{B}_1$.

2° En déduire la valeur de la mutuelle M_{21}.

3° Comment évolue la valeur de M_{21} en fonction de la position relative des bobines $\mathcal{B}_1$ et $\mathcal{B}_2$ définie par l'angle θ_{21} ?

Application numérique : $d_1=4$ cm ; $d_2=10$ cm ; $l_2=4{,}5$ cm ; $N_1=48$ spires ; $N_2=100$ spires.

10.17. Auto-inductance de deux bobines en série couplées magnétiquement.
Deux bobines $\mathcal{B}_1$ et $\mathcal{B}_2$ ont respectivement pour paramètres (R_1, L_1) et (R_2, L_2). Elles constituent un circuit couplé dont le coefficient de mutuelle est M.

1° Le couplage de $(\mathcal{B}_1, \mathcal{B}_2)$ est défini par la figure 10.20. Quel est le signe de la mutuelle M ?

2° Calculer la puissance p_{12} absorbée par l'ensemble $(\mathcal{B}_1, \mathcal{B}_2)$ branché en série.

3° Calculer la puissance p absorbée par une bobine unique $\mathcal{B}$ parcourue par un courant d'intensité i et dont les paramètres sont : (R, L).

4° En déduire les relations qui doivent lier r, R_1 et R_2 d'une part puis L, L_1, L_2 et M d'autre part afin que la bobine $\mathcal{B}$ soit équivalente à l'ensemble série $(\mathcal{B}_1, \mathcal{B}_2)$.

5° Que devient l'expression de L lorsque, toutes choses égales par ailleurs, la bobine $\mathcal{B}_2$ est retournée face pour face ?

6° Exploiter ces résultats afin de proposer une méthode de mesure de M.

Application numérique :
$R_1=R_2=10\ \Omega$; $L_1=L_2=100$ mH ; $M=50$ mH.

10.18. Bobine en régime harmonique.
Une bobine d'inductance L est parcourue par un courant sinusoïdal d'intensité : $i(t)=I \sin \omega t$.

1° Tracer la courbe $i(t)$.

2° Quelle est la tension $u(t)$ à ses bornes si la bobine est sans résistance ? Tracer la courbe $u(t)$.

3° Même question si la bobine a une résistance R.

Application numérique : $L=167$ mH ; $I=10$ mA ; $\omega=6.10^3$ rad/s ; $R=100\ \Omega$.

10.19. Énergie stockée dans une bobine supraconductrice.
L'aimant de la grande chambre à bulles du CERN est constitué de bobines supraconductrices traversées par un courant nominal d'intensité $I=6\,000$ A.

1° Calculer l'énergie magnétique E_M stockée par l'ensemble sachant que l'inductance est : $L=44{,}44$ H. Exprimer le résultat en mégajoules.

2° Quelle est la masse M qui, animée d'une vitesse $v=200$ km/h, possède une énergie cinétique $E_C=E_M$? Comparer M à la masse m d'une locomotive électrique par exemple ($m \approx 100$ tonnes).

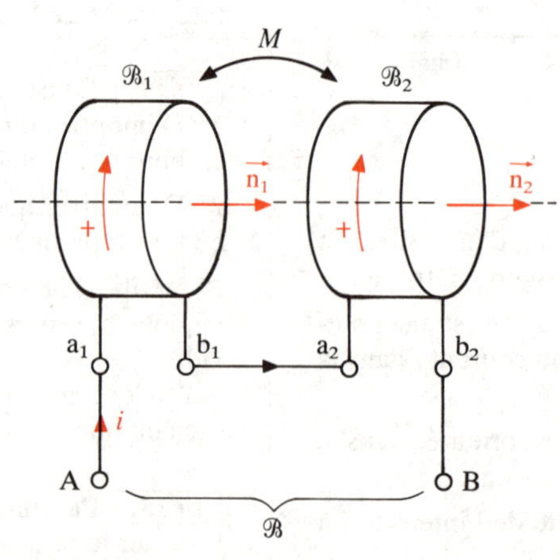

Fig. 10.20.

Chapitre 11

FERROMAGNÉTISME

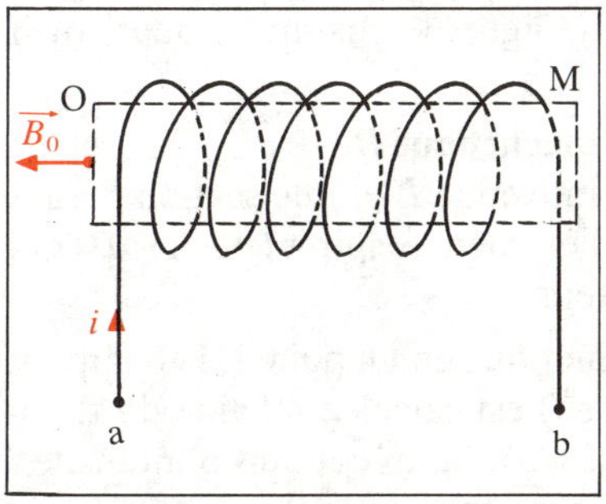

Fig. 11.01. *Influence du milieu sur le champ magnétique.*

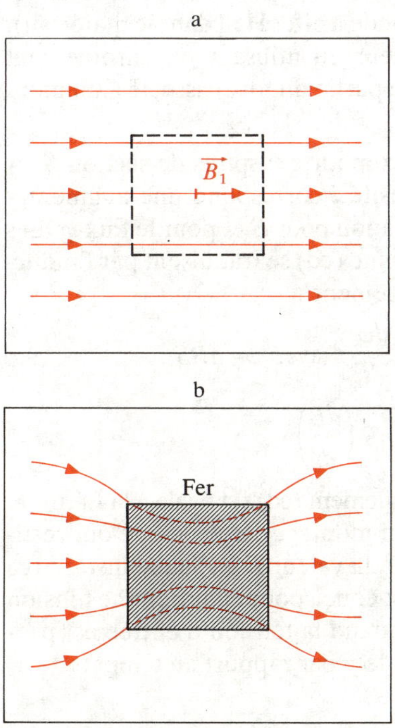

Fig. 11.02. *Influence du milieu sur la structure du champ magnétique.*
a) *Corps non ferromagnétique : cuivre, aluminium, bois.*
b) *Corps ferromagnétique : fer, nickel, cobalt.*

1. EXPÉRIENCE

1.1. Influence du milieu sur le champ magnétique

Un solénoïde (fig. 11.01) est parcouru par un courant d'intensité i. Initialement aucun matériau n'est placé à l'intérieur du solénoïde : le milieu M est de l'air. Une sonde à effet Hall indique le module du champ magnétique au point O, par exemple 1 mT.

Introduisons à l'intérieur du solénoïde un barreau en matériau choisi pour l'expérimentation.

Aucune modification n'est décelable avec la plupart des matériaux (exemple : cuivre, aluminium, plomb, bois). En revanche, l'indication de la sonde est nettement augmentée avec des matériaux tels que le fer (au point O, la sonde indique un champ beaucoup plus grand), le nickel, le cobalt et de très nombreux alliages réalisés à partir de ces corps. Ces matériaux qui permettent d'obtenir un champ magnétique plus intense au point O sont dits **ferromagnétiques.**

1.2 Influence du milieu sur la structure du champ magnétique

Plaçons un morceau de fer dans un champ magnétique uniforme (fig. 11.02). Un spectre magnétique montre que les lignes de champ semblent se concentrer dans le barreau. Leur distribution dans l'espace est profondément modifiée : **le champ n'est plus uniforme.** Il en est de même avec tout corps ferromagnétique.
Le morceau de fer se comporte comme un aimant : ses extrémités sont devenues deux pôles, l'un nord et l'autre sud. Une **aimantation est induite dans le fer.**

Cette expérience a permis de mettre en évidence des corps particuliers dits *ferromagnétiques*. Leur intérêt pratique est très grand : ce sont des matériaux très utilisés pour obtenir les champs importants qui sont nécessaires en électrotechnique.

2. COURBE DE PREMIÈRE AIMANTATION

2.1. Obtention

La courbe de première aimantation d'un matériau permet de connaître comment varie le champ magnétique $\vec{B}$ en un point du matériau, initialement non aimanté, lorsque celui-ci est soumis à une excitation magnétique $\vec{H}$ qui croît progressivement en partant d'une valeur nulle.

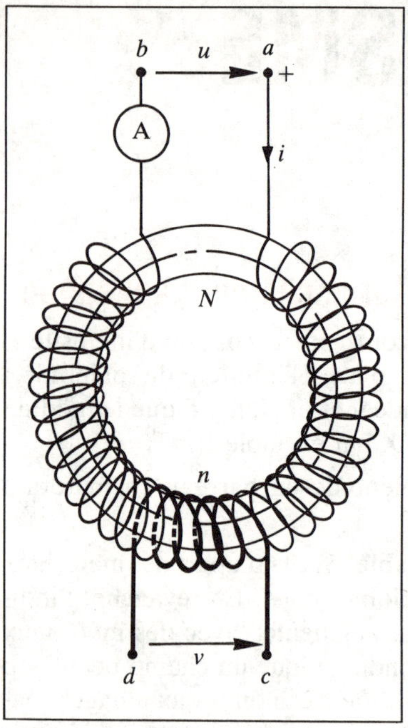

Fig. 11.03. Dispositif expérimental pour l'étude de l'aimantation d'un échantillon ferromagnétique.

■ Choix du matériau.
Le matériau ferromagnétique ne doit pas avoir été aimanté. Dans le cas contraire, il est nécessaire de le désaimanter avant toute expérimentation. De surcroît, l'échantillon testé ne doit pas présenter d'entrefer : un tore en matériau à étudier répond bien à cette condition car il délimite un domaine homogène où les lignes de champ sont canalisées (aucune ligne de champ ne peut sortir du tore).

■ Détermination de l'excitation magnétique H.
L'anneau utilisé a une longueur moyenne L et une section S ; sur sa périphérie sont disposées régulièrement N spires (fig. 11.03) qui constituent l'enroulement inducteur.

Le module H de l'excitation magnétique en un point (le champ est uniforme à l'intérieur du bobinage) est calculée à l'aide du théorème d'Ampère (voir ci-dessous, § 5). Si un courant d'intensité i traverse chaque spire, nous pouvons écrire :

$$H = \frac{Ni}{L}$$

Pour que l'excitation magnétique croisse régulièrement il suffit donc d'augmenter progressivement l'intensité i du courant dans l'inducteur (par exemple, en faisant croître la tension d'alimentation du circuit).

■ Détermination du champ magnétique B.
Le champ B en un point du matériau ne peut être mesuré directement (on ne peut placer une sonde à effet Hall dans le matériau). Il est possible d'obtenir sa valeur en utilisant un enroulement complémentaire (bobiné sur une partie du tore) associé à un montage électronique convenable.

L'enroulement de mesure (cd) comporte n spires de section S. A chaque augmentation de l'intensité i correspond une augmentation de l'excitation H et une variation pour B et pour le flux φ. Les variations de flux à travers la bobine (cd) se traduisent par l'induction d'une f.é.m. dans cet enroulement :

$$e = -\frac{d\varphi}{dt} \quad \text{avec } \varphi = nBS$$

soit :

$$e = -nS\left(\frac{dB}{dt}\right)$$

La tension v aux bornes de l'enroulement (cd) est égale à la f.é.m. e. Elle est appliquée à l'entrée d'un montage électronique qui restitue une tension proportionnelle à la valeur B à chaque instant (ce montage est un intégrateur : il est conçu pour élaborer une tension proportionnelle à la fonction y quand la tension d'entrée est proportionnelle à la dérivée (dy/dt) de y par rapport au temps).

2.2. Résultats expérimentaux

La courbe de première aimantation de la figure 11.04 est celle du fer, à la température ordinaire.

– Pour les faibles valeurs de l'excitation (H ne dépassant pas 1 000 A/m), le champ B dans le matériau est sensiblement proportionnel à H et *à une faible variation de H correspond une assez grande variation de B*.

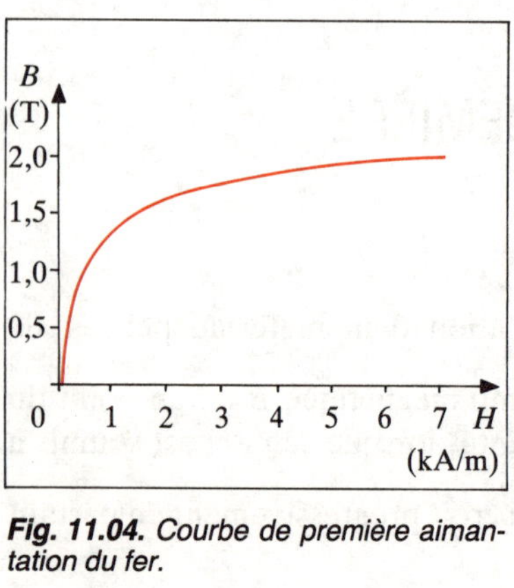

Fig. 11.04. Courbe de première aimantation du fer.

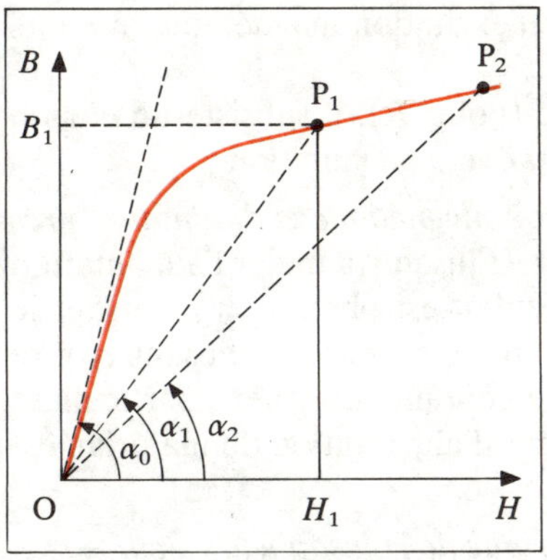

Fig. 11.05. *Courbe de première aimantation.*
Les courbes de première aimantation dépendent beaucoup de la pureté de l'échantillon testé et de son état mécanique (traitement thermique, laminage).

– Au-delà de ce domaine, la relation entre les deux grandeurs B et H n'est pas linéaire.

– Pour les fortes valeurs de l'excitation, la croissance de B est très limitée, même pour une forte augmentation de H : le *matériau est saturé.*

2.3. Conséquence

En chaque point d'**une courbe de première aimantation** il est possible de définir une valeur μ de la perméabilité magnétique. Par exemple, pour un point de fonctionnement en P_1, la perméabilité est égale à :

$$\mu_1 = \frac{B_1}{H_1} = \tan \alpha_1$$

Pour les faibles valeurs de H, la perméabilité magnétique est constante ($\tan \alpha_0$). En dehors de ce domaine, la perméabilité magnétique du matériau varie en fonction de H (fig. 11.05). Ainsi, pour des points tels que P_1 et P_2, les valeurs obtenues pour la perméabilité sont différentes ($\tan \alpha_1 > \tan \alpha_2$).

■ 3. INFLUENCE DE LA TEMPÉRATURE

■ Expérience.

Le dispositif de la figure 11.06 permet une étude qualitative simple. Initialement le fil de fer est en position 1. L'interrupteur est fermé : le générateur G débite alors un courant i. Par effet Joule, le fil s'échauffe et est porté au rouge. Il retombe alors en position 2. De ce fait, la circulation courant est interrompue, le fil se refroidit et l'attraction du fil par l'aimant a de nouveau lieu.

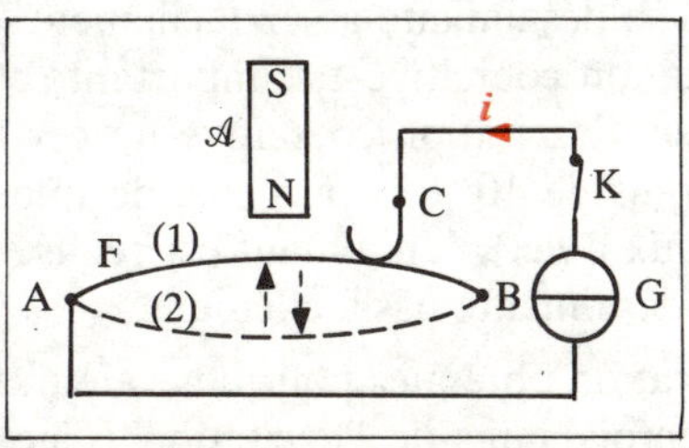

Fig. 11.06. *Influence de la température : Un fil de fer F fixé horizontalement entre les points A et B est attiré par l'aimant 𝒜. Dans ces conditions, le fil F est en contact avec le curseur C.*

■ Interprétation.

Au-delà d'une certaine température (température de Curie) le fer perd ses propriétés magnétiques et, comme un corps non ferromagnétique, il n'est pas attiré par un aimant. Lorsque sa température redevient inférieure à la température de Curie, il retrouve ses propriétés ferromagnétiques.

Remarque :

Chauffer le fer à un température supérieure à la température de Curie constitue donc un moyen de le désaimanter.

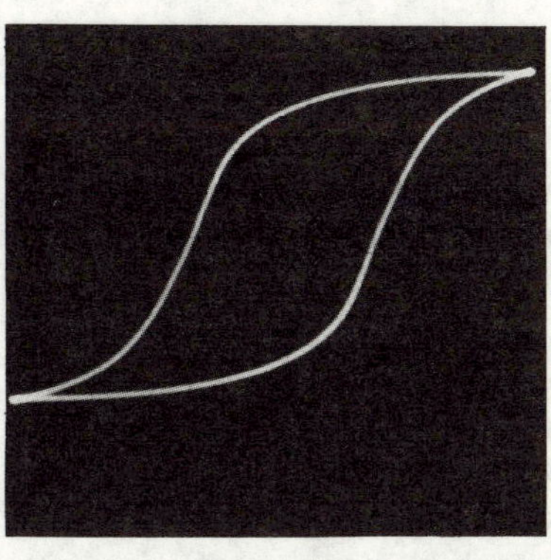

■ 4. HYSTÉRÉSIS MAGNÉTIQUE

4.1. Expérience

Le dispositif expérimental utilisé est encore celui de la figure 11.03. Les opérations suivantes sont successivement réalisées :

1° *Tracé de la courbe de première aimantation :* l'excitation magnétique croît de 0 à H_m continûment (fig. 11.07 : partie OS) ; à la fin de cette première phase le matériau est saturé ;

2° *Diminution de l'excitation de H_m à 0* (partie SR) ; pour une même valeur de H, le champ magnétique dans le matériau est plus

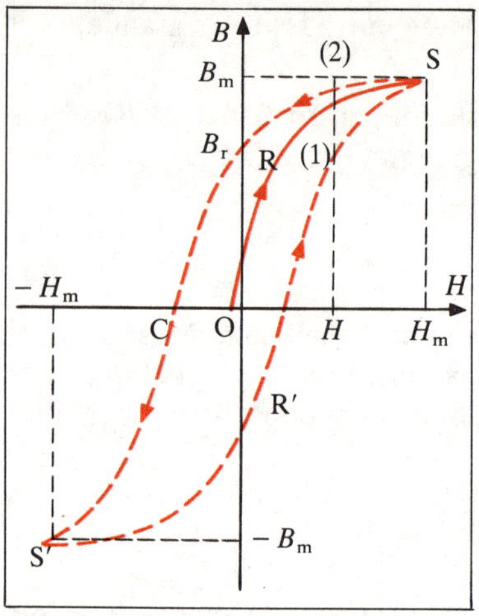

Fig. 11.07. Phénomène d'hystérésis magnétique.

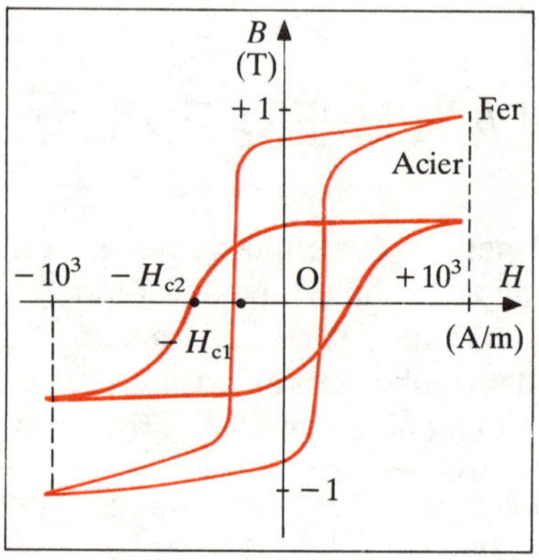

Fig. 11.08. Matériaux magnétiques doux et durs.

grand lors de la décroissance de l'excitation magnétique que lors de sa croissance.

Lorsque l'excitation est annulée (point R), il subsiste un **champ rémanent B_r :** le matériau conserve une aimantation.

3° *Inversion du sens de l'excitation magnétique et diminution progressive de la valeur algébrique de H* jusqu'à annuler l'aimantation du matériau (partie RC). Ce résultat est obtenu en inversant le sens du courant dans le dipôle ab et, ensuite, en faisant croître progressivement l'intensité de ce courant. La valeur particulière $-H_c$ de H qui permet de supprimer l'aimantation du matériau est l'**excitation coercitive.**

4° *Diminution de la valeur algébrique de H jusqu'à la valeur $-H_m$.* Le matériau se trouve à nouveau dans un état saturé.

5° *Augmentation de l'excitation de $-H_m$ à $+H_m$* : le point représentatif de l'état magnétique du matériau décrit la portion de courbe SRS'R'S.

La courbe fermée obtenue est un **cycle d'hystérésis.**

4.2. Conclusions

■ La figure 11.08 représente le cycle d'hystérésis du fer et celui de l'acier (T.P. 1).

Le cycle du fer est étroit, l'excitation coercitive H_c est faible : c'est un *matériau magnétique doux*. Il se désaimante assez facilement. Celui de l'acier est large, l'excitation coercitive est importante : c'est un *matériau magnétique dur* (l'excitation coercitive de certains matériaux durs peut être plus de 10^5 fois plus grande que celles obtenues avec des matériaux doux). Un aimant est réalisé en matériau dur pour qu'il ne se désaimante pas facilement.

■ L'aimantation et la désaimantation obtenues pour des valeurs respectivement croissantes et décroissantes de l'excitation H ne sont pas des opérations physiquement équivalentes. Le phénomène d'aimantation est **non linéaire.** En outre, il n'est **pas réversible** puisque le fait de diminuer l'excitation H après l'avoir augmentée ne redonne pas au champ magnétique B les mêmes valeurs qu'à l'aller.

– Un matériau magnétique présente un retard à l'aimantation et un retard à la désaimantation (hystérésis = retard, en grec).

– L'aimantation obtenue dépend des états magnétiques antérieurs.

4.3. Conséquences

L'aimantation de la matière absorbe de l'énergie qui n'est que partiellement restituée lors de la désaimantation puisque le phénomène d'aimantation n'est pas réversible. Cette énergie est dissipée sous forme de chaleur : le matériau s'échauffe. On démontre que *ces pertes sont proportionnelles à l'aire du cycle d'hystérésis.*

Des pertes par hystérésis se produisent dans certaines machines électriques (moteurs, alternateurs, transformateurs), dans les parties en matériaux ferromagnétiques qui se trouvent dans un champ magnétique dont le sens est inversé périodiquement. Elles entraînent une diminution du rendement de la machine.

5. THÉORÈME D'AMPÈRE

5.1. Circulation du vecteur excitation magnétique

Si sur un élément de longueur dl_1, le vecteur excitation magnétique est uniforme et égal à $\vec{H}_1$, on appelle circulation élémentaire de ce vecteur sur le parcours $\overrightarrow{dl_1}$ le produit scalaire :

$$dC_1 = \vec{H}_1.\overrightarrow{dl_1}$$

H_1 en ampères par mètre,
dl_1 en mètres,
dC_1 en ampères.

5.2. Circulation le long d'un contour fermé

On se ramène au cas précédent en partageant le contour en éléments de longueur dl tels que sur chacun d'eux le vecteur excitation soit constant (fig. 11.09). Sur chacun de ces éléments il est possible d'appliquer la définition précédente. La circulation du vecteur excitation magnétique le long du contour fermé est égale à la somme des circulations élémentaires :

$$C = \vec{H}_1.\overrightarrow{dl_1} + \vec{H}_2.\overrightarrow{dl_2} + \ldots + \vec{H}_i.\overrightarrow{dl_i} + \ldots + \vec{H}_n.\overrightarrow{dl_n}$$

ou :

$$C = \sum_{i=1}^{i=n} \vec{H}_i.\overrightarrow{dl_i}$$

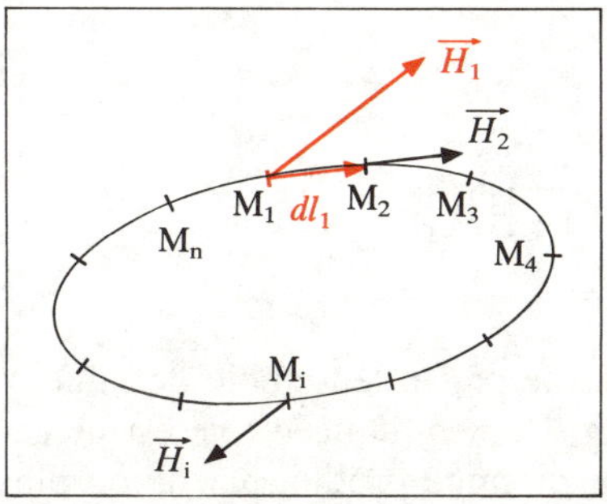

Fig. 11.09. Circulation du vecteur excitation magnétique $\vec{H}$ le long d'un contour fermé.

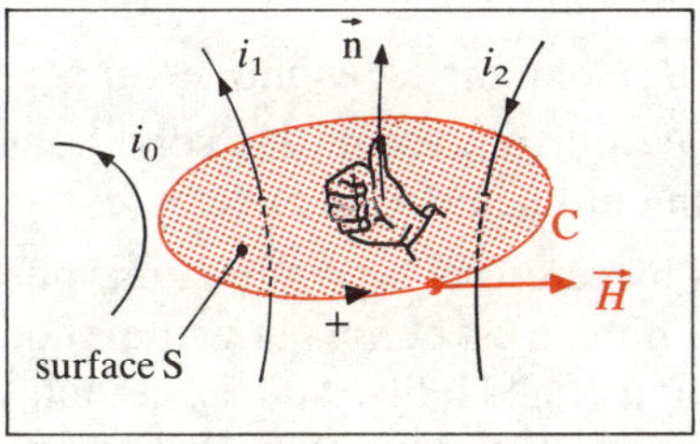

Fig. 11.10. Courants enlacés par le contour C.
La normale $\vec{n}$ à la surface S est déterminée par l'orientation positive du contour fermé C (règle de la main droite).

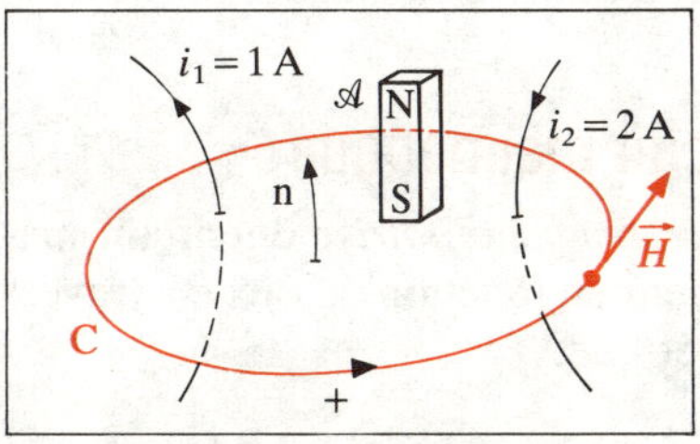

Fig. 11.11. Théorème d'Ampère.
$C(H)_c = +i_I - i_2 = -1$ A

5.3. Courants enlacés par un contour

Par définition, les courants enlacés par un contour fermé sont ceux qui circulent dans des conducteurs traversant la surface S qui s'appuie sur le contour.

5.4. Énoncé du théorème d'Ampère

Le théorème d'Ampère permet de déterminer la circulation d'un vecteur excitation magnétique le long d'un contour C quelconque. Pour l'appliquer, il faut (fig. 11.10) :
– orienter les conducteurs qui traversent la surface ;
– orienter le contour C et, en appliquant la règle de la main droite, placer la normale $\vec{n}$ à la surface S qui s'appuie sur C.

Théorème : la circulation du vecteur excitation magnétique $\vec{H}$ le long d'un contour fermé C est égale à la somme des intensités algébriques des courants enlacés en comptant ces intensités :
– positivement lorsque le conducteur est orienté dans le sens de $\vec{n}$;
– négativement, dans le cas contraire.

Ce théorème s'applique même si le contour traverse des milieux aimantés (fig. 11.11).

5.5. Application

Le théorème d'Ampère permet de calculer l'excitation H à partir de courants dont les intensités sont facilement mesurables.

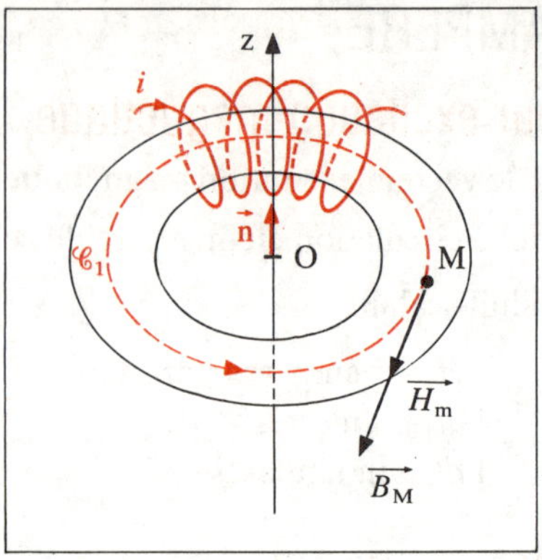

Fig. 11.12. *Bobine torique.*

Exemple : ***Bobine torique***

Une bobine torique est formée de N spires jointives régulièrement réparties sur un tore en matériau non ferromagnétique. Elle est traversée par un courant d'intensité i (fig. 11.12). A l'intérieur de la bobine, les lignes de champ sont des cercles concentriques d'axe Oz (on peut le mettre en évidence en traçant un spectre magnétique).

$\mathscr{C}_1$ est une ligne de champ à l'intérieur de la bobine ; sa longueur est L. En un point M quelconque de cette ligne, le vecteur excitation magnétique $\overrightarrow{H_M}$ est tangent à la ligne de champ $\mathscr{C}_1$. La circulation du vecteur excitation magnétique le long de $\mathscr{C}_1$ est alors égale à HL.

En appliquant le théorème d'Ampère nous tirons : $HL=Ni$. Nous pouvons ainsi calculer H (et B puisque la perméabilité du milieu est connue et vaut μ_0).

6. CIRCUIT MAGNÉTIQUE

6.1. Présentation

Un circuit magnétique est constitué par un ensemble de milieux (surtout des matériaux ferromagnétiques) dont le rôle est de canaliser les lignes d'un champ magnétique produit par un ou plusieurs enroulements parcourus par un courant.

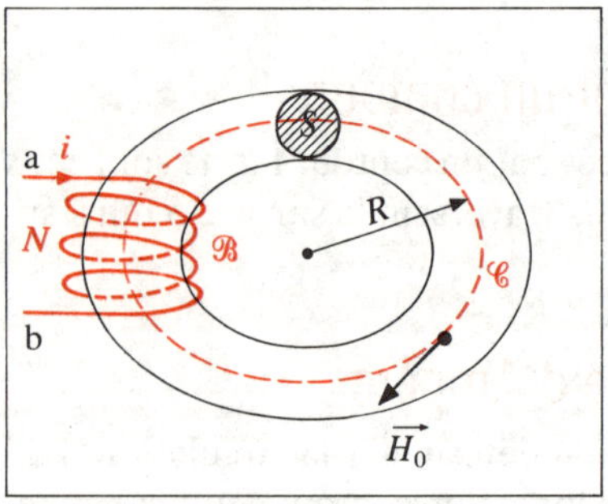

Fig. 11.13. *Bobine à noyau de fer.*

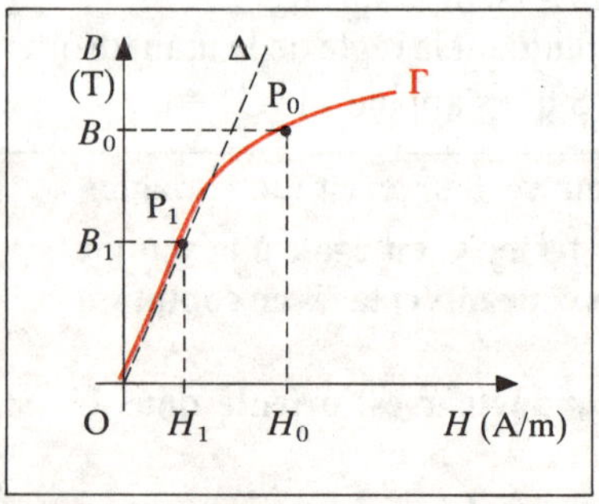

Fig. 11.14. *Courbe de première aimantation du noyau.*

6.2. Circuit magnétique parfait

Un enroulement torique (fig. 11.13) bobiné sur un noyau ferromagnétique constitue un circuit magnétique parfait. Pour un tel circuit, si le champ magnétique $\overrightarrow{B_0}$ à obtenir est connu, est-il possible de déterminer le produit Ni qui représente les conditions électriques à réaliser à l'aide d'un enroulement, par exemple ?

Pour simplifier nous négligeons l'hystérésis et nous admettons que l'état magnétique du noyau de la bobine est défini par un point de la courbe de première aimantation (fig. 11.14). Soit P_0 ce point qui a pour ordonnée B_0. Son abscisse donne la valeur de l'excitation H_0 nécessaire. Connaissant la longueur L de la ligne de champ moyenne dans le tore, nous pouvons appliquer le théorème d'Ampère :

$$Ni=HL \qquad \text{(avec } L=2\pi R\text{)}$$

Nous obtenons la valeur du produit Ni ; il faut choisir l'une des grandeurs (N ou i) et l'autre peut alors être calculée.

6.3. Réluctance d'un circuit magnétique

Le produit Ni est appelé la *force magnétomotrice* du circuit magnétique. Exprimons cette grandeur en fonction du flux φ à travers une section S de ce circuit magnétique.

$$\varphi=BS \text{ avec : } B=\mu H \quad \text{et} \quad Ni=HL=\frac{BL}{\mu}=\left[\frac{L}{\mu S}\right]\varphi$$

En posant : $\mathscr{E} = Ni$, l'expression précédente s'écrit aussi :

$$\boxed{\mathscr{E} = \mathscr{R}\varphi}$$

$\left\{\begin{array}{l}\mathscr{E} \text{ en ampères,} \\ \varphi \text{ en webers,} \\ \mathscr{R} \text{ en henrys à la puissance moins un.}\end{array}\right.$

avec : $$\mathscr{R} = \frac{1}{u}\frac{l}{S}$$

$\mathscr{R}$ est la réluctance du circuit magnétique.

6.4. Remarque

La réluctance du circuit dépend de la perméabilité μ donc du point de fonctionnement. Pour un circuit magnétique, nous pouvons distinguer deux domaines :

– le point de fonctionnement se trouve dans la partie sensiblement rectiligne de la courbe $B(H)$, par exemple entre O et P_1 : B est proportionnel à H, la perméabilité μ est constante et il en est de même de la réluctance ;

– le point de fonctionnement ne se trouve pas dans la partie rectiligne de la courbe $B(H)$: la perméabilité μ dépend de la valeur de H et il en est de même de la réluctance.

Remarque :
le cas d'un circuit magnétique comportant un entrefer est traité dans l'exercice 11.10.

■ 7. APPLICATIONS

7.1. Électro-aimants

■ Constitution.
Un électro-aimant comprend :
– un circuit magnétique en acier doux comportant un entrefer ;
– un circuit électrique ou bobine magnétisante.

■ Utilisation.
Les électro-aimants sont utilisés :
– pour *produire des champs magnétiques intenses* (machines tournantes, cyclotron),
– pour *obtenir une action mécanique* qui se traduit par l'attraction d'une armature ferromagnétique A (fig. 11.15) : relais électromagnétique, disjoncteur, engin de levage.

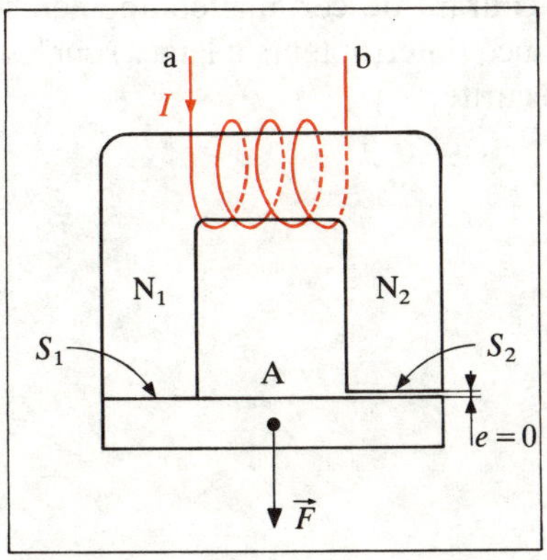

***Fig. 11.15.** Force portante d'un électro-aimant.*
La surface totale de contact S entre les noyaux N_1, N_2 et l'armature A est : $S = S_1 + S_2$.

On démontre que l'intensité de la force $\vec{F}$ qu'il faut exercer pour décoller l'armature A des noyaux N_1, N_2 quand l'entrefer e est nul est égale à :

$$\boxed{F = \frac{1}{2\mu_0} SB^2}$$

$\left\{\begin{array}{l}F \text{ en newtons,} \\ S \text{ en mètres carrés,} \\ B \text{ en teslas,} \\ \mu_0 = 4\pi.10^{-7} \text{ SI.}\end{array}\right.$

expression dans laquelle B est le champ magnétique dans les noyaux.

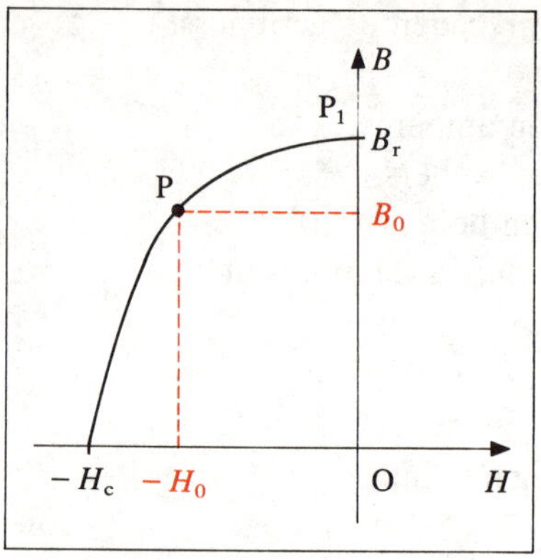

Fig. 11.17. Point de fonctionnement d'un aimant permanent.

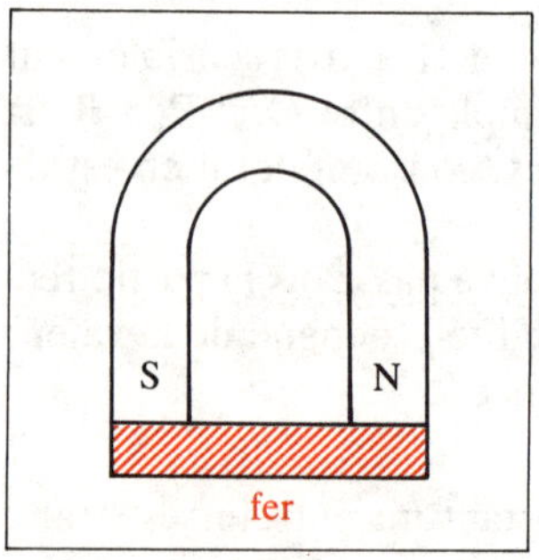

Fig. 11.18. Conservation des aimants permanents.

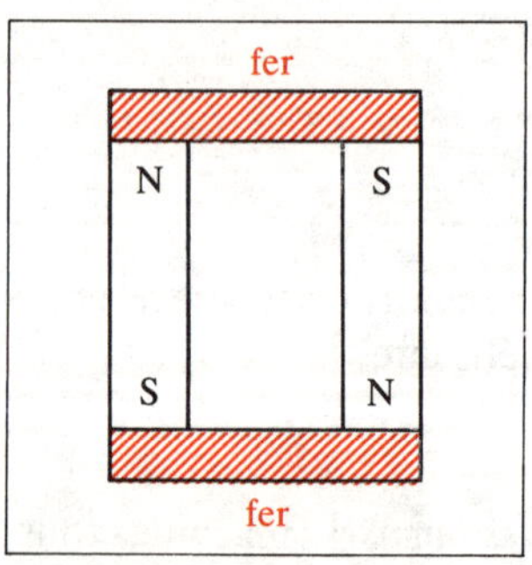

Fig. 11.19. Conservation des aimants permanents.

7.2. Aimants permanents

Pour réaliser un aimant idéal il faudrait disposer d'un matériau caractérisé par un champ rémanent constant et suffisamment grand. Le cycle d'hystérésis correspondant est celui de la figure 11.16. L'aimant conserve l'aimantation qui lui a été communiquée (aimantation permanente) quelle que soit l'intensité de l'excitation démagnétisante à laquelle il est soumis (elle est supposée de valeur absolue inférieure à H_c).

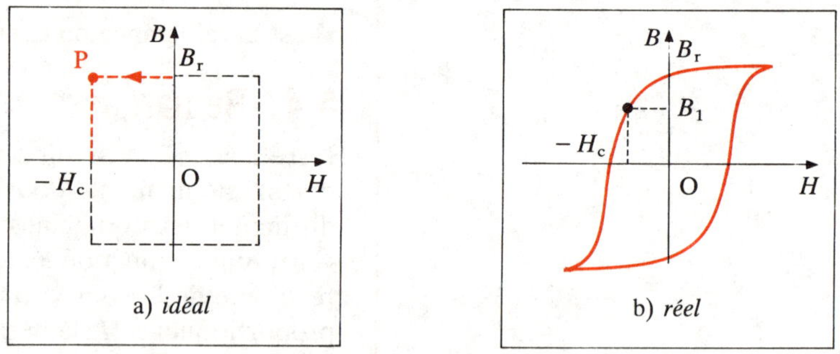

Fig. 11.16. Cycles d'hystérésis des aimants permanents.

Un aimant réel est fabriqué à partir d'alliages spéciaux (acier, alnico qui est un alliage aluminium - nickel - cobalt, alliages à base de cobalt et de terres rares) ou d'oxydes frittés (ferrites). Le cycle d'hystérésis des matériaux utilisés se rapproche plus ou moins du cycle idéal.

Remarque :
L'état magnétique d'un aimant permanent peut être figuré par un point P sur le cycle d'hystérésis. L'ordonnée de P correspond à un champ magnétique B_0 inférieur à B_r (fig. 11.17) et son abscisse H_0 correspond à une excitation démagnétisante. Pour conserver un aimant permanent il vaut mieux le placer dans un circuit magnétique fermé (fig. 11.18 et 11.19). On démontre que le point de fonctionnement est ainsi ramené de P vers P_1.

■ **Applications des aimants.**
Ils sont utilisés pour obtenir des champs magnétiques permanents dans des appareils de mesure, des moteurs, des haut-parleurs, etc. Ils constituent un élément très courant de certains équipements automatiques : commande à distance (interrupteurs à lames souples par exemple) ou dispositifs de sécurité.

Travaux pratiques

1. Vérification du théorème d'Ampère. Application à la détermination de μ_0.

Un plateau horizontal P en bois présente deux évidements E_1 et E_2 qui permettent de disposer verticalement une bobine de N spires. Elle est parcourue par un courant d'intensité I (fig. 11.20).

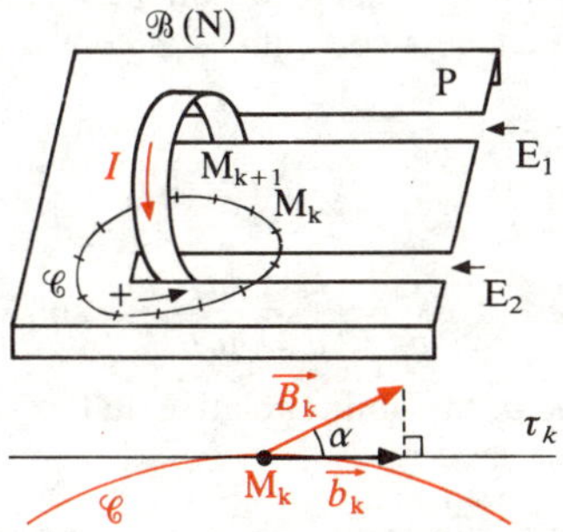

Fig. 11.20.

1° Tracer un contour 𝒞 sur le plateau P et choisir une orientation arbitraire pour ce contour.

2° Partager 𝒞 en n tronçons de longueur dl suffisamment petite pour que l'on puisse considérer que le vecteur champ magnétique $\vec{B}$ est constant sur chacun de ces tronçons élémentaires M_kM_{k+1}.

3° $\vec{b}_k$ étant la composante tangentielle du vecteur champ magnétique $\vec{B}_k$ créé par la bobine au point M_k, appliquer le théorème d'Ampère et montrer que :

$$\mu_0 = \frac{dl\Sigma b_k}{NI}.$$

4° Vérifier expérimentalement cette expression. Mesurer la longueur dl, I et la composante tangentielle b_k en chaque point M_k. Calculer la valeur de μ_0 et la comparer à la valeur théorique.

La composante b_k est mesurée à l'aide d'une sonde à effet Hall s (fig. 11.21a). Pour réaliser une mesure suffisamment précise, le support de la sonde est équipé d'un miroir (scotch métallisé) de direction y'y orthogonale à la direction de mesure x'x (fig. 11.21 b). L'expérimentateur doit observer simultanément la courbe 𝒞 et son image 𝒞' donnée par le miroir : la sonde est placée correctement si 𝒞 et 𝒞' paraissent dans le prolongement l'une de l'autre (pas de point anguleux en M_k) : les droites y'y et x'x sont alors, respectivement, la normale $\vec{n}_k$ et la tangente $\vec{\tau}_k$ à la courbe au point M_k. Reprendre l'ensemble des mesures en considérant un contour n'enlaçant pas de conducteur.

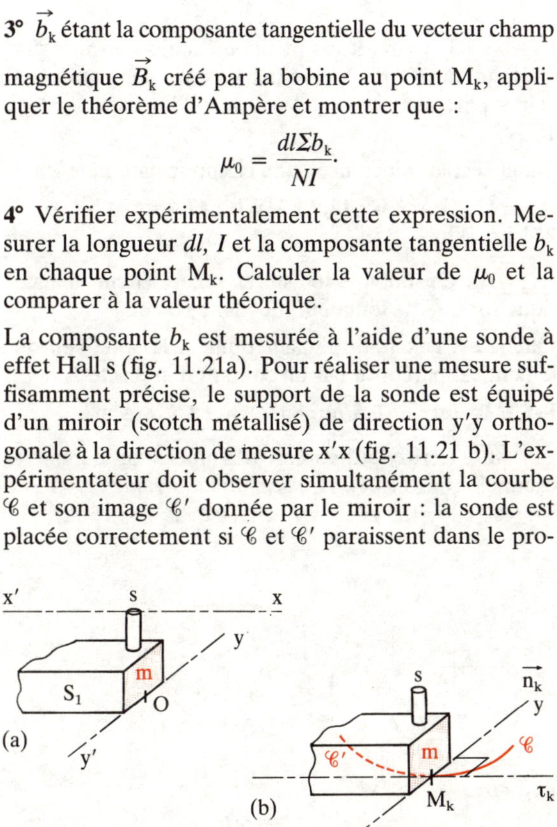

Fig. 11.21.

2. Tracé du cycle d'hystérésis.

1° Étude qualitative : (relevé dynamique)
Le dispositif expérimental est présenté figure 11.22. Le générateur délivre un courant triangulaire ou sinusoïdal $i(t)$. La résistance R permet d'observer l'intensité $i(t)$ sur la voie Y_1 d'un oscillographe. L'excitation magnétique H est proportionnelle à cette intensité.
La tension $u(t)$ prélevée à la sortie de l'intégrateur électronique est proportionnelle à l'intensité B du champ magnétique dans le milieu m. Cette tension $u(t)$ est observée sur la voie Y_2 de l'oscillographe.
L'utilisation en mode X–Y (Lissajous) de l'oscillographe permet le tracé automatique de la courbe $u=f(u_R)$, c'est-à-dire, aux facteurs d'échelles près, du cycle d'hystérésis $B=f(H)$ du matériau testé.

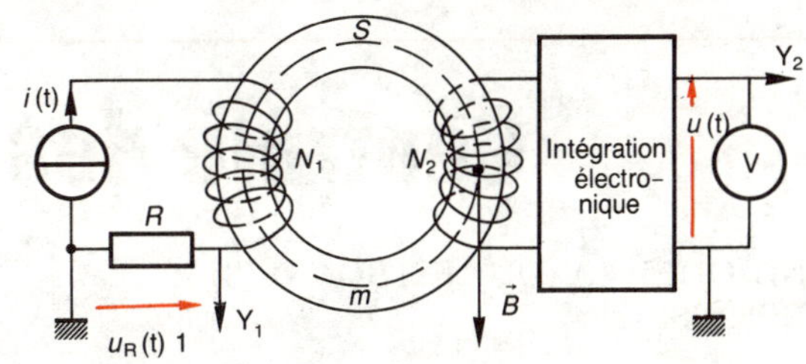

Fig. 11.22.

2° Étude quantitative (relevé statique)
Le générateur délivre maintenant un courant continu dont on peut faire varier l'intensité I. La connaissance de I permet de calculer l'excitation magnétique

$$H=N_1I/\pi D$$

(D : diamètre de la ligne de champ moyenne).
L'intensité I prend successivement les valeurs régulièrement croissantes 0, I_1, I_2, ... auxquelles correspondent les valeurs calculées de l'excitation magnétique 0, H_1, H_2. A chaque variation ΔI de l'intensité I correspondent les variations ΔH et ΔB de l'excitation magnétique $\vec{H}$ et du champ magnétique $\vec{B}$. Il en résulte une variation de flux magnétique $\Delta\Phi=NS\Delta B$ dans le second enroulement. La f.é.m. induite dans celui-ci est appliquée à l'entrée de l'intégrateur électronique qui délivre une tension $u(t)$ proportionnelle à $\Delta\Phi$.
Ainsi, partant des conditions initiales $I=0$ et $B=0$, on peut tracer :
– la courbe de première aimantation lorsque l'intensité I varie de 0 à $+I_M$ (le matériau doit avoir été préalablement désaimanté).
– le cycle d'hystérésis lorsque l'intensité I décroît de $+I_M$ à $-I_M$ puis croît de $-I_M$ à $+I_M$.

Tracer les courbes correspondantes $B=f(H)$.

Déterminer l'excitation coercitive H_c, le champ magnétique rémanent B_r et le produit $(HB)_{max}$ du matériau étudié. Estimer l'aire $\mathcal{A}$ du cycle d'hystérésis.

3. Détermination rapide de la perméabilité relative d'un matériau magnétique.

Réaliser le montage de la figure 11.23. On injecte un courant alternatif d'intensité efficace I dans une bobine inductrice $\mathcal{B}_1$. Le flux créé par $\mathcal{B}_1$, canalisé par le fer du circuit magnétique, crée dans $\mathcal{B}_2$ un champ magnétique variable qui y induit une certaine f.é.m. d'induction. Un voltmètre alternatif mesure la valeur efficace de cette f.é.m. La manipulation consiste à créer un entrefer d'épaisseur totale e et à mesurer la variation de réluctance du circuit magnétique.

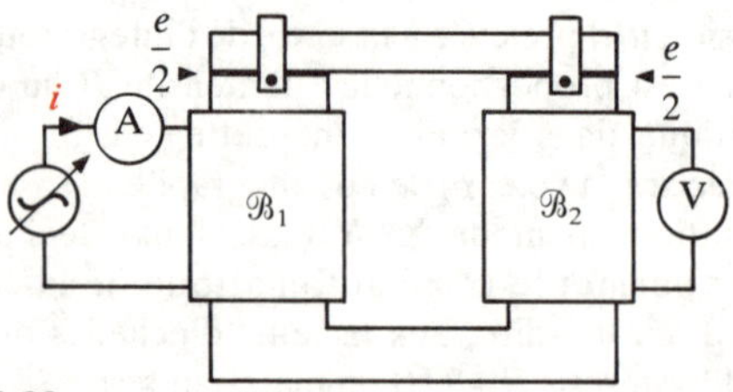

Fig. 11.23.

1° Mesurer I lorsque l'épaisseur e de l'entrefer est nulle et que le voltmètre indique par exemple $V=10$ V.

2° Faire croître l'entrefer (de quelques dixièmes de millimètres) de manière à ce que, à tension secondaire V constante, l'intensité efficace I ait doublé. Puisque $V=$ constante, les caractéristiques du champ magnétique n'ont pas changé. Le flux (ou plutôt sa valeur efficace) est resté constant. Donc la réluctance du fer du circuit magnétique n'a pas varié. Et pourtant I a doublé : c'est qu'à la réluctance du fer s'est ajoutée celle de l'entrefer qui « consomme » une force magnétomotrice égale à celle qui est « consommée » dans le fer.

$$NI_1 = \frac{L}{\mu S} \quad ; \quad NI_2 = 2NI_1 = \frac{L}{\mu S} + \frac{1}{\mu_0}\frac{e}{S}$$

On en déduit : $\dfrac{e}{\mu_0} = \dfrac{L}{\mu} = \dfrac{L}{\mu_0 \mu_r}$, soit $\mu_r = \dfrac{L}{e}$.

μ_r étant la perméabilité relative du fer.

Application numérique : à B constant, I double pour $e=0{,}5$ mm ; $L=500$ mm.

D'où $\mu_r = \dfrac{L}{e} = 1\,000$.

Contrôle des connaissances

INDIQUER LA (OU LES) BONNE(S) RÉPONSE(S) :

11.01. Quelle est la perméabilité magnétique μ d'un milieu dans lequel une excitation magnétique de 1,25 kA/m crée un champ magnétique de 1,8 T ?

R : 1,44 mH/m ; 2,88 mH/m ; 7,4 mH/m ; 12,7 mH/m.

11.02. Quelle est la perméabilité relative μ_r d'un milieu dont la perméabilité magnétique est 1,257 mH/m ?

R : 10 ; 10^2 ; 10^3 ; 10^4.

11.03. Quelle est l'intensité B du champ magnétique créé dans un milieu de perméabilité relative égale à 1 600 par une excitation magnétique de 0,5 kA/m ?

R : 0,5 T ; 1 T ; 1,2 T ; 1,4 T.

11.04. Quelle est la réluctance $\mathcal{R}$ d'un circuit magnétique torique de longueur moyenne 32 cm, de section droite 10 cm^2 et de perméabilité relative 1 525 ?

R : 12 kA/Wb ; 73 kA/Wb ; 105 kA/Wb ; 167 kA/Wb.

11.05. Un circuit magnétique de réluctance 10^4 A/Wb canalise un flux magnétique de 100 mWb. Quelle est la f.m.m. $\mathcal{E}$ de l'enroulement qui créé le flux magnétique ?

R : 10 A ; 20 A ; 500 A ; 1 000 A.

11.06. Un circuit magnétique canalise un flux magnétique de 38 mWb créé par un enroulement de 180 spires parcourues par un courant d'intensité égale à 10 A.

Quelle est la réluctance $\mathcal{R}$ du circuit magnétique ?

R : −47,4 kA/Wb ; 12,7 kA/Wb ; 47,4 kA/Wb ; 254 kA/Wb.

11.07. On bobine 400 spires sur un circuit magnétique torique de longueur moyenne 60 cm.

Quelle est l'excitation magnétique H lorsque l'enroulement est parcouru par un courant d'intensité 1 A ?

R : 322 A/m ; 667 A/m ; 833 A/m ; 1 228 A/m.

11.08. Écrire le théorème d'Ampère sur la ligne de champ $\mathcal{C}$ (fig. 11.24). *Application numérique :* $i_1=1$ A ; $i_2=-6$ A ; $i_3=25$ A ; $i_4=9$ A ; $i_5=2$ A ; $i_6=-5$ A.

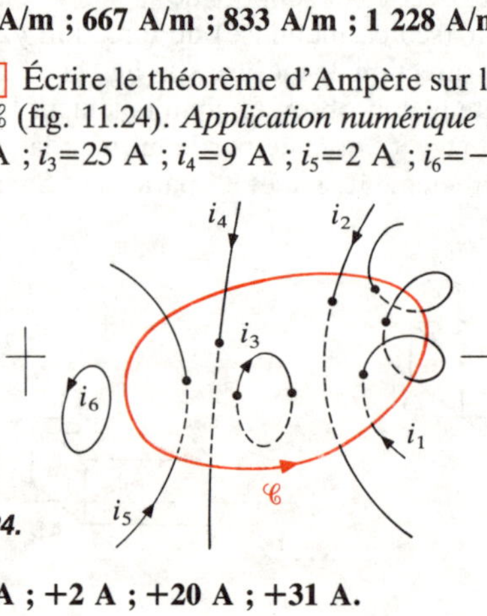

Fig. 11.24.

R : −2 A ; +2 A ; +20 A ; +31 A.

Exercices résolus

11.09. **Bobine à noyau ferromagnétique.**

Ce dipôle est réalisé en bobinant *N* spires sur un circuit magnétique de forme torique dont les caractéristiques sont :

- **longueur moyenne du circuit : *L***
- **section droite du circuit : *S***
- **perméabilité relative constante : μ_r**

On désire créer dans le milieu ferromagnétique un champ magnétique $\vec{B}$.

Quelle doit être l'intensité *I* du courant dans l'enroulement ?

***Application numérique :* $\mu_r=1\,250$; $L=25$ cm ; $N=500$ spires ; $B=1{,}4$ T.**

Solution :

– La loi d'Hopkinson permet d'écrire :

$$\mathscr{E}=\mathscr{R}\Phi \qquad NI=\mathscr{R}BS$$

– La réluctance du circuit magnétique est égale à :

$$\mathscr{R}=\frac{1}{\mu_0\mu_r}\frac{L}{S}$$

– Le courant doit avoir une intensité égale à :

$$I=\frac{1}{\mu_0\mu_r}\frac{L}{S}\frac{SB}{N}=\frac{1}{\mu_0\mu_r}\frac{L}{N}B$$

Il n'est pas nécessaire de connaître *S* pour calculer *I*.

– ***Application numérique :***

$$I=\left[\frac{1}{4\pi.10^{-7}\times 1\,250}\times\frac{0{,}25}{500}\times 1{,}4\right]A \Rightarrow \boxed{I=0{,}446\text{ A}}$$

11.10. **Importance d'un entrefer en électrotechnique.**

Une bobine torique (fig. 11.25) comporte *N* spires parcourues par un courant continu d'intensité *I*.

Le noyau ferromagnétique de rayon moyen *R* et de section droite *S* est usiné dans un matériau m dont les caractéristiques magnétiques sont identiques à celles de l'acier étudié dans l'exercice 11.17. On souhaite obtenir au point A un champ magnétique d'intensité $B=1{,}5$ T.

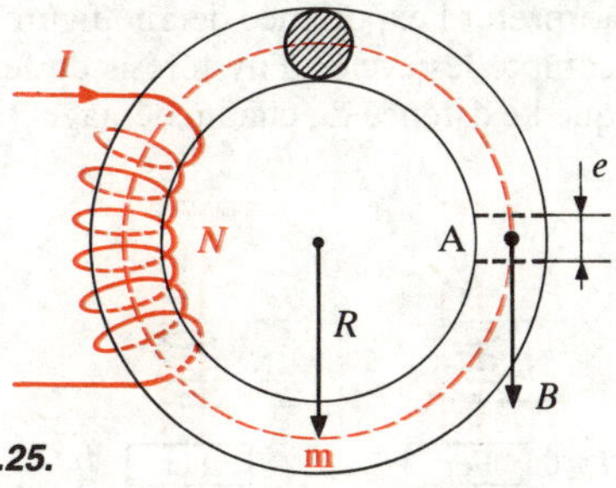

Fig. 11.25.

1° Calculer la longueur moyenne *L* des lignes de champ.

2° Quelle doit être l'intensité I_1 du courant dans l'enroulement de la bobine ?

3° On réalise un entrefer d'épaisseur *e* centré sur le point A. Quelle doit être l'intensité I_2 du courant dans l'enroulement de la bobine pour obtenir ce même champ *B* au point A ?

4° On suppose que l'épaisseur de l'entrefer $e\approx\Delta L$ est faible devant la longueur moyenne *L* [$(\Delta L/L)\leqslant 1$ %].

Calculer la variation relative de l'intensité du courant $\Delta I/I=(I_2-I_1)/I_1$ en fonction de la variation relative de longueur de l'entrefer $\Delta L/L$.

Tracer $\Delta I/I=f(\Delta L/L)$. Calculer $\Delta I/I$ lorsque $\Delta L/L=1$ %. Conclure sur l'influence de l'entrefer.

***Application numérique :* $R=159$ mm ; $B=1{,}5$ T ; $N=2\,000$ spires ; $e=1$ mm.**

Solution :

1° Les lignes de champ sont des cercles concentriques.
La longueur moyenne est : $L=2\pi R$

$$L=(2\pi\times 0{,}159)\text{ m}\Rightarrow \qquad \boxed{L=1\text{ m}}$$

2° D'après le théorème d'Ampère, si *H* est l'excitation magnétique correspondant au champ magnétique *B*, nous pouvons écrire :

$$HL=NI_1 \Rightarrow I_1=HL/N$$

La courbe $B=f(H)$ (exercice 11.17) fournit la valeur de l'excitation magnétique *H* correspondant à : $B=1{,}5$ T soit $H=3$ kA/m ;

$$\text{d'où :}\quad I_1=\frac{3.10^3\times 1}{2\,000}\text{ A}\Rightarrow \qquad \boxed{I_1=1{,}5\text{ A}}$$

3° Le théorème d'Ampère s'écrit :

$$H(L-e)+H_0e=NI_2$$

H_0 désignant l'excitation magnétique dans l'air où le champ magnétique est égal à B_0.
Le flux magnétique se conserve : il a même valeur dans une section du noyau et dans une section de l'entrefer.

$$\Phi=BS=B_0S \Rightarrow B=B_0=\mu_0H_0\Rightarrow H_0=\frac{1}{\mu_0}B.$$

$$\text{D'où : } H(L-e)+\frac{1}{\mu_0}Be=NI_2$$

$$\text{soit : } I_2=\frac{1}{2\,000}\left[3\,000\,(1-10^{-3})+\frac{1{,}5}{4\pi 10^{-7}}10^{-3}\right]\text{A}.$$

$$\boxed{I_2=2{,}1\text{ A}}$$

4° Variation relative de l'intensité du courant :

$$NI_2\approx HL+H_0e=HL+H_0\Delta L\ ;\quad NI_1=HL$$

$$\frac{\Delta I}{I}=\frac{NI_2-NI_1}{NI_1}=\frac{H_0\Delta L}{H\ L};$$

$$H_0=1\,194\text{ kA/m},\ H=3\text{ kA/m}$$

$$\frac{\Delta I}{I}=\frac{1\,194}{3}\frac{\Delta L}{L}\Rightarrow\frac{\Delta I}{I}\approx 400\,\frac{\Delta L}{L}$$

L'influence des entrefers est donc considérable en électrotechnique (relais électromagnétique, machines tournantes).

11.11. **Champ magnétique produit par un conducteur cylindrique rectiligne. Un conducteur en cuivre d'axe $x'x$ et de très grande longueur est parcouru par un courant d'intensité i. L'expérience montre que les lignes de champ sont des cercles d'axe $x'x$ appartenant à un plan de section droite du conducteur.**

1° Calculer le module du champ magnétique $\vec{B}$ qui règne à une distance d du conducteur en appliquant le théorème d'Ampère.

2° Quelle est la valeur du module du champ magnétique au voisinage immédiat du conducteur ?

3° Considérons un conducteur réel cylindrique de rayon R. Il est parcouru par un courant d'intensité i qui est réparti uniformément dans sa section droite (fig. 11.26).

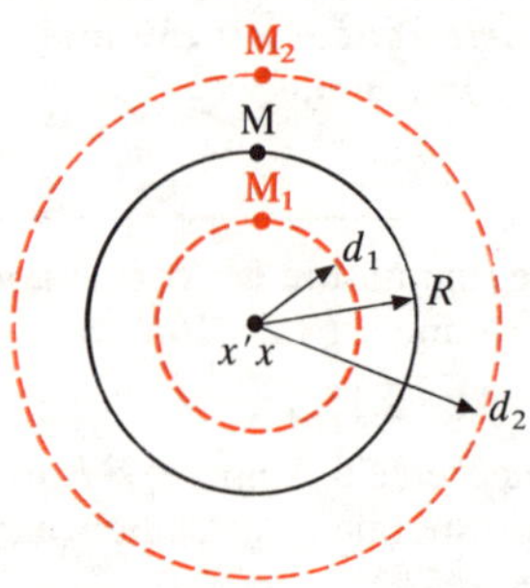

Fig. 11.26.

Déterminer le champ magnétique $\vec{B}$ créé :
– en un point M_1 à l'intérieur du fil ($d_1<R$),
– en un point M_2 à l'extérieur du fil ($d_2>R$).
Tracer la courbe $B=f(d)$.

Application numérique : **calculer le champ magnétique maximal B_M pour un conducteur de rayon $R=0,5$ mm parcouru par un courant d'intensité $i=5$ A.**

Solution :

1° D'après le théorème d'Ampère appliqué sur une ligne de champ :

$$i=\Sigma H dl = \frac{B}{\mu_0}\Sigma dl = \frac{B}{\mu_0}(2\pi R) \Rightarrow B = \frac{\mu_0 e}{2\pi R}.$$

2° Toutes choses égales par ailleurs, si d tend vers zéro, alors, d'après ce qui précède, l'intensité du champ magnétique $\mathcal{B}$ tend vers l'infini. Cela est physiquement impossible.

3° L'intensité du courant est uniformément répartie dans la section S du conducteur.
La densité de courant j est égale à :

$$j=i/S \qquad j=i/\pi R^2$$

■ Pour le point M_1, le courant transporté par la portion de conducteur de rayon d_1 a pour intensité :

$$i_1=js_1 = \frac{i}{\pi R^2}\pi d_1^2=i\left(\frac{d_1}{R}\right)^2.$$

La circulation du vecteur $\vec{B}$ sur la ligne de champ de rayon d_1 est :

$$B\,(2\pi d_1) = \mu_0 i\left(\frac{d_1}{R}\right)^2 \Rightarrow B = \mu_0\frac{d_1}{2\pi R^2}\,i.$$

■ Pour le point M_2, le calcul est identique à celui de la première question (fig. 11.27) : $B=\mu_0\dfrac{1}{2\pi d_2}\,i.$

Application numérique :

$$B_M = \left(4\pi.10^{-7}\frac{1}{2\pi\times 0,5.10^{-3}}\times 5\right)T \Rightarrow \boxed{B_M=2\text{ mT}}$$

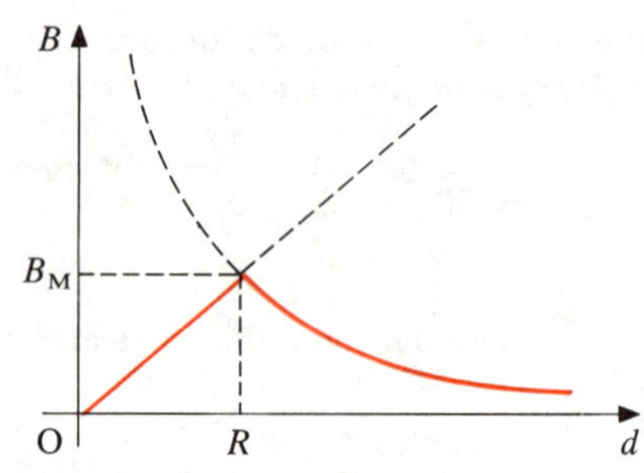

Fig. 11.27.

Exercices à résoudre

11.12. Démontrer que le produit $(HB)_{max}$, caractéristique d'un aimant permanent, s'exprime en joules par mètre cube.

11.13. Pourquoi utilise-t-on des matériaux à cycle d'hystérésis étroit (matériaux doux) pour construire les noyaux magnétiques soumis à des champs magnétiques variables ?

11.14. Pourquoi utilise-t-on des matériaux à cycle d'hystérésis large (matériaux durs) pour réaliser des aimants permanents ?

11.15. On veut tracer la courbe de première aimantation d'un barreau de matériau ferromagnétique. Indiquer deux procédés de désaimantation.

11.16. Interpréter l'expérience décrite figure 11.28. Prendre en compte les cycles d'hystérésis du fer et de l'acier ainsi que l'existence du champ démagnétisant.

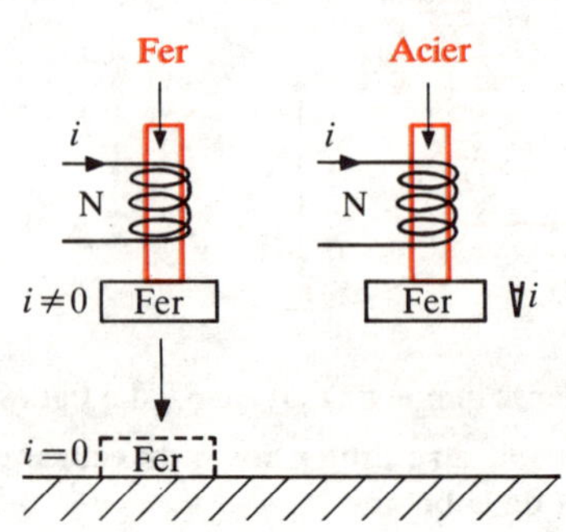

Fig. 11.28.

11.17. L'étude expérimentale d'un échantillon d'acier permet de dresser le tableau de résultats :

H (kA/m)	0	0,25	0,5	1	1,5	2	3	4	5	6	7	8
B(T)	0	0,5	0,8	1,1	1,25	1,35	1,5	1,6	1,64	1,68	1,70	1,74

1° Tracer la courbe de première aimantation.

2° Tracer la courbe de perméabilité relative. On adoptera les échelles suivantes : $H=0,5$ kA/m $\triangleq$ 1 cm ; $B=0,1$ T $\triangleq$ 1 cm ; $\mu_r = 100 \triangleq 1$ cm.

11.18. Un bobinage $\mathcal{B}$ enroulé sur un noyau N est parcouru par un courant sinusoïdal de fréquence f_0 (fig. 11.29). La lame $\mathcal{L}$ fixée mécaniquement en F est attirée par le noyau N et vibre à la fréquence f.

Exprimer f en fonction de f_0 dans le cas d'un vibreur non polarisé : le noyau est en fer doux.

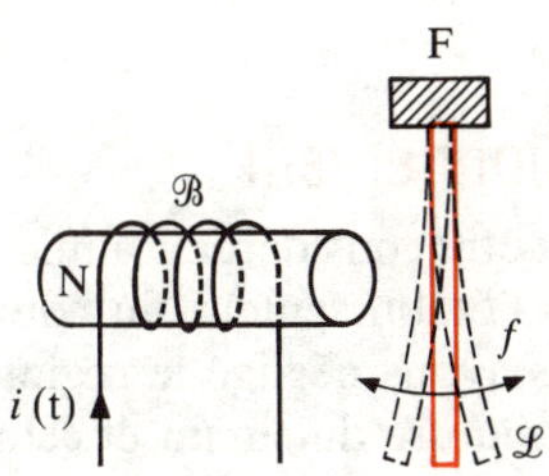

$i(t) = I_M \sin 2\pi f_0 t$

Fig. 11.29.

11.19. Puissance perdue par hystérésis magnétique.
La puissance P perdue par hystérésis dans un milieu magnétique est donnée par l'expression : $P=\mathcal{A}NV$, si :
– $\mathcal{A}$ est l'aire du cycle d'hystérésis du matériau dans lequel on crée un champ magnétique d'intensité maximale B_M,
– N est le nombre de cycles d'hystérésis décrits par seconde,
– V est le volume de l'échantillon testé.

1° Avec quelle unité la grandeur $\mathcal{A}$ doit-elle être exprimée ?

2° Le champ magnétique est créé par un courant alternatif de fréquence f. Écrire la relation qui lie f et N.

3° En première approximation, l'aire du cycle est donnée par la formule : $\mathcal{A}=k\,B_M^2$. Calculer numériquement la constante k pour l'échantillon étudié.

4° Calculer les pertes volumiques p_v en fonction de f et B_M.

5° La masse volumique du milieu est notée ρ. Calculer les pertes massiques p_m en fonction de ρ, f et B_M.

Application numérique : $f=50$ Hz ; $\mathcal{A}=151$ J/m^3 ; $B_M=1,23$ T ; $\rho=7\,600$ kg/m^3.

11.20. Circuit magnétique à réluctance variable.
Un capteur de déplacement est constitué d'une carcasse C_1, sur laquelle on a bobiné N spires, et d'une armature mobile C_2 séparée de C_1 par un entrefer d'épaisseur variable (fig. 11.30).

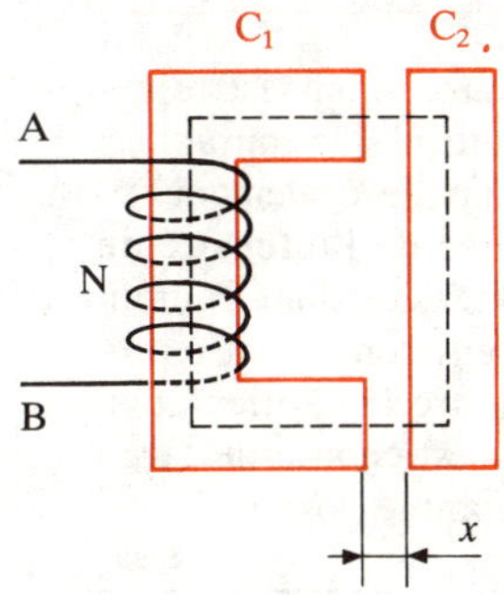

Fig. 11.30.

1° Calculer la réluctance totale $\mathcal{R}$ du circuit magnétique.
On appellera :
– l_0 et l_f les longueurs moyennes des lignes de champ dans l'air et dans le matériau ferromagnétique,
– s_0 et s_f les sections droites du circuit magnétique ($s_0=s_f$),
– μ_r la perméabilité relative du matériau non saturé ($\mu_r=C^{te}$).

2° En supposant $l_0>>(l_f/\mu_r)$ démontrer que l'inductance L du dipôle AB est égale à : $L=\mu_0 N^2 S_0\, l_0$.

3° Calculer la variation dl_0 de la longueur l_0 pour un déplacement dx de l'armature mobile C_2.

4° En déduire la variation correspondante dL de l'inductance L en fonction de dx et l_0.

5° Application numérique. Calculer L et dL $s_0=s_f=1$ cm^2 ; $l_0=1$ mm ; $l_f=50$ mm ; $\mu_r=5\,000$; $N=1\,000$ spires ; $dx=1$ µm.

Chapitre 12

RÉGIMES VARIABLES : RÉGIMES TRANSITOIRES

En régime continu, les tensions et intensités des courants sont **indépendantes du temps.**

L'intensité d'un courant est représentée par la lettre i si le courant est variable (i s'appelle également valeur instantanée de l'intensité du courant). L'intensité d'un courant constant, de sens connu, est représentée par la lettre I et l'orientation du conducteur est choisie de façon que I soit un nombre positif.

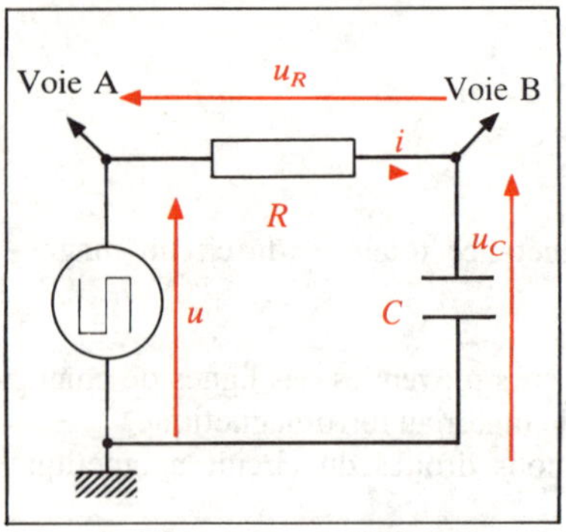

Fig. 12.01. *Charge et décharge d'un condensateur.*

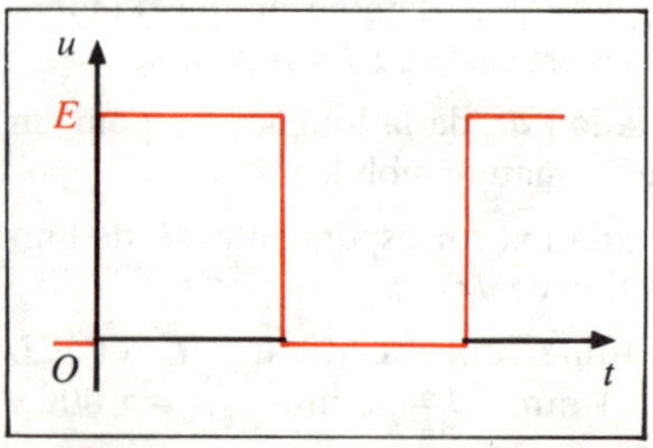

Fig. 12.02. *Tension en créneaux non symétriques.*

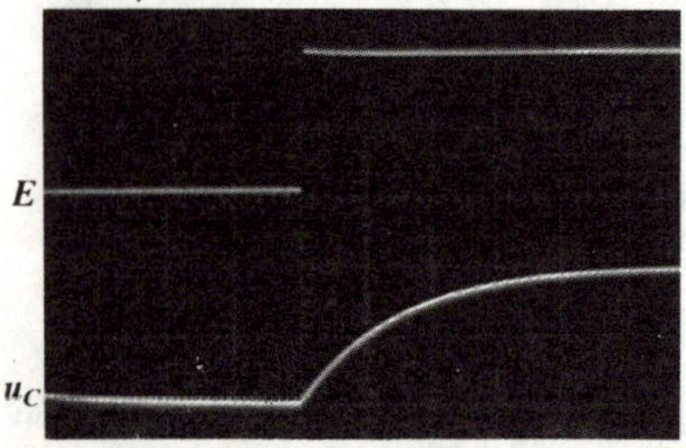

Fig. 12.03. *Courbes u (t) et u_C (t).*

1. GÉNÉRALITÉS

Un montage électrique fonctionne en régime **variable**, lorsque la tension aux bornes d'un élément du circuit ou le courant dans le circuit **varie en fonction du temps**.

1.1. Notations

Nous utilisons les lettres **minuscules**, pour les grandeurs **variables avec le temps**. Nous réservons les lettres **majuscules**, pour les grandeurs **indépendantes du temps**.

1.2. Régimes de fonctionnement

La fermeture d'un circuit peut être considérée comme instantanée. Il n'en est pas de même de l'établissement du courant dans le circuit. Jusqu'à présent, nous avons négligé le **régime transitoire** compris entre l'instant de fermeture du circuit et celui où l'intensité du courant atteint la valeur correspondant au **régime permanent**. Cette durée d'établissement du courant n'est pas obligatoirement faible. Dans ce chapitre nous étudions le régime transitoire pour quelques circuits particuliers.

2. CHARGE D'UN CONDENSATEUR À TRAVERS UN DIPÔLE RÉSISTIF

2.1. Montage

Le montage (fig. 12.01) comprend :
– un générateur fournissant une tension en créneaux non symétriques 0-10 V (fig. 12.02) ;
– un condensateur de capacité $C = 1$ µF ou 10 µF ;
– un résistor de résistance $R = 1$ kΩ ou 10 kΩ ;
– un oscillographe bicourbe.

2.2. Étude expérimentale

La charge du condensateur commence lorsque la tension d'alimentation passe de 0 V à 10 V.

2.2.1. Expérience 1

Les conditions initiales sont les suivantes :
* **$R = 1$ kΩ et $C = 1$ µF,**
* A l'instant $t = 0$, la tension du générateur passe de 0 à 10 V. Les oscillogrammes obtenus sont ceux de la figure 12.03.

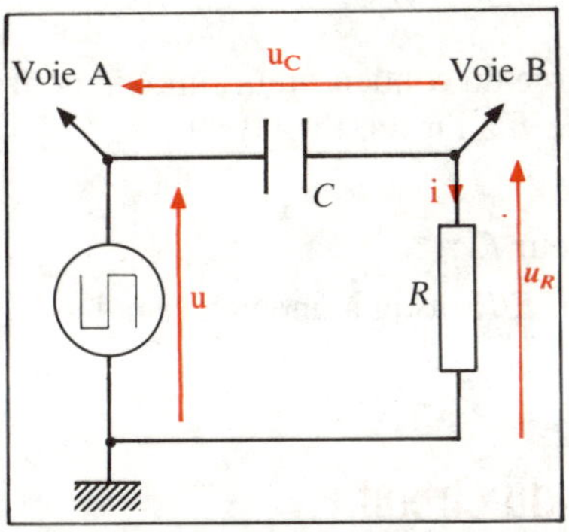

Fig. 12.04. Schéma du montage permettant la visualisation de u *et* u_R.

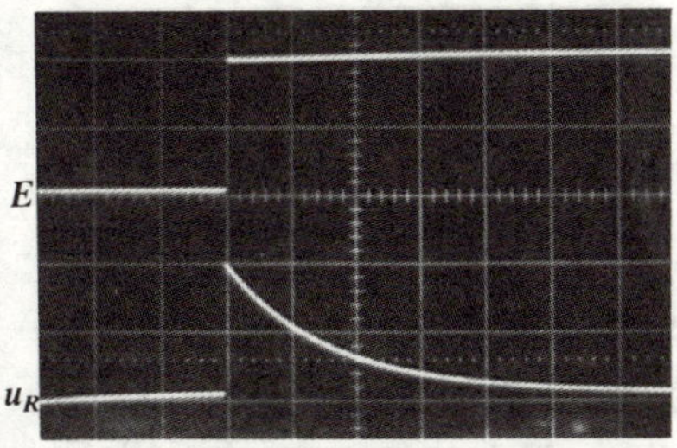

Fig. 12.05. Courbes u (t) et u_R (t).

2.2.2. Expérience 2

Après permutation du condensateur et du résistor (fig. 12.04), l'expérience est recommencée dans les mêmes conditions que précédemment. Nous relevons la tension u_R qui, à une constante R près, représente l'intensité du courant (fig. 12.05).

2.2.3. Interprétation des résultats

a) Variation de la tension u_C aux bornes du condensateur

A l'instant $t=0$, $u=E$ (le générateur est supposé parfait) et $u_C=0$.

A partir de cet instant le condensateur se charge suivant une loi dite *exponentielle*. A un instant t, le condensateur est soumis à la tension $u_C = q/C$, q étant la charge de l'armature qui se trouve du côté de la pointe de la flèche-tension u_C.

Lorsque la charge est terminée, le condensateur est soumis à la tension $u_C = E$.

A partir de l'instant $t = 0$, le condensateur emmagasine de l'énergie électrostatique. A tout instant, cette énergie est proportionnelle au carré de la tension u_C ; en fin de charge, elle est alors égale à $C.E^2/2$.

Relation donnant la fonction $u_C(t)$

A tout instant : $u = u_C + u_R$

avec $u = E$; $u_C = \dfrac{q}{C}$; $u_R = Ri$ et $i = \dfrac{dq}{dt}$

On peut écrire :

$$u_R = R\frac{dq}{dt} = RC\,\frac{du_C}{dt}$$

et :

$$E = RC\,\frac{du_C}{dt} + u_C \qquad (1)$$

La résolution mathématique de cette équation sera étudiée en classe de terminale.
Elle conduit à la relation $u_C = E\,[1-\exp(-t/RC)]$ où **exp** est la *fonction exponentielle* notée e^x sur les calculettes.
En utilisant les échelles graduées des oscillogrammes, on vérifie bien que l'intensité i du courant passe d'une valeur nulle à la valeur E/R (10 mA si $E=10$ V et $R=1$ kΩ).

La solution de cette équation a pour image la courbe $u_C(t)$ de la figure 12.03.

b) Variation de l'intensité *i* du courant

L'oscillogramme (fig. 12.05) montre que la variation discontinue de la tension d'alimentation s'accompagne d'une variation discontinue de l'intensité i du courant. Elle décroît exponentiellement en fonction du temps :

$$i = \frac{E}{R}\exp\left(\frac{-t}{RC}\right)$$

Calcul de la variation de i à l'instant t = 0

A l'instant $t = 0$: $u = E$; $u_C = 0$

et : $(u_R)_{t=0} = (Ri)_{t=0} = E$

D'où : $(i)_{t=0} = \dfrac{E}{R}$

A l'instant $t = 0$ *l'intensité du courant passe donc brutalement de 0 à E/R.*

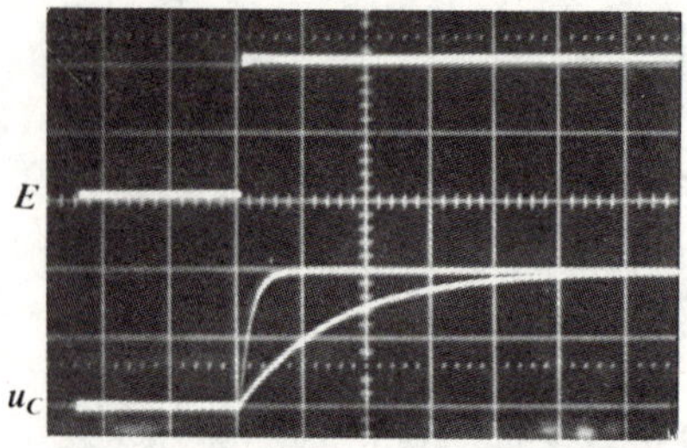

Fig. 12.06. Courbes u (t) et u_C (t) pour C = 1 μF et R = 1 kΩ (courbe supérieure) et R = 10 kΩ (courbe inférieure).

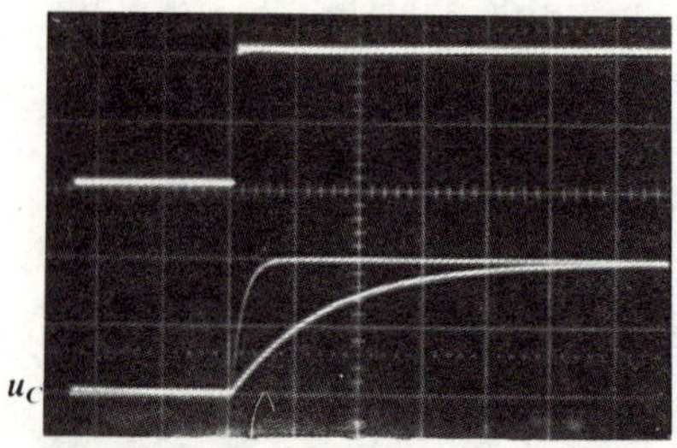

Fig. 12.07. Courbes u (t) et u_C (t) pour R = 1 kΩ et pour C = 1 μF (courbe supérieure) et C = 10 μF (courbe inférieure).

Sur les figures 12.06 et 12.07, nous avons :
- *pour les deux courbes 1 : $\tau_1 = 10^{-3}$ s ;*
- *pour les deux courbes 2 : $\tau_2 = 10^{-2}$ s.*

Au bout d'une durée égale à 5 τ, la charge du condensateur peut être considérée comme terminée.

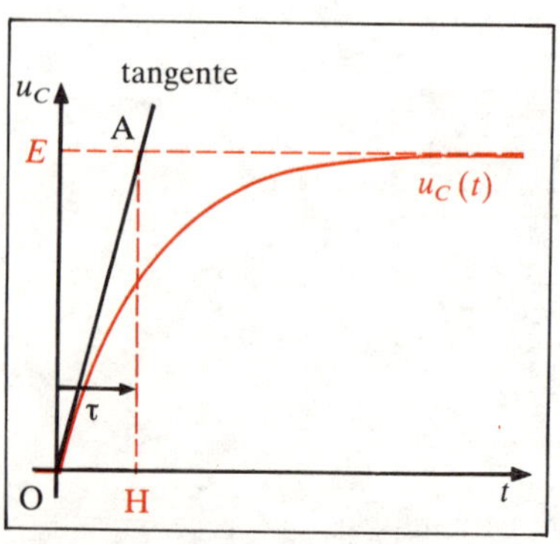

Fig. 12.08. Détermination graphique de la constante de temps τ : τ = $\overline{OH}$ sur l'axe des abscisses.

c) Conclusion

Pendant toute la durée de la charge du condensateur, initialement déchargé, et placé sous la tension E à l'instant $t = 0$:
- $u_C + u_R = E$ = constante ;
- u_C croît de zéro jusqu'à la valeur E ;
- i décroît exponentiellement de E/R jusqu'à une valeur nulle.

2.3. Constante de temps du circuit

2.3.1. Définition de la constante de temps τ

La constante de temps τ d'un circuit R–C est le produit $R.C$.

$$\boxed{\tau = R.C} \quad \begin{cases} \tau \text{ en secondes,} \\ R \text{ en ohms,} \\ C \text{ en farads.} \end{cases}$$

2.3.2. Influence de la constante τ

La durée de la charge du condensateur augmente avec la résistance R du circuit (fig. 12.06) et la capacité C du condensateur (fig. 12.07) c'est-à-dire avec la constante de temps τ. La durée de charge est constante si τ est constant.

La durée de la charge du condensateur varie dans le même sens que la constante de temps du circuit.

2.3.3. Détermination graphique de la constante de temps du circuit

Reprenons l'équation (1) :

$$E = RC\frac{du_C}{dt} + u_C$$

A l'instant t=0, elle s'écrit :

$$E = RC\left[\frac{du_C}{dt}\right]_{t=0} \quad \text{car : } u_C\text{=0}$$

Donc :

$$\left[\frac{du_C}{dt}\right]_{t=0} = \frac{E}{RC}$$

$\left[\frac{du_C}{dt}\right]_{t=0}$, valeur de la dérivée de la fonction $u_C(t)$ à l'instant t=0,

représente le **coefficient directeur de la tangente, à l'origine, de la courbe représentative de $u_C(t)$.** Dans le repère (t, u_C) cette tangente a pour équation $f(t) = E\ t/RC$ (fig. 12.08). Elle coupe la droite d'équation $g(t) = E$ en un point A d'abscisse t_A telle que :

$$E = E\frac{t_A}{RC}$$

Donc :

$$\boxed{t_A = RC = \tau}$$

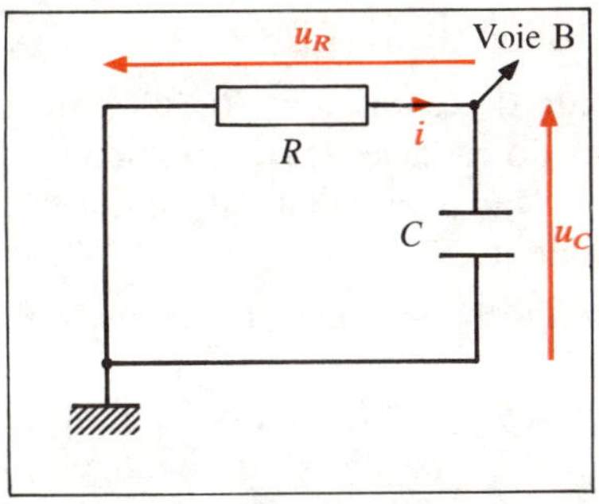

Fig. 12.09. Décharge d'un condensateur à travers une résistance.

3. DÉCHARGE D'UN CONDENSATEUR À TRAVERS UN DIPÔLE RÉSISTIF

3.1. Étude expérimentale

Avec le montage utilisé précédemment, la décharge du condensateur s'effectue lorsque la tension d'alimentation passe de 10 V à 0 V. Le circuit est équivalent au circuit représenté figure 12.09 (rappelons que nous avons supposé le générateur parfait).

3.1.1. Expériences

$R = 1$ kΩ et $C = 1$ μF

Les oscillogrammes obtenus sont ceux de la figure 12.10.

Après permutation du condensateur et du résistor, l'expérience est recommencée dans les mêmes conditions que précédemment (fig. 12.11).

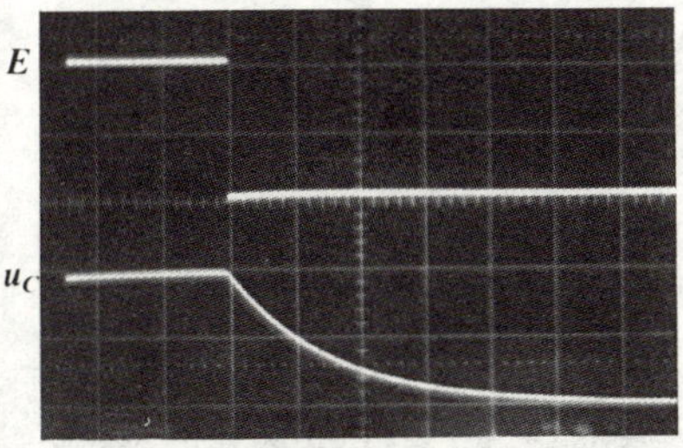

Fig. 12.10. Courbes u (t) et u_C (t).

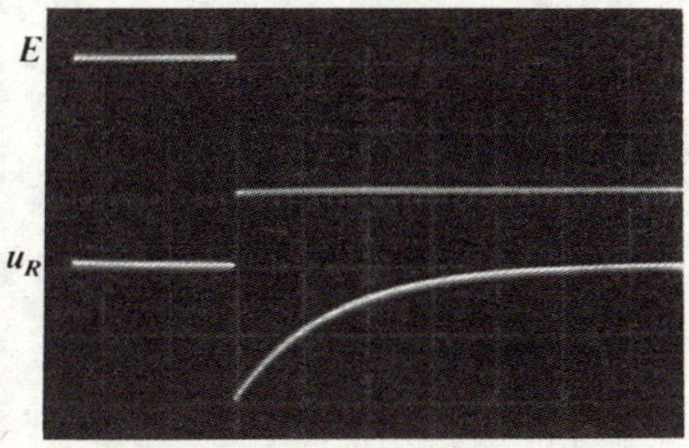

Fig. 12.11. Courbes u (t) et u_R (t).

3.1.2. Interprétation des résultats

a) Variation de la tension u_C aux bornes du condensateur.

A partir de l'instant t=0, le condensateur se décharge dans la résistance : nous observons une *décroissance exponentielle de la tension u_C*.

Relation donnant la fonction $u_C(t)$

A tout instant : $0 = u_R + u_C$ avec : $u_C = \dfrac{q}{C}$; $u_R = Ri$ et $i = \dfrac{dq}{dt}$

D'où l'équation donnant u_C :

$$0 = RC\frac{du_C}{dt} + u_C \qquad (2)$$

La solution de cette équation a pour image la courbe $u_C(t)$ de la figure 12.10.

La résolution mathématique de l'équation (2) conduit à la relation $u_C = E\exp(-t/RC)$.

b) Variation de l'intensité i du courant

L'oscillogramme (fig. 12.11) montre que la variation discontinue de la tension d'alimentation s'accompagne d'une variation discontinue de l'intensité i du courant. Elle *décroît exponentiellement en fonction du temps.*

Valeur de i à l'instant t=0

A l'instant $t = 0$, $u_C = E$ et : $(u_R)_{t=0} = (Ri)_{t=0} = -E$

D'où : $(i)_{t=0} = -\dfrac{E}{R}$

A l'instant $t = 0$ l'intensité du courant passe donc instantanément de 0 à $-E/R$.

En utilisant les échelles graduées des oscillogrammes, on vérifie que l'intensité i du courant passe d'une valeur nulle à la valeur E/R dans le sens opposé à l'orientation choisie.

c) Conclusion

Pendant toute la décharge du condensateur, préalablement chargé sous la tension E :

- $u_C + u_R = 0$.
- u_C décroît de E jusqu'à une valeur nulle.
- u décroît en **valeur absolue** de E/R à 0.

La décharge peut être considérée comme terminée au bout d'une durée égale à 5 τ.

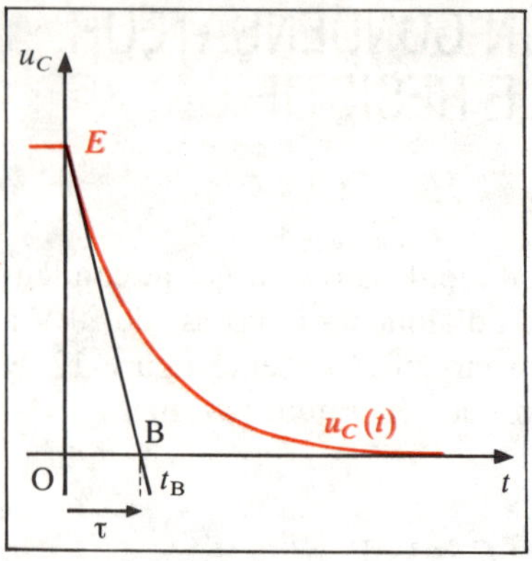

Fig. 12.12. Détermination graphique de la constante de temps τ : τ = $\overline{OB}$ sur l'axe des abscisses.

Justification :

$0 = RCdu_C/dt + u_C$.

A l'instant $t=0$, $u_C=E$.

Donc : $(du_C/dt)_{t=0} = -E/RC = -E/\tau$.

$-E/RC$ représente le coefficient directeur de la tangente à la courbe $u_C(t)$ au point de coordonnées $(0, E)$.

Equation de la tangente :

$f(t) = E(1 - t/\tau)$.

En B, $f(t) = 0 \Rightarrow 1 - t/\tau = 0$,

soit : $t = t_B = \tau$.

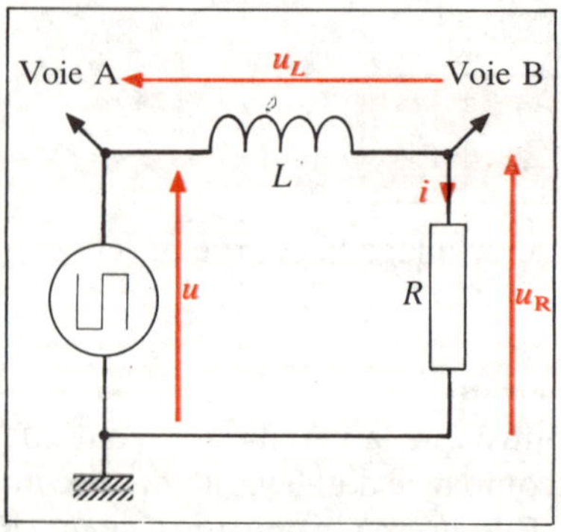

Fig. 12.13. Schéma équivalent au montage utilisé. Le circuit est mis sous tension à l'instant t = 0.

3.2. Influence de la constante de temps

Une **augmentation de la constante** de temps $\tau = RC$ du circuit **augmente** la durée de la **décharge du condensateur.** Inversement, une diminution de la constante de temps τ du circuit diminue la durée de la décharge du condensateur.

Remarque : *Détermination graphique de la constante de temps du circuit.*

Il est possible d'utiliser la courbe de décharge du condensateur pour cette détermination. Le point d'intersection B de la tangente, à l'origine, à la courbe représentative de la fonction $u_C(t)$ avec l'axe des temps a pour abscisse τ (fig. 12.12).

4. ÉTABLISSEMENT DU COURANT DANS UN CIRCUIT INDUCTIF

4.1. Montage

Le montage comprend :

- un générateur fournissant une tension en créneaux non symétriques 0-10 V ;
- un résistor de résistance $R = 1$ kΩ ou 10 kΩ ;
- une bobine d'inductance $L = 1$ H ou 0,1 H et de résistance négligeable ;
- un oscillographe bicourbe.

4.2. Étude expérimentale

4.2.1. Expérience 1

$R = 10$ kΩ et $L = 1$ H.

L'établissement du courant a lieu lorsque la tension d'alimentation passe de 0 V à 10 V (fig. 12.13).

Les oscillogrammes obtenus sont représentés figure 12.14.

4.2.2. Expérience 2

L'expérience précédente est recommencée après permutation de la bobine et du résistor. On visualise la tension u_L aux bornes de la bobine (fig. 12.15).

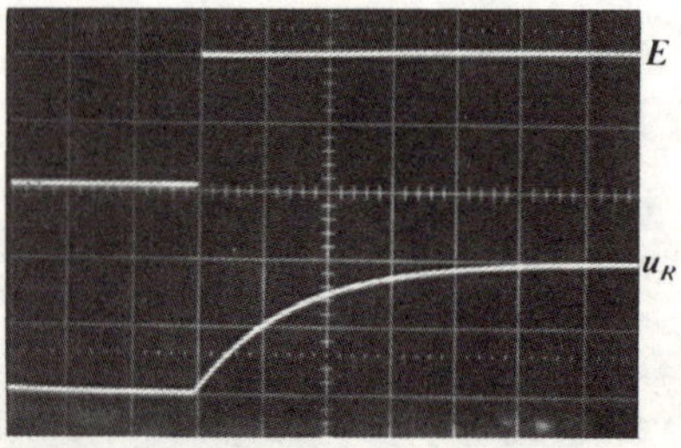

Fig. 12.14. Courbes $u(t)$ et $u_R(t)$.

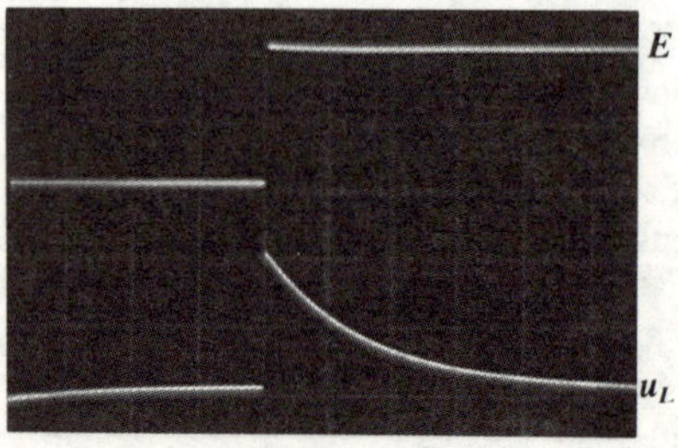

Fig. 12.15. Courbes $u(t)$ et $u_L(t)$.

4.2.3. Interprétation des résultats

a) Variation de l'intensité *i*

A partir de l'instant $t = 0$, l'intensité du courant traversant le circuit varie progressivement de 0 à un maximum E/R ; *la croissance se fait suivant une loi exponentielle.*

La bobine emmagasine de l'énergie électromagnétique. A tout instant, cette énergie est proportionnelle au carré de l'intensité du courant i ; lorsque le régime permanent est établi, elle est alors égale à $(LE^2/2R^2)$.

Relation donnant la fonction i(t)

A tout instant : $u = u_R + u_L$

Or : $u_L = L\dfrac{di}{dt}$ et $u_R = Ri$

donc :

$$u = L\frac{di}{dt} + Ri \qquad (3)$$

La résolution mathématique de l'équation (3) conduit à la relation :

$$i = \frac{E}{R}\left[1 - \exp\left(-\frac{R}{L}t\right)\right]$$

L'oscillogramme de la figure 12.14 montre que le courant croît de 0 à E/R.

La solution de cette équation, a pour image la courbe de la figure 12.14.

b) Variation de la tension u_L

Calcul de la valeur de u_L à l'instant t=0

A tout instant :

$u = u_R + u_L$

A l'instant $t = 0$, $u = E$ et $u_R = 0$ car $i = 0$.

D'où : $(u_L)_{t=0} = E$.

A l'instant $t = 0$, la tension aux bornes de la bobine passe donc instantanément de 0 à E.

On considère que le courant permanent dans le circuit $R-L$ est atteint au bout d'une durée égale à 5τ.

c) Conclusion

Lorsque le courant s'établit dans le circuit $R - L$,

- $u_L + u_R = E =$ constante ;
- i croît progressivement de 0 à E/R ;
- u_L décroît de E à une valeur nulle.

E

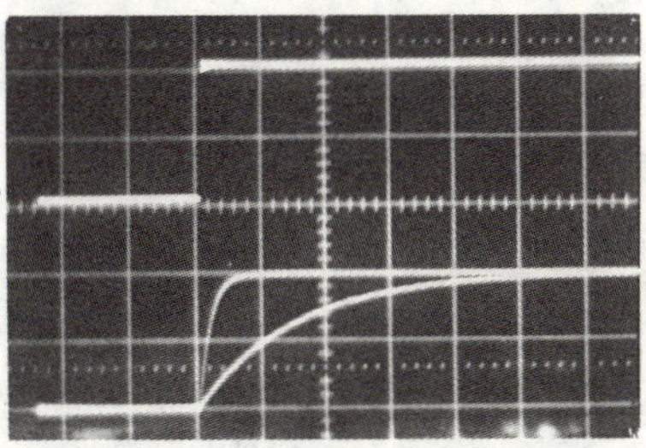

u_r

Fig. 12.16. Courbes u (t) et u_R (t) pour $R = 10\ k\Omega$ et pour $L = 0{,}1$ H (courbe supérieure) et $L = 1$ H (courbe inférieure).

4.3. Constante de temps du circuit

4.3.1. Définition de la constante de temps τ

La constante de temps τ d'un circuit $R-L$ est le rapport L/R.

$$\tau = \frac{L}{R}$$

τ en secondes,
L en henrys,
R en ohms.

4.3.2. Influence de la constante de temps τ

La durée d'établissement du courant dans un circuit $R-L$ augmente en même temps que τ (c'est-à-dire si l'inductance L augmente ou si la résistance R diminue). Elle est constante si τ est constant (fig. 12.16 et 12.17).

La durée de l'établissement du courant dans le circuit varie dans le même sens que la constante de temps τ du circuit.

E

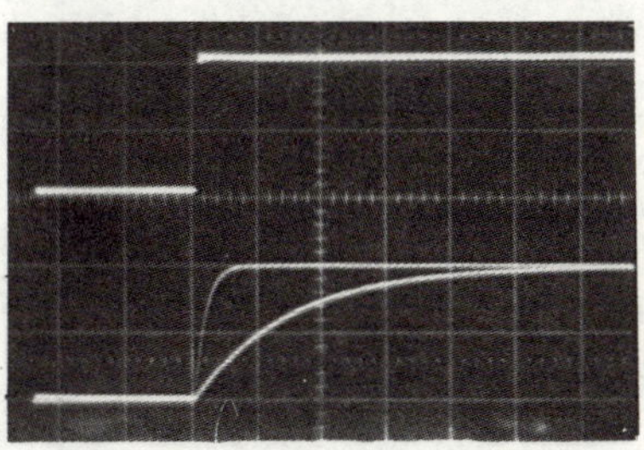

u_r

Fig. 12.17. Courbes u (t) et u_R (t) pour $L = 1$ H et pour $R = 10\ k\Omega$ (courbe supérieure) et $R = 1\ k\Omega$ (courbe inférieure).

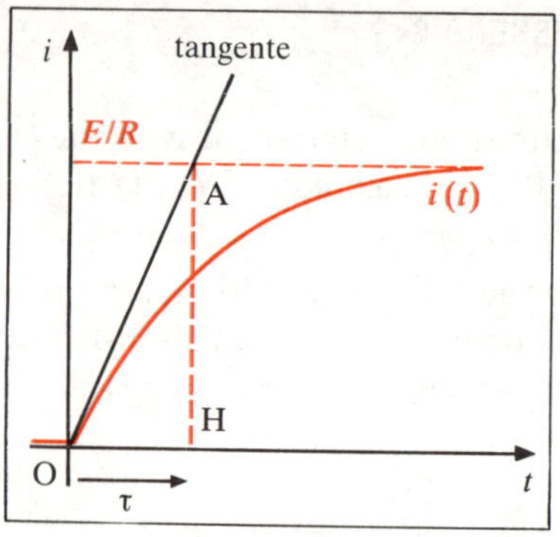

Fig. 12.18. Détermination graphique de τ : τ=OH.

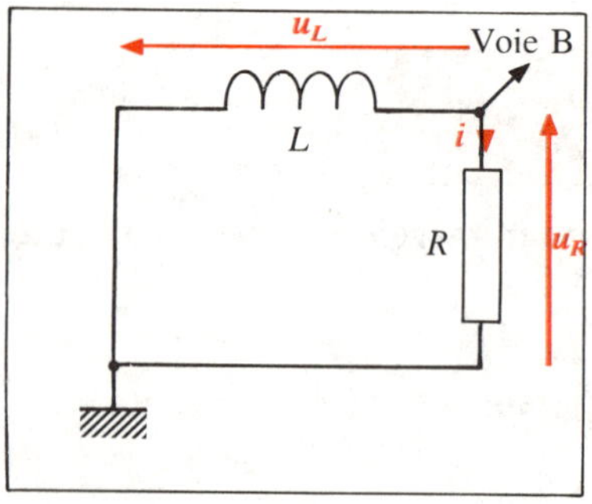

Fig. 12.19. Schéma du montage.

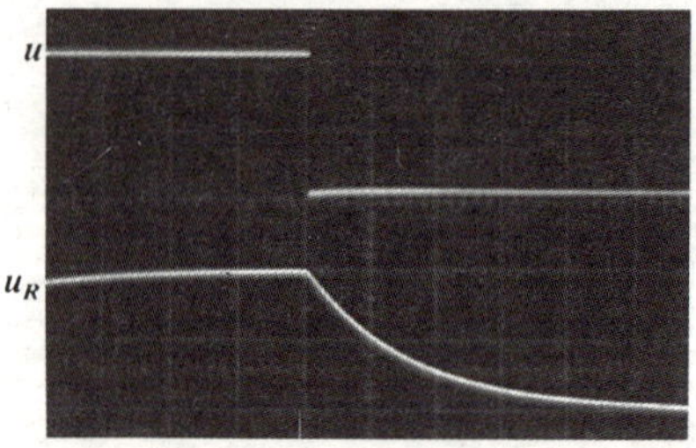

Fig. 12.20. Courbes u (t) et u_R (t).

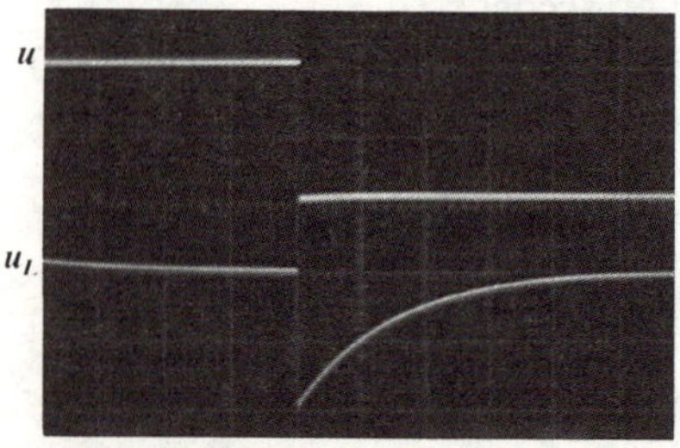

Fig. 12.21. Courbes u (t) et u_L (t).

Le régime transitoire peut être considéré achevé au bout d'une durée égale à 5 τ.

■ 4.3.3. Détermination graphique de la constante de temps du circuit

Comme pour la charge d'un condensateur, cette constante peut être déterminée graphiquement. Le point A, intersection de la tangente à l'origine, à la courbe représentative $i(t)$ et de la droite d'équation $i = E/R$ a pour abscisse τ (fig. 12.18).

■ 5. ANNULATION DU COURANT DANS UN CIRCUIT INDUCTIF

5.1. Étude expérimentale

L'annulation du courant a lieu lorsque la tension d'alimentation passe de 10 V à 0 V (fig. 12.19).

■ 5.1.1. Expériences

$R = 10$ kΩ et $L = 0{,}1$ H.

Les oscillogrammes obtenus sont représentés figure 12.20. En permutant la bobine et le résistor nous obtenons les oscillogrammes de la figure 12.21.

■ 5.1.2. Interprétation des résultats

a) Variation de l'intensité *i* du courant traversant le circuit

A partir de l'instant $t = 0$, nous observons alors une *décroissance exponentielle de l'intensité du courant.*

Relation donnant la fonction i(t)

A tout instant :

$$0 = u_R + u_L \; ; \; u_L = L\left(\frac{di}{dt}\right) \quad \text{et } u_R = Ri,$$

donc :

$$L\left(\frac{di}{dt}\right) + Ri = 0 \qquad (4)$$

La solution de cette équation, a pour image la courbe de la figure 12.20.

b) Variation de la tension u_L aux bornes de la bobine

La tension aux bornes de la bobine passe instantanément de 0 à $-E$ et **présente** donc **une discontinuité** observable sur l'oscillogramme de la figure 12.21.

5.2. Influence de la constante de temps du circuit

Une augmentation de la constante de temps $\tau = L/R$ accroît la durée du régime transitoire. Une diminution de cette constante diminue la durée du régime transitoire.

Remarque : Détermination graphique de τ

La tangente à la courbe $i(t)$ au point de coordonnées (0, E/R) coupe l'axe des temps en un point d'abscisse τ (fig. 12.22).

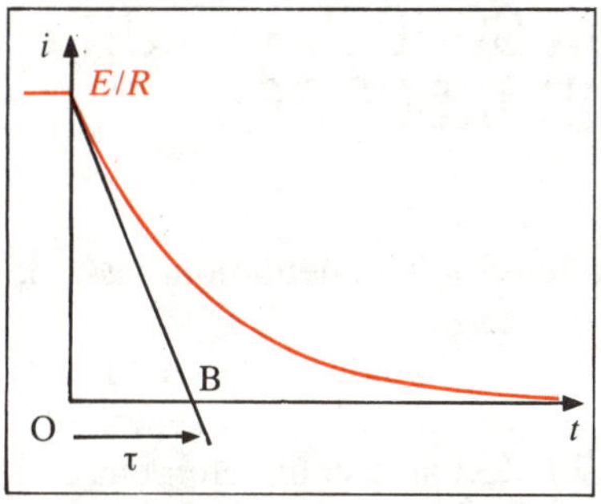

Fig. 12.22. Détermination graphique de $\tau : \tau = \overline{OB}$.

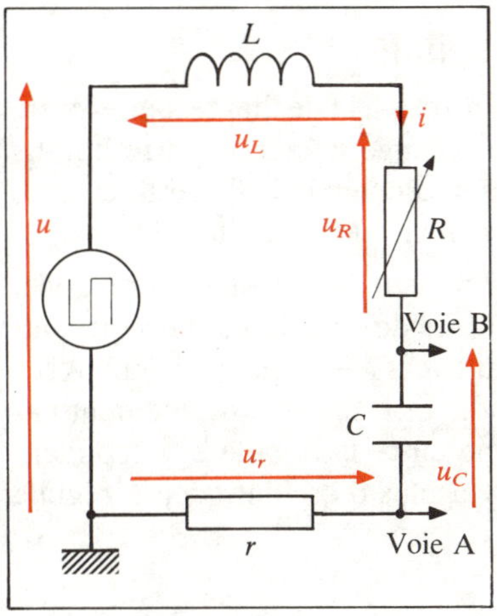

Fig. 12.23. Charge d'un condensateur à travers un circuit inductif.

6. CHARGE D'UN CONDENSATEUR À TRAVERS UN CIRCUIT INDUCTIF

6.1. Montage

Le montage comprend (fig. 12.23) :
- un générateur de tension aux créneaux non symétriques 0-10 V, la charge s'effectue lorsque la tension passe de 0 à 10 V ;
- un condensateur de capacité $C = 100$ nF ;
- un résistor de résistance R variable de 0 à 5 kΩ ;
- une bobine d'inductance $L = 25$ mH et de faible résistance ;
- un résistor de résistance $r = 0{,}5\ \Omega$ permettant la visualisation de l'intensité du courant traversant le circuit.

6.2. Étude expérimentale

Les oscillogrammes de la figure 12.24 sont obtenus en réalisant les conditions suivantes :
1° le rhéostat est réglé pour avoir $R = 0\ \Omega$ (expérience 1) ;
2° $R = 200\ \Omega$ (expérience 2) ;
3° $R = 500\ \Omega$ (expérience 3) ;
4° $R \geqslant 1\,000\ \Omega$ (expérience 4).

6.3. Analyse des oscillogrammes

La valeur de la résistance R influe considérablement sur les variations de l'intensité du courant i et de la tension u_C.

■ **Régime oscillatoire amorti**
Lorsque la valeur de R n'est pas trop grande, un régime oscillatoire peut s'établir (expériences 1 et 2). Les oscillations sont plus ou moins amorties : l'amortissement est d'autant plus important que la valeur de la résistance R est grande.

■ **Régime apériodique** (expériences 3 et 4)
C'est le régime obtenu pour toute valeur de R supérieure à une valeur particulière R_C appelée **résistance critique,** le régime continu est atteint sans oscillation.

6.4. Interprétation des résultats

L'établissement du courant dans le circuit est accompagné d'échanges d'énergie entre la bobine et le condensateur. La résistance R provoque une dissipation d'énergie par effet Joule lors de chacun de ces échanges, entraînant un amortissement plus ou moins rapide des oscillations.

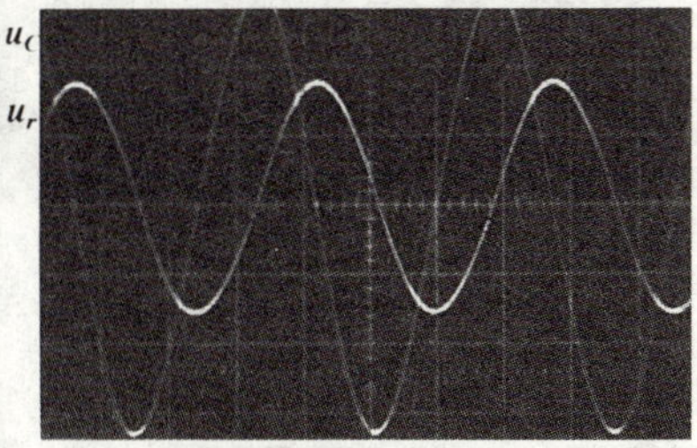

Fig. 12.24. Expérience 1.

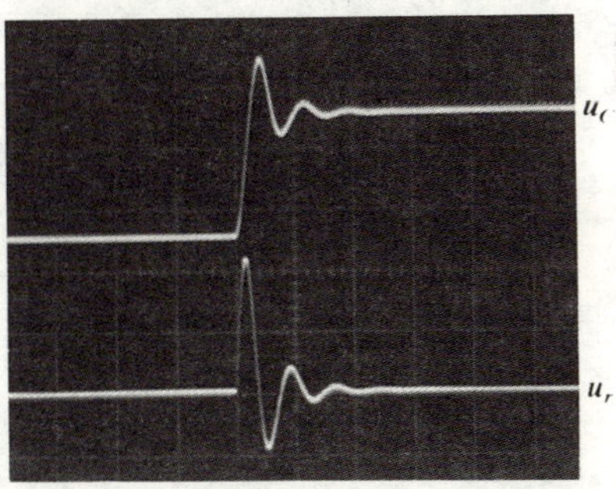

Fig. 12.24. Expérience 2.

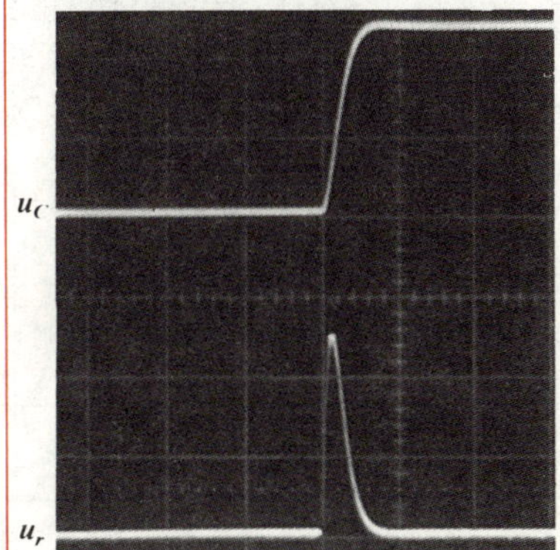

Fig. 12.24. Expérience 3.

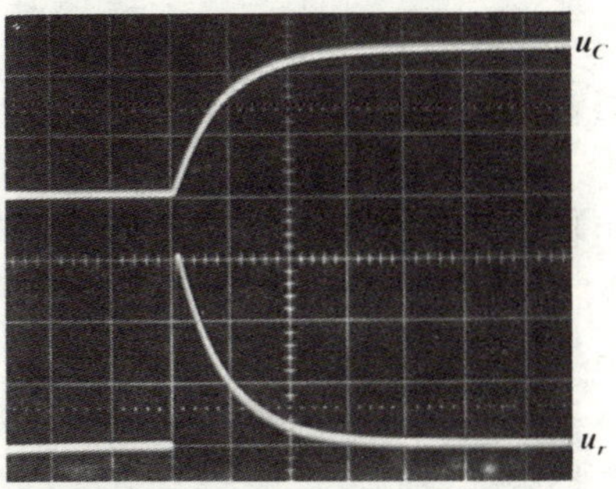

Fig. 12.24. Expérience 4.

Une étude mathématique (hors programme) montre que :

- la période des oscillations est :

$$T=2\pi\sqrt{LC}$$

(la courbe 1 de la figure 12.24 permet la vérification de cette formule) ;

- la résistance critique est : $R_C=2\sqrt{L/C}$.

Relations utilisables pour l'étude mathématique (fig. 12.23).

A l'instant t : $u=u_L+u_R+u_C$ ($u_r\simeq 0$),

$$u=E=u_L+u_C, \quad (1)$$
$$u_L=L\,di/dt, \quad (2)$$
$$u_R=Ri, \quad (3)$$
$$u_C=q/C, \quad (4)$$
$$i=dq/dt=C\,du_C/dt, \quad (5)$$

q étant la charge de l'armature qui se trouve du côté de la pointe de la flèche tension u_C.

7. DÉCHARGE D'UN CONDENSATEUR À TRAVERS UN CIRCUIT INDUCTIF

7.1. Expérience

Le condensateur étant chargé, la tension d'alimentation passe de 10 V à 0 V à un instant t choisi pour origine.

Avec les valeurs de R choisies lors de l'étude de la charge, on obtient les oscillogrammes de la figure 12.25. Ils sont semblables à ceux relevés lors de la charge. La décharge complète peut être obtenue plus ou moins rapidement suivant les valeurs de R. Il peut y avoir soit **décharge oscillante amortie** (courbes 1 et 2), soit **décharge apériodique** sans oscillation (courbe 3).

7.2. Interprétation des résultats

- L'observation d'oscillations amorties à la décharge s'interprète comme lors de la charge, par un échange d'énergie entre bobine et condensateur et par la dissipation d'une partie de cette énergie dans la résistance lors de chaque échange (fig. 12.26).

- Un circuit réel présente nécessairement une résistance non nulle. Il y a dissipation d'énergie sous forme de chaleur ce qui se traduit par un transfert d'énergie du circuit vers le milieu extérieur. Avec une résistance suffisamment grande, ce transfert est tellement important que les échanges d'énergie entre la bobine et le condensateur cessent rapidement : il n'y a plus d'oscillations, le régime est apériodique.

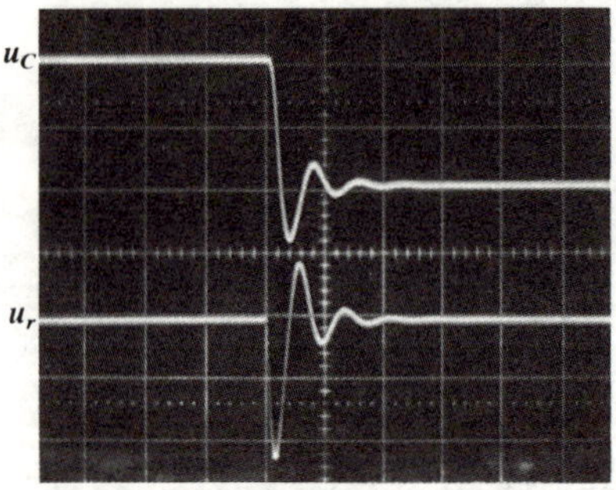

Fig. 12.25. Courbes u_C (t) et u_r (t). Courbe 1.

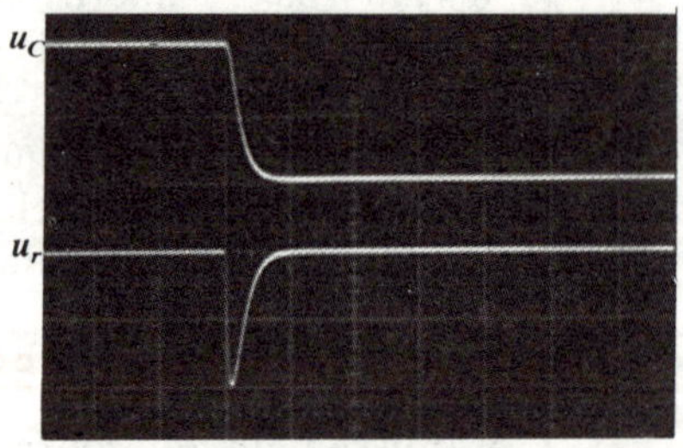

Fig. 12.25. Courbe 2.

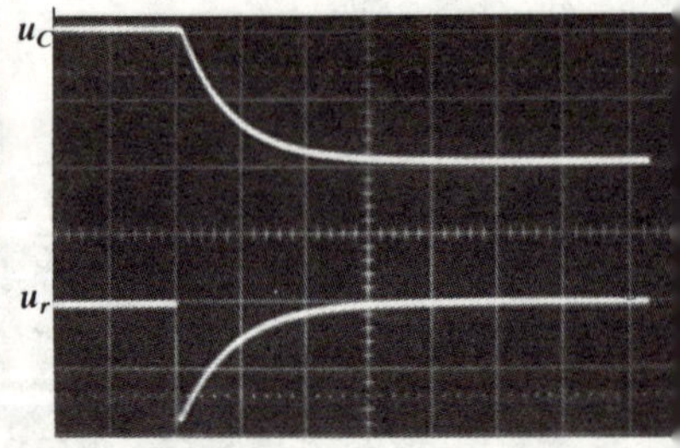

Fig. 12.25. Courbe 3.

Fig. 12.26.

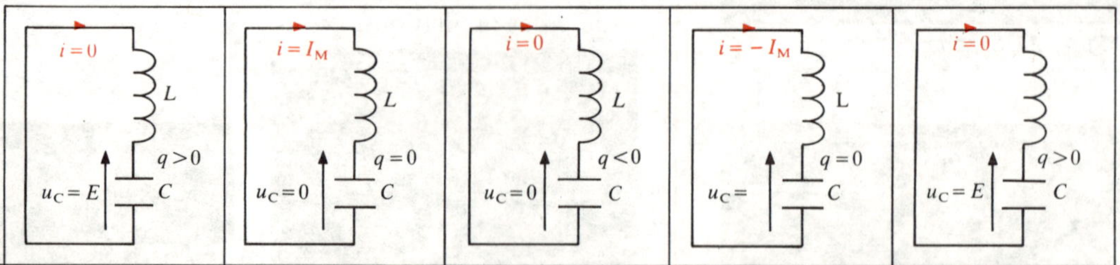

Instant	$t=0$	$t=t_1=\frac{T}{4}$	$t=t_2=2\frac{T}{4}$	$t=t_3=3\frac{T}{4}$	$t=t_4=T$
Énergie Électrostatique	$\frac{1}{2}CE^2$	0	$\frac{1}{2}CE^2$	0	$\frac{1}{2}CE^2$
Énergie Magnétostatique	0	$\frac{1}{2}LI_M^2$	0	$\frac{1}{2}LI_M^2$	0

Travaux pratiques

1. Comportement d'un circuit $R-C$ en régime de créneaux

Le générateur de fonctions et l'oscillographe utilisés, dans le montage représenté figure 12.27, n'ont pas de masse commune. (Il faut que l'un des appareils, au moins, ait sa masse de mesure distincte de la terre.) Nous pouvons ainsi visualiser simultanément les tensions u_C et $-u_R$. Mais si l'oscillographe choisi comporte une touche « inversion » sur une voie, il faut visualiser u_C et u_R.

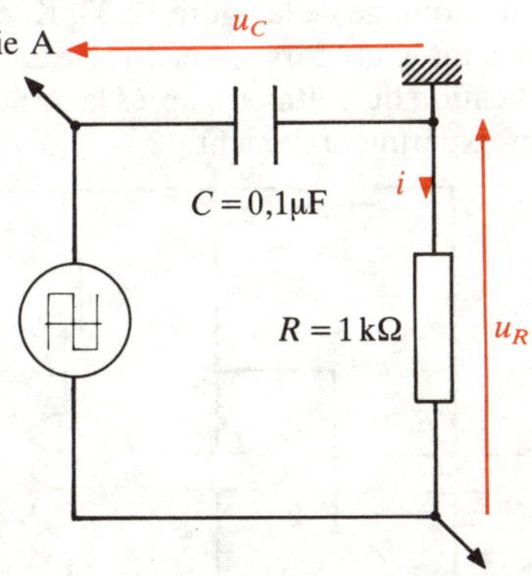

Fig. 12.27.

Le condensateur subit une succession de charges et de décharges pendant des durées égales. Pour toutes les expériences, u est une tension en créneaux symétriques qui varie de 0 à $E=10$ V. La fréquence f prendra les valeurs suivantes : 0,5, 5, 20, 100 kHz ou plus.

Relever les oscillogrammes et interpréter les résultats.

Calculer la constante de temps. Vérifier si la charge est terminée avant que ne débute la décharge et réciproquement.
Si l'oscillographe est pourvu d'une touche A+B, vérifier la valeur de la somme (u_C+u_R).

2. Surtension aux bornes d'une bobine

L'interrupteur du montage de la figure 12.28 est un interrupteur à lame souple (I.L.S.) dont la commande de l'ouverture et de la fermeture est réalisée au moyen d'un électroaimant alimenté par le secteur. La lame souple est attirée deux fois par période du secteur. L'une des voies d'un oscillographe est branchée aux bornes de la bobine.

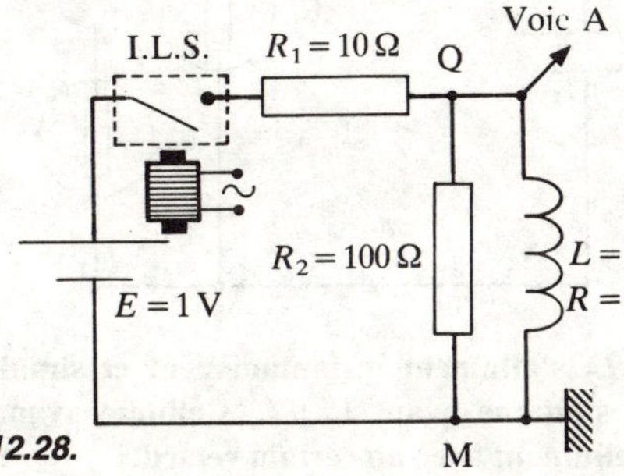

Fig. 12.28.

Quelle est la fréquence de fonctionnement de l'interrupteur ?
Relever les oscillogrammes obtenus. Noter l'amplitude du pic de tension à l'ouverture du circuit. K étant fermé, montrer qu'en régime permanent, le circuit est équivalent au montage de la figure 12.29. Noter la valeur de u_{QM} pour ce fonctionnement (justifier le résultat). Remplacer R_2 par une varistance (voir chapitre 2). Expliquer l'influence de ce composant.

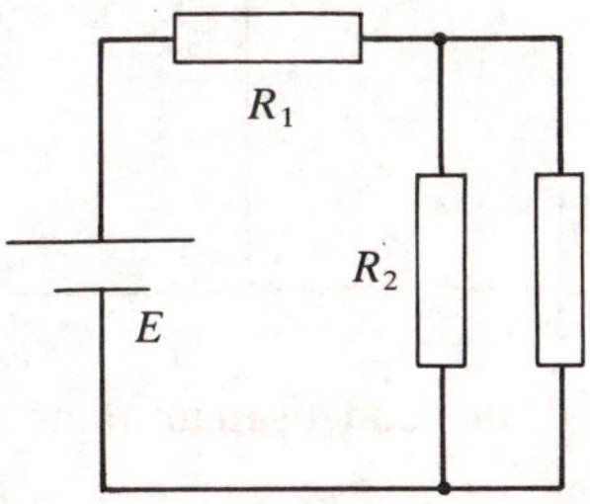

Fig. 12.29.

Remarque :
L'équation de la caractéristique courant-tension d'une V.D.R. est de la forme $u=ki^n$ où n est un nombre compris entre 0,1 et 0,5 : lorsque l'intensité du courant traversant la varistance double (ou triple...) la tension à ses bornes augmente mais dans un rapport moindre : la varistance n'annule pas le phénomène de surtension mais l'atténue fortement. Entre les bornes des moteurs à courant continu de moyennes et fortes puissances sont placées des varistances pour limiter les surtensions se produisant lors d'une ouverture accidentelle du circuit d'alimentation du moteur en fonctionnement (les moteurs présentant une inductance).

3. Régimes transitoires dans un circuit R.L.C.

Dans le montage de la figure 12.30, nous utilisons une bobine de 1 000 spires d'un transformateur démontable. La résistance variable est formée par une série de boîtes à décades de valeurs connues. Le générateur délivre une tension en créneaux 0,E ($E=10$ V) et a une résistance interne $R_g=50\ \Omega$.

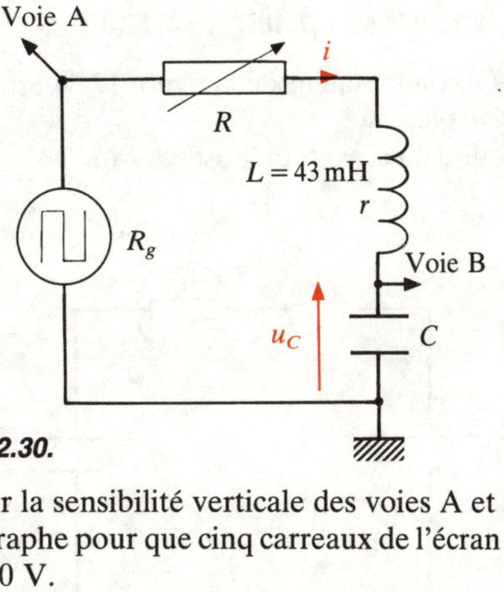

Fig. 12.30.

Régler la sensibilité verticale des voies A et B de l'oscillographe pour que cinq carreaux de l'écran représentent 10 V.

Pour une certaine valeur de R, l'oscillogramme représentant u_C est semblable à celui de la figure 12.31. Régler R pour que $\Delta u_C/E$ soit égal à 10 % puis 20 %. Vérifier alors que la résistance totale du circuit $R_t = R + r + R_g$ est respectivement égale à $1{,}18\sqrt{L/C}$ puis $0{,}91\sqrt{L/C}$.

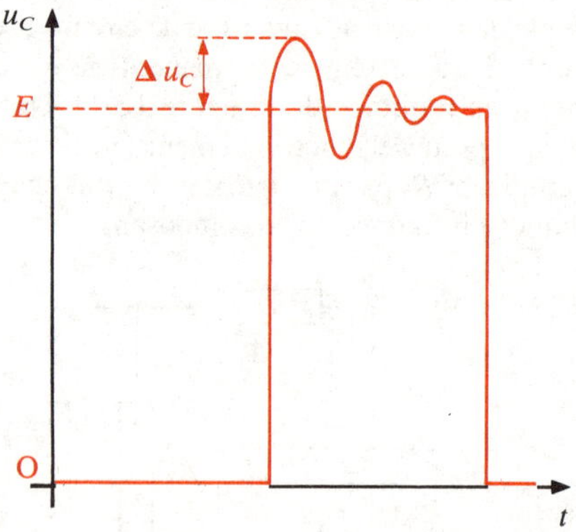

Fig. 12.31.

4. Décharge d'un condensateur dans un circuit inductif

Le voltmètre du circuit de la figure 12.32 est un voltmètre numérique.
Agir sur les interrupteurs de la façon suivante :
1° fermer K_1, ouvrir K_2 : que se passe-t-il ? Qu'indique le voltmètre ?
2° ouvrir K_1 : observer l'indication de l'ampèremètre et du voltmètre immédiatement après la fermeture de K_2. Qu'indiquent ces appareils au bout d'une durée suffisamment longue ?

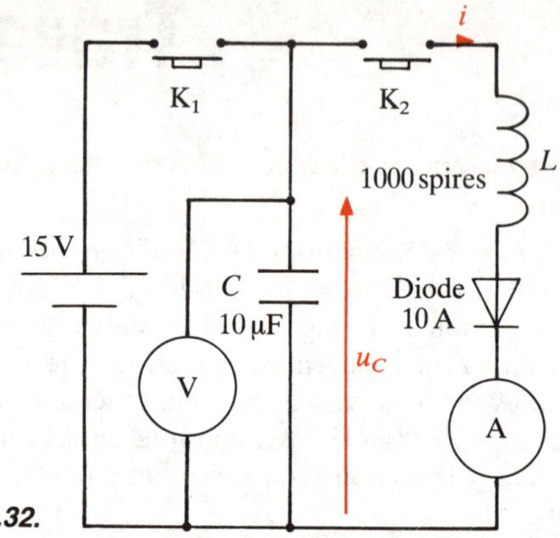

Fig. 12.32.

Réaliser le montage de la figure 12.33. K_3 étant ouvert, agir sur les interrupteurs comme précédemment. Prévoir l'indication du voltmètre après la fermeture de K_3, la vérifier expérimentalement.

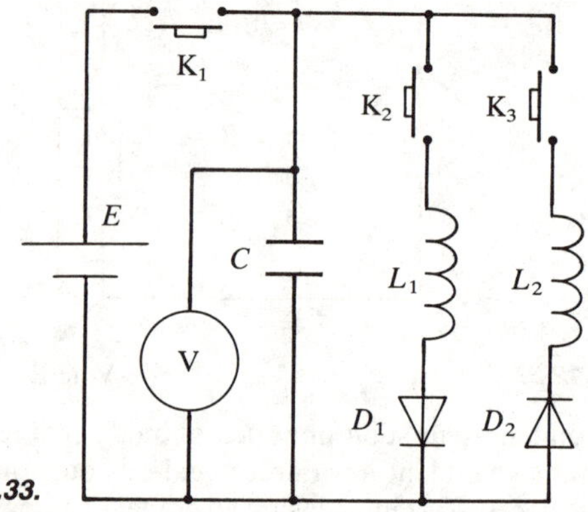

Fig. 12.33.

Contrôle des connaissances

INDIQUEZ LA BONNE RÉPONSE :

12.01. Un condensateur de capacité $C = 4{,}7\ \mu F$ est chargé à travers un élément résistif de résistance $R = 1\ k\Omega$.
Quelle est la valeur de la constante de temps τ du circuit ?

R : 4,7 s ; $4{,}7.10^{-3}$ s ; $4{,}7.10^{-6}$ s ; $4{,}7.10^{-9}$ s.

12.02. Le condensateur de la figure 12.34 est initialement déchargé.
A la fermeture du circuit, qu'observe-t-on ?

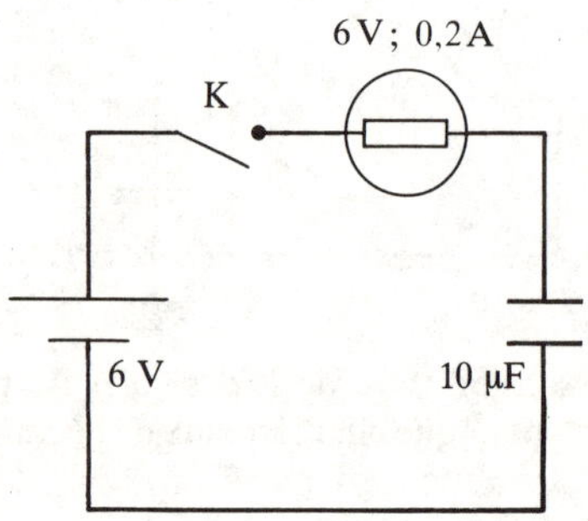

Fig. 12.34.

R : La lampe s'allume avec un certain retard ; la lampe s'allume un bref instant puis s'éteint ; la lampe s'allume instantanément et reste allumée ; la lampe ne s'allume pas.

12.03. Le circuit représenté figure 12.35 est ouvert. On ferme l'interrupteur K. Qu'observe-t-on ?

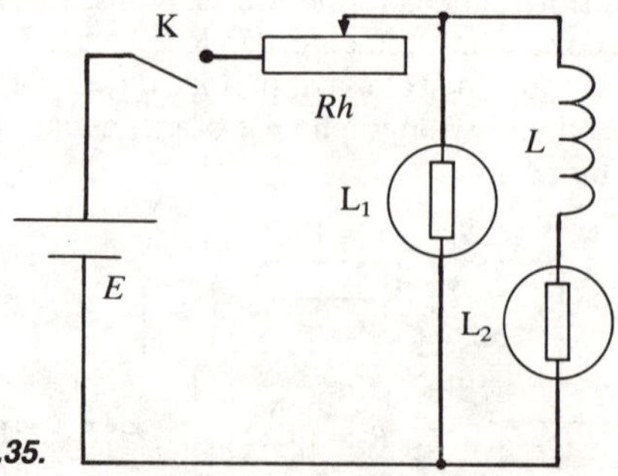

Fig. 12.35.

R : L_1 et L_2 s'allument instantanément et simultanément ; L_1 s'allume avant L_2 ; L_2 s'allume avant L_1 ; L_1 et L_2 s'allument avec un certain retard.

12.04. Le circuit de la figure 12.35 étant initialement fermé, on ouvre l'interrupteur K. Qu'observe-t-on ?

R : L_1 et L_2 s'éteignent instantanément ; L_1 et L_2 brillent d'un vif éclat pendant un bref instant avant de s'éteindre ; L_1 et L_2 s'éteignent avec un certain retard ; L_1 s'éteint avant L_2.

12.05. Un circuit $R-L$ est alimenté par une source de tension continue E. Que faut-il connaître pour calculer la constante de temps du circuit lors de l'établissement du courant ?

R : R et L ; R et E ; L et E ; R, L et E.

12.06. Qu'appelle-t-on régime apériodique ?

R : Un régime oscillatoire amorti ; un régime oscillatoire non amorti ; un régime permettant d'atteindre le régime permanent sans oscillation ; un régime permanent.

Exercices résolus

12.07. La charge d'un condensateur de capacité C=47 nF dans un circuit inductif donne l'oscillogramme de la figure 12.36 :

1° Quelle est la résistance R du circuit ?

2° Quelle est l'inductance L de l'élément purement inductif ?

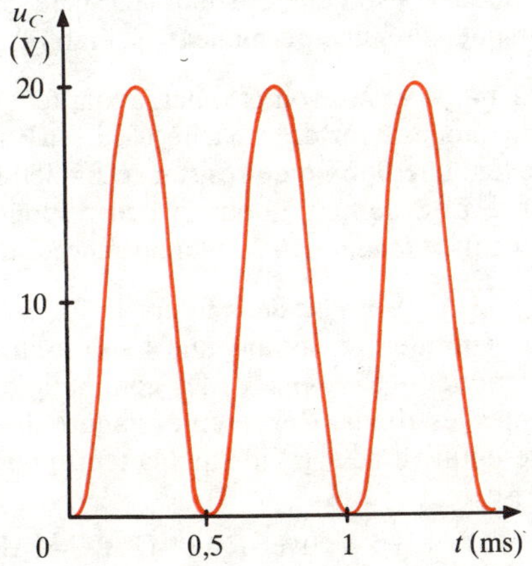

Fig. 12.36.

Solution :

1° Les oscillations gardent une amplitude sensiblement constante, aucun régime continu n'est atteint : le circuit présente donc une résistance négligeable, $R \approx 0\ \Omega$.

2° Le régime est oscillatoire, périodique, de période $T=2\pi\sqrt{LC}$. Soit :

$$L = \frac{T^2}{4\pi^2 C}$$

La période se mesure sur l'oscillogramme de la figure 12.36 : $T=0,5.10^{-3}$ s.

Soit : $L=0,135$ H.

Remarque : La tension u_C aux bornes du condensateur varie entre 0 et $2E=20$ V ; E étant la tension délivrée par l'alimentation du circuit, la charge du condensateur s'effectue donc sous une tension d'alimentation de 10 V.

12.08. Un générateur de tension continue de f.é.m. E=12 V alimente une bobine assimilable à un élément purement inductif d'inductance L en série avec un élément résistif de résistance R.

L'enregistrement de l'établissement du courant en fonction du temps est représenté figure 12.37.

1° Préciser la variation qualitative de la f.é.m. auto-induite e de la bobine.

2° Quelle est, immédiatement après la fermeture du circuit, la valeur prise par cette f.é.m. ?

3° Quelle est l'inductance L de la bobine ?

4° Quelle est sa résistance R ?

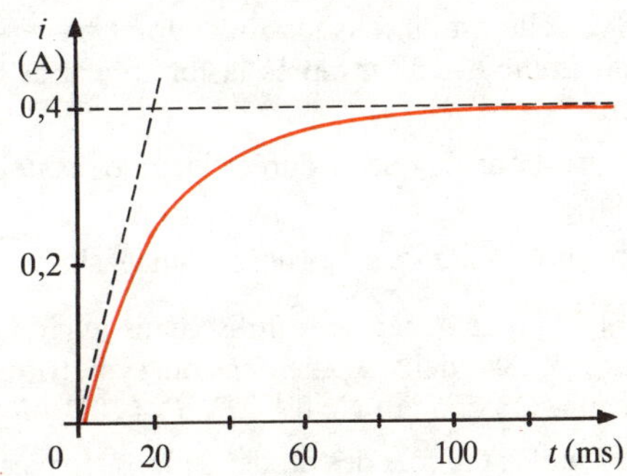

Fig. 12.37.

Solution :

1° Avec les conventions habituelles, la f.é.m. auto-induite e est donnée par la loi de Faraday : $e=-L\,di/dt$. (di/dt est la dérivée de l'intensité i par rapport au temps). La fonction $i(t)$ étant croissante, la dérivée di/dt est positive, la f.é.m. $e=-L\,di/dt$ est donc négative.
Géométriquement, di/dt représente le coefficient directeur de la tangente à la courbe. Ce coefficient est le plus élevé à l'origine ($|e|$ est alors maximale) puis diminue progressivement au fur et à mesure que l'on considère un point de la courbe de plus en plus éloigné de cette origine. En valeur absolue, la f.é.m. diminue progressivement pour atteindre 0 V en régime établi.

2° En appliquant la loi des mailles, on a :

$$Ri=E+e.$$

A l'instant de fermeture, l'intensité du courant est nulle, donc : $(e)_{t=0}=-E=-12$ V.

3° Le coefficient directeur de la tangente à l'origine est : $(di/dt)_{t=0}=20$ A.s^{-1}. Comme $e=-L\,di/dt$, il vient :

$$L = \frac{-(e)_{(t=0)}}{(di/dt)_{(t=0)}} \Rightarrow L = \frac{12}{20} = 0,6 \text{ H}.$$

4° En régime établi, l'intensité du courant est indépendante du temps ; donc $di/dt=0$. La loi d'Ohm s'écrit alors : $Ri=E$.
Donc : $R=E/i$ avec $i=0{,}4$ A $\Rightarrow R=30\ \Omega$.

12.09. **Pour le circuit de la figure 12.23, établir l'équation :**

$$LC\frac{d^2u_C}{dt^2}+R\frac{du_C}{dt}+u_C=E$$

dont $u_C(t)$ est la solution.

Solution :

Nous pouvons écrire :

$$u=u_L+u_R+u_C \qquad (u_r\approx 0)$$

avec $u=E$, $u_L=L\,di/dt$, $u_R=Ri$, donc
$E=L\,di/dt+Ri+u_C$.
Comme $i=dq/dt$ et $q=Cu_C$, la relation précédente s'écrit alors :

$$LC\frac{d^2u_C}{dt^2}+R\frac{du_C}{dt}+u_C=E.$$

Exercices à résoudre

12.10. Peut-on donner une valeur approchée de la durée du régime transitoire lors de l'établissement du courant dans un circuit $R-L$ si l'on connaît la tension E délivrée par la source d'alimentation et l'inductance L du circuit ?

12.11. Un condensateur de capacité $C=220$ nF, initialement déchargé, est chargé par un générateur de tension $E=20$ V à travers un résistor de résistance $R=1$ kΩ.

1° Quelle est l'intensité i du courant traversant le circuit immédiatement après la fermeture de l'interrupteur ?

2° Au bout de quelle durée, le condensateur sera-t-il chargé ?

3° Quelle énergie a-t-il alors emmagasinée ?

12.12. Le générateur utilisé dans le circuit de la figure 12.38, délivre une tension symétrique en créneaux. On donne : $C=0{,}1\ \mu F$; $R_1=10\Omega$; $R_2=1\text{k}\Omega$.

1° Quel est le rôle des diodes supposées parfaites ?

2° Sur le chronogramme représentant la tension d'alimentation, représenter l'allure de la courbe représentative de la tension u_C.

3° En utilisant un rhéostat monté en potentiomètre, proposer un schéma de montage permettant une variation simultanée des constantes de temps à la charge et à la décharge en maintenant la somme (R_1+R_2) constante.

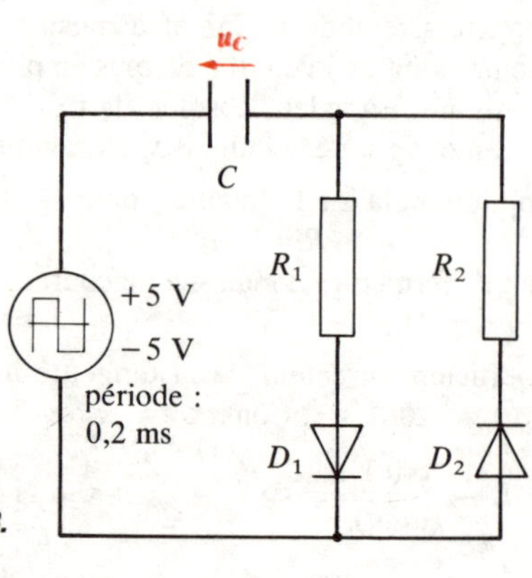

Fig. 12.38.

12.13. On considère le montage de la figure 12.13 : $E=10$ V, $L=0{,}1$ H et $R=30\ \Omega$.

1° Quelle est l'intensité du courant traversant le circuit immédiatement après le passage de la tension 0 à 10 V ?

2° Quelle est la durée du régime transitoire ?

3° Quelle est l'énergie emmagasinée par la bobine lorsque le régime permanent est établi ?

12.14. Après avoir été chargé sous tension constante, un condensateur de capacité $C=3{,}3$ μF se décharge à travers une bobine de résistance $R=350\ \Omega$ et d'inductance L. Si le régime observé correspond à l'amortissement critique, quelle est l'inductance L de la bobine ?

12.15. Le circuit de la figure 12.01, est alimenté par un générateur délivrant une tension en créneaux symétriques −5 V, +5 V, les commutations se faisant toutes les 10 ms. Représenter l'allure de la courbe représentative de $u_C(t)$ lorsque la tension d'alimentation passe de :

1° −5 V à +5 V, avec $R=1$ kΩ et $C=1$μF.

2° +5 V à −5 V, avec $R=1$ kΩ et $C=1$μF.

12.16. Pour le circuit de la figure 12.39, établir l'équation :

$Ri_0=u_C+RC\dfrac{du_C}{dt}$, dont $u_C(t)$ est la solution.

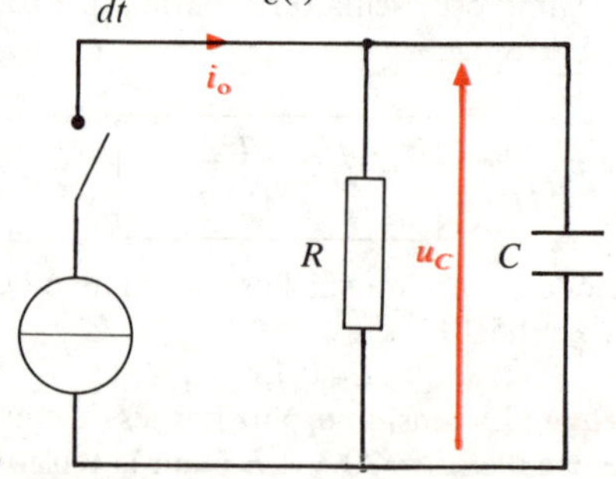

Fig. 12.29.

12.17. A partir de l'équation de charge d'un condensateur $u_C=E\,[1-\exp(-t/\tau)]$ et en utilisant une calculette, déterminer la tension aux bornes du condensateur à l'instant $t=\tau$.
Reprendre la question dans le cas de la décharge du condensateur.

Chapitre 13

RÉGIMES SINUSOÏDAUX

1. RÉGIMES PÉRIODIQUES

1.1. Expérience

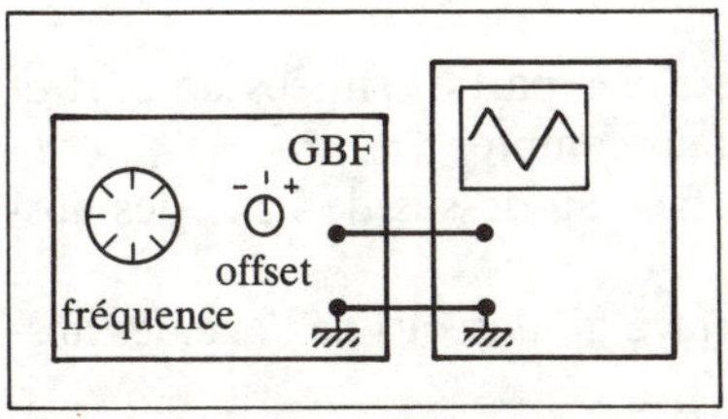

Fig. 13.01. Montage expérimental.

La sortie d'un générateur de fonctions est branchée directement à l'une des voies d'un oscillographe (fig. 13.01). La grandeur visualisée est donc la tension délivrée par ce générateur. Cette tension dépend du sélecteur de fonctions. Il est placé sur la position /\/ et le bouton intitulé « offset » est à « 0 ». Après avoir réglé la sensibilité verticale et la vitesse de balayage de l'oscillographe, nous observons une tension triangulaire (fig. 13.02). C'est un exemple de tension périodique.

1.2. Période

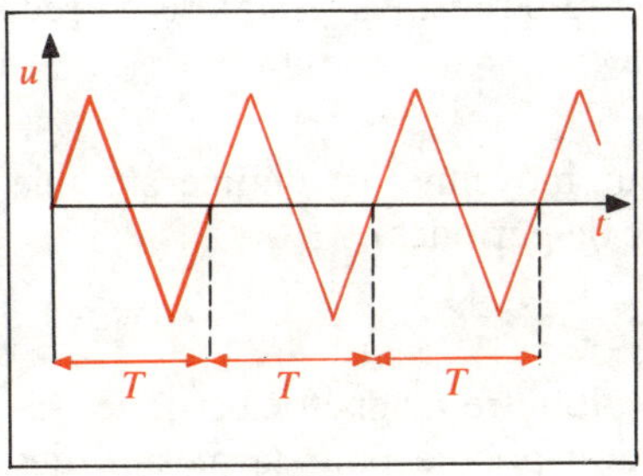

Fig. 13.02. Tension périodique.

La courbe représentative de la fonction $u(t)$ est une suite de motifs identiques. **La durée T correspondant à ce motif est la période de la tension.** Nous pouvons écrire :

$$u(t+T) = u(t).$$

Plus généralement, la période d'une grandeur périodique (tension, courant, ...) est l'intervalle de temps T qui sépare deux instants **consécutifs** où la grandeur se reproduit identique à elle-même (ce qui suppose que les portions de la courbe représentative de la grandeur en fonction du temps, sur des intervalles $(0, T)$, $(T, 2T)$, ... sont superposables).

La période de la tension correspond à la durée T, elle s'exprime en **secondes.**

1.3. Fréquence

La fréquence f d'une grandeur périodique est l'inverse de la période T.

$$f = \frac{1}{T}$$ $\begin{cases} T \text{ en secondes,} \\ f \text{ en hertz.} \end{cases}$

Une fréquence s'exprime en **hertz** (symbole : **Hz**).

1.4. Valeur moyenne d'une grandeur

1.4.1. Définition

a) Courant variable

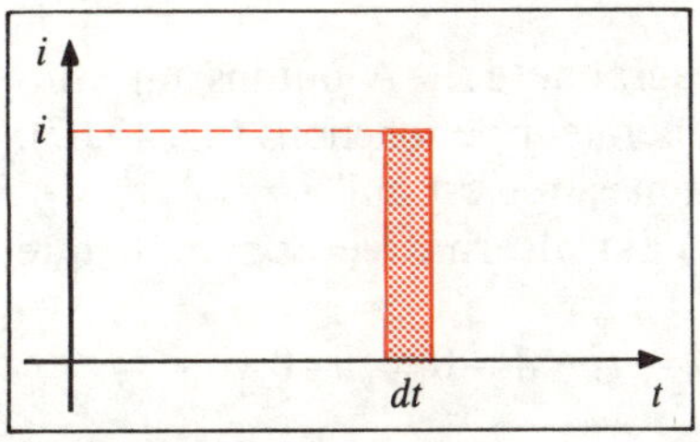

Fig. 13.03.

En une durée dt, un courant d'intensité i transporte une quantité d'électricité $dq = i\,dt$. Cette quantité d'électricité est représentée par l'aire du rectangle sur la figure 13.03.

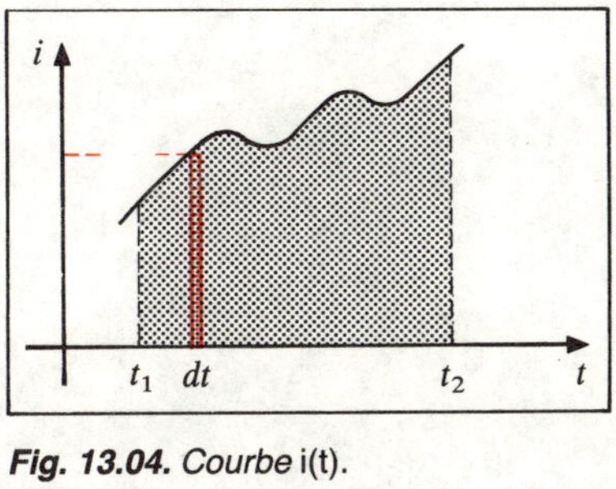

Fig. 13.04. Courbe i(t).

Si l'intensité du courant i est variable (fig. 13.04), le résultat reste vrai : l'intensité i du courant peut être supposée constante pendant toute durée dt suffisamment petite.

La quantité d'électricité transportée entre deux instants t_1 et t_2 est alors représentée par la somme des aires d'une infinité de petits

L'oscillographe permet de mesurer la période d'une tension. Les différents boutons de réglage de la déviation horizontale doivent être placés sur la position « calibrée » (ou étalonnée). Deux boutons sont concernés :
- celui commandant la vitesse de balayage ;
- celui agissant sur l'amplification horizontale.

On mesure la distance d correspondant à une période de la tension sur l'écran. Connaissant la vitesse de balayage v, la période T est :

$$T = v.d.$$

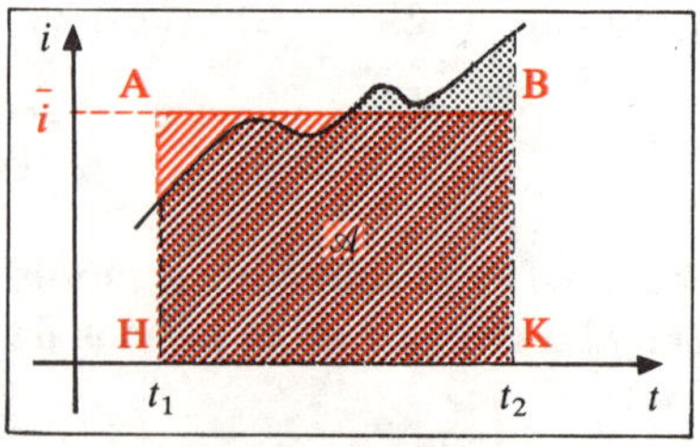

Fig. 13.05. Valeur moyenne d'un courant i(t) : l'aire $\mathcal{A}$ (surface en noir) est égale à l'aire du rectangle.

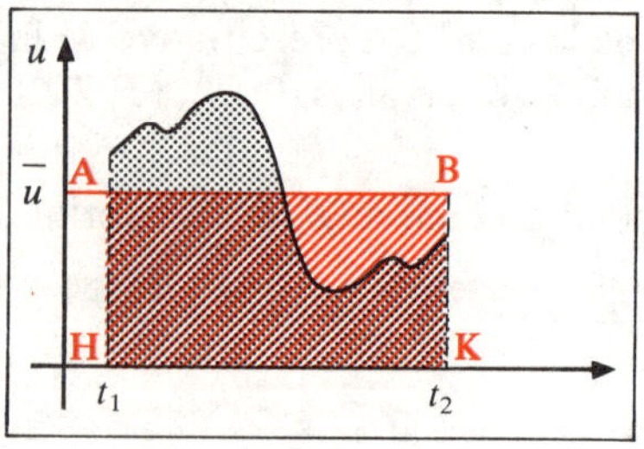

Fig. 13.06. Valeur moyenne d'une tension u(t). Dans le cas des fonctions périodiques, la valeur moyenne se définit sur une période : $t_2 - t_1 = T$.

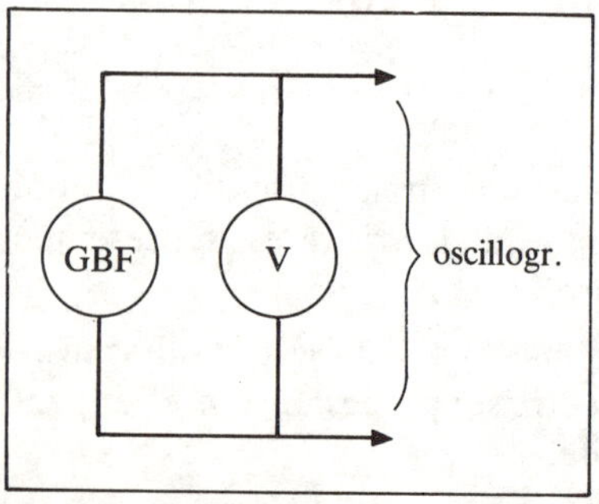

Fig. 13.07. Voltmètre numérique. Il doit être sur la position "continu".

rectangles : c'est l'aire $\mathcal{A}$ de la surface tramée en noir (en mathématiques, on écrit $\mathcal{A} = \int_{t_1}^{t_2} i dt$).

Cette même quantité d'électricité pourrait être transportée entre t_1 et t_2 par un courant d'intensité constante, notée $\bar{i}$, tel que le rectangle HABK ait également une aire $\mathcal{A}$ ($\overline{HA} = \bar{i}$) (fig. 13.05).

$\bar{i}$ est appelée **la valeur moyenne de l'intensité du courant sur l'intervalle $[t_1, t_2]$.**

Si la surface considérée comporte des parties situées de part et d'autre de l'axe des abscisses, il faut compter :
- positivement toute aire de surface au-dessus de l'axe des abscisses ;
- négativement toute aire de surface au-dessous de l'axe des abscisses.

b) Tension variable

Par extension, la valeur moyenne $\bar{u}$ sur l'intervalle $[t_1, t_2]$ d'une tension variable u est représentée par la longueur $\overline{HA}$, si l'aire $\mathcal{A}$ de la surface tramée en noir (fig. 13.06) est égale à l'aire du rectangle HABK (hachurée en rouge).

Remarque : Tension périodique

Dans ce cas particulier, la valeur moyenne est définie sur une période (ou sur un nombre entier de périodes).

1.4.2. Mesure

Un voltmètre numérique ou un voltmètre magnétoélectrique (sélecteur de fonctions sur la position prévue pour la mesure des tensions continues) permet de mesurer la valeur moyenne d'une tension périodique si la fréquence est suffisamment grande ($f \geqslant 10$ Hz). Rappelons qu'un appareil magnétoélectrique n'est pas utilisable pour des tensions de fréquence trop grande (la limite d'utilisation est précisée par le constructeur : 5 kHz par exemple).

1.4.3. Expériences

Expérience 1 :

Reprenons l'expérience du paragraphe 1.1. Ajoutons un voltmètre numérique à la sortie du générateur de fonctions (fig. 13.07). L'appareil indique que la tension mesurée est nulle.

Interprétation : la fonction $f(t)$ est alternative et symétrique (fig. 13.08) :

$u(t+T/2) = -u(t) \Rightarrow \mathcal{A}_1 = \mathcal{A}_2 \Rightarrow \mathcal{A} = \mathcal{A}_1 - \mathcal{A}_2 = 0 \Rightarrow \bar{u} = 0$ volt.

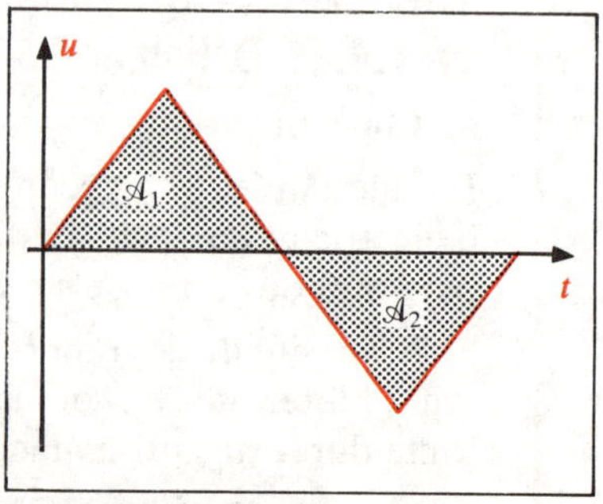

Fig. 13.08. La valeur moyenne de la tension u est nulle car $\mathcal{A}_1 = \mathcal{A}_2$.

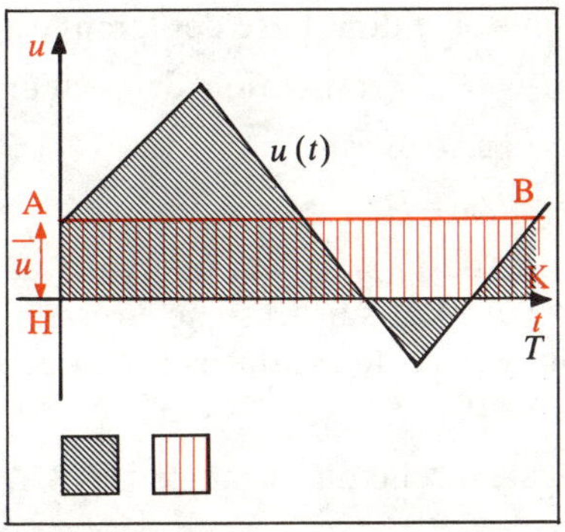

Fig. 13.09. Tension périodique non symétrique.

> Toute tension périodique peut être considérée comme étant la somme de deux tensions : une tension constante (composante continue) et une tension alternative. La valeur moyenne de la tension périodique est égale à la valeur de la composante continue.

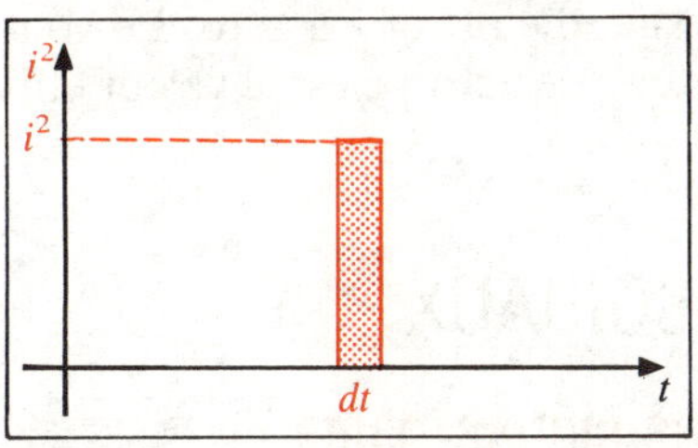

Fig. 13.10.

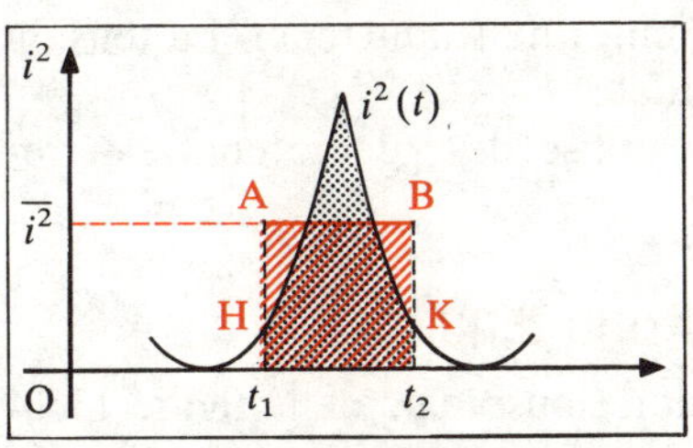

Fig. 13.11.

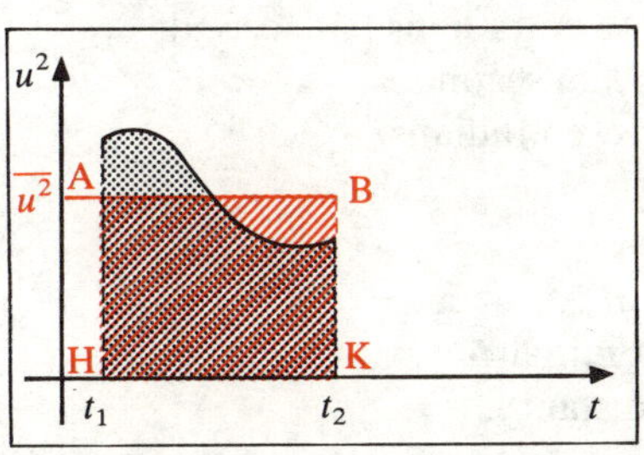

Fig. 13.12. Voltmètre numérique avec R.M.S.

■ **Expérience 2 :**
Sans changer la fréquence de la tension fournie par le générateur, nous agissons sur le bouton d'offset dans le sens indiqué (+) :
– la courbe se décale vers le haut de l'écran de l'oscillographe (fig. 13.09) ;
– le voltmètre indique alors une tension positive.

Interprétation : la fonction $f(t)$ est périodique mais n'est pas alternative : $\mathcal{A}_1 > \mathcal{A}_2 \Rightarrow \mathcal{A} > 0 \Rightarrow \overline{u} > 0$.

1.5. Valeur efficace

■ 1.5.1. Définition

a) Courant variable
Une résistance R traversée par un courant d'intensité i reçoit une énergie dw en une durée dt :

$$dw = Ri^2 dt$$

Cette énergie dw est proportionnelle à l'aire d'un petit rectangle dont une dimension figure i^2 et l'autre dt (fig. 13.10).

Avec un courant d'intensité variable, le résultat précédent reste vrai si dt est une durée suffisamment petite pendant laquelle i^2 peut être considéré comme constant. Sur l'intervalle de temps $[t_1, t_2]$, l'énergie apportée est proportionnelle à l'aire $\mathcal{A}$ de la surface tramée en noir.

Comme précédemment, nous pouvons lui faire correspondre un rectangle de même aire $\mathcal{A}$ dont le côté $\overline{HA}$ figure la valeur moyenne de i^2 (fig. 13.11). Nous la notons $\overline{i^2}$.

La racine carrée I de cette valeur est appelée **l'intensité efficace du courant *i*.**

b) Tension variable
Par extension, une tension variable u admet une valeur efficace U sur l'intervalle $[t_1, t_2]$ si l'aire $\mathcal{A}$ de la surface tramée en noir (fig. 13.12) est égale à l'aire du rectangle HABK : $\overline{HA}$ figure alors $\overline{u^2}$.

Remarque : Tension périodique
La valeur efficace U d'une tension périodique u est égale à la racine carrée de la valeur moyenne du carré de $u(t)$ calculée sur une **période** :

$$U = \sqrt{\overline{u^2(t)}} \qquad \text{avec} \qquad \overline{u^2(t)} = \frac{\mathcal{A}}{T}$$

A titre d'information voyons comment ce calcul peut être conduit pour une tension sinusoïdale :

$$u = \hat{U} \cos(\omega t + \varphi),$$

On montre que : $$y = u^2 = \frac{\hat{U}^2}{2}\,[1 + \cos 2(\omega t + \varphi)],$$

soit : $y = y_1 + y_2$ avec $y_1 = \dfrac{\hat{U}^2}{2}$, et $y_2 = \dfrac{\hat{U}^2}{2} \cos 2(\omega t + \varphi)$.

Dans le plan tOy :
- $y_1(t)$ est représentée par une droite horizontale (Δ) d'ordonnée à l'origine $\overline{HA} = \hat{U}^2/2$;

Les multimètres numériques R.M.S. sont constitués d'ensembles électroniques qui élaborent successivement le carré de la grandeur ($g(t)$), puis la valeur moyenne du carré ($\overline{g^2}$), ensuite la racine carrée du résultat précédent (G) et enfin la conversion de cette grandeur en nombre (conversion analogique numérique) et l'affichage de ce nombre. Attention, de nombreux voltmètres dits R.M.S. (et même parfois R.M.S. vrais) fournissent la valeur efficace de la seule composante alternative de la tension mesurée.

R.M.S. : de l'anglais *root mean square* (racine de la moyenne du carré).

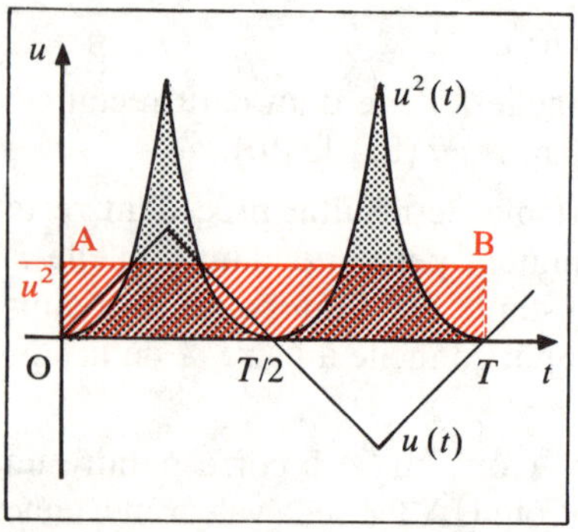

Fig. 13.13. *Appelons $\mathscr{A}$ l'aire de la surface hachurée en noir :*

$$U^2 = (\overline{u^2}) = \frac{\mathscr{A}}{T} \Rightarrow U = \sqrt{\frac{\mathscr{A}}{T}}.$$

Les intensités et les tensions des régimes variables peuvent être caractérisées par leurs valeurs instantanées et leurs valeurs maximales. L'outil de laboratoire utilisé pour la visualisation et la mesure de ces paramètres est l'oscillographe.

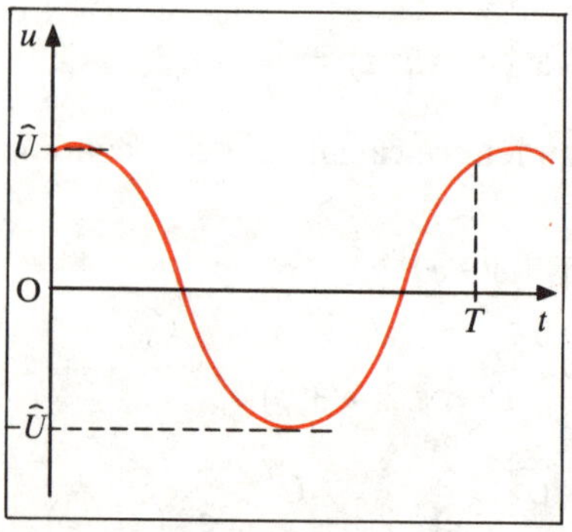

Fig. 13.14.

Aux États-Unis et au Japon, la tension distribuée a une fréquence de 60 Hz.

• $y_2(t)$ est représentée par une sinusoïde dont l'axe des temps est décalé vers le haut de la quantité $\hat{U}^2/2$ (translation de vecteur $\overrightarrow{HA}$). Sa pulsation est $\omega' = 2\omega$ et sa période est :

$$T' = 2\pi/\omega' = 2\pi/2\omega = T/2.$$

Nous cherchons la valeur moyenne de $y_2(t)$ sur un intervalle de temps égal à deux fois sa période T'. Les surfaces hachurées en rouge situées au-dessus de Δ sont égales aux surfaces hachurées en rouge au-dessous de Δ. Donc $\overline{y_2} = 0$.

L'aire de la surface en noir est égale à celle du rectangle HABK, donc :

$$\overline{y} = \overline{HA} = y_1 \quad \Rightarrow \quad \overline{y} = \frac{\hat{U}^2}{2} \quad \text{et} \quad U = \sqrt{\overline{y}} = \frac{\hat{U}}{\sqrt{2}}.$$

■ 1.5.2. Mesure

Un voltmètre numérique dit RMS (sur la position prévue pour la mesure des tensions alternatives) indique la valeur efficace de la tension mesurée.

■ 1.5.3. Expérience

Reprenons le montage précédent (fig. 13.07). Après avoir remplacé le voltmètre par un voltmètre numérique dit RMS (sur la position ~), nous réglons la tension d'« offset » à zéro. Le voltmètre indique une tension différente de zéro : c'est la valeur efficace de la tension (fig. 13.13).

■ 2. RÉGIMES SINUSOIDAUX

2.1. Obtention de tensions sinusoïdales

La machine industrielle, génératrice de tensions sinusoïdales, est l'alternateur. Il comporte un circuit fixe (induit) placé dans un champ magnétique en rotation uniforme (inducteur). La tension aux bornes de l'induit est sinusoïdale.

Pour les puissances faibles, on utilise des générateurs électroniques (TBF, BF, HF).

2.2. Valeur instantanée d'une tension

La valeur instantanée de la tension sinusoïdale de la figure 13.14 s'écrit :

$$u = \hat{U} \cos(\omega t + \varphi)$$

- u et $\hat{U}$ en volts
- ω en radians par seconde
- t en secondes
- φ en radians

$\hat{U}$: valeur maximale de la tension u ;
ω : pulsation de la tension ($\omega = 2\pi f$) ;
φ : phase de la tension à l'instant initial ;
$(\omega t + \varphi)$: phase de la tension à l'instant t.

Electricité de France distribue des tensions électriques sinusoïdales de fréquence constante $f = 50$ Hz ($\omega = 2\pi f = 314$ rad.s^{-1}).

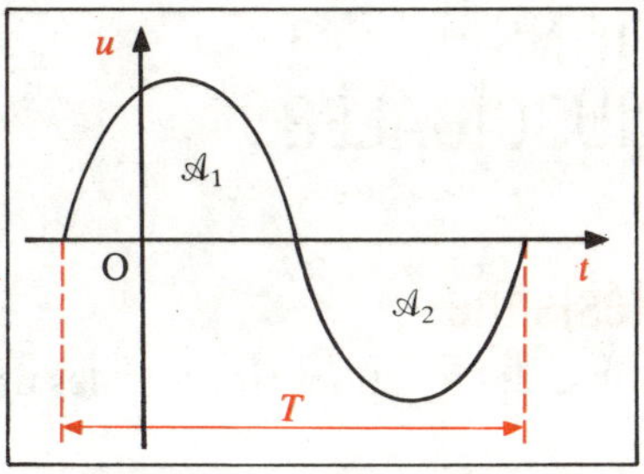

Fig. 13.15. Valeur moyenne sur une période :

$\mathcal{A}_1 = \mathcal{A}_2 \Rightarrow \bar{u}=0.$

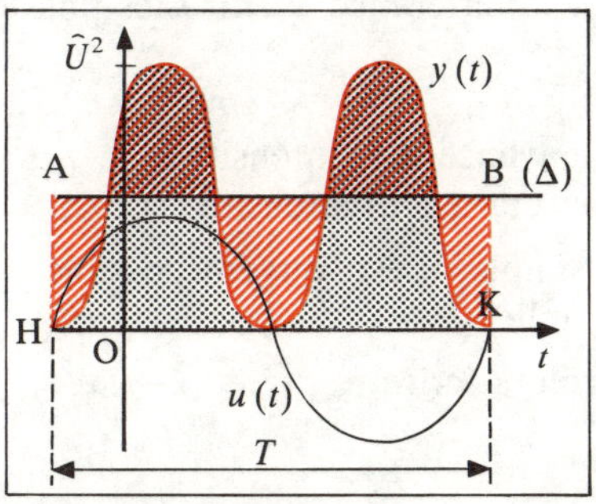

Fig. 13.16. Valeur efficace sur une période de $u=\hat{U}\cos(\omega t+\varphi)$.

2.3. Valeur moyenne d'une tension sinusoïdale

La valeur moyenne d'une tension sinusoïdale est nulle (fig. 13.15) car la fonction $u(t)$ est alternative et symétrique :

$$\mathcal{A}_1=\mathcal{A}_2 \quad \Rightarrow \quad \mathcal{A}=\mathcal{A}_1-\mathcal{A}_2 \quad \Rightarrow \quad \bar{u} = \frac{\mathcal{A}}{T} = 0.$$

2.4. Valeur efficace d'une grandeur sinusoïdale

■ La valeur efficace U de la tension sinusoïdale $u=\hat{U}\cos(\omega t+\varphi)$ est obtenue :

1° en traçant la courbe $y=u^2$ en fonction du temps (fig. 13.16) :

$$y=[\hat{U}\cos(\omega t+\varphi)]^2 \quad \Rightarrow \quad y = \frac{\hat{U}^2}{2}[1+\cos 2(\omega t+\varphi)] \ ;$$

2° en cherchant le rectangle HABK de même aire $\mathcal{A}$ que la surface hachurée. Cela fournit la valeur moyenne de y (donc du carré u^2) sur une période, soit $\bar{y}$. Notons que la valeur moyenne de y est égale à la somme des valeurs moyennes de chacun des termes de la somme :

$$\bar{y} = \frac{\hat{U}^2}{2} \ ;$$

3° en prenant la racine carrée de $\bar{y}$:

$$U = \sqrt{\bar{y}} \quad \Rightarrow \quad U = \sqrt{\frac{\hat{U}^2}{2}} \quad \Rightarrow \quad \boxed{U = \frac{\hat{U}}{\sqrt{2}}}$$

Un résultat analogue est obtenu pour un courant sinusoïdal i :

$$i = \hat{I}\cos(\omega t+\varphi) \quad \Rightarrow \quad \text{valeur efficace :} \quad \boxed{I = \frac{\hat{I}}{\sqrt{2}}}$$

■ **Application :** En électricité, une **tension ou un courant sinusoïdal est caractérisé par sa valeur efficace.** On dit : « la tension du secteur est 220 V », cela sous-entend que la valeur efficace de cette tension est 220 V.

■ **Conséquence :** A un instant t, une résistance R traversée par un courant sinusoïdal i reçoit une puissance p :

$$p=Ri^2$$

La valeur moyenne de la puissance reçue durant un intervalle de temps égal à une période ou à un nombre entier de périodes, est :

$$P=\bar{p}=R\overline{i^2}$$

Par définition : $\overline{i^2}=I^2$

Donc : $P=RI^2$

L'intensité efficace I du courant sinusoïdal i est égale à l'intensité d'un courant continu qui apporterait la même puissance P, à la même résistance R.

■ **Mesure :** Les appareils de mesure indiquent directement les valeurs efficaces des tensions ou des courants sinusoïdaux.

Mesure de la valeur efficace d'une tension sinusoïdale.

On peut utiliser également un **voltmètre magnétoélectrique**. La déviation de l'ensemble cadre-aiguille d'un appareil magnétoélectrique est proportionnelle à l'intensité moyenne du courant qui traverse le cadre. La quantité d'électricité qui traverse le voltmètre pendant l'alternance positive est égale, au signe près, à celle qui le traverse pendant l'alternance négative. En moyenne, la quantité d'électricité qui traverse le cadre pendant une période est nulle : l'intensité moyenne du courant l'est donc également. Un voltmètre étant une association « microampèremètre - résistances additionnelles », indiquera une tension nulle.

3. REPRÉSENTATIONS DES GRANDEURS SINUSOÏDALES EN ÉLECTRICITÉ

3.1. Représentation cartésienne

La représentation cartésienne utilise des fonctions sinusoïdales du temps :

$$i = \hat{I} \cos(\omega t + \varphi_i) = I\sqrt{2} \cos(\omega t + \varphi_i)$$

$$u = \hat{U} \cos(\omega t + \varphi_u) = U\sqrt{2} \cos(\omega t + \varphi_u)$$

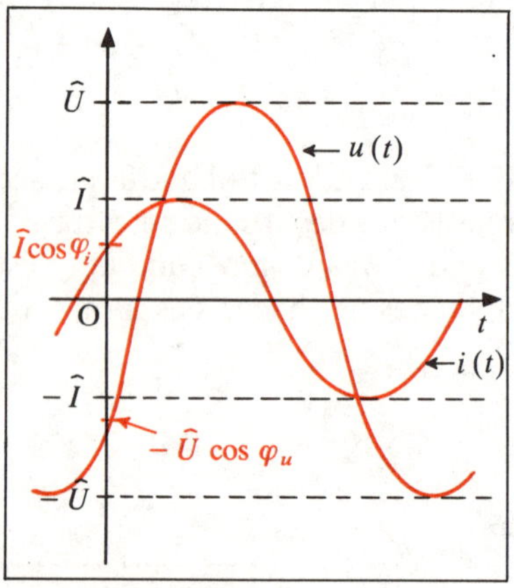

***Fig. 13.17.** Représentation cartésienne.*

■ **Déphasage entre *u* et *i* :** c'est la différence φ entre les phases initiales de u et i (fig. 13.17) :

$$\varphi = (\varphi_u - \varphi_i).$$

Si $(\varphi_u - \varphi_i) > 0$, la tension u est en avance sur l'intensité i.
Si $(\varphi_u - \varphi_i) < 0$, la tension u est en retard sur l'intensité i.

Pour obtenir une écriture plus simple, il est souvent possible de **choisir l'une des phases initiales nulle.**

Exemple : $\varphi_i = 0$. Nous pouvons alors écrire :

$$\begin{cases} \varphi_u = \varphi \\ i = \hat{I} \cos \omega t \\ u = \hat{U} \cos(\omega t + \varphi) \end{cases}$$

■ **Décalage horaire :** Un déphasage φ entre u et i correspond à un décalage horaire τ.

$$u = \hat{U} \cos(\omega t + \varphi) \quad \Rightarrow \quad u = \hat{U} \cos \omega \left(t + \frac{\varphi}{\omega}\right)$$

L'expression φ/ω est homogène à une durée. C'est le décalage horaire entre u et i.

On a : $\tau = \dfrac{\varphi}{\omega} = \varphi \dfrac{T}{2\pi}$ car $\omega = \dfrac{2\pi}{T}$

3.2. Représentation de Fresnel

L'intérêt de la représentation de Fresnel est de remplacer des calculs algébriques (parfois assez délicats à conduire) par une **méthode graphique.**

■ 3.2.1. Vecteur associé à une grandeur sinusoïdale

A toute grandeur sinusoïdale (tension ou intensité) est associé un vecteur et réciproquement, suivant les conventions suivantes :

Grandeur sinusoïdale		Vecteur associé
$g = \hat{G} \cos(\omega t + \varphi)$	⟺	$\overrightarrow{OM}$
amplitude $\hat{G}$	⟺	longueur OM = $\hat{G}$ (à une échelle arbitrairement choisie)
phase $(\omega t + \varphi)$	⟺	angle polaire $(\omega t + \varphi)$

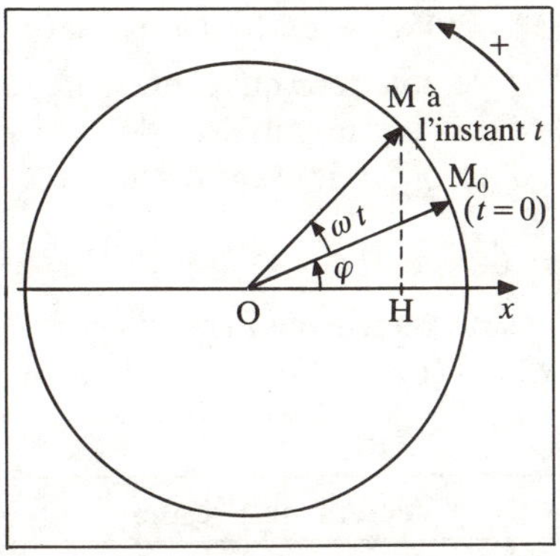

Fig. 13.18. Représentation de Fresnel.

Attention : il faut que toutes les grandeurs soient exprimées au moyen du même type de fonctions sinusoïdales (soit sinus, soit cosinus).

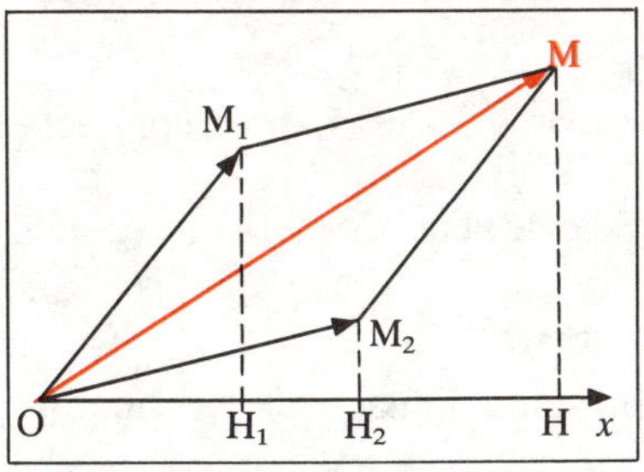

Fig. 13.19. Représentation de Fresnel de la somme de deux fonctions sinusoïdales.

Notons que la mesure algébrique de la projection de $\overrightarrow{OM}$ sur l'axe $\overrightarrow{Ox}$ est égale à : $\overline{OH} = \hat{G} \cos (\omega t+\varphi) = g$

Si t varie, le point M décrit un cercle de centre O et de rayon $OM=\hat{G}$ à la vitesse angulaire ω et le point H est animé d'un mouvement sinusoïdal de pulsation ω sur l'axe $\overrightarrow{Ox}$ (fig. 13.18).

3.2.2. Application : somme de deux grandeurs sinusoïdales de même pulsation

a) Première méthode

Nous savons que la relation vectorielle (fig. 13.19) :

$$\overrightarrow{OM} = \overrightarrow{OM_1} + \overrightarrow{OM_2},$$

entraîne une relation entre les mesures algébriques des projections sur l'axe $\overrightarrow{Ox}$: $\overline{OH} = \overline{OH_1} + \overline{OH_2}$.

Si $\overrightarrow{OM_1}$ et $\overrightarrow{OM_2}$ sont deux vecteurs associés aux grandeurs sinusoïdales $g_1=\hat{G}_1 \cos (\omega t+\varphi_1)$ et $g_2=\hat{G}_2 \cos (\omega t+\varphi_2)$ on a :

$$(\text{proj}_{ox}\ \overrightarrow{OM_1}) = \overline{OH_1} \quad \Rightarrow \quad g_1 ;$$

$$(\text{proj}_{ox}\ \overrightarrow{OM_2}) = \overline{OH_2} \quad \Rightarrow \quad g_2 \quad \Rightarrow \quad \overline{OH} = g_1+g_2.$$

A tout instant, $\overline{OH}$ est la somme de deux grandeurs sinusoïdales.

Le point H est la projection du point M et le vecteur $\overrightarrow{OM}$ figure donc le vecteur associé à la somme $g=(g_1+g_2)$: g est donc une *grandeur sinusoïdale*. Pour connaître **son amplitude et sa phase initiale, il suffit de mesurer la longueur de $\overrightarrow{OM}$ et son angle polaire.**

b) Méthode simplifiée

■ ***Première simplification***

Le triangle OM_1M_2 a toujours la même forme quel que soit l'instant t considéré. En revanche, sa position dans le plan dépend de t. Nous choisissons donc la situation la plus simple qui correspond à l'instant $t=0$. Cela conduit à une première simplification : **les angles polaires des vecteurs associés sont alors égaux aux phases initiales des grandeurs sinusoïdales.**

■ ***Seconde simplification***

Dans la pratique, une grandeur sinusoïdale est caractérisée par sa valeur efficace. Le graphique nous donnera directement ce résultat si **le vecteur associé a une longueur proportionnelle à la valeur efficace** plutôt qu'à l'amplitude de la grandeur sinusoïdale (cela revient à changer l'échelle adoptée).

■ ***Obtention de la somme $g=g_1+g_2$***

Les expressions de g_1 et g_2 en fonction de leurs valeurs efficaces respectives sont les suivantes :

$$g_1=G_1 \sqrt{2} \cos (\omega t+\varphi_1) \quad \text{et} \quad g_2=G_2 \sqrt{2} \cos (\omega t+\varphi_2).$$

Portons les vecteurs $\overrightarrow{OM_1}$ (G_1, φ_1) et $\overrightarrow{OM_2}$ (G_2, φ_2).

Cherchons le vecteur somme $\overrightarrow{OM} = \overrightarrow{OM_1} + \overrightarrow{OM_2}$. Nous mesurons ensuite la longueur OM et l'angle polaire φ qui représentent respectivement la valeur efficace G et la phase initiale φ de g. Les caractéristiques de la somme sont ainsi obtenues sans calcul.

3.2.3. Conclusion : vecteur de Fresnel

Du fait des simplifications adoptées, le **vecteur de Fresnel** associé à une grandeur sinusoïdale $g = G\sqrt{2}\cos(\omega t + \varphi)$ a donc les caractéristiques suivantes :

Grandeur sinusoïdale		Vecteur de Fresnel
$g = G\sqrt{2}\cos(\omega t + \varphi)$	⟺	$\overrightarrow{OM}$
valeur efficace G (amplitude : $G\sqrt{2}$)	⟺	longueur G
phase initiale φ (phase : $\omega t + \varphi$)	⟺	angle polaire φ

3.3. Représentation au moyen d'un nombre complexe

A toute tension sinusoïdale, on peut associer un nombre complexe $\underline{U}$ (fig. 13.20) :
- de module égal à U, valeur efficace de la tension u (à une échelle choisie arbitrairement) ;
- d'argument égal à φ, phase initiale de u.

Dans le plan complexe, M représente l'image de ce nombre complexe $\underline{U}$ qui peut s'écrire :

$$\underline{U} = [U, \varphi].$$

Dans ce plan, le vecteur $\overrightarrow{OM}$ est analogue au vecteur de Fresnel défini au paragraphe 3.2.3. Les constructions graphiques avec les vecteurs de Fresnel sont alors remplacées par des calculs utilisant les nombres complexes qui peuvent être associés à ces vecteurs. Les résultats mathématiques applicables aux nombres complexes sont utilisables.

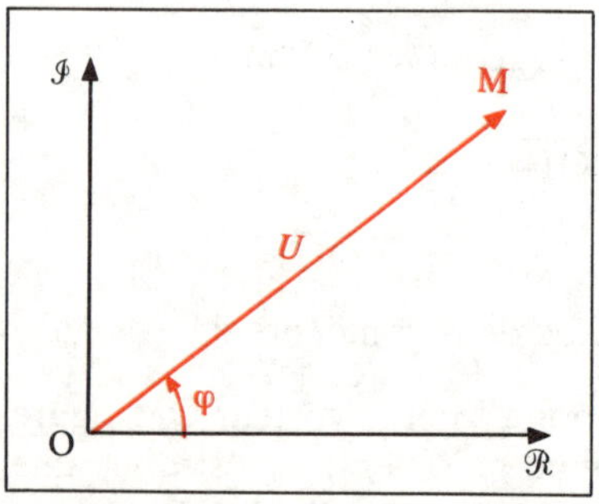

Fig. 13.20. Représentation d'une tension sinusoïdale par un nombre complexe.

Des exemples concrets sont présentés dans les chapitres suivants, lorsque l'emploi des nombres complexes est justifié par la simplification qu'ils apportent dans la recherche du résultat.

Autres appareils qui permettent la mesure des valeurs efficaces

■ **Les appareils ferromagnétiques** sont constitués par deux plaques en fer doux, l'une fixe, l'autre mobile, placées à l'intérieur d'une bobine traversée par le courant. A chaque instant le moment du couple qui s'exerce sur la plaque mobile, est proportionnel au carré de l'intensité du courant qui traverse l'appareil (la fréquence de la fonction périodique doit être suffisamment élevée). La déviation est proportionnelle à la valeur moyenne du carré de ce courant. L'appareil est gradué en **valeurs efficaces.**

■ **Les appareils à thermocouple** ont l'avantage de pouvoir fonctionner à très haute fréquence (plusieurs mégahertz) : le courant à mesurer passe dans un élément chauffant, le thermocouple délivre une tension qui est fonction de la température d'équilibre donc de la puissance apportée par le courant. La tension fournie par le thermocouple dépend donc directement de la valeur efficace.

■ **Les appareils magnétoélectriques à redresseurs sur la position alternative :** leur déviation est proportionnelle à la valeur moyenne du courant obtenu après redressement du courant alternatif par un pont de diodes (donc à la valeur moyenne de la valeur absolue $|i|$ de l'intensité du courant soit $\overline{|i|}$).

Ces appareils sont gradués directement en valeurs efficaces mais leurs indications ne sont utilisables que pour les intensités ou tensions **sinusoïdales.** En effet, pour une grandeur sinusoïdale, il y a proportionnalité entre $\overline{|i|}$, valeur moyenne de la valeur absolue et I, valeur efficace :

$$\frac{I}{\overline{|i|}} = \frac{\pi}{2\sqrt{2}} = 1,11.$$

Pour une autre forme de courant la proportionnalité subsiste, mais le coefficient est différent : les indications sont donc erronées.

Travaux pratiques

Mesure du déphasage entre deux tensions

Un circuit $R-C$ est alimenté par un transformateur à point milieu branché sur le secteur (fig. 13.21). Les tensions u_e et u_s sont visualisées à l'oscillographe.
Comparer les amplitudes de ces deux tensions. Agir sur la résistance R pour que les deux courbes soient décalées de façon appréciable et mesurer leur décalage horaire. En déduire le déphasage φ entre u_e et u_s. Pour différentes valeurs de R déterminer la valeur de ce déphasage φ.
Tracer le graphe : $\tan(\varphi/2)=f(R)$.
Maintenir R constante et faire varier C. Tracer le graphe $\tan(\varphi/2)=g(C)$. Conclure.
Pour différentes valeurs de φ, calculer le quotient :

$$\frac{\tan\frac{\varphi}{2}}{RC}$$

Comparer ce quotient à ω. En déduire une relation liant φ, R, C et ω. Pourquoi ce circuit est-il appelé « déphaseur » ?

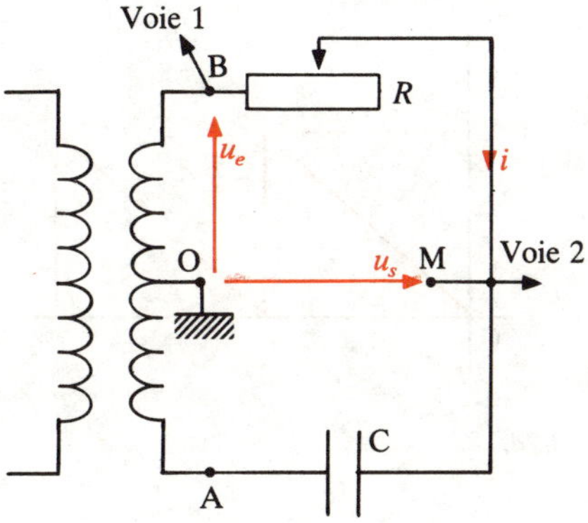

Fig. 13.21.

Contrôle des connaissances

INDIQUER LA (OU LES) BONNE(S) RÉPONSE(S).

13.01. Quelle est la valeur moyenne de la tension périodique représentée figure 13.22 ?

R : 10 V ; $10\sqrt{2}$ V ; 5 V ; 0 V.

13.02. Quelle est la valeur efficace de la tension périodique représentée figure 13.22 ?

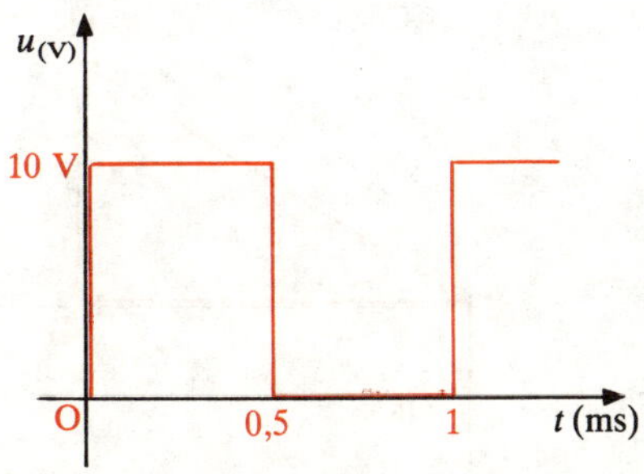

Fig. 13.22.

R : 10 V ; $5\sqrt{2}$ V ; 5 V ; 0 V.

13.03. Quelle est la nature de la tension : $u=110+50\sqrt{2}\sin 100\,\pi t$?

R : tension continue ; tension sinusoïdale ; tension périodique ; tension unidirectionnelle.

13.04. La valeur instantanée d'un courant variable a pour expression :

$$i=2+4\sqrt{2}\sin 100\,\pi t$$

Quelle est la valeur moyenne de l'intensité de ce courant ?

R : 4 A ; $4\sqrt{2}$ A ; 2 A ; 0 A.

13.05. Quelle est la valeur efficace I de l'intensité i_3 (fig. 13.23) connaissant les expressions des intensités i_1 et i_2 :

$$i_1=4\sqrt{2}\sin 100\,\pi t \quad \text{et} \quad i_2=4\sqrt{2}\sin\left(100\,\pi t+\frac{\pi}{2}\right) ?$$

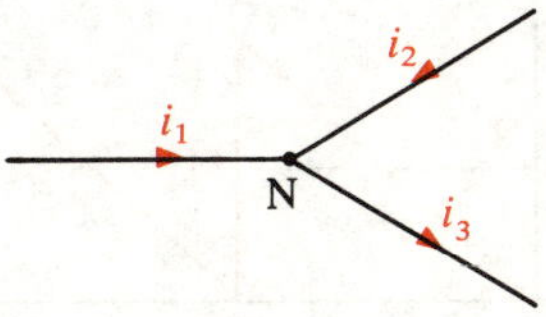

Fig. 13.23.

R : 8 A ; $8\sqrt{2}$ A ; 4 A ; $4\sqrt{2}$ A.

13.06. La valeur efficace d'une tension ou de l'intensité d'un courant peut-elle être un nombre algébrique négatif ?

R : Elle peut être négative ; elle n'est jamais négative ; elle est toujours positive ; elle peut être nulle.

Exercices résolus

13.07. **Quelle est la valeur moyenne de l'intensité du courant représenté figure 13.24 ?**

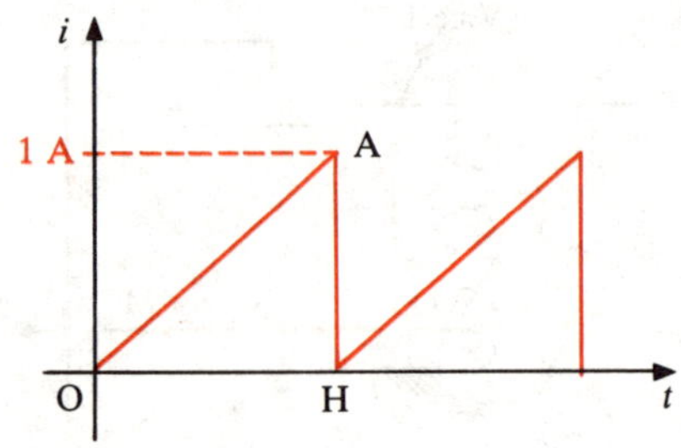

Fig. 13.24.

Solution :

Effectuons un calcul d'aire sur une période de i : OH représente cette période.
L'aire du triangle OAH est :

$$\mathscr{A} = \frac{(\mathrm{OH})(\mathrm{OA})}{2}$$

Etant située au-dessus de l'axe des abscisses, elle est comptée positivement. Le côté ON du rectangle OHMN (fig. 13.25) qui a même aire que celle du triangle OHA, représente la valeur moyenne de l'intensité du courant.

$$(\mathrm{OH})(\mathrm{ON}) = (\mathrm{OH})\left(\frac{\mathrm{HA}}{2}\right) \quad \Rightarrow \quad \mathrm{ON} = \frac{\mathrm{HA}}{2}$$

D'où : $\boxed{i = 0{,}5\ \mathrm{A}}$

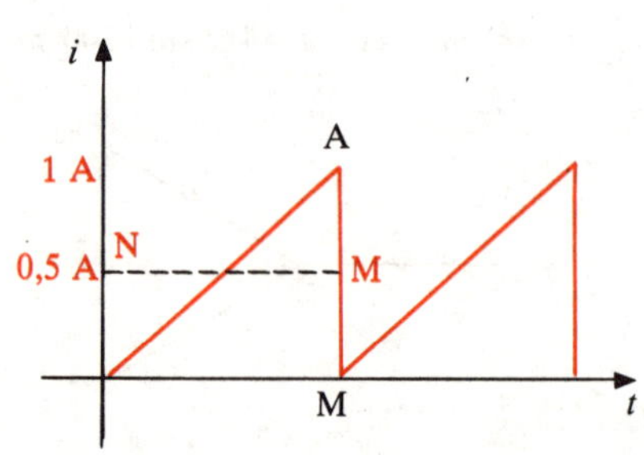

Fig. 13.25.

13.08. **Les expressions des intensités i_1 et i_2 de deux courants sont :**

$$i_1 = 4\sqrt{2}\sin\left(\omega t + \frac{\pi}{6}\right) \quad \text{et} \quad i_2 = 2\sqrt{2}\sin\left(\omega t + \frac{\pi}{2}\right).$$

Déterminer l'expression de l'intensité i_3 (fig. 13.26).

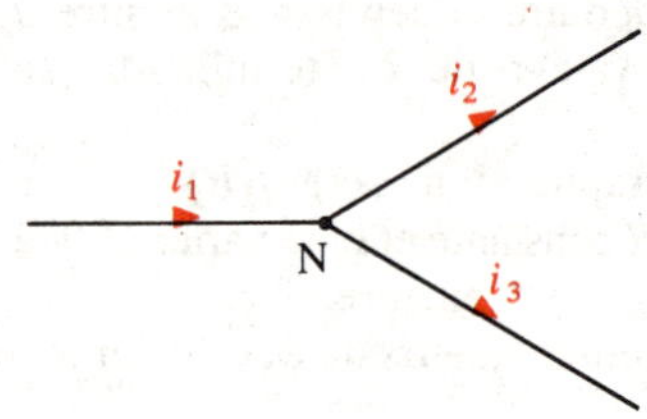

Fig. 13.26.

Solution :

■ Effectuons une représentation de Fresnel (fig. 13.27) en associant à i_1 le vecteur $\overrightarrow{\mathrm{OM}_1}$ (de module 4 cm et d'angle polaire $\pi/6$) et à i_2 le vecteur $\overrightarrow{\mathrm{OM}_2}$ (de module 2 cm et d'angle polaire $\pi/2$). Au nœud N nous pouvons écrire : $i_3 = i_1 - i_2$.

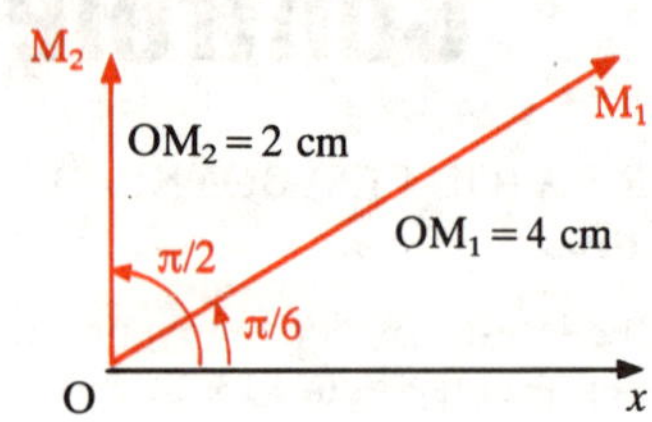

Fig. 13.27.

Le vecteur $\overrightarrow{\mathrm{OM}_3} = \overrightarrow{\mathrm{OM}_1} + (-\overrightarrow{\mathrm{OM}_2})$ représente l'intensité i_3. D'où la construction de la figure 13.28.

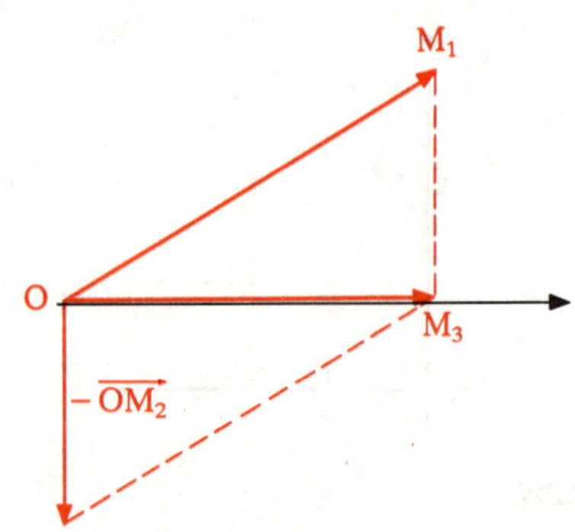

Fig. 13.28.

■ La mesure de la longueur OM_3 donne : 3,5 cm, celle de l'angle $(\overrightarrow{\mathrm{OM}_3}, \overrightarrow{\mathrm{Ox}})$: 0_{rad}. L'expression de i_3 est donc :

$$\boxed{i_3 = 3{,}5\,\sqrt{2}\sin\omega t}$$

Exercices à résoudre

13.09. Quelle est la valeur moyenne de l'intensité d'un courant périodique dont la variation instantanée sur une période est représentée figure 13.29 (pour cela, il faut calculer l'aire comprise entre la courbe représentative et l'axe des abscisses) ?

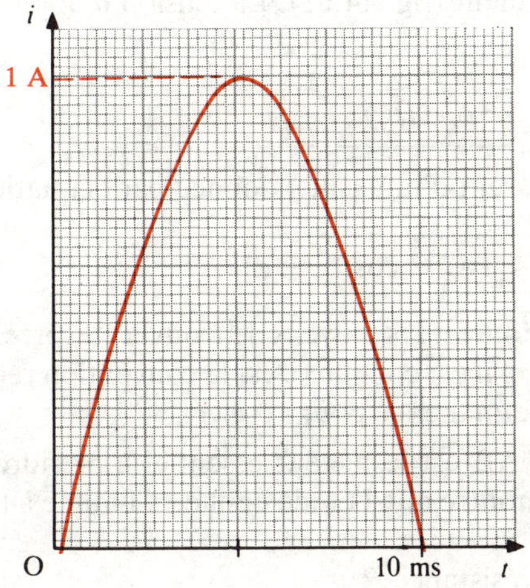

Fig. 13.29.

13.10. 1° Représenter les graphes des fonctions :

$$u_1=220\sqrt{2}\sin\left(\omega t+\frac{\pi}{6}\right) \text{ et } u_2=180\sqrt{2}\sin\left(\omega t-\frac{\pi}{3}\right).$$

2° Quel est le déphasage entre u_1 et u_2 ?

3° Effectuer une représentation de Fresnel de ces deux fonctions.

4° Quelles sont leurs valeurs complexes ?

13.11. Les expressions des valeurs instantanées de deux tensions sinusoïdales sont :

$$u_1=20\sin\left(\omega t+\frac{\pi}{3}\right) \quad \text{et} \quad u_2=10\cos\left(\omega t+\frac{\pi}{3}\right).$$

1° Calculer le déphasage entre ces deux tensions.

2° Quelle est celle qui est en avance de phase par rapport à l'autre ?

13.12. Effectuer une représentation de Fresnel des fonctions suivantes :

1° $\quad u_1=20\sin\omega t \quad$ et $\quad i_1=2\sin\left(\omega t-\frac{\pi}{3}\right)$;

2° $\quad u_2=10\cos\omega t \quad$ et $\quad i_2=\cos\left(\frac{\pi}{2}-\omega t\right).$

13.13. Quelle est l'expression de u (fig. 13.30) connaissant :

$$u_1=5\sin\left(\omega t+\frac{\pi}{4}\right) \quad \text{et} \quad u_2=8\cos\left(\omega t+\frac{\pi}{3}\right) \text{ ?}$$

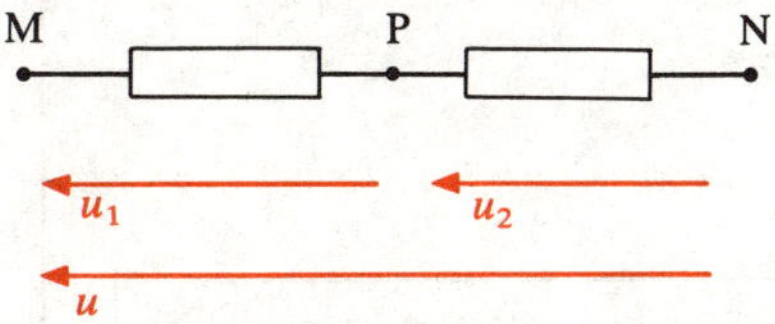

Fig. 13.30.

13.14. Donner une représentation complexe des fonctions u_1, i_1, u_2 et i_2 de l'exercice 13.12.

13.15. Quelle est la représentation de Fresnel de la fonction dérivée de la fonction sinusoïdale :

$$y=10\sin\left(\omega t+\frac{\pi}{2}\right) \text{ ?}$$

13.16. Quelle est la représentation de Fresnel de l'une des fonctions dont la dérivée est $y=4\sin\left(\omega t-\frac{\pi}{3}\right)$?

Chapitre 14

DIPÔLES LINÉAIRES : LOI D'OHM EN RÉGIME SINUSOÏDAL

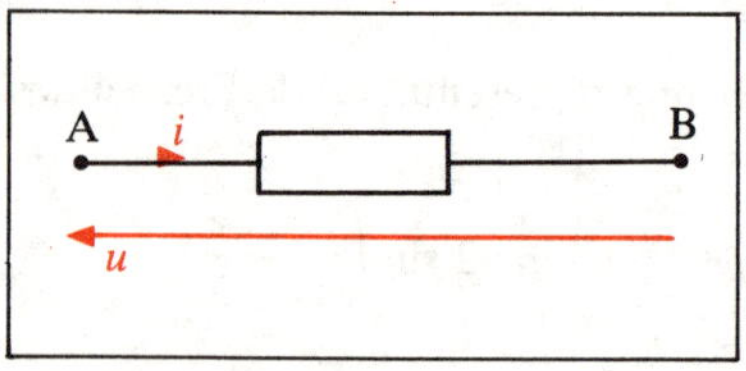

Fig. 14.01. Convention choisie pour l'étude d'un dipôle AB.

1. OBJET DE L'ÉTUDE

■ **Un dipôle linéaire** AB est placé dans un circuit fonctionnant en régime sinusoïdal permanent (fig. 14.01). La tension u appliquée entre ses bornes vaut :

(1) $$u = U\sqrt{2}\cos\omega t$$

Il est traversé par un courant d'intensité i donnée par l'équation :

(2) $$i = I\sqrt{2}\cos(\omega t - \varphi)$$

Le but de l'étude est de fournir les moyens de trouver l'expression de l'intensité i si la tension u est connue (c'est la convention récepteur qui est utilisée en permanence pour i et u.)

■ La nature du dipôle AB est le facteur essentiel à prendre en compte et l'expérience montre que l'étude peut être limitée à trois dipôles simples :
- un **résistor parfait** de résistance R ;
- une **bobine parfaite** d'inductance L ;
- un **condensateur parfait** de capacité C.

Ces dipôles élémentaires sont :
- **passifs,**
- **linéaires** (R, L et C sont constantes quand la tension appliquée varie).

■ L'étude de chacun des dipôles est réalisée expérimentalement (fig. 14.02) : chaque dipôle est alimenté par un générateur de fonctions délivrant une tension sinusoïdale. On visualise, à l'oscillographe, la tension aux bornes du dipôle et l'intensité du courant qui le traverse. Pour visualiser cette dernière grandeur, un conducteur ohmique de faible résistance (exemple : shunt d'un ampèremètre) est placé en série avec le dipôle. Deux appareils numériques « RMS » permettent de mesurer les valeurs efficaces de la tension et de l'intensité.

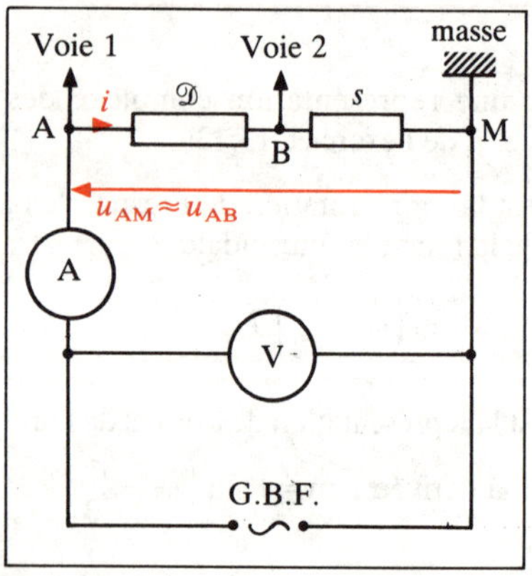

Fig. 14.02. Schéma de montage.

2. LOI D'OHM EN RÉGIME SINUSOÏDAL

2.1. Impédance et admittance d'un dipôle

Lorsque le dipôle AB est alimenté, nous mesurons directement les valeurs efficaces I et U de l'intensité du courant et de la tension.

L'impédance présentée par un dipôle passif est :

(3) $$Z = \frac{U}{I} \qquad \begin{cases} U \text{ en volts,} \\ I \text{ en ampères,} \\ Z \text{ en ohms.} \end{cases}$$

L'impédance Z dépend de la nature du dipôle mais elle est indépendante des valeurs efficaces I et U. Pour la plupart des dipôles, ce rapport dépend de la pulsation du courant (donc de la fréquence).

L'admittance **Y d'un dipôle passif est l'inverse de son impédance :**

(4) $$Y = \frac{1}{Z} \Leftrightarrow Y = \frac{I}{U}$$ $\begin{cases} I \text{ en ampères,} \\ U \text{ en volts,} \\ Y \text{ en siemens.} \end{cases}$

2.2. Loi d'Ohm appliquée aux valeurs efficaces

Les relations (3) et (4) conduisent à deux relations équivalentes entre les valeurs efficaces I et U :

$$U=ZI \Leftrightarrow I=YU.$$

Cette étude peut être réalisée sous la forme de T.P.-cours. Les mesures à effectuer sont indiquées dans la partie travaux pratiques.

3. DIPÔLE RÉSISTIF

3.1. Étude expérimentale

L'étude expérimentale d'un dipôle résistif fournit les résultats suivants :

1) La caractéristique $U(I)$ est une droite passant par l'origine (fig. 14.03) ce qui confirme le caractère linéaire du dipôle ; elle se confond avec celle qui peut être tracée en courant continu. Le coefficient directeur de cette droite est égal à R.

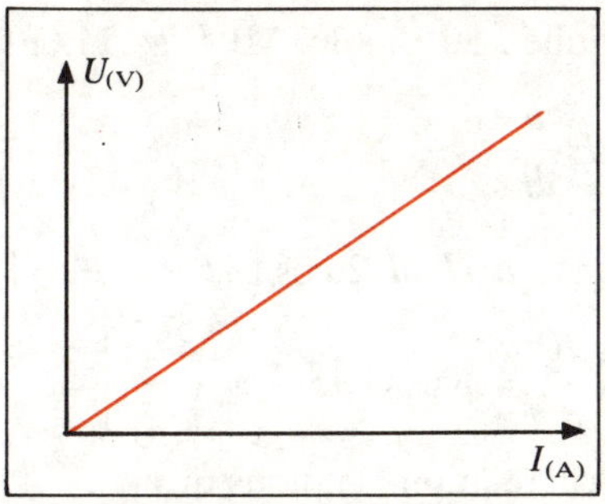

Fig. 14.03. Caractéristique U=f(I).

2) Aucun déphasage n'est observé sur l'écran de l'oscillographe (fig. 14.04).

3) L'impédance **Z reste constante lorsque la fréquence f varie.** Nous trouvons : $Z=R$.

4) Le déphasage φ reste nul quelle que soit la valeur de la fréquence.

3.2. Interprétation

A l'instant t la loi d'Ohm appliquée au dipôle AB s'écrit :

$$u=Ri \Rightarrow i = \frac{u}{R} = \frac{U\sqrt{2}\cos \omega t}{R}$$

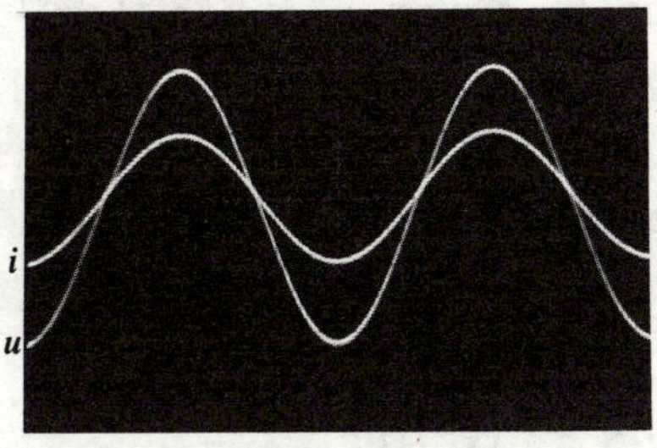

Fig. 14.04. Oscillogrammes.

En comparant cette expression à l'équation (2) nous tirons :

$$I = \frac{U}{R} \quad \text{et} \quad \varphi=0$$

3.3. Conclusions

– Un dipôle résistif présente une impédance $Z=R=$ constante.
– Il n'introduit aucun déphasage entre u et i.

Sur un diagramme de Fresnel (fig. 14.05), les vecteurs $\vec{U}$ et $\vec{I}$ associés à u et i ont donc même support et même sens. L'angle $(\vec{I}, \vec{U})$ est nul.

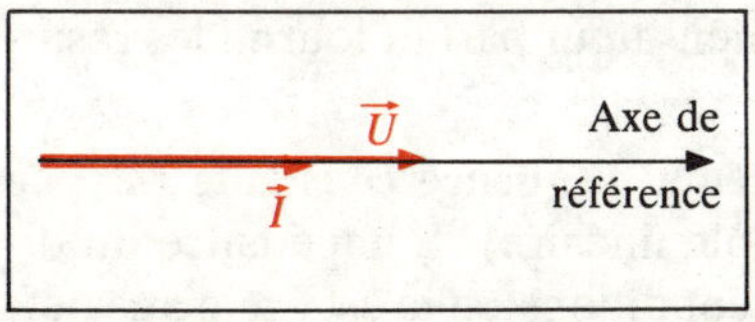

Fig. 14.05. Représentation de Fresnel.

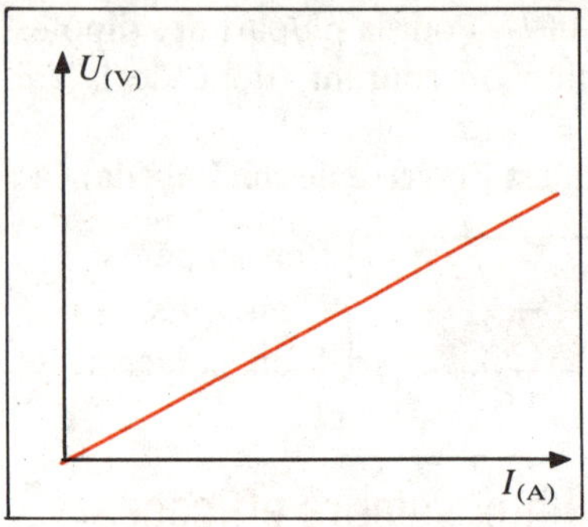

Fig. 14.06. Caractéristique U=f(I).

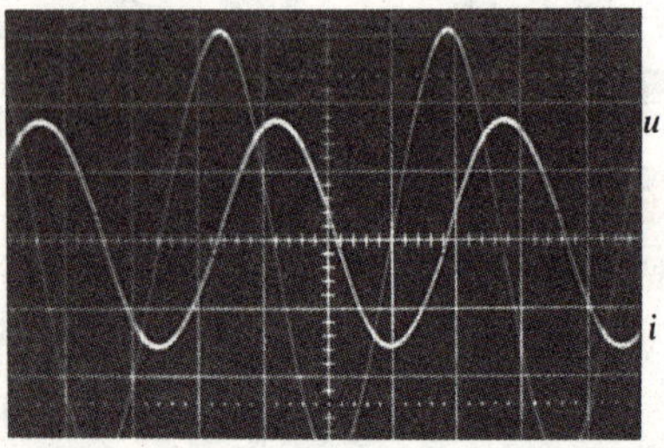

Fig. 14.07.

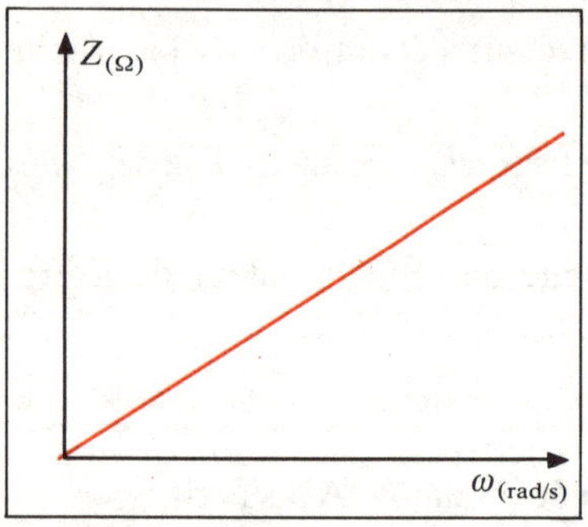

Fig. 14.08. Z=f(ω).

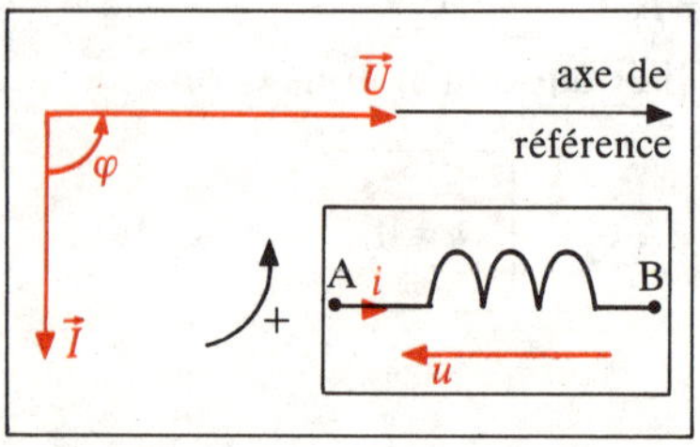

Fig. 14.09. Représentation de Fresnel.

4. BOBINE PARFAITE

4.1. Étude expérimentale

L'étude expérimentale d'une bobine parfaite fournit les résultats suivants :

1) La caractéristique *U(I)* relevée à fréquence constante est une droite passant par l'origine (fig. 14.06) ce qui est la confirmation du fait que le dipôle est linéaire. L'impédance du dipôle est donc constante dans ces conditions ; elle est égale au coefficient directeur de cette droite.

2) Un déphasage $\varphi=\pi/2$ rad est observé sur l'écran de l'oscillographe (fig. 14.07) : le courant i dans le circuit est en **retard** par rapport à la tension.

3) La courbe représentative de l'impédance **Z en fonction de ω est une droite passant par l'origine** (fig. 14.08). Le coefficient directeur de cette droite est égal à l'inductance L de la bobine.

4) Le déphasage φ reste constamment égal à $\pi/2$ (rad) quelle que soit la valeur de la fréquence.

4.2. Interprétation

A l'instant t la loi d'Ohm appliquée au dipôle AB (fig. 14.09) s'écrit :

$$u=L\,\frac{di}{dt}$$

Avec la relation (2) nous obtenons : $u=L\omega I\sqrt{2}\cos\left(\omega t-\varphi+\frac{\pi}{2}\right)$.

$$\left[\text{si } y=\cos(\omega t-\varphi) \text{ alors } \frac{dy}{dt}=\omega\cos\left(\omega t-\varphi+\frac{\pi}{2}\right)\right]$$

En comparant cette expression à la relation (1), nous tirons :

$U=L\omega I$ ou $I=\dfrac{U}{L\omega}$ et $\varphi=\pi/2$ rad.

4.3. Conclusions

– Une bobine parfaite présente une impédance : $Z=L\omega$

– Le courant est déphasé de $\pi/2$ rad, en arrière par rapport à la tension u.

Sur un diagramme de Fresnel, les vecteurs $\vec{U}$ et $\vec{I}$ associés à u et i sont tels que l'angle $(\vec{I}, \vec{U})=\pi/2$ rad.

5. CONDENSATEUR PARFAIT

5.1. Étude expérimentale

L'étude expérimentale d'un condensateur parfait fournit les résultats suivants :

1) La caractéristique *U(I)* relevée à fréquence constante est une droite passant par l'origine (dipôle linéaire). L'impédance du dipôle est donc constante dans ces conditions ; elle est égale au coefficient directeur de cette droite.

2) Un déphasage $\varphi = -\pi/2$ rad est observé sur l'écran de l'oscillographe (fig. 14.10) : l'intensité i dans le circuit est en avance par rapport à la tension.

3) La courbe représentative de l'impédance **Z en fonction de $(1/\omega)$ est une droite passant par l'origine** (fig. 14.11). Le coefficient directeur de cette droite est égal à $(1/C)$, C étant la capacité du condensateur.

4) Le déphasage φ reste constamment égal à $-\pi/2$ rad quelle que soit la valeur de la fréquence.

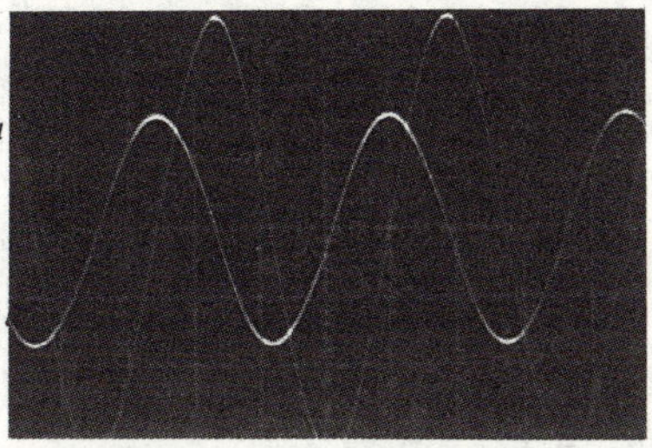

Fig. 14.10.

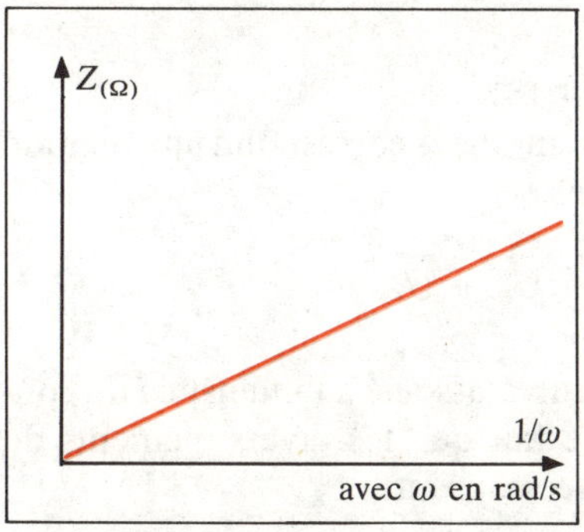

Fig. 14.11. Z=f(1/ω). *Notons que* (1/Z) *étant égal à* Y, *la courbe représentative de la fonction* Y=f(ω) *est une droite dont le coefficient directeur est* C.

Attention, la résistance interne du générateur utilisé doit être faible.

5.2. Interprétation

L'intensité i du courant est telle que (fig. 14.12) :

$$i = \frac{dq}{dt} = \frac{d(Cu)}{dt} = C\,\frac{du}{dt}$$

Avec la relation (1) :

$$i = C\,\omega\,U\sqrt{2}\,\cos(\omega t + \pi/2)$$

En comparant cette expression à la relation (2), nous tirons :

$$I = C\omega U \qquad \text{et} \qquad \varphi = -\pi/2 \text{ rad}$$

5.3. Conclusions

– Un condensateur parfait présente une impédance : $Z = 1/C\omega$

– Le courant est déphasé de $\pi/2$ rad, en avance par rapport à la tension u.

Sur un diagramme de Fresnel (fig. 14.13), les vecteurs $\vec{U}$ et $\vec{I}$ associés à u et i sont tels que l'angle $(\vec{I}, \vec{U}) = -\pi/2$ rad.

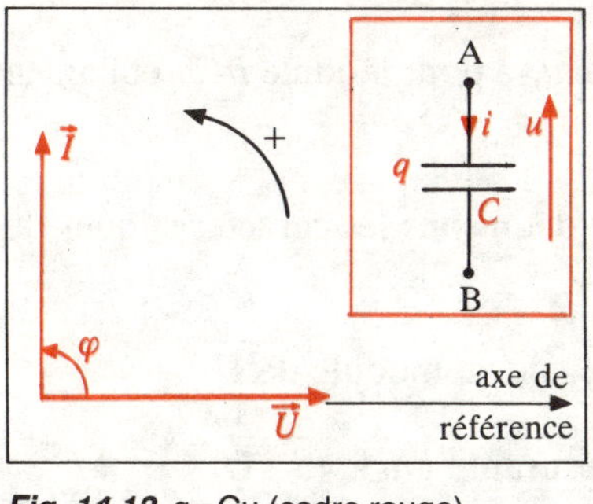

Fig. 14.12. q=Cu (cadre rouge).
Fig. 14.13. *Représentation de Fresnel.*

■ 6. CIRCUIT *RLC* EN SÉRIE

6.1. Étude expérimentale

Le montage est constitué par l'association en série d'un dipôle résistif (résistance : R), d'une bobine parfaite (inductance : L) et d'un condensateur (capacité : C). L'ensemble forme un dipôle qui donne lieu à la même étude expérimentale que les dipôles élémentaires précédents.

Le générateur qui alimente le circuit fournit une **tension de valeur efficace constante et de fréquence réglable.** L'étude conduit aux résultats suivants :

1) La caractéristique $U(I)$ relevée à **fréquence constante** étant une droite passant par l'origine, nous en déduisons que le dipôle est linéaire et que son impédance est constante dans ces conditions ; elle est égale au coefficient directeur de cette droite.

2) Un déphasage φ constant est observé sur l'écran de l'oscillographe quelle que soit la valeur de la tension U (fig. 14.14).

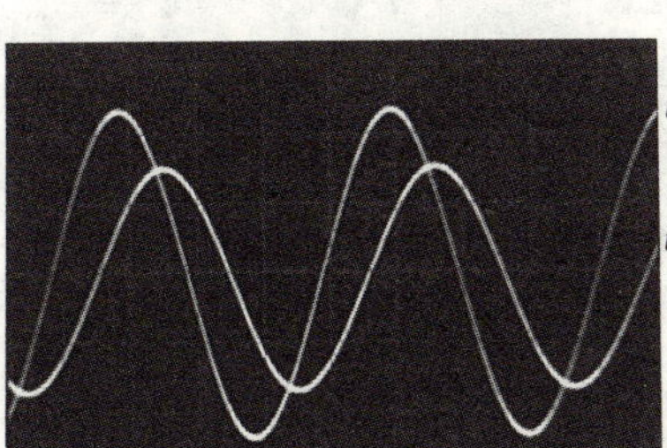

Fig. 14.14.

3) La courbe représentative de l'impédance en fonction de la pulsation : $Z=f(\omega)$, est une courbe présentant un minimum pour une pulsation particulière ω_0 (fig. 14.15).

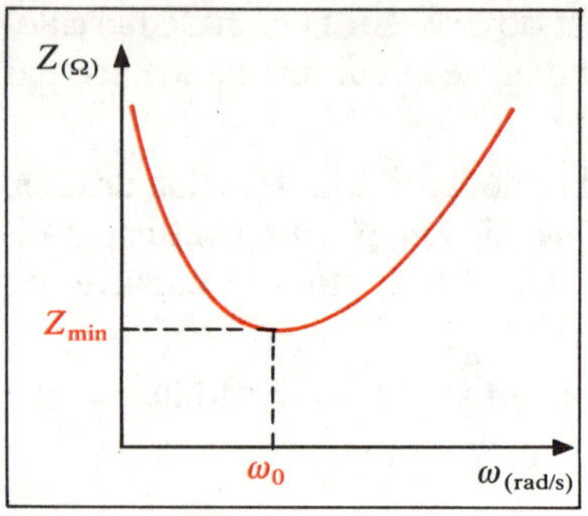

Fig. 14.15. $Z=f(\omega)$.

4) La courbe représentative du déphasage en fonction de la pulsation $\varphi=f(\omega)$ montre que le déphasage φ est négatif, nul, puis positif au fur et à mesure qu'augmente la pulsation (fig. 14.16) : le dipôle est d'abord capacitif, puis résistif et enfin inductif.

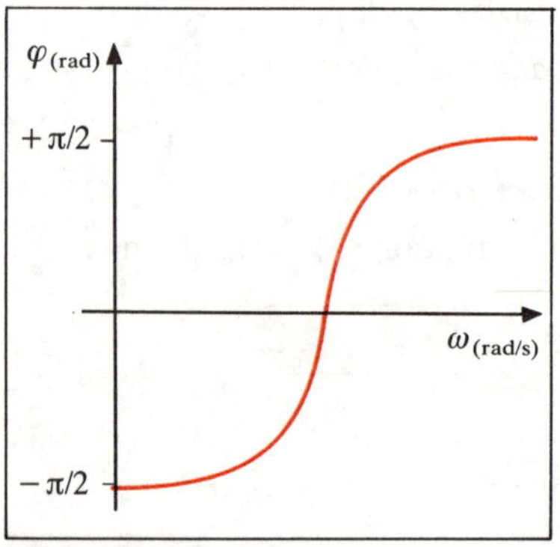

Fig. 14.16. $\varphi=f(\omega)$.

6.2. Interprétation

■ **Loi d'addition des tensions** (fig. 14.17) :

$$u=u_R+u_L+u_C.$$

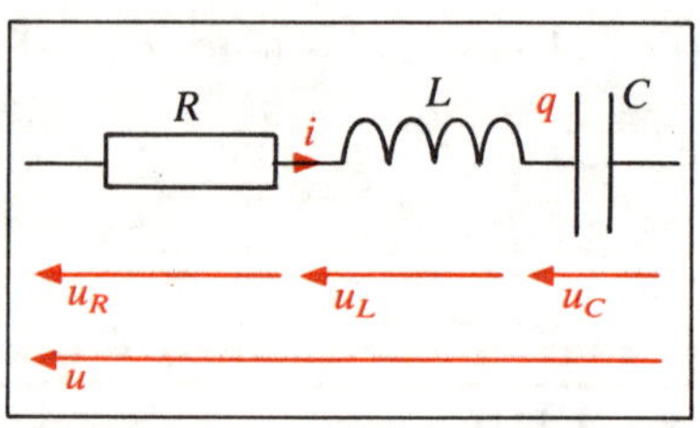

Fig. 14.17. *Association en série.*

■ **Diagramme de Fresnel** (fig. 14.18)

A cette relation entre valeurs instantanées correspond une relation entre vecteurs de Fresnel associés :

$$\vec{U} = \vec{U}_R + \vec{U}_L + \vec{U}_C$$

Portons **horizontalement** le vecteur $\vec{I}$ associé à l'intensité i du courant. Ce choix est justifié par le fait que les divers éléments du montage sont tous traversés par ce courant.

Le vecteur $\vec{U}_R$ associé à la tension u_R a pour module RI et l'angle $(\vec{I}, \vec{U}_R) = 0$.

Le vecteur $\vec{U}_L$ associé à la tension u_L a pour module $L\omega I$ et l'angle $(\vec{I}, \vec{U}_L) = \pi/2$ rad.

Le vecteur U_C associé à la tension u_C a pour module $I/C\omega$ et l'angle $(\vec{I}, \vec{U}_C) = -\pi/2$ rad.

A l'aide de ce diagramme, nous déduisons les caractéristiques de la tension u :

- la valeur efficace : $U=ZI$ est égale au module de $\vec{U}$;
- le déphasage est obtenu en mesurant l'angle $(\vec{I}, \vec{U})$.

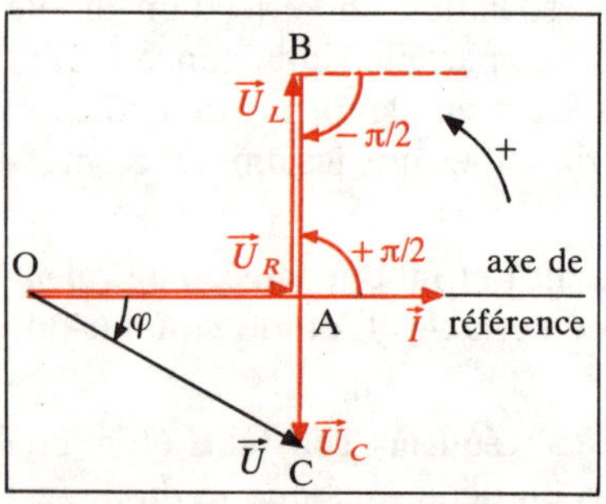

Fig. 14.18. *Représentation de Fresnel. Pour obtenir rapidement le résultat, il est commode de porter $\vec{U}_L$ à partir de $\vec{U}_R$, puis $\vec{U}_C$ à partir de $\vec{U}_L$.*

6.3. Détermination de Z et φ en fonction des éléments du circuit

■ 6.3.1. Détermination de Z

Le module du vecteur $\vec{U}$ peut être calculé en appliquant le théorème de Pythagore au triangle rectangle formé sur le diagramme de Fresnel. Soit :

$$U^2=U_R^2+(U_L-U_C)^2 \Rightarrow Z = \sqrt{R^2 + \left(L\omega - \frac{1}{C\omega}\right)^2}$$

■ 6.3.2. Détermination de l'angle

Le déphasage φ de i par rapport à u se calcule à partir de la tangente de l'angle $(\vec{I}, \vec{U})$; en effet, φ, exprimé en radians, est compris entre $-\pi/2$ et $+\pi/2$:

$$\tan \varphi = \frac{L\omega - \dfrac{1}{C\omega}}{R}$$

Remarque : rappelons que cette relation fournit la valeur algébrique de φ et que nous pouvons ensuite déduire la valeur instantanée de i si u est connue ou inversement :

$$u = U\sqrt{2} \cos \omega t \quad \Rightarrow \quad i = I\sqrt{2} \cos (\omega t - \varphi) \qquad \varphi = (\vec{I}, \vec{U}),$$

$$\text{ou : } i = I\sqrt{2} \cos \omega t \quad \Rightarrow \quad u = U\sqrt{2} \cos (\omega t + \varphi) \qquad \varphi = (\vec{I}, \vec{U})$$

u_L

u

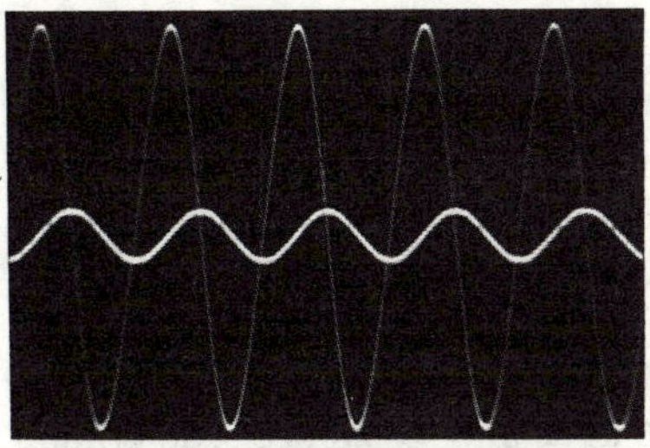

Fig. 14.19. *La tension aux bornes de la bobine est en quadrature avance sur la tension d'alimentation (mêmes sensibilités pour les deux voies verticales).*

6.4. Résonance

■ 6.4.1. Étude expérimentale

Le générateur étant assimilé à une source de tension, sa fréquence est réglée à une valeur f_0 telle que :

$$L\omega_0 - \frac{1}{C\omega_0} = 0 \Rightarrow LC\omega_0^2 = 1,$$

soit :
$$f_0 = \frac{1}{2\pi\sqrt{LC}}.$$

La tension u et l'image u_R du courant sont en phase, quelle que soit la valeur de R.

La fréquence f_0 représente la **fréquence propre** du circuit.

Les oscillogrammes des figures 14.19 et 14.20 montrent que les tensions u_L et u_C ont la même amplitude et cette amplitude est très supérieure à celle de la tension d'alimentation.

u_C

u

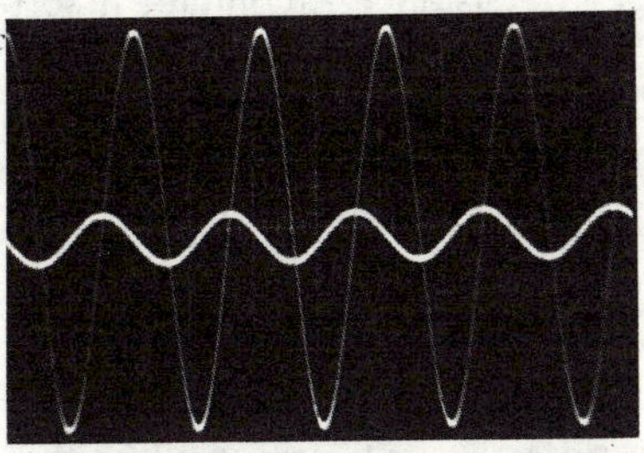

Fig. 14.20. *La tension aux bornes du condensateur est en quadrature arrière sur la tension d'alimentation (mêmes sensibilités que pour la figure 14.19).*

En faisant varier la fréquence f de part et d'autre de la fréquence de résonance f_0, le graphe I en fonction de f obtenu fait apparaître un pic d'intensité **à la fréquence de résonance (voir T.P. 1).**

■ 6.4.2. Interprétation

Lorsque $(L\omega_0 - 1/C\omega_0) = 0$, l'expression de l'impédance du dipôle est alors : $Z_0 = R$.

Le dipôle est assimilable à un dipôle purement résistif : la tension u et l'intensité i du courant sont en phase : $\varphi = 0$. La valeur efficace de l'intensité du courant est :

$$I_0 = \frac{U}{R}$$

Comme $L\omega_0 = \dfrac{1}{C\omega_0}$, nous pouvons écrire :

$$L\omega_0 I_0 = \frac{I_0}{C\omega_0} = \frac{U}{RC\omega_0} \qquad \textit{soit :} \qquad U_L = U_C = Q_0 U$$

Le facteur $Q_0 = (1/RC\omega_0)$ peut être nettement supérieur à 1 : il y a alors surtension aux bornes du condensateur et aux bornes de la bobine. Cette surtension est d'autant plus importante que R est faible (si L et C sont fixés).

Facteur de surtension à la résonance :
Calculons le rapport

$$U_{C0}/U = U_{L0}/U$$
$$U_{C0} = I/C\omega_0$$
$$U = RI \Rightarrow U_{C0}/U = 1/RC\omega_0 = Q_0$$

7. CIRCUIT *RLC* PARALLÈLE

7.1. Étude expérimentale

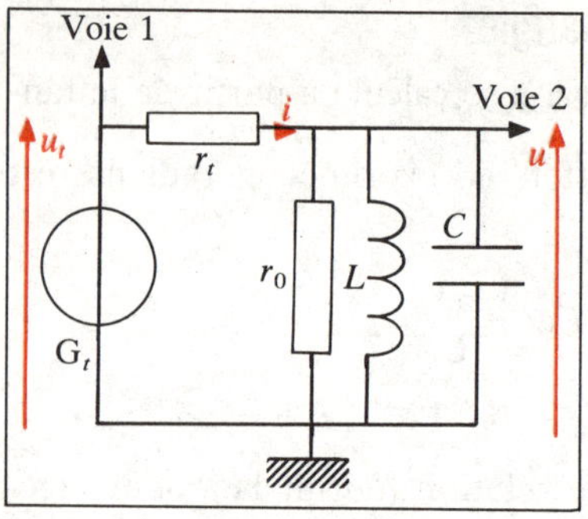

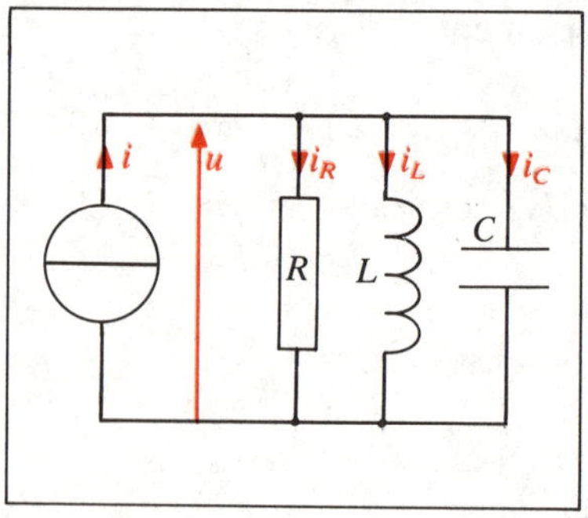

Fig. 14.21. *Circuit R, L, C parallèle et son modèle équivalent.*

Le dipôle est constitué par l'association en dérivation de trois dipôles identiques à ceux du montage étudié au paragraphe précédent.

Le dipôle R, L, C parallèle est alimenté par un générateur de courant d'intensité i sinusoïdale dont la valeur maximale est maintenue constante et la fréquence f réglable (fig. 14.21). A défaut de matériel adapté, le générateur de courant peut être constitué par un générateur de tension en série avec une résistance r_t de grande valeur devant la résistance interne du générateur et la résistance r_0 du résistor placé en parallèle avec la bobine et le condensateur. La valeur de la résistance R du dipôle R, L, C parallèle est donc alors égale à $\frac{r_t \cdot r_0}{r_t + r_0}$.

Un oscillographe permet la visualisation de l'intensité i du courant (l'image de i étant la tension aux bornes du générateur de tension : $i = u_t / r_t$) et de la tension u aux bornes du dipôle.

L'oscillographe étant étalonné et la résistance r_t connue, il sert donc d'appareil de mesure pour la détermination des valeurs maximales $\widehat{U}$ et $\widehat{I}$ des tension u et intensité i ainsi que des valeurs du déphasage φ entre l'intensité et la tension. L'étude expérimentale fournit les résultats suivants :

1) La caractéristique $I(U)$ relevée à **fréquence constante** est une droite passant par l'origine (fig. 14.22). L'admittance du dipôle est donc constante et égale au coefficient directeur de cette droite.

2) Un déphasage φ, constant, est observé sur l'écran de l'oscillographe quelle que soit la valeur de la tension U (fig. 14.23).

3) La courbe représentative de l'admittance en fonction de la pulsation : $Y = f(\omega)$, est une courbe présentant un minimum pour une pulsation particulière ω_0 (fig. 14.24).

4) La courbe représentative du déphasage en fonction de la pulsation : $\varphi = f(\omega)$ montre que le déphasage φ est positif, nul, puis négatif au fur et à mesure qu'augmente la pulsation (fig. 14.25) : le dipôle est d'abord inductif, puis résistif et enfin capacitif.

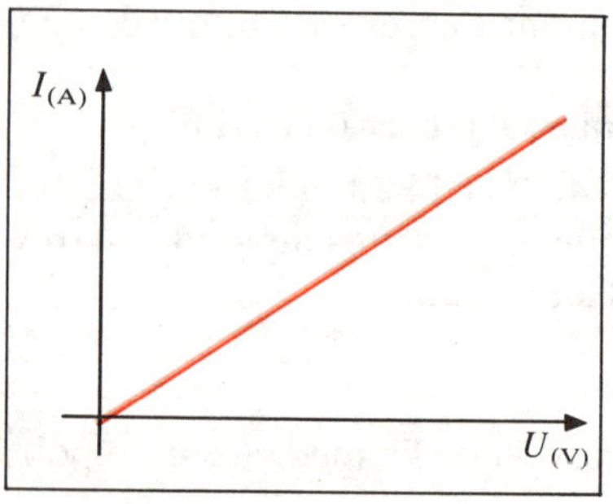

Fig. 14.22. *Caractéristique* I=f(U).

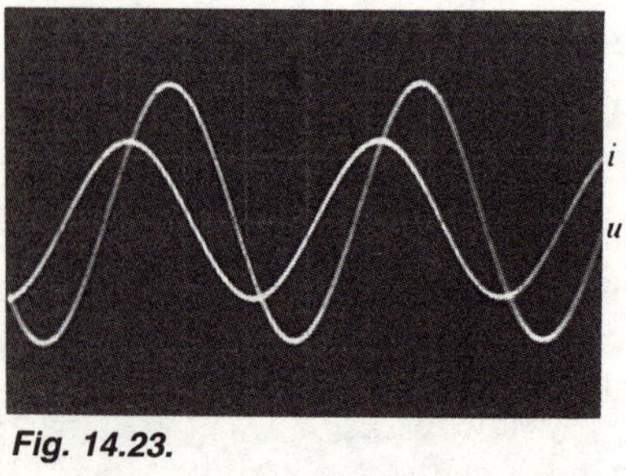

Fig. 14.23.

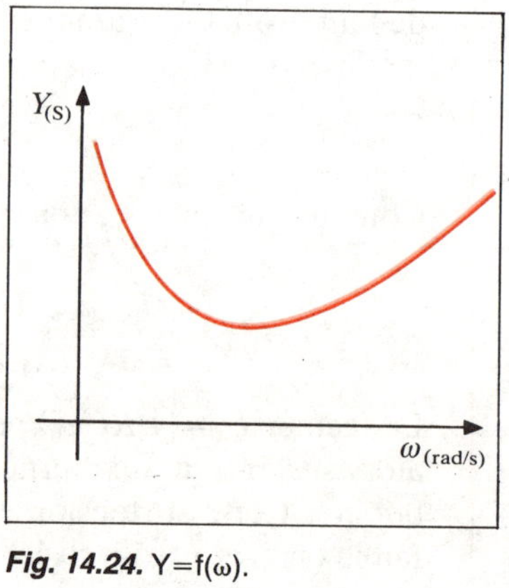

Fig. 14.24. Y=f(ω).

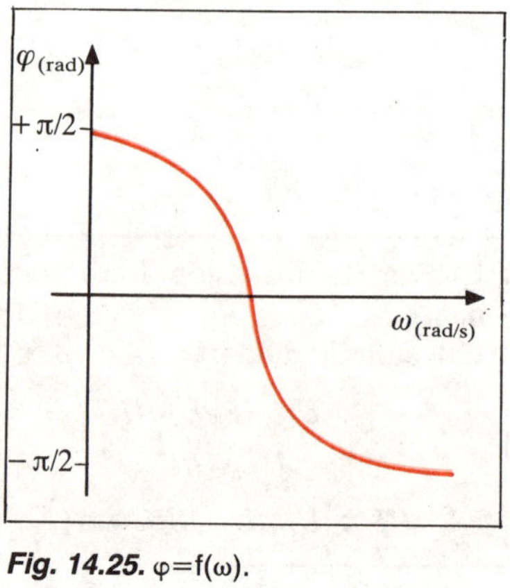

Fig. 14.25. φ=f(ω).

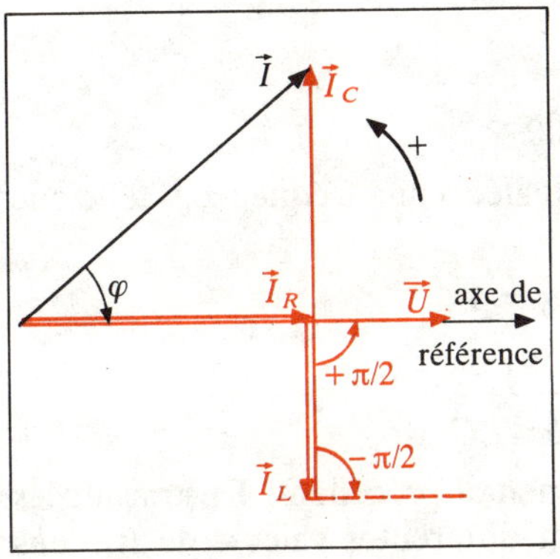

Fig. 14.26. Représentation de Fresnel.

Dans le cas d'une tension sinusoïdale de la forme $u(t)=U\sqrt{2}\cos\omega t$, nous obtenons :

$$i_R=\frac{u}{R} \Rightarrow i_R=\frac{U}{R}\sqrt{2}\cos\omega t$$

$$u=L\frac{di_L}{dt} \Rightarrow i_L=\frac{U}{L\omega}\sqrt{2}\cos(\omega t-\pi/2)$$

$$i_C=C\frac{du}{dt} \Rightarrow i_C=C\omega U\sqrt{2}\cos(\omega t+\pi/2)$$

D'où :

$$i=\frac{U}{R}\sqrt{2}\cos\omega t+\frac{U}{L\omega}\sqrt{2}\cos(\omega t-\pi/2)+C\omega U\sqrt{2}\cos(\omega t+\pi/2)$$

7.2. Interprétation

■ **La loi d'addition des courants** (fig. 14.21) s'écrit :

$$i=i_R+i_L+i_C$$

Nous pouvons utiliser les résultats obtenus lors de l'étude des dipôles élémentaires pour obtenir une expression mathématique de l'intensité du courant i. Nous préférons rechercher les caractéristiques de ce courant au moyen d'un diagramme de Fresnel.

■ **Diagramme de Fresnel** (fig. 14.26).
Les trois dipôles élémentaires sont soumis à la même tension u : nous plaçons horizontalement le vecteur $\vec{U}$ associé à u.

Le vecteur $\vec{I_R}$ associé à l'intensité i_R a pour module U/R et est porté par le vecteur $\vec{U}$.

Le vecteur $\vec{I_L}$ associé à l'intensité i_L a pour module $U/L\omega$ et l'angle $(\vec{I_L}, \vec{U}) = \pi/2$ rad.

Le vecteur $\vec{I_C}$ associé à l'intensité i_c a pour module $UC\omega$ et l'angle $(\vec{I_C}, \vec{U}) = -\pi/2$ rad.

Ce diagramme permet d'obtenir le vecteur $\vec{I}$ cherché et de connaître l'intensité i correspondante :

– sa valeur efficace $I=YU$ est égale au module de $\vec{I}$;

– son déphasage φ par rapport à u est égal à l'angle $(\vec{I}, \vec{U})$.

7.3. Détermination de Y et φ en fonction des éléments du circuit

Appliquons le théorème de Pythagore au triangle rectangle formé sur le diagramme de Fresnel. Soit :

$$I^2=I_R^2+(I_C-I_L)^2$$

Remplaçons chacune de ces valeurs efficaces par son expression en fonction de U :

$$(YU)^2=\left(\frac{U}{R}\right)^2+\left(C\omega U-\frac{U}{L\omega}\right)^2$$

Après simplification, nous obtenons :

$$Y=\sqrt{\left(\frac{1}{R}\right)^2+\left(C\omega-\frac{1}{L\omega}\right)^2}$$

Le déphasage φ de i par rapport à u se calcule à partir de la tangente de l'angle $(\vec{I}, \vec{U})$. Puisque φ, exprimé en radians, est compris entre $-\pi/2$ et $+\pi/2$, on pourra vérifier que :

$$\tan\varphi=-R\left(C\omega-\frac{1}{L\omega}\right)$$

Applications : La résonance est mise en œuvre dans des montages électroniques, dans les récepteurs de radio et de télévision. Dans tous les cas d'utilisation le facteur de qualité Q_0 est grand.

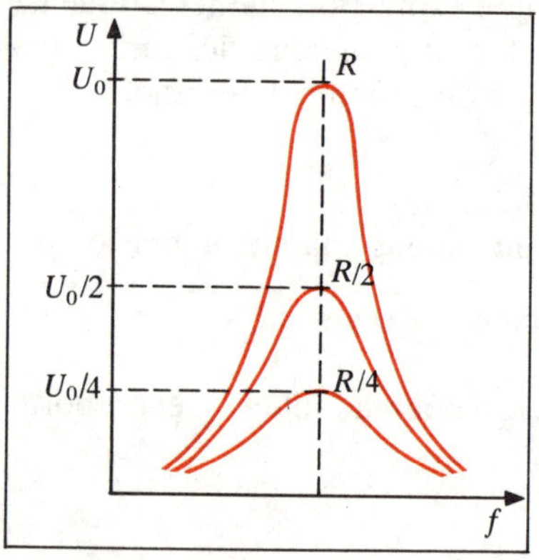

Fig. 14.27. Courbes de réponse : U=g(f).

Facteur de surintensité à la résonance.
Calculons le rapport $I_{C0}/I = I_{L0}/I$
$I_{C0} = C\omega_0 U$
$I = U/R \Rightarrow I_{C0}/I = RC\omega_0 = Q_0$.

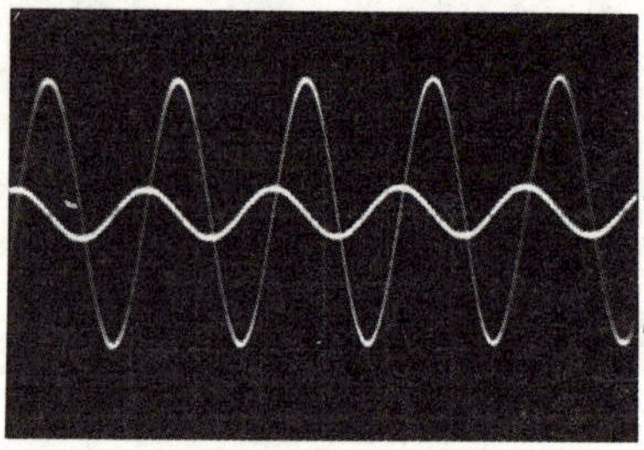

Fig. 14.28. L'intensité du courant qui traverse la bobine est en quadrature arrière sur l'intensité du courant débitée par le générateur (mêmes sensibilités pour les deux voies verticales).

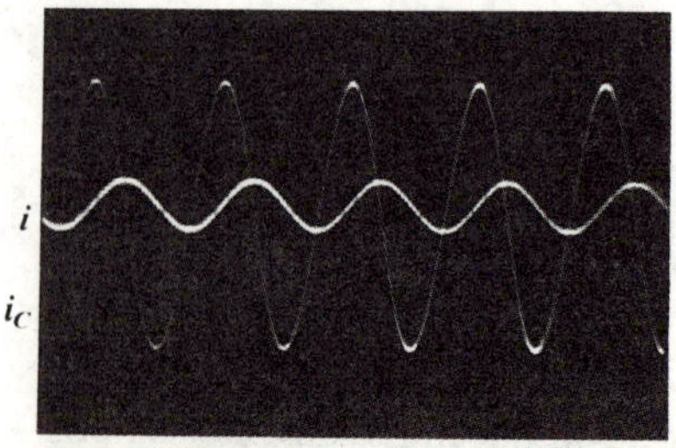

Fig. 14.29. L'intensité du courant qui traverse le condensateur est en quadrature avance sur l'intensité du courant débitée par le générateur (mêmes sensibilités que pour la figure 14.28).

7.4. Résonance

7.4.1. Étude expérimentale

La fréquence du générateur est réglée à une fréquence f_0 telle que $(C\omega_0 - 1/L\omega_0) = 0$. On a alors :

$$LC\omega_0^2 = 1$$

soit :

$$f_0 = \frac{1}{2\pi\sqrt{LC}}$$

On reprend le dispositif expérimental précédent. En traçant les courbes de réponse $U = g(f)$ pour différentes valeurs de R, nous obtenons un réseau de courbes (figure 14.27) présentant un pic de tension pour la fréquence f_0 : il y a alors **résonance en tension.** Quelle que soit la valeur de R, la résonance se produit pour la même valeur f_0 de f. La résonance est d'autant plus aiguë que la résistance R a une valeur élevée.

Des résistances de faibles valeurs sont placées en série avec le condensateur et la bobine pour visualiser les intensités des courants qui les traversent (fig. 14.28 et 14.29, mêmes sensibilités verticales pour les deux voies dans les deux expériences).

Nous observons un phénomène de surintensité particulièrement important à la résonance lorsque la valeur de R est faible : les intensités des courants qui traversent les éléments réactifs sont supérieures à celle délivrée par le générateur.

7.4.2. Étude théorique

Lorsque $(C\omega_0 - 1/L\omega_0) = 0$, l'expression de l'admittance du dipôle est alors : $Y_0 = 1/R$.
Le dipôle est alors assimilable à un dipôle purement résistif : la tension u et l'intensité du courant i sont en phase : $\varphi = 0$. La valeur efficace de la tension est : $U_0 = RI$.
Comme $C\omega_0 = 1/L\omega_0$, nous pouvons écrire :

$$C\omega_0 U_0 = \frac{U_0}{L\omega_0} = RC\omega_0\, I \quad \Rightarrow \quad I_{L0} = I_{C0} = Q_0 I$$

Le facteur $Q_0 = RC\omega_0$ peut être nettement supérieur à 1 : il y a alors passage d'un courant intense dans le condensateur et dans la bobine.

8. APPLICATION DES NOMBRES COMPLEXES

Les résultats précédents peuvent être retrouvés par calcul en utilisant les nombres complexes.
Toute relation entre valeurs instantanées entraîne une relation entre les valeurs complexes associées qui permet la détermination des caractéristiques de l'intensité du courant supposée inconnue.
Aux valeurs instantanées $u = U\sqrt{2}\cos\omega t$ et $i = I\sqrt{2}\cos(\omega t - \varphi)$ nous associons les nombres complexes suivants :

$$(3)\ \underline{U} = [U, 0], \qquad (4)\ \underline{I} = [I, -\varphi].$$

8.1. Dipôle résistif

Nous avons :

$$u=Ri \quad \Rightarrow \quad \underline{U}=R\underline{I} \quad \Rightarrow \quad \underline{I}=\underline{U}/R.$$

De cette expression nous déduisons :

$$\begin{cases} \text{module de } \underline{I} = \text{module de } \underline{U}/R & \Rightarrow \quad I = U/R, \\ \text{Arg } \underline{I} = \text{Arg } \underline{U}/R & \Rightarrow \quad -\varphi = 0. \end{cases}$$

Soit : $\underline{I} = [I, 0]$.

L'équation donnant la valeur instantanée de l'intensité i est donc :

$$i = I\sqrt{2}\cos \omega t.$$

8.2. Bobine parfaite

La tension aux bornes d'une bobine d'inductance L traversée par un courant d'intensité i est :

$$u = L di/dt \quad \text{d'où :} \quad \underline{U} = jL\omega\underline{I} \quad \text{soit :} \quad \underline{I} = \frac{\underline{U}}{jL\omega}$$

D'après ce résultat, nous déduisons :

$$\begin{cases} \text{module de } \underline{I}=\text{module de } \underline{U}/\text{module de } (jL\omega)=\dfrac{U}{L\omega} \Rightarrow I=\dfrac{U}{L\omega} \\ \text{Arg } \underline{I}=\text{Arg } \underline{U}-\text{Arg } jL\omega \Rightarrow -\varphi=0-\pi/2 \quad \Rightarrow -\varphi=-\dfrac{\pi}{2}, \end{cases}$$

$$\text{soit : } \underline{I} = \left[\frac{U}{L\omega}, -\frac{\pi}{2}\right] \quad \textit{d'où :} \quad i = \frac{U}{L\omega}\sqrt{2}\cos\left(\omega t - \frac{\pi}{2}\right)$$

8.3. Condensateur parfait

Nous avons : $i=C du/dt \quad \Rightarrow \quad \underline{I}=jC\omega\underline{U}$.

De cette expression, nous déduisons :

$$\begin{cases} \text{module de } \underline{I} = (\text{module de } jC\omega)\times(\text{module de } \underline{U}) \quad \Rightarrow I=C\omega U, \\ \text{Arg } \underline{I} = \text{Arg } j + \text{Arg } C\omega\underline{U} \Rightarrow \quad -\varphi=\pi/2+0 \quad \Rightarrow -\varphi=\pi/2. \end{cases}$$

Soit : $\underline{I} = [C\omega U, +\pi/2]$.

D'où : $i = C\omega U\sqrt{2}\cos(\omega t+\pi/2)$.

8.4. Circuit *R L C* série

La loi d'addition des tensions, $u=u_R+u_L+u_C$ s'écrit en notation complexe :

$$\underline{U}=\underline{U}_R+\underline{U}_L+\underline{U}_C.$$

Soit : $\underline{U}=R\underline{I}+jL\omega\underline{I}+\underline{I}/jC\omega=R\underline{I}+j(L\omega-1/C\omega)\underline{I}$

Ou encore : $\underline{U}=[R+j(L\omega-1/C\omega)]\underline{I}=\underline{Z}\underline{I} \quad \Rightarrow \quad \boxed{\underline{I}=\underline{U}/\underline{Z}.}$

Le nombre complexe $\underline{Z}$ est appelé impédance complexe du circuit :

$$\underline{Z}=R+j\left(L\omega-\frac{1}{C\omega}\right)$$

Module du quotient = quotient des modules.

Arg du quotient = Arg du numérateur − Arg du dénominateur.

Ce nombre complexe peut aussi s'écrire :

$$\underline{Z}=[Z, \theta] \quad -\frac{\pi}{2} \leqslant \theta \leqslant +\frac{\pi}{2}$$

$$\text{avec : } Z = \sqrt{R^2 + \left(L\omega - \frac{1}{C\omega}\right)^2} \quad \text{et : } \tan\theta = \frac{L\omega - \frac{1}{C\omega}}{R}$$

De l'expression donnant $\underline{I}$ nous déduisons :

$$\begin{cases} \text{module de } \underline{I} = \text{module de } \underline{U} \text{ / module de } \underline{Z} \Rightarrow I=U/Z, \\ \text{Arg } \underline{I} = \text{Arg } \underline{U} - \text{Arg } \underline{Z} \quad \Rightarrow \quad -\varphi=0-\theta \end{cases}$$

$$\text{soit : } \quad \tan\varphi = \frac{L\omega - \frac{1}{C\omega}}{R} \qquad \text{avec : } \quad -\frac{\pi}{2} \leqslant \varphi \leqslant +\frac{\pi}{2}$$

Remarque :

Les expressions générales de l'impédance complexe d'un dipôle passif sont :

$$\underline{Z}=R+jX \quad \text{et} \quad \underline{Z}=[Z, \theta]$$

Relations : Aux expressions fournissant Z et θ, données ci-dessus, ajoutons les relations suivantes :

$$R=Z\cos\theta \quad \text{et} \quad X=Z\sin\theta$$

X est la **réactance** du dipôle (X s'exprime en ohms).

Module du produit = produit des modules.

Arg du produit = somme des Arg de chacun des termes du produit.

8.5. Circuit *R L C* parallèle

La loi d'addition des courants, $i=(i_R+i_L+i_C)$ s'écrit, en notation complexe :

$$\underline{I}=\underline{I}_R+\underline{I}_L+\underline{I}_C$$

$$\text{Soit : } \quad \underline{I} = \frac{\underline{U}}{R} + \frac{\underline{U}}{jL\omega} + jC\omega\,\underline{U} = \frac{\underline{U}}{R} + j\left(C\omega - \frac{1}{L\omega}\right)\underline{U}$$

$$\text{ou encore} \quad \underline{I} = \left[\frac{1}{R} + j\left(C\omega - \frac{1}{L\omega}\right)\right]\underline{U} \quad \Rightarrow \quad \boxed{\underline{I}=\underline{Y}\,\underline{U}}$$

Le nombre $\underline{Y}$ est l'admittance complexe du dipôle :

$$\underline{Y} = \frac{1}{R} + j\left(C\omega - \frac{1}{L\omega}\right).$$

Nous pouvons aussi écrire : $\underline{Y} = [Y, \theta']$

$$\text{avec : } \quad Y = \sqrt{\left(\frac{1}{R}\right)^2 + \left(C\omega - \frac{1}{L\omega}\right)^2}$$

$$\text{et : } \tan\theta' = \frac{\left(C\omega - \frac{1}{L\omega}\right)}{\frac{1}{R}} = R\left(C\omega - \frac{1}{L\omega}\right) \quad \text{avec } -\frac{\pi}{2} \leqslant \theta' \leqslant +\frac{\pi}{2}$$

Loi d'Ohm en complexe :

$\underline{U}=\underline{Z}\underline{I}$

Attention : Contrairement à $\underline{U}$ et $\underline{I}$, $\underline{Z}$ n'est pas un nombre complexe associé à une grandeur sinusoïdale. Nous pouvons le définir par l'expression :

$\underline{Z}=\underline{U}/\underline{I}$

Impédances complexes des dipôles élémentaires.

Dipôle résistif :

$\underline{Z}=R \qquad \underline{Z}=[R, 0].$

Dipôle inductif :

$\underline{Z}=jL\omega \qquad \underline{Z}=[L\omega, \pi/2].$

Dipôle capacitif :

$\underline{Z}=1/jC\omega \qquad \underline{Z}=[1/C\omega, -\pi/2].$

De l'expression donnant $\underline{I}$ nous déduisons :

$$\begin{cases} \text{module de } \underline{I} = (\text{module de } \underline{Y}) \times (\text{module de } \underline{U}) \Rightarrow \quad I=YU, \\ \text{Arg } \underline{I}=\text{Arg } \underline{Y}+\text{Arg } \underline{U} \Rightarrow \quad -\varphi=\theta'+0 \end{cases}$$

soit : $\tan \varphi=-R\left(C\omega-\dfrac{1}{L\omega}\right)$ avec $-\dfrac{\pi}{2} \leqslant \varphi \leqslant +\dfrac{\pi}{2}$.

Remarque :

Les expressions générales de l'admittance complexe d'un dipôle passif sont :

$$\underline{Y}=G+jB \quad \text{et} \quad \underline{Y}=[Y, \theta'],$$

G est la **conductance** du dipôle (unité : le siemens),

B est la **susceptance** du dipôle (unité : le siemens).

Relations :

Aux expressions fournissant Y et θ', données ci-dessus, ajoutons les relations suivantes :

$$G=Y\cos \theta' \quad \text{et} \quad B=Y\sin \theta'.$$

Travaux pratiques

1. Etude expérimentale des dipôles élémentaires

Le dipôle à étudier est le dipôle $\mathscr{D}$. Ce dipôle sera d'abord une résistance, puis une bobine et enfin un condensateur. Le circuit est alimenté par un générateur B.F. (fig. 14.02, p. 164).

1° f=1 kHz. La fréquence est constante. Pour chaque dipôle, faire croître l'amplitude de la tension d'alimentation de 0 au maximum autorisé par les éléments constituant le circuit.

a) Tracer la caractéristique $U(I)$.

b) Mesurer le déphasage φ pour différentes valeurs de U (φ est le déphasage entre une tension pratiquement égale à u et la tension aux bornes de la très petite résistance s, grandeur proportionnelle à i).

2° U = Constante, faire varier la fréquence de 0 au maximum. Tracer :

a) $Z(f)$;

b) $Y(f)$;

c) $\varphi(f)$.

2. Détermination de la capacité *C* d'un condensateur

Réaliser le montage de la figure 14.30.

Le générateur délivre une tension sinusoïdale de fréquence f et de valeur efficace U.

Déterminer l'admittance du condensateur. En déduire la valeur de la capacité.

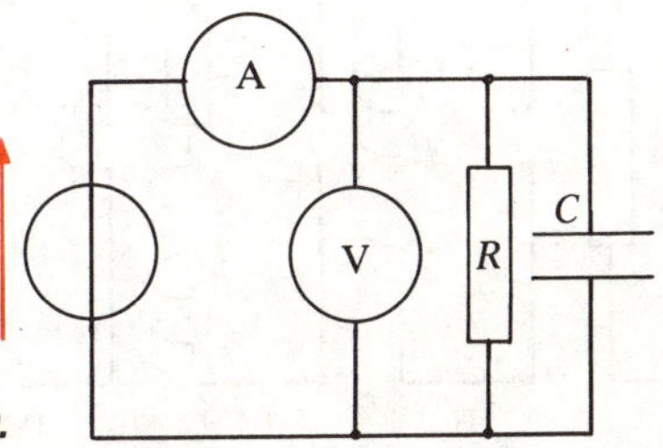

Fig. 14.30.

3. Etude expérimentale de la résonance série

Le dipôle $\mathscr{D}$ du montage de la figure 14.02 est constitué par l'association série d'une résistance R variable, d'une bobine d'inductance L=0,1 H (de résistance négligeable) et d'un condensateur de capacité C=10 nF.

Faire varier la fréquence de 1 à 10 kHz.

1° Tracer, pour différentes valeurs de R, les courbes représentatives des variations de :

a) U_R/U en fonction de la fréquence f ;

b) I en fonction de la fréquence f ;

c) U_C/U en fonction de la fréquence f.

2° Pour une fréquence f_0, chaque courbe $I(f)$ passe par un maximum I_0 (différent suivant la valeur de R choisie). Quelle est la valeur de f_0 ? Déterminer graphiquement l'intervalle de fréquence Δf pour lequel $I \geqslant I_0/\sqrt{2}$. Comment évolue cet intervalle lorsque la résistance R augmente ?

Comparer les rapports $f_0/\Delta f$ et $(U_C/U)_{f=f_0}$.

Contrôle des connaissances

INDIQUER LA(OU LES) BONNE(S) RÉPONSE(S).

14.01. Une bobine de résistance négligeable est alimentée par un générateur de tension sinusoïdale de valeur efficace constante. Comment varie la valeur efficace I de l'intensité du courant qui la traverse lorsque le fréquence f de la tension varie ?

R : I est proportionnel à f ; I est inversement proportionnel à f ; I varie dans le même sens que f sans être proportionnel à f ; I varie dans le même sens que $1/f$ sans être proportionnel à $1/f$.

14.02. Répondre à la question du contrôle précédent dans le cas où le générateur alimente un condensateur parfait.

R : I est proportionnel à f ; I est inversement proportionnel à f ; I varie dans le même sens que f sans être proportionnel à f ; I varie dans le même sens que $1/f$ sans être proportionnel à $1/f$.

14.03. Quatre montages sont alimentés par un générateur de tension continue (fig. 14.31). En régime permanent, aucun courant ne circule dans l'un des montages. Lequel ?

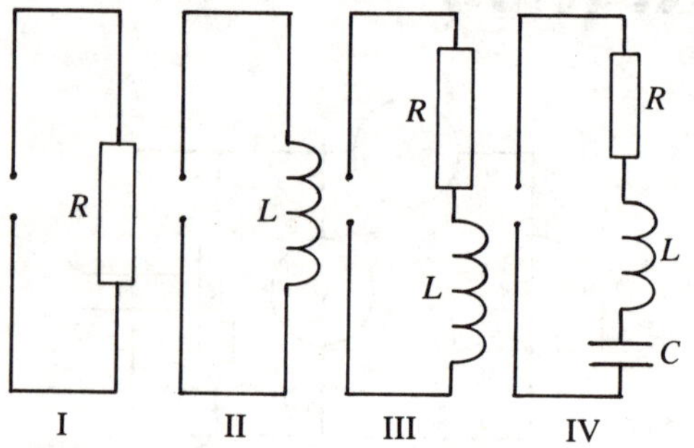

Fig. 14.31.

R : Montage 1 ; Montage 2 ; Montage 3 ; Montage 4.

14.04. Deux dipôles, l'un purement résistif, l'autre purement capacitif, placés en série sont soumis à une tension sinusoïdale. Les valeurs efficaces des tensions mesurées aux bornes de ces dipôles sont 30 V et 40 V. Quelle est la valeur efficace U de la tension d'alimentation ?

R : 70 V ; 10 V ; 50 V ; impossible à calculer car on ne sait pas si 30 V est la tension aux bornes de la résistance ou du condensateur.

14.05. Les deux dipôles précédents sont associés en parallèle. Le générateur fournit un courant de valeur efficace I=5 A, la résistance est traversée par un courant de valeur efficace I_R=3 A. Quelle est la valeur efficace de l'intensité du courant traversant le condensateur ?

R : 2 A ; 4 A ; 8 A ; 10 A.

14.06. A la résonance, que peut-on dire de l'impédance d'un circuit R, L, C, série ?

R : maximale ; nulle ; minimale.

14.07. Qu'observe-t-on à la résonance d'un circuit R, L, C parallèle alimenté par un courant sinusoïdal d'intensité efficace constante ?

R : Un maximum d'intensité dans le condensateur ; un maximum d'intensité dans l'inductance ; un maximum de tension aux bornes d'une branche ; un minimum d'intensité dans le circuit principal.

14.08. Deux dipôles d'impédances $\underline{Z}_1=-100\,j$ et $\underline{Z}_2=+200\,j$ sont associés en parallèle (les modules sont exprimés en ohms dans les deux cas). Quelle est l'impédance $\underline{Z}$ du dipôle équivalent ?

R : $100\,j$; $-100\,j$; $-200\,j$; $+200\,j$.

14.09. Quelle est la nature d'un dipôle d'impédance complexe $\underline{Z}=3-4\,j$?

R : capacitif ; inductif ; purement résistif.

Exercices résolus

14.10. Une bobine de résistance R et d'inductance L est placée en série avec un dipôle purement résistif de résistance r=8 Ω. Le dipôle ainsi formé est alimenté par un générateur de tension sinusoïdale de fréquence 50 Hz et de valeur efficace 14 V. Un voltmètre branché aux bornes de la bobine indique une tension de valeur efficace U_B=8 V. Branché aux bornes du dipôle résistif, il indique une tension U_r=8 V.
Déterminer graphiquement les valeurs de R et L.

Solution :

■ Les éléments étant en série, la loi d'addition des tensions s'écrit :

$$u=u_r+u_B.$$

Réalisons une construction de Fresnel (1 cm représente 2 V) ;

– à la tension u associons un vecteur de Fresnel $\vec{U}$ de 7 cm de longueur,

– à la tension u_r associons un vecteur de Fresnel $\vec{U}_r$ de 4 cm de longueur,

– à la tension u_B associons un vecteur de Fresnel $\vec{U}_B$ de 4 cm de longueur.

D'où la représentation vectorielle de la figure 14.32. La bobine est assimilable à deux éléments placés en série, l'un purement résistif (de résistance R), l'autre purement inductif (d'inductance L).

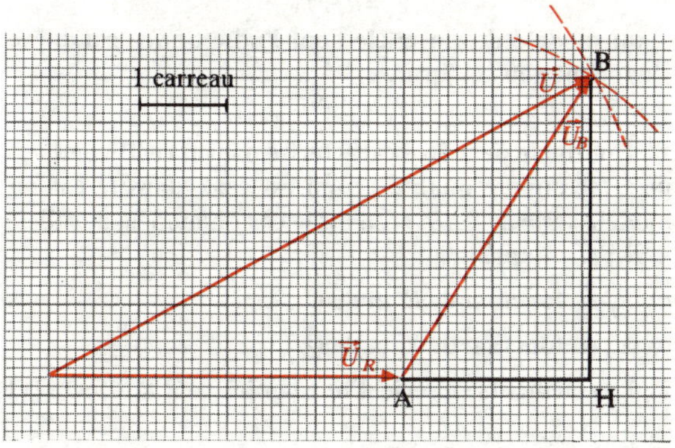

Fig. 14.32.

■ La tension aux bornes de l'élément résistif (chute ohmique) est en phase avec la tension u_r : elle est représentée sur le graphe par le vecteur $\overrightarrow{AH}$. La longueur de ce vecteur est AH=2,1 cm : avec l'échelle choisie, la tension U_R correspondante est de 4,2 V. Nous avons :

$$U_R = RI \quad \text{et} \quad U_r = rI$$

donc : $R = r\dfrac{U_R}{U_r}$.

Application numérique : $\boxed{R = 4{,}2\ \Omega}$

■ La tension aux bornes de l'élément inductif est en quadrature avance avec la tension u_r : elle est représentée sur le graphe par le vecteur $\overrightarrow{HB}$. La longueur de ce vecteur est HB=3,4 cm : avec l'échelle choisie, la tension U_L correspondante est de 6,8 V. Nous avons : $U_L = L\omega I$ et : $U_r = rI$

donc : $L = r\dfrac{U_r}{\omega U_r}$ avec : $\omega = 2\pi f$.

Application numérique : $\boxed{L = 22\ \text{mH}}$

14.11. **Un dipôle R, L, C série est alimenté par un générateur délivrant une tension sinusoïdale u de fréquence f variable et de valeur efficace U=5 V.**
Pour une fréquence f_0=1 000 Hz, la valeur efficace I de l'intensité du courant qui traverse le circuit est alors maximale : I_0=0,2 A.

1° Donner, sans démonstration, l'expression littérale de l'impédance Z du circuit puis celle de la valeur efficace I de l'intensité du courant.

2° $f=f_0$.
***a)* Quelle relation relie L, C et f_0 ? Calculer la valeur de la capacité C sachant que L=50 mH ?**
***b)* Quelle est alors l'impédance du dipôle ? En déduire la valeur de la résistance R du circuit.**
***c)* Comparer la tension U_C aux bornes du condensateur à celle U du générateur en calculant U_C/U. Conclure.**

3° $f \neq f_0$.
***a)* Pour quelles fréquences f_1 et f_2, $I = I_0/\sqrt{2}$. En déduire l'intervalle $\Delta f = |f_2 - f_1|$ pour lequel $I \geqslant I_0/\sqrt{2}$.**
***b)* Calculer $f_0/\Delta f$. Comparer ce résultat à la valeur trouvée pour U_C/U.**

Solution :

1° L'impédance d'un circuit R, L, C série est :

$$\boxed{Z = \sqrt{R^2 + \left(L\omega - \frac{1}{C\omega}\right)^2}}$$

La valeur efficace I de l'intensité s'écrit :

$$\boxed{I = \frac{U}{Z} = \frac{U}{\sqrt{R^2 + \left(L\omega - \frac{1}{C\omega}\right)^2}}}$$

2° *a)* Pour $f=f_0$, l'intensité I est maximale. La tension efficace U étant constante, l'intensité I est maximale lorsque l'impédance Z est minimale, c'est-à-dire, pour :

$$L\omega_0 - \frac{1}{C\omega_0} = 0 \Rightarrow LC\omega_0^2 = 1,$$

soit : $$C = \frac{1}{L\omega_0^2} = \frac{1}{4\pi^2 f_0^2 L}.$$

Application numérique :

$$C = \frac{1}{4\pi^2 \times 10^6 \times 50.10^{-3}} \Rightarrow C \approx 5.10^{-7}\ \text{F} \Rightarrow \boxed{C = 0{,}5\ \mu\text{F}}$$

b) L'impédance du dipôle est alors : $Z = R \Rightarrow I_0 = U/R$,

donc : $$\boxed{R = \frac{U}{I_0}}$$

Application numérique : $R = \dfrac{5}{0{,}2}\ \Omega \Rightarrow \boxed{R = 25\ \Omega}$

Le circuit est en résonance d'intensité.

c) La tension aux bornes du condensateur est : $U_C = I_0/2\pi f_0 C$. Comme $U = RI_0$, nous obtenons :

$$\frac{U_C}{U} = \frac{1}{2\pi f_0 RC}$$

Application numérique :

$$\frac{U_c}{U} = \frac{1}{2\pi \times 10^3 \times 25 \times 0{,}5.10^{-6}} \Rightarrow \boxed{U_C/U \approx 12{,}6.}$$

La valeur efficace de la tension aux bornes du condensateur est supérieure à celle de la tension d'alimentation : il y a phénomène de surtension.

Autre expression de $\frac{U_c}{U}$:

$$\omega_0 = 2\pi f_0 = \frac{1}{\sqrt{LC}}$$

$$\frac{U_C}{U} = \frac{1}{R}\sqrt{\frac{L}{C}}$$

3° *a)* Détermination de Δf.

Nous savons que : $I=\frac{U}{Z}$ $I=\frac{I_0}{\sqrt{2}}$ et : $R=\frac{U}{I_0}$

Nous en déduisons : $Z=R\sqrt{2}$

ou $$\sqrt{R^2+\left(L\omega - \frac{1}{C\omega}\right)^2} = R\sqrt{2},$$

soit en élevant au carré :

$$R^2 + \left(L\omega - \frac{1}{C\omega}\right)^2 = 2R^2$$

ou $$L\omega - \frac{1}{C\omega} = \pm R,$$

ce qui conduit aux équations du second degré suivantes :

$$LC\omega^2 \pm RC\omega - 1 = 0$$

de la forme : $a\omega^2 \pm b\omega + c = 0$.

Les coefficients a et c étant de signes contraires, chaque équation admet donc une seule racine positive :

$$\omega_1 = \frac{-RC + \sqrt{(RC)^2+4LC}}{2LC}$$

$$\omega_2 = \frac{RC + \sqrt{(RC)^2+4LC}}{2LC}$$

Comme $\omega=2\pi f$, nous obtenons :

$$f_1 = \frac{-RC + \sqrt{(RC)^2+4LC}}{4\pi LC}$$

$$f_2 = \frac{RC + \sqrt{(RC)^2+4LC}}{4\pi LC}$$

La largeur de la bande passante est :

$$\Delta f = f_2 - f_1 = \frac{\omega_2 - \omega_1}{2\pi}$$

soit : $$\Delta f = \frac{R}{2\pi L}$$

En effectuant le rapport $\frac{f_0}{\Delta f}$, nous obtenons :

$$\frac{f_0}{\Delta f} = \frac{1}{R}\sqrt{\frac{L}{C}}$$

Nous retrouvons le rapport U_C/U.

Applications numériques :

$f_1 \approx 970$ Hz | $f_2 \approx 1\,050$ Hz | $\Delta f \approx 80$ Hz

14.12. Tout dipôle réel peut être représenté par deux modèles équivalents :

– un modèle dit série dont l'impédance complexe s'exprime sous la forme :

$$\underline{Z}_s = R_s + jX_s \;;$$

– un modèle dit parallèle dont l'admittance complexe s'exprime sous la forme :

$$\underline{Y}_p = G_p + jX_p.$$

1° Un dipôle peut être caractérisé par un coefficient appelé facteur de qualité Q **qui est égal, dans le cas du modèle série à $|X_s|/R_s$ et, dans le cas du modèle parallèle à $|B_p|/G_p$. Exprimer :**

***a)* R_p en fonction de R_s et de Q ;**

***b)* X_p en fonction de X_s et de Q.**

2° Les éléments en série d'une bobine sont $R_s=350\ \Omega$ et $L_s=1$ H.

Calculer les éléments R_p et L_p du modèle parallèle à la fréquence $f=1\,000$ Hz.

Solution :

1° Les modèles représentent le même dipôle. D'où :

$$\underline{Y}_p = 1/\underline{Z}_s$$

soit : $$G_p + jB_p = \frac{1}{R_s+jX_s}$$

Comme : $G_p = 1/R_p$ et $B_p = -1/X_p$

Nous obtenons : $$\frac{1}{R_p} - j\frac{1}{X_p} = \frac{1}{R_s+jX_s}$$

$$\frac{1}{R_p} - j\frac{1}{X_p} = \frac{R_s - jX_s}{(R_s+jX_s)(R_s-jX_s)}$$

ou encore :

$$\frac{1}{R_p} - j\frac{1}{X_p} = \frac{R_s}{R_s^2+X_s^2} - \frac{jX_s}{R_s^2+X_s^2}$$

En identifiant les parties réelles et imaginaires, nous obtenons :

$$\frac{1}{R_p} = \frac{R_s}{R_s^2+X_s^2} \Rightarrow R_p = R_s\left(1+\frac{X_s^2}{R_s^2}\right)$$

et

$$\frac{1}{X_p} = \frac{X_s}{R_s^2+X_s^2} \Rightarrow X_p = X_s\left(1+\frac{R_s^2}{X_s^2}\right).$$

Remarque : Que l'on prenne le facteur de qualité à partir du modèle série ou du modèle parallèle, le résultat doit être le même. Vérification :

$$\frac{1}{R_p} = \frac{R_s}{R_s^2+X_s^2} \qquad \Rightarrow \frac{X_s}{R_s} = \frac{R_p}{X_p} = -\frac{B_p}{G_p}$$

$$\frac{1}{X_p} = \frac{X_s}{R_s^2+X_s^2} \qquad \text{car } R_p = \frac{1}{G_p} \text{ et } X_p = -\frac{1}{B_p}$$

Nous obtenons bien : $|X_s|/R_s = |B_p|/G_p$.

Les expressions de R_p et X_p deviennent :

$R_p = R_s(1+Q^2)$ et $X_p = X_s(1+1/Q^2)$.

2° $X_s = L_s\omega$, d'où : $Q = L_s\omega/R_s$.

Application numérique : $Q \approx 18$
Nous avons alors $Q>>1$. Dans ces conditions les expressions de R_p et de X_p peuvent être simplifiées :
$R_p \approx R_s Q^2$ et $X_p \approx X_s \Rightarrow L_p \approx L_s$.

Application numérique :

$\boxed{R_p \approx 113\ \text{k}\Omega}$; $\boxed{L_p \approx 1\ \text{H}}$

Exercices à résoudre

14.13. Les courbes $Z(\omega)$ de la figure 14.33, ont été obtenues à partir de l'étude des circuits de la figure 14.34.
Associer chaque circuit à la courbe représentant la variation de son impédance en fonction de la fréquence f.

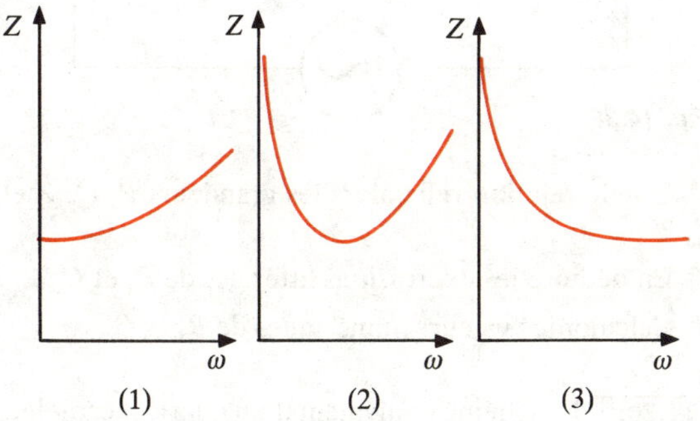

Fig. 14.33.

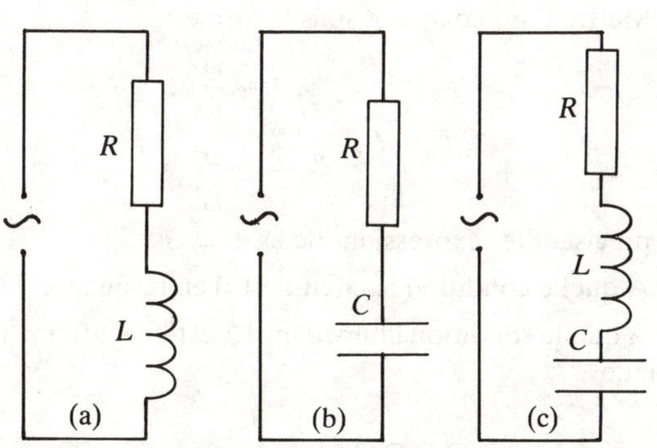

Fig. 14.34.

14.14. Pour déterminer la résistance R et l'inductance L propre d'une bobine, on réalise deux expériences :
Expérience 1 : la bobine, alimentée par un générateur de tension continue $E=10$ V, est traversée par un courant d'intensité $I_0=1$ A.
Expérience 2 : la bobine, alimentée par un générateur de tension sinusoïdale de valeur efficace $U=10$ V, est traversée par un courant d'intensité efficace $I=0{,}3$ A (f = 50 Hz).
Calculer la résistance R et l'inductance L de la bobine.

14.15. 1° Représenter le diagramme de Fresnel associé aux tensions de la figure 14.35.

2° $u_e = U_e\sqrt{2}\cos\omega t$ et $u_s = U_s\sqrt{2}\cos(\omega t+\varphi)$. Donner les expressions littérales de U_s et φ.

3° $C=16{,}7\ \mu$F et $R=110\ \Omega$. Calculer le déphasage entre u_s et u_e (f = 50 Hz).

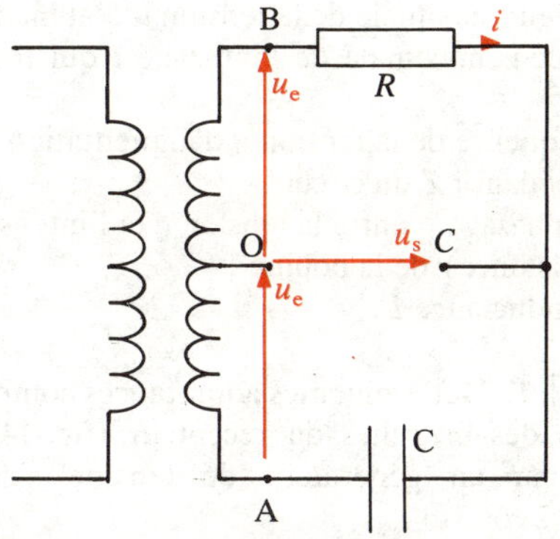

Fig. 14.35.

14.16. Deux bobines, l'une de résistance $r_1=100\ \Omega$ et d'inductance $L_1=0{,}1$ H, l'autre de résistance $r_2=200\ \Omega$ et d'inductance $L_2=0{,}8$ H, sont associées en parallèle et alimentées par un générateur de tension sinusoïdale de valeur efficace 220 V et de fréquence 50 Hz.

1° Donner l'expression numérique de la valeur instantanée de l'intensité du courant traversant chaque bobine.

2° En utilisant la construction de Fresnel, calculer l'intensité i du courant débité par le générateur.

3° Reprendre la question précédente en utilisant la notation complexe.

14.17. L'association série d'une bobine de résistance r et d'inductance L avec un condensateur de capacité $C=10\ \mu$F et d'un élément résistif de résistance $R=20\ \Omega$ est étudiée au moyen d'un oscillographe bicourbe. L'ensemble est alimenté par une tension sinusoïdale de valeur instantanée $u=U\sqrt{2}\cos\omega t$.

1° Réaliser un schéma de montage sur lequel figure le branchement de l'oscillographe permettant la visualisation simultanée des tensions u et u_R (u_R tension aux bornes de R).

2° A partir des oscillogrammes obtenus (fig. 14.36), calculer :

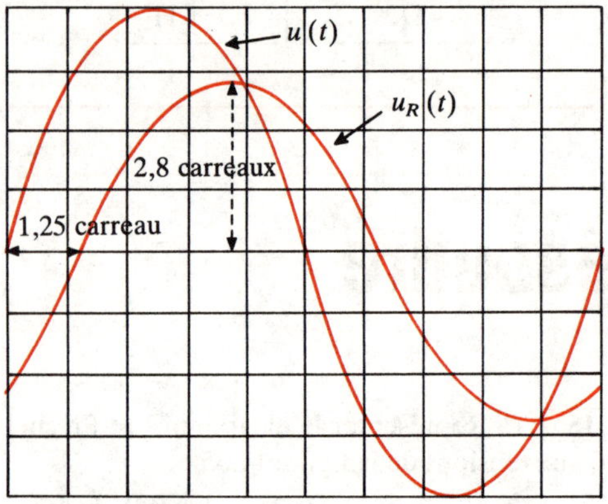

Sensibilité verticale des deux voies : 5 V/carreau
Sensibilité horizontale : 2 ms/carreau.

Fig. 14.36.

a) la valeur maximale de la tension u d'alimentation ;
b) la valeur maximale de l'intensité i qui traverse le circuit ;
c) la fréquence de la tension u d'alimentation ;
d) l'impédance Z du circuit ;
e) le déphasage φ entre la tension u et l'intensité i ;
f) la résistance r de la bobine ;
g) son inductance L.

14.18. **1°** Déterminer les admittances complexes de chacune des branches du récepteur (fig. 14.37) alimenté par un générateur de tension sinusoïdale $u=220\sqrt{2}\cos 314\,t$.

2° Calculer les expressions complexes des intensités des courants traversant chacune des branches.

3° En déduire les expressions des valeurs instantanées de ces intensités.

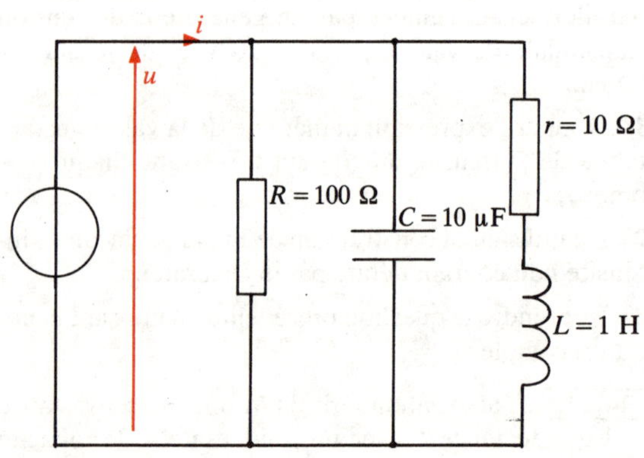

Fig. 14.37.

14.19. Dans le montage de la figure 14.38, les résistances P et Q ont la même valeur. $\underline{Z}_x$ est l'impédance complexe d'un condensateur dont le modèle parallèle est formé d'un condensateur de capacité C_x et d'une résistance de fuite R_x inconnues. $\underline{Z}$ est l'impédance complexe d'un montage associant en parallèle un condensateur parfait, de capacité C connue et réglable, et une résistance R également connue et réglable. Lorsque $R=10$ kΩ et $C=1$ μF, l'oscillographe indique une tension nulle.

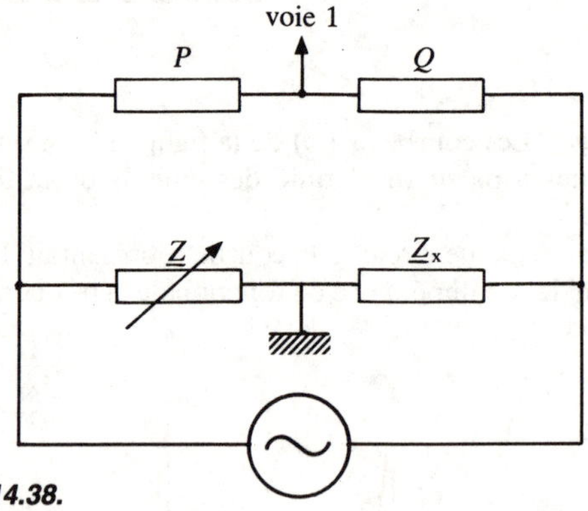

Fig. 14.38.

1° Quelle relation relie alors les grandeurs P, Q, $\underline{Z}$ et $\underline{Z}_x$?

2° En déduire les expressions littérales de R_x et C_x.

3° Calculer les valeurs numériques de R_x et C_x.

14.20. Le schéma équivalent d'un quartz piézo-électrique est donné figure 14.39.

1° Calculer l'impédance complexe de ce modèle.

2° Mettre l'impédance $\underline{Z}$ sous la forme :

$$\underline{Z} = -j\,\frac{1}{C_0\omega}\cdot\frac{1-\dfrac{\omega_s^2}{\omega^2}}{1-\dfrac{\omega_p^2}{\omega^2}}$$

en précisant les expressions de ω_s et ω_p.

3° A quelle condition le circuit est-il en résonance ?

4° A quelle condition l'impédance Z est-elle infiniment grande ?

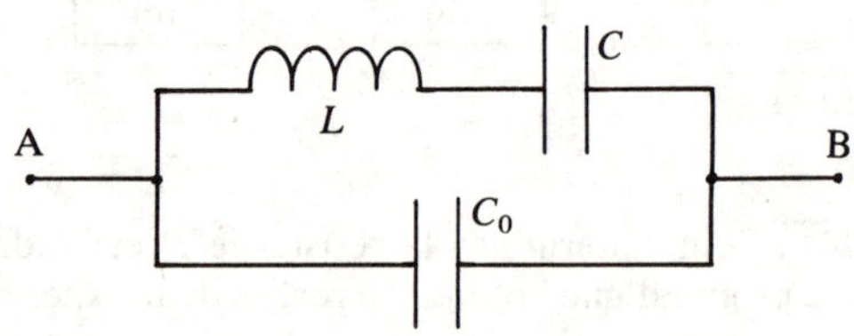

Fig. 14.39.

Chapitre 15

ÉTUDE DES CIRCUITS EN RÉGIME SINUSOÏDAL

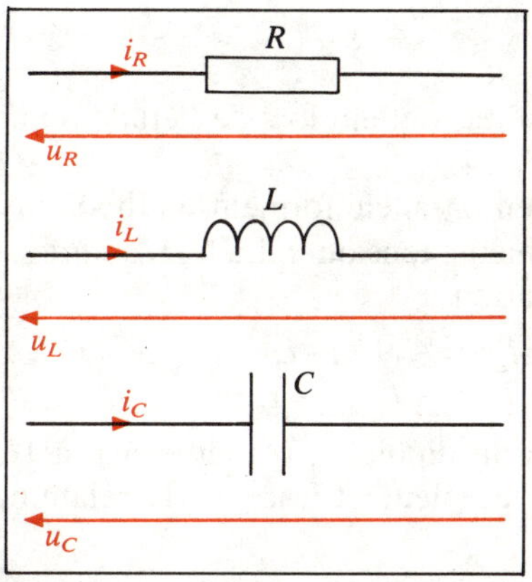

***Fig. 15.01.** Dipôles passifs élémentaires.*

Notations utilisées

Les circuits électriques comportent très souvent plusieurs mailles. Pour simplifier l'étude de tels circuits, il est possible de réduire le nombre de mailles en associant des dipôles et en utilisant des modèles équivalents comme cela a été fait lors de l'étude des circuits en régime continu.

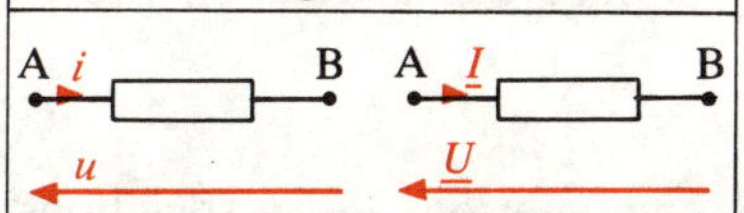

En régime sinusoïdal, l'utilisation des nombres complexes est souvent applicable. Aussi, fréquemment, sur les schémas, portons-nous les grandeurs complexes associées aux grandeurs sinusoïdales plutôt que les valeurs instantanées. L'orientation d'un conducteur par une flèche est conservée et sa signification reste la même qu'auparavant : la flèche indique le sens de circulation pour lequel l'intensité instantanée est positive. Ainsi la représentation est analogue à celle utilisée avec les valeurs instantanées et les grandeurs portées sur le schéma sont celles qui interviennent dans les calculs.

1. IMPÉDANCE D'UN DIPÔLE PASSIF LINÉAIRE

1.1. Dipôles élémentaires

Trois dipôles passifs élémentaires ont déjà été étudiés (fig. 15.01) : un résistor, une bobine et un condensateur parfaits. Ces éléments sont linéaires, si les grandeurs R, L et C qui les caractérisent respectivement sont des constantes. En régime sinusoïdal permanent et avec les valeurs complexes, la loi d'Ohm s'écrit :

$$\underline{U}_R = R\underline{I}_R, \qquad \underline{U}_L = jL\omega\underline{I}_L \qquad \text{et :} \qquad \underline{I}_C = jC\omega\underline{U}_C.$$

Les impédances complexes de ces dipôles sont respectivement :

$$\underline{Z}_R = R \qquad \underline{Z}_L = jL\omega \qquad \text{et :} \qquad \underline{Z}_C = 1/jC\omega.$$

1.2. Association de dipôles passifs

Tout dipôle passif linéaire peut être considéré comme l'association (en série, en parallèle ou mixte) de tels dipôles élémentaires. Les résultats qui suivent, permettent de calculer son impédance quelle que soit la complexité du groupement considéré.

a) Association en série

Nous pouvons généraliser le résultat obtenu lors de l'étude d'un circuit R, L, C série (chapitre 14). Supposons que le dipôle $\mathcal{D}$ (fig. 15.02), formé de n dipôles élémentaires associés en série (donc traversés par le même courant d'intensité i), soit soumis à une tension u. La loi d'addition des tensions nous permet d'écrire :

$$u = u_1 + u_2 + u_3 + \ldots + u_n$$

soit en notation complexe :

$$\underline{U} = \underline{U}_1 + \underline{U}_2 + \underline{U}_3 + \ldots + \underline{U}_n.$$

Si $\underline{Z}_i$ est l'impédance complexe du dipôle $\mathcal{D}_i$ (i indice égal à 1, 2, …, n) et $\underline{I}$ est la valeur complexe de l'intensité i, la relation précédente devient :

$$\underline{U} = (\underline{Z}_1 + \underline{Z}_2 + \underline{Z}_3 + \ldots + \underline{Z}_n)\underline{I}.$$

L'**impédance $\underline{Z}$ du dipôle** formé par l'association considérée est égale à :

$$\underline{Z} = \frac{\underline{U}}{\underline{I}} = \underline{Z}_1 + \underline{Z}_2 + \underline{Z}_3 + \ldots + \underline{Z}_n.$$

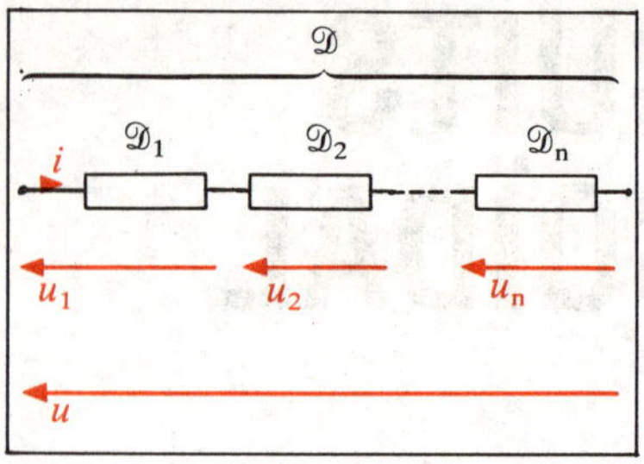

Fig. 15.02. Association en série.

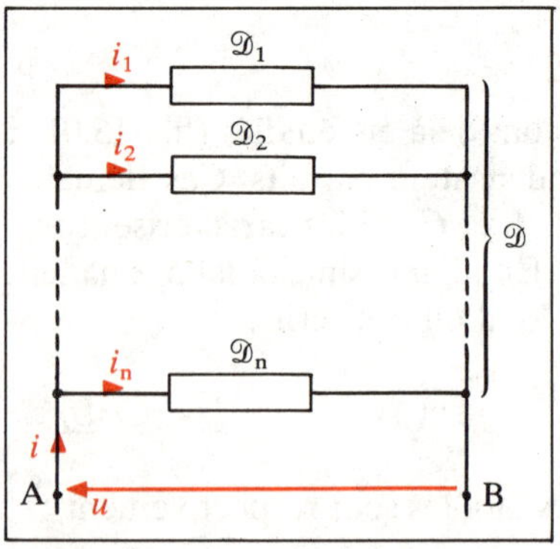

Fig. 15.03. Association en parallèle.

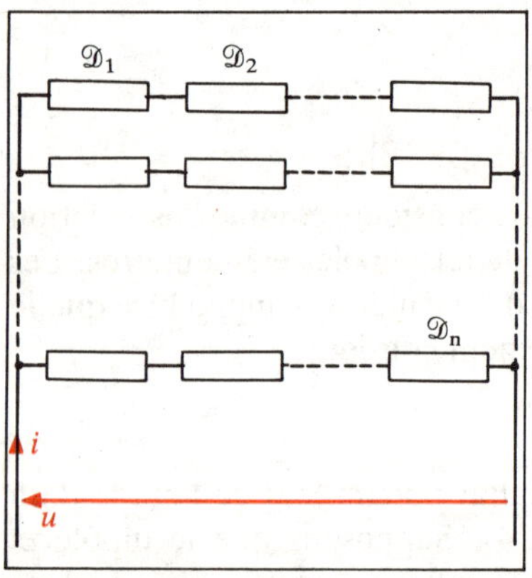

Fig. 15.04. Association en parallèle de dipôles en série.

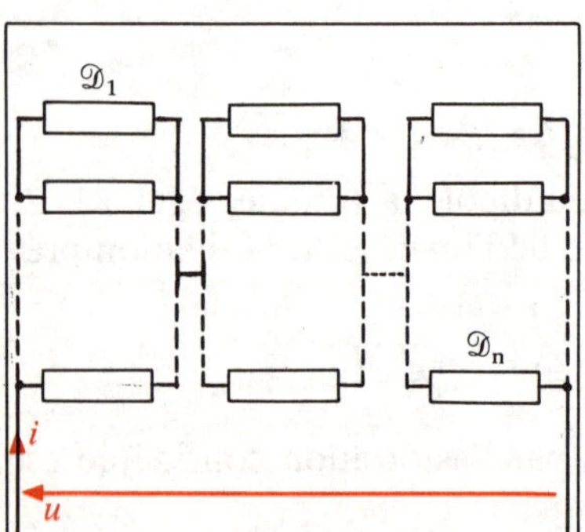

Fig. 15.05. Association en série de dipôles en parallèle.

L'impédance complexe $\underline{Z}$ d'un dipôle formé par l'association de n dipôles en série est égale à la somme des impédances complexes de ces dipôles :

$$\underline{Z} = \frac{\underline{U}}{\underline{I}} = \sum_{1}^{n} \underline{Z}_i$$

En conséquence, le dipôle 𝒟 peut être remplacé par un dipôle unique (dipôle équivalent) d'impédance complexe $\underline{Z}$ donnée par la relation précédente (voir exercice 15.01).

b) Association en parallèle

Nous pouvons généraliser le résultat obtenu lors de l'étude d'un circuit R, L, C parallèle (chapitre 14).

n dipôles élementaires associés en parallèle forment un dipôle 𝒟 (fig. 15.03). Ils sont soumis à la même tension u. La loi d'addition des courants se traduit par la relation :

$$i = i_1 + i_2 + i_3 + \ldots + i_n$$

soit en notation complexe : $\underline{I} = \underline{I}_1 + \underline{I}_2 + \underline{I}_3 + \ldots + \underline{I}_n$.

Si $\underline{Y}_i$ est l'admittance complexe du dipôle $𝒟_i$ (i indice égal à 1, 2,...,n) soumis à la tension u, de valeur efficace U, la relation précédente devient :

$$\underline{I} = (\underline{Y}_1 + \underline{Y}_2 + \underline{Y}_3 + \ldots + \underline{Y}_n)\underline{U}.$$

L'admittance $\underline{Y}$ du dipôle formé est :

$$\underline{Y} = \frac{\underline{U}}{\underline{I}} = \underline{Y}_1 + \underline{Y}_2 + \underline{Y}_3 + \ldots + \underline{Y}_n.$$

L'admittance complexe $\underline{Y}$ d'un dipôle formé par l'association de n dipôles en parallèle est égale à la somme des admittances complexes de ces dipôles.

$$\underline{Y} = \frac{\underline{I}}{\underline{U}} = \sum_{1}^{n} \underline{Y}_i.$$

Par conséquent le dipôle 𝒟 peut être remplacé par un dipôle équivalent d'admittance complexe $\underline{Y}$ donnée par la relation précédente.

c) Associations mixtes

Les associations mixtes sont des combinaisons des associations précédentes. Deux exemples simples vont être utilisés pour montrer la méthode de calcul retenue. Elle se résume simplement : chaque association, en série ou en parallèle, est remplacée par son dipôle équivalent. Le travail est conduit de proche en proche jusqu'à l'obtention du dipôle équivalent du montage complet.

■ *Association en parallèle de dipôles en série* (fig. 15.04) :

Il faut d'abord remplacer chaque branche par son dipôle équivalent (en utilisant le fait que chaque branche est une association en série).

Toutes les branches étant en parallèle, il suffit d'ajouter les admittances des branches pour obtenir l'admittance de l'association c'est-à-dire du dipôle équivalent.

■ *Association en série de dipôles en parallèle* (fig. 15.05) :

Il faut d'abord remplacer chaque groupement en parallèle par un dipôle équivalent.

Tous ces dipôles équivalents étant alors en série, il suffit d'ajouter leurs impédances pour obtenir l'impédance de l'association.

2. MODÈLE D'UN DIPÔLE ACTIF LINÉAIRE

Un dipôle générateur est un élément actif linéaire s'il est formé par l'association d'éléments passifs linéaires et d'un électromoteur (ou de plusieurs fonctionnant à la même fréquence).

En régime sinusoïdal permanent, la valeur instantanée de la tension u aux bornes du dipôle est de la forme :

$$u = U\sqrt{2}\cos \omega t.$$

Ce dipôle actif alimente une charge (fig. 15.06) traversée par un courant dont la valeur instantanée de l'intensité est de la forme :

$$i = I\sqrt{2}\cos(\omega t - \varphi).$$

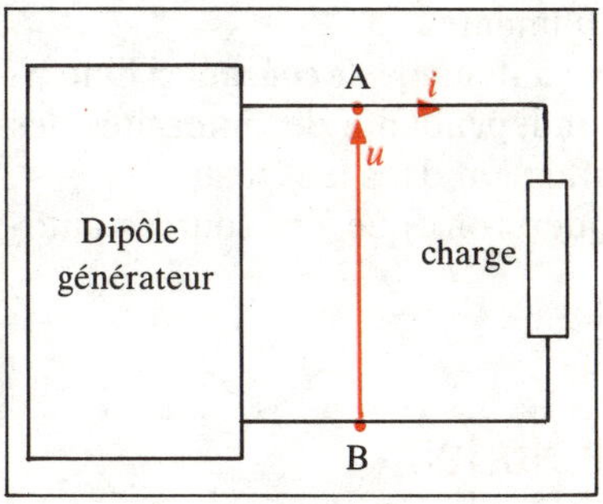

Fig. 15.06. Circuit élémentaire.

En notation complexe, nous avons :

$$\underline{U} = [U, 0] \quad \text{et} \quad \underline{I} = [I, -\varphi].$$

Dans un dipôle actif générateur, il y a au moins un électromoteur qui, dans un cas idéal, peut être :

- une source parfaite de tension, si la tension efficace à ses bornes reste constante quelle que soit l'intensité du courant qu'il fournit ;
- une source parfaite de courant, si l'intensité efficace du courant qu'il fournit reste constante quelle que soit la tension à ses bornes.

2.1. Modèle équivalent de Thévenin

Exemple : Générateur de tension sinusoïdale ayant une impédance interne inductive.

La tension u disponible aux bornes du générateur est égale à sa f.é.m. e moins une chute ohmique ri et une chute purement inductive Ldi/dt.

Soit :

$$u = e - ri - Ldi/dt.$$

En notation complexe, nous obtenons :

$$\underline{U} = \underline{E} - r\underline{I} - jL\omega\underline{I},$$

$r + jL\omega$ est l'impédance interne $\underline{Z}_G$ de ce dipôle :

$$\underline{U} = \underline{E} - \underline{Z}_G\underline{I}.$$

2.1.1. Premier schéma équivalent d'un électromoteur linéaire

En général, la tension u aux bornes d'un électromoteur est différente de celle de sa f.é.m. e. La différence $(e-u)$ dépend de l'impédance interne de l'électromoteur et de l'intensité i du courant débité. Cette observation peut se traduire par une relation qui, en notation complexe, s'écrit :

$$\underline{U} = \underline{E} - \underline{Z}_0\underline{I}$$

dans laquelle $\underline{Z}_0$ représente l'impédance complexe interne de l'électromoteur.

Le schéma correspondant à cette relation (fig. 15.07) comprend, deux dipôles associés en série : une source parfaite de tension et un élément passif. Cette représentation est le **modèle équivalent de Thévenin.**

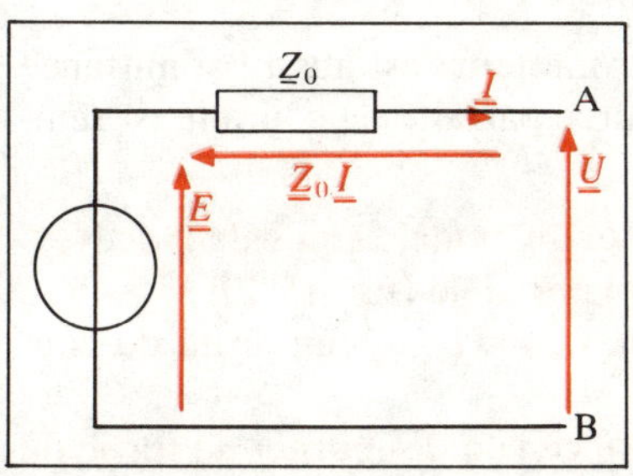

Fig. 15.07. Modèle équivalent d'un électromoteur.

2.1.2. Théorème de Thévenin

– La f.é.m. $\underline{E}$ est égale à la tension $\underline{U}_0$ aux bornes de l'électromoteur lorsque l'intensité du courant débité est nulle :

$$\underline{E} = \underline{U}_0 = (\underline{U})_{I=0}.$$

– $\underline{Z}_0$, impédance interne de l'électromoteur, est aussi l'impédance vue des bornes AB lorsque, dans le modèle équivalent, la source parfaite de tension est remplacée par un court-circuit (source éteinte).

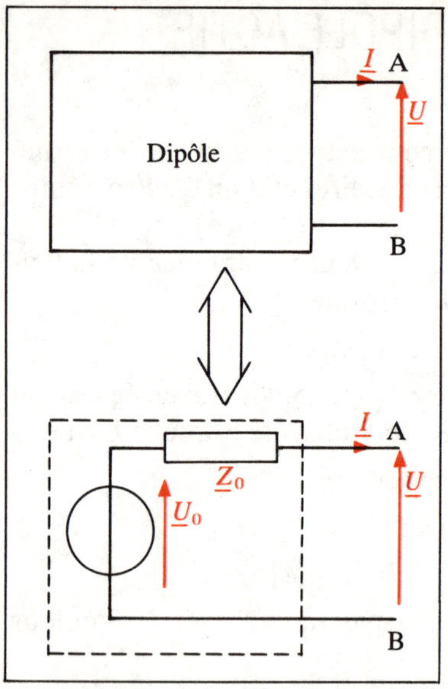

Fig. 15.08. *Modèle équivalent de Thévenin.*

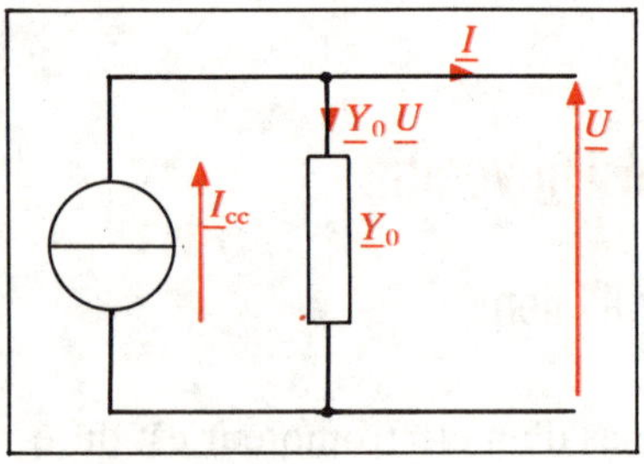

Fig. 15.09. *Modèle équivalent d'un électromoteur.*

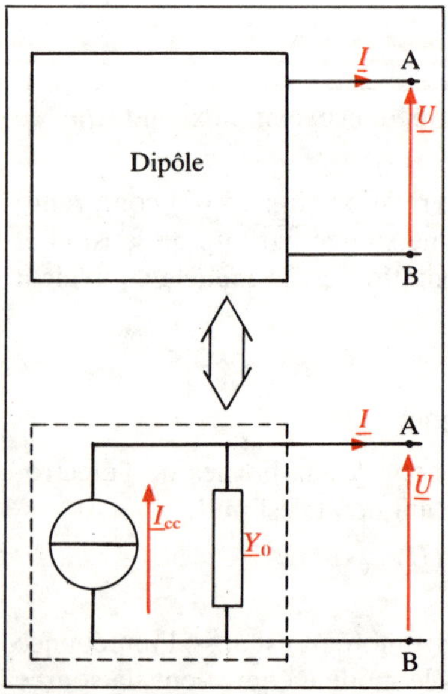

Fig. 15.10. *Modèle équivalent de Norton.*

Tout dipôle actif linéaire AB, admet un modèle équivalent de Thévenin représenté par l'association en série (fig. 15.08) :
- d'une source parfaite de tension de f.é.m. $\underline{U}_0=(\underline{U})_{I=0}$ (tension à vide du dipôle),
- et d'une impédance $\underline{Z}_0$ impédance vue des bornes AB lorsque les électromoteurs autonomes du dipôle sont remplacés par leurs impédances internes.

Remarques :
- Un électromoteur est une **source autonome de tension** si sa f.é.m. $\underline{E}$ est indépendante des intensités des courants et des tensions qui apparaissent dans le réseau qu'il alimente.
- Un électromoteur est une **source autonome de courant** si l'intensité du courant qu'il impose est indépendante des intensités des courants et des tensions qui apparaissent dans le réseau.

Dans ce chapitre, nous ne considérerons que des sources autonomes.

2.2. Modèle équivalent de Norton

2.2.1. Second schéma équivalent d'un électromoteur linéaire

La relation $\underline{U}=\underline{E}-\underline{Z}_0\underline{I}$ qui caractérise un électromoteur peut également s'écrire :

$$\frac{\underline{U}}{\underline{Z}_0}=\frac{\underline{E}}{\underline{Z}_0}-\underline{I}$$

soit :

$$\underline{I}=\frac{\underline{E}}{\underline{Z}_0}-\frac{\underline{U}}{\underline{Z}_0}.$$

Posons : $\underline{I}_{cc}=\dfrac{\underline{E}}{\underline{Z}_0}$; c'est la valeur complexe de l'intensité du courant de court-circuit de l'électromoteur.

$\underline{Y}_0=\dfrac{1}{\underline{Z}_0}$ est l'admittance interne de l'électromoteur.

D'où :

$$\underline{I}=\underline{I}_{cc}-\underline{Y}_0\underline{U}.$$

De cette relation, nous déduisons le **modèle équivalent de Norton** (fig. 15.09).

2.2.2. Théorème de Norton

$\underline{Y}_0$, admittance interne de l'électromoteur, est aussi l'admittance vue des bornes AB lorsque la source parfaite de courant est remplacée par une branche ouverte.

Tout dipôle actif linéaire AB admet un modèle équivalent de Norton représenté par l'association en parallèle (fig. 15.10) :
- d'une source parfaite de courant $\underline{I}_{cc}=(\underline{I})_{U=0}$ (intensité du courant de court-circuit du dipôle),
- et d'une admittance $\underline{Y}_0$, admittance vue des bornes de sortie du dipôle lorsque les électromoteurs autonomes du dipôle sont remplacés par leurs admittances internes.

3. UTILISATION DES THÉORÈMES DE THÉVENIN ET DE NORTON

Les théorèmes de Thévenin et de Norton ne peuvent être appliqués que pour l'étude des réseaux linéaires. Les électromoteurs de ces réseaux peuvent fonctionner en générateur ou en récepteur.
Si le réseau a une structure série, le théorème le plus commode à utiliser est celui de Thévenin.
Si le réseau a une structure parallèle, il est alors préférable d'utiliser le théorème de Norton.
La plupart des réseaux ont une structure mixte. Il est alors nécessaire de considérer séparément les portions en série et les portions en parallèle, de rechercher les modèles équivalant à ces portions et, de proche en proche, de rechercher le modèle équivalent de l'ensemble. La structure de l'ensemble du réseau est réduite progressivement jusqu'à obtenir un circuit élémentaire simple (un circuit à une maille par exemple).

Travaux pratiques

Mesure de l'impédance interne Z d'un générateur linéaire, fonctionnant en régime sinusoïdal de pulsation fixée

Le modèle équivalent du générateur est donné figure 15.11. Les paramètres $\underline{E}$ et $\underline{Z}$ sont indépendants de $\underline{I}$:

$$\underline{U}=\underline{E}-\underline{Z}\,\underline{I},$$

$\underline{E}$ est une grandeur interne, mesurable à vide, mais inaccessible en charge. On dispose d'une tension de référence liée à $e(t)$ pour apprécier les variations de phase de $u(t)$ par rapport à $e(t)$.
Générateur étudié : Un transformateur.

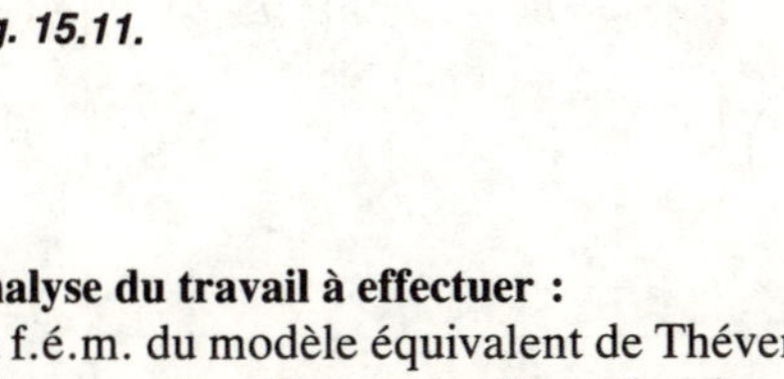

Fig. 15.11.

Analyse du travail à effectuer :
La f.é.m. du modèle équivalent de Thévenin du secondaire est, selon les conventions choisies, en phase ou en opposition de phase avec la tension primaire ; $e(t)$ est proportionnelle à la tension d'entrée.
On charge le générateur par une résistance connue R de manière que $\underline{U}$ soit sensiblement différent de $\underline{E}$ (on contrôle à l'oscillographe que $u(t)$ reste sinusoïdale).

On mesure E et U et le déphasage ψ de $u(t)$ par rapport à $e(t)$. D'où la représentation de Fresnel de la figure 15.12.

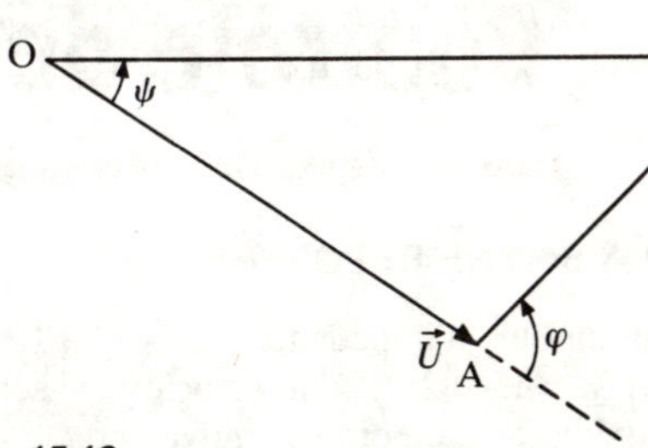

Fig. 15.12.

Comme $\underline{V}=\underline{Z}\,\underline{I}$, nous obtenons :

- module de Z = module de $\underline{V}$/module de $\underline{I}$.

Le module de $\underline{V}$ se détermine soit graphiquement, soit à partir de la relation classique du triangle qui entraîne ici :

$$V^2=E^2+U^2-2EU\cos\psi\ ;$$

- arg $\underline{Z}$ = arg $\underline{V}$ − arg $\underline{I}$ = φ.

L'angle φ se détermine soit graphiquement, soit par le calcul en utilisant la relation :

$$\frac{\sin\psi}{\text{AB}}=\frac{\sin\varphi}{\text{OB}}$$

obtenue en observant que les projections des côtés OA et OB du triangle OAB sur une normale au côté OA sont égales. D'où :

$$\sin\varphi=\sin\psi\,\frac{E}{ZI}.$$

Exemple :
Choisir un ensemble de deux bobines (1 000 spires par exemple) assez faiblement couplées, placées dans le

prolongement l'une de l'autre (et l'une contre l'autre). Réaliser le montage de la figure 15.13.

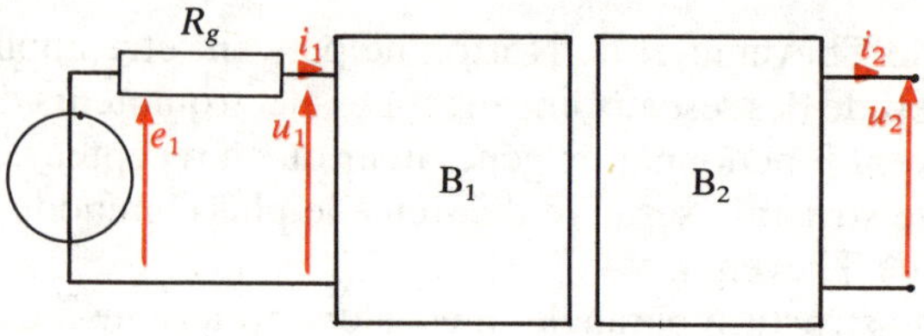

Fig. 15.13.

La bobine B_2 se comporte comme un générateur de f.é.m. $e(t)$ et d'impédance interne $\underline{Z}$ à déterminer.

Si $\underline{E}_1$ est la f.é.m. du générateur alimentant B_1, r_1 la résistance interne de B_1, R_g la résistance du générateur, alors R_1 est égale à la somme (r_1+R_g), L_1 l'inductance propre de B_1, M l'inductance mutuelle entre B_1 et B_2, L_2 l'inductance propre de B_2, r_2 sa résistance interne, on peut montrer que :

$$\underline{U}_2 = -j\,\frac{M\omega \underline{E}_1}{\underline{Z}_1} - \left(\frac{M^2\omega^2}{\underline{Z}_1} + \underline{Z}_2\right)\underline{I}_2.$$

Expression dans laquelle $\underline{Z}_1=R_1+jL_1\omega$ et $\underline{Z}_2=r_2+jL_2\omega$. L'expression de $\underline{U}_2$ est de la forme $\underline{E}-\underline{Z}\,\underline{I}_2$ avec :

$$\underline{E} = -j\,\frac{M\omega \underline{E}_1}{\underline{Z}_1},$$

$\underline{E}$ est liée à $\underline{E}_1$, qui est inaccessible. Or $\underline{U}_1=\underline{E}_1-R_g\underline{I}_1$ est accessible. Si $R_g\approx 0$, $\underline{U}_1$ est liée à $\underline{E}_1$. Il faut donc choisir un générateur ayant une résistance assez faible ($R_g \leqslant 50\ \Omega$) pour pouvoir admettre que $\underline{E}$, f.é.m. du générateur équivalent de Thévenin équivalent au montage, est liée à $\underline{U}_1$.

Application :

Le générateur fournit une tension sinusoïdale de fréquence $f=1$ kHz. Régler sa f.é.m. pour avoir $E_1=5$V.

Mesurer le déphasage entre $e(t)$, f.é.m. induite dans B_2 et $u_1(t)$, soit ψ_1 le retard de $e(t)$ sur $u_1(t)$.

Charger la bobine B_2 par une résistance R de 100 Ω.

Mesurer U_2, en déduire I_2.

Mesurer le déphasage entre $u_2(t)$ et $u_1(t)$, soit ψ_2 le retard de $u_2(t)$ sur $u_1(t)$. En déduire le retard ψ de $u_2(t)$ sur $e(t)$.

Déterminer alors le module et l'argument de l'impédance interne $\underline{Z}$ du générateur équivalent.

Contrôle des connaissances

Dans tous les exercices de ce chapitre les grandeurs sont exprimées en unités SI.

INDIQUER LA BONNE RÉPONSE.

15.01. Trois dipôles d'impédances $\underline{Z}_1=100+100\,j$, $\underline{Z}_2=50-75\,j$ et $\underline{Z}_3=150+25\,j$ sont associés en série. Quelle est l'impédance $\underline{Z}$ du dipôle équivalent ?

R : $\underline{Z}=200+100\,j$; $\underline{Z}=300+50\,j$; $\underline{Z}=150-50\,j$; $\underline{Z}=100+50\,j$.

15.02. Quels sont les éléments d'un générateur de Thévenin équivalent au dipôle AB (fig. 15.14) ? On prendra $\underline{I}_{cc}=3+4\,j$ et $\underline{Z}_0=10$.

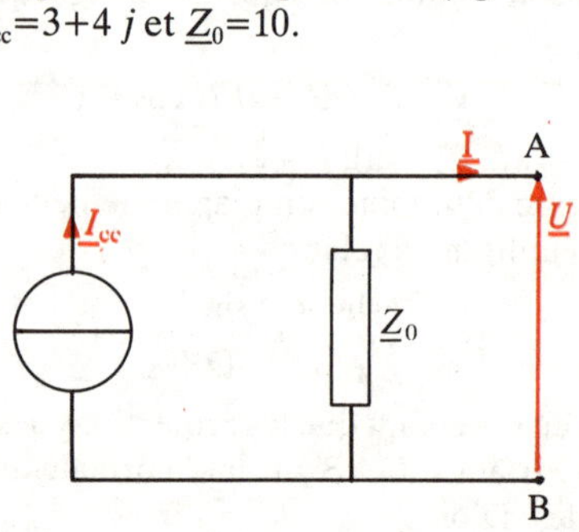

Fig. 15.14.

R : ($\underline{U}_0=30+40\,j$; $\underline{Z}_0=10$) ; ($\underline{U}_0=30-40\,j$; $\underline{Z}_0=10$) ; ($\underline{U}_0=5$; $\underline{Z}_0=0{,}3+4\,j$) ; ($\underline{U}_0=5$; $\underline{Z}_0=0{,}3-0{,}4\,j$).

15.03. Trois dipôles d'impédances $\underline{Z}_1=10+5\,j$, $\underline{Z}_2=5-10\,j$ et $\underline{Z}_3=9+12\,j$ sont associés en parallèle. Quelle est l'impédance $\underline{Z}$ du dipôle équivalent ?

R : $\underline{Z}=15(12+j)/29$; $\underline{Z}=25+2\,j$; $\underline{Z}=12-35\,j$; $\underline{Z}=75+29\,j$.

15.04. Déterminer les éléments de Thévenin du dipôle AB (fig. 15.15).
On donne : $u=20\sqrt{2}\ \cos\ (100\ \pi t)$; $R=10\ \Omega$; $C=100\ \mu$F.
Effectuer les calculs avec $(1/\pi)=0{,}32$.

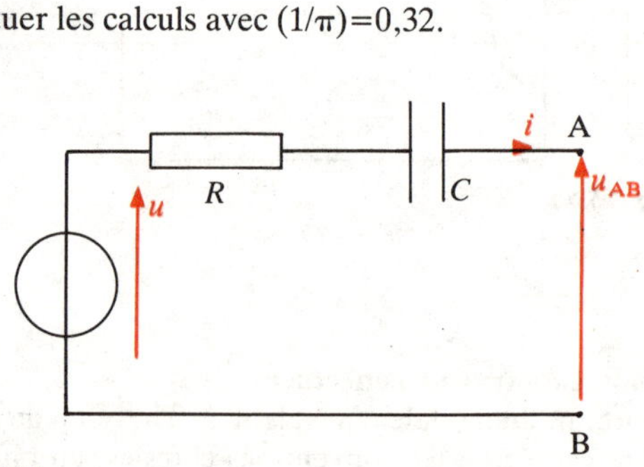

Fig. 15.15.

R : ($\underline{U}_0=20$; $\underline{Z}_0=10-32\,j$) ; ($\underline{U}_0=20$; $\underline{Z}_0=10+16\,j$) ; ($\underline{U}_0=20+20\,j$; $\underline{Z}_0=10-8\,j$) ; ($\underline{U}_0=-20$; $\underline{Z}_0=10+64\,j$).

15.05. La relation accompagnant le modèle équivalent de Thévenin d'un générateur est : $\underline{U}_g=\underline{E}_g-\underline{Z}_g\underline{I}$ avec $\underline{E}_g=10$ et $\underline{Z}_g=5+5\,j$.
Quels sont les éléments ($\underline{I}_{cc}$; $\underline{Y}_0$) du modèle équivalent de Norton de ce générateur ?

R : ($\underline{I}_{cc}=1-j$; $\underline{Y}_0=0{,}1-0{,}1\,j$) ; ($\underline{I}_{cc}=1+j$; $\underline{Y}_0=0{,}1+0{,}1\,j$) ; ($\underline{I}_{cc}=2$; $\underline{Y}_0=1+j$) ; ($\underline{I}_{cc}=0{,}5$; $\underline{Y}_0=1-j$).

15.06. Les paramètres du modèle équivalent de Norton du dipôle AB (fig. 15.16) sont :

$\underline{I}_{cc}=0{,}5+j$ et $\underline{Z}_0=1+j$.

Quelle est l'expression complexe $\underline{U}$ de la tension aux bornes du condensateur d'impédance complexe $\underline{Z}_c=-2\,j$?

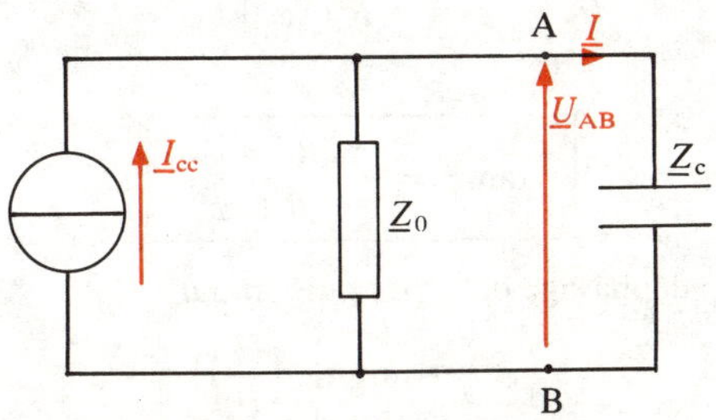

Fig. 15.16.

R : $2-j$; $1+2\,j$; $2+j$; $1-2j$.

15.07. Les éléments du dipôle AB de la figure 15.17 sont :
$\underline{Y}_1=0{,}1+0{,}1\,j$, $\underline{I}_1=2$, $\underline{Y}_2=0{,}3+0{,}2\,j$ et $\underline{I}_2=3$.
Quels sont les éléments ($\underline{I}_{cc}$; $\underline{Y}_0$) du modèle équivalent de Norton ?

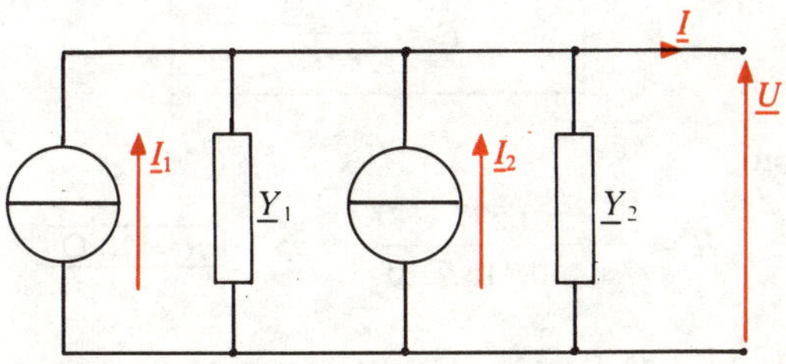

Fig. 15.17.

R : ($\underline{I}_{cc}=3$; $\underline{Y}_0=1+2\,j$) ; ($\underline{I}_{cc}=2+j$; $\underline{Y}_0=4+3\,j$) ; ($\underline{I}_{cc}=5$; $\underline{Y}_0=0{,}4+0{,}3\,j$) ; ($\underline{I}_{cc}=1$; $\underline{Y}_0=1{,}6+1{,}2\,j$).

15.08. Quels sont les éléments du modèle équivalent de Thévenin du dipôle AB proposé dans le contrôle 15.07 ?

R : ($\underline{U}_0=0{,}2$; $\underline{Z}_0=0{,}6-0{,}5\,j$) ; ($\underline{U}_0=8-6\,j$; $\underline{Z}_0=1{,}6-1{,}2\,j$) ; ($\underline{U}_0=1-3\,j$; $\underline{Z}_0=1-j$) ; ($\underline{U}_0=6\,j$; $\underline{Z}_0=4+2\,j$).

15.09. Déterminer les éléments de Norton du dipôle AB (fig. 15.18). On donne $i=0{,}1\sqrt{2}\sin\omega t$, $L\omega=1/C\omega=100\ \Omega$ et $R=50\ \Omega$.

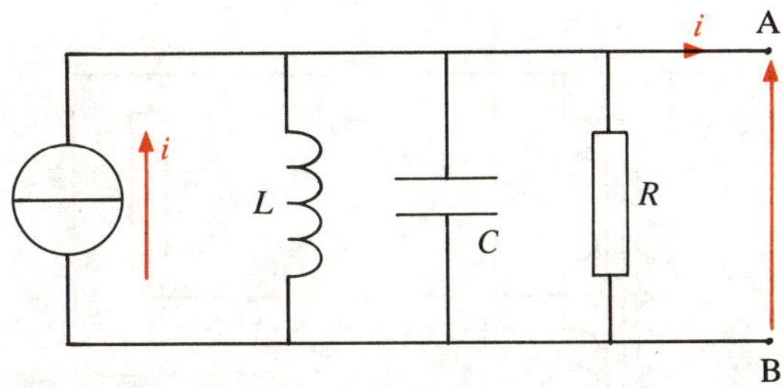

Fig. 15.18.

R : ($\underline{I}_{cc}=10$; $\underline{Y}_0=2$) ; ($\underline{I}_{cc}=1$; $\underline{Y}_0=10^{-2}$) ; ($\underline{I}_{cc}=0{,}1$; $\underline{Y}_0=2.10^{-2}$) ; ($\underline{I}_{cc}=2$; $\underline{Y}_0=2$).

15.10. Déterminer les éléments de Thévenin du dipôle AB du contrôle précédent (fig. 15.18).

R : ($\underline{U}_0=0{,}5$; $\underline{Z}_0=5$) ; ($\underline{U}_0=5$; $\underline{Z}_0=50$) ; ($\underline{U}_0=50$; $\underline{Z}_0=5$) ; ($\underline{U}_0=50$; $\underline{Z}_0=0{,}5$).

15.11. Quels sont les éléments de Norton du dipôle AB (fig. 15.19) ? On donne $i=0{,}1\sqrt{2}\sin\omega t$, $u=10\sqrt{2}\sin\omega t$, $L\omega=1/C\omega=100\ \Omega$ et $R=50\ \Omega$.

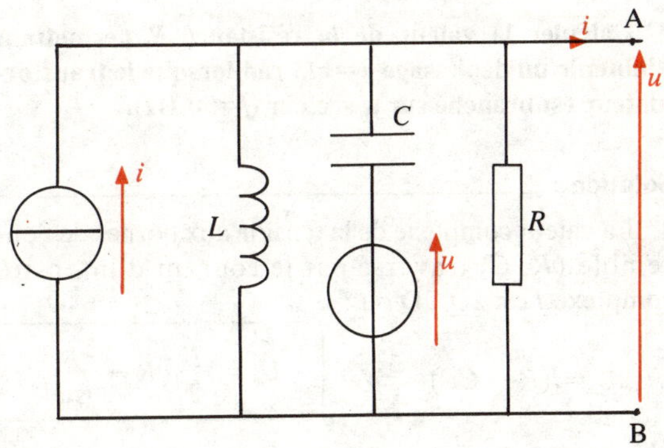

Fig. 15.19.

R : ($\underline{I}_{cc}=0{,}1+0{,}1\,j$; $\underline{Y}_0=2.10^{-2}$) ; ($\underline{I}_{cc}=1+j$; $\underline{Y}_0=10^{-2}$) ; ($\underline{I}_{cc}=10+j$; $\underline{Y}_0=10^{-2}$) ; ($\underline{I}_{cc}=10+0{,}1\,j$; $\underline{Y}_0=2$).

15.12. Quels sont les éléments de Thévenin du dipôle précédent ?

R : ($\underline{U}_0=1+j$; $\underline{Z}_0=0{,}5$) ; ($\underline{U}_0=50+50\,j$; $\underline{Z}_0=5$) ; ($\underline{U}_0=0{,}5+0{,}5\,j$; $\underline{Z}_0=5$) ; ($\underline{U}_0=5+5\,j$; $\underline{Z}_0=50$).

Exercices résolus

15.13. **Un circuit déphaseur est constitué d'un condensateur de capacité C=16,7 µF en série avec un rhéostat de résistance R réglable. L'ensemble est alimenté par un transformateur à point milieu (fig. 15.20).**

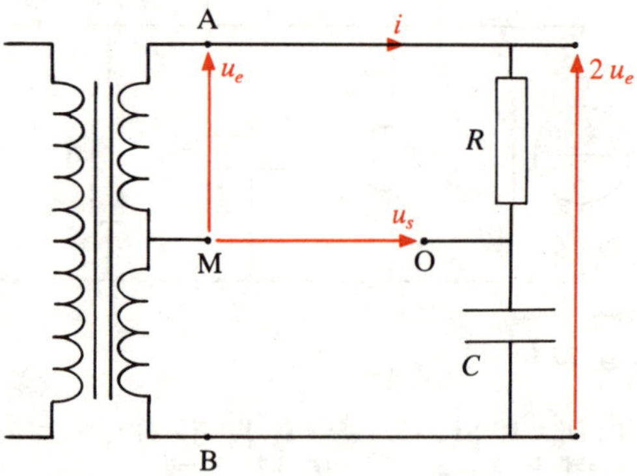

Fig. 15.20.

1° Déterminer les expressions complexes $\underline{U}_e$ et $\underline{U}_s$ des tensions d'entrée u_e et de sortie u_s en fonction de R, C, ω et $\underline{I}$ qui est l'expression complexe de l'intensité i du courant, de pulsation ω, traversant R.

2° En déduire une relation liant $\underline{U}_e$, $\underline{U}_s$, R, C et ω.

3° Comparer les modules de $\underline{U}_e$ et $\underline{U}_s$. Donner l'expression de tan φ en fonction de R, C et ω (φ désignant le déphasage entre u_s et u_e).

4° Calculer la valeur de la résistance R permettant d'obtenir un déphasage $\varphi=\pi/3$ rad lorsque le transformateur est branché sur le secteur (f=50 Hz).

Solution :

1° La valeur complexe de la tension aux bornes de l'ensemble (R, C) traversé par le courant d'intensité complexe $\underline{I}$ est $2\underline{U}_e$. D'où :

$$2\underline{U}_e=\underline{I}(R-j/C\omega) \quad \Rightarrow \quad \boxed{\underline{U}_e = \frac{\underline{I}}{2}\left(R - \frac{j}{C\omega}\right)}$$

Nous avons aussi :

$$\underline{U}_e=\underline{U}_s+R\underline{I} \quad \Rightarrow \quad \underline{U}_s = \frac{\underline{I}}{2}(R-j/C\omega) - R\underline{I}$$

$$\boxed{\underline{U}_s = -\frac{\underline{I}}{2}\left(R + \frac{1}{C\omega}\right)}$$

2° Effectuons le rapport $\underline{U}_e/\underline{U}_s$. Nous obtenons :

$$\boxed{\frac{\underline{U}_e}{\underline{U}_s} = -\frac{R - \dfrac{j}{C\omega}}{R + \dfrac{j}{C\omega}}}$$

3° Le module du rapport de deux complexes est le rapport de leurs modules. Dans le cas présent :

$$\frac{U_e}{U_s} = \frac{\sqrt{R^2+(1/C\omega)^2}}{\sqrt{R^2+(1/C\omega)^2}}$$

soit :
$$U_e/U_s=1.$$

Les modules de $\underline{U}_e$ et de $\underline{U}_s$ sont donc égaux.

Expression de tan φ :

En multipliant le numérateur et le dénominateur de $\underline{U}_e/\underline{U}_s$ par $R-j/C\omega$, nous obtenons :

$$\frac{\underline{U}_e}{\underline{U}_s} = -\frac{R^2C^2\omega^2 - 1 - 2jRC\omega}{R^2C^2\omega^2+1}$$

d'où :
$$\boxed{\tan\varphi = \frac{2RC\omega}{1 - R^2C^2\omega^2}}$$

avec φ déphasage de u_s par rapport à u_e

$$\left(\varphi = -\arg \text{de} \left(\frac{\underline{U}_e}{\underline{U}_s}\right)\right)$$

4° A partir de la relation précédente nous pouvons calculer R. Il faut alors résoudre une équation du second degré. Une autre méthode nécessitant la connaissance d'une relation trigonométrique :

$$\tan 2x=2\tan x/(1-\tan^2 x)$$

permet d'arriver au même résultat plus rapidement. Nous obtenons :

$$\tan(\varphi/2) = RC\omega$$

d'où :
$$\boxed{R = \frac{\tan\dfrac{\varphi}{2}}{2\pi fC}}$$

soit :
$$R = \frac{0{,}577}{2\pi\times50\times16{,}7.10^{-6}} \quad \Rightarrow \quad \boxed{R\approx110\ \Omega}$$

15.14. **1° Quels sont les éléments $\underline{I}$ et $\underline{Y}$ du générateur de Norton équivalent au dipôle AB de la figure 15.21 ?**

2° Un dipôle passif d'inductance $\underline{Z}_c$=0,56−0,72 j est branché aux bornes du dipôle AB. Quelles sont les expressions complexes $\underline{I}_c$ et $\underline{U}_c$ de l'intensité du courant qui le traverse et de la tension à ses bornes ?

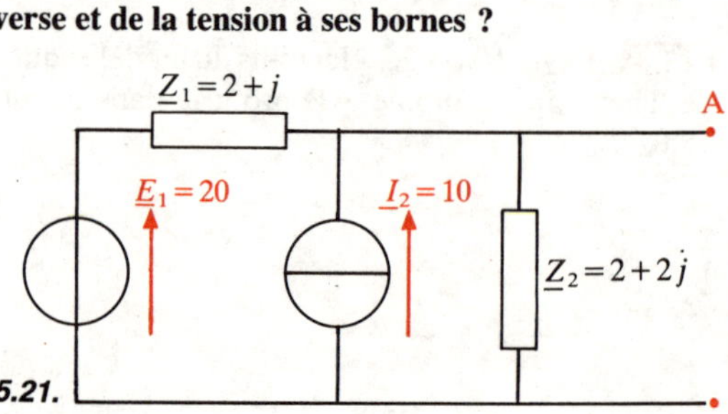

Fig. 15.21.

Solution :

1° Considérons le dipôle MN formés par $\underline{E}_1$ et $\underline{Z}_1$.
Les éléments de Norton de ce dipôle sont :

$$\underline{I}_1=\underline{E}_1/\underline{Z}_1 \quad \text{et} \quad \underline{Y}_1=1/\underline{Z}_1.$$

Le dipôle AB est assimilable à l'association en parallèle de deux générateurs de Norton :

$$[\underline{I}_1, \underline{Y}_1] \quad \text{et} \quad [\underline{I}_2, \underline{Y}_2].$$

Le générateur équivalent de Norton est alors :

$$[\underline{I} = \underline{I}_1 + \underline{I}_2, \underline{Y} = \underline{Y}_1 + \underline{Y}_2].$$

■ **Calcul de $\underline{I}$:**

$$\underline{I} = \frac{\underline{E}_1}{\underline{Z}_1} + \underline{I}_2 \Rightarrow \underline{I} = \frac{20}{2+j} + 10$$

$$\underline{I} = \frac{40+10j}{2+j} \Rightarrow \underline{I} = \frac{90-20\,j}{5} \Rightarrow \quad \boxed{\underline{I} = 18 - 4\,j}$$

■ **Calcul de $\underline{Y}$:**

$$\underline{Y} = \frac{1}{\underline{Z}_1} + \frac{1}{\underline{Z}_2} \quad \Rightarrow \frac{1}{2+j} + \frac{1}{2+2j}$$

$$\underline{Y} = \frac{4+3\,j}{(2+j)(2+2j)} \quad \Rightarrow \underline{Y} = \frac{4+3}{2+6j}$$

$$\underline{Y} = \frac{(4+3\,j)(1-3\,j)}{2(1+3\,j)(1-3\,j)} \Rightarrow \underline{Y} = \frac{13-9\,j}{20}$$

soit : $\boxed{\underline{Y} = 0{,}65 - 0{,}45\,j}$

2° Transformons le modèle de Norton du dipôle AB en modèle de Thévenin. Les éléments $\underline{Z}$ et $\underline{U}$ de ce modèle sont :

■ $\underline{Z}=1/\underline{Y} \Rightarrow \underline{Z}=20/13-9\,j$
soit : $\underline{Z}=1{,}04+0{,}72\,j$

■ $\underline{U}=\underline{Z}\,\underline{I} \Rightarrow \underline{U}=0{,}08(13+9\,j)(18-4\,j)$
soit : $\underline{U}=21{,}6+8{,}8\,j$

Le circuit est alors réduit à une maille formée par les éléments $\underline{U}$, $\underline{Z}$ et $\underline{Z}_c$.

Nous avons alors :
$\underline{I}_c=\underline{U}/(\underline{Z}+\underline{Z}_c)$ et $\underline{U}_c=\underline{Z}_c\underline{I}_c$.

D'où : $\underline{I}_c=(21{,}6+8{,}8\,j)/1{,}6 \quad \Rightarrow \quad \underline{I}_c=13{,}5+5{,}5\,j$
et : $\underline{U}_c=(0{,}56-0{,}72\,j)(13{,}5+5{,}5\,j)$

$\Rightarrow \quad \boxed{\underline{U}_c=11{,}52-6{,}64\,j.}$

Exercices à résoudre

15.15. 1° Deux dipôles d'impédance $\underline{Z}_1=10+20\,j$ et $\underline{Z}_2=20-10\,j$ sont associés en parallèle. Quelle est l'admittance du groupement G_1 ainsi formé ?

2° Deux dipôles d'impédance $\underline{Z}_1=50-25\,j$ et $\underline{Z}_2=25-50\,j$ sont associés en parallèle. Quelle est l'admittance du groupement G_2 ainsi formé ?

3° Les deux groupements précédents sont associés en série. Quelle est l'impédance de cette association ?

15.16. 1° Les éléments en série du modèle équivalent d'une bobine sont :

$$R_s=10\ \Omega \text{ et } L_s=1\ \text{H}.$$

Le facteur de qualité est : $Q=L_s\omega/R_s=20$.

a) Calculer les éléments en parallèle R_p et L_p du modèle équivalent de ce même dipôle.

b) Déterminer l'expression du facteur de qualité Q en fonction de R_p, L_p et ω.

2° Un condensateur de capacité $C=10$ nF est placée en dérivation avec la bobine précédente. L'ensemble est alors alimenté par un générateur de tension sinusoïdale u de valeur efficace $U=10$ V et de pulsation $\omega=7.10^3$ rad.s^{-1}. Calculer :

a) l'admittance du dipôle ainsi formé ;

b) les expressions complexes des intensités des courants traversant la bobine et le condensateur. (Choisir $\underline{U}=10$).

15.17. Déterminer les intensités des courants traversant chaque branche du circuit représenté figure 15.22. On donne $\underline{Z}_C=-10\,j$, $\underline{Z}_L=10\,j$, $\underline{Z}_R=10$ et $\underline{U}=20$.

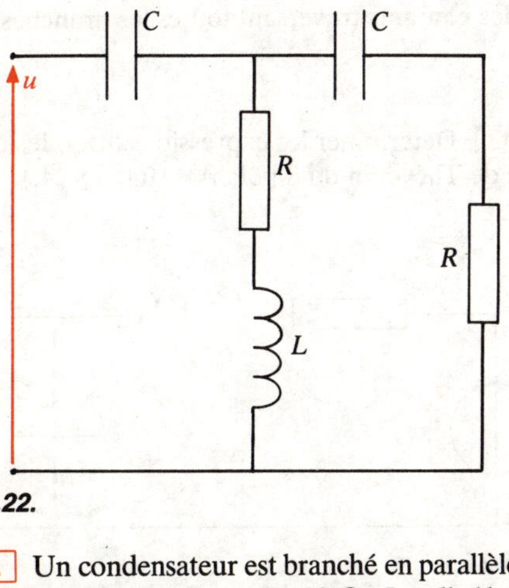

Fig. 15.22.

15.18. Un condensateur est branché en parallèle avec une bobine de résistance $R=10\ \Omega$. Le dipôle ainsi constitué est alimenté sous une tension sinusoïdale de valeur efficace $U_{AB}=20$ V et de fréquence telle que les réactances du condensateur et de la bobine soient respectivement : $X_C=-20\ \Omega$ et $X_L=20\ \Omega$.

1° Quelle est l'impédance complexe du dipôle AB ?

2° Quelles sont les expressions complexes des intensités traversant le condensateur et la bobine ?

15.19. 1° Déterminer les éléments de Thévenin du générateur équivalent au dipôle AB (fig. 15.23.).

2° Quelle est l'expression complexe de l'intensité traversant la bobine de résistance $r=100\ \Omega$ et l'inductance $L=0{,}1$ H branchée aux bornes du dipôle.

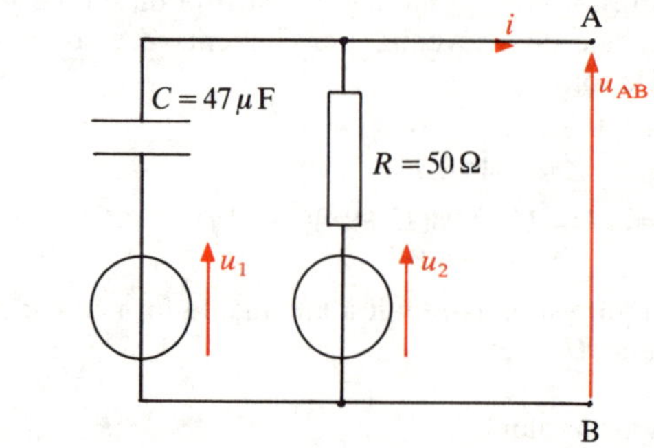

Fig. 15.23.

15.20. 1° Quelle est l'impédance complexe $\underline{Z}_1$ d'un dipôle AB constitué par l'association en série d'un résistor de résistance $R_1=100\ \Omega$ et d'un condensateur de réactance $X_1=-50\ \Omega$?

2° Quelle est l'expression de l'admittance complexe du dipôle MN constitué par l'association en parallèle d'un résistor de résistance $R_2=50\ \Omega$ et d'un condensateur de réactance $X_2=-50\ \Omega$?

3° Les dipôles précédents, associés en série, sont alimentés par un générateur délivrant une tension sinusoïdale $u=20\sqrt{2}\cos 10^4 t$.

a) Quelle est la capacité des condensateurs utilisés ?

b) Quelles sont les expressions complexes des intensités des courants traversant toutes les branches du circuit ?

15.21. Déterminer les expressions littérales des éléments de Thévenin du dipôle AB (fig. 15.24.).

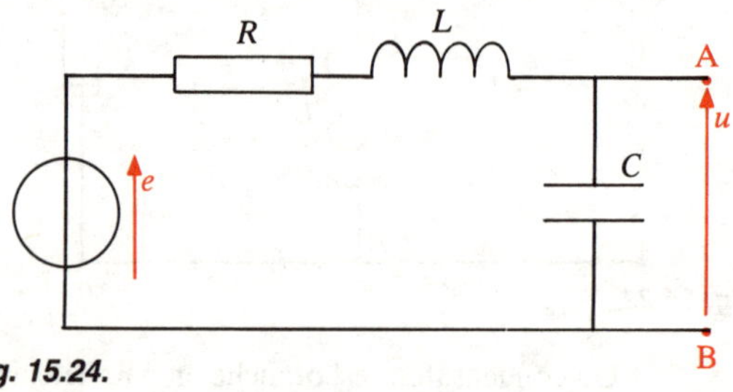

Fig. 15.24.

15.22. Deux dipôles *R-L* et *R-C* sont associés en parallèle (fig. 15.25).

1° Quelle est l'expression de l'impédance $\underline{Z}$ du dipôle ainsi constitué ?

2° A quelle condition l'impédance $\underline{Z}$ reste réelle quelle que soit la fréquence d'utilisation ?

3° Ce dipôle est alimenté sous une tension sinusoïdale de valeur efficace constante $U=10$ V. On donne : $L=1$ H, $C=1\ \mu$F. Déterminer la valeur de R pour laquelle l'intensité efficace I du courant débité par l'alimentation est constante quelle que soit la valeur de la fréquence. Quelle est la valeur de I ?

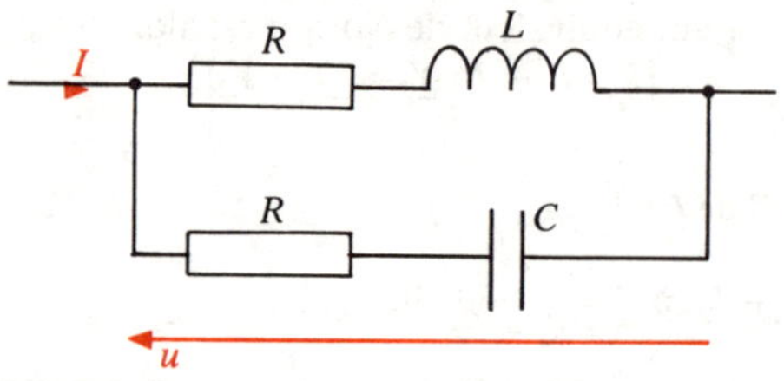

Fig. 15.25.

15.23. Un générateur de tension sinusoïdale, de f.é.m. e_g, de pulsation ω et de résistance interne r_g, alimente un ensemble résistor-condensateur associés en série (fig. 15.26).

1° Déterminer l'expression du rapport $\underline{T}=\underline{U}/\underline{E}_g$ en fonction de C, R, r_g et ω.

2° Quelle est l'expression $\underline{T}_0$ de $\underline{T}$ lorsque $\omega=0$?

3° Pour quelle valeur ω_c et ω, le module de $\underline{T}$ est-il égal à $T_0/\sqrt{2}$?

4° $R=200\ \Omega$, $r_g=50\ \Omega$ et $\omega_c=1000$ rad/s. Déterminer la capacité C du condensateur.

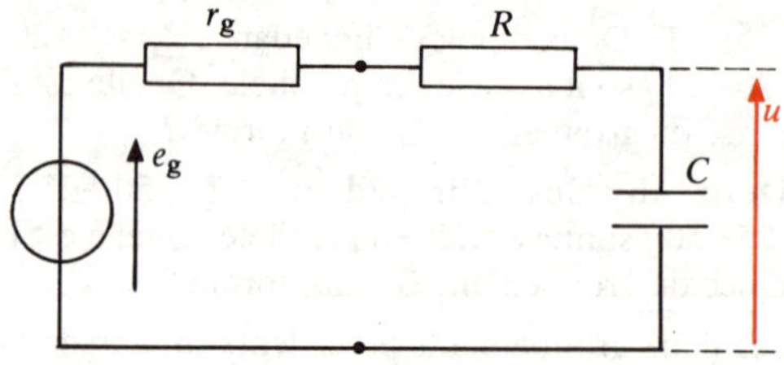

Fig. 15.26.

15.24. Le circuit intégré linéaire de la figure 15.27 est supposé idéal. Il est alimenté sous une tension sinusoïdale u_e. Quelle est l'expression du rapport $\underline{U}_s/\underline{U}_e$ en fonction de R_1, R_2, C et ω ?

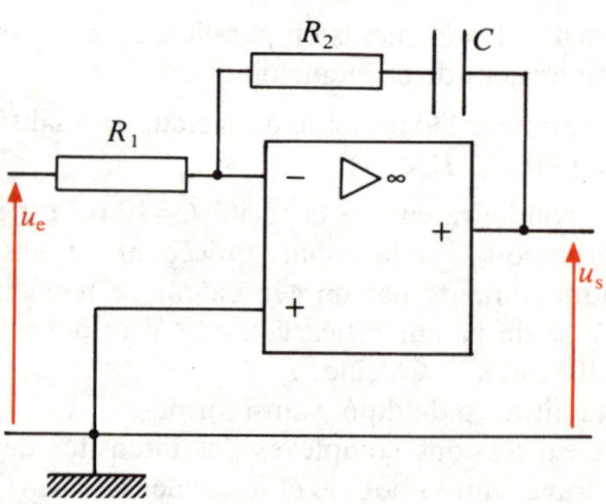

Fig. 15.27.

PUISSANCE EN RÉGIME SINUSOÏDAL

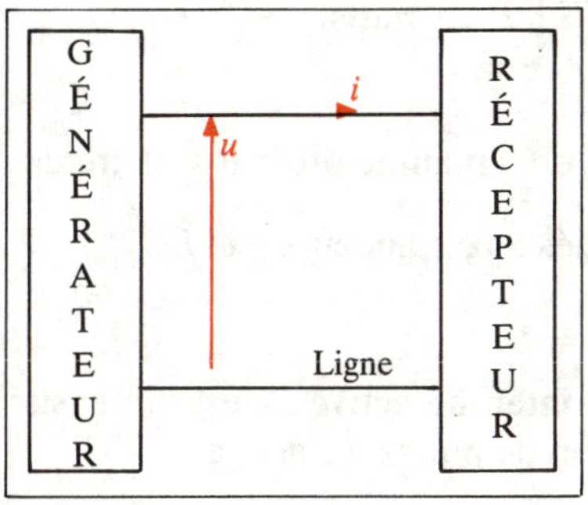

Fig. 16.01.

Un dipôle, formé d'éléments dont certains sont des bobines ou des condensateurs, peut être tantôt récepteur, tantôt générateur. Les éléments réactifs emmagasinent de l'énergie pendant la durée correspondant à un fonctionnement en récepteur et restituent cette énergie ultérieurement, ils fonctionnent alors en générateur.

Un ampèremètre et un voltmètre permettent la mesure indirecte de la puissance apparente.

Dans le cas d'installations domestiques, E.D.F. facture de l'énergie active. La relation entre énergie active W et puissance active P est $W=P.t$. Lorsque P est exprimé en kilowatts et t en heures, W s'exprime alors en kilowattheures (kWh) : le kilowattheure est l'unité pratique d'énergie active.

1. GÉNÉRALITÉS

1.1. Puissance instantanée

La puissance instantanée transmise par un générateur (partie amont d'une ligne) à un récepteur (partie aval de la ligne) est le produit $u.i$ des valeurs instantanées de la tension u entre les fils de ligne et de l'intensité du courant qui la parcourt (fig. 16.01).

$$p=u.i$$

En régime sinusoïdal, u et i sont des fonctions sinusoïdales du temps qui peuvent s'écrire sous la forme :

$$u=U\sqrt{2}\cos\omega t \quad \text{et} \quad i=I\sqrt{2}\cos(\omega t-\varphi),$$

d'où : $$p=2UI\cos\omega t\cos(\omega t-\varphi),$$

soit : $$p=UI[\cos(\omega t-\omega t+\varphi)+\cos(\omega t+\omega t-\varphi)],$$

ou encore : $$p=UI\cos\varphi+UI\cos(2\omega t-\varphi).$$

La puissance instantanée est donc la somme d'une fonction constante dans le temps et d'une fonction périodique du temps.

1.2. Puissance apparente

En régime sinusoïdal, U et I représentent les valeurs efficaces de la tension et de l'intensité instantanées. Le produit UI ne représente pas la puissance reçue ou transférée ; ce produit s'appelle **puissance apparente**. On la représente par la lettre S :

$$S = UI \qquad \begin{cases} U \text{ en volts,} \\ I \text{ en ampères,} \\ S \text{ en volts-ampères.} \end{cases}$$

2. PUISSANCE ACTIVE

2.1. Définition

La puissance active est la valeur moyenne de la puissance instantanée sur une période.

Dans l'expression de la puissance instantanée :

$$p = UI\cos\varphi + UI\cos(2\omega t-\varphi)\ ;$$

– un terme est une fonction sinusoïdale $UI\cos(2\omega t-\varphi)$ dont la valeur moyenne est nulle ; il représente une *puissance oscillatoire ou fluctuante,*

– un terme est indépendant du temps ($UI \cos \varphi$) : il représente donc la valeur moyenne $\overline{p}$ de la valeur instantanée p c'est-à-dire la **puissance active** transférée par l'intermédiaire de la ligne. Cette puissance est aussi symbolisée par la lettre P :

$$\overline{p} = P = UI \cos \varphi \quad \begin{cases} U \text{ en volts,} \\ I \text{ en ampères,} \\ P \text{ en watts.} \end{cases}$$

Remarques :

– Par le calcul, $\overline{p}$ est obtenue en effectuant le produit scalaire des vecteurs $\vec{U}$ et $\vec{I}$ de Fresnel associés aux grandeurs u et i.

$$\overline{p} = P = \vec{U}.\vec{I}$$

– Le produit $I \cos \varphi$ est appelé **intensité active :** c'est l'intensité qui correspond à la consommation de puissance active.

2.2. Mesure de la puissance active

2.2.1. Appareil de mesure utilisé

La puissance active se mesure à l'aide d'un wattmètre (fig. 16.02). Que l'on ait affaire à du courant continu ou à du courant alternatif, les graduations et les calibres sont les mêmes. Cependant, le circuit tension d'un wattmètre présente une réactance dont la valeur peut varier de façon importante avec la fréquence. Si l'utilisateur dépasse la gamme de fréquences indiquées par le constructeur pour laquelle l'erreur commise est négligeable, il est nécessaire d'apporter des corrections. Si la fréquence est de l'ordre du hertz, l'utilisation du wattmètre n'est plus possible car l'aiguille de l'appareil oscille.

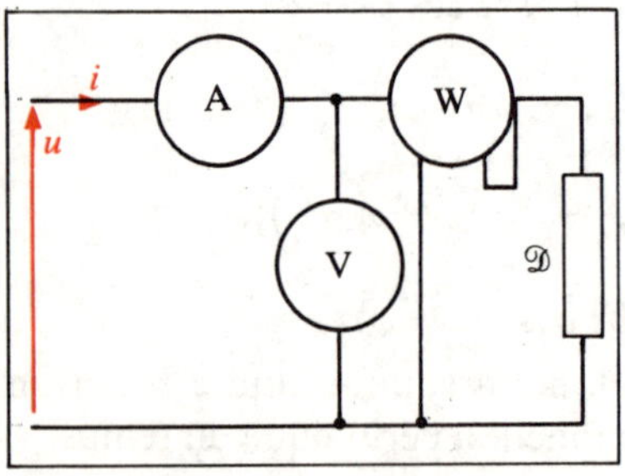

Fig. 16.02. *Mesure de la puissance active consommée par un dipôle 𝒟.*

> Travaux pratiques :
> Le même montage est utilisé pour différents dipôles : 𝒟 est successivement :
> – un résistor de résistance R=250 Ω, 1,5 A (ou 250 W),
> – une bobine d'inductance L=1 H,
> – un condensateur de capacité C=10 µF.

2.2.2. Application : puissance active consommée par un dipôle

a) Dipôles élémentaires

■ ***Résistor***

Le dipôle 𝒟 étudié (fig. 16.02) est un résistor de résistance R=220 Ω.

Analyse expérimentale :

Les relevés des indications de l'ampèremètre, du voltmètre et du wattmètre montrent que la puissance $\overline{p}$ mesurée au wattmètre est égale au produit UI. La résistance étant connue, il est aisé de constater que :

$$\overline{p} = UI = RI^2$$

Explication :

La tension aux bornes d'une résistance et le courant qui la traverse étant en phase (φ=0, donc $\cos \varphi$=1), nous pouvons écrire : $\overline{p}=UI$. La loi d'Ohm appliquée à la résistance ($U=RI$) et la relation $\overline{p}=UI$, fournissent bien le résultat trouvé : $\overline{p}=RI^2$.

■ ***Bobine***

Le dipôle 𝒟 (fig. 16.02) est une bobine de résistance négligeable et d'inductance L=1 H (2 A).

Analyse expérimentale :
Bien qu'il y ait un courant non nul qui traverse le dipôle et une tension importante à ses bornes, le wattmètre indique une puissance consommée très faible.

Explication :
L'intensité du courant sinusoïdal traversant une **bobine parfaite** est en quadrature retard avec la tension à ses bornes : $(\vec{I}, \vec{U})=\varphi=\pi/2$ rad, donc : cos $\varphi=0$. La puissance moyenne (UI cos φ) est donc nulle dans ce cas idéal. Le résultat expérimental donne une valeur très faible mais non nulle car la bobine comporte un noyau de fer qui est le siège de pertes (par hystérésis et par courants de Foucault) et le bobinage présente une résistance. La bobine n'est donc pas parfaite : elle consomme en réalité une faible puissance active.

■ ***Condensateur***
Le dipôle $\mathscr{D}$ (fig. 16.02) est un condensateur de capacité $C=10$ µF (400 V).

Analyse expérimentale :
Bien qu'il y ait un courant qui traverse le dipôle et une tension à ses bornes, le wattmètre indique une puissance consommée nulle.

Explication :
L'intensité du courant sinusoïdal traversant un condensateur est en quadrature avance avec la tension à ses bornes :

$$(\vec{I}, \vec{U}) = \varphi = -\frac{\pi}{2} \text{ rad} \quad \Rightarrow \quad \cos\varphi = 0$$

La puissance moyenne (UI cos φ) est donc nulle, cela est en accord avec le résultat expérimental.

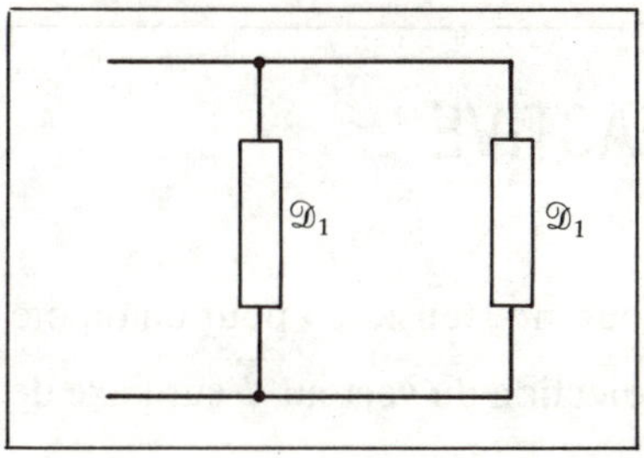

Fig. 16.03. *Groupement de dipôles en parallèle.*

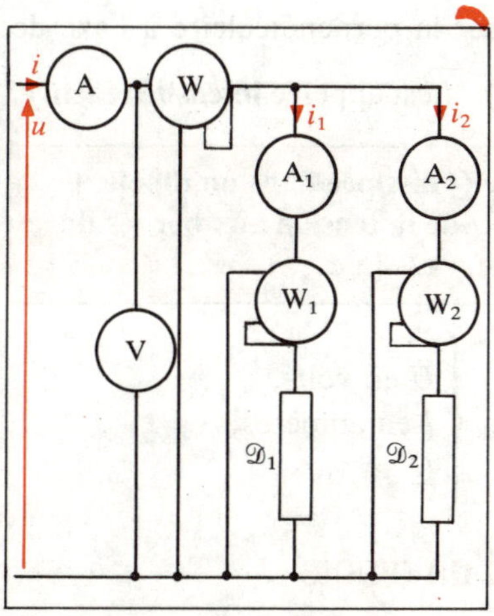

Fig. 16.04. *Puissance active consommée par un groupement de dipôles. La tension d'alimentation est égale à 220 V.*
Indication des appareils de mesures :
I= *13,6 A*, U=*220 V*, P=*2 650 W*,
I_1= *10 A*, P_1=*2 200 W*,
I_2=*6,7 A*, P_2=*450 W*.
Remarque : *en effectuant le calcul* RI^2+rI^2*, nous retrouvons la puissance totale* P *consommée par le groupement des deux dipôles.*

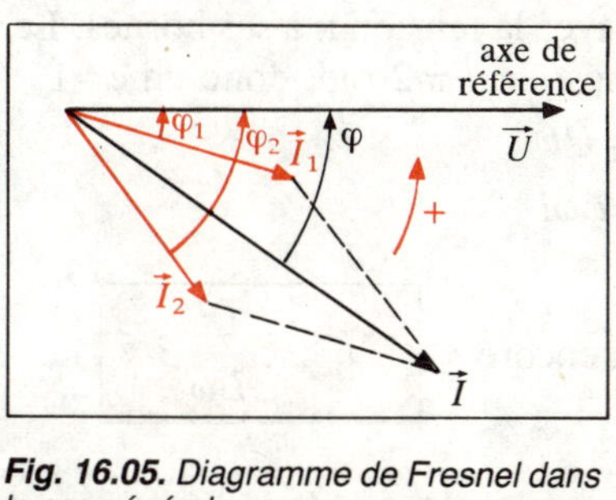

Fig. 16.05. *Diagramme de Fresnel dans le cas général.*

b) Groupement de dipôles
Analyse expérimentale :
Considérons le groupement de la figure 16.03.
$\mathscr{D}_1$ et $\mathscr{D}_2$ sont en parallèle : $\mathscr{D}_1$ est un résistor (22 Ω, 10 A), $\mathscr{D}_2$ est une bobine réelle (0,1 H, $r=10$ Ω, $I_{max}=8$ A).
Ce groupement est intégré dans le montage de la figure 16.04. Le wattmètre **W** du circuit principal indique une puissance consommée $\overline{p}$ représentant la somme des puissances $\overline{p_1}$ et $\overline{p_2}$ consommées par les dipôles $\mathscr{D}_1$ et $\mathscr{D}_2$:

$$\overline{p}=\overline{p_1}+\overline{p_2}.$$

Explication :
Ce résultat découle du principe de la conservation de l'énergie.
$\mathscr{D}_1$ et $\mathscr{D}_2$ étant en parallèle nous pouvons écrire :

$$i=i_1+i_2$$

Les vecteurs de Fresnel associés à ces grandeurs sinusoïdales (fig. 16.05 et 16.06) sont donc liés par la relation :

$$\vec{I}=\vec{I_1}+\vec{I_2}$$

soit en multipliant les deux membres par $\vec{U}$:

$$\vec{U}.\vec{I} = \vec{U}.\vec{I_1} + \vec{U}.\vec{I_2}$$

or : $\overline{p} = \vec{U}.\vec{I}$, $\quad \overline{p_1} = \vec{U}.\vec{I_1}$ *et* $\quad \overline{p_2} = \vec{U}.\vec{I_2}$

d'où : $\overline{p} = \overline{p_1} + \overline{p_2}$.

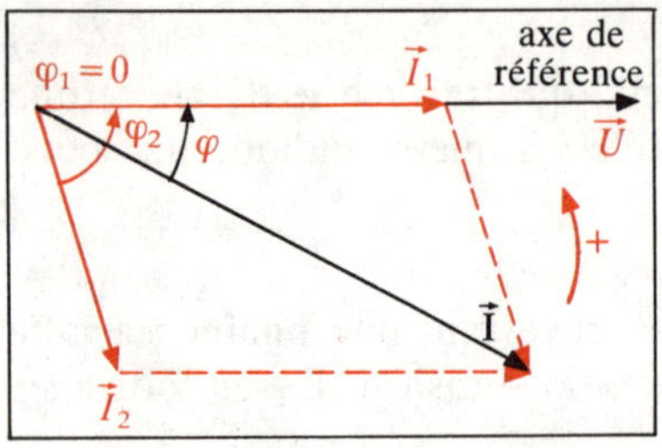

Fig. 16.06. *Diagramme de Fresnel pour les courants et tension du montage de la figure 16.04. Pour le circuit proposé, nous avons :*
$\varphi_1=0$ *et :* $\varphi_2 \approx 72°$.

Ce résultat peut être généralisé à tout groupement de dipôles en parallèle.
Une démonstration semblable, appliquée à un groupement série, conduit à un résultat identique. D'où la généralisation suivante :

La puissance active dissipée dans un groupement de dipôles est égale à la somme des puissances actives dissipées dans chacun des dipôles :

$$\overline{p} = \Sigma \overline{p_i}$$

3. PUISSANCE RÉACTIVE

3.1. Définition

La représentation de Fresnel « courant-, tension » pour un dipôle montre que la composante $\vec{I}_a$, projection du vecteur $\vec{I}$ sur l'axe de référence $\vec{U}$, a pour module ($I \cos \varphi$). Nous l'avons déjà appelée : **intensité active.**

La projection $\vec{I}_r$ du vecteur $\vec{I}$ sur la perpendiculaire à l'axe de référence a pour module ($I \sin \varphi$). $\vec{I}_r$ est appelée **intensité réactive.**

On appelle puissance réactive Q dissipée dans un dipôle, le produit de la valeur efficace U de la tension aux bornes du dipôle par l'intensité réactive $I_r = I \sin \varphi$.

$$Q = UI \sin \varphi \qquad \begin{cases} U \text{ en volts,} \\ I \text{ en ampères,} \\ Q \text{ en vars.} \end{cases}$$

3.2. Puissance réactive d'un dipôle

■ ***Résistor***

L'intensité i du courant sinusoïdal traversant un résistor est en phase avec la tension u à ses bornes. Le déphasage φ entre i et u est donc nul, sin φ également, d'où :

$$Q = 0$$

Un résistor ne consomme aucune puissance réactive.

■ ***Bobine***

L'intensité i du courant sinusoïdal traversant une bobine est pratiquement en quadrature retard avec la tension u à ses bornes. Le déphasage φ de u par rapport à i est de $+\pi/2$ rad, donc $\sin \varphi=1$,

et : $Q = UI$

Comme : $U = L\omega I$

nous obtenons : $Q = L\omega I^2$ ou encore : $Q = \dfrac{U^2}{L\omega}$

$Q>0$: une bobine consomme (ou absorbe) de la puissance réactive.

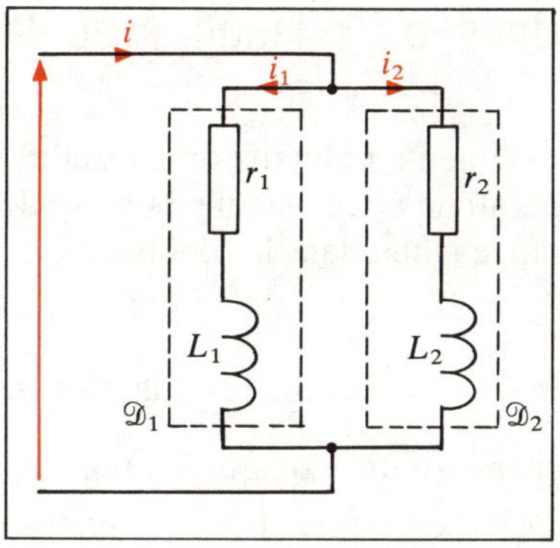

Fig. 16.07. *Groupement de dipôles.*

Dans un circuit R, L, C série, la puissance réactive $Q=UI \sin \varphi$ s'exprime sous la forme XI^2, avec :

$$X = L\omega - \frac{1}{C\omega}$$

Donc : $$Q=U_L I-U_C I$$

– A la résonance :

$$L\omega = \frac{1}{C\omega} = 0$$

A chaque instant $Q=0$; l'inductance consomme autant d'énergie réactive que le condensateur en fournit.

– Lorsque :

$$L\omega - \frac{1}{C\omega} > 0$$

le générateur fournit de la puissance réactive au circuit (circuit inductif).

– Lorsque :

$$L\omega - \frac{1}{C\omega} < 0$$

le générateur reçoit de la puissance réactive du circuit (circuit capacitif).

■ ***Condensateur***

L'intensité i du courant sinusoïdal traversant un condensateur est en quadrature avance avec la tension u à ses bornes. Le déphasage φ de u par rapport à i est de $-\pi/2$ rad, donc $\sin \varphi=-1$ et :

$$Q=-UI$$

Comme : $$U = \frac{I}{C\omega}$$

nous obtenons : $$Q = \frac{-I^2}{C\omega}$$ ou encore : $$Q = - C\omega U^2$$

$Q<0$: un condensateur fournit de la puissance réactive.

3.3. Groupement de dipôles

Considérons le groupement de la figure 16.07.

$\mathcal{D}_1$ est une bobine d'inductance L_1 et de résistance r_1

$\mathcal{D}_2$ est une bobine réelle d'inductance L_2 et de résistance r_2

Le diagramme de Fresnel du groupement ainsi formé (fig. 16.08) montre, par une projection des vecteurs de Fresnel $\vec{I}$, $\vec{I_1}$ et $\vec{I_2}$ associés aux grandeurs sinusoïdales i, i_1 et i_2 sur l'axe perpendiculaire à l'axe de référence, que nous avons :

$$I \sin \varphi = I_1 \sin \varphi_1 + I_2 \sin \varphi_2$$

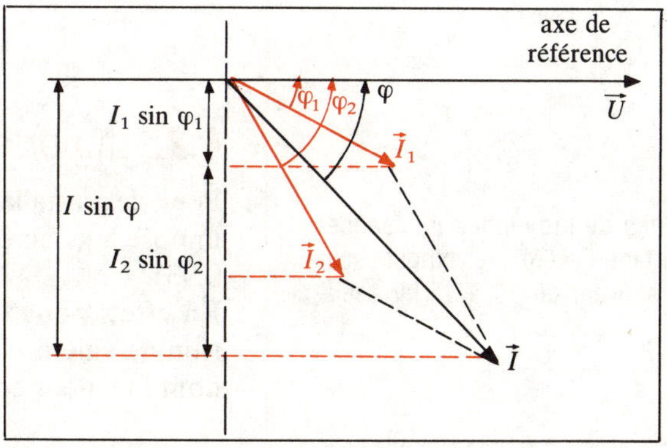

Fig. 16.08. *Diagramme de Fresnel.*

En multipliant les deux membres par U nous obtenons :

$$UI \sin \varphi = UI_1 \sin \varphi_1 + UI_2 \sin \varphi_2$$

D'où : $$Q = Q_1 + Q_2.$$

Ce résultat peut être généralisé à tout groupement. Il est connu sous le nom de **théorème de Boucherot.**

Enoncé du théorème : Dans un circuit alimenté sous une tension sinusoïdale de fréquence constante, la puissance réactive dissipée dans un groupement de dipôles est égale à la somme des puissances réactives dissipées dans chacun des dipôles :

$$Q = \Sigma Q_i$$

3.4. Phénomènes physiques en relation avec la puissance réactive

Dans un circuit comportant des éléments inductifs ou capacitifs, l'échange d'énergie entre le générateur et ces éléments se solde par un bilan moyen nul : cet échange à lieu dans les deux sens.

Exemple de la bobine :

Lorsque l'intensité i augmente de 0 à $\hat{I}$, la bobine emmagasine de l'énergie ($L\hat{I}^2/2$) fournie par le générateur. Lorsque l'intensité i diminue de $\hat{I}$ à 0, la bobine restitue cette énergie au générateur qui la fournit à nouveau à la bobine lors de la variation de 0 à $-\hat{I}$, celle-ci la restituant lors de la variation de $-\hat{I}$ à 0. Sur une période, le bilan global est bien nul.

La puissance réactive Q, en régime sinusoïdal, traduit l'importance de cet échange.

4. FACTEUR DE PUISSANCE

4.1. Définition

On appelle facteur de puissance f_p le quotient de la puissance active $\overline{p}$ par la puissance apparente S :

$$f_p = \frac{\overline{p}}{S}$$

En **régime sinusoïdal**, $\overline{p} = UI \cos \varphi$ et $S = UI$

Donc : $$f_p = \cos \varphi.$$

4.2. Importance du facteur de puissance

Les lignes de moyennes puissances transportent l'énergie électrique sous 20 kV (souvent de 10 à 15 kV seulement).

Pour des installations industrielles de moyennes puissances E.D.F. impose un facteur de puissance élevé (par exemple supérieur à 0,93).

En effet, pour fournir une puissance $\overline{p}$ déterminée sous une tension de valeur efficace U constante, il faut un courant d'intensité i dont la valeur efficace I est :

$$I = \frac{\overline{p}}{U \cos \varphi}$$

Pour un utilisateur demandant une puissance P, plus le facteur de puissance est élevé, plus le courant appelé est faible donc plus les pertes par effet Joule dans l'installation de ce consommateur seront faibles.

Plus le facteur de puissance est faible, plus la valeur de I fournie doit être élevée. Il faut que les alternateurs, transformateurs et les conducteurs des lignes de transport puissent être parcourus par ce courant. E.D.F. pénalise les consommateurs d'énergie réactive (ceux dont le facteur de puissance est inférieur à 0,93), en facturant le supplément d'énergie réactive consommée.

4.3. Relèvement du facteur de puissance

Dans le cas d'une installation dont la valeur du facteur de puissance est trop faible, il est nécessaire de relever ce facteur à une valeur conforme à la norme imposée. Pour cela on utilise un condensateur que l'on branche en parallèle avec l'installation

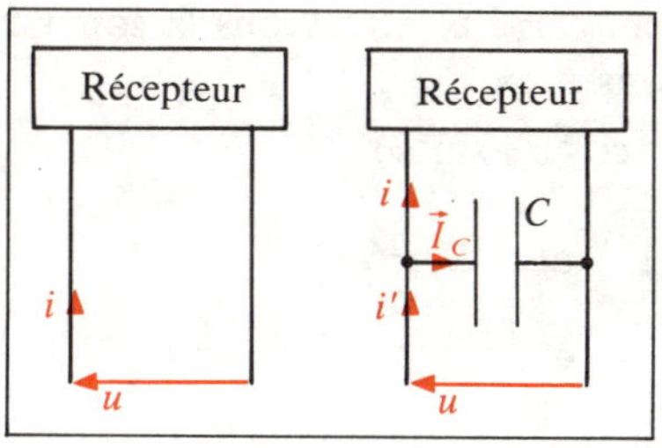

Fig. 16.09. Relèvement du facteur de puissance.

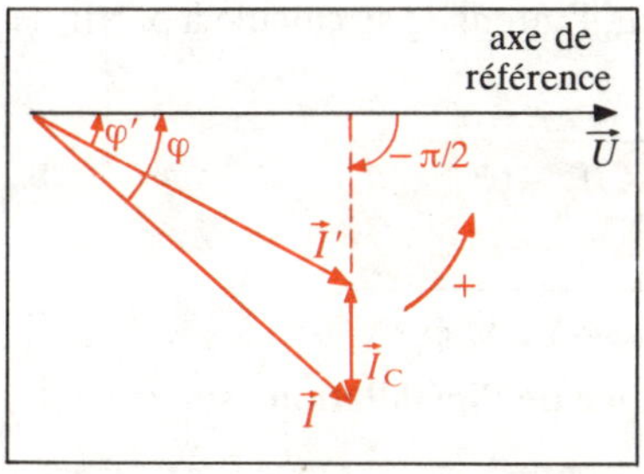

Fig. 16.10. Diagramme de Fresnel des courants.

Projetons les vecteurs $\vec{I}'$, $\vec{I}$ et $\vec{I}_C$ sur une normale à l'axe de référence (axe des tensions). Nous obtenons :
$I \sin\varphi = I' \sin\varphi' + UC\omega$ (1) $(UC\omega = I_C)$.

Projetons les vecteurs $\vec{I}'$, $\vec{I}$ et $\vec{I}_C$ sur l'axe de référence. Nous obtenons :

$$I \cos\varphi = I' \cos\varphi'.$$

Soit :

$$I' = \frac{I\cos\varphi}{\cos\varphi'}. \quad (2)$$

En utilisant les relations (1) et (2), il vient :

$$C = \frac{I\sin\varphi - I\cos\varphi\tan\varphi'}{U\omega}$$

En multipliant numérateur et dénominateur par U/cos φ on retrouve le résultat du paragraphe 4.3.

> Le calcul de la capacité peut être aussi effectué à partir du diagramme de Fresnel des courants traduisant la relation $\vec{I'} = \vec{I} + \vec{I_C}$

(fig. 16.09 et 16.10). La puissance active consommée par le condensateur étant nulle s'il est parfait (négligeable sinon), la puissance active de l'ensemble « installation-condensateur » reste inchangée. Globalement la puissance réactive consommée par l'ensemble « installation-condensateur » est inférieure à celle consommée par l'installation seule.

Calcul de la capacité du condensateur à utiliser pour relever le facteur de puissance de $\cos\varphi$ à $\cos\varphi'$:

– sans condensateur, nous avons :

$$P = UI\cos\varphi \quad \text{et :} \quad Q = UI\sin\varphi$$

donc :

$$Q = P\tan\varphi$$

– avec condensateur, nous avons :

$$P' = UI'\cos\varphi' \quad \text{et :} \quad Q' = UI'\sin\varphi'$$

donc :

$$Q' = P'\tan\varphi'$$

Un condensateur ne consomme aucune puissance active (donc $P = P'$) et fournit une puissance réactive :

$$Q_c = C\omega U^2$$

La différence $Q - Q'$ provient du condensateur, donc :

$$Q - Q' = Q_c$$

d'où :

$$C\omega U^2 = P\tan\varphi - P\tan\varphi',$$

soit :

$$C = \frac{P(\tan\varphi - \tan\varphi')}{\omega U^2}$$

5. UTILISATION DU THÉORÈME DE BOUCHEROT

La connaissance des puissances actives P_i et réactives Q_i des différents éléments récepteurs d'une installation électrique, permet de prédéterminer la puissance apparente S de l'installation lorsque les récepteurs fonctionnent simultanément. Si de plus, la tension d'alimentation est connue (U), l'intensité efficace I du courant appelé se calcule aisément ainsi que le facteur de puissance $\cos\varphi$ de l'ensemble.

Tous ces calculs se font à partir des puissances ; ils évitent les constructions de Fresnel qui, tout en étant pratiques, sont parfois longues du fait du soin qui doit être apporté à leur réalisation.

Evidemment, nous supposons *l'installation alimentée sous une tension de fréquence constante.*

> **Pour l'installation considérée, en supposant qu'elle comporte n éléments récepteurs,**
>
> **– la puissance active est égale à :**
>
> $$P = \sum_{1}^{n} P_i = UI\cos\varphi \quad (1)$$
>
> **– la puissance réactive est égale à (théorème de Boucherot) :**
>
> $$Q = \sum_{1}^{n} Q_i = UI\sin\varphi \quad (2)$$

Remarque : Les puissances actives peuvent être additionnées, il en est de même pour les puissances réactives ; en revanche les puissances apparentes ne doivent jamais être additionnées. Elles se calculent à partir des puissances actives et réactives. La relation ci-contre peut être déterminée graphiquement en utilisant le triangle des puissances.

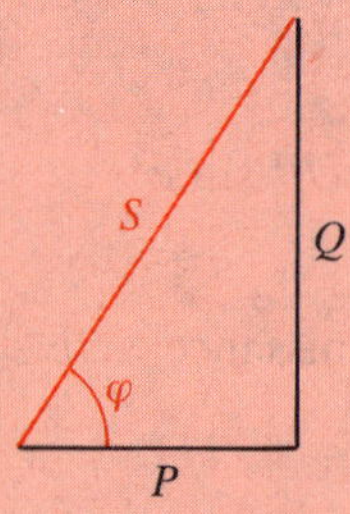

Dans un circuit R, L, C série, la puissance active $P=UI\cos\varphi$ s'exprime sous la forme RI^2.

Elevons les relations (1) et (2) au carré et effectuons la somme membre à membre. Nous obtenons :

$$P^2+Q^2=(UI)^2(\cos^2\varphi+\sin^2\varphi)$$

or $\cos^2\varphi+\sin^2\varphi=1$ et $UI=S$

donc : $P^2+Q^2=S^2$

la puissance apparente est égale à :

$$S = \sqrt{P^2+Q^2}$$

Si la tension efficace U est connue, l'intensité se calcule à partir de la relation :

$$I = \frac{S}{U} = \frac{\sqrt{P^2+Q^2}}{U}$$

Comme : $P=UI\cos\varphi=S\cos\varphi$

l'expression du facteur de puissance de l'installation est alors :

$$\cos\varphi = \frac{P}{S}$$

6. EXPRESSION COMPLEXE DE LA PUISSANCE

Aux grandeurs sinusoïdales $u(t)$ et $i(t)$ nous avons associé les deux nombres complexes $\underline{U}=[U, 0]$ et $\underline{I}=[I, -\varphi]$. Appelons $\underline{I}^*$ le nombre complexe conjugué du nombre complexe $\underline{I}$: $\underline{I}^*=[I, \varphi]$.

La **puissance apparente complexe** $\underline{S}$ est le produit $\underline{UI}^*$, d'où :

$$\underline{S} = [UI, \varphi].$$

Ce que nous écrivons aussi :

$$\underline{S}=UI\cos\varphi+jUI\sin\varphi$$

soit : $\underline{S}=P+jQ$.

La partie réelle $UI\cos\varphi$ de la puissance apparente complexe représente la puissance active P.

La partie imaginaire $UI\sin\varphi$ de la puissance apparente complexe représente la puissance réactive Q.

Remarque :

Module de $\underline{S}$: $S=UI=\sqrt{P^2+Q^2}$: ce module représente la puissance apparente.

Argument de $\underline{S}$: $\varphi=(\vec{I}, \vec{U})$, déphasage entre u et i est tel que :

$$\tan\varphi = \frac{Q}{P}$$

Travaux pratiques

1. Relèvement du facteur de puissance

Réaliser le montage de la figure 16.11. Le moteur peut être un petit moteur asynchrone de ventilateur (appareillage électrique courant), fonctionnant sous 220 V et n'absorbant que quelques watts. Observer simultanément l'intensité i du courant traversant le circuit et la tension u aux bornes de l'ensemble.

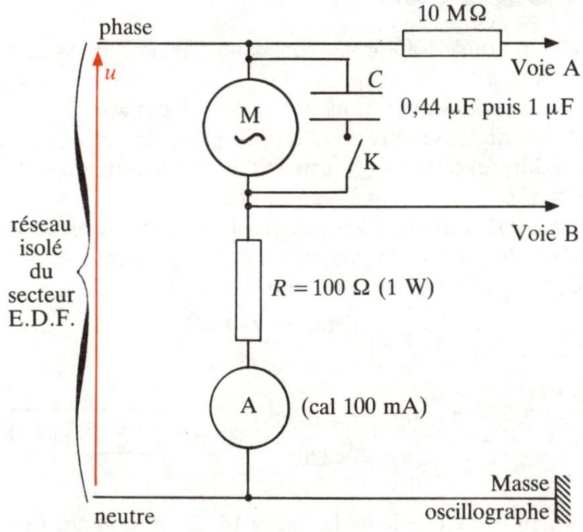

Fig. 16.11.

Précaution : Il est possible que l'oscillographe ait un calibre maximal trop faible pour visualiser u. Il est alors nécessaire d'utiliser une sonde réductrice, ou plus simplement une résistance de 10 MΩ en série avec l'entrée de l'oscillographe.

Mesurer le déphasage φ entre i et u.

A partir du diagramme de Fresnel, calculer une valeur de la capacité C du condensateur qu'il faut placer en parallèle avec le moteur pour diminuer le déphasage entre u et i. Observer la valeur efficace I de l'intensité i lorsque l'on place ce condensateur.

Recommencer la manipulation avec des condensateurs de capacités plus élevées et tracer la courbe représentative de $I=f(C)$.

2. Branchements d'un wattmètre

Dessiner les schémas des deux montages permettant la mesure de la puissance active absorbée par un récepteur. Pourquoi est-il fortement conseillé de placer un ampèremètre et un voltmètre dans le circuit ?

Mesurer les résistances internes a et b des circuits courant et tension d'un wattmètre par la méthode voltampèremétrique. Comparer b à la valeur habituelle de la résistance interne d'un voltmètre.

La puissance mesurée est toujours supérieure à la puissance réelle consommée. Montrer que, pour l'un des montages, l'excès de puissance mesuré est aI^2 et pour l'autre U^2/b.

Pour chaque montage, mesurer la puissance active absorbée par les dipôles ci-après branchés sur le secteur 220 V, 50 Hz :
- un résistor (R=220 Ω, 3 A par exemple) ;
- une bobine (L=0,5 H, r=10 Ω) en série avec un résistor (R=220 Ω, 3 A) ;
- un condensateur (C=10 μF, 400 V) en parallèle avec un résistor (R=220 Ω, 3 A).

Indiquer, pour chaque cas, le montage permettant la mesure la plus précise.

Contrôle des connaissances

INDIQUER LA (OU LES) BONNE(S) RÉPONSE(S) :

Pour tous les exercices qui suivent, les circuits considérés fonctionnent en régime sinusoïdal.

16.01. Quel est le dipôle passif élémentaire qui n'absorbe aucune puissance réactive ?

R : résistor, condensateur parfait, bobine parfaite.

16.02. Quelle est la puissance réactive Q consommée par un récepteur dont la puissance active est P=3 kW et le facteur de puissance cos φ=0,8 ?

R : Q=1,25 kvars; Q=2,25 kvars; Q=3,25 kvars; Q=4,25 kvars.

16.03. Quelle est la puissance réactive Q consommée par un récepteur inductif dont la puissance apparente est S=3 kVA et le facteur de puissance cos φ=0,8 ?

R : Q=1,8 kvars; Q=2,8 kvars; Q=3,8 kvars; Q=4,8 kvars.

16.04. Quelle est la puissance active P consommée par un récepteur dont la puissance apparente est S=3 kVA et le facteur de puissance cos φ=0,8 ?

R : P=1,4 kW ; P=2,4 kW ; P=3,4 kW ; P=4,4 kW.

16.05. Un élément purement résistif, R=100 Ω est branché sur le secteur 220 V, 50 Hz. Quelle est la puissance moyenne dissipée par ce dipôle ?

R : 260 W ; 484 W ; 540 W ; 128 W.

16.06. Un résistor de résistance R et une bobine fortement inductive de même résistance sont alimentés par le secteur 220 V, 50 Hz. Comparer les puissances actives P_R et P_B consommées par ces dipôles.

R : $P_R<P_B$; $P_R=P_B$; $P_R>P_B$.

16.07. Quelle est la puissance réactive fournie par un condensateur de capacité $C=10\ \mu F$ soumis à une tension de valeur efficace $U=220$ V et de fréquence $f=50$ Hz ?

R : $Q \approx 150$ var ; $Q \approx -150$ var ; $Q \approx 24$ var ; $Q \approx -24$ var.

16.08. Comment varie la valeur efficace de l'intensité I du courant fourni par le réseau à une installation globalement inductive lorsque l'on fait varier le facteur de puissance $\cos\varphi$ de la charge (on ajoute des condensateurs en parallèle avec l'installation mais l'ensemble reste toujours inductif).

R : I est d'autant plus faible que $\cos\varphi$ est faible ; I est d'autant plus faible que $\cos\varphi$ est élevé ; I est indépendante de la valeur de $\cos\varphi$.

Exercices résolus

16.09. **Une installation monophasée 220 V, 50 Hz comporte :**

– 30 lampes de 100 W chacune ;

– 2 moteurs identiques absorbant chacun une puissance de 2 kW, leur facteur de puissance étant 0,7. Ces différents appareils fonctionnent simultanément.

1° Quelles sont les puissances active et réactive consommées par l'installation ?

2° Quel est son facteur de puissance ?

3° Quelle est l'intensité efficace du courant dans un fil de ligne ?

4° Quelle est la capacité du condensateur à placer en parallèle avec l'installation pour relever le facteur de puissance à 0,93 ?

Solution :

1° Puissance active absorbée par l'installation :

$$P = P_L + P_M.$$

P_L : puissance active absorbée par les lampes :

$$P_L = 30 \times 100 = 3\ 000 \text{ W soit } 3 \text{ kW}.$$

P_M : puissance active absorbée par les moteurs :

$$P_M = 2 \times 2 = 4 \text{ kW},$$

soit : $P = 3 + 4 = 7$ kW.

Puissance réactive absorbée par l'installation :

$$Q = Q_L + Q_M$$

Q_L puissance réactive des lampes : ce sont des éléments purement résistifs :

$$Q_L = 0.$$

Q_M : puissance réactive des moteurs :

$$Q_M = P_M \tan\varphi_M$$

$Q_M = 4 \times 1{,}02 = 4{,}08$ kvar $\Rightarrow$ $\boxed{Q \approx 4{,}1 \text{ kvar}}$

2° Le facteur de puissance de l'installation est obtenu à partir de la relation :

$$Q = P \tan\varphi,$$

soit : $\tan\varphi = Q/P$ $\Rightarrow \tan\varphi = 4{,}08/7 = 0{,}583$,

d'où : $\boxed{\cos\varphi = 0{,}864}$

3° L'expression de la puissance active absorbée par l'installation est : $P = UI\cos\varphi$.

Le courant appelé par l'installation a pour valeur efficace :

$$I = P/(U\cos\varphi),$$

soit : $I = [7\ 000/(220 \times 0{,}864)]$ A $\Rightarrow$ $\boxed{I \approx 36{,}8 \text{ A}}$

4° Un condensateur ne consomme aucune puissance active.

Sans condensateur, nous avons : $Q = P\tan\varphi$.

Avec condensateur, nous avons : $Q' = P\tan\varphi'$.

La différence $(Q' - Q)$ provient du condensateur (Q_C) donc : $Q_C = P(\tan\varphi' - \tan\varphi)$.

Un condensateur, sous une tension de valeur efficace U et de fréquence f, fournit une puissance réactive $Q_C = -2\pi f C U^2$. Nous obtenons alors :

$$C = \frac{P(\tan\varphi - \tan\varphi')}{2\pi f U^2},$$

soit : $C = \dfrac{7\ 000(0{,}583 - 0{,}395)}{2\pi \times 50 \times 220^2}$ F $\Rightarrow$ $\boxed{C \approx 86{,}5\ \mu F}$

16.10. **Le dipôle de la figure 16.12 est inductif. Les ampèremètres indiquent les valeurs efficaces suivantes : $I_1 = 10$ A, $I_2 = 6$ A et $I_3 = 5$ A.**

1° En utilisant une méthode graphique, calculer le facteur de puissance du dipôle.

2° Calculer les puissances active et réactive qu'il absorbe.

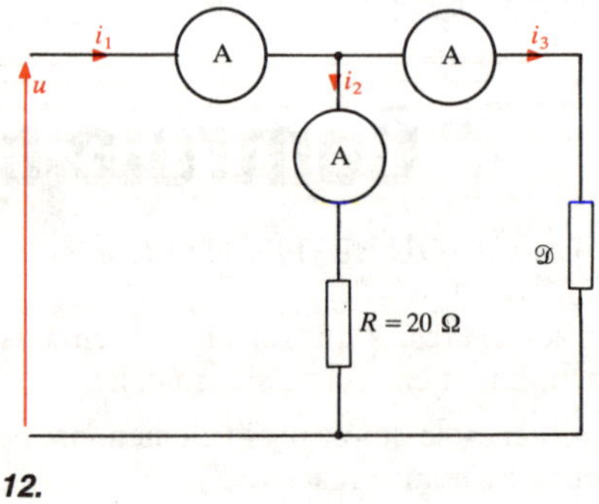

Fig. 16.12.

Solution :

1° Appliquons la loi d'addition des courants :

$$i_1 = i_2 + i_3.$$

En utilisant les vecteurs de Fresnel associés aux grandeurs sinusoïdales correspondantes, nous avons :

$$\vec{I_1} = \vec{I_2} + \vec{I_3}.$$

La tension u étant directement appliquée aux bornes du résistor traversé par le courant d'intensité i_2, i_2 et u sont donc en phase. La construction de Fresnel (fig. 16.13) est réalisée en prenant la phase de u (donc de i_2) comme origine des phases. Après avoir porté un segment de longueur MN=6u (longueur du vecteur $\vec{I_2}$), nous construisons deux cercles, l'un de centre N et de rayon 5u, l'autre de centre M et de rayon 10 u. Ces

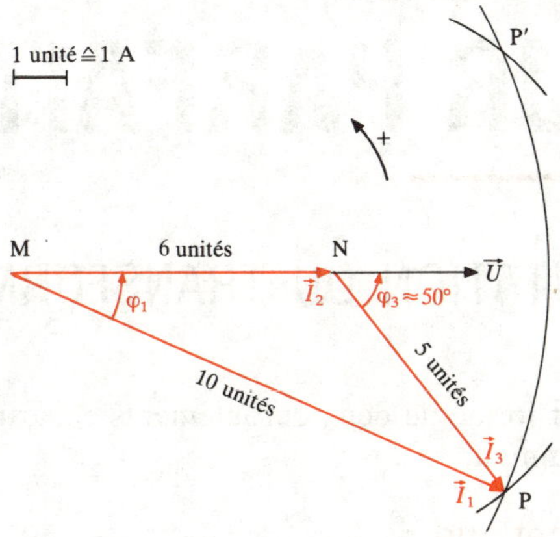

Fig. 16.13.

deux cercles se coupent en P et P'. Le dipôle étant inductif, l'intensité du courant qui le traverse est en retard sur la tension à ses bornes : la solution correspondant au point P' est donc à rejeter.

La mesure du déphasage φ_3 au rapporteur donne :

$$\varphi_3 \approx 50\ °.$$

Le facteur de puissance du dipôle est :

$$\boxed{\cos \varphi_3 = 0{,}64.}$$

2° La valeur efficace de la tension aux bornes du dipôle est : $U = RI_2$

soit : $U = 20 \times 6 = 120$ V.

Le dipôle absorbe une puissance active :

$$P = UI_3 \cos \varphi_3$$

soit : $P = 120 \times 5 \times 0{,}64 \Rightarrow \boxed{P = 384 \text{ W}}$

Il absorbe une puissance réactive : $Q = UI_3 \sin \varphi_3$

soit : $Q = 120 \times 5 \times 0{,}77 \Rightarrow \boxed{Q = 462 \text{ vars}}$

Exercices à résoudre

16.11. Un dipôle inductif de résistance $r = 50\ \Omega$ est branché sur le secteur 220 V, 50 Hz. La puissance moyenne consommée par ce dipôle est alors $P = 300$ W.
Quelle est l'inductance L du dipôle ?

16.12. Un circuit R, L, C série alimenté sous une tension sinusoïdale de valeur efficace $U = 100$ V, est en résonance d'intensité. On donne : $R = 50\ \Omega$, $L = 1$ H, $C = 10\ \mu$F.
Quelle est la puissance moyenne dissipée par ce circuit ?

16.13. Sur une période de deux mois, le relevé des énergies active et réactive consommées par une installation donne :
$W_{\text{actif}} = 24\ 000$ kWh et $W_{\text{réactif}} = 14\ 000$ kvarh.
Quel est le facteur de puissance moyen de l'installation ?

16.14. Un récepteur inductif, traversé par un courant d'intensité efficace 15 A et alimenté par une source de tension de valeur efficace 220 V a un facteur de puissance de 0,9.
Quelles sont les puissances active, réactive et apparente consommées par ce récepteur ?

16.15. Un récepteur inductif consommant une puissance $P = 3$ kW sous une tension de 220 V, 50 Hz a un facteur de puissance $\cos \varphi = 0{,}8$.

1° A partir du bilan des puissances, calculer la capacité C du condensateur permettant de relever le facteur de puissance de 0,8 à 0,9.

2° Reprendre la question précédente en utilisant une construction graphique de Fresnel.

16.16. Un récepteur est formé par l'association en série d'un résistor de résistance $R = 50\ \Omega$, d'une bobine de résistance $r = 20\ \Omega$ et d'inductance $L = 0{,}5$ H et d'un condensateur de capacité $C = 1\ \mu$F. Il est alimenté par une source de tension sinusoïdale de valeur efficace $U = 220$ V et de fréquence $f = 50$ Hz.
Quelles sont les puissances active, réactive et apparente pour :
a) chaque élément du récepteur ?
b) le récepteur ?

16.17. On considère un dipôle linéaire dans sa structure parallèle : $\underline{Y}_p = G_p + jB_p$ alimenté sous une tension de valeur efficace U.
Exprimer les puissances apparente, active et réactive en fonction de Y_p, G_p, B_p et U.

16.18. Une source de tension sinusoïdale de fréquence fixe a une impédance interne dont l'écriture complexe est $\underline{Z} = 0{,}2 + 0{,}5\ j$. Cette source débite un courant d'intensité efficace $I = 10$ A dans un dipôle. La tension aux bornes du dipôle a une valeur efficace de 220 V et est en avance de $\pi/6$ rad sur l'intensité du courant qui le traverse.

1° En utilisant la notation complexe, calculer :

a) la valeur efficace E de la f.é.m. e de cette source ;

b) le déphasage φ entre cette f.é.m. e et l'intensité i du courant.

2° Répondre à la question précédente en se servant du diagramme de Fresnel du circuit.

3° Calculer les puissances active et réactive consommées par le dipôle. Effectuer un bilan des puissances et retrouver les valeurs de E et φ.

Chapitre 17

CIRCUIT MAGNÉTIQUE EN ALTERNATIF TRANSFORMATEUR PARFAIT

1. PRÉSENTATION DU TRANSFORMATEUR

Un transformateur est formé de deux enroulements enlaçant un circuit magnétique commun.

1.1. Circuit magnétique

1.1.1. Présentation

Un circuit magnétique est constitué par un empilage de tôles minces et isolées entre elles par un vernis (on dit qu'il est feuilleté).
Le feuilletage du circuit magnétique est une **nécessité.**

Le feuilletage est réalisé de telle sorte que les lignes de champ et les tôles aient la même direction : les lignes de champ restent alors canalisées dans les tôles sans passer de l'une à l'autre.

a) Expériences :

Une tension sinusoïdale est appliquée aux bornes d'une bobine à l'intérieur de laquelle est placée un bloc de fer (fig. 17.01). Au bout de quelques minutes, le bloc de fer est chaud.
Si l'on remplace ce bloc de fer par une barre constituée de tôles empilées, pour la même tension d'alimentation, l'échauffement est alors imperceptible.

Les courants de Foucault ont un sens tel que par leurs effets, ils s'opposent à la cause qui leur donne naissance (loi de Lenz). Nous supposons que leur influence reste assez faible pour ne pas avoir à en tenir compte pour l'écriture du théorème d'Ampère : ($n_1i_1+n_2i_2=n_1i_{10}$).

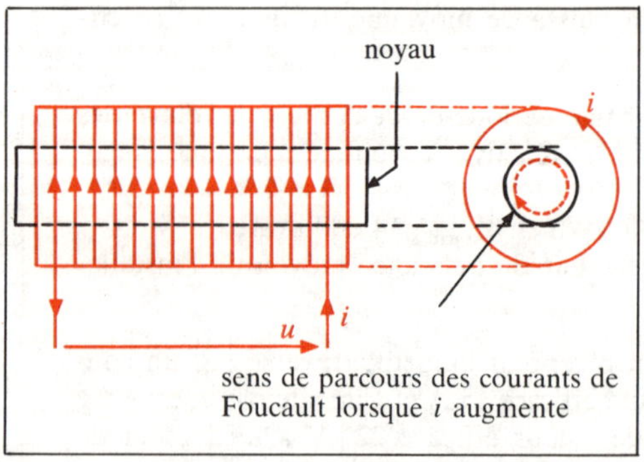

Fig. 17.01. Courants de Foucault.

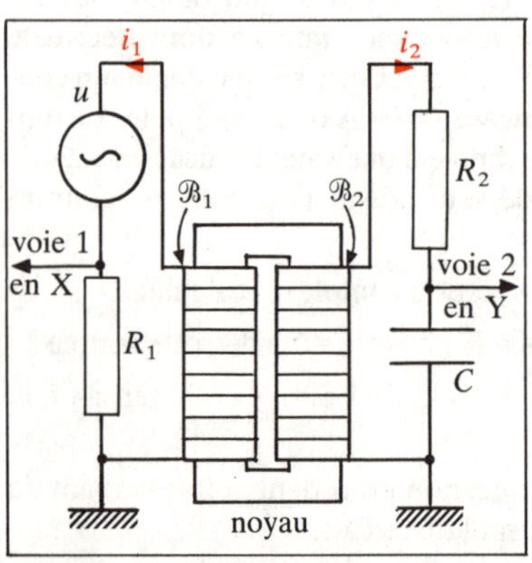

Fig. 17.02. Visualisation des phénomènes d'hystérésis. L'intensité i_2 est négligeable devant i_1.

b) Interprétation :

Le courant alternatif engendre un flux alternatif à travers le bloc. Ce flux variable crée dans le fer, des courants induits appelés **courants de Foucault** qui provoquent l'échauffement du fer (effet Joule). Ces courants se développent dans des plans perpendiculaires aux lignes de champ magnétique. Ils sont d'autant plus intenses que la section de fer est grande. On limite ces courants, et l'échauffement, en remplaçant une pièce métallique massive par une pièce feuilletée et en disposant les tôles convenablement pour que les courants ne puissent alors se développer que dans l'épaisseur d'une tôle.

Le circuit magnétique d'un transformateur est feuilleté pour diminuer les pertes d'énergie par courants de Foucault.

1.1.2. Nature du matériau

Les tôles du circuit magnétique sont souvent en **acier additionné de silicium.**

a) Expérience :
Réalisons le montage de la figure 17.02. La bobine $\mathcal{B}_1$ est alimentée par une source de tension sinusoïdale. Un résistor de résistance R_1 (faible) permet de visualiser à l'oscillographe le courant (traversant cette bobine) qui, à un facteur constant près, représente aussi l'excitation magnétique h créée dans le circuit magnétique. Le circuit de la bobine $\mathcal{B}_2$ contient un résistor de résistance R_2 en série avec un condensateur de capacité C. On montre que pour $R_2C\omega >> 1$, l'intensité b du champ magnétique dans le noyau est proportionnelle à la tension aux bornes du condensateur. En plaçant l'oscillographe en position X,Y, on observe la courbe $b = f(h)$.
Dans le cas d'un acier normal, nous obtenons l'oscillogramme de la figure 17.03.
Dans le cas d'un acier au silicium (pour un noyau de mêmes dimensions) nous obtenons l'oscillogramme de la figure 17.04.

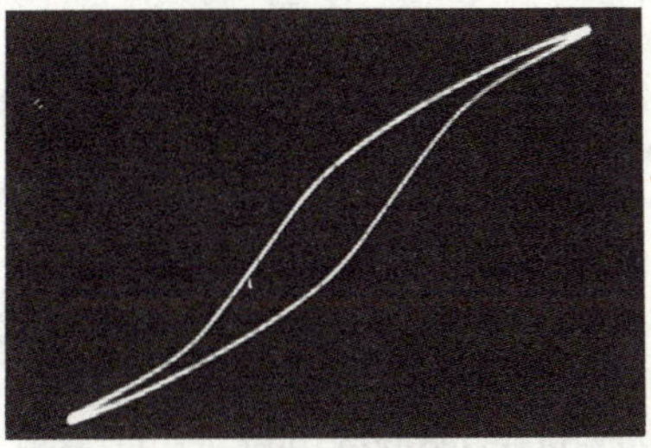

Fig. 17.03. *Cycle d'hystérésis d'un acier normal.*

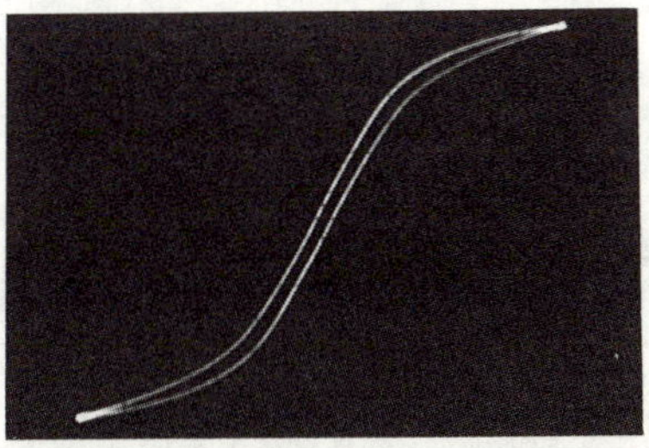

Fig. 17.04. *Cycle d'hystérésis d'un acier au silicium.*
Plus le cycle est large, plus le matériau magnétique est dit « dur ».
Plus il est étroit, plus le matériau est qualifié de « doux ».
Remarque : *La comparaison des deux cycles précédents doit se faire :*
– pour des noyaux magnétiques de même géométrie,
– pour des tensions d'alimentation identiques.

b) Interprétation : observation de l'hystérésis.
L'hystérésis est plus importante pour l'acier normal que pour l'acier au silicium. Rappelons que tout phénomène d'hystérésis entraîne une perte d'énergie, d'autant plus importante que l'aire du cycle est grande, et une déformation du courant dont l'intensité n'est plus sinusoïdale.

Le circuit magnétique d'un transformateur est formé de tôles d'un alliage (exemple : acier au silicium) pour limiter les pertes par hystérésis.

c) Remarque :
Si la bobine $\mathcal{B}_1$ est alimentée par un générateur de courant sinusoïdal, l'hystérésis est responsable d'une déformation du champ $b(t)$ et de la tension aux bornes de $\mathcal{B}_1$ (voir T.P.).

1.2. Enroulements

Les deux enroulements sont placés autour d'un noyau magnétique afin de diminuer les fuites magnétiques.

■ Ils ont des nombres de spires différents (sauf dans le cas des transformateurs d'isolement). L'enroulement qui comporte le nombre de spires le plus élevé est l'enroulement **haute tension**, l'autre étant l'enroulement **basse tension.**

Le fil de l'enroulement haute tension est plus fin que celui de l'enroulement basse tension.

■ L'enroulement alimenté par une source de tension sinusoïdale est le **primaire** : il fonctionne en récepteur. L'autre enroulement, aux bornes duquel on branche une charge, est le **secondaire** : il fonctionne en générateur.

■ 2. ÉTUDE EXPÉRIMENTALE DU TRANSFORMATEUR

Le transformateur est alimenté sous une **tension primaire de valeur efficace constante U_1.**

2.1. Étude à vide

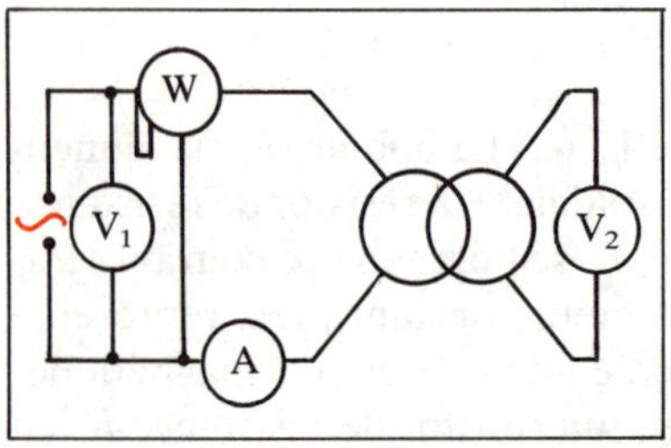

Fig. 17.05. *Essai à vide.*

Un transformateur fonctionne à vide, lorsque le secondaire ne débite aucun courant, c'est-à-dire lorsque cet enroulement n'alimente aucune charge (fig. 17.05). La valeur efficace de la tension au secondaire se note alors U_{20}.

Le transformateur utilisé est un transformateur démontable (fig. 17.06). Il est possible de changer facilement les enroulements donc de modifier le nombre de spires au primaire et au secondaire. C'est un transformateur de démonstration qui, en charge, présente d'importantes fuites magnétiques mais qui, à vide, fonctionne convenablement.

Fig. 17.06. *Transformateur démontable.*
Notations :
Grandeurs primaires : indice 1
Grandeurs secondaires : indice 2

Pour différentes valeurs des nombres de spires N_1 et N_2 des enroulements primaires et secondaires, on observe que le **rapport U_{20}/U_1 reste toujours égal au rapport N_2/N_1.**

Le rapport N_2/N_1 est appelé **rapport de transformation *m*** du transformateur :

$$m = \frac{N_2}{N_1} = \frac{U_{20}}{U_1}$$

Si la valeur efficace U_{20} de la tension au secondaire est supérieure à celle U_1 de la tension au primaire, le transformateur est **élévateur** de tension. Dans le cas contraire, il est **abaisseur** de tension.

Le courant et la puissance à vide sont faibles (I_{10}<5 % I_{1N}, si I_{1N} désigne le courant primaire nominal, $P_{10} << P_{1N}$, si P_{1N} représente la puissance primaire nominale).

Le facteur de puissance $cos\varphi_{10}$ est très faible. Le transformateur à vide est donc fortement réactif : le courant à vide sert essentiellement à magnétiser le circuit magnétique.

2.2. Étude en charge

Le transformateur de démonstration est remplacé par un transformateur industriel de plus forte puissance (fig. 17.07).

Fig. 17.07. *Essai en charge.* ►

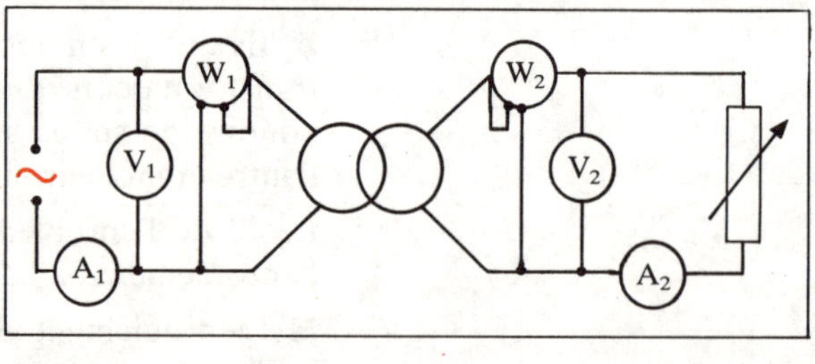

La charge est constituée par un rhéostat. En diminuant la résistance du rhéostat, on augmente l'intensité du courant au secondaire (c'est-à-dire la charge). La puissance fournie par le secondaire provient du primaire et donc du réseau. Si la puissance appelée augmente, la puissance fournie par le réseau augmente également ; de même, si la puissance appelée diminue, la puissance fournie par le réseau diminue (cela est en accord avec le principe de la conservation de l'énergie).

Les transformateurs de forte puissance (supérieure à 10 kVA) ont des rendements supérieurs à 99 %.

■ Les relevés des indications des appareils pour différentes valeurs de la charge, montrent une **faible chute de tension en charge** ($U_2 < mU_1$). Souvent, cette chute de tension est suffisamment limitée pour que la valeur efficace U_2 de la tension au secondaire puisse être assimilée à mU_1 (que l'on soit à vide ou en charge).

$$U_2 \approx mU_1$$

■ En effectuant les calculs de N_1I_1 et de N_2I_2 pour différentes valeurs de la charge, il apparaît que **ces deux produits restent sensiblement égaux.** La différence est d'autant plus faible que l'intensité du courant appelé est élevée :

$N_1I_1 \approx N_2I_2$ soit : $I_1 \approx mI_2$

■ Pour des puissances supérieures à la moitié de la puissance nominale, les wattmètres indiquent des valeurs voisines (P_2 est presque égale à P_1). Le rapport P_2/P_1, qui représente le **rendement du transformateur,** atteint presque 1. Le transformateur est donc une excellente machine électrique (plus l'appareil est puissant, plus le qualificatif excellent est approprié).

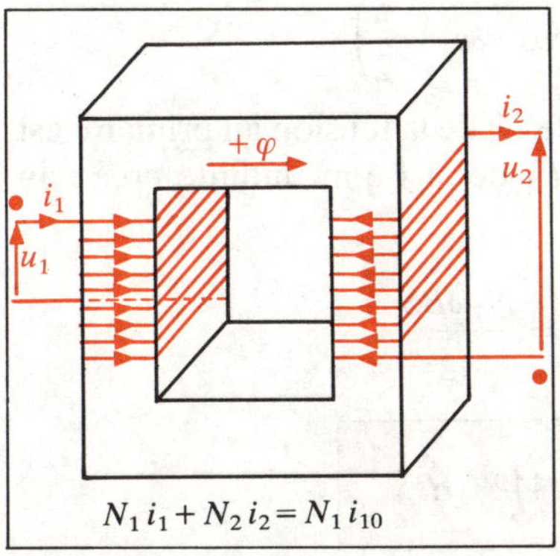

***Fig. 17.08.** Conventions.*

Nous choisissons comme sens positif des courants primaire et secondaire un même sens d'enroulement autour du circuit magnétique.

Le **primaire** est un récepteur, nous utilisons pour le primaire la **convention récepteur**.

Le **secondaire** est un générateur, nous utilisons pour le secondaire la **convention générateur.** Les **bornes marquées d'un point sont dites homologues** ; des courants entrant au même instant par des bornes homologues donnent des flux de même signe (lignes de champ de même sens).

3. TRANSFORMATEUR PARFAIT

Un transformateur parfait est un transformateur dont les pertes et les fuites magnétiques peuvent être considérées comme négligeables.

Pour un transformateur parfait, nous négligeons donc :
- le phénomène d'hystérésis ;
- la saturation magnétique ;
- les pertes par courants de Foucault ;
- la résistance des enroulements.

Les deux enroulements sont assimilés à des électromoteurs parfaits.

3.1. Modèle équivalent

Les notations utilisées sont indiquées sur la figure 17.08. A chaque instant, chaque spire d'enroulement est traversée par le même flux magnétique φ et les f.é.m. induites au primaire et au secondaire sont respectivement égales à :

$$e_1 = -N_1 \frac{d\varphi}{dt} \quad \text{et} \quad e_2 = -N_2 \frac{d\varphi}{dt}.$$

D'où le modèle équivalent de la figure 17.09.

Remarque : Nous utilisons pour φ les mêmes conventions que dans le chapitre 11.

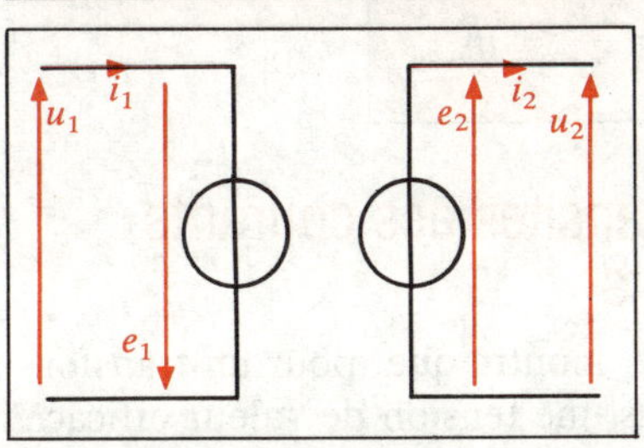

***Fig. 17.09.** Schéma électrique équivalent d'un transformateur parfait.*

■ 3.1.1. Tension primaire

Appliquons la loi des mailles au circuit primaire :

$$u_1+e_1=0 \quad \Rightarrow \quad u_1=-e_1 \quad \Rightarrow \quad u_1 = N_1 \frac{d\varphi}{dt}$$

La tension u_1 étant sinusoïdale, il en est de même du flux φ et donc du champ magnétique b.

Posons : $b = \hat{B} \cos \omega t$

Le flux magnétique à travers une section S du circuit magnétique est donné par la relation :

$$\varphi=b\,S=\hat{B}\,S \cos \omega t$$

d'où : $u_1=N_1\omega\hat{B}S \cos\left(\omega t + \frac{\pi}{2}\right)$

Comme $u_1=-e_1$, la valeur efficace U_1 de la tension au primaire est alors égale à la valeur efficace E_1 de la f.é.m. induite créée au primaire et :

$$U_1 = E_1 = \frac{N_1\omega\hat{B}S}{\sqrt{2}}$$

$\omega=2\pi f$ et $2\pi/\sqrt{2} = 4{,}44$

$E=4{,}44\ Nf\hat{B}S$ s'appelle la formule de Boucherot.

soit encore : $U_1=E_1=4{,}44\ N_1f\hat{B}S$

■ 3.1.2. Tension secondaire

N'ayant pas de fuites magnétiques, le circuit magnétique canalise **toutes** les lignes de champ : la valeur instantanée du flux est la même dans toute section du circuit magnétique. La f.é.m. au secondaire a pour valeur instantanée :

$$u_2 = -N_2 \frac{d\varphi}{dt}$$

et pour valeur efficace : $E_2 = 4{,}44\ N_2f\hat{B}S$

La résistance de l'enroulement secondaire étant négligée, nous avons :

$$U_2=E_2=4{,}44\ N_2f\hat{B}S$$

■ 3.1.3. Conséquence

Des expressions donnant U_1 et U_2, nous tirons les relations :

$$\frac{U_2}{U_1} = \frac{E_2}{E_1} = \frac{N_2}{N_1} = m$$

3.2. Relation entre les intensités des courants traversant les enroulements

La formule donnant la tension U_1 montre que, pour un transformateur alimenté au primaire sous une tension de valeur efficace et de fréquence constantes, la valeur maximale du flux ($\hat{B}.S$) est constante. La valeur instantanée de ce flux conserve la même expression en fonction du temps quelle que soit la charge. Or ce flux est produit par les courants i_1 et i_2 ; il dépend de la somme $(N_1 i_1 + N_2 i_2)$ qui doit avoir la même valeur en charge et à vide ; Dans ce dernier cas elle est égale à $N_1 i_{10}$:

$$\underbrace{N_1 i_1 + N_2 i_2}_{\text{en charge}} = \underbrace{N_1 i_{10}}_{\text{à vide}}$$

soit : $$i_1 + m i_2 = i_{10}$$

A vide, le courant appelé pour magnétiser le circuit a une intensité i_{10} très faible devant l'intensité i_1 du courant circulant dans le primaire lorsque le transformateur est en charge normale.

Nous pouvons négliger i_{10} et écrire : $i_1 + m i_2 = 0$

d'où nous tirons : $$\frac{i_1}{i_2} = -m$$

soit, en valeurs efficaces : $$\boxed{\frac{I_1}{I_2} = m}$$

3.3. Diagramme de Fresnel

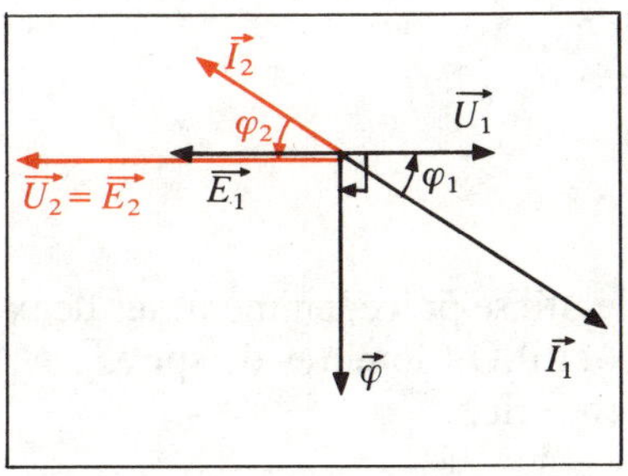

Fig. 17.10. Diagramme de Fresnel pour un transformateur parfait.

Puisque : $u_1 = -e_1 = N_1 \left(\frac{d\varphi}{dt}\right)$ et $u_2 = e_2 = -N_2 \left(\frac{d\varphi}{dt}\right)$

nous pouvons écrire : $\frac{u_2}{u_1} = -\frac{e_2}{e_1} = -\frac{N_2}{N_1} = -m$

Donc, avec nos conventions :

– les tensions u_1 et u_2 sont en opposition de phase ($u_2 = -m u_1$) ;

– la tension u_2 et les f.é.m. e_1, e_2 sont en phase ;

– le flux φ est en quadrature arrière sur la tension u_1 (voir paragraphe 3.1) ;

– les intensités des courants sont en opposition de phase ($i_1/i_2 = -m$).

Il est alors possible de tracer le diagramme de Fresnel du transformateur (fig. 17.10).

3.4. Puissances

Le diagramme de Fresnel, montre que $\varphi_1 = \varphi_2$.

$$U_1 I_1 \cos\varphi_1 = U_2 I_2 \cos\varphi_2$$
$$U_1 I_1 \sin\varphi_1 = U_2 I_2 \sin\varphi_2$$

Les pertes d'un transformateur parfait étant négligeables, la puissance active P_2 fournie par le secondaire au récepteur est égale à la puissance active P_1 reçue au primaire.

Si le courant magnétisant (courant à vide) a une intensité négligeable, la puissance réactive Q_1 absorbée par le primaire est égale à la puissance réactive Q_2 fournie par le secondaire.

Nous en déduisons que les puissances apparentes sont donc égales :

$$\boxed{S_1 = S_2}$$

3.5. Adaptation d'impédance

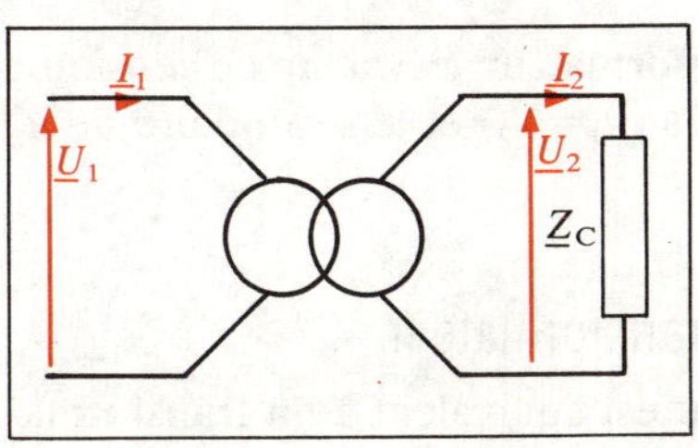

Fig. 17.11. Transformateur parfait en charge.

Aux bornes du secondaire d'un transformateur parfait est placée une charge dont l'impédance complexe est $\underline{Z}_c$ (fig. 17.11).

La définition et l'étude de l'adaptation d'impédance seront vues en classe de terminale.

Aux relations entre valeurs instantanées vues précédemment :

$$u_2 = -m\,u_1 \quad \text{et} \quad i_2 = -\frac{i_1}{m}$$

nous faisons correspondre des relations entre les nombres complexes, associées à ces valeurs instantanées :

$$\underline{U}_2 = -m\,\underline{U}_1 \quad \text{et} \quad \underline{I}_2 = -\frac{\underline{I}_1}{m}$$

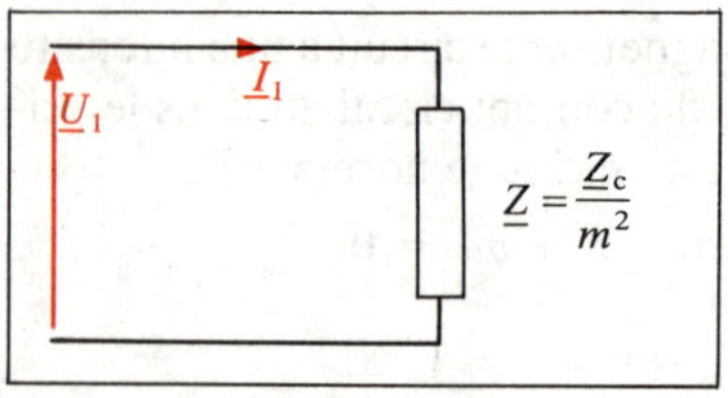

Fig. 17.12. Dipôle équivalent.

Reprenons la démonstration du paragraphe 3.2. :

$$N_1 i_1 + N_2(i_1 - i_2) \approx 0$$

$$(N_1+N_2)i_1 = N_2 i_2$$

Soit : $i_1 = m i_2$ **avec :** $m = \frac{N_2}{N_1+N_2}$

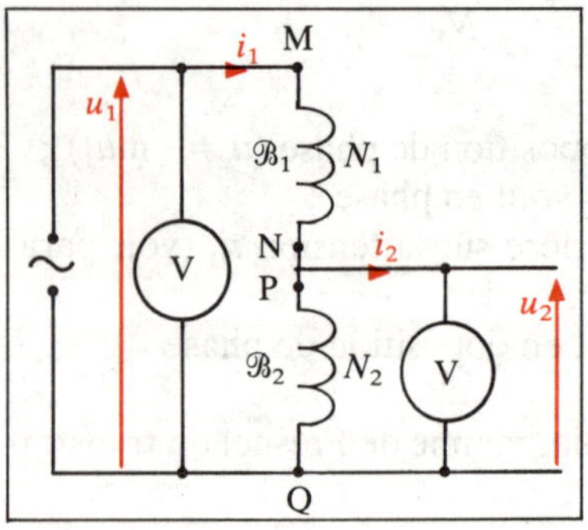

Fig. 17.13. Schéma du montage d'un autotransformateur ***abaisseur*** *de tension. Avec les conventions adoptées, les tensions* u_1 *et* u_2 *sont en phase. Il en est de même des intensités* i_1 *et* i_2.

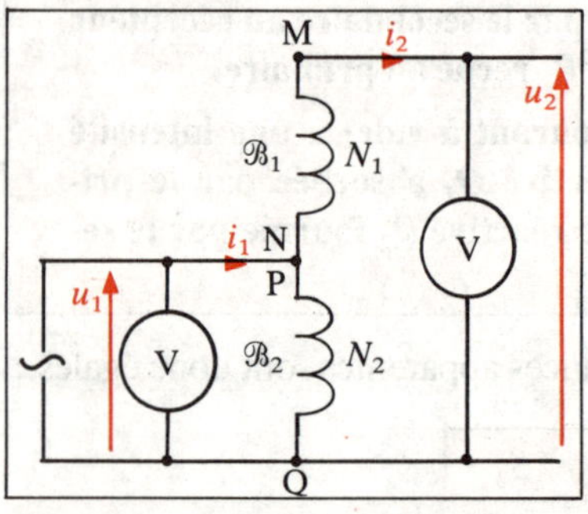

Fig. 17.14. Schéma du montage d'un autotransformateur ***élévateur*** *de tension. Avec les conventions adoptées, les tensions* u_1 *et* u_2 *sont en phase (ainsi que les intensités* i_1 *et* i_2*).*

Nous pouvons écrire : $\underline{U}_2 = \underline{Z}_c \underline{I}_2$

Cela entraîne une relation entre $\underline{U}_1$ et $\underline{I}_1$. En effet :

$$\underline{U}_2 = -m\underline{U}_1 \text{ et } \underline{I}_1 = -m\underline{I}_2$$

Nous tirons :

$$\frac{\underline{U}_1}{\underline{I}_1} = \frac{\underline{Z}_c}{m^2}$$

Le rapport $\underline{U}_1/\underline{I}_1$ représente l'*impédance de l'ensemble « transformateur-charge » vue des bornes du primaire* ; cette impédance est appelée impédance image $\underline{Z}$.

L'ensemble « transformateur-charge » est équivalent à un dipôle (fig. 17.12) dont l'impédance est :

$$\underline{Z} = \frac{\underline{Z}_c}{m^2}$$

4. TRANSFORMATEURS SPÉCIAUX

4.1. Autotransformateur

4.1.1 Expérience

Sur le transformateur démontable utilisé précédemment, les deux bobines $\mathscr{B}_1$ et $\mathscr{B}_2$ de bornes M,N et P,Q (nombres de spires : N_1 et N_2) sont maintenant montées en série.

1° La tension primaire est appliquée entre M et Q (fig. 17.13).

Le voltmètre branché entre P et Q indique une tension telle que :

$$\frac{U_{PQ}}{U_{MQ}} = \frac{N_2}{N_1+N_2} \quad \Rightarrow \quad U_{PQ} < U_{MQ}$$

Le montage fonctionne en **transformateur abaisseur** de tension ; le primaire est formé de n_1 spires ($n_1 = N_1+N_2$) et le secondaire de n_2 spires ($n_2 = N_2$).

2° La tension primaire est appliquée entre P et Q (fig. 17.14).

Le voltmètre branché entre M et Q indique une tension telle que l'on a :

$$\frac{U_{MQ}}{U_{PQ}} = \frac{N_1+N_2}{N_2} \quad \Rightarrow \quad U_{MQ} > U_{PQ}$$

Le montage fonctionne en **transformateur élévateur** de tension ; le primaire est formé de n_1 spires ($n_1 = N_2$) et le secondaire de n_2 spires ($n_2 = N_1+N_2$).

4.1.2. Principe de l'autotransformateur

L'appareil réalisé précédemment est équivalent à un transformateur dont le primaire et le secondaire ont une partie commune ($\mathscr{B}_2$) : c'est le principe de l'autotransformateur.

Les relations des tensions et des intensités des courants établies lors de l'étude du transformateur parfait sont applicables à l'autotransformateur.

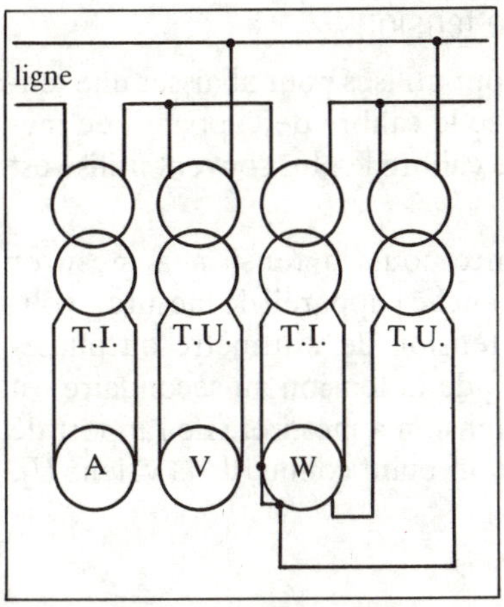

Fig. 17.15. Transformateurs de mesures.

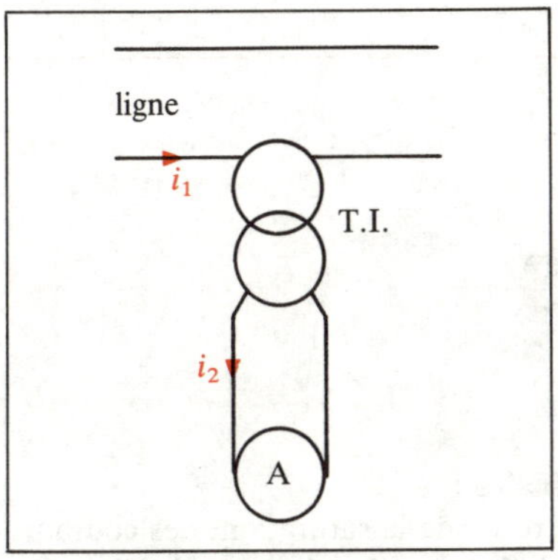

Fig. 17.16. Branchement d'un transformateur d'intensité.

Fig. 17.17. Pince ampèremétrique. Le rapport de transformation I_1/I_2 est un nombre entier.
La mesure de la valeur efficace I_2 de l'intensité du courant secondaire, permet la détermination rapide de l'intensité efficace I_1 du courant traversant le circuit.

k est l'inverse du rapport de transformation.

4.1.3. Avantage, inconvénient et utilisation

a) Avantage :

Dans la partie commune au primaire et au secondaire circule un courant d'intensité $(i_1 - i_2)$. Les intensités i_1 et i_2 des courants traversant le primaire et le secondaire sont en phase (en supposant l'intensité du courant appelé à vide négligeable). La valeur efficace du courant traversant la partie commune est alors plus faible que celles des intensités i_1 et i_2.

Cela se traduit par une utilisation de conducteurs de section plus faible ; on réalise ainsi une économie de cuivre.

b) Inconvénient :

L'autotransformateur met en liaison directe le réseau alimentant le primaire avec le réseau alimenté par le secondaire. Les deux réseaux n'étant pas isolés l'un de l'autre, en cas de défaut ou si le neutre primaire n'est pas repéré, on peut obtenir entre un fil du secondaire et la terre, une tension élevée (même si la tension u_2 est faible) d'où un très réel risque d'accident.

c) Utilisation :

L'autotransformateur peut être utilisé comme diviseur de tension (alimentation d'un récepteur sous tension réduite) ou pour maintenir constante la valeur efficace de la tension d'alimentation d'un récepteur.

4.2. Transformateurs de mesures

Les transformateurs de mesures sont utilisés pour la mesure des fortes intensités et des fortes tensions. Ils permettent l'utilisation des appareils de mesures habituels. Ils isolent les appareils du réseau et permettent de travailler avec une meilleure sécurité (fig. 17.15).

L'utilisation de tels transformateurs pour la mesure des puissances est possible : ils n'introduisent pas de déphasages parasites qui fausseraient les résultats.

4.2.1. Transformateurs d'intensité

Le primaire doit être traversé par le courant à mesurer : il est branché en série dans le circuit. Le secondaire fournit à l'appareil de mesure un courant d'intensité i_2 proportionnelle à i_1 (fig. 17.16) :

$$i_2 = k\, i_1$$

Afin d'éviter la destruction du transformateur, le circuit du secondaire ne doit jamais être ouvert : il est fermé à travers l'appareil de mesure ou à travers un court-circuit (l'ouverture du circuit secondaire entraîne une brusque augmentation du flux magnétique et la tension au secondaire peut alors atteindre des valeurs suffisamment élevées pour détruire le transformateur).

En basse tension, l'utilisation d'une **pince ampèremétrique** (fig. 17.17) évite de couper le circuit pour la mesure de l'intensité d'un courant sinusoïdal. Le primaire est le fil de la ligne (il est entouré par la pince). Le circuit du secondaire est porté par le circuit magnétique.

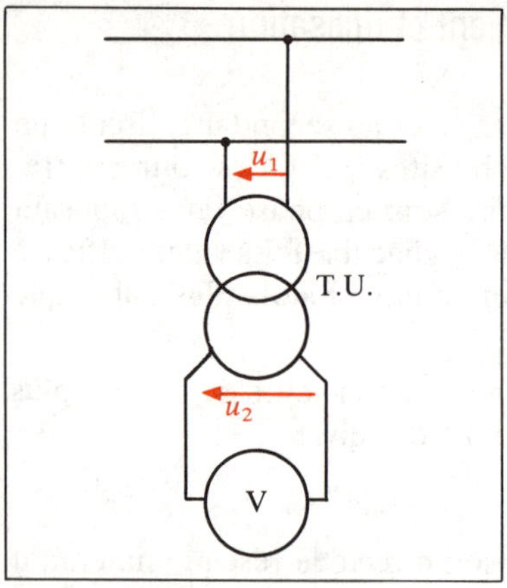

Fig. 17.18. Branchement d'un transformateur de tension.

4.2.2. Transformateurs de tension

Les transformateurs de tension sont utilisés pour abaisser une tension à une valeur compatible avec le calibre de l'appareil de mesure choisi (pour un voltmètre, le calibre le plus souvent utilisé est 150 V).

Le circuit primaire est alimenté sous la tension à mesurer (fig. 17.18). Au secondaire est branché l'appareil de mesure : voltmètre (ou compteur ou circuit tension de wattmètre ou phasemètre, ...). La valeur efficace U_2 de la tension au secondaire est proportionnelle à celle U_1 de la tension à mesurer. Le rapport de transformation m du transformateur étant connu, de la valeur U_2, on déduit U_1 :

$$U_1 = \frac{U_2}{m}.$$

Travaux pratiques

Mise en évidence des non-linéarités dues au fer du circuit magnétique d'un transformateur

On utilise un petit transformateur 220 V-2×6 V, 10 VA, dont seuls les deux enroulements basse tension sont montés (fig. 17.19).

L'amplificateur opérationnel de puissance (chap. 21), TCA 365 de Siemens, ou L165 de SGS, est alimenté par une alimentation double (+15 V, −15 V) capable de débiter au moins 400 mA, pour fournir des courants importants (le composant doit être monté sur un dissipateur thermique i_{smax}=3 A).

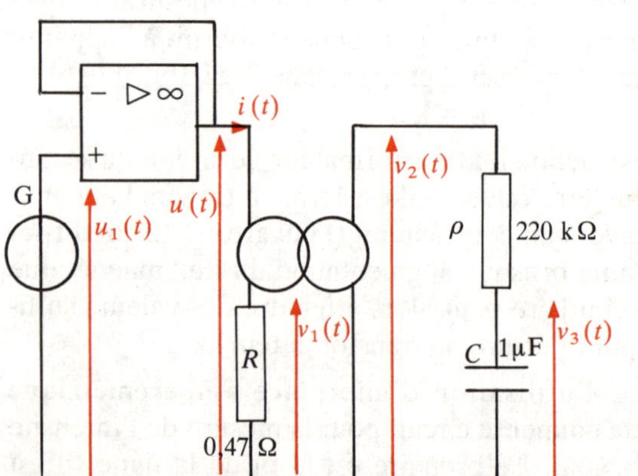

Fig. 17.19.

Remarque préliminaire :
A cause de l'hystérésis, de la saturation, des courants de Foucault, la **relation $b=f(h)$ n'est pas linéaire.** On peut imposer l'une des grandeurs, $h(t)$ ou $b(t)$ et observer comment l'autre évolue :

$h(t)$ est directement proportionnelle à l'intensité $i(t)$ du courant magnétisant (théorème d'Ampère). Imposer $h(t)$ revient à imposer $i(t)$; observer $h(t)$, c'est observer $i(t)$.

$b(t)$ ne peut être imposé directement mais on peut exploiter le fait que $\varphi(t)$ est proportionnel à $b(t)$. En alimentant le primaire avec un générateur de tension parfait on impose $u(t)$ et, si le courant dans l'enroulement est faible (condition de fonctionnement réalisée ici), on peut écrire :

$$u(t) \approx e(t) = -\frac{d\varphi}{dt}$$

Ainsi le flux $\varphi(t)$ est imposé et, par conséquent, $b(t)$ aussi.

1. La forme de $b(t)$ est (presque) imposée.

Réaliser le montage de la figure 17.19 où G est un générateur de fonctions $[u(t)=u_1(t)]$; (R=0,47 Ω, 2 W).

a) Vérifier que $u(t)$ a bien la forme désirée (sinusoïdale, triangulaire, ...). S'il n'en est pas ainsi, diminuer un peu l'amplitude de la tension $u_1(t)$.

b) En faisant varier successivement, l'amplitude, la fréquence (de 10 Hz à 100 Hz) et la forme de $u(t)$, observer, par couple, les grandeurs $u(t)$, $v_1(t)$, $v_2(t)$ et

$v_3(t)$. $v_1(t)$ est l'image de $i(t)$ et $h(t)$; $v_2(t)$ est l'image de $d\varphi/dt$ et $v_3(t)$ celle de $\varphi(t)$ ou de $b(t)$.

c) Pourquoi $v_2(t)$ n'est-elle pas tout à fait identique à $u(t)$?

d) Régler l'amplitude de $u_1(t)$ pour qu'à 10 Hz, le cycle d'hystérésis obtenu en portant $v_1(t)$ sur la voie X et $v_3(t)$ sur la voie Y soit le plus grand possible. Faire croître la fréquence. Pourquoi le cycle d'hystérésis devient-il de plus en plus petit lorsque la fréquence augmente ?

e) On maintient constante l'amplitude de $v_3(t)$ pour deux fréquences différentes (10 Hz et 50 Hz par exemple), en agissant sur l'amplitude de $u_1(t)$. Comment l'allure du cycle d'hystérésis se modifie-t-elle avec la fréquence ?

2. La forme de $i(t)$ est (parfaitement) imposée.

Réaliser le montage de la figure 17.20 (amplificateur opérationnel, générateur de fonctions, alimentation double du montage 17.19). Tant que l'amplificateur opérationnel n'est pas saturé, l'intensité $i(t)$ est égale à $u_1(t)/R'$. On prend $R' = 5\ \Omega$ (10 W).

a) Vérifier que $i(t)$ a bien la forme désirée en visualisant $v_1(t)$, qui, normalement est égale à $u_1(t)$. S'il n'en est pas ainsi, diminuer un peu l'amplitude de $u_1(t)$.

b) En faisant varier successivement, l'amplitude, la fréquence (de 10 Hz à 100 Hz) et la forme de $i(t)$ (sinusoïdale, triangulaire), observer, par couples, $v_1(t)$ image de $i(t)$ et $h(t)$; $v_2(t)$ image de $d\varphi/dt$; $v_3(t)$ image de $b(t)$.

c) Interpréter la forme de $v_2(t)$ quand $i(t)$ a une forme triangulaire.

d) Régler l'amplitude de $u_1(t)$ pour qu'à 10 Hz, le cycle d'hystérésis obtenu en portant $v_1(t)$ sur la voie X et $v_3(t)$ sur la voie Y soit le plus grand possible. Augmenter alors la fréquence jusqu'à 100 Hz. Noter les déformations du cycle (élargissement, légère diminution du $\hat{B}$) dues à l'influence croissante des courants de Foucault.

e) Quel est le montage le plus intéressant en ce qui concerne l'étude en fréquence ?

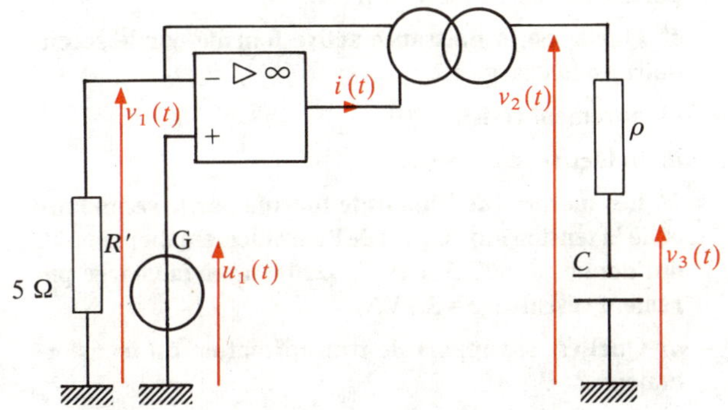

Fig. 17.20.

Contrôle des connaissances

INDIQUEZ LA BONNE RÉPONSE :

17.01. Quel est le rapport de transformation m d'un transformateur élévateur de tension 220 V/20 kV ?

R : $m \approx 9{,}1.10^{-2}$; $m \approx 91$; $m = 11$; $m = 1{,}1.10^{-2}$.

17.02. Le primaire d'un transformateur est traversé par un courant d'intensité efficace $I_1 = 10$ A, lorsque le secondaire débite un courant d'intensité efficace $I_2 = 20$ A. Quel est le rapport de transformation de ce transformateur ?

R : $m = 2$; $m = 0{,}5$; $m = 4$; $m = 0{,}25$.

17.03. Un transformateur industriel de 10 kVA appelle au réseau une puissance active $P_1 = 10$ kW. Quelle est la puissance active P_2 fournie par le secondaire ?

R : $P_2 > 10$ kW ; $P_2 < 10$ kW ; $P_2 \approx 10$ kW tout en étant inférieur à 10 kW ; $P_2 \approx 10$ kW tout en étant supérieur à 10 kW.

17.04. L'enroulement secondaire du transformateur précédent a 1 240 spires. Quelle est la tension efficace disponible aux bornes de cet enroulement ?

R : $U_2 = 24$ V ; $U_2 = 12$ V ; $U_2 = 110$ V ; $U_2 = 127$ V.

17.05. Le circuit magnétique d'un transformateur a une section utile $s = 4$ cm². Le champ magnétique a une valeur maximale $\hat{B} = 1$ T. Le transformateur est alimenté par un réseau 220 V, 50 Hz.
Quel est le nombre de spires de l'enroulement primaire ?

R : $N_1 \approx 2\,480$ spires ; $N_1 \approx 3\,520$ spires ; $N_1 \approx 1\,280$ spires ; $N_1 \approx 480$ spires.

17.06. Un transformateur 220 V/110 V est alimenté sous une tension $U_1 = 220$ V. Quelle est la valeur efficace U_2 de la tension aux bornes de l'enroulement secondaire pour un fonctionnement à vide ?

R : $U_2 = 110$ V ; $U_2 > 110$ V ; $U_2 < 110$ V.

17.07. Le transformateur précédent alimenté sous la même tension, fonctionne en charge. Quelle est la valeur efficace U_2 de la tension aux bornes de l'enroulement secondaire si le transformateur est parfait ?

R : U_2=110 V ; U_2>110 V ; U_2<110 V.

17.08. En réalité, le transformateur utilisé précédemment est de mauvaise qualité.
Que peut-on dire alors de la valeur efficace U_2 de la tension aux bornes de l'enroulement du secondaire pour un fonctionnement en charge ?

R : U_2=110 V ; U_2>110 V ; U_2<110 V.

Exercices résolus

17.09. La puissance apparente d'un transformateur parfait en charge est S=3 kVA.

1° Quelle est la puissance active fournie par le secondaire, si la charge est :

***a)* purement résistive ?**

***b)* inductive, $\cos\varphi_2=0{,}8$?**

2° Les mesures de l'intensité fournie par le secondaire et de la tension aux bornes de l'enroulement du primaire ont donné : I_2=27,3 A et U_1=220 V avec la charge purement résistive (S=3 kVA).

***a)* Quel est le rapport de transformation du transformateur ?**

***b)* Quelle serait l'intensité du courant débité par le secondaire si la charge était inductive ($\cos\varphi_2=0{,}8$), la tension au primaire étant U_1=210 V (P_2=2,4 kW) ?**

Solution :

1° *a)* Pour un transformateur parfait, nous avons :
$S_1=S_2=U_1I_1=U_2I_2=S$ et $P_2=U_2I_2\cos\varphi_2$
Lorsque la charge est résistive, $\cos\varphi_2=1$.
d'où : $P_2=S$

Application numérique : $\boxed{P_2 = 3\ kW}$

b) Avec une charge inductive $P_2=S\cos\varphi_2$

Application numérique :

$P_2 = (3.10^3\times0{,}8)$ W $\Rightarrow$ $\boxed{P_2 = 2{,}4\ \text{kW}}$

2° *a)* Pour une charge résistive $P_2=U_2I_2=S$
d'où : $U_2=S/I_2$
Comme $m=U_2/U_1$, nous obtenons : $m=S/(U_1I_2)$

Application numérique :

$m = 3.10^3/(220\times27{,}3)$ $\Rightarrow$ $\boxed{m = 0{,}5}$

b) La nouvelle valeur de la tension secondaire est U'_2.

$U'_2 = m\,U'_1$ et : $P_2 = U'_2I'_2\cos\varphi_2$

d'où : $I'_2 = \dfrac{P_2}{mU'_1\cos\varphi_2}$

Application numérique :

$I'_2=2\,400/(0{,}5\times210\times0{,}8)$ $\Rightarrow$ $\boxed{I'_2 = 28{,}6\ \text{A}}$

17.10. Un transformateur parfait branché sur un réseau moyenne tension 15 kV−50 Hz fournit au secondaire une tension U_2=220 V. Son circuit magnétique a une section utile $s=2.10^{-2}$ m² ; la valeur maximale du champ magnétique dans le fer est $\hat{B}$=1 T.

1° Quels sont les nombres de spires des enroulements du primaire et du secondaire ?

2° Quelle est la valeur efficace de l'intensité du courant traversant le primaire lorsque le secondaire débite un courant d'intensité efficace I_2=200 A ?

3° Le débit précédent se faisant sur charge inductive ($\cos\varphi_2=0{,}93$), quelles sont les différentes puissances au primaire et au secondaire ?

Solution :

1° Appliquons la formule de Boucherot au primaire :

$$U_1=4{,}44N_1f\hat{B}s$$

d'où : $$N_1 = \frac{U_1}{4{,}44\,f\hat{B}s}$$

Application numérique :

$N_1=15.10^3/(4{,}44\times50\times1\times2\times10^{-2})$ $\Rightarrow$ $\boxed{N_1\approx3\,380\ \text{spires}}$

Or : $U_2/U_1=N_2/N_1$ donc : $N_2=N_1\,U_2/U_1$

Application numérique :

$N_2=3\,380\times220/15\,000$ $\Rightarrow$ $\boxed{N_2\approx50\ \text{spires}}$

2° Le rapport de transformation N_2/N_1 est aussi égal à I_1/I_2, donc :

$$I_1=I_2\,N_2/N_1$$

Application numérique :

$I_1 = 200\times\dfrac{50}{3\,380}$ A $\Rightarrow$ $\boxed{I_1\approx3\ \text{A}}$

3° Le transformateur est parfait, nous avons alors :

$$P_1=P_2 \quad , \quad Q_1=Q_2 \quad \text{et} \quad S_1=S_2$$

soit :

$P_1=P_2=U_2I_2\cos\varphi_2$, $Q_1=Q_2=U_2I_2\sin\varphi_2$ et $S_1=S_2=U_2I_2$

Application numérique :

$P_1=P_2=40{,}9$ kW , $Q_1=Q_2=16{,}2$ kvar

et $S_1=S_2=44$ kVA

Exercices à résoudre

17.11. La valeur efficace de la tension aux bornes du secondaire d'un transformateur de tension de rapport $m=1/100$ est $U_2=120$ V.
Quelle est la valeur efficace de la tension au primaire ?

17.12. La valeur efficace de l'intensité du courant traversant le secondaire d'un transformateur d'intensité de rapport $m=1\ 000$ est $I_2=100$ A.
Quelle est la valeur efficace de l'intensité du courant traversant le primaire ?

17.13. Les relevés de mesures de l'essai en charge d'un transformateur 220 V/110 V assimilable à un transformateur parfait ont donné les résultats suivants : $U_1=220$ V, $I_1=10$ A et $\cos\varphi_2=0{,}8$
Quelles sont les différentes puissances du transformateur ?

17.14. Calculer l'impédance de charge d'un transformateur de rapport de transformation $m=2$, alimenté sous 220 V, dont l'enroulement primaire est traversé par un courant d'intensité $I_1=30$ A.

17.15. L'enroulement du primaire d'un transformateur 220 V/24 V, 50 Hz comporte 2 000 spires. La section utile du circuit magnétique est $s=4.10^{-4}$ m^2.

1° Quel est le nombre de spires de l'enroulement secondaire ?

2° Quelle est la valeur maximale du champ magnétique dans le fer ?

17.16. La charge d'un transformateur (parfait) alimenté par un réseau 220 V-50 Hz est une bobine de résistance $R=12\ \Omega$ et d'inductance $L=20$ mH.
Le rapport de transformation étant $m=3$, calculer la valeur efficace de l'intensité du courant traversant le primaire.

17.17. L'enroulement primaire ($N_1=500$ spires) d'un transformateur parfait est alimenté par une source de tension sinusoïdale de f.é.m. $E_g=110$ V et de résistance interne $r_g=20\ \Omega$. Vu du secondaire ($N_2=1000$ spires), le transformateur est équivalent à un générateur de tension (générateur de Thévenin).
Déterminer la f.é.m. E_g et la résistance r_g de ce générateur.

17.18. L'enroulement primaire d'un transformateur comporte $N_1=1000$ spires et est alimenté sous une tension $u_1=220\sqrt{2}\cos\omega t$. L'enroulement secondaire, formé de $N_2=500$ spires alimente une lampe. Elle est traversée par un courant d'intensité efficace $I_2=0{,}9$ A.

1° Quelle est la tension efficace U_2 aux bornes de la lampe ?

2° Quelle est la puissance dissipée par cette lampe ?

3° Calculer l'intensité efficace I_1 dans l'enroulement primaire.

17.19. Le schéma de la figure 17.21 représente un dispositif permettant la mesure de puissance sur une ligne haute ou moyenne tension. Appareils utilisés :

- un transformateur de tension (T.U.) de rapport de transformation $m=1/100$;
- un transformateur d'intensité (T.I.) de rapport de transformation $m'=50$;
- un wattmètre sur les calibres suivants :
  - intensité : 10 A,
  - tension : 75 V.
- un ampèremètre sur le calibre 10 A.

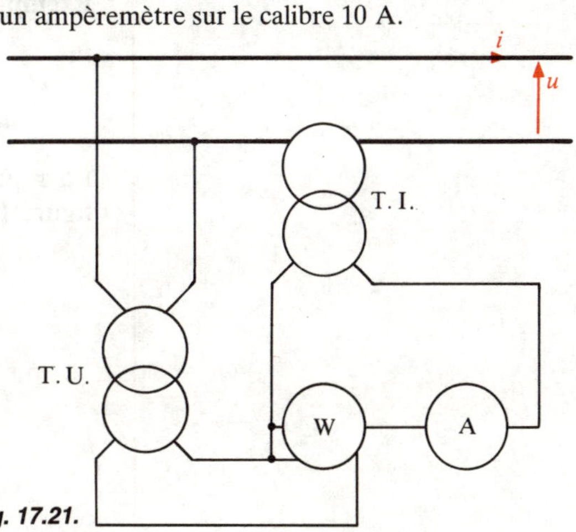

Fig. 17.21.

1° *a)* Quelle est la puissance maximale que peut mesurer le wattmètre dans ces conditions ?
b) Quelle serait alors la puissance disponible sur la ligne ?

2° Ce dispositif de mesure est placé à l'entrée d'une usine dont le facteur de puissance est $\cos\varphi=0{,}83$.
Le wattmètre indique une puissance de 700 W et l'ampèremètre, une intensité de 6 A.

a) Quelle est la puissance active P consommée par l'usine ?

b) Quelle est l'intensité efficace I du courant traversant la ligne ?

c) Calculer la tension efficace U entre chaque fil de ligne.

Chapitre 18

SYSTÈMES TRIPHASÉS ÉQUILIBRÉS

Par définition, l'exemple proposé ci-contre correspond à un système triphasé direct : chaque tension u_2 ou u_3 est en retard d'un angle $2\pi/3$ rad sur la précédente.
Le système :

$$u'_1 = U\sqrt{2}\cos \omega t$$
$$u'_2 = U\sqrt{2}\cos(\omega t+2\pi/3)$$
$$u'_3 = U\sqrt{2}\cos(\omega t+4\pi/3)$$

est dit système triphasé inverse.
On constate que : $u'_1=u_1$, $u'_2=u_3$, $u'_3=u_2$.
On passe d'un système direct à un système inverse (et vice versa) en permutant deux des grandeurs qui composent ce système.

1. DÉFINITIONS

1.1. Système triphasé

Trois tensions (ou trois f.é.m.) **sinusoïdales**, de même **fréquence,** forment un système triphasé de tensions (ou de f.é.m.) si elles sont déphasées les unes par rapport aux autres de 120°.
De même un système triphasé de courants est formé de trois courants dont les intensités sont sinusoïdales, de même fréquence, et déphasées de 120° les unes par rapport aux autres.
Le réseau de distribution délivre un système triphasé de tensions.

1.2. Système triphasé équilibré

Un système triphasé est équilibré lorsqu'il est formé de trois grandeurs ayant la même valeur efficace.
Exemple : système de tensions triphasé équilibré :

$$u_1 = U\sqrt{2}\cos \omega t$$

$$u_2 = U\sqrt{2}\cos\left(\omega t - \frac{2\pi}{3}\right) \quad u_3 = U\sqrt{2}\cos\left(\omega t - \frac{4\pi}{3}\right)$$

La représentation cartésienne de ce système est donnée par la figure 18.01.

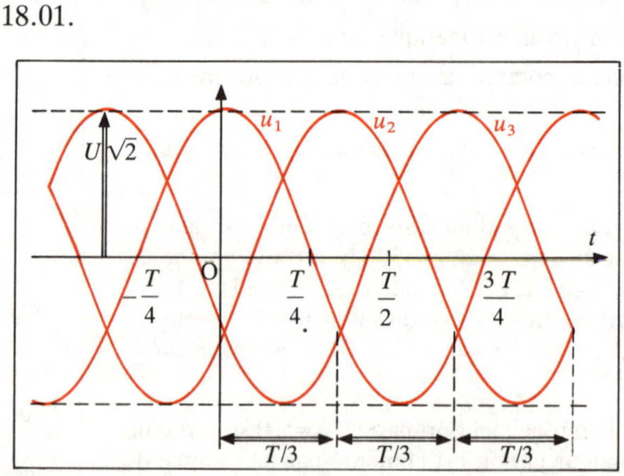

Fig. 18.01. Système de tension triphasé équilibré.

1.3. Installation triphasée

Pour utiliser un système triphasé de tensions ou du courants il faut une installation adaptée dite triphasée.

1.3.1. Source

Sur la figure 18.02, la source est formée de trois générateurs qui délivrent trois f.é.m. formant un système triphasé. L'ensemble représente le principe d'un alternateur triphasé.

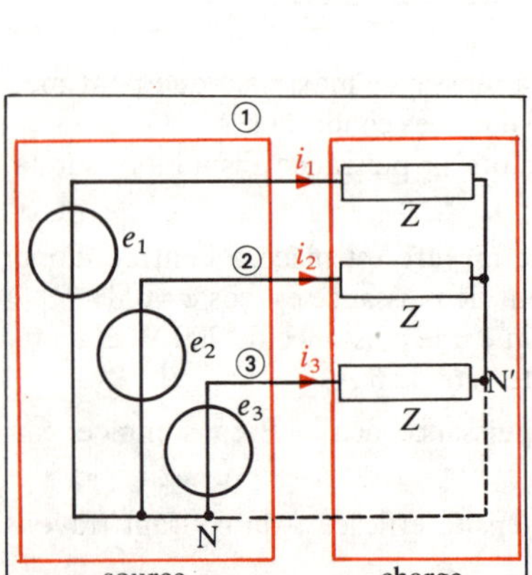

Fig. 18.02. Installation triphasée.

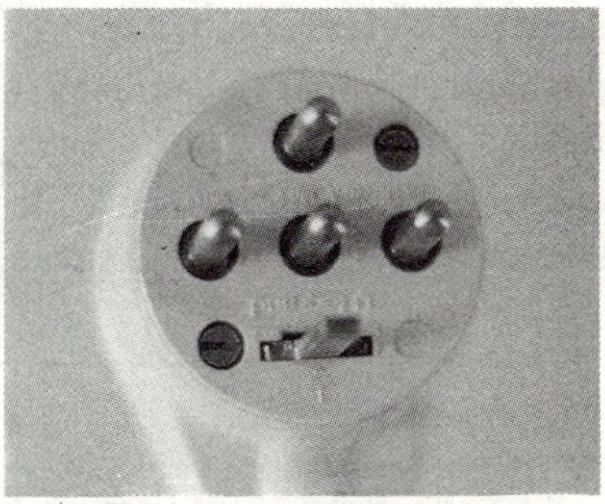

Prise trois phases, neutre et terre 20 A-380 V. Un voltmètre branché entre une des « phases » et le « neutre » indique 220 V ; entre deux phases, il indique 380 V.

Exemple :

$$e_1 = E\sqrt{2}\cos\omega t$$

$$e_2 = E\sqrt{2}\cos\left(\omega t - \frac{2\pi}{3}\right)$$

$$e_3 = E\sqrt{2}\cos\left(\omega t - \frac{4\pi}{3}\right)$$

■ 1.3.2. Charge

C'est un récepteur qui, pour un régime équilibré, doit être formé de trois impédances identiques.

■ 1.3.3. Ligne

Elle comporte trois fils identiques appelés « phases » par les techniciens. En régime équilibré, ces trois fils sont traversés par des courants d'intensités i_1, i_2, i_3 de même amplitude, déphasées d'un angle φ par rapport aux f.é.m. respectives e_1, e_2, e_3 :

$$i_1 = I\sqrt{2}\cos(\omega t - \varphi),$$

$$i_2 = I\sqrt{2}\cos\left(\omega t - \varphi - \frac{2\pi}{3}\right)$$

$$i_3 = I\sqrt{2}\cos\left(\omega t - \varphi - \frac{4\pi}{3}\right)$$

Un quatrième fil, appelé **neutre**, relie les points N et N′ (fig. 18.02). Son rôle sera précisé ultérieurement et nous verrons qu'il peut être supprimé dans certains cas (ligne haute tension par exemple).

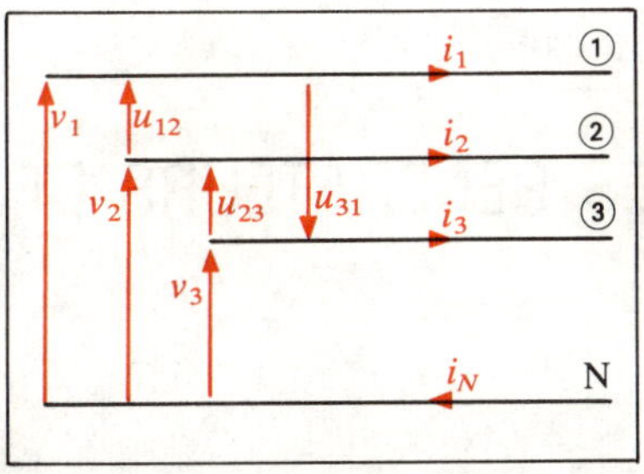

Fig. 18.03. Tensions simples-Tensions composées.

■ 2. TENSIONS SIMPLES – TENSIONS COMPOSÉES

2.1. Définitions

– Les tensions simples v_1, v_2 et v_3 représentent les différences de potentiel entre chaque fil de ligne (chaque « phase ») et le neutre. En **régime équilibré les tensions simples ont même valeur efficace :**

$$V_1 = V_2 = V_3 = V.$$

– Les tensions composées u_{12}, u_{23} et u_{31} sont les différences de potentiel entre les « phases ». Elles sont liées aux tensions simples par les relations (fig. 18.03) :

$$u_{12} = v_1 - v_2 \quad u_{23} = v_2 - v_3 \quad u_{31} = v_3 - v_1$$

En **régime équilibré les tensions composées ont même valeur efficace :**

$$U_{12} = U_{23} = U_{31} = U.$$

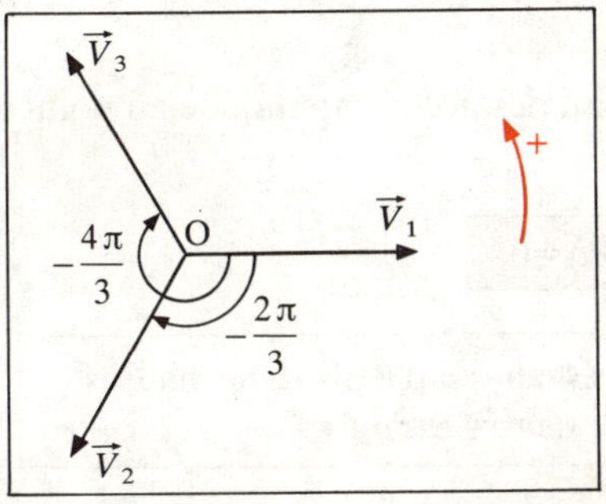

Fig. 18.04. Diagramme de Fresnel des tensions simples.

2.2. Représentation de Fresnel

A chaque tension sinusoïdale nous associons un vecteur de Fresnel. Avec les trois tensions simples nous obtenons le diagramme de la figure 18.04 (en choisissant le sens trigonométrique pour sens positif).

Construisons le diagramme de Fresnel des tensions composées à partir du diagramme des tensions simples. Par exemple, le vecteur

$\vec{U}_{23} = \vec{V}_2 - \vec{V}_3$ est obtenu par l'addition des vecteurs $\vec{V}_2$ et $-\vec{V}_3$ (fig. 18.05). En procédant de façon analogue pour les autres vecteurs de Fresnel, nous obtenons le diagramme de la figure 18.06.

Les déphasages entre u_{12} et v_1, u_{23} et v_2, u_{31} et v_3 sont égaux : le système des tensions composées est en avance de $\pi/6$ rad sur le système des tensions simples.

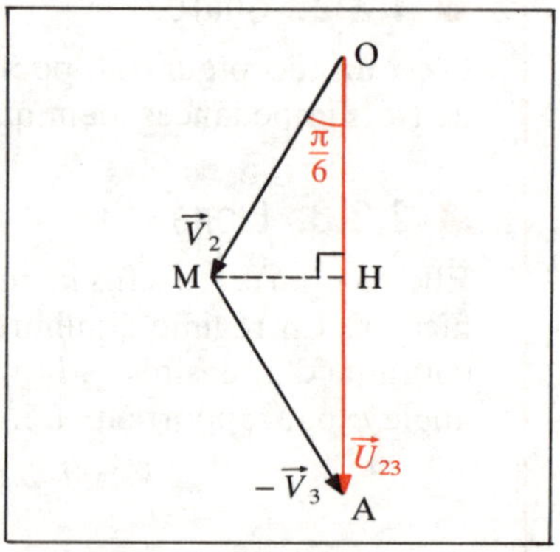

Fig. 18.05. Relation entre tension simple et tension composée.

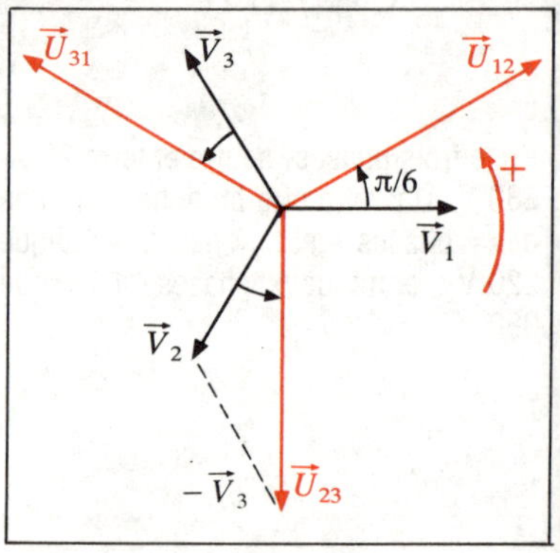

Fig. 18.06. Diagramme de Fresnel des tensions : construction de $\vec{U}_{23}$.

2.3. Relation entre *V* et *U*

Considérons le triangle isocèle OMA (fig. 18.06) :

$$\text{OA} = 2\ \text{OH} = 2\ \text{OM} \cos\frac{\pi}{6} \quad \text{soit :} \quad U = 2\,V\cos\frac{\pi}{6}$$

et :

$$U = V\sqrt{3}$$

3. COUPLAGES DES GÉNÉRATEURS ET DES RÉCEPTEURS

3.1. Couplage en étoile

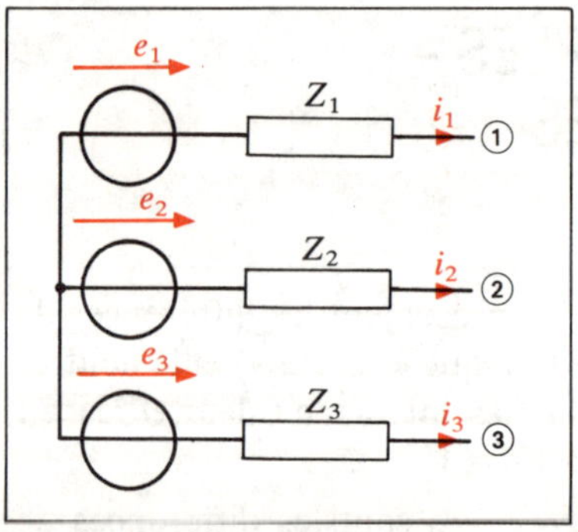

Fig. 18.07. Couplage en étoile d'un générateur (modèle de Thévenin).

Dans un couplage en étoile, les éléments d'un générateur ou d'un récepteur sont couplés comme l'indiquent les figures 18.07 et 18.08. Chaque élément est traversé par le courant qui parcourt la ligne à laquelle il est relié.

La tension aux bornes d'un élément est la tension simple, soit :

$$V = U/\sqrt{3}$$

Si le neutre n'est pas branché, la loi des nœuds appliquée au point commun du couplage s'écrit :

$$i_1 + i_2 + i_3 = 0$$

En régime équilibré, avec un réseau quatre fils (trois phases et le neutre), le courant dans le neutre est nul.

Les montages en étoile, avec et sans fil neutre, sont équivalents pour les régimes équilibrés.

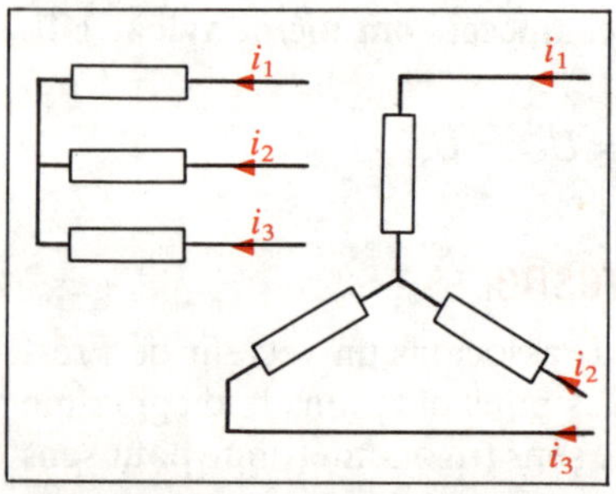

Fig. 18.08. Couplage en étoile d'un récepteur (diverses représentations équivalentes).

3.2. Couplage en triangle

Dans un couplage en triangle les éléments d'un générateur ou d'un récepteur sont couplés comme l'indiquent les figures 18.09 et 18.10.

Les éléments sont soumis à une tension composée de valeur efficace $U = V\sqrt{3}$. Le courant qui les traverse n'est plus le courant qui parcourt une ligne. En appliquant la loi des nœuds en R, S et T, nous pouvons écrire :

$$i_1 = j_3 - j_2 \qquad i_2 = j_1 - j_3 \qquad i_3 = j_2 - j_1$$

La représentation de Fresnel des courants (fig. 18.11) est analogue à celle des tensions.

Nous observons que le système des intensités en ligne est en retard de $\pi/6$ rad sur le système des intensités traversant chaque élément.

Une relation analogue à celle obtenue entre les valeurs efficaces des tensions existe entre les valeurs efficaces des intensités des courants :

$$I = J\sqrt{3}$$

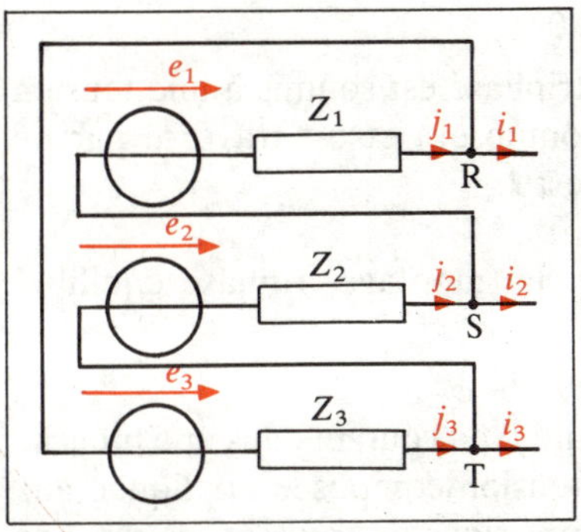

Fig. 18.09. Couplage en triangle d'un générateur (modèle de Thévenin).

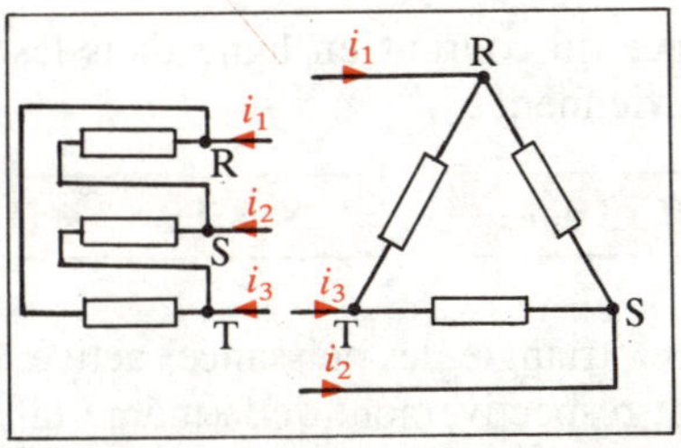

Fig. 18.10. Couplage en triangle d'un récepteur (diverses représentations équivalentes).

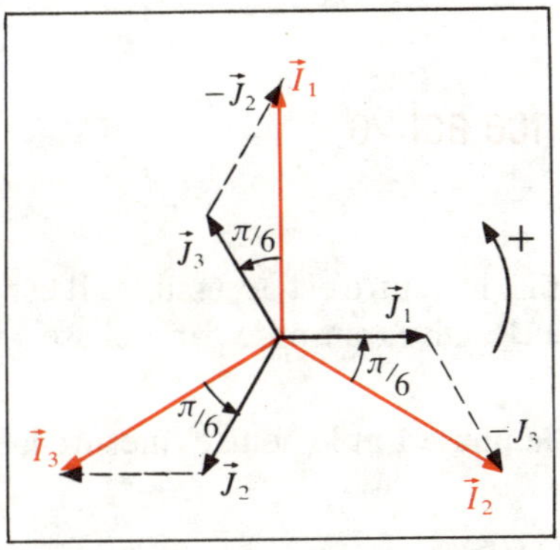

Fig. 18.11. Diagramme de Fresnel des courants. L'intensité j_1 est choisie arbitrairement pour définir l'origine des phases des intensités.

3. PUISSANCES EN RÉGIME TRIPHASÉ ÉQUILIBRÉ

3.1. Expression des puissances

Un récepteur triphasé peut être considéré comme étant l'association de trois récepteurs monophasés identiques :

la puissance active reçue par l'ensemble est donc égale à la somme des puissances actives reçues par ces trois récepteurs monophasés.

De même un générateur triphasé peut être considéré comme étant l'association de trois générateurs monophasés identiques :

la puissance active fournie par l'ensemble est donc égale à la somme des puissances actives fournies par ces trois générateurs monophasés.

3.1.1. Couplage en étoile

Chaque élément d'un montage triphasé est soumis à une tension de valeur efficace V (tension simple) et est traversé par un courant (courant en ligne) dont l'intensité efficace est I.

La puissance active d'un montage triphasé équilibré est :

$$P = 3VI\cos\varphi$$

φ étant le déphasage entre l'intensité i_k d'un courant en ligne et la tension simple correspondante v_k (k étant égal à 1, 2 ou 3).

La puissance réactive du montage est : $Q = 3VI\sin\varphi$

La puissance apparente est : $S = 3VI$

Comme $V = U/\sqrt{3}$, les résultats précédents s'écrivent aussi :

$$P = UI\sqrt{3}\cos\varphi \qquad Q = UI\sqrt{3}\sin\varphi \qquad S = UI\sqrt{3}$$

3.1.2. Couplage en triangle

Chaque élément d'un montage triphasé est soumis à une tension de valeur efficace U (tension composée) et est traversé par un courant dont l'intensité efficace est J.

La puissance active dissipée par un montage triphasé équilibré est :

$$P = 3UJ\cos\varphi$$

φ étant le déphasage entre l'intensité j_k du courant dans une branche (k étant égal à 1, 2 ou 3) et la tension composée appliquée aux bornes de cette branche. Les expressions des puissances réactive et apparente du montage triphasé sont alors :

$$Q = 3UJ\sin\varphi \quad \text{et} \quad S = 3UJ$$

En introduisant l'intensité efficace du courant en ligne dans les expressions précédentes, elles deviennent :

$$P = UI\sqrt{3}\cos\varphi \qquad Q = UI\sqrt{3}\sin\varphi \qquad S = UI\sqrt{3}$$

La puissance active d'un montage ou d'un appareil triphasé est :
- la puissance qu'il reçoit s'il s'agit d'un récepteur,
- la puissance qu'il fournit s'il s'agit d'un générateur.

Souvent il n'est possible de mesurer que les valeurs efficaces U et I des tensions entre phases et des intensités des courants en ligne.

Ce résultat est intéressant car pour de nombreux moteurs, le couplage interne est connu mais les mesures ne sont possibles qu'à partir de la ligne d'alimentation.

Que le couplage soit en étoile ou en triangle, les puissances active, réactive et apparente s'expriment respectivement de la même façon. La connaissance de U, I et φ permet la détermination des puissances sans avoir à connaître le couplage interne d'une machine ou d'une installation.

3.2. Mesure de la puissance active

3.2.1. Ligne à quatre fils

Dans le cas d'une ligne à quatre fils, le neutre est accessible. Il est alors possible de mesurer la puissance active transmise par « phase » (figure 18.12).

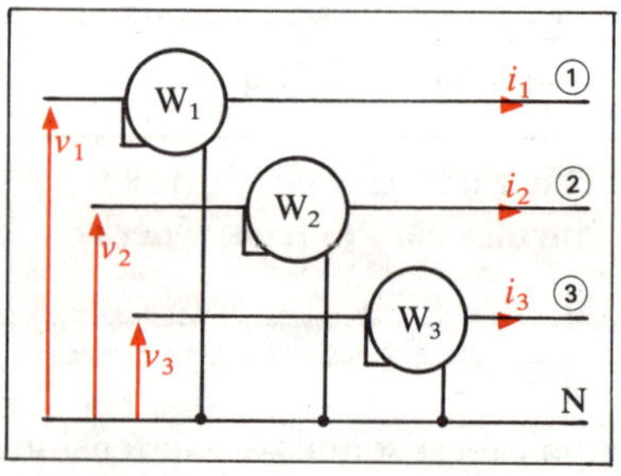

Fig. 18.12. Mesure de la puissance active transmise par une ligne à quatre fils.

Le wattmètre $\mathbf{W_1}$, branché entre la phase **1** et le neutre, mesure la puissance :

$$\overline{p_1} = V_1 I_1 \cos\varphi_1.$$

φ_1 étant le déphasage entre i_1 et v_1.

Les wattmètres $\mathbf{W_2}$ et $\mathbf{W_3}$ mesurent les puissances :

$$\overline{p_2} = V_2 I_2 \cos\varphi_2 \quad \text{et} \quad \overline{p_3} = V_3 I_3 \cos\varphi_3.$$

La puissance active $\overline{p}$ transmise par la ligne triphasée est alors :

$$\overline{p} = \overline{p_1} + \overline{p_2} + \overline{p_3}.$$

En régime équilibré :

$$I_1 = I_2 = I_3 = I \qquad V_1 = V_2 = V_3 = V \quad \text{et} \quad \varphi_1 = \varphi_2 = \varphi_3 = \varphi$$

d'où : $\overline{p} = 3VI\cos\varphi = P.$

Donc, si le montage est parfaitement équilibré, un seul wattmètre suffit : la valeur de la puissance $\overline{p}$ cherchée est égale à trois fois l'indication du wattmètre.

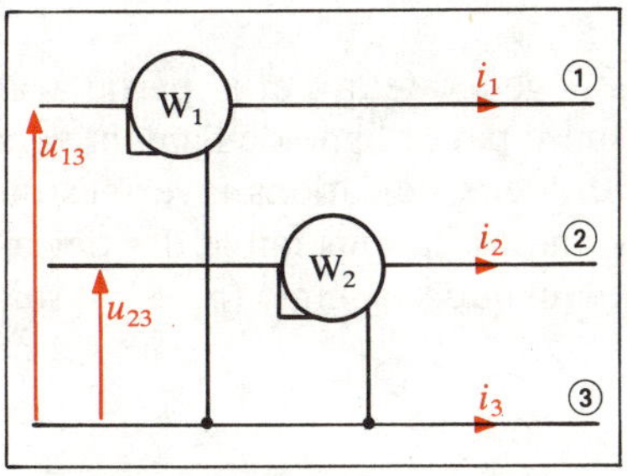

Fig. 18.13. Schéma de principe du montage de la méthode des deux wattmètres.

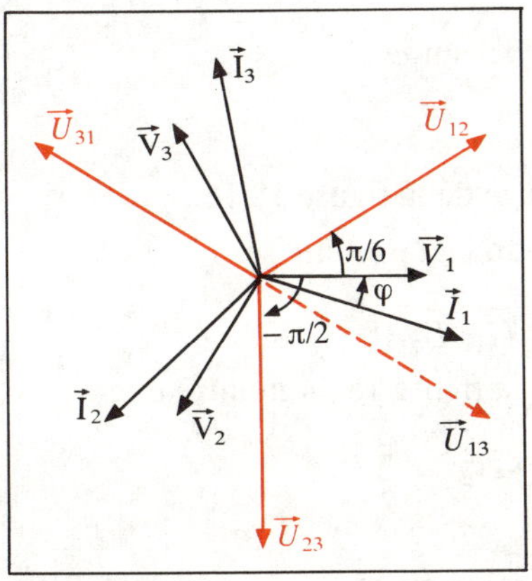

Fig. 18.14. Diagramme de Fresnel des tensions et courants.

Généralisation :

$\overline{p_1}=\overline{u_{13}.i_1}=\overline{(v_1-v_3).i_1}=\overline{v_1.i_1}-\overline{v_3.i_1}$,

$\overline{p_2}=\overline{u_{23}.i_2}=\overline{(v_2-v_3).i_2}=\overline{v_2.i_2}-\overline{v_3.i_2}$,

$\overline{p_1}+\overline{p_2}=\overline{v_1.i_1}+\overline{v_2.i_2}-\overline{v_3.(i_1+i_2)}$.

S'il n'y a pas de fil neutre,

$i_1+i_2=-i_3$, donc $v_3.(i_1+i_2)=-v_3.i_3$

et : $\overline{p_1}+\overline{p_2}=\overline{v_1.i_1}+\overline{v_2.i_2}+\overline{v_3.i_3}$.

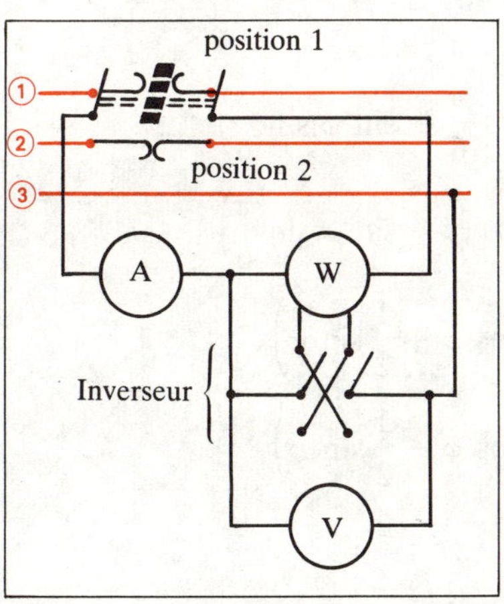

Fig. 18.15. Montage pratique correspondant à la méthode des deux wattmètres.

3.2.2. Ligne à trois fils

La méthode dite des deux wattmètres permet la mesure de la puissance active transmise par la ligne (fig. 18.13).

a) Analyse de la méthode dans le cas d'un montage équilibré :
Considérons le diagramme de Fresnel tension-courant d'un système triphasé équilibré (fig. 18.14).

Le wattmètre $\mathbf{W_1}$ mesure la puissance :

$$\overline{p_1} = U_{13}I_1 \cos(\vec{I_1}, \vec{U_{13}})$$

avec : $$(\vec{I_1}, \vec{U_{13}}) = (\vec{I_1}, \vec{V_1}) + (\vec{V_1}, \vec{U_{13}})$$

soit : $(\vec{I_1}, \vec{U_{13}}) = \varphi - \dfrac{\pi}{6}$ d'où : $\overline{p_1} = U_{13}I_1 \cos\left(\varphi - \dfrac{\pi}{6}\right)$

Le wattmètre $\mathbf{W_2}$ mesure la puissance :

$$\overline{p_2} = U_{23}I_2 \cos(\vec{I_2}, \vec{U_{23}})$$

avec : $$(\vec{I_2}, \vec{U_{23}}) = (\vec{I_2}, \vec{V_2}) + (\vec{V_2}, \vec{U_{23}})$$

soit : $(\vec{I_2}, \vec{U_{23}}) = \varphi + \dfrac{\pi}{6}$ d'où : $\overline{p_2} = U_{23}I_2 \cos\left(\varphi + \dfrac{\pi}{6}\right)$

Comme : $U_{13}=U_{23}=U$ et : $I_1=I_2=I$, la somme $(\overline{p_1} + \overline{p_2})$ s'écrit aussi :

$$\overline{p_1} + \overline{p_2} = UI\left[\cos\left(\varphi - \frac{\pi}{6}\right) + \cos\left(\varphi + \frac{\pi}{6}\right)\right]$$

soit : $$\overline{p_1} + \overline{p_2} = 2UI \cos\varphi \cos\frac{\pi}{6}$$

D'où : $$\overline{p_1} + \overline{p_2} = UI\sqrt{3}\cos\varphi$$

$(\overline{p_1} + \overline{p_2})$ représente donc la puissance active $\overline{p}$ transmise par la ligne :

$$\boxed{\overline{p} = \overline{p_1} + \overline{p_2}}$$

b) Montage pratique :
Pour éviter l'emploi de deux wattmètres, on utilise un wattmètre associé à un commutateur de phase (fig. 18.15).

Les deux mesures simultanées sont alors remplacées par deux mesures successives. Lorsque le commutateur est dans la position **1**, le wattmètre indique la puissance $\overline{p_1}$; lorsque le commutateur est dans la position **2**, il indique la puissance $\overline{p_2}$.

Les valeurs de $\overline{p_1}$ et $\overline{p_2}$ indiqueront les résultats de deux produits scalaires ($\vec{U_{13}}.\vec{I_1}$ et $\vec{U_{23}}.\vec{I_2}$). L'un de ces produits peut, dans certains cas, être négatif. Aussi faut-il prévoir un inverseur pour permuter les fils du circuit tension du wattmètre (sans rien débrancher) afin que l'aiguille du wattmètre dévie dans le seul sens possible.

c) Exemple :

Si la partie amont de la ligne est « générateur » et la partie aval « récepteur », la puissance transmise par la ligne de l'amont vers l'aval est positive. Dans le cas de deux déviations inversées du wattmètre par commutation des phases, la plus faible des déviations sera comptée négativement afin que la somme $(\overline{p_1} + \overline{p_2})$ soit positive.

3.3. Mesure de la puissance réactive

Pour un montage triphasé équilibré la puissance réactive est :

$$Q = UI\sqrt{3} \sin \varphi$$

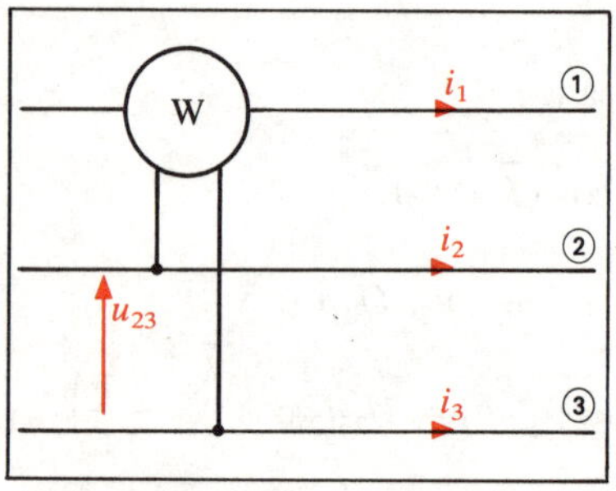

Fig. 18.16. *Mesure de la puissance réactive.*

■ Etudions le schéma de montage de la figure 18.16.

La lecture du wattmètre correspond au produit :

$$[U_{23}I_1 \cos (\vec{I_1}, \vec{U_{23}})].$$

La représentation de Fresnel de la figure 18.14 montre que :

$$(\vec{I_1}, \vec{U_{23}}) = \varphi - \frac{\pi}{2}$$

Or $$\cos\left(\varphi - \frac{\pi}{2}\right) = \sin \varphi$$

La lecture du wattmètre correspond donc à : $UI \sin \varphi$.

En multipliant l'indication du wattmètre par $\sqrt{3}$, nous obtenons alors la puissance réactive Q.

■ La puissance réactive peut également se calculer à partir des résultats de la mesure de la puissance active $\overline{p}$ par la méthode des deux wattmètres. Pour un montage équilibré, les wattmètres fournissent les puissances :

$$\overline{p_1} = UI \cos\left(\varphi - \frac{\pi}{6}\right) \quad \text{et} \quad \overline{p_2} = UI \cos\left(\varphi + \frac{\pi}{6}\right)$$

Rappel :
$\cos p + \cos q = 2 \cos \frac{p+q}{2} \cdot \cos \frac{p-q}{2}$.

Rappel :
$\cos (a-b) = \cos a.\cos b + \sin a.\sin b$
$\cos (a+b) = \cos a.\cos b - \sin a.\sin b$

Ce qui peut s'écrire :

$$\overline{p_1} = UI\left(\cos \varphi.\cos \frac{\pi}{6} + \sin \varphi.\sin \frac{\pi}{6}\right)$$

$$\overline{p_2} = UI\left(\cos \varphi.\cos \frac{\pi}{6} - \sin \varphi.\sin \frac{\pi}{6}\right)$$

ou : $$\overline{p_1} = UI\left(\frac{\sqrt{3}}{2} \cos \varphi + \frac{1}{2} \sin \varphi\right)$$

$$\overline{p_2} = UI\left(\frac{\sqrt{3}}{2} \cos \varphi - \frac{1}{2} \sin \varphi\right)$$

Calculons la différence $(\overline{p_1} - \overline{p_2})$:

$$\overline{p_1} - \overline{p_2} = UI \sin \varphi = \frac{Q}{\sqrt{3}}$$

donc : $$Q = (\overline{p_1} - \overline{p_2})\sqrt{3}$$

4. FACTEUR DE PUISSANCE

4.1. Mesure du facteur de puissance

Le facteur de puissance en régime triphasé se définit, comme en régime monophasé, par le rapport *P/S*.

En régime équilibré, le facteur de puissance est représenté par cosφ, φ étant le déphasage défini précédemment (déphasage entre l'intensité du courant dans un fil de phase et la tension simple correspondante).

La mesure des puissances active et réactive permet la détermination du facteur de puissance.

Dans le cas d'une mesure par la méthode des deux wattmètres, nous pouvons écrire :

$$P = \overline{p} = \overline{p_1} + \overline{p_2} = UI\sqrt{3}\cos\varphi$$

$$Q = (\overline{p_1} - \overline{p_2})\sqrt{3} = UI\sqrt{3}\sin\varphi$$

et :

$$\tan\varphi = \frac{Q}{P} = \frac{(\overline{p_1} - \overline{p_2})\sqrt{3}}{\overline{p_1} + \overline{p_2}}$$

Connaissant tan φ, nous déterminons cos φ.

A partir de tan φ il est possible de calculer cos φ en utilisant la relation :

$$\cos^2\varphi = \frac{1}{1+\tan^2\varphi}$$

4.2. Relèvement du facteur de puissance

Comme en monophasé le relèvement du facteur de puissance est souvent réalisé au moyen de condensateurs. En général trois batteries de condensateurs sont montées en triangle (plus rarement en étoile) entre les fils de phases de l'installation.

Exemple :

Calcul de la capacité de chacune des trois batteries de condensateurs (identiques) couplées en triangle, à utiliser pour relever le facteur de puissance de cos φ à cos φ' :

– sans condensateur, on a :

$$P = UI\sqrt{3}\cos\varphi \quad \text{et :} \quad Q = UI\sqrt{3}\sin\varphi$$

donc :

$$Q = P\tan\varphi$$

– avec condensateur, on a :

$$P' = UI'\sqrt{3}\cos\varphi' \quad \text{et :} \quad Q' = UI'\sqrt{3}\sin\varphi'$$

donc :

$$Q' = P'\tan\varphi'$$

Les condensateurs ne consomment aucune puissance active (donc $P=P'$) et fournissent une puissance réactive :

$$Q_c = 3C\omega U^2.$$

La différence $Q-Q'$ provient des condensateurs, donc :

$$Q-Q' = Q_c \quad \text{d'où :} \quad 3C\omega U^2 = P\tan\varphi - P\tan\varphi'$$

soit :

$$C = \frac{P(\tan\varphi - \tan\varphi')}{3\omega U^2}$$

Un calcul analogue, appliqué à un couplage étoile des condensateurs, montre que la valeur de la capacité à utiliser est trois fois supérieure à celle calculée avec un couplage triangle (pour obtenir le même facteur de puissance).

Remarque : les systèmes triphasés présentent plusieurs avantages :

– Les machines triphasées ont des puissances nominales supérieures de plus de 50 % à celles des machines monophasées de même masse. Comme le prix des machines est directement lié à leurs masses, à puissances égales, une machine triphasée sera d'un coût moins élevé qu'une machine monophasée : **la production d'énergie électrique s'effectue donc en triphasé.**

– Une ligne n'est jamais parfaite et présente toujours une certaine résistance. Lors du transport de l'énergie électrique, il se produit une dissipation de puissance par effet Joule. On montre qu'une ligne triphasée dissipe moins d'énergie électrique qu'une ligne monophasée (à longueurs de lignes et masses du matériau conducteur utilisé égales) : **le transport d'énergie électrique s'effectue donc en triphasé.**

Travaux pratiques

1. Détecteur de l'ordre des phases

Le détecteur (fig. 18.17) utilise un ampèremètre, un résistor de résistance R et un condensateur de capacité C qui, à la fréquence utilisée, a une impédance telle que : $(1/C\omega) \approx R$.

Exemple : Avec un réseau 220 V entre phases, 50 Hz, le résistor peut avoir une résistance de 6 800 Ω (8 W) et le condensateur une capacité de 470 nF. Réaliser le montage de la figure 18.17.

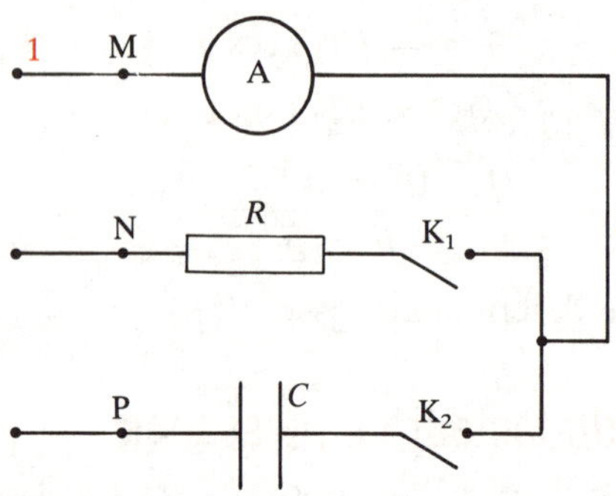

Fig. 18.17.

1° Relever l'intensité du courant traversant l'ampèremètre lorsque :

a) K_1 est fermé, K_2 ouvert ;

b) K_1 est ouvert, K_2 fermé ;

c) K_1 et K_2 sont fermés.

2° Permuter les fils reliant les deux « phases » du réseau au résistor et au condensateur.
Recommencer les manipulations précédentes.
Comparer la nouvelle valeur de l'intensité du courant obtenu, avec K_1 et K_2 fermés, à celle obtenue, dans les mêmes conditions, avant permutation des fils.

3° *a)* Effectuer une construction de Fresnel des courants et des tensions dans le cas où :
- la « phase » 1 est reliée à l'ampèremètre,
- la « phase » 2 au résistor,
- la « phase » 3 est au condensateur.

b) Effectuer une nouvelle construction de Fresnel dans le cas où les « phases » 2 et 3 ont été permutées.

4° A partir des diagrammes de Fresnel précédents, indiquer l'ordre des phases du premier et du second montage (attribuer arbitrairement le numéro 1 à la « phase » reliée à l'ampèremètre).

2. Observation de la présence d'harmonique de rang trois dans une installation triphasée

Réaliser le montage de la figure 18.18 en utilisant par exemple trois transformateurs monophasés de type « sonnerie » 220 V/6 V.

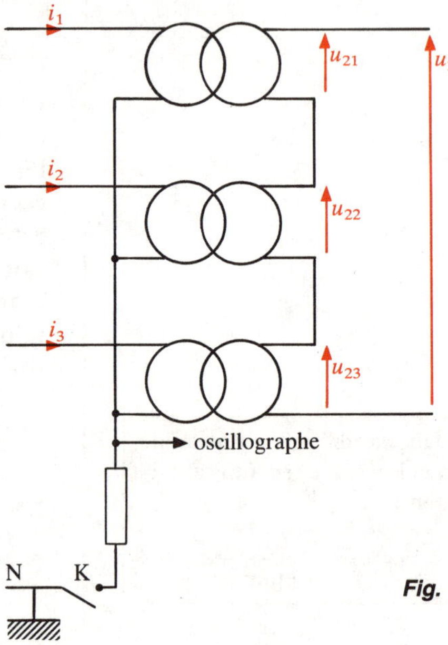

Fig. 18.18.

1° L'interrupteur K est fermé.

a) Bien que le système soit équilibré, vérifier à l'oscillographe, que le courant circulant dans le neutre a une valeur efficace non nulle. Mesurer la fréquence de ce courant et la comparer à celle du secteur. En déduire une justification de la dénomination « harmonique de rang trois ».

b) Mesurer la tension u_2 aux bornes de l'ensemble des trois enroulements des secondaires montés en série.

2° L'interrupteur K est ouvert.

a) Représenter les oscillogrammes des tensions u_{21}, u_{22} et u_{23}. Quelle est la cause de la déformation des tensions ?

b) Observer l'allure de la tension u_2. Mesurer sa fréquence.

Remarque.
Si **le neutre est branché,** chaque enroulement est alimenté sous une tension sinusoïdale de fréquence f. Dans ce cas **on impose un champ magnétique sinusoïdal** mais l'excitation magnétique $h(t)$ et l'intensité du courant dans l'enroulement ne sont pas sinusoïdaux. Ce courant peut être considéré comme la somme de deux courants, l'un de fréquence f et l'autre de fréquence $3f$. Leurs amplitudes respectives dépendent des transformateurs utilisés.
Si **le neutre n'est pas branché**, la somme des trois courants primaires est obligatoirement nulle. Cela revient à **imposer aux courants d'être sinusoïdaux** et, alors, ce sont les tensions aux bornes des enroulements qui ne sont plus sinusoïdales (les tensions composées, imposées par le réseau, sont évidemment sinusoïdales).

Contrôle des connaissances

INDIQUER LA (OU LES) BONNE(S) RÉPONSE(S) :

18.01. Quelles sont les valeurs efficaces des tensions simples d'un réseau triphasé équilibré 380 V entre phases ?

R : 127 V ; 270 V ; 220 V ; 400 V.

18.02. Un récepteur triphasé équilibré est couplé en étoile. Chaque fil de ligne est traversé par un courant d'intensité efficace I=9 A. Quelle est l'intensité efficace du courant traversant le neutre ?

R : 3 A ; 27 A ; 0 A ; 6 A.

18.03. Un récepteur triphasé équilibré est couplé en triangle. Les tensions entre phases et les intensités des courants traversant chaque enroulement ont pour valeurs efficaces : U=380 V et J=4 A. Quelle est la puissance apparente de ce récepteur ?

R : 4 560 VA ; 2 630 VA ; 1 520 VA ; 880 VA.

18.04. Un récepteur triphasé équilibré, passif et linéaire, couplé en triangle et alimenté par un réseau 220 V/380 V, absorbe une puissance active P=3 kW. Quelle est la puissance active absorbée par ce récepteur lorsqu'il est couplé en étoile et alimenté par le même réseau ?

R : 9 kW ; 5,2 kW ; 3 kW ; 1 kW.

Exercices résolus

18.05. **Un réseau triphasé 220 V/380 V, 50 Hz alimente trois récepteurs triphasés équilibrés dont les caractéristiques sont les suivantes dans les conditions de fonctionnement considérées :**

- **récepteur $\mathcal{R}_1$: puissance absorbée : P_1=3 kW ; facteur de puissance cos φ_1=0,8 ;**
- **récepteur $\mathcal{R}_2$: puissance absorbée : P_2=2 kW ; facteur de puissance cos φ_2=0,75 ;**
- **récepteur $\mathcal{R}_3$: puissance absorbée : P_3=3 kW ; facteur de puissance cos φ_3=0,85.**

1° Quelles sont les puissances active, réactive et apparente fournies par le réseau lorsque les récepteurs fonctionnent simultanément ?

2° Quel est le facteur de puissance de l'ensemble des récepteurs en fonctionnement ?

3° Quelle est la valeur efficace de l'intensité du courant dans chaque fil de ligne ?

Solution :

1° La puissance active P fournie par le réseau est la somme des puissances actives consommées par les récepteurs :

$$\boxed{P=P_1+P_2+P_3}$$

soit : P = (3+2+3) kW $\Rightarrow$ $\boxed{P=8\ kW}$

De même, **la puissance réactive fournie** est égale à :

$$\boxed{Q=Q_1+Q_2+Q_3}$$

Pour calculer les puissances réactives nous utilisons la relation suivante :

$Q_k=P_k \tan \varphi_k$ (k=1, 2 ou 3 désigne ici le numéro affecté au récepteur)

d'où : $Q=P_1 \tan \varphi_1+P_2 \tan \varphi_2+P_3 \tan \varphi_3$.

Soit : Q=[3×0,75+2×0,882+3×0,62] kvar

$\Rightarrow$ $\boxed{Q=5{,}87 \text{ kvar}}$

Les puissances P, Q et S sont reliées par la relation :

$$P^2+Q^2=S^2$$

donc : $\boxed{S=\sqrt{P^2+Q^2}}$

soit : $S=[\sqrt{8^2+5{,}87^2}]$ kVA $\Rightarrow$ $\boxed{S=9{,}9 \text{ kVA}}$

2° Facteur de puissance

$$\tan \varphi=Q/P$$

soit : $\tan \varphi = \dfrac{5{,}87}{8} = 0{,}73.$

D'où : $\boxed{\cos \varphi=0{,}81.}$

3° Intensité efficace du courant en ligne

De la relation donnant la puissance apparente :

$$S=\sqrt{3}\ UI$$

nous tirons : $I = \dfrac{S}{U\sqrt{3}}$

soit : $I = \left[\dfrac{9{,}9.10^3}{380\times\sqrt{3}}\right]$ A $\Rightarrow$ $\boxed{I=15{,}1 \text{ A}}$

18.06. **Les trois enroulements d'un récepteur triphasé sont identiques. Couplés en triangle sur un réseau 220 V/380 V, 50 Hz, la mesure des puissances par la méthode des deux wattmètres a donné : $\overline{p_1}$=800 W et $\overline{p_2}$=400 W.**

1° Calculer les puissances active et réactive consommées par le récepteur.

2° Quel est le facteur de puissance du récepteur ?

3° Quelle est la valeur efficace de l'intensité du courant traversant :
a) **chaque fil de ligne ?**
b) **chaque enroulement ?**

4° Quelle est l'impédance, la résistance et l'inductance de chaque enroulement ?

Solution :

1° Puissance active P consommée par le récepteur :

$$P = \overline{p_1}+\overline{p_2},$$

soit : $P=[800+400]$ W $\Rightarrow$ $\boxed{P=1\,200 \text{ W}}$

Puissance réactive Q consommée par le récepteur :

$$Q=(\overline{p_1}-\overline{p_2})\sqrt{3}$$

soit : $Q=[(800-400)\sqrt{3}]$ vars $\Rightarrow$ $\boxed{Q=693 \text{ vars}}$

2° Facteur de puissance

$$Q=P\tan\varphi \quad\Rightarrow\quad \tan\varphi=Q/P$$

soit : $\tan\varphi = \dfrac{693}{1\,200} = 0{,}58$ $\Rightarrow$ $\boxed{\cos\varphi=0{,}87}$

3° Intensité efficace du courant en ligne
De l'expression de la puissance : $P=UI\sqrt{3}\cos\varphi$

nous tirons : $I = \dfrac{P}{U\sqrt{3}\cos\varphi}$

soit : $I = \dfrac{1\,200}{380\sqrt{3}\times 0{,}87}$ A $\Rightarrow$ $\boxed{I=2{,}1 \text{ A.}}$

Remarque : Réseau 220 V/380 V : cette expression signifie que chaque tension composée a une valeur efficace de 380 V et que chaque tension simple a une valeur efficace de 220 V.

Intensité efficace du courant dans un enroulement
Le couplage étant en triangle, le courant traversant chaque enroulement est :

$$J = \frac{I}{\sqrt{3}}$$

soit : $J = \dfrac{2{,}1}{\sqrt{3}}$ A $\Rightarrow$ $\boxed{J=1{,}2 \text{ A.}}$

4° Chaque enroulement est soumis à une tension U=380 V et est traversé par un courant d'intensité J=1,2 A. Z étant l'impédance d'un enroulement, nous pouvons écrire :

$$Z=U/J$$

soit : $Z=(380/1{,}2)\ \Omega$ $\Rightarrow$ $\boxed{Z\approx 320\ \Omega.}$

L'impédance de chaque enroulement s'écrit :

$$Z = \sqrt{R^2+(L\omega)^2}$$

φ est le déphasage entre u et j

Donc : $R=Z\cos\varphi$
et : $L\omega=Z\sin\varphi \Rightarrow L=(Z\sin\varphi)/2\pi f,$

soit : $R=320\times 0{,}87\ \Omega$ $\Rightarrow$ $\boxed{R\approx 280\ \Omega}$

et $L=[(320\times 0{,}49)/2\pi.50]$ H $\Rightarrow$ $\boxed{L\approx 0{,}5 \text{ H.}}$

Exercices à résoudre

18.07. Les expressions des valeurs instantanées des tensions simples d'un système triphasé équilibré sont :

$$v_1=220\sqrt{2}\cos\omega t$$

$$v_2=220\sqrt{2}\cos\left(\omega t-\frac{2\pi}{3}\right)\quad v_3=220\sqrt{2}\cos\left(\omega t-\frac{4\pi}{3}\right)$$

Quelles sont les expressions des valeurs instantanées des tensions composées correspondantes ?

18.08. Trois bobines identiques, de résistance 50 Ω et d'inductance 0,1 H, couplées en étoile, sont alimentées par un réseau triphasé équilibré 220 V/380 V, 50 Hz.

1° Quelle est la valeur efficace de l'intensité du courant dans chaque fil de ligne ?

2° Quel est le facteur de puissance du récepteur ainsi réalisé ?

3° Quelles sont les puissances active et réactive consommées ?

4° La mesure de ces puissances s'effectue par la méthode des deux wattmètres.

a) Représenter le schéma de principe.

b) Réaliser une construction de Fresnel (à l'échelle) des tensions et des courants.

c) En déduire l'indication des deux wattmètres.

18.09. Reprendre l'exercice précédent dans le cas d'un couplage triangle des trois bobines. Comparer les puissances active et réactive trouvées à celles obtenues dans le cas du couplage étoile. Pourquoi ce résultat était-il prévisible ?

18.10. Un moteur triphasé alimenté par un réseau 220 V/380 V, 50 Hz, absorbe une puissance de 3 kW. Chaque fil de ligne est alors traversé par un courant d'intensité efficace $I=6{,}5$ A.

1° Quel est le facteur de puissance du moteur ?

2° Calculer la capacité de chacun des trois condensateurs qui, montés en triangle, permettent d'obtenir un facteur de puissance de 0,93. Quelle serait alors la valeur efficace de l'intensité du courant traversant chaque fil de ligne ?

18.11. Une installation triphasée équilibrée est alimentée par un réseau 220 V/380 V. Elle comporte :
– deux moteurs triphasés M_1 et M_2 dont les caractéristiques nominales sont les suivantes :
M_1 : $P_1=3$ kW, $\cos\varphi_1=0{,}7$;
M_2 : $P_2=5$ kW, $\cos\varphi_1=0{,}75$;
– six moteurs monophasés 220 V identiques ; les caractéristiques nominales d'un moteur sont : puissance absorbée $P'=2$ kW, facteur de puissance $\cos\varphi'=0{,}8$;
– 15 lampes 220 V absorbant chacune une puissance de 100 W.

1° Faire un schéma de l'installation.

2° Lorsque tous les éléments fonctionnent au régime nominal calculer :

a) les puissances active, réactive et apparente de l'installation ;

b) l'intensité efficace du courant dans chaque fil de phase ;

c) le facteur de puissance de l'installation ;

d) la capacité de chacun des trois condensateurs montés en triangle qui permettent de relever le facteur de puissance de l'ensemble à 0,93.

18.12. Un récepteur triphasé équilibré ($\cos\varphi=0{,}83$) est alimenté par un réseau 220 V/380 V, 50 Hz (fig. 18.19). Chaque fil de ligne est traversé par un courant d'intensité efficace $I=20$ A.

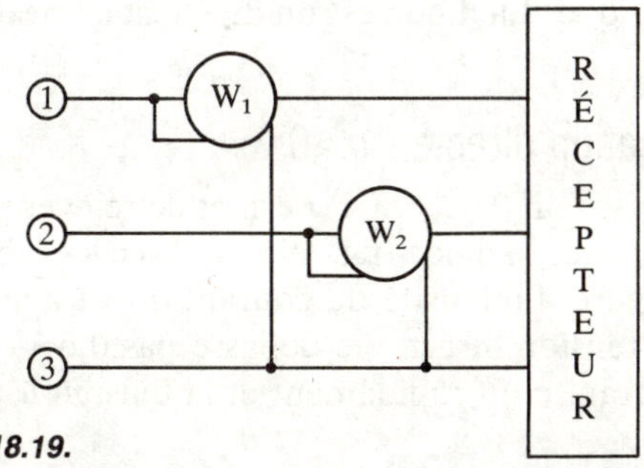

Fig. 18.19.

1° Construire le diagramme vectoriel des tensions et des courants (échelles : 1 cm $\hat{=}$ 1 A et 1 cm $\hat{=}$ 50 V.

2° Déterminer, à partir du diagramme précédent, les indications P_1 et P_2 des deux wattmètres W_1 et W_2.

3° Comparer la somme P_1+P_2 à $UI\sqrt{3}\cos\varphi$.
Conclure.

18.13. Au cours de l'étude expérimentale d'un récepteur triphasé équilibré alimenté par un réseau 220 V/380 V, 50 Hz, la méthode des deux wattmètres a donné les résultats suivants :

$$P_1=2200 \text{ W} \quad \text{et} \quad P_2=-200 \text{ W}$$

1° Quelles sont les puissances active, réactive et apparente absorbées par le récepteur.

2° Calculer :

a) son facteur de puissance ;

b) l'intensité efficace I du courant traversant chaque fil de ligne.

18.14. Une usine est alimentée par un réseau moyenne tension (fig. 18.20). Elle consomme une puissance active $P=4000$ kW et une puissance réactive $Q=2000$ kvar. La tension entre phases à l'entrée de l'usine est $U=18{,}5$ kV. L'usine est assimilable à un récepteur triphasé équilibré.

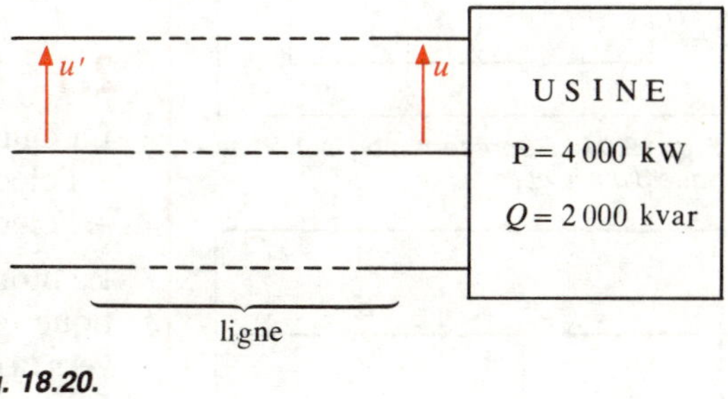

Fig. 18.20.

1° Quel est son facteur de puissance $\cos\varphi$?

2° Quelle est l'intensité efficace I du courant traversant chaque fil de ligne ?

3° Chaque fil de ligne alimentant cette usine est assimilable à un circuit inductif série de résistance $r=2\ \Omega$ et de réactance $l\omega=2\ \Omega$.

a) Calculer les puissances active P'_L et réactive Q'_L consommées par la ligne.

b) Quelles sont les puissances active, réactive et apparente consommées par l'ensemble « ligne-usine » ?

c) Quel est le facteur de puissance de cet ensemble ?

d) Quelle est la tension efficace U' entre phases en début de ligne ?

e) En déduire la chute de tension $\Delta U=U'-U$.

Chapitre 19

DIODES
REDRESSEMENT
STABILISATION DE TENSION

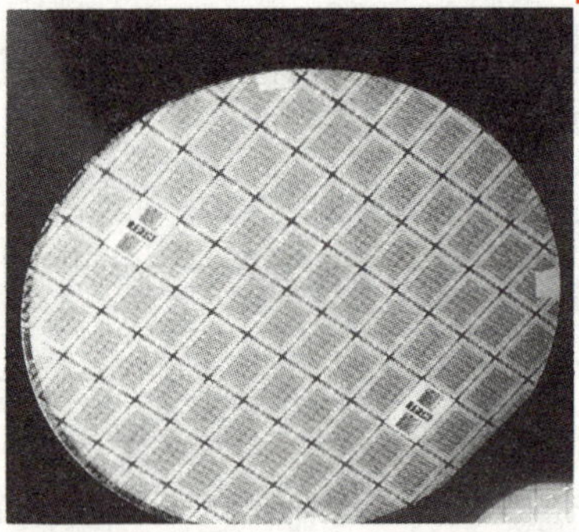

Disque de silicium de 100 mm de diamètre (il permet de fabriquer des milliers de diodes ou de circuits intégrés).

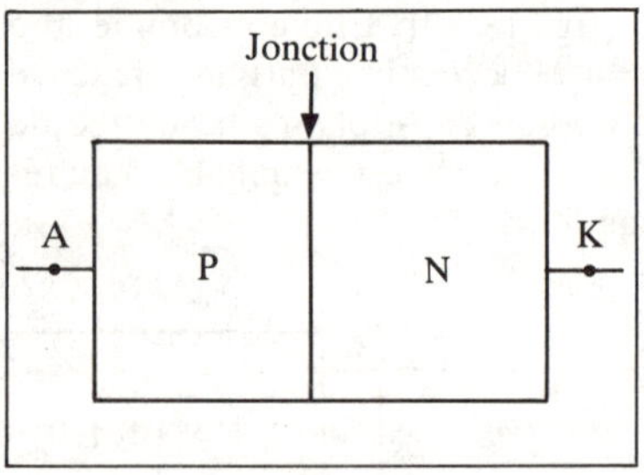

Fig. 19.01. *Représentation schématique d'une jonction.*

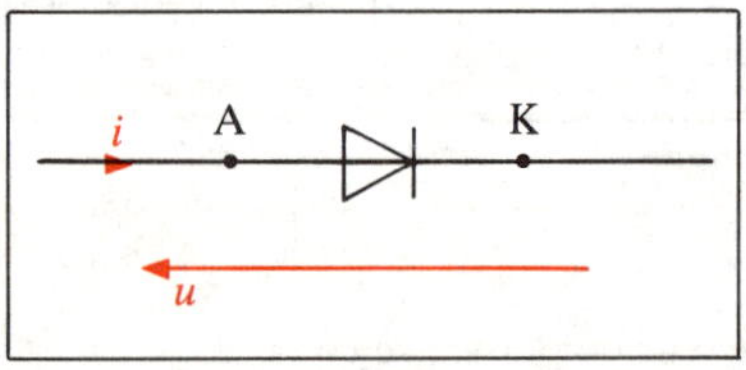

Fig. 19.02. *Symbole général d'une diode.*

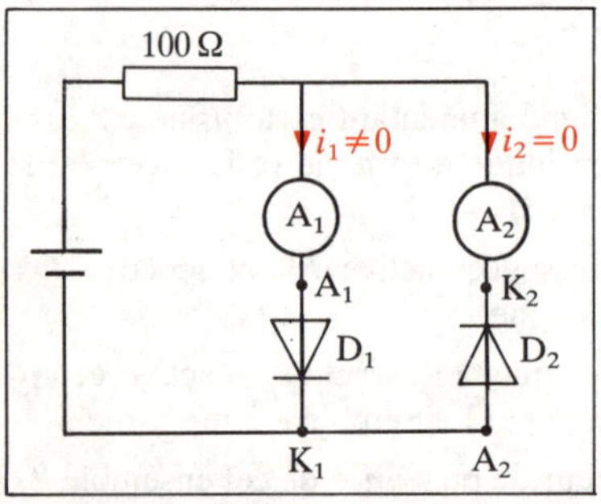

Fig. 19.03. *Mise en évidence de la conduction unidirectionnelle d'une diode. En réalité un très faible courant inverse parcourt la diode D_2 (voir § 2.2).*

1. CONSTITUTION D'UNE DIODE A JONCTION

Le plus souvent, une diode est réalisée à partir d'un petit fragment de silicium monocristallin.

Une partie de ce cristal a reçu, en très faible quantité, des atomes appartenant à l'un des éléments de la troisième colonne de la classification périodique des éléments (aluminium, gallium, ...) : c'est la **région P** (fig. 19.01).

L'autre partie a reçu des atomes appartenant à des éléments de la cinquième colonne (phosphore, arsenic, ...) : c'est la **région N.**
La zone de séparation constitue la **jonction.**

2. DIODE DE REDRESSEMENT A JONCTION

2.1. Présentation. Propriété

La figure 19.02 représente le symbole général d'une diode :
- l'électrode A est l'**anode** (reliée à la partie P),
- l'électrode K est la **cathode** (reliée à la partie N).

Le montage de la figure 19.03 permet d'illustrer la propriété pratique essentielle d'une diode : elle **conduit le courant de l'anode vers la cathode.**
Elle ne conduit pas dans le sens opposé.

2.2. Caractéristique statique courant-tension d'une diode au silicium

Les deux parties d'une diode étant dissymétriques, sa caractéristique $u(i)$ est dissymétrique. La diode est un **dipôle non linéaire.**

2.2.1. En polarisation directe : $u>0$

Le montage courte dérivation (fig. 19.04) permet de relever point par point la caractéristique de la diode (fig. 19.05). Avec les échelles employées sur cette figure, l'intensité du courant direct apparaît très faible tant que la tension directe ne dépasse pas 0,6 V. Au-delà, l'intensité du courant croît rapidement et la tension u varie peu.

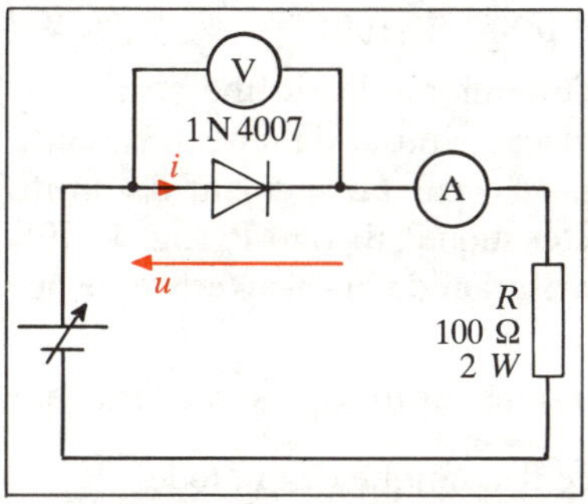

Fig. 19.04. *Montage permettant de relever la caractéristique directe d'une diode.*

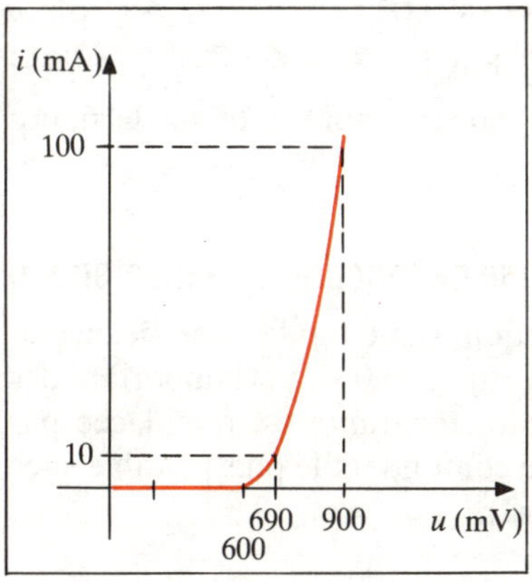

Fig. 19.05. *Caractéristique directe à température de jonction constante.*

■ 2.2.2 En polarisation inverse : $u \leqslant 0$

Le montage longue dérivation (fig. 19.06) permet de relever la caractéristique représentée sur la figure 19.07. L'intensité du courant inverse reste très faible même pour de fortes valeurs de $U = |u|$. Nous pouvons remarquer également que l'intensité de ce courant varie peu quand $|u|$ augmente.

■ 2.2.3. Représentation de la caractéristique $u = f(i)$

En rassemblant les résultats précédents sur un même graphique, et en adoptant les *mêmes échelles pour les quadrants 1 et 3*, nous obtenons une caractéristique pour laquelle :
– soit le courant inverse apparaît nul (échelles de la figure 19.05) ;
– soit la tension directe apparaît nulle (échelles de la figure 19.07).

Pour éviter cet inconvénient, nous pouvons convenir de réunir les deux courbes sur un même graphique **avec des échelles** différentes pour les quadrants 1 et 3 (fig. 19.08).

2.3. Influence de la température de jonction

Pour une même valeur de l'intensité du courant direct, la tension anode-cathode diminue quand la température augmente (fig. 19.09), et cela d'autant plus que l'intensité est plus élevée ($P'_1 P'_2 > P_1 P_2$).

2.4. Modèles d'une diode

La caractéristique réelle d'une diode se prête assez mal aux calculs. Souvent, il faut la remplacer par une caractéristique idéalisée plus simple.

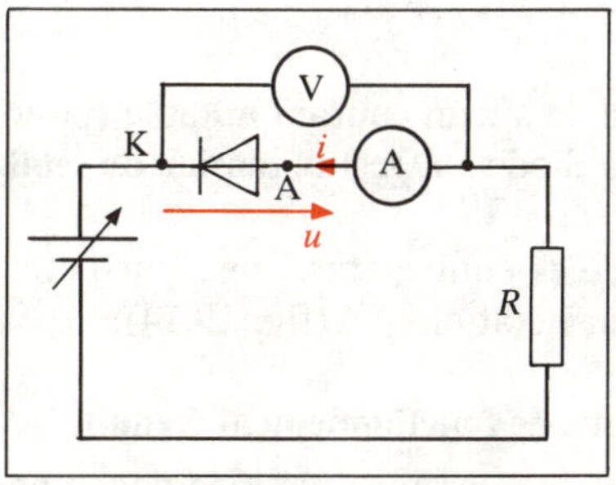

Fig. 19.06. *Montage utilisable pour relever la caractéristique inverse d'une diode. La résistance (R = 47 kΩ) ne joue qu'un rôle de protection de l'ampèremètre dans le cas où la diode testée est défaillante. La chute de tension dans l'ampèremètre A est négligeable devant* u.

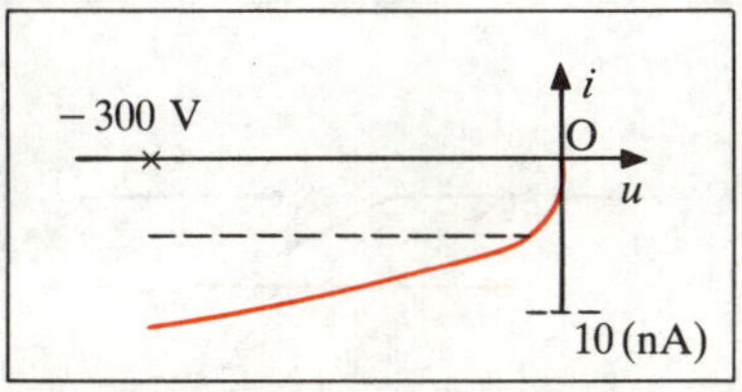

Fig. 19.07. *En réalité l'intensité mesurée provient du courant inverse de la jonction (en pointillé) et du courant de fuite qui parcourt le boîtier.*

L'étude théorique de la diode à jonction fournit l'expression de $i = f(u)$

$$i = I_s \left[\exp\left(\frac{au}{T}\right) - 1 \right]$$

I_s est appelé *courant de saturation*.

***a* est une constante physique dépendant du type de diode, voisine de $6{,}7.10^3$ unités du Système International.**

***T* est la température absolue de la jonction (kelvins).**
***u* est la tension directe appliquée.**

A 27 °C, c'est-à-dire à 300 K, pour $u > 100$ mV nous obtenons pour une diode 1 N 4007 :

$$i \approx I_s \exp \frac{u}{u_0} \quad \text{avec : } u_0 \approx 45 \text{ mV}.$$

Nous constatons ainsi, pour cette diode, qu'à température constante le courant direct double chaque fois que *u* augmente de 32 mV environ.

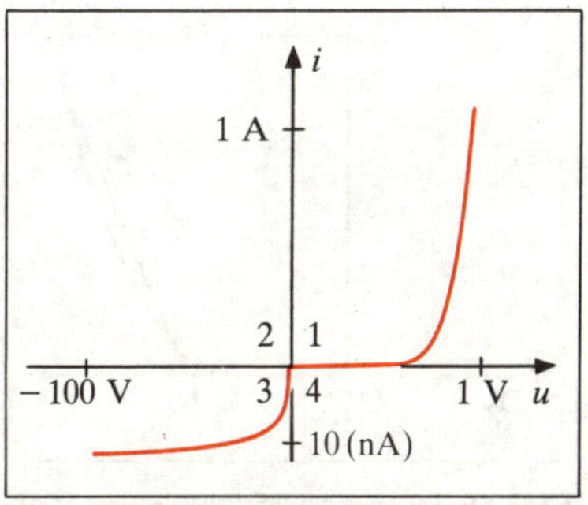

Fig. 19.08. *Caractéristique complète d'une diode. Les échelles des quadrants 1 et 3 sont différentes.*

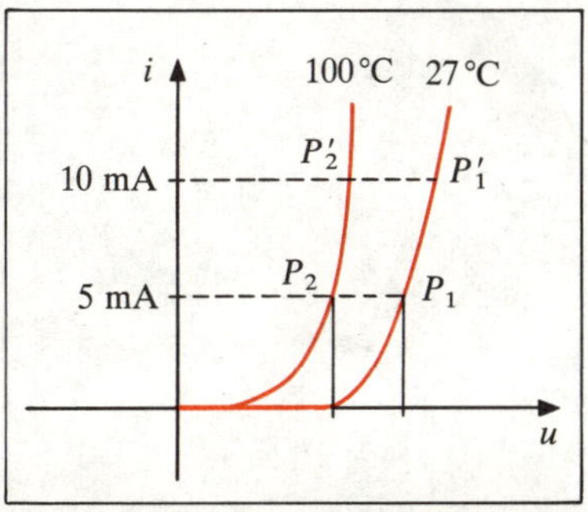

Fig. 19.09. *Influence de la température. Pour une diode au silicium, à courant constant,* u *diminue d'environ 2 mV/°C.*

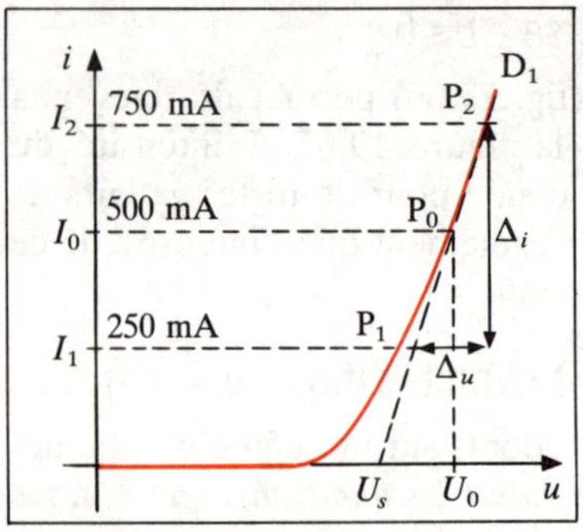

Fig. 19.10. Linéarisation de la caractéristique autour du point de repos P_0.

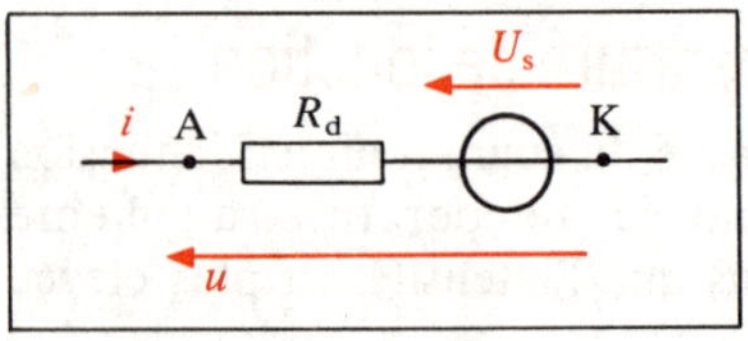

Fig. 19.11. Modèle équivalent de la diode autour du point P_0 (U_0, I_0).

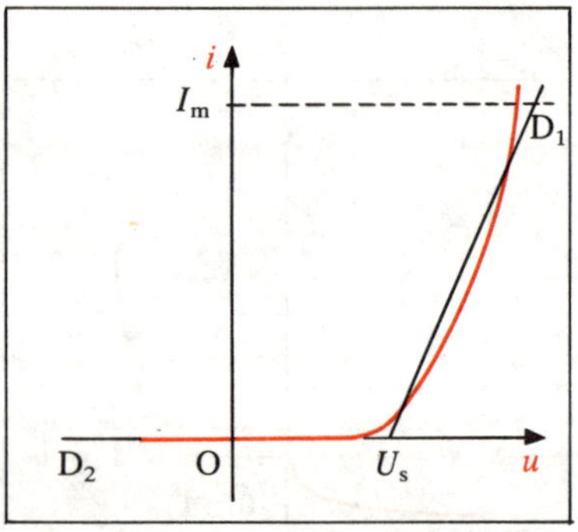

Fig. 19.12. Linéarisation « par morceaux » de l'ensemble de la caractéristique.

2.4.1. Modèle autour d'un point de repos

Si le point de fonctionnement d'une diode décrit une portion limitée de caractéristique en se déplaçant autour d'un point P_0, cette partie de courbe peut être remplacée par un segment de droite porté par la tangente D_1 à la caractéristique au point P_0 (fig. 19.10). Cette opération est appelée **linéarisation de la caractéristique autour d'un point de repos** P_0.

La droite D_1 coupe l'axe des tensions en $u=U_s$; son coefficient directeur $R_d = \dfrac{\Delta u}{\Delta i}$ est la résistance dynamique de la diode.

R_d dépend beaucoup du point P_0 considéré, et décroît quand I_0 augmente.

Autour de P_0, la relation entre u et i s'écrit :

$$u = U_s + R_d i$$

A cette équation correspond le modèle représenté sur la figure 19.11.

2.4.2. Modèle pour une zone de fonctionnement étendue

■ Lorsque l'intensité du courant dans une diode varie beaucoup (diode traversée par un courant variant de 0 à I_m et supportant des tensions inverses notables), la caractéristique est remplacée par deux demi-droites D_1 et D_2 qui se confondent le plus possible avec la caractéristique réelle (fig. 19.12).

On admet alors que :

$$\text{pour } u \leqslant U_s \Rightarrow i = 0,$$

$$\text{pour } u \geqslant U_s \Rightarrow u = U_s + R_d i$$

U_s est la tension en deçà de laquelle aucun courant notable (pour le montage étudié) ne traverse la diode : U_s est la **tension de seuil** de la diode.

La diode admet alors deux modèles équivalents : un pour l'état conducteur (fig. 19.13) et un pour l'état bloqué (fig. 19.14).

■ Intérêt du modèle pour une zone de fonctionnement étendue

Il est surtout utilisé pour évaluer la puissance dissipée dans une diode. A un instant t, comme tout dipôle, une diode soumise à une tension u, et traversée par un courant i, (voir les conventions sur les modèles équivalents des figures 19.13 et 19.14) reçoit une puissance :

$$p = ui$$

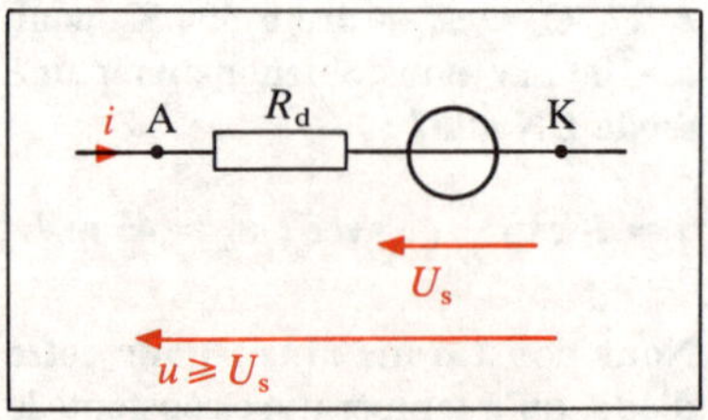

Fig. 19.13. Schéma équivalent pour l'état passant : $u \geqslant U_s$, *alors* $u = U_s + R_d i$.

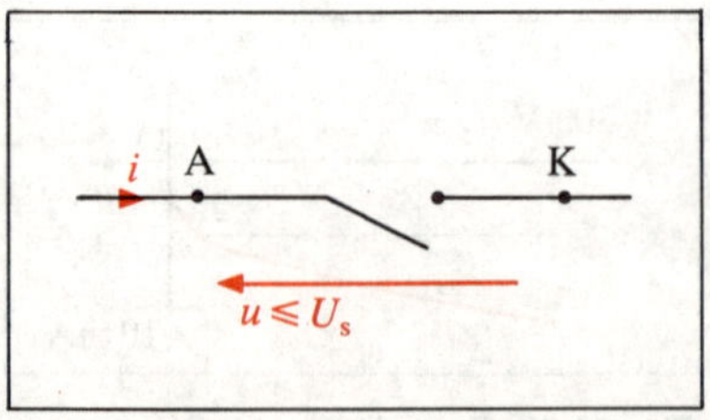

Fig. 19.14. Schéma équivalent pour l'état bloqué. Pour $u \leqslant U_s$ *la diode est équivalente à un interrupteur ouvert.*

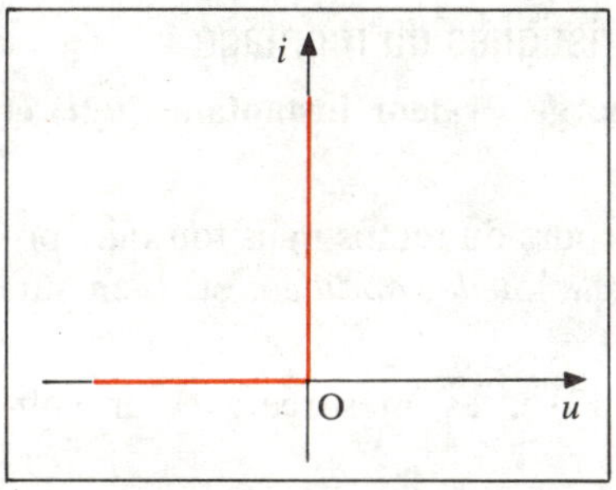

Fig. 19.15. La diode est dite « parfaite » ou idéale lorsqu'on adopte cette caractéristique i(u).

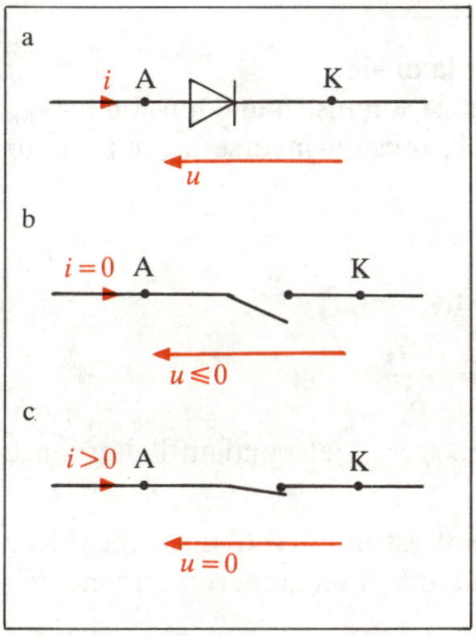

Fig. 19.16.
a. *Symbole général.*
b. *Modèle correspondant à la diode parfaite dans l'état bloqué.*
c. *Modèle correspondant à la diode parfaite dans l'état passant.*

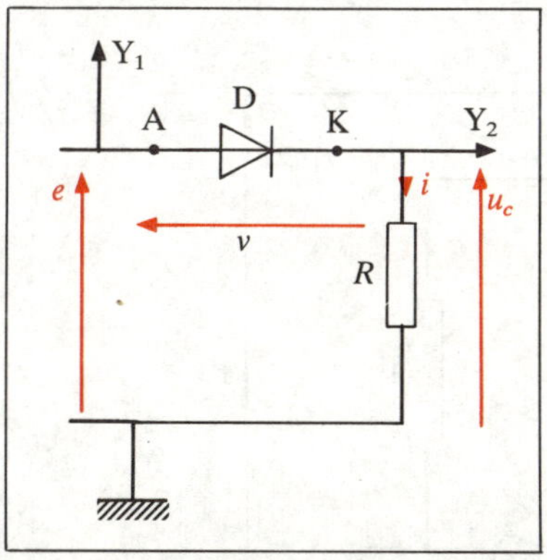

Fig. 19.17. Le montage est alimenté par une source sinusoïdale : e(t) *est fournie par le secondaire d'un transformateur de puissance apparente 48 VA, par exemple.*
Nous avons : $e = E\sqrt{2}\sin\omega t$ *avec* $E = 24$ V *et* $\omega = 314$ rad/s.
La résistance R *est égale à* 1 kΩ.

Cette puissance est nulle lorsque la diode est bloquée ($i=0$). Lorsque la diode est passante elle est égale à :

$$p = U_s i + R_d i^2$$

Si $\bar{i}$ et I désignent respectivement la valeur moyenne et la valeur efficace de l'intensité i, la valeur moyenne de la puissance est :

$$P = \bar{p} = U_s\,\bar{i} + R_d\,I^2$$

2.4.3. Modèle de la diode parfaite

Très souvent, pour analyser et comprendre le fonctionnement de montages électroniques comportant des diodes, un modèle très simplifié suffit. On admet alors que (fig. 19.15) :

$$\begin{cases} \text{pour } u \leqslant 0 \Rightarrow i = 0 \\ \text{pour } i > 0 \Rightarrow u = 0 \end{cases}$$

Cette modélisation conduit aux schémas équivalents de la figure 19.16.

3. APPLICATION AU REDRESSEMENT NON COMMANDÉ

Pour l'étude du redressement, nous utilisons uniquement le **modèle de la diode parfaite.**

3.1. Redressement monoalternance

3.1.1. Expérience

Avec le montage de la figure 19.17, l'oscillographe permet de visualiser $e(t)$ et $u_c(t)$ (fig. 19.18) ; nous en déduisons $v(t)$. Rassemblons nos observations dans le tableau suivant :

Signe de $e(t)$	Valeur de $u_c(t)$	Valeur de $v(t)$	Etat de la diode
+	$u_c \approx e$	$v \approx 0$	Passante
−	$u_c = 0$	$v = e$	Bloquée

Conclusions :

- **La diode permet le passage du courant uniquement pendant l'alternance positive de $e(t)$, on dit qu'il y a redressement monoalternance.**
- **La diode passe périodiquement de l'état bloqué à l'état conducteur. Les instants caractérisant les changements de régime sont $t = 0$, $t = \frac{T}{2}$, $t = T$, etc.**

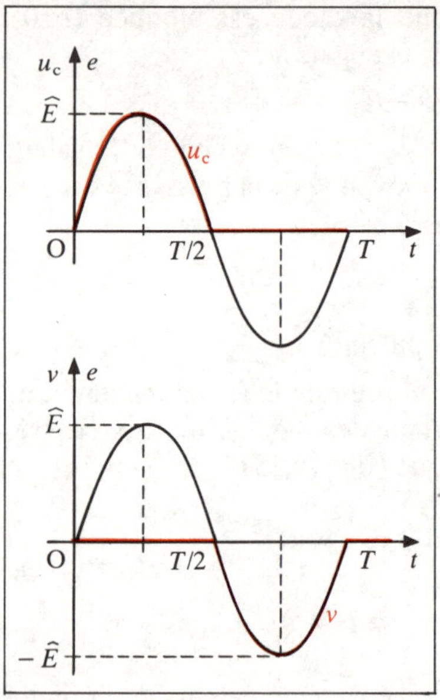

Fig. 19.18.

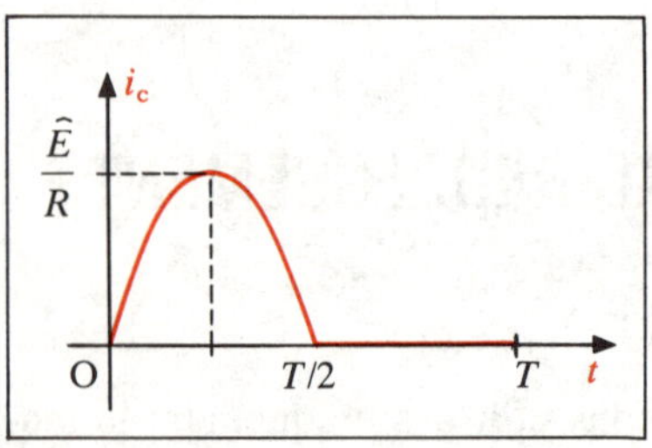

***Fig. 19.19.** Courant dans la charge.*

3.1.2. Grandeurs caractéristiques du montage

a) Tension aux bornes de la charge : valeur instantanée $u_c(t)$ et valeur moyenne $\overline{u_c}$.

La tension $u_c(t)$ est variable au cours du temps mais toujours positive ou nulle. Elle est *unidirectionnelle*, *ondulée*, et, bien sûr, *périodique,* comme $e(t)$.

Sa valeur moyenne (voir chap. 13) $\overline{u_c}$ est mesurée avec un voltmètre magnétoélectrique.

Si $e(t) = \widehat{E} \sin \omega t$, alors :

$$\overline{u_c} = \frac{\widehat{E}}{\pi}$$

b) Tension inverse aux bornes de la diode.

Lorsqu'elle est bloquée, la diode est soumise à une tension $v = v_{AK}$ négative. La valeur absolue de la tension inverse a pour valeur maximale $\widehat{E}$.

c) Intensité du courant.

Quel que soit t nous avons toujours :

$$i_c(t) = \frac{u_c(t)}{R}$$

Pendant l'alternance positive : $u_c(t) = e$, et pendant l'alternance négative $u_c(t) = 0$ (fig. 19.19).

Nous en concluons que le **courant est unidirectionnel.** Sa **valeur moyenne**, notée $\overline{i_c}$, est mesurée à l'aide d'un ampèremètre magnétoélectrique :

$$\overline{i_c} = \frac{\overline{u_c}}{R} = \frac{\widehat{E}}{\pi R}$$

3.2. Redressement double alternance

Quatre diodes, associées selon le schéma de la figure 19.20 (partie placée dans un cadre rouge) constituent un **pont de Graëtz monophasé.**

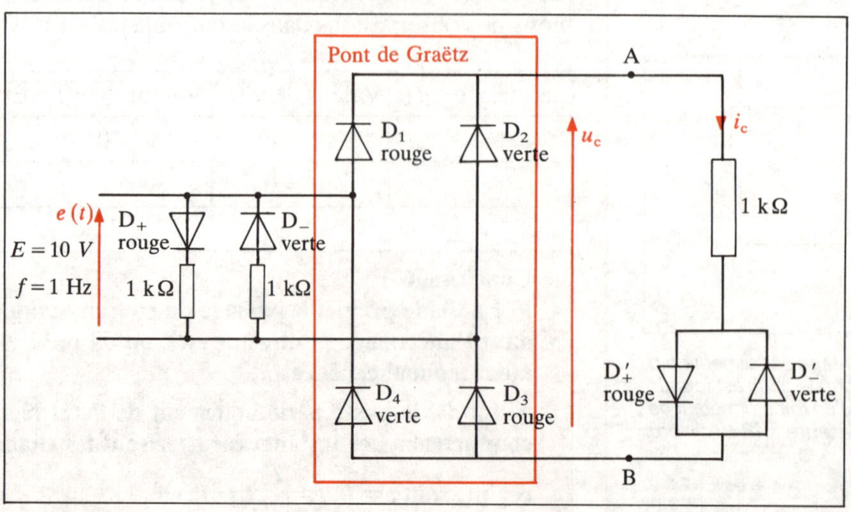

***Fig. 19.20.** Montage utilisable pour l'étude du fonctionnement du pont de Graëtz.*

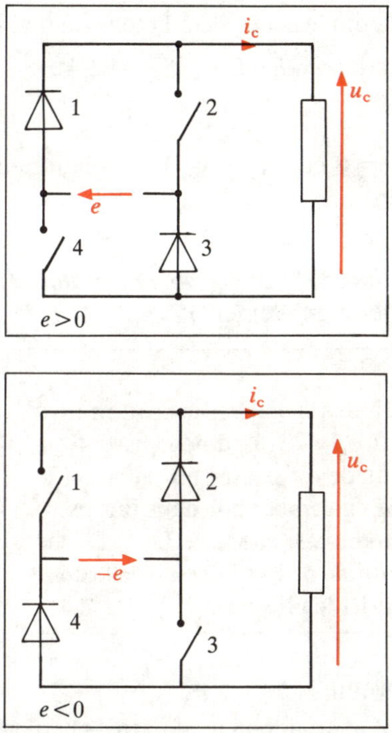

***Fig. 19.21.** Schémas équivalents au pont de Graëtz (les diodes utilisées pour la visualisation des signes de e et i_c sont supposées parfaites et éliminées de ces représentations.*

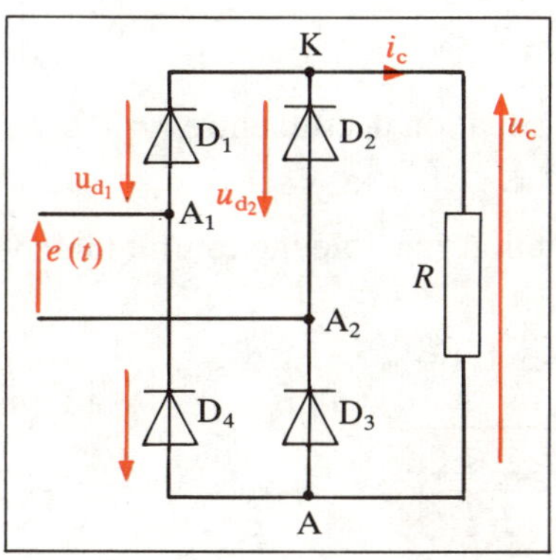

Fig. 19.22.

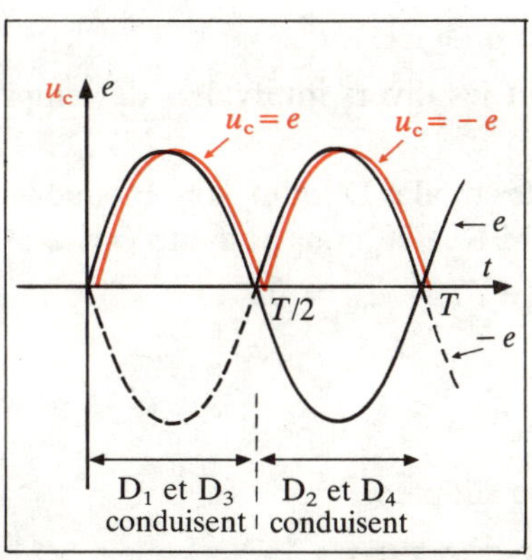

Fig. 19.23.

3.2.1. Analyse du fonctionnement

L'analyse du fonctionnement est facilitée par l'utilisation d'un pont comportant des diodes électroluminescentes pour le redressement et la visualisation des grandeurs d'entrée et de sortie.

Il est alimenté par un générateur de très basse fréquence ($f \approx 1$ Hz). Les diodes éclairent quand elles sont conductrices.
En particulier :

- D_+ et D_- nous renseignent sur le signe de $e(t)$;
- D'_+ et D'_- nous renseignent sur le signe de $i_c(t)$.

Un oscillographe permet de visualiser la tension $u_c(t)$. Nous pouvons alors dresser le tableau suivant :

Tension d'alimentation e	Diodes				Tension de sortie u_c
	D_1	D_2	D_3	D_4	
$e > 0$	Passante	Bloquée	Passante	Bloquée	$\approx e > 0$
$e < 0$	Bloquée	Passante	Bloquée	Passante	$\approx -e > 0$

Le courant dans la charge a toujours le même sens, celui indiqué par la diode D'_+.

Cette analyse conduit aux deux schémas équivalents de la figure 19.21.

3.2.2. Débit sur charge résistive

Dans ce qui suit, nous considérons le montage de la figure 19.22.

Il est alimenté sous une tension $e(t) = \hat{E} \sin \omega t = E\sqrt{2} \sin \omega t$.

a) Tension aux bornes de la charge.

La tension $u_c(t)$, appelée *tension redressée*, est **unidirectionnelle** et **périodique** (fig. 19.23). Elle est formée de deux arches de sinusoïde par période. Le pont de Graëtz réalise un **redressement double alternance.**

La valeur moyenne $\overline{u_c}$ de la tension $u_c(t)$ se déduit du résultat correspondant à un redressement simple alternance. La comparaison des courbes $u_c(t)$ des figures 19.19 et 19.23 fournit le résultat. Pour une charge résistive, et pour une même tension d'alimentation $e(t)$ des deux montages redresseurs, la valeur moyenne de la tension u_c dans un redressement double alternance est deux fois plus grande que dans un redressement simple alternance.

D'où : $$\overline{u_c} = \frac{2\hat{E}}{\pi}$$

b) Tension aux bornes d'une diode.

A titre d'exemple nous allons déterminer la valeur de la tension $u_{d1} = (v_{A1} - v_K)$ entre les bornes de la diode D_1.

- Lorsque D_1 *est passante* la tension à ses bornes est nulle : $u_{d1} = 0$,
- Lorsque D_1 *est bloquée*, alors D_2 est passante et nous pouvons écrire :

$$u_{d2} = v_{A2} - v_K = 0 \Rightarrow v_K = v_{A2}$$

d'où : $$u_{d1} = v_{A1} - v_K = v_{A1} - v_{A2} = e$$

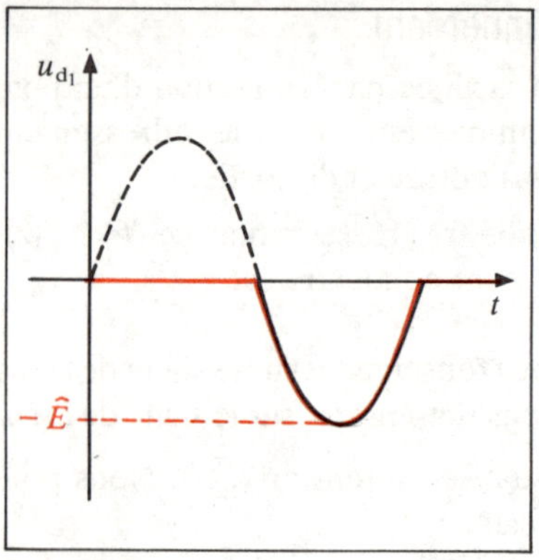

Fig. 19.24.

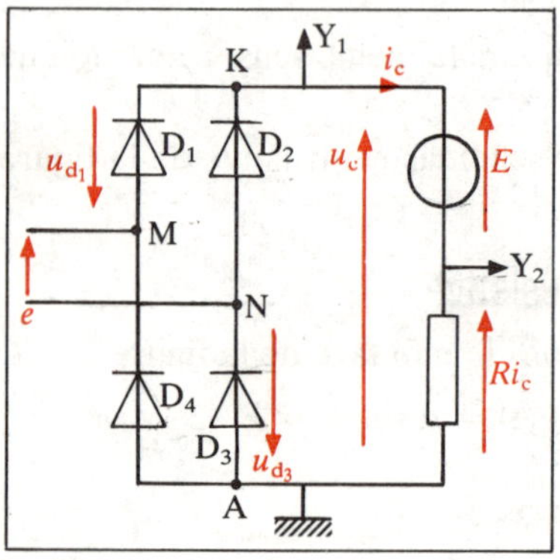

Fig. 19.25.

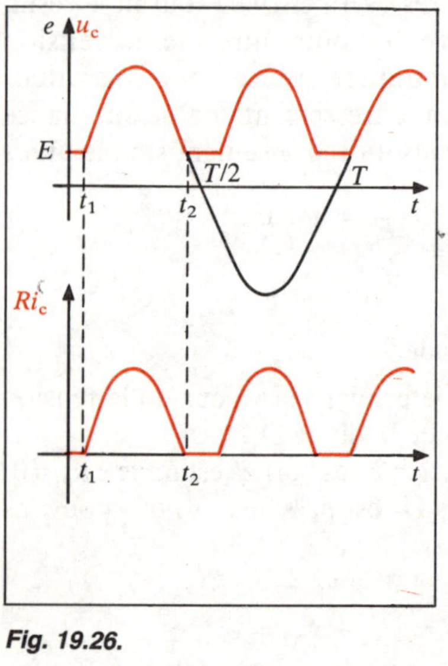

Fig. 19.26.

La tension inverse appliquée à la diode est égale à la tension d'alimentation. Sa *valeur maximale est donc* $\hat{E}=E\sqrt{2}$ (fig. 19.24).

Remarque : $(u_{d1} - u_{d2}) = (v_{A1} - v_{A2})$.
Si D_1 conduit, nous avons : $u_{d1} = 0$ et $(v_{A1} - v_{A2}) > 0$. Nous en déduisons les inégalités suivantes :

$$-u_{d2} > 0 \quad \text{ou} \quad u_{d2} < 0$$

Nous pouvons conclure que la *diode D_2 est certainement bloquée* (ce que nous avons constaté expérimentalement).

> **Règle :**
> **Dans une association de diodes à cathodes communes** (exemple D_1 et D_2 sur la figure 19.22) **la diode susceptible de conduire est celle dont l'anode est portée au potentiel le plus élevé. On pourrait établir également que dans une association de diodes à anodes communes** (exemple D_3 et D_4 sur la figure 19.22) **la diode susceptible de conduire est celle dont la cathode est portée au potentiel le plus bas.**

3.2.3. Débit sur électromoteur

Le pont de Graëtz alimente une charge active (fig. 19.25). Examinons les différentes phases des chronogrammes de u_c et de Ri_c entre 0 et $\frac{T}{2}$ (fig. 19.26).

- **De $t = 0$ à t_1** $\Rightarrow$ $u_c = E_0$ et $e < u_c$; $i_c = 0$
- **De t_1 à t_2** $\Rightarrow$ $u_c = e$ et $u_c > E_0$; $i_c > 0$
- **De t_2 à $\frac{T}{2}$:** nous retrouvons la situation décrite entre $t = 0$ et t_1.

Interprétation : Cherchons la relation générale qui fournit l'intensité i_c.

A tout instant t : $\quad u_c = E_0 + Ri_c$

$$\Rightarrow \quad \boxed{i_c = \frac{u_c - E_0}{R}}$$

Cette relation permet d'écrire :

$$i_c \geqslant 0 \Rightarrow u_c \geqslant E_0$$

Quelle est la valeur de i_c durant les divers intervalles de temps considérés ?

- **Entre 0 et t_1**, tant que $e < E_0$ les diodes D_1 et D_3 sont bloquées.

En effet, en suivant la maille N M K A N, nous pouvons écrire :

$$-e + u_{d1} + E_0 + \underbrace{Ri_c}_{0} + u_{d3} = 0,$$

soit : $\quad u_{d1} + u_{d3} = e - E_0 < 0$

relation qui confirme l'hypothèse adoptée.

Donc entre 0 et t_1 : $\quad \boxed{i_c = 0 \Rightarrow u_c = E_0}$

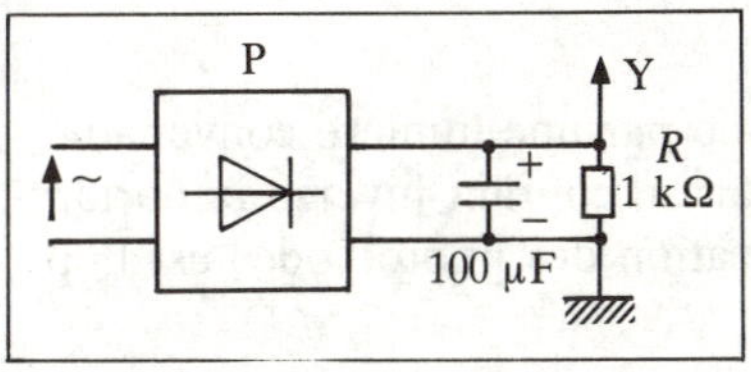

a

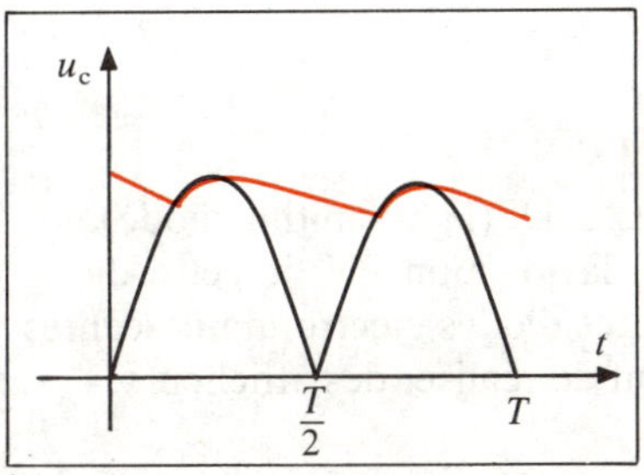

b

Fig. 19.27. Le rectangle P symbolise l'ensemble des composants d'un pont de Graëtz.

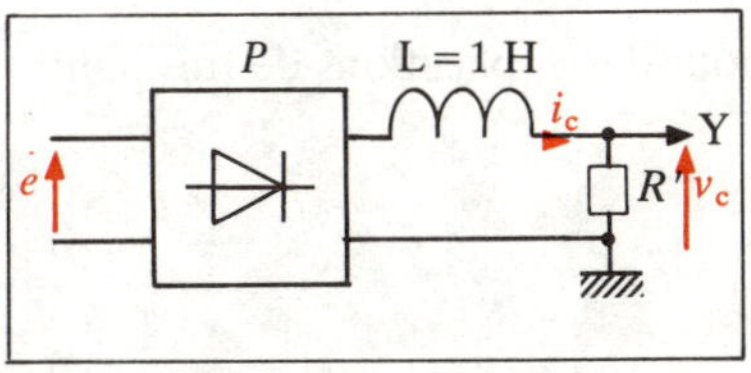

Fig. 19.28. P : pont de Graëtz ; R' : 33 Ω, 2 A.

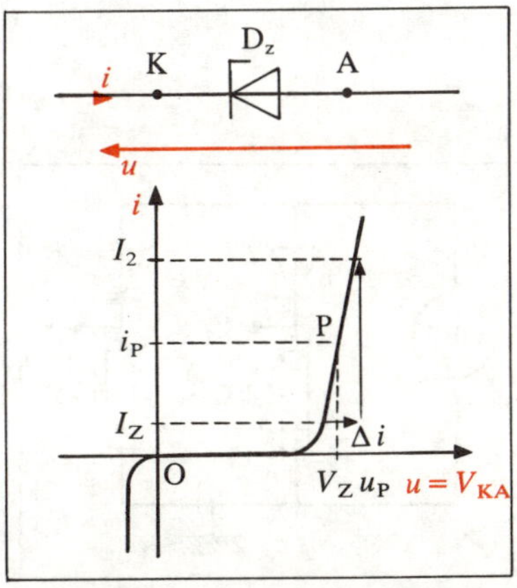

Fig. 19.29. Caractéristique d'une diode Zéner : la caractéristique inverse se trouve dans le quadrant 1 (conformément aux orientations adoptées et rappelées sur le schéma de la diode).
• Résistance dynamique de la diode Zéner : $R_d = \frac{\Delta u}{\Delta i}$.
En réalité R_d est très faible, et sur cette représentation de la caractéristique, l'importance de Δi a été volontairement augmentée dans un souci de clarté.
• Equation de la partie rectiligne de la caractéristique, au voisinage de P :

$$u = V_z + R_d \cdot i$$

A $t = t_1$ les diodes D_1 et D_3 deviennent conductrices.

• **Entre t_1 et t_2 :** $e > E_0$ et $u_c = e$.
L'expression du courant redressé est :

$$i_c(t) = \frac{e(t) - E_0}{R}$$

A $t = t_2$ les diodes D_1 et D_3 passent à l'état bloqué.

• **Entre t_2 et $\frac{T}{2}$** le pont est bloqué comme il l'était entre 0 et t_1.

Nous avons encore : $i_c = 0$ et $u_c = E_0$

3.2.4. Amélioration de la forme de la tension redressée

• Si nous plaçons en parallèle avec une charge résistive R, *assez grande*, un condensateur chimique de capacité suffisamment grande (fig. 19.27a) nous obtenons une tension redressée u_c dont les ondulations sont moins accentuées qu'en l'absence de condensateur. Nous en concluons que la **présence du condensateur diminue l'ondulation de la tension redressée** (fig. 19.27b).
La valeur moyenne $\overline{u_c}$ est également augmentée.

• Si nous plaçons en série avec une charge résistive R' *assez faible* une bobine d'inductance suffisante (fig. 19.28) nous obtenons un courant dont l'intensité i_c présente moins d'ondulation :

la présence d'une bobine "lisse" le courant.

4. AUTRES DIODES

4.1. Diode Zéner

Une diode Zéner est utilisée en polarisation inverse et on exploite les particularités de sa caractéristique *inverse*. Cette partie de courbe, *tracée dans le quadrant 1* (contrairement aux autres diodes) comporte deux zones distinctes (fig. 19.29) limitées par une valeur de la tension $V_{KA} = V_Z$, appelée **tension de Zéner.**

Une diode Zéner permet, en particulier, d'obtenir une tension u_c variant peu (fig. 19.30) lorsque la tension d'alimentation $E > V_Z$ fluctue, ou lorsque R_c varie dans des limites convenables.

Une diode Zéner est considérée comme parfaite si sa résistance dynamique en polarisation inverse et sa tension de seuil en direct peuvent être négligées. Cette diode parfaite admet alors la caractéristique de la figure 19.31.

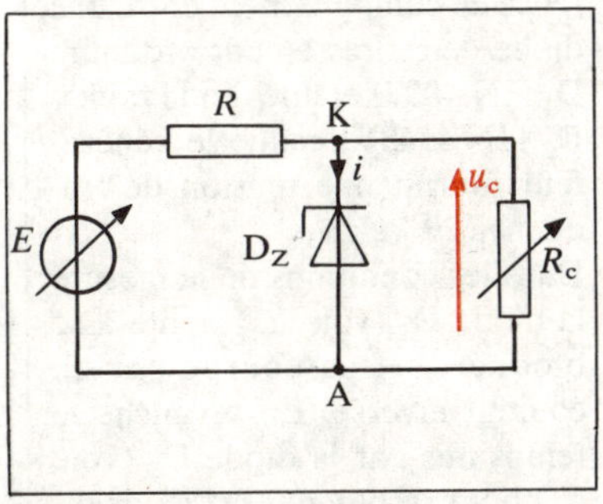

Fig. 19.30. Stabilisation de tension par diode Zéner.

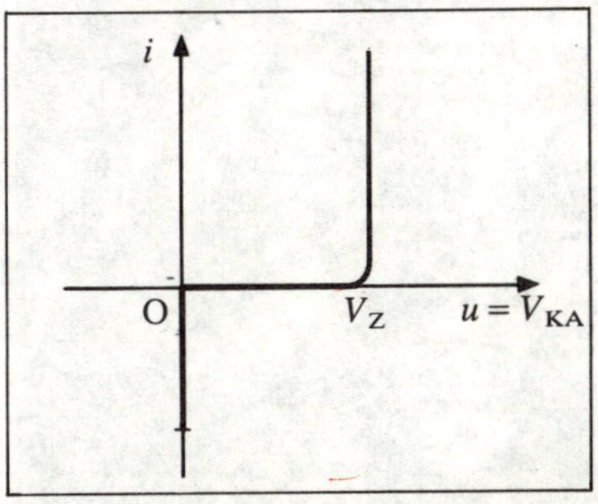

Fig. 19.31. Caractéristique d'une diode Zéner parfaite.

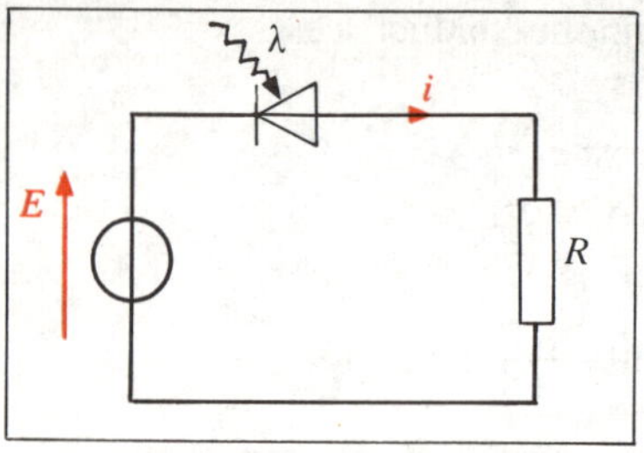

Fig. 19.32. Une lumière est caractérisée par sa longueur d'onde λ. Ainsi la longueur d'onde de la lumière rouge est plus grande que celle de la lumière jaune. Une photodiode est sensible à certaines longueurs d'ondes situées dans un domaine limité.

4.2. Photodiode

En polarisation inverse, et éclairée par une lumière convenable, une photodiode est parcourue par un courant inverse important (fig. 19.32). Le domaine d'application des photodiodes est l'optoélectronique.

4.3. Diode électroluminescente

Autres appellations : D.E.L. ou L.E.D. (light emiting diode). Traversée par un courant direct, la jonction PN de cette diode émet des radiations lumineuses. Les diodes électroluminescentes en forme de bâtonnets, permettent de réaliser des afficheurs.

4.4. Autres diodes

– Diode suppresseuse de surtension.
– Diode à capacité variable.
– Diode tunnel, diode Schottky (pour des applications de très haute fréquence).

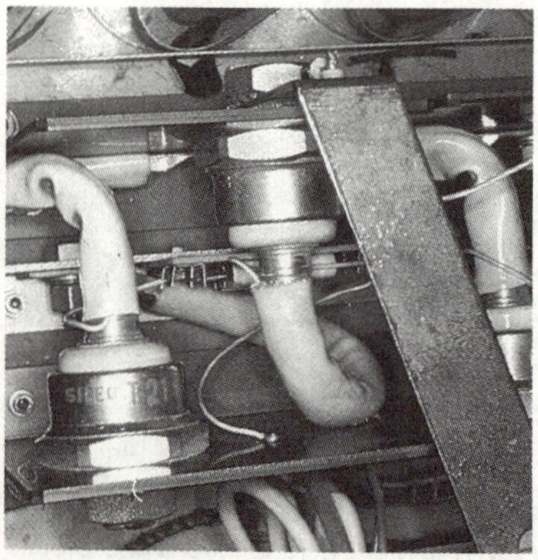

Diodes de puissance

Comportement dynamique d'une diode

Le temps de passage de l'état bloqué à l'état passant (t_{on}) et le temps de passage de l'état passant à l'état bloqué (t_{off}) dépendent du type de diode et du reste du circuit.

Le montage ci-contre permet de mettre en évidence une différence de comportement entre une diode de redressement ordinaire D_1 (1N 4007) et une diode rapide D_2 (1N 4148) lorsque le générateur fournit une tension de fréquence 20 kHz.

Dans les conditions de la mesure la diode D_1 (voie Y_1), lente à se bloquer, est parcourue par un courant inverse. En revanche le temps mis par la diode D_2 (voie Y_2) pour se bloquer est ici négligeable.

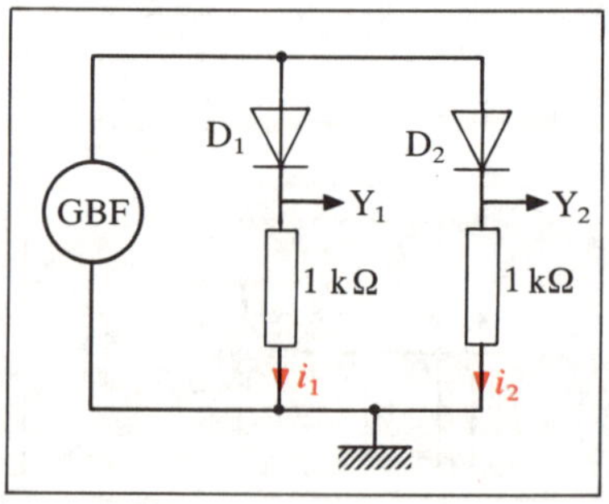

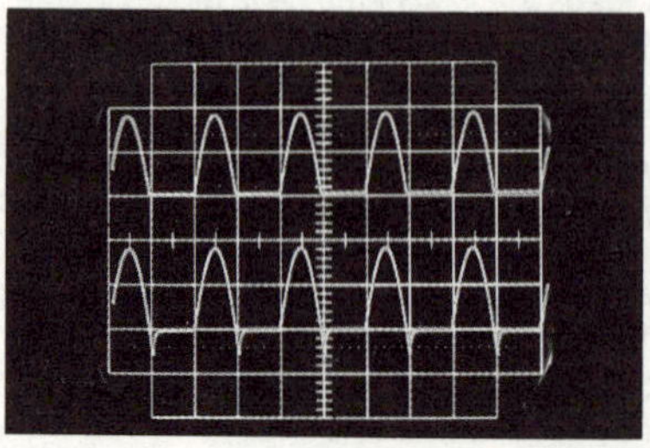

Travaux pratiques

1. Relevé de la caractéristique statique d'une diode à jonction

Le montage de la figure 19.33 permet de relever point par point cette caractéristique.

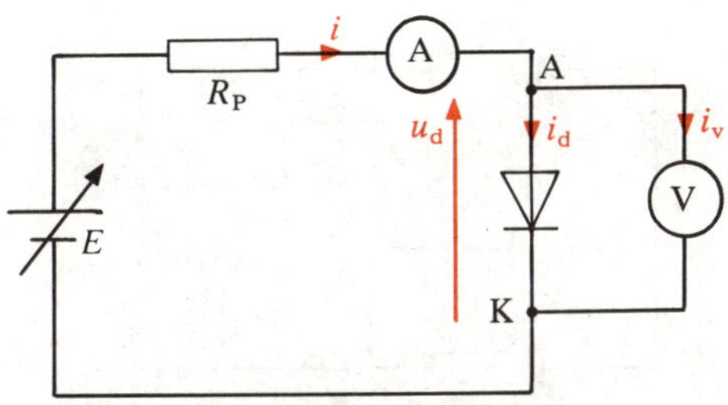

Fig. 19.33. La résistance spécifique du voltmètre doit être égale ou supérieure à 20 000 Ω/V. Pour les très faibles courants il peut être nécessaire d'effectuer une correction.

Exemple : *On lit :* $u_d = 0{,}465$ V, $i = 100$ µA. *Si* $R_v = 20$ kΩ, $i_v = \frac{0{,}465}{20}$ mA $= 23$ µA, *donc* $i_d = 77$ µA.

a) Diode de redressement – Relever la caractéristique statique courant-tension de la diode en cherchant à obtenir le même nombre de points dans les intervalles suivants :

0,1-1 mA ; 1-10 mA ; 10-100 mA et 100 mA-1 A.

Tracer $i_d = f(u_d)$ d'une part sur du papier millimétré, d'autre part sur du papier à graduation semi-logarithmique.

La figure 19.34 donne un exemple des résultats obtenus avec une diode 1 N 4007.

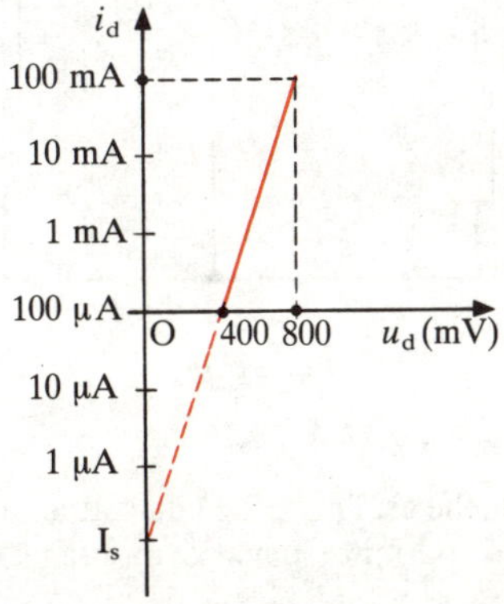

Fig. 19.34. On peut déterminer l'ordre de grandeur de l'intensité du courant de saturation I_s *en extrapolant la droite obtenue pour les courants faibles. Elle coupe l'axe des intensités (échelle logarithmique) en* $i_d = I_s$.

b) Diodes Zéner – Relever la caractéristique de plusieurs diodes Zéner. Exemple : BZX-3,3 V ; BZX-6,2 V ; BZX-15 V.

Vérifier que les diodes Zéner, dont la tension Zéner est voisine de 6 V, ont une résistance dynamique plus faible que les autres.

2. Etude d'un pont de Graëtz

a) La charge est une résistance R (fig. 19.35) – Relever les formes d'onde des courants i_s, i_{d1}, i_{d2}, i ; des tensions e, u, u_{d1}.

Noter la durée de conduction d'une diode sur une période, les valeurs maximales des intensités des courants et des tensions et les comparer aux valeurs théoriques. Mesurer également les valeurs moyennes de l'intensité $i(t)$ et de la tension $u(t)$ et les comparer aux valeurs théoriques.

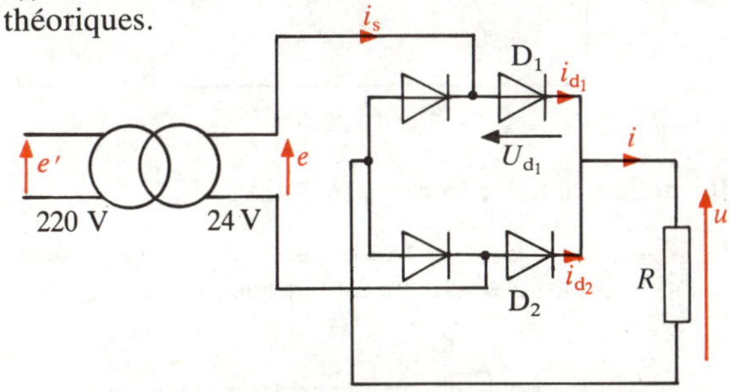

Fig. 19.35. Le montage nécessite un transformateur 220-24 V-63 VA ; quatre diodes (ex. 1 N 4007) ; une résistance R : 100 Ω-25 W ; un condensateur électrochimique (ex. : 2200 µF-63 V) ; une bobine à noyau de fer d'inductance 1 H ; des résistances 1 Ω-10 W permettant de visualiser les courants.

b) Lissage de la tension par un condensateur – Placer un condensateur aux bornes de *R* (attention au sens de branchement). Noter les modifications qu'il apporte sur :

– les formes d'onde de i_s, i_{d1}, i, u et leurs valeurs maximales respectives ;

– le temps de conduction d'une diode.

c) Lissage du courant par une bobine – Reprendre l'étude précédente en plaçant une bobine en série avec *R*.

3. Réalisation d'une alimentation continue fixe

Utiliser un régulateur intégré de tension (R.I.T.) (voir chap. 3).

Travail à effectuer :

a) Dresser la liste du matériel nécessaire à sa réalisation.

b) Câbler l'alimentation.

c) Effectuer les mesures qui paraissent nécessaires en des points particuliers du montage dont le choix sera justifié.

d) Rédiger la fiche technique de l'alimentation en mentionnant ses principales caractéristiques.

Remarque :

Principales caractéristiques du régulateur SFC 2815 (Thomson) à 25 °C :

- tension d'entrée minimale : 17,5 V ;
- tension d'entrée maximale : 30 V ;
- courant de sortie I_s : $I_s \leq 1$ A, limitation interne du courant.
- Puissance maximale de dissipation 15 W, protection thermique interne.

Contrôle des connaissances

INDIQUER LA BONNE RÉPONSE.

19.01. Dans le réseau de la figure 19.36, la diode D est supposée parfaite, quelle est la valeur de i ?

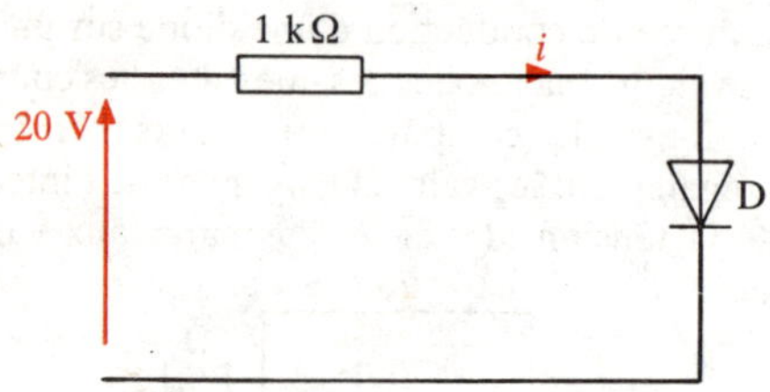

Fig. 19.36.

R : nulle ; 20 mA ; 15 mA ; 16,7 mA.

19.02. Dans le réseau de la figure 19.37, on suppose la diode D parfaite. Quelle est l'intensité i du courant ?

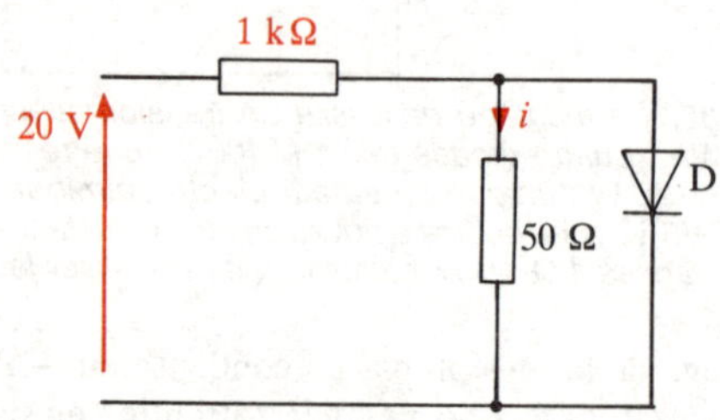

Fig. 19.37.

R : nulle ; 0,1 A ; 0,15 A ; 0,167 A.

19.03. Pour le circuit de la figure 19.38, quelle est la valeur de i (la diode D est parfaite) ?

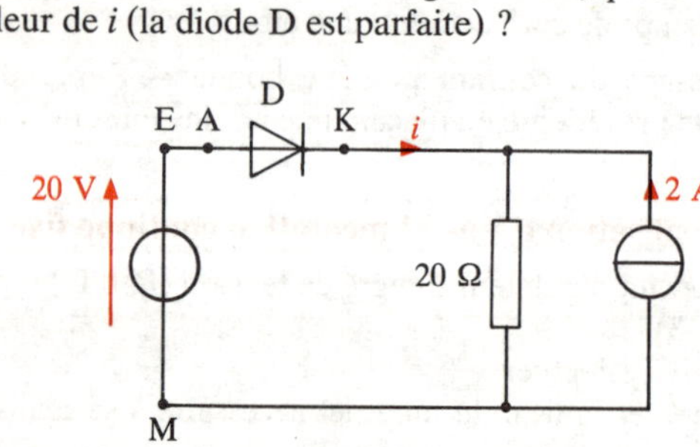

Fig. 19.38.

R : nulle ; 1 A ; 2 A ; 3 A.

19.04. On retourne la diode D dans le montage précédent (K est alors relié directement à E). Quelle est la nouvelle intensité i du courant (la diode est parfaite) ?

R : nulle ; 1 A ; 2 A ; 3 A.

19.05. Une diode D est parcourue par un courant de 1,2 A. Pour le modèle équivalent de cette diode on dispose des éléments suivants : U_s=0,8 V ; R_d=0,2 Ω. Quelle puissance dissipe-t-elle ?

R : 0,96 W ; 1,2 W ; 1,25 W ; incalculable.

19.06. Dans le réseau de la figure 19.39 la diode D est parfaite. La diode de Zéner Z, parfaite elle aussi, a pour tension de Zéner : U_Z=8 V. La tension d'alimentation u est égale à 24 V. Quelle est l'intensité i du courant ?

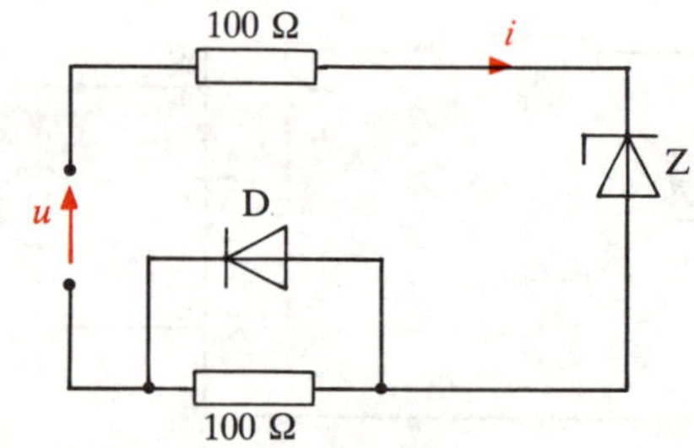

Fig. 19.39.

R : 0,08 A ; 0,12 A ; 0,16 A ; 0,24 A.

19.07. Dans le montage précédent (fig. 19.39), on applique la tension u=−24 V. Le reste est inchangé. Quelle est la nouvelle valeur de i ?

R : −0,08 A ; −0,12 A ; −0,16 A ; −0,24 A.

19.08. La diode de régulation D_Z du montage de la figure 19.40 est considérée comme parfaite. Sa tension Zéner est égale à 6 V. Quelle est l'intensité i du courant dans D_Z ?

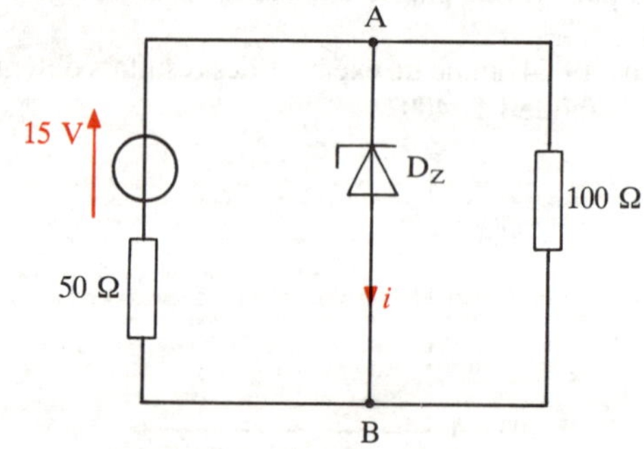

Fig. 19.40.

R : 0 A ; 0,6 A ; 0,12 A ; 0,18 A.

19.09. Quelle est l'intensité i du courant dans la diode D, supposée parfaite, dans le montage de la figure 19.41 ?

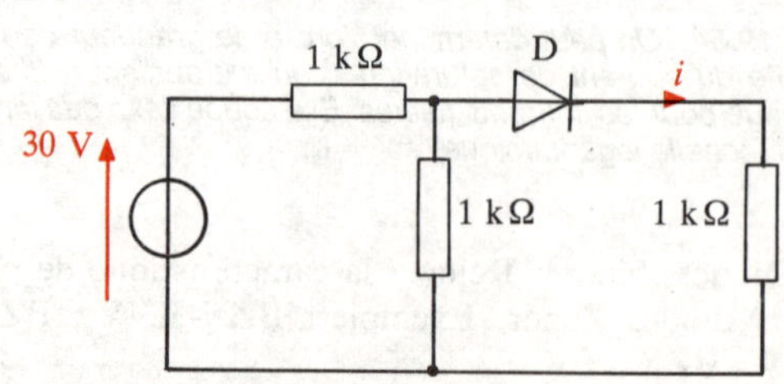

Fig. 19.41.

R : 0 A ; 10 mA ; 15 mA ; 20 mA.

Exercices résolus

19.10. **Dans le montage de la figure 19.42 les diodes sont supposées parfaites. Calculer l'intensité i dans les deux cas suivants :**

1) $E=10$ V   2) $E=30$ V

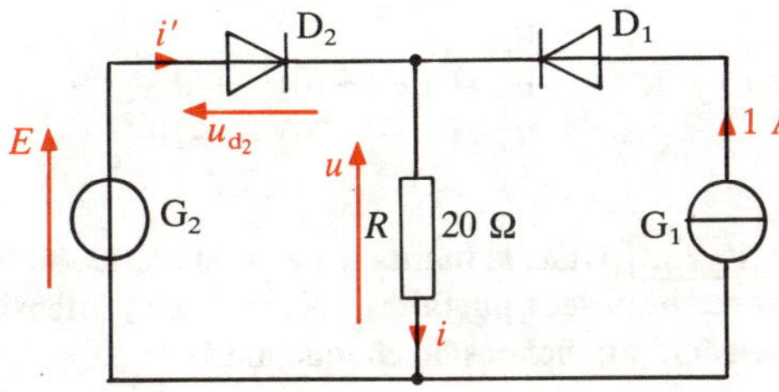

Fig. 19.42.

Solution :

1°) La présence de D_2 force G_1 à débiter uniquement dans R ; de même la présence de D_1 fait que G_2 ne débite également que dans R.

Supposons D_2 bloquée : $i=1$ A et $u=1\times20=20$ V.

Calculons u_{d_2} : $u_{d_2}=E-u=10-20=-10$ V

L'hypothèse est donc vérifiée : *D_2 est effectivement bloquée et $i=1$ A.*

2°) Supposons que D_2 conduise : $i=i'+1>1$ A

$$u=E=30\text{ V et } i=\frac{u}{R}=\frac{30}{20}=1{,}5\text{ A}$$

G_1 fournit 1 A et G_2 le complément soit 0,5 A. Donc *D_2 conduit bien et l'hypothèse est vérifiée : $i=1{,}5$ A.*

19.11. **La diode D du montage de la figure 19.43 est supposée parfaite. Calculer u dans les deux situations suivantes :**

1) $R=5\ \Omega$ 2) $R=2\ \Omega$

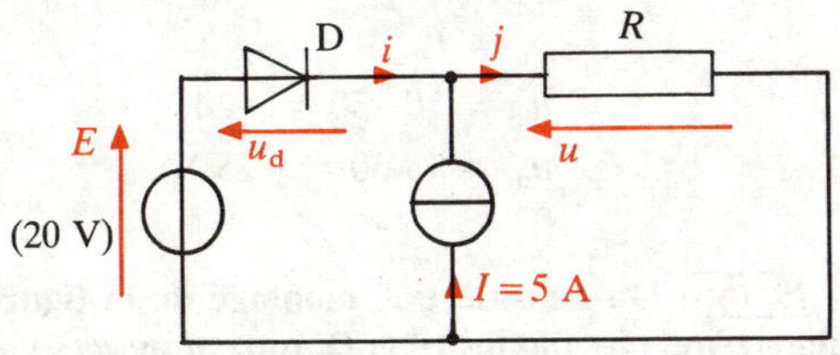

Fig. 19.43.

Solution :

La présence de la diode D impose d'envisager deux possibilités : ou bien **D conduit** et l'on a $u=E$, ou bien **D ne conduit pas** et l'on a $u=RI$, car alors $j=I$.

Dans ce dernier cas, u_d doit être négatif, or $u_d=E-u$.

Il faut donc pour cela que RI soit supérieur à E.

1) $R=5\ \Omega \Rightarrow RI=25\text{ V}>E$

D ne conduit pas et : $u=25$ V

2) $R=2\ \Omega \Rightarrow RI=10\text{ V}<E$

D conduit et : $u=20$ V

Vérification : $j=\frac{u}{R}=\frac{20}{2}=10$ A et : $i=j-I=5$ A ; ces résultats confirment les précédents pour ce qui concerne les conditions de fonctionnement du montage.

19.12. **La caractéristique statique courant-tension d'une diode fournit les deux valeurs suivantes : $U_s=0{,}6$ V et $R_d=0{,}8\ \Omega$ (dans le sens direct et avec les notations du paragraphe 2.4.2.).**

La puissance maximale qu'elle peut dissiper est 2,7 W.

Sa tension inverse maximale avant claquage est 800 V.

Calculer l'intensité maximale du courant continu qui peut traverser la diode.

Solution :

Tension directe (anode-cathode) u_d aux bornes de la diode traversée par le courant d'intensité i dans le sens direct : $u_d=U_s+R_di$.

La puissance dissipée dans la diode est alors égale à :

$$P=u_di=U_si+R_di^2$$

Le courant a sa valeur maximale i_m lorsque la puissance atteint sa valeur maximale P_m :

$$P_m=2{,}7=0{,}6\,.\,i_m+0{,}8\,.\,i_m^2$$

Pour trouver i_m il faut chercher les racines de cette équation du second degré qui s'écrit aussi :

$$8i_m^2+6i_m-27=0$$

$$\Delta'=9-(-8\times27)=225$$

Seule la racine positive convient (avec les conventions choisies, dans le sens direct i est positif)

$$i=\frac{-3+\sqrt{225}}{8}=1{,}5\text{ A.}$$

19.13. **Dans le montage de la figure 19.44 la diode de régulation D_z est supposée parfaite. Sa tension Zéner est égale à 6,2 V et sa puissance maximale est de 1,3 W.**

1°) Déterminer le courant maximal qui peut traverser la diode.

2°) On fixe $R_c=R_p=100\ \Omega$. Entre quelles limites peut varier E pour qu'il y ait stabilisation ?

Justifier l'expression : stabilisation amont.

3°) On fixe $E=24$ V et $R_p=100\ \Omega$. Entre quelles limites peut varier R_c pour qu'il y ait stabilisation ? Justifier l'expression stabilisation aval.

N.B. : On dit qu'il y a stabilisation de tension, si la tension de sortie reste constante malgré la variation de certaines autres grandeurs dans le montage.

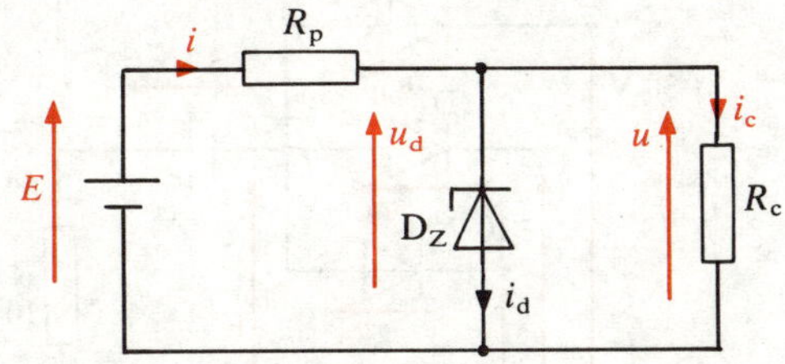

Fig. 19.44.

Solution :

1°) Pour la diode Zéner en conduction inverse :

$u_d=U_z=6{,}2$ V   et : $P=u_di_d$

Si $i_d = \hat{i}_d$ on a : $\hat{i}_d = \dfrac{P}{u_z}$

Application numérique :

$\hat{i}_d = \dfrac{1,3}{6,2} = 0,209$ A. Nous prenons : $\boxed{\hat{i}_d = 0,2 \text{ A}}$

2°) Il y a stabilisation de tension si la diode Zéner conduit.

$$u = U_z = 6,2 \text{ V} \quad \Rightarrow \quad i_c = \frac{u}{R_c} = \frac{6,2}{100} = 62 \text{ mA}$$

Pour les calculs suivants, nous exprimons les résistances en kilohms et les intensités en milliampères.

$E = R_p(i_d + i_c) + u = 0,1\ (i_d + 62) + 6,2.$

Première limite : $i_d = \hat{i}_d = 200$ mA

$\hat{E} = 0,1 \times (200 + 62) + 6,2 = 32,4$ V.

Seconde limite : $i_d = \check{i}_d = 0$

$\check{E} = 0,1 \times (0 + 62) + 6,2 = 12,4$ V.

* Il n'y a stabilisation de tension que si :

$$E \in \{12,4 \text{ V} \ ; 32,4 \text{ V}\}$$

* Il y a stabilisation amont puisque les variations (de la tension E dans le cas considéré) ont lieu en amont de la diode Zéner.

3°) $i = i_c + i_d = \dfrac{E - u}{R_p}$

S'il y a stabilisation : $u = 6,2$ V

$$i = \frac{24 - 6,2}{0,1} = 178 \text{ mA}.$$

Puisque cette intensité est inférieure à $\hat{i}_d$, elle peut entièrement passer dans D_z, donc R_c peut être infinie (pas de limite du côté des grandes valeurs).

En revanche pour que D_z conduise, il faut que i_d soit positive : $i_d = i - i_c$.

On doit donc avoir :

$$i_c < 178 \text{ mA} \Rightarrow R_c > \frac{6,2}{0,178} = 34,8\ \Omega.$$

* La stabilisation est dite aval puisque les variations (de la résistance R_c ici) ont lieu en aval de la diode.

19.14. **On considère le montage de la figure 19.45 où les diodes sont parfaites. Déterminer l'intensité i et la tension aux bornes de chaque diode.**

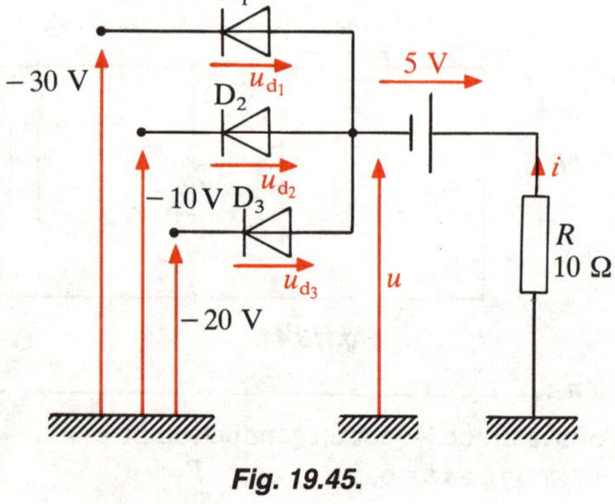

Fig. 19.45.

Solution :

Les diodes ont leurs anodes communes.

D_1 a sa cathode au potentiel le plus bas donc D_1 conduit ; D_2 et D_3 sont bloquées.

$$u = -30 \text{ V}$$
$$u = -5 - Ri$$

soit : $i = -\dfrac{u+5}{R} = -\dfrac{-30+5}{10} = \mathbf{2,5\ A}$

$$u_{d_1} = 0$$
$$u_{d_2} = u - (-10) = -20 \text{ V}$$
$$u_{d_3} = u - (-20) = -10 \text{ V}.$$

19.15. **Dans le montage de la figure 19.46, les diodes sont supposées parfaites. Déterminer l'intensité i et la tension aux bornes de chaque diode.**

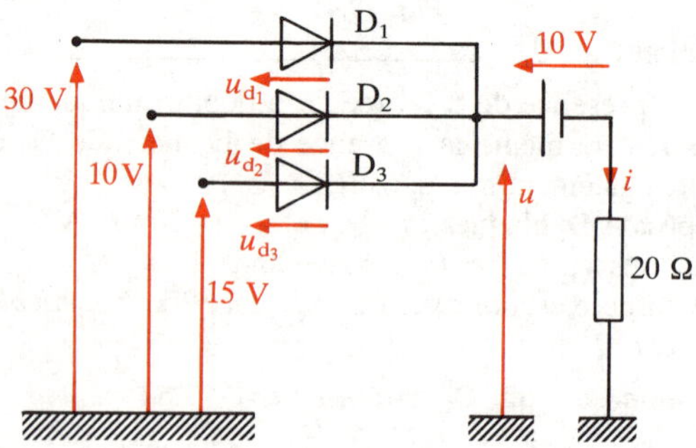

Fig. 19.46.

Solution :

Les diodes ont leurs cathodes communes. D_1 a son anode au potentiel le plus élevé et donc elle conduit ; D_2 et D_3 sont bloquées :

$$u = 30 \text{ V}$$
$$i = \frac{30\text{-}10}{20} = 1 \text{ A}$$
$$u_{d_1} = 0$$
$$u_{d_2} = 10 - 30 = -20 \text{ V}$$
$$u_{d_3} = 15\text{-}30 = -15 \text{ V}$$

19.16. **On considère le montage de la figure 19.47 dans lequel les diodes D_1 et D_2 sont supposées parfaites.**

1°) Calculer u dans les deux cas suivants :

a) **$e = 10$ V,** ***b)*** **$e = -10$ V.**

2°) Donner la forme d'onde u si e est une tension sinusoïdale de valeur maximale 10 V.

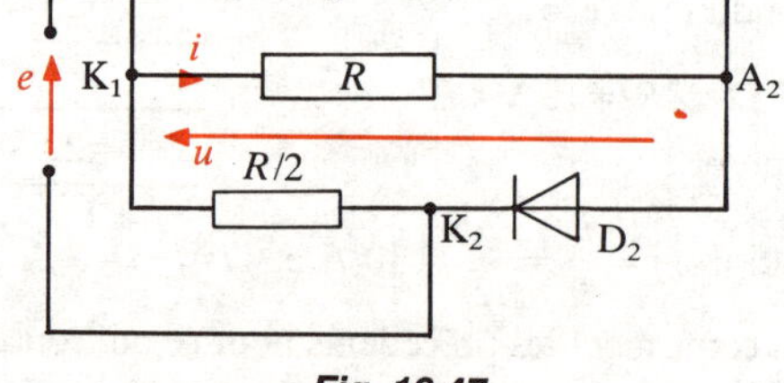

Fig. 19.47.

Solution :

1°) *a)* Si e=10 V, D_1 et D_2 conduisent.

$u = V_{K_1} - V_{A_2}$, or $V_{K_1} = V_{A_1}$ et $V_{A_2} = V_{K_2}$

Donc : $u = V_{A_1} - V_{K_2} = e$

b) Si $e = -10$ V, D_1 et D_2 sont bloquées.
C'est le même courant qui parcourt la maille K_2, K_1, A_2, A_1.

On a alors :

$$e = -\left(\frac{R}{2} + R + \frac{R}{2}\right) i = -2Ri, \text{ et } u = Ri$$

Donc : $$u = -\frac{e}{2} = 5 \text{ V}.$$

2°) Si $e(t)$ est une tension sinusoïdale de valeur maximale 10 V, $u(t)$ est formée d'arches de sinusoïdes unidirectionnelles mais d'amplitudes inégales :

si $e(t) > 0$, $\hat{u}$=10 V ; si $e(t)$<0, $\hat{u}$=5 V.

Exercices à résoudre

Sauf mention contraire, toutes les diodes sont supposées parfaites.

19.17. Dans le montage de la figure 19.48 pour quelles valeurs de R la diode D conduit-elle ?

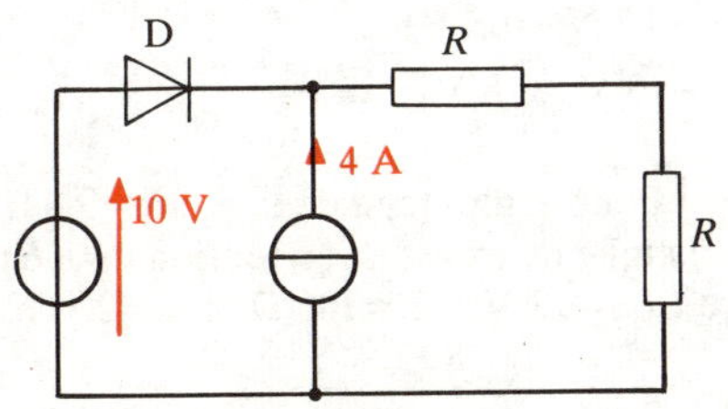

Fig. 19.48.

19.18. Pour le montage de la figure 19.49.
Calculer i et u lorsque :

1) K est fermé. **2)** K est ouvert.

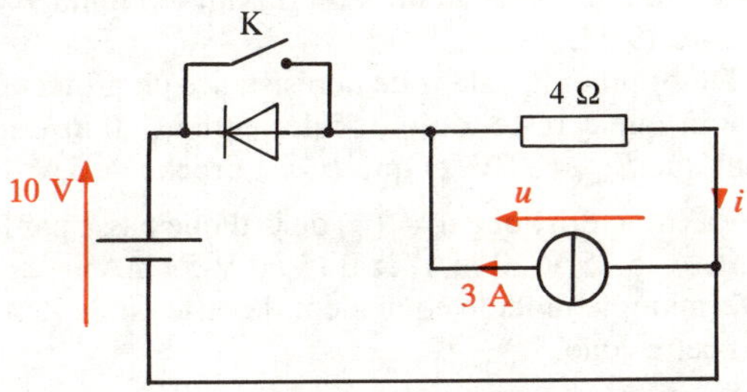

Fig. 19.49.

19.19. On étudie le montage de la figure 19.50.
Déterminer les courants dans les diverses branches si les tensions de Zéner des diodes Z_1 et Z_2 valent respectivement 10 V et 5 V.

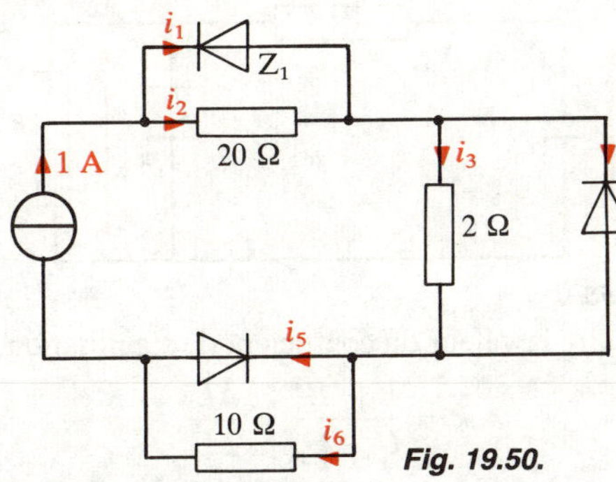

Fig. 19.50.

19.20. On considère le montage de la figure 19.17. Calculer en fonction de la valeur efficace E et $e(t)$, la valeur moyenne et la valeur efficace de la tension redressée (monoalternance) $u_c(t)$ (fig. 19.18).

19.21. On analyse le montage de la figure 19.51.
Le rapport potentiométrique $\frac{R'}{R}$ de P est noté k. Pour le modèle de la diode D, dans le sens direct, on prendra U_s=0,6 V et R_d=0 (notations du paragraphe 2.4).
E=15 V ; R_1=47 kΩ ; R_2=4,7 kΩ et R=100 kΩ.
Calculer la valeur de k qui correspond à la conduction limite de D.

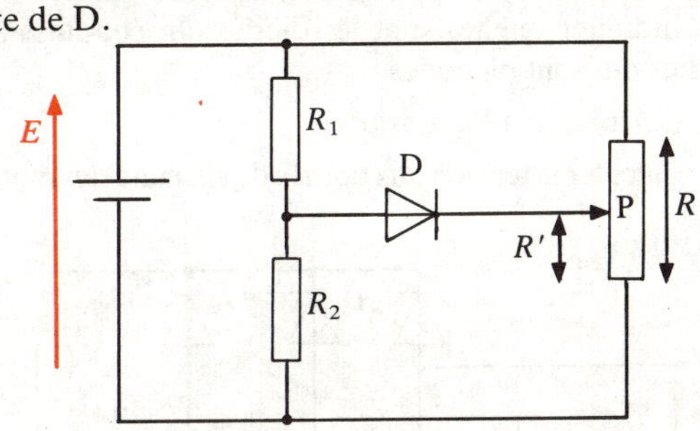

Fig. 19.51.

19.22. La tension $e(t)$ appliquée au montage de la figure 19.52 a la forme indiquée sur la figure 19.53.
Donner les oscillogrammes de $u(t)$; $u_{d_1}(t)$ et $u_{d_2}(t)$.

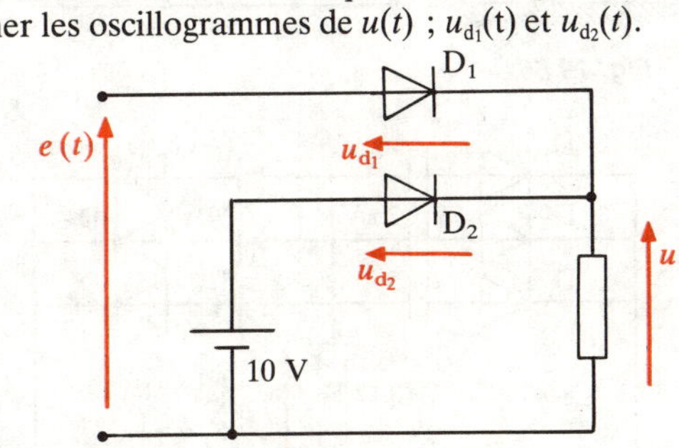

Fig. 19.52.

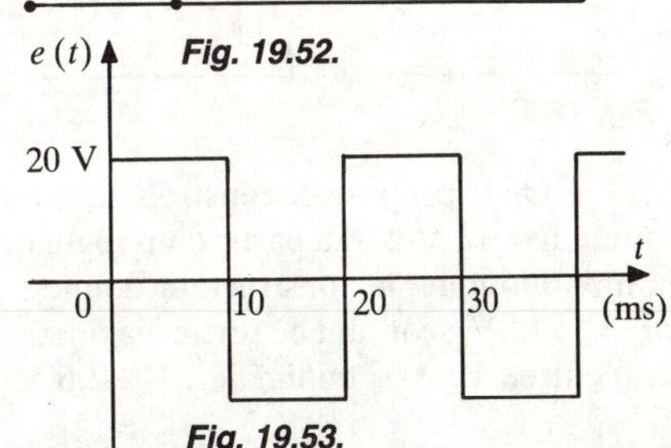

Fig. 19.53.

19.23. Les tensions e_1, e_2, e_3, appliquées au montage de la figure 19.54 ont la forme indiquée sur la figure 19.55. Quelle est la forme d'onde de la tension $u(t)$?

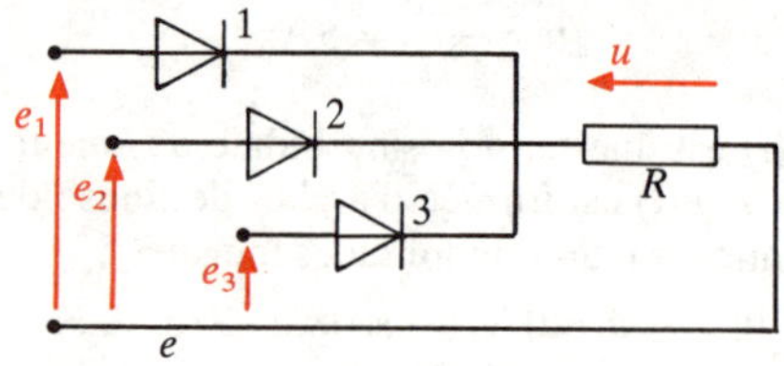

Fig. 19.54.

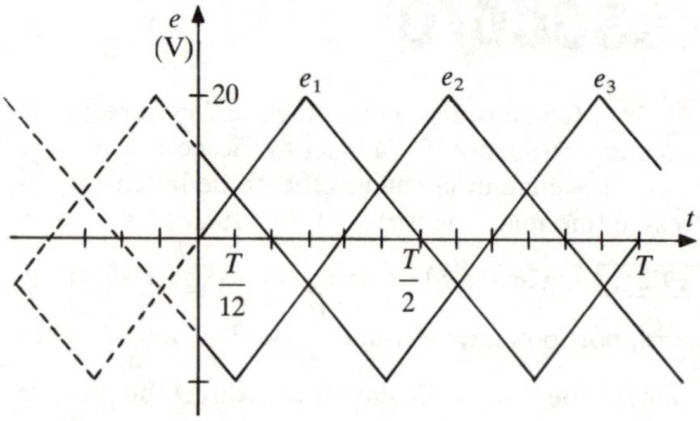

Fig. 19.55.

19.24. Pour les montages des figures 19.56 et 19.57 :

1) Indiquer quelles sont les diodes qui conduisent et celles qui sont bloquées.

2) Calculer u et l'intensité i.

3) Calculer la tension aux bornes de chacune des diodes.

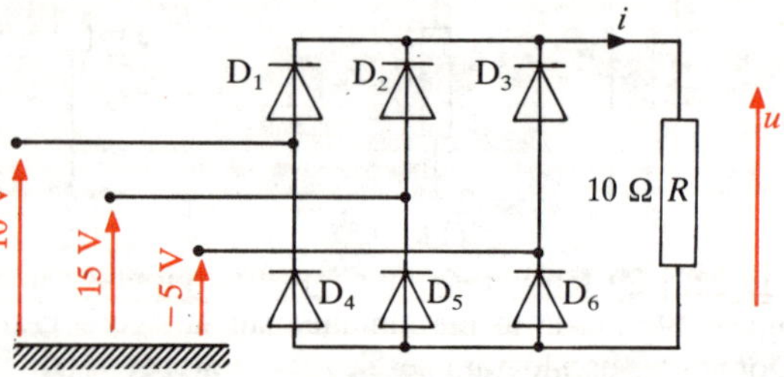

Fig. 19.56.

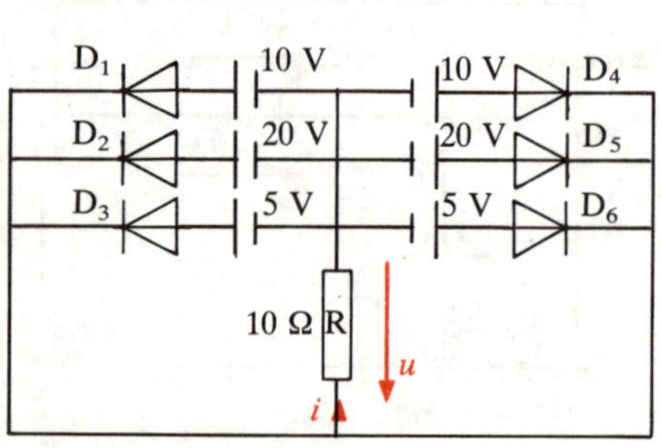

Fig. 19.57.

19.25. On se propose de construire une alimentation continue fixe 12 V-2 A à partir d'un régulateur de tension monolithique, le constructeur donne : tension de sortie V_s : 12 V ; courant de sortie maximal : 2 A ; tension d'entrée V_e : x ; minimale : V_s+2,6 V ; maximale : 30 V ; puissance dissipée : 20 W ; résistance thermique jonction-boîtier : 2,5 °C/W ; température maximale de jonction : +150 °C.

1) Proposer un schéma pour cette alimentation.

2) Indiquer en les justifiant les valeurs numériques de chaque élément choisi pour cette alimentation.

19.26. Avec les conventions de la figure 19.02, le courant dans une diode de redressement a pour expression :

$$i = I_s \left[\exp\left(\frac{eu}{\eta kt}\right) - 1\right]$$

Avec $I_s = 2.10^{-8}$ A à 27 °C

$e = 1,6.10^{-19}$ C

$k = 1,38.10^{-23}$ J/K (constante de Boltzmann)

$\eta = 1,8$ à 27 °C.

En vous aidant de la touche « Exp. » de votre calculette, tracer la caractéristique statique i=f(u) de cette diode pour :

1) $u \in \{-0,3 \text{ V} ; 0,3 \text{ V}\}$

2) $u \in \{-10 \text{ V} ; 0,8 \text{ V}\}$

19.27. Pour le montage de là figure 19.44, tracer la caractéristique de transfert en tension u=f(E). Prendre : U_Z=12 V ; R_p=100 Ω et R_c=20 Ω.

19.28. Pour le montage de la figure 19.44, tracer la caractéristique u=f(R_c) si E=24 V ; R_p=100 Ω et U_Z=12 V.

19.29. On veut relever la caractéristique inverse u_d=f(i_d) d'une diode Zéner en utilisant le montage de la figure 19.33.

1°) Déterminer la valeur de la résistance de protection R_p pour que i_d reste toujours inférieure à 100 mA, sachant que E_{max}=20 V, et que U_Z est proche de 5 V.

2°) La caractéristique u_d=f(i_d) de la diode passe par les points A (5,25 V-10 mA) et B (5,50 V-50 mA). Déterminer le modèle équivalent de cette diode Zéner dans cette zone.

3°) La diode est utilisée dans le montage de la figure 19.58 avec R_p=150 Ω, R_c=500 Ω. E est une f.é.m. qui peut varier entre E_m=10 V et E_M=12 V. Calculer la valeur maximale U_M et la valeur minimale U_m de u.

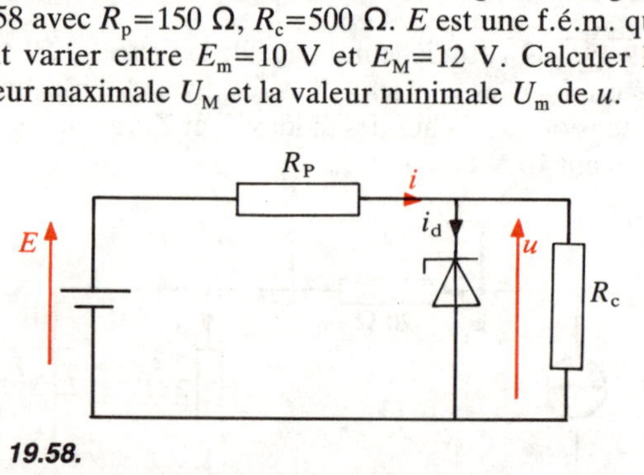

Fig. 19.58.

En déduire la valeur du coefficient de stabilisation.

$$k = \frac{E_M - E_m}{U_M - U_m} = \frac{\Delta E}{\Delta U}$$

Chapitre 20

TRANSISTORS

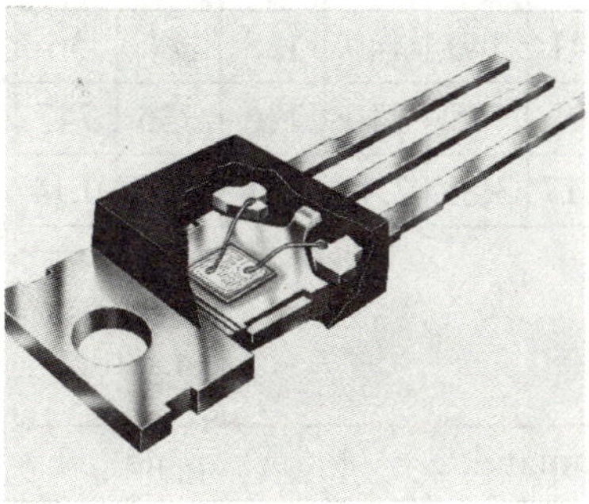

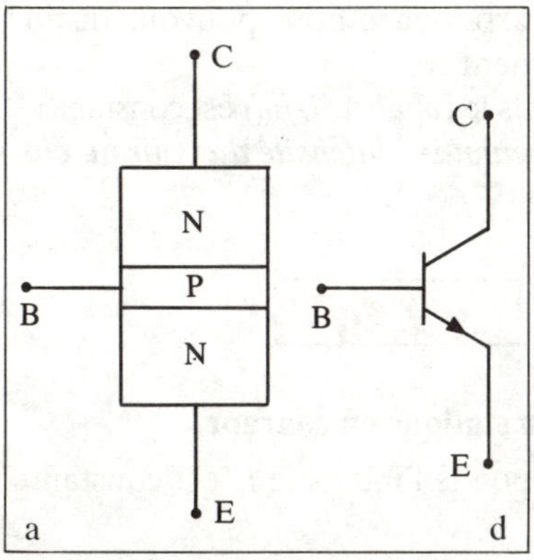

Fig. 20.01. Structure schématique et symbole d'un transistor NPN.

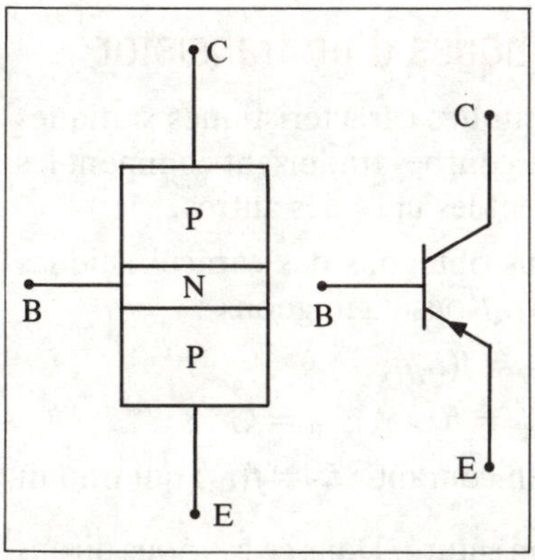

Fig. 20.02. Structure schématique et symbole d'un transistor PNP.

1. TRANSISTORS BIPOLAIRES

1.1. Description simplifiée et symboles

■ **Un transistor bipolaire NPN** est schématiquement constitué de trois régions semiconductrices différentes (fig. 20.01a) formées dans un petit bloc de silicium monocristallin. On distingue :
- **une région N :** le collecteur C,
- **une région P,** étroite : la base B,
- **une région N :** l'émetteur E.

Cette structure crée **deux jonctions PN :** la jonction base-émetteur (B-E), la jonction base-collecteur (B-C).

La représentation symbolique de la figure 20.01b met en évidence le sens passant de la jonction B-E (pour un transistor NPN, la flèche sur l'émetteur est orientée de B vers E).

■ Un autre type de structure (fig. 20.02) conduit au **transistor PNP.** Son symbole précise que la jonction B-E est passante dans le sens émetteur-base (E-B).
La constitution réelle et l'aspect extérieur d'un transistor dépendent beaucoup des applications principales auxquelles il est destiné (basse ou haute fréquence, petite ou grande puissance, etc.).

1.2. Propriétés fondamentales d'un transistor NPN

■ Dans le montage de la figure 20.03, le transistor T (NPN) est associé à deux sources de tension ayant chacune une borne reliée à l'émetteur du transistor (E). Elles délivrent les tensions suivantes :
- pour le circuit de collecteur : V_{cc} = 15 V,
- pour le circuit de base : E_B = 4,5 V.

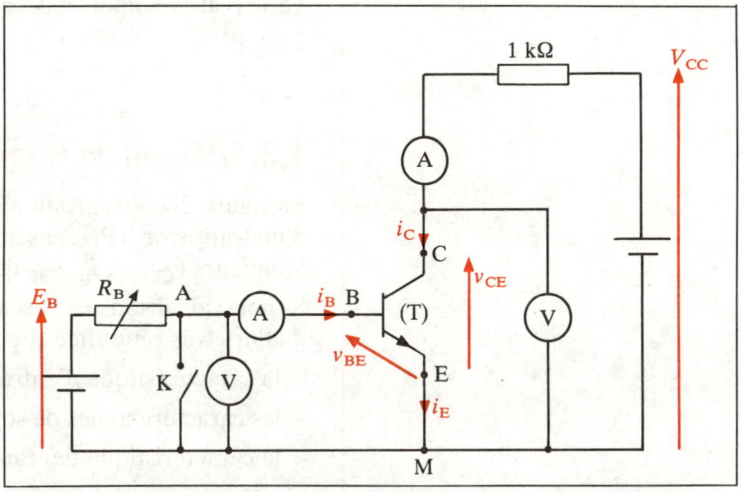

Fig. 20.03. Mise en évidence des propriétés fondamentales d'un transistor NPN (2N 2219 A) (si l'on dispose d'un voltmètre électronique pour la mesure de v_{BE}, celui-ci peut être branché entre B et M).

Fermons l'interrupteur K. Nous constatons que les courants i_B et i_C sont nuls : le **transistor est bloqué.**

Ouvrons l'interrupteur K et réglons R_B de façon que i_B prenne successivement les valeurs indiquées sur le tableau suivant. Pour chaque valeur de i_B nous notons les valeurs de i_C, v_{BE} et v_{CE}.

i_B (μA)	0	50	60	70	80	90	100	200	300
i_C (mA)	0	7,03	8,45	9,87	112	126	138	148	149
i_C/i_B		141	141	141	140	140	138	74	50
v_{BE} (mV)	0	690	695	700	705	710	716	736	747
v_{CE} (V)	15,0	8,07	6,62	5,17	3,81	2,46	1,20	0,17	0,14

le transistor est bloqué — le transistor est saturé

i_B commande i_C — i_B ne commande plus i_C

■ Dans les conditions de cette expérience nous pouvons distinguer deux régions de fonctionnement :

- Pour un premier groupe de points le rapport (i_C/i_B) est constant : *l'intensité du courant de base commande l'intensité du courant collecteur.*

Posons alors : $\frac{i_C}{i_B} = \beta \Rightarrow$ $i_C = \beta\, i_B$

β est le **coefficient d'amplification statique en courant.**

- Pour un deuxième groupe de points l'intensité i_C est constante alors que i_B varie :

i_B ne commande plus i_C : *le transistor est saturé.*

Notons que lorsque le transistor conduit, ($i_C \neq 0$), la tension v_{BE} varie peu : le dipôle base-émetteur se comporte comme une diode passante.

1.3. Réseau de caractéristiques d'un transistor

La figure 20.04 reproduit le réseau des caractéristiques statiques d'un transistor NPN, ensemble de courbes traduisant comment les grandeurs v_{CE}, i_C, i_B, v_{BE} dépendent les unes des autres.

Si nous idéalisons ce réseau, nous obtenons des caractéristiques d'allure très simplifiée (fig. 20.05). Nous distinguons :

– la caractéristique d'entrée : $v_{BE} = f(i_B)$;

– les caractéristiques de sortie : $i_C = f(v_{CE})$ à $i_B = C^{te}$;

– la caractéristique de transfert en courant : $i_C = f(i_B)$ qui traduit que $\frac{i_C}{i_B}$ = Cte pour un transistor non saturé. Dans ce cas nous dirons que le **fonctionnement est linéaire.**

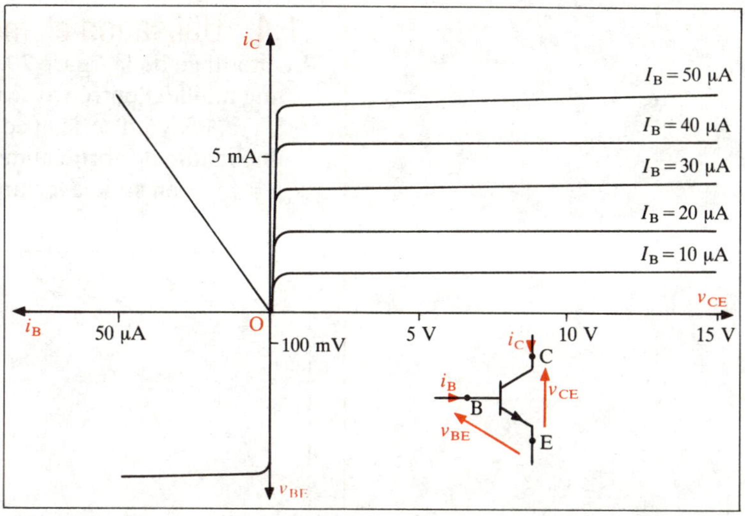

Fig. 20.04. *Caractéristiques d'un transistor 2 N 2219 A*
Afin d'éviter l'échauffement du transistor les caractéristiques doivent être relevées en régime impulsionnel (traçeur électronique de caractéristiques) ou bien en mode statique pour des courants et des tensions faibles afin que la puissance P dissipée par le transistor demeure très petite ($P = v_{BE}i_B + v_{CE}i_C$ et, en général, $P \approx v_{CE}i_C$). En effet à $i_B = C^{te}$, i_C augmente avec la température de la jonction (dérive thermique). Les caractéristiques du réseau de sortie ont alors une pente positive très marquée vers les fortes valeurs de i_C et de v_{CE}.

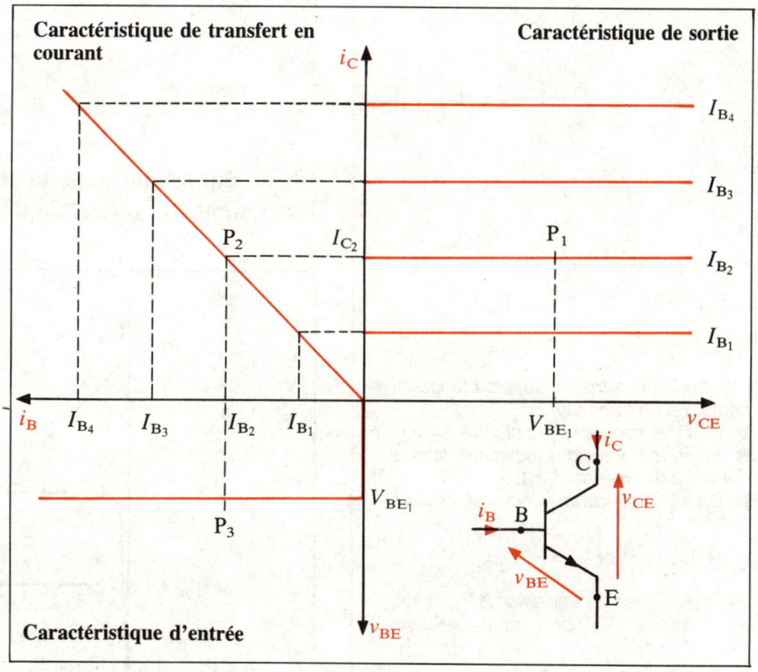

Fig. 20.05. *Réseau de caractéristiques simplifié d'un transistor NPN (transistor idéalisé ou transistor parfait). P_1 est un point de fonctionnement du transistor dans le quadrant 1. Il lui correspond les points P_2 (I_{B_2} ; I_{C_2}) et P_3 (I_{B_2} ; V_{BE}) respectivement dans les quadrants 2 et 3.*

1.4. Utilisation élémentaire d'un transistor NPN

Le montage de la figure 20.06 comporte :

– une maille d'entrée avec un générateur de f.é.m. E_B réglable de -2 V à $+5$ V en série avec une résistance R_B ;

– une maille de sortie alimentée par un générateur de f.é.m. $V_{cc} = 15$ V en série avec une résistance de charge $R_C = 1$ kΩ.

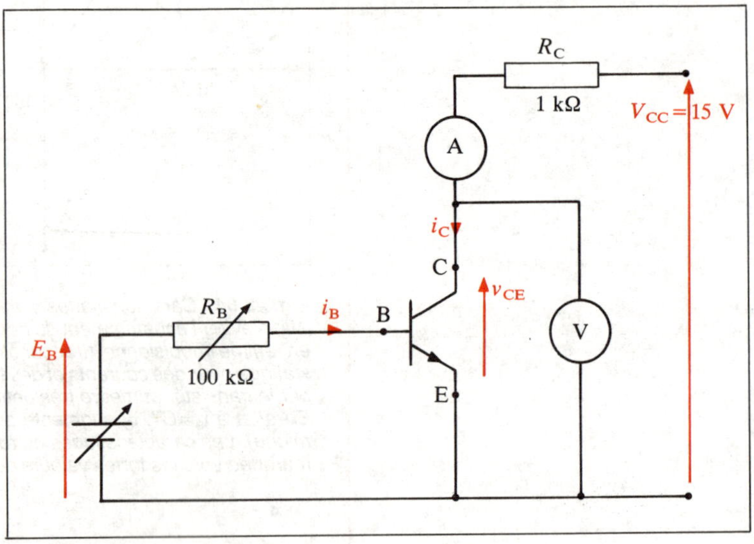

Fig. 20.06. Utilisation élémentaire d'un transistor NPN.

1.4.1. Droite de charge

Quel que soit l'état du transistor, pour la maille de sortie nous pouvons écrire :

$$V_{cc} = R_C\, i_C + v_{CE}$$

$$\Rightarrow i_C = \frac{V_{cc}}{R_C} - \frac{v_{CE}}{R_C}$$

C'est l'équation d'une fonction affine $i_C = f(v_{CE})$ représentée par le segment $P_0\, P_M$ (fig. 20.07) dans le plan (v_{CE}, i_C).

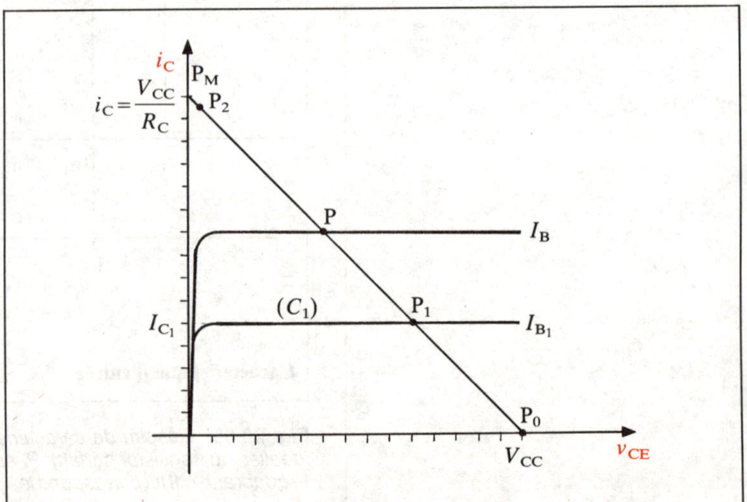

Fig. 20.07. Les trois modes de fonctionnement d'un transistor :

- En P_0 le transistor est bloqué : $i_C = 0$.
- En P_1 le transistor fonctionne dans le domaine dit linéaire : $i_C = \beta i_B$.
- En P_2 le transistor est saturé

$I_{C2} \approx \hat{i}_C = \frac{V_{cc}}{R_c}$ et $I_{B2} > \frac{\hat{i}_C}{\beta}$.

Exemple : avec un transistor 2 N 2219 A, au point P_2 on peut obtenir $V_{CE2} = 220$ mV ;

$I_{C2} = 14{,}6$ mA $\approx \hat{i}_C = 15$ mA ;

$I_{B2} = 140\ \mu A > \frac{15\ mA}{\beta} = 115\ \mu A$ avec $\beta \simeq 130$.

1.4.2. Valeur maximale de i_C

Quelle que soit la valeur de i_B, l'intensité du courant de collecteur est limitée par la présence de la résistance de charge :

$$i_C \leqslant \hat{i}_C = \frac{V_{cc}}{R_C} \quad \text{(point } P_M \text{ de la figure 20.07)}$$

1.4.3. Point de fonctionnement du transistor

– Fixons $E_B = -2$ V. L'intensité du courant de base est alors nulle et $i_c = 0$.
Par conséquent : $v_{CE} = V_{cc}$ et P_0 est le point de fonctionnement à l'état bloqué (fig. 20.07).

$$P_0 \begin{Bmatrix} v_{CE} = V_{cc} \\ i_C = 0 \end{Bmatrix}$$

– Fixons $E_B = 3$ V et supposons que dans ce cas : $i_B = I_{B_1}$. Le point de fonctionnement P_1 est alors à l'intersection de la droite de charge et de la caractéristique $i_C = f(v_{CE})$ pour $i_B = I_{B_1}$ (courbe C_1).

– Si nous augmentons légèrement E_B, l'intensité du courant de base augmente et le point P décrit la droite de charge.

1.4.4. Saturation

– Fixons $E_B = 5$ V. Dans ce cas le courant i_B prend une valeur I_{B_2} et :

$$i_C = I_{C_2} \approx \hat{i}_C = \frac{V_{cc}}{R_C} \quad \text{(point } P_2\text{)}$$

La valeur maximale du courant de charge est pratiquement atteinte : le montage est saturé. On dit également que le transistor a atteint la zone de saturation.
La tension v_{CE} prend alors une valeur très inférieure à V_{cc}.
Notons que ce fonctionnement est obtenu en imposant au transistor une valeur de l'intensité du courant de base telle que :

$$i_B > \frac{\hat{i}_C}{\beta}$$

1.5. Exemples d'utilisation d'un transistor NPN

1.5.1. Montage amplificateur de courant

– Considérons le montage de la figure 20.08 où $v_e = 10$ V et où $R = 1$ kΩ.

$i_E = i_C + i_B$ (loi des nœuds généralisée),

$$V_{cc} = v_{CE} + R_C i_C$$

$$v_e = V_{BE} + R\, i_E$$

Fig. 20.08. Montage amplificateur de courant
– *L'amplification en courant est à peu près constante pour* $v_e \in [0,6\ V\ ;\ 14\ V]$.
Elle vaut alors $\frac{i_E}{i_B} \approx \beta$.
– *Pour* $v_e < 0,6\ V$ *la diode base-émetteur est bloquée et* $i_B = 0 \Rightarrow i_E = 0$.
– *Pour* $v_e > 14\ V$, $i_C \approx \hat{i}_C = \frac{V_{cc}}{R}$ *et le montage est saturé. Par conséquent* $i_C < \beta i_B$
Le fonctionnement n'est plus linéaire.

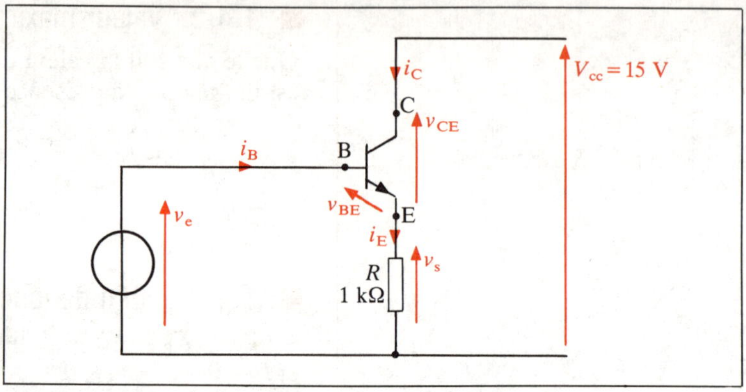

– Supposons de plus que le transistor ne soit pas saturé.
Alors $i_C = \beta i_B$ et comme β est très supérieur à 1, nous pouvons écrire :

$$i_B \ll i_C \quad \text{et} \quad i_E \approx i_C$$

Donc :

$$\boxed{i_E \approx \beta i_B}$$

Dans ces conditions la relation $i_E = f(i_B)$ est linéaire. *Le montage fonctionne en amplificateur de courant d'amplification* β.

1.5.2. Fonctionnement bloqué-saturé

Considérons le montage de la figure 20.09 où la tension d'entrée est un signal rectangulaire de fréquence 500 Hz. De l'observation oscilloscopique de $v_e(t)$ et $v_{CE}(t)$ nous déduisons le chronogramme de $v_s(t)$ (fig. 20.10). La tension v_s aux bornes de la charge est soit nulle soit pratiquement égale à V_{cc}. Le transistor se comporte donc ici comme un interrupteur commandé par le signal appliqué au circuit de base.

Interprétation

$$\hat{i}_C = \frac{V_{cc}}{R_C} = 300\ \text{mA}.$$

Pour $v_e = E_1$:

$$i_B = \frac{E_1 - V_{BE}}{R_B} \approx 4,3\ \text{mA}.$$

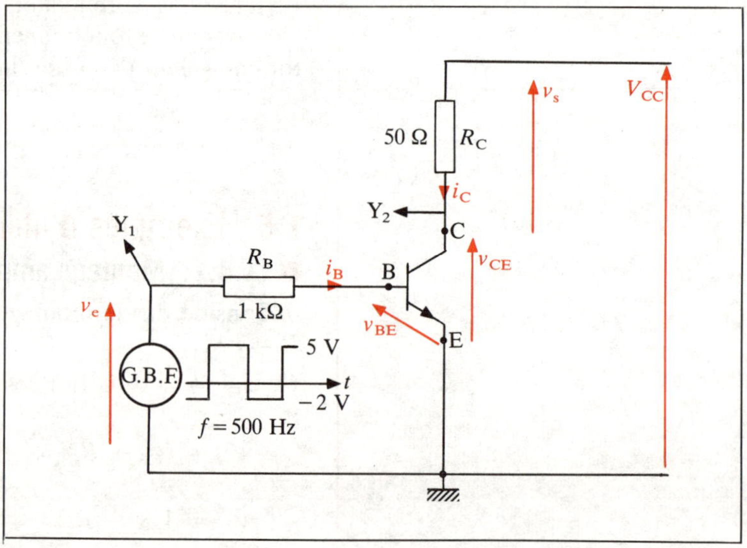

Fig. 20.09. Fonctionnement d'un transistor en mode bloqué-saturé (appelé également fonctionnement en commutation).

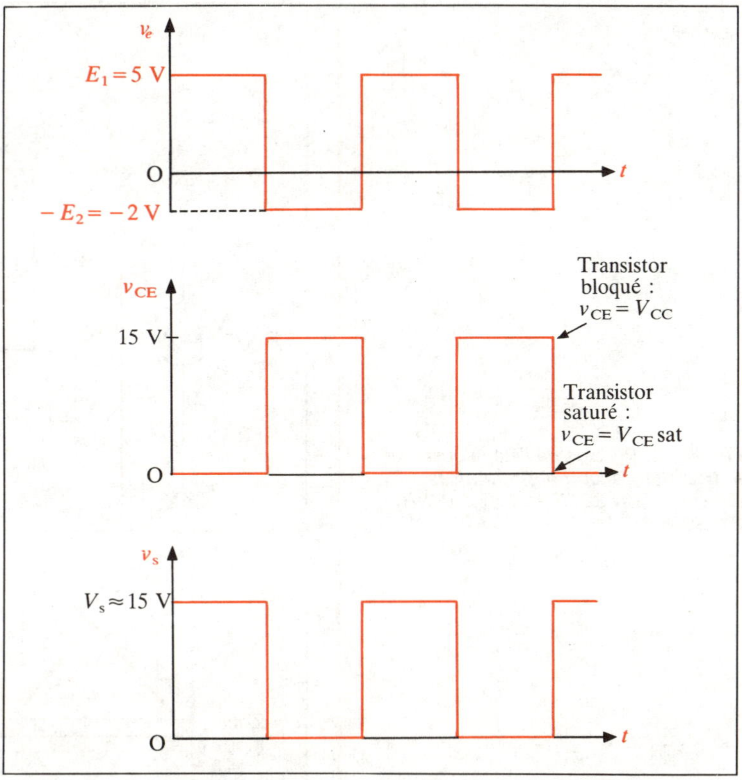

Fig. 20.10.

Pour le transistor utilisé ($\beta > 100$) nous réalisons la condition $i_B > \frac{\hat{i}_C}{\beta}$; le transistor est saturé et par conséquent :

$$v_s \approx V_{cc}$$

Pour $v_e = -E_2$: $i_B = 0$. Le transistor est alors bloqué et $v_s = 0$.

Ce mode de fonctionnement revêt une importance considérable dans de nombreux domaines de l'électronique (traitement du signal, pilotage de systèmes, électronique de puissance, ...).

1.6. Transistor PNP

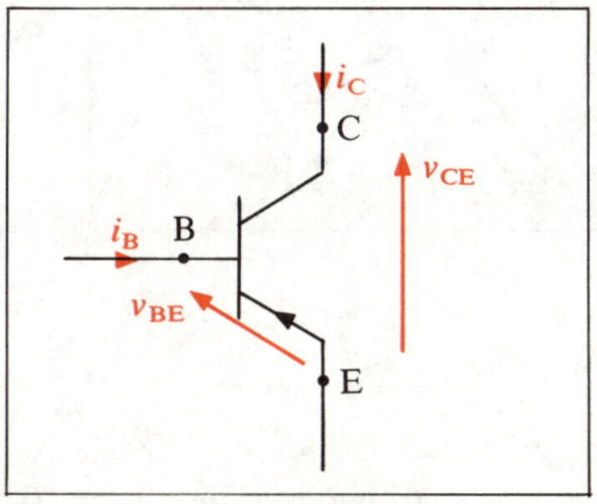

Fig. 20.11. *Transistor PNP*
$i_B < 0$; $i_C < 0$
$v_{BE} < 0$ $v_{CE} < 0$

La structure du transistor PNP implique, avec les mêmes conventions que pour le transistor NPN (fig. 20.11), que :
- i_B, i_C et v_{CE} soient négatifs ou nuls ;
- la tension v_{BE} soit négative pour que le transistor puisse conduire.

1.7. Montage push-pull

Ce montage (fig. 20.12) exploite les propriétés de symétrie que possèdent deux transistors : NPN et PNP convenablement choisis (transistors complémentaires). Il permet d'obtenir une tension de sortie v_s de signe positif ou négatif suivant les valeurs de la tension d'entrée v_e.

Prenons pour v_e une tension en dents de scie d'amplitude 5 V de fréquence 500 Hz. Dans tous les cas nous pouvons écrire :

$$v_e = v_{BE} + v_s$$

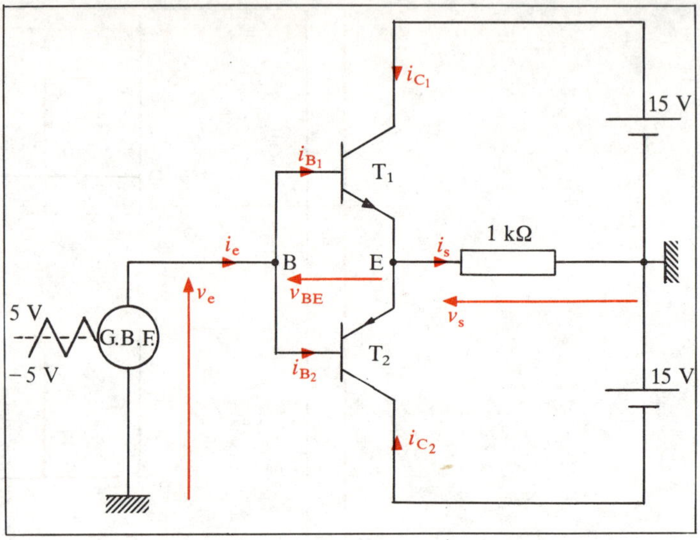

Fig. 20.12. *Principe de l'étage push-pull ▶ à transistors complémentaires : T_1 (NPN) : 2 N 2219 A ; T_2 (PNP) : 2 N 2905 A.*

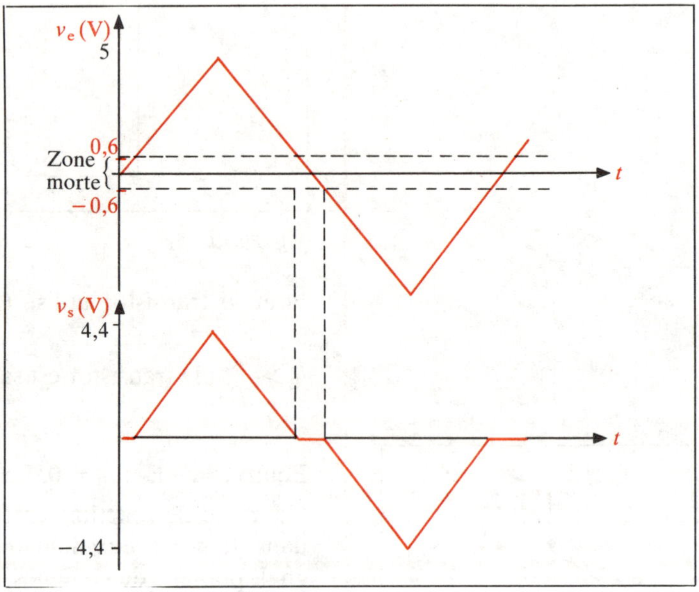

Fig. 20.13.

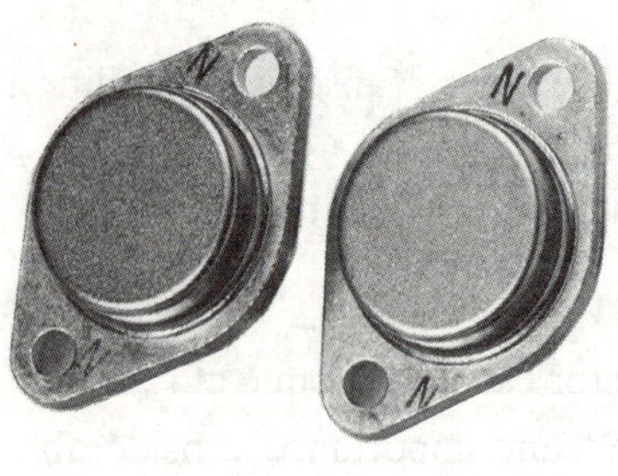

Transistors pour étage de puissance.

■ **Supposons $v_e > 0$** (fig. 20.13)

$0 \leqslant v_e \leqslant 0,6$ V : $i_{B_1} = 0$ et le transistor T_1 est *bloqué* : $i_{C_1} = 0$ et $v_s = 0$.

$v_e > 0,6$ V : $i_{B_1} \neq 0$, le transistor T_1 *conduit* et $v_s \approx v_e - 0,6$ V.

■ **Supposons $v_e < 0$**

$-0,6$ V $\leqslant v_e \leqslant 0$: $i_{B_2} = 0$, le transistor T_2 est bloqué, $i_{C_2} = 0$ et $v_s = 0$.

$v_e < -0,6$ V : $i_{B_2} \neq 0$, le transistor T_2 conduit et $v_s \approx v_e + 0,6$ V.

Le montage push-pull fonctionne en suiveur de tension ($v_s \approx v_e$) sauf pour les faibles valeurs de $|v_e|$, appartenant à la « zone morte » ; le signal de sortie est alors légèrement déformé.

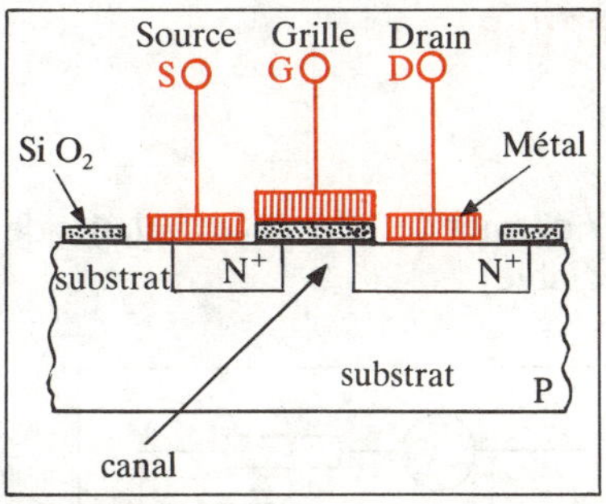

Fig. 20.14. Structure simplifiée d'un transistor MOSFET à enrichissement, à canal N, à grille isolée.
** Le substrat (région P) est constitué de silicium faiblement enrichi (dopé) en éléments de la troisième colonne de la classification périodique des éléments.*
Les régions N^+, limitant latéralement le canal, sont fortement enrichies (d'où l'indice+) en éléments de la cinquième colonne.
La couche de dioxyde de silicium entre grille et canal possède une très forte résistance (10^{11} à 10^{15} Ω).
** L'organisation réelle des différentes régions est en réalité sensiblement différente afin d'améliorer les densités de courant admissibles entre drain et source et la tenue en tension du composant.*

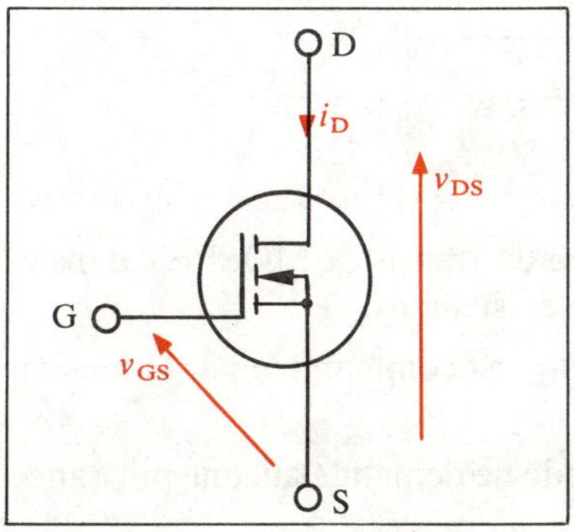

Fig. 20.15. Symbole d'un transistor MOSFET à enrichissement, à canal N, à grille isolée :
– la flèche, dirigée vers la grille, caractérise le canal N
– le point (•) sur la source signifie que la source est directement en contact avec le substrat.

2. TRANSISTOR MOSFET

Les transistors à effet de champ sont de types très variés. Nous nous proposons d'aborder uniquement ici l'étude des transistors MOSFET (de Metal Oxide Semiconductor Field Effect Transistor) à enrichissement à canal N.

2.1. Structure simplifiée et principe de fonctionnement d'un transistor MOSFET canal N

Le **transistor MOS à canal N** (fig. 20.14) est réalisé sur un substrat de silicium P faiblement dopé et comporte trois électrodes métalliques :
– la source (S) et le drain (D) séparés du substrat par une couche de silicium N fortement dopée (dite N^+) ;
– la grille (G) isolée du substrat P par une couche d'oxyde d'un métal semiconducteur, très souvent du dioxyde de silicium (Si O_2) ;
– la région du substrat située à proximité de la grille, entre les deux régions N, constitue le canal.

Le symbole du transistor MOSFET à grille isolée est représenté sur la figure 20.15.

En l'absence de polarisation de grille ($v_{GS}=0$), aucun courant ne peut circuler de D vers S. En revanche, la source étant directement reliée au substrat, la liaison source-substrat-drain se comporte comme une diode passante de S vers D (ce qui correspond au sens passant P → N d'une diode).

En présence d'une tension $v_{GS} > 0$ (fig. 20.16) la région grille-canal se comporte comme un condensateur dont le diélectrique serait la couche isolante de silice (dioxyde de silicium).

Le champ électrique ainsi créé ($\vec{E}$) provoque une condensation d'électrons (enrichissement) dans la région du canal (il apparaît ainsi un canal N qui est dit induit). C'est l'*effet de champ*. Alors un courant peut circuler selon le chemin : drain, N^+, canal, N^+, source.

Le transistor MOSFET est donc un dispositif à semiconducteur commandé par une tension.

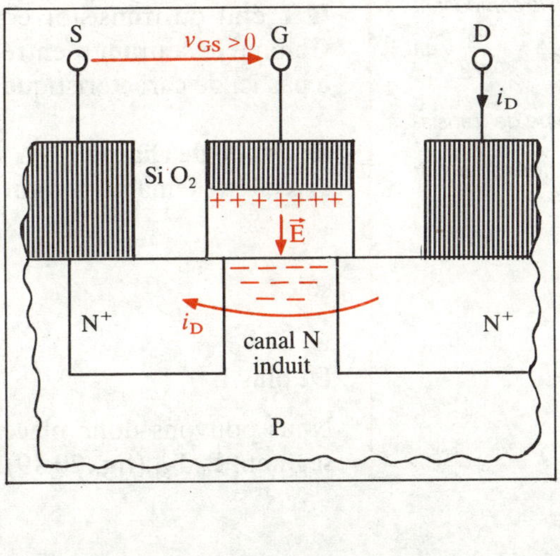

Fig. 20.16. La tension V_{GS} commande la conduction entre drain et source. La courant de grille est nul en raison de la présence de la couche de silice.

2.2. Illustration expérimentale du principe d'utilisation

■ Le montage de la figure 20.17 permet de relever les valeurs de i_D en fonction de v_{GS} (tension réglable).

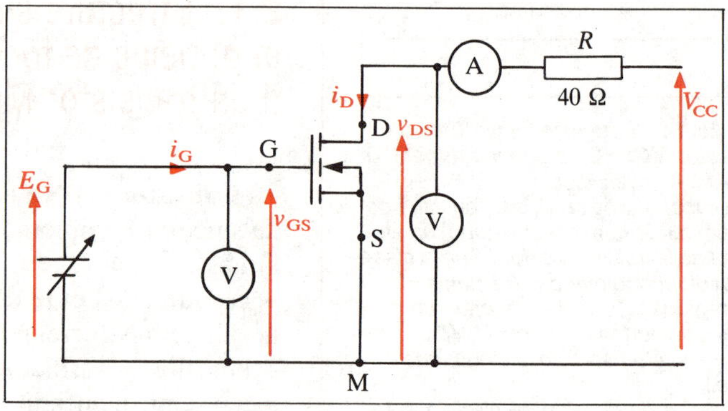

Fig. 20.17. *Principe d'utilisation d'un transistor MOSFET (VN 46 AF).* V_{cc} *= 15 V ;* E_G *est réglable de 0 à 10 V.*

■ Trois régions de fonctionnement peuvent être distinguées (fig. 20.18) :

$v_{GS} < V_{GS_{Th}}$: $i_D = 0$; le *transistor est bloqué.*

$v_{GS} \in [V_{GS_{Th}} ; V_{GS_1}]$: i_D augmente avec v_{GS}.

$v_{GS} > V_{GS_1}$ (segment $M_1 M_2$) : i_D augmente linéairement en fonction de v_{GS} et nous obtenons :

$$\frac{\Delta i_D}{\Delta v_{GS}} = C^{te} = g$$

g est la **transconductance statique** du transistor MOSFET dans la région dite linéaire ; g s'exprime en siemens.

L'intensité du courant de drain, i_D, est commandée par la tension grille-source (v_{GS}).

En régime permanent la commande ne demande aucune puissance ($i_G = 0$).

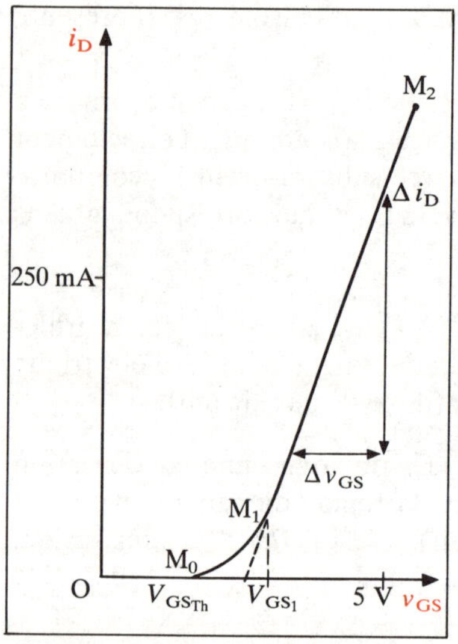

Fig. 20.18. *Caractéristique de transfert tension-courant du montage de la figure 20.17.*
Dans la zone linéaire, pour le composant utilisé, la transconductance $g = \frac{\Delta i_D}{\Delta v_{GS}}$ *vaut environ 0,14 siemens.*
g dépend beaucoup du type de transistor.
g>10 S pour les transistors pouvant contrôler de forts courants.

2.3. Caractéristiques typiques

■ L'état du transistor est défini par les grandeurs v_{GS}, i_D, v_{DS}. Comme le courant d'entrée i_G est nul en régime permanent, il n'y a pas ici de caractéristique d'entrée.

■ **Droite de charge**

Avec le schéma de la figure 20.17 nous pouvons écrire :

$$V_{cc} = Ri_D + v_{DS}$$

soit :

$$i_D = \frac{V_{cc}}{R} - \frac{v_{DS}}{R}$$

De plus :

$$v_{GS} = E_G$$

Nous pouvons donc placer le point de fonctionnement P sur le segment $P_0 P_M$ (fig. 20.19).

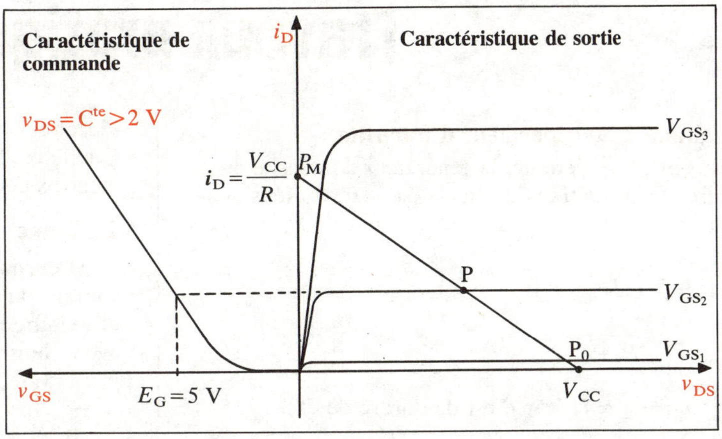

Fig. 20.19. *Réseau simplifié d'un transistor MOSFET*
– En régime statique le courant d'entrée i_G est nul. Il n'en est pas de même en haute fréquence. En effet chaque modification d'état du transistor nécessite la variation de la charge de la capacité d'entrée (quelques nanofarads pour les transistors à fort courant). Dans ce cas, le courant de commande i_G, peut être transitoirement important.
– Dérive thermique du transistor : une élévation de température s'accompagne d'une diminution de conductance drain-source et donc de l'intensité du courant i_D. De ce point de vue le transistor est autostabilisé en température.

Comme un transistor bipolaire, un transistor MOS peut être bloqué (P_0) ou fonctionner dans la zone linéaire (P), ou, enfin, être saturé (au voisinage de P_M).

2.4. Applications

La non-linéarité de la caractéristique de commande $i_D = f(v_{GS})$ pour les petites valeurs de v_{GS} ne permet pas d'utiliser seul le transistor MOSFET à enrichissement quand il faut réaliser une conversion tension-courant linéaire. Toutefois, associé à d'autres composants, il permet des applications à haute fréquence.

En revanche il réalise très bien la fonction interrupteur commandé à fréquence élevée (fig. 20.20).

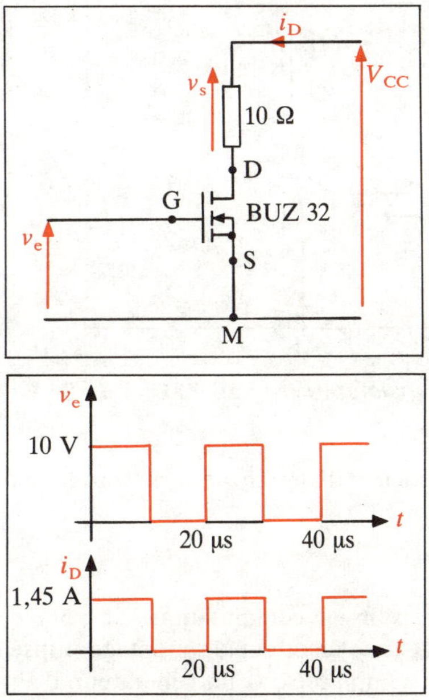

Fig. 20.20. *Fonctionnement d'un transistor MOSFET en mode bloqué-saturé à une fréquence de 50 kHz.*
• Pour le transistor utilisé, $V_{DSsat}<500$ mV pour $V_{cc}=10$ V, $V_{GS}=10$ V et $I\approx1,5$ A.
• Les transistors MOSFET actuels permettent ce mode de fonctionnement jusqu'à plusieurs centaines de mégahertz.

2.5. Transistor MOSFET à enrichissement canal P

Sa constitution et ses propriétés sont symétriques de celles du transistor MOSFET à canal N (fig. 20.21). C'est encore un composant assez peu répandu comme élément discret.

Au contraire, la technologie MOS complémentaire (CMOS) associe sur un même cristal de silicium des transistors à canal P et d'autres à canal N afin de réaliser une famille de circuits intégrés à très haut niveau d'intégration (dits VLSI de very large scale integration) et à très faible consommation (voir chapitre 22) (fig. 20.22).

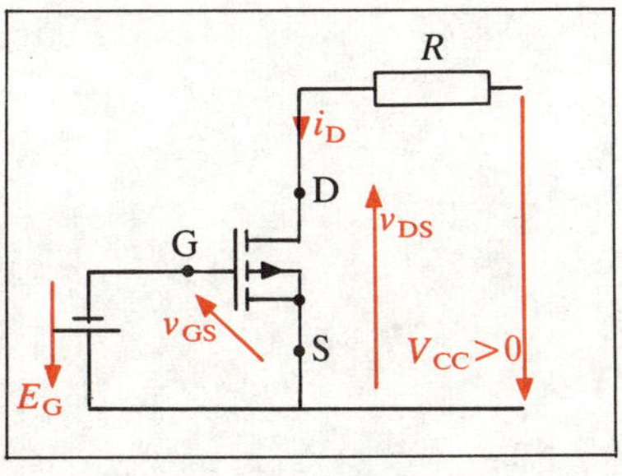

Fig. 20.21. *Transistor MOSFET à grille isolée, à enrichissement, à canal P. Le transistor conduit de S vers D pour $v_{GS}<0$. On a alors $i_D<0$ et $v_{DS}<0$.*

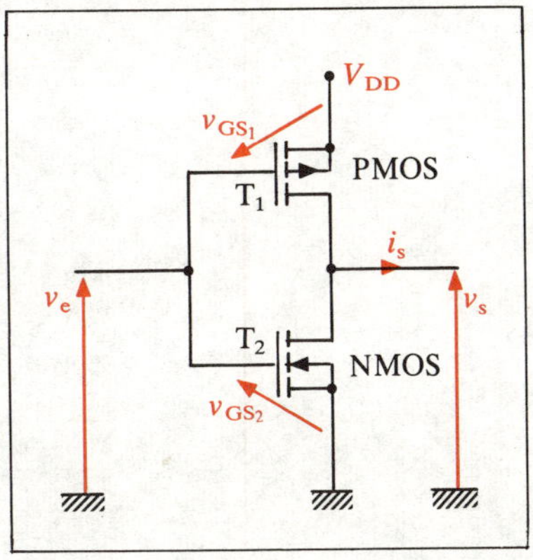

Fig. 20.22. *Principe de fonctionnement d'un étage push-pull à transistors MOS complémentaires.*

* $v_e=V_{DD}$ on a
$\begin{cases} v_{GS_1} = 0 : T_1 \text{ est bloqué.} \\ v_{GS_2} = V_{DD} : T_2 \text{ est passant et } i_s<0. \end{cases}$

* $v_e=0$ on a :
$\begin{cases} v_{GS_1} = -V_{DD} : T_1 \text{ est passant et } i_s>0. \\ v_{GS_2} = 0 : T_2 \text{ est bloqué.} \end{cases}$

Travaux pratiques

1. Etude d'un générateur d'intensité

On se propose d'étudier le générateur d'intensité de la figure 20.23. Le transistor n'est pas saturé. Nous pouvons écrire :

$$i_E = i_B + i_C,$$

$$i_E < \frac{V_{cc}}{R_C + R_E},$$

$$i_B = \frac{i_C}{\beta} \ll i_C \text{ (car } \beta \text{ est de l'ordre de 75).}$$

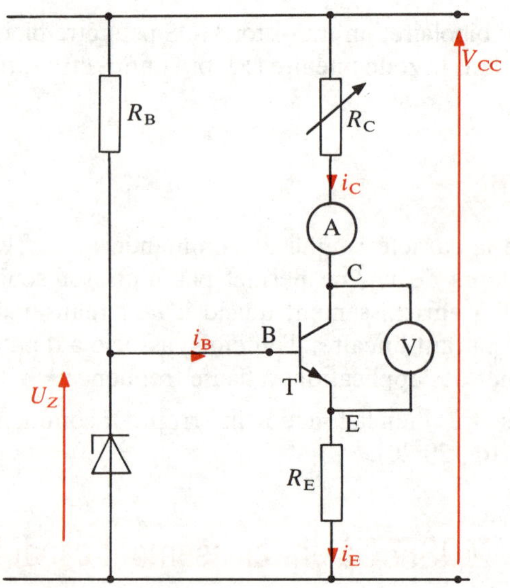

Fig. 20.23. *V_{cc} : 15 V ; R : 1 kΩ-1/2 W ; R_E : 100 Ω ou 1 kΩ-1/2 W ; R_c : boîtes de résistances ; D : Diode Zéner BZX - 6,8 V-1,3 W ; T : Transistor de puissance BD 711 monté sur dissipateur thermique.*

Donc : $i_C \approx i_E = \dfrac{U_Z - V_{BE}}{R_E}$; l'intensité i_C est constante si R_E est fixée.

Pour deux valeurs différentes de R_E : 100 Ω et 1 kΩ, on relèvera et l'on tracera $i_C = f(R_C)$, $v_{CE} = f(R_C)$.

Placer également d'autres charges à la place de R_C. Quelle est la valeur de la tension v_{CE} lorsque i_C commence à décroître ?

2. Transistor en commutation

a) Détermination du coefficient d'amplification en courant du transistor (fig. 20.24). Placer les appareils de mesure permettant de mesurer i_B, i_C et v_{CE}. Après avoir choisi une valeur de R_B (par exemple 1 kΩ), régler la valeur de e de manière à réaliser v_{CE} = 12 V.

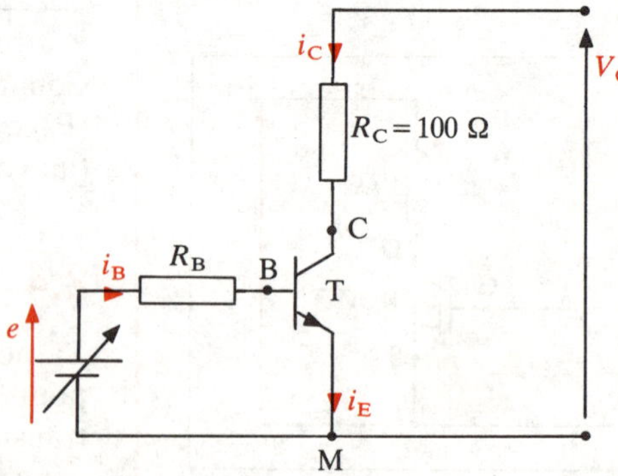

Fig. 20.24. *T : transistor NPN : BD 711 ; V_{cc}=24 V ; R_c=100 Ω.*

Déterminer le coefficient d'amplification en courant du transistor $\beta = \dfrac{i_C}{i_B}$.

b) Etude du transistor en commutation. La source continue du circuit base-émetteur du montage utilisé précédemment est remplacée par un générateur B.F. qui délivre une tension $e(t)$ de fréquence 1 kHz. La forme d'onde est celle de la tension $v_e(t)$ de la figure 20.10. Déterminer la valeur R_{B_0} de R_B qui permet d'obtenir la saturation du transistor. Choisir alors $R_B = R_{B0}/2$.

Relever les formes d'onde des courants et des tensions. Augmenter la fréquence de la tension $e(t)$ jusqu'à 2 MHz et noter les transformations de ces signaux.

Contrôle des connaissances

INDIQUER LA BONNE RÉPONSE :

20.01. Dans le montage de la figure 20.25 le coefficient d'amplification en courant β du transistor est 200. Quelle est la valeur de R_E ?

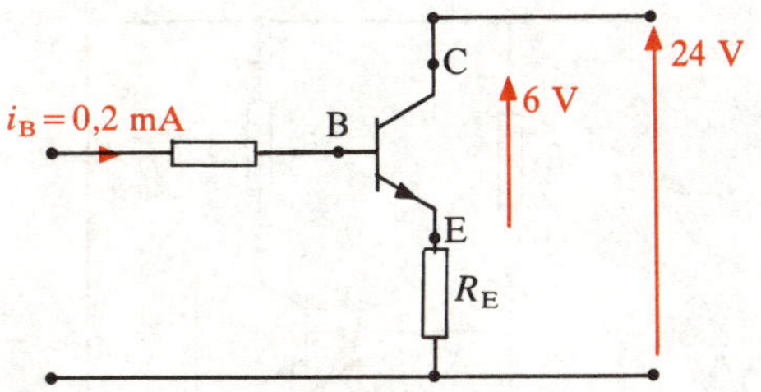

Fig. 20.25.

R : 450 Ω ; 750 Ω ; 30 kΩ ; 90 kΩ.

20.02. Dans le montage de la figure 20.26 le coefficient β d'amplification du transistor est 120. La résistance R_C a pour valeur 0,5 kΩ. Quelle est l'intensité i_C du courant de collecteur ?

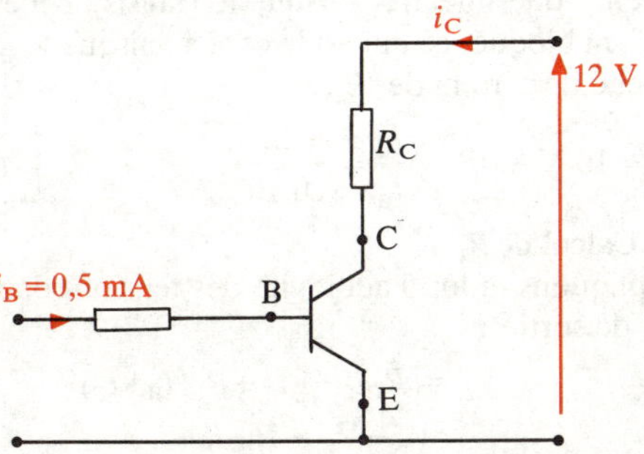

Fig. 20.26.

R : 24 mA ; 60 mA, 36 mA ; 84 mA.

20.03. Le transistor de la figure 20.27 a pour coefficient d'amplification en courant $\beta=75$, pour tension de saturation $V_{CEsat}=0$. Quelle est l'intensité minimale i_B qui permet de saturer le transistor ?

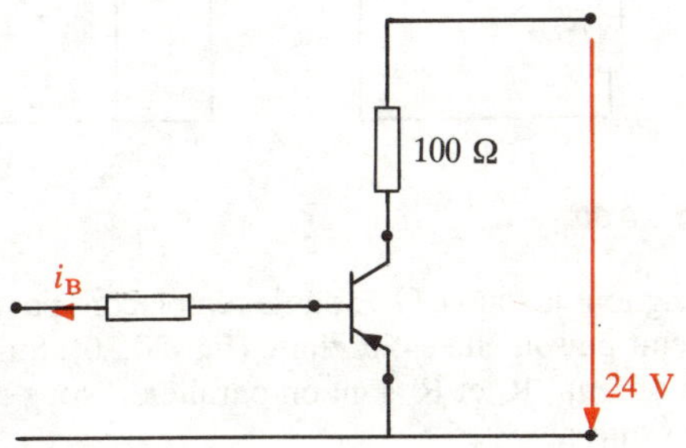

Fig. 20.27.

R : 2,4 mA ; 3,2 mA ; 6,4 mA ; 0,75 mA.

20.04. Dans le réseau de la figure 20.28 les transistors sont parfaits et ils fonctionnent en commutation. Quelle tension v_s obtient-on si $v_e=0$?

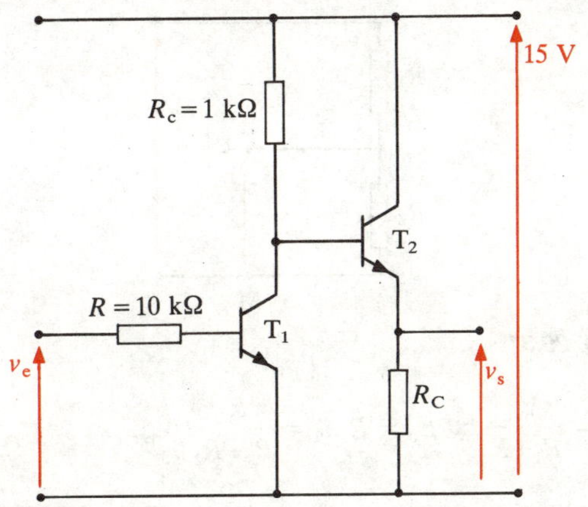

Fig. 20.28.

R : 0 V ; 15 V.

Exercices résolus

20.05. On considère le montage de la figure 20.29 pour lequel V_{cc}=24 V, R_1=4,7 kΩ et R_2=1 kΩ. G est une source de tension parfaite.
Calculer les éléments du modèle de Thévenin du dipôle qui alimente la base du transistor (dipôle vu de B et M).

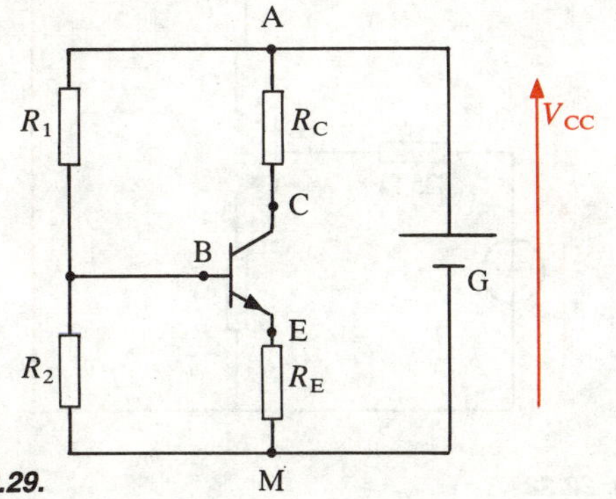

Fig. 20.29.

Solution :

Le dipôle D_{BM} (G, R_1, R_2) contient un élément actif et linéaire, la source de tension G, et deux éléments passifs linéaires : R_1 et R_2. Nous pouvons lui appliquer le théorème de Thévenin.

a) Calcul de la résistance interne r_0 du modèle de Thévenin de D_{BM}

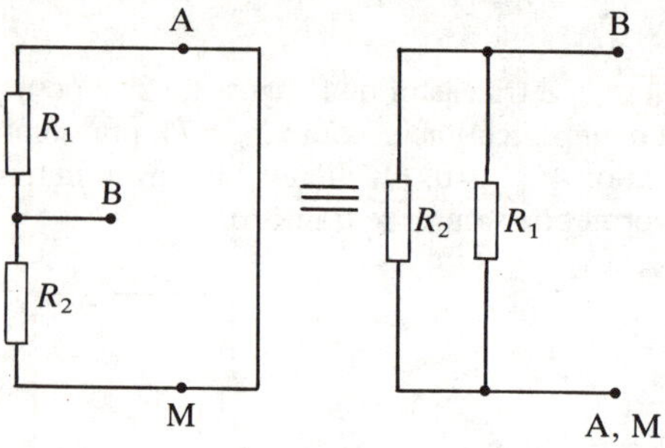

Fig. 20.30.

Éteignons la source G : nous la remplaçons par un court-circuit puisqu'elle est parfaite (fig. 20.30). Sur le schéma obtenu, R_1 et R_2 sont en parallèle. Nous en déduisons que :

$$r_0 = \frac{R_1 R_2}{R_1+R_2}.$$

Application numérique : $r_0 = \dfrac{4{,}7\times 1}{4{,}7+1} \simeq$ **0,825 kΩ.**

b) F.é.m. E_0 du M.E.T. : $E_0 = (U_{BM})$ à vide (fig. 20.31)

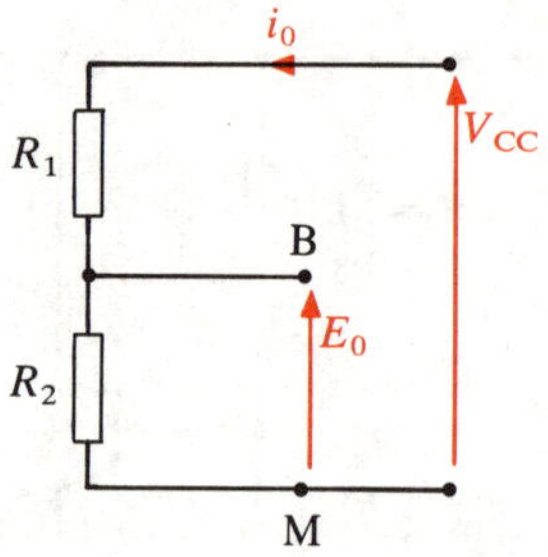

Fig. 20.31.

$$i_0 = \frac{V_{cc}}{R_1+R_2} \Rightarrow E_0 = R_2.i_0 = \frac{R_2}{R_1+R_2}\cdot V_{cc}.$$

Application numérique : $E_0 = \dfrac{1}{4{,}7+1}\times 24 =$ **4,21 V.**

La figure 20.32 est le schéma équivalant au montage de la figure 20.29.

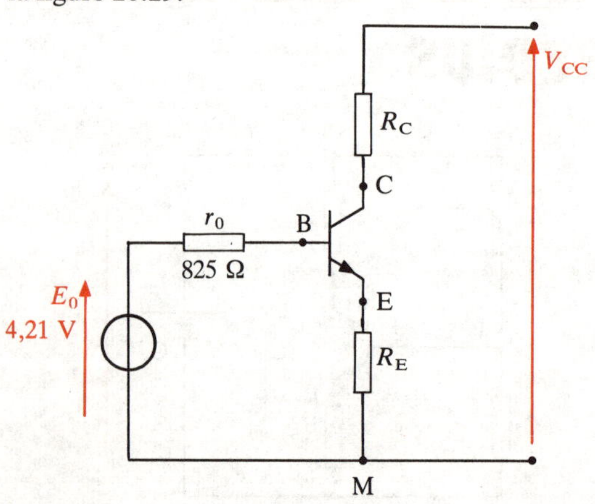

Fig. 20.32.

20.06. **On considère le montage de la figure 20.33 pour lequel : V_{cc}=20 V ; I_B=20 µA ; I_C=2 mA ; V_{CE}=10 V ; V_{BE}=0,3 V ; R_E=0,5 kΩ et R_2=10 kΩ.**

1°) Calculer le coefficient d'amplification en courant du transistor.

2°) Calculer R_E et R_1.

3°) Tracer la droite de charge statique $I_C=f(V_{CE})$.

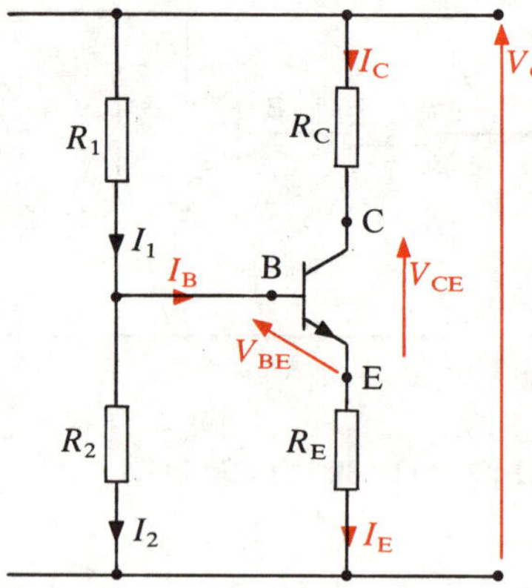

Fig. 20.33.

Solution :

1°) Le coefficient d'amplification en courant β se définit en mode linéaire, lorsque le transistor n'est ni saturé, ni bloqué, ce qui est le cas ici puisque V_{CE} n'est ni proche de zéro ni de V_{cc}.

$$V_{CE}=10\text{ V} \rightarrow \beta = \frac{I_C}{I_B} = \frac{2}{20.10^{-3}} \Rightarrow \boxed{\beta=100}$$

2°) Calcul de R_c

Appliquons la loi d'additivité des tensions dans le circuit de sortie :

$$V_{cc} = R_C I_C + V_{CE} + R_E(I_B+I_C)$$

D'où : $$R_C = \frac{V_{cc}-V_{CE}-R_E(I_B+I_C)}{I_C}$$

Application numérique :

$$R_C = \frac{20-10-0{,}5.10^3(20.10^{-6}+2.10^{-3})}{2.10^{-3}} \approx 4{,}5.10^3\ \Omega$$

$$\Rightarrow \boxed{R_C \approx 4{,}5\text{ k}\Omega}$$

Remarque : On peut reprendre le calcul en supposant I_B négligeable devant I_C.

Calcul de R_1

La maille d'entrée permet d'écrire :

$$V_{BE}=R_2(I_1-I_B)-R_E I_E$$

ce qui fournit la valeur de I_1.

$$I_1 = \frac{V_{BE}+R_E I_E+R_2 I_B}{R_2}$$

soit :

$$I_1 = \frac{0{,}3+(0{,}5.10^3\times 2{,}02.10^{-3})+(10.10^3\times 20.10^{-6})}{10.10^3}\text{ A}$$

$$\Rightarrow I_1=0{,}151\text{ mA}.$$

Nous pouvons aussi écrire l'égalité :

$$V_{cc}=R_1I_1+R_2(I_1-I_B)$$

D'où : $R_1 = \dfrac{V_{cc}-R_2(I_1-I_B)}{I_1}$

Application numérique :

$$R_1 = \frac{20-10.10^3(0,151.10^{-3}-20.10^{-6})}{0,151.10^{-3}}\ \Omega$$

$$\Rightarrow \boxed{\mathbf{R_1=124\ k\Omega}}$$

3°) Équation de la droite de charge statique
L'équation concernant la maille de sortie, écrite ci-dessus (question 2) fournit une relation entre I_C et V_{CE}. Puisque I_B est négligeable devant I_C, elle peut être simplifiée.

$$V_{cc} \approx (R_C+R_E)\ I_C+V_{CE}$$

Par conséquent : $I_C = \dfrac{V_{cc}}{R_C+R_E} - \dfrac{V_{CE}}{R_C+R_E}$.

C'est là l'équation de la droite de charge statique.

Application numérique :

I_C est exprimée en milliampères et V_{CE} en volts.

$$I_C = \frac{20}{4,5+0,5} - \frac{V_{CE}}{4,5+0,5}$$

soit : $\boxed{I_C = 4-0,2.V_{CE}}$

expression dont la validité est limitée aux cas où I_C et V_{CE} sont des grandeurs positives (fig. 20.34).

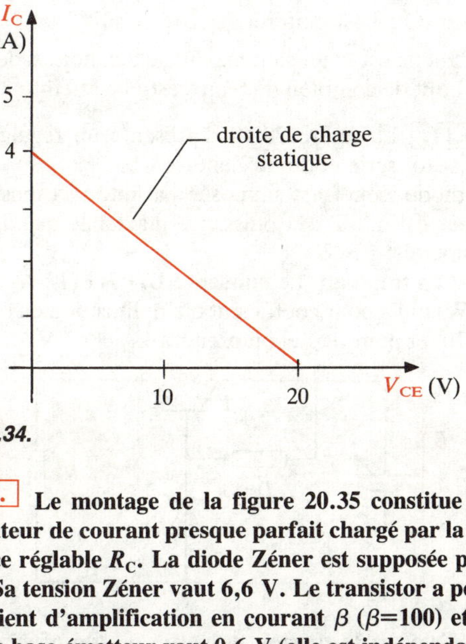

Fig. 20.34.

20.07. **Le montage de la figure 20.35 constitue un générateur de courant presque parfait chargé par la résistance réglable R_C. La diode Zéner est supposée parfaite. Sa tension Zéner vaut 6,6 V. Le transistor a pour coefficient d'amplification en courant β (β=100) et sa tension base-émetteur vaut 0,6 V (elle est indépendante de i_B) et sa tension collecteur-émetteur de saturation est 0,3 V.**

1°) Calculer l'intensité i_1 et la puissance que doit dissiper la résistance R_1.

2°) Calculer i_E.

3°) Calculer les limites entre lesquelles peut varier R_C pour que i_C soit constante.

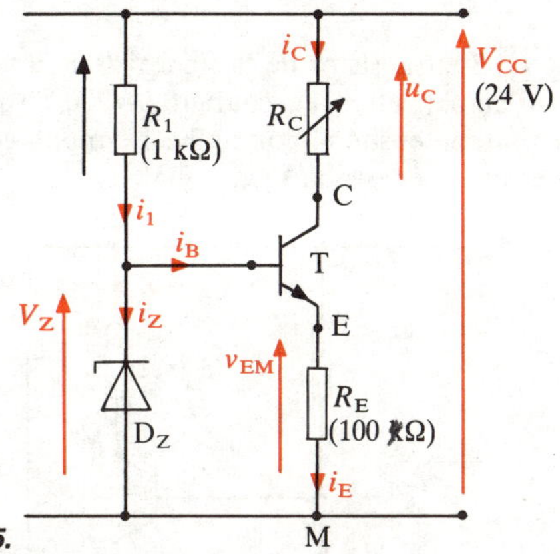

Fig. 20.35.

4°) Calculer la puissance que doit pouvoir dissiper :
a) le transistor ;
b) la diode Zéner.

Solution :

Remarque : pour les applications numériques nous exprimons les tensions en volts, *les intensités en milliampères et les résistances en kilohms*.

1°) Calcul de i_1 : $V_{cc} = R_1i_1+V_Z$:

$$i_1 = \frac{V_{cc}-V_Z}{R_1} = \frac{24-6,6}{1} = \mathbf{17,4\ mA.}$$

Calcul de la puissance que doit dissiper R_1 :

$$P_j=Ri_1^2 = 10^3 \times [17,4\times10^{-3}]^2 = \mathbf{0,3\ W.}$$

2°) Calcul de i_E :

$$V_Z = v_{BE}+R_Ei_E$$

$$i_E = \frac{V_Z-v_{BE}}{R_E} = \frac{6,6-0,6}{0,1} = \mathbf{60\ mA.}$$

3°) Calcul des limites de R_C pour que i_C soit constante.
En mode linéaire, transistor non saturé, i_B commande i_C :

$$i_E = i_C+i_B = (\beta+1)\ i_B$$

D'où : $i_B = \dfrac{i_E}{\beta+1}$ et $i_C = \dfrac{\beta}{\beta+1}\ i_E$

$$i_C = \frac{100}{100+1} \times 60 \approx 60\ \text{mA.}$$

- **R_C peut évidemment être nulle.** Dans ce cas :
$$v_{CE} = V_{cc} - v_{EM} = 18\ \text{V.}$$
- Du côté des fortes valeurs de R_C, la limite est fixée par la saturation du transistor. En effet :
$$v_{CE} = V_{cc} - v_{EM} - u_c,$$
et augmenter u_c revient à diminuer v_{CE}.

La valeur limite $\hat{u}_c$ de u_c est atteinte lorsque v_{CE}=0,3 V.
On a alors :

$$\hat{u}_c = V_{cc} - v_{EM} - v_{CE} = 17,7\ \text{V.}$$

Pour toute valeur de u_c inférieure à 17,7 V, l'intensité i_c est constante et égale à 60 mA.
Dans le cas d'une résistance, sa valeur R_C doit être inférieure à : $\hat{R}_C = \dfrac{\hat{u}_c}{i_C} = \mathbf{295\ \Omega.}$

Exercices à résoudre

20.08. Le transistor de la figure 20.36 a un coefficient d'amplification en courant β=200 ; v_{BE}=0,6 V pour toute intensité i_B non nulle. Le montage est alimenté sous une tension V_{cc} de 24 V.

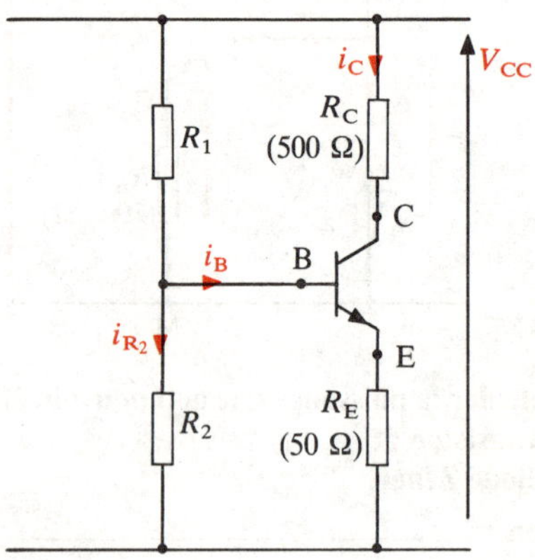

Fig. 20.36.

1°) Quelle est l'équation de la droite de charge statique : $i_C=f(v_{CE})$?

2°) Calculer i_C et i_B sachant que V_{CE} = 14 V.

3°) En fonction de R_1, R_2 et V_{cc}, déterminer les éléments du générateur de Thévenin qui alimente la base du transistor.

4°) Calculer R_1 et R_2 si $i_{R_2} = 9i_B$.

20.09. Le transistor de la figure 20.37 est parfait. Son coefficient d'amplification en courant β est de 50.

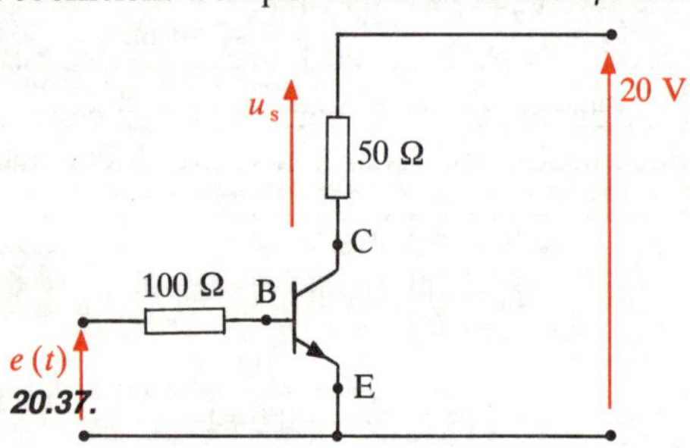

Fig. 20.37.

Si la forme d'onde de la tension $e(t)$ est celle de la figure 20.38 :

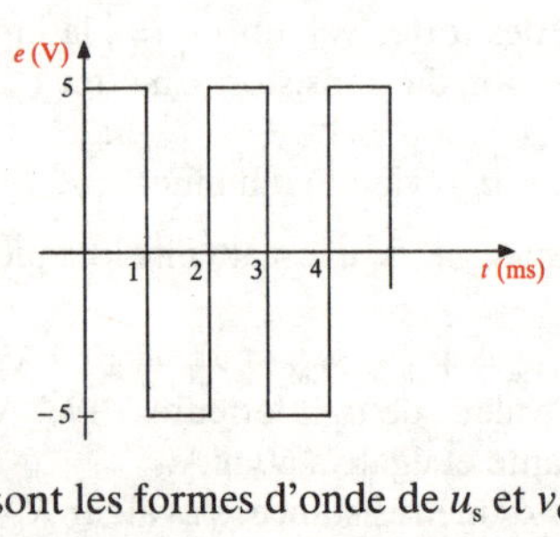

Fig. 20.38.

1°) quelles sont les formes d'onde de u_s et v_{CE} ?

2°) quelle est la puissance moyenne (théorique) dissipée par le transistor ?

20.10. La figure 20.39 représente un générateur de courant alimentant la charge R_C. La diode Zéner est supposée parfaite et U_Z=8,8 V (tension Zéner).
Le coefficient d'amplification en courant du transistor T vaut β=100 ; on admet que v_{EB}=0,8 V ; T peut dissiper une puissance maximale de 0,8 W.

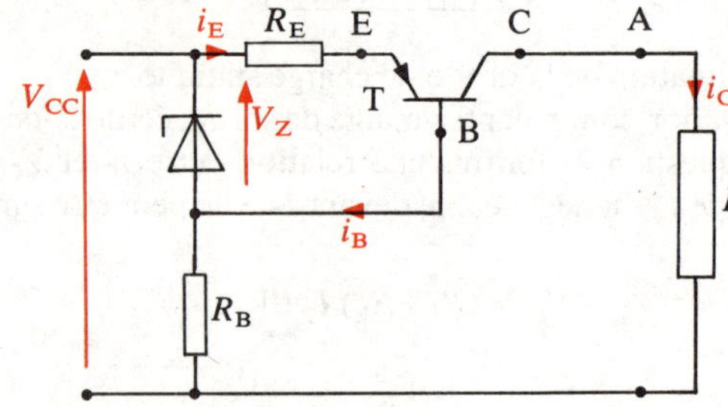

Fig. 20.39.

1°) Montrer que le courant d'émetteur ne dépend que de R_E. Préciser ce que cela suppose.

2°) Dans le cas où l'on branche entre A et B une résistance R_C, quelle est la valeur à ne pas dépasser pour que le courant dans cette résistance reste constant ? On donne R_E = 1 kΩ, V_{CC} = 24 V, V_{CEsat} = 0 V.

3°) Comment peut-on régler i_C ?

4°) On branche entre A et B un condensateur de capacité C_0=10 μF.

a) Exprimer la tension $u_{C_0}(t)$ aux bornes de ce condensateur. Quel est l'intérêt de ce dispositif ?

b) Quelle est la tension maximale aux bornes de C_0 ? Au bout de combien de temps est-elle atteinte ?

20.11. La figure 20.40 représente un régulateur à transistor série et diode Zéner.
La diode Zéner est supposée parfaite : sa tension de Zéner est 6,2 V ; la puissance maximale qu'elle peut dissiper est 1,3 W.
T est un transistor de puissance BD 711 (12 A, 100 V, 75 W) qui a pour coefficient d'amplification en courant β=70, et pour lequel on prendra V_{BE}=0,7 V.

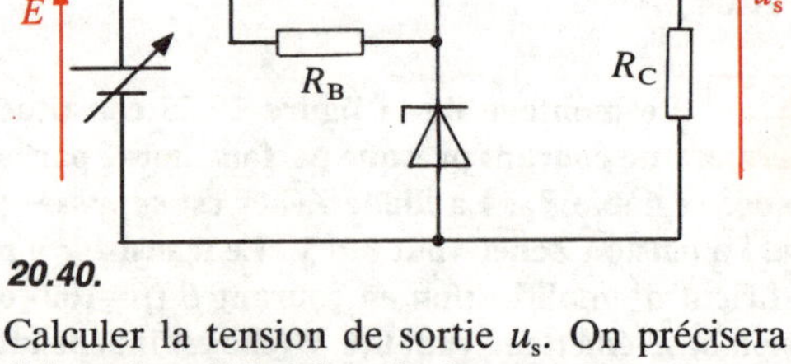

Fig. 20.40.

1°) Calculer la tension de sortie u_s. On précisera les conditions de validité du calcul.

2°) Calculer i_s si R_C=20 Ω.

3°) La charge R_C reste constante : R_C=20 Ω. La résistance R_B vaut 500 Ω. Quelles sont les valeurs limites de la tension E pour qu'il y ait stabilisation ?

Chapitre 21

AMPLIFICATEURS OPÉRATIONNELS FONCTION AMPLIFICATION

Apparus en 1965, les amplificateurs opérationnels ont profondément fait évoluer la conception et la réalisation des circuits électroniques analogiques.

1. PRÉSENTATION GÉNÉRALE

1.1. Fonctions principales

Les amplificateurs opérationnels sont souvent des circuits intégrés. On les utilise surtout pour effectuer des **opérations linéaires** comme :

- **l'amplification d'une tension ou d'un courant** (fig. 21.01a) ;
- **la combinaison linéaire de plusieurs tensions** (fig. 21.01b).

Ils doivent leur désignation à ces applications. Mais cela ne doit pas faire oublier qu'ils sont également utilisés pour d'autres opérations ou fonctions linéaires, comme la **dérivation** ou l'**intégration**, qui seront étudiées plus tard.

Dans les catalogues des constructeurs, ils sont classés parmi les circuits intégrés linéaires (certains auteurs les dénomment d'ailleurs amplificateurs à circuit intégré linéaire).

Cependant, nous verrons qu'ils peuvent fonctionner de manière non linéaire, ou réaliser des opérations fondamentalement non linéaires (fig. 21.02). Dans ce chapitre nous apprendrons à reconnaître si un montage comportant un amplificateur opérationnel, peut, ou non, fonctionner de manière linéaire.

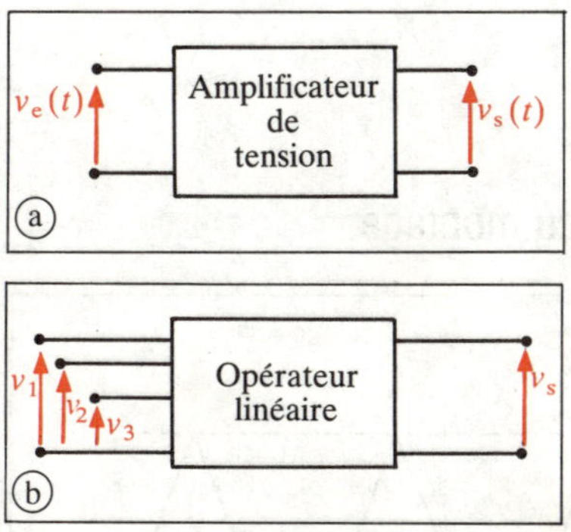

***Fig. 21.01.**a. Si la tension de sortie $v_s(t)$ se déduit de la tension d'entrée $v_e(t)$ par la relation $v_s(t)=Av_e(t)$, on dispose d'un amplificateur de tension qui réalise la plus simple des opérations linéaires ($|A|>1$).*

b. Une autre opération linéaire consiste à élaborer, à partir de plusieurs tensions v_1, v_2, v_3, une tension de sortie v_s, telle que $v_s=k_1v_1+k_2v_2+k_3v_3$, où k_1, k_2, k_3 sont des nombres réels, positifs ou négatifs.

1.2. Description d'un amplificateur opérationnel

La figure 21.03 représente le symbole d'un amplificateur opérationnel. Le dessin du boîtier (fig. 21.04) permet de repérer les différentes bornes.

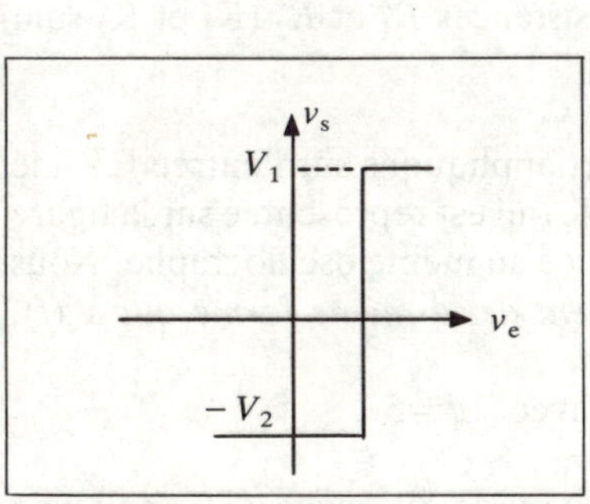

***Fig. 21.02.** Caractéristique entrée-sortie d'un dispositif non linéaire (comparateur) que l'on peut réaliser avec un amplificateur opérationnel.*

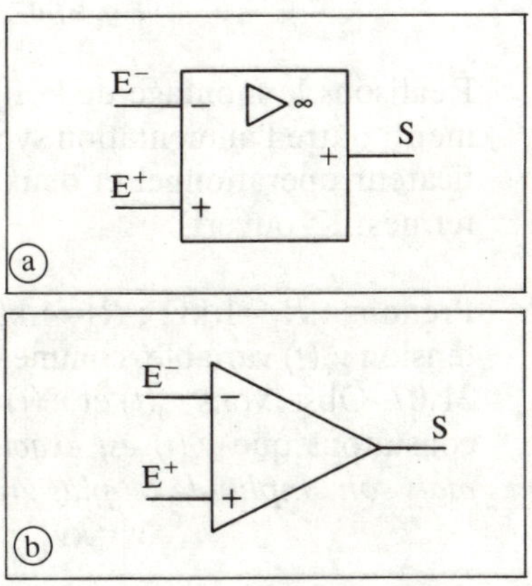

***Fig. 21.03.** Symboles d'un amplificateur opérationnel. Les bornes d'alimentation ne sont pas représentées.* a) *Norme française.* b) *Autre représentation assez courante.*

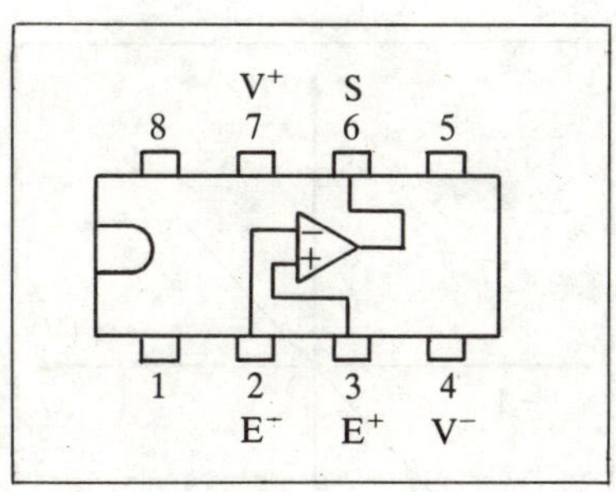

***Fig. 21.04.** Brochage des amplificateurs opérationnels TL 071, TDB 081, TL 081, CA 3140, LF 356, LF 357, µ A 741, etc. Vue de dessus.*

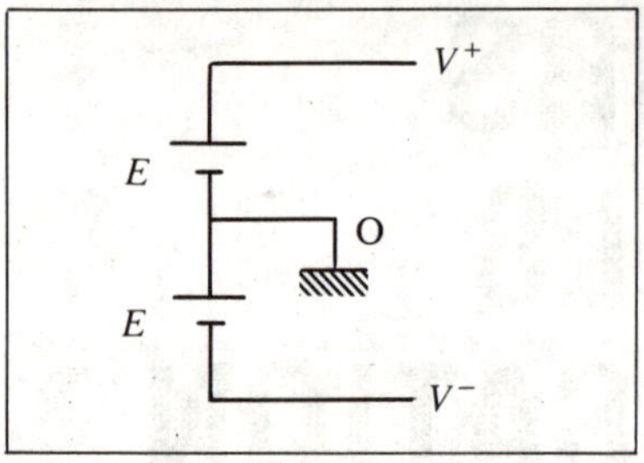

Fig. 21.05. Alimentation symétrique avec point milieu reliée à la masse du montage (mais pas obligatoirement à une connexion de terre).

Un amplificateur opérationnel comporte au moins :

– **deux bornes d'alimentation** auxquelles il faut appliquer les tensions V^+ et V^- (en général, ces tensions continues sont symétriques, par exemple +15 V et −15 V). Les liaisons boîtier-alimentation ne sont généralement pas représentées sur les schémas ;

– **deux bornes d'entrées :** $\begin{cases} E^+ : \text{entrée non inverseuse,} \\ E^- : \text{entrée inverseuse ;} \end{cases}$

– **une borne de sortie** *S*.

Sur les boîtiers, qui comportent souvent 8 broches, 3 broches sont encore disponibles. Pour certains amplificateurs opérationnels, ces broches supplémentaires permettent de connecter des composants utiles pour améliorer les performances du montage ; pour d'autres, elles ne sont pas utilisées.

L'alimentation symétrique fournissant les tensions V^+ et V^- comporte un **point milieu** (fig. 21.05) dont le potentiel sert de référence (*masse de mesure*).

2. ÉTUDE D'UN MONTAGE AMPLIFICATEUR

2.1. Étude globale

2.1.1. Fonction générale du montage

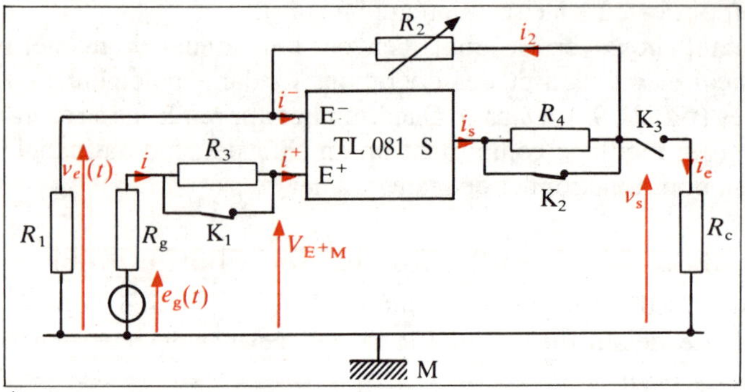

Fig. 21.06. $R_1 = 1$ kΩ ; $R_2 = 4$ kΩ ; $R_3 = 1$ MΩ ; $R_4 = 1$ kΩ ; $R_c = 1$ kΩ.
La tension $v_e(t)$ est fournie par un générateur G de f.é.m. $e_g(t)$ et de résistance interne R_g.

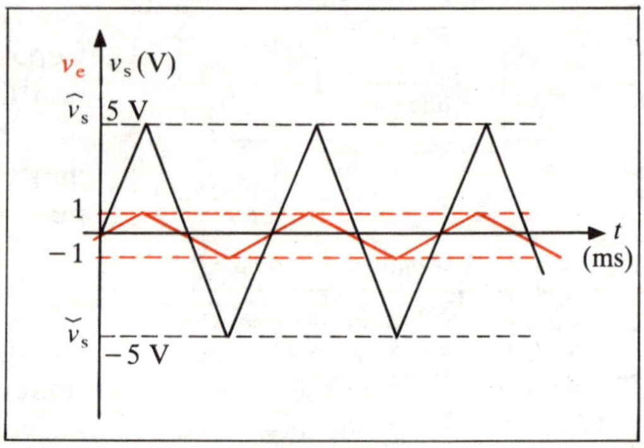

Fig. 21.07.

Réalisons le montage de la figure 21.06. Il comporte essentiellement, outre l'alimentation symétrique non représentée, un amplificateur opérationnel et deux résistances R_1 et R_2 (K_1 et K_2 sont fermés, K_3 ouvert).

Prenons : R_1=1 kΩ ; R_2=4 kΩ et appliquons sur l'entrée E^+ une tension $v_e(t)$ variable, comme celle qui est représentée sur la figure 21.07. Observons $v_e(t)$ et $v_s(t)$ grâce au même oscillographe. Nous constatons que *$v_s(t)$ est exactement de la même forme que $v_e(t)$, mais son amplitude est plus grande :*

$$v_s = kv_e \qquad \text{avec} \qquad k = 5.$$

Si nous utilisons l'oscillographe en mode XY, avec $v_e(t)$ appliquée sur la voie X et $v_s(t)$ sur la voie Y, nous obtenons la droite de la figure 21.08.

Le montage est un **amplificateur de tension.**

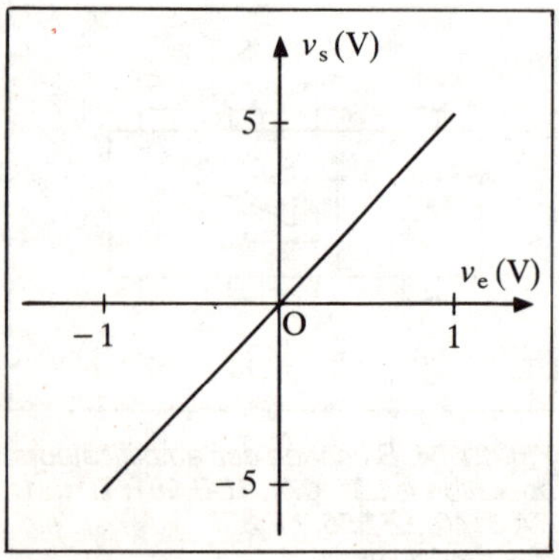

Fig. 21.08.

■ 2.1.2. Quelques propriétés du montage

■ Le coefficient k est appelé **coefficient d'amplification.** Il est égal à $\left(1+\dfrac{R_2}{R_1}\right)$ comme on peut le vérifier en faisant varier R_2 de 0 à 10 kΩ ; **k ne dépend que des résistances extérieures au composant.**

■ Fermons K_3 : le montage débite dans la résistance de charge R_c=1 kΩ. Aucune modification de la tension de sortie $v_s(t)$ n'est perceptible.
Le montage se comporte donc comme un générateur d'impédance de sortie très faible (voir les chapitres 4 et 15).

■ Ouvrons K_1 : cela revient à mettre le générateur G en série avec une résistance R_3 de 1 MΩ. Aucune modification des tensions $v_s(t)$ et $v_e(t)$ n'est perceptible.

La tension v_{E^+M}, qui est appliquée à l'amplificateur, est telle que :

$$v_{E^+M} = v_e - R_3 i = e_g - (R_g+R_3)\, i^+$$

Si l'intensité $i=i^+$ variait seulement de 1 μA, cela se traduirait par une variation de 1 V de la tension v_{E^+M}, qui est la tension effectivement appliquée à l'entrée de l'amplificateur. La tension v_s en serait affectée ; ce n'est pas le cas et cela signifie que, avant l'interposition de R_3, i^+ était donc bien inférieure à 1 μA : **la résistance d'entrée de l'amplificateur est bien supérieure à 1 MΩ.**

■ Ouvrons K_3 : aucune modification n'est observée ni sur $v_e(t)$ ni sur $v_s(t)$. Les variations du courant de sortie n'ont donc pas de répercussion sur l'entrée : l'intensité i^+ reste pratiquement nulle.

On dit que le **montage est unidirectionnel.** Cette propriété est indiquée par un *petit triangle sur le symbole* de la figure 21.03.

2.2. Fonction amplification de tension

Le montage que nous venons d'étudier réalise (presque) parfaitement, dans un domaine de fréquences étendu ($0 \leqslant f < 100$ kHz), et pour des amplitudes de sortie inférieures à 13 V, la fonction amplification de tension caractérisée par la relation :

$$v_s(t) = A v_e(t)$$

Dans un amplificateur la puissance de sortie $P_s=\overline{v_s i_s}$ est supérieure à la puissance d'entrée $P_e=\overline{v_e i_e}$.
Ce n'est pas le cas dans un transformateur, aussi un transformateur ne peut-il être appelé amplificateur de tension même si la tension de sortie est supérieure à la tension d'entrée ($V_2>V_1$).

Quelle que soit la forme de $v_e(t)$, A est un nombre réel. Si A est négatif, l'amplificateur est dit inverseur (on pose alors plutôt $A=-A_0$, avec $A_0>0$).

En général, le module de A est supérieur à 1. Cependant, on parle parfois encore d'amplificateurs même si $|A|=1$. En effet, dans ce cas, on fait référence à la puissance de sortie qui est supérieure à la puissance d'entrée.

Fig. 21.09. Amplificateur de tension. Schéma équivalent.
Cet amplificateur est unidirectionnel si R_e ne dépend pas de R_c. Dans le cas le plus général nous pouvons écrire :

$$v_e = e_g \frac{R_e}{R_g+R_e} \quad \text{et} : e_s=\mu v_e,$$

$$v_s=Av_e=e_s \cdot \frac{R_c}{R_c+R_s} = \frac{\mu R_c}{R_c+R_s} v_e.$$

Dans le cas où la résistance d'entrée R_e est infinie et où la résistance R_s est nulle, nous trouvons :

$$v_e=e_g \; ; v_s=e_s \text{ et} : v_s=\mu e_g.$$

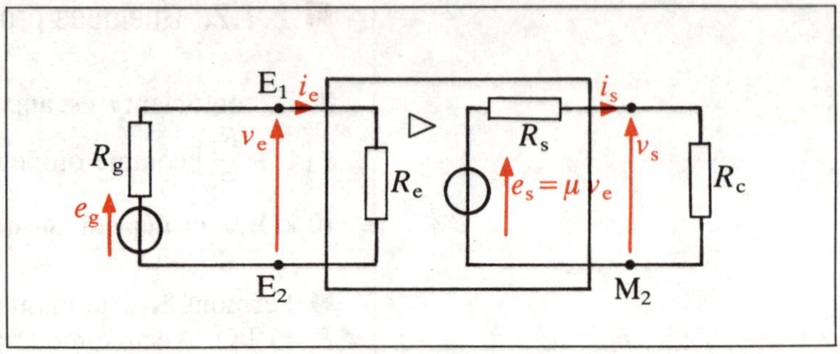

Un **schéma équivalent d'un amplificateur de tension** est donné sur la figure 21.09. Il est caractérisé par :

■ une résistance d'entrée R_e qui doit être la plus élevée possible pour réduire la chute de tension entre e_g et v_e ;

■ une résistance de sortie R_s qui doit être la plus faible possible pour que le coefficient d'amplification A dépende peu de la charge, et pour que le signal ne soit pas déformé quand la charge est soit capacitive, soit inductive ;

■ une source de tension de f.é.m. e_s, commandée par la tension appliquée à l'entrée.

Remarque : le montage fonctionne en **amplificateur différentiel** si les potentiels des deux bornes d'entrée E_1 et E_2 sont distincts de celui de la masse : e_s ne dépend alors que de la différence $(v_{E_1}-v_{E_2})$.

Le montage que nous avons étudié n'entre pas dans cette catégorie (la tension d'entrée v_e est appliquée entre E^+ et la masse) : il est représentable par le schéma équivalent de la figure 21.10, correspondant à K_1 et K_2 fermés.

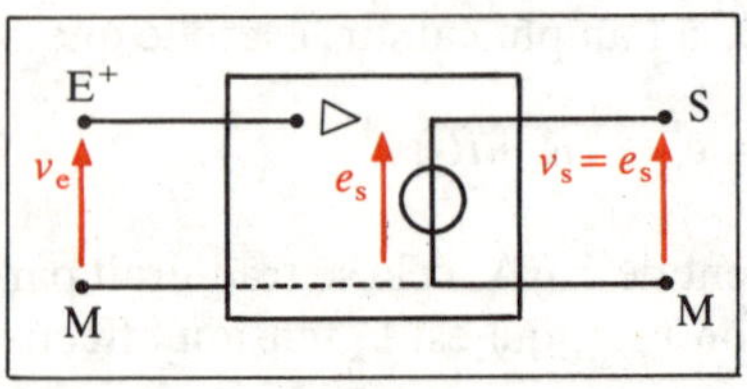

Fig. 21.10. Schéma équivalent du montage de la figure 21.06.
Cet amplificateur est pratiquement parfait pour des signaux de fréquence comprise entre 0 et 100 kHz, une tension de sortie d'amplitude inférieure à 10 V, et des courants de sortie d'intensité i_s telle que $|i_s| < 10$ mA.

■ 3. L'AMPLIFICATEUR OPÉRATIONNEL

3.1. Caractéristiques principales de l'amplificateur opérationnel

Les propriétés remarquables du montage précédent sont dues évidemment aux caractéristiques du composant essentiel qu'est l'amplificateur opérationnel.

■ L'amplificateur opérationnel est un **amplificateur différentiel :** ses deux entrées E^+ et E^- ont des potentiels qui peuvent être différents de celui de la masse M.

■ Les **intensités i^- et i^+ des courants d'entrée, sont extrêmement faibles** (de l'ordre de 10^{-10} A). Nous avons vu que i^+ est certainement inférieure à 1 μA. Le montage de la figure 21.11 permet de déterminer l'ordre de grandeur de i^-.

■ La **tension différentielle d'entrée : $\varepsilon=(v_{E^+}-v_{E^-})$ est extrêmement faible** (fig. 21.11), en fonctionnement linéaire (c'est-à-dire dans les conditions où nous étudions l'amplificateur opérationnel).

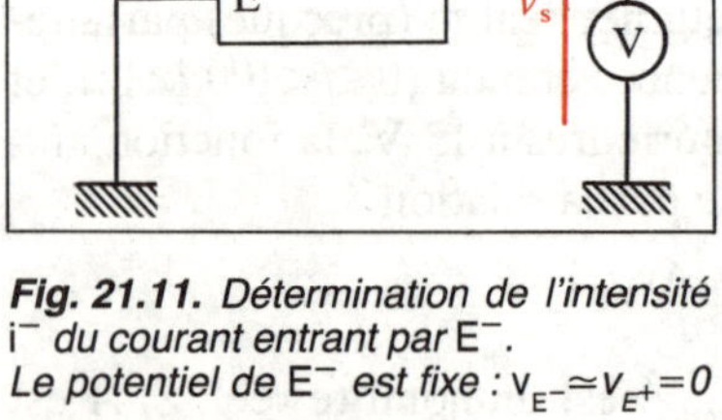

Fig. 21.11. Détermination de l'intensité i^- du courant entrant par E^-.
Le potentiel de E^- est fixe : $v_{E^-} \simeq v_{E^+}=0$
et $u_C=v_s-v_{E^-} \approx v_s$.
Si v_s évolue, c'est que v_e évolue sous l'influence de i^-.
Exemple : v_s augmente de 10 mV en 20 s (Δv_s= 10 mV) ; la charge du condensateur a augmenté de :

$$\Delta q=C\Delta v_s=10^{-9} \text{ C. D'où :}$$

$$i^- = \frac{\Delta q}{\Delta t} = 10^{-10} \text{ A.}$$

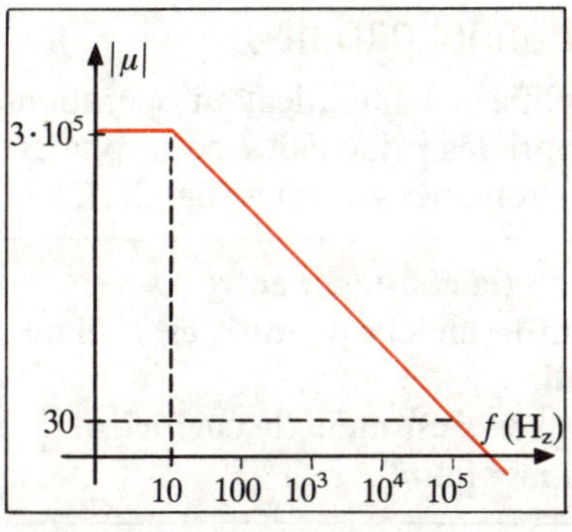

***Fig. 21.12.** Variation de $|\mu|$ avec la fréquence en régime sinusoïdal. Sur chacun des axes on a porté les logarithmes des valeurs considérées.*
En régime continu, ou à très basse fréquence pour des signaux sinusoïdaux, on a effectivement : $v_s=\mu_0\varepsilon$, avec μ_0 réel, de l'ordre de 10^5. Exemple : pour un amplificateur opérationnel du type 081, $\mu_0=3.10^5$; alors, $\varepsilon=40\ \mu V$ lorsque $v_s=12$ V.
Pour des fréquences plus élevées, la relation entre v_s et ε est plus compliquée. Cependant si v_s est une tension sinusoïdale, $\varepsilon(t)$ est aussi sinusoïdale. Pour un amplificateur 081, le rapport $\frac{\hat{v}_s}{\hat{\varepsilon}}$ reste supérieur à 30 jusqu'à f = 100 kHz.

Propriétés de l'amplificateur opérationnel

- Coefficient d'amplification μ très élevé : $\mu=\frac{|v_s|}{|\varepsilon|}$ (μ est aussi appelé coefficient d'amplification en boucle ouverte).
- Courants d'entrées très faibles : (10^{-10} A).
- Résistance de sortie assez faible : (100 Ω).

En outre :
- c'est un opérateur unidirectionnel ;
- l'intensité du courant de sortie est généralement limitée à une dizaine de milliampères ;
- sa tension de sortie est limitée par deux valeurs V_H et V_L (respectivement valeur maximale positive et valeur minimale négative) comprises entre V^+ et V^- : par exemple pour $V^+=15$ V et $V^-=-15$ V, la tension de sortie reste comprise entre $V_H=14$ V et $V_L=-14$ V.

L'oscillographe ne permet pas de mettre en évidence de différence entre v_{E^+M} et v_{E^-M}. De même, un voltmètre alternatif, branché entre E^+ et E^- (s'il est lui même à entrée différentielle), ne permet pas de déceler une tension.
Pourtant ε existe, d'autres expériences permettent sa mesure. Nous pouvons simplement, pour l'instant, constater que cette tension est inférieure à 1 mV.

Comme $v_s(t)$ peut avoir une amplitude voisine de 10 V, cela signifie que le coefficient d'amplification interne de l'amplificateur opérationnel, représenté par μ sur le schéma de la figure 21.09 est très élevé. Ce coefficient varie avec la fréquence du signal amplifié (fig. 21.12).

■ **La résistance de sortie de l'amplificateur opérationnel est faible.**
Nous pouvons le montrer expérimentalement à l'aide du montage de la figure 21.06.

- Prenons, par exemple, $v_e(t)=C^{te}$ = 1 V avec $R_2=4$ kΩ. Quelle que soit la position de K_3, la tension v_s reste égale à 5 V. Cela prouve que la résistance de sortie du montage est faible.

- Ouvrons K_2. Cela revient à augmenter la résistance de sortie ρ_s de l'amplificateur opérationnel d'une quantité égale à $R_4=1$ kΩ. Nous constatons alors que $v_s=5$ V encore, quelle que soit la position de K_3. La résistance de sortie du *montage* ne dépend donc pas de celle de l'amplificateur opérationnel. En revanche, cela ne nous renseigne pas sur la valeur de ρ_s.

- Avec K_3 fermé et K_2 ouvert mesurons maintenant la tension de sortie v_{SM} de l'amplificateur opérationnel. Alors que $v_s=R_ci_c=5$ V, nous trouvons $v_{SM}=11$ V. En effet, le courant d'intensité $i_s=(i_c+i_2)=6$ mA, en traversant R_4, provoque une chute de tension $R_4i_s=6$ V.

La résistance de sortie ρ_s de l'amplificateur opérationnel provoque, de la même manière, une chute de tension interne.

Cette chute de tension peut être mesurée avec le montage de la figure 21.06 (avec, par exemple, K_2 fermé), en réglant la tension d'entrée v_e de manière que la tension de sortie $v_s=v_{SM}$ atteigne juste sa valeur maximale positive v_H (qui ne saurait dépasser $V^+=+15$ V). On trouve ainsi :

– avec K_3 ouvert : $v_H=14{,}2$ V pour $i_s=2{,}9$ mA ;

– avec K_3 fermé : $v_H=13{,}7$ V pour $i_s=16{,}5$ mA.

Cette chute de tension $\Delta v_H=14{,}2-13{,}7=0{,}5$ V, qui correspond à un accroissement de l'intensité i_s de $\Delta i_s=16{,}5-2{,}9=13{,}6$ mA, marque la présence d'une résistance interne :

$$\rho_s = \frac{\Delta v_H}{\Delta i_s} = 37\ \Omega.$$

La résistance de sortie d'un amplificateur opérationnel est effectivement de l'ordre de quelques dizaines d'ohms souvent.

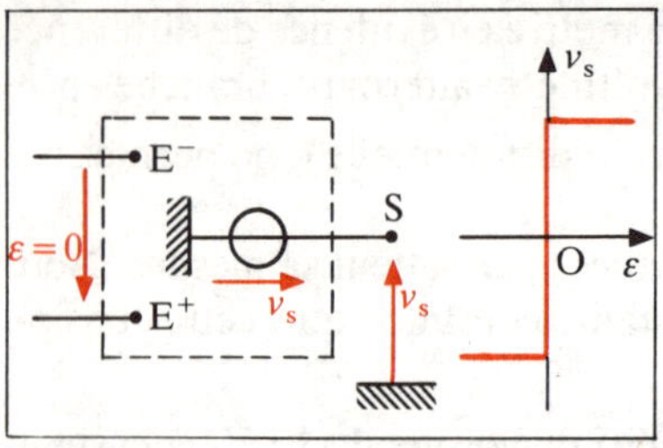

Fig. 21.13. Schéma équivalent de l'amplificateur opérationnel parfait.
– R_e est infinie (non représentée entre E^+ et E^-).
– R_s est nulle.
– Les courants d'entrée sont nuls.
– En fonctionnement linéaire, (partie rouge de la caractéristique), μ est infini et ε est nul. C'est ce que rappelle l'indication ∞ sur le symbole de la figure 21.03.a.

3.2. Amplificateur opérationnel parfait

En pratique, un modèle très simplifié de l'amplificateur opérationnel permet d'interpréter les propriétés principales de la plupart des montages. On admet alors les propriétés suivantes (fig. 21.13) :

– les courants d'entrée sont nuls (la résistance entre les entrées E^+ et E^- ou résistance différentielle d'entrée est infinie);
– la résistance de sortie est nulle ;
– la tension différentielle d'entrée ε est nulle (le coefficient d'amplification μ est donc supposé infini).

■ 4. APPLICATIONS : MONTAGES LINÉAIRES AVEC AMPLIFICATEURS OPÉRATIONNELS

Les montages qui suivent seront interprétés en utilisant uniquement le **modèle simplifié de l'amplificateur opérationnel parfait.**

4.1. Amplificateur non inverseur

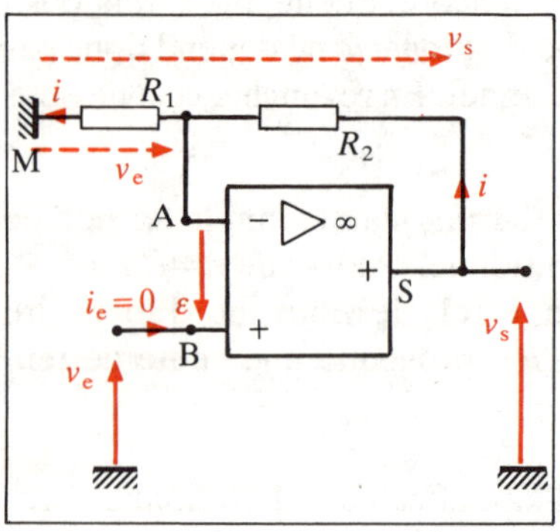

Fig. 21.14. Amplificateur non inverseur : $\frac{v_s}{v_e} = 1 + \frac{R_2}{R_1}$.

Le schéma est représenté sur la figure 21.14 (c'est le montage de la figure 21.06, réduit aux seuls éléments indispensables).

■ La résistance R_2, réunit la sortie et l'entrée inverseuse. On dit alors que le **montage est bouclé**. Plus généralement, nous verrons qu'une liaison entre la sortie et l'entrée inverseuse est indispensable pour que le montage soit linéaire.

■ La tension différentielle d'entrée est nulle :

$$\varepsilon = 0 \Rightarrow v_A = v_B$$

D'où : $v_e = v_B - v_M = v_A - v_M$

Nous trouvons donc une tension égale à v_e aux bornes de R_1.

■ Aucun courant n'entrant en A (E^-), nous obtenons :

$$\begin{cases} v_e = R_1 i \\ v_s = (R_2 + R_1)\, i \end{cases} \Rightarrow \frac{v_s}{v_e} = 1 + \frac{R_2}{R_1}$$

La quantité sans dimension $\frac{v_s}{v_e}$ est appelée fonction de transfert du montage.

$$T = \frac{v_s}{v_e} = 1 + \frac{R_2}{R_1}$$

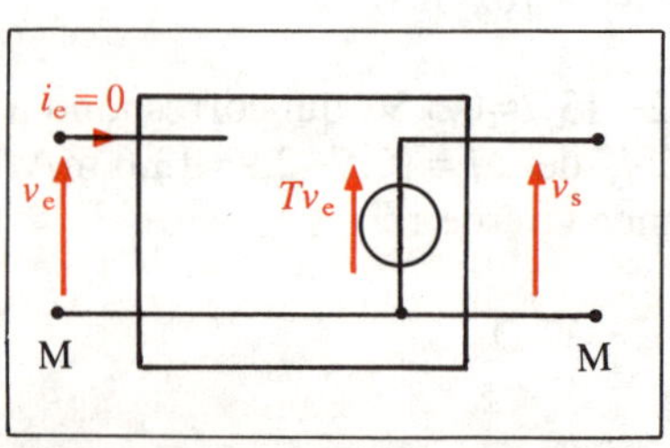

Fig. 21.15. Schéma équivalent de l'amplificateur non inverseur.

■ ***Conséquences :*** T est un nombre positif. Le montage fonctionne donc en amplificateur de tension sans changement de signe (fig. 21.07).

La résistance d'entrée $R_e = \frac{v_e}{i_e}$ de cet étage amplificateur est théoriquement infinie (plusieurs dizaines de mégohms en pratique) puisque $i_e = i^+ \approx 0$. Le schéma équivalent à l'ensemble du montage est alors celui de la figure 21.15.

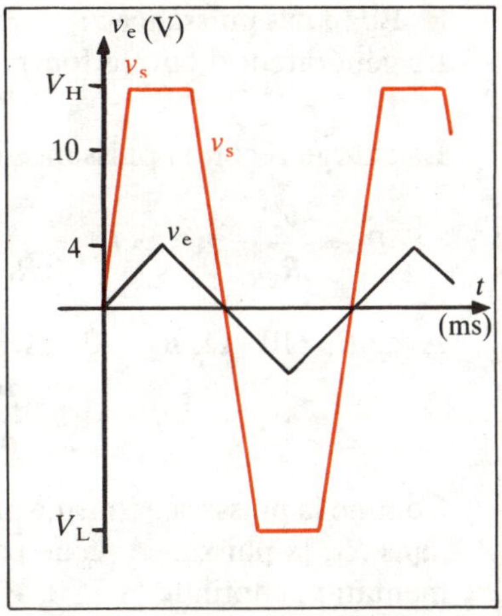

Fig. 21.16. Dès que $v_s=V_H$ *ou* $v_s=V_L$ *il y a écrêtage du signal de sortie* v_s.

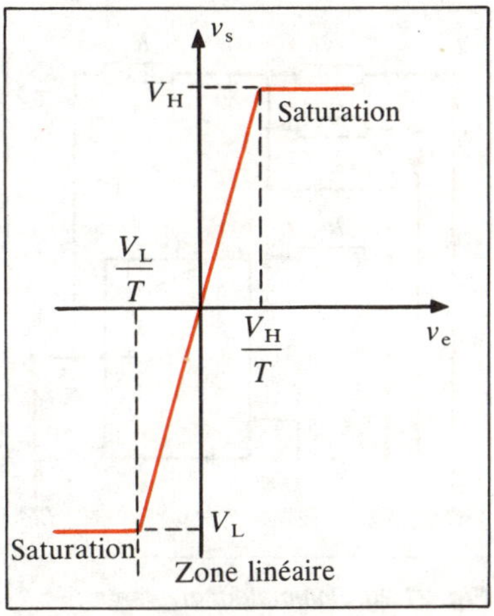

Fig. 21.17. Caractéristique de transfert en tension de l'amplificateur non inverseur. Dans la zone du fonctionnement linéaire : $T=1+R_2/R_1$.

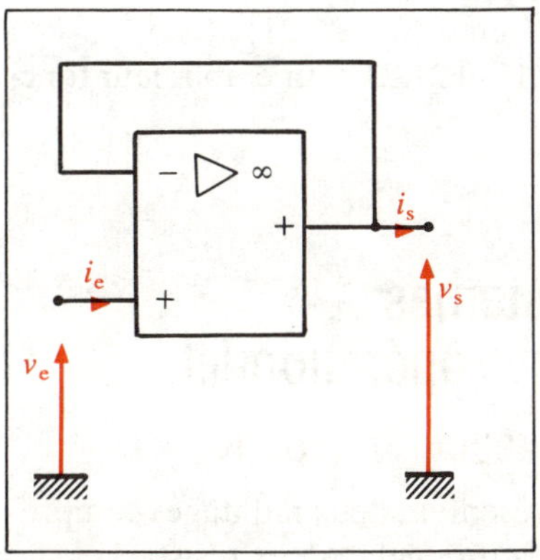

Fig. 21.18. Amplificateur suiveur : $v_s=v_e$. *L'intensité* i_s *peut être très grande devant* i_e : $i_e \simeq 10^{-10}$ A ; $i_s \simeq 10$ mA.

Toutefois, puisque v_s ne peut prendre que les valeurs comprises entre V_L et V_H, le fonctionnement n'est linéaire que si $v_e \in \left[\frac{V_L}{T}, \frac{V_H}{T}\right]$. En dehors de cet intervalle, l'amplificateur opérationnel est saturé (fig. 21.16 et 21.17).

■ ***Cas particulier :*** Etage suiveur de tension (fig. 21.18). On vérifiera que, pour ce montage, la tension de sortie est toujours égale à la tension d'entrée.

4.2. Amplificateur inverseur (fig. 21.19)

Avec nos hypothèses :

$$\varepsilon = v_B - v_A = 0 \text{ ; donc } v_A = v_B = 0$$

Le potentiel du point A est maintenu, par l'amplificateur opérationnel, au potentiel de la masse.

■ ***Conséquences :***

$$v_e - v_A = v_e \quad \Rightarrow \quad v_e = R_1 i_1$$

Tout se passe comme si la tension d'entrée v_e était appliquée, en totalité à la résistance R_1.

$$v_s - v_A = v_s \quad \Rightarrow \quad v_s = -R_2 i_2$$

Aucun courant n'entrant en A (E^-), nous pouvons écrire :

$$i_1 = i_2$$

soit :

$$\frac{v_e}{R_1} = -\frac{v_s}{R_2}$$

D'où la fonction de transfert de l'étage :

$$\boldsymbol{T = \frac{v_s}{v_e} = -\frac{R_2}{R_1}}$$

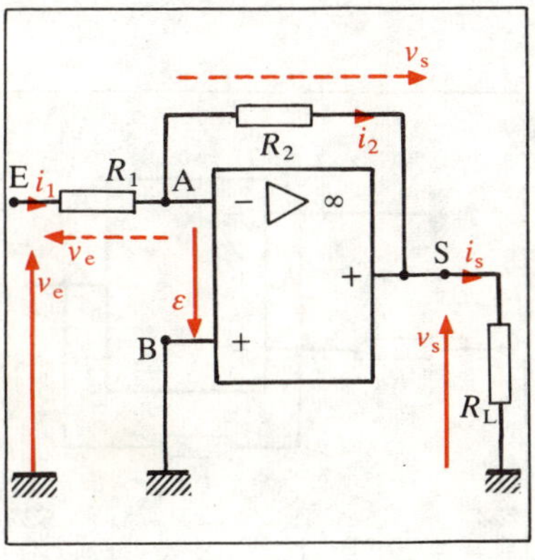

Fig. 21.19. Amplificateur inverseur en fonctionnement linéaire. Résistance d'entrée : $R_e=R_1$. *Fonction de transfert :* $T=-\frac{R_2}{R_1}$.

Le montage réalise une amplification de tension avec changement de signe. Sa résistance d'entrée est égale à : $R_e = \frac{v_e}{i_1} = R_1$.

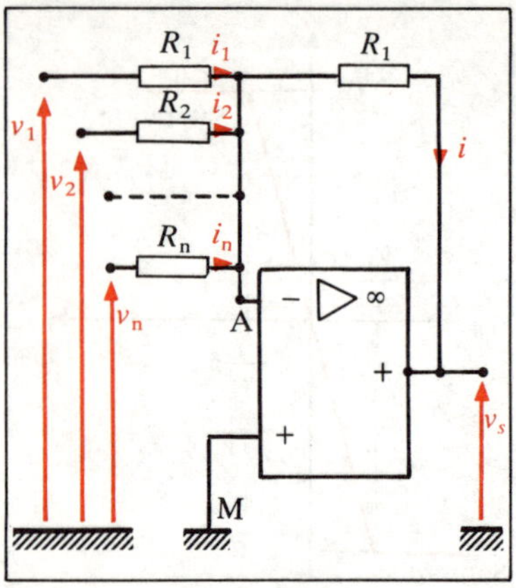

Fig. 21.20. *Sommateur inverseur :*

$$T = \frac{v_s}{v_e} = -R\left(\frac{v_1}{R_1} + \frac{v_2}{R_2} + \ldots + \frac{v_n}{R_n}\right).$$

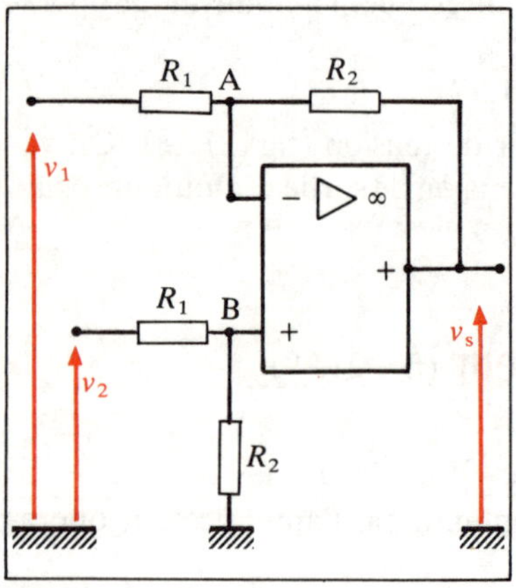

Fig. 21.21. *Amplificateur de différence :*

$$v_s = \frac{R_2}{R_1}(v_2 - v_1).$$

■ **Bilan des puissances :**

Le générateur d'entrée fournit la puissance instantanée :

$$P_e = v_e i_1$$

La charge reçoit la puissance instantanée : $P_s = v_s i_s$

$$P_e = \frac{v_e^2}{R_1} \quad \text{et :} \quad P_s = \frac{v_s^2}{R_L} = \frac{(Tv_e)^2}{R_L} \quad \text{soit :} \quad \frac{P_s}{P_e} = T^2\frac{R_1}{R_L}$$

Avec R_1=10 kΩ, R_2=100 kΩ et R_L=1 kΩ, nous obtenons :

$$\frac{P_s}{P_e} = 10^3$$

Comme la puissance fournie par le générateur d'entrée est dissipée dans R_1, la puissance reçue par la charge vient de la source d'alimentation continue (V^-, 0, V^+).

4.3. Autres montages amplificateurs

– Montage sommateur inverseur (fig. 21.20).
– Montage amplificateur de différence (fig. 21.21).

On se reportera aux exercices 21.11 et 21.23 pour établir leur fonction de transfert.

5. Stabilité des systèmes utilisant un amplificateur opérationnel

5.1. Réaction positive et réaction négative

■ Les figures 21.22 et 21.24 représentent deux montages comprenant chacun un amplificateur opérationnel et deux résistances.

Le premier est un amplificateur inverseur : sa tension de sortie v_s est une fonction linéaire de sa tension v_e : $v_s = -\frac{R_2}{R_1}v_e$ (fig. 21.23).

Ce montage est stable.

L'autre ne permet d'obtenir que deux valeurs discrètes de v_s : V_H ou V_L (fig. 21.25). L'amplificateur opérationnel fonctionne alors en mode non linéaire.

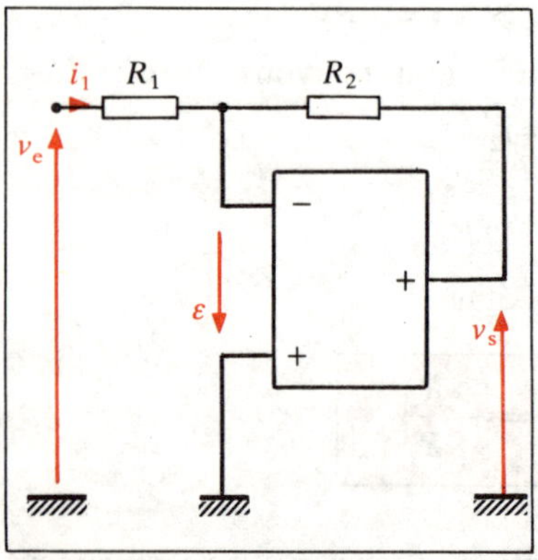

Fig. 21.22.

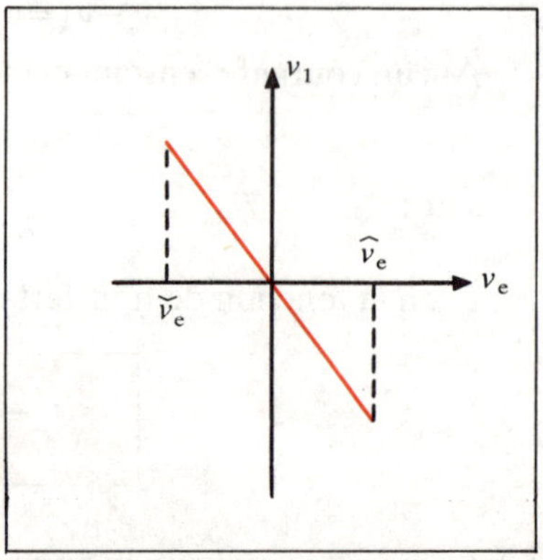

Fig. 21.23. *Entre deux valeurs convenables de v_e la fonction de transfert est linéaire :* $T = -R_2/R_1$.

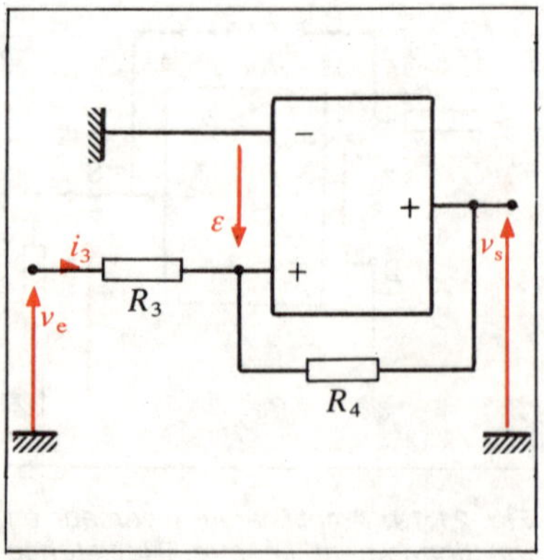

Fig. 21.24.

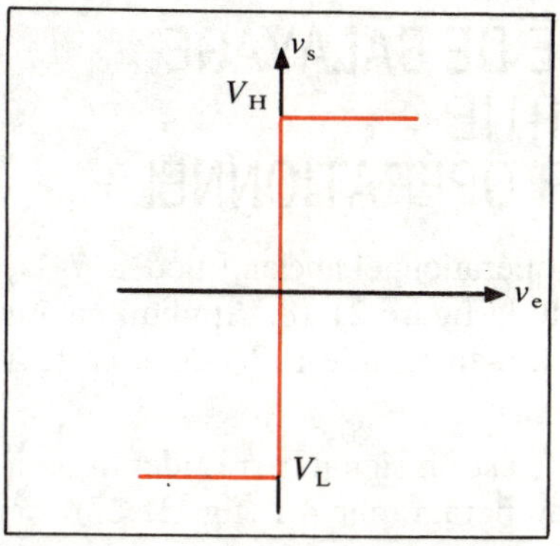

Fig. 21.25. *La fonction de transfert est non linéaire : $v_s=V_H$ pour $V_e>0$; $v_s=V_L$ pour $V_e<0$.*

■ Calculons la tension différentielle d'entrée ε dans les deux cas pour mettre en évidence l'influence de la tension de sortie sur l'entrée.

a) Premier montage (fig. 21.22)

$$\varepsilon = -(v_e - R_1 i_1) \qquad \text{et :} \qquad i_1 = \frac{v_e - v_s}{R_1+R_2}$$

D'où : $$\varepsilon = -\frac{R_2}{R_1+R_2}v_e - \frac{R_1}{R_1+R_2}v_s$$

Posons : $k_1 = \dfrac{R_1}{R_1+R_2}$ et : $v'_e = -\dfrac{R_2}{R_1+R_2}v_e$

nous tirons : $\varepsilon = v'_e - k_1 v_s$

k_1 est le **taux de réaction négative ou taux de contre-réaction.**

b) Second montage (fig. 21.24)

$$\varepsilon = v_e - R_3 i_3 \qquad \text{et :} \qquad i_3 = \frac{v_e - v_s}{R_3+R_4}$$

D'où : $$\varepsilon = \frac{R_4}{R_3+R_4}v_e + \frac{R_3}{R_3+R_4}v_s$$

Avec : $k_2 = \dfrac{R_3}{R_3+R_4}$ et : $v''_e = \dfrac{R_4}{R_3+R_4}v_e$, nous pouvons écrire :

$$\varepsilon = v''_e + k_2 v_s,$$

k_2 est **le taux de réaction positive.**

5.2. Stabilité

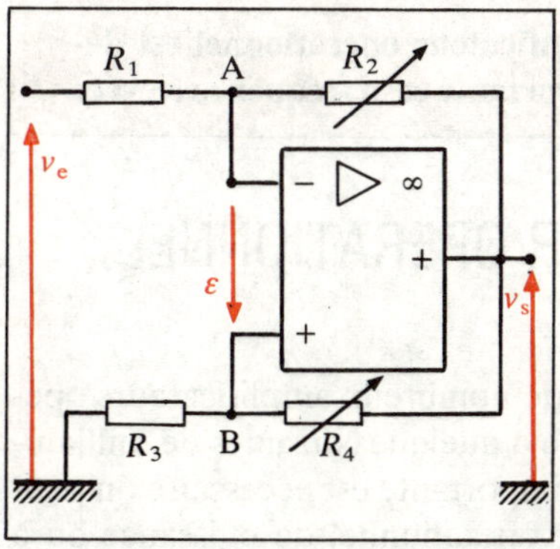

Fig. 21.26. *Etude de la stabilité (voir T.P. 3).*

Considérons le montage de la figure 21.26 où les deux sortes de réaction sont utilisées (se reporter également au T.P. 3).

$$\varepsilon = v_B - v_A$$

$$v_A = \frac{R_2}{R_1+R_2}v_e + \frac{R_1}{R_1+R_2}v_s = \frac{R_2}{R_1+R_2}v_e + k_1 v_s \quad \left(k_1 = \frac{R_1}{R_1+R_2}\right)$$

$$v_B = \frac{R_3}{R_3+R_4}v_s = k_2 v_s \quad \left(k_2 = \frac{R_3}{R_3+R_4}\right)$$

Donc : $$\varepsilon = -\frac{R_2}{R_1+R_2}v_e - (k_1 - k_2)\,v_s$$

Posons : $v'_e = -\dfrac{R_2}{R_1+R_2}v_e$ et : $k = k_1 - k_2$, nous tirons :

$$\varepsilon = v'_e - k\,v_s$$

En faisant varier R_2 et R_4 nous modifions les valeurs de k_1 et de k_2. L'expérience montre que le **système est stable** si ***k* est positif**, c'est-à-dire **si le taux de réaction négative k_1 est supérieur au taux de réaction positive k_2.**

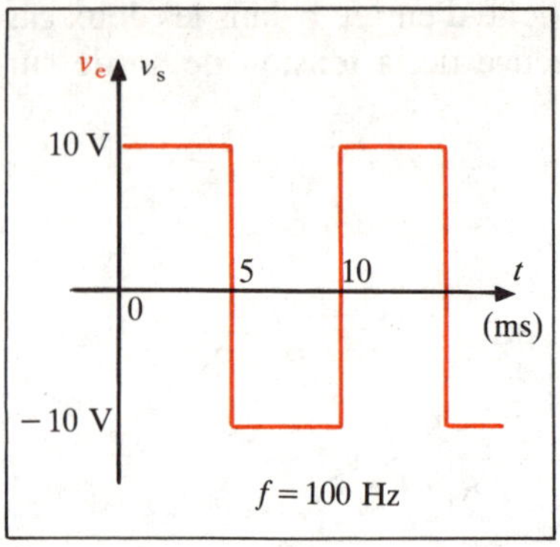

Fig. 21.27.

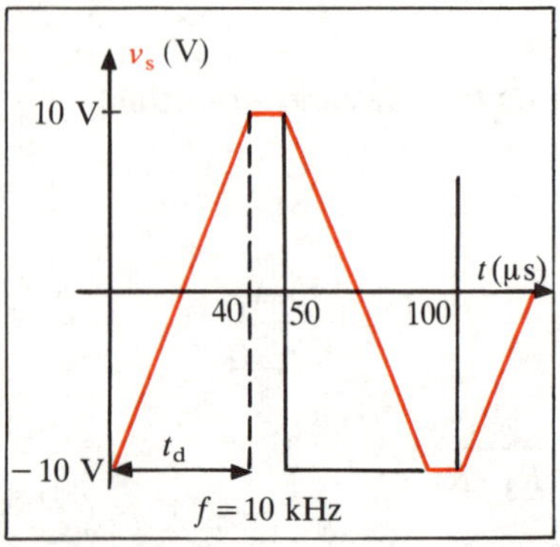

Fig. 21.28.

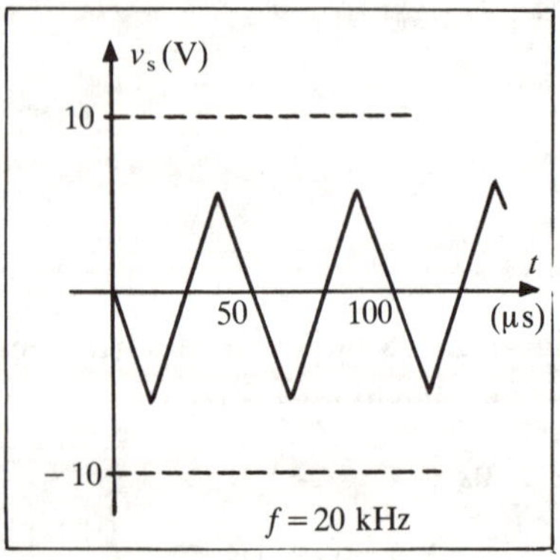

Fig. 21.29. *Etant donné le signal d'entrée utilisé, les limites S_v^+ à la montée et $-S_v^-$ à la descente, sont atteintes.*

Les pentes sont les mêmes sur les figures 21.27, 21.28 et 21.29. Mais elles ne sont pas visibles sur la figure 21.27.

A la montée $\frac{\Delta v_s}{\Delta t} > 0$; à la descente $\frac{\Delta v_s}{\Delta t} < 0$.

Ici : $S_v^+ = S_v^- = \frac{20\ V}{40\ \mu s} = 0{,}5\ V/\mu s$
et donc $S_v = 0{,}5\ V/\mu = 0{,}5.10^{-6} V.s^{-1}$.
Si pour un amplificateur $S_v^+ = 2\ V/\mu s$ et $S_v^- = 4\ V/\mu s$, on dit que la vitesse maximale de balayage, S_v , vaut 2 V/µs.
Pour certains amplificateurs opérationnels très rapides, S_v peut atteindre 200 V/µs.

■ 6. VITESSE LIMITE DE BALAYAGE EN TENSION A LA SORTIE D'UN AMPLIFICATEUR OPÉRATIONNEL

Réalisons, avec un amplificateur opérationnel ancien (modèle 741), le montage suiveur de tension de la figure 21.18. Appliquons un signal d'entrée $v_e(t)$, en créneaux, d'amplitude 10 V (20 V crête à crête).

Pour une fréquence f=100 Hz, v_s est un signal carré, identique à v_e, comme le prévoit la théorie du paragraphe 4.1 (fig. 21.27).

Pour f=10 kHz, v_s a une forme trapézoïdale. On constate que le passage de $\hat{v}_s$=10 V à $\check{v}_s$=–10 V, ou vice versa, dure t_d=40 µs (fig. 21.28).

Pour f>16 kHz, le signal de sortie est triangulaire et son amplitude est inférieure à 10 V (fig. 21.29).

■ ***Interprétation :***

Pour tout amplificateur opérationnel, la vitesse d'évolution de la tension de sortie, $\frac{\Delta v_s}{\Delta t}$, est limitée, à la montée, comme à la descente :

– à la montée, $\frac{\Delta v_s}{\Delta t} \leqslant S_v^+$,

– à la descente, $-\frac{\Delta v_s}{\Delta t} \leqslant S_v^-$.

Cette limitation ne dépend pas du montage réalisé (amplificateur inverseur, suiveur de tension, etc.). La plus faible des deux valeurs S_v^+ ou S_v^- est notée S_v. C'est la **vitesse limite de balayage** (*slew-rate* en anglais).

> **Conclusion :**
> **Le signal de sortie d'un amplificateur opérationnel est déformé si son amplitude est importante et sa fréquence élevée.**

■ 7. AMPLIFICATEUR OPÉRATIONNEL DE PUISSANCE

L'intensité du courant de sortie de nombreux amplificateurs opérationnels est très souvent limitée à quelques dizaines de milliampères. Lorsqu'une intensité plus importante est nécessaire on peut avoir recours à un amplificateur opérationnel de puissance ou à une association amplificateur opérationnel-transistors.

7.1. Amplificateur opérationnel de puissance

Certains circuits intégrés (TCA 365 ou LM 365) peuvent débiter jusqu'à 3 A et le modèle de l'amplificateur opérationnel parfait représente bien leur fonctionnement. L'amplificateur suiveur de la figure 21.30 délivre une puissance voisine de 5 W à la fréquence f=10 kHz.

7.2. Utilisation d'un étage de sortie à transistors

– Etage « push-pull » à transistors bipolaires (fig. 21.31).
On utilise deux transistors complémentaires (T_1 : NPN et T_2 : PNP) pour amplifier le courant de sortie de l'amplificateur opérationnel. En réalisant la contre réaction à partir de la sortie de l'ensemble (point S), on supprime la zone morte de l'étage push-pull (voir chapitre 20).
– Il est aussi possible d'utiliser deux transistors MOSFET complémentaires : T_1 à canal N et T_2 à canal P.

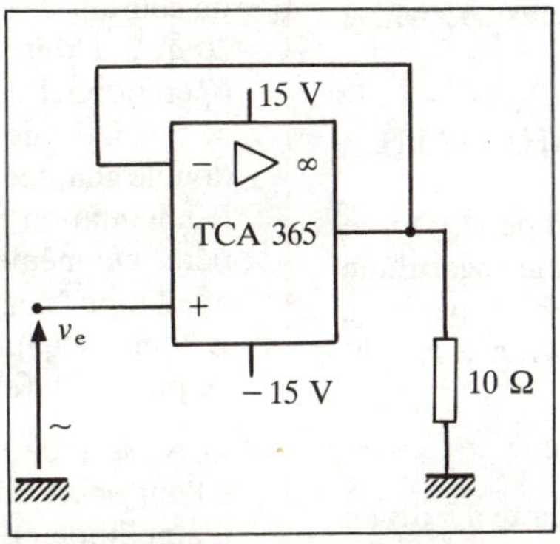

Fig. 21.30. Amplificateur opérationnel de puissance.
V_e=7 V, f=10 kHz.
– Un haut-parleur peut remplacer la résistance de 10 Ω.
– L'alimentation symétrique (– 15 V, 0 V, + 15 V) doit pouvoir fournir au moins 1 A. Des condensateurs de découplage placés près du circuit intégré, sont nécessaires.

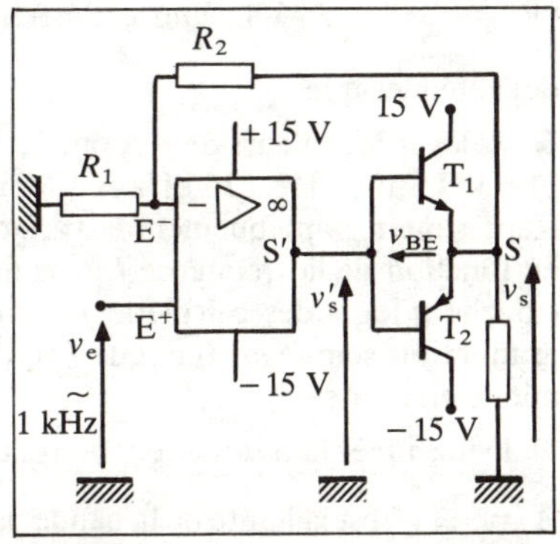

Fig. 21.31. Etage de puissance à transistors bipolaires.
Exemple : T_1 : BD 201, T_2 : BD 202 (montés sur dissipateur). Pour les faibles valeurs de v_{BE} ($|v_{BE}| < 600$ mV) la résistance apparente R'_2, entre S' et S, est très grande. Alors l'amplification en tension du montage qui vaut $\left[1+\left(\frac{R_2+R'_2}{R_1}\right)\right]$, est très grande.

Travaux pratiques

1. Etude d'un amplificateur non inverseur

Le montage pratique est représenté sur la figure 21.32.

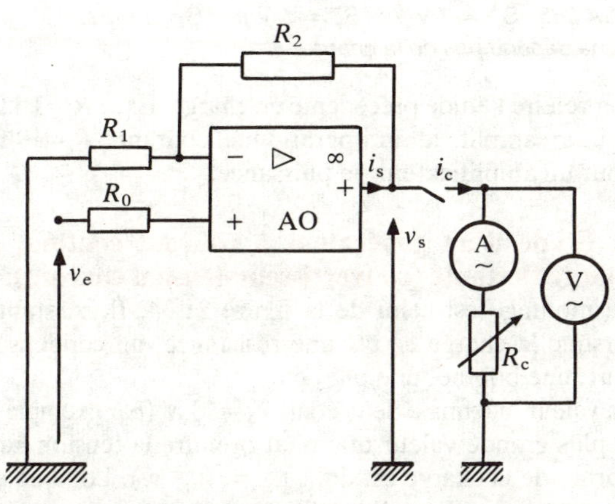

Fig. 21.32. $R_0 = 1\ k\Omega$; $R_1 = 1\ k\Omega$; $R_2 = 9\ k\Omega$.
La tension v_e est fournie par un générateur de fonction.

1.1. Etude de la courbe de linéarité à fréquence constante.

• **$v_e(t)$ est une tension sinusoïdale,** de fréquence f=1 kHz, de valeur efficace $V_e = \frac{\hat{V}_e}{\sqrt{2}}$.

• V_s est la valeur efficace de la tension de sortie $v_s(t)$.

■ Mesurer successivement V_e et V_s et déterminer le rapport $A_v = \frac{V_s}{V_e}$ qui *représente l'amplification en tension tant que* $v_s(t)$ *demeure sinusoïdale.* Si ce n'est pas le cas, ce rapport n'a pratiquement plus de signification (d'où la nécessité de contrôler en permanence la forme de $v_s(t)$ à l'oscillographe).

■ Tracer $V_s=f(V_e)$, puis $A_v=f(V_e)$, pour i_c=0.
Constater que lorsque le rapport $\frac{V_s}{V_e}$ diminue, c'est que $v_s(t)$ n'est plus sinusoïdale, et n'est donc plus de la forme $v_s(t)=kv_e(t)$. Dans ce cas il y a distorsion due à la saturation (cette distorsion est encore plus visible en signaux triangulaires).

■ Reprendre la même étude avec une résistance de charge R_c. Noter que la saturation survient pour une valeur V_e plus faible que précédemment lorsque l'amplificateur opérationnel débite.

1.2. Etude de la réponse en fréquence, à vide, à tension d'entrée de valeur efficace constante.

a) Etude en petits signaux sinusoïdaux. – Pour f=1 kHz régler l'amplitude de $v_e(t)$ pour que la valeur crête à crête de $v_s(t)$ $(2\hat{V}_s)$ soit égale à 1 V $\left(V_s = \frac{0,5}{\sqrt{2}} \simeq 0,35 \text{ V}\right)$. Pour cette fréquence $A_v=A_{v0}$ a déjà été mesurée.

■ Relever les valeurs de A_v pour 3,16 kHz ; 10 kHz ; 31,6 kHz, 100 kHz, 316 kHz et 1 MHz.

Représenter graphiquement la variation de $A_v(f)$ non en fonction de la fréquence f mais de son logarithme (touche « log » des calculettes). Utiliser un papier à graduation semilogarithmique (graduation logarithmique en abscisses).

■ Déterminer la fréquence f_c pour laquelle $A_v = \frac{A_{v0}}{\sqrt{2}}$ (f_c est la limite de la bande passante à 3 dB en petits signaux). Toute cette étude doit être effectuée en l'absence de distorsion. Si l'on utilise un amplificateur opérationnel ancien (741), peu performant, diminuer encore l'amplitude de $v_c(t)$ pour atteindre la fréquence f_c sans distorsion.

A titre indicatif, on donne : TL 081 : $f_c \approx 400$ kHz ; TCA 365 : $f_c \approx 180$ kHz.

Compléments :

• $\lg (ab) = \lg a + \lg b$; $\lg \left(\frac{a}{b}\right) = \lg a - \lg b$; $\lg a^n = n \lg a$.

• Noter que dans la liste proposée, on peut passer d'une fréquence à celle qui lui est immédiatement supérieure en multipliant la première par $3,16 \approx \sqrt{10}$. Vérifier que les valeurs correspondantes sont régulièrement espacées sur une échelle logarithmique.

• La grandeur $G=20 \lg A_v$ porte le nom de **gain en tension** et s'exprime en décibels (dB).

Pour A_{v0}, on a : $G_0=20 \lg A_{v0}$.

Pour $A_v = \frac{A_{v0}}{\sqrt{2}}$, on peut écrire :

$$\lg A_v = \lg A_{v0} - \lg\sqrt{2} \,;$$

Comme $\lg\sqrt{2} \approx 0,15$, on tire :

$$20 \lg A_v = 20 \lg A_{v0} - 20 \lg\sqrt{2} \Rightarrow G = (G_0 - 3) \text{ dB}.$$

b) Etude en grands signaux sinusoïdaux. – Pour f=1 kHz, régler l'amplitude de $v_e(t)$ de manière que l'amplitude crête à crête de $v_s(t)$ soit égale à 20 V ($V_s \simeq 7,1$ V).

Recommencer l'étude précédente en portant $A_v = \frac{V_s}{V_e}$ en fonction de f sur un papier à graduation semilogarithmique.

Constater que lorsque le rapport $\frac{V_s}{V_e}$ diminue, c'est que $v_s(t)$ n'est plus sinusoïdale, et n'est donc plus de la forme $v_s(t)=kv_e(t)$. Dans ce cas, il y a distorsion due au fait que la vitesse de balayage, $\frac{dv_s}{dt}$, est limitée à une valeur S_v qui dépend de chaque amplificateur opérationnel.

Remarque : *choix de l'amplificateur opérationnel et de l'alimentation.* Prendre, tout d'abord, un circuit intégré classique (exemple TL 081), dont l'intensité maximale du courant de sortie est limitée à une valeur voisine de 20 mA. Utiliser ensuite, si possible, un amplificateur opérationnel de puissance (exemple TCA 365). Dans ce cas, il est nécessaire de disposer d'une alimentation double adaptée. En effet, pour avoir i_s=1 A, il faut que l'alimentation "positive" puisse *fournir* plus d'un ampère. De même, pour avoir $i_s=-1$ A, il faut que l'alimentation "négative" puisse *recevoir* plus d'un ampère. L'intensité i_s fournie par un amplificateur opérationnel de puissance (ex. : TCA 365) est telle que $|i_s| \leqslant 3$ A.

c) Mesure de la **vitesse de balayage limite** (*slew-rate*). – Pour f=100 kHz prendre pour $v_e(t)$ des signaux carrés d'amplitude crête à crête de l'ordre de 2 V. Noter la forme des signaux de sortie $v_s(t)$.

Mesurer S_v^+ et S_v^-. Comparer à la valeur typique S_v donnée par le constructeur (fig. 21.33).

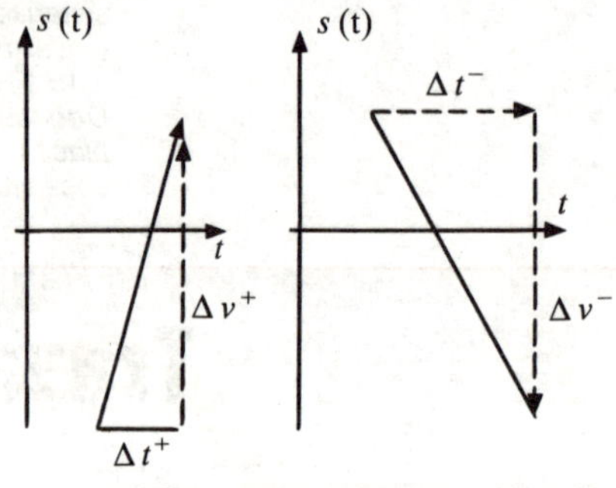

Fig. 21.33. $S_v^+ = \frac{\Delta v^+}{\Delta t^+} > 0$;

$S_v^- = -\frac{\Delta v^-}{\Delta t^-} > 0.$

Exemple : TL 081 : $S_v^+ = S_v^- \simeq 10$ *V/µs.*

TCA 365 : $S_v^+ \simeq 7$ *V/µs ;* $S_v^- \simeq 5$ *V/µs :* S_v*=5 V/µs.*

S_v *ne dépend pas de la charge.*

Reprendre l'étude précédente en charge. Ex. : R_c=1 kΩ pour un amplificateur opérationnel courant ; R_c=10 Ω pour un amplificateur de puissance.

2. Etude d'un générateur à courant continu, à charge flottante (convertisseur-tension courant).

Le montage est celui de la figure 21.34. Il est stable lorsque la charge *ch* est une résistance, un condensateur, une bobine, une pile, etc.

La valeur maximale de v_s étant V_H=13 V (par exemple), la plus grande valeur que peut prendre la tension aux bornes de la charge est donc $u_{cm}=(V_H-v_e)$. Lorsque u_c atteint cette valeur, l'amplificateur est saturé et ε devient non nulle.

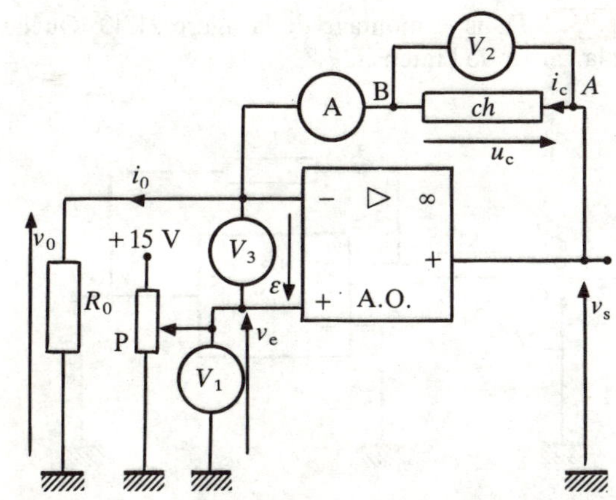

Fig. 21.34. (A.O). TL 081 pour i_c compris entre 0 et 15 mA ; TCA 365 pour i_c compris entre 0 et 3 A. En l'absence de saturation $\varepsilon \simeq 0$; $v_0 = v_e$, donc : $i_0 = \frac{v_0}{R_0} = \frac{v_e}{R_0}$ et $i_c = C^{te} = I = \frac{v_e}{R_0}$.

■ Prendre pour charge différentes résistances depuis $R=0$ (court-circuit), jusqu'à des valeurs telles que i_c diffère de $I = \frac{v_e}{R_0}$. Mesurer alors v_s, u_c et ε.

■ Prendre ensuite $v_e = 5$ V, par exemple. La charge est une pile de 4,5 V. Mesurer i_c pour les deux branchements possibles $\left(i_c = C^{te} = \frac{v_e}{R}\right)$.

■ Prendre pour charge un condensateur chimique correctement polarisé, de capacité convenable.
Constater que le condensateur se charge à courant constant tant que l'amplificateur opérationnel n'est pas saturé.
Quand l'intensité i_c commence à décroître, observer que : $\varepsilon \neq 0$ et $v_s \approx V_H$.

3. Etude expérimentale de la réaction négative et de la réaction positive : condition de fonctionnement d'un amplificateur opérationnel en mode linéaire et en mode non linéaire.

On se propose d'étudier le montage de la figure 21.35, (voir paragraphe 5.2).

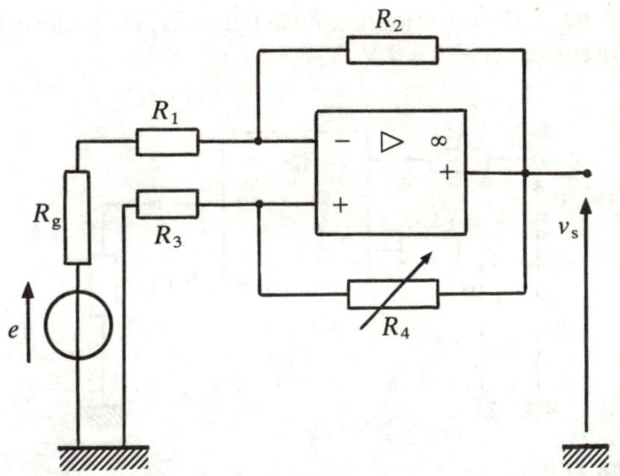

Fig. 21.35. e est une tension sinusoïdale 0,1 V-1 kHz fournie par un générateur de résistance de sortie égale à 50 Ω.
$R_2 = 4{,}7$ kΩ ; $R_1 = R_3$: 1 kΩ ; R_4 : résistance réglable de 0 à 10 kΩ.

1.1. Relever la forme d'onde de v_s pour $R_4 = 0$ et R_4 infinie.

1.2. Partir de $R_4 = 10$ kΩ et diminuer la valeur de cette résistance. Noter la valeur R_{4c} à partir de laquelle on passe du fonctionnement en mode linéaire au fonctionnement en mode non linéaire.
On doit trouver que le système fonctionne en mode linéaire si le coefficient de réaction négative, ici $k_1 = \frac{R_1 + R_g}{R_1 + R_g + R_2}$, est supérieur au coefficient de réaction positive : $k_2 = \frac{R_3}{R_3 + R_4}$.
Comme R_g est faible devant R_1, cette condition se réduit sensiblement à $\frac{R_1}{R_1 + R_2} > \frac{R_3}{R_3 + R_4}$, soit $R_4 > \frac{R_2 R_3}{R_1}$.
Comme on a pris $R_1 = R_3$, cette condition se réduit encore à $R_4 > R_2$. On doit donc avoir $R_{4c} = R_2$.
La différence entre valeur théorique et valeur expérimentale s'explique par la tolérance des résistances utilisées et la nécessité de prendre en compte la résistance interne du générateur.

Contrôle des connaissances

Dans tous les exercices, les **amplificateurs opérationnels sont supposés parfaits.** On admettra que $V_H = 14$ V, $V_L = -14$ V et que l'intensité maximale du courant de sortie de l'amplificateur opérationnel est 20 mA.

INDIQUER LA BONNE RÉPONSE :

21.01. Dans le montage de la figure 21.36, quelle est la valeur de l'intensité i ?

R : 2 mA ; −2 mA ; 1 mA ; −1 mA.

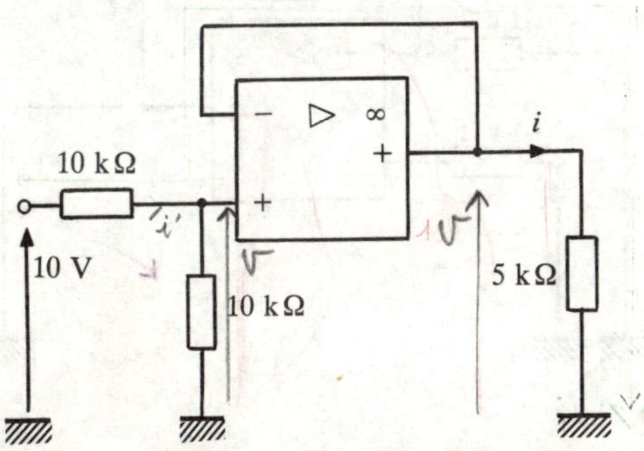

Fig. 21.36.

21.02. Dans le montage de la figure 21.37, quelle est l'intensité i si $V_1 = -5$ V, $V_2 = -6$ V ?

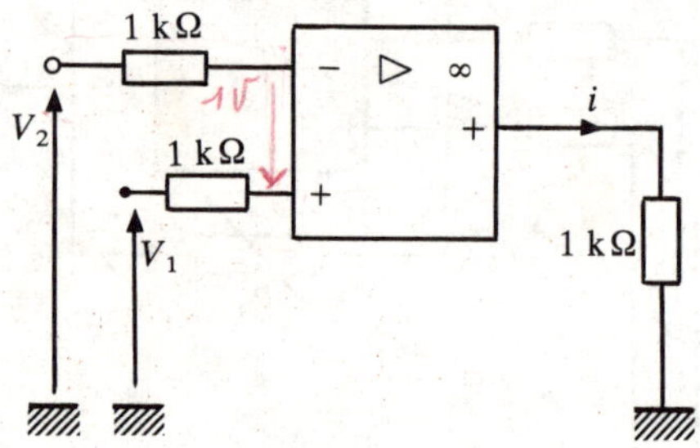

Fig. 21.37.

R : −14 mA ; 14 mA ; −1 mA ; 1 mA.

21.03. Dans le montage de la figure 21.38, quelle est la valeur de la tension de sortie V_s ?

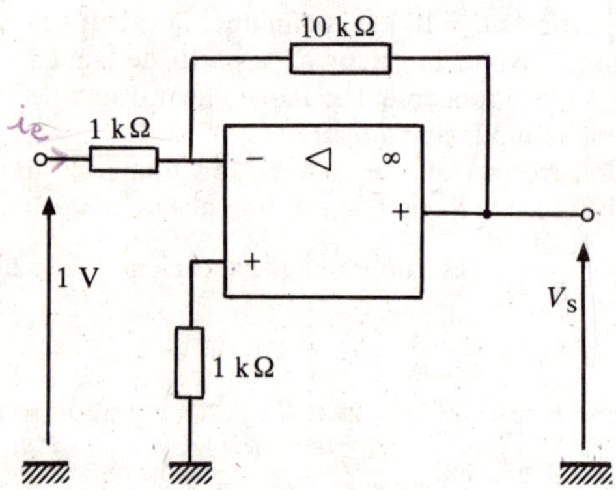

Fig. 21.38.

R : −10 V ; 10 V ; −11 V ; 11 V.

21.04. Dans le montage de la figure 21,39, quelle est la valeur de la tension de sortie V_s ?

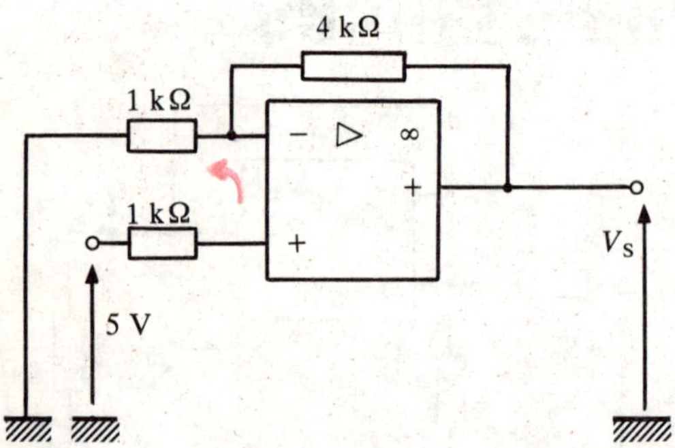

Fig. 21.39.

R : 20 V ; 25 V ; 14 V ; 0 V.

21.05. Dans le montage de la figure 21.40. Quelle est la valeur de l'intensité i ?

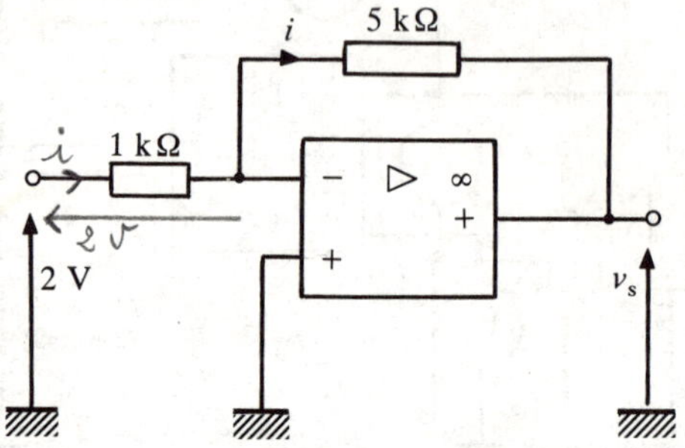

Fig. 21.40.

R : −0,4 mA ; 0,4 mA ; −2 mA ; 2 mA.

21.06. Dans le montage de la figure 21.41, que vaut la tension de sortie v_s ?

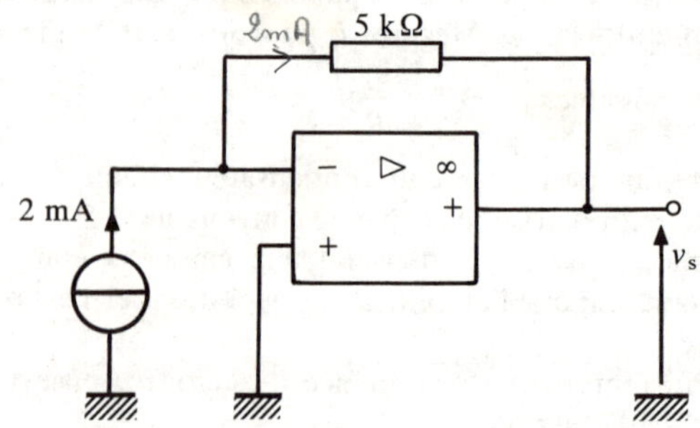

Fig. 21.41.

R : 0 V ; 10 V ; −10 V ; incalculable.

21.07. Dans le montage de la figure 21.42, que vaut l'intensité i ?

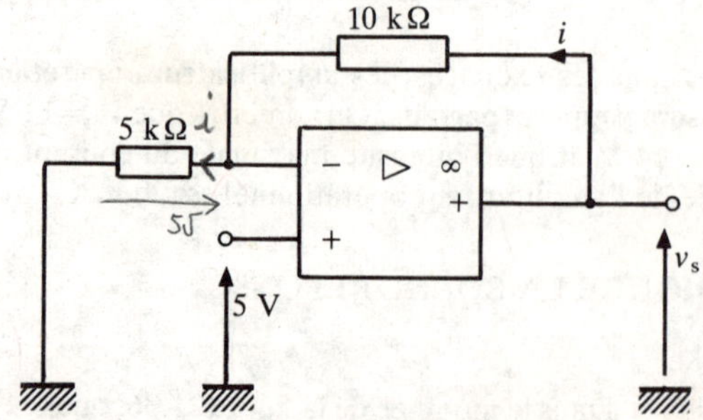

Fig. 21.42.

R : 0,33 mA ; 0,93 mA ; 1 mA ; 2 mA.

21.08. Dans le montage de la figure 21.43, la diode D est parfaite. Si v_e=5 V, que vaut l'intensité i du courant dans la diode ?

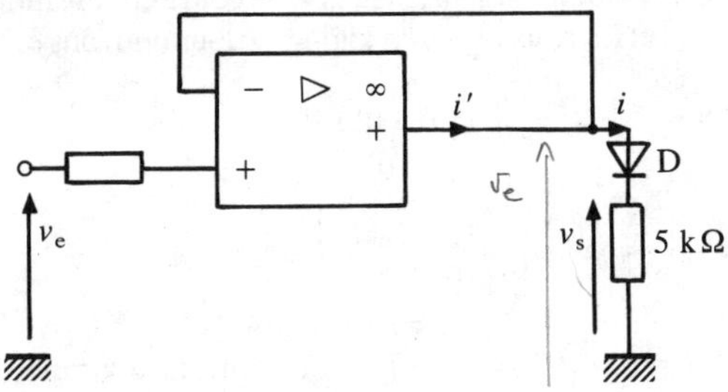

Fig. 21.43.

R : nulle ; 1 mA ; −1 mA ; incalculable.

21.09. Dans le montage de la figure 21.44, la diode Zéner est parfaite. Sa tension Zéner est 7 V. Que vaut v_s ?

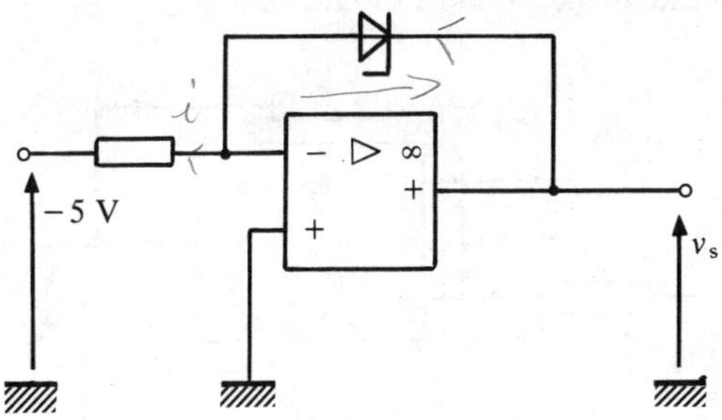

Fig. 21.44.

R : 0 V ; 5 V ; −5 V ; 7 V ; −7 V.

Exercices résolus

21.10. **Pour le montage de la figure 21.45, calculer les intensités des courants et la tension de sortie dans chacun des cas suivants :**

1°) v_1=2 V et v_2=−1 V.

2°) v_1=2 V et v_2=3 V.

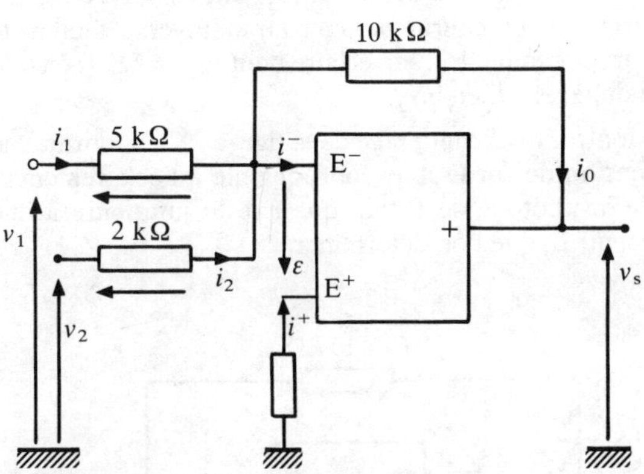

Fig. 21.45.

Solution :

1°) On a réalisé une réaction négative puisque la sortie de l'amplificateur opérationnel est reliée à l'entrée E^- ; ce composant peut fonctionner en mode linéaire. Tant que $|v_s|$ est inférieure à V_H la tension différentielle d'entrée ε est nulle.

$$\varepsilon = 0 \Rightarrow v_E = v_{E^-}$$
$$i^+ = 0 \Rightarrow v_{E^-} = 0$$
$$i^- = 0 \Rightarrow i_0 = i_1 + i_2$$

Pour la suite on exprime les courants en milliampères et les résistances en kilohms :

$$v_1 = 5i_1 \qquad v_2 = 2i_2 \qquad v_s = -10i_0 = -10\,(i_1+i_2)$$

D'où : $$v_s = -10\left(\frac{v_1}{5} + \frac{v_2}{2}\right)$$

soit : $$\boldsymbol{v_s = -2v_1 - 5v_2} \qquad \textbf{(1)}$$

Applications numériques : v_1=2 V, v_2=−1 V

$$v_s = -2\times 2 - 5\times(-1) = \mathbf{1\ V,}$$
$$i_0 = -\frac{v_s}{10} = \mathbf{-0{,}1\ mA,}$$
$$i_1 = \frac{v_1}{5} = \frac{2}{5} = \mathbf{0{,}4\ mA,}$$
$$i_2 = \frac{v_2}{2} = -\frac{1}{2} = \mathbf{-\ 0{,}5\ mA.}$$

2°) Si v_1=2 V et v_2=3 V, la relation (1) donne : v_s = − 2×2 − 5×3 = − 19 V. Ce cas n'est pas possible : l'amplificateur opérationnel est saturé : V_s=V_L=−14 V.

Calculons ε :

$$i_1 = \frac{v_1+\varepsilon}{5} \quad ; \quad i_2 = \frac{v_2+\varepsilon}{2}$$
$$v_s = -\ 10\left(\frac{v_1+\varepsilon}{5} + \frac{v_2+\varepsilon}{2}\right) - \varepsilon$$

D'où : $$\varepsilon = \frac{-\ (v_s+2v_1+5v_2)}{8}$$

$$\boldsymbol{\varepsilon = -0{,}625\ V,}$$
$$i_1 = \frac{2-0{,}625}{5} = \mathbf{0{,}27\ mA,}$$
$$i_2 = \frac{3-0{,}625}{2} = \mathbf{1{,}19\ mA,}$$
$$i_0 = i_1+i_2 = \mathbf{1{,}46\ mA.}$$

21.11. **On considère le montage de la figure 21.46.**

1°) Calculer les intensités des courants.

2°) Quelle est la valeur minimale de v_e qui sature l'amplificateur opérationnel à l'état haut ?

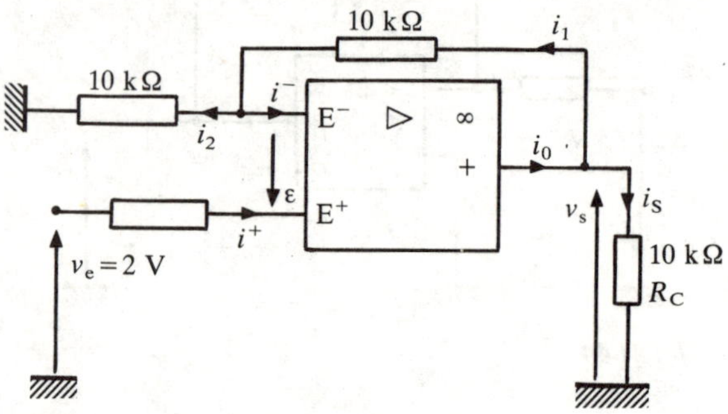

Fig. 21.46.

Solution :

1°) On a réalisé une contre-réaction donc l'amplificateur opérationnel peut fonctionner en mode linéaire. Nous aurons : $\varepsilon=0$ tant que l'inégalité $|v_s|<V_H$ est satisfaite.

$$\varepsilon = 0 \Rightarrow v_{E+} = v_{E-}$$
$$i^- = 0 \Rightarrow i_1 = i_2$$
$$i^+ = 0 \Rightarrow v_{E+} = v_e$$

En exprimant les intensités des courants en milliampères et les résistances en kilohms, nous pouvons écrire :

$$\begin{cases} v_s = (10+10)\, i_1 = 20 i_1 \\ v_e = 10 i_2 \end{cases}$$

D'où : $i_2 = \dfrac{v_e}{10} \Rightarrow i_2 = \dfrac{2}{10} = \mathbf{0{,}2\ mA,}$

$i_1 = i_2 = \mathbf{0{,}2\ mA,}$

$v_s = 20\times 0{,}2 = \mathbf{4\ V} < V_{sat}$ (non saturation vérifiée),

$i_s = \dfrac{v_s}{R_c} \Rightarrow i_s = \dfrac{4}{10} = \mathbf{0{,}4\ mA,}$

$i_0 = i_1 + i_s \Rightarrow i_0 = 0{,}2+0{,}4 = \mathbf{0{,}6\ mA.}$

2°) Si $v_s = V_H = 14$ V,

$i_2 = i_1 = \dfrac{14}{20} = 0{,}7$ mA, d'où $v_{E-} = 10 i_2 = 7$ V. C'est la valeur maximale de v_{E-}. Comme $v_{E+} = v_e$, on voit que si $v_e \geqslant 7$ V il y a saturation de l'amplificateur opérationnel à l'état haut.

Exercices à résoudre

21.12. Dans le montage de la figure 21.47, calculer la tension de sortie v_s et l'intensité i_0 si $i=1$ mA, $R_1=1$ kΩ et $R_2=2$ kΩ.

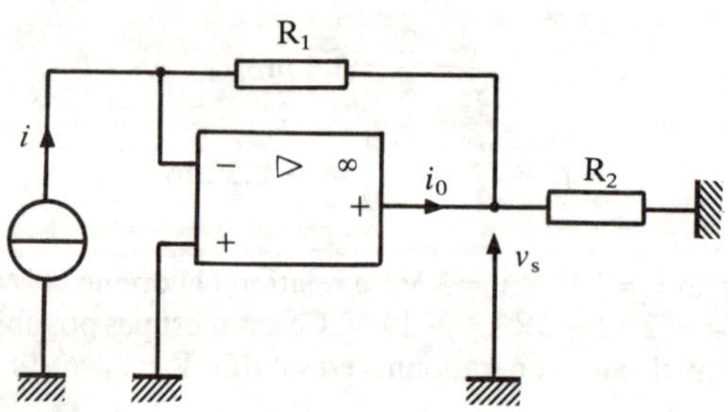

Fig. 21.47.

21.13. Dans le montage de la figure 21.48, calculer la tension v_s et les courants i_0, i_s, i_1 sachant que $v_e=0{,}5$ V.

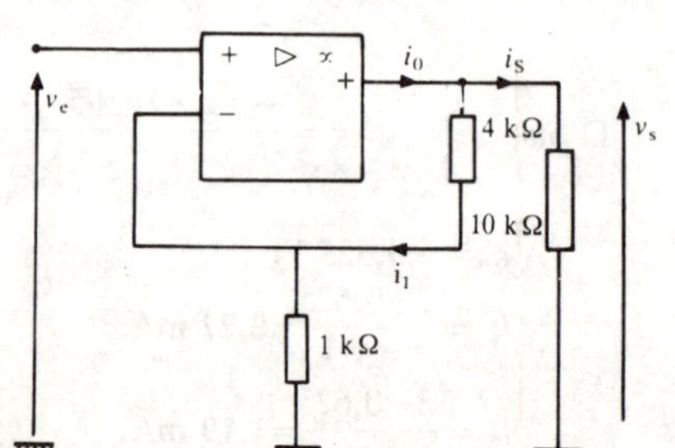

Fig. 21.48.

21.14. Une photodiode, lorsqu'elle est mise en court-circuit est parcourue par un courant inverse d'intensité i proportionnelle à son éclairement E : $i=kE$. (i en milliampères ; E en lux).

Montrer que le montage de la figure 21.49, fournit une tension de sortie u_s proportionnelle à l'éclairement E de la photodiode P tant que i reste inférieure à une valeur I_M que l'on déterminera.

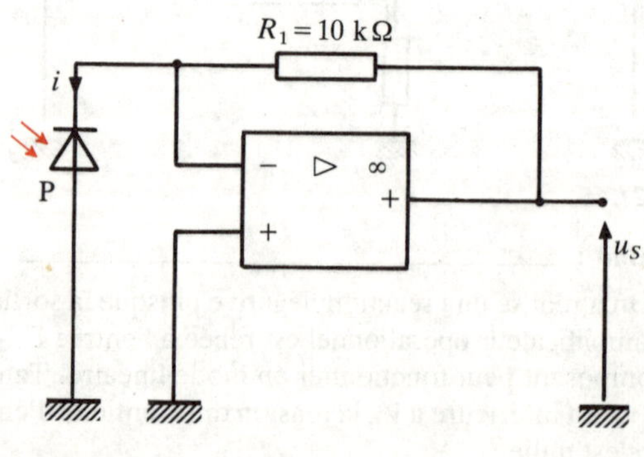

Fig. 21.49.

21.15. Dans le montage de la figure 21.50 la diode est parfaite.

1°) Quelle est la valeur de v_s si $v_e=5$ V ?

2°) Quelle est la valeur de v_s si $v_e=-5$ V ?

3°) En déduire la forme d'onde de v_s si la forme d'onde de v_e est celle de la figure 21.51.

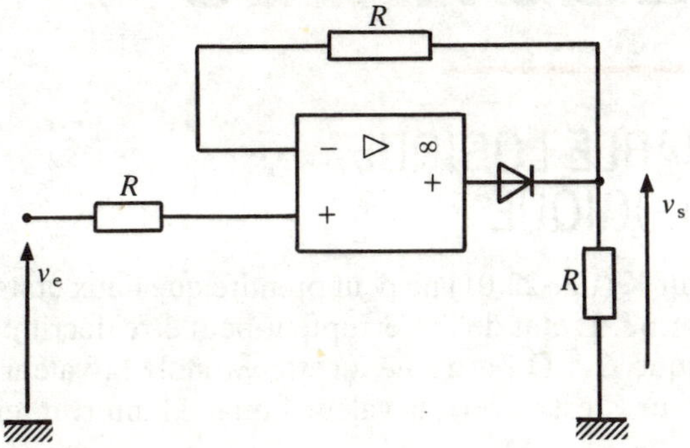

Fig. 21.50.

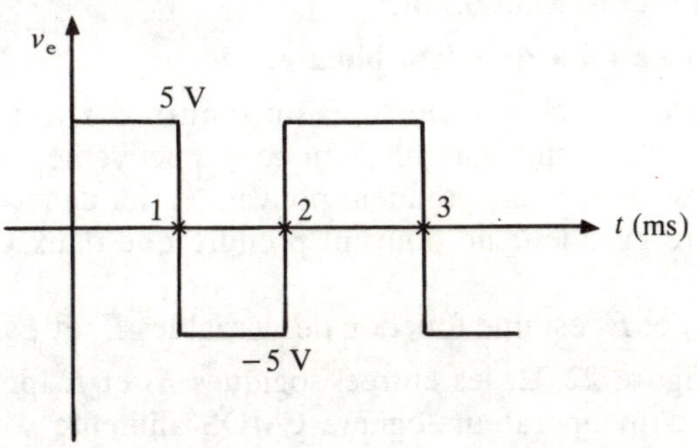

Fig. 21.51.

21.16. On considère le montage de la figure 21.52 :

1°) Démontrer que $i_s = \frac{V_0}{R_0}$.

2°) En déduire que la résistance R_c est alimentée par un générateur de courant. Quelles sont les valeurs limites de cette résistance ?

3°) Application numérique : V_0=5 V ; R_0=1 kΩ. Calculer i_s et les limites de R_c.

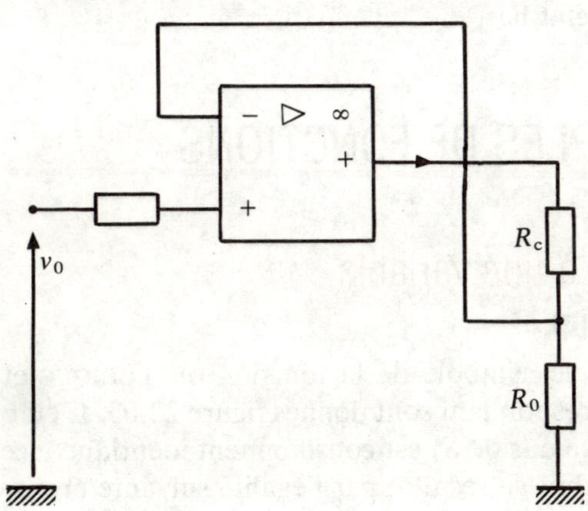

Fig. 21.52.

21.17. Dans le montage de la figure 21.53, quelle est la valeur de i ?

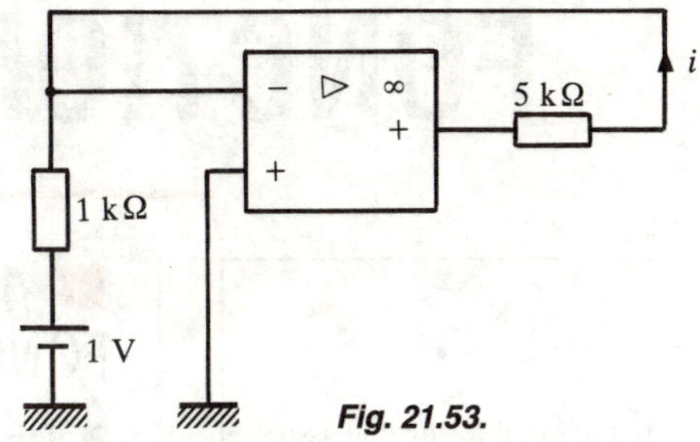

Fig. 21.53.

21.18. Dans le montage de la figure 21.54 :

1°) Exprimer v_s en fonction de R_0 , R, v_1 et v_2.

2°) Application numérique : on donne R_0 = 10 kΩ, R=5 kΩ ; sachant que v_1=0,5 V, calculer les valeurs de v_2 qui saturent l'amplificateur opérationnel à l'état haut, puis à l'état bas.

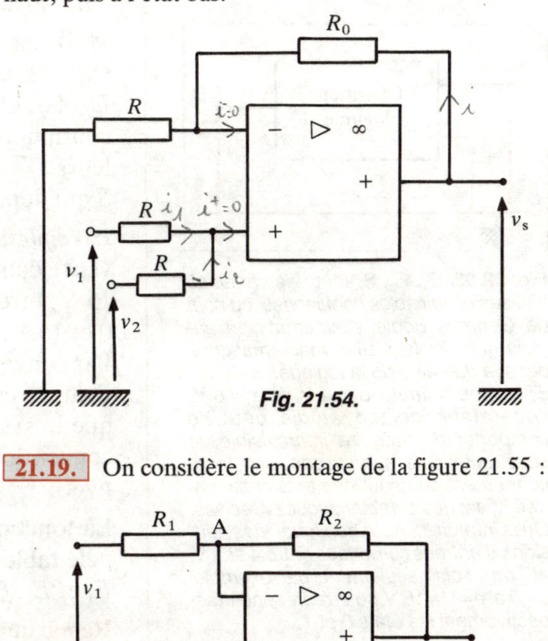

Fig. 21.54.

21.19. On considère le montage de la figure 21.55 :

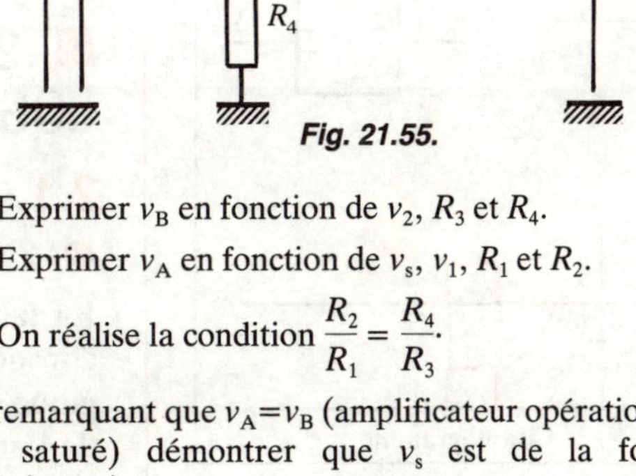

Fig. 21.55.

1°) Exprimer v_B en fonction de v_2, R_3 et R_4.

2°) Exprimer v_A en fonction de v_s, v_1, R_1 et R_2.

3°) On réalise la condition $\frac{R_2}{R_1} = \frac{R_4}{R_3}$.

En remarquant que $v_A = v_B$ (amplificateur opérationnel non saturé) démontrer que v_s est de la forme $v_s = k\,(v_2 - v_1)$.

Quelle valeur doit-on donner au rapport $\frac{R_2}{R_1}$ pour que k soit égal à 10 ?

Quel est le nom de ce montage ?

Chapitre 22

FONCTIONS LOGIQUES

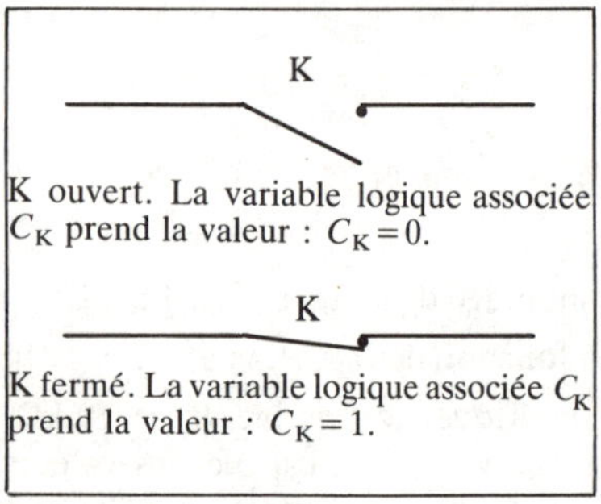

Fig. 22.01.

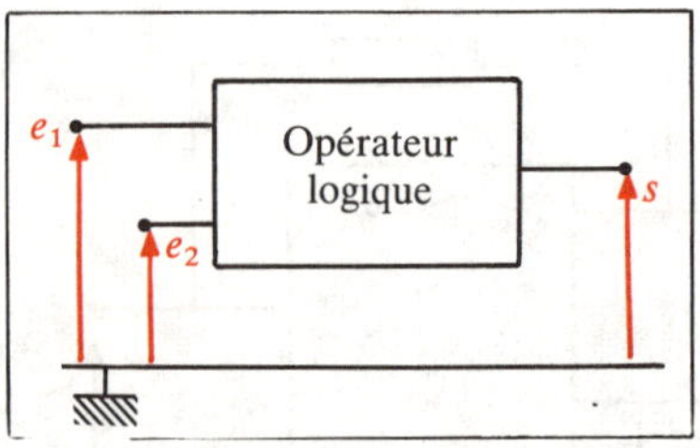

Fig. 22.02. *E_1, E_2, S sont des variables binaires ou variables booléennes, du nom de Georges Boole, mathématicien anglais qui développa les mathématiques dans le domaine de la logique.*
Entre les valeurs $e_1=4$ V et $e_1=8$ V, l'opérateur logique étudié peut se comporter de manière imprévisible, le constructeur ne garantissant son fonctionnement que pour des tensions d'entrée ayant des caractéristiques précises. On s'interdit donc d'appliquer des tensions d'entrées comprises entre 4 et 8 V, et l'on choisit seulement, par exemple, e=0 et e=U=15 V pour représenter respectivement les états 0 et 1.

Table de vérité

E	S
0	0
1	1

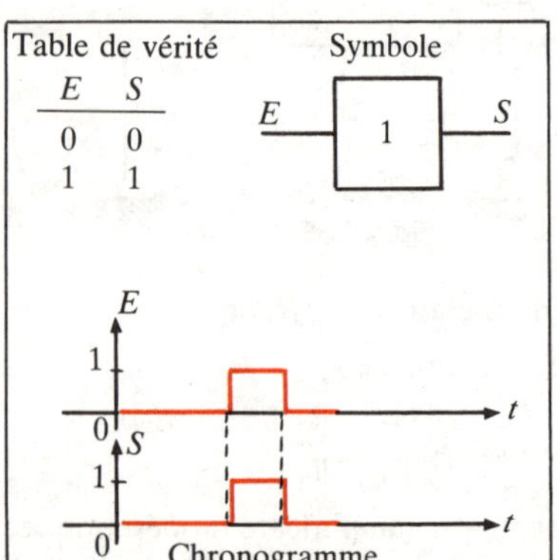

Fig. 22.03. *Fonction OUI logique. Pour le chronogramme, on suppose que la (ou les) variable(s) d'entrée dépendent du temps. La sortie évolue alors elle aussi en fonction de t.*

1. VARIABLE LOGIQUE. FONCTION LOGIQUE

■ Un interrupteur K (fig. 22.01) ne peut prendre que deux états : il est ouvert ou fermé. L'état de l'interrupteur peut être décrit par une variable logique C_K. On attribue à cette variable la valeur 0 quand l'interrupteur K est ouvert, la valeur 1 quand l'interrupteur est fermé.
Ce choix est arbitraire : la convention inverse ($C_K=0$ pour l'interrupteur fermé) est tout aussi utilisable.

Une variable logique est une grandeur binaire.

■ Il est possible d'associer à une tension d'entrée e_1 ou e_2 (fig. 22.02) ou de sortie s, une variable logique respectivement E_1 E_2 et S. On substitue ainsi à une grandeur pouvant varier de façon continue, une autre grandeur ne pouvant prendre que deux valeurs.
S qui dépend de E_1 et E_2 est une fonction des variables E_1 et E_2.

Exemple : Sur la figure 22.02, les entrées logiques E_1 et E_2 peuvent, dans le cas d'un opérateur logique CMOS alimenté sous 15 V, être associées à des tensions d'entrées, e_1 et e_2 variant entre 0 et 15 V.
Par convention $E_1=0$ si $e_1<4$ V et $E_1=1$ si $e_1>8$ V.
Dans ce cas, la tension la plus élevée correspond à l'état 1 : on dit que le système considéré fonctionne en **logique positive.** Avec la convention contraire, on dirait qu'il fonctionne en **logique négative.**

La fonction logique S peut être définie à partir d'un tableau, appelé **table de vérité,** qui indique la valeur de S selon les valeurs de E_1 et E_2. **Chaque table de vérité définit une fonction logique.**

Remarque : Pour un opérateur logique l'état 1 est aussi appelé **état haut** ; l'état 0 est **l'état bas.**

2. EXEMPLES DE FONCTIONS LOGIQUES

2.1. Fonctions à une variable

2.1.1. OUI logique

La table de vérité, le symbole de la fonction OUI LOGIQUE et le chronogramme correspondant sont donnés figure 22.03. L'état logique de la sortie (valeur de S) est constamment identique à celui de l'entrée. On traduit ce résultat par l'égalité suivante entre variables logiques :

$$S=E$$

Cette fonction est aussi appelée IDENTITÉ ou ÉGALITÉ.

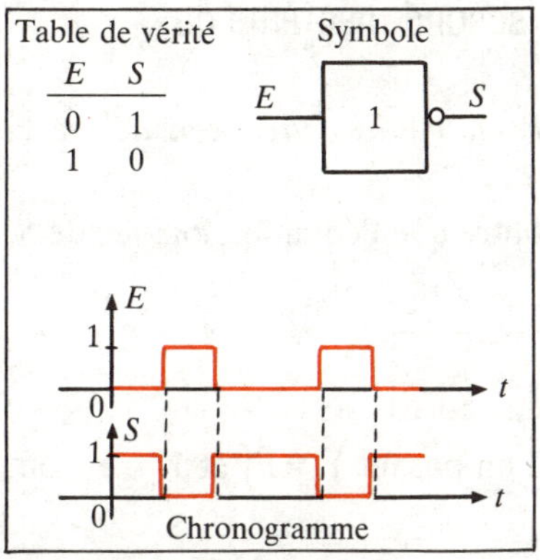

Fig. 22.04. Inversion logique.

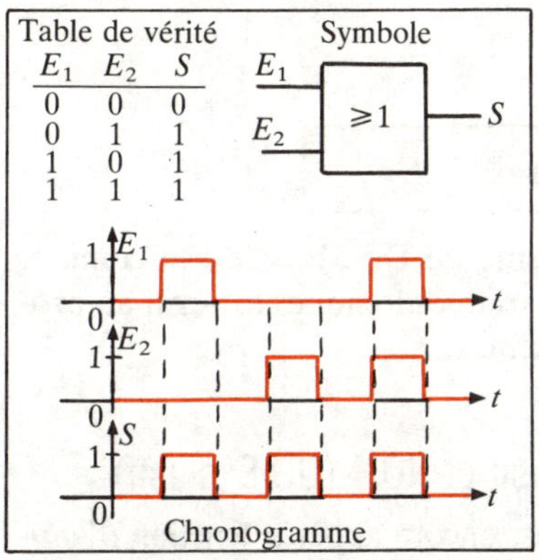

Fig. 22.05. Somme logique : fonction OU.

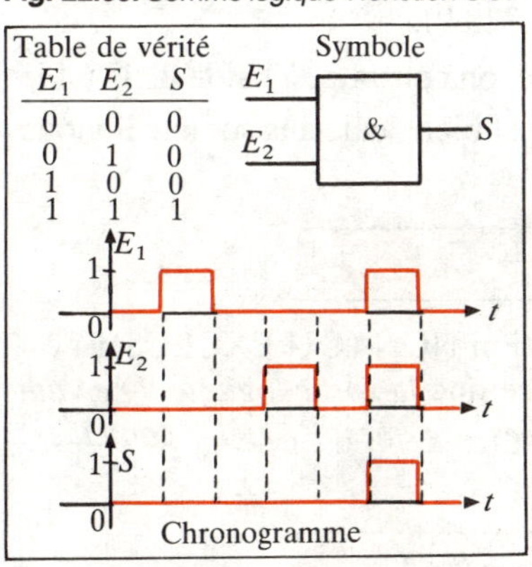

Fig. 22.06. Produit logique : fonction ET.

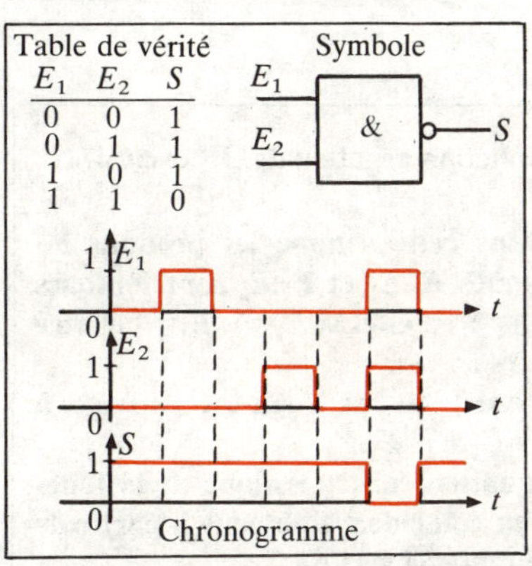

Fig. 22.07. Fonction NON-ET (NAND).

■ 2.1.2. Inversion logique : fonction NON (ou PAS)

La table de vérité (fig. 22.04) montre que *si l'entrée est dans l'état 0, la sortie se trouve dans l'état 1* et réciproquement.

On note : $S = \overline{E}$ ou $S = \text{NON } E$

Cette fonction est aussi dénommée : NON, PAS, COMPLÉMENT.

2.2. Fonctions à deux variables logiques

■ 2.2.1. Somme logique : fonction OU (ou OR)

Si l'une **ou** l'autre des entrées, **ou** les deux entrées sont à l'état 1, la sortie est aussi à l'état 1 (fig. 22.05). Cette *sortie n'est à l'état 0 que si les deux entrées sont elles-mêmes à l'état 0.*
On note :

$$S = E_1 + E_2 \text{ ou } S = E_1 \vee E_2$$

Autre appellation : fonction OR (désignation anglaise).

■ 2.2.2. Produit logique : fonction ET (ou AND)

La *sortie est à l'état 1 si les deux entrées de la fonction sont à l'état 1* (fig. 22.06). Dès que l'une des entrées est à l'état 0, la sortie est aussi à l'état 0.
On note :

$$S = E_1 . E_2 \qquad \text{ou} \qquad S = E_1 \wedge E_2$$

Autre appellation : fonction AND (désignation anglaise).

■ 2.2.3. Fonction NON ET : premier théorème de De Morgan

La sortie n'est à l'état 0 que si les deux entrées sont à l'état 1 (fig. 22.07). Dès que l'une des entrées est à l'état 0, la sortie est à l'état 1. A cette fonction ET complémentée, nous faisons correspondre l'égalité logique suivante :

$$S = \overline{E_1 . E_2}$$

Remarque : Notons $Y_1 = \overline{E_1}$ et $Y_2 = \overline{E_2}$ et complétons la table de vérité de cette fonction NON ET.

E_1	Y_1	E_2	Y_2	S
0	1	0	1	1
0	1	1	0	1
1	0	0	1	1
1	0	1	0	0

Nous pouvons écrire aussi : $S = Y_1 + Y_2 = \overline{E_1} + \overline{E_2}$

soit : $\overline{E_1 . E_2} = \overline{E_1} + \overline{E_2}$

Cette égalité traduit le premier théorème de De Morgan : *le complément du produit de plusieurs variables logiques est égal à la somme des compléments de ces variables.*

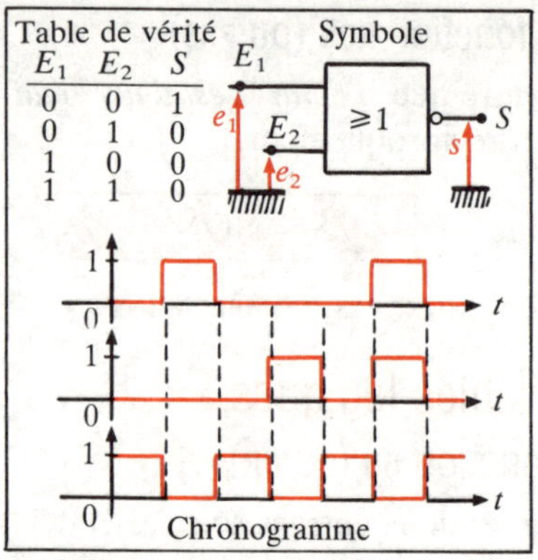

Fig. 22.08. Fonction NON OU.

La fonction NON OU est encore désignée par le terme NI, ou par le vocable anglais NOR.

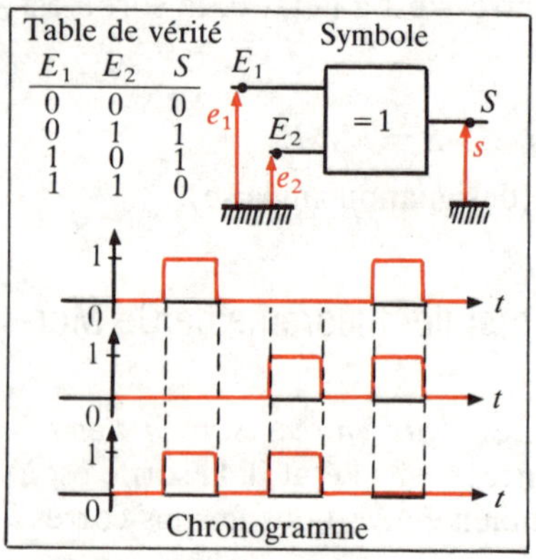

Fig. 22.09. Fonction OU EXCLUSIF.

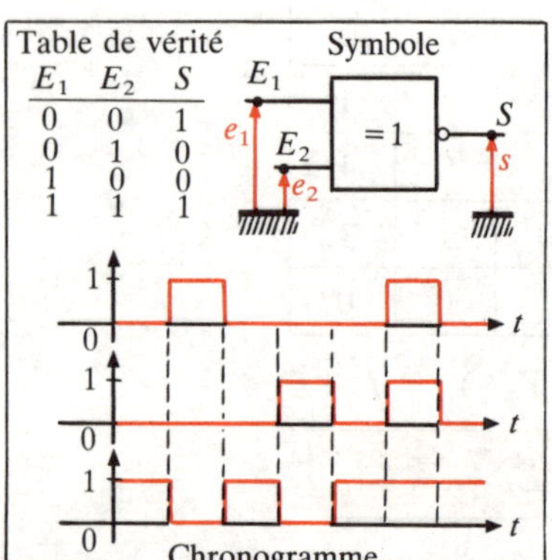

Fig. 22.10. Fonction NON-(OU EXCLUSIF).

2.2.4. Fonction NON OU : second théorème de De Morgan

La sortie ne se trouve à l'état 1 que si toutes les entrées sont à l'état 0 (fig. 22.08).

L'examen de la table de vérité montre que l'équation logique de S est :

$$S = \overline{E_1 + E_2}$$

En procédant comme ci-dessus et en posant $Y_1 = \overline{E_1}$ et $Y_2 = \overline{E_2}$, on constate que :

$$S = \overline{E_1} \,.\, \overline{E_2}$$

On en déduit l'égalité :

$$\overline{E_1 + E_2} = \overline{E_1} \,.\, \overline{E_2}$$

qui constitue le deuxième théorème de De Morgan : le complément de la somme de plusieurs variables logiques est égal au produit des compléments de ces variables.

2.2.5. Fonctions OU Exclusif et NON-(OU Exclusif)

■ La fonction OU EXCLUSIF est encore appelée **fonction d'anticoïncidence** car *sa sortie n'est à l'état 1 que lorsque les deux entrées sont dans des états différents* (fig. 22.09).

Si l'on pose $A = E_1.\overline{E_2}$ et $B = \overline{E_1}.E_2$, on constate, à l'aide de la table de vérité, que la sortie logique S est bien égale à la somme logique $(A+B)$:

$$S = E_1.\overline{E_2} + \overline{E_1}.E_2$$

■ De la même manière, la fonction NON-(OU EXCLUSIF) est appelée **fonction coïncidence** parce que *la sortie logique S ne vaut 1 que lorsque les états des entrées logiques E_1 et E_2 coïncident* (fig. 22.10).

$$S = \overline{E_1}.\overline{E_2} + E_1.E_2$$

Recherche de l'équation logique de la fonction négation de OU exclusif.

Soit : $S = \overline{E_1.\overline{E_2} + \overline{E_1}.E_2}$
Posons : $A = E_1.\overline{E_2}$ et $B = \overline{E_1}.E_2$;
d'où : $S = \overline{A+B} = \overline{A} \,.\, \overline{B}$;
or : $\overline{A} = \overline{E_1} + E_2$ et $\overline{B} = E_1 + \overline{E_2}$;
donc : $S = (\overline{E_1}+E_2) \,.\, (E_1+\overline{E_2})$.
En algèbre logique, on peut utiliser les mêmes règles qu'en algèbre classique.
$S = \overline{E_1}.E_1 + E_1.E_2 + E_2.\overline{E_2} + \overline{E_1}.\overline{E_2}$.

Dans cette somme les produits logiques $\overline{E_1}.E_1$ et $E_2.\overline{E_2}$ sont toujours nuls : en effet si $E_1=1$, $\overline{E_1}=0$ et vice versa.
Donc S se réduit bien à $S = E_1.E_2 + \overline{E_1}.\overline{E_2}$ équation caractéristique de la fonction coïncidence obtenue à partir de la table de vérité.

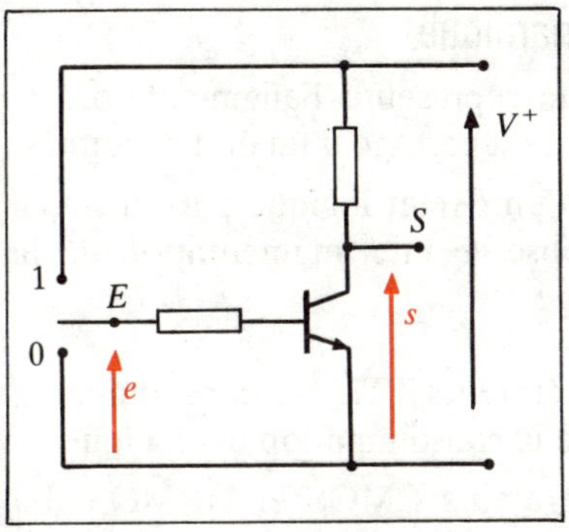

Fig. 22.11. Porte NON réalisée avec un transistor bipolaire :
$S = \overline{E}$.

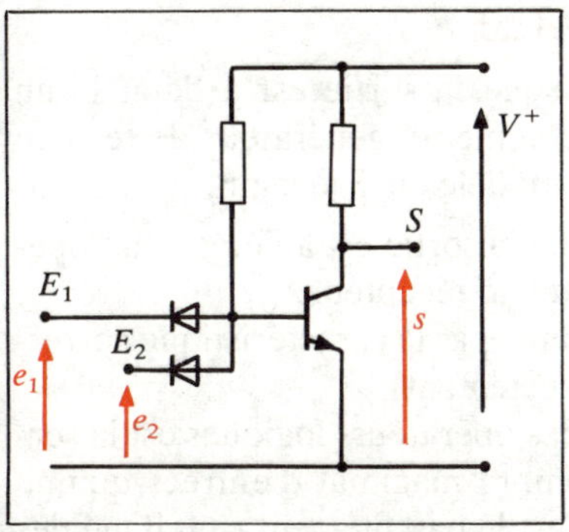

Fig. 22.12. Porte NAND réalisée avec des diodes et un transistor bipolaire :
$S = \overline{E_1}+\overline{E_2}=\overline{E_1.E_2}$.

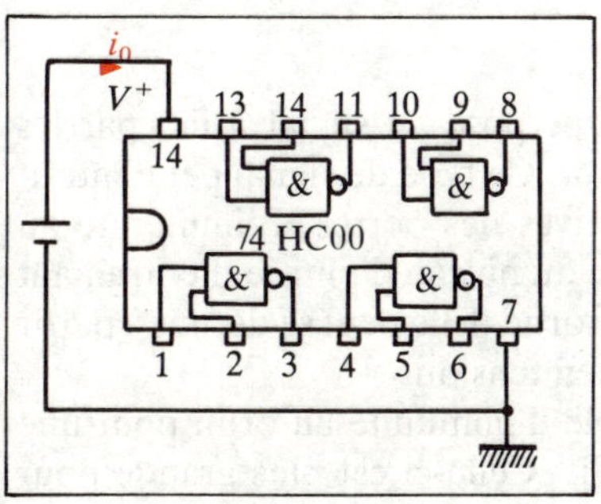

Fig. 22.13. Porte NON réalisée en technologie CMOS (ou HCMOS) :
$S = \overline{E}$.

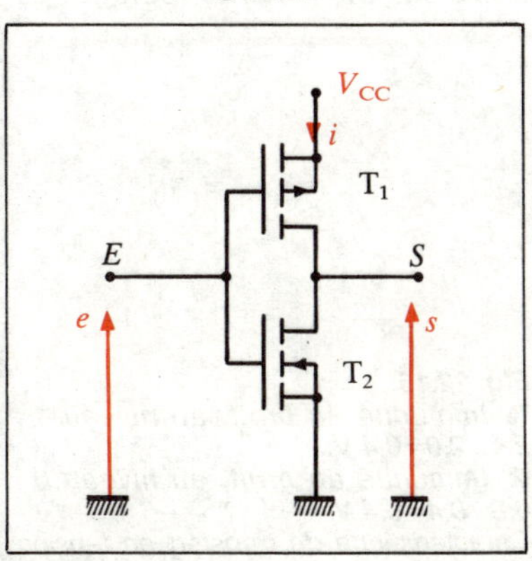

Fig. 22.14.

3. FAMILLES D'OPÉRATEURS LOGIQUES

Aux fonctions logiques qui viennent d'être définies correspondent des opérateurs logiques déterminés (ou circuits logiques ou portes logiques) ou des groupements d'opérateurs logiques.
A l'origine, il s'agissait de montages réalisés à l'aide de composants discrets : résistances, diodes et transistors essentiellement. A titre d'exemple nous donnons quelques réalisations : porte NON à transistor bipolaire (fig.22.11), porte NON ET à deux entrées comportant également un transistor bipolaire (fig. 22.12), porte NON à transistors MOS complémentaires ou CMOS (fig. 22.13).

A l'heure actuelle, on utilise des circuits intégrés. Chaque boîtier comporte en général, plusieurs opérateurs identiques (fig. 22.14). Les familles les plus utilisées sont les suivantes :

- **opérateurs TTL :** de l'anglais Transistor-Transistor-Logic que nous traduirons par « logique tout à transistors bipolaires » ;
- **opérateurs CMOS :** de l'anglais Complementary Metal-Oxide-Semiconductor (logique à transistors CMOS) ;
- **opérateur HCMOS :** logique ultra rapide CMOS (High Speed CMOS).

4. CARACTÉRISTIQUES DES FAMILLES LOGIQUES

Pour une application donnée, le choix d'une famille logique (TTL ; CMOS ; HCMOS) est déterminé par ses caractéristiques : tension d'alimentation, consommation, caractéristique de sortie, immunité au bruit, temps de propagation (vitesse de fonctionnement), etc.
Ces caractéristiques dépendent essentiellement de la technologie de fabrication et aussi d'autres paramètres comme la tension d'alimentation (si celle-ci est réglable), de la fréquence, de la température, etc.

4.1. Tension d'alimentation

La tension d'alimentation est de 5 V pour les opérateurs TTL ; de 2 à 6 V pour les opérateurs HCMOS et de 5 à 18 V pour les opérateurs CMOS.

L'utilisation des circuits logiques en technologie HCMOS ou CMOS, apporte donc une grande souplesse pour ce qui concerne la tension d'alimentation.

4.2. Consommation

4.2.1. Consommation statique

La consommation statique est définie par l'intensité du courant fourni par l'alimentation lorsque l'opérateur logique est dans un état déterminé.
Pour des circuits CMOS ou HCMOS la consommation statique, sans charge, est très faible. En revanche, pour des circuits logiques TTL, la consommation est beaucoup plus importante.

Exemple : *Consommation statique d'un circuit intégré comportant 4 opérateurs NAND.*
On mesure l'intensité i_0 du courant continu fourni par l'alimentation au boîtier comportant les 4 opérateurs.
Pour des circuits de technologie CMOS (ou HCMOS), toutes les entrées doivent être portées à un potentiel bien défini (0 ou +V). L'intensité i_0 est alors de l'ordre du microampère.
Pour des circuits TTL, i_0, voisine de 10 mA, dépend de l'état des sorties. Chaque sortie portée à l'état bas entraîne une consommation de courant supplémentaire voisine de 2 mA.

Un circuit CMOS ou HCMOS consomme de la puissance lors des commutations, même s'il n'y a pas de charge. Cela résulte du fait que lors d'un changement d'état de la sortie d'un opérateur CMOS ou HCMOS les deux transistors T_1 et T_2 (fig. 22.13) sont, pendant un bref instant, tous deux légèrement conducteurs (d'où la nécessité de commander l'entrée par un signal carré, passant rapidement de l'état 0 à 1 ou de 1 à 0).
L'intensité i correspondante contribue à augmenter i_0 (fig. 22.14) pendant un bref instant.
De plus, quand un opérateur en commande un autre il doit charger périodiquement le condensateur d'entrée de l'entrée considérée (chaque entrée présente une capacité C_e d'environ 5 pF).
Or, un condensateur, chargé sous la tension V, emmagasine l'énergie $W = \frac{1}{2} C_e V^2$. Cette énergie, fournie par la source d'alimentation est perdue lors de la décharge qui s'effectue lorsque l'entrée est ramenée à l'état 0. A chaque « commutation », l'énergie $\frac{1}{2} C_e V^2$ est ainsi consommée.

4.2.2. Consommation dynamique

■ La consommation dynamique représente l'augmentation de consommation de l'opérateur lors du passage d'un état à l'autre.

■ Si l'on alimente les entrées d'un circuit logique par un signal rectangulaire convenable, on observe une augmentation de la consommation, même sans charge.
Cette augmentation est :
- très peu marquée pour les opérateurs TTL : la consommation statique, prépondérante, masque la consommation dynamique,
- très importante pour les opérateurs CMOS et HCMOS. La consommation dynamique de ces circuits augmente avec la fréquence.

4.3. Caractéristique de sortie

■ **A l'état haut,** c'est-à-dire lorsque la sortie est à l'état 1, un opérateur logique se comporte comme un générateur de tension que l'on peut représenter par un modèle de Thévenin.

■ **A l'état bas,** c'est-à-dire lorsque la sortie est à l'état 0, un opérateur logique se comporte comme un récepteur.
En général, le constructeur ne donne pas la caractéristique correspondante (elle peut se relever directement).
Une caractéristique importante des opérateurs logiques est la **sortance à l'état haut** qui est le nombre maximal d'entrées qu'une même porte peut commander (c'est le basculement simultané des portes qui est le plus difficile à assurer, et non leur alimentation à l'état haut).

4.4. Immunité au bruit

Toute tension parasite qui se superpose au signal utile, par les interconnexions, constitue un bruit. Ce type de signal peut entraîner des commutations intempestives des portes. L'immunité au bruit est mesurée par la variation du niveau d'entrée n'entraînant pas de modification du niveau de sortie. Elle peut se définir à partir de la caractéristique de transfert en tension.
La figure 22.15 donne un exemple d'immunité au bruit pour une porte NAND en technologie TTL. Celle-ci est plus grande pour les circuits CMOS ou HCMOS que pour les circuits TTL.

Remarque : Un bruit assez faible pour ne pas entraîner de commutation intempestive est sans influence sur un système logique, ce

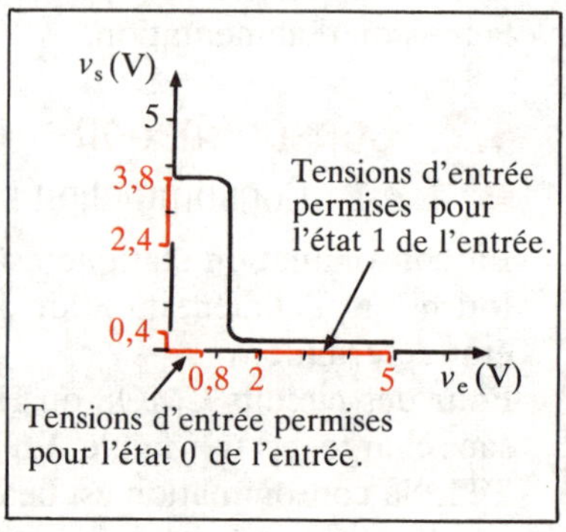

Fig. 22.15.
■ *Immunité au bruit, au niveau 1 : 2,4−2,0=0,4 V.*
■ *Immunité au bruit, au niveau 0 : 0,8−0,4=0,4 V.*
Caractéristique de transfert en tension d'une porte NAND en technologie TTL et immunité au bruit.

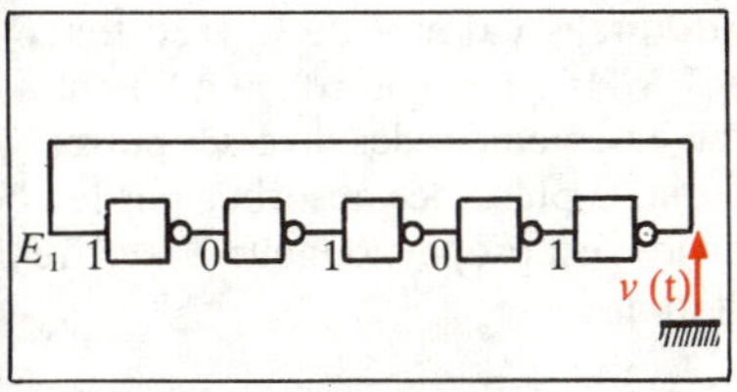

Fig. 22.16. *Le montage ci-dessus, comportant n=5 inverseurs logiques d'un même boîtier (n doit être impair), permet d'avoir une idée du temps de propagation* t_d *ou temps mis par un circuit pour basculer. Aucun état d'un tel montage ne peut être stable. Si, à un instant donné* $E_1=1$ *(ce qui correspond à* $v(t)\approx V_{cc}$*, valeur de la tension d'alimentation) cela provoque le basculement des 5 inverseurs, et l'apparition d'un nouvel état* $E_1=0$*, correspondant à* $v(t)\approx 0$*. Après 5 nouveaux basculements, on retrouve* $E_1=1$ *et* $v(t)\approx V_{cc}$*.*
La tension v(t) est donc périodique, et sa période T correspond donc à 2n=10 basculements, soit $T=10\,t_d$*.*

n'est pas le cas pour un système analogique, où toute altération du signal, au niveau d'un étage, est répercutée, souvent avec amplification, sur les suivants.

4.5. Temps de propagation

Le temps de propagation t_d d'un circuit logique est défini par le temps que met un signal logique pour « franchir » ce circuit.
Il est de l'ordre de 10 ns pour un circuit TTL, ou HCMOS, et de 40 ns pour un circuit CMOS (fig. 22.16).
Il fixe la fréquence limite de commutation du circuit logique.

5. UTILISATION DES CIRCUITS LOGIQUES

Les circuits logiques sont très utilisés pour le traitement de l'information, et, notamment pour la saisie des données, qui se fait de plus en plus souvent sous forme de signaux dits numériques.
A partir de fonctions logiques simples on réalise des générateurs d'horloge et des fonctions logiques plus complexes (compteurs, registres à décalage, etc.).

Travaux pratiques

1. Etude de deux portes NAND de technologies différentes

Etudier successivement une porte NAND de technologie MOS rapide (74 HC 00) et une porte de technologie TTL, plus ancienne, (74 LS 00). Ces deux circuits ont le même brochage. L'étude se divise en deux parties : une étude statique et une étude dynamique.

1.1. Etude statique d'une porte HCMOS (fig. 22.17)
Les 6 entrées des 3 portes non utilisées sont reliées à la masse. Leurs 3 sorties sont libres.

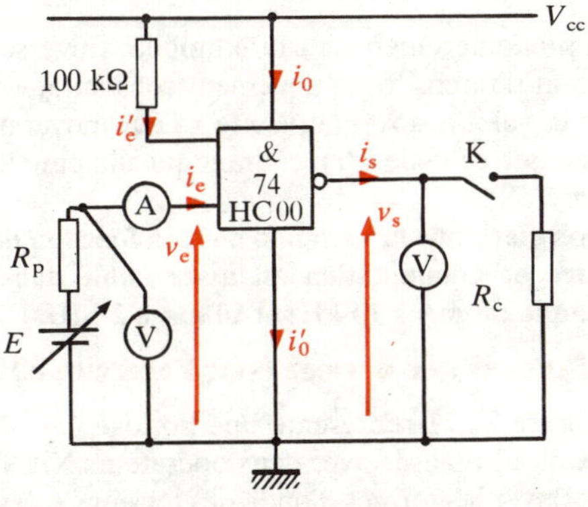

Fig. 22.17. $V_{cc}=5$ *V ; E est réglable de 0 à 5 V ;*
Rp = 10 kΩ. On contrôle la forme de v_s *(absence d'oscillations) à l'oscillographe.*

a) Relever la caractéristique de transfert $v_s=f(v_e)$ en même temps que la caractéristique $i_0=f(v_e)$.
Comme i_0 passe par un maximum au voisinage de la valeur critique v_{ec}, pour laquelle il y a basculement de v_s, on en déduit que les signaux de commande d'une porte doivent être proches de 0 ou proches de V_{cc}.

b) Dans ces conditions noter que la puissance absorbée par le circuit intégré, quand les sorties ne débitent pas, est négligeable.
* Noter également que i_e est négligeable.

c) Relever les caractéristiques $v_s=f(i_s)$ et $i_0=f(i_s)$ lorsque, commandée par une tension $v_e\approx 0$, la porte a sa sortie à l'état haut. On en déduit que la puissance consommée par une porte CMOS, en régime statique, est sensiblement celle qu'elle fournit à sa charge.

d) Relever les caractéristiques $v_s=f(i_s)$ et $i'_0=f(i_s)$, lorsque, commandée par une tension $v_e\approx V_{cc}$, la porte a sa sortie à l'état bas ($i_s\leqslant 0$).

1.2. Etude dynamique

a) Etude de l'intensité $i_0(t)$
Monter les 4 portes NAND comme l'indique la figure 22.18a, de manière que l'une d'elle, commandée par un générateur délivrant une tension en créneaux, de fréquence réglable, provoque les basculements périodiques des trois autres. L'observation de $v_2(t)$ montre

que $i_0(t)$ est formée de pics de courant, correspondant aux changements d'états des portes (fig. 22.18b).

b) Mesure de la consommation d'un circuit intégré en fonction de la fréquence.

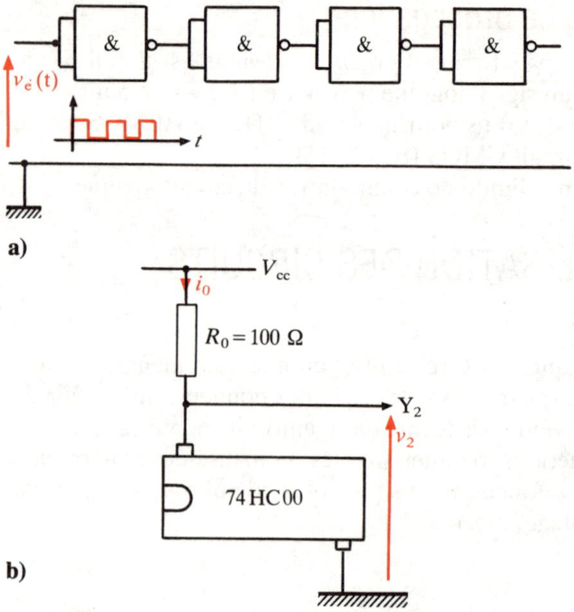

Fig. 22.18. a. v_e (t) *est une tension en créneaux :* v_e (t) = *0 ou* V_{cc}.
b. *On observe* $v_2 = V_{cc} - R_0\ I_0$ *; on en déduit la forme de* i_0 (t).

Les 4 portes du circuit intégré sont toujours commandées comme ci-dessus. Le dispositif de la figure 22.19 permet de mesurer $\bar{i_0}$, valeur moyenne de $i_0(t)$.

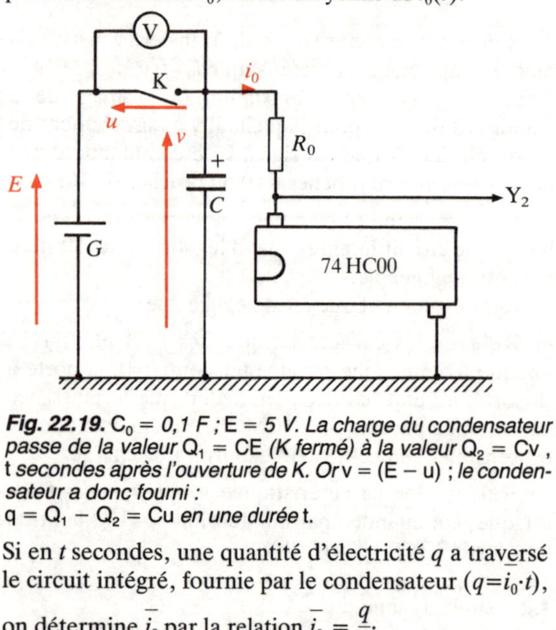

Fig. 22.19. C_0 = *0,1 F ;* E = *5 V. La charge du condensateur passe de la valeur* Q_1 = CE *(K fermé) à la valeur* Q_2 = Cv *,* t *secondes après l'ouverture de K. Or* v = (E – u) *; le condensateur a donc fourni :*
$q = Q_1 - Q_2 = Cu$ *en une durée* t.

Si en t secondes, une quantité d'électricité q a traversé le circuit intégré, fournie par le condensateur ($q = \bar{i_0} \cdot t$),

on détermine $\bar{i_0}$ par la relation $\bar{i_0} = \dfrac{q}{t}$.

Le circuit intégré consomme donc la puissance $P = E.\bar{i_0}$.
On déduit q de la mesure u de la diminution de tension aux bornes du condensateur : $q = Cu$.

Donc : $\bar{i_0} = \dfrac{Cu}{t}$.

Mesurer i_0 pour diverses valeurs de la fréquence (10 kHz, 100 kHz, 1 MHz...) en contrôlant à l'oscillographe qu'il y a bien basculement des diverses portes. On montrera ainsi que la puissance absorbée par les 4 portes HCMOS, à vide, est proportionnelle à leur fréquence de commutation.

1.3. Etude statique d'une porte TTL

Les sorties des portes non utilisées sont à l'état haut.

Relever les caractéristiques $i_e = f(v_e)$ en même temps que $v_s = f(v_e)$ et $i_0 = f(v_e)$ (fig. 22.17).
Noter que le signe de i_e change pour une certaine valeur de v_e.

Relever les caractéristiques de sorties $v_s = f(i_s)$ dans les mêmes conditions que précédemment.

Remarque : la consommation d'une porte TTL est plus importante lorsque sa sortie est à l'état bas.

1.4. Etude de la puissance consommée en régime dynamique par un circuit TTL

Pour la détermination de $\bar{i_0}$, la mesure précédente est délicate si l'on ne dispose pas d'un condensateur de capacité très importante (C=1 F) car cette intensité est plus élevée que dans le cas de la technologie CMOS.
On utilise le montage de la figure 22.20.

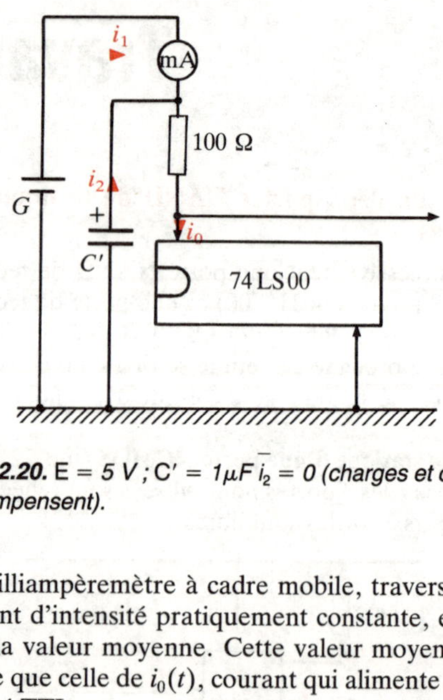

Fig. 22.20. E = *5 V ;* C' = *1µF* $\bar{i_2}$ = *0 (charges et décharges se compensent).*

Le milliampèremètre à cadre mobile, traversé par un courant d'intensité pratiquement constante, en donne bien la valeur moyenne. Cette valeur moyenne est la même que celle de $i_0(t)$, courant qui alimente le circuit intégré TTL.

On vérifiera que la variation de $\bar{i_0}$ en fonction de la fréquence de commutation est assez faible dans ce cas (exemple : 8 mA à 10 kHz et 10 mA à 2 MHz).

2. Etude d'une horloge (voir l'exercice 22.18)

La figure 22.21 représente une horloge (oscillateur à relaxation) réalisée avec deux opérateurs NAND.

■ Relever les formes d'onde des tensions u_C et u.
■ Etudier l'influence de R_1, R_2, C sur la fréquence du signal de sortie.

■ La résistance R a-t-elle une influence sur la fréquence du signal de sortie ? Sur sa symétrie ? La qualité de sa forme ?

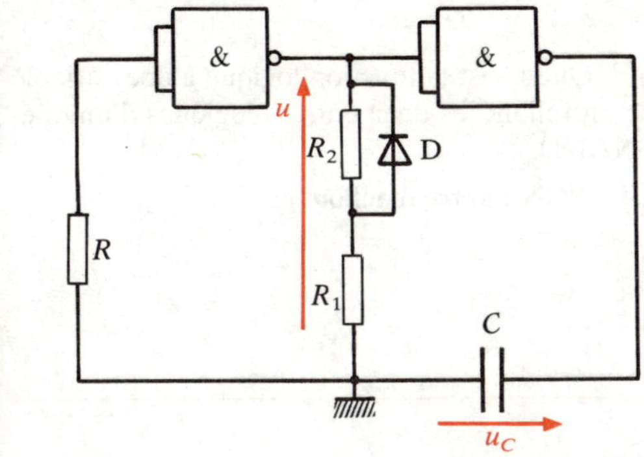

Fig. 22.21. *C=0,1µF ; R₁=470Ω ; R₂= 230Ω ; R=0 ou 500 ou 1 500Ω.*

Il est possible d'étudier, de la même façon, un oscillateur à relaxation (à rapport cyclique réglable) réalisé avec deux inverseurs (fig. 22.22).

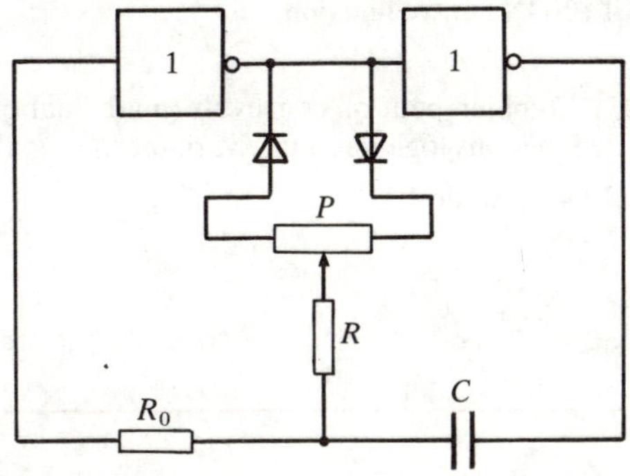

Fig. 22.22. *Circuit intégré : CD 4069 ; R=1 kΩ ; R_0=1 MΩ ; P=10 kΩ ; C=4,7 nF.*

Contrôle des connaissances

INDIQUER LA BONNE RÉPONSE :

22.01. Quelle est la fonction logique réalisée par l'association des deux opérateurs de la figure 22.23 ?

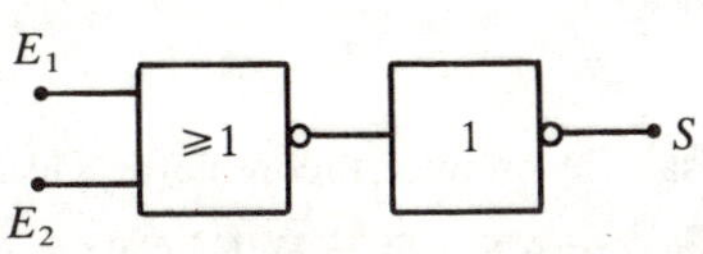

Fig. 22.23.

R : OU NON OU ; NON ET ; Autre fonction.

22.02. Trouver l'équation logique de la fonction réalisée par l'association d'opérateurs de la figure 22.24 :

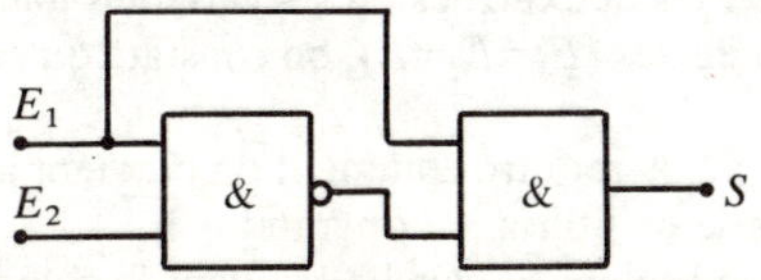

Fig. 22.24.

R : $\overline{E_1}.\overline{E_2}$; $E_1.\overline{E_2}$; $\overline{E_1}.E_2$.

22.03. Quelle est la fonction logique à une variable réalisée en reliant les deux entrées d'un opérateur OU (fig. 22.25) ?

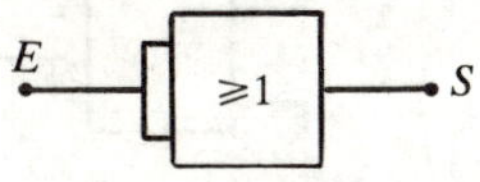

Fig. 22.25.

R : OUI ; NON; autre fonction.

22.04. Quelle est la fonction réalisée par l'association d'opérateurs de la figure 22.26 ?

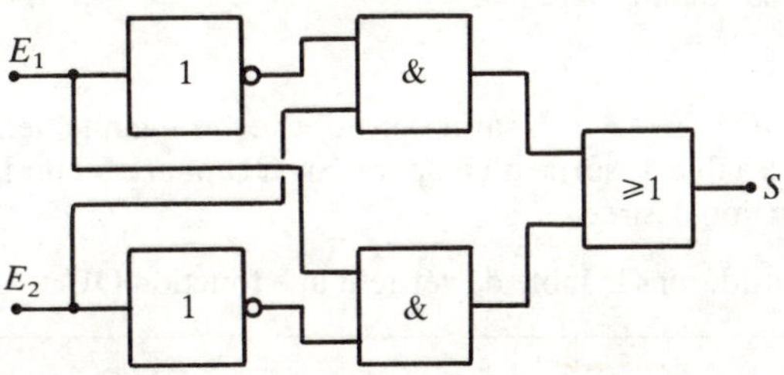

Fig. 22.26.

R : $\overline{\text{OU}}$; $\overline{\text{ET}}$; OU EXCLUSIF.

22.05. Quelle est la fonction logique à une variable que l'on réalise en reliant les deux entrées d'un opérateur NI (NON OU) ?

R : OUI ; NON ; autre fonction.

22.06. On maintient l'une des entrées logiques (E_1) d'un opérateur NAND à l'état 1. La sortie ne dépend alors que de E_2 (fig. 22.27).
Quelle est l'équation logique de la fonction ainsi réalisée ?

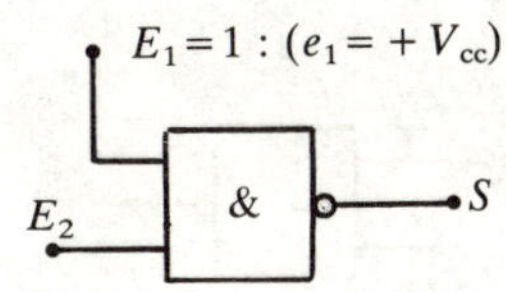

Fig. 22.27.

R : $S=E_2$; $S=\overline{E_2}$; autre équation.

22.07. Quelle est la fonction logique à une variable que l'on réalise en reliant les deux entrées logiques d'un opérateur OU EXCLUSIF ?

R : OUI ; NON ; autre fonction.

22.08. Combien peut-on concevoir (mathématiquement) de fonctions logiques à une variable ?

R : 2 ; 3 ; 4 ; plus de 4.

22.09. Même question que ci-dessus, mais avec un opérateur OU EXCLUSIF.

R : $S=E_2$; $S=\overline{E_2}$; autre équation.

22.10. Quelle est la fonction logique à une variable réalisée en reliant les deux entrées logiques d'un opérateur NAND ?

R : OUI ; NON ; autre fonction.

Exercice résolu

22.11. **Réaliser la fonction OU à deux variables avec :**

1°) des portes $\overline{\text{OU}}$;

2°) des portes $\overline{\text{ET}}$.

Solution :

Soit E_1 et E_2 les deux entrées logiques.
Nous voulons obtenir :

$$S=E_1+E_2$$

1°) $S = \overline{\overline{(E_1+E_2)}}$. Il suffit donc d'inverser logiquement la variable de sortie d'un opérateur $\overline{\text{OU}}$ pour obtenir la fonction désirée.

Considérons la table de vérité d'une fonction $\overline{\text{OU}}$:

E_1	E_2	$S = \overline{E_1+E_2} = \overline{E_1} \,.\, \overline{E_2}$
0	0	1
0	1	0
1	0	0
1	1	0

Si $E_1=0$, $S=\overline{E_2}$. Par conséquent un opérateur logique $\overline{\text{OU}}$, dont l'une des entrées est maintenue à l'état 0, se comporte pour l'autre entrée comme un inverseur, et il peut être utilisé pour complémenter la sortie d'un autre opérateur $\overline{\text{OU}}$ (fig. 22.28 a).
La figure 22.28 b représente une fonction OU réalisée avec deux portes $\overline{\text{OU}}$.

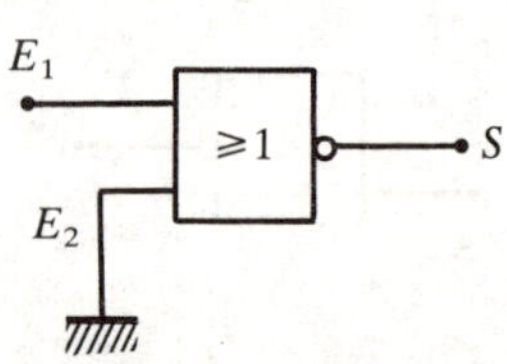

Fig. 22.28. a.

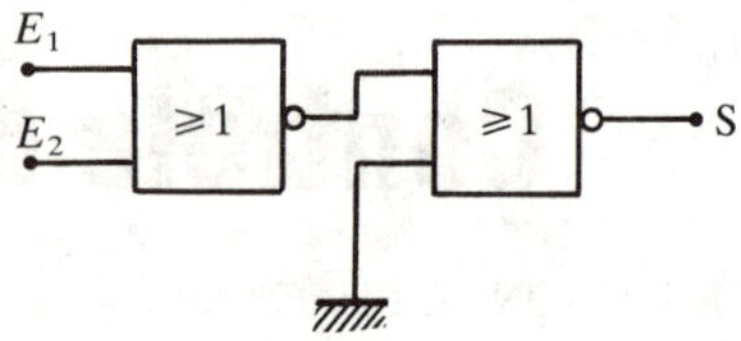

Fig. 22.28. b

2°) En utilisant le premier théorème de De Morgan, nous pouvons écrire $E_1+E_2 = \overline{\overline{E_1}.\overline{E_2}}$. Cela montre que l'on peut réaliser une fonction OU en utilisant un opérateur logique NAND, à condition d'inverser au préalable les entrées E_1 et E_2.
Or, en reliant les deux entrées d'un opérateur logique NAND, on transforme celui-ci en inverseur. En effet, si dans la table de vérité d'une fonction NAND, on ne retient que les deux lignes où les variables logiques E_1 et E_2 sont égales ($E_1=E_2=E$), on constate qu'on a bien $S=\overline{E}$.
La figure 22.29 montre comment on parvient au résultat demandé en utilisant 3 opérateurs $\overline{\text{ET}}$.
Les deux premiers (à gauche), jouent le rôle d'inverseurs logiques.

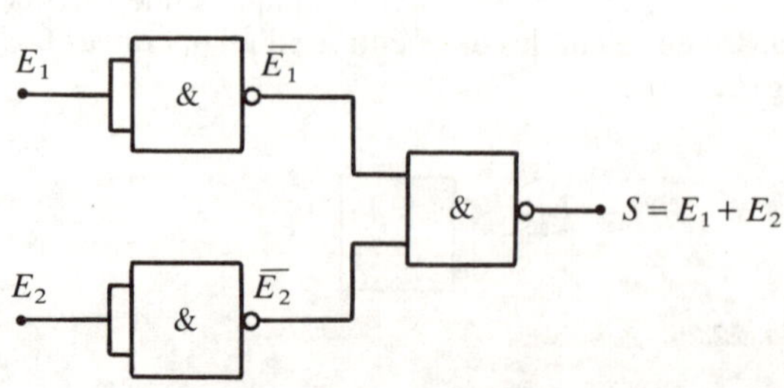

Fig. 22.29.

Exercices à résoudre

22.12. Pour le montage de la figure 22.30 :

1°) Dresser la table de vérité et en déduire la relation entre S et les entrées E_1 et E_2.

2°) Retrouver ce résultat en utilisant les règles de l'algèbre logique.

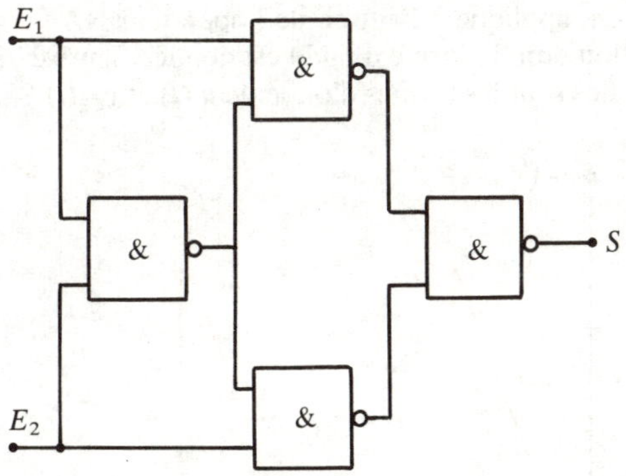

Fig. 22.30.

22.13. Sur la figure 22.31, $N_1=(d_1, u_1)$ et $N_2=(d_2, u_2)$ sont deux nombres binaires de deux chiffres, et $R=(q_r, d_r, u_r)$ un nombre binaire de 3 chiffres.

1°) Montrer que ce montage permet de réaliser l'addition binaire $R=N_1+N_2$.

2°) Dans ce montage, on trouve, à trois reprises la présence simultanée d'un opérateur ET et d'un opérateur OU EXCLUSIF. On donne à ce groupement le nom de demi-additionneur binaire. Justifier cette dénomination.

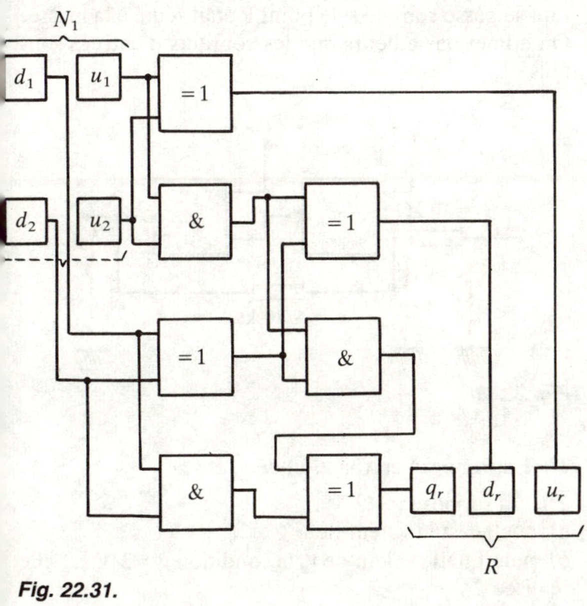

Fig. 22.31.

22.14. On dispose de deux variables logiques périodiques $E_1(t)$ et $E_2(t)$ dont les chronogrammes sont donnés sur la figure 22.32. On désire que la variable logique S se déduise de E_1 et E_2 de la manière qui est représentée sur le chronogramme.

1°) Exprimer S en fonction de E_1 et E_2. Quel est l'opérateur logique correspondant ?

2°) Le paramètre $\frac{x}{2}$ est la fraction de période mesurant le retard de $E_2(t)$ sur $E_1(t)$.
On dispose en outre d'un dispositif capable de fournir la valeur moyenne $\overline{S}$ de $S(t)$ (moyenneur).
Que vaut cette valeur moyenne pour $x = 0$? $x = 1$? $x = \frac{1}{2}$?

3°) Quelle peut être l'utilité d'un dispositif associant l'opérateur logique et le moyenneur ?

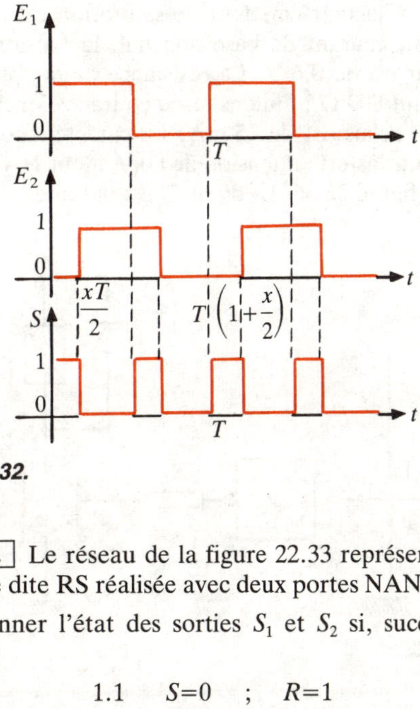

Fig. 22.32.

22.15. Le réseau de la figure 22.33 représente une bascule dite RS réalisée avec deux portes NAND.

1°) Donner l'état des sorties S_1 et S_2 si, successivement :

1.1 $S=0$; $R=1$
1.2. $S=1$; $R=1$
1.3. $S=1$; $R=0$
1.4. $S=1$; $R=1$

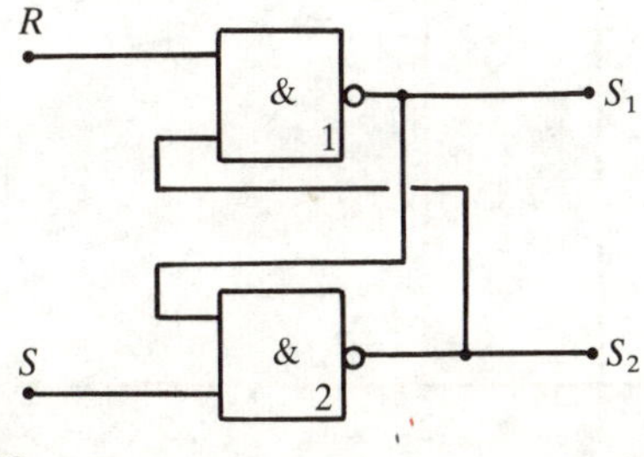

Fig. 22.33.

2°) On applique sur les entrées S et R des tensions dont les formes d'onde sont données figure 22.34.
Quelles sont les formes d'onde des tensions en S_1 et S_2 : $s_1(t)$, $s_2(t)$?

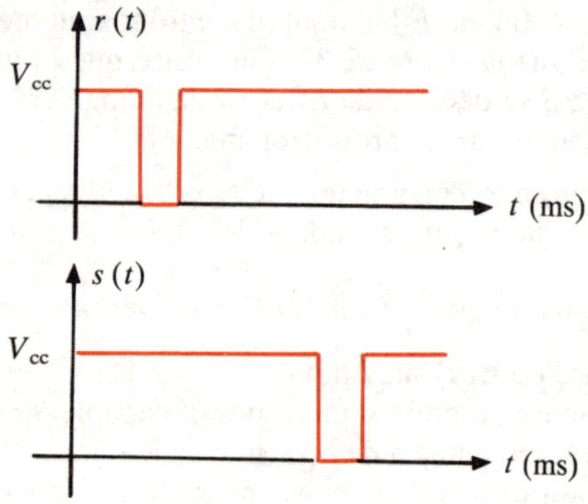

Fig. 22.34.

22.16. Dans le réseau de la figure 22.35, le transistor a un coefficient d'amplification en courant $\beta=100$, sa tension collecteur-émetteur de saturation est nulle et pour tout courant de base non nul, la tension base-émetteur est de 0,6 V. La résistance de la bobine du relais vaut 800 Ω ; l'intensité du courant d'enclenchement du relais est de 25 mA. La caractéristique statique de transfert en tension de l'opérateur NAND est donnée figure 22.36. La diode D est parfaite.

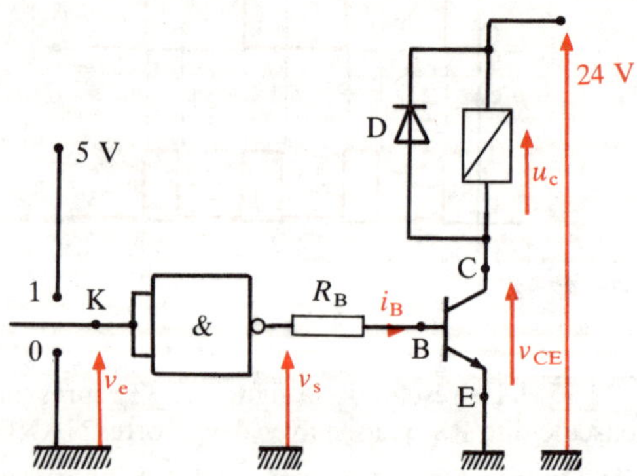

Fig. 22.35.

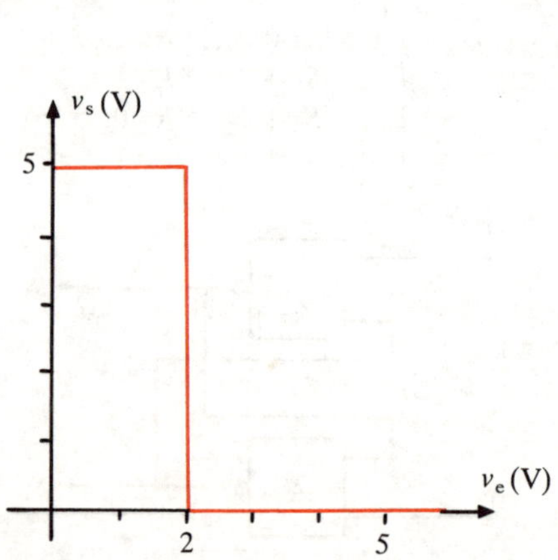

Fig. 22.36.

1°) Calculer l'intensité minimale I_{Bs} qu'il faut donner à i_B pour saturer le transistor.

2°) On veut réaliser $i_B=3I_{Bs}$. Calculer la valeur qu'il faut donner à R_B sachant que lorsque sa sortie est à l'état haut, l'opérateur NAND se comporte comme un générateur de f.é.m. $V=5$ V et de résistance interne $R_0=500$ Ω.

3°) Préciser l'état du relais lorsque l'interrupteur K est :
a) en position 0 ;
b) en position 1.

4°) On applique à l'entrée de l'opérateur NAND une tension dont la forme d'onde est donnée figure 22.37.
Quelles sont les formes d'onde de $u_c(t)$ et $v_{CE}(t)$?

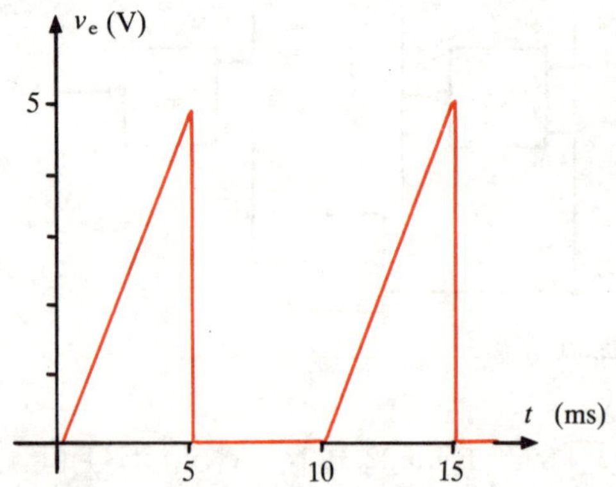

Fig. 22.37.

22.17. Le réseau de la figure 22.38 représente un comparateur à hystérésis (« trigger ») réalisé avec deux opérateurs NAND dont la caractéristique statique de transfert en tension est donnée sur la figure 22.36.
Lorsque la sortie de l'opérateur NAND 2 est au niveau logique 1, on assimile ce circuit à un générateur de f.é.m. égale à 5 V et de résistance interne nulle (cette résistance interne est négligeable devant 10 kΩ).
Lorsque la sortie est au niveau logique 0, on admet que tout se passe comme si le point P était réuni à la masse.
On admet par ailleurs que les courants d'entrées sont nuls.

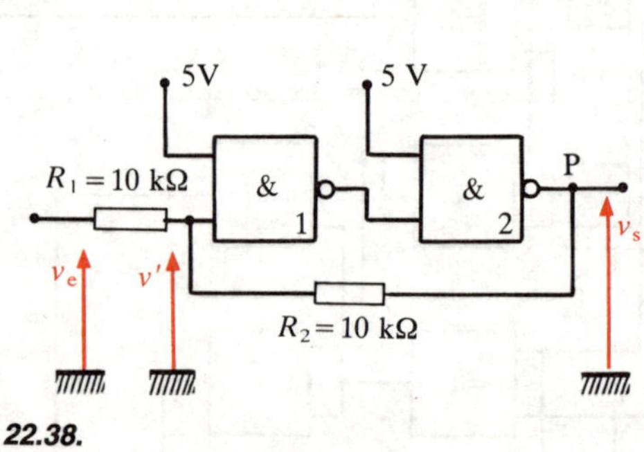

Fig. 22.38.

1°) Exprimer v' en fonction de v_s et v_e.

2°) On suppose $v'<2$ V :
a) quelle est la valeur de v_s ?
b) pour quelle valeur de v_e la condition $v'=2$ V est-elle réalisée ?

3°) On suppose $v'>2$ V :

a) quelle est la valeur de v_s ?

b) pour quelle valeur de v_e la condition $v'=2$ V est-elle réalisée ?

4°) Tracer la caractéristique de transfert en tension : $v_s=f(v_e)$ pour v_e croissant de 0 à 5 V puis décroissant de 5 V à 0 V.

5°) **Application :** la forme d'onde de v_e est donnée figure 22.39. Donner la forme d'onde de v_s.

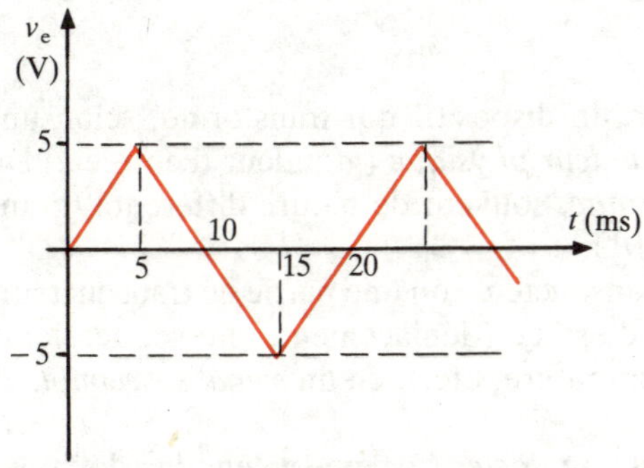

Fig. 22.39.

22.18. **Remarque :** cet exercice complète le T.P. 2

La figure 22.40 représente un générateur de signaux réalisé avec deux portes NAND dont la caractéristique de transfert en tension est donnée sur la figure 22.36.

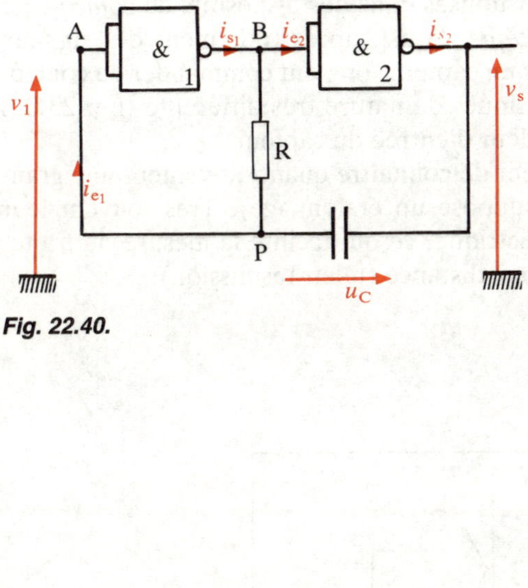

Fig. 22.40.

Quand la sortie de l'un de ces opérateurs est à l'état haut, on le considère comme un générateur de Thévenin dont on néglige la résistance interne (source parfaite de tension). Quand une sortie est à l'état bas, on considère que son potentiel (par rapport à la masse) est nul quelle que soit la valeur de i_s correspondante.

Les courants des entrées, d'intensités i_{e1} et i_{e2} sont considérés comme nuls.

1°) On suppose que l'entrée unique A de l'inverseur 1 est à l'état logique 1 ($E_A=1$) : que valent alors v_B et v_s ? Comment évolue le potentiel du point P ?

2°) L'état précédent, caractérisé par $E_A=1$ est-il stable ? Quelle est la valeur de la tension u_C lorsque l'entrée logique E_A prend la valeur 0 ? On notera t_1 cet instant.

3°) Après l'instant t_1, on a $E_A=0$. Quelles sont alors les valeurs de v_B et v_s ?

Quelle est la valeur de v_P (ou de v_A) juste après l'instant t_1 ?

Comment évolue alors le potentiel du point P ?

4°) Ce deuxième état est-il stable ? On appelle ce dispositif un multivibrateur stable. Justifier ce vocable. Quelle est la valeur de la tension u_C lorsque l'entrée logique E_A reprend la valeur 1, à l'instant t_2 ?

5°) Juste après l'instant t_2, on a $E_A=1$. Quelle est alors la valeur de v_P ?

Représenter les variations de v_A (ou de v_P) pendant une période. Quelle est la constante de temps qui caractérise ces variations ?

6°) Donner une valeur approchée de la période T du phénomène, en fonction de R, de C, et en utilisant les valeurs numériques de la figure 22.36.

7°) Représenter les variations de v_B et de v_s.

Chapitre 23

TRANSDUCTEURS ET CAPTEURS

1. GÉNÉRALITÉS

1.1. Définition

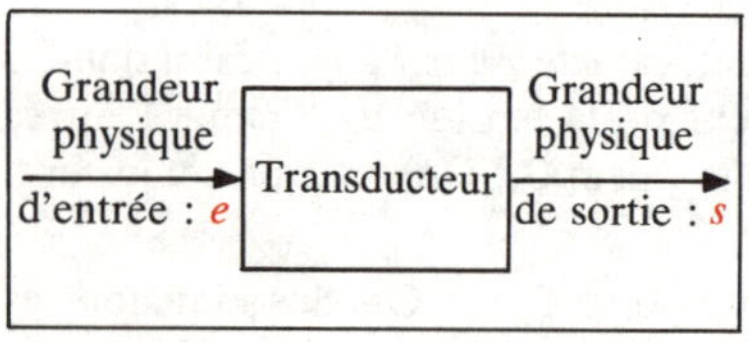

Fig. 23.01.

Un **transducteur** est un dispositif qui transforme, selon une loi déterminée, *une grandeur physique* (grandeur d'entrée *e*) *en une autre grandeur physique*, souvent de nature différente (grandeur de sortie *s*) (fig. 23.01).

Un **capteur** est un transducteur, ou une partie de transducteur, qui traduit la grandeur d'entrée (déplacement, vitesse, accélération, force, pression, température, etc.), en un *signal susceptible d'être mesuré.*

Un transducteur doit être *fidèle* : la même valeur de *e* doit toujours provoquer la même valeur de *s*. Il doit également être *sensible* : une petite variation Δe de la grandeur *e* doit entraîner une variation Δs suffisamment grande pour être convenablement exploitée.

1.2. Intérêt des transducteurs et des capteurs

Les transducteurs sont utilisés dans des dispositifs de *contrôle* ou de *régulation automatique*. Ainsi, après traitement des signaux électriques fournis par un capteur, on peut commander ou contrôler des grandeurs physiques de nature très différente (fig. 23.02) liées ou non à la grandeur d'entrée du capteur.

Les capteurs permettent de connaître quantitativement une grandeur physique (cela suppose un étalonnage). Très souvent leur signal de sortie est électrique, ce qui facilite la mesure, le traitement et la transmission à distance (télétransmission).

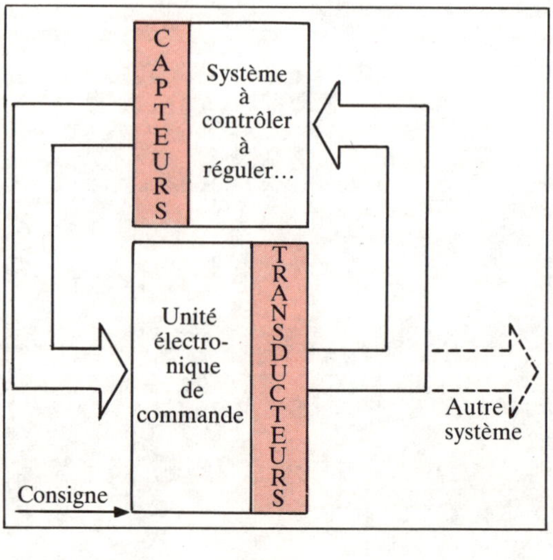

Fig. 23.02. *Organisation générale d'un système utilisant des capteurs et des transducteurs. Dans certains cas l'une ou l'autre des liaisons peut être absente. Par exemple, une station météorologique capte des informations, les transmet mais n'agit pas sur les paramètres qu'elle mesure.*

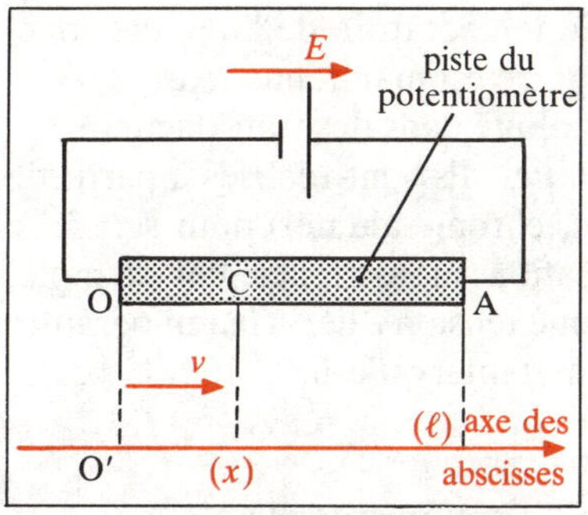

Fig. 23.03. Le potentiomètre présente entre O et A une résistance R *proportionnelle à la longueur OA=l. Entre O et C, si la longueur OC est égale à x, on relève une tension* v=(x/l)E=kE *en posant* k=x/l. *La grandeur de sortie* v *est proportionnelle à l'abscisse* x *du point C qui se déplace suivant une droite (c'est un point d'un dispositif mobile non représenté).*
Suivant ce même principe, un potentiomètre circulaire peut être utilisé comme capteur de position angulaire.

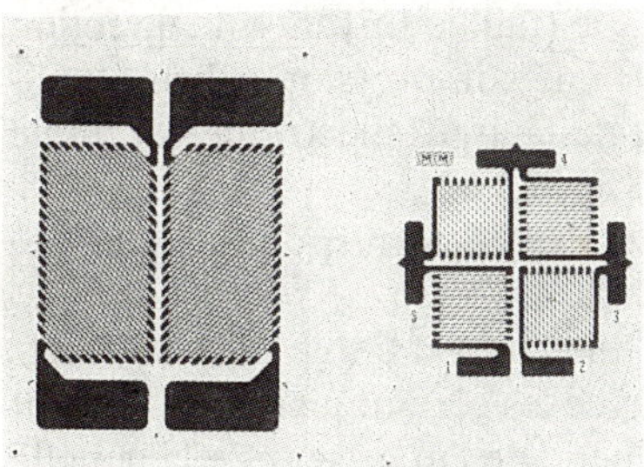

Deux exemples d'association de jauges de contrainte.

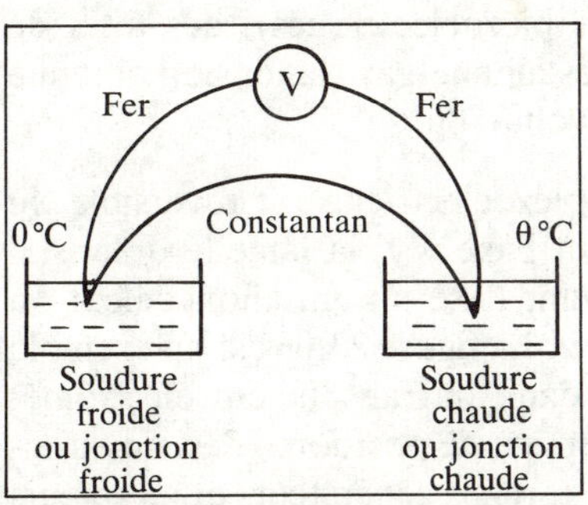

***Fig. 23.04.** Thermocouple. Principe.*

2. EXEMPLES DE TRANSDUCTEURS

2.1. Transducteurs électroacoustiques

– *Microphones :* ils sont sensibles au son, c'est-à-dire, le plus souvent, aux variations de pression du milieu dans lequel se propage le son. La grandeur de sortie est une tension électrique.
– *Haut-parleurs :* excités électriquement, ils produisent une vibration mécanique responsable du son (celui-ci résulte de la variation de pression dans l'air ambiant).

2.2. Transducteurs électromécaniques

Entrent dans cette catégorie tous les dispositifs qui permettent de transformer une grandeur électrique en une grandeur mécanique ou d'effectuer l'opération inverse.

Un *potentiomètre* (linéaire ou circulaire) est un transducteur simple qui est utilisé pour obtenir une tension fonction de la position d'un point mécaniquement relié à son curseur (fig. 23.03). La grandeur d'entrée est donc ici une *longueur* (abscisse du point dans un repère déterminé) et la grandeur de sortie une *tension.*

Une *génératrice tachymétrique* qui fournit une tension E proportionnelle à la vitesse de rotation Ω de l'arbre du dispositif sur lequel elle est fixée (groupe tournant par exemple) est également un transducteur électromécanique. La grandeur d'entrée mécanique est la *vitesse angulaire* Ω de l'arbre et la grandeur de sortie est une *tension*.

Un *galvanomètre magnétoélectrique* permet de faire correspondre un *déplacement* (rotation d'un cadre) à une *grandeur électrique* (courant dans le cadre). C'est un exemple de transducteur qui transforme une grandeur électrique en une grandeur mécanique (voir chapitre 8).

De nombreux transducteurs électromécaniques sont équipés d'un capteur particulier : une **jauge d'extensométrie.** C'est un fil conducteur dont la résistance est fonction des déformations mécaniques qui lui sont imprimées (n'oublions pas que la résistance R d'un fil est proportionnelle à sa longueur et à l'inverse de sa section ; si ces paramètres varient du fait de contraintes mécaniques subies, il en est de même de R). La grandeur d'entrée est une *force*, la grandeur de sortie est une *résistance* à laquelle on fait correspondre aisément un signal électrique (courant ou tension) proportionnel à R.

2.3. Transducteurs thermoélectriques

La grandeur d'entrée est une *température.* La grandeur de sortie peut être :
– la valeur d'une *résistance* : sonde à résistance de platine ou de nickel, thermistance (voir chap. 2) ;
– une *tension* : thermocouple, capteur à diode (voir paragraphe 5).
Dans un **transducteur à thermocouples**, deux métaux différents sont en contact (fig. 23.04) et leurs jonctions sont à des températures différentes. Une d.d.p. peut être relevée entre deux points

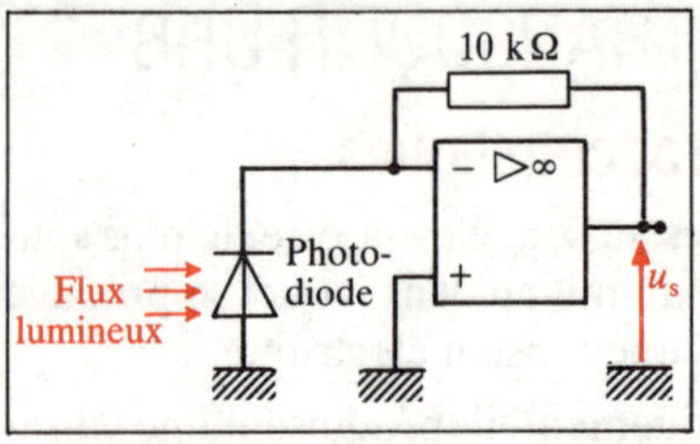

Fig. 23.05. Une photodiode associée à un amplificateur opérationnel constitue un capteur linéaire d'éclairement (l'éclairement, qui est le flux lumineux reçu par unité de surface, s'exprime en watts par mètre carré si on s'intéresse à l'aspect énergétique, en lux si l'on considère l'effet sur l'œil).

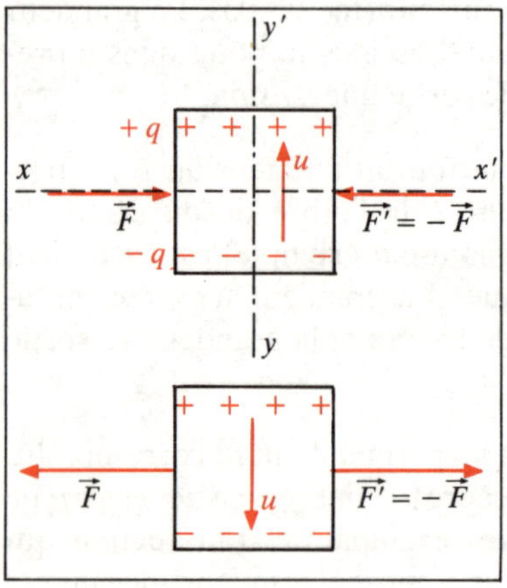

Fig. 23.06. Transducteur piézoélectrique. Principe de fonctionnement.

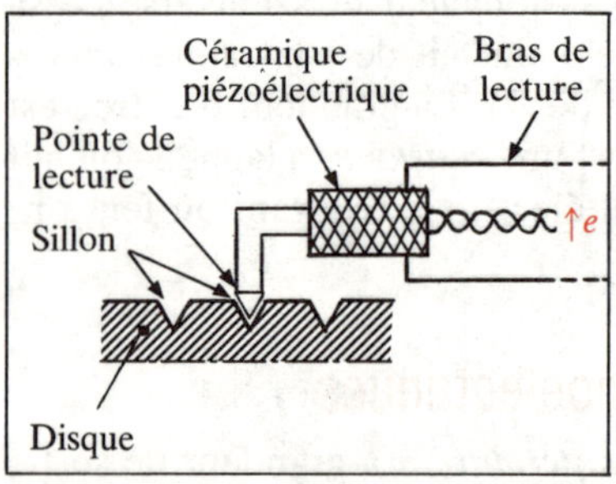

Fig. 23.07. Phonocapteur piézoélectrique. La pointe de lecture, soumise à des mouvements verticaux (et latéraux dans le cas d'un enregistrement stéréophonique), provoque une torsion du cristal. La tension électrique créée permet, après traitement électronique, d'exciter un haut-parleur et de reproduire le son enregistré.

du circuit. Elle est fonction de la température de l'une des jonctions quand la température de l'autre est maintenue fixe.
Cet effet thermoélectrique est exploité dans des transducteurs appelés aussi *couples thermoélectriques*. Ils sont réalisés à partir de matériaux divers (fer-constantan, chrome-alumel) pour satisfaire aux nécessités des diverses applications industrielles. Par exemple, le couple fer-constantan fournit une tension e liée à la température θ de la jonction « chaude » dans l'intervalle 0 °C-100 °C par la relation :

$$e = 52{,}94\theta + 0{,}0204\theta^2 \qquad \begin{cases} e \text{ en microvolts} \\ \theta \text{ en degrés Celsius.} \end{cases}$$

2.4. Transducteurs optoélectroniques

Ils permettent la transformation d'un *flux lumineux* en une *tension* (photopile, photodiode (fig. 23.05), phototransistor) ou la transformation inverse (diode électroluminescente, voir chapitre 19).

2.5. Transducteurs magnétoélectriques

La grandeur d'entrée est un *champ magnétique*. La grandeur de sortie est une *tension*.
Exemple : sonde à effet Hall (voir chapitre 7).

2.6. Transducteurs piézoélectriques

Ces transducteurs convertissent une *pression* en une *tension électrique* et inversement. Ils mettent en œuvre l'effet piézoélectrique qui apparaît avec certains cristaux (quartz ou céramiques souvent à base de titane).
Avec une lamelle parallélépipédique (taillée suivant une direction privilégiée dans le cas du quartz), une compression suivant la direction xx′ engendre l'apparition de charges électriques et d'une tension u suivant la direction yy′ (fig. 23.06).
A une inversion du sens de l'effort exercé correspond un changement de signe de la tension u.
La charge électrique apparue sur une face est faible pour le quartz mais nettement plus importante avec les céramiques (plus de cent fois plus grande). La tension u dépend de l'épaisseur de la lamelle de cristal.
Ce transducteur est mis en œuvre pour la mesure de forces (donc de poids et de masses), de pressions, d'accélérations ($f = ma$, si m est fixée, l'accélération a et la force f sont proportionnelles).
Il équipe des microphones (dits piézoélectriques), des têtes de lecture de disque (fig. 23.07), des allume-gaz (la tension obtenue atteint plusieurs dizaines de kilovolts), etc.

Remarque : Le phénomène de piézoélectricité est réversible. Si une tension est appliquée suivant l'axe y′y, la lamelle de cristal change de forme, subissant suivant l'axe x′x un allongement ou une contraction selon le signe de u. La figure 23.08 est un exemple d'application de cette propriété dans un transducteur électromécanique utilisé dans un asservissement de position. C'est aussi suivant ce principe que fonctionnent certains générateurs et récepteurs d'ultrasons.

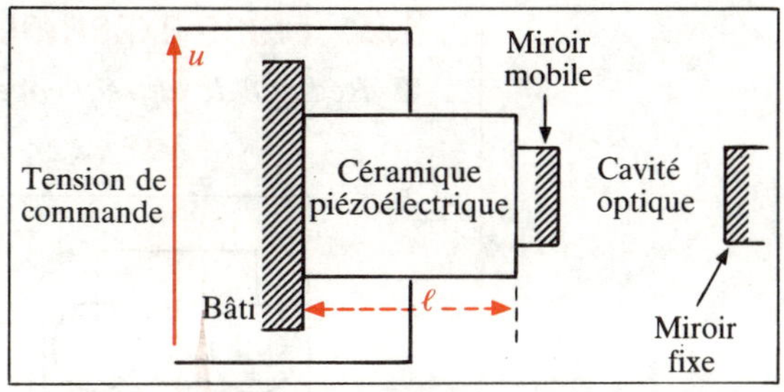

Fig. 23.08. Application d'un transducteur piézoélectrique : asservissement de position. Dans certains lasers la position du miroir mobile est asservie par effet piézoélectrique inverse : une tension électrique u *commande de très petits déplacements du miroir* ($\Delta l = ku$).

3. ÉTUDE SIMPLIFIÉE D'UN TRANSDUCTEUR ULTRASONIQUE

3.1. Ultrasons

Les ultrasons sont des ondes acoustiques dont la fréquence peut varier de 20 kHz environ à plusieurs centaines de mégahertz. Pour les produire, on dispose de cellules émettrices. Celles qui sont équipées d'un cristal piézoélectrique constituent un exemple d'application de l'effet piézoélectrique inverse. En appliquant une tension alternative de fréquence convenable à un cristal piézoélectrique, on provoque des déformations périodiques de ce cristal. Il subit une succession de contractions et d'extensions suivant une direction privilégiée et joue le rôle d'un piston sur le milieu ambiant. Les variations de pression engendrées localement donnent naissance à des ultrasons dans le milieu environnant l'émetteur.

Pour détecter des ultrasons, nous utilisons une cellule piézoélectrique qui convertit les variations de pression qu'elle subit en tension (effet piézoélectrique direct).

Le champ d'application des ultrasons ne cesse de s'accroître : il touche des domaines très divers : optoacoustique (échographie médicale, sonars marins, contrôle non destructifs de matériaux, etc.), cinémométrie (débimètre, anémomètre, etc.), usinage et nettoyage de certains objets (bijoux, vaisselle) etc.

Nous nous proposons de procéder à l'étude expérimentale simplifiée d'un transducteur ultrasonique (fig. 23.09).

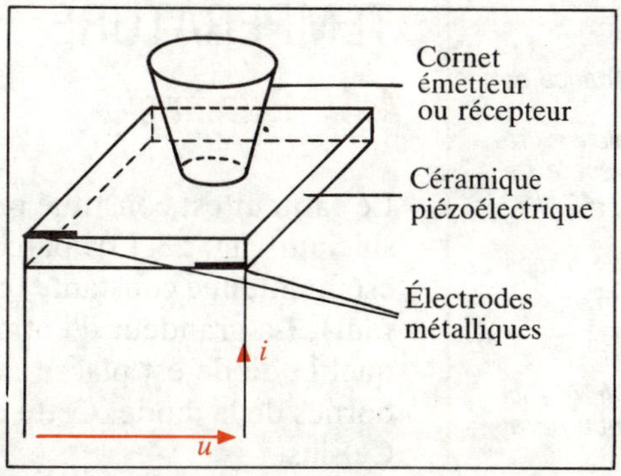

***Fig. 23.09.** Transducteur ultrasonique. L'ensemble représenté est enfermé dans un carter de protection muni d'une grille.* ►

3.2. Étude expérimentale

■ *Réglage de la fréquence d'émission* (opération préliminaire).

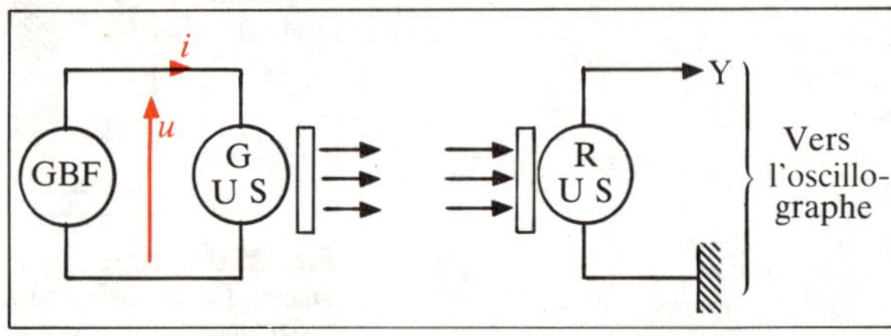

Fig. 23.10. *Recherche de la fréquence optimale d'émission et de réception. Pour atténuer le ronflement à 50 Hz, qui se superpose au signal utile, on peut placer une résistance de 10 kΩ en parallèle avec la cellule réceptrice. On peut également filtrer le signal utile par un circuit bouchon (inductance en parallèle avec un condensateur) accordé sur la fréquence d'émission.*

Le montage de la figure 23.10 comporte une cellule émettrice (G.U.S.), alimentée par un générateur basse fréquence, et une cellule réceptrice (R.U.S.), du même type que la précédente, placée à 30 cm environ et reliée à un oscillographe.
La fréquence du signal délivré par le générateur basse fréquence est réglée pour que le signal utile, observé à l'oscillographe, soit maximal.

■ *Modèle équivalent de la cellule émettrice.*
On peut donner un schéma simplifié constituant un modèle équivalent électrique du résonateur ultrasonique (fig. 23.11).
C_0 est la capacité propre de la lame de céramique ; l_m, C_m, r_m permettent de traduire le comportement vibratoire du transducteur.

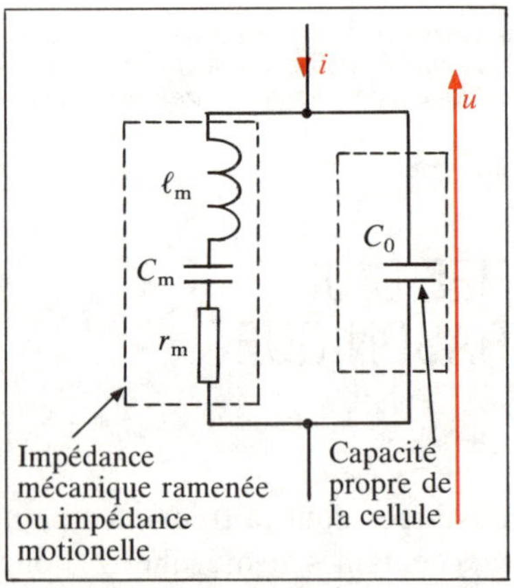

Fig. 23.11. *Modèle équivalent d'une cellule émettrice d'ultrasons au voisinage de sa fréquence de résonance. Valeurs typiques des éléments pour un générateur d'ultrasons de fréquence nominale 40 kHz : $C_O = 1$ nF ; $l_m = 0{,}3$ H ; $C_m = 50$ pF, $r_m = 1$ kΩ.*

■ *Courbe de variation de l'impédance d'une cellule émettrice en fonction de la fréquence du signal.*
La valeur de l'impédance Z se déduit des mesures de la tension U aux bornes de la cellule et de l'intensité I du courant. La courbe représentative de cette grandeur est donnée figure 23.12.

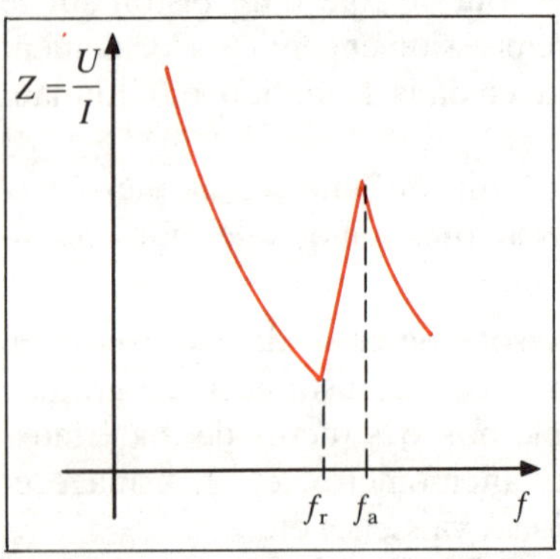

Fig. 23.12. *Variation de l'impédance présentée par une cellule piézoélectrique utilisée comme générateur d'ultrasons, au voisinage de la fréquence de résonance série.*

* *pour* $f = f_r = \dfrac{1}{2\pi\sqrt{l_m C_m}}$ *l'impédance est minimale et pratiquement égale à* r_m, *résistance de rayonnement (*f_r *est la fréquence de résonance série ;* $f_r \approx 41$ *kHz).*

* *pour* $f = f_a = \dfrac{1}{2\pi\sqrt{l_m \dfrac{C_m C_O}{C_m + C_O}}}$ *l'impédance est maximale (*f_a *est la fréquence d'antirésonance ou résonance parallèle :* $f_a \approx 42$ *kHz).*

■ 4. ÉTUDE SIMPLIFIÉE D'UN CAPTEUR DE TEMPÉRATURE

4.1. Principe

Le capteur est constitué principalement d'une diode à jonction au silicium (fig. 23.13), parcourue par un courant dont l'intensité I est maintenue constante (courant fourni par un générateur de courant). La grandeur d'entrée est la température du milieu dans lequel la diode est placée ; la grandeur de sortie est la tension aux bornes de la diode. Cette d.d.p. décroît d'environ 2 mV par degré Celsius.

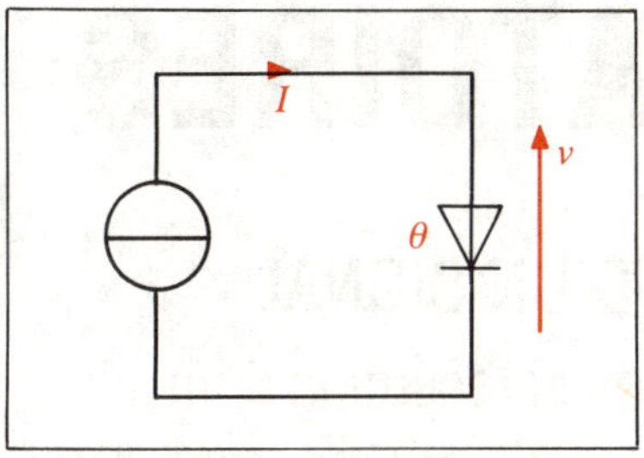

Fig. 23.13. Capteur de température. Aux bornes de la diode, si I=Cte, $v=v_0-k\theta$ (toute diode au silicium convient : 1 N 4004 par exemple).

La tension aux bornes de la diode est donnée en fonction de la température par la relation suivante :

$$v=v_0-k\theta \qquad \begin{cases} v \text{ et } v_0 \text{ en volts} \\ \theta \text{ en degrés Celsius} \\ k = \text{constante.} \end{cases}$$

La tension v est appliquée à l'entrée d'un amplificateur de différence pour obtenir une tension de sortie v_s telle que :

$$v_s=K\theta \qquad \begin{cases} v_s \text{ en volts} \\ \theta \text{ en degrés Celsius} \\ K = \text{constante.} \end{cases}$$

4.2. Réalisation

La figure 23.14 représente le schéma d'un montage permettant d'obtenir ce résultat. Un potentiomètre fournit une tension égale à v_0. L'amplification de la différence u :

$$u = v-v_0 = k\theta$$

fournit une tension v_s :

$$v_s=Au$$

A : amplification du montage (valeur ajustable).

D'où : $v_s=Ak\theta = K\theta.$

La tension de sortie v_s est alors une fonction linéaire de la température θ (on peut prendre une valeur simple pour K : 0,1 V/°C par exemple).

Fig. 23.14. Capteur de température. ► Etalonnage.

– Lorsque θ=0 °C, on règle le potentiomètre P de façon que $(v_0-v)=0$ et donc $v_s=0$.

– Ensuite on fixe θ=80 °C par exemple et on règle le coefficient d'amplification de l'amplificateur de différence de façon que v_s=8,0 volts.

– La fonction de transfert obtenue est donc : $v_s=\frac{1}{10}\theta$: (K=0,1 V.°C^{-1}). (v_s en volts : θ en degrés Celsius).

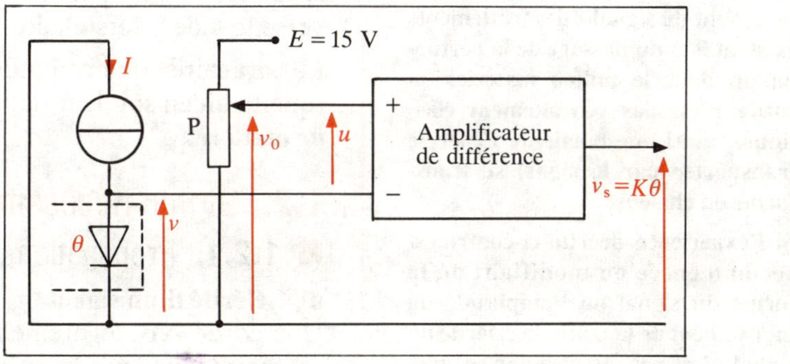

Chapitre 24

MOUVEMENTS VIBRATOIRES

1. PROPAGATION D'UN SIGNAL

1.1. Émission, propagation et réception d'un signal

Un signal est une perturbation locale, souvent de faible durée. Selon le milieu ce peut être un son, une lumière, une déformation mécanique, une surpression ou une dépression.
Nous avons déjà utilisé des émetteurs et des récepteurs de signaux (chap. 23).

Émetteurs :
- cellule piézoélectrique (ultrasons),
- haut-parleur (sons),
- diode électroluminescente (lumière).

Récepteurs :
- cellule piézoélectrique (ultrasons),
- microphone (sons),
- photodiode (lumière).

Dans ce chapitre, nous nous intéressons à la **propagation** des signaux d'un émetteur à un récepteur.
Cette propagation nécessite souvent un milieu matériel :
– un son se propage dans l'air, les solides, les liquides mais pas dans le vide ;
– un signal mécanique comme celui provoqué par un caillou qui tombe dans l'eau se propage à la surface de l'eau.

Dans quelques cas, aucun milieu matériel n'est nécessaire : ainsi la lumière émise par le Soleil parvient sur Terre après avoir traversé le vide interstellaire.

La caractéristique commune à la propagation de tous les signaux (quelle qu'en soit leur nature) est qu'elle s'effectue sans **transport de matière.**

1.2. Signal nécessitant un milieu de propagation

1.2.1. Propagation unidirectionnelle d'un signal

a) Célérité d'un signal

Une corde AB, légèrement tendue, fixée en B à un support fixe, est maintenue avec la main par son autre extrémité A.
En déplaçant le point A d'un mouvement brusque, orthogonalement à la direction de la corde, nous provoquons une déformation qui constitue un signal transversal (fig. 24.01). La répétition de cette expérience montre que le signal se propage sans se déformer si la corde est suffisamment souple ; l'amplitude maximale (ou élongation maximale) du signal reste pratiquement constante au cours du déplacement : l'amortissement de ce signal est négligeable.

Un dispositif constitué par deux cellules photoélectriques associées à un chronomètre électronique, permet de mesurer la durée θ mise par le signal pour parcourir la distance d comprise entre les deux cellules : lorsque l'ébranlement coupe le faisceau lumineux de la première cellule, le chronomètre est déclenché ; le chronomètre est arrêté lorsque le signal coupe le faisceau de la deuxième cellule.

Pour une corde longue, il y a amortissement **du signal : des frottements existent lors du passage de la perturbation dans le milieu matériel (la corde n'est pas parfaitement élastique), ainsi une partie de l'énergie transportée par le signal se transforme en chaleur.**

Si l'expérience décrite ci-contre est recommencée en modifiant ou la forme du signal ou l'amplitude du mouvement de la main, la célérité du signal n'est pas affectée par ces modifications.

Si la tension de la corde est augmentée, le signal se propage plus vite. Avec une corde de masse linéique plus grande, la célérité du signal diminue.

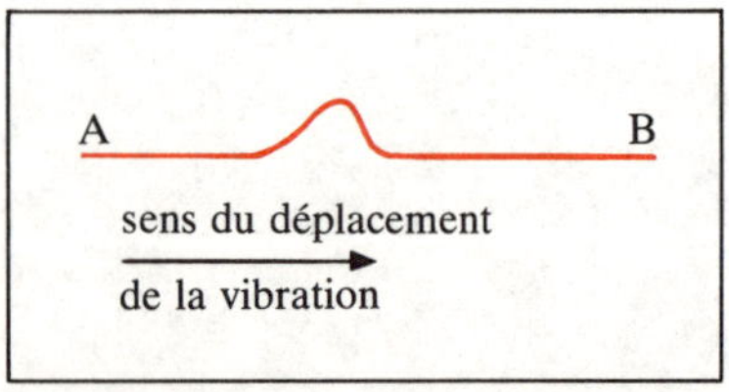

Fig. 24.01. Propagation d'un signal le long d'une corde.

Une étude expérimentale menée avec ce dispositif montre que le rapport $c=d/\theta$ reste constant quelle que soit la portion d de corde considérée. Ce rapport est homogène à une vitesse. Comme il n'y a pas de déplacement de matière dans la direction de propagation du signal, la constante c est appelée **célérité** du signal (et non vitesse).

$$c = \frac{d}{\theta} \qquad \begin{cases} d \text{ en mètres,} \\ \theta \text{ en secondes,} \\ c \text{ en mètres par seconde.} \end{cases}$$

Le mouvement d'un point quelconque de la corde situé à une distance x de la source reproduit le mouvement de la source avec un retard $\theta=x/c$.

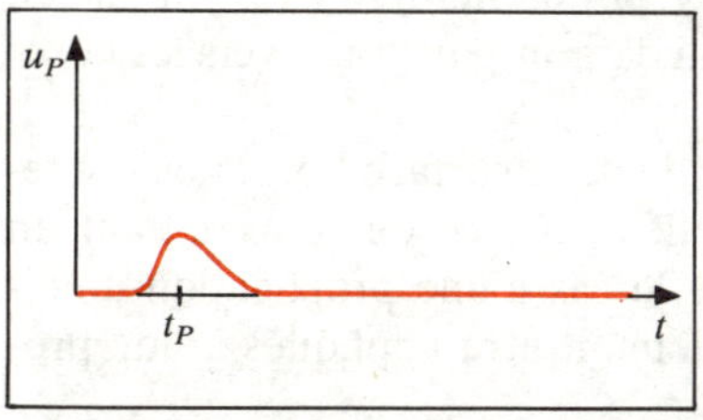

Fig. 24.02. *Variation, dans le temps, de l'élongation d'un ébranlement passant au point P.*

Remarque :

Le déplacement temporaire des points de la corde résultant de la propagation du signal a lieu dans une direction orthogonale à celle de la propagation : le signal est **transversal**.

Dans le cas d'un ressort à spires non jointives, la compression de quelques spires provoque un déplacement des spires dans la direction de l'axe du ressort ; lorsque ces spires comprimées sont brusquement lâchées, cette compression se propage et provoque, à son passage, le déplacement des spires dans la direction du ressort : le signal est **longitudinal.**

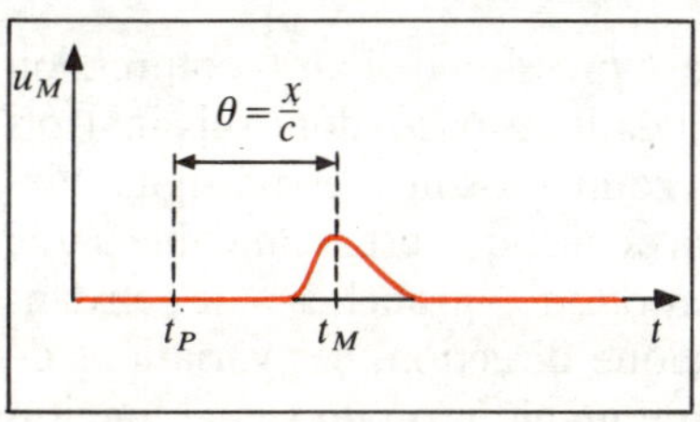

Fig. 24.03. *Variation, dans le temps, de l'élongation d'un ébranlement passant au point M.*

b) Grandeur associée à la propagation d'un signal

Reprenons l'exemple de la corde. Le passage du signal en un point de la corde provoque des variations de la position de ce point. Ces variations peuvent servir à caractériser le signal. La grandeur u associée au signal est alors le déplacement ou élongation du point.

■ ***Variation en fonction du temps.***

Appelons $u_P(t)=f(t)$ la valeur de u au point P (fig. 24.02) et $u_M(t)$ la valeur de u au point M (au même instant) situé à la distance x de P.

Le point M subit les mêmes variations que le point P mais avec un retard $\theta=x/c$. La courbe représentative de $u_M(t)$ se déduit donc de celle de $u_P(t)$ par un décalage de $\theta=x/c$ (fig. 24.03).

D'où : $$u_M(t) = u_P(t-\theta) = f\left(t - \frac{x}{c}\right).$$

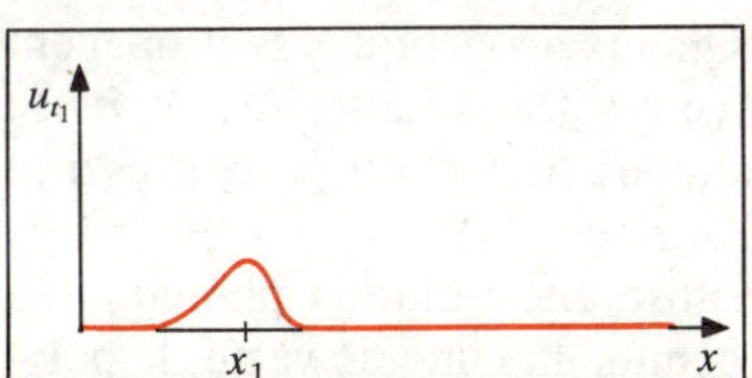

Fig. 24.04. *Variation de l'élongation d'un ébranlement dans l'espace à un instant* t_1.

Quel que soit le point choisi, la courbe a même allure mais pour des points différents les courbes obtenues sont décalées dans le temps.

■ ***Variation en fonction du point choisi sur la corde.***

Choisissons un axe Ox porté par la corde, orienté de A vers B dont A est l'origine. Soit $u_{t_1}(x) = g(x)$ la valeur de u à l'instant t_1 (fig. 24.04). A l'instant $t_2=t_1+\Delta t$, le signal a parcouru la distance $d=c\Delta t$. L'aspect de la corde à l'instant t_2 se déduit de son aspect à l'instant t_1 par une translation de $d=c(t_2-t_1)$ (fig. 24.05).

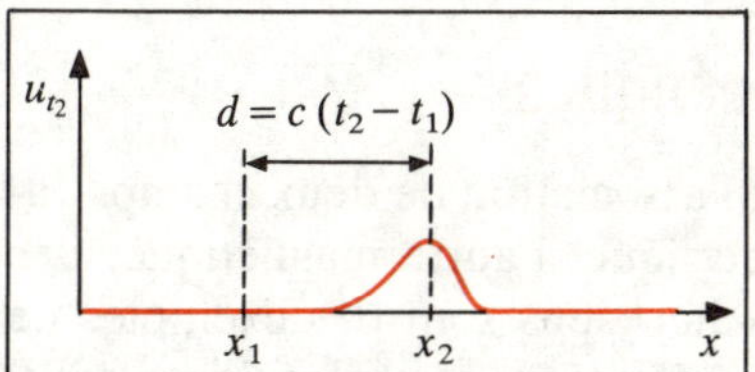

Fig. 24.05. *Variation de l'élongation d'un ébranlement dans l'espace à un instant* t_2.

D'où : $$u_{t_2}(x) = u_{t_1}(x-d) = g(x-c\Delta t).$$

Si le support matériel n'est pas élastique, le signal ne se propage pas. Un milieu est dit élastique, si, ayant subi une déformation, il revient de lui-même à son état initial.

1.2.2. Propagation bidimensionnelle – Propagation tridimensionnelle

a) Propagation bidimensionnelle : propagation d'un signal à la surface de l'eau.

Vers le milieu O d'une cuve, peu profonde, contenant de l'eau, on provoque une déformation de la surface libre en laissant tomber une goutte d'eau. Une ride circulaire se propage autour de O : aucune direction n'est donc privilégiée. Un petit morceau de liège placé en un point M est animé d'un mouvement vertical uniquement au passage de la perturbation. Il est immobile avant et après le passage du signal. C'est un exemple de propagation d'un signal dans un plan (surface de l'eau).

Le signal **transporte de l'énergie** (elle permet le mouvement vertical du liège) mais **ne transporte pas de matière** (il n'y a pas eu déplacement latéral du bouchon ni de transport d'eau vers les bords de la cuve).

En considérant une coupe verticale de la surface libre, nous obtenons une figure semblable à celle d'une corde transmettant un signal. Les résultats établis dans le cas d'une propagation unidimensionnelle peuvent donc également être appliqués à une propagation bidimensionnelle.

b) Propagation tridimensionnelle : propagation d'un signal acoustique.

Ce signal résulte de variations de la pression de l'air (compression et dépression). Elles se propagent dans l'espace (donc suivant trois dimensions). Pour effectuer une comparaison avec un signal mécanique, on peut dire qu'un signal acoustique est assimilable à une série de compressions et de dilatations de « tranches » de gaz dans toutes les directions. Suivant chaque direction, ces variations de pression se propagent de la même manière qu'un signal longitudinal le long d'un ressort à spires non jointives.

Une observation attentive de la propagation d'une ride circulaire à la surface de l'eau, montre que son amplitude décroît. En effet, l'énergie accompagnant le signal se répartit sur des surfaces de plus en plus grandes : il y a atténuation **du signal (il en est bien sûr de même pour une propagation tridimensionnelle) même si l'amortissement est négligeable.**

La propagation d'un signal dans un milieu bi ou tridimensionnel s'accompagne d'un amortissement et d'une atténuation de ce signal.

Remarque : Influence de la nature du milieu sur la propagation des signaux acoustiques.

La vie courante montre que les signaux acoustiques se propagent très facilement dans les solides (murs, canalisations, ...). Ils se propagent également dans les liquides (détection de la présence de sous-marins par les navires de surface, ...).

Pour se protéger du bruit, on réalise une isolation phonique en utilisant des solides inélastiques comme la laine de verre, le polystyrène expansé, ... qui sont plus connus comme isolants thermiques.

1.3. Signaux électromagnétiques

Un signal électromagnétique est l'association de deux champs variables interdépendants, l'un électrique, l'autre magnétique. Les signaux lumineux et les signaux hertziens sont des exemples de signaux électromagnétiques. Contrairement à tous les signaux étudiés jusqu'à présent, ils se propagent dans le vide (les sondes spatiales transmettent vers la Terre les images des planètes par signaux hertziens) ; leur célérité c est alors 3.10^8 m.s.$^{-1}$.

Comme les signaux mécaniques, les signaux électromagnétiques s'atténuent et sont peu à peu absorbés dans les milieux matériels (pour ces signaux, on parle plutôt d'absorption que d'amortissement).

Un oscillateur est animé d'un mouvement vibratoire.
S'il est libre, il cède peu à peu de l'énergie au milieu extérieur : il y a amortissement des oscillations et le phénomène n'est pas périodique.
Si l'énergie perdue à chaque oscillation est restituée, le mouvement vibratoire de l'oscillateur est entretenu.

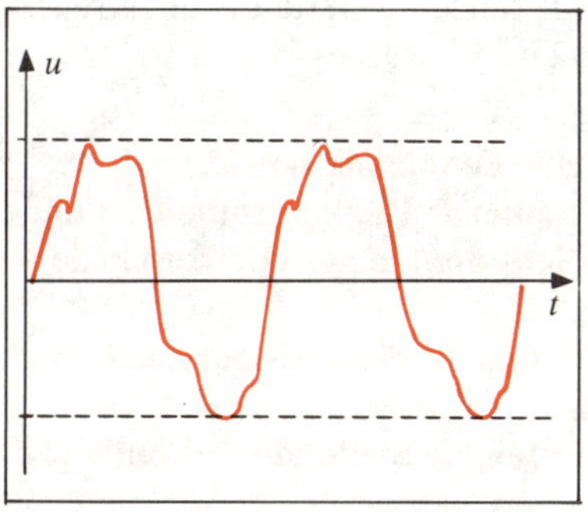

Fig. 24.06. Vibrations électriques créées par la membrane d'un microphone électrodynamique.

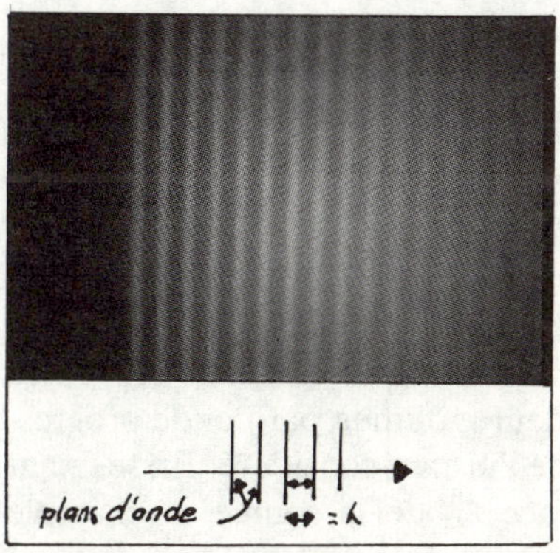

Fig. 24.07. Propagation d'une onde plane. Les bords de la cuve permettant la réalisation de l'expérience décrite ci-contre, doivent être recouverts d'un matériau absorbant les vibrations afin d'éviter des réflexions qui changeraient la nature du phénomène recherché.

2. PHÉNOMÈNES VIBRATOIRES ENTRETENUS

2.1. Observations

Au chapitre 13 nous avons étudié des exemples de phénomènes vibratoires électriques : tensions et intensités sinusoïdales.
La membrane d'un haut-parleur en fonctionnement subit des vibrations mécaniques. Ce phénomène vibratoire entretenu crée des variations de pression qui constituent un autre phénomène vibratoire (acoustique). Les phénomènes vibratoires peuvent donc avoir des natures très diverses.

L'oscillographe est l'un des outils permettant leur étude expérimentale. Dans le cas de phénomènes vibratoires non électriques, des transducteurs sont alors nécessaires (chap. 23) ; ils transforment des grandeurs physiques déterminées en signaux électriques qui peuvent être observés ensuite à l'aide de l'oscillographe.

2.2. Grandeurs caractéristiques

L'enregistrement (fig. 24.06) des vibrations électriques créées par les vibrations entretenues de la membrane d'un microphone électrodynamique permet de donner les caractéristiques communes à tous les phénomènes vibratoires entretenus. L'élongation u est la grandeur qui caractérise la vibration en un point.

Nous constatons que le phénomène est périodique : $u(t)=u(t+T)$; une oscillation correspond à la variation de la grandeur $u(t)$ sur la durée d'une période T.

Le nombre d'oscillations effectuées en une période représente la fréquence f du phénomène :

$$f = 1/T \qquad \begin{cases} T \text{ en secondes,} \\ f \text{ en hertz.} \end{cases}$$

3. PROPAGATION D'UN PHÉNOMÈNE VIBRATOIRE ENTRETENU

3.1. Étude expérimentale

Une réglette, animée d'un mouvement vibratoire entretenu, vient frapper la surface libre d'une nappe d'eau contenue dans une cuve peu profonde (fig. 24.07).
La réglette décrit un **mouvement périodique dans le temps.** Au contact de l'eau, un signal périodique prend naissance. Il est de même période que le mouvement de la réglette. La propagation de ce mouvement périodique fait apparaître, à la surface de l'eau, une succession de rides rectilignes, identiques et parallèles entre elles, à égale distance les unes des autres.

L'observation stroboscopique permet d'obtenir :
– l'immobilisation apparente de la surface de l'eau : une **périodicité dans l'espace** est alors mise en évidence,
– un « ralenti » : tous les points de cette surface vibrent les uns après les autres en reproduisant le mouvement vibratoire de la

Il existe d'autres outils permettant l'étude des phénomènes vibratoires. Exemples :
- le stroboscope pour les phénomènes mécaniques,
- l'ordinateur pour tous les phénomènes (des capteurs transforment les grandeurs physiques en tensions électriques qui sont ensuite converties en grandeurs binaires utilisables alors par l'ordinateur).

Le stroboscope est constitué par une source lumineuse dont on peut faire varier la fréquence f_0 des éclairs qu'elle émet. Le stroboscope éclairant le phénomène mécanique étudié (de fréquence f) peut donner, de ce dernier, une impression :
- d'immobilité lorsque $f = kf_0$ avec $k \in N^*$,
- ou de ralenti si $f \approx f_0$, la fréquence apparente du phénomène étant alors $f_1 = |f - f_0|$.

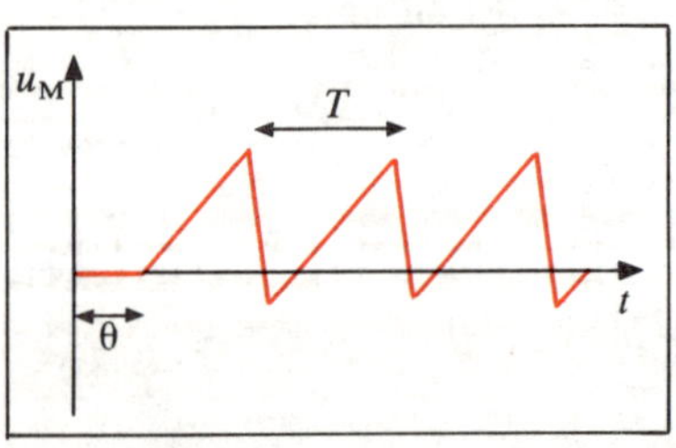

Fig. 24.08. *Représentation temporelle d'une onde progressive.*

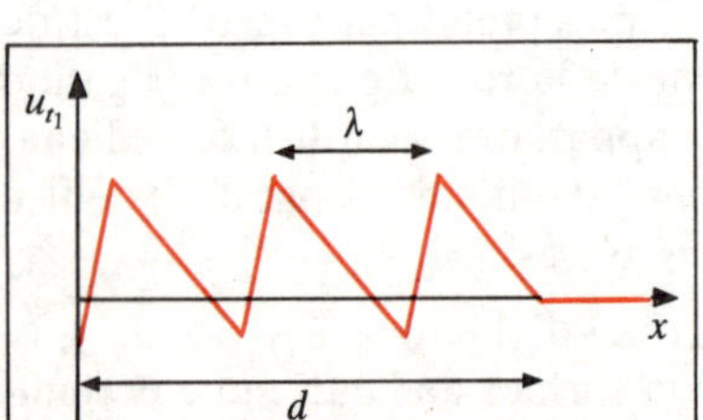

Fig. 24.09. *Représentation spatiale d'une onde progressive.*

source avec un retard d'autant plus grand que le point est plus éloigné de la source. Observons plus particulièrement deux points d'une direction déterminée (orthogonale à la réglette), séparés d'une distance correspondant à cette périodicité dans l'espace : ces deux points semblent vibrer en phase (quel que soit l'endroit de la surface choisi).

3.2. Définitions

■ L'ensemble des rides qui se propagent à la surface de l'eau, constitue une **onde progressive.**

Ce résultat est général :

La propagation d'un mouvement vibratoire entretenu se traduit par une onde progressive.

■ Chaque point M de la surface de l'eau reproduit le mouvement vibratoire de la source S (avec un retard fonction de la distance SM) : les mouvements de tous les points de cette surface et de la source ont donc même période.
Durant chaque période T, l'onde créée par le mouvement vibratoire entretenu progresse d'une distance λ. Cette distance représente la période dans l'espace de l'onde progressive.

Généralisation :
Toute onde progressive présente une double périodicité :
- une période temporelle T : les points de l'espace soumis à l'onde progressive sont le siège de vibrations dont la période T est celle de la source qui les crée ;
- une période spatiale λ représentant la distance parcourue par l'onde pendant la durée T.
La période spatiale λ est appelée : longueur d'onde de l'onde progressive.

3.3. Longueur d'onde

L'onde progressive est une succession de signaux identiques émis à des intervalles de temps égaux. Ces signaux se propagent à la célérité c. La longueur d'onde est la distance λ parcourue en une durée T.
D'où :

$$\boxed{\lambda = cT} \qquad \begin{cases} c \text{ en mètres par seconde,} \\ T \text{ en secondes,} \\ \lambda \text{ en mètres.} \end{cases}$$

Remarques :

1. Représentation spatiale et temporelle d'une onde progressive.

Considérons une onde progressive se déplaçant dans un milieu unidimensionnel. Soit u la grandeur modifiée par l'onde progressive. Elle dépend de l'espace et de l'instant considéré. En se fixant en un point M situé à la distance x_M de la source S (exemple fig. 24.08), nous pouvons écrire :

$$u(t, x_M) = u(t+kT, x_M) \qquad k \in Z$$

A un instant t_1, deux points distants de $k'\lambda$ sont dans le même état vibratoire (exemple fig. 24.09) :

$$u(t_1, x) = u(t_1, x+k'\lambda) \qquad k' \in Z$$

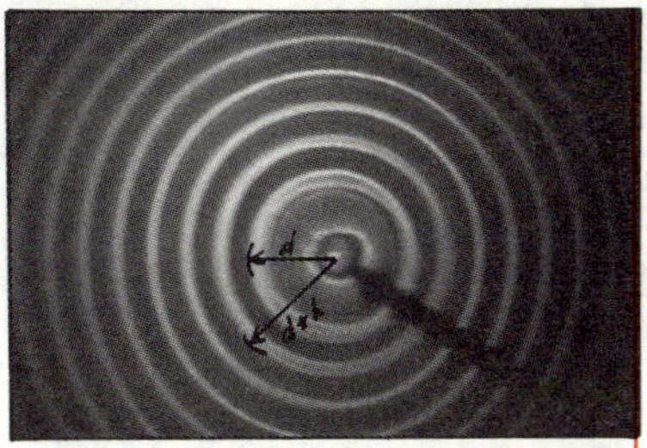

2. ***Une source ponctuelle animée d'un mouvement vibratoire*** crée une onde progressive circulaire dans un milieu bidimensionnel, sphérique dans un milieu tridimensionnel. Tous les points situés à la même distance d de la source ont le même état vibratoire (ils vibrent en phase, ainsi que tous les points situés à la distance $d+k\lambda$) :

– ces points forment des **cercles** concentriques dans un milieu bidimensionnel ;

– ils forment des **sphères** concentriques dans un milieu tridimensionnel.

3.4. Cas particulier des ondes hertziennes

3.4.1. Classification des ondes électromagnétiques

Contrairement aux ondes progressives mécaniques et acoustiques, les ondes électromagnétiques se propagent dans le vide. Leur classification est effectuée à partir de leur longueur d'onde (ou de leur fréquence $f=c/\lambda$ avec $c \approx 300\ 000$ km.s^{-1} dans le vide).

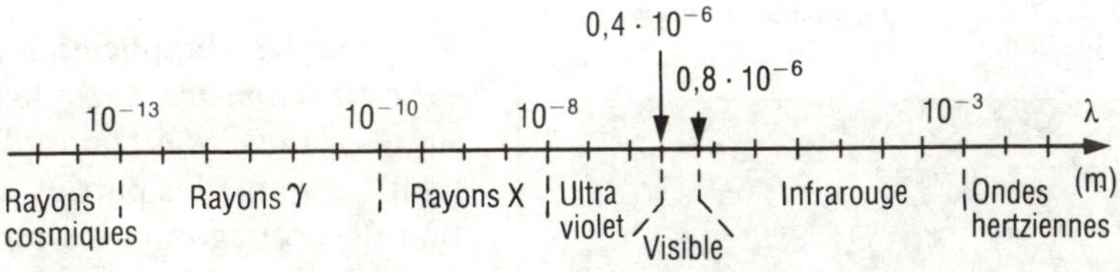

3.4.2. Utilisation des ondes hertziennes

Les ondes hertziennes sont utilisées en radio (ondes longues, moyennes, courtes et ultra-courtes), en télévision (ondes métriques) et par les appareils radars (ondes décimétriques et centimétriques).

L'intérêt des ondes hertziennes est de permettre la transmission d'informations.

Exemple : les signaux sonores sont des vibrations acoustiques ayant le plus souvent une portée de quelques mètres. Ce sont des signaux de basse fréquence : de 20 Hz à 20 000 Hz. Il faut donc utiliser un « véhicule » permettant leur transport : c'est le rôle des ondes hertziennes.

Le transport de ces signaux nécessite les deux opérations suivantes : transformation des signaux sonores en signaux électriques de basse fréquence puis, transformation de ces derniers en signaux électriques de haute fréquence. Cette dernière opération s'appelle la modulation. On distingue :

- **la modulation d'amplitude :**
l'onde hertzienne (appelée **porteuse**) a une amplitude modulée par les signaux correspondant à l'onde sonore à transmettre (fig. 24.10). A la réception de ce signal modulé, un démodulateur élimine les signaux correspondant à l'onde porteuse pour ne conserver que ceux correspondant à l'onde sonore ;

- **la modulation de fréquence :**
la fréquence de l'onde porteuse varie avec celle de l'onde sonore à transmettre (fig. 24.11).

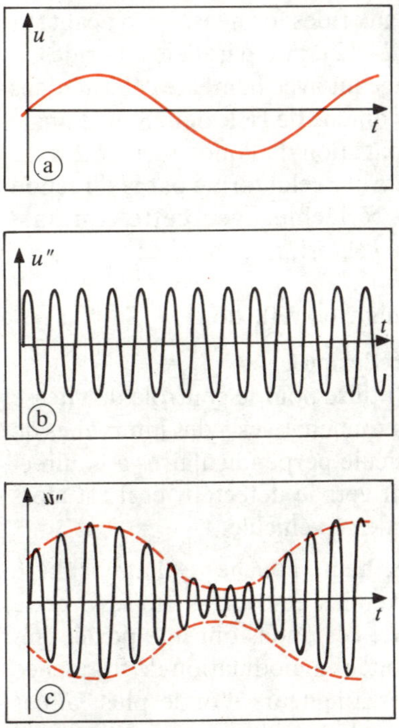

Fig. 24.10. *Modulation d'amplitude :*
a) *Signal à transmettre.*
b) *Onde porteuse.*
c) *Onde émise modulée en amplitude.*

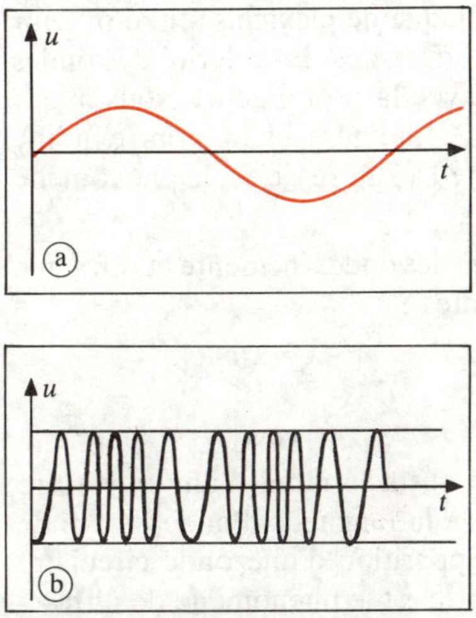

Fig. 24.11. *Modulation de fréquence :*
a) *Signal à transmettre.*
b) *Onde émise modulée en fréquence.*

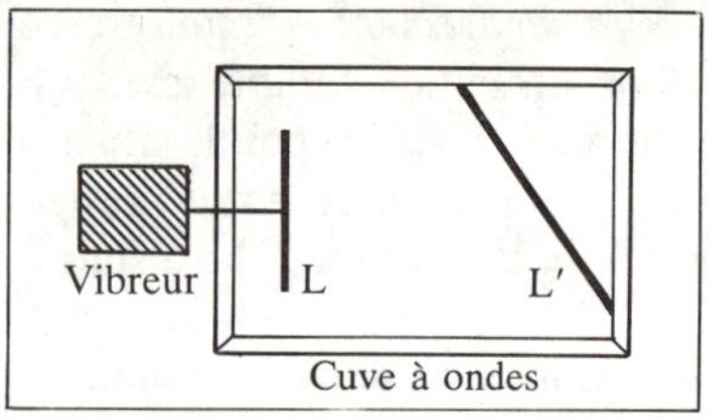

Fig. 24.12. *Réflexion d'une onde plane.*

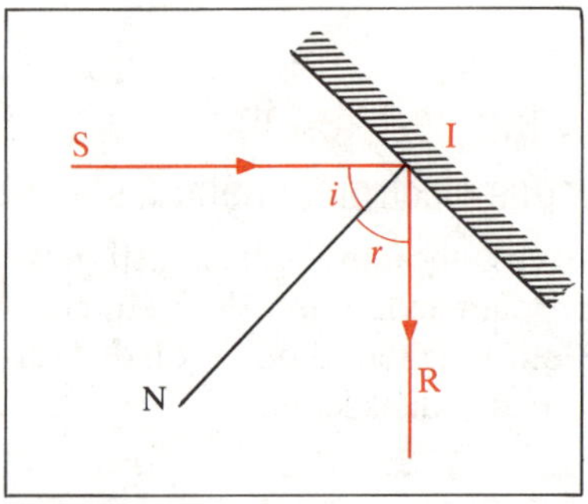

Fig. 24.13. *Angle d'incidence, angle de réflexion.*

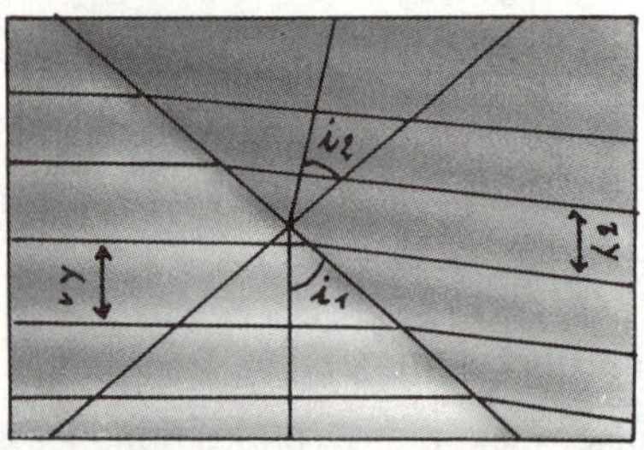

Fig. 24.14. *Réfraction d'une onde plane. La réfraction est toujours accompagnée d'une réflexion à la limite de séparation des deux milieux. L'onde réfléchie a toujours une amplitude plus faible que celle de l'onde incidente. Dans un milieu bidimensionnel, on a la relation :*

$$\frac{\sin i_2}{\sin i_1} = \frac{c_2}{c_1} = \frac{\lambda_2}{\lambda_1}$$

i_1 *: angle d'incidence ;* i_2 *: angle de réfraction.*

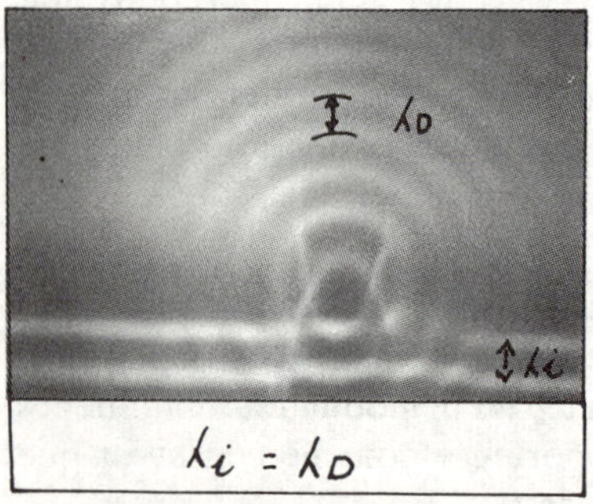

Fig. 24.15. *Diffraction d'une onde plane. Les ondes sonores émises par les haut-parleurs peuvent « contourner » les obstacles : c'est une illustration du phénomène de diffraction.*

4. RÉFLEXION, RÉFRACTION ET DIFFRACTION

Nous utiliserons la cuve à ondes pour mettre en évidence ces phénomènes. Cependant les résultats obtenus sont applicables à toute onde progressive.

4.1. Réflexion

■ Provoquons l'émission d'une onde progressive plane. La direction de propagation est normale aux rides formées. En plaçant sur leur trajet un obstacle plan (fig. 24.12), non parallèle aux rides, il y a création d'une onde se propageant avec la même célérité dans une autre direction : c'est le phénomène de **réflexion**. Soit *i* l'angle formé par la direction SI de propagation de l'onde incidente avec la normale IN au plan de l'obstacle et *r* celui formé par la direction IR de propagation de l'onde réfléchie avec cette normale (fig. 24.13). Quel que soit l'angle *i* choisi, nous avons :

$$i = r$$

(*i* s'appelle angle d'incidence, *r* angle de réflexion).

■ **Exemples d'application de la réflexion :**

– ***Le cinémomètre.*** C'est le radar utilisé pour le contrôle de vitesse sur les routes : des trains d'ondes sont envoyés à des intervalles de temps connus, les parties du véhicule perpendiculaires à la direction de propagation les renvoient vers le détecteur et il est alors possible de déterminer la vitesse de ce véhicule.

– ***Les ondes radio.*** L'ionosphère, haute couche de l'atmosphère réfléchit les ondes longues, moyennes et courtes émises : cette réflexion fait que les émetteurs de ces ondes ont une portée importante. Ce n'est pas le cas des ondes à modulation de fréquence dont les ondes porteuses ont des longueurs d'onde plus faibles (3 m environ et plus de 100 m pour les ondes courtes) ; elles sont de ce fait plus pénétrantes et l'ionosphère ne les réfléchit pas : les émetteurs ont alors une portée plus faible.

4.2. Réfraction

Plaçons au fond de la cuve une plaque de plexiglas afin d'obtenir des profondeurs (faibles) d'eau différentes. La célérité des ondes à la surface de l'eau augmente avec la profondeur. Nous avons créé deux milieux différents **1** et **2**. La figure 24.14 montre qu'il y a transmission de l'onde d'un milieu à l'autre : c'est le phénomène de **réfraction.**

Une étude quantitative montre que les ondes incidente et réfractée ont des longueurs d'onde différentes :

$$\lambda_1 = c_1 T \quad \text{et} \quad \lambda_2 = c_2 T \quad \Rightarrow \quad \lambda_2 = \lambda_1 c_2 / c_1.$$

4.3. Diffraction

Plaçons dans la cuve à ondes un obstacle muni d'une ouverture (fig. 24.15) de largeur inférieure à la longueur d'onde de l'onde plane créée. Nous constatons l'apparition d'une onde circulaire qui semble émise par l'ouverture : c'est le phénomène de **diffraction**. Les ondes incidente et diffractée ont la même longueur d'onde. Avec une ouverture de dimension supérieure à la longueur d'onde, il n'y a pas phénomène de diffraction.

En électricité, un circuit idéal L, C constitue un oscillateur libre dont la fréquence propre est :

$$f_0 = \frac{1}{2\pi\sqrt{LC}}$$

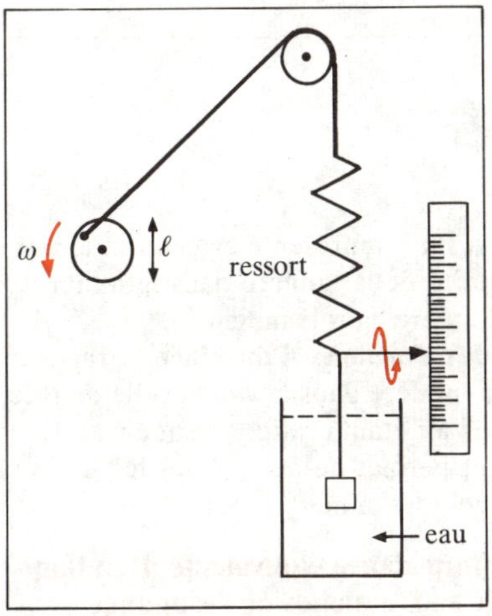

Fig. 24.16. Étude expérimentale de la résonance.

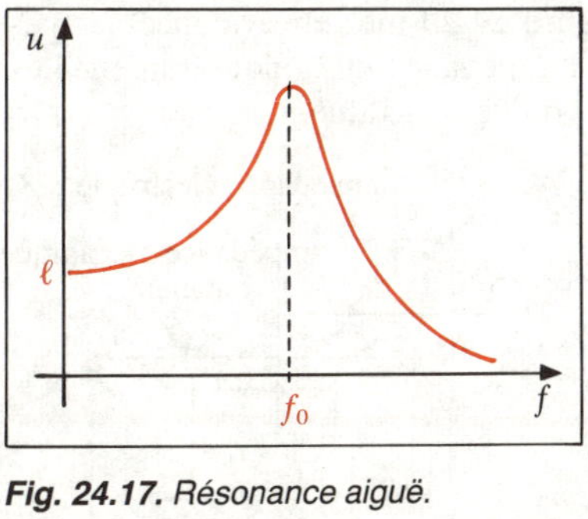

Fig. 24.17. Résonance aiguë.

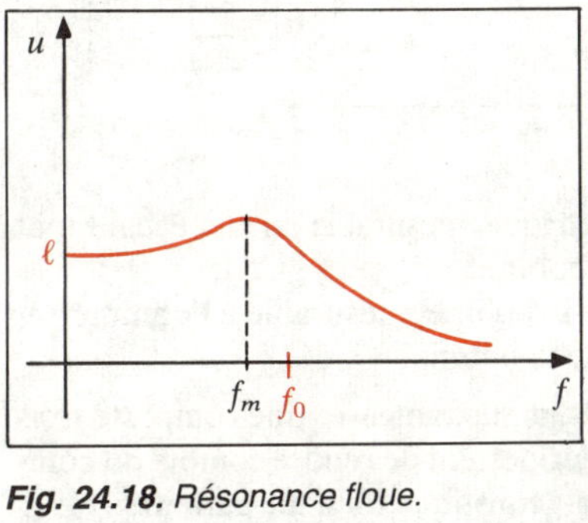

Fig. 24.18. Résonance floue.

■ 5. RÉSONANCE

Nous avons étudié le phénomène de résonance électrique dans le cas des circuits R, L, C série et parallèle.

5.1. Oscillations forcées

La décharge d'un condensateur dans un circuit R, L s'effectue de façon oscillante si la résistance R est inférieure à une valeur appelée résistance critique R_c (chap. 12). Il y a dissipation d'énergie à chaque oscillation et l'amplitude de ces oscillations diminue petit à petit. Pour éviter cette diminution, il faut apporter périodiquement (à chaque oscillation) l'énergie perdue. **On force le système à osciller.** Pour cela, il faut **un excitateur** qui va imposer sa fréquence d'oscillation au reste du circuit (l'**oscillateur** est quelquefois appelé **résonateur**).

Dans le cas d'oscillations libres, le système oscille seul à sa fréquence propre f_0. Lorsque la fréquence f de l'oscillateur est égale à la fréquence propre du système, l'amplitude des oscillations est maximale.

Cette description illustre les conditions nécessitant la réalisation d'oscillations forcées quelle que soit leur nature (mécanique, acoustique, électrique, ...).

5.2. Étude expérimentale

Un système excentré solidaire de l'arbre d'un moteur provoque l'oscillation d'un pendule élastique dont l'une des extrémités est reliée à une masse plongeant dans un récipient contenant de l'eau (fig. 24.16). L'extrémité supérieure du ressort subit des oscillations d'amplitude constante. Le moteur est l'excitateur et l'ensemble « ressort-masse » est l'oscillateur. Lorsque la fréquence de rotation du moteur est voisine de la fréquence propre de l'ensemble « ressort-masse », la masse vibre avec une amplitude importante : le système est en résonance.

Si nous fixons une plaque à la masse, l'amplitude des oscillations diminue : il y a **amortissement.**

5.3. Applications

■ Dans certains cas, l'importance de ces amplitudes peut être la cause de catastrophes : électrocution, rupture de pont (pont de Tacoma Narrows aux USA en 1940). Pour éviter cette **résonance aiguë** (fig. 24.17), il faut réaliser un amortissement pour que la **résonance** soit **floue** (fig. 24.18).

Exemples d'applications :

– *Équilibrage d'une roue d'un véhicule :* un mauvais équilibrage peut provoquer, pour des vitesses particulières, la mise en résonance de certaines pièces du véhicule comme le volant qui se met à vibrer dangereusement.

– *Dispositifs anti-roulis sur certains navires :* les éléments d'un navire ont leurs fréquences propres de vibration qui doivent être différentes des fréquences pouvant provoquer une résonance aiguë comme celles des vagues, du vent…

– *Amortisseurs de la cuve des machines à laver le linge.*

– *Suspensions souples des haut-parleurs électrodynamiques* (un haut-parleur électrodynamique est utilisé à des fréquences supérieures à sa fréquence de résonance).

■ Dans d'autres cas, la résonance aiguë est recherchée : c'est le cas des circuits électroniques produisant des signaux faibles qui doivent être amplifiés.

Exemple :

– *Oscillateur à quartz :* une tension alternative appliquée à un cristal piézoélectrique (chap. 23) le fait vibrer. Les amplitudes des vibrations sont faibles, sauf si la fréquence de la tension excitatrice est égale à la fréquence propre des vibrations mécaniques : le cristal est alors en résonance (aiguë). Cette fréquence de résonance étant très stable, les cristaux piézoélectriques sont très utilisés en horlogerie (montres à quartz, horloge interne des ordinateurs, ...).

Travaux pratiques

1. Réflexion, réfraction, indice de réfraction

■ Un laser est une source très commode pour obtenir un faisceau lumineux de section très petite que nous appellerons rayon lumineux.

Un rayon laser est dirigé vers la surface libre de l'eau contenue dans une cuve. En dispersant de la poussière (ou de la fumée) au-dessus de la cuve et en mélangeant un peu de fluorescéine avec l'eau de la cuve, on « matérialise » la trajectoire des rayons lumineux incident, réfléchi et réfracté. Il est possible de vérifier que ces trois rayons sont dans un même plan appelé **plan d'incidence** (cette loi générale est la première loi établie par Descartes).

■ Un miroir plan est posé sur un disque gradué de telle sorte que son plan est perpendiculaire à celui du disque. En éclairant le miroir par un rayon lumineux (fig. 24.19)

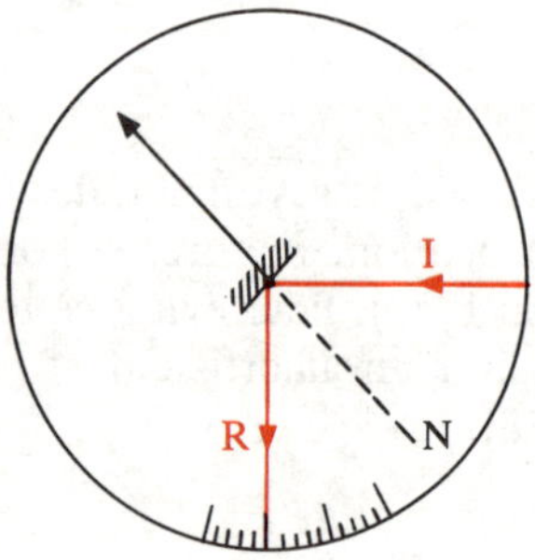

Fig. 24.19.

et en faisant varier l'angle d'incidence, il est aisé de vérifier que l'angle d'incidence est égal à l'angle de réflexion (deuxième loi de Descartes).

■ En remplaçant le miroir par un demi-cylindre en plexiglas, nous pouvons montrer que les angles d'incidence i_1 et de réfraction i_2 ont des valeurs telles que : $\sin i_1/\sin i_2$ = constante (troisième loi de Descartes).

En changeant la nature du demi-cylindre, cette constante prend une autre valeur.

■ Le rapport $\sin i_1/\sin i_2$ représente également le rapport c_1/c_2 (c_1 : célérité de la lumière dans le milieu 1, c_2 : célérité de la lumière dans le milieu 2).

On appelle **indice de réfraction *n* d'un milieu,** le rapport de la célérité de la lumière dans le vide à celle dans le milieu. L'indice de l'air étant pratiquement égal à 1, le dispositif précédent permet de déterminer les indices de réfraction de quelques milieux.

2. Variation de l'impédance équivalente d'un haut-parleur autour de sa fréquence de résonance

Le comportement de la partie mécanique d'un haut-parleur (bobine, diaphragme, suspension élastique, air environnant) a une influence sur son schéma électrique équivalent. La figure 24.20 met en évidence l'impédance électrique, l'impédance mécanique ramenée et les divers éléments qui les constituent.

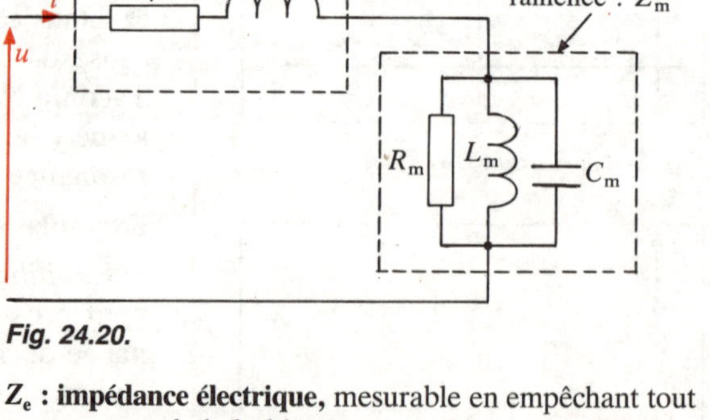

Fig. 24.20.

Z_e : impédance électrique, mesurable en empêchant tout mouvement de la bobine.

- r : résistance de la bobine, mesurable à l'ohmmètre.
- l : inductance de la bobine.

Z_m : impédance mécanique ramenée. Elle comporte trois dipôles fictifs qui permettent de rendre compte du comportement mécano-acoustique du haut-parleur.

- R_m : terme dissipatif, est associé aux frottements et à la viscosité de l'air.
- L_m : terme associé à l'inertie des parties mobiles.
- C_m : terme associé à l'élasticité du diaphragme et de sa suspension.

L'impédance équivalente est alors : $\underline{Z}=\underline{Z}_e+\underline{Z}_m$.

La mesure de cette impédance équivalente Z peut être effectuée en attaquant le haut-parleur avec un générateur BF, en observant $u(t)$ et $i(t)$ à l'oscillographe et en mesurant leurs valeurs efficaces à l'aide d'appareils convenables.

Exemple des valeurs typiques des éléments de l'impédance équivalente d'un haut-parleur de « 15 Ω » (fig. 24.21) :

$$Z_e \begin{cases} r=10\ \Omega \\ l=2{,}5\ \text{mH} \end{cases} \quad Z_m \begin{cases} R_m=70\ \Omega \\ L_m=20\ \text{mH}\ ;\ C_m=300\ \mu\text{F} \end{cases}$$

$$f_0 \approx \frac{1}{2\pi\sqrt{L_m C_m}}$$ (fréquence principale de résonance ; $f_0 \approx 65$ Hz).

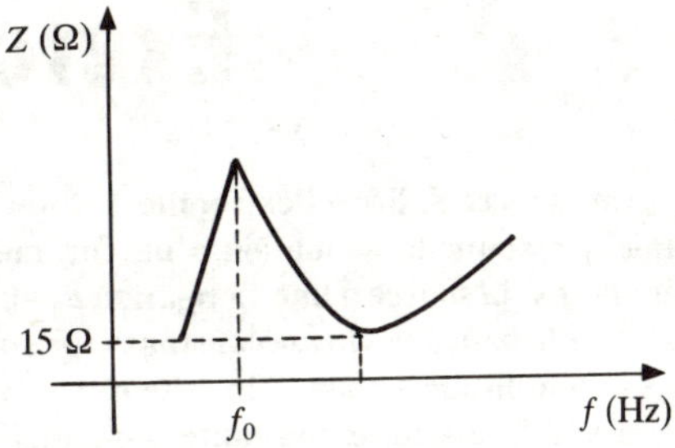

Fig. 24.21.

Pour $f<f_0$, le rendement électroacoustique est médiocre. On peut ainsi comprendre en partie pourquoi les haut-parleurs, pour les basses fréquences, sont plus lourds et plus encombrants : pour diminuer f_0, il faut augmenter L_m et par conséquent la masse des parties mobiles.

Contrôle des connaissances

INDIQUER LA (OU LES) BONNE(S) RÉPONSE(S) :

24.01. Un signal radar et un signal laser sont envoyés simultanément vers la Lune. Chaque signal est réfléchi vers la Terre.
Quel écho capte-t-on le premier ?

R : écho radar ; écho laser ; ils arrivent simultanément.

24.02. La radio transmet des sons. Les ondes radio sont des ondes électromagnétiques se déplaçant à la célérité de la lumière.
Peut-on dire que la célérité du son est égale à celle de la lumière ?

R : oui ; non.

24.03. Quelle est la fréquence d'une radiation lumineuse de longueur d'onde $\lambda=0{,}73$ µm se propageant dans le vide ?

R : $2{,}5.10^{10}$ Hz ; 4.10^{-8} Hz ; $4{,}11.10^{14}$ Hz ; $0{,}5.10^{6}$ Hz.

24.04. Quelle est la longueur d'onde d'une onde radio de fréquence 99,8 MHz ?

R : $\lambda=2$ µm ; $\lambda=0{,}7$ m ; $\lambda=1$ km ; $\lambda=3$ m.

24.05. Les dauphins émettent des ultrasons dont les fréquences sont voisines de 100 kHz et les longueurs d'onde de 15 mm environ.
Quelle est la célérité c du son dans l'eau de mer ?

R : $c=1\,500$ m.s^{-1} ; $c=100$ m.s^{-1} ; $c=500$ m.s^{-1} ; $c=2\,000$ m.s^{-1}.

24.06. Des ondes mécaniques peuvent-elles avoir des longueurs d'onde égales à celles d'ondes électromagnétiques ?

R : oui ; non.

24.07. Comparer les célérités de la lumière c_a dans l'air et c_v dans le verre ?

R : $c_a=c_v$, $c_a>c_v$, $c_a<c_v$.

24.08. Un rayon lumineux arrive normalement sur un miroir plan.
Quelle est la valeur r de l'angle de réflexion ?

R : $r = 45°$, $r = 90°$, $r = 0°$.

24.09. Un rayon lumineux arrive sous un angle d'incidence i sur un bloc de verre ; le rayon est réfracté suivant un angle r tel que le rapport *sin i/sin r* reste constamment égal à $n=1{,}5$ (indice relatif de réfraction du verre) quelle que soit la valeur de i. Quel est l'angle de réflexion correspondant à un angle d'incidence $i=45°$?

R : $r = 14°$, $r = 25°$, $r = 45°$, $r = 28°$.

24.10. Le rayon d'une roue d'un véhicule est $R=30$ cm. Cette roue étant mal équilibrée, le volant se met à osciller à la fréquence $f=9$ Hz lorsque le véhicule atteint une vitesse v. Calculer cette vitesse.

R : $v\approx56$ km.h^{-1}, $v\approx82$ km.h^{-1}, $v\approx61$ km.h^{-1}, $v\approx105$ km.h^{-1}.

Exercices résolus

24.11. **Une source S, liée à l'extrémité A d'une corde horizontale, provoque la formation d'un ébranlement. A l'instant $t=0$ s, la source a une élongation $u_0=0$ cm et se déplace vers le haut à la vitesse constante $v_1=1$ m.s^{-1}. Lorsque son amplitude est $a=1$ cm, elle repart vers sa position initiale à la vitesse constante $v_2=2$ m.s^{-1}. Au moment où la source reprend sa position initiale, le front de l'ébranlement a parcouru une distance $d=3$ cm.**

1° Dessiner la courbe représentative de la grandeur $u_S(t)$, élongation de la source S.

2° Quelle est la célérité c de l'ébranlement se propageant le long de la corde ?

3° Quel est l'aspect de la corde à l'instant $t'=10^{-2}$ s ?

Solution :

1° La vibration de la source se décompose en deux parties :
– la première partie a une durée : $\tau_1=a/v_1$
– la seconde partie a une durée : $\tau_2=a/v_2$

Applications numériques :

$\tau_1=0{,}01/1 \Rightarrow \tau_1=10^{-2}$ s ;
$\tau_2=0{,}01/2 \Rightarrow \tau_2=0{,}5.10^{-2}$ s.

Les vitesses étant constantes, l'élongation $u_S(t)$:
– croît linéairement (de $t=0$ s à $t_1=10^{-2}$ s) de $u_0=0$ cm à $u_{t_1}=a=10^{-2}$ m,
– puis décroît linéairement (de $t_1=10^{-2}$ s à $t_2=1{,}5.10^{-2}$ s) de $u_{t_1}=10^{-2}$ m à $u_{t_2}=0$ m. D'où la représentation ci-après (fig. 24.22).

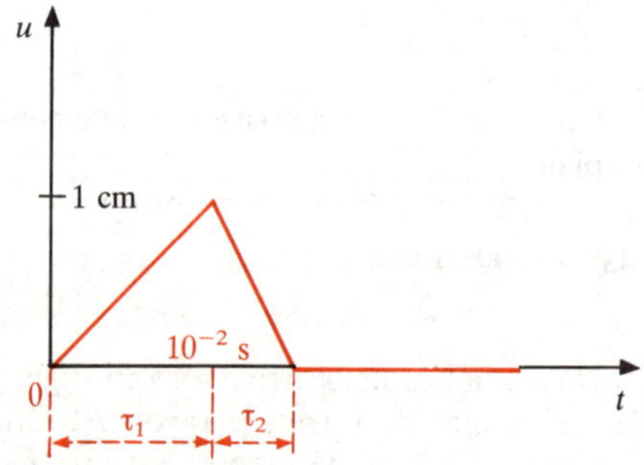

Fig. 24.22.

2° Entre le début et la fin de la vibration de la source, il s'est écoulé une durée $\theta=\tau_1+\tau_2$.
Le front de l'ébranlement créé a parcouru la distance d pendant la durée θ. Sa célérité est donc :

$$\boxed{c=\frac{d}{\tau_1+\tau_2}.}$$

Application numérique :
$c=0{,}03/(0{,}5.10^{-2}+10^{-2}) \Rightarrow \boxed{c=2 \text{ m.s}^{-1}}$

3° Le début de l'ébranlement atteint à l'instant t' le point M_1 situé à l'abscisse $x_1=ct'$, l'élongation de ce point étant alors $u_{(x_1)}=0$ m.

La source S a son élongation maximale à l'instant $t=\tau_1$: l'élongation maximale de l'ébranlement atteint à l'instant t' le point M_2 situé à l'abscisse $x_2=c(t'-\tau_1)$, l'élongation de ce point étant alors $u_{(x_2)}=0{,}01$ m.

La source finit de vibrer à l'instant $t=\tau_1+\tau_2$: la fin de l'ébranlement atteint à l'instant t' le point M_3 situé à l'abscisse $x_3=c[t'-(\tau_1-\tau_2)]$, l'élongation de ce point étant alors $u_{(x_3)}=0$ m.

Pour les points d'abscisses $x \geqslant x_1$ et $x \leqslant x_3$, l'élongation de la corde est nulle.

Applications numériques :

$x_1=2\times5.10^{-2} \Rightarrow$ **$x_1=0{,}10$ m**
$x_2=2\times(5.10^{-2}-10^{-2}) \Rightarrow$ **$x_2=0{,}08$ m**
$x_3=2\times[5.10^{-2}-(10^{-2}+0{,}5.10^{-2})] \Rightarrow$ **$x_3=0{,}07$ m.**

En négligeant tout amortissement, nous obtenons la représentation suivante (fig. 24.23).

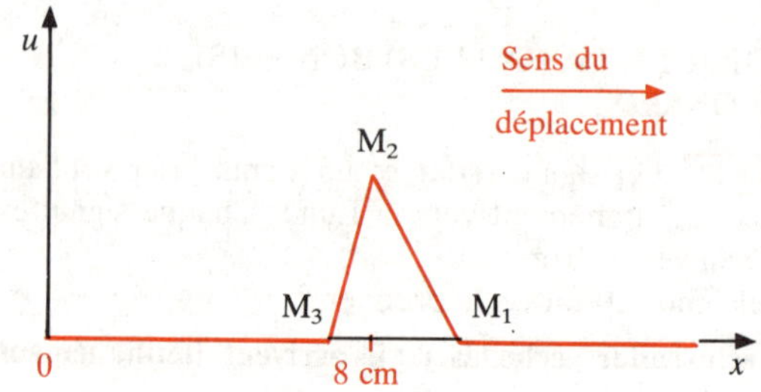

Fig. 24.23.

24.12. **Un haut-parleur transforme un signal électrique sinusoïdal $u_e(t)=\hat{U}\sin\omega t$ en un signal sonore assimilable à une onde plane se propageant à la célérité c. Un microphone placé dans la direction de propagation du signal, transforme ce dernier en tension électrique sinusoïdale $u_s(t)$ de même fréquence et de même amplitude que celles de $u_e(t)$.**

1° Quelle est l'expression de $u_s(t)$ lorsque le microphone est placé à une distance d du haut-parleur (on négligera tout amortissement) ?

***Application numérique :* $\hat{U}=5$ V, $f=1\,700$ Hz, $d=17$ cm, $c=340$ m.s^{-1}.**

2° Le microphone se déplace dans la direction de propagation de l'onde. Pour quelles valeurs de d les tensions $u_s(t)$ et $u_e(t)$ sont-elles en phase ?

***Application numérique :* $c=340$ m.s^{-1}, $f=1\,700$ Hz.**

3° En s'inspirant de l'expérience précédente, décrire le mode opératoire permettant la mesure de la célérité du son.

Solution :

1° Le signal sonore se propage à la célérité c et met une durée θ pour parcourir la distance d séparant le microphone du haut-parleur. Cette durée $\theta=d/c$ représente le décalage horaire entre les tensions $u_e(t)$ et $u_s(t)$: à l'instant t, la tension u_s a la valeur qu'avait la tension u_e à l'instant $t-\theta$, soit :

$$u_s(t)=u_e(t-\theta)$$

d'où : $$u_s(t)=\hat{U}\ sin\ \omega(t-\theta)$$

ou encore : $$u_s(t)=\hat{U}\ sin\ 2\pi f(t-d/c).$$

Application numérique :

$$u_s(t)=5\ sin\ 3\ 400\ \pi(t-5.10^{-4})$$

ou : $$\boxed{u_s(t)=5\ sin\ (3\ 400\ \pi t-5{,}34)}$$

2° Les tensions $u_s(t)$ et $u_e(t)$ sont en phase lorsque le décalage horaire d/c est égal à kT (avec $k\in N$).

Comme $T=1/f$, nous obtenons : $d/c=k/f$

soit : $\boxed{d=kc/f}$

Application numérique :

$d=k\ 340/1\ 700 \Rightarrow d=0{,}2\ k \Rightarrow$ **d=0 m ; 0,2 m ; 0,4 m...**

3° Le haut-parleur est alimenté sous une tension sinusoïdale de fréquence connue. Suivant la direction de propagation de l'onde sonore créée, on repère deux points de l'espace pour lesquels $u_s(t)$ et $u_e(t)$ sont en phase. En choisissant deux points entre lesquels n'existe aucun autre point pour lequel $u_s(t)$ et $u_e(t)$ sont en phase, nous pouvons affirmer que la distance d qui les sépare représente la longueur d'onde λ :

$$\lambda=d=c/f \Rightarrow \boxed{c=df}$$

Avec $f=1\ 000$ Hz, la mesure de d doit être voisine de 34 cm et le calcul donne alors $c=340$ m.s^{-1}.

Exercices à résoudre

24.13. 1° Pourquoi, au cours d'un orage, une durée τ s'écoule-t-elle entre la vision de l'éclair et l'audition du tonnerre (conséquences du même phénomène) ?

2° Dans le cas où cette durée est $\tau=9$ s, à quelle distance se trouve-t-on de l'orage ?
Célérité de la lumière : $c_1=3.10^8$ m.s^{-1}.
Célérité du son : $c_2=340$ m.s^{-1}.

24.14. 1° La distance Terre-Soleil est $d=150.10^6$ km. Quelle est la durée mise par la lumière pour atteindre la Terre ?

2° Alpha proxima du Centaure est, après le Soleil, l'étoile la plus proche de la Terre. Elle est située à 4,3 années-lumière de nous.

a) Quelle est la signification de : « année-lumière » ?

b) A quelle distance, exprimée en kilomètres, la Terre se trouve-t-elle de cette étoile ?

24.15. L'énergie (par unité de longueur) transportée par une ride circulaire est proportionnelle au carré de son amplitude. A un instant t, la ride a un rayon $r=20$ cm, son amplitude est $a=1$ cm. Un peu plus tard, la ride n'a plus qu'une amplitude $a'=0{,}5$ cm. Quel est alors son rayon r' ? On négligera tout amortissement.

24.16. Un diapason vibre à la fréquence $f_0=100$ Hz. Il provoque une onde progressive se déplaçant sur une corde. Une distance $d=40$ cm sépare la source du quatrième point de la corde vibrant en phase avec cette source.

1° Quelle est la longueur d'onde de l'onde progressive ?

2° Quel est l'aspect de la corde si on l'éclaire avec un stroboscope émettant des éclairs à la fréquence :

a) $f_e=25$ Hz ?

b) $f_e'=200$ Hz ?

3° Reprendre la question précédente dans le cas où :

a) $f_e=99$ Hz ?

b) $f_e'=101$ Hz ?

24.17. L'état vibratoire $u_s(t)$ d'une source S est représenté figure 24.24.

Fig. 24.24.

Montrer graphiquement que la superposition des phénomènes :

$$u_1=\sin\ 2\pi ft,\quad u_2=-\frac{1}{9}\sin\ 6\pi ft \quad \text{et} \quad u_2=-\frac{1}{25}\sin\ 10\pi ft$$

conduit pratiquement au phénomène vibratoire induit par la source S.

24.18. Une onde progressive, plane, se déplace à la surface de l'eau contenue dans une cuve à ondes à deux profondeurs. La célérité des ondes à la surface de l'eau est donnée par la relation $c=\sqrt{gh}$ (g accélération de la pesanteur : $g=10$ m.s^{-2} et h hauteur d'eau dans la cuve). Pour l'onde se propageant dans la partie de la cuve la plus profonde (hauteur d'eau h_1=4 cm) la longueur d'onde est λ_1=2 cm.

1° Quelle est la longueur d'onde λ_2 de l'onde se propageant dans la partie la moins profonde (hauteur d'eau h_2=1 cm) ?

2° Quelle est la fréquence f de la source produisant cette onde progressive ?

24.19. L'ensemble des graphes de la figure 24.25 représente l'aspect d'une onde progressive à différents instants.

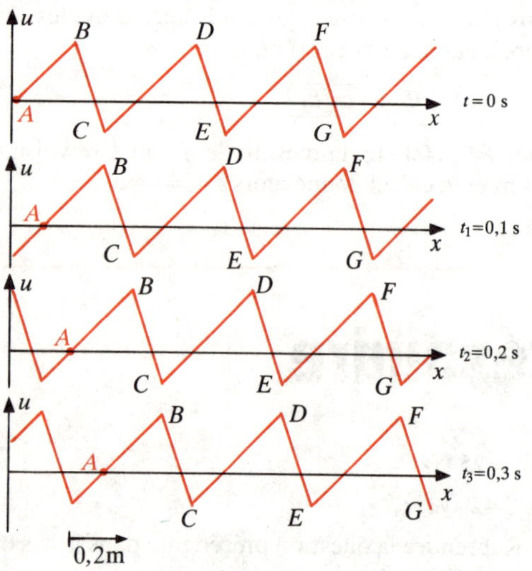

Fig. 24.25.

1° En déduire sa célérité c, puis sa longueur d'onde λ.

2° Représenter l'état vibratoire de la source $u(t)$; en déduire sa fréquence f.

24.20. Sur la figure 24.26 M est un miroir plan. Indiquer la marche des rayons incident et réfléchi afin que A soit sur le rayon incident et B sur le rayon réfléchi.

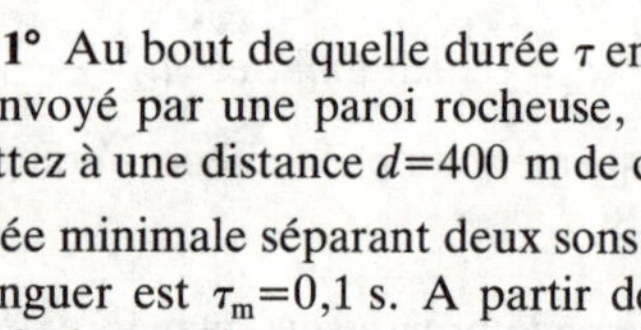

Fig. 24.26.

24.21. 1° Au bout de quelle durée τ entendez-vous l'écho, renvoyé par une paroi rocheuse, d'un cri que vous émettez à une distance d=400 m de cette paroi ?

2° La durée minimale séparant deux sons que l'oreille peut distinguer est τ_m=0,1 s. A partir de quelle distance d_m de la paroi ne pourrez-vous plus percevoir l'écho ?

24.22. La figure 24.27 schématise une cuve à ondes. La distance séparant le fond de la cuve de la surface libre de l'eau qu'elle contient est h=2 cm. Une lame de plexiglas d'épaisseur e=1 cm est immergée dans la cuve comme l'indique la figure. Un dispositif fait vibrer la réglette à la fréquence f=10 Hz et donne naissance à une onde progressive plane incidente dont la célérité c est fonction de la hauteur h d'eau : $c=\sqrt{gh}$ (g accélération de la pesanteur : g=10 m.s^{-2}).

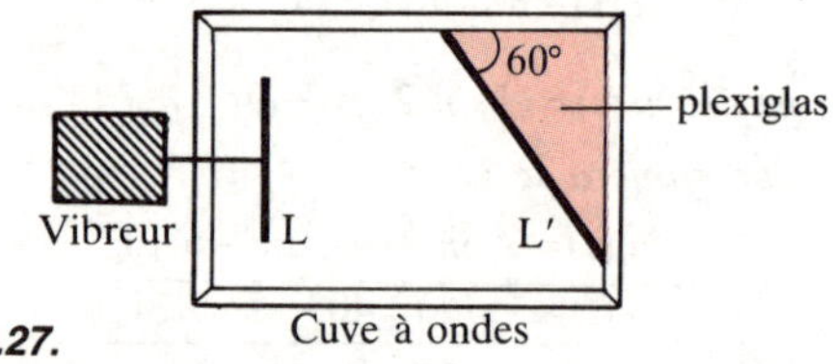

Fig. 24.27.

1° Quelle est la longueur d'onde λ_i de cette onde ?

2° Calculer les longueurs d'ondes λ_r et $\lambda_{r'}$ des ondes réfléchie et réfractée.

3° Quelles sont les directions de propagation de ces ondes ?

24.23. Une onde progressive plane, de longueur d'onde λ, traversant une ouverture de largeur D diverge en formant un cône de demi-angle au sommet α qui, en première approximation, est égal au rapport λ/D (α en radian).
Une lumière jaune de longueur λ_j=0,6 μm traverse un tissu dont les mailles sont assimilables à des trous circulaires de diamètre D=0,2 mm.

Quelle est la valeur de l'angle du cône de divergence de l'onde diffractée ?

24.24. Un faisceau lumineux de longueur d'onde λ=0,6 μm se propage dans l'air et vient frapper un bloc de plexiglas sous un angle d'incidence i=30°. La célérité de la lumière est égale à :
– dans l'air : c=3.10^8 m.s^{-1}
– dans le plexiglas : c'=2.10^8 m.s^{-1}.

1° Calculer l'angle de réfraction i' du faisceau lumineux à l'intérieur de ce bloc.

2° Un faisceau lumineux est transmis d'un milieu 1 vers un milieu 2. Si i_1 est l'angle d'incidence et i_2 l'angle de réfraction, le rapport $\sin i_1/\sin i_2$ représente l'indice de réfraction du milieu 2 par rapport au milieu 1. Quel est l'indice de réfraction du plexiglas par rapport à l'air ?

3° Quelle est la célérité de la lumière dans un milieu dont l'indice de réfraction par rapport à l'air est 1,3 ?

24.25. Une moto et son conducteur sont assimilables à un oscillateur vertical dont la fréquence propre est f_0=1 Hz. Le motocycliste roule sur une piste en sable dont la surface est régulièrement ondulée. Deux monticules consécutifs de sable sont distants de l=10 m.

A quelle vitesse, la moto entre-t-elle en résonance ?

Chapitre 25

PILES ET ACCUMULATEURS

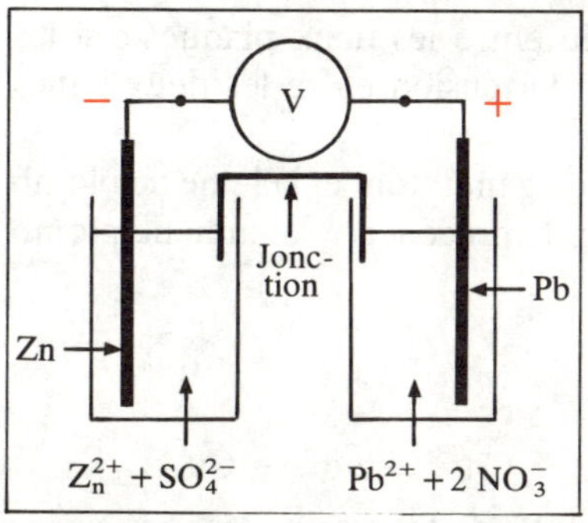

***Fig. 25.01.** Réalisation d'une pile. La languette de papier filtre imbibé de la solution ionique assure la continuité électrique du circuit. Le passage du courant électrique dans cette jonction entre les deux solutions est dû au déplacement des ions qu'elle contient.*

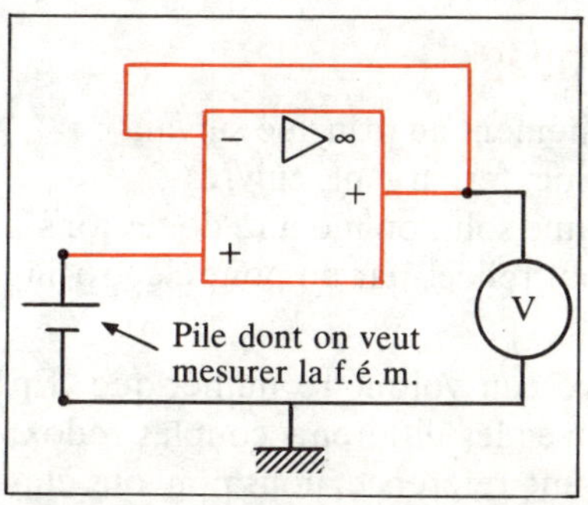

***Fig. 25.02.** Pour la mesure de la d.d.p. entre électrodes, il est souhaitable d'interposer un étage suiveur entre le montage et le voltmètre. Celui-ci constitue alors la charge de l'étage suiveur.*

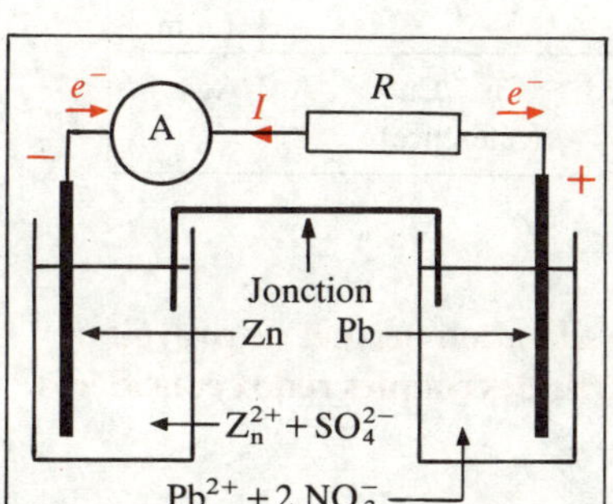

***Fig. 25.03.** Interprétation du fonctionnement d'une pile.*

1. PILES ÉLECTROCHIMIQUES

1.1. Réalisation d'une pile

1.1.1. Étude expérimentale

Plaçons une lame de plomb dans un bécher contenant une solution de nitrate de plomb et une lame de zinc dans un autre bécher contenant du sulfate de zinc. Les deux solutions appelées électrolytes sont mises en contact par une languette de papier filtre imbibé d'une solution ionique de chlorure de potassium par exemple (fig. 25.01).

Relions l'une des bornes d'un voltmètre de très grande résistance interne (voltmètre numérique de résistance interne au moins égale à 10 MΩ ou association étage suiveur-voltmètre - fig. 25.02) à la plaque de plomb et l'autre borne à la plaque de zinc. Une tension peut être mesurée entre les deux plaques : nous venons de réaliser une pile. Nous constatons que la lame de plomb est le pôle ⊕ du générateur et que la lame de zinc est le pôle ⊖. Si les solutions utilisées sont molaires, la tension entre les deux lames est de 0,63 V.

Un ampèremètre, branché en série avec un rhéostat, détecte le passage d'un courant électrique de très faible intensité (l'intensité I_{cc} de court-circuit atteint quelques milliampères).

1.1.2. Interprétation

Dans la portion de circuit branchée entre les électrodes, le courant circule de la lame de plomb vers la lame de zinc : les électrons libres circulent en sens inverse de ce sens conventionnel (fig. 25.03). La solution ionique, dont la languette est imbibée, permet le passage du courant électrique tout en évitant le mélange des solutions. Au niveau de chaque lame métallique (ou électrode), trempant dans la solution de l'ion métallique correspondant, se produisent les deux réactions suivantes :

– dans le compartiment de gauche : $Zn \rightarrow Zn^{2+} + 2\ e^-$

– dans le compartiment de droite : $Pb^{2+} + 2\ e^- \rightarrow Pb$

On dit que le zinc a été oxydé car, en chimie, une oxydation est une perte d'électrons.

Les ions Pb^{2+}, qui ont capté des électrons, ont subi une réduction, nom donné à une réaction se traduisant par un gain d'électrons. Au total tout se passe comme s'il y avait échange d'électrons entre l'entité qui s'oxyde et celle qui est réduite.

L'équation bilan de la réaction est :

$$Pb^{2+} + Zn \rightarrow Pb + Zn^{2+}$$

C'est une réaction **d'oxydoréduction.**

Les couples Pb^{2+}/Pb et Zn^{2+}/Zn sont appelés **couples rédox.**

Une substance qui peut être oxydée c'est-à-dire qui peut **céder** un ou plusieurs électrons est appelée **réducteur** (dans l'exemple précédent le zinc est réducteur).
Une substance qui peut **capter** un ou plusieurs électrons, est appelée **oxydant** (dans l'exemple précédent l'ion Cu^{2+} est oxydant).
Généralisation : A chaque oxydant est associé un réducteur (et réciproquement) par la relation :

$$\text{oxydant} + n\,e^- \rightleftharpoons \text{réducteur}.$$

Cet oxydant et ce réducteur forment un couple rédox noté symboliquement : (entité pouvant être réduite)/(entité correspondante pouvant être oxydée).

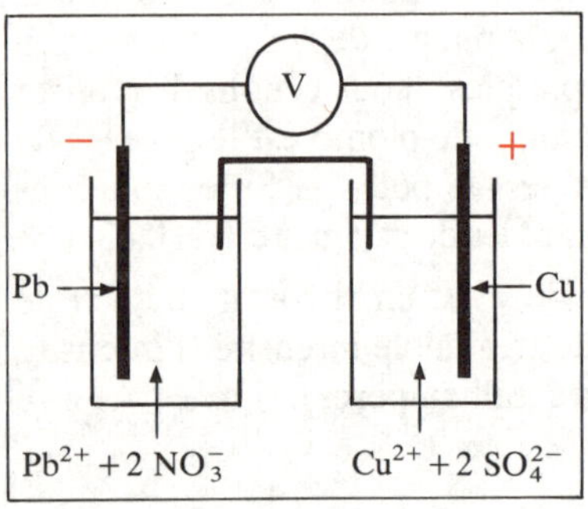

Fig. 25.04. *Autre pile.*

1.2. Autre pile

a) Expérience

Une expérience similaire à partir des couples Pb^{2+}/Pb et Cu^{2+}/Cu conduit à des observations semblables (fig. 25.04) :

– une tension peut être mesurée entre les deux plaques ; si les solutions utilisées sont molaires, la tension entre les deux lames est de 0,47 V ;
– la lame de cuivre est le pôle ⊕ du générateur et la lame de plomb est le pôle ⊖ (alors que pour la pile précédente la lame de plomb était le pôle ⊕).

b) Interprétation

Deux réactions se produisent :

$$Pb \rightarrow Pb^{2+} + 2\,e^- \quad \text{et} \quad Cu^{2+} + 2\,e^- \rightarrow Cu$$

Le plomb est **oxydé** en ions plomb Pb^{2+}, tandis que les ions cuivre Cu^{2+} sont **réduits** en cuivre.

L'équation bilan de la réaction est :

$$Cu^{2+} + Pb \rightarrow Cu + Pb^{2+}$$

C'est aussi une réaction **d'oxydoréduction.**

1.3. F.é.m. de quelques piles

Réalisons quelques piles conformément au principe suivant :
– les électrodes sont en métal (zinc, fer, argent, cuivre) ;
– chaque électrode plonge dans une solution molaire de ses ions ;
– les demi-piles ainsi formées sont reliées par un pont électrochimique.

Le mesure des f.é.m. se fait avec un voltmètre numérique. En comparant les f.é.m. obtenues avec les différents couples rédox, le couple Cu^{2+}/Cu étant pris comme référence, nous pouvons établir une classification de ces métaux (fig. 25.05 : l'axe $x'x$ est gradué en volts).

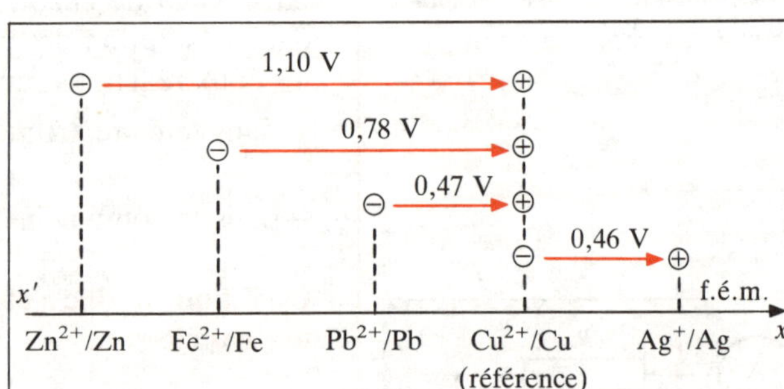

Fig. 25.05.

Ce résultat est général : cette classification permet de prévoir :
– la f.é.m. d'une pile formée à partir des couples rédox considérés ;
– la polarité de la pile.

Il faut également noter que des couples rédox mis en jeu dans une pile, c'est le ***couple le plus à gauche sur l'axe x'x qui se trouve dans le compartiment de l'électrode négative de la pile.***

Remarque :
A partir de cette classification nous pouvons retrouver la f.é.m. de la pile formée des couples rédox Pb^{2+}/Pb et Zn^{2+}/Zn :

$$E_{(Pb^{2+}/Pb)/(Zn^{2+}/Zn)} = E_{(Cu^{2+}/Cu)/(Zn^{2+}/Zn)} - E_{(Cu^{2+})/(Cu/Pb^{2+}/Pb)}$$

$$E_{(Pb^{2+}/Pb)/(Zn^{2+}/Zn)} = 1{,}10\text{ V} - 0{,}47\text{ V} = 0{,}63\text{ V}$$

C'est donc le métal de ce couple rédox qui subit une oxydation lorsque la pile fonctionne (zinc dans le premier exemple, plomb dans le second).

1.4. Piles usuelles

Les piles les plus couramment utilisées sont les piles type « Leclanché » et les piles alcalines.

■ **Les piles de type « Leclanché » :**

– l'*électrolyte* est une solution gélifiée de *chlorure d'ammonium et de chlorure de zinc* ;

– L'*électrode négative* est une enveloppe de *zinc* (les atomes de zinc se transforment en ions Zn^{2+} : l'enveloppe de zinc d'une pile usagée est trouée, il peut y avoir alors des fuites d'électrolyte) ;

– L'*électrode positive* est un bâton de *graphite* entouré d'une pâte au dioxyde de manganèse évitant la formation d'une gaine d'hydrogène isolante autour de ce bâton.

Travaux pratiques cours :
Quelques couples rédox peuvent être facilement classés. On se reportera au T.P. 1 pour cette expérimentation.

■ **Les piles alcalines au manganèse :**

– l'*électrolyte* est une *solution d'hydroxyde de potassium* ;

– du *zinc en poudre* mélangé à l'électrolyte joue le rôle d'électrode négative ;

– une *lame de cuivre* constitue l'électrode positive.

Ces différences font que les piles alcalines sont étanches et ont un pouvoir énergétique plus élevé. Elles fonctionnent dans un intervalle étendu de températures (−30 °C à 70 °C).

Les potentiels rédox dépendent, entre autre, de la concentration molaire. Pour pouvoir comparer les potentiels rédox, il faut les mesurer dans les mêmes conditions. Des conditions particulières, identiques à tous les couples, conduisent aux **potentiels normaux** : dans la classification électrochimique, nous avons donné les valeurs de potentiels normaux.

■ 2. POTENTIELS D'OXYDORÉDUCTION

2.1. Couple rédox H^+/H_2

La classification précédente ne constitue qu'une partie d'une classification plus complète des couples rédox rencontrés en chimie. Le couple rédox servant de référence est le couple H^+/H_2 que nous allons introduire en présentant quelques réactions chimiques.

L'ion hydronium est formé de l'ion H^+ lié à un certain nombre de molécules d'eau ; cette hydratation de l'ion est représentée symboliquement très souvent par H_3O^+. Dans un souci de simplification, nous écrirons H^+.

■ 2.1.1. Action de l'acide chlorhydrique sur quelques métaux

a) Action sur le zinc ou le fer

■ Une solution d'acide chlorhydrique diluée (H^+, Cl^-) réagit **spontanément** sur le zinc (fig. 25.06) et il se produit un dégagement d'hydrogène. L'équation-bilan de la réaction est la suivante :

$$Zn + 2H^+ \rightarrow H_2\nearrow + Zn^{2+}$$

Le zinc est oxydé : $Zn \rightarrow Zn^{2+} + 2\,e^-$

Les ions H^+ sont réduits : $2H^+ + 2\,e^- \rightarrow H_2\nearrow$

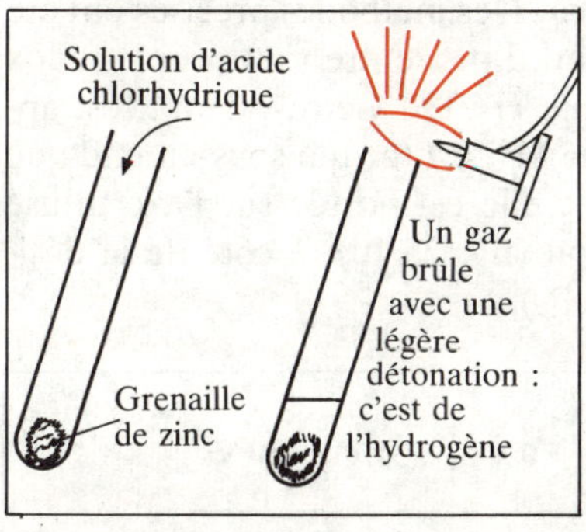

Fig. 25.06. Action d'une solution d'acide chlorhydrique sur le zinc.

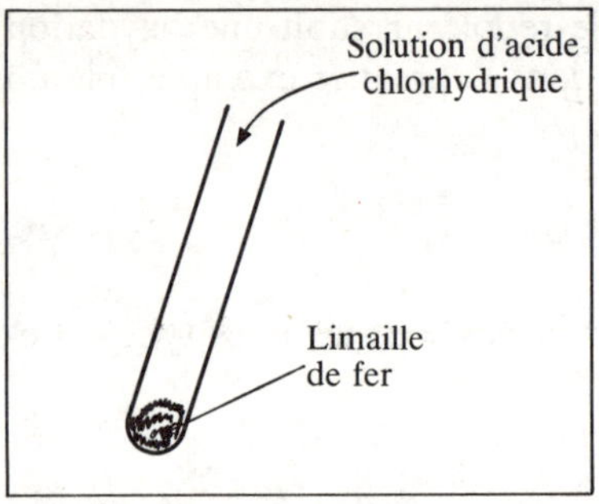

Fig. 25.07. Action d'une solution d'acide chlorhydrique sur le fer.

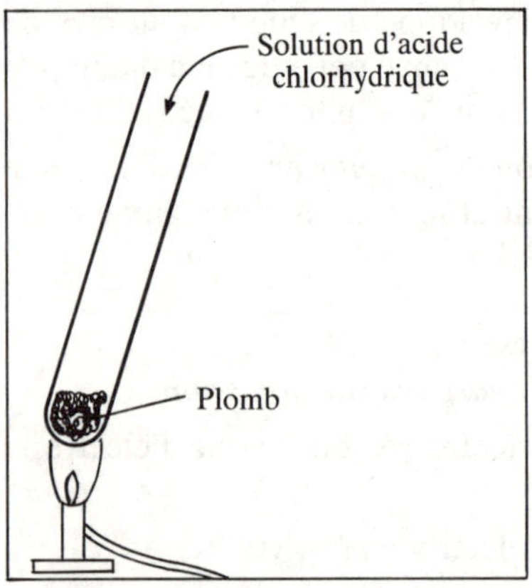

Fig. 25.08. Action d'une solution d'acide chlorhydrique sur le plomb.

■ Une réaction analogue est obtenue avec le fer (fig. 25.07) :

$$Fe + 2H^+ \rightarrow H_2\nearrow + Fe^{2+}$$

Le fer est oxydé : $Fe \rightarrow Fe^{2+} + 2\,e^-$

Les ions H^+ sont réduits : $2H^+ + 2\,e^- \rightarrow H_2\nearrow$

b) Action sur le plomb

Une réaction semblable est obtenue avec le plomb, mais elle est moins facile (fig. 25.08) ; il faut la réaliser **à chaud.**

$$Pb + 2H^+ \rightarrow H_2\nearrow + Pb^{2+}$$

Le plomb est oxydé : $Pb \rightarrow Pb^{2+} + 2\,e^-$

Les ions H^+ sont réduits : $2H^+ + 2\,e^- \rightarrow H_2\nearrow$

Remarque :

Il faut noter la similitude d'écriture des équations chimiques. Cette écriture traduit le fait que dans les réactions chimiques précédentes, comme dans celles des demi-piles étudiées, un corps perd des électrons (il subit une oxydation) et simultanément, un autre corps capte ces électrons (il est réduit).

c) Action sur le cuivre

L'acide chlorhydrique est sans action sur le cuivre. Les ions H^+ ne peuvent pas oxyder le cuivre.
L'acide chlorhydrique est également sans action sur l'argent.

■ 2.1.2. Conséquence

Le couple H^+/H_2 peut être placé entre les couples Pb^{2+}/Pb et Cu^{2+}/Cu (fig. 25.09).

Fig. 25.09. ▶

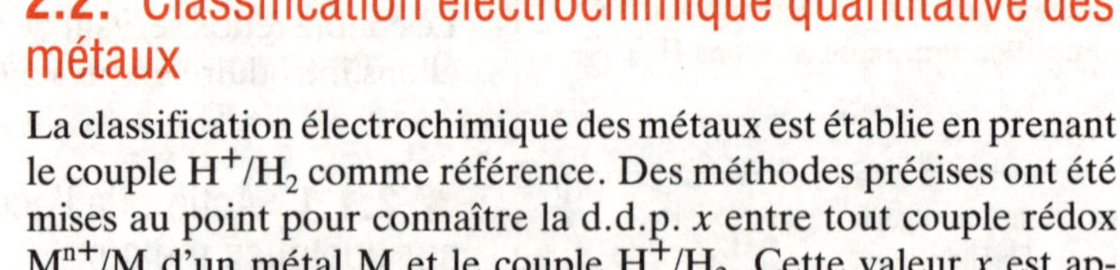

Travaux pratiques :

Réalisation d'une demi-pile à hydrogène.
Plaçons de la grenaille de zinc dans un bécher contenant une solution molaire d'acide chlorhydrique. Il se produit une réaction s'accompagnant d'un dégagement d'hydrogène. En recouvrant la grenaille d'un entonnoir, l'hydrogène formé est canalisé dans le conduit de cet entonnoir. Un fil de platine, placé à l'intérieur de ce conduit, permet la mesure du couple H^+/H_2.

2.2. Classification électrochimique quantitative des métaux

La classification électrochimique des métaux est établie en prenant le couple H^+/H_2 comme référence. Des méthodes précises ont été mises au point pour connaître la d.d.p. x entre tout couple rédox M^{n+}/M d'un métal M et le couple H^+/H_2. Cette valeur x est appelée le **potentiel rédox du couple M^{n+}/M** (ce qui sous-entend que celui du couple H^+/H_2 est nul) ; elle est portée sur l'axe utilisé pour présenter cette classification (fig. 25.10), à côté de la désignation du couple rédox (voir T.P.).

Fig. 25.10. ▶

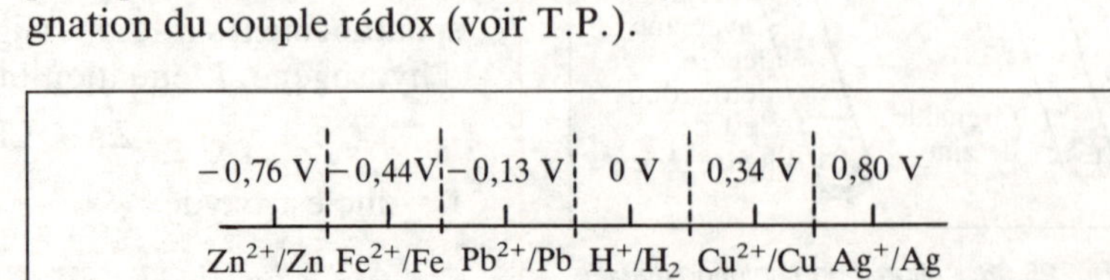

3. ÉLECTROLYSE

Dans une pile, la réaction d'oxydoréduction est **spontanée** : le corps le plus facilement oxydable cède des électrons à celui qui est le moins facilement oxydable. Cette réaction s'accompagne d'une transformation d'énergie dont une partie est récupérée sous forme électrique. En fournissant de l'énergie électrique, il est possible de **provoquer** des réactions d'oxydoréduction non spontanées : le résultat est une électrolyse.

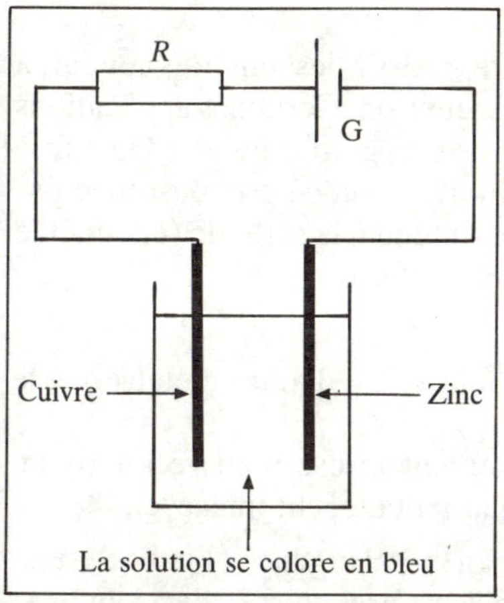

Fig. 25.11. *Électrolyse d'une solution de sulfate de zinc.*

3.1. Étude expérimentale

a) Observations

Réalisons l'électrolyse d'une solution de sulfate de zinc avec une anode (électrode reliée à la borne ⊕ du générateur) en cuivre et une cathode en zinc (fig. 25.11). Le passage du courant électrique provoque :
- un dépôt immédiat de zinc à la cathode ;
- une coloration en bleu de la solution (initialement incolore).

b) Interprétation

A la cathode se produit une réduction des ions Zn^{2+}. Les électrons qui interviennent sont apportés par le courant électrique dont le sens est imposé par le générateur G :

$$Zn^{2+} + 2\,e^- \rightarrow Zn$$

A l'anode, le cuivre de l'électrode subit une oxydation :

$$Cu \rightarrow Cu^{2+} + 2\,e^-$$

Les ions Cu^{2+} passent dans la solution, ce qui explique l'apparition de la coloration bleue lorsque leur concentration est suffisante.

On notera que l'oxydation d'une mole d'atomes de cuivre fournit deux moles d'électrons ce qui représente exactement la quantité d'électricité nécessaire pour former une mole d'atomes de zinc.

Sens d'une réaction d'oxydoréduction :
- L'oxydant le plus fort (c'est-à-dire, qui appartient au couple le plus à droite sur l'axe $x'x$) réagit avec le réducteur le plus fort (c'est-à-dire, qui appartient au couple le plus à gauche sur l'axe $x'x$).
- Un métal peut réduire l'ion d'un métal moins réducteur que lui (exemple : le zinc réagit avec l'ion Cu^{2+}).

c) Conclusion

Le résultat précédent est général : **oxydation anodique et réduction cathodique** se produisent simultanément au cours d'une électrolyse. Dans certains cas cependant, elles peuvent être accompagnées de réactions plus ou moins complexes.

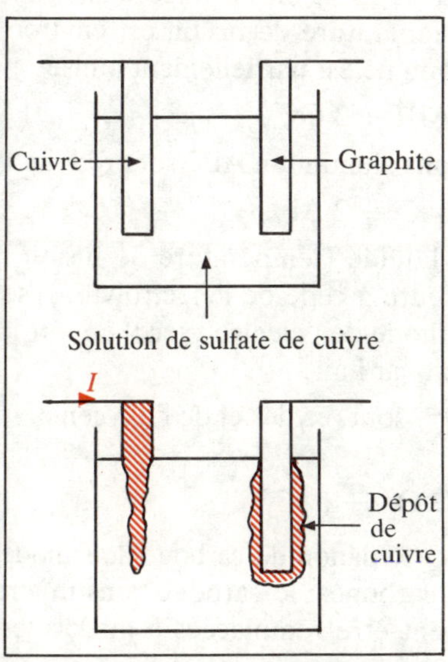

Fig. 25.12. *Électrolyse à anode soluble.*
a) État initial.
b) Électrolyse en cours.

3.2. Applications industrielles

3.2.1. Affinage électrolytique du cuivre

a) Principe

En effectuant l'électrolyse d'une solution de sulfate de cuivre avec une anode en cuivre et une cathode en graphite (fig. 25.12). nous observons un dépôt de cuivre sur la cathode et une diminution du volume de l'anode (cette électrolyse est dite « à anode soluble »).

A l'anode se produit l'oxydation du cuivre de l'électrode :

$$Cu \rightarrow Cu^{2+} + 2\,e^-$$

A la cathode, il y a réduction des ions cuivre Cu^{2+} de la solution :

$$Cu^{2+} + 2\,e^- \rightarrow Cu$$

Le bilan de cette électrolyse est un transfert du cuivre de l'anode à la cathode à travers l'électrolyte.

Travaux pratiques :
Pour montrer de façon simple, la diminution de la masse de cuivre de l'anode lors de l'électrolyse à anode soluble précédente, on peut choisir, pour anode, du fil électrique « multi-brins » dénudé (ne conserver que quelques brins). Au cours de l'électrolyse, les brins « disparaissent » petit à petit.

b) Utilisations industrielles

La préparation chimique du cuivre à partir des minerais conduit à un métal contenant 99 % de cuivre environ. Certaines applications industrielles nécessitent un cuivre de plus grande pureté. On utilise alors une électrolyse à anode soluble. L'anode est constituée par un bloc de métal impur ; le cuivre obtenu à la cathode (elle-même en cuivre très pur) a une très grande pureté.

Remarques :
– L'affinage électrolytique est applicable à d'autre métaux que le cuivre.
– Ce type d'électrolyse est également utilisé pour recouvrir un objet d'un fin dépôt métallique : argentage, chromage, ...

Exemple : argentage de couverts en métal argenté ; l'anode est un bloc d'argent, la cathode est la pièce à argenter. L'électrolyte est une solution de nitrate d'argent (et de cyanure de potassium si la pièce à argenter est à base de cuivre afin d'éviter une réaction spontanée entre le cuivre et les ions argent Ag^+ qui se traduit par un dépôt d'argent n'adhérant pas au cuivre).

3.2.2. Préparation de l'aluminium

L'aluminium est l'un des éléments chimiques les plus abondants de l'écorce terrestre. Il est présent dans un oxyde : l'alumine (Al_2O_3), qui est le constituant principal du minerai d'aluminium : la bauxite.

L'aluminium est un métal très facilement oxydable (le potentiel du couple rédox Al^{3+}/Al est $-1,66$ V). La réduction chimique de l'alumine en aluminium est donc très difficile et coûteuse. Elle est opérée par électrolyse.

La première difficulté est l'obtention de l'électrolyte. Une solution aqueuse est exclue car l'alumine est insoluble dans l'eau. Pour des raisons économiques la possibilité d'électrolyser le minerai fondu doit être exclue (sa température de fusion est très élevée : 2 040 °C). Aussi l'électrolyte utilisé est-il un mélange d'alumine (7 %) et de cryolithe dont la température de fusion est environ 970 °C. Dans ces conditions, l'alumine est partiellement ionisée :

$$Al_2O_3 \rightleftharpoons 2\,Al^{3+} + 3\,O^{2-}$$

– A la cathode en carbone, les ions aluminium Al^{3+} sont réduits :

$$2\,Al^{3+} + 6\,e^- \rightarrow 2\,Al$$

L'aluminium formé est à l'état liquide (température de fusion : 660 °C). Sa densité étant supérieure à celle de l'électrolyte, il se dépose au fond de la cuve (la cathode de l'électrolyseur) et, ainsi, il se trouve à l'abri de l'oxydation par l'air.

– A l'anode, les ions oxygène O^{2-} sont oxydés et de l'oxygène est libéré :

$$3\,O^{2-} \rightarrow 3/2\,O_2\nearrow + 6\,e^-$$

D'autres réactions se produisent : oxydation du carbone de l'anode en monoxyde et en dioxyde de carbone ; le carbone constituant l'anode brûle. Les anodes doivent être remplacées à intervalles réguliers.

Les cuves à électrolyse sont soumises à des tensions de l'ordre de 4 V et sont traversées par des courants dont les intensités peuvent atteindre 180 000 A (consommation électrique : environ 13 000 kWh par tonne d'aluminium produit).

Remarque :
Une autre application industrielle importante de l'électrolyse est l'obtention de l'aluminium dit anodisé qui est utilisé pour la réalisation de matériels divers (notamment pour le bâtiment). Le principe est le suivant : on effectue l'électrolyse d'une solution d'acide sulfurique avec électrodes en aluminium, l'anode se recouvre d'une pellicule protectrice d'alumine qui rend cette électrode chimiquement inattaquable.

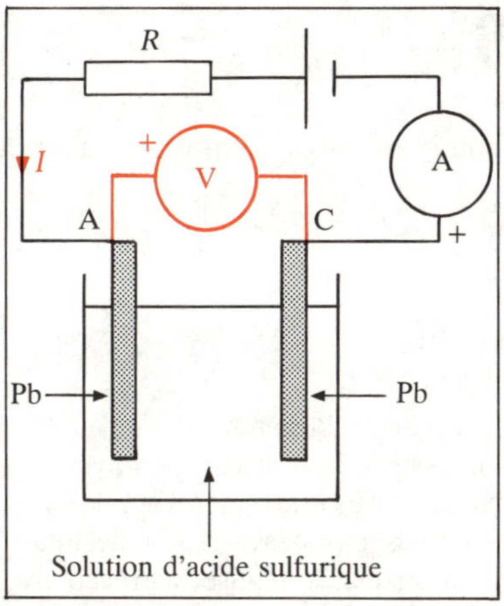

Fig. 25.13. Électrolyse d'une solution d'acide sulfurique avec électrodes de plomb.

Les batteries d'accumulateurs au plomb comportent six éléments. Dans chaque élément, il y a :
– généralement entre quatre et six plaques positives (grilles en alliage de plomb dont les alvéoles sont remplis d'oxyde de plomb : PbO_2) qui, reliées entre elles, constituent l'électrode positive ;
– des grilles négatives (dont les alvéoles sont remplis d'une pâte de plomb métallique poreux) qui, reliées entre elles, constituent l'électrode négative ;
– des séparateurs intercalés entre les plaques positives et négatives (ce sont souvent des feutres de fibres cellulosiques : ils constituent une paroi poreuse perméable aux ions).
L'électrolyte est une solution aqueuse d'acide sulfurique de densité 1,26.

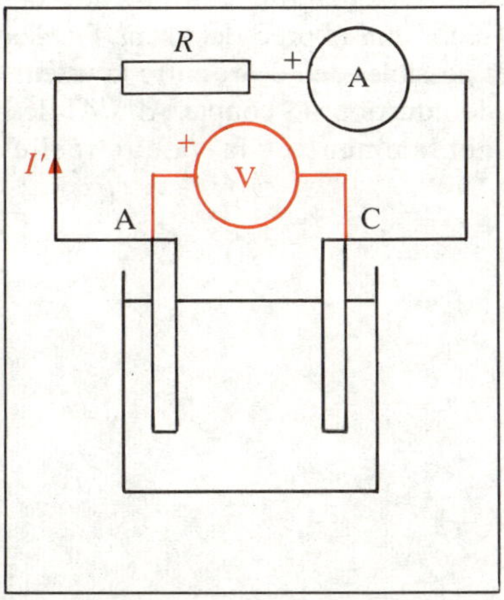

Fig. 25.14. Fonctionnement d'un électrolyseur en pile.

4. ACCUMULATEURS

4.1. Étude expérimentale

■ Mettons deux lames de plomb identiques dans un bécher contenant une solution d'acide sulfurique. Un voltmètre ne permet pas de déceler une tension entre les lames de plomb.

■ Alimentons le montage sous une tension continue (fig. 25.13). La solution d'acide sulfurique subit une électrolyse. Il se produit un dégagement gazeux aux électrodes :

– l'anode A se colore en brun, les molécules d'eau sont oxydées en oxygène :

$$H_2O \rightarrow 1/2\ O_2 + 2\ H^+ + 2\ e^-$$

– la cathode C prend une couleur grise et il se dégage de l'hydrogène :

$$2\ H^+ + 2\ e^- \rightarrow H_2$$

■ Ouvrons le circuit pour séparer l'électrolyseur de l'alimentation : le voltmètre indique une tension (un peu plus de 2 V). L'anode est à un potentiel plus élevé que la cathode ; l'électrolyseur présente maintenant un pôle ⊕ et un pôle ⊖, il est **polarisé** : c'est un électromoteur.

■ Faisons débiter cette pile dans un résistor (fig. 25.14). Il se dégage à nouveau de l'hydrogène et de l'oxygène respectivement aux électrodes A et C (et non aux électrodes C et A comme précédemment).
Simultanément :
– les produits accumulés sur les électrodes disparaissent,
– l'intensité du courant diminue jusqu'à devenir nulle.
La pile se dépolarise.

4.2. Généralisation

Un accumulateur est une cellule électrochimique pouvant fonctionner soit comme une pile, soit comme un électrolyseur. Un accumulateur se distingue donc d'une pile par son aptitude à se recharger.
L'accumulateur au plomb est le plus connu. Il existe également des accumulateurs alcalins (l'électrolyte est de la soude ou de la potasse). Certains sont présentés sous les mêmes formes que les piles : ils sont appelés improprement *piles rechargeables* ; ils sont très utilisés pour l'alimentation électrique des appareils électriques portatifs (calculatrices, magnétophones, jouets, ...).

Travaux pratiques

1. Classification électrochimique qualitative de quelques couples rédox

1° Plonger une plaque de zinc dans un verre à pied contenant une solution de sulfate de fer II.
– Qu'observe-t-on sur la plaque de zinc ?
– Quelle est la couleur (due aux ions Fe^{2+}) de la solution contenue dans le verre avant de plonger la plaque de zinc ?

– Que devient la couleur de la solution plusieurs minutes après le début de la réaction ?

– Plonger une plaque de fer dans un verre à pied contenant une solution de sulfate de zinc. Que constate-t-on ?

– Donner l'équation de la réaction d'oxydoréduction. Quel est, du fer et du zinc, le métal le plus difficile à oxyder ?

2° Effectuer une étude analogue à partir d'une plaque de fer plongée dans une solution de sulfate de cuivre.

– Quel est, du fer et du cuivre, le métal le plus difficile à oxyder ?

– A partir de cette série d'expériences, vérifier les places des couples Fe^{2+}/Fe, Zn^{2+}/Zn, Cu^{2+}/Cu dans la classification électrochimique.

3° Placer un ruban de cuivre dans une solution de nitrate d'argent (Ag^+, NO_3^-). Qu'observe-t-on ?
– En déduire l'équation de la réaction d'oxydoréduction.
– De l'argent et du cuivre, quel est le métal le plus difficile à oxyder ?
– Compléter la classification précédente.

4° Plonger une plaque de plomb dans une solution de nitrate de cuivre (Cu^{2+}, $2\ NO_3^-$) et une plaque de fer dans une solution de nitrate de plomb (Pb^{2+}, $2\ NO_3^-$).
– En déduire la position du couple Pb^{2+}/Pb dans la classification précédente.

2. Étude de quelques piles électrochimiques

a) Réaliser plusieurs demi-piles correspondant à un couple rédox M^{n+}/M à partir des solutions ioniques molaires suivantes (chaque solution contient 1 mol/l d'ions M^{n+}) :
– sulfate de cuivre,
– sulfate de zinc,
– nitrate de plomb,
– chlorure d'aluminium,
– nitrate d'argent.

b) En utilisant un voltmètre (d'impédance interne supérieure à 10 MΩ ou associé à un montage suiveur si cette impédance n'est pas suffisante), mesurer la f.é.m. de quelques piles formées par l'association de deux demi-piles choisies parmi celles réalisées précédemment.

c) Compléter le tableau ci-après :

demi-pile A	demi-pile B	polarité +/− A	polarité +/− B	f.é.m.
lame de zinc dans une solution molaire de sulfate de zinc II	lame de cuivre dans une solution molaire de sulfate de cuivre II			
lame de plomb dans une solution molaire de nitrate de plomb II	lame de cuivre dans une solution molaire de sulfate de cuivre II			
lame de fer dans une solution molaire de sulfate de fer II	lame de cuivre dans une solution molaire de sulfate de cuivre II			
lame d'aluminium dans une solution molaire de chlorure d'aluminium	lame de cuivre dans une solution molaire de sulfate de cuivre II			
lame de cuivre dans une solution molaire de sulfate de cuivre II	lame d'argent dans une solution molaire de nitrate d'argent			

d) Montrer qu'il est possible de retrouver la classification électrochimique qualitative des métaux. Le potentiel du couple H^+/H_2 est pris égal à zéro par convention. Connaissant sa place dans la classification électrochimique des métaux, déterminer le potentiel de chacun des couples rédox utilisés précédemment. Quelle est l'une des causes possibles de l'écart entre la valeur du potentiel d'oxydoréduction du couple Al^{3+}/Al déterminée expérimentalement et la valeur réelle −1,66 V.

Contrôle des connaissances

INDIQUER LA (OU LES) BONNES RÉPONSES :

25.01. Quel est l'oxydant du couple rédox Al^{3+}/Al ?

R : Al^{3+} ; Al.

25.02. Le couple rédox Pb^{2+}/Pb est mis en présence d'un autre couple rédox. Il subit une oxydation. Quel est le sens de la demi-réaction :

$$Pb^{2+} + 2\,e^- \underset{2}{\overset{1}{\rightleftharpoons}} Pb\ ?$$

R : 1 ; 2.

25.03. On réalise les expériences suivantes :
Expérience 1 : une lame de cuivre plongée dans une solution de nitrate d'argent ;
Expérience 2 : une lame d'argent plongée dans une solution de sulfate de fer ;
Expérience 3 : une lame de plomb plongée dans une solution de nitrate de zinc ;
Expérience 4 : une lame de cuivre plongée dans une solution de nitrate de plomb.
Pour quelle expérience, observe-t-on un dépôt métallique sur la lame ?

R : expérience 1 ; expérience 2 ; expérience 3 ; expérience 4.

25.04. Quel est le pôle ⊕ de la pile formée de deux demi-piles correspondant aux couples rédox suivants : Ag^+/Ag et Pb^{2+}/Pb ?

R : argent, plomb.

25.05. Quelle est la f.é.m. de la pile $\{Ag^+/Ag - Fe^{2+}/Fe\}$ (représentation symbolique du groupement des deux demi-piles) ?

R : 0,36 V ; 1,08 V ; 1,24 V ; 0,74 V.

25.06. La f.é.m. de la pile $\{Ag^+/Ag - Pb^{2+}/Pb\}$ est 0,93 V. Celle de la pile $\{Cu^{2+}/Cu - Pb^{2+}/Pb\}$ est 0,47 V. Quelle est la f.é.m. de la pile $\{Ag^+/Ag - Cu^{2+}/Cu\}$?

R : 1,10 V ; 0,46 V ; 1,40 V ; 0,70 V.

Exercices résolus

25.07. Une pile est formée par les deux demi-piles suivantes :
– demi-pile A : électrode de zinc plongeant dans une solution molaire de sulfate de zinc ;
– demi-pile B : électrode inattaquable en platine plongeant dns un mélange de deux solutions molaires, l'une de sulfate de fer III et l'autre de sulfate de fer II.
Les potentiels rédox des couples ainsi formés sont : $\Pi_{Zn^{2+}/Zn} = -0{,}76$ V et $\Pi_{Fe^{3+}/Fe^{2+}} = 0{,}77$ V.

1° Les deux demi-piles sont reliées par un pont électrochimique.
Quelle est la f.é.m. E de cette pile ?

2° Les deux pôles de la pile sont reliés à un ampèremètre de résistance interne R_0 négligeable. Le courant le traversant a une intensité I=0,55 mA.

***a)* Donner les équations des réactions aux électrodes. En déduire l'équation-bilan de la réaction globale.**

***b)* Lorsque la pile débite un courant, quelle électrode est :**
– anode ?
– cathode ?

***c)* Quelle est la résistance interne r de la pile ?**

Solution :

1° Le potentiel $\Pi_{Zn^{2+}/Zn}$ est inférieur au potentiel $\Pi_{Fe^{3+}/Fe^{2+}}$: le zinc est donc plus facilement oxydable que les ions Fe^{2+}. Le pôle ⊖ de la pile est l'électrode en zinc. La f.é.m. de la pile est :

$$E = \Pi_{Fe^{3+}/Fe^{2+}} - \Pi_{Zn^{2+}/Zn}$$

$$E = 0{,}77 - (-0{,}76) \Rightarrow \boxed{E = 1{,}53\text{ V.}}$$

2° *a)* Lorsque la pile débite un courant, les électrons se déplacent du pôle ⊖ vers le pôle ⊕ à l'extérieur de la pile.
Il y a oxydation au pôle ⊖ : $Zn \rightarrow Zn^{2+} + 2\,e^-$, et réduction au pôle ⊕ : $Fe^{3+} + e^- \rightarrow Fe^{2+}$. L'équation-bilan de la réaction globale est alors :

$$\boxed{Zn + 2\,Fe^{3+} \rightarrow Zn^{2+} + 2\,Fe^{2+}}$$

b) Le sens conventionnel du courant est le sens pôle ⊕ vers pôle ⊖ à l'extérieur du générateur.
Le courant arrive au pôle ⊖ : le pôle ⊖ est l'anode.
Le courant part du pôle ⊕ : le pôle ⊕ est la cathode.

c) La charge de la pile est la résistance interne de l'ampèremètre. Soit U la tension aux bornes de la pile (et aussi aux bornes de l'ampèremètre). Nous avons :

$$U = E - rI \quad \text{et} \quad U = R_0 I.$$

Donc : $E - rI = R_0 I \approx 0$ (car $R_0 \approx 0$).

Soit : $$r \approx \frac{E}{I}$$

$$r = \frac{1{,}53}{0{,}55 \times 10^{-3}} \Rightarrow \boxed{r \approx 2{,}78\text{ k}\Omega.}$$

25.08. On effectue l'électrolyse d'une solution de sulfate de cuivre avec anode en cuivre et cathode en graphite.

1° *a)* Sachant que le métal oxydé appartient au couple

caractérisé par le plus petit potentiel rédox (Π), quelle oxydation se produit à l'anode ?
Les oxydations possibles sont les suivantes :

$$Cu \rightarrow Cu^{+} + e^{-} \quad (1)\ \Pi_1=0,52\ V$$
$$Cu \rightarrow Cu^{2+} + 2\ e^{-} \quad (2)\ \Pi_2=0,34\ V$$
$$3\ H_2O \rightarrow \frac{1}{2} O_2 + 3\ H_3O^{+} + 2\ e^{-} \quad (3)\ \Pi_3=1,23\ V$$
$$2\ SO_4^{2-} \rightarrow S_2O_8^{2-} + 2\ e^{-} \quad (4)\ \Pi_4=2,01\ V.$$

***b)* Il y a réduction de la cathode.**
Les réductions possibles sont :

$$Cu^{+} + e^{-} \rightarrow Cu \quad (5)\ \Pi_5=0,16\ V$$
$$Cu^{2+} + 2\ e^{-} \rightarrow Cu \quad (6)\ \Pi_6=0,34\ V$$
$$H_3O^{+} + e^{-} \rightarrow \frac{1}{2} H_2 + H_2O \quad (7)\ \Pi_7=0\ V.$$

Quelle réduction a effectivement lieu ?

2° Un courant d'intensité $I=2$ A circule dans l'électrolyseur pendant une durée $\tau = 60$ min.

***a)* Quelle est la masse du métal déposé sur la cathode ?**

***b)* Que se passe-t-il pour l'anode ?**
On donne :
Masse molaire atomique : Cu=63,5.
Nombre d'Avogadro : $\mathcal{N}=6,02.10^{23}$ mol^{-1}.
Charge élémentaire : $-e=1,6.10^{-19}$ C.

Solution :

1° *a)* A l'anode d'un électrolyseur, il se produit une oxydation. Le couple ayant le plus petit potentiel rédox étant le couple Cu^{2+}/Cu, c'est le cuivre qui est oxydé.

A l'anode il y a oxydation des atomes de cuivre en ions cuivre Cu^{2+} (oxydation (2)).

b) A la cathode d'un électrolyseur se produit une réduction. C'est l'oxydant le plus fort qui est réduit. Il appartient au couple ayant le plus grand potentiel rédox, c'est-à-dire au couple Cu^{2+}/Cu.

A la cathode il y a réduction des ions cuivre Cu^{2+} en atomes de cuivre (réduction (6)).

2° *a)* Pendant une durée τ, il passe une quantité d'électricité $Q=I\tau$ correspondant à $n=I\tau/e$ électrons (I intensité du courant et e valeur absolue de la charge d'un électron). La masse molaire atomique M_{cu} du cuivre est 63,5 : cela veut dire que la masse de $\mathcal{N}=6,02.10^{23}$ atomes de cuivre est 63,5 g. Au cours de l'électrolyse, le passage de **deux** électrons s'accompagne d'une réduction d'**un** ion cuivre en atome de cuivre à la cathode. Pendant une durée τ, il se dépose donc à la cathode une masse m de cuivre telle que :

$$m = \frac{I\tau}{2e} \times \frac{M_{cu}}{\mathcal{N}}$$

Soit : $$m = \frac{2\times60\times60\times63,5}{2\times1,6.10^{-19}\times6,02.10^{23}} \Rightarrow \boxed{m=2,4\ g.}$$

b) Chaque fois qu'un ion cuivre Cu^{2+} est réduit en atome de cuivre à la cathode, un atome de cuivre est oxydé à l'anode en ion cuivre Cu^{2+}. Il en résulte que l'anode perd une masse m' de cuivre égale à celle m qui se dépose à la cathode.

$$\boxed{m' = 2,4\ g.}$$

25.09. **1° Donner l'équation-bilan de l'électrolyse de l'alumine (Al_2O_3).**

2° Une bauxite contient $\tau=55$ % d'alumine.

***a)* Quelle masse minimale M de bauxite faut-il pour obtenir une masse $m=1$ tonne d'aluminium ?**

***b)* Quel est le nombre n de moles d'électrons nécessaires à la réduction d'une mole d'ions Al^{3+}.**

***c)* Quelle est la durée minimale θ de l'électrolyse d'un mélange fondu d'alumine et de cryolithe permettant d'obtenir une tonne d'aluminium si un courant d'intensité $I=160\ 000$ A traverse la cuve à électrolyse ?**
On donne :
Masses molaires atomiques : Al=27, O=16.
Nombre d'Avogadro : $\mathcal{N}=6,02.10^{23}$ mol^{-1}.
Charge élémentaire : $e^{-}=1,6.10^{-19}$ C.

Solution :

1° L'équation-bilan de l'électrolyse de l'alumine est :

$$Al_2O_3 \rightarrow 2\ Al + \frac{3}{2} O_2$$

2° *a)* A partir d'une mole d'alumine, il est possible d'obtenir au maximum deux moles d'aluminium.
La masse d'une mole d'aluminium est $M_{Al}=27$ g. Celle d'une mole d'alumine est $M_{Al_2O_3}=102$ g. Pour obtenir une masse $m=1$ tonne d'aluminium, il faut une masse m' d'alumine telle que :

$$m' = m \times \frac{M_{Al_2O_3}}{2M_{Al}}$$

La masse minimale M de bauxite nécessaire est :

$$M = m'/\tau$$

Soit : $$m' = \frac{m\times M_{Al_2O_3}}{\tau\times2M_{Al}}$$

$$m = \frac{1\ 000\times102.10^{-3}}{0,55\times2\times27.10^{-3}} \Rightarrow \boxed{m=3\ 430\ kg.}$$

Remarque : En réalité une masse de bauxite supérieure à 3 430 kg sera nécessaire car il y a des pertes plus ou moins importantes à chaque transformation.

b) Lors de l'électrolyse du mélange fondu, il y a une réduction à la cathode :

$$Al^{3+} + 3\ e^{-} \rightarrow Al$$

Pour obtenir une mole d'aluminium, il faut donc trois moles d'électrons :

$$\boxed{n=3.}$$

c) A ces trois moles d'électrons correspond une quantité d'électricité $q=3\mathcal{N}e$. Pour produire une masse m d'aluminium, il faut une quantité d'électricité Q telle que :

$$Q = 3\mathcal{N}\ e\ \frac{m}{M_{Al}}$$

Comme $Q=I\theta$, il en résulte :

$$\theta = \frac{3\mathcal{N}\ em}{IM_{Al}}$$

Soit :

$$\theta = \frac{3\times6,02.10^{23}\times1,6.10^{-19}\times1\ 000}{160\ 000\times27.10^{-3}} \Rightarrow \theta=66\ 889\ s$$

ou encore : $\boxed{\theta=18\ h\ 35\ min.}$

Exercices à résoudre

25.10. Une lame de cuivre est plongée dans une solution de sulfate de fer II. Que se passe-t-il ?

25.11. L'équation-bilan de la réaction du chlore sur le mercure est :

$$Cl_2 + Hg \rightarrow Hg^{2+} + 2\,Cl^-.$$

1° Quels sont les couples rédox en présence ?

2° Écrire les demi-réactions caractérisant :

a) l'oxydation,

b) la réduction.

25.12. Des ions ou atomes suivants : Ag^+, Ag, Zn^{2+}, Zn, Cu^{2+}, Cu, quel est :

a) l'oxydant le plus fort ?

b) le réducteur le plus fort ?

25.13. Le cuivre peut être oxydé en Cu^+ ou Cu^{2+}. Quelles sont les demi-équations des différents couples rédox qui peuvent être constitués ?

25.14. Le potentiel d'oxydoréduction du couple Sn^{2+}/Sn (étain) est −0,14 V. Une solution d'acide chlorhydrique réagit sur l'étain. Pourquoi ? Quelle est l'équation-bilan de la réaction ?

25.15. Les potentiels rédox des couples CrO_4^-/Cr^{3+} et Zn^{2+}/Zn sont respectivement $\Pi_1 = 1{,}33$ V et $\Pi_2 = -0{,}76$ V.
Quel est le sens de la réaction rédox lorsque ces deux couples sont mis en présence ?

25.16. On réalise la pile représentée ci-après (fig. 25.15).
Les potentiels rédox sont :

$$\Pi_{Zn^{2+}/Zn} = -0{,}76 \text{ V et } \Pi_{Ni^{2+}/Ni} = -0{,}23 \text{ V}.$$

1° *a)* Quel est le pôle ⊕ de la pile ainsi constituée ?

b) Calculer sa f.é.m.

2° La pile débite dans un rhéostat de faible résistance. Que se passe-t-il aux électrodes ?

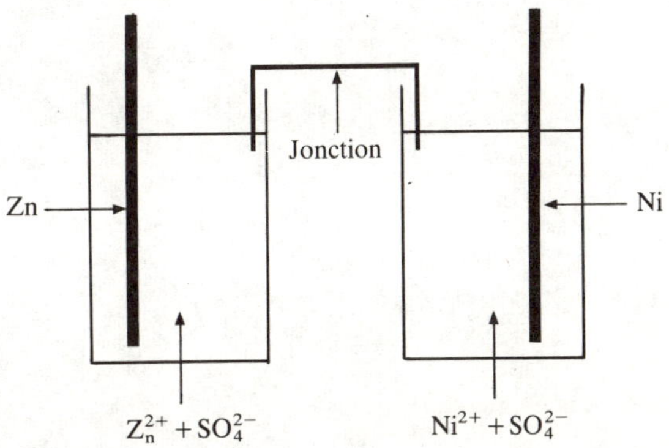

Fig. 25.15.

25.17. Une solution de sulfate de fer II est abandonnée à l'air. La solution initialement verte (coloration due aux ions Fe^{2+}) prend une couleur rouille (coloration due aux ions Fe^{3+}). Écrire l'équation-bilan de la réaction.

Corrigés

Chapitre 1.

1.12. En série : D_1 et D_2, D_3 et D_4, D_9 et D_{10} ;
en parallèle : D_5 et D_6, D_7 et D_8.

1.13. *Radiateurs électriques :* énergie électrique convertie en chaleur.
Lampe d'éclairage : énergie électrique convertie en énergie lumineuse puis en chaleur.
Moteur (de machine à laver, d'aspirateur, etc.) : énergie électrique convertie en énergie mécanique.
Poste de télévision : énergie électrique utilisée dans l'amplification de signaux émis par un émetteur.

1.15. 4 ampèremètres.

1.17. $i_5 = 11$ A.

1.18. $i_2 = 10$ A ; $i_3 = 0$; $i_5 = 6$ A ; $i_7 = 11$ A.

1.19. $i_1 = 7$ mA.

1.20. $i_1 = 1$ A ; $i_2 = 0{,}9$ A ; $i_3 = 1{,}9$ A ; $i_4 = 0{,}2$ A ; $i_5 = 0{,}5$ A.

1.21. i_0 (mA) = 0, 16, 8, 4, 2, 24, etc.

1.22. $2{,}25 \cdot 10^{18}$ électrons.

1.23. **1° :** Q = 67 200 C = 18,67 Ah ; **2° :** $5 \cdot 10^{19}$ électrons par seconde ou $4{,}2 \cdot 10^{23}$ électrons en 2 h 20 min.

1.24. $u_3 = 25$ V ; $u_5 = 12$ V ; $u_6 = 0$.

1.27. $i = 0$.

1.28. $R_1 = 4{,}7$ kΩ ; $R_2 = 48$ Ω.

1.30. $i_2 = i_1$; les potentiels de M et M′ sont indépendants.

Chapitre 2.

2.17. R_4 dissipe 40,5 W.

2.20. $i_2 = \frac{I}{7}$.

2.23. **4° :** $u_{R2} = 49$ V ; **7° :** 51 V.

2.25. **2° :** $v_E = \frac{E}{32}$; **3° :** $i_4 = \frac{E}{4R}$.

Chapitre 3.

3.12. 0,5 A ; 23 V.

3.13. 400 W ; 191 V.

3.14. 504 W.

3.15. **2° :** 4,2 kW ; 2 100 tr/min.

3.16. **1° :** 24 V ; 12 V.

3.17. **2° :** $r_1 = 2$ Ω ; $r_2 = 3$ Ω.

3.18. **4° :** 12,2 A ; **6° :** 0,893 Ω.

Chapitre 4.

4.18. $i_1 = -19{,}5$ A.

4.22. 30 V.

4.25. **1°** *b*) : 1 mA.

4.27. **2° :** 0,75 A.

4.29. *b*) $i = 1$ A.

Chapitre 5.

5.13. **2° :** 571 W ; 0,175 Ω.

Chapitre 6.

6.16. **3° :** 10^5 V/m.
6.17. **2° :** 68,2 V.
6.18. **2° :** 150 V.
6.19. 18,75 J.
6.20. *b*) 0,354 μJ.
6.23. **1° :** 1 mF.

Chapitre 7.

7.15. $R_m = 7$ cm.
7.16. $B = 3$ mT.

Chapitre 8.

8.08. *b*) $7{,}5 \cdot 10^{-4}$ m/s.
8.10. **3° :** $P = 4{,}5$ mW.

Chapitre 9.

9.12. **2° :** $e = -20$ V.
9.14. **1° :** $i = 10$ A.
9.15. **3° :** $q = 3{,}46$ mC.

Chapitre 10.

10.15. 4,1 mH.
10.17. **4° :** $R = R_1 + R_2$.
10.19. $M = 2 \cdot 10^6$ kg.

Chapitre 11.

11.19. $p_m = 1$ W/kg.

Chapitre 12.

12.11. **3° :** $4{,}4 \cdot 10^{-5}$ J.
12.13. **2° :** $1{,}7 \cdot 10^{-2}$ s.
12.14. 0,1 H.

Chapitre 13.

13.09. 0,65 A.
13.10. **4° :** $\underline{U}_1 = \left[220, \frac{\pi}{6}\right]$.
13.11. **2° :** u_2.
13.14. $\underline{I}_1 = \left[2, -\frac{\pi}{3}\right]$.

Chapitre 14.

14.14. **3° :** $\varphi = \frac{\pi}{3}$ rad.
14.15. $L = 0{,}1$ H.
14.16. **1° :** $i_2 = 0{,}97 \sin(100\pi t - 0{,}90)$.
14.17. *c*) : $f = 50$ Hz ; *d*) : $Z = 28{,}6\ \Omega$.
14.18. $\underline{Z}_C = -318$ j.
14.19. **2° :** $C_X = C \frac{P}{Q}$.
14.20. **4° :** $\omega = \omega_p$.

Chapitre 15.

15.16. **1° :** $R_p = 4$ kΩ, $L_p = 1$ H.
15.22. **2° :** $R^2 C = L$; **3° :** $I = 10$ mA.
15.23. **2° :** $\underline{T}_0 = 1$; **4° :** $C = 4$ μF.

Chapitre 16.

16.12. 200 W.
16.14. $Q \approx 144\,000$ V.
16.16. **2° :** $P = 0{,}370$ W.

Chapitre 17.

17.11. 12 000 V.
17.13. $S_1 = S_2 = 2\,200$ VA.
17.15. **2° :** 1,24 T.
17.17. $r'_g = 80\ \Omega$.
17.19. $I_2 = 8{,}2$ A.
17.20. *c*) : 14 000 V.

Chapitre 18.

18.08. **4°** *c*) : $P_A = 1\,420$ W.
18.09. **4°** *c*) : $P_B = 1\,990$ W.
18.10. **2° :** 1,5 μF.
18.11. **2°** *d*) : 58 μF.
18.12. **2° :** $P_2 = 7\,580$ W.
18.13. **2°** *b*) : 7 A.
18.14. **3°** *b*) : $P_T = 4\,118$ kW ; *e*) 590 V.

Chapitre 19.

19.18. **2° :** 12 V ; 3 A.
19.21. 0,050 9.
19.29. **3° :** 5,395 V et 5,316 V.

Chapitre 20.

20.08 **4° :** $R_1 = 20{,}5$ kΩ.
20.11. **2° :** 0,027 5 A.

Chapitre 21.

21.13. $i_0 = 0{,}75$ mA.
21.17. -1 mA.
21.18. **2° :** 8,83 V ; $-9{,}83$ V.
21.21. **3° :** 5 mA ; 1,8 kΩ.

Chapitre 22.

22.15. **1°** *d*) : $S_1 = S_2 = 1$.

22.17. **2°** *a*) : 0 V ; *b*) : 4 V.

Chapitre 25.

25.12. *b*) : zinc.

25.16. **1°** *b*) : 0,53 V.

N° d'Éditeur : T 44303 - II (N.o.VII) SCCM — Dépôt légal : octobre 1987
Imprimé en France par Pollina, 85400 Luçon - N° 9544